JN441379

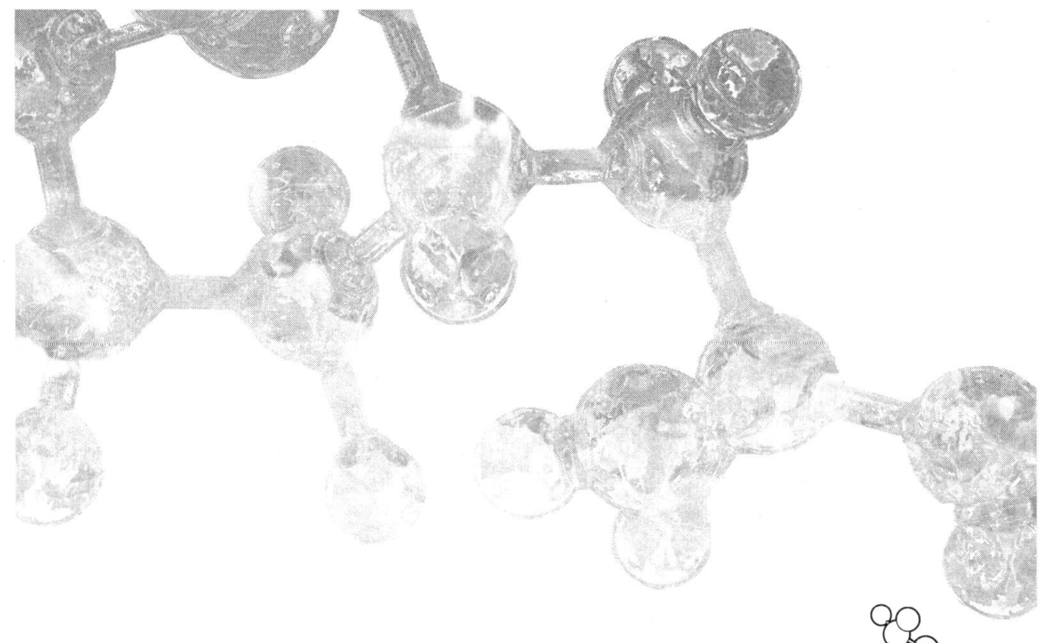

고분자 물성과 물리화학

Commentary on Polymer Property and Physical Chemistry

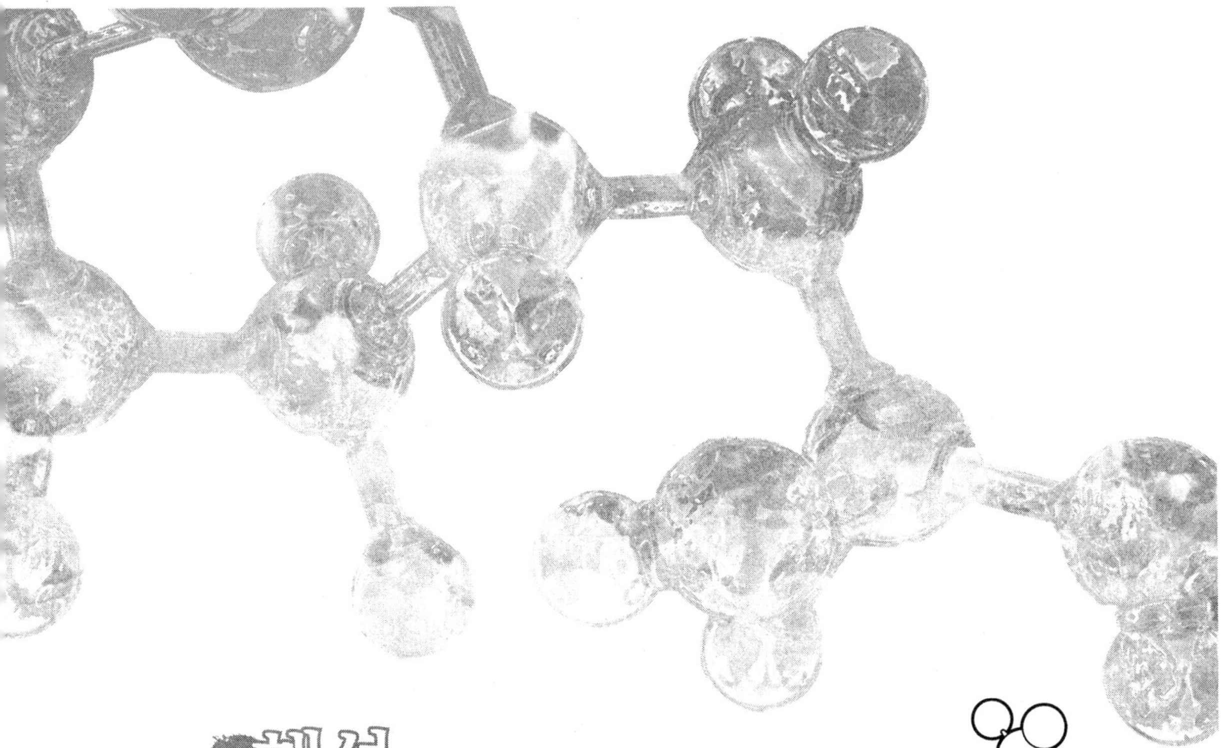

해설 고분자 물성과 물리화학

이장우 • 정우혁 공저

Commentary on Polymer Property and Physical Chemistry

사이플러스

머 리 말

금속이나 무기재료에 비해 저렴한 가격에 다양한 형태로 가공 및 재생이 가능하며, 최종제품의 물성 또한 높은 기능성을 갖도록 분자설계 될 수 있다는 고유한 특징 때문에 최근 플라스틱이나 고무와 같은 합성고분자에 관한 관심은 국내외적으로 지대하다고 하겠다. 이에 고분자구조와 물성 간의 상관관계를 미세구조적인 관점에서 규명하기 위해서는 새로운 합성기법은 물론 수학, 물리, 화학 등에 기초를 둔 고분자의 물성학(주로 고체에 관련)이나 물리화학(주로 용액에 관련)에 관한 지식이 필수적이라고 하겠다. 그리하여 오늘날 이들 토픽에 관한 많은 서적이나 논문들이 양산되고 있다. 그러나 불행히도, 이들 참고문헌의 대부분은 기존의 이론식들을 인용하여 얻어진 실험데이터의 정성적인 설명에만 치중하고, 이용된 식들이 어떤 가정 하에 어떻게 유도되었는지에 대해서는 그저 관련논문을 참조하라는 정도에 그치고 있다. 또한 수록된 예제나 문제도 형식적에 그치고 자세한 해설이나 풀이가 거의 없기 때문에 독자들은 그때마다 관련된 문헌을 일일이 찾아볼 수도 없고 하여 충분한 이해 없이 그냥 대충 넘어갈 경우가 허다하다.

이에 저자(특히 대표저자)들은 이와 같은 문제점을 오래전부터 인식하여 일본이나 미국에서의 오랜 유학생활과 귀국 후 대학에서 약 25년에 이르는 강의경험을 통하여 얻어진 지식, 그리고 틈틈이 유도한 수식증명 등을 모두 모아서 내용은 고분자물성이나 물리화학에 관한 기존의 명저(참고문헌에 수록)에 따라 전개하되 나타난 수식의 증명이 필요하거나 또는 내용의 이해를 돕기위해 관련 예제나 문제풀이가 필요하다고 생각되는 경우에는 페이지가 많이 늘어나더라도 각 장마다 가능한한 많이 수록하도록 노력하였다. 그리고 각종 수학공식이 필요한 경우에는 별도의 수학책을 찾지 않아도 되도록 참고나 부록형식으로 첨부하여 혼자서도 자습이 가능하도록 하였다. 그래서 이 책은 고분자물성이나 물리화학에 대하여 좀더 구체적으로 알고 싶어하는 학부 3, 4학년생, 대학원생, 나아가 박사학위를 위하여 외국유학을 준비하는 학생들에게는 꼭 필요한 해설서라고 생각된다. 그리고 고분자관련 연구소나 산업체에 근무하는 연구인력을 위한 참고서적으로도 활용될 수 있도록 꾸며져 있다. 그러나 이 책은 어디까지나 얻어진 새로운 실험데이터를 소개하는 책이 아니라, 기령 고분자물성의 경우에는 L.H. Sperling의 명서 "Introduction to Physical Polymer Science"에 수록된 내용의 이론적 해석이나 보충을 목적으로 하는 해설서로 간주하여 부교재로 사용하면 더욱 효율적이라고 하겠다. 그리고 또 한 가지 아쉬운 점은 본의 아니게 분량이 너무 많이 늘어나 고분자전해질, 분리막, 수화젤, 그리고 IPN 이나 nylon-clay nanocomposite와 같은 다성분계의 상분리 거동이나 기계적 물성, 가공 및 레올로지 등의 중요한 토픽에 대해서는 자료는 갖고 있으나 생략할 수 밖에 없었다.

본서의 내용을 간단히 소개하면 다음과 같다. 먼저 저자들에 의한 고분자물성과 고분자물리화학의 구별은 전술한 바와 같이 전자는 기계적 물성이나 점탄성과 같은 주로 고체의 성질을 다루는 것이고, 후자는 삼투압이나 광산란과 같은 주로 용액의 (열역학적)성질을 다루는 것이다. 그러면 제1장 서론에서는 고분자 전반에 관하여 저분자와 대비하여 특징을 소개하였다. 제2장에서는 합성고분자의 평균분자량 및 분자량분포의 정의 및 실제 계산하는 방법에 대하여 수학적으로 논하였다. 제3장에서는 주로 기기분석을 통하여 고분자의 미세구조(탁틱성 등)의 결정방법에 대하여 기술하였다. 따라서 1~3장은 합성, 물성에 공통으로 관련된다. 그리고 제4장에서는 매우 묽은 용액에서 고립된 한 개의 고분자 사슬의 (통계적)평균크기에 대하여 논한다. 제5장은 주로 (비전해질)고분자용액에 관한 Flory-Huggins(F-H) 이론의 소개 및 응용에 대하여 다루며, 제6장에서는 F-H이론을 바탕으로 묽은 고분자용액에서 합성고분자의 평균 분자량 및 분자량 분포를 측정하는 방법에 대하여 논한다. 따라서 4~6장은 고분자물리화학에 해당된다고 하겠다. 그리고 제7장에서는 고무탄성체(elastomer)의 고전 및 통계 열역학적 이론을 다룬다. 제8장에서는 비정성(amorphous)고분자의 유리-고무 전이(T_g) 현상과 점탄성거동을, 그리고 제9장에서는 결정성(crystalline)고분자의 결정화거동과 관련 물성(액정 고분자도 포함)을 다룬다. 그런데 저자들의 미숙함에 의하여 8장 및 9장 내용이 타 장에 비하여 너무 방대해 졌으나 포함된 예제나 문제풀이, 관련 수식 등의 분리문제로 인하여 장을 세분하기가 어려워 졌다. 마지막 10장에서는 다성분계 복합재료의 경우 필연적으로 겪게 되는 고분자의 표면 및 계면현상에 대하여 논한다. 따라서 필자들의 분류에 의하면 7~10장은 고분자물성에 가깝다고 하겠다.

본서를 집필함에 있어서 많은 서적과 논문을 참조(그중 대표적인 것을 참고문헌란에 나타내었음)하였으나, 인용문헌마다 사용하는 용어나 기호가 서로 다른 것이 많아 용어의 선택이나 번역에 어려움을 겪어 같은 단어이나 곳에 따라 다르게 사용(가령 monomer의 경우, 단량체, 반복단위, 세그멘트, 분절 등)하는 경우가 종종 있으나 본서의 집필목적에는 지장을 주지 않는다고 판단하여 그대로 두었다. 또한 독자들이 필요한 장만을 골라 공부할 경우를 생각하여 정확한 의사전달을 위하여 한글용어에 해당하는 영문용어를 여러번 반복하였다. 그리고 고분자 명명법에도 어려움을 느껴 한글 또는 영어의 혼용형태를 사용하였으며, 특히 그림이나 표 안의 용어도 경우에 따라 (주로) 번역 또는 그대로 두기도 하였다. 또한 내용 전개상 필요에 의하여 불가피하게 동일한 항목에 대하여 다른 기호를 혼용하여 쓰거나 또는 내용이 여러번 반복되는 경우가 종종 있을 수 있음을 양해 바란다. 그리고 사용된 (복잡한)수식이 너무 많으므로 틀림없이 탈오자가 있을 것이므로 이에 대해 독자들께서는 거침없이 지적하여 주신다면 추후 개정판에서 모두 바로 잡겠으며, 또한 독자들의 따끔한 충고도 기대하는 바이다.

끝으로 내용이 방대해진 본서를 사이플러스 출판사에서 발간할 수 있도록 허락하여 주신 출판사 사장님을 비롯한 전 직원들에게 사의를 표하며, 도표의 재작성 및 인쇄에 정성을 쏟아주신 출판사 담당직원 여러분에게 따뜻한 감사를 드린다. 그리고 약 4개월에 걸친 집필과정에서 엄청난 컴퓨터 워드작업을 비롯한 궂은 일을 끝까지 성실히 수행해준 부산대학교 고분자공학과 대학원생인 이동한, 이기태, 문정민군과 최연실양에게 그동안의 노고에 대하여 찬사를 아끼지 않는 바이다.

2008년 11월

저자일동

차 례

제7장 고무 탄성 ······ 377

제8장 비정영역의 T_g 현상과 점탄성거동 ······ 435

제9장 결정성 고분자에 관련된 거동 ······ 651

제10장 고분자의 표면 및 계면 ······ 819

제 1 장

서 론

화학적으로 고분자(polymer or macromolecule)는 동일한 구조의 수많은 반복 단위로 구성된 긴 사슬 분자이다. 단백질, 셀룰로오스, 명주와 같은 고분자는 천연 고분자이며, 반면 폴리스티렌, 나일론 등은 합성 방법에 의해서만 만들어진 것이다.

실온에서 많이 늘어날 수 있는 고분자는 탄성체 고무로서 중요하다. 천연고무와 더불어 나이트릴고무와 부틸고무를 포함하는 몇 가지 중요한 합성고무가 있다. 섬유로 될 수 있는 적합한 고분자도 있다. 나일론과 폴리에스터와 같은 합성섬유는 면, 양모, 명주와 같은 천연섬유를 대신하는 훌륭한 물질이다. 고분자라는 용어를 사용하는 것과는 대조적으로 탄성체와 섬유를 제외한 상업적 합성 고분자 물질을 플라스틱이라 부른다.

일반적으로 플라스틱은 여러 가지 첨가제와 충전제 이외에도 두 가지 또는 그 이상의 고분자를 포함할 수 있다. 이러한 물질은 최종 제품의 가공성, 열적 또는 환경 안정성, 기계적 성질과 같은 각각의 성질을 개선시키기 위해 첨가된다.

고분자의 구조, 형태학(morphology) 등과 물리적 및 역학적 거동에 영향을 미치는 가장 중요한 요소들은 분자량, 분자량분포, 고분자 사슬의 원자조직 등이다. 많은 고분자들이 결정화될 수 있으며, 결정체(crystallite)의 크기, 모양, 조직 등은 결정화되는 방법에 따라 다르다. 또 열처리(annealing) 등의 효과는 분자 조직의 최종상태에 큰 영향을 주기 때문에 아주 중요하다.

어떤 고분자는 가끔 그 사슬이 너무 불규칙하여 규칙적 쌓임(packing)이 불가능하므로 비결정성(amorphous)이다. 사슬의 분자운동으로 유리전이(glass transition)가 나타나서 고분자가 유리(플라스틱)상태에서 고무상태(rubbery state)로 된다. 역학적 거동으로는 탄성계수(modulus), 응력완화(stress relaxation), 파괴신도(elongation at break) 등이 있으며, 이런 성질은 고분자의 기본 분자구조와 이력(history) 등에 관련되어 있다.

1. 1 저분자와 고분자의 차이

고분자의 거동은 저분자의 거동을 아주 큰 분자량에 대해 확장시킨 것으로 볼 수 있다. 예를

들어, n-알칸 탄화수소 계열을 보면 아래의 일반구조를 가지고 있으며,

$$CH_3 \leftarrow\!\!\!\!\!\!\!\!\!\; CH_2 \rightarrow_n CH_3 \tag{1. 1}$$

여기에서 $-CH_2-$ 기의 수 n 이 수천까지 될 수 있다. 이러한 물질의 n의 증가에 따른 상태와 성질의 변화 거동을 표 1. 1 에 나타내었다.

표 1. 1 알칸/폴리에틸렌 계의 성질.

사슬의 탄소수	상태 및 성질	용 도
1-4	기체	취사용 가스
5-11	액체	가솔린
9-16	중점성도 액체	등유
16-25	고점성도 액체	기름, 그리스
25-50	결정성 고체	밀납양초
50-1000	준결정성 고체	우유팩 접착체, 코팅제
1000-5000	질긴 플라스틱 고체	폴리에틸렌 용기
$3\text{-}6\times10^5$	섬유	수술용 장갑, 방탄조끼

실온에서 탄소수 1~4의 물질은 기체이며, 탄소수 5인 n-펜탄은 36.1 ℃ 에서 끓으며 점성도(viscosity)가 낮은 액체이다. 분자량이 증가함에 따라 점성도도 증가한다. 가솔린은 주로 가지사슬(branched-chain)의 물질이며, 바른 사슬의 알칸 뿐만 아니라 방향족도 함유되어 있지만, 평균사슬 길이가 작아서 등유(kerosene), 모타오일, 그리스보다 훨씬 낮은 점성도를 가진다.

이들 물질은 몇 가지 분자종의 혼합물로서 그 성분은 쉽게 분리되고 확인될 수 있다. 고분자도 분자량분포를 갖는 혼합물이긴 하지만, 고분자에서는 각 분자종의 분리가 어려우며, 따라서 평균 분자량이 중요한 의미를 갖는다.

20~25개 이상의 탄소원자로 된 n-알칸은 실온에서 결정성이며, 밀납(wax)으로 알려져 있다. 그러나 50개 정도의 탄소원자로 된 물질을 보통의 의미에서 고분자라고 할 수 없다.

알칸계 고분자는 1,000~3,000개의 탄소원자를 가지며, 폴리에틸렌으로 알려져 있다. 폴리에틸렌은 아래와 같은 화학구조를 가지고 있으며,

$$\left(CH_2-CH_2 \right)_n \tag{1. 2}$$

이러한 구조식은 단량체인 에틸렌, $CH_2=CH_2$ 의 구조에서 유래된다. 또한 가끔 다음과 같은 구조, 즉 폴리메틸렌(polymethylene)으로 나타내기도 한다.

$$\left(CH_2 \right)_{n'} \tag{1. 3}$$

한편 알칸은 CH_3-의 말단기를 가지나 폴리에틸렌은 개시제 부분을 가지고 있다는 점에서 그

구조의 차이가 있다.

수천 개의 탄소로 된 사슬에서도 폴리에틸렌의 녹는점(T_m)은 분자량에 다소 의존하지만 대부분의 선형 폴리에틸렌은 140℃근처의 T_m 을 가지며(분자량이 무한대인 경우 145℃에 접근), 그 관계를 그림 1. 1 에 나타내었다.

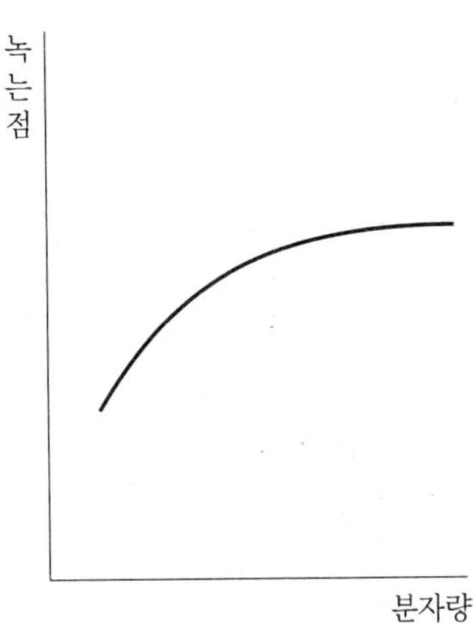

▶ **그림 1. 1** 알칸계에서 분자량과 녹는점과의 관계. 분자량이 아주 큰 경우 (폴리에틸렌)에 약 145 ℃의 녹는점을 가진다.

폴리에틸렌과 밀납(wax)의 가장 큰 차이는 기계적 성질로서 밀납은 깨어지기 쉬운(취성, brittle) 고체인 반면 폴리에틸렌은 질긴(tough) 플라스틱이다. 양초와 샴푸병의 플라스틱 뚜껑이 가지는 파괴저항성(resistance to break)을 비교해 보면 플라스틱 뚜껑은 여러 번 계속하여 굽힐 수가 있지만, 양초는 첫 변형(deformation)에서도 쉽게 부서져 버린다.

폴리에틸렌이 밀납에 비해 질긴 플라스틱인 까닭은 그림 1. 2 에 나타내었듯이 그 사슬이 충분히 길어서 사슬접힘(chain folding)을 하면서 라멜라(lamellar)결정체들이 서로 연결될 수 있기 때문이다. 사슬이 라멜라 사이를 연결하게 되어 라멜라 내와 라멜라 사이에서 강한 공유결합에 의한 결속을 형성한다. 반면에 밀납에서는 사슬간에 약한 van der Waals힘만이 작용한다.

또 폴리에틸렌의 어느 부분은 비결정성이며, 이 부분의 사슬은 고무상으로 전체 물질에 유연성(flexibility)을 주게 되는 반면에, 밀납은 100% 결정성이다.

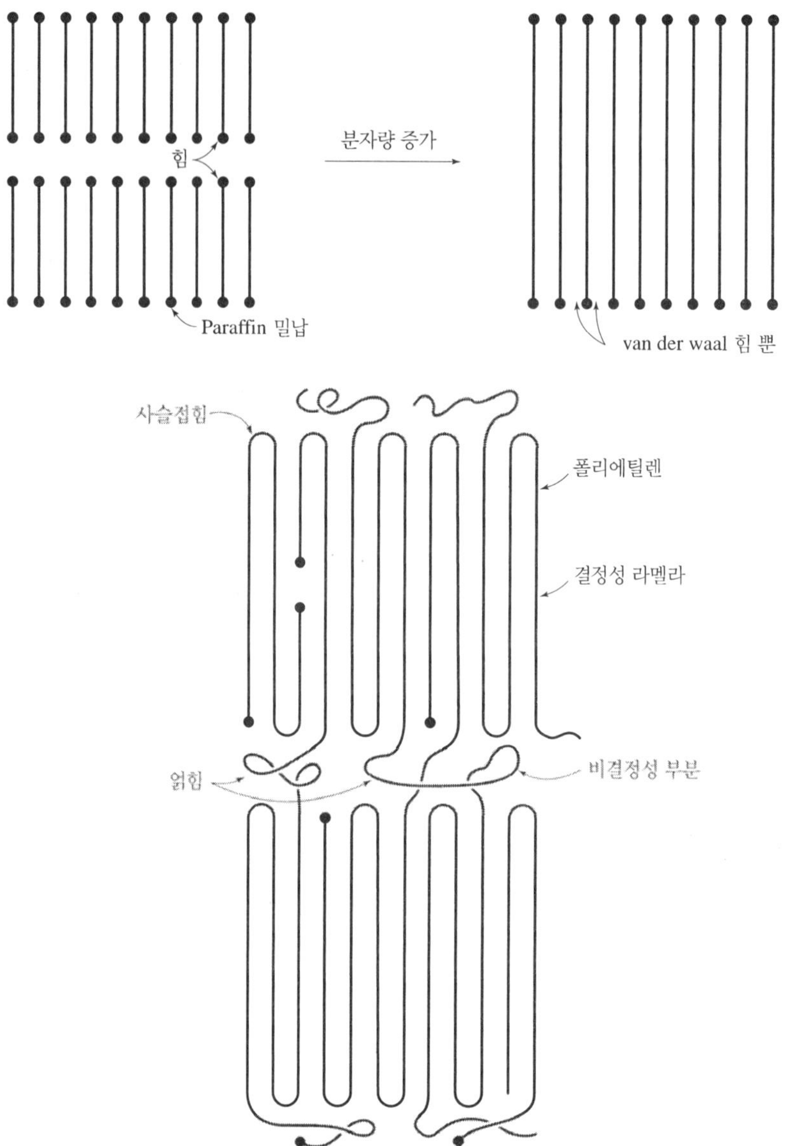

▶ **그림 1. 2** 밀납과 폴리에틸렌의 구조 및 형상비교.

긴 사슬 길이 때문에 얽힘(entanglement)이 일어나게 되며(그림 1. 3 참조), 이러한 얽힘은 응력 하에서 전 물질의 형태가 유지되는 것을 도와주게 된다. 용융(melt)상태에서는 사슬얽힘 때문에 점성도가 급격하게 증가되기도 한다.

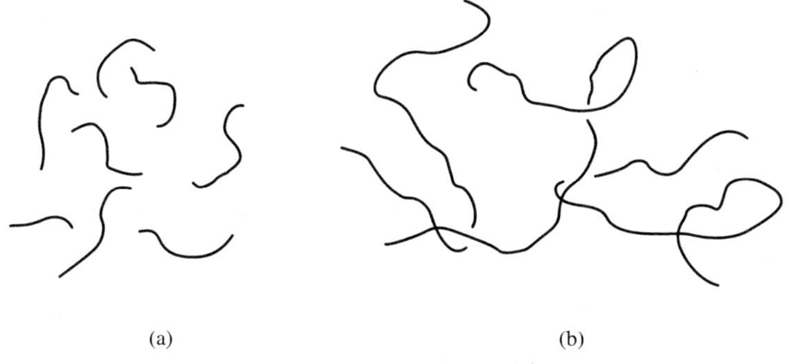

▶ **그림 1. 3** 고분자사슬의 얽힘. (a) 저분자 : 얽힘 없음 (b) 고분자 : 사슬이 얽힘.

그림 1. 3 에 나타내었듯이 긴 사슬은 비결정상태에서 고분자의 감김(coiling)을 일으키기도 하며, 고분자과학의 이론에 의하면 비결정성 사슬의 형태(conformation)는 불규칙 코일로 사슬의 방향은 통계학적으로 결정된다.

1. 2 분자량 및 분자량분포

고분자라고 불리워질 수 있는 분자량을 정확히 말하기 어렵지만, 고분자 과학자는 보통 25,000 g/몰로 간주한다. 이 값은 여러 중요한 고분자에 대한 고분자로서의 특성적인 물리적, 역학적 성질을 나타내는 최소의 분자량이며, 이 정도의 분자량에서 얽힘이 시작된다고 볼 수 있다.

분자량이 고분자의 인장강도(tensile strength)에 미치는 영향은 그림 1. 4에 나타낸 바와 같다. 아주 작은 분자량에서는 파괴인장응력(tensile stress to break), σ_b은 0에 가깝지만, 분자량이 증가함에 따라 인장강도가 급격히 증가하다가 점차로 일정하게 된다.

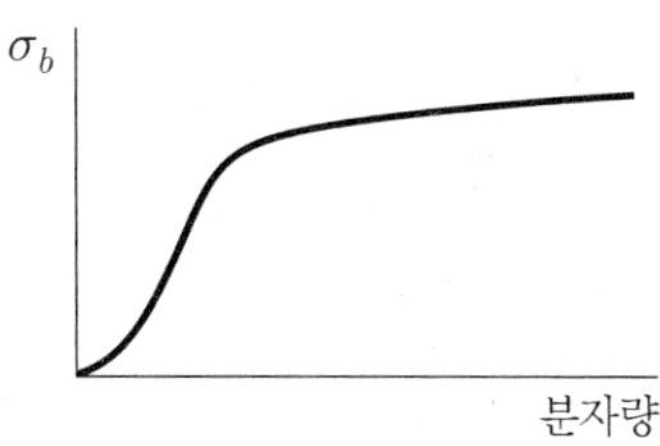

▶ **그림 1. 4** 고분자의 분자량이 인장강도에 미치는 영향

분자척도로 볼 때 가장 약한 위치는 공유결합력이 없는 사슬의 말단이기 때문에 무한히 큰 분자량에서 인장강도가 일정하게 된다는 것을 예측할 수가 있다. 따라서 그림 1. 4에서 곡선의 대부분

을 아래 식으로 나다낼 수 있으며, 여기에서 M_n 은 수평균 분자량이고, A와 B는 상수이다.

$$\sigma_b = A - \frac{B}{M_n} \tag{1.4}$$

같은 고분자라도 제조 근원이 다르면 그 분자량이 다를 수 있다. 즉 A에서 얻은 폴리에틸렌의 분자량이 150,000 g/몰인 반면에 B에서 얻은 폴리에틸렌의 분자량은 400,000 g/몰이 될 수가 있다. 모든 합성고분자와 대부분의 천연고분자(단백질은 예외)는 그림 1. 5 에 나타내었듯이 분자량의 분포를 가진다. 주어진 폴리에틸렌에서 어떤 분자는 다른 분자보다 더 클 수 있으며, 이런 차이는 중합속도론과 직접 연관된다.

이런 사실은 작은 분자만을 이해하고 있는 20세기 초의 화학자들에게 다음과 같은 큰 혼란을 야기시켰다. 즉 헥산은 모두 여섯 개의 탄소를 가지고 있는데, 2,430개의 탄소를 가진 폴리에틸렌을 "폴리에틸렌"이라고 한다면 5,280개의 탄소를 가진 것을 어떻게 폴리에틸렌이라고 할 수 있는가? 어떻게 하여 그림 1. 5 에서 나타낸 A와 B와 같이 분자량이 다른 두 물질들이 다 같은 폴리에틸렌인가?

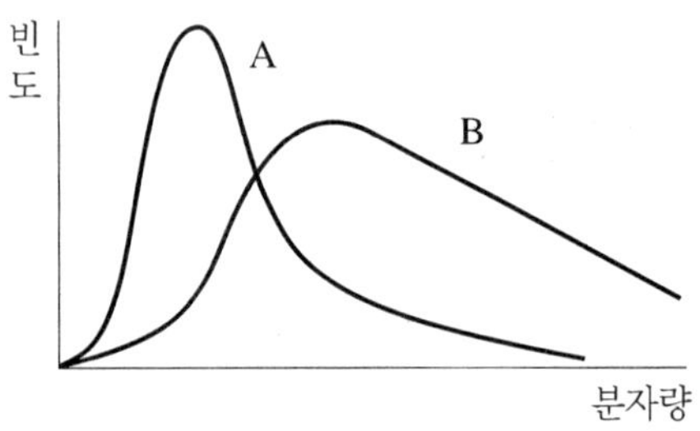

▶ **그림 1. 5** 근원이 다른 동일한 고분자 A와 B의 분자량분포.

이런 의문의 해답은 평균분자량과 분자량분포의 정의로 설명되며, 가장 중요한 두 평균분자량은 수평균분자량 M_n 과 무게평균분자량 M_w 인데 다음 장에서 상세히 논하겠다. 한 개의 피크를 갖는 분포에서 M_n은 피크근처의 값이며, 무게평균분자량이 항상 더 커서 단순한 분포에서는 M_w 는 M_n 의 1.5~2.0배가 된다. M_w / M_n 비는 다분산지수(polydispersity index, PDI)라고 부르며, 수분율의 분자량분포를 나타내는 척도이다. 그래서 $-(CH_2\text{-}CH_2)_n-$의 조성을 가진 모든 것을 폴리에틸렌이라고 부르며, 각 경우에 분자량이 명기된다.

대부분 고분자의 경우에 좁은 분자량분포가 더 좋은 성질을 나타낸다. 분포의 저분자량 쪽 끝부분은 가소제(plasticizer)로 작용하여 그 물질을 부드럽게는 하지만, 인장강도에는 아무 기여를 하지 않는다. 높은 분자량의 끝부분은 용융점성도를 높여 가공의 어려움을 증가시킨다. 이러한 이유로 중합체의 분자량 측정은 매우 중요하다.

1. 3 고분자의 전이

앞에서 고분자의 결정성(crystallinity)과 용융에 대해 논하였는데, 액체가 고체로 되는 결정화(crystallization)는 일차전이(first-order transition)로서 물이 얼음으로 바뀌는 것과 같은 매우 익숙한 전이이다.

조금 생소한 전이는 고분자에서의 유리-고무전이로서, 유리전이온도(glass transition temperature), T_g 에서 고분자의 비결정성 부분이 부드럽게 된다. 가장 친근한 보기는 높은 온도에서 부드럽게 되어 흐를 수 있는 창문유리인데, 유리는 결정성이 아니고 비결정성 고체이다. 많은 고분자들은 완전한 비결정성이다. 이상조건에서 행하여진다면 유리전이는 이차전이(second-order transition)의 한 형태이다.

유리전이는 고분자사슬의 분자운동에 근거를 두고 있다. 낮은 온도에서는 진동운동(vibrational motion)만이 가능하게 되어 고분자는 단단하고 유리와 같다(그림 1. 6 의 영역 1). 그림 1. 6 의 영역 2인 유리전이 영역에서는 고분자가 부드러워져 탄성계수가 크게 떨어지게 되어 고무처럼 된다. 영역 3, 4 및 5 는 각각 고무상 플래토우(plateau), 고무상유체 및 점성유체영역 등으로 불리워지는데, 표 1. 2 에 각 영역의 예를 나타내었다.

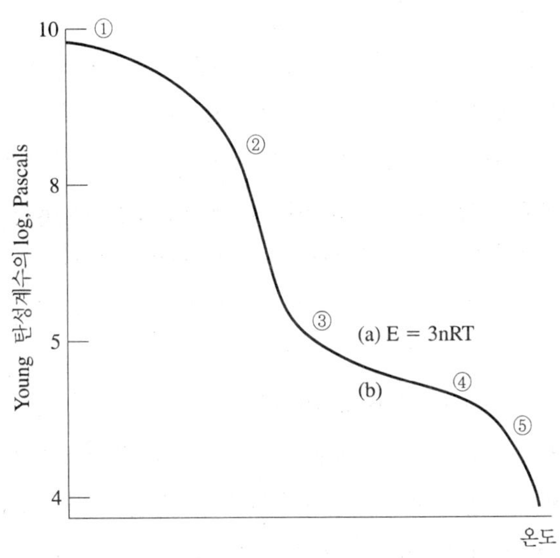

▶ **그림 1. 6** 비결정성 고분자의 전형적인 탄성계수-온도 거동.

표 1.2 실온에서 대표적 고분자 점탄성 거동

영 역	고분자	용 도
유리상	폴리(메틸 메타크릴레이트)	플라스틱
유리전이	폴리(비닐 아세테이트)	라텍스 페인트
고무 플래토우	cross-폴리(부타디엔-stat-스티렌)	고무 밴드
고무상 흐름	치클[a]	껌
점성 흐름	폴리(디메틸 실록산)	윤활유

[a] cis- 및 trans-폴리이소프렌과 다당류의 혼합물.

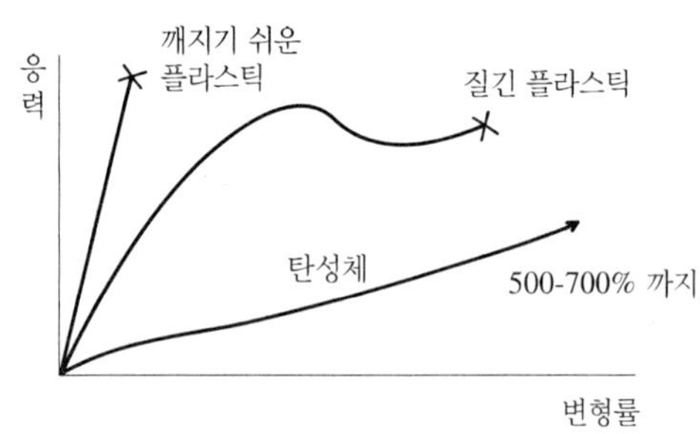

▶ **그림 1.7** 여러 고분자의 응력-변형 거동. 초기 기울기에는 탄성계수를 나타내고, 곡선 아래의 면적은 파괴에너지를 나타낸다.

점탄성거동의 영역에 따라 고분자의 역학적 성질이 매우 다르다. 영역 1, 2, 3 에 대한 대표적인 응력-변형(stress-strain)거동을 그림 1.7 에 나타내었다. 유리상 고분자는 딱딱하고, 깨지기 쉬워(stiff and brittle) 가끔 약간의 신장에도 파괴된다. 유리상 영역의 고분자는 더욱 신장이 가능해, 가끔 질긴 플라스틱의 응력-변형곡선에서 보이는 혹 모양의 항복점(yield point)을 나타내기도 한다. 만약 T_g 이상의 비정영역을 가진 준정형(semicrystalline) 고분자는 질긴(tough) 플라스틱 거동을 보인다. 고무상 플래토우 영역에 있는 고분자는 매우 탄성적(elastic)으로 가끔 500 % 이상의 신장을 보일 때도 있다.

T_g 이상의 온도에 있는 가교(cross-linked) 비정고분자는 고무처럼 거동한다. 예를 들면 고무 밴드 및 자동차 타이어용 고무가 있다. 일반적으로 고무상 플래토우 영역에 있는 고무탄성체(elastomer)의 Young 탄성계수는 그림 1. 6에서처럼(해당직선은 나타내지 않았지만) $E = 3nRT$(a) 관계로 나타낼 수 있으며, 선형고분자는 직선(b)처럼 거동한다. 위 관계식에서 n 은 가교망상체(network)의 단위체적당 탄성사슬 세그먼트(segment)의 수를 나타내며, R 및 T 는 각각 기체상수 및 절대온도를 나타낸다.

고분자는 부분적인 결정성이거나 또는 완전 비결정성이며, 동시에 비결정성 부분이 유리전이온도 이하 및 이상에서 존재할 수가 있으므로 물질을 네 가지로 분류할 수 있고, 그 보기를 표 1. 3 에 나타내었다.

표 1.3 실온에서 전이거동에 따른 고분자의 보기

	결정성	비결정성
낮은 T_g	폴리에틸렌	천연고무
높은 T_g	셀룰로오스	폴리메틸메타크릴레이트

사실상 준정형 고분자의 탄성계수의 온도의존성에 대해서는 크게 두 영역이 있다고 하겠다. 만약 비정영역이 T_g 이상에 있다면 일반적으로 탄성계수는 고무상과 유리상의 가운데 영역에 해당될 것이며, 만약 비정영역이 T_g 이하의 유리상이라면 그 고분자는 100 % 유리상 고분자에 대해 기대되는 것보다 약간 더 딱딱한 역학적 거동을 나타낼 것이다.

1.4 고분자의 합성과 구조

고분자는 두 가지 메카니즘은 연쇄(또는 부가)중합(chain polymerization) 및 단계(또는 축합)중합(step polymerization)을 이용하여 제주할 수 있다. 여기에서는 연쇄중합에서 가장 중요한 자유라디칼 중합에 대해 간단히 논하겠다.

1.4.1 연쇄중합

과산화벤조일을 개시제로 사용한 poly(ethyl acrylate)의 제조를 보기로 자유라디칼중합을 설명하기로 한다. 자유라디칼중합은 개시(initiation), 성장(propagation) 및 정지(termination)의 세 단계로 이루어진다.

처음에 열에 의해 과산화벤조일이 분해되어 두 개의 자유라디칼이 생성된다. 이 반응에서 산소-산소 결합의 전자가 짝을 지우지 못하게 되어 활성점이 되는데, 이러한 자유라디칼은 R · 로 표기된다.

$$C_6H_5-\overset{O}{\overset{\|}{C}}-O:O-\overset{O}{\overset{\|}{C}}-C_6H_5 \longrightarrow 2\,C_6H_5-\overset{O}{\overset{\|}{C}}-O\cdot \qquad (1.5)$$

과산화벤조일 자유라디칼 R·

개시단계는 일반적으로 첫 단량체의 부가를 말하는데, 이 반응에서 자유라디칼이 단량체를 공격하여 부가된다. 이 때 이중결합이 열려 반응하여 다른 끝에 자유라디칼이 다시 생기게 된다.

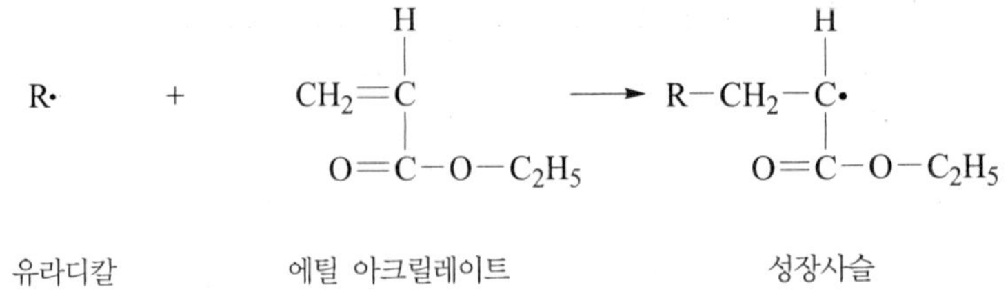

$$\mathrm{R\cdot} \quad + \quad \mathrm{CH_2{=}C(H)\!-\!C({=}O)\!-\!O\!-\!C_2H_5} \longrightarrow \mathrm{R\!-\!CH_2\!-\!C^{\cdot}(H)\!-\!C({=}O)\!-\!O\!-\!C_2H_5} \qquad (1.6)$$

유라디칼 에틸 아크릴레이트 성장사슬

반응 (1. 5)와 (1. 6)의 개시반응 후에 많은 단량체가 급속히 부가되어 아래와 같이 사슬이 성장하게 된다.

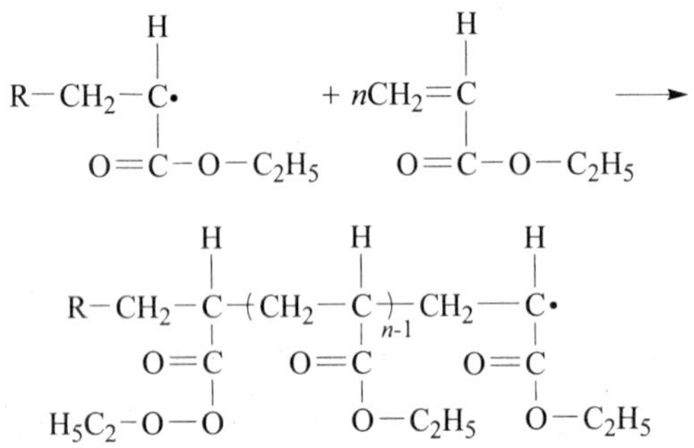

$$\mathrm{R\!-\!CH_2\!-\!C^{\cdot}(H)\!-\!C({=}O)\!-\!O\!-\!C_2H_5} + n\mathrm{CH_2{=}C(H)\!-\!C({=}O)\!-\!O\!-\!C_2H_5} \longrightarrow$$

$$\mathrm{R\!-\!CH_2\!-\!C(H)(C({=}O)\!-\!O\!-\!C_2H_5)\!-\!\left(CH_2\!-\!C(H)(C({=}O)\!-\!O\!-\!C_2H_5)\right)_{n-1}\!-\!CH_2\!-\!C^{\cdot}(H)(C({=}O)\!-\!O\!-\!C_2H_5)} \qquad (1.7)$$

정지반응에서는 두 개의 자라는 사슬의 말단이 서로 반응하는 결합(combination)이 일어나든지 (R 은 긴 사슬을 나타냄),

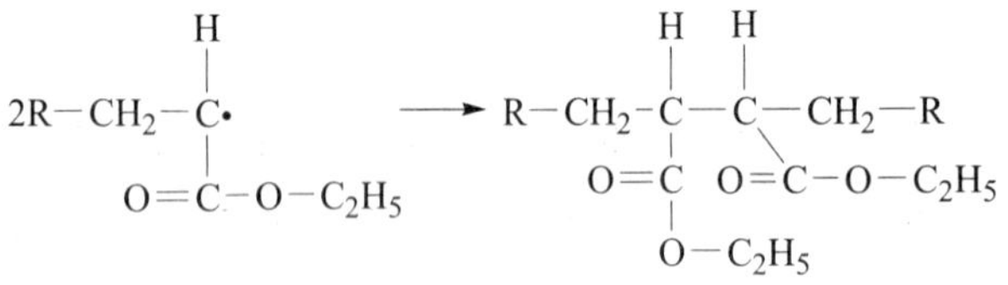

$$2\mathrm{R\!-\!CH_2\!-\!C^{\cdot}(H)\!-\!C({=}O)\!-\!O\!-\!C_2H_5} \longrightarrow \mathrm{R\!-\!CH_2\!-\!C(H)(C({=}O)\!-\!O\!-\!C_2H_5)\!-\!C(H)(C({=}O)\!-\!O\!-\!C_2H_5)\!-\!CH_2\!-\!R} \qquad (1.8)$$

또는 수소 한 개가 이동하게 되는 불균등화(disproportionation)에 의해서 두 개의 사슬이 형성되기도 한다. 부가의 정상적인 방법은 식(1. 7)에서와 같은 머리 대 꼬리(head to tail) 반응이지만, 정지단계에서는 보통 머리 대 머리반응이 일어난다.

단일중합체(homopolymer)인 poly(ethyl acrylate)는 -22 ℃의 낮은 T_g 를 가진 고분자로 탄성체나 접착제로 널리 이용되고 있다. 다른 아크릴 단량체와의 공중합체(copolymer)는 라텍스 페인트에 이용되고 있다. 연쇄기구로 단량체를 중합하는 주요 방법은 이중결합을 열어 선형분자를 만드는 것으로 반응혼합물에는 단량체, 완전히 반응한 고분자 그리고 아주 작은 양의 반응종 등이 포함되어 있다.

고분자의 명명법은 IUPAC 용어제정위원회에서 제정한 규칙에 따른다. 간단한 고분자에 대해서는 단량체의 이름 앞에 폴리(poly)라는 접두사를 붙여 명명하며, 단량체의 이름이 두 단어 이상인 경우에는 단량체의 이름을 괄호 안에 표기한다. 즉, ethyl acrylate 단량체로부터 얻은 고분자는

poly(ethyl acrylate)라고 부른다.

몇 가지 사슬고분자의 구조, 이름, 용도 등을 표 1.4에 나타내었다. 비닐(vinyl) 단량체는 CH_2=CHR로 나타낼 수 있으며, 여기에서 R은 치환기를 말한다.

CH_2=CR-CH=CH_2의 구조를 가진 디엔(diene) 단량체는 중합하면 한 개의 이중결합이 중합하고, 다른 이중결합은 반응하지 않고 남아 있든지 또는 두 개의 이중결합이 모두 중합에 관여하여 중앙에 이중결합이 형성될 수도 있다. 비닐리덴(vinylidene)은 한 개의 탄소에 두 개의 기가 붙어 있다. 두 가지 이상의 단량체로 형성된 공중합체도 표 1.4에 나타내었다.

1.4.2 단계중합

단계중합의 대표적인 보기로는 폴리에스테르의 제조가 있다. (표 1.4 참조)

산과 알코올이 반응하면 아래와 같이 에스테르가 생성되고 이 때 물이 빠진다.

$$\underset{\text{에틸알코올}}{CH_3-CH_2OH} + \underset{\text{아세트산}}{CH_3-\overset{\overset{\displaystyle O}{\|}}{C}-OH} \longrightarrow \underset{\text{아세트산에틸}}{CH_3-CH_2-O-\overset{\overset{\displaystyle O}{\|}}{C}-OH} + \underset{\text{물}}{H_2O} \tag{1.9}$$

그러나 위의 화학물질은 각각 한 개의 작용기(functional group)만을 가지고 있기 때문에 폴리에스테르를 만들 수는 없다. 두 개의 작용기를 가진 두 반응물을 이용하여 선형 고분자를 얻을 수 있다.

$$\underset{\text{에틸렌 글리콜}}{nHO-CH_2-CH_2-OH} + \underset{\text{테레프탈산}}{nOH-\overset{\overset{\displaystyle O}{\|}}{C}-C_6H_4-\overset{\overset{\displaystyle O}{\|}}{C}-OH} \longrightarrow$$

$$\underset{\text{폴리(에틸렌 테레프탈레이트)}}{H\left[O-CH_2-CH_2-O-\overset{\overset{\displaystyle O}{\|}}{C}-C_6H_4-\overset{\overset{\displaystyle O}{\|}}{C}\right]_n OH} + (2n-1)\,H_2O \tag{1.10}$$

단계반응에서는 단량체, 이량체(dimer), 삼량체(trimer) 등이 함께 반응하고 적절한 작용기들이 공간에서 만나 반응하게 되며, 따라서 물이 제거됨에 따라 분자량이 서서히 증가하게 된다,

표 1.4 몇 가지 고분자의 구조와 이름

구조	이름	용도
$-\!\left(CH_2-\underset{R}{\underset{\mid}{CH}}\right)_n\!-$	비닐계	
$R = -H$	폴리에틸렌	플라스틱
$R = -CH_3$	폴리프로필렌	로우프
$R = -C_6H_5$ (⌬)	폴리스티렌	음료수컵
$R = -Cl$	폴리염화비닐	"비닐제품"
$R = -O-\overset{C}{\overset{\|}{O}}-CH_3$	폴리(비닐 아세테이트)	라텍스페인트
$R = -OH$	폴리(비닐 알콜)	섬유
$R = -CN$	폴리아크릴로니트릴	Orlon
$-\!\left(CH_2-\overset{X}{\overset{\mid}{\underset{O=C-O-R}{\underset{\mid}{C}}}}\right)_n\!-$	$X = -H$, 아크릴계 $X = -CH_3$, 메타크릴계	
$X = -H$, $R = -C_2H_5$	폴리(에틸 아크릴레이트)	라텍스페인트
$X = -CH_3$, $R = -CH_3$	폴리(메틸 메타크릴레이트)	Plexiglas
$X = -CH_3$, $R = -C_2H_5$	폴리(에틸 메타크릴레이트)	접착제
$-\!\left(CH_2-\underset{R}{\underset{\mid}{C}}=CH-CH_2\right)_n\!-$	디엔계	
$R = -H$	폴리부타디엔	타이어
$R = -CH_3$	폴리이소프렌	천연고무
$R = -Cl$	폴리클로로프렌	Neoprene
$-\!\left(CX_2-CR\right)_n\!-$	비닐리덴계	
$X = -H$, $R = -F$	폴리(플루오르화 비닐리덴)	플라스틱
$X = -F$, $R = -F$	폴리테트라플루오로에틸렌	Teflon
$X = -H$, $R = -CH_3$	폴리이소부텐	탄성체
	공중합체	
EPDM	에틸렌-프로필렌-디엔-모노머	탄성체
SBR	스티렌-부타디엔-고무 폴리(스티렌-co-부타디엔)	타이어고무
NBR	아크릴로니트릴-부타디엔-고무 폴리(아크릴로니트릴-co-부타디엔)	탄성체
ABS	아크릴로니트릴-부타디엔-스티렌	플라스틱

위에서 얻은 poly(ethylene terephthalate)(PET)는 “Dacron” 이라는 섬유로 잘 알려져 있으며, 높은 결정화도를 가져 265 ℃정도의 녹는점을 가지고 있다.

단계중합에 의해 얻을 수 있는 또 다른 중합체로는 나일론이 있는데 두 계열로 나눌 수 있다. 첫 번째 계열의 단량체는 한 말단이 아민기이고 다른 말단은 카르복시기이다.

$$n\,H_2N-CH_3-CH_2-CH_2-\overset{\overset{\displaystyle O}{\|}}{C}-OH \longrightarrow$$

$$H\!\left(\overset{\overset{\displaystyle H}{|}}{N}-CH_2-CH_2-CH_2-\overset{\overset{\displaystyle O}{\|}}{C}\right)_{\!n}\!OH \quad + \quad (n\text{-}1)\,H_2O \qquad (1.\ 11)$$

위의 반응으로 얻는 중합체가 나일론 4이며, 4는 반복단위에 있는 탄소수를 나타낸다.

두 번째 계열에서는 디카르복시산(dicarboxylic acid)을 디아민(diamine)과 반응시켜서 얻는 것으로 아래의 경우 나일론 4,8을 얻게 된다.

$$nH_2N\!\left(CH_2\right)_4\!NH_2 \ + nHO-\overset{\overset{\displaystyle O}{\|}}{C}\!\left(CH_2\right)_6\!\overset{\overset{\displaystyle O}{\|}}{C}-OH \longrightarrow$$

$$H-\overset{\overset{\displaystyle H}{|}}{N}\!\left(CH_2\right)_4\!\overset{\overset{\displaystyle H}{|}}{N}-\overset{\overset{\displaystyle O}{\|}}{C}\!\left(CH_2\right)_6\!\overset{\overset{\displaystyle O}{\|}}{C}\Big]_n OH \quad + \quad (2n\text{-}1)\,H_2O \qquad (1.\ 12)$$

표기된 숫자에서 아민의 탄소수를 먼저 쓰고 산의 탄소수를 나중에 나타낸다. 반응목적상 가끔 카르복시산 대신에 염화아실(acyl chloride)을 사용하기도 한다,

몇 가지 중요한 단계중합체를 표 1. 5에 나타내었으며, 나일론을 폴리아미드(polyamide)라기도 한다. 표 1. 5에 주어진 폴리우레탄(polyurethane)은 탄성체로 실리콘(silicone)도 탄성체로, 셀룰로오스계는 섬유나 플라스틱으로 이용되고 있다.

1. 5 가교화, 가소제 및 충전제

지금까지는 순수하게 제조된 단일중합체에 대해서 논하였지만, 폴리스티렌 컵이나 폴리우레탄 필름처럼 순수한 고분자가 그대로 사용되는 것은 아주 적고 대부분의 고분자는 여러 가지 첨가제를 넣어서 사용되고 있다.

표 1.5 몇 가지 단계중합체의 구조와 이름

구 조	이 름	상 품 명
$X{=}{-}\overset{O}{\overset{\|\|}{C}}{-}O{-}$	폴리에스터	
$-\!\left(CH_2-CH_2-O-\overset{O}{\overset{\|\|}{C}}-C_6H_4-\overset{O}{\overset{\|\|}{C}}-O\right)_n\!-$	폴리(에틸렌 테레프탈레이트)	Dacron
$X{=}{-}\overset{H}{\overset{\|}{N}}-\overset{O}{\overset{\|\|}{C}}-$	폴리아미드	
$-\!\left(\overset{H}{\overset{\|}{N}}-(CH_2)_6-\overset{H}{\overset{\|}{N}}-\overset{O}{\overset{\|\|}{C}}-(CH_2)_8-\overset{O}{\overset{\|\|}{C}}\right)_n\!-$	폴리(헥사메틸렌 세바카미드)	나일론 610
$-\!\left(\overset{H}{\overset{\|}{N}}-(CH_2)_5-\overset{C}{\overset{\|\|}{C}}\right)_n\!-$	폴리카프로락탐	나일론 6
$X{=}{-}\overset{H}{\overset{\|}{N}}-\overset{O}{\overset{\|\|}{C}}-O-$	우레탄	
$-\!\left[(CH_2)_4-O\right]_n\!-$	폴리테트라하이드로퓨란	
$-\!\left[\left[O-(CH_2)\right]_n-\overset{H}{\overset{\|}{N}}-\overset{O}{\overset{\|\|}{C}}\right]_n\!-$	폴리우레탄의 한 종류	Spandex
$-\!\left(O-\underset{CH_3}{\underset{\|}{\overset{CH_3}{\overset{\|}{Si}}}}\right)_n\!-$	폴리(디메틸 실록산)	Silicone rubber
$[\ldots]_n$ (CH₂OH, H, OH, O 치환 피라노스 고리 구조)	셀룰로오스	면
$[\ldots]_n$ ($CH_2-O-\overset{O}{\overset{\|\|}{C}}-CH_3$, $O-\overset{O}{\overset{\|\|}{C}}-CH_3$ 치환 피라노스 고리 구조)	셀룰로오스 트리아세테이트	Arnel
$H_2C\overset{O}{-}\underset{H}{C}-R-\underset{H}{C}\overset{O}{-}CH_2 \rightarrow$ $R'-O-H_2C-\overset{OH}{C}-R-\underset{H}{\overset{OH}{C}}-\underset{H_2}{C}-O-R'$	에폭시수지	Epon

열을 가하면 선형고분자는 흐를 수 있게 되고, 이러한 물질을 열가소성수지(thermo plastics)라고 부른다. 이러한 흐름을 방지하기 위하여 고분자를 가교시키기도 한다.

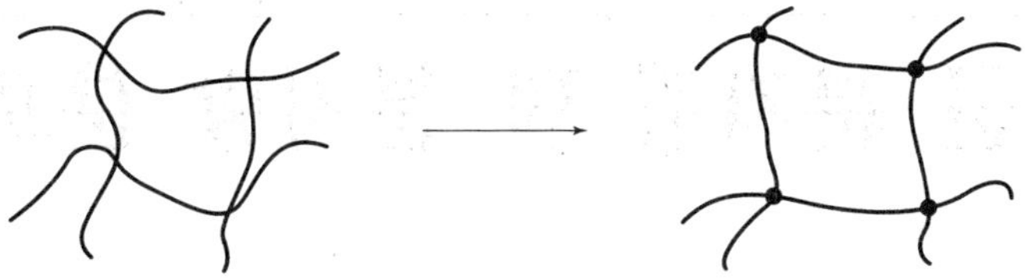

(1. 13)

고무의 가교화(crosslinking)를 종종 가황(vulcanization)이라고 부른다. 가교화에 의해 사슬이 결속되어 망상체(network)를 만들게 되고, 이렇게 된 물질은 가열에 의해 흐리지 않기 때문에 열경화성수지(thermoset)라고 부른다.

가소제는 작은 분자로서 고분자에 첨가되어 유리전이온도를 낮추거나 결정화도 또는 녹는점을 감소시켜서 고분자를 부드럽게 만든다. 가소화되어 많이 사용되는 고분자로는 폴리염화비닐(PVC)이 있는데, 목욕탕의 새 비닐커텐에서 나는 냄새는 가소제에 기인한다.

충진제(filler)는 강화(reinforcing)로는 실리카(silica)와 카본 블랙이 있으며, 특히 카본블랙은 내마모성을 증가시키기 위해 자동차 타이어에 널리 이용되고 있다. 탄산칼슘과 같은 비강화충진제는 색깔이나 불투명성을 내거나 또는 단순히 생산단가를 줄이기 위하여 사용되고 있다.

제 2 장

평균 분자량 및 분자량 분포

1. 2절에서 잠깐 언급했지만, 합성 고분자의 평균 분자량 및 분자량 분포는 고분자의 물성에 미치는 영향이 지대하므로 이 장에서는 비교적 자세하게 다루겠다. 먼저 통계적 모멘트(moment) 및 큐뮬런트(cumulant) 전개의 개념을 소개하고 이를 바탕으로 각종 평균 분자량(또는 중합도) 즉, 수평균(M_n), 무게평균(M_w), z평균(M_z), 점도평균(M_v) 분자량을 정의하고, 실제 중합반응에 적용되는 몇 가지 대표적 이산(discrete) 분포 및 연속(continuous) 분포에 대해 평균 분자량 및 분포폭을 구하는 방법에 대해 논하기로 한다.

2. 1 통계적 모멘트 및 큐뮬런트 전개

지금 평균치 m, 분포폭 (분산) σ^2(여기서 σ는 표준편차)를 갖는 어떤 확률밀도함수(pdf) $f(x)$가 어떤 이산(또는 연속)분포에 대해 주어졌다고 할 때 확률변수 x의 원점에 관한 n차 모멘트 μ_n' 및 평균치 $\bar{x}(=m)$에 관한 n차 모멘트 μ_n은 아래와 같이 정의된다.

$$\mu_n' = \langle x^n \rangle_{f(x)} = E[x^n]_{f(x)} = \sum_x x^n f(x) = \int_{-\infty}^{\infty} x^n f(x)dx \tag{2. 1}$$

$$\begin{aligned}\mu_n &= \langle (x-\bar{x})^n \rangle_{f(x)} = E[(x-\bar{x})^n]_{f(x)} \\ &= \sum_x (x-\bar{x})^n f(x) = \int_{-\infty}^{\infty} (x-\bar{x})^n f(x)dx \end{aligned} \tag{2. 2}$$

여기서 $\langle x^n \rangle$(또는 $\overline{x^n}$)는 관련량의 주어진 분포에 대한 앙상블(집단)평균을, E는 기대값(평균치)을 의미한다. 그리고 이하에서는 이산($\sum$)분포와 연속($\int$)분포에 대한 결과는 마찬가지이므로 편

의상 이산분포를 중심으로 전개하겠다. 위 식에서

$$\mu_0' = 1,\ \mu_1' = \overline{x} = \langle x \rangle = m,\ \mu_2' = \langle x^2 \rangle = \overline{x^2}\,(\neq \overline{x}^2),\ \cdots \tag{2.3}$$

$$\mu_0 = 1,\ \mu_1 = E[(x-\overline{x})] = 0$$

$$\mu_2 = E[(x-\overline{x})^2] = E[x^2 - 2x\overline{x} + \overline{x}^2] = \langle x^2 \rangle - 2\langle x \rangle^2 + \langle x \rangle^2 = \mu_2' - \mu_1'^2$$

$$\mu_3 = E[(x-\overline{x})^3] = E[x^3 - 3x^2\overline{x} + 3x\overline{x}^2 - \overline{x}^3] = \mu_3' - 3\mu_1'\mu_2' + 2\mu_1'^3 \tag{2.4}$$

$$\mu_4 = E[(x-\overline{x})^4] = E[x^4 - 4x^3\overline{x} + 6x^2\overline{x}^2 - 4x\overline{x}^3 + \overline{x}^4] = \mu_4' - 4\mu_1'\mu_3' + 6\mu_2'\mu_1'^2 - 3\mu_1'^4$$

식 (2. 3) 및 (2. 4)로부터 아래와 같은 유용한 관계식을 추론해 낼 수 있다.

$$\mu_n = \sum_{j=0}^{n} \binom{n}{j} (-1)^{n-j} \mu_j' m^{n-j} \tag{2.5}$$

여기서 $\binom{n}{j} = {}_nC_j = n!/(n-j)!j!$ (조합)이며, $m = \overline{x} = \langle x \rangle$(평균치)이다.

다음은 주어진 분포 $f(x)$에 대한 특성함수(characteristic function) $\phi(t)$를 소개한다.

$$\phi(t) = E[e^{itx}]_{f(x)} = \langle e^{itx} \rangle_{f(x)} = \left\langle \sum_{n=0}^{\infty} \frac{(ix)^n}{n!} t^n \right\rangle = \sum_{n=0}^{\infty} \frac{\mu_n'}{n!} i^n t^n \tag{2.6}$$

여기서 i는 $\sqrt{-1}$ 또는 -1이며, e^x의 Taylor전개 $\sum_{n=0}^{\infty} \frac{x^n}{n!}$을 이용하였으며, 아래가 성립된다.

$$\phi^{(n)}(0) = \left[\frac{d^n}{dt^n} \phi(t) \right]_{t=0} = i^n \mu_n' \tag{2.7}$$

또 $\phi(t)$의 (자연)대수를 취해 $t=0$ 근방으로 Taylor 전개하면 아래가 얻어진다.

$$\ln\phi(t) = \sum_{n=0}^{\infty} \frac{\ln^{(n)}\phi(0)}{n!} t^n = \sum_{n=0}^{\infty} \kappa_n \frac{(it)^n}{n!} \tag{2.8}$$

여기서 $\ln^{(n)}\phi(0) = \left[\frac{d^n}{dt^n} \ln\phi(t) \right]_{t=0} = i^n \kappa_n$ (2. 9)

식 (2. 8)을 확률밀도함수 $f(x)$에 대한 '큐뮬런트(cumulant) 전개'라 하며, 식 (2. 9)에 의해 그 계수를 구하면 아래와 같다(문제 2. 1).

$$\kappa_0 = 0\,(\because \phi(0) = 1),\ \kappa_1 = x = m,\ \kappa_2 = \mu_2 = \sigma^2,\ \kappa_3 = \mu_3,\ \kappa_4 = \mu_4 - 3\mu_2^2 \tag{2.10}$$

이 큐뮬런트 전개는 나중 언급될 동적광산란(DLS)(이때 i는 -1 이용)에 유용하게 응용될 것이다. 덧붙여 식 (2. 10)의 $\kappa_2(=\mu_2)$는 분포의 폭(분산)을 나타내며, $\gamma_1 = \kappa_3 / \kappa_2^{3/2} = \mu_3 / \sigma^3$는 분포의 비대칭도를 나타내는 'skewness'라 칭하며, $\gamma_2 = \kappa_4 / \kappa_2^2 = \mu_4 / \sigma^4 - 3$은 분포의 'sharpness'를 나타내는 'excess(or kurtosis)'라 한다.

2. 2 각종 평균 분자량 및 분포의 정의

합성 고분자의 분자량 M_i짜리의 개수가 N_i, 질량이 $W_i(=N_iM_i)$이며, 전체 분자수는 $N = \sum_{i=1}^{\infty} N_i$, 전체 질량은 $W = \sum_{i=1}^{\infty} W_i$ 일 때, 아래와 같이 각종 평균분자량이 정의된다.

$$\text{(수평균)} \quad M_n = \frac{\sum N_i M_i}{\sum N_i} = \sum f_i M_i = 1/\left(\sum w_i / M_i\right) \tag{2. 11}$$

$$\text{(무게평균)} \quad M_w = \frac{\sum N_i M_i^2}{\sum N_i M_i} = \frac{\sum f_i M_i^2}{\sum f_i M_i} = \sum w_i M_i \tag{2. 12}$$

$$(z\text{평균}) \quad M_z = \frac{\sum N_i M_i^3}{\sum N_i M_i^2} = \frac{\sum f_i M_i^3}{\sum f_i M_i^2} = \frac{\sum w_i M_i^2}{\sum w_i M_i} = \sum z_i M_i \tag{2. 13}$$

$$\text{(점도평균)} \quad M_v = \left[\frac{\sum N_i M_i^{1+a}}{\sum N_i M_i}\right]^{1/a} = \left[\frac{\sum f_i M_i^{1+a}}{\sum f_i M_i}\right]^{1/a} = \left[\sum w_i M_i^a\right]^{1/a} \tag{2. 14}$$

위 식들에서 f_i는 분자량 M_i짜리에 대한 수(또는 몰)분율로서 $f_i = N_i / \sum N_i \left(= n_i / \sum n_i\right)$ [여기서 $n_i = N_i / N_A$(Avogadro수)는 몰수임]이며, w_i는 무게(또는 질량)분율로서 $w_i = N_iM_i / \sum N_iM_i = W_i / \sum W_i$이며 이들 사이에는 아래와 같은 유용한 관계가 성립된다.

$$w_i = \frac{N_iM_i / \sum N_i}{\sum N_iM_i / \sum N_i} = \frac{f_iM_i}{M_n} \tag{2. 15}$$

또한 분자량 M_i짜리에 대한 z분율인 z_i는 아래와 같이 나타내진다.

$$z_i = \frac{N_iM_i^2 / \sum N_iM_i}{\sum N_iM_i^2 / \sum N_iM_i} = \frac{w_iM_i}{M_w} \tag{2. 16}$$

한편 M_n, M_w, M_z는 용매에 의존하지 않는 '절대' 평균 분자량이나, 식 (2. 14)의 M_v는 용매에 의존하는 '상대' 평균 분자량으로서 용매능(solvent power)을 나타내는 지수 a(통상 0.5~0.8 값을 가짐)에 따라 결정되며, 식 (2. 11)-(2. 14)에서 알 수 있듯이 $a = -1$ 때는 $M_v = M_n$, $a = +1$일 때는 $M_v = M_w$에 해당되나 실제 a값의 범위를 보아 통상 $M_n < M_v < M_w$ 관계가 성립된다.

다음에는 2. 1절에서 언급한 모멘트를 이용하여 수분포 및 무게분포의 폭에 대해 논의하고자 한다. 먼저 분자량 M_i의 원점에 관한 수분율 k차 모멘트 $\mu'_{k,n}$ 및 평균 $M_n(=\langle M^1 \rangle_f)$에 관한 k차 모멘트 $\mu_{k,n}$은 아래와 같이 나타낼 수 있다.

$$\mu'_{k,n} = \langle M^k \rangle_f = \sum f_i M_i^k \tag{2. 17}$$

$$\mu_{k,n} = \langle (M - M_n)^k \rangle_f = \sum f_i (M_i - M_n)^k \tag{2. 18}$$

특히 $k = 2$일 때 수분포의 폭을 나타내는 $\mu_{2,n}$은 식 (2. 4)에서

$$\mu_{2,n} = \sigma_n^2 = \langle M^2 \rangle_f - \langle M^1 \rangle_f^2 (= M_n^2) \tag{2. 19}$$

이 식과 식 (2. 12)에서 $M_w = \langle M^2 \rangle_f / \langle M^1 \rangle_f (= M_n)$인 관계를 이용하여 수분포의 폭을 나타내는 '다분산지수(polydispersity index)' ${}_n\mathrm{PDI}$는 아래와 같이 정의된다.

$${}_n\mathrm{PDI} = \frac{M_w}{M_n} = \frac{\langle M^2 \rangle_f}{M_n^2} = \frac{(\sigma_n^2 + M_n^2)}{M_n^2} = 1 + \left(\frac{\sigma_n}{M_n}\right)^2 \tag{2. 20}$$

마찬가지로 무게분율에 관한 모멘트도 식 (2. 17)-(2. 18)과 유사하게

$$\mu'_{k,w} = \langle M^k \rangle_w = \sum w_i M_i^k \tag{2. 21}$$

$$\mu_{k,w} = \langle (M - M_w)^k \rangle_w = \sum w_i (M_i - M_w)^k \tag{2. 22}$$

또 무게분포의 폭을 나타내는 $\mu_{2,w}$도 식 (2. 4)에서

$$\mu_{2,w} = \sigma_w^2 = \langle M^2 \rangle_w - \langle M^1 \rangle_w^2 (= M_w^2) \tag{2. 23}$$

이 식과 식 (2. 13)에서 $M_z = \langle M^2 \rangle_w / \langle M^1 \rangle_w (= M_w)$인 관계를 이용하여 무게분포의 폭을 나타내는 '다분산지수' ${}_w\mathrm{PDI}$는 아래와 같이 정의된다.

$${}_w\mathrm{PDI} = \frac{M_z}{M_w} = \frac{\langle M^2 \rangle_w}{M_w^2} = \frac{\sigma_w^2 + M_w^2}{M_w^2} = 1 + \left(\frac{\sigma_w}{M_w}\right)^2 \tag{2. 24}$$

한편 위에서 언급한 각종 평균 분자량은 수분율(f) 또는 무게분율(w)에 관한 M_i의 원점에 관한 k차 모멘트 비로서도 나타낼 수 있음을 아래의 참고 2. 1란에 나타내었다.

참고 2. 1

식 (2. 11)-(2. 14)에 언급된 평균분자량 (M_{z+1}도 추가로 포함하여)은 다음과 같이 나타낼 수 있다.

$$M_n = \frac{\langle M^1 \rangle_f (= M_n)}{\langle M^0 \rangle_f (= 1)} = \frac{1}{\sum w_i / M_i} = \frac{1}{\langle M^{-1} \rangle_w} \tag{2. 25}$$

$$M_w = \frac{\langle M^2 \rangle_f}{\langle M^1 \rangle_f} = \frac{\langle M^1 \rangle_w}{\langle M^0 \rangle_w (= 1)} \tag{2. 26}$$

$$M_z = \frac{\langle M^3 \rangle_f}{\langle M^2 \rangle_f} = \frac{\langle M^2 \rangle_w}{\langle M^1 \rangle_w} \tag{2. 27}$$

$$M_{z+1} = \frac{\sum N_i M_i^4}{\sum N_i M_i^3} = \frac{\langle M^4 \rangle_f}{\langle M^3 \rangle_f} = \frac{\langle M^3 \rangle_w}{\langle M^2 \rangle_w} \tag{2. 28}$$

$$M_v = \left[\frac{\langle M^{1+a} \rangle_f}{\langle M^1 \rangle_f} \right]^{1/a} = \left[\frac{\langle M^a \rangle_w}{\langle M^0 \rangle_w (= 1)} \right]^{1/a} \tag{2. 29}$$

이들 관계를 다시 $\mu'_{k,n}\left(= \langle M^k \rangle_f\right)$ 및 $\mu'_{k,w}\left(= \langle M^k \rangle_w\right)$의 비를 사용해 나타내면,

$$M_n = \frac{\mu'_{1,n}}{\mu'_{0,n}} = \frac{\mu'_{0,w}(= 1)}{\mu'_{-1,w}} \tag{2. 30}$$

$$M_w = \frac{\mu'_{2,n}}{\mu'_{1,n}} = \frac{\mu'_{1,w}}{\mu'_{0,w}} \tag{2. 31}$$

$$M_z = \frac{\mu'_{3,n}}{\mu'_{2,n}} = \frac{\mu'_{2,w}}{\mu'_{1,w}} \tag{2. 32}$$

$$M_{z+1} = \frac{\mu'_{4,n}}{\mu'_{3,n}} = \frac{\mu'_{3,w}}{\mu'_{2,w}} \tag{2. 33}$$

$$M_{z+k} = \frac{\mu'_{3+k,n}}{\mu'_{2+k,n}} = \frac{\mu'_{2+k,w}}{\mu'_{1+k,w}} (k \geq 0 \text{ 정수}) \quad (2.34)$$

$$M_v = \left(\frac{\mu'_{1+a,n}}{\mu'_{1,n}} \right)^{1/a} = \left(\frac{\mu'_{1,w}}{\mu'_{0,w}} \right)^{1/a} \quad (2.35)$$

지금까지 논의된 관계식에 비추어 평균분자량의 크기비는 아래와 같이 된다.

$$M_n \leq M_v \leq M_w \leq M_z \leq M_{z+1} \cdots \quad (2.36)$$

그리고 논의를 $\sum$를 이용하는 이산분포에 한정시켰지만 $\int$를 사용하는 연속분포에도 그대로 적용된다. 즉 식 (2. 11)-(2. 14) 대신에 아래와 같이 쓸 수 있다.

$$M_n = \int_0^\infty f(M) M dM = 1 / \int_0^\infty (w(M)/M) dM \quad (2.37)$$

$$M_w = \int f(M) M^2 dM / \int f(M) M dM = \int w(M) M dM \quad (2.38)$$

$$M_z = \int f(M) M^3 dM / \int f(M) M^2 dM = \int w(M) M^2 dM / \int w(M) M dM \quad (2.39)$$

$$M_v = \left[\int f(M) M^{1+a} dM / \int f(M) M dM \right]^{1/a} = \left[\int w(M) M^a dM \right]^{1/a} \quad (2.40)$$

한편 식 (2. 17)-(2. 18) 및 (2. 21)-(2. 22)도 아래와 같이 나타낼 수 있다.

$$\mu'_{k,n} = \int M^k f(M) dM \quad (2.41)$$

$$\mu_{k,n} = \int (M - M_n)^k f(M) dM \quad (2.42)$$

$$\mu'_{k,w} = \int M^k w(M) dM \quad (2.43)$$

$$\mu_{k,w} = \int (M - M_w)^k w(M) dM \quad (2.44)$$

[만약 $f(M)$이나 $w(M)$이 정규화 (즉 합이 1)되어있지 않으면 분모에 $\int f(M) dM$ (또는

$\int w(M)dM$)항을 첨가해야 한다.]

여기서 위 식들의 적용을 보여주는 간단한 예제 하나를 싣는다.

예제 2.1

분자량 10만짜리가 20개, 20만짜리가 30개, 30만짜리가 20개 있다고 하자. 또한 용매능 지수 a값이 0.7이라고 한다면 M_n, M_w, M_z, M_v, ${}_n$PDI 및 ${}_w$PDI를 계산하라. 편의상 단위(g/몰 또는 g/개수)는 생략한다.

풀이 3종류의 분자량에 대해 수분율 $f_i = N_i / \sum N_i$, 무게분율 $w_i = N_i M_i / \sum N_i M_i = f_i M_i / M_n$ 를 구하면 다음과 같다.

$f_1 = f_3 = 0.286$, $f_2 = 0.428$, $w_1 = 0.144$, $w_2 = w_3 = 0.428$

따라서 $M_n = \sum f_i M_i = 20$만, $M_w = \sum w_i M_i = 22.84$만.

다음에 $z_i = N_i M_i^2 / \sum N_i M_i^2 = w_i \times M_i / M_w$ 이므로 $z_1 = 0.144 \times 10/22.84 = 0.062$, $z_2 = 0.428 \times 20/22.84 = 0.375$, $z_3 = 0.428 \times 30/22.84 = 0.563$

따라서 $M_z = \sum z_i M_i = 25.01$만.

다음에 $M_v = \left[\sum w_i M_i^a\right]^{1/a} = \{0.144 \times (10^5)^{0.7} + 0.428 \times (2 \times 10^5)^{0.7} + 0.428 \times (3 \times 10^5)^{0.7}\}^{1/0.7} = 22.47$만.

다음에는 수분포의 폭 ${}_n\mathrm{PDI} = M_w / M_n = 22.84/20 = 1.142$ 따라서 $\sigma_n / M_n = \sqrt{0.142}$, $\sigma_n = \sqrt{0.142}\, M_n = 7.54$만, 무게분포의 폭 ${}_w\mathrm{PDI} = M_z / M_w = 1.095$, $\sigma_w / M_w = \sqrt{0.095}$, $\sigma_w = 7.03$만.

지금까지 논의된 관계식은 분자량이나 또는 이에 비례하는 중합도 (=고분자의 분자량 / 반복단위 분자량)에 대해서만 성립하고, 분자량에 직접 비례하지 않는 물성(가령 직경, 면적등)의 경우에는 아래 참고 2. 2란에 나타내었듯이 주의를 요한다.

참고 2. 2

분자량에 직접 비례하지 않는 임의의 양이나 물성을 x로 나타내면 이들의 수평균(x_n), 무게평균(x_w), z평균(x_z) 및 점도평균(x_v)는 평균분자량에 관한 식 (2. 11)-(2. 14)를 참고로 하여 다음과 같이 정의 될 수 있다.

$$x_n = \frac{\sum N_i x_i}{\sum N_i} = \sum f_i x_i \left[\neq 1/\left(\sum w_i/x_i\right)\right] \tag{2. 45}$$

$$x_w = \frac{\sum N_i M_i x_i}{\sum N_i M_i} = \sum w_i x_i \tag{2. 46}$$

$$x_z = \frac{\sum N_i M_i^2 x_i}{\sum N_i M_i^2} = \sum z_i x_i \tag{2. 47}$$

$$x_v = \left[\frac{\sum N_i M_i x_i^a}{\sum N_i M_i}\right]^{1/a} = \left[\sum w_i x_i^a\right]^{1/a} \tag{2. 48}$$

여기서 각 분율은 이전과 마찬가지로 $f_i = N_i/\sum N_i$, $w_i = N_i M_i/\sum N_i M_i$, $z_i = N_i M_i^2/\sum N_i M_i^2$ 로 표시되지만, 식 (2. 15) 및 (2. 16)대신 아래와 같이 나타냄에 유의해야 한다.

$$w_i = N_i M_i/\sum N_i M_i = \frac{f_i M_i}{M_n} \neq \frac{f_i x_i}{x_n} \tag{2. 49}$$

$$z_i = N_i M_i^2/\sum N_i M_i^2 = \frac{w_i M_i}{M_w} \neq \frac{w_i x_i}{x_w} \tag{2. 50}$$

즉 분자량 M_i와 양 x_i는 직접 비례관계가 없으므로 $\frac{M_i}{M_n} \neq \frac{x_i}{x_n}$, $\frac{M_i}{M_w} \neq \frac{x_i}{x_w}$ 가 된다.

따라서 수 및 무게분포의 폭을 나타내는 관계식도 식 (2. 20)이나 (2. 24)처럼 정의되지 않는다. 대신 $\sigma_{x,n}^2 = \langle x^2 \rangle_f - \langle x^1 \rangle_f^2 (= x_n^2)$, $\sigma_{x,w}^2 = \langle x^2 \rangle_w - \langle x^1 \rangle_w^2 (= x_w^2)$ 관계에서 아래와 같이 나타낼 수 있다.

$$\langle x^2 \rangle_f / x_n^2 = 1 + (\sigma_{x,n}/x_n)^2 \neq \frac{x_w}{x_n} \tag{2. 51}$$

$$\langle x^2 \rangle_w / x_w^2 = 1 + (\sigma_{x,w}/x_w)^2 \neq \frac{x_z}{x_w} \tag{2. 52}$$

다만 x_w/x_n이나 x_z/x_w 의 비는 분포의 다분산 지수 (PDI)인 M_w/M_n 이나 M_z/M_w 비와 똑같지는 않지만 어느 정도 수분포나 무게분포의 폭을 반영할 수는 있다고 하겠다. 어쨌든 분자량이나 중합도와 다른 물성의 평균은 식 (2. 45)-(2. 49)에 따라 계산하면 될 것이다(문제 2. 2참조).

지금까지는 분포가 결정된(평균치 및 분산) 한 종류의 다분산(polydisperse)시료에 대해 언급하였지만, 동일계 고분자로서 분포를 달리하는 여러 종의 혼합물이 섞여 있을 때의 전체 시료의 평균치 및 분포 폭을 각 시료의 평균치 및 분포 폭 합으로 나타내는 방법에 대해서는 이 장의 부록에서 자세히 논하겠다.

2. 3 실제 이론적 분포에 의한 평균분자량 계산

2. 3. 1 이산분포

이항분포나 포아송(Poisson)분포와 같은 이산분포의 논의에 들어가기 전 참고 2. 3에서 이들 분포의 계산에 필요한 이산(discrete)수학의 기본공식을 간단히 나타낸다.

참고 2. 3

서로 다른 n 개 중 r 개를 순서를 고려해 나열하는 방법의 수는 순열(permutation) ${}_nP_r = n!/(n-r)!$ 로 나타내고, 순서를 고려치 않고 단순히 r 개를 뽑는 조합(combination) 의 수는 ${}_nC_r \left[= \binom{n}{r} \right] = {}_nP_r/r! = n!/(n-r)!\,r!$ (여기서 $r \geq 0$, $0! = 1$ 임) 로 나타내지며, 아래와 같은 증명 가능한 유용한 관계식이 있다.

$${}_nC_r = {}_nC_{n-r} \ , \ {}_nC_r = {}_{n-1}C_r + {}_{n-1}C_{r-1} \ , \ r\,{}_nC_r = n\,{}_{n-1}C_{r-1} \tag{2. 53}$$

한편 두 양 a , b 에 관한 '이항정리(binomial theorem)' 는 아래와 같다.

$$(a+b)^N = \sum_{n=0}^{N} {}_NC_n\, a^{N-n} b^n = \sum_{n=0}^{N} \frac{N!}{(N-n)!\,n!} a^{N-n} b^n \tag{2. 54}$$

먼저 식 (2. 54) 에 기초한 '이항분포' 를 정의하기로 한다. 지금 서로 독립인 N 개의 사상(event)이 있다고 하자. 이때 한번 시행에서 성공할 확률 p , 실패할 확률 $q(=1-p)$ 라 하고, N 번 시행 중 성공할 사상의 수를 x 라 할 때 x 가 일어날 확률(수분율) f_x 는 식 (2. 54)에서 a 를 p , b 를 q , n 을 x 로 두면 아래와 같이 나타낼 수 있다.

$$f_x = {}_N C_x p^x q^{N-x} = {}_N C_x p^x (1-p)^{N-x} \qquad (0 \le x \le N) \tag{2. 55}$$

물론 f_x 의 정규화 조건(즉, 합이 1)은 다음과 같이 만족된다.

$$\sum_{x=1}^{N} f_x = \sum_{x=1}^{N} {}_N C_x p^x q^{N-x} = (p+q)^N = 1 \tag{2. 56}$$

이때 이항분포의 수평균 $\langle x \rangle_f (= x_n)$ 및 수분산 $\sigma_n^2 \left[= \langle x^2 \rangle_f - \langle x \rangle_f^2 (= x_n^2) \right]$ 은 아래와 같다.

$$x_n = Np\,,\ \sigma_n^2 = Npq \tag{2. 57}$$

증 명 $x_n = (\bar{x})_f = \sum_{x=0}^{N} x f_x = \sum_{x=0}^{N} x\, {}_N C_x p^x (1-p)^{N-x}$

$$= \sum_{x=1}^{N} N\, {}_{N-1} C_{x-1} p^x (1-p)^{N-x} (\because \text{식} (2. 53))$$

$$= Np \sum_{x=1}^{N} {}_{N-1} C_{x-1} p^{x-1} (1-p)^{(N-1)-(x-1)}$$

$$= Np \sum_{x'=0}^{N-1} {}_{N-1} C_{x'} p^{x'} (1-p)^{(N-1)-x'} (\because x-1 \rightarrow x' \text{둠})$$

$$= Np [p + (1-p)]^{N-1} (\because \text{식} (2. 54)) = Np$$

다음에는 $\langle x^2 \rangle_f = \sum_{x=0}^{N} f_x x^2$ 을 구하면 아래와 같다.

$$\langle x^2 \rangle_f = \sum_{x=0}^{N} x^2 f_x = \sum_{x=0}^{N} x^2\, {}_N C_x p^x (1-p)^{N-x} = \sum_{x=0}^{N} x x\, {}_N C_x p^x (1-p)^{N-x}$$

$$= \sum_{x=1}^{N} x N\, {}_{N-1} C_{x-1} p^x (1-p)^{N-x} \ (\because \text{식} \ (2. 53))$$

$$= Np \left\{ \sum_{x=1}^{N} (x-1)\, {}_{N-1} C_{x-1} p^{x-1} (1-p)^{(N-1)-(x-1)} + \sum_{x=1}^{N} {}_{N-1} C_{x-1} p^{x-1} (1-p)^{(N-1)-(x-1)} \right\}$$

$$= Np \left\{ \sum_{x=2}^{N} (N-1)\, {}_{N-2} C_{x-2}\, p p^{x-2} (1-p)^{(N-2)-(x-2)} + \sum_{x'=0}^{N-1} {}_{N-1} C_{x'} p^{x-1} (1-p)^{(N-1)-x'} (\because x-1 \rightarrow x') \right\}$$

$$= Np\left\{(N-1)p\sum_{x'=0}^{N-2} {}_{N-2}C_{x'}\, p^{x'}(1-p)^{(N-2)-x'}(\because x-2\rightarrow x') + [p+(1-p)]^{N-1}\right\}$$

(∵식 2. 54)

$$= Np\{(N-1)p\times[p+(1-p)]^{N-2}(\because \text{식 }(2.54))+1\} = Np\{(N-1)p+1\}$$

따라서 $\sigma_n^2 = \langle x^2\rangle_f - \langle x^1\rangle_f^2 (= x_n^2) = Np\{(N-1)p+1\} - (Np)^2 = Np(1-p) = Npq$

■

다음에는 라디칼(부가)중합 등에 적용이 되는 '포아송(Poisson) 분포'를 이항분포로부터 유도해 보자. 먼저 이항분포 f_x 는 다음과 같이 다시 쓸 수 있다.

$$f_x = {}_NC_x p^x(1-p)^{N-x} = \frac{N!}{(N-x)!x!}p^x\frac{(1-p)^N}{(1-p)^x} \tag{2.58}$$

여기서 두 가정 즉, N 은 x 에 비해 매우 커서 (즉 $\frac{x}{N}\rightarrow 0$)

$$\frac{N!}{(N-x)!} = N(N-1)\cdots(N-x+1) = N^x\left(1-\frac{1}{N}\right)\left(1-\frac{2}{N}\right)\cdots\left(1-\frac{x-1}{N}\right)\simeq N^x$$

따라서 $\frac{N!}{(N-x)!x!}p^x \simeq \frac{(Np)^x}{x!}$ 로 쓸 수 있다고 하자.

그리고 확률 p가 작아서 식 (2. 57) 의 분포에서 $(1-p)^x\simeq 1$로 간주하며, 또한 식 (2. 57) 의 결과에서 (수)평균치 $\bar{x} = Np = m$ 으로 두고, $N = \frac{m}{p}$ 을 식 (2. 58) 에 대입하며 아래와 같이 된다.

$$f_x = \frac{m^x}{x!}(1-p)^{\frac{m}{p}} \tag{2.59}$$

그런데 자연대수의 지수 $e(=2.718\ldots)$ 에 관한 다음과 같은 유용한 관계식이 있다.

$$\lim_{p\rightarrow 0}(1\pm p)^{\frac{m}{p}} = \lim_{p\rightarrow\infty}\left(1\pm\frac{m}{p}\right)^p = e^{\pm m} \tag{2.60}$$

따라서 식 (2. 59) 는 아래와 같이 포아송분포에 관한 (정규화된)수분율 f_x 가 된다

$$f_x = \frac{m^x}{x!}e^{-m}\ (x = 0\sim\infty) \tag{2.61}$$

그러나 실제 이를 고분자의 중합도(혹은 분자량)에 적용시 $x \geq 1$ 이므로 일반적으로 위 식 대신 아래와 같이 나타낸다.

$$f_x = \frac{m^{x-1}}{(x-1)!} e^{-m} \quad (x = 1 \sim \infty) \tag{2. 62}$$

포아송분포를 이용하여 평균 중합도(또는 분자량) 및 분포를 구하는 방법은 문제 2. 4 에 주어져 있다. 참고 2. 4에서는 이 문제뿐아니라 나중을 위해 합(sum)에 관한 몇 가지 중요 공식을 정리하여 나타내었다.

참고 2. 4

만약 아래와 같이 급수의 합 $f(n,p)$ (단 n 는 정수, $0 < p < 1$ 임)를 정의한다면 아래의 미분관계가 성립된다.

$$f(n,p) = \sum_{x=1}^{\infty} x^n p^{x-1} = \frac{d}{dp}[pf(n-1,p)] \tag{2. 63}$$

따라서 $f(0,p)$ 로부터 출발하여 아래의 관계식들을 얻을 수 있다.

$$f(0,p) = \sum_{x=1}^{\infty} p^{x-1} = 1 + p + p^2 + \cdots = \frac{1}{1-p} \ (\because |p| < 1) \tag{2. 64}$$

$$f(1,p) = \sum_{x=1}^{\infty} x p^{x-1} = \frac{d}{dp}[pf(0,p)] = \frac{d}{dp}\left[\frac{p}{1-p}\right] = \frac{1}{(1-p)^2} \tag{2. 65}$$

$$f(2,p) = \sum_{x=1}^{\infty} x^2 p^{x-1} = \frac{d}{dp}[pf(1,p)] = \frac{d}{dp}\left[\frac{p}{(1-p)^2}\right] = \frac{1+p}{(1-p)^3} \tag{2. 66}$$

$$f(3,p) = \sum_{x=1}^{\infty} x^3 p^{x-1} = \frac{d}{dp}[pf(2,p)] = \frac{d}{dp}\left[\frac{p(1+p)}{(1-p)^3}\right] = \frac{(1+4p+p^2)}{(1-p)^4} \tag{2. 67}$$

한편 $f(-1,p) = \sum_{x=1}^{\infty} x^{-1} p^{x-1}$ 는 아래의 관계식을 1계 상미분 방정식으로 전환하여 그 해(적분인자 방법으로)를 구하여 얻을 수 있다. 즉

$$f(0,p) = \frac{1}{1-p} = \frac{d}{dp}[pf(-1,p)] \tag{2. 68}$$

$$f(-1,p)=p^{-1}[-\ln(1-p)+const.(=0)]=-\frac{1}{p}\ln(1-p)\,(\because p=0 \text{ 때 } f(-1.p)=1) \quad (2.69)$$

다음에는 만약 $f(n,p)$ (역시 n는 정수, $0 \leq p \leq 1$)를 아래와 같이 정의해도 위와 같은 미분관계가 성립된다.

$$f(n,p)=\sum_{x=1}^{\infty} x^n p^{x-1}/(x-1)! = \frac{d}{dp}[pf(n-1,p)] \quad (2.70)$$

$$f(0,p)=\sum_{x=1}^{\infty} p^{x-1}/(x-1)! = \sum_{x=0}^{\infty} p^x/x!\,(\because x-1 \rightarrow x) = e^p \quad (2.71)$$

$$f(1,p)=\sum_{x=1}^{\infty} xp^{x-1}/(x-1)! = \frac{d}{dp}[pe^p] = (1+p)e^p \quad (2.72)$$

$$f(2,p)=\sum_{x=1}^{\infty} x^2 p^{x-1}/(x-1)! = \frac{d}{dp}[p(1+p)e^p] = (1+3p+p^2)e^p \quad (2.73)$$

$$f(3,p)=\sum_{x=1}^{\infty} x^3 p^{x-1}/(x-1)! = \frac{d}{dp}[p(1+3p+p^2)e^p] = (1+7p+6p^2+p^3)e^p \quad (2.74)$$

그리고 위 경우처럼 $f(-1,p)=\sum_{x=1}^{\infty} x^{-1}p^{x-1}/(x-1)!$ 도 아래의 관계식을 상미방으로 바꾸어 그 해를 구하여 얻는다.

$$f(0,p)=e^p=\frac{d}{dp}[pf(-1,p)] \quad (2.75)$$

$$f(1,p)=\frac{e^p+const.(=-1)}{p}=\frac{e^p-1}{p}(\because p=0 \text{ 때 } f(-1,p)=1) \quad (2.76)$$

---

2. 3. 2 연속분포

정규분포와 Schulz-Zimm 분포와 같은 구체적인 연속분포의 논의에 들어가기 전 이들에 관련된 양을 계산함에 있어서 필요하다고 생각되는 지수적분(오차함수, 감마함수를 포함)에 몇 가지 중요 공식을 아래 참고 2. 5란에 나타내었다. 지면 관계상 증명은 생략하겠다(관심있는 독자들은 적분관련 서적 참조요).

참고 2. 5

먼저 오차(error)함수 $erf(x)$ 및 $erfc(x)$는 아래와 같이 정의된다.

$$erf(x)= \frac{2}{\sqrt{\pi}}\int_0^x e^{-t^2}dt = 1-erfc(x)\left[= \frac{2}{\sqrt{\pi}}\int_x^{\infty} e^{-t^2}dt\right] \tag{2. 77}$$

다음에는 감마(Gamma)함수 $\Gamma(x)\,[=(x-1)!]$는 다음과 같이 정의된다.

$$\Gamma(x)= \int_0^{\infty} t^{x-1}e^{-t}dt \ \ [\text{단 } Re(x)> 0] \tag{2. 78}$$

$$\Gamma(x+1)= x\Gamma(x)= x!= x(x-1)! \ \ [\text{단 } \Gamma\left(\frac{1}{2}\right)= \sqrt{\pi}\,] \tag{2. 79}$$

$$\Gamma(1+p)\Gamma(1-p)= \frac{p\pi}{\sin p\pi} \ \ [\text{단 } 0< Re\,p< 1] \tag{2. 80}$$

몇 가지 감마함수에 관련된 공식을 소개하면 아래와 같다.

$$\int_0^{\infty} x^k e^{-px}dx= \Gamma(1+k)p^{-k-1} \ \ [\text{단 } Re\,p> 0] \tag{2. 81}$$

$$\int_0^{\infty} x^{k-1}\exp(-\mu x^p)dx= \frac{1}{p}\mu^{-\frac{k}{p}}\Gamma\left(\frac{k}{p}\right) \ \ [\text{단 } Re\,\mu> 0] \tag{2. 82}$$

$$\int_0^{\infty} x^k p^x dx \ \ [\text{단 } k\text{는 양의 실수, } 0< p< 1] = \Gamma(1+k)/(-\ln p)^{1+k} \tag{2. 83}$$

기타 중요한 지수적분 공식으로서

$$\int_{-\infty}^{\infty} e^{-px^2+2qx}dx= e^{\frac{q^2}{p}}\sqrt{\frac{\pi}{p}} \tag{2. 84}$$

$$I_n= \int_0^{\infty} x^n e^{-ax^2}dx \ \ [\text{단 } Re\,a> 0] \tag{2. 85}$$

n	0	1	2	3	4
I_n	$\frac{1}{2}\sqrt{\frac{\pi}{a}}$	$\frac{1}{2a}$	$\frac{1}{4}\sqrt{\frac{\pi}{a^3}}$	$\frac{1}{2a^2}$	$\frac{3}{8}\sqrt{\frac{\pi}{a^5}}$

가장 대표적인 연속분포로서 아래와 같이 정의되는 '정규(normal)분포'(수분율)가 있다.

$$f_x = f(x) = \frac{1}{\sqrt{2\pi}\,\sigma} e^{-(x-m)^2/2\sigma^2} \tag{2.86}$$

여기서 정규분포에 대한 $x_n = m$, $x_w = \dfrac{\sigma^2}{m} + m$, $x_z = m(3\sigma^3 + m^2)/(\sigma^2 + m^2)$임을 증명하라.

증 명 식 (2.37)에서 M대신 x로 치환하면

$x_n = \int_{-\infty}^{\infty} xf(x)dx = \dfrac{1}{\sqrt{2\pi}\,\sigma}\int_{-\infty}^{\infty} xe^{-\frac{(x-m)^2}{2\sigma^2}} dx$가 된다. [여기서 중합도 $x > 0$이나, 불완전한 적분을 막기 위해 편의상 구간을 $-\infty \sim \infty$로 하였다. 그래야만 정규화 조건 즉 $\int_{-\infty}^{\infty} f(x)\,dx = 1$가 만족된다.]

위 식에서 $\dfrac{x-m}{\sigma} = X$, $x = \sigma X + m$ 두고, X나 X^3과 같은 기함수의 전 구간적분은 0이 되고, X^0, X^2과 같은 우함수의 전 구간 적분은 $2\int_0^{\infty}$가 되어, 식 (2.85)의 공식 적용하면 $x_n = m$가 된다.

다음에 x_w를 구하기 위해 무게분율 w_x를 식 (2.15)로부터

구하면 $w_x = f_x \dfrac{x}{x_n} = \dfrac{xe^{-\frac{(x-m)^2}{2\sigma^2}}}{\sqrt{2\pi}\,m\sigma}$가 된다.

따라서 $x_w = \int_{-\infty}^{\infty} xw_x dx = \dfrac{1}{\sqrt{2\pi}\,m\sigma}\int x^2 e^{-\frac{(x-m)^2}{2\sigma^2}} dx$ 가 된다. 위와 마찬가지 기법으로 적분을 행하면 $x_w = \dfrac{1}{m}(\sigma^2 + m^2)$가 된다. 또 x_z를 구하기 위해 z분율 z_x를 식 (2.16)로부터 구하면 $z_x = w_x \dfrac{x}{x_w} = \dfrac{1}{x_w\sqrt{2\pi}\,\sigma m} x^2 e^{-\frac{(x-m)^2}{2\sigma^2}}$ 가 된다.

따라서 $x_z = \int_{-\infty}^{\infty} xz_x dx = \dfrac{1}{x_w\sqrt{2\pi}\,m\sigma}\int x^3 e^{-\frac{(x-m)^2}{2\sigma^2}} dx$. 마찬가지로 위의 변수 치환 기법을 이용하면 $x_z = m(3\sigma^2 + m^2)/(\sigma^2 + m^2)$가 된다.

덧붙여 수분산지수 ${}_n\mathrm{PDI} = \dfrac{x_w}{x_n} = 1 + \left(\dfrac{\sigma_n}{x_n}\right)^2 = \dfrac{\sigma^2}{m^2} + 1$. 따라서 $\sigma_n^2 \left[= (x^2)_f - x_n^2\right] = \sigma^2$임을

알 수 있다. 마찬가지로 무게분산지수

$${}_w\text{PDI} = \frac{x_z}{x_w} = 1 + \left(\frac{\sigma_w}{x_w}\right)^2 = m^2(3\sigma^2 + m^2)/(\sigma^2 + m^2)^2 \quad \therefore \sigma_w^2 \left[= \langle x^2 \rangle_w - x_w^2\right] = \frac{\sigma^2}{m^2}(m^2 - \sigma^2)$$

임을 알 수 있다.

[별해: x_w 및 x_z는 각각 식 (2. 26) 및 (2. 27)에 의해 $x_w = \langle x^2 \rangle_f / x_n$, $x_z = \langle x^2 \rangle_w / x_w$ 으로부터 구할 수도 있다.] ■

참고로 문제 2. 5에 정규분포에 대한 확률로 구하는 방법에 대해 기술하였다. 그 밖에도 라디칼 중합에 유용한 Schulz-Zimm분포(문제 2. 6) 및 Wesslau(또는 대수 정규)분포 (문제 2. 7)등이 있다.

2. 4 실제 중합반응에 응용

2. 4. 1 축합중합

2종류의 기능성 단량체인 이염기산과 글리콜(식 1. 10) 또는 디아민(식 1. 11)과의 단계중합에 의해 폴리에스테르 또는 폴리아미드가 생성 시 임의의 반응도(conversion) p일 때의 중합도 x-mer의 수분율 f_x는 $x-1$개의 단량체는 반응(확률 p), 맨 끝 단량체는 미반응(확률 $1-p$)이어야 하므로 아래와 같이 나타내진다.

$$f_x = p^{x-1}(1-p) \tag{2. 87}$$

이때,

$$w_x = xp^{x-1}(1-p)^2 \tag{2. 88}$$

$$x_n = \frac{1}{1-p}, \quad x_w = \frac{1+p}{1-p}, \quad x_z = \frac{1+4p+p^2}{(1-p)(1+p)} \tag{2. 89}$$

를 증명하여라.

증 명 참고 2. 4의 공식을 이용하여 먼저 수평균 중합도 x_n을 구하면

$$x_n = \sum_{x-1}^{\infty} xfx = (1-p)\sum_{x=1}^{\infty} xp^{x-1} = \frac{1-p}{(1-p)^2} = \frac{1}{(1-p)}.$$

다음 수분율 w_x는 식 (2. 15)에서 $w_x = f_x x / x_n = xp^{x-1}(1-p)^2$가 된다. 이로부터

$$x_w = \sum_{x=1}^{\infty} x w_x = (1-p)^2 \sum_{x=1}^{\infty} x^2 p^{x-1} = (1-p)^2(1+p)/(1-p)^3 = \frac{1+p}{1-p}.$$ 그리고 식 (2. 16)에서

z분율 $\quad z_x = w_x x / x_w = \dfrac{(1-p)^3}{(1+p)} x^2 p^{x-1}$

$$\therefore x_z = \sum_{x=1}^{\infty} x z_x = \frac{(1-p)^3}{(1+p)} \sum_{x=1}^{\infty} x^3 p^{x-1} = \frac{(1-p)^3}{(1+p)} \times \frac{(1+4p+p^2)}{(1-p)^4} = \frac{1+4p+p^2}{(1-p)(1+p)}$$ 가 된다.

한편 점도 평균 중합도 $x_v = \langle x^a \rangle_w^{1/a} = \sum_{x=1}^{\infty} x^a w_x$ 는 약간 복잡하므로 문제 2. 8로 넘긴다.

■

식 (2. 89)에서 $p \to 1$(단 $p \neq 1$)에 접근하면 $x_n : x_w : x_z = 1:2:3$이 됨을 알 수 있다. 그리고 축합중합은 연쇄(라디칼)중합과 달리 아래 예제에서 보듯이 전환율 p가 1에 가까이 가야 중합도가 커짐을 알 수 있다.

예제 2.2

축합중합에서 한 종류 기능기의 반응도가 99%($p=0.99$)일 때 아래 두 경우의 수평균 중합도를 구하라.

a) 불순물이 없을 때
b) 3%의 불순물이 존재 시

풀이 a) $x_n = \dfrac{1}{1-p} = \dfrac{1}{1-0.99} = 100$ ($\because$ 공식 (2. 89))

b) $x_n = \dfrac{\dfrac{0.03}{0.99}}{1-0.99+\dfrac{0.03}{0.99}} = 25.56$

따라서 모노머에 불순물이 존재하면 평균 중합도가 급격히 떨어짐을 알 수 있다.

그러나 식 (2. 89)의 결과는 두 단량체 X 및 Y 의 초기농도 $[-X]_0$와 $[Y-]_0$는 동일하다는 가정하에 얻어진 것이다. 그러나 만약 $[-X]_0 \neq [Y-]_0$라고 한다면 아래 참고 2. 6에서 보듯이 $X-R-X$와 $Y-R'-Y$의 단계중합에 의해 달성되는 중합도는 식 (2. 89)의 예상보다 훨씬 감

소된다.

참고 2. 6

만약 $Y-R'-Y$ 단량체를 과다하게 사용한 $X-R-X$와 $Y-R'-Y$의 중합을 고려해보자. X와 Y 작용기들의 수인 N_x와 N_y는 $X-R-X$와 $Y-R'-Y$ 분자들 수의 두 배이다. 따라서 두 작용기들의 '화학량론적 불균형비' r은 $r=(N_x/N_y)\leq 1$로 주어진다. 총 단량체들의 수는 단순히 $(N_x+N_y)/2=N_x(1+1/r)/2$이다. 반응도 p는 반응한 X작용기들의 분율로서 정의 되는데 이때 $(1-p)X$ 작용기들이 반응하지 않은 채 남아 있게 된다. 물론 rp와 $(1-rp)$는 반응하거나 반응에 참여하지 않고 남아 있는 Y 작용기들의 분율이다. 따라서 $N_x(1-p)$와 $N_y(1-rp)$는 반응에 참여하지 않은 X와 Y 작용기들의 수이며 이들의 합이 고분자 말단 사슬수가 되며 각 고분자는 두 개의 사슬 말단을 가지기 때문에 고분자 수는 $[N_x(1-p)+N_y(1-rp)]/2$로 주어진다. 수평균 중합도 $\overline{X_n}$은 초기에 존재하는 $X-R-X$와 $Y-R'-Y$의 총수와 총 고분자 수의 비인 $\overline{X_n}=[N_x(1+1/r)/2]/\{[N_x(1-p)+N_y(1-rp)]/2\}=(1+r)/(1+r-2rp)$로 나타낼 수 있다. 화학량론적으로 균형을 이룰 경우 $(r=1)$ $\overline{X_n}$은 $1/(1-p)$식으로 환원된다. 실제로는 달성할 수 없을지라도 $p=1$일 때 $\overline{X_n}=(1+r)/(1-r)$이 된다.

---

2. 4. 2 연쇄중합

1. 4. 1절에서 언급한 연쇄(라디칼)중합의 경우에는 단계중합과 달리 반응이 연쇄(폭발)적으로 일어나므로 분자량은 반응초기에 거의 결정된다. 이 경우 중합도 x-mer에 대한 수분율 및 무게분율은 각각 아래와 같이 변형된 Schulz-Zimm 분포로 주어진다. 이를 증명하라.

$$f_x=\frac{(-\ln\alpha)^k}{\Gamma(k)}x^{k-1}\alpha^x \tag{2.90}$$

$$w_x=\frac{(-\ln\alpha)^{k+1}}{\Gamma(k+1)}x^k\alpha^x \tag{2.91}$$

증 명 지금 연쇄반응의 성장(growth)속도를 v_B, 정지(termination)속도를 v_C라 하고 이들의 비를 x(사슬 중합도에 해당)라 하면 아래와 같이 나타낸다. $\frac{v_C}{v_B}=x$ [여기서 x는 '동력학적 시슬 길이(kinetic chain length)'임]

만약 임의의 라디칼 상에서 성장반응이 일어날 확률은 w_B, 정지반응이 일어날 확률은

w_C 라 하면 $\dfrac{v_C}{v_B}= \dfrac{w_C}{w_B}= x$ 가 성립된다.

확률(또는 분율)의 정의에서 $w_B= 1-w_C= \dfrac{1}{1+x}$ 가 성립된다.

만약 $x \ll 1$라면 $w_B \simeq 1-x \equiv \alpha$ 가 된다.

여기서 중합도 n인 임의의 n-mer 를 발견할 확률은 연쇄중합의 경우 α^n에 비례한다고 하겠다. 지금 반응계에 있어서 '연결도(degree of connectivity)' 즉 주분자쇄(primery molecular chain)의 수를 k로 하여 아래 두 경우 ($k= 2$ 및 $k= 3$)에 대해 수분율 및 무게 분율에 관한 식을 유도해보자.

(a) $k= 2$ 경우

일반적으로 중합도 n을 가진 고분자는 2개의 주분자쇄 x-mer와 $(n-x)$-mer 사이의 반응으로 얻어진다. 이때 x-mer의 수분포를 $f_n(x)$, $(n-x)$-mer의 수분포를 $f_n(n-x)$ 라 하면 각각 아래와 같이 나타낼 수 있다.

$f_n(x)= c_1\alpha^x$, $f_n(n-x)= c_2\alpha^{n-x}$ (단 c_1, c_2는 상수임)

따라서 만약 두 분자쇄가 서로 독립이라고 가정하면,

$f_n(n,x) \propto f_n(x)f_n(n-x)= c\alpha^x\alpha^{n-x}$ (단 c는 상수)가 된다.

만약 $n \gg 1$라면, 아래 관계식이 성립된다.

$f_n(n)= \sum_{x=1}^{n} f_n(n,x)= c\sum_{x=1}^{n} \alpha^x\alpha^{n-x}= c(\text{상수})n\alpha^n$ 가 된다.

여기서 분율에 대한 정규화조건 $\int_0^\infty f_n(n)dn= 1$을 구하면 적분공식 (2. 83)에 의해 $f_n(n)$에 대한 정규화상수 $c= (\ln\alpha)^2$가 된다. 따라서 n-mer의 수분율은

$f_n(n)= (\ln\alpha)^2 n\alpha^n$ [이는 식 (2. 90)에서 $k= 2\,(n \to x)$에 해당됨.]

마찬가지로 n-mer에 대한 무게분율 $f_w(n)= c(\text{상수})nf_n(n)$라고 쓸 수 있으며, 역시 정규화조건[즉 $\int_0^\infty f_w(n)dn = 1$]에서 식 (2. 83)을 이용하면 정규화상수 $c=-\dfrac{(\ln\alpha)^3}{2}$ 가 된다.

따라서 $f_w(n)=-\dfrac{(\ln\alpha)^3}{2}n^2\alpha^n$ [이는 식 (2. 91)에서 $k= 2\,(n \to x)$에 해당됨.]

(b) $k= 3$ 경우

만약 n-mer 가 3개의 주분자쇄인 x_1-mer, x_2-mer, $(n-x_1-x_2)$-mer 사이의 반응으

로 생성된다고 하면 위 (a)경우처럼 각각에 대한 수분율은 아래와 같이 나타낼 수 있다.

$f_n(x_1) = c_1\alpha^{x_1}$, $f_n(x_2) = c_2\alpha^{x_2}$, $f_n(n-x_1-x_2) = c_3\alpha^{n-x_1-x_2}$ [단 c_1, c_2, c_3는 상수]

따라서 $f_n(n, x_1, x_2) = c(\text{상수})\alpha^{x_1}\alpha^{x_2}\alpha^{n-x_1-x_2}$ 가 되어, $k=3$경우의 n-mer의 수분율은 $f_n(n) = \sum_{x_1=1}^{n}\sum_{x_2=1}^{n} f_n(n, x_1, x_2) = c\sum_{x_1}\sum_{x_2}\alpha^{x_1}\alpha^{x_2}\alpha^{n-x_1-x_2} = c(\text{상수})n^2\alpha^n$ 가 된다.

여기서 정규화조건을 취하면 $f_n(n)$의 상수 $c = -\frac{(\ln\alpha)^3}{2}$(∵식 (2. 83))가 되어

$f_n(n) = (-)\frac{(\ln\alpha)^3}{2}n^2\alpha^n$ [이는 식 (2. 90)에서 $k=3$ $(n\to x)$에 해당]

또한 n-mer 의 무게분율 $f_w(n) = cf_n(n)\times n$ 으로 나타낼 수 있으며, 이의 정규화 조건에서 (식 (2. 83)을 이용)상수 c를 구하면 $c = (-)\frac{\ln\alpha}{3}$가 된다. 따라서 $k=3$경우의 n-mer의 무게분율은 $f_w(n) = (-)\frac{(-\ln\alpha)^4}{3!}n^3\alpha^n$ [이는 식 (2. 91)에서 $k=3$ $(n\to x)$에 해당됨.]

이와 같이 $k=2, 3, \cdots$ 경우처럼 귀납법으로 식 (2. 90) 및 (2. 91)이 증명될 수 있다. 다만 증명란의 중합도 $n\to x$, 수분율 $f_n(n)\to f_x$, 무게분율 $f_w(n)\to w_x$ 로 바꾸어야 한다.

■

위 식을 이용하여 라디칼 중합에 대한 평균중합도 및 분포를 구하는 방법은 문제 2. 9에 주어져 있다.

이상과 같이 합성 고분자의 평균분자량 및 분포에 대한 언급은 여기에서 그치겠으나, 나중에 묽은 고분자 용액의 물성측정으로부터 평균 분자량을 결정하는 방법에 대해 다시 논하겠다.

연습문제

2. 1 본문 식 (2. 10)에 주어진 큐뮬런트(cumulant) 전개계수 κ_n에 대한 결과를 증명하라.

풀이

식 (2.9)의 $n=0$ 경우는 식 (2.6)에서 $\phi(0)=1(\because \mu_0{}'=1)$이므로 $\kappa_0=0$ 이다.

다음 $\ln^{(1)}\phi(t)=\dfrac{d}{dt}\ln\phi(t)=\dfrac{\phi'}{\phi}$ $\therefore \ln^{(1)}\phi(0)=\dfrac{\phi'(0)}{\phi(0)}$ 그런데 식 (2. 7)에서 $\phi'(0)=i\mu_1{}'$,

따라서 $\ln^{(1)}\phi(0)=\dfrac{i\mu_1{}'}{1}$, $\kappa_1=\mu'_1=m$ 얻어진다.

$n=2$ 경우 $\ln^{(2)}\phi(t)=\dfrac{\phi''\times\phi-\phi'^2}{\phi^2}$ $\therefore \ln^{(2)}\phi(0)=\dfrac{\phi''(0)\times\phi(0)-\phi'(0)^2}{\phi(0)^2}$

식 (2. 7)에서 $\ln^{(2)}\phi(0)=\dfrac{i^2\mu_2{}'-(i\mu_1{}')^2}{1}=i^2(\mu_2{}'-\mu_1{}'^2)$ $\therefore \kappa_2=\mu_2{}'-\mu_1{}'^2=\mu_2\,(=\sigma^2)$ 가 된다.

다음 $n=3$ 인 경우는 $\ln^{(3)}\phi(t)=\dfrac{\phi^2\times\phi'''-3\phi\phi'\phi''+2\phi'^3}{\phi^3}$

역시 (2. 7)에서

$$\ln^{(3)}\phi(0)=\frac{\phi'''(0)\times\phi^2(0)-3\phi(0)\times\phi'(0)\times\phi''(0)+2\phi'(0)^3}{\phi(0)^2}=\frac{i^3\mu_3{}'-3i^3\mu_1{}'\mu_2{}'+2(i\mu_1{}')^3}{1}$$

$$=i^3(\mu_3{}'-3\mu_1{}'\mu_2{}'+2\mu_1{}'^3)$$

$$\therefore \kappa_3=\mu_3{}'-3\mu_1{}'\mu_2{}'+2\mu_1{}'^3=\mu_3 \quad .$$

마지막으로 $n=4$ 경우 $\ln^{(4)}\phi(t)=\dfrac{\phi^{(4)}\phi^3-4\phi^2\phi'\phi^{(3)}+\phi''(12\phi\phi'^2-3\phi^2\phi'')-6\phi'^4}{\phi^4}$

$$\therefore \ln^{(4)}\phi(0)=\frac{\phi(0)^3\phi^{(4)}(0)-4\phi(0)^2\phi'(0)\phi^{(3)}(0)+\phi''(0)(12\phi(0)\phi'(0)^2-3\phi(0)^2\phi''(0))-6\phi'(0)^4}{\phi^4(0)}$$

식 (2. 7)로부터 대입하여 정리하면 $\ln^{(4)}\phi(0)=i^4(\mu_4{}'-4\mu_1{}'\mu_3{}'-3\mu_2{}'^2+12\mu_1{}'^2\mu_2{}'-6\mu_1{}'^4)$

따라서 식 (2. 4)와 (2. 9)에서 $\kappa_4=\mu_4{}'-4\mu_1{}'\mu_3{}'-3\mu_2{}'^2+12\mu_1{}'^2\mu_2{}'-6\mu_1{}'^4=\mu_4-3\mu_2^2$ 이 성립된다.

2. 2 직경(D)이 10 cm짜리 구가 20개, 20 cm짜리 구가 30개, 30 cm 짜리구가 10개 있을 때 수평균(D_n) 무게평균(D_w), z 평균(D_z) 및 점도 평균(D_v)직경을 구하라. 단 용매능 지수 $a=0.8$ 로 가정하고 무게 분율 계산시 직경 D_i 짜리 1개 수의 질량 $M_i=\dfrac{4}{3}\pi\left(\dfrac{D_i}{2}\right)^3\rho$ (여기서 ρ 는 밀도) 관계식을 이용하라.

풀이

먼저 수분율 $f_i = N_i / \sum N_i$ 에서 구하면 $f_1 = 2/6 = 0.333$, $f_2 = 3/6 = 0.500$, $f_3 = 1/6 = 0.167$. 무게분율 $w_i = N_i M_i / \sum N_i M_i$ 식이 $M_i = \frac{\pi}{6}\rho D_i^3$을 대입하면 $w_i = N_i D_i^3 / \sum N_i D_i^3$ 을 이용해 구하면 $w_1 = 0.038$, $w_2 = 0.453$, $w_3 = 0.509$ 혹은 $w_i = f_i M_i / M_n (\neq f_i D_i / D_n)$ 을 이용키 위해,

$$M_n = \sum f_i M_i = \frac{\pi}{6}\rho \sum f_i D_i^3 = \frac{\pi}{6}\rho\left[0.333 \times 10^3 + 0.5 \times (20)^3 + 0.167 \times (30)^3\right] = 1.472\pi\rho \times 10^3.$$

따라서 $w_i = f_i\left(\frac{\pi}{6}\rho D_i^3\right)/1.472\pi\rho \times 10^3$ 에서도 마찬가지 값을 얻을 수 있다. 다음에 z분율 $z_i = N_i M_i^2 / \sum N_i M_i^2$ 식에 $M_i = \frac{\pi}{6}\rho D_i^3$ 을 대입하면 $z_i = N_i D_i^6 / \sum N_i D_i^6$ 이 되어, 각각 N_i 및 D_i 값을 대입하여 계산하면, $z_1 = 0.002$, $z_2 = 0.208$, $z_3 = 0.790$ 을 얻는다. 또한 $z_i = w_i M_i / M_w$ 식을 이용하여 구하려면,

$$M_w = \sum w_i M_i = \frac{\pi}{6}\rho \sum w_i D_i^3 = \frac{\pi}{6}\rho\left[0.038 \times 10^3 + 0.453 \times (20)^3 + 0.509 \times (30)^3\right] = 2.9\pi\rho \times 10^3.$$

따라서 $z_i = w_i\left(\frac{\pi}{6}\rho D_i^3\right)/2.9\pi\rho \times 10^3$ 식을 이용해도, 같은 z_i 값을 얻을 수 있다.

따라서 $D_n = \sum f_i D_i = 110/6 = 18.33\,(\text{cm})$, $D_w = \sum w_i D_i = 24.71\,(\text{cm})$, $D_z = \sum z_i D_i = 27.88\,(\text{cm})$

다음에는 점도평균 $D_v = \left(\sum w_i D_i^a\right)^{1/a} = \left[0.038 \times 10^{0.8} + 0.453 \times 20^{0.8} + 0.509 \times 30^{0.8}\right]^{1/0.8} = 24.56\,(\text{cm})$

따라서 $D_n < D_v < D_w < D_z$ 관계가 성립된다.

또한 수분포 및 무게분포의 폭에 관한 정보를 주는 식 (2. 51) 및 (2. 52)을 계산키 위해

$\langle D^2 \rangle_f = \sum f_i D_i^2$ 및 $\langle D^2 \rangle_w = \sum w_i D_i^2$ 을 구하면 $\langle D^2 \rangle_f = 383.3\,(\text{cm}^2)$, $\langle D^2 \rangle_w = 643.1\,(\text{cm}^2)$.

따라서 직경 D의 수분포 분산 $\sigma_{D,n}^2 = \langle D^2 \rangle_f - \langle D^1 \rangle_f^2 (= D_n^2)$ 을 구하면 $\sigma_{D,n}^2 = 47.31\,(\text{cm}^2)$

다음에는 D의 무게분포분산 $\sigma_{D,w}^2 = \langle D^2 \rangle_w - \langle D^1 \rangle_w^2 (= D_w^2) = 32.51\,(\text{cm}^2)$

따라서$(\sigma_{D,n}/D_n)^2 = \langle D^2 \rangle_f / D_n^2 - 1 = 1.1408 - 1 = 0.1408$ [단, $\frac{\langle D^2 \rangle_f}{D_n^2} (= 1.1408) \neq \frac{D_w}{D_n} (= 1.348)$에 유의] 또한 $(\sigma_{D,w}/D_w)^2 = \langle D^2 \rangle_w / D_w^2 - 1 = 1.053 - 1 = 0.053$ [단, $\frac{\langle D^2 \rangle_w}{D_w^2} (= 1.053) \neq \frac{D_z}{D_w} (= 1.128)$ 에 유의]

참고로 식 (2. 20) 의 수분포 다분산지수 $\text{PDI}_{(n)}$ 및 식 (2. 24)의 무게분포 다분산지수 $\text{PDI}_{(w)}$ 를 구해보면 다음과 같다.

먼저 $\langle M^2 \rangle_f = \sum f_i M_i^2 = \sum f_i\left(\frac{\pi}{6}\rho D_i^3\right)^2 = \left(\frac{\pi}{6}\rho\right)^2 \sum f_i D_i^6$ 에서 구하면 $\langle M^2 \rangle_f = 4.273 \times 10^6 (\pi\rho)^2$, 또 $\langle M^2 \rangle_w = \sum w_i M_i^2 = \sum w_i\left(\frac{\pi}{6}\rho D_i^3\right)^2 = \left(\frac{\pi}{6}\rho\right)^2 \sum w_i D_i^6$ 에서 구하면 $\langle M^2 \rangle_w = 11.16 \times 10^6 (\pi\rho)^2$.

따라서 $(\sigma_{M,n}/M_n)^2 = \langle M^2 \rangle_f / M_n^2 \left(= \dfrac{M_w}{M_n} \right) - 1 = 0.9719$

$(\sigma_{M,w}/M_w)^2 = \langle M^2 \rangle_w / M_w^2 \left(= \dfrac{M_z}{M_n} \right) - 1 = 0.321$

그러므로 위 문제의 경우 분자량으로 하든, 직경으로 하든 수분포의 폭보다 무게분포의 폭이 훨씬 좁음을 알 수 있다.

2. 3 지금 A군의 평균분자량이 M_n^A=10만, M_w^A=20만, M_z^A=30만, M_v^A=18만 ; B군의 평균분자량이 M_n^B=20만, M_w^B=30만, M_z^B=40만, M_v^B=28만 ; C군의 평균분자량이 M_n^C=30만, M_w^C=40만, M_z^C=50만, M_v^C=38만 일 때, 아래 두 경우에 대해 3군 전체 혼합물의 M_n, M_w, M_z, M_v 및 분포폭(다분산지수)을 구하라. 단 용매능지수 $a = 0.8$ 이며, 편의상 분자량의 단위는 생략하라.

(a) $f^A = 0.3, f^B = 0.5, f^C = 0.2$; (b) $w^A = 0.3, w^B = 0.5, w^C = 0.2$

풀이

(a) 부록 식 (A 2. 18)에 의해 $M_n = \sum_j f^j \overline{M}_n^{(j)} = 0.3 \times 10\text{만} + 0.5 \times 20\text{만} + 0.2 \times 30\text{만} = 19\text{만}$,

다음 각 군의 무게분율 w^j는 공식(A2. 13)에 의해 $w^A = \dfrac{f^A M_n^A}{M_n} = \dfrac{0.3 \times 10\text{만}}{19\text{만}} = 0.158$,

마찬가지로 $w^B = \dfrac{0.5 \times 20}{19} = 0.526$, $w^C = \dfrac{0.2 \times 30}{19} = 0.316$.

따라서 $M_w = \sum_j w^j \overline{M}_n^{(j)} = 0.158 \times 20 + 0.526 \times 30 + 0.316 \times 40 = 31.58$ 만.

다음에 z분율 z^j는 공식 (A2. 15)에 의해

$$z^A = w^A \frac{M_w^A}{M_w} = 0.158 \times \frac{20}{31.58} = 0.10,\ z^B = 0.526 \times \frac{30}{31.58} = 0.50, z^C = 0.316 \times \frac{40}{31.58} = 0.40$$

따라서 $M_z = \sum_j z^j \overline{M}_z^{(j)} = 0.1 \times 30 + 0.5 \times 40 + 0.4 \times 50 = 43\text{만}$.

다음 점도평균분자량 M_v는 공식 (A2. 28)

[단, $\langle M^a \rangle_w^{(j)} = \left(\overline{M}_v^{(j)}\right)^a$ 임]에서 $M_v = \left[w^A \times \left(M_v^A\right)^a + w^B \times \left(M_v^B\right)^a + w^C \times \left(M_v^C\right)^a \right]^{1/a}$

$= \left[0.158 \times (18\text{만})^{0.8} + 0.526 \times (28\text{만})^{0.8} + 0.316 \times (38\text{만})^{0.8} \right]^{\frac{1}{0.8}} = 26.82\text{만}$. 따라서 $M_n < M_v < M_w < M_z$ 가 성립된다.

다음에 수분산지수 ${}_n\mathrm{PDI}$는 공식 (A2. 29)에 의해,

$${}_n\mathrm{PDI} = M_w / M_n = 1 + \left(\frac{\sigma_n}{M_n}\right)^2 = \frac{31.58}{19} = 1.662 \quad \therefore \left(\frac{\sigma_n}{M_n}\right) = 0.81$$

또 무게분산지수 ${}_w\mathrm{PDI}$는 공식 (A2. 31)에 의해 ${}_w\mathrm{PDI} = M_z/M_w = 1 + \left(\frac{\sigma_w}{M_w}\right)^2 = \frac{43}{31.58} = 1.362$

$\therefore \left(\frac{\sigma_w}{M_w}\right) = 0.60$ 따라서 (a) 경우 무게분포의 폭이 약간 좁다.

(b) 공식 (A2. 21)에 의해 $M_w = \sum_j w^j \overline{M}_w^{(j)} = 0.3 \times 20 + 0.5 \times 30 + 0.2 \times 40 = 29$만. M_n은 공식 (A2. 20)에 의해 $M_n = 1/(\sum_j w^j / \overline{M_n^{(j)}}) = [0.3/10\text{만} + 0.5/20\text{만} + 0.2/30\text{만}]^{-1} = 16.21$만.

다음 M_z를 계산하기 위해 먼저 z분율 z^j를 구하면

$z^A = w^A \frac{M_w^A}{M_w} = 0.3 \times \frac{20}{29} = 0.207,\ z^B = 0.5 \times \frac{30}{29} = 0.517,$

$z^C = 0.2 \times \frac{40}{29} = 0.276 \ \therefore M_z = \sum_j z^j \overline{M}_z^{(j)}$ [식 (A2. 24)]

$= 0.207 \times 30 + 0.517 \times 40 + 0.276 \times 50 = 40.69$만.

다음에 점도 평균 분자량 M_v는 (a)의 경우와 마찬가지로

$M_v = [0.3 \times (18\text{만})^{0.8} + 0.5 \times (28\text{만})^{0.8} + 0.2 \times (38\text{만})^{0.8}]^{\frac{1}{0.8}} = 26.82$만. 역시 $M_n < M_v < M_w < M_z$순이다.

다음에 수분포 폭 ${}_n\mathrm{PDI} = M_w/M_n = 1.789 = 1 + \left(\frac{\sigma_n}{M_n}\right)^2 \ \therefore \left(\frac{\sigma_n}{M_n}\right) = 0.89$

또 무게분포 폭 ${}_w\mathrm{PDI} = M_z/M_w = 1.403 = 1 + \left(\frac{\sigma_w}{M_w}\right)^2 \ \therefore \left(\frac{\sigma_w}{M_w}\right) = 0.63$

따라서 (b)경우도 역시 무게분포의 폭이 더 좁음을 알 수 있다.

〈주의〉만약 두 경우 모두 M_w 및 M_z를 각각 식 (A2. 22) 및 (A2. 25)에서 구하려면 각 j군 시료의 $\langle M^2 \rangle_f^{(j)} = \overline{M}_n^{(j)} \times \overline{M}_w^{(j)}$, $\langle M^2 \rangle_w^{(j)} = \overline{M}_w^{(j)} \times \overline{M}_z^{(j)}$ 관계를 이용한다.

2. 4 포아송 분포(본문식 2. 62)에 대한 각종 평균중합도 및 분포지수를 구하라.

풀이

지금 x를 중합도라고 하면 각종 평균중합도 및 분포지수는 분자량 M_i(여기서 중합도 x로 대체)에 관한 공식 (2. 11)-(2. 24) 및 참고 2. 4란의 합의 공식($p \to m$) (2. 70)-(2. 76)을 이용하여 아래와 같이 구할 수 있다.

$$x_n = \sum_{x=1}^{\infty} x f_x = e^{-m} \sum_{x=1}^{\infty} \frac{x\, m^{x-1}}{(x-1)!} = e^{-m}(1+m)e^m = 1+m$$

무게분율 w_x는 식 (2. 15)에 의해 $w_x = f_x x / x_n = x m^{x-1} e^{-m} / (x-1)!(1+m)$가 된다.

따라서 $x_w = \sum_{x=1}^{\infty} x w_x = \frac{e^{-m}}{1+m} \sum_{x=1}^{\infty} x^2 m^{x-1}/(x-1)! = \frac{e^{-m}}{1+m} \times (1+3m+m^2)e^m = \frac{1+3m+m^2}{1+m}$

또 x-mer의 z분율 z_x는 식 (2.16)에 의해 $z_x = w_x x/x_w = \left[\dfrac{e^{-m}}{x_w(1+m)}\right] x^2 m^{x-1}/(x-1)!$ 가 된다.

따라서, $x_z = \sum_{x=1}^{\infty} x z_x = \dfrac{e^{-m}}{x_w(1+m)} \sum_{x=1}^{\infty} x^3 m^{x-1}/(x-1)! = \dfrac{e^{-m}}{x_w(1+m)} \times (1+7m+6m^2+m^3)e^m$

$$= \frac{1+7m+6m^2+m^3}{1+3m+m^2}$$

다음 $\langle x^2 \rangle_f = \sum_{x=1}^{\infty} x^2 f_x = e^{-m} \sum_{x=1}^{\infty} x^2 m^{x-1}/(x-1)! = e^{-m} \times (1+3m+m^2)e^m = (1+3m+m^2)$

$$\langle x^2 \rangle_w = \sum_{x=1}^{\infty} x^2 w_x = \frac{e^{-m}}{1+m} \sum_{x=1}^{\infty} x^3 m^{x-1}/(x-1)! = \frac{e^{-m}}{1+m} \times (1+7m+6m^2+m^3)e^m$$

$$= \left(\frac{1+7m+6m^2+m^3}{1+m}\right)$$

따라서 수분산 $\sigma_n^2 = \langle x^2 \rangle_f - \langle x \rangle_f^2 (= x_n^2) = (1+3m+m^2) - (1+m)^2 = m$

$$\therefore \text{수분산지수 } {}_n\text{PDI} = \frac{x_w}{x_n}\left(= \frac{\langle x^2 \rangle_f}{x_n^2}\right) = 1 + \left(\frac{\sigma_n}{x_n}\right)^2 = \frac{1+3m+m^2}{(1+m)^2}$$

또 무게분산

$$\sigma_w^2 = \langle x^2 \rangle_w - \langle x \rangle_w^2 (= x_w^2) = \frac{1+7m+6m^2+m^3}{1+m} - \left(\frac{1+3m+m^2}{1+m}\right)^2 = \frac{m(2+2m+m^2)}{(1+m)^2}$$

$$\therefore \text{무게분산지수 } {}_w\text{PDI} = \frac{x_z}{x_w}\left(= \frac{\langle x^2 \rangle_w}{x_w^2}\right) = 1 + \left(\frac{\sigma_w}{x_w}\right)^2 = \frac{(1+m)(1+7m+6m^2+m^3)}{(1+3m+m^2)^2}$$

한편 점도평균 중합도 $x_v = \sum_{x=1}^{\infty} x^a w_x$는 a가 정수가 아닌 관계로 계산이 복잡하여 여기에서는 생략함.

2.5 정규분포 (식 2.86)의 경우 (수분포) 누적확률(P)에 관해 아래와 같은 식이 성립함을 증명하라.

$$\int_{-\infty}^{x} f(x)dx = \frac{1}{2}\left[1 + erf\left(\frac{X}{\sqrt{2}}\right)\right] \left[\text{여기서 } erf\text{는 오차함수, } X = \frac{x-m}{\sigma}\right] \quad \text{(a)}$$

$$P[m - t\sigma \le x \le m + t\sigma] = erf\left(\frac{t}{\sqrt{2}}\right) \quad [\text{단 } t > 0] \quad \text{(b)}$$

풀이

(a) 어떤 변량(또는 중합도)x가 $-\infty \sim x$ 사이에 있을 확률을 나타내는 적분

$$\int_{-\infty}^{x} f(x)dx = \frac{1}{\sqrt{2\pi}\,\sigma} \int_{-\infty}^{x} e^{-(x-m)^2/2\sigma^2} dx = \frac{1}{\sqrt{2\pi}} \int_{-\infty}^{X} e^{-\frac{X^2}{2}} dX \left(\because X = \frac{x-m}{\sigma}\right)$$

그런데 $g(X) = \dfrac{1}{\sqrt{2\pi}} e^{-\frac{X^2}{2}}$ 은 평균치 0, 분산(σ^2) 1인 '표준정규분포'(원점에 관해 대칭인 우함수)에

해당되므로 적분

$$\int_{-\infty}^{x} f(x)dx = \frac{1}{2}+\frac{1}{\sqrt{2\pi}}\int_{0}^{X} e^{-\frac{X^2}{2}}dX= \frac{1}{2}+\frac{1}{2}\int_{0}^{\frac{X}{\sqrt{2}}}\frac{2}{\sqrt{\pi}}e^{-t^2}dt\left(\because \frac{X}{\sqrt{2}}=t\right)= \frac{1}{2}\left[1+erf\left(\frac{X}{\sqrt{2}}\right)\right]$$

$\left[\because 식(2.77), X= \frac{x-m}{\sigma}\right]$ 가 된다.

(b) 변량 x가 수분율에 관한 평균치 m과 분산 σ^2을 사용해 $m-t\sigma$와 $m+t\sigma$사이에 있을 확률 P는

$$P[m-t\sigma \le x \le m+t\sigma] = \int_{m-t\sigma}^{m+t\sigma} f(x)dx = \frac{1}{\sqrt{2\pi}\,\sigma}\int_{m-t\sigma}^{m+t\sigma} e^{-\frac{(x-m)^2}{2\sigma^2}}dx$$

$$= \frac{1}{\sqrt{2\pi}}\int_{-t}^{t} e^{-\frac{X^2}{2}}dX(\because X= \frac{x-m}{\sigma}) = \frac{2}{\sqrt{2\pi}}\int_{0}^{t} e^{-\frac{X^2}{2}}dX$$

$$= \frac{2}{\sqrt{\pi}}\int_{0}^{\frac{t}{\sqrt{2}}} e^{-\frac{\overline{X}^2}{2}}d\overline{X}\left(\because \overline{X}= \frac{X}{\sqrt{2}}\right)= erf\left(\frac{t}{\sqrt{2}}\right)\ [\because 식\ (2.77)]$$

가 얻어진다. 실제 $t= 1, 2, 3$일 때, 확률 P는 각각 68%, 95%, 99%가 됨에 유의하라.

2.6 다음은 중합도 x-mer에 관한 Schulz-Zimm 분포에 대한 무게분율(w_x)이다.

$$w_x = \frac{p^{k+1}}{\Gamma(1+k)}e^{-px}x^k \quad [단\ p\ 및\ k>0\ ,\ 0<x<\infty]$$

이로부터 각종 평균 분자량과 분포지수를 구하라.

풀이

먼저 x_w를 구하면 $x_w = \int_0^\infty x w_x dx = \frac{p^{k+1}}{\Gamma(1+k)}\int_0^\infty x^{1+k}e^{-px}dx$. 여기서 공식 (2.81) 및 $\Gamma(2+k) = (1+k)\Gamma(1+k)$ 를 이용하면 $x_w = \frac{p^{k+1}}{\Gamma(1+k)}\times \Gamma(2+k)p^{-k-2} = (1+k)/p$ 가 된다. 다음 공식 (2.37)에서 x_n을 역시 식 (2.81) 및 $\Gamma(1+k)= k\Gamma(k)$ 을 이용하여 구하면

$$x_n = \left[\int_0^\infty \frac{1}{x}w_x dx\right]^{-1} = \left[\frac{p^{k+1}}{\Gamma(1+k)}\int_0^\infty x^{k-1}e^{-px}\right]^{-1} = \left[\frac{p^{k+1}}{\Gamma(1+k)}\times \Gamma(k)\times p^{-k+1-1}\right]^{-1} = k/p \text{ 가 된다.}$$

또 공식 (2.16)에서 $z_x(z분율) = w_x\, x/x_w = \frac{1}{x_w}\times\frac{p^{k+1}}{\Gamma(1+k)}e^{-px}x^{1+k}$ 가 되어,

$$x_z = \int_0^\infty x z_x dx = \frac{p^{k+1}}{x_w\Gamma(1+k)}\int_0^\infty x^{2+k}e^{-px}dx\,.$$

여기서 마찬가지로 식 (2.81) 및 $\Gamma(3+k) = (2+k)\Gamma(2+k) = (2+k)(1+k)\Gamma(1+k)$ 를 이용하면

$$x_z = \frac{p^{k+1}}{x_w \Gamma(1+k)} \times \Gamma(3+k) p^{-2-k-1} = \frac{p}{(1+k)} \times \frac{p^{k+1}}{\Gamma(1+k)} \times (2+k)(1+k) p^{-3-k} = \frac{2+k}{p}$$ 가 된다.

따라서 $p = \frac{k}{x_n} = \frac{1+k}{x_w} = \frac{2+k}{x_z}$ 관계가 성립된다.

다음에는 점도 평균 중합도 $x_v = \langle x^a \rangle_w^{1/a} = \left[\int_0^\infty x^a \times w_x dx \right]^{1/a} = \left[\frac{p^{k+1}}{\Gamma(1+k)} \int_0^\infty x^{a+k} e^{-px} dx \right]^{1/a}$.

여기서 역시 식 (2. 81) 을 이용하면,

$$x_v = \left[\frac{p^{k+1}}{\Gamma(1+k)} \times \Gamma(a+k+1) \times p^{-a-k-1} \right]^{1/a} = \frac{1}{p} \left(= \frac{x_n}{k} \right) \left[\frac{\Gamma(1+k+a)}{\Gamma(1+k)} \right]^{1/a}$$ 가 얻어진다.

마지막으로 수분산 및 무게분산 지수를 구하면,

$${}_n\mathrm{PDI} = \frac{x_w}{x_n} = \frac{1+k}{k} = 1 + \left(\frac{\sigma_n}{x_n} \right)^2$$ 및 $${}_w\mathrm{PDI} = \frac{x_z}{x_w} = \frac{2+k}{1+k} = 1 + \left(\frac{\sigma_w}{x_w} \right)^2$$ 이 얻어진다.

(여기서 $\sigma_n^2 = \langle x^2 \rangle_f - x_n^2$, $\sigma_w^2 = \langle x^2 \rangle_w - x_w^2$ 임)

2. 7 다음은 중합도 x -mer에 관한 Wesslau (또는 대수 정규분포) 에 대한 무게분율 공식이다.

$$w_x \left[= w_{\ln x} / x \right] dx = \frac{1}{\sqrt{2\pi}\,\sigma} \frac{1}{x} e^{-\frac{(\ln x - \ln m)^2}{2\sigma^2}} dx \qquad [\text{단 } 0 < x < \infty] \qquad (a)$$

또는 $$w_{\ln x} d\ln x = \frac{1}{\sqrt{2\pi}\,\sigma} e^{-\frac{(\ln x - \ln m)^2}{2\sigma^2}} d\ln x \qquad [\text{단} -\infty < \ln x < \infty] \qquad (b)$$

[단 위에서 $w_x dx = w_{\ln x} d\ln x$ 임에 유의할 것]

이때 각종 평균 중합도 및 분포의 지수를 구하라.

풀이

위 식에서 $\langle x^n \rangle_w = \int_0^\infty x^n w_x dx = \int_{-\infty}^\infty x^n w_{\ln x} d\ln x$ 이므로 편의상 후자의 적분경로를 택한다. 그리고 이하의 모든 적분에서 변수치환 $\ln x = t$ (또는 $x = e^t$), $\ln m = \mu$, $\frac{t-\mu}{\sigma} = \bar{t}$, $t = \sigma \bar{t} + \mu$ 로 나타내고, 적분 공식 (2. 84) 를 이용한다. 먼저,

$$x_w = \int_0^\infty x w_x dx = \int_{-\infty}^\infty x w_{\ln x} d\ln x = \frac{1}{\sqrt{2\pi}\,\sigma} \int_{-\infty}^\infty x\, e^{-\frac{(\ln x - \ln m)^2}{2\sigma^2}} d\ln x$$

$$= \frac{1}{\sqrt{2\pi}\,\sigma} \int_{-\infty}^\infty e^t e^{-\frac{(t-\mu)^2}{2\sigma^2}} dt = \frac{1}{\sqrt{2\pi}\,\sigma} \int_{-\infty}^\infty e^{\mu + \sigma \bar{t}} \times e^{-\frac{\bar{t}^2}{2}} \sigma d\bar{t}$$

$$= \frac{e^{\mu}}{\sqrt{2\pi}} \int_{-\infty}^{\infty} e^{-\frac{\bar{t}^2}{2}+\sigma\bar{t}} d\bar{t} = \frac{e^{\mu}}{\sqrt{2\pi}} e^{\frac{\sigma^2}{2}} \sqrt{2\pi} \, [\because \text{공식 } (2.84)] = me^{\frac{\sigma^2}{2}} \, (\because e^{\mu} = e^{\ln m} = m)$$

다음에는 식 (2.37)에 의해 x_n 을 구하면,

$$x_n = \left[\int_0^{\infty} \frac{w_x}{x} dx\right]^{-1} = \left[\int_{-\infty}^{\infty} \frac{1}{x} w_{\ln x} d\ln x\right]^{-1} = \left[\frac{1}{\sqrt{2\pi}\,\sigma} \int_{-\infty}^{\infty} \frac{1}{x} e^{-\frac{(\ln x - \ln m)^2}{2\sigma^2}} d\ln x\right]^{-1}$$

$$= \left[\frac{1}{\sqrt{2\pi}\,\sigma} \int_{-\infty}^{\infty} e^{-t} e^{-\frac{(t-\mu)^2}{2\sigma^2}} dt\right]^{-1} = \left[\frac{1}{\sqrt{2\pi}\,\sigma} \int_{-\infty}^{\infty} e^{-(\sigma\bar{t}+\mu)} e^{-\frac{\bar{t}^2}{2}} \sigma d\bar{t}\right]^{-1}$$

$$= \left[\frac{e^{-\mu}}{\sqrt{2\pi}} \int_{-\infty}^{\infty} e^{-\frac{\bar{t}^2}{2}-\sigma\bar{t}} d\bar{t}\right]^{-1} = \left[\frac{1}{\sqrt{2\pi}} \frac{1}{m} \times e^{\frac{\sigma^2}{2}} \sqrt{2\pi}\right]^{-1} = me^{-\frac{\sigma^2}{2}}$$

다음에 $z_x = w_x \dfrac{x}{x_w}$. 따라서 $z_x dx = \dfrac{x}{x_w} w_x dx = \dfrac{x}{x_w} w_{\ln x} d\ln x$ 되므로

$$x_z = \int_0^{\infty} x z_x dx = \int_{-\infty}^{\infty} \frac{x^2}{x_w} w_{\ln x} d\ln x = \frac{1}{x_w \sqrt{2\pi}\,\sigma} \int_{-\infty}^{\infty} x^2 e^{-\frac{(\ln x - \ln m)^2}{2\sigma^2}} d\ln x$$

$$= \frac{1}{x_w \sqrt{2\pi}\,\sigma} \int_{-\infty}^{\infty} e^{2t} e^{-\frac{(t-\mu)^2}{2\sigma^2}} dt = \frac{1}{x_w \sqrt{2\pi}\,\sigma} \int_{-\infty}^{\infty} e^{2(\sigma\bar{t}+\mu)} e^{-\frac{\bar{t}^2}{2}} \sigma d\bar{t}$$

$$= \frac{e^{2\mu}}{x_w \sqrt{2\pi}} \int_{-\infty}^{\infty} e^{-\frac{\bar{t}^2}{2}+2\sigma\bar{t}} d\bar{t} = \frac{e^{2\mu}}{x_w \sqrt{2\pi}} \times e^{2\sigma^2} \sqrt{2\pi} = \frac{m^2}{x_w} e^{2\sigma^2} \, (\because e^{2\mu} = e^{2\ln m} = m^2)$$

$$= me^{\frac{3}{2}\sigma^2}$$

다음에 점도평균 중합도 $x_v = \langle x^a \rangle_w^{1/a}$ ∴ 여기서

$$\int_0^{\infty} x^a w_x dx = \int_{-\infty}^{\infty} x^a w_{\ln x} d\ln x = \frac{1}{\sqrt{2\pi}\,\sigma} \int_{-\infty}^{\infty} x^a e^{-\frac{(\ln x - \ln m)^2}{2\sigma^2}} d\ln x$$

$$= \frac{1}{\sqrt{2\pi}\,\sigma} \int_{-\infty}^{\infty} e^{at} e^{-\frac{(t-\mu)^2}{2\sigma^2}} dt = \frac{1}{\sqrt{2\pi}\,\sigma} \int_{-\infty}^{\infty} e^{a(\sigma\bar{t}+\mu)} e^{-\frac{\bar{t}^2}{2}} \sigma d\bar{t}$$

$$= \frac{e^{a\mu}}{\sqrt{2\pi}} \int_{-\infty}^{\infty} e^{-\frac{\bar{t}^2}{2}+a\sigma\bar{t}} d\bar{t} = \frac{e^{au}}{\sqrt{2\pi}} \times e^{\frac{a^2\sigma^2}{2}} \sqrt{2\pi} \, (\because \text{공식 } (2.84)) = m^a e^{\frac{a^2\sigma^2}{2}} \, (\because e^{a\mu} = e^{a\ln m} = m^a)$$

$$\therefore x_v = \langle x^a \rangle_w^{1/a} = \left\langle m^a e^{\frac{a^2\sigma^2}{2}} \right\rangle^{1/a} = me^{\frac{a\sigma^2}{2}}$$ 가 된다.

다음에 수분산 지수 ${}_n\mathrm{PDI} = \dfrac{x_w}{x_n} = e^{\sigma^2} = 1 + \left(\dfrac{\sigma_n}{x_n}\right)^2$ ∴ $\sigma_n^2 = \langle x^2 \rangle_f - x_n^2 = m^2(1 - e^{-\sigma^2})$ 가 된다. 또 무게

분산 지수 $_w\mathrm{PDI} = \dfrac{x_z}{x_w} = e^{\sigma^2} = 1 + \left(\dfrac{\sigma_w}{x_w}\right)^2 \rightarrow \sigma_w^2 = \langle x^2 \rangle_w - x_w^2 = m^2 e^{\sigma^2}\left(e^{\sigma^2} - 1\right)$ 가 된다.

2.8 축합중합에 관한 무게 분율(식 2.88)을 임의의 반응도 p에서 점도 평균 중합도 x_v 를 용매능 지수 a 항으로 나타내어라.

풀이

$x_v = \langle x^a \rangle_w^{1/a}$. 여기서,

$$\langle x^a \rangle_w = \sum_{x=1}^{\infty} x^a w_x = (1-p)^2 \sum_{x=1}^{\infty} x^{1+a} p^{x-1} \simeq (1-p)^2 \int_0^{\infty} x^{1+a} p^{x+1} dx = \frac{(1-p)^2}{p} \int_0^{\infty} x^{1+a} p^x dx$$

여기서 식 (2.83)을 이용하면 $\langle x^a \rangle_w = \dfrac{(1-p)^2}{p} \times \Gamma(2+a)/(-\ln p)^{(2+a)}$

따라서 $x_v = \langle x^a \rangle_w^{1/a} = \left[\dfrac{(1-p)^2}{p} \Gamma(2+a)/(-\ln p)^{(2+a)}\right]^{1/a}$ 가 된다.

만약 반응도 p가 1에 가까우면 ($\because$ 축중합에서는 반응의 끝에 가서 중합도가 급격히 커진다)
$p \sim 1$, $-\ln p \simeq 1-p$ ($\because$ $p=1$ 근방의 Taylor 전개)를 이용하면

$$x_v \simeq \left[\frac{1}{p} \frac{\Gamma(2+a)}{(-\ln p)^a}\right]^{1/a} \simeq \left[x_n^a \Gamma(2+a)\right]^{1/a} = x_n \left[\Gamma(2+a)\right]^{1/a}$$ 가 된다.

단 여기서 $x_n = \dfrac{1}{1-p} \simeq \dfrac{1}{-\ln p}$ 를 이용하였다.

2.9 라디칼중합의 수분율 및 무게분율에 관한 (변형)Schulz-Zimm 분포 [식 (2.90) 및 (2.91)]에 대한 각종 평균중합도 및 분포지수를 구하라.

풀이

먼저 수평균 중합도

$$x_n = \int_0^{\infty} x f_x dx = \frac{(-\ln\alpha)^k}{\Gamma(k)} \int_0^{\infty} x^k \alpha^x dx = \frac{(-\ln\alpha)^k}{\Gamma(k)} \times \Gamma(1+k)/(-\ln\alpha)^{1+k} = \frac{k}{(-\ln\alpha)}$$ 가 된다.

단 위식에서 공식 (2.80)과 $\Gamma(1+k) = k\Gamma(k)$ 를 이용하였다.

다음에 무게평균 중합도 x_w 는

$$x_w = \int_0^{\infty} w_x x dx = \frac{(-\ln\alpha)^{k+1}}{\Gamma(k+1)} \int_0^{\infty} x^{1+k} \alpha^x dx = \frac{(-\ln\alpha)^{k+1}}{\Gamma(k+1)} \times \Gamma(2+k)/(-\ln\alpha)^{2+k} = \frac{(1+k)}{(-\ln\alpha)}$$

가 된다. 역시 식 (2.80)과 $\Gamma(2+k) = (1+k)\Gamma(1+k)$ 를 이용하였다.

또한 z 평균 중합도를 위해 먼저 식 (2.16)에 의해 $z_x = w_x \dfrac{x}{x_w} = \dfrac{1}{x_w} \dfrac{(-\ln\alpha)^{1+k}}{\Gamma(k+1)} x^{1+k} \alpha^x$ 가 된다.

따라서

$$x_z=\int_0^\infty xz_x\,dx=\frac{1}{x_w}\frac{(-\ln\alpha)^{1+k}}{\Gamma(1+k)}\int_0^\infty x^{2+k}\alpha^x\,dx=\frac{(-\ln\alpha)^{1+k}}{x_w\Gamma(1+k)}\times\Gamma(3+k)/(-\ln\alpha)^{3+k}=\frac{2+k}{(-\ln\alpha)}$$

가 된다. 여기서 식 (2. 80) 및 $\Gamma(3+k)=(2+k)\Gamma(2+k)=(2+k)(1+k)\Gamma(1+k)$ 를 이용하였다.

다음에 점도평균 중합도 $x_v=\langle x^a\rangle_w^{1/a}$. 여기서

$$\langle x^a\rangle_w=\int_0^\infty x^a w_x\,dx=\frac{(-\ln\alpha)^{k+1}}{\Gamma(1+k)}\int_0^\infty x^{a+k}\alpha^x\,dx=\frac{(-\ln\alpha)^{1+k}}{\Gamma(1+k)}\times\Gamma(a+k+1)/(-\ln\alpha)^{a+k+1}$$

$$=\frac{1}{(-\ln\alpha)^a}\frac{\Gamma(a+k+1)}{\Gamma(1+k)}$$

$$\therefore x_v=\langle x^a\rangle_w^{1/a}=\frac{1}{(-\ln\alpha)}\left[\frac{\Gamma(1+k+a)}{\Gamma(1+k)}\right]^{1/a}=\frac{x_n}{k}\left[\frac{\Gamma(1+k+a)}{\Gamma(1+k)}\right]^{1/a}$$ 가 된다.

또 수분산 지수 ${}_n\mathrm{PDI}=\dfrac{x_w}{x_n}=\dfrac{1+k}{k}=1+\left(\dfrac{\sigma_n}{x_n}\right)^2\rightarrow\sigma_n^2=\langle x^2\rangle_f-x_n^2=\dfrac{k}{(-\ln\alpha)^2}$

무게분산 지수 ${}_w\mathrm{PDI}=\dfrac{x_z}{x_w}=\dfrac{2+k}{1+k}=1+\left(\dfrac{\sigma_w}{x_w}\right)^2\rightarrow\sigma_w^2=\langle x^2\rangle_w-x_w^2=\dfrac{1+k}{(-\ln\alpha)^2}$ 가 된다.

[비고 : 식 (2. 90) 및 (2. 91) 에 주어진 변형 Schulz-Zimm 분포식은 문제 2. 6 에서 다루어진 Schulz-Zimm 분포와 사실상 동일하다. 왜냐하면 식 (2. 91) 에서 $(-\ln\alpha)\rightarrow p$ (즉 $\alpha=e^{-p}$) 로 두면 문제 2. 6 의 w_x 와 같게 된다. 따라서 문제 2. 6 에 얻어진 모든 결과에 반대로 대입하면 문제 2. 9 의 모든 결과가 유도될 수 있음에 유의하라.]

A2. 1 분포가 다른 여러 혼합물의 평균 분자량

동일계 고분자로서 평균치 및 분포를 달리하는 군(group)이 m개 있을 때 각 군 j $(j = 1 \sim m)$의 수평균 분자량 $\overline{M}_n^{(j)}$, 무게평균 분자량 $\overline{M}_w^{(j)}$, z 평균분자량 $\overline{M}_z^{(j)}$, 점도평균 분자량 $\overline{M}_v^{(j)}$을 알고 있고, 또 전체 분자수 N 및 전체무게 W 및 전체에 대한 j군의 수분율 f^j, 무게분율 w^j를 알고 있다고 하자. 이때 분자량 M_i짜리의 전체 개수 $N_i = \sum_{j=1}^{m} N_i^j$ (여기서 N_i^j는 j군에 있는 분자량 M_i짜리의 개수), 또 분자량 M_i짜리의 전체 무게 $W_i = \sum_{j=1}^{m} W_i^j$ (여기서 $W_i^j = N_i^j M_i$는 j군에 있는 분자량 M_i^j짜리 무게)라 할 때 다음 관계식이 성립된다.

$$N = \sum_{i=1}^{\infty} N_i = \sum_{i=1}^{\infty}\sum_{j=1}^{m} N_i^j = \sum_j \sum_i N_i^j = \sum_j N^j \tag{A2. 1}$$

$$W = \sum_{i=1}^{\infty} W_i = \sum_{i=1}^{\infty}\sum_{j=1}^{m} W_i^j = \sum_j \sum_i W_i^j = \sum_j W^j \tag{A2. 2}$$

여기서 $N^j = \sum_i N_i^j$ 및 $W^j = \sum_i W_i^j$는 각각 j군에 있는 전체 분자수 및 무게이다.

그런데 각 j군의 수평균($\overline{M}_n^{(j)}$), 무게평균($\overline{M}_w^{(j)}$), z평균($\overline{M}_z^{(j)}$), 점도평균($\overline{M}_v^{(j)}$) 분자량은 식 (2. 11)-(2. 14)에 의하여 아래와 같이 표시된다.

$$\overline{M}_n^{(j)} = \frac{W^j}{N^j} = \frac{\sum_i W_i^j}{N^j} = \frac{\sum_i N_i^j M_i}{N^j} = \sum_i f_i^{(j)} M_i = \frac{1}{\sum_i \left(N_i^j M_i / M_i\right)/W^j} = \frac{1}{\left(\sum_i w_i^{(j)}/M_i\right)} \tag{A2. 3}$$

$$\overline{M}_w^{(j)} = \frac{\sum_i W_i^j M_i}{W^j} = \sum_i w_i^{(j)} M_i = \frac{\left(\sum_i N_i^j M_i^2\right)/N^j}{\left(\sum_i N_i^j M_i\right)/N^j} = \frac{\sum_i f_i^{(j)} M_i^2}{\sum_i f_i^{(j)} M_i} = \frac{\langle M^2 \rangle_f^{(j)}}{\overline{M}_n^{(j)}} \tag{A2. 4}$$

$$\overline{M}_z^{(j)} = \frac{\sum_i N_i^j M_i^3}{\sum_i N_i^j M_i^2} = \sum_i z_i^{(j)} M_i = \frac{\left(\sum_i N_i^j M_i^3\right)/\sum_i N_i^j M_i}{\left(\sum_i N_i^j M_i^2\right)/\sum_i N_i^j M_i} = \frac{\sum_i w_i^{(j)} M_i^2}{\sum_i w_i^{(j)} M_i} = \frac{\langle M^2 \rangle_w^{(j)}}{\overline{M}_w^{(j)}} \quad \text{A2. 5)}$$

$$\overline{M}_v^{(j)} = \left(\frac{\sum_i N_i^j M_i^{1+a}}{\sum_i N_i^j M_i}\right)^{1/a} = \left(\frac{\sum_i W_i^j M_i^a}{W^j}\right) = \left(\sum_i w_i^{(j)} M_i^a\right)^{1/a} = \left(\frac{\sum_i f_i^{(j)} M_i^{1+a}}{\sum_i f_i^{(j)} M_i}\right)^{1/a} \quad \text{(A2. 6)}$$

[참고로 각 군의 수분산 지수는 ${}_n\mathrm{PDI}^{(j)} = \overline{M}_w^{(j)}/\overline{M}_n^{(j)}$, 무게분산지수는 ${}_w\mathrm{PDI}^{(j)} = \overline{M}_z^{(j)}/\overline{M}_w^{(j)}$ 로 나타낼 수 있다.]

위식에서 j군내 분자량 M_i짜리의 수분율 $f_i^{(j)}$, 무게분율 $w_i^{(j)}$, z분율 $z_i^{(j)}$는 아래와 같이 나타낼 수 있다.

$$f_i^{(j)} = \frac{N_i^j}{N^j} \quad \text{(A2. 7)}$$

$$w_i^{(j)} = \frac{W_i^j}{W_i} = \frac{\left(N_i^j M_i / N^j\right)}{\left(W^j / N^j\right)} = f_i^{(j)} M_i / \overline{M}_n^{(j)} \quad \text{(A2. 8)}$$

$$z_i^{(j)} = \frac{W_i^j M_i}{\sum_i W_i^j M_i} = \frac{\left(W_i^j M_i / W^j\right)}{\left(\sum_i W_i^j M_i / W^j\right)} = w_i^{(j)} M_i / \overline{M}_w^{(j)} \quad \text{(A2. 9)}$$

각 군의 수분포 및 무게분포의 폭도 식 (2. 20) 및 (2. 24)에 따라

$$\sigma_n^{2^{(j)}} = \langle M^2 \rangle_f^{(j)} - \left(\overline{M}_n^{(j)}\right)^2 \;;\; {}_n\mathrm{PDI}^{(j)} = \frac{\overline{M}_w^{(j)}}{\overline{M}_n^{(j)}} = 1 + \left(\frac{\sigma_n^{(j)}}{\overline{M}_n^{(j)}}\right)^2 \quad \text{(A2. 10)}$$

$$\sigma_w^{2^{(j)}} = \langle M^2 \rangle_w^{(j)} - \left(\overline{M}_w^{(j)}\right)^2 \;;\; {}_w\mathrm{PDI}^{(j)} = \frac{\overline{M}_z^{(j)}}{\overline{M}_w^{(j)}} = 1 + \left(\frac{\sigma_w^{(j)}}{\overline{M}_w^{(j)}}\right)^2 \quad \text{(A2. 11)}$$

다음에는 전체 혼합물의 수평균(M_n), 무게평균(M_w), z평균(M_z), 점도평균(M_v) 분자량 및 분포폭의 계산을 위해 먼저 j군의 전체에 대한 수분율 f^j, 무게분율 w^j, z분율 z^j 및 j군에 있는 분자량 M_i짜리의 전체에 대한 수분율 f_i^j, 무게분율 w_i^j, z분율 z_i^j의 정의 및 이들간의 관계에 대해 식 (A2. 3)-(A2. 9)의 도움을 받아 아래와 같이 나타낸다.

$$f^j = N^j / N\left(= \sum_j N^j\right) \quad \text{(A2. 12)}$$

$$w^j = \frac{W^j}{W} = \frac{(W^j/N)}{(W/N)} = \frac{N^j \overline{M}_n^{(j)}/N}{M_n} = \frac{f^j \overline{M}_n^{(j)}}{M_n} \quad \text{(A2. 13)}$$

$$z^j = \sum_i N_i^j M_i^2 / \sum_j \sum_i N_i^j M_i^2 = \frac{\sum_i N_i^j M_i^2 / \sum N_i}{\sum_i N_i M_i^2 / \sum N_i} = \frac{\sum_i f_i^j M_i^2}{\langle M^2 \rangle_f} = \frac{f^j \sum_i f_i^{(j)} M_i^2}{\langle M^2 \rangle_f} = f^j \frac{\langle M^2 \rangle_f^{(j)}}{\langle M^2 \rangle_f} \quad \text{(A2. 14)}$$

또는

$$z^j = \frac{\sum_i N_i^j M_i^2 / \sum_i N_i M_i}{\sum_i N_i M_i^2 / \sum_i N_i M_i} = \frac{\sum_i w_i^j M_i}{M_w} = \frac{w^j \sum_i w_i^{(j)} M_i}{M_w} = w^j \frac{\overline{M}_w^{(j)}}{M_w} \quad \text{(A2. 15)}$$

[즉 만약 f^j 및 $\langle M^2 \rangle_f^{(j)} \left(= \overline{M}_n^{(j)} \times \overline{M}_w^{(j)}\right)$을 알면 (A2. 14)을, w^j 및 $\overline{M}_w^{(j)}$를 알면 (A2. 15)를 이용하여 z^j를 구한다.]

위 식들의 표현에 아래의 관계식이 이용되었다.

$$f_i^j = \frac{N_i^j}{N} = \frac{N^j}{N} \frac{N_i^j}{N^j} = f^j \times f_i^{(j)} \quad \text{(A2. 16)}$$

$$w_i^j = \frac{W_i^j}{W} = \frac{W^j}{W} \frac{W_i^j}{W^j} = w^j \times w_i^{(j)} \quad \text{(A2. 17)}$$

$$z_i^j = \frac{N_i^j M_i^2}{\sum_i N_i M_i^2} = \frac{\sum_i N_i^j M_i^2}{\sum_i N_i M_i^2} \times \frac{N_i^j M_i^2}{\sum_i N_i^j M_i^2} = z^j \times z_i^{(j)} \quad \text{(A2. 18)}$$

이제 이들의 정의를 갖고 전체시료에 대한 평균 분자량을 구해보기로 한다. 먼저 전체의 수평균 분자량 M_n은 식 (2. 11), (A2. 3), (A2. 16)에서

$$M_n = \frac{\sum_i N_i M_i}{\sum_i N_i} = \frac{\sum_i \sum_j N_i^j M_i}{N} = \sum_i \sum_j f_i^j M_i = \sum_i \sum_j f^j \times f_i^{(j)} M_i \quad \text{(A2. 19)}$$

$$= \sum_j f^j \sum_i f_i^{(j)} M_i = \sum_j f^j \overline{M}_n^{(j)}$$

[만약 w^j를 알고, f^j를 모를 경우는 아래 식을 이용함.]

또한 $N=\sum N_i=\sum_j N_j,\ W^j/W\left(=\sum_i N_i M_i\right)=w^j$ 및 식 (A2. 3)에서

$$M_n=1/\left(\sum_j N^j W^j/W^j\right)/W=1/\left(\sum_j w^j/\overline{M}_n^{(j)}\right) \tag{A2. 20}$$

전체의 무게평균 분자량 M_w는 식 (2. 12), (A2. 4), (A2. 17)에서

$$M_w=\frac{\sum_i N_i M_i^2}{\sum_i N_i M_i}=\frac{\sum_i\sum_j N_i^j M_i^2}{W}=\sum_i\sum_j w_i^j M_i=\sum_i\sum_j w^j\times w_i^{(j)}M_i \tag{A2. 21}$$

$$=\sum_j w^j\sum_i w_i^{(j)}M_i=\sum_j w^j\overline{M}_w^{(j)}$$

또한 M_w는 식 (2. 26), (A2. 4)처럼 아래와 같이 나타낼 수 있다.

$$M_w=\langle M^2\rangle_f/\langle M\rangle_f\,(=M_n) \tag{A2. 22}$$

$$\langle M^2\rangle_f=\frac{\sum_i N_i M_i^2}{\sum_i N_i}=\frac{\sum_i\sum_j N_i^j M_i^2}{N}=\sum_i\sum_j f_i^j M_i^2=\sum_j f^j\sum_i f_i^{(j)}M_i^2=\sum_j f^j\langle M^2\rangle_f^{(j)} \tag{A2. 23}$$

마찬가지로 M_z도 식 (2. 13), (A2. 5), (A2. 18)의 도움을 받아

$$M_z=\frac{\sum_i N_i M_i^3}{\sum_i N_i M_i^2}=\frac{\sum_j\sum_i N_i^j M_i^2\times M_i}{\sum_i N_i M_i^2}=\sum_j\sum_i z_i^j M_i=\sum_j z^j\sum_i z_i^{(j)}M_i=\sum_j z^j\overline{M}_z^{(j)} \tag{A2. 24}$$

[여기서 z^j는 경우에 따라 (A2. 14) 또는 (A2. 15)를 이용하여 구한다.]
또한 식 (2. 27), (A2. 5)처럼 아래와 같이 나타낼 수도 있다.

$$M_z=\frac{\langle M^2\rangle_w}{\langle M^1\rangle_w\,(=M_w)} \tag{A2. 25}$$

$$\langle M^2 \rangle_w = \frac{\sum_i N_i M_i^3}{\sum_i N_i M_i} = \frac{\sum_j \sum_i N_i^j M_i^3}{W} = \sum_j \sum_i w_i^j M_i^2 = \sum_j w^j \sum_i w_i^{(j)} M_i^2 = \sum_j w^j \langle M^2 \rangle_w^{(j)}$$

(A2. 26)

한편 전체 시료의 점도평균 분자량 M_v는 식 (2. 14), (A2. 6), (A2. 16) 및 (A2.17)의 도움을 받아 아래와 같이 나타낼 수 있다.

$$M_v = \left[\frac{\sum_i N_i M_i^{1+a}}{\sum_i N_i M_i} \right]^{1/a} = \left[\frac{\sum_j \sum_i N_i^j M_i^{1+a}/N}{W/N} \right]^{1/a} = \left[\frac{\sum_j \sum_i f_i^j M_i^{1+a}}{M_n} \right]^{1/a} \quad \text{(A2. 27)}$$

$$= \left[\frac{\sum_j f^j \langle M^{1+a} \rangle_f^{(j)}}{\sum_j f^j \overline{M}_n^{(j)}} \right]^{1/a}$$

또는

$$M_v = \left[\frac{\sum_j \sum_i N_i^j M_i^{1+a}}{W} \right]^{1/a} = \left[\sum_j \sum_i w_i^j M_i^a \right]^{1/a} = \left[\sum_j w^j \langle M^a \rangle_w^{(j)} \right]^{1/a} \quad \text{(A2. 28)}$$

다음에는 전체 시료의 수분산 지수 ${}_n\mathrm{PDI}$, 또는 무게분산 지수 ${}_w\mathrm{PDI}$는 식 (2. 20), (2. 24)에 의거해 아래와 같이 나타낼 수 있다.

$${}_n\mathrm{PDI} = M_w / M_n = \langle M^2 \rangle_f / \langle M^1 \rangle_f^2 (= M_n^2) = 1 + \left(\frac{\sigma_n}{M_n} \right)^2 \quad \text{(A2. 29)}$$

$$\sigma_n^2 = \langle M^2 \rangle_f - M_n^2 , \langle M^2 \rangle_f = \sum_j f^j \langle M^2 \rangle_f^{(j)} , M_n = \sum_j f^j \overline{M}_n^{(j)} \quad \text{(A2. 30)}$$

$${}_w\mathrm{PDI} = M_z / M_w = \langle M^2 \rangle_w / \langle M^1 \rangle_w^2 (= M_w^2) = 1 + \left(\frac{\sigma_w}{M_w} \right)^2 \quad \text{(A2. 31)}$$

$$\sigma_w^2 = \langle M^2 \rangle_w - M_w^2 , \langle M^2 \rangle_w = \sum_j w^j \langle M^2 \rangle_w^{(j)} , M_w = \sum_j w^j \overline{M}_w^{(j)} \quad \text{(A2. 32)}$$

위에서 언급된 식들의 적용을 위해 문제 2. 3을 참조하기 바란다.

제 3 장

미세구조와 기기분석

이 장에서는 분자량 및 분자량 분포와 함께 고분자의 물성에 큰 영향을 미치는 미세구조(microstructure)의 정의, 이를 결정하는 물리적 방법의 소개, 나아가 NMR(핵자기공명)에 의한 입체규칙성(tacticity)의 결정, 공중합체(copolymer) 내 두 반복단위의 분포상태 등에 관하여 논의하겠다.

3. 1 미세구조의 분류

3. 1. 1 입체 배열과 형태

먼저 '(입체)형태(conformation)'라는 용어는 단일결합의 회전에 의해 생기는 고분자 사슬의 원자 및 치환기가 가지는 여러 배열을 나타내는 말이다. 여러 가지 고분자 형태의 보기로는 완전히 늘린 평면상 지그재그, 나선형(helical) 사슬, 접힌 사슬 및 불규칙 코일 등이 있으며, 불규칙 코일의 몇 가지 형태를 나타내면 아래와 같다.

= = (3. 1)

반면에 '(입체)배열(configuration)'이라는 것은 사슬에 있어서의 원자의 결합을 나타내는 말이다. '배열 이성체(configurational isomerism)'는 사슬에 있는 원자와 치환기의 배열이 다른 것을 의미하며, 이 경우에는 일차화학결합이 파괴되고, 다시 형성되어야만 같아 질 수 있다. 즉, 전자는 σ결합주위로 회전(torsion)에 의해 쉽게 바꾸어 질 수 있는 입체구조에 해당되며, 후자는 화학반응

없이는 결코 바뀌어 질 수 없는 영구(permanent)구조에 해당된다. 이하에 대표적인 예가 주어진다.

먼저 가장 간단하고 중요한 '배열'의 보기로는 중합 도중에 생기는 단량체의 머리-머리 및 머리-꼬리 배열(placement)의 차이가 있다. 폴리스티렌에서 머리-꼬리 구조는 아래와 같고,

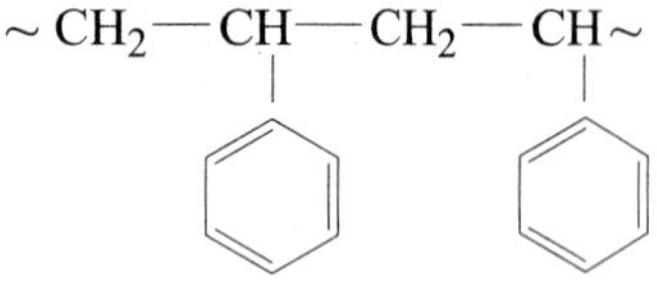

$$\sim CH_2 - CH - CH_2 - CH \sim \quad (3.2)$$

머리−머리 구조는 다음과 같이 나타낼 수 있다.

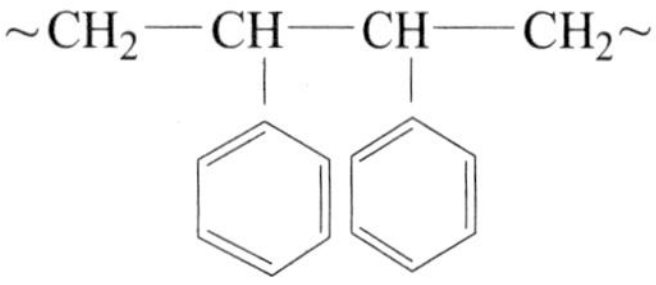

$$\sim CH_2 - CH - CH - CH_2 \sim \quad (3.3)$$

열역학적 및 입체적으로 우세한 구조는 머리-꼬리 배열이지만 대부분의 부가고분자는 적은 양의 머리-머리 배열을 가지고 있다. 만약 머리-머리 배치를 가지도록 합성한다면 이 때 얻은 고분자의 성질은 아주 다르게 된다. 폴리이소부틸렌에 대한 연구에서 머리-꼬리배치는 응력을 가해야만 결정화할 수 있고, 녹는점이 5℃인 반면에 머리-머리 배치의 녹는점은 187℃인 것을 알았다. 머리-머리와 머리-꼬리 배치는 화학결합을 파괴하지 않고서는 서로 바꾸어 질 수 없다.

한편 고분자사슬의 트란스(trans)-고쉬(gauche) '형태'는 단일결합을 중심으로 한 회전에 의해 바뀌어 질 수 있으며, 다음과 같이 정의된다. 즉, 탄소-탄소 단일결합을 각각 $\cdots i-1,\ i,\ i+1,\ \cdots$등으로 표기하면 i결합의 회전각은 $i-1$ 과 i 결합으로 된 평면과 i 와 $i+1$ 결합으로 된 평면사이의 각으로 정의된다. 이 두 평면사이의 각이 0°인 평면상 지그재그의 상태를 트란스(t)라고 하며, 두 평면 사이의 각이 ±120°인 경우를 각각 고쉬+ (g^+), 고쉬- (g^-)라고 부른다.

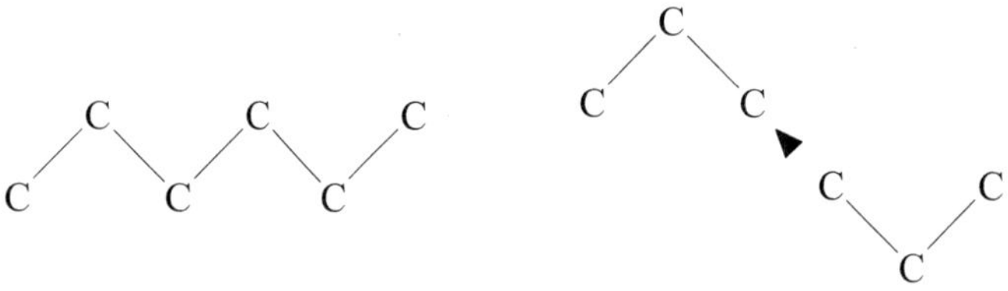

$$t\ t\ t \qquad\qquad g^+\ t g^- \quad (3.4)$$

위에서 ◀ 표시는 지면 위로 나온 것을 나타낸다.

고분자는 많은 수의 결합을 가지고 있으므로 여러 가지의 형태가 가능하다. 그림 3. 1에 나타낸 회전포텐셜에너지 그림은 세 가지 안정한 위치 즉 안정한 형태를 나타내는데, 그것들은 트란스, 고쉬+ 및 고쉬- 등이다.

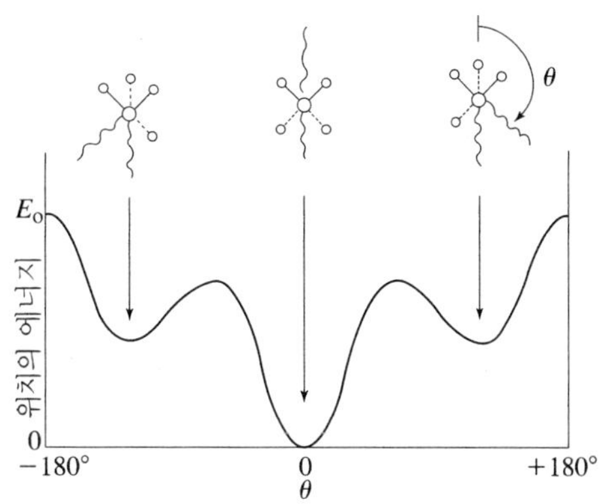

▶ **그림 3. 1** 고분자의 탄소–탄소 단일결합에 대한 회전에너지 그림. 점선으로 나타낸 치환기는 뒤에 있는 탄소를 나타낸다.

이들 세 형태의 상태를 분리하는 장벽은 열에너지 (kT) 의 몇 배에 해당하기 때문에 한 상태에서의 수명은 에너지우물(energy well)에서의 진동기간보다 훨씬 길며, 또한 이들 간 전이에 필요한 활성화 에너지는 두 상태사이의 장벽높이와 같다.

한 가지 흥미로운 사실은 회전 분절(세그먼트)간 협동작용의 결과로 전이가 쌍으로 일어난다는 것이다. 즉 아래에 나타냈듯이 한 결합이 전이함에 따라 두 번째 이웃의 결합에 대한 전이속도가 크게 증가하며, 중간에 있는 결합은 변하지 않고 남아있다.

$$g^{\pm}tt \rightleftarrows ttg^{\pm} \tag{3. 5}$$

$$ttt \rightleftarrows g^{\pm}tg^{\mp} \tag{3. 6}$$

여기서 언급된 트란스-고쉬 형태간 전이는 추후 언급될 유리-고무 전이의 바탕이 된다.

3. 1. 2 반복단위 이성체

분자식은 같고 구조가 다른 반복단위 이성체(isomer)로서 아래와 같이 크게 3종류로 대별할 수 있다.

먼저 광학활성(optical activity) 즉 편광면(polarized light plane)을 회전시키는 능력을 갖는 서로 거울상(mirror image)인 '광학적(optical)' 이성체를 그림 3. 2에 나타내었다. 이러한 광학활성은 키랄(chiral)중심인 비대칭(asymmetric) 탄소 때문에 생기며, 이 두 화합물을 거울상체(enantiomer)라고 부른다. 중요한 점은 두 개의 거울상은 겹쳐지지 않는 서로 다른 구조라는 것이다.

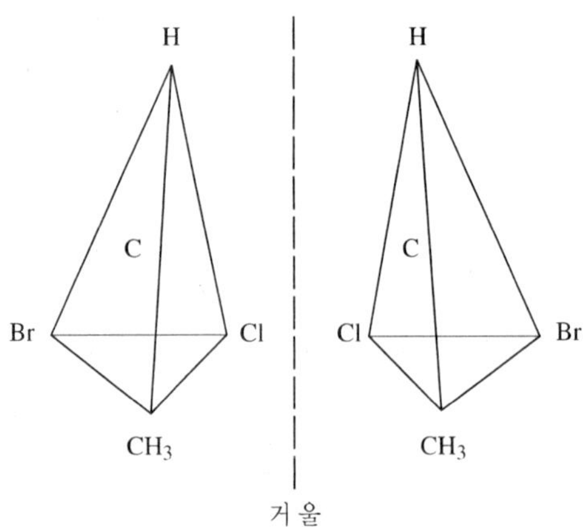

▶ **그림 3. 2** 거울상 광학이성체

비닐화합물과 같이 단일 치환된 에틸렌을 중합하면 하나 건너의 탄소가 키랄 중심인 고분자를 얻을 수 있다. 키랄 중심인 탄소에 *표시를 하기도 한다.

$$CH_2{=}\underset{\displaystyle R}{\overset{\displaystyle H}{\underset{|}{\overset{|}{C}}}} \longrightarrow -CH_2-\underset{\displaystyle R}{\overset{\displaystyle H}{\underset{|}{\overset{|}{C^*}}}}- \tag{3. 7}$$

긴 사슬 고분자는 실제로 광학활성을 가지지 않기 때문에 위의 탄소는 유사키랄(pseudochiral)중심으로 간주한다. 즉,

$$\sim\!\sim\underset{\displaystyle R}{\overset{\displaystyle H}{\underset{|}{\overset{|}{C^*}}}}\sim\!\sim\!\sim\!\sim \tag{3. 8}$$

위에서 ~~와 ~~~~로 나타낸 두 사슬 분절은 일반적으로 같은 길이가 아니며, C*에 붙어 있는 두 사슬분절에서 처음 몇 원자는 광학활성을 띠겠지만 멀리 떨어져 있는 원자는 그렇지 못하다. 따라서 전체적으로 고분자는 광학적으로 비활성이다. 그러나 각 C*에 대한 거울상은 존재하는데, 이들의 서로 구별 가능한 공간적 배열을 고분자의 탁틱성(tacticity)이라고 한다(3. 3절 참조).

그러나 광학적으로 비활성인 탁틱성 고분자와는 달리 강한 활성을 나타내는 고분자도 있으며, 이들 고분자에서는 키랄중심이 다른 원자나 기에 둘러싸여 진정한 의미의 비대칭(asymmetry) 중심이 되어있다.

예로서 폴리 프로필렌 옥사이드(PPO)에서는

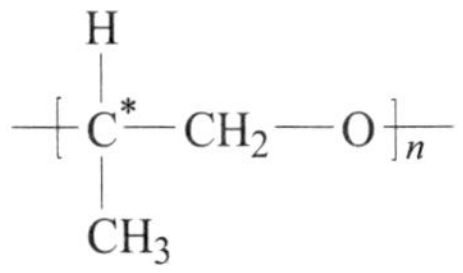

$$-\!\!\left[\begin{array}{c} \mathrm{H} \\ | \\ \mathrm{C^{*}} - \mathrm{CH_2} - \mathrm{O} \\ | \\ \mathrm{CH_3} \end{array}\right]_n\!\!- \qquad (3.9)$$

키랄중심이 -H, $-CH_3$, $-CH_2-$ 및 -O-로 둘러싸여 있다.

다음에 가장 대표적인 '기하(geometrical)' 이성체로서는 아래의 폴리부타디엔에서 알 수 있는 바와 같이 이중결합에 대한 시스(cis) 및 트랜스(trans)이성체이다.

$$\begin{array}{ccc} -\mathrm{CH_2} & & \mathrm{CH_2}- \\ & \diagdown \quad \diagup & \\ & \mathrm{C{=}C} & \\ & \diagup \quad \diagdown & \\ \mathrm{H} & & \mathrm{H} \end{array} \qquad \begin{array}{ccc} -\mathrm{CH_2} & & \mathrm{H} \\ & \diagdown \quad \diagup & \\ & \mathrm{C{=}C} & \\ & \diagup \quad \diagdown & \\ \mathrm{H} & & \mathrm{CH_2}- \end{array} \qquad (3.10)$$

시스 트랜스

시스-트랜스 이성체는 구조를 파괴하지 않고서는 이중결합을 중심으로 한 회전이 불가능하기 때문에 존재한다.

시스 및 트랜스 물질은 순수한 형태일 때에 모두 결정화할 수 있으나 그 녹는점은 서로 다르다. 시스와 트랜스 이성체가 혼합되어 있으면 아탁틱 고분자처럼 결정화가 감소한다.

마지막으로 '치환(substitutional)' 이성체로서 아래와 같은 1, 2-부가 및 1, 4-부가의 디엔형 고분자가 있다.

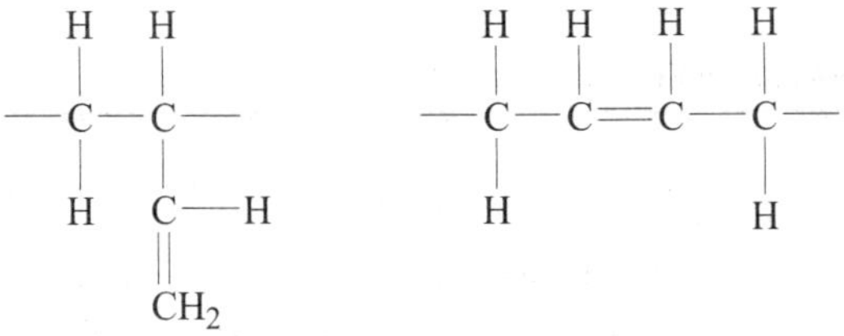

$$\begin{array}{ccccc} & \mathrm{H} & & \mathrm{H} & \\ & | & & | & \\ - & \mathrm{C} & - & \mathrm{C} & - \\ & | & & | & \\ & \mathrm{H} & & \mathrm{C} & -\mathrm{H} \\ & & & \| & \\ & & & \mathrm{CH_2} & \end{array} \qquad \begin{array}{ccccccccc} & \mathrm{H} & & \mathrm{H} & & \mathrm{H} & & \mathrm{H} & \\ & | & & | & & | & & | & \\ - & \mathrm{C} & - & \mathrm{C} & = & \mathrm{C} & - & \mathrm{C} & - \\ & | & & & & & & | & \\ & \mathrm{H} & & & & & & \mathrm{H} & \end{array} \qquad (3.11)$$

1, 2-부가 1, 4-부가

1, 2-부가에서는 중합이 비닐구조에 대한 것과 유사하게 일어난다. 아래의 이소프렌처럼 치환된 디엔에서는

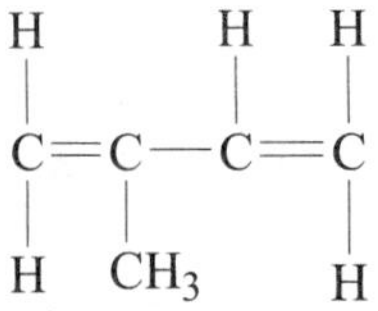

$$\begin{array}{ccccccc} \mathrm{H} & & & & \mathrm{H} & & \mathrm{H} \\ | & & & & | & & | \\ \mathrm{C} & = & \mathrm{C} & - & \mathrm{C} & = & \mathrm{C} \\ | & & | & & & & | \\ \mathrm{H} & & \mathrm{CH_3} & & & & \mathrm{H} \end{array} \qquad (3.12)$$

1, 2-, 1, 4- 및 3, 4- 중합이 각각 가능하다. 물론 1,4-중합에서 시스-트랜스 이성체화가 일어날

수 있으며, 제조방법에 따라 이 모든 구조가 다른 비율로 동시에 생기는 경우도 있다.

3. 2 대표적 분석기기

고분자사슬의 미세구조는 화학적 및 물리적 방법에 의해 연구되었으며, 이 방법들을 종합하여 표 3. 1 과 표 3. 2 에 나타내었다.

표 3. 1 고분자 사슬 미세구조 결정의 화학적 방법

방 법	응 용
원소분석	중합체나 공중합체의 전체 조성을 구하여 C, H, N, O, S 등의 각 원소의 % 조성을 얻음
작용기분석	기지시약과 특정기의 반응. 산, 염기, 산화제, 환원제 등이 보통 사용됨 보기 : 카르복시기의 적정
선택적 분해	산화나 가수분해에 의한 특정결합의 선택적 절단 보기 : 이중결합을 가진 고분자의 오존분해
고리화반응	락톤, 락탐, 이미드, α-테트와렌(α-tetralene) 및 엔돈(endone) 고리 등의 형성을 이용한 서열 분석
협동반응	기와 이웃기와의 반응을 이용한 서열 분석

표 3. 2 고분자 사슬 미세구조 결정의 물리적 방법

방 법	응 용
NMR	단일중합체의 입체배치 결정 ; 공중합체의 조성 ; 산화생성물을 포함한 화학작용성 ; 이성질화, 형태 및 공중합체 미세구조 등의 결정
적외선 및 Raman 분광분석기	분자확인 ; 화학작용성 결정 ; 사슬 및 서열 길이 ; 정량분석 ; 입체화학적 배치, 사슬형태
자외선 및 가시광선 분광분석기	확인 및 분석, 서열 길이
질량분석기	고분자 분해 메카니즘 ; 블록공중합체의 질서도 및 불규칙도
전자분광분석기(ESCA)	고분자의 미세구조, 특히 표면
X-선 및 전자 회절	결정성 고분자에서 반복단위의 확인 ; 분자간 및 분자내 공간 ; 사슬형태 및 배치

3. 2. 1 화학적 방법

어떤 물질을 분석하는 가장 기본적인 방법은 원소분석법이다. 원소분석에 의해서 미지의 물질을 확인하고, 새로운 합성법을 확실히 하고, 또 고분자의 순도에 대한 정보 등을 얻을 수 있다.

작용기 분석은 고의적이거나 우연히 일어나는 고분자의 반응을 이용한다. 선택분해(selective degradation)는 주사슬이나 가지사슬에 있는 특정한 결합을 파괴하는 고분자의 화학반응이다. 또한 고리화반응(cyclization reaction)과 협동반응(cooperative reaction)으로도 특정 서열을 확인할 수 있다. 이러한 모든 분석방법은 저분자나 고분자의 모든 화학 영역에 대해 적용될 수 있다.

3. 2. 2 물리적 방법

고분자의 미세구조의 분석에 사용되는 방법은 표 3. 2 에 나열하였으며, 그중에서 주로 핵자기공명(NMR)과 적외선(IR) 및 Raman 분광분석에 대해 논하겠다.

자외선 및 가시광선 분광분석은 분자의 전자구조가 가지는 양자화 성질을 이용하는 것이다. 보기로 열이나 산화로 약간 분해된 고분자는 노란색을 띠게 되는데, 이것은 공액(conjugated)이중결합 때문으로 10-polyene 공약구조는 푸른색 영역인 473 nm의 빛을 흡수한다.

질량분석은 고분자의 분해에서 빠져 나오는 물질을 확보하는 데에 사용되며, 전자분광분석(ESCA ; Electron Spectroscopy for Chemical Application)은 고분자의 표면분석에 사용되는 비교적 새로운 방법이다.

X-선 및 전자 회절법은 결정상태의 고분자구조 조사에 가장 많이 사용되는 것으로 9장에서 논하겠다. 더구나 이들 방법은 형태와 배열로 설명될 수 있는 분자내 및 분자간 공간(spacing)에 대해 정보를 충분히 제공해 준다.

크던지 작던지 간에 한 분자의 전체 에너지는 회전, 진동, 전자 및 전자기스핀 에너지 등으로 구성되어 있으며, 이들의 상태가 그 계의 온도를 결정한다. 특정한 파장의 전자기 방사와 상호작용하여 특정한 에너지가 증가하거나 감소하게 된다. 이러한 모든 상호작용이 양자화되어 특정한 에너지준위만이 가능한 것을 염두에 두어야 한다.

자외선 (흡수)스펙트럼은 시료에 적외선 방사를 통과시켜 흡수피크의 파장을 관측하여 얻을 수 있는데, 전자파 방사를 흡수하여 C-H 신축(stretching)과 같은 특정 분자운동이 일어나기 때문에 피크가 생기게 된다.

종래의 기기는 분산분광기(dispersive spectrometer)로 단색발생기(monochromator)와 슬릿(slit)을 사용하여 주파수별로 나누는 것이다. 아직까지 이 기기가 사용되고 있지만, Fourier 전환 적외선(FT-IR)분광기의 도입으로 활기를 띠게 되었다. FT-IR은 Michaelson 간섭계(interferometer)에 기초를 두고 있으며, 이동거울을 한번 주사함에 따라 전 스펙트럼의 정보가 간섭기록계

(interferogram)에 수록된다. 여기에는 슬릿이 없으며 검출기(detector)에 들어오는 적외선에너지도 크다. 그리고 현대의 컴퓨터 기술을 이용하는 새로운 기기로 창출되었다.

Raman (반사) 스펙트럼은 시료에 가시광선이 통과할 때 일어나는 광산란을 응용한 기술이다. 산란되는 같은 파장의 빛에는 비탄성적(inelastic) 요소도 있는데, 물리적 원인에 의해 빛이 분자와 에너지를 교환하게 되며, 이러한 비탄성 산란 때문에 조금 더 길거나 짧은 파장의 빛이 산란된다. 따라서 특정한 분자운동의 증감이 일어나게 된다.

Raman 및 적외선 분광분석법은 상호 보완적인데 그 이유는 서로 다른 선택률(selection rule)에 따르기 때문이다. Raman 산란이 일어나기 위해서는 빛의 전기장이 분자의 분극성(polarizability)을 변화시켜 (유전)쌍극자모멘트(dipole moment)를 유발시켜야 한다. 이에 대해 적외선의 경우는 분자진동에 따라 변하는 고유쌍극자모멘트를 가지고 있어야 한다. 특히 대칭 중심이 있는 결정에서는 이들 사이에는 '상호 금지율(mutual forbidden rule)'[즉 어느 하나만 활성적(active)]이 적용된다. 반대로 비대칭분자의 경우 대체로 둘다 활성적이나 예외적으로 비대칭 C-C 진동의 경우는 Raman 산란만이 활성적이 된다.

X-선, Raman 분광기 및 적외선법 등이 입체화학적 배치의 분석에 이용되지만 가장 강력한 것은 핵자기 공명(NMR)이다. 핵의 스핀양자수가 1/2 또는 그 이상이면 자기모멘트를 가지게 되며, 양성자가 1/2의 스핀을 가지고 있어서 NMR 연구에서 많이 이용되고 있다. 자기장, H_0 를 걸면 양성자는 자기모멘트 μ 에 상응하는지 또는 대응하는지에 따라 두 에너지준위 중의 하나에 위치하게 된다. 그 에너지준위의 차이는 아래와 같이 주어진다.

$$\Delta E = h\nu = 2\mu H_o \tag{3. 13}$$

ΔE는 낮은 상태에서 높은 상태로 핵이 올라올 때 흡수하는 에너지이고, 역과정에서는 그만한 에너지가 발산된다. 에너지준위의 분리는 자기장의 세기에 비례하여 9,400 gauss 의 장에서 양성자의 공명주파수(resonant frequency)는 약 40MHz 이며, 10,000 gauss의 장세기에서 주파수 ν는 마이크로파(microwave) 영역이다.

많은 원자를 가진 분자에서는 각 원자에 걸리는 장이 다른 원자에 의해 바뀌게 된다.

$$\Delta E = 2\mu(H_o + H_L) \tag{3. 14}$$

여기에서 H_L은 5~10 gauss의 세기를 가진 국부(local)장이며, 이 변화가 NMR 분석에서 아주 중요하다.

수소(^1H) 이외에 1/2 또는 그 이상의 스핀을 가진 핵으로서 NMR 연구에 이용되는 것으로는 이중수소(^2H), 플루오르(^{19}F), 탄소-13(^{13}C), 질소-14 및 -15(^{14}N 및 ^{15}N)와 인-31(^{31}P) 등이 있으며, 이들 핵에 있어서는 보다 강한 분해능(resolution)이 가능하여 구조의 서열을 정확히 알 수 있다.

^{13}C-NMR 에 대한 새로운 기술인 마술각(magic angle) 방법에서는 배향된 시료를 $\theta = 54.7°$ 인 축으로 회전시켜 이방성(anisotropic) 분포 때문에 생기는 선넓어짐(line broadening)을 줄일 수 있다. 선넓어짐은 $3\cos^2\theta - 1$에 비례하는데, 이 때 θ는 등방성(isotropic) 조성에서 핵과 자기장 방향을 이은 선 사이의 각을 말하며, 54.7° 에서 이 값이 0이 된다.

3. 3 탁틱성의 통계와 NMR 측정

3. 3. 1 탁틱성의 정의

3. 1. 2절에서 언급한 바 있는, 비대칭이면서 광학적 활성이 없으나 거울상을 갖는 유사키랄 탄소 C* 각각의 치환기 R의 서로 다른 공간 배열에 해당하는 3종류의 탁틱성(tacticity)을 그림 3. 3 에 나타내었다.

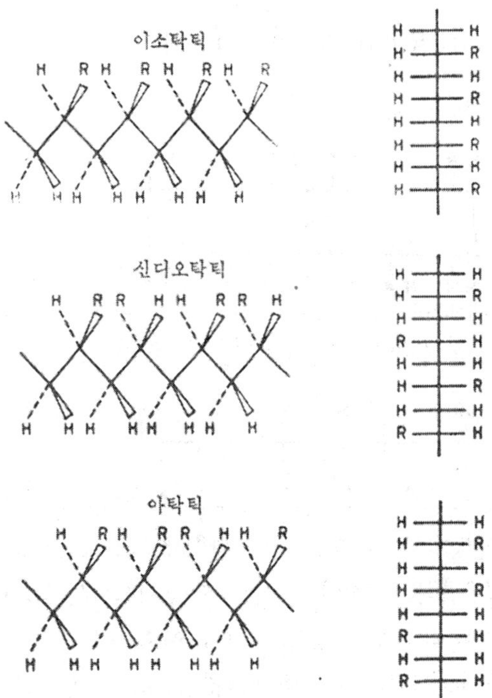

▶ **그림 3. 3** 일치환 에틸렌, $-(CH_2-CHR)_n$ 의 여러가지 배치. 점선과 삼각선은 탄소-탄소 주사슬의 평면에 대한 치환기가 밑이나 위에 있는 결합을 각각 나타낸다.

유사키랄 탄소에 있는 R기가 같은 배치를 하고 있는 고분자를 '이소탁틱(isotactic)' 이라고 하며, 하나 건너 교대로 배치되어 있으면 '신디오탁틱(syndiotactic)'이라고 말한다. 그리고 무질서하게 어떤 규칙이 없으면 '아탁틱(atactic)'이라고 한다.

Fisher 투영법(projection)에 의하여 이차원으로 나타낼 수 있는데, 이 때 R기는 평면의위나 아래에 있을 수 있다. 모두 아래(또는 위)에 있으면 이소탁틱 구조이며,

$$
\begin{array}{ccccccccccccccccc}
 & \mathrm{H} & & \mathrm{H} & & \mathrm{H} & & \mathrm{H} & & \mathrm{H} & & \mathrm{H} & & \mathrm{H} & & \mathrm{H} & \\
 & | & & | & & | & & | & & | & & | & & | & & | & \\
\text{—} & \mathrm{C} & \text{—} & \mathrm{C} & \text{—} & \mathrm{C} & \text{—} & \mathrm{C} & \text{—} & \mathrm{C} & \text{—} & \mathrm{C} & \text{—} & \mathrm{C} & \text{—} & \mathrm{C} & \text{—} \\
 & | & & | & & | & & | & & | & & | & & | & & | & \\
 & \mathrm{H} & & \mathrm{R} & & \mathrm{H} & & \mathrm{R} & & \mathrm{H} & & \mathrm{R} & & \mathrm{H} & & \mathrm{R} &
\end{array} \qquad (3.\ 15)
$$

위와 아래에 교대로 있으면 신디오탁틱,

$$
\begin{array}{ccccccccccccccccc}
 & \mathrm{H} & & \mathrm{H} & & \mathrm{H} & & \mathrm{R} & & \mathrm{H} & & \mathrm{H} & & \mathrm{H} & & \mathrm{R} & \\
 & | & & | & & | & & | & & | & & | & & | & & | & \\
\text{—} & \mathrm{C} & \text{—} & \mathrm{C} & \text{—} & \mathrm{C} & \text{—} & \mathrm{C} & \text{—} & \mathrm{C} & \text{—} & \mathrm{C} & \text{—} & \mathrm{C} & \text{—} & \mathrm{C} & \text{—} \\
 & | & & | & & | & & | & & | & & | & & | & & | & \\
 & \mathrm{H} & & \mathrm{R} & & \mathrm{H} & & \mathrm{H} & & \mathrm{H} & & \mathrm{R} & & \mathrm{H} & & \mathrm{H} &
\end{array} \qquad (3.\ 16)
$$

그리고 무질서하게 되어 있으면 아탁틱이라고 부른다.

$$
\begin{array}{ccccccccccccccccc}
 & \mathrm{H} & & \mathrm{H} & & \mathrm{H} & & \mathrm{H} & & \mathrm{H} & & \mathrm{R} & & \mathrm{H} & & \mathrm{H} & \\
 & | & & | & & | & & | & & | & & | & & | & & | & \\
\text{—} & \mathrm{C} & \text{—} & \mathrm{C} & \text{—} & \mathrm{C} & \text{—} & \mathrm{C} & \text{—} & \mathrm{C} & \text{—} & \mathrm{C} & \text{—} & \mathrm{C} & \text{—} & \mathrm{C} & \text{—} \\
 & | & & | & & | & & | & & | & & | & & | & & | & \\
 & \mathrm{H} & & \mathrm{R} & & \mathrm{H} & & \mathrm{R} & & \mathrm{H} & & \mathrm{H} & & \mathrm{H} & & \mathrm{R} &
\end{array} \qquad (3.\ 17)
$$

고분자의 탁틱성을 나타낼 때에 이소탁틱과 신디오탁틱 구조에 대해서는 각각 이름 앞에 it와 st 를 붙인다. 예를 들어, 이소탁틱 폴리스티렌을 it-폴리스티렌으로 표시하며, 이렇게 탁틱성을 가진 고분자를 '입체규칙성(stereoregular)' 고분자라고 부른다. 아무 표시가 없는 것은 아탁틱 구조를 말한다.

탁틱성에 따라 물리적 및 역학적 성질이 크게 달라지게 된다. 이소탁틱과 신디오탁틱 구조는 사슬의 규칙성 때문에 모두 결정화할 수 있으나, 그 단위세포와 녹는점은 같지 않다. 반면에 아탁틱 고분자는 보통 완전히 비결정성이나 치환기가 아주 작거나 극성이 있으면 어느 정도의 결정화도를 가지는데, 그 보기로는 폴리염화비닐과 폴리비닐알코올이 있다.

식(3. 15)의 Fisher 투영법에서 보면 기의 위치(placement)가 계속되는 유사키랄 중심 쌍의 메소(meso), 즉 m-위치에 해당되며, 식 (3. 16)의 신디오탁틱 구조는 라세미(racemic), 즉 r-위치에 해당된다. 즉 m이나 r의 표시법으로써 한 유사키랄 중심의 배치를 이웃에 대해 나타낼 수 있다. 여러 가지 가능한 배열 서열(configurational sequence)을 그림 3. 4에 나타내었는데, 이들 또는 더 복

잡한 조합도 NMR에 의해 확인 할 수 있다.

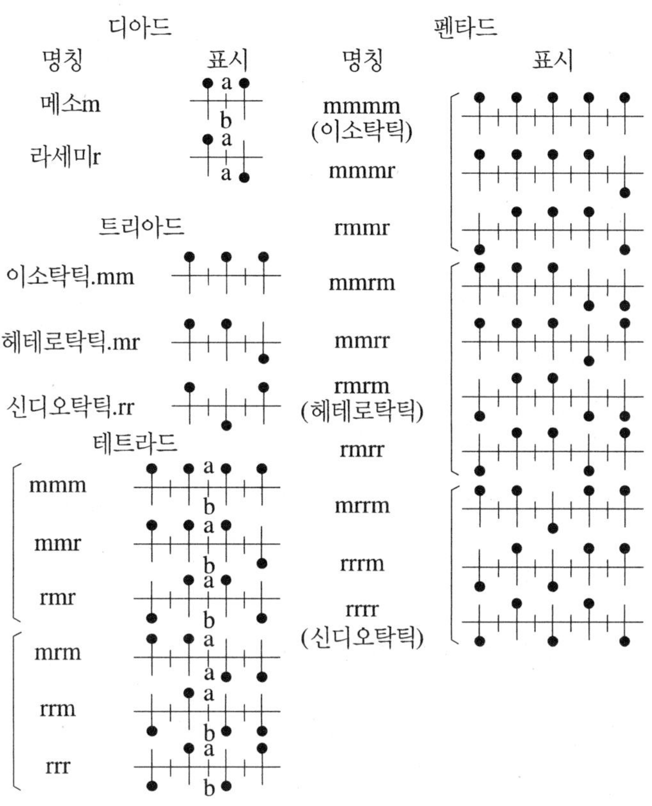

▶ **그림 3. 4** 일치환 에틸렌의 배열 서열

그림 3. 4에서 표시는 두 위치에 있는 수소 원자가 다른 주위 환경에 놓여 있으므로 NMR 측정시 강도비 1:1의 각각 다른 위치 즉 다른 화학이동(chemical shift)값에서 나타남을 의미하며, 표시는 두 개의 수소가 같은 환경에 놓여있으므로 한 개의 위치(피크)에서 나타남을 의미한다. 그리고 그림에서 반복단위 수가 2인 디아드(dyad)의 서로 다른 서열(sequence)의 개수는 m(메소), r(라세미) 2개이며, 반복단위 수가 3인 트리아드(triad)의 구별 가능한 서열수는 mm, $mr(=rm)$, rr의 3가지, 반복단위 수가 4인 테트라드(tetrad)의 서열수는 6가지, 또 단위수가 5인 펜타드(pentad) 경우는 구별가능 서열수가 10임을 알 수 있다. 이로부터 반복단위가 n개인 'n-아드(n-ad)'의 수 $N(n)$은 귀납적 추론에서 아래와 같이 나타낼 수 있다.

$$N(n) = 2^{n-2} + 2^{m-1} \text{ [단 } n\text{이 짝: } m = \frac{n}{2}\text{ ; } n\text{이 홀: } m = \frac{n-1}{2}\text{]} \quad (3.18)$$

3. 3. 2 탁틱성의 통계

그림 3. 4에서 나타낸 n-아드의 서열빈도(sequence frequency)[주어진 n에서 해당 서열의 확률에 해당]에 관한 대수관계를 조사하기 전 필요한 사상(event) 및 확률에 관해 참고 3. 1에 요약하였다.

참고 3. 1

지금 기호 ∪(합집합) 및 ∩(교집합 또는 공통집합)을 사용하여 '집합'이론에서 사상(event)들 간의 몇몇 중요한 관계를 아래에 나타낸다.

$$A \cup A^c = U_{우주} \quad [\text{단 } A^c\text{는 } A\text{의 여집합}] \tag{3. 19}$$

$$A \cup (B \cap C) = (A \cup B) \cap (A \cup C), \quad A \cap (B \cup C) = (A \cap B) \cup (A \cap C) \tag{3. 20}$$

$$(A \cup B)^c = A^c \cap B^c, \quad (A \cap B)^c = A^c \cup B^c \tag{3. 21}$$

$$A = A \cap U_{우주} = A \cap (B \cup B^c) = (A \cap B) \cup (A \cap B^c) \tag{3. 22}$$

다음에는 확률(P)에 관한 기본 정리로서 먼저 사상 A, B간의 공통집합 $P(A \cap B) = P(B \cap A)$를 아래에 나타낸다.

$$P(A \cap B) = P(A) \cdot P(B/A) = P(B) \cdot P(A/B) \tag{3. 23}$$

여기서 $P(B/A)$ 및 $P(A/B)$는 '조건(conditional)' 확률로서 각각 A가 일어났을 때 B가 일어날 확률 및 B가 일어났을 때 A가 일어날 확률을 의미하며 위 식에서

$$P(B/A) = P(B \cap A)/P(A), \quad P(A/B) = P(A \cap B)/P(B) \tag{3. 24}$$

만약 $P(B/A) = P(B)$, $P(A/B) = P(A)$라면 $P(A \cap B) = P(A) \cdot P(B)$가 되어 서로 '독립(independent)'이라 한다.

한편 A, B간의 합집합 $P(A \cup B)$는 아래와 같이 나타낸다.

$$P(A \cup B) = P(A) + P(B) - P(A \cap B) \tag{3. 25}$$

식 (3. 23)에서 만약 $P(A \cap B) = 0$이면 A와 B는 서로 '배반(exclusive)'이라 칭한다.

한편 식 (3. 19) 및 (3. 20)에 각각 확률 P를 취하면 아래와 같은 관계식들을 얻을 수 있다.

$$P(A) + P(A^c) = P(U_{우주}) = 1 \tag{3. 26}$$

$$P(A) = P(A \cap B) + P(A \cap B^c) = P(A) \cdot P(B/A) + P(A) \cdot P(B^c/A) \tag{3.27}$$

$$1 = P(B/A) + P(B^c/A) \tag{3.28}$$

$$\frac{P(A/B)}{P(A/B) + P(B/A)} = \frac{P(A \cap B)/P(B)}{P(A \cap B)/P(B) + P(B \cap A)/P(A)} = \frac{P(A)}{P(A) + P(B)} \tag{3.29}$$

한편 그림 3.4의 탁틱성 경우처럼 (가령 $A = m$, $B = r$) $B = A^c$ (또는 $B^c = A$)라면 식 (3.29)는 아래와 같이 된다.

$$P(A) = 1 - P(B) = \frac{P(A/B)}{P(A/B) + P(B/A)} \tag{3.30}$$

끝으로 전 사건(우주)이 n개의 서로 배반인 사상 E_1, E_2, $\cdots$, E_n의 합집합으로 표시될 때 위 식들의 확장으로서 아래 관계식들이 성립된다.

$$U_{우주} = \sum_{i=1}^{n} U(E_i) \tag{3.31}$$

$$P(A) = P(A \cap U_{우주}) = \sum_{i=1}^{n} P(A \cap E_i) = P(A) \sum_{i=1}^{n} P(E_i/A) = \sum_{i=1}^{n} P(E_i) \cdot P(A/E_i) \tag{3.32}$$

$$1 = \sum_{i=1}^{n} P(E_i/A) = P(E_1/A) + \cdots + P(E_n/A) \tag{3.33}$$

$$P(E_i/A) = \frac{P(E_i \cap A)}{P(A)} = \frac{P(E_i) \cdot P(A/E_i)}{\sum_{i=1}^{n} P(E_i) \cdot P(A/E_i)} \tag{3.34}$$

이제 상기에 논의된 지식을 갖고 그림 3.4에 주어진 각 n-ad의 확률(빈도)을 조사하려 한다. 그러기 위해 몇 가지 협약 및 보충설명을 하면 $n = 2$ 경우 m 또는 r이 일어날 확률을 각각 $(m) = P_m$, $(r) = P_r = 1 - (m)$, $n = 3$ 경우 서열 mm 및 rr이 일어날 확률은 각각 $(mm) = P_{mm}$, $(rr) = P_{rr}$로 표시된다. 그러나 mr서열의 경우 사실상 $mr = rm$ (즉 180° 뒤집어도 마찬가지 임)의 2서열이 있으므로 일어날 확률 $(mr) = (rm) = 2P_{mr} = 2P_{rm}$이 된다. $n = 4$ 경우 윗 협약에 따라 $(mmm) = P_{mmm}$, $(rmr) = P_{rmr}$, $(mrm) = P_{mrm}$, $(rrr) = P_{rrr}$로 나타낼 수 있으니, $(mmr) = (rmm) = 2P_{mmr} = 2P_{rmm}$, $(rrm) = (mrr) = 2P_{mrr} = 2P_{rrm}$이 됨에 유의해야 한다. $n = 5$의 경우에도 마찬가지로 가령 $(rmmr) = P_{rmmr}$, $(rmrm) = (mrmr) =$

$2P_{rmrm} = 2P_{mrmr}$이 된다.

그러면 이와 같은 협약을 갖고 위 참고 3. 1의 도움을 받아 그림 3. 4에 해당하는 각 n-ad의 서열빈도(확률) 관계를 구하면 표 3. 3과 같다.+

표 3. 3 서열빈도간의 대수관계

디아드	$(m)+(r)=1$
트리아드	$(mm)+(mr)+(rr)=1$
디아드-트리아드	$(m)=(mm)+\frac{1}{2}(mr)$
	$(r)=(rr)+\frac{1}{2}(mr)$
트리아드-테트라드	$(mm)=(mmm)+\frac{1}{2}(mmr)$
	$(mr)=(mmr)+2(rmr)=(mrr)+2(mrm)$
	$(rr)=(rrr)+\frac{1}{2}(mrr)$
테트라드-테트라드	합=1
	$(mmr)+2(rmr)=2(mrm)+(mrr)$
펜타드-펜타드	합=1
	$(mmmr)+2(rmmr)=(mmrm)+(mmrr)$
	$(mrrr)+2(mrrm)=(rrmr)+(rrmm)$
테트라드-펜타드	$(mmm)=(mmmm)+\frac{1}{2}(mmmr)$
	$(mmr)=(mmmr)+2(rmmr)=(mmrm)+(mmrr)$
	$(rmr)=\frac{1}{2}(mrmr)+\frac{1}{2}(rmrr)$
	$(mrm)=\frac{1}{2}(mrmr)+\frac{1}{2}(mmrm)$
	$(rrm)=2(mrrm)+(mrrr)=(mmrr)+(rmrr)$
	$(rrr)=(rrrr)+\frac{1}{2}(mrrr)$

증 명 지금 첫 번째 반복단위(분절)의 치환기 R이 종이면 (C—C—C 면) 위로 향하고 있다고 할 때 (그 반대도 마찬가지임) 차례차례로 부가되는 분절의 가능한 서열(sequence)을 아래 그림에 $n=4$(테트라드)까지 나타내었다.

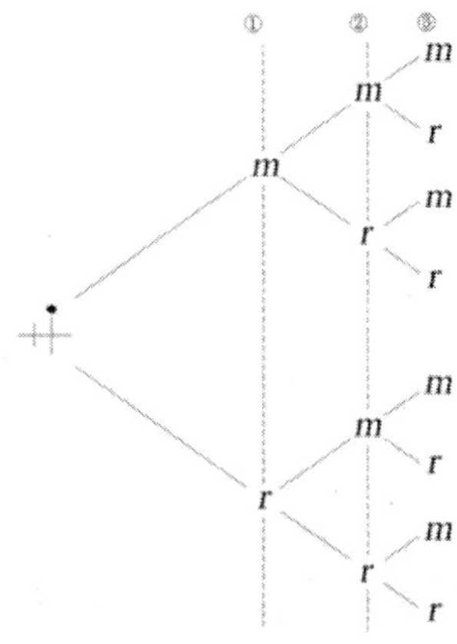

위 그림에서 먼저,

① $(n=2)$: m과 r은 서로 여사상이므로 $P_m + P_r = 1$ $\therefore (m) + (r) = 1$

② $(n=3)$: 첫 번째 분지에서 식 (3. 27)-(3. 28)에서 $A = m$, $B = A^c = r$ 두고, 편의상 $P(m/m) = P_{m/m}$, $P(r/m) = P_{r/m}$처럼 두면,

$P_m = P_{mm} + P_{mr}$, $P_{m/m} + P_{r/m} = 1$가 성립되고,

이를 (··)기호로 바꾸면 $(m) = (mm) + \frac{1}{2}(mr)$이 성립된다.

두 번째 분지에서 마찬가지로 $P(r \cap m) = P_{rm}$, $P(m/r) = P_{m/r}$, $P(r/r) = P_{r/r}$ 등으로 표기하면,

$P_r = P_{rm} + P_{rr}$, $P_{m/r} + P_{r/r} = 1$가 성립되고, 역시 (··)로 표시하면

$(r) = \frac{1}{2}(rm) + (rr) = \frac{1}{2}(mr) + (rr)$가 된다. 또한 ②번의 전체(연속)확률의 합은 $P_{mm} + P_{mr} + P_{rm} + P_{rr} = P_{mm} + 2P_{mr} + P_{rr} = 1$ 따라서 표 3. 3의 2번째 식 $(mm) + (mr) + (rr) = 1$이 증명된다.

③ $(n=4)$: 4분지 중 첫 번째 분지 경우, 역시 식 (3. 27)-(3. 28)에서 $A = m$, $B = r$ 두고, 또한 서열 mm과 r의 연속(공통)확률을 P_{mmr}, mm이 일어난 후 r이 일어날 확률을 $P_{r/mm}$등으로 나타내면 아래식을 얻을 수 있다.

$P_{mm} = P_{mmm} + P_{mmr}$, $P_{m/mm} + P_{r/mm} = 1$ 역시 이를 (··) 기호로 나타내면,

$(mm) = (mmm) + \frac{1}{2}(mmr)$을 얻는다.

마찬가지로 두 번째 분지에 대해서도

$P_{mr} = P_{mrm} + P_{mrr}$, $P_{m/mr} + P_{r/mr} = 1$을 얻어

$\frac{1}{2}(mr) = (mrm) + \frac{1}{2}(mrr)$ 또는 $(mr) = 2(mrm) + (mrr)$가 증명된다.

세 번째 분지 경우에 대해서도

$P_{rm} = P_{rmm} + P_{rmr}$, $P_{m/rm} + P_{r/rm} = 1$가 되어

$\frac{1}{2}(rm) = \frac{1}{2}(rmm) + (rmr)$ 또는 $(mr)\,[= (rm)] = (mmr) + 2(rmr)$가 증명된다.

또한 네 번째 분지 경우에도

$P_{rr} = P_{rrm} + P_{rrr}$, $P_{m/rr} + P_{r/rr} = 1$가 되어

$(rr) = \frac{1}{2}(rrm) + (rrr) = \frac{1}{2}(mrr) + (rrr)$가 증명된다.

끝으로 $n = 4$ 경우 전 서열 빈도(확률)의 합은 $P_{mmr} = P_{rmm}$, $P_{mrr} = P_{rrm}$을 이용하면,

$P_{mmm} + 2P_{mmr} + 2P_{mrr} + P_{mrm} + P_{rmr} + P_{rrr} = 1$ 또는,

$(mmm) + (mmr) + (mrr) + (mrm) + (rmr) + (rrr) = 1$이 증명된다.

이와 같은 방법으로 계속 확장하여 증명해 나가면 표 3.3의 모든 관계식을 증명할 수 있겠으나 지면 관계상 여기에서 그치겠다. ■

이렇게 하여 증명된 표 3.3의 관계식을 이용하여 NMR 측정으로부터 주어진 고분자의 탁틱성을 구할 때 확률론적으로 크게 세가지 즉 Markov 0차(또는 Bernoulli 독립) 통계, Markov 1차 및 2차 통계가 있는데 이에 관해서는 부록 3.1에 요약해 나타낸다.

다음에는 2장에서 논의된 각종 평균치를 구하는 절차에 따라 m 또는 r 서열의 평균연쇄장(mean sequence length) 및 연쇄수(run number)를 구해보기로 한다.

먼저 2.2절의 평균 분자량(혹은 중합도)을 구하는 절차에 따라 $m(meso)$서열의 연속길이 k에 대한 수평균($\langle m \rangle_n$), 무게평균($\langle m \rangle_w$), z평균($\langle m \rangle_z$) 연쇄장을 구한 결과는 아래와 같다. 단 아래식에서 $(m) = P_m = \sigma\ (0 < \sigma < 1)$로 두어 계산하였다.

$$\langle m \rangle_n = \frac{1}{1-\sigma}\ ,\quad \langle m \rangle_w = \frac{1+\sigma}{1-\sigma}\ ,\quad \langle m \rangle_z = \frac{1+4\sigma+\sigma^2}{(1-\sigma)(1+\sigma)} \tag{3.35}$$

증 명 지금 m서열이 k개 연속으로 되어 있는 임의의 한 개의 고분자 사슬을 $\sim r(m)_k r \sim$로 나타내면, k에 대한 수분율 $f_{k,m}$는 $\sigma^k(1-\sigma)^2$에 비례할 것이므로 아래와 같이 나타낸

다.

$$f_{k,m} = c(1-\sigma)^2\sigma^k \tag{3.36}$$

$f_{k,m}$는 아직 정규화(합이 1)되어 있지 않으므로 정규화상수 c를 공식 (2.64)의 도움 ($x \to k$, $p \to \sigma$)을 받아 구하면 아래와 같다.

$$\sum_{k=1}^{\infty} f_{k,m} = 1 = c(1-\sigma)^2\sigma \sum_{k=1}^{\infty} \sigma^{k-1} = c\sigma(1-\sigma) \quad , \ c = \frac{1}{\sigma(1-\sigma)} \tag{3.37}$$

따라서 정규화된 수분율 $f_{k,m}$는 아래와 같다.

$$f_{k,m} = (1-\sigma)\sigma^{k-1} \tag{3.38}$$

이 식은 2.4.1절에 논의된 축합중합의 수분율 식 (2.87)과 동일하므로, 무게분율 w_k, z분율 z_k를 포함한 결과도 동일(다만 $x \to k$, $p \to \sigma$로 대체)할 것이다.
따라서,

$$\langle m \rangle_n = \langle k \rangle_{f,m} = \sum_{k=1}^{\infty} k f_{k,m} = \frac{1}{1-\sigma} \tag{3.39}$$

$$w_{k,m} = f_{k,m} \frac{k}{< m > n} = k\sigma^{k-1}(1-\sigma)^2 \tag{3.40}$$

$$\langle m \rangle_w = \langle k \rangle_{w,m} = \sum_{k=1}^{\infty} k w_{k,m} = \frac{1+\sigma}{1-\sigma} \tag{3.41}$$

$$z_{k,m} = w_{k,m} \frac{k}{< m >_w} = \frac{(1-\sigma)^3}{(1+\sigma)} k^2 \sigma^{k-1} \tag{3.42}$$

$$\langle m \rangle_z = \langle k \rangle_{z,m} = \sum_{k=1}^{\infty} k z_{k,m} = \frac{1+4\sigma+\sigma^2}{(1-\sigma)(1+\sigma)} \tag{3.43}$$

그리고 m서열의 연속길이에 대한 분포의 폭 (수 및 무게)도 각각 비$\langle m \rangle_w / \langle m \rangle_n$, $\langle m \rangle_z / \langle m \rangle_w$로 나타낼 수 있을 것이다.

한편 r(racemi) 서열에 대한 평균 연쇄장 $\langle r \rangle_n$, $\langle r \rangle_w$, $\langle r \rangle_z$ 및 폭도 마찬가지로 구할 수 있으나, 다만 확률 $P_m = \sigma$ 대신 $P_r = 1-\sigma$ 를 대입해야 한다. ■

다음에 평균 '연쇄수(run number)' R은 아래와 같이 정의된다.

$$R = \frac{1}{2}(mr)\% = \frac{1}{2}(rm)\% = P_{mr}\left(= P_{rm}\right) \times 100 \tag{3.44}$$

여기서 $R_m = R_r = R$이다. 그리고 아래 관계가 성립된다.

$$(m)\% = R \times \langle m \rangle_n (meso),\ (r)\% = R \times \langle r \rangle_n (racemi) \tag{3.45}$$

이와 같이 논의는 3.4절에 논의된 공중합체의 서열분석에 그대로 적용된다.

예제 3.1

만약 임의의 고분자 사슬 안에서 m과 r의 배치순서(전체 10개)가 아래와 같이 나타내 진다면 이때 평균연쇄수 R를 구하라.

$$\sim\sim mmrrrmrmmr \sim\sim$$

풀이 식 (3.42) 에 의해 $R = \frac{3}{10} \times 100(\%) = 30 = R_m = R_n$이 된다.

3.3.3 NMR 스펙트럼

두 종류의 폴리메틸메타크릴레이트(PMMA)에 대한 40MHz의 ^{1}H NMR 스펙트럼을 그림 3.5에 나타내었다[단, x축의 단위는 $\tau = 10 - \delta$ (여기서 δ은 화학이동(chemical shift))으로 표시되며, τ가 큰 쪽이 고자장 측임].

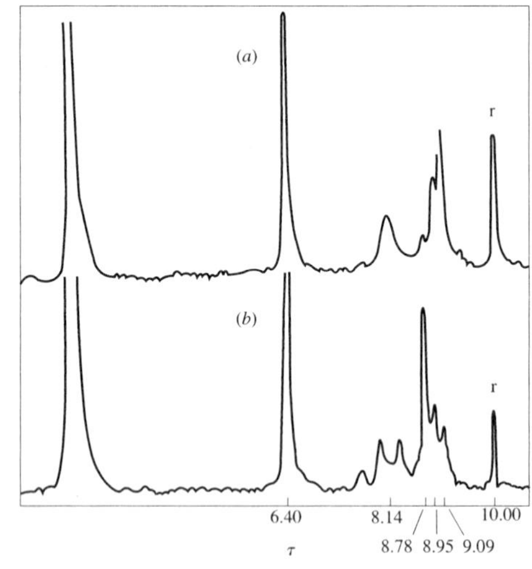

▶ **그림 3.5** 클로로포름에 녹인 폴리메틸메타크릴레이트의 40-MHz 양성자 스펙트라.
(a) 자유라디칼 개시제로 만든 아탁틱고분자,
(b) 음이온 중합에 의해서 n-butyllithium 개시제로 만든 이소탁틱 고분자.

여기에서 (a)는 자유라디칼중합으로 얻은 것이며, (b)는 음이온중합으로 얻은 시료에 대한 것이다. 음이온중합으로는 주로 이소탁틱 구조를 얻을 수 있고, 자유라디칼중합으로 얻은 고분자는 아탁틱이다. 그림 3. 5 의 피크는 다음과 같이 확인된다. 즉 (a)와 (b)에서 왼쪽에 크게 나타난 피크는 용매인 클로로포름의 것이며, 메틸에스테르기는 모두 6. 40τ 에서 나타나고 사슬배치에 의해 변화하지 않는다. 8.78, 8.95 및 9.09τ 에서 나타난 세 α-메틸피크의 상대적 높이는 제조방법에 따라 크게 다르다. 8.78τ 에 나타난 피크는 (a)에서 보다 (b)에서 더 크고, 9.09τ 의 피크는 (a)에서 더 크다는 점을 유의하라. 여기에서 τ값과 τ척도는 정의에 의해 테트라메틸실란(tetramethylsilane)의 피크를 +10.00 ppm 으로 둔 것으로 그림 3. 5의 제일 오른쪽에서 그 피크를 볼 수 있다.

8.78τ의 피크는 단량체는 α-메틸기가 어느 한 쪽으로 같은 배치를 가진 즉 m-위치인 배치를 나타내며, 자유라디칼중합에서 얻은 고분자에서 뚜렷한 9.09τ 의 피크는 단량체의 α-메틸기가 신디오탁틱, 즉 r-위치인 배치에 해당한다. 8.95τ 의 피크는 아탁틱 배치를 가진 α-메틸기에 해당한다. 표 3. 3에 주어진 식을 이용하며 2종류의 PMMA의 탁틱성을 조사(Bernoulli 함께 사용)하는 예제는 문 3.2에 주어져 있다.

3. 4 공중합체

지금까지는 반복단위(단량체)가 한 종류인 고분자만을 논의하였으나, 여기에서는 A, B 두 종류의 반복단위를 가진 고분자, 즉 공중합체(copolymer)의 종류, 반응속도식 및 조성분포 등에 대해 논하겠다.

3. 4. 1 공중합체의 분류

몇 가지 기본적인 공중합체의 명명을 표 3. 4에 나타내었다.

먼저 표 중의 짧은 서열(short sequence)의 고분자부터 언급하겠다. 고분자내에 있는 단량체 단위의 서열 배열이 특정지워지지 않은 경우의 공중합체는 아래와 같이 표기되어

poly(A $-$ *co* $-$ B)

스티렌과 메틸메타크릴레이트의 비특정 공중합체를 다음과 같이 나타낼 수 있다.

poly[styrene $-$ *co* $-$ (methyl methacrylate)]

표 3.4 공중합체 용어

형	사잇말	보기
	짧은 서열	
비특정	−*co*−	poly(A−*co*−B)
불규칙	−*ran*−	poly(A−*ran*−B)
교대	−*alt*−	poly(A−*alt*−B)
	긴 서열	
블록	−*block*−	polyA−*block*−polyB
그라프트	−*graft*−	polyA−*graft*−polyB
블랜드	−*blend*−	polyA−*blend*−polyB
	망상체	
가교	−*cross*−	poly(*cross*−A)
상호침투	−*inter*−	poly(*cross*−A)−*inter*−poly(*cross*−B)

그리고 단량체 서열의 배열이 무질서하게 되어 있는 공중합체를 불규칙(random) 공중합체라고 하여 다음과 같이 나타낸다.

poly[styrene−*ran*−(methyl methacrylate)]

두 종류의 단량체가 다음과 같이 교대로 배열되어 있는 교대(alternating) 공중합체도 가능하다.

$$\cdots - A - B - A - B - A - B - A - B - A - B - \cdots$$

교대공중합은 A 또는 B가 모두 같은 것끼리 부가될 수 없거나 혹은 다른 단량체의 부가속도가 같은 것끼리의 부가속도보다 월등히 빠른 경우에 일어나는 것으로 교대공중합체의 보기로는 아래와 같은 것이 있다.

poly[styrene−*alt*−(methyl anhydride)]

다음에는 긴 서열의 고분자에 대해 논하겠다.

블록(block)공중합체는 선형으로 블록이 배열된 경우를 나타내며, 여기에서 블록이란 단량체 단위가 적어도 한 구성이나 배치의 모양을 가지고 있는 고분자의 한 부분을 말한다. 즉 A와 B의 블록공중합체는 다음과 같이 나타낸다.

$$\cdots - A - A - A - A - A - A - B - B - B - B - B - B - B - B - B - B - \cdots$$

블록이 끝과 끝으로 결합되어 있으며, 각 블록도 고분자의 크기임을 유의하라. 그리고 다음과 같은 트리블록(triblock) 공중합체도 가능하다.

polystyrene−*block*−polybutadiene−*block*−polystyrene

위의 공중합체를 나타낼 때에 −*block*−대신 −b−를 사용하기도 한다.

poly(styrene − b− butadiene − b− styrene)

그라프트(graft) 공중합체는 주사슬과 곁사슬로 되어 있으며, 곁사슬의 반복단위가 주사슬의 것과 다르다. 만약 두 반복단위가 같으면 고분자가 가지를 가지고 있다고 말한다. 즉 A와 B의 그라프트 공중합체는 다음과 같이 나타낸다.

$$\text{poly}A - graft - \text{poly}B$$

여기에서 $-graft-$ 대신에 -g-로 표기하기도 한다. 그리고 "A고분자의 존재하에서 합성된 B 고분자"의 의미도 내포하고 있다.

표 3.4 중의 기타 고분자로서, 상호침투 고분자 망상체(interpenetrating polymer network, IPN)는 두 고분자가 망상구조의 형태로 합쳐진 것을 말한다. 이것은 최소한 고분자의 존재 하에서 다른 중합체를 중합시키거나 가교된 고분자를 의미한다. 이상적으로는 고분자들이 분자차원에서 상호침투되어야 하나 상분리 때문에 실제적으로 상호침투가 제한받는다.

구성에서나 배치에서 서로 다른 구조를 가진 두 가지 이상의 고분자가 서로 결합되지 않고 섞여 있는 경우를 고분자 블랜드(blend)라고 부르며, -blend-를 두 고분자의 이름 사이에 끼워 나타낸다. 이 때 여러 가지의 방법이 사용되며 여러 종류의 블랜드가 실제로 많이 사용되고 있다.

3. 4. 2 반응속도식에서 공중합체의 조성 추정

지금 단량체 1과 2 사이의 공중합 반응 및 속도식을 아래와 같이 나타낼 수 있다.

$$\left.\begin{array}{ll} \text{반응식} & \text{속도식} \\ P_1\bullet + M_1 \xrightarrow{k_{11}} P_1\bullet & k_{11}[P_1\bullet][M_1](=R_{11}) \\ P_1\bullet + M_2 \xrightarrow{k_{12}} P_2\bullet & k_{12}[P_1\bullet][M_2](=R_{12}) \\ P_2\bullet + M_1 \xrightarrow{k_{21}} P_1\bullet & k_{21}[P_2\bullet][M_1](=R_{21}) \\ P_2\bullet + M_2 \xrightarrow{k_{22}} P_2\bullet & k_{22}[P_2\bullet][M_2](=R_{22}) \end{array}\right\} \quad (3.46)$$

위에서 M_i 및 P_i (x=1,2) 는 각각 i성분의 임의의 반응시간에서 단량체의 농도 및 성장 라디칼의 농도를 의미하며, $k_i(i,j$=1,2)는 반응속도 상수, 그리고 R_{ij}는 반응속도(2차반응)를 의미한다. 만약 반응이 정상상태(steady state)에 도달했다면 $R_{12} = R_{21}$ 이라고 가정할 수 있다. 여기로부터 아래 단계가 성립된다.

$$[P_2 \cdot] = [P_1 \cdot] \times \frac{k_{12}}{k_{21}} \frac{[M_2]}{[M_1]} \tag{3.47}$$

지금 두 단량체 1 및 2의 반응(소실)속도를 각각 $R_{p,1}$ 및 $R_{p,2}$로 나타내면 식 (3. 46)에서 아래식이 성립된다.

$$R_{p,1} = (-)\frac{d[M_1]}{dt} = k_{11}[P_1 \cdot][M_1] + k_{21}[P_2 \cdot][M_1] = [M_1](k_{11}[P_1 \cdot] + k_{21}[P_2 \cdot]) \tag{3.48}$$

$$R_{p,2} = (-)\frac{d[M_2]}{dt} = k_{12}[P_1 \cdot][M_2] + k_{22}[P_2 \cdot][M_2] = [M_2](k_{12}[P_1 \cdot] + k_{22}[P_2 \cdot]) \tag{3.49}$$

따라서 두 반응속비는 아래와 같이 된다.

$$R_{p,1}/R_{p,2} = \frac{-d[M_1]/dt}{-d[M_2]/dt} = \frac{d[M_1]}{d[M_2]} = \frac{[M_1](k_{11}[P_1 \cdot] + k_{21}[P_2 \cdot])}{[M_2](k_{12}[P_1 \cdot] + k_{22}[P_2 \cdot])} \tag{3.50}$$

여기서 정상상태 관계식(3. 47) 및 두 성분의 단량체 반응성비(monomer reactivity ratio) $r_1 = k_{11}/k_{12}$, $r_2 = k_{22}/k_{21}$을 사용하여 나타내면 아래 관계가 얻어진다.

$$\frac{d[M_1]}{d[M_2]} = \frac{[M_1]([M_1]r_1 + [M_2])}{[M_2]([M_2]r_2 + [M_1])} = \frac{[M_1]\left(1 + \frac{[M_1]}{[M_2]}r_1\right)}{[M_2]\left(r_2 + \frac{[M_1]}{[M_2]}\right)} \tag{3.51}$$

만약 반응 초기 단계에서는 $[M_1] \fallingdotseq [M_1]^0$, $[M_2] \fallingdotseq [M_2]^0$(여기서 위첨자 0은 처음에 넣은 '공급(feed)'농도임)도 가정할 수 있으므로 아래 관계가 성립된다.

$$\frac{[M_1]}{[M_2]} \fallingdotseq \frac{[M_1]^0}{[M_2]^0} \equiv x = f_1/(1-f_1) \tag{3.52}$$

$$f_1 = 1 - f_2 = \frac{[M_1]^0}{[M_1]^0 + [M_2]^0} = \frac{x}{1+x} \quad (f_i\text{는 } i\text{의 공급 몰분율}) \tag{3.53}$$

또한 dt 시간에 반응한 몰수비 $(d[M_1]/d[M_2])$는 생성된 공중합체 중의 실제 몰수비(m_1/m_2)와 같이 놓을 수 있으므로 다음이 성립된다.

$$\frac{d[M_1]}{d[M_2]} \fallingdotseq \frac{m_1}{m_2} \equiv y = F_1/(1-F_1) \tag{3.54}$$

$$F_1 = 1 - F_2 = \frac{m_1}{m_1 + m_2} = \frac{y}{1+y} \quad (F_i\text{는 } i\text{의 공중합체내 몰분율}) \tag{3.55}$$

식 (3. 52)~(3. 55) 를 식 (3. 51)에 대입하면 공급 몰수(또는 몰분율)비 x와 공중합체내 실제 몰수(또는 몰분율)비 y 사이의 아래의 매우 중요한 관계식을 얻을 수 있다.

$$y = x(1 + xr_1)/(x + r_2) \tag{3.56}$$

이 식은 만약 단량체 반응성비 r_1, r_2 를 알면 x와 y관계를 알 수 있음을 의미하며, 거꾸로 y값(x는 물론)을 공중합체에 대한 기기분석으로부터 안다면 같은 반응계에 대한 x 및 y값을 여러 번 다르게 측정함으로써 컴퓨터에 의한 비선형 회귀분석(또는 최소자승법)으로부터 단량체 반응성비 r_1, r_2를 구할 수 있다.

한편 식 (3. 52), (3. 54) 를 이용하여 아래와 같이 (3. 56)을 공급(f_1 또는 f_2) 및 실제(F_1 또는 F_2)조성항으로 나타낼 수 있다.

$$F_1 = \left[(r_1 - 1)f_1^2 + f_1\right] / \left[(r_1 + r_2 - 2)f_1^2 + 2(1 - r_2)f_1 + r_2\right] \tag{3.57}$$

$$F_2 = \left[(r_2 - 1)f_2^2 + f_2\right] / \left[(r_1 + r_2 - 2)f_2^2 + 2(1 - r_1)f_2 + r_1\right] \tag{3.58}$$

지금 식 (3. 58)을 사용하여 여러 종류의 (r_1, r_2) 값 쌍에 대하여 f_2와 F_2의 관계를 그림 3. 6에 나타내었다.

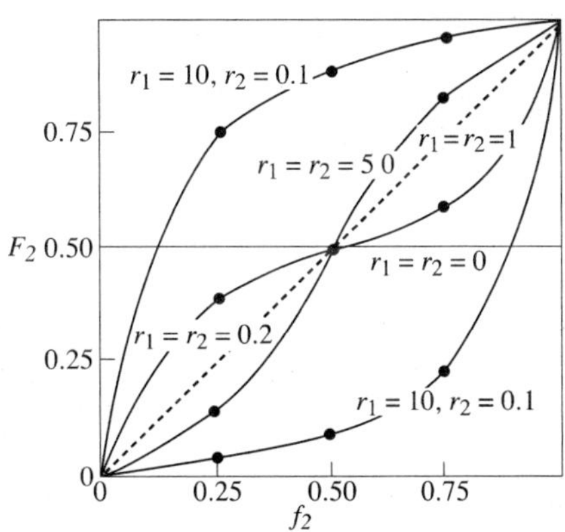

▶ **그림 3. 6** 공급조성 f_2와 실제조성 F_2간의 함수관계.

여기서 그림 3. 6 내용의 이해를 돕기 위하여 (r_1, r_2)쌍의 값 나아가 곱 r_1r_2의 값과 3. 4. 1절에 언급된 공중합체의 종류와의 관계에 대해 언급하겠다. 먼저 $r_1r_2 = 1$인 경우는 '통계적'공중합체에 해당되며, 몇몇 라디칼 공중합과 많은 이온 공중합과 축합공중합이 여기에 속한다. 특히 $r_1 = r_2 = 1$인 경우 (그림 중 점선표시)는 '완전이상' 공중합체로서 식 (3. 57) 또는 (3. 58)에서

$f_1 = F_1$(또는 $f_2 = F_2$) 임을 알 수 있다. 만약 $r_1 = r_2 = 0$ (또는 $r_1 r_2 = 0$) 경우는 교호공중합체가 된다. 많은 라디칼 공중합의 경우 $r_1 r_2 < 1$이므로 교호성을 나타낸다. 만약 $r_1<1$, $r_2<1$ (즉 $r_1 r_2 <1$) 경우는 용액의 (최소 끓는점) 공비혼합물(azeotropic mixture) 경우처럼 어떤 (공비점)공급조성 $f_{2,az}$(또는 x_{az})에 도달하면 실제조성 F_2도 변함없이 그것과 같게 된다(x_{az}를 구하는 방법을 아래 예제에 나타내었다). 만약 $r_1 > 1$, $r_2 > 1$ 경우는 블록성을 띄고, $r_1 \gg 1$, $r_2 < 1$ 경우는 성분1만의 단일 중합체가 생성될 것이며, 극단적으로 $r_1 \gg 1$, $r_2 \gg 1$ 경우는 두 개의 단일중합체의 단순 블랜드가 될 것이다.

예제 3.2

$r_1 < 1$, $r_2 < 1$되는 공비 공중합체의 경우 공비점의 (공급)조성을 구해보아라.

풀이 공비점에서는 $f_1 = F_1$(또는 $f_2 = F_2$)가 성립하므로, 가령 식 (3.57)에서 $F_1 = f_1$두고, f_1에 관한 2차방정식을 풀면, 결과는 비교적 간단한 형태로 $f_{1,az}\left(= \dfrac{x_{az}}{1+x_{az}}\right) = \dfrac{(1-r_2)}{(2-r_1-r_2)} = F_{1,az}$ 가 얻어진다.

또 식 (3.52)에서 $x_{az} = f_{1,az}/(1-f_{1,az}) = \dfrac{1-r_2}{1-r_1}$가 얻어진다.

한편 그림 3.6에서 보는 바와 같이 식 (3.57) 또는 (3.58)은 곡선을 주므로 주어진 공중합반응계의 (x, y)데이터 또는 (f_2, F_2)데이터의 다수의 측정으로부터 두 단량체 반응성비 r_1, r_2의 정확한 값을 회귀분석으로 추정하는 일은 쉬운 일은 아니다. 그래서 식 (3.56)을 변형하여 $y = ax + b$ (여기서 a및 b는 각각 기울기 및 절편)형태의 직선으로 나타내면 매우 편리할 것이다. 여러 가지 가능한 직선 형태 중 가장 널리 쓰이는 것 (Fineman-Ross 식)을 아래에 소개하겠다.

$$G\left(= \frac{x}{y}(y-1)\right) = r_1 F\left(\equiv \frac{x^2}{y}\right) - r_2 \tag{3.59}$$

식 (3.56)에서 $y \times (r_2 + x) = x + r_1 x^2$, $x(y-1) = r_1 x^2 - r_2 y$ 양변을 y로 나누면, $\dfrac{x}{y}(y-1)(\equiv G) = r_1 \times \dfrac{x^2}{y}(\equiv F) - r_2$가 되어 x축에 F, y축에 G를 나타내면 직선의 기울기가 r_1, 절편이 $-r_2$가 된다. ■

식 (3.59)의 효율성을 증가시키기 위해 다시 변형한 형태가 아래의 Kelen-Tedos 식이다.

$$\eta = \left(r_1 + \frac{r_2}{\alpha}\right)\xi - \frac{r_2}{\alpha} \tag{3.60}$$

여기서,

$$\xi \equiv \frac{F}{\alpha + F},\ \eta \equiv \frac{G}{\alpha + F},\ \alpha = \sqrt{F_{\min} \times F_{\max}} \tag{3. 61}$$

마찬가지로 ξ와 η의 직선 플롯의 기울기 및 절편에서 r_1, r_2를 구할 수 있으며, 만약 $\alpha = F\left(= \frac{x^2}{y}\right)$두면 식 (3. 59)로 환원됨을 알 수 있다.

3. 4. 3 공중합체의 조성분포 해석

공중합체의 물리적 및 역학적 성질에 있어서 조성뿐 아니라 구조의 규칙성 또는 단량체의 배열이 매우 중요하다. 예를 들어 그림 3. 7에 나타낸 에틸렌(E)과 1-헥센(H)의 통계적 공중합체에 대한 ^{13}C NMR 스펙트럼을 보자. 이 결과로부터 표 3. 3의 $n=4$인 테트라드의 관계식을 사용(단, $m \rightarrow$E, $r \rightarrow$H로 간주)하여 E와 H로 나타낸 두 단량체의 공중합체내 서열분포를 구할 수 있으며, 이렇게 구한 트리아드 분포를 표 3. 5에 나타내었다. [주의 : 표 3. 3의 mer분포 경우 첫 번째 반복단위가 주워졌을 때 다음에 부가되는 단위의 배향이 m 또는 r로 주어지므로 테트라드라 해도 실제 문자수는 3개(가령 mmr 등)인데 반해, 공중합 경우는 바로 E 또는 H단량체의 배열을 논하므로 트리아드가 문자수 3개(가령 HEH 등)를 주므로 표 3. 3의 테트라드에 관한 식과 공중합체의 트리아드에 관한 식이 서로 대응한다.] 두 종류의 공중합체가 많은 에틸렌 단위를 갖고 있으므로 EEE 트리아드가 가장 많은 것은 당연하며, 보다 중요한 것은 두 단량체가 무질서한 배열을 나타내는 다른 트리아드의 양이다.

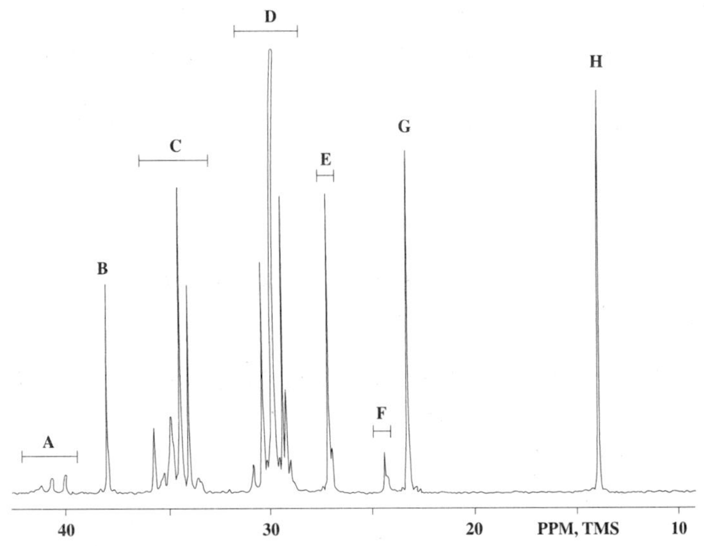

▶ **그림 3. 7** 83/17 에틸렌/1-헥센 공중합체의 50.3-MHz ^{13}C NMR 스펙트럼. 온도는 125℃이며, 1, 2, 4-trichlorobenzene 에 녹인 농도는 15%wt이다.

표 3. 5 두 에틸렌/1-헥센공중합체에 있어서 트리아드 분포

	83/17 공중합체	97/3 공중합체
(EHE)	0.098	0.031
(EHH)	0.053	0.000
(HHH)	0.022	0.000
(HEH)	0.043	0.000
(HEE)	0.164	0.061
(EEE)	0.620	0.908

표 3. 5에 주어진 정보로부터 두 공중합체에 대하여 각 단량체의 공중합체내 평균 '연속수(run number)' 및 평균 '연쇄장(또는 서열길이)(mean sequence length)'를 구할 수 있는데 이에 관한 언급은 잠시 뒤로 미루겠다.

대신 3. 3. 2절에서 논의한 mer-분포에 대한 통계적 기법을 토대로 그에 필요한 사항을 전개해 나가겠다. 그러기위해 식 (3. 46)을 표 3. 3의 증명 란에 주어진 그림처럼 아래와 같이 나타내겠다. 단 참고 3. 1의 확률공식 적용을 위해 단량체 1, 2를 A, B로, P_1 •, P_2 •는 각각 A^*, B^*로, 또한 속도정수 $k_{ij}(i, j = 1, 2)$는 $k_{ij}(i, j = A, B)$로 바꾸어 표시하였다.

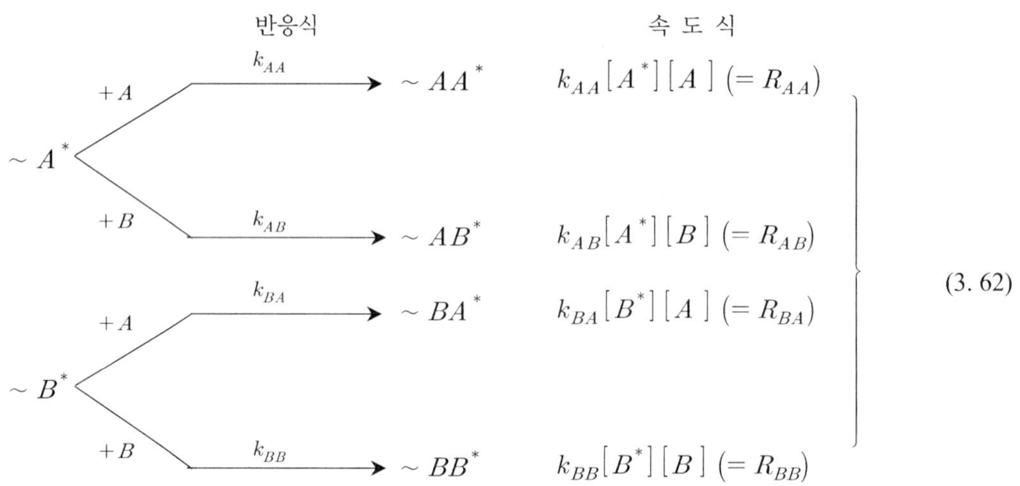

3. 4. 2절에서 언급한대로 정상상태에서 $R_{AB} = R_{BA}$가 성립하므로 식 (3. 47)에 대응하여

$$[B^*] = [A^*] \times \frac{k_{AB}}{k_{BA}} \frac{[B]}{[A]} \tag{3. 63}$$

한편 식 (3. 62)의 4종류 반응이 일어날 확률은 모두 해당 반응속도에 비례한다고 간주하고 (비례상수 c는 모두 동일) 참고 3. 1에 언급된 확률법칙에 의거해(A와 B는 여사상이므로

$P_A + P_B = 1$) 첫 번째 분지의 경우 아래가 성립된다.

$$\left.\begin{aligned} P_A &= P_{AA} + P_{AB} = P_A \times P_{A/A} + P_A \times P_{B/A} \\ 1 &= P_{A/A} + P_{B/A} \\ P_A &= P_{A/B}/(P_{A/B} + P_{B/A}) \end{aligned}\right\} \tag{3.64}$$

마찬가지로 두 번째 분자의 경우에도 아래가 성립된다.

$$\left.\begin{aligned} P_B &= P_{BA} + P_{BB} = P_B \times P_{A/B} + P_B \times P_{B/B} \\ 1 &= P_{A/B} + P_{B/B} \\ P_B &= P_{B/A}/(P_{B/A} + P_{A/B}) \end{aligned}\right\} \tag{3.65}$$

위 식들에서 $P_{AB} = P(A \cap B) = P_{BA}$, $P_{A/B} = P(A/B)$ 등을 의미한다.

한편 두 개의 조건부 확률 $P_{A/B}$ 및 $P_{B/A}$ (부록 3. 1에 논의된 Markov 1차 통계의 경우 매우 중요함)는 확률에 비례하는 반응속도식과 공급 몰수(또는 몰분율)비 $x = [A]/[B]\,(= f_A/f_B)$ 및 단량체 반응성비 $r_1(= r_A) = k_{AA}/k_{AB}$, $r_2(= r_B) = k_{BB}/k_{BA}$를 사용하여 아래와 같이 나타낼 수 있다.

$$\begin{aligned} P_{B/A} &= \frac{P_{AB}}{P_A} = \frac{P_{AB}}{P_{AA} + P_{AB}} = \frac{R_{AB}}{R_{AA} + R_{AB}} = \frac{k_{AB}[A^*][B]}{k_{AA}[A^*][A] + k_{AB}[A^*][B]} \\ &= \frac{k_{AB}}{k_{AA}[A]/[B] + k_{AB}} = \frac{1}{r_1 x + 1} \end{aligned} \tag{3.66}$$

$$\begin{aligned} P_{A/B} &= \frac{P_{BA}(= P_{AB})}{P_B} = \frac{P_{BA}}{P_{BA} + P_{BB}} = \frac{R_{BA}}{R_{BA} + R_{BB}} \\ &= \frac{k_{BA}[B^*][A]}{k_{BA}[B^*][A] + k_{BB}[B^*][B]} = \frac{k_{BA}[A]/[B]}{k_{BA}[A]/[B] + k_{BB}} = \frac{x}{x + r_2} = \frac{1}{1 + r_2/x} \end{aligned} \tag{3.67}$$

식 (3. 66)과 (3. 67)에서 아래가 성립된다(∵ 정상상태 가정에서 $R_{AB} = R_{BA}$, $P_{AB} = P_{BA}$).

$$\frac{P_A}{P_B} = \frac{P_{A/B}}{P_{B/A}} = \frac{1 + r_1 x}{1 + r_2/x} \tag{3.68}$$

또는 $P_A + P_B = 1$에서

$$\left.\begin{aligned} P_A &= \frac{P_{A/B}}{P_{A/B}+P_{B/A}} = \frac{1+r_1x}{2+r_1x+r_2/x} \\ P_B &= 1-P_A = \frac{1+r_2/x}{2+r_1x+r_2/x} \end{aligned}\right\} \tag{3. 69}$$

이제 표 3. 5의 데이터의 해석을 위하여 A, B 2종류의 단량체 단위로 이루어진 주어진 조성(P_A)의 통계적 공중합체에 있어서 A, B 각 연속배열의 수평균 연쇄장 (혹은 서열길이)과 연속수(run number)(혹은 서열의 평균수)를 3. 3. 2절에 논의된 mer 분포의 경우와 마찬가지로[식 (3. 35)-(3. 45) 참조] 정의해보자. 먼저 주어진 공중합체에서 각 단위 배열의 랜덤성(혹은 블록성)을 표시하는 연속수 R은 임의의 100개의 A, B 두 모노머로 이루어진 공중합체에 대해 각 단위의 연속군의 수를 의미한다. 가령 공중합체 사슬의 일부를 취했을 때 아래와 같이 되어있다고 생각해 보자.

$$-\underline{A}\,\underline{B}\,\underline{AA}\,\underline{B}\,\underline{A}\,\underline{B}\,\underline{AAA}\,\underline{BB}\,\underline{A}\,\underline{BBBB}\,\underline{AA}\,\underline{B}-$$

전체 20개 단량체 중 A의 연속군의 수가 6개(B도 마찬가지)이므로 A의 연속수 $R_A = \frac{6}{20} \times 100 = 30 = R_B$가 된다. 사실 위 예에서 연속된 A군의 수와 배치 AB(또는 BA)의 수가 동일함을 알 수 있다. 따라서 단량체 A(또는 B)의 연속수는 확률(%)을 이용하여 아래와 같이 정의된다.

$$R_A = R_B = P_{AB}\% = P_{BA}\% \tag{3. 70}$$

여기서 m(또는 r)분포에 관한 표 3. 3의 확률 정의를 따르면 (가령 $A \to m$, $B \to r$) $P_{AB}\% = \frac{1}{2}(AB)\% = \frac{1}{2}(BA)\% = P_{BA}\%$로 나타낼 수 있으며, 디아드-트리아드, 트리아드-테트라드 관계가 그대로 적용된다. 또한 각 단량체 단위의 수평균 서열길이(연쇄장)는 각각 아래와 같이 주어진다.

$$\langle A \rangle_n = \frac{A\text{ 단위수}}{A\text{의 연속수}} = \frac{P_A\%}{R_A}, \quad \langle B \rangle_n = \frac{B\text{ 단위수}}{B\text{의 연속수}} = \frac{P_B\%}{R_B} \tag{3. 71}$$

여기서 참고로 한가지 지적하고 싶은 것은 3. 3. 2절의 식 (3. 35)의 증명에 기술한 바와 같이 공중합체의 경우 $m \to A$, $r \to B$로 바꾸어 계산하면 각각의 수평균 서열길이를 정식으로 구할 수 있다. 즉 공중합체 사슬중의 일부가

$$\sim B(A)_k B \sim$$

로 되어 있을 경우 A연속서열의 길이 k에 대한 수분율 $f_{k,A}$는 $P_A^k(1-P_A)^2$에 비례하므로 참고 2. 4의 도움을 받아 아래와 같이 식 (3. 37)의 정규화 상수 c를 이용하는 대신 정규화된 수분율로서 나타낼 수 있다.

$$f_{k,A}=\frac{P_A^k(1-P_A)^2}{\sum_{k=1}^{\infty}P_A^k(1-P_A)^2}=\frac{P_A^{k-1}}{\sum_{k=1}^{\infty}P_A^{k-1}}=(1-P_A)P_A^{k-1} \tag{3. 72}$$

따라서 A의 수평균 연쇄장 $\langle A\rangle_n$은 다음과 같이 계산될 수 있다.

$$\langle A\rangle_n=\langle k\rangle_{f,A}=\sum_{k=1}^{\infty}kf_{k,A}=(1-P_A)\sum_{k=1}^{\infty}kP_A^{k-1}=\frac{1}{(1-P_A)} \tag{3. 73}$$

마찬가지 방법으로 단량체 B에 대해서도 아래와 같이 비슷한 결과를 얻을 수 있다.

$$f_{k,B}=\frac{P_B^k(1-P_B)^2}{\sum_{k=1}^{\infty}P_B^k(1-P_B)^2}=(1-P_B)P_B^{k-1} \tag{3. 74}$$

$$\langle B\rangle_n=\langle k\rangle_{f,B}=\sum_{k=1}^{\infty}kf_{k,B}=\frac{1}{(1-P_B)}=\frac{1}{P_A} \tag{3. 75}$$

따라서 식 (3. 71)에서 얻은 결과와 식 (3. 73), 식 (3. 75)에서 얻은 결과를 비교해 보는 것도 흥미로울 것이다.

그러면 여기서 표 3. 5의 데이터를 이용하여 2종류 공중합체에 대해 단량체 A, B의 (수평균) 연속수 및 서열길이를 계산하는 예제를 아래에 나타내었다.

예제 3.3

표 3. 5의 에틸렌(E)/1-헥센(H)공중합체에 있어 (a) 83/17 및 (b) 97/3 두 조성에 대해 각각 단량체의 수평균 연속수 및 서열길이를 구하라.

풀이 (a) 앞에서 언급한 바와 같이 표 3. 3에 주어진 mer분포에서 m→E , r→H로 치환하면 모든 관계가 공중합체에 대해서도 그대로 적용된다. 따라서 아래가 성립된다.

$$\left.\begin{aligned}&(\mathrm{E})=\mathrm{P_E}=(\mathrm{EE})+\frac{1}{2}(\mathrm{EH})=(\mathrm{EEE})+(\mathrm{EEH})+(\mathrm{HEH})\\&(\mathrm{H})=\mathrm{P_H}=(\mathrm{HH})+\frac{1}{2}(\mathrm{EH})=(\mathrm{HHH})+(\mathrm{EHH})+(\mathrm{EHE})\\&(\mathrm{EH})=(\mathrm{HE})=(\mathrm{EEH})+2(\mathrm{HEH})=(\mathrm{EHH})+2(\mathrm{EHE})\end{aligned}\right\}\qquad(3.\ 76)$$

여기서 표 3. 5의 트리아드 분포에 대한 데이터를 대입하면,

(E)=0.83, (H)=0.17, (EH)= (HE)=0.25가 된다.

그런데 $\mathrm{P_{EH}}=\mathrm{P_{HE}}=\frac{1}{2}(\mathrm{EH})=\frac{1}{2}(\mathrm{HE})=0.125$ 가 된다.

따라서 식 (3. 70)에서 평균 연속수 $\mathrm{R_E}=\mathrm{R_H}=0.125\times100=12.5$ 가 된다.

그리고 식 (3. 71)에서 각 단량체의 수평균 서열길이는

$$\langle\mathrm{E}\rangle_n=\frac{P_E\%}{R_E}=\frac{83}{12.5}=6.64,\ \langle\mathrm{H}\rangle_n=\frac{P_H\%}{R_H}=\frac{17}{12.5}=1.36\ \text{가 된다.}$$

(b) 마찬가지로 식 (3. 76)에 표 3. 5의 데이터를 이용하면,

(E) = 0.97, (H) = 0.03, (EH) = (HE) = 0.062 가 된다.

따라서 $P_{\mathrm{EH}}=P_{\mathrm{HE}}=\frac{1}{2}(\mathrm{EH})=\frac{1}{2}(\mathrm{HE})=0.031$ 가 되며, 식 (3. 70)과 (3. 71)에서 각 단량체의 수평균 연속수 및 서열길이를 구하면 아래와 같이 된다.

$R_{\mathrm{E}}=R_{\mathrm{H}}=0.031\times100=3.1$, $\langle\mathrm{E}\rangle_n=\frac{97}{3.1}=31.3$, $\langle\mathrm{H}\rangle_n=\frac{3}{3.1}=0.97$ 가 된다.

한편 두 경우 모두 식 (3. 73)및 (3. 75)를 이용하여 수평균 서열길이를 구하면 아래와 같이 된다.

(a)경우는 $\langle\mathrm{E}\rangle_n=\frac{1}{1-P_A}=\frac{1}{1-0.83}=5.88$, $\langle\mathrm{H}\rangle_n=\frac{1}{1-P_B}=1.21$ 가 되고, (b)의 경우는

$\langle\mathrm{E}\rangle_n=\frac{1}{1-0.97}=33.3$, $\langle\mathrm{H}\rangle_n=\frac{1}{1-0.03}=1.03$ 가 되어 두 경우 모두 평균 연속수에서 구한 값과 크게 다르지 않음을 알 수 있다.

다음에는 식 (3. 70)에 정의된 평균연속수를 공중합체 반응속도식에 바탕을 둔 확률에 관한 식

(3. 66)-(3. 69)를 사용하여 공급 몰(또는 몰분율)비 x 또는 공중합체의 실제조성(P_A)과 단량체 반응성비 항으로 나타내는 방법에 대해 기술하고 이 장을 마칠까 한다.

얻어진 결과를 적으면 아래와 같다.

$$R_A = R_B = \frac{100}{2 + r_1 x + r_2/x} \tag{3. 77a}$$

$$= \frac{200 P_A P_B}{1 + \{1 + 4(r_1 r_2 - 1) P_A P_B\}^{1/2}} \tag{3. 77b}$$

증 명 (a) 식 (3. 70)에 정의된 수평균 연속수 $R_A(= R_B)$를 구하기 위해 식 (3. 66)-(3. 69)의 절차에 따라 공통 확률 $P_{AB}(= P_{BA})$를 구하기로 한다. 즉,

$P_{AB} = P_A \times P_{B/A} = \dfrac{1 + r_1 x}{2 + r_1 x + r_2/x} \times \dfrac{1}{1 + r_1 x} = \dfrac{1}{2 + r_1 x + r_2/x}$ 가 된다. 따라서

$R_A = R_B = P_{AB}\% = P_{BA}\% = \dfrac{100}{2 + r_1 x + r_2/x}$ 이 만족된다.

(b) $P_{AB} = P_A \times P_{B/A}$에서 P_A는 그대로 두고, $P_{B/A} = \dfrac{1}{1 + r_1 x}$ 에서 x를 P_A(또는 P_B)항으로 나타내면 되므로, 식 (3. 69)에서 $P_A = \dfrac{1 + r_1 x}{2 + r_1 x + r_2/x}$ 를 공급 몰비 x에 관한 이차방정식으로 고쳐 해를 구하면 된다. 즉,

$r_1 x^2 P_B + x(1 - 2P_A) - r_2 P_A = 0$에서 근호 안 판별식이 정리하면,

$1 + 4(r_1 r_2 - 1) P_A P_B$ 가 되므로 유효한 x의 해는 아래와 같다.

$x = \dfrac{-(1 - 2P_A) + \{1 + 4(r_1 r_2 - 1) P_A P_B\}^{1/2}}{2 r_1 P_B}$ 가 되고, 이것을 $P_{B/A}$항에 대입하면

$$P_{B/A} = \frac{1}{1 + r_1 \times \left[-(1 - 2P_A) + \{1 + 4(r_1 r_2 - 1) P_A P_B\}^{1/2}\right] / 2 r_1 P_B}$$

$$= \frac{2P_B}{2P_B - (1 - 2P_A) + \{1 + 4(r_1 r_2 - 1) P_A P_B\}^{1/2}} = \frac{2P_B}{1 + \{1 + 4(r_1 r_2 - 1) P_A P_B\}^{1/2}}$$

따라서 (3. 70)에서 $R_A = R_B = P_{AB}\% = P_A \times P_{B/A} \times 100$

$$= \frac{200 P_A P_B}{1 + \{1 + 4(r_1 r_2 - 1) P_A P_B\}^{1/2}}$$

이 증명된다. ■

따라서 주어진 조성의 (통계적)공중합체에 있어서 각 단량체의 분포상태에 관한 정보를 주는 수평균 연속수 및 서열길이(또는 연쇄장)를 구하는 방법은 여러 가지가 있으므로 잘 판단하여 적용해야 할 것이며, 필요하다면 서론 비교해 보는 것도 가치가 있을 것이다.

끝으로 부록 3. 1절에서 논의된 m 또는 r의 mer분포에 관한 각종 통계(Markov 0차, 1차, 2차) 기법은 공중합체 경우에도 그대로 적용(다만 $m \rightarrow A$, $r \rightarrow B$로 치환)이 가능하나 그에 대한 언급은 지면관계상 생략하겠다.

연습문제

3. 1 폴리(메틸 메타크릴레이트) (PMMA)의 3종류의 트리아드(triad)(mm,mr,rr)의 화학식을 나타내어라.

풀이

1) 이소탁틱 (isotatic, mm), 2) 헤테로탁틱 (heterotactic, mr), 3) 신디오탁틱 (syndiotactic, rr)

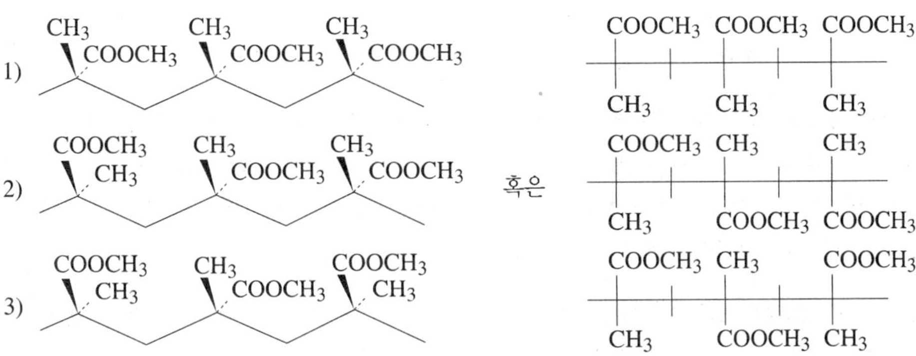

3. 2 탁틱성이 다른 두 종류의 폴리(메틸 메타크릴레이트) (PMMA)에 대해 CD_3NO_2 중에서 100℃에서의 100MHz 고분해능 ^1H을 NMR을 사용하여 측정한 스펙트럼을 아래에 나타내었다.

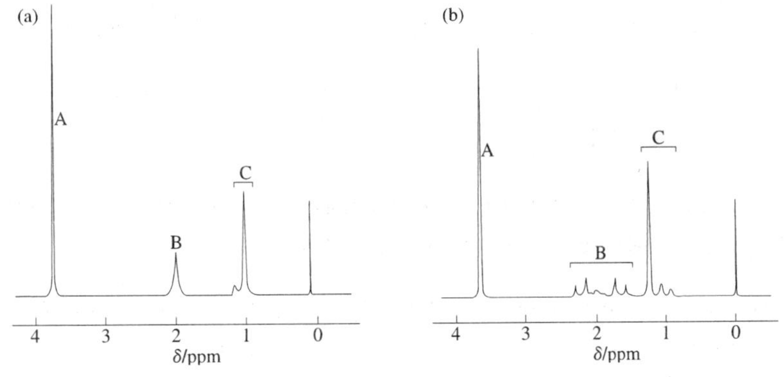

이때

1) PMMA의 화학구조식을 나타내어라.
2) 그림 (a), (b) 모두 A, B, C 피크의 강도비가 3 : 2 : 3 이다. 각 피크군에 해당하는 H의 소속을 사유와 함께 적어라.
3) 그림 (a), (b) 중 어느 것이 이소탁틱 고분자(it-PMMA)인가? 이유를 들어 답하라.

4) 그림 (b)의 C군에 3개의 피크의 강도비는 저자장(왼쪽)쪽부터 72 : 18 : 10 이다. 이때 이 고분자의 디아드 및 트리아드의 탁틱성(확률)을 구하라.

풀이

1)

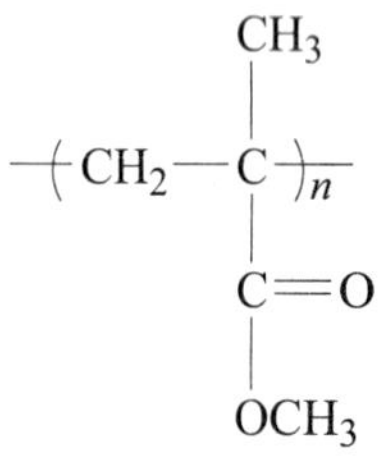

$$-\!\!\left(CH_2-\underset{\underset{\underset{OCH_3}{|}}{\underset{C=O}{|}}}{\overset{\overset{CH_3}{|}}{C}}\right)\!\!_n-$$

2) 피크의 강도비로부터 B군의 피크가 주쇄 메틸렌(CH_2)의 H에 의한 피크임이 확실하다. A 및 C군은 모두 메틸기의 H에 의한 것이겠지만, 메톡시 메틸기는 탄소보다 전기음성도(electronegativity)가 큰 산소원소에 붙어 있으므로 α-메틸기의 H보다 저자장에 공명할 것이므로 A군이 메톡시 메틸기의 H에 해당되며, 따라서 C군은 α-메틸기의 H에 의한 피크이다.

3) 신디오탁틱(st)PMMA의 주쇄 메틸렌기의 두 개의 H는 아래 그림에서 보듯이 디아드 배열만을 고려할 때 등가(둘 다 A)이나, 이소탁틱 PMMA는 비등가(즉, A $\neq$ B)이다.

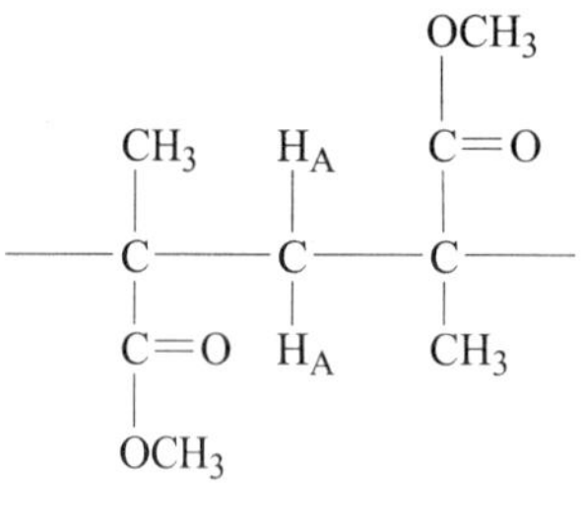

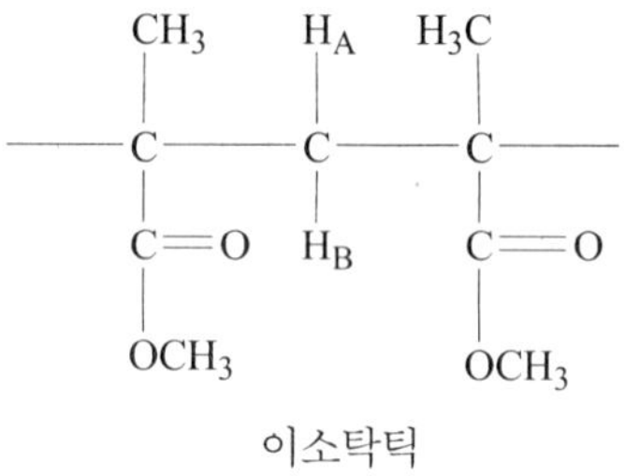

따라서 후자의 경우 H 상호의 스핀(spin)-스핀 결합(coupling)에 의해 4개의 피크로 분리된다. 그림 (a), (b)의 B군의 시그날 모양에서 (b)의 고분자가 이소탁틱 PMMA이다.

4) 문(3)에서 그림 (a)가 st-PMMA, (b)가 it-PMMA임을 알았다. 따라서 그림 (b)의 C군의 α-메틸기의 시그날이 3개로 분열됨은 저자장(왼쪽)부터 이소탁틱(mm), 헤테로탁틱(mr), 및 신디오탁틱(rr) 트리아드로 귀속됨을 알 수 있다. 그런데 표 3. 3에 주어진 관계식으로부터

$$(m)(=P_m)=(mm)+\frac{1}{2}(mr)=0.72+\frac{1}{2}(0.18)=0.81$$

$$(r)(=P_r)=(rr)+\frac{1}{2}(mr)=0.10+\frac{1}{2}(0.18)=0.19$$

즉 그림 (b)의 it-PMMA의 탁틱성은 81 %임을 알았다.

3. 3 Ziegler-Natta 촉매의 입체특이성은 생성 폴리프로필렌(PP)의 입체 규칙성(탁틱성)에 의해 표시된다. 이소탁틱(iso)PP를 주로 생성하는 촉매를 'iso 특이성' 촉매, 신디오탁틱(syn)PP를 주로 생성하는 촉매를 'syn 특이성' 촉매라 칭한다. 만약 프로필렌 단위 $-\!\!\left(CH_2-\underset{}{\overset{CH_3}{\overset{|}{CH}}}\right)\!\!-$ 를 표기하면 iso : … ┘┘┘┘ … , syn : … ┘┐┘┐ … 로 된다. m(메소)는 iso 디아드(┘┘)를, r(라세미)는 syn 디아드를 나타낸다.

그러나 100 % iso, 혹은 100 % syn의 입체규칙을 가진 고분자는 존재하지 않고, 약간의 불완전성을 갖고 있다.

PP의 메틸기의 $^{13}C-NMR$ 스펙트럼을 측정하면 3종류의 입체 트리아드 rr(┘┐┘,┐┘┐), mr(┘┘┐, ┘┐┐, ┐┐┘, ┐┘┘), mm(┘┘┘, ┐┐┐)의 몰분율(확률)이 측정 가능하다 [문 (3. 2) 참조].

아래 표에 브나디움(V)계 촉매로 얻어진 syn-PP와 티탄(Ti)계 촉매로 얻어진 iso-PP의 입체 트리아드의 몰분율이 나타나 있다. 이 결과를 이용하여 syn 특이성 촉매 및 iso 특이성 촉매가 각각 어느 것이 '말단기 규제' 및 '촉매 규제'로 진행하고 있는 가를 나타내어라. 단 말단기 규제는 Bernoulli 통계를 따라 $4(mm)(rr)/(mr)^2 = 1$ (부록 3. 1참조), 촉매규제는 $2(rr)/(mr) = 1$ 가 적용됨에 유의하라.

syn-PP 및 iso-PP의 트라이드 몰분율

No	촉매계	입체규칙성	$[rr]$	$[mr]$	$[mm]$
1	$V\text{-}(acac)_3\text{-}Al_2(C_2H_5)_3Cl_3$	syn	0.69	0.28	0.03
2	$VOCl_3\text{-}Al_2(C_2H_5)_3Cl_3$	syn	0.70	0.27	0.03
3	$\delta\text{-}TiCl_3\text{-}Al(n\text{-}Dec)_3$	iso	0.03	0.06	0.91
4	$\delta\text{-}TiCl_3\text{-}Al(C_2H_5)_3$	iso	0.02	0.04	0.94

풀이

중합이 만약 말단기 규제에 의해 진행된다면 표 3. 3의 3종류의 트리아드 $[(mm), (mr), (rr)]$의 존재확률은 중합도중 사이에 들어가는 프로필렌 단위의 메틸기가 말단기와 다른 배치를 가질 확률을 $P_r = (1-P_m)$로 하면 Bernoulli(독립)통계에 따라 아래 관계식이 성립된다. [부록 3. 1 참조]

$[rr] = P_r^2$, $[mr] = 2P_r(1-P_r)$, $[mm] = (1-P_r)^2$

즉,

$$\frac{4[mm][rr]}{[mr]^2} = 1$$

한편 촉매규제로 진행될 경우에는 3종류의 트리아드의 존재확률은 메틸기가 특정의 배향을 가질 확률을

P_D[가령 ┘ 경우는 P_D , ┐ 경우는 1-P_D]라 한다면 다음의 통계를 따를 것이다.

$[mm]$ = ┘ ┘ ┘ + ┐ ┐ ┐ $= {P_D}^3+(1-P_D)^3$

$[mr]$ = $[rm]$ = ┘ ┘ ┐ + ┘ ┐ ┐ + ┐ ┐ ┘ + ┐ ┘ ┘ $= 2\left[{P_D}^2(1-P_D)+P_D(1-P_D)^2\right]$

$[rr]$ = ┘ ┐ ┘ + ┐ ┘ ┐ $= {P_D}^2(1-P_D)+P_D(1-P_D)^2$

따라서 촉매규제의 경우 $2[rr]/[mr]=1$이 성립된다. 지금 문제의 표의 결과를 갖고 두 통계값을 계산하면 아래 표와 같다.

No	$2[rr]/[mr]$	$4[mm][rr]/[mr]^2$
1	4.9	1.1
2	5.2	1.2
3	1.0	30
4	1.0	47

이 표에서 보는 바와 같이 *syn*-PP는 말단기 규제, *iso*-PP는 촉매규제에 의해 중합이 진행됨을 알 수 있다.

3. 4 다음은 비대칭 탄소에 의한 편광면의 회전능력을 가진 광학활성(optically active) 고분자의 입체규칙성에 관한 질문이다.

a) 단량체 단위의 성장사슬에의 삽입이 D (dextro)형 혹은 L (levo)형 이성체인가가 Bernoulli 독립통계(부록 3. 1참조)에 의해 지배된다고 할 경우의 디아드 및 트리아드의 몰분율(확률)을 D가 나타날 확률 α로 나타내어라.

b) m(메소)디아드의 분율(확률)이 0.9[즉 $(m)= P_m = 0.9$]인 입체규칙성 고분자가 있다. 이 고분자는 m과 r(라세미)의 선택이 Bernoulli 통계에 의해 지배된다면 m 연속군의 수평균 연쇄장(혹은 서열길이) $\langle m \rangle_n$은 어떤 값을 가질까? 또 D 와 L형의 선택이 문 a) 경우처럼 Bernoulli 통계에 의해 지배된다면 $\langle m \rangle_n$은 어떤 값을 가질까?

풀이

a) 회합형의 $Zn(OCH_3)_2$ 촉매에 의한 DL-프로필렌옥사이드 (PPO)의 입체특이성 중합 등이 여기에 속한다. 이와 같은 촉매 중에는 모노머를 D 형으로 선택하기 쉬운 D-사이트(site)와 그 반대(enantiomer)인 L-사이트가 있다. 지금 D-사이트 촉매로 Bernoulli 통계에 따라 D 형이 선택될 확률이 α (단 $0.5 \leq \alpha \leq 1$)라면 DD 혹은 LL의 m(메소)디아드와 DL 혹은 LD 의 r(라세미)디아드의 확률(분율)은 문 3. 3의 풀이 절차에 유사하게 각각 아래와 같이 나타내진다.

$$(m) = (DD)+(LL) = \alpha^2+(1-\alpha)^2 = 1-2\alpha(1-\alpha)$$

$$(r) = (DL)+(LD) = 2\alpha(1-\alpha)$$

트리아드 탁틱성의 분율도 마찬가지로 아래와 같이 나타내진다.

$$(mm) = (DDD)+(LLL) = \alpha^3+(1-\alpha)^3 = 1-3\alpha(1-\alpha)$$

$$(mr) = (DDL) + (LDD) + (DLL) + (LLD) = 2\alpha^2(1-\alpha) + 2\alpha(1-\alpha)^2 = 2\alpha(1-\alpha)$$

$$(rr) = (DLD) + (LDL) = \alpha^2(1-\alpha) + \alpha(1-\alpha)^2 = \alpha(1-\alpha)$$

[단 위에서 $(m)+(r)=1$, $(mm)+(mr)+(rr)=1$임에 유의하자.]

마찬가지로 L-사이트 촉매의 경우에도 위 식에 $P_D=\alpha$ 대신$P_L=(1-\alpha)$를 치환하면 간단히 얻을 수 있다.

따라서 이 중합체의 탁틱성은 위 식으로 나타낼 수 있다.

b) m과 r 디아드의 선택이 Bernoulli 통계에 따를 경우, $[m]=P_m=\sigma$ 라 할 때, 사슬 안에 m디아드가 연속으로 k개 되어있는 경우, 즉 ~~~~~$r(m)_k r$~~~~~ 가 나타날 확률은 $(1-\sigma)^2\sigma^k$ 에 비례하므로 m 수평균 연쇄장(또는 서열길이) $\langle m \rangle_n$은 아래와 같이 된다.

$$\langle m \rangle_n = \frac{\sum_{k=1}^{\infty} k(1-\sigma)^2\sigma^k}{\sum_{k=1}^{\infty}(1-\sigma)^2\sigma^k} = \frac{1}{1-\sigma} = \frac{1}{1-0.9} = 10$$

[주의 : 식 (3. 72), (3. 74)에 나타낸 바와 같이 k가 일어날 확률은 단지 $(1-\sigma)^2\sigma^k$에 비례할 뿐(아직 비정규화)이므로 정규화된 수분율(합이 1)은 $f_k = (1-\sigma)^2\sigma^k / \sum_{k=1}^{\infty}(1-\sigma)^2\sigma^k$ 임에 유의하고, 따라서 $\langle m \rangle_n = \langle k \rangle_{f,m} = \sum_{k=1}^{\infty} k f_k$로 구해야 한다.]

한편 D와 L이 역시 Bernoulli 통계에 따라 선택될 경우, m배치가 k개 연속으로 되어있는 경우 즉 ~~~~~$L(D)_{k+1}L$~~~~~ 및 ~~~~~$D(L)_{k+1}D$~~~~~ 가 나타날 확률은 문 3. 3 및 위에서 언급한 바와 같이 단순이 $(1-\alpha)^2\alpha^{k+1}$ 과 $\alpha^2(1-\alpha)^{k+1}$ 두 항에 비례할 뿐이므로 정규화된 확률 f_k 는 합을 분모로 하여 나누어야 하므로 이 경우 최종적으로 m디아드의 수평균 서열길이 $\langle m \rangle_n = \langle k \rangle_{f,m} = \sum_{k=1}^{\infty} f_k \times k$ 는 두 경우를 모두 생각하여 아래와 같이 나타내진다.

$$\langle m \rangle_n = \frac{\sum_{k=1}^{\infty} k(1-\alpha)^2\alpha^{k+1} + \sum_{k=1}^{\infty} k\alpha^2(1-\alpha)^{k+1}}{\sum_{k=1}^{\infty}(1-\alpha)^2\alpha^{k+1} + \sum_{k=1}^{\infty}\alpha^2(1-\alpha)^{k+1}} = \frac{1-2\alpha(1-\alpha)}{\alpha(1-\alpha)}$$

[단 위 식의 합의 계산 시 참고 2. 4의 공식을 이용하였다.]

따라서 위 문제 a)에서 구한 $(m)=P_m=\sigma$과 α의 관계식에서 $\sigma=0.9$ 일 때, $\alpha(1-\alpha)=0.5$ 가 되어 $\langle m \rangle_n = \frac{1-2\times 0.05}{0.05} = 18$ 이 된다.

3. 5 3. 4. 2절에 언급된 라디칼 공중합체의 공급(feed)조성으로부터 실제조성을 구하는 수식들은 원칙적으로 중합율 10% 이하인 경우에만 유효하다. 지금 아조이소부티로니트릴(AIBN)을 개시제(6.1×10^{-3} mol dm^{-3})로 하여 벤젠 용매 중에서 사용하여 60℃에서 스티렌(M_1)과 메틸메타크릴

레이트(MMA)(M_2)와의 공중합을 시행하여 아래 표의 결과를 얻었다. 이때 Fineman-Ross 식 (3. 59)을 사용하여 스티렌과 MMA의 단량체 반응성비 r_1, r_2의 값을 구하라.

NO.	f_2 (mol%)	시간 (min)	중합률 (%)	F_2 (mol%)
1	0.0	45	1.7	0.0
2	20.0	55	2.1	25.5
3	30.0	55	1.8	33.6
4	40.0	55	1.8	40.8
5	50.0	55	2.0	48.3
6	60.0	55	2.2	55.2
7	70.0	55	2.5	63.1
8	80.0	55	3.0	71.7
9	90.0	55	4.0	83.6
10	100.0	45	7.1	100.0

단 위 표에서 f_2 및 F_2는 단량체 2(MMA)의 공급 및 실제 몰분율을 나타낸다.

풀이

먼저 식 (3. 52)의 공급(feed)몰수(또는 몰분율)비 $x=(1-f_2)/f_2$값을, 또 식 (3. 54)의 실제 몰수(또는 몰분율)비 $y=(1-F_2)/F_2$값을 위 표의 10개 시료 모두에 대해 계산한 후 각각의 경우에 대해 식 (3. 59)의 Fineman-Ross 식의 x축 즉 x^2/y $(=F)$ 및 y축 $x(y-1)/y$ $(=G)$ 값을 모두 구하여 아래 표에 나타내었으며, 또한 이의 직선 플롯도 함께 나타내었다(편의상 실제 플롯에서 y축으로 G 대신 $-G$를 택하였다).

NO.	x	y	x^2/y	$x(y-1)/y$
1	−	−	−	−
2	4.00	2.92	5.48	2.63
3	2.33	1.98	2.74	1.15
4	1.49	1.45	1.53	0.46
5	1.00	1.07	0.93	0.07
6	0.66	0.81	0.54	−0.15
7	0.43	0.58	0.32	−0.31
8	0.25	0.39	0.16	−0.39
9	0.11	0.20	0.06	−0.44
10	0	0	−	−

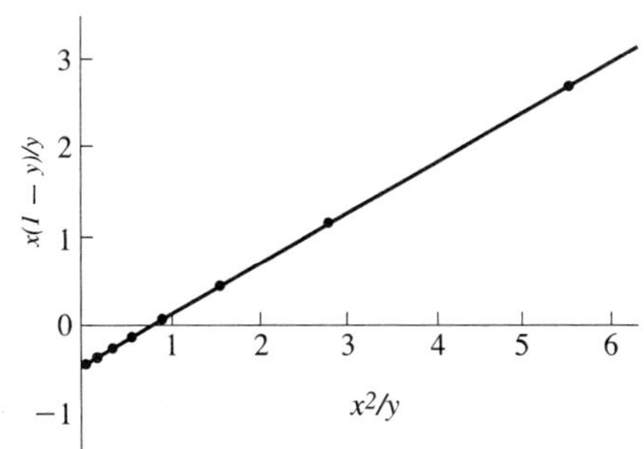

다음에는 얻어진 데이터에 대한 선형 회귀분석(최소자승법)을 시행하여 직선의 기울기 $(-r_1)$ 및 절편 (r_2) 값을 구하였는데, 그 결과 $r_1 = 0.57$, $r_2 = 0.46$ 값을 얻었다.

3. 6 어떤 공중합체 사슬내부의 일부가 각각 아래와 같이 주어진다면 식 (3. 70)에 정의된 수평균 연속수($R_A = R_B$)를 구하라.

1) $-AABBAABBAABBAABBAABB-$
2) $-ABAABAAAABABAAAABABA-$

풀이

1) 전체 단량체 20개 중 연속된 A군의 수 및 또한 AB(또는 BA) 결합의 수 모두 5이므로

$$R_A = R_B = \frac{5}{20} \times 100 = 25$$

2) 전체 20 단위 중 연속된 A군의 수는 7이므로 이것을 바탕으로 계산하면

$$R_A = R_B = \frac{7}{20} \times 100 = 35$$

한편 AB(또는 BA)결합 수는 6이므로 이를 바탕으로 계산하면

$R_A = R_B = \dfrac{6}{20} \times 100 = 30$ 따라서 평균하면 $R_A = R_B = 32.5$가 타당할 것이다.

3. 7 아래와 같이 주어지는 스티렌(A)과 각종 단량체(B) 간의 공중합의 단량체 반응성비(r_1, r_2)로부터 조성비 1:1 (50 % A) 경우의 각 공중합체의 단량체 단위의 연속 길이의 분포상태(수평균 연속수 및 서열 길이)를 식 (3. 71), (3. 77b)를 사용하여 구하라.

계	A	B	r_1	r_2	r_1r_2
1	스티렌	무수 말레인산	0.04	0	0
2	스티렌	메틸 아크릴레이트	0.75	0.18	0.14
3	스티렌	메틸 메타크릴레이트	0.52	0.46	0.24
4	스티렌	부타디엔	0.78	1.39	1.08

풀이

먼저 주어진 데이터 ($P_A = P_B = 0.5$, 각 단량체 비 값)를 이용하여 식 (3. 77b)부터 평균 연속수 $R_A = R_B$를 구한다. 그리고 식 (3. 71)에서 수평균 서열 길이를 구하는데 $P_A = P_B$이므로 $\langle A \rangle_n = \langle B \rangle_n$ 된다. 그 결과를 통계적 (이상) 공중합체($r_1r_2 = 1$)와 대비하여 표로 나타내었다.

계	r_1r_2	$R_A = R_B$	$\langle A \rangle_n = \langle B \rangle_n$
1	0	100	1.00
2	0.14	67.97	1.18
3	0.24	67.1	1.46
4	1.08	49.0	2.04
이상 경우($r_1r_2 = 1$)	1.00	50	2.00

이 표로부터 계 1은 교호 공중합체이며, 계 2 및 3은 통계적(이상) 공중합체($r_1r_2 = 1$)경우보다 교호성이 높고, 계 4는 이상 공중합체에 가까운 것을 알 수 있다. 여기서 r_1r_2 값에 의한 공중합체 구조의 논의는 낮은 중합율(본문 식의 유도 시 가정한) 경우에만 적용됨에 유의하라. 높은 중합율의 경우는 단량체 조성의 변화에 따라 생성된 공중합체의 조성 및 연속 길이 분포에 있어서 분포 폭이 넓어질 수 있다.

3. 8 문제 3. 5 중의 3번 시료의 데이터 및 직선회귀에서 구한 r_1(스티렌)=0.57, r_2(MMA)=0.46을 사용하여 공중합체 내 단량체 단위의 수평균 연속수($R_A = R_B$) 및 연쇄장(서열 길이)을 a)식 (3. 77a) 및 b)식 (3. 77b)을 이용하여 각각 구하여 비교하여 보아라.

풀이

a) 문제 3. 5의 3번 시료의 x값은 2. 33이므로 식 (3. 77a)에 의해 단량체의 수평균 연속수(run number)를 구하면, $R_A = R_B = \dfrac{100}{2+0.57\times 2.33+0.46/2.33} = 28.36$

이 값과 $P_A = F_1 = 1-0.336 = 0.664$, $P_B = F_2 = 0.336$을 갖고 식 (3. 71)에서 두 단량체($A=$ 스티렌, $B=$ MMA)의 수평균 서열 길이를 구하면 아래와 같다.

$$\langle A \rangle_n = \frac{66.4}{28.36} = 2.34,\ \langle B \rangle_n = \frac{33.6}{28.36} = 1.18$$

b) 문제 3. 5의 3번 시료의 $P_A = F_1 = 0.664$, $P_B = F_2 = 0.336$, $r_1 = 0.57$, $r_2 = 0.46$ 값을 갖고 식 (3. 77b)를

사용하여 평균 연속수를 구하면 아래와 같다.

$$R_A = R_B = \frac{200 \times 0.664 \times 0.336}{1 + \{1 + 4(0.57 \times 0.46 - 1) \times 0.336 \times 0.664\}^{1/2}} = 28.16$$

이 값을 갖고 식 (3. 71)에서 각각 두 단량체의 수평균 서열 길이를 구하면

$$\langle A \rangle_n = \frac{66.4}{28.16} = 2.36, \ \langle B \rangle_n = \frac{33.6}{28.16} = 1.19$$

따라서 문 a) 및 b)의 결과는 거의 같다고 할 수 있다.

제3장 부록

A3. 1 탁틱성에 대한 Markov 통계

'Markov 0차' 혹은 'Bernoulli' 독립통계란 일어날 확률이 연결된 이웃에 무관하게 일정한 즉 $P(B/A)=P(B)$ 인 경우를 말한다. 즉 표 3. 3의 증명에서 사용된 기호 중 $P_{m/m} \rightarrow P_m$, $P_{r/m} \rightarrow P_r$로 간주한다. 따라서 표 3. 3에 주어진 $n-$ad의 서열에 관련된 모든 확률(빈도)항은 오직 P_m(또는 P_r) 1개만 사용해 나타낼 수 있다. 가령 $P_m = \sigma$로 두면 $P_{mmm} = P_m^3 = \sigma^3$, $P_{mmr} = \sigma^2(1-\sigma)$, ⋯ 등이다. 특히 라디칼 중합에서 얻어진 it-PMMA의 경우 이 통계를 따르므로 $4P_{mm} \times P_{rr} = 4\sigma^2(1-\sigma^2) = 4P_{mr}^2$ 가 만족되므로 이 경우 항상 $4(mm)(rr)/(mr)^2 = 1$이 성립된다.

다음에 바로 연결된 이웃 분절의 서열에 (조건 확률이) 영향을 받는 'Markov' 1차 통계는 다음과 같은 법칙을 따른다.

$$P_{r/m} \neq P_r,\ P_{r/mm} = P_{r/m},\ P_{r/mr} = P_{r/r},\ P_{r/mrm} = P_{r/m},\ P_{mrr} \neq P_{rr},\ \cdots \qquad \text{(A3. 1)}$$

이 경우 오직 2개의 독립 파라미터 $P_{m/r} = \alpha$, $P_{r/m} = \beta$ 두 개만 알면 확률 식 (3. 28) 및 (3. 30) [단 $A \rightarrow m$, $B \rightarrow \sigma$ 둠]을 기초로 다음과 같이 표 3. 3에 주어진 모든 서열의 확률을 α 및 β항으로 나타낼 수 있다.

$$\left.\begin{aligned}
&(m) = P_m(=1-P_r) = P_{m/r}/(P_{m/r}+P_{r/m}) = \alpha/(\alpha+\beta)\\
&(mm) = P_{mm} = P_m \times P_{m/m} = P_m \times (1-P_{r/m}) = \alpha\bar{\beta}/(\alpha+\beta)\ \ (\text{단 } \bar{\beta} = 1-\beta)\\
&(mr) = 2P_{mr} = 2P_m \times P_{r/m} = 2\alpha\beta/(\alpha+\beta)\\
&(mmm) = P_{mmm} = P_{mm} \times P_{m/mm} = P_{mm} \times P_{m/m} = P_{mm} \times (1-P_{r/m}) = \alpha\bar{\beta}^2/(\alpha+\beta)\\
&(mmr) = 2P_{mmr} = 2P_{mm} \times P_{r/mm} = 2P_{mm} \times P_{r/m} = 2\alpha\beta\bar{\beta}/(\alpha+\beta)\\
&(mrr) = 2P_{mrr} = 2P_{mr} \times P_{r/mr} = 2P_{mr} \times P_{r/r} = 2\alpha\beta(1-\alpha)/(\alpha+\beta)\\
&(mmmr) = 2P_{mmmr} = 2P_{mmm} \times P_{r/mmm} = 2P_{mmm} \times P_{r/m} = 2\alpha\beta\bar{\beta}^2/(\alpha+\beta)\\
&(mrrr) = 2P_{mrrr} = 2P_{mrr} \times P_{r/mrr} = 2P_{mrr} \times P_{r/r} = 2\alpha\beta(1-\alpha)^2/(\alpha+\beta)
\end{aligned}\right\} \qquad \text{(A3. 2)}$$

특히 $P_{m/r} < \frac{1}{2}$, $P_{r/m} < \frac{1}{2}$ (또는 $P_{m/r} + P_{r/m} < 1$) 경우는 m 또는 r에서 공중합체의 경우처럼 블록 (block)성을 나타내며, 반대로 $P_{r/m} > \frac{1}{2}$, $P_{m/r} < \frac{1}{2}$ (또는 $P_{r/m} + P_{m/r} > 1$) 경우는 교호(alternating)성을 나타낸다.

마지막으로 $n-$ad의 (조건) 확률이 바로 다음 다음 즉 앞 두 번째 이웃의 서열에도 영향을 받는 'Markov 2차' 통계의 경우에는 아래와 같은 법칙이 따른다.

$$P_{m/mm} \neq P_{m/rm},\ P_{m/mmm} = P_{m/mm},\ P_{r/mrm} = P_{r/rm},\ P_{mmmr} \neq P_{mmr}\ \cdots \tag{A3. 3}$$

이 경우 4개의 독립 파라미터 $P_{m/mm} = \alpha = \left[1-\overline{\alpha}\left(=P_{r/mm}\right)\right]$, $P_{m/mr} = \beta = \left[1-\overline{\beta}\left(=P_{r/mr}\right)\right]$, $P_{m/rm} = \gamma = \left[1-\overline{\gamma}\left(=P_{r/rm}\right)\right]$ 및 $P_{m/rr} = \delta = \left[1-\overline{\delta}\left(=P_{r/rr}\right)\right]$를 사용하여 표 3. 3의 모든 서열 확률(빈도)를 나타낼 수 있다.

그러기위해 먼저 Markov 1차 경우처럼 기본이 되는 α 조건 확률 $P_{m/r}(=1-P_{r/r})$ 및 $P_{r/m}(1-P_{m/m})$을 위 4개의 파라미터 항으로 나타내야 한다.

표 3. 3에서 $(m) = (mm) + \frac{1}{2}(mr) = (mmm) + (mmr) + (rmr)$ 즉,

$P_m = P_{mmm} + 2P_{mmr} + P_{rmr} = P_{mm} \times P_{m/mm} + 2P_{mm} \times P_{r/mm} + P_{rm} \times P_{r/rm}$가 되고, 여기에 α, β, γ, δ 정의를 대입하고, 양 변을 P_m 및 P_{mm} 항으로 모으고, 다시 $P_{mm} = P_m \times P_{m/m} = P_m \times (1-P_{r/m})$ 및 $P_{rm} = P_{mr} = P_m \times P_{r/m}$으로 나타내어 $P_{r/m}$에 관한 방정식을 풀면,

$$P_{r/m} = \overline{\alpha}/(\gamma + \overline{\alpha}) \tag{A3. 4}$$

마찬가지로 $(r) = (rr) + \frac{1}{2}(mr) = (rrr) + (mrr) + (mrm)$를 위와 같은 기법을 사용하여 정리하면,

$$P_{m/r} = \delta/(\overline{\beta} + \delta) \tag{A3. 5}$$

다음에는 공식 (3. 30)[여기서 $A \rightarrow m$, $B \rightarrow \gamma$ 대입]과 식 (A3. 4) 및 (A3. 5)를 이용하여 아래 관계식을 얻는다.

$$(m) = P_m = P_{m/r}/(P_{m/r} + P_{r/m}) = (\overline{\alpha} + \gamma)\delta/s = 1 - P_r \quad [\text{단 } s = \overline{\alpha}\,\overline{\beta} + 2\overline{\alpha}\,\delta + \gamma\delta] \tag{A3. 6}$$

다음에는 α, β, γ, δ의 정의를 포함한 정규적인 절차 및 (A3. 4)-(A3. 5)의 도움을 받아 아래 관계식들이 얻어진다.

$$\left.\begin{array}{l}(mm) = P_{mm} = P_m \times P_{m/m} = P_m \times (1 - P_{r/m}) = \gamma\delta/s \\ (mr) = 2P_{mr} = 2P_m \times P_{r/m} = 2\overline{\alpha}\,\delta/s \\ (mmr) = 2P_{mmr} = 2P_{mm} \times P_{r/mm} = 2\overline{\alpha}\,\gamma\delta/s \\ (mrr) = 2P_{mrr} = 2P_{mr} \times P_{r/mr} = 2\overline{\alpha}\,\overline{\beta}\,\delta/s \qquad [\text{단 } s = \overline{\alpha}\,\overline{\beta} + 2\overline{\alpha}\,\delta + \gamma\delta] \\ (rmr) = P_{rmr} = P_{rm} \times P_{r/rm} = \overline{\alpha}\,\overline{\gamma}\,\delta/s \\ (mmmr) = 2P_{mmmr} = 2P_{mmm} \times P_{r/mmm} = 2P_{mmm} \times P_{r/mm} = 2\alpha\overline{\alpha}\,\gamma\delta/s \\ (rmrr) = 2P_{rmrr} = 2P_{rmr} \times P_{r/rmr} = 2P_{rmr} \times P_{r/mr} = 2\overline{\alpha}\,\overline{\beta}\,\overline{\gamma}\,\delta/s \end{array}\right\} \quad \text{(A3. 7)}$$

덧붙여

$$\left.\begin{array}{l}\alpha(= P_{m/mm}) = P_{mmm} / P_{mm} = (mmm)/(mm) \\ \beta(= P_{m/mr}) = P_{mmr} / P_{mr} = (mmr)/(mr) \\ \gamma(= P_{m/rm}) = P_{mrm} / P_{rm} = 2(mrm)/(mr) \\ \delta(= P_{m/rr}) = P_{mrr} / P_{rr} = (mrr)/2(rr) \end{array}\right\} \quad \text{(A3. 8)}$$

결론적으로 Markov 2차도 1차처럼 $P_{m/r}$ 및 $P_{r/m}$항으로 모두를 나타낼 수 있다.

제 **4** 장

한 개의 고분자사슬의 통계적 크기

비록 고분자의 분자량(혹은 중합도)이 고정되었다 하더라도 고분자사슬은 시시각각으로 형태(conformation)를 바꿈에 따라 말단간 거리(end-to-end distance)나 회전반경(radius of gyration)도 달라지는데 이 장에서는 고분자의 강성도(stiffness)나 유연성(flexibility)을 반영하는 제곱평균 말단거리 $\langle R^2 \rangle$과 제곱평균 회전반경$\langle S^2 \rangle$을 주로 다루겠다. 그런데 한 개의 고립된 사슬의 실제 평균크기는 아래식에서 나타면 바와 같이 용매에 의해 팽창되지 않은 사슬 고유의 단거리 상호작용에 의한 크기 즉 상분리 직전의 가장 나쁜 용매인 θ(혹은 Flory)용매에서의 '비섭동(imperturbed)'크기와 양용매(good solvent)에 의해 팽창(이때 팽창계수를 α라 함)되는 장거리 상호작용(5장에서 다룰 소위 '배제체적(excluded volume)'효과라 함)의 곱으로 나타내진다.

$$\langle R^2 \rangle = \langle R^2 \rangle_\theta \alpha^2 , \ \langle S^2 \rangle = \langle S^2 \rangle_\theta \alpha^2 \tag{4. 1}$$

[여기서 평균이란 'ergodic' 확률이론에 의해 한 분자의 시간 평균 대신에 집단(앙상블) 또는 수평균을 의미한다. 또한 정확히는 말단거리와 회전반경에대한 용매팽창계수 α가 다를 수 있으나 본 책에서는 같다고 간주함.]

그러나 이 장에서는 용매의 효과를 배제한 단거리 상호작용 크기, 즉 비섭동 제곱평균 말단 거리 $\langle R^2 \rangle_\theta$ 와 회전반경 $\langle S^2 \rangle_\theta$ 만을 다루겠다.

4. 1 제곱평균 말단거리

비닐계 고분자처럼 $-CH_2-CR_2-$ 로 되는 반복단위를 가진 고분자의 경우 편의상 선상(linear) 고분자의 주쇄의 원자를 왼쪽 끝에서부터 $C_0, C_1, \cdots C_n$ 라 붙였을 때 아래 그림에서 보듯이 C_{i-1} 에서 C_i에 결합한 벡터 $\boldsymbol{l}_i$ 을 결합벡터(bond vector)라 칭하고 길이는 모두 l 로서 동일하다고 간주한다[여기서 중합도가 x인 경우 1개의 비닐모노머에는 2개의 C—C 결합이 존재하므로 $n=2x$로 하여 계산함이 원칙임].

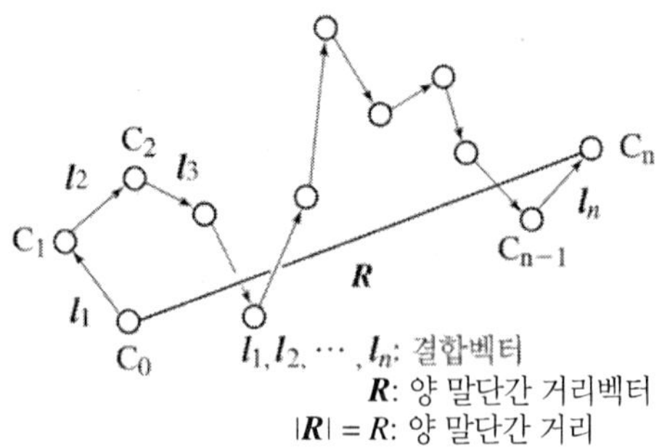

▶ **그림 4. 1** 결합벡터((bond vector)로 나타낸 양 말단간 거리벡터 $\boldsymbol{R}$

여기서 이 장에 다룰 내용의 이해를 위해 벡터의 기초이론과 이중합(double sum)을 단일합(single sum)으로 만드는 방법에 대해 각각 참고 4. 1과 참고 4. 2에 요약해 나타내었다.

참고 4. 1

지금 크기와 방향을 가진 두 벡터량 $\boldsymbol{a}$, $\boldsymbol{b}$(이들 사이 각도 θ)가 있을 때 이들 사이의 내적(inner product) $\boldsymbol{a}\cdot\boldsymbol{b}$ 는 기하학적 및 해석학적(3차원 Cartesian 직교좌표계에 대한 성분으로) 방법으로 아래와 같이 정의된다.

$$\boldsymbol{a}\cdot\boldsymbol{b} = |\boldsymbol{a}||\boldsymbol{b}|\cos\theta = a_x b_x + a_y b_y + a_z b_z \tag{4. 2}$$

여기서 벡터 $\boldsymbol{a}$의 크기 $|\boldsymbol{a}| = a = \sqrt{\boldsymbol{a}\cdot\boldsymbol{a}} = \sqrt{a_x^2 + a_y^2 + a_z^2}$ 이다.

또 외적(cross or vector product) $\boldsymbol{a}\times\boldsymbol{b}$는 크기는 $|\boldsymbol{a}||\boldsymbol{b}|\sin\theta$, 방향은 $\boldsymbol{a}, \boldsymbol{b}$가 이룬 평면에 수직인 벡터로 성분의 해석학적 표시는 $\boldsymbol{a}\times\boldsymbol{b} = \boldsymbol{c}$ 라 할 때 아래와 같다.

$$C_x = a_y b_z - a_z b_y\ ,\ C_y = a_z b_x - a_x b_z\ ,\ C_z = a_x b_y - a_y b_x \tag{4. 3}$$

또한 $\boldsymbol{a}\times\boldsymbol{b}$의 크기는 아래와 같이 나타낼 수도 있다.

$$|\boldsymbol{a}\times\boldsymbol{b}| = ab\sin\theta = \sqrt{\boldsymbol{a}^2\boldsymbol{b}^2 - (\boldsymbol{a}\cdot\boldsymbol{b})^2} \tag{4. 4}$$

그리고 삼각형의 (제2)코사인 법칙에 해당하는 아래 관계도 성립된다.

$$r_{ij}^2 = (\boldsymbol{r}_i - \boldsymbol{r}_j)^2 = (\boldsymbol{r}_i - \boldsymbol{r}_j)\cdot(\boldsymbol{r}_i - \boldsymbol{r}_j) = \boldsymbol{r}_i^2 + \boldsymbol{r}_j^2 - 2\boldsymbol{r}_i\cdot\boldsymbol{r}_j \tag{4. 5}$$

한편 3개의 벡터 $\boldsymbol{a}$, $\boldsymbol{b}$, $\boldsymbol{c}$의 스칼라 3중적 $\boldsymbol{a}\cdot\boldsymbol{b}\times\boldsymbol{c}$ 는 3벡터에 의해 형성된 입방체의 부피 V를 의미하며 행렬식(determinant)으로 다음과 같이 나타내진다.

$$V = \boldsymbol{a} \cdot \boldsymbol{b} \times \boldsymbol{c} = \begin{vmatrix} a_x & a_y & a_z \\ b_x & b_y & b_z \\ c_x & c_y & c_z \end{vmatrix} = a_x b_y c_z + a_y b_z c_x + a_z b_x c_y - a_z b_y c_x - a_y b_x c_z - a_x b_z c_y \quad (4.6)$$

참고 4. 2

일반적으로 이중합 $\sum_{i=1}^{n}\sum_{j=1}^{n}(\cdots)$은 아래와 같이 $(i=j\text{항})+(i \neq j\text{항})$, 다시 $i \neq j$ 항은 $2\times(i<j)$항 $\left[\text{즉 } 2\sum\sum_{1 \le i < j \le n}\right]$ 또는 $2\times(i>j)$항 $\left[\text{즉 } 2\sum\sum_{n \ge i > j \ge 1}\right]$으로 나타낼 수 있다.

$$\sum_{i=1}^{n}\sum_{j=1}^{n}(\cdots) = (i=j\text{항}) + 2\sum_{i=1}^{n-1}\sum_{j=i+1}^{n}(\cdots) = (i=j\text{항}) + 2\sum_{i=1}^{n}\sum_{j=1}^{i-1}(\cdots) \quad (4.7)$$

특히 함수 $f(|j-i|)$에 대한 이중합은 아래식으로 나타내어 계산될 수 있다.

$$\sum_{i=1}^{n}\sum_{j=1}^{n} f(|j-i|) = (i=j\text{항}) + 2\sum_{i=1}^{n-1}\sum_{j=i+1}^{n} f(j-i) = 2\sum_{m=1}^{n-1}(n-m)f(m)[\text{단} m = j-i] \quad (4.8)$$

[이 식은 실제 n값 및 $f(m)$을 정의하여 대입해 확인할 수 있다.]

적분의 경우에도 아래와 같이 이중적분을 단일적분으로 나타낼 수 있다.

$$\int_a^x dt_2 \int_a^{t_2} f(t_1)dt_1 = \int_a^x (x-t)f(t)dt \quad (4.9)$$

이제 그림 4. 1에 나타낸 n개의 결합벡터($n+1$개의 원자 또는 질점)로 이루어진 한 개의 고분자사슬의 양 말단 간 벡터 $\boldsymbol{R}$은 아래와 같이 나타낼 수 있다.

$$\boldsymbol{R} = \boldsymbol{l}_1 + \boldsymbol{l}_2 + \cdots + \boldsymbol{l}_{n-1} + \boldsymbol{l}_n \quad (4.10)$$

여기서 만약 $\boldsymbol{R}$의 평균값을 취하면 0이 될 것이다. 왜냐하면 등방상태(어떤 방향이라도 동일한 확률로 가능)에 있는 각각의 결합벡터의 평균은 0일 것이기 때문이다. 따라서 아래와 같이 표시되는 $\boldsymbol{R}^2(=\boldsymbol{R}\cdot\boldsymbol{R}=R^2)$의 평균 즉 '제곱 평균 말단거리' $\langle R^2 \rangle$가 중요한 양이 된다.

$$\langle R^2 \rangle = \langle \boldsymbol{R} \cdot \boldsymbol{R} \rangle = \left\langle \sum_{i=1}^{n} \sum_{j=1}^{n} \boldsymbol{l}_i \cdot \boldsymbol{l}_j \right\rangle = nl^2 + 2\sum\sum_{i<j} \langle \boldsymbol{l}_i \cdot \boldsymbol{l}_j \rangle \tag{4. 11}$$

$\langle \boldsymbol{l}_i \cdot \boldsymbol{l}_j \rangle = l^2 \langle \cos\theta_{ij} \rangle$ [여기서 θ_{ij}는 $\boldsymbol{l}_i$과 $\boldsymbol{l}_j$사이의 각도]

[단 $\langle R^2 \rangle = \langle R^2 \rangle_\theta$로서 용매에 의한 팽창효과가 없는 ($\alpha$=1) θ상태의 비섭동 크기를 의미한다. 이하에서도 특별한 언급이 없는 한 θ첨자는 생략한다.]

지금 식 (4. 11)로 표시되는 임의의 고분자 사슬의 제곱 평균 말단거리에 대한 통계적 모델로서는 분자 내 근거리 상호작용에 의한 분자의 강성도(혹은 유연성)의 정도에 따라 크게 3종류 즉 a) 자유연결사슬 (freely-jointed chain or random walk) 모델, b) 자유회전 (freely rotating) 모델, c) 구속회전 (restricted rotation) 모델이 있다. 특히 a) 경우는 결합길이 l만 고정되어 있고, 결합각 θ 및 회전각 ϕ에 대한 제한은 없으며, b)는 l 및 θ는 고정되어 있고, ϕ에 대한 제한은 없으며, 마지막으로 c) 경우는 θ는 물론 ϕ에도 제한된 회전만 허용되므로 a<b<c 순서로 분자의 강성도(stiffness)가 증가되어 같은 n값이라도 c)의 경우의 $\langle R^2 \rangle$가 제일 크게 된다. 그러면 이하에서 3경우 각각에 대해 구체적으로 설명하겠다.

a. 자유연결사슬

이 경우 결합벡터 길이 l만 고정되어 있고, 결합각 θ도 자유이므로 식 (4. 11) 중의 $\langle \cos\theta_{ij} \rangle = 0$ 된다(왜냐하면 각도 θ_{ij}와 $(\pi - \theta_{ij})$가 같은 비율로 존재할 것이므로 $\langle \cos\theta_{ij} \rangle + \langle \cos(\pi - \theta_{ij}) \rangle (= -\langle \cos\theta_{ij} \rangle) = 0$이 되므로). 따라서 이 경우 제곱 평균 말단거리는 항상 아래와 같이 나타낼 수 있다.

$$\langle R^2 \rangle = nl^2 \tag{4. 12}$$

식 (4. 12)로 나타내지는 고분자를 '가우스(Gauss) 사슬' 혹은 '이상 사슬'이라 칭하며 이 경우 고분자사슬 1개의 평균 말단 거리 $R_{rms} \equiv \langle R^2 \rangle^{1/2}$(root-mean square end-to-end distance)는 $\sqrt{n}\,l$이 되어, 결합수(n) 나아가 분자량 M의 $\frac{1}{2}$승에 비례하며, 이는 막대모양 고분자인 경우 $R_{rms} = nl$이 되어 n(혹은 M)의 1승에 비례하는 것과는 크게 대조되어, 그만큼 용액 혹은 벌크(bulk)중 가우스 사슬의 부피와 같은 '수력학적 크기(hydrodynamic dimension)'가 훨씬 작다는 것을 의미한다.

b. 자유회전 사슬

이 경우는 그림 4. 2에 나타낸 바와 같이 결합장 l 및 결합각 θ가 고정되어 있고, C-C 결합 주위로 회전이 자유로운(즉 회전각 ϕ에 대한 제한이 없음) 사슬에 해당한다.

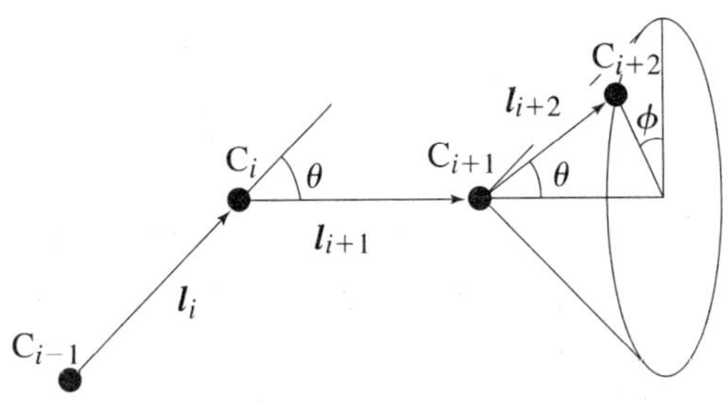

▶ **그림 4. 2** 자유회전 사슬

지금 식 (4. 11)과 그림 4. 2를 참고로 하여 자유회전사슬에 대해 제곱 평균 말단거리를 계산한 결과는 아래와 같다.

$$\langle R^2 \rangle = nl^2 \cdot \frac{1+\cos\theta}{1-\cos\theta} - 2l^2 \cdot \frac{\cos\theta(1-\cos^n\theta)}{(1-\cos\theta)^2} \tag{4. 13a}$$

$$\approx nl^2 \cdot \frac{1+\cos\theta}{1-\cos\theta} \tag{4. 13b}$$

[단 $\langle \cos\theta_{ij} \rangle = (\cos\theta)^{j-i} \quad (j>i)$이용]

증 명 (i) 먼저 식 (4. 11)에서 $j=i+1$인 경우 $\langle \boldsymbol{l}_i \cdot \boldsymbol{l}_j \rangle = \langle \boldsymbol{l}_i \cdot \boldsymbol{l}_{i+1} \rangle = l^2\cos\theta$가 된다.

(ii) 다음 $j=i+2$ 인 경우는 그림 4. 2에서 $\boldsymbol{l}_{i+2}$ 결합벡터를 바로 앞의 $\boldsymbol{l}_{i+1}$에 평행한 $\boldsymbol{l}_{i+1}^{\square}$과 수직인 $\boldsymbol{l}_{i+1}^{\square}$ 두 부분으로 벡터분해하여 계산한다. 이 때 $\boldsymbol{l}_{i+1}^{\square}$의 크기는 $l\cos\theta$이고, $\boldsymbol{l}_i$와 $\boldsymbol{l}_{i+1}^{\square}$의 각도를 α라 하면 아래식이 성립된다.

$\langle \boldsymbol{l}_i \cdot \boldsymbol{l}_{i+2} \rangle = \langle \boldsymbol{l}_i \cdot \boldsymbol{l}_{i+1}^{\square} \rangle + \langle \boldsymbol{l}_i \cdot \boldsymbol{l}_{i+1}^{\square} \rangle = l^2\cos^2\theta + l^2\langle \cos\alpha \rangle$

그런데 회전은 자유로워 각도가 α되는 확률과 $(\pi-\alpha)$되는 확률이 동일하므로 $\langle \cos\alpha \rangle + \langle \cos(\pi-\alpha) \rangle = 0$ 되므로 결국 $\langle \boldsymbol{l}_i \cdot \boldsymbol{l}_{i+2} \rangle = l^2\cos^2\theta$가 된다.

(iii) 다음 $j=i+3$ 두면 마찬가지로 $\boldsymbol{l}_{i+3}$을 $\boldsymbol{l}_{i+2}$에 평행한 $\boldsymbol{l}_{i+2}^{\square}$와 수직인 $\boldsymbol{l}_{i+2}^{\square}$로 분해하고, 앞과 마찬가지로 $\boldsymbol{l}_{i+2}^{\square}$의 크기는 $l\cos\theta$, 또한 $\boldsymbol{l}_{i+2}^{\square}$와 $\boldsymbol{l}_i$의 각도를 β라 하면 $\langle \boldsymbol{l}_i \cdot \boldsymbol{l}_{i+3} \rangle = \langle \boldsymbol{l}_i \cdot \boldsymbol{l}_{i+2}^{\square} \rangle + \langle \boldsymbol{l}_i \cdot \boldsymbol{l}_{i+2}^{\square} \rangle$가 된다.

그런데 (ii)에서 $\langle \boldsymbol{l}_i \cdot \boldsymbol{l}_{i+2} \rangle = l^2\cos^2\theta$ 인데 $\boldsymbol{l}_{i+2}^{\square}$는 $\boldsymbol{l}_{i+2}$와 나란하나, 크기는 l이 아닌

그 보다 작은 $l\cos\theta$이므로 결국 $\langle \boldsymbol{l}_i \cdot \boldsymbol{l}_{i+2}^{\square} \rangle = l^2 \cos^3\theta$가 된다. 또한 (ii)에서 언급한 논리와 마찬가지로 $\langle \boldsymbol{l}_i \cdot \boldsymbol{l}_{i+2}^{\square} \rangle = l^2 \langle \cos\beta \rangle$가 되는데 역시 각도 β와 $(\pi-\beta)$가 동시에 존재하므로 $\langle \cos\beta \rangle + \langle \cos(\pi-\beta) \rangle = 0$ 되어 최종적으로 $\langle \boldsymbol{l}_i \cdot \boldsymbol{l}_{i+3} \rangle = l^2 \cos^3\theta$가 된다.

따라서 추론적으로 $\langle \boldsymbol{l}_i \cdot \boldsymbol{l}_j \rangle = l^2 \langle \cos\theta_{ij} \rangle = l^2 (\cos\theta)^{j-i}$[단 $j > i$]됨을 알 수 있다. 그러면 이 결과를 갖고 식 (4. 11)에 대입하여, $j - i = m$ 및 참고 4. 2 의 공식을 사용하면

$$\langle R^2 \rangle = nl^2 + 2\sum_{i<j}\sum \langle \boldsymbol{l}_i \cdot \boldsymbol{l}_j \rangle = nl^2 + 2l^2 \sum_{i=1}^{n-1} \sum_{j=i+1}^{n} (\cos\theta)^{j-i}$$

$$= nl^2 + 2l^2 \sum_{m=1}^{n-1} (n-m)\cos^m\theta \text{가 된다.}$$

여기서 $\cos\theta = p \ (0 < p < 1)$ 두고, 참고 2. 4의 공식을 적용하여 계산

[단 $x \to m$, $\infty \to n-1$, $f(0, p) = \sum_{m=1}^{n-1} p^{m-1} = \dfrac{1-p^{n-1}}{1-p}$,

$$f(1, p) = \sum_{m=1}^{n-1} mp^{m-1} = \frac{d}{dp}[pf(0, p)] = \left[1 + (n-1)p^n - np^{n-1}\right]/(1-p)^2,$$

$p^m = p \cdot p^{m-1}$ 이용]하면 최종결과는 $\langle R^2 \rangle = nl^2 \dfrac{1+p}{1-p} - 2l^2 \dfrac{p(1-p^n)}{(1-p)^2}$가 되고,

여기서 $p = \cos\theta$를 대입하면 (4. 13a)가 증명되고, 또한 통상 $|p| < 1$(비닐계 고분자 경우 $p \simeq 1/3$)이므로 n가 클 때 $p^n \to 0$이 되어 식 (4. 13b)가 증명된다(또한 이 식은 좌표변환텐서에 의한 행렬법으로도 보다 구체적으로 증명될 수 있으나 지면관계상 여기서는 생략함). ■

한편 식 (4. 13a)는 4. 3절에 언급될 가우스 이상사슬보다 훨씬 강직성을 지닌 벌레(지렁이, worm)같은 반굴곡성사슬의 제곱 평균 말단거리를 논할 때 이용되며, 일반적으로 n이 큰 자유회전 사슬의 경우에는 식 (4. 13b)가 이용되며, 비닐계 고분자의 경우 $\theta = 71^\circ$ (즉 $\cos\theta = 1/3$)이므로 식 (4. 12)의 자유연결 이상사슬 경우보다 약 2배 더 큰 제곱 평균 말단거리를 가진다.

c. 구속회전 사슬

식 (4. 11)에 대한 좌표변환 행렬기법을 이용한 계산(지면관계상 여기서는 생략)에 의하면 결합각 θ의 고정을 물론 C-C 결합극위의 회전각 ϕ에 대해서도 회전(반발) 퍼텐셜(위치 에너지)의 존재로 인하여 제한을 가진 '구속회전 사슬'의 경우에는 자유회전 사슬보다 더 큰 말단거리를 보여주는 아래식으로 나타내진다.

$$\left.\begin{aligned}\langle R^2\rangle &= nl^2\frac{1+\cos\theta}{1-\cos\theta}\,\frac{1+\langle\cos\phi\rangle}{1-\langle\cos\phi\rangle}\\ \langle\cos\phi\rangle &= \int_0^{2\pi}\cos\phi\,p(\phi)\,d\phi\Big/\int_0^{2\pi}p(\phi)d\phi\,,\ \ p(\phi)=\exp[-u(\phi)/kT]\end{aligned}\right\}\qquad(4.\ 15)$$

위 식에서 $u(\phi)$는 소위 '3회전 이성체(RIS) 모델' [즉 트란스 (t), 고쉬+ ($g+$), 고쉬- ($g-$)의 3형태만 확률론적으로 허용된다는 모델]을 보여주는 그림 3. 1 [여기서 $\phi_t=0°$, $\phi_{g^+}=120°$, $\phi_{g^-}=-120°$ 임] 또는 아래의 그림 4. 3 [여기서는 $\phi_{g-}=-120°$ 대신에 $\phi_{g^-}=240°$로 나타냄]에 나타낸 바와 같이 y축의 회전 퍼텐셜(위치 에너지)을 나타내며, 또한 $p(\phi)$는 고분자사슬의 회전상태가 ϕ일때의 대응하는 Boltzmann 확률 인자 [즉 $p(\phi)/\int_0^{2\pi}p(\phi)d\phi$가 정규화된 확률]이다.

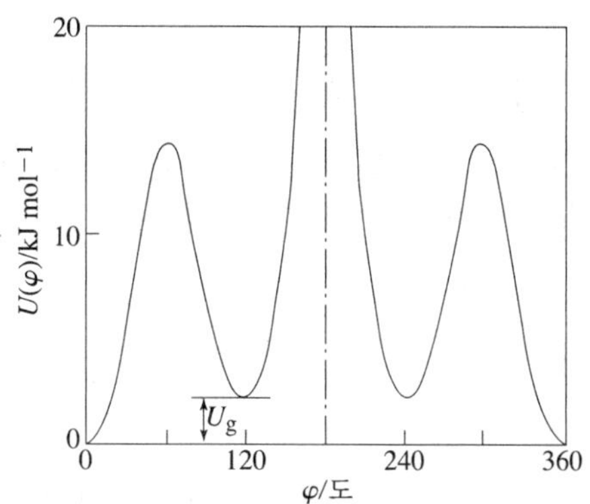

▶ **그림 4. 3** 고분자의 C–C 결합에 대한 구속 회전 퍼텐셜
[여기서 $\phi_t=0$, $360°$, $\phi_{g^+}=120°$, $\phi_{g^-}=240°$, 그리고 $u_t=0$, $u_{g^+}=u_{g^-}=u_g$ 임]

특히 그림 4. 3의 회전 퍼텐셜 $u(\phi)$는 $\phi=\pi(180°)$에 대해 대칭이므로 $u(\pi-\phi)=u(\pi+\phi)$로 나타낼 수 있으며, $\langle\sin\phi\rangle=\int_0^{2\pi}\sin\phi\exp[-u(\phi)/kT]d\phi/\int_0^{2\pi}\exp[-u(\phi)/kT]d\phi=0$ [$\because$ 적분구간을 $0\sim\pi$, $\pi\sim2\pi$ 2개로 나누고, 각 구간별로 $\pi-\phi=\theta$ 및 $\phi-\pi=\theta$ 치환을 행하고 $u(\phi)$의 π대칭성 이용하면 증명됨]이나 $\langle\cos\phi\rangle=\int_0^{2\pi}\cos\phi p(\phi)d\phi/\int_0^{2\pi}p(\phi)d\phi\neq0$이 된다.

이제 식 (4. 15)를 이용하여 $\langle\cos\phi\rangle$값을 계산하기 위해서는 회전상태 ϕ에 대한 '통계적 무게(statistical weight)' $p(\phi)$값을 알아야 하는데, 그림 4. 3에 나타낸 3RIS 모델의 경우에는 $p_t=\exp[-0/kT]=1$, $p_{g^+}=p_{g^-}=\exp[-u_g/kT]=\sigma$ 의 3종류밖에 허용되지 않으므로 식

(4. 15)의 적분형은 아래와 같이 합($\sum$)으로 나타낼 수 있다. 즉,

$$\langle \cos\phi \rangle = \left[p_t\cos\phi_t + p_{g^+}\cos\phi_{g^+} + p_{g^-}\cos\phi_{g^-}\right]/\left(p_t + p_{g^+} + p_{g^-}\right) \tag{4. 16}$$

여기서 $\phi_t = 0°$, $\phi_{g^+} = 120°$, $\phi_{g^-} = 240°$ 및 $p_t = 1$, $p_{g^+} = p_{g^-} = \sigma$ 를 위 식에 대입하면,

$$\langle \cos\phi \rangle = (\cos 0 + \sigma\cos 120 + \sigma\cos 240)/(1+2\sigma) = (1-\sigma)/(1+2\sigma) \tag{4. 17}$$

이를 식 (4. 15)에 대입하여 '구속회전 사슬' 에 대한 제곱평균 말단거리를 구하면 아래와 같이 된다.

$$\langle R^2 \rangle = nl^2 \frac{1+\cos\theta}{1-\cos\theta}\frac{(2+\sigma)}{3\sigma} \tag{4. 18}$$

비닐계 고분자의 경우 $\cos\theta = 1/3$ 이므로 이를 식 (4. 18)에 대입하면,

$$\langle R^2 \rangle = nl^2 \cdot 2(2+\sigma)/3\sigma \tag{4. 19}$$

한편 고립된 한 개의 고분자 사슬의 분자 내 강성도의 척도로서 식 (4. 12)로 주어진 가우스 이상사슬의 제곱평균 말단거리에 대한 구속회전 사슬과 같은 실제 사슬의 제곱평균 말단거리비의 극한값 C_∞ [고분자의 '특성비(characteristic ratio)'라 칭함]

아래와 같이 정의된다.

$$C_\infty = \lim_{n\to\infty} \langle R^2 \rangle_{\text{실제}}/nl^2 \tag{4. 20}$$

만약 실제 사슬로서 식 (4. 19)로 주어지는 3RIS 모델의 속박회전 사슬의 경우에는 C_∞ 는 아래 값을 가진다.

$$C_\infty = 2(2+\sigma)/3\sigma \tag{4. 21}$$

이 식에서 g^+(혹은 g^-)회전이성체의 통계적 무게에 해당하는 $\sigma = \exp(-u_g/kT)$ 가 온도 T 의 함수이고, 식 (4. 19)의 nl^2은 T 에 무관하므로 C_∞ 의 온도의존성으로부터 3RIS 모델의 구속회전 사슬의 비섭동 제곱 평균 말단거리 $\langle R^2 \rangle_\theta$의 온도 의존성을 구할 수 있다(문제 4. 1 참조).

4.2 제곱평균 회전반경

고립된 한 개의 고분자사슬(결합벡터수 혹은 중합도 고정)의 (평균)크기를 나타내는 기하학적 특성치로서 전술한 양 말단간 거리 $R\left(=\langle R^2\rangle^{1/2}\right)$외에 사슬의 회전반경(radius of gyration) $S\left(=\langle S^2\rangle^{1/2}\right)$가 있다. 이것은 그림 4.4에 나타낸 바와 같이 한 개의 고분자사슬을 다수개의 요소(탄소 원자 혹은 반복단위)의 집합체로 간주하여, 그의 질량중심(center of mass)으로부터 i번째의 요소까지의 거리벡터를 $\boldsymbol{s}_i$(크기 s_i), 그 요소의 질량을 m_i라 할 때 고분자사슬의 전체요소($i=1\sim n$)에 대한 ${s_i}^2$의 무게평균의 평방근에 해당한다. 즉,

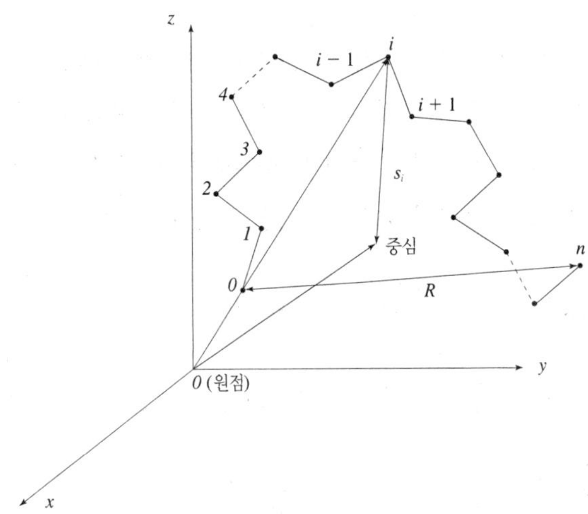

▶ **그림 4.4** 고분자사슬의 말단거리($\boldsymbol{R}$)와 회전반경($\boldsymbol{S}$)의 관계를 나타내는 벡터 도형 [단 O−xyz는 3차원 Cartesian 직교 좌표계임]

$$S^2 = \frac{\sum_i m_i {s_i}^2}{\sum_i m_i} \quad (i = 0 \sim n) \tag{4.22}$$

그런데 보통의 굴곡성(flexible) 고분자(코일)의 경우 S는 사슬의 형태에 의존하므로 $\langle R^2\rangle$의 경우와 마찬가지로 S에 관해서도 분자사슬의 가능한 전 형태에 대하여 평균치(시간 평균=앙상블 평균)를 취해야 하므로 제곱평균 회전반경은 아래와 같이 나타내진다.

$$\langle S^2\rangle = \frac{\overline{\sum_i m_i {s_i}^2}}{\sum_i m_i} = \frac{\sum_i \overline{m_i {s_i}^2}}{\sum_i m_i} \tag{4.23}$$

그런데 i요소의 질량은 모두 동일하므로 $m_i/\sum_i m_i = w_i$(무게분율) $= 1/(n+1)$이 되므로 아래식이 얻어진다.

$$\langle S^2 \rangle = \frac{1}{n+1}\sum_i \overline{s_i^{\,2}} \tag{4.24}$$

그런데 앞에서 논의한 선형의 비섭동 가우스(이상)굴곡성 사슬의 경우 $\langle R^2 \rangle$과 $\langle S^2 \rangle$사이에는 아래의 관계가 성립된다.

$$\langle S^2 \rangle_\theta = \frac{1}{6}\langle R^2 \rangle_\theta \tag{4.25}$$

증 명 편의상 첨자 θ는 생략한다. 그리고 식 (4.23)의 $\langle S^2 \rangle$ 대신 우선 한 개 사슬의 S^2 (식 4.22)에 관하여 조사한다. 그러기 위해 지금 그림 4.4로 묘사된 임의의 순간 형태에서 중심에 관한 각 요소 i의 모멘트(moment) $\boldsymbol{M}_i$의 합이 0이 되도록 3차원 Cartesian 직교 좌표계에 대한 질량 중심의 좌표 $\boldsymbol{r}_G$ 가 정해진다. 즉

$$\sum_i \boldsymbol{M}_i = \sum_i \boldsymbol{r}_{iG} \times \boldsymbol{f}_i = \sum_i \boldsymbol{r}_{iG} m_i \times \boldsymbol{g} = 0 \tag{4.26}$$

여기서 $\boldsymbol{r}_{iG} = \boldsymbol{r}_i - \boldsymbol{r}_G [= \boldsymbol{s}_i]$ (그림참조)이므로 이를 식 (4.26)에 대입하면,

$$\boldsymbol{r}_G = \frac{\sum_i m_i \boldsymbol{r}_i}{\sum_i m_i} = \sum_i w_i \boldsymbol{r}_i = \frac{1}{n+1}\sum_i \boldsymbol{r}_i \tag{4.27}$$

한편 식 (4.22)의 $s_i^{\,2} = \boldsymbol{s}_i \cdot \boldsymbol{s}_i = \boldsymbol{r}_{iG} \cdot \boldsymbol{r}_{iG} = (\boldsymbol{r}_i - \boldsymbol{r}_G) \cdot (\boldsymbol{r}_i - \boldsymbol{r}_G) = r_i^{\,2} + r_G^{\,2} - 2\boldsymbol{r}_G \cdot \boldsymbol{r}_i$ 이므로,

$$S^2 = \frac{\sum_i m_i s_i^{\,2}}{\sum_i m_i} = \frac{1}{(n+1)}\sum_i s_i^{\,2} = \frac{1}{(n+1)}\sum_i \left(r_i^{\,2} + r_G^{\,2} - 2\boldsymbol{r}_G \cdot \boldsymbol{r}_i\right)$$

$$= r_G^{\,2} + \frac{1}{n+1}\sum_i r_i^2 - \frac{2}{n+1}\boldsymbol{r}_G \cdot \sum_i \boldsymbol{r}_i \tag{4.28}$$

그런데 식 (4.27)을 $\boldsymbol{r}_G$에 대입하여 정리하면,

$$S^2 = \frac{1}{n+1}\sum_i r_i^{\,2} - \frac{1}{(n+1)^2}\sum_i \sum_j \boldsymbol{r}_i \cdot \boldsymbol{r}_j \tag{4.29}$$

그런데 식 (4. 5)에서 $\boldsymbol{r}_i \cdot \boldsymbol{r}_j = \frac{1}{2}\left(r_i{}^2 + r_j{}^2 - r_{ij}{}^2\right)$ 이므로 이를 (4. 29)에 대입하고, $\sum_i\sum_j r_i{}^2 = \sum_i\sum_j r_j{}^2 = (n+1)\sum_i r_i{}^2$ 을 이용하면 식(4. 29)는 아래와 같이 된다.

$$S^2 = \frac{1}{2(n+1)^2}\sum_i\sum_j r_{ij}{}^2 \tag{4. 30}$$

여기에서 목적하는 $\langle S^2 \rangle$을 얻기 위해 (4. 30)의 양변을 $\langle \cdots \rangle$를 취하면 아래와 같다.

$$\langle S^2 \rangle = \frac{1}{2(n+1)^2}\sum_i\sum_j \langle r_{ij}{}^2 \rangle \tag{4. 31}$$

그런데 양끝 간 결합벡터의 수가 n인 가우스사슬의 제곱평균 말단거리 $\langle R^2 \rangle$은 식 (4. 12)에 의해 nl^2 이므로, 양끝사이 결합벡터수가 $|j-i|$ 인 가우스사슬의 제곱평균 말단거리 $\langle r_{ij}{}^2 \rangle$은 $|j-i|l^2$ 으로 추정할 수 있으므로 아래 관계식이 성립된다.

$$\frac{\langle r_{ij}{}^2 \rangle}{\langle R^2 \rangle} = \frac{|j-i|}{n}$$

이를 식 (4. 31)에 대입하면,

$$\langle S^2 \rangle = \frac{\langle R^2 \rangle}{2n(n+1)^2}\sum_{i=0}^{n}\sum_{j=0}^{n}|j-i| \tag{4. 32}$$

여기서 참고 4. 2의 기법을 이용하고, $j-i=m$ (단 $j>i$)을 이용하면 위 식은

$$\langle S^2 \rangle = \frac{\langle R^2 \rangle}{n(n+1)^2}\sum_{0 \le i < j \le n}\sum (j-i) = \frac{\langle R^2 \rangle}{n(n+1)^2}\sum_{m=1}^{n-1}(n-m)m \tag{4. 33}$$

$$= \frac{(n-1)}{6(n+1)}\langle R^2 \rangle = \frac{1}{6}\langle R^2 \rangle \quad (\because n \to \infty)$$

[단 위 식에서 $\sum_{m=1}^{n-1} m = \frac{n(n-1)}{2}$, $\sum_{m=1}^{n-1} m^2 = \frac{(n-1)n(2n-1)}{6}$ 이 이용되었다.] ■

이렇게 (비섭동) 가우스 이상사슬(코일)의 제곱 평균 회전반경을 식 (4. 25)로 주어지지만, 다른 형태 즉 구(sphere)나 막대(rod)모양의 물체에 관한 회전반경을 구하는 예제를 문제 4. 2에 주어져 있다.

4. 3 반굴곡성 사슬

코일 모양의 선형고분자라도 만약 그 분자량(혹은 결합벡터수)이 작던가 아니면 DNA나 셀루로스 유도체의 경우처럼 분자 내 근거리 상호작용의 결과로 굴곡성(flexibility)이 감소(즉 강성도가 증가)하는 경우에는 용매에 의한 배제체적효과가 없는 비섭동상태에서도 그의 제곱 평균 말단거리 $\langle R^2 \rangle_\theta$는 식 (4. 12)로 표시되는 가우스 이상사슬의 경우보다 더욱 크게 된다[즉 (4. 20)의 C_∞값이 커짐]. 이와 같은 고분자를 '반굴곡성(semi-flexible or semi-rigid)' 사슬 또는 '지렁이(벌레) 형(worm-like)' 사슬이라 칭한다. 이 경우 $\langle R^2 \rangle_\theta$는 4. 1b절에서 소개한 자유회전(결합각 θ고정)사슬의 극한으로서 구한다.

즉 결합의 길이 l, 결합각 θ, 중합도(혹은 결합벡터수) n의 자유회전사슬을 생각해보자(그림 4. 2 참조). 이 때 양 말단 간 거리벡터 $\boldsymbol{R}\left(=\sum_{i=1}^{n} \boldsymbol{l}_i\right)$의 첫 번째 결합벡터 $\boldsymbol{l}_1(=l\boldsymbol{e}_1)$ 방향으로의 투영(projection)의 평균을 반굴곡성 사슬의 '지속장(persistence length)' Q라 칭하고 아래와 같이 나타내진다.

$$Q \equiv \langle \boldsymbol{R} \cdot \boldsymbol{e}_1 \rangle = l\frac{1-\cos^n\theta}{1-\cos\theta} \simeq \frac{l}{1-\cos\theta} \quad (n \to \infty) \tag{4. 34}$$

[다른 책에서는 Q대신 $1/2\lambda$로 나타내기도 한다.]

증 명 $\boldsymbol{R}$ 및 Q의 정의에서

$$\left.\begin{aligned} Q &= \left\langle \sum_{i=1}^{n} \boldsymbol{l}_i \cdot \boldsymbol{e}_1 \right\rangle = \frac{1}{l}\sum_{i=1}^{n}\langle \boldsymbol{l}_i \cdot \boldsymbol{l}_1 \rangle = l\sum_{i=1}^{n}(\cos\theta)^{i-1} \quad (\because \text{식 } 4.13b) \\ &= l\sum_{i=1}^{n} p^{i-1} \ (\because p=\cos\theta) = l\frac{(1-p^n)}{(1-p)} \simeq \frac{l}{1-p} \ (\because n\to\infty\ ,\ |p|<1) = \frac{l}{1-\cos\theta} \end{aligned}\right\}$$

■

식 (4. 34)에서 정의된 Q는 사슬이 어떤 주어진 방향을 유지하려고하는 경향 즉 사슬의 반굴곡성(혹은 강성도)의 척도로서 Q의 크기는 $\langle R^2 \rangle_\theta$에 그대로 반영되며, 통상의 반굴곡성 사슬은 양극한인 가우스 이상사슬($\frac{L}{Q}\to\infty$)과 막대(rod)형 고분자($\frac{L}{Q}\to 0$)[여기서 '윤곽장(contour length)' $L=nl$는 고정]의 가운데 성격을 띨 것이다[문제 4. 3 참조].

지금 4. 1b절에서 논의한 자유회전 사슬모델 [특히 식 (4. 13a)]을 이용하여 반굴곡성 사슬의 (비섭동)제곱 평균 말단거리를 두 파라미터인 L과 Q를 사용하여 나타내면 아래와 같다.

$$\langle R^2 \rangle_\theta = 2Q^2\left[\frac{L}{Q} - \left\{1 - \exp\left(-\frac{L}{Q}\right)\right\}\right] \tag{4. 35}$$

증 명 반굴곡성 사슬의 경우, 자유회전 사슬의 $\langle R^2 \rangle_\theta$(이하에서 첨자 θ 생략)에 대한 식 (4. 13a)의 우편의 두 번째 항까지 고려하므로 통상 (4. 13b)로 나타내는 자유회전 사슬의 말단거리보다 훨씬 커질 것이다(사슬에 내재된 반굴곡성 또는 강직성의 결과로). 먼저 지속장 Q의 정의식인 (4. 34)의 마지막 관계에서 $\cos\theta = 1 - \frac{l}{Q} = 1 - \frac{L}{nQ}$ ($\because L = nl$ 윤곽장) 및 식 (2. 60)의 $\lim_{p\to\infty}\left(1 - \frac{m}{p}\right)^p = e^{-m}$ (여기서 $m = \frac{L}{Q}$ 둠)의 관계를 이용하여 $\lim_{n\to\infty}\cos^n\theta$의 극한값을 Q, L 두 파라미터로 나타내면 아래와 같다.

$$\lim_{n\to\infty}\cos^n\theta = \lim_{n\to\infty}\left(1 - \frac{L}{nQ}\right)^n = \exp\left(-\frac{L}{Q}\right) \tag{4. 36}$$

한편 식 (4. 13a)에서 $\cos\theta = p$ $(|p| < 1)$로 두고, nl^2을 빼내면 아래와 같이된다.

$$\langle R^2 \rangle = nl^2\left\{\frac{1+p}{1-p} - \frac{2}{n}\frac{p(1-p^n)}{(1-p)^2}\right\} \tag{4. 37}$$

우편식에서 $2Q^2 = 2\left(\frac{l}{1-p}\right)^2$ ($\because$ 식 4. 34)를 앞으로 빼내면

$$\langle R^2 \rangle = 2Q^2\left\{\frac{n}{2}(1-p)(1+p) - p(1-p)^n\right\} \tag{4. 38}$$

여기서 $1 - p = \frac{l}{Q} = \frac{L}{nQ}$, 또한 $\frac{l}{Q} \ll 1$ 가정하면 $p = 1 - \frac{l}{Q} \simeq 1$, $1 + p = 2 - \frac{l}{Q} \simeq 2$ 및 $p^n = \cos^n\theta$ $(n\to\infty)$에 식 (4. 36)을 대입하면 식 (4. 38)은 최종적으로 식 (4. 35)가 된다. 즉

$$\langle R^2 \rangle = 2Q^2\left\{\frac{n}{2}\times\frac{L}{nQ}\times 2 - \left(1 - e^{-L/Q}\right)\right\} = 2Q^2\left[\frac{L}{Q} - \left\{1 - \exp\left(-\frac{L}{Q}\right)\right\}\right] \quad ■$$

4. 4 Kuhn 통계적 등가 사슬

가장 작은 (비섭동) 제곱 평균 말단거리 $\langle R^2 \rangle_\theta$값을 가진 가우스 이상사슬에 대비하여 분자 내 근거리 상호작용에 기인한 강성도의 증가로 보다 큰 $\langle R^2 \rangle_\theta$을 가지는 실제 고분자사슬에 관한 또 다른 이론으로써 'Kuhn 통계적 등가 랜덤 사슬(Kuhn's statistically equivalent random chain)' 모델이 있다. 지금 결합수(또는 중합도) n, 결합장 l을 가진 어떤 굴곡성(또는 강성도)을 가진 임의의 선형 고분자사슬이 있을 경우, 그림 4. 5에 나타낸 완전히 신장된 형태(fully extended conformation)의 $\diagdown_{\mathrm{C}}\diagup^{\mathrm{C}}\diagdown_{\mathrm{C}}\diagup$ 결합을 가진 비닐계 고분자의 경우처럼 결합각 θ만 정해지면 아래 식으로 나타내지는

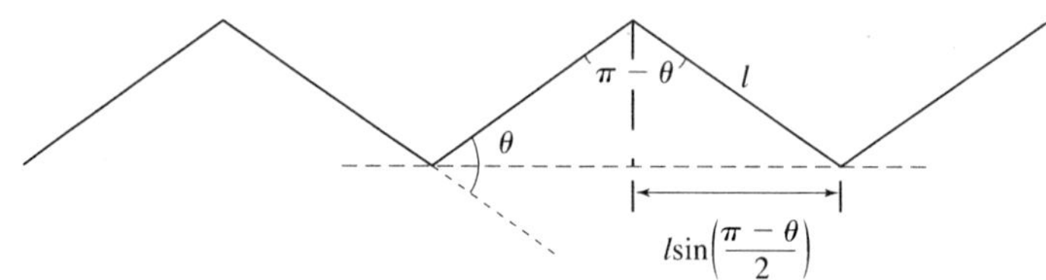

▶ **그림 4. 5** 완전히 신장된 고분자사슬의 윤곽장(contour length) $L = nl\sin\left(\frac{\pi-\theta}{2}\right)$

한 개의 고유한 '윤곽장(contour length)' $\overline{CL}(\equiv R_e$, 통계적 대응길이)을 가질 것이다.

$$\overline{CL} = R_e = nl\sin\left(\frac{\pi-\theta}{2}\right) \tag{4. 39}$$

[단 여기서 R_e, n, l (따라서 윤곽장도)은 용매능에 무관하다고 가정.]

한편 주어진 한 개의 사슬의 비섭동 제곱 평균 말단거리는 식 (4. 15)와 (4. 20)에 따라 아래와 같이 표시될 수 있다.

$$\langle R^2 \rangle_\theta = nl^2 \cdot R_\theta \cdot R_\phi = C_\infty nl^2 \tag{4. 40}$$

여기서 C_∞는 $n \to \infty$일 때의 분자 특성비(분자 내 강성도의 척도)이며, R_θ 및 R_ϕ는 각각 아래와 같다.

$$R_\theta = (1+\cos\theta)/(1-\cos\theta), \quad R_\phi = (1+\langle\cos\phi\rangle)/(1-\langle\cos\phi\rangle) \tag{4. 41}$$

그런데 Kuhn 등가사슬 모델에서는 식 (4. 39)에 정의된 윤곽장을 아래와 같이 사슬의 강직성을 특

정짓는 두 파라미터인 Kuhn 세그먼트수 n'와 Kuhn 분절 크기 β항으로 나타낸다.

$$\overline{CL} = R_e = n'\beta \text{ (여기서 } n' < n,\ \beta > l \text{ 임)} \tag{4.42}$$

그리고 식 (4. 40)의 $\langle R^2 \rangle_\theta$도 n', β를 이용하여 아래와 같이 나타낸다.

$$\langle R^2 \rangle_\theta = n'\beta^2 = R_e \cdot \beta \tag{4.43}$$

따라서 식 (4. 39)–(4. 43)에서 두 개의 Kuhn 파라미터 n' 및 β를 아래와 같이 각각 n 및 l항으로 나타낼 수 있다.

$$\beta = \langle R^2 \rangle_\theta / nl\sin\left(\frac{\pi-\theta}{2}\right) = lR_\theta R_\phi / \sin\left(\frac{\pi-\theta}{2}\right) \tag{4.44}$$

$$n' = R_e / \beta = \left[nl\sin\frac{\pi-\theta}{2}\right]^2 / \langle R^2 \rangle_\theta = n\left(\sin\frac{\pi-\theta}{2}\right)^2 / R_\theta R_\phi \tag{4.45}$$

예제 4.1

(비섭동)제곱평균 말단거리 $\langle R^2 \rangle_\theta$가 식 (4. 13b)로 주어지는 자유회전 사슬의 경우 만약 비닐계 고분자처럼 결합각 θ=71°(즉 $\cos\theta = 1/3$)일 때 위 공식을 사용하여 Kuhn 분절 크기 β 및 분절수 n'를 각각 l 및 n항으로 나타내어라.

풀이 자유회전 사슬의 경우 $R_\theta = \dfrac{1+\cos\theta}{1-\cos\theta} = \dfrac{1+1/3}{1-1/3} = 2$, $R_\phi = 1$로 간주되므로 식 (4. 44)에서 $\beta = l \times 2/\sin\left(\dfrac{180-71}{2}\right) = 2.45l$ 또한 식 (4. 45)에서

$n' = n \times \left[\sin\left(\dfrac{180-71}{2}\right)\right]^2 / 2 = 0.33\,n$

참고로 이 경우 윤곽장 $\overline{CL} = R_e = n'\beta = 0.81nl$ 가 된다.

한편 지금까지는 용매의 배제체적효과(excluded volume effect)에 의해 팽창되지 않은 비섭동크기($\langle R^2 \rangle_\theta$)만을 다루었으나, 다음 장에서 다룰 용매에 의한 크기의 팽창[즉 $\langle R^2 \rangle = \alpha^2 \langle R^2 \rangle_\theta$ 식 (4. 1)]의 경우에도 이 절에서 다룬 Kuhn 등가모델이 아래와 같이 확장하여 적용될 수 있다. 이때 위에서 언급한대로 n, l, R_e(윤곽장), R_θ는 용매에 의존하지 않으나, R_ϕ 및 Kuhn 분절수

n' 및 크기 β도 양용매 존재의 경우 각각 R_ϕ', n'' 및 β'로 값이 달라짐에 유의해야 한다.

$$\overline{CL} = R_e = nl\sin\frac{\pi-\theta}{2} = n'\beta\,(\theta\text{상태}) = n''\beta'\,(\text{양용매}) \tag{4.46}$$

$$\langle R^2 \rangle = \alpha^2 \langle R^2 \rangle_\theta = nl^2 R_\theta R_\phi' = n''\beta'^2 = R_e \times \beta' \tag{4.47}$$

이때 양용매 중에서의 $\langle R^2 \rangle [= 6\langle S^2 \rangle]$는 묽은 고분자 용액중에서 광산란(light scattering) 등으로 측정될 수 있다(6장 참조). 끝으로 이 절에서 논의된 비섭동 및 섭동 상태의 Kuhn 등가모델의 파라미터를 구하는 예제가 문제 4. 4에 주어져 있다.

4. 5 분포함수에 의한 가우스 사슬의 말단거리 계산

4. 5. 1 랜덤비행(random flight)해석에 의한 1차원 크기 계산

4. 1. a절에서는 결합벡터를 이용하여 가우스 이상사슬의 (비섭동)제곱평균 말단거리 $\langle R^2 \rangle_\theta$을 계산하였으나, 이 절에서는 '랜덤비행(random flight)' 해석에 의한 가우스 이상사슬의 1차원 제곱평균 말단거리 $\langle l_x^2 \rangle$을 계산하려 한다.

길이 l인 n개의 결합벡터로 이루어진 한 개의 가우스 사슬의 1차원 행보에 있어서, 각 결합단위는 앞(forward)과 뒤(backward)의 오직 두 종류의 단계(step)만 취한다고 가정하자. 그러면 우선 단계의 평균길이 (즉 제곱평균길이의 평방근)를 구하기로 한다. 그림 4. 6에 나타낸 바와 같이 고분자 사슬의 한 개의 분절 (세그먼트)의 원점은 반경 l인 구의 중심에 있다고 하자. 그러면 분절의 다른 한끝은 구의 표면에 있으며 어떤 방향도 동일한 확률로 취할 수 있다고 가정한다. 지금 그림처럼 구의 가운데를 잘라 그때의 분절의 x방향의 길이를 l_x라 할 때 길이가 l_x와 $l_x + dl_x$사이에 있을 (정규화된)확률 $P(l_x)dl_x$는 아래와 같이 나타내진다.

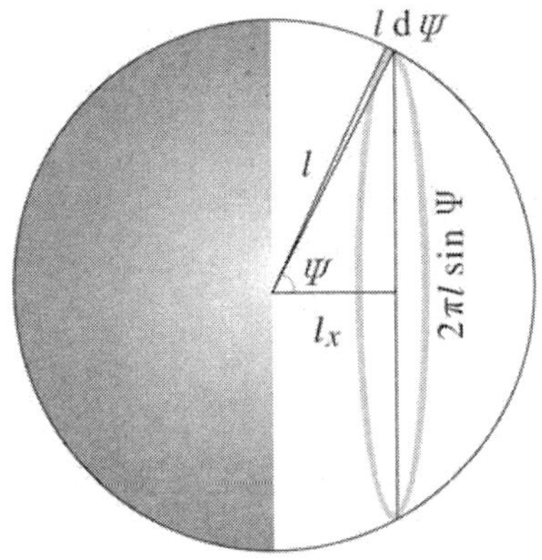

▶ **그림 4. 6** 1차원 (x좌표)실공간에서 결합길이의 분포 [단 $l_x = l\cos\psi$].

$$P(l_x)dl_x = \frac{2\pi l(\sin\psi)l\,d\psi}{2\pi l^2} = \sin\psi\,d\psi \tag{4. 48}$$

[여기서 $\int_0^l P(l_x)dl_x = \int_0^{\frac{\pi}{2}} \sin\psi\,d\psi = 1$ 임]

따라서 제곱 평균 길이 $\langle l_x^2 \rangle$은 아래와 같이 된다.

$$\langle l_x^2 \rangle = \int_0^l l_x^2 P(l_x)dl_x = \int_0^{\frac{\pi}{2}} l^2\cos^2\psi\sin\psi\,d\psi \tag{4. 49}$$

식 (4. 49)에서 변수 치환 $t = \cos\psi$ (즉 $dt = -\sin\psi\,d\psi$)로 두어 적분을 행하면 아래와 같다.

$$\langle l_x^2 \rangle = l^2\int_0^{-1} -t^2\,dt = \frac{l^2}{3} \tag{4. 50}$$

$$\left(\langle l_x^2 \rangle\right)^{1/2} = \frac{1}{\sqrt{3}}$$

[여기에서 x, y, z 3방향의 '등방성 원리(equipartition principle)'에 의해 $\langle l_y^2 \rangle^{1/2} = \langle l_z^2 \rangle^{1/2} = l/\sqrt{3}$ 도 성립될 것이다.]

다음에는 앞(+)과 뒤(-)단계의 통계에 관한 공식을 유도해 보기로 한다. 임의의 사슬의 x방향의 양 말단간 거리 x는 아래식처럼 +, - 단계의 전체 밸런스에 의해 표시될 것이다.

$$x = (n_+ - n_-)\frac{1}{\sqrt{3}} \tag{4. 51}$$

[위 식에서 n_+ 및 n_-는 각각 앞 및 뒤 단계수(step number)를 의미한다.]

이때 임의의 (n_+, n_-)조합 (단 $n_+ + n_- = n$)이 일어날 확률은 이항분포 확률 [식 (2. 55)참조]에 의해 (단 $p= q= \frac{1}{2}$) 아래와 같이 나타낼 수 있다.

$$P(n_+, n_-) = \left(\frac{1}{2}\right)^n \frac{n!}{n_+!\,n_-!} \tag{4. 52}$$

여기에서 앞과 뒤 단계의 차이를 m 즉 $m= n_+ + n_-$로 두면 아래와 같이 쓸 수 있다.

$$P(n, m) = \left(\frac{1}{2}\right)^n \frac{n!}{\left(\frac{n+m}{2}\right)!\left(\frac{n-m}{2}\right)!} \tag{4. 53}$$

위 식에서 $m= 0$인 경우의 확률이 최대가 되며 아래식이 된다.

$$P(n, \max) = P(n, 0) = \left(\frac{1}{2}\right)^n \frac{n!}{\left(\frac{n}{2}\right)!\left(\frac{n}{2}\right)!} \tag{4. 54}$$

이식은 다시 stirling의 근사식 $\left(x! \approx x^x e^x \sqrt{2\pi x}\right)$을 이용하여 아래와 같이 나타낼 수 있다.

$$P(n, 0) \approx \left(\frac{1}{2}\right)^n \frac{n^n e^n \sqrt{2\pi n}}{\left(\left(\frac{n}{2}\right)^{n/2} e^{n/2} \sqrt{\pi n}\right)^2} = \sqrt{\frac{2}{\pi n}} \tag{4. 55}$$

한편 식 (4. 53)에서 $2k= n$ 및 $x = m/2$의 변수치환을 행하면 다음식이 된다.

$$P(k, x) = \left(\frac{1}{2}\right)^{2k} \frac{(2k)!}{(k+x)!(k-x)!} \tag{4. 56}$$

이 식의 최대 확률 (P_0)도 역시 x=0에서 일어나면 아래 값을 가진다.

$$P(k, \max) = P_0 = \left(\frac{1}{2}\right)^{2k} \frac{(2k)!}{k!\,k!} \tag{4. 57}$$

여기에서 $P(k, x)$와 P_0의 비는 아래와 같이 된다.

$$\frac{P(k,x)}{P_0} = \frac{k!\,k!}{(k+x)!(k-x)!} = \frac{k(k-1)(k-2)\cdots(k-x+1)}{(k+1)(k+2)\cdots(k+x)} \tag{4.58}$$

$$= \frac{\left(1-\frac{1}{k}\right)\left(1-\frac{2}{k}\right)\cdots\left(1-\frac{(x-1)}{k}\right)}{\left(1+\frac{1}{k}\right)\left(1+\frac{2}{k}\right)\cdots\left(1+\frac{(x-1)}{k}\right)\left(1+\frac{x}{k}\right)} = \frac{\prod_{i=1}^{x-1}\left(1-\frac{i}{k}\right)}{\prod_{i=1}^{x}\left(1+\frac{i}{k}\right)}$$

이 식의 대수를 취하면

$$\ln\left[\frac{P(k,x)}{P_0}\right] = \sum_{i=1}^{x-1}\ln\left(1-\frac{i}{k}\right) - \sum_{i=1}^{x}\ln\left(1+\frac{i}{k}\right) \tag{4.59}$$

이 식에 다시 아래의 Taylor 급수 전개식을 이용하면 식 (4. 60)이 된다.

$$\ln(1+z) \approx z - \frac{z^2}{2} + \frac{z^3}{3} - \frac{z^4}{4} \approx z \qquad (\text{if} \quad z \ll 1)$$

$$\ln\left[\frac{P(k,x)}{P_0}\right] = \sum_{i=1}^{x-1}\left(-\frac{i}{k}\right) - \sum_{i=1}^{x}\left(\frac{i}{k}\right) = -\frac{1}{k}\left(\sum_{i=1}^{x-1} i + \sum_{i=1}^{x} i\right) \tag{4.60}$$

$$= -\frac{1}{k}\left[2(1+2+3+4+\cdots+x-1)+x\right]$$

$$= -\frac{2}{k}\left(1+2+3+4+\cdots+x-1+\frac{x}{2}\right) = -\left(\frac{x(x-1)}{k} - \frac{x}{k}\right) = -\frac{x^2}{k}$$

여기서 $k = n/2$, $x = m/2$으로 환원하고, 식 (4. 57)의 P_0는 (4. 55)의 $P(n,0)$으로 두면 식 (4. 60)은 아래와 같이 나타낼 수 있다.

$$P(n,m) = \sqrt{\frac{2}{\pi n}}\exp(-m^2/2n) \tag{4.61}$$

그런데 x방향의 한 단계길이 Δx는 $l/\sqrt{3}$이 아니라 $2l/\sqrt{3}$이 된다. 왜냐하면 n_+가 한 개 증가할 때 n_-는 한 개 감소되므로 그 간격 $n_+ - n_-$ (즉 m)은 항상 2의 배수가 되기 때문이다. 그래서 $P(n,m)$과 $P(x)$ 사이 관계는 아래와 같다.

$$P(n,m) = P(x)\Delta x \; (\Delta x = 2l/\sqrt{3}\,,\; m = \sqrt{3}\,x/l) \tag{4.62}$$

여기서 식 (4. 62)의 관계로부터 (정규화된)확률밀도함수(식 4. 61) $P(n,m)dm$ 으로부터 $P(x)dx$로 바꾸기 위해서는 식 (4. 51)에서 $m(=n_+ - n_-) = \frac{\sqrt{3}}{l}x$ 이나 그의 미분형은 dm은 $\frac{\sqrt{3}}{l}dx$

가 아니라, $dm = \frac{\sqrt{3}}{2l}dx$가 된다. 왜냐하면 위에서 언급한 바와 같이 $\Delta m = 2$가 되므로 $\Delta x = \frac{2}{\sqrt{3}}l$이 되기 때문이다. 따라서 식 (4. 61)에서 $m = \sqrt{3}x/l$ 를 대입하되, 미소구간은 $dm = \sqrt{3}dx/2l$ 을 대입해야 아래 관계식을 얻을 수 있다. 즉,

$$P(n,m)dm = P(x)\frac{\sqrt{3}}{2l}dx = \sqrt{\frac{2}{\pi n}} \cdot \frac{\sqrt{3}}{2l}\exp(-3x^2/2nl^2)dx \tag{4. 63}$$

$$= \left(\frac{3}{2\pi nl^2}\right)^{1/2}\exp(-3x^2/2nl^2)dx$$

4. 5. 2 3차원으로 확장

위에서 언급한 방향의 등방성원리에 의해 식 (4. 63)으로 주어진 x방향의 분포(확률)함수는 y 및 z방향으로도 그대로 적용될 수 있다. 따라서 가우스 선형사슬의 한 끝은 x, y, z Cartesian 직교좌표계의 원점에 두고 다른 한 끝을 공간상의 한 점 (x, y, z)에서 발견할 확률은 아래와 같이 나타낼 수 있다.

$$P(x, y, z)dx\,dy\,dz = \left(\frac{3}{2\pi nl^2}\right)^{3/2} \times \exp(-3(x^2+y^2+z^2)/2nl^2)dx\,dy\,dz \tag{4. 64}$$

$$= \left(\frac{3}{2\pi nl^2}\right)^{3/2} \times \exp(-3r^2/2nl^2)dx\,dy\,dz \quad [\text{단, } r = x^2+y^2+z^2]$$

위 식에서 양 끝의 말단간 거리 r이 증가함에 따라 사슬의 한 끝을 발견할 확률이 증가하며, 또한 최대 확률이 되는 위치는 $r = 0$ 즉 $x = y = z = 0$ 이 되어 사슬의 다른 한 끝이 원점에 놓여 있는 사슬의 첫 출발점인 끝과 일치하는 경우이다(아래 그림 참조). 한편 방향에 관계없이 확률이 오직 양 말단간 거리 r에만 의존하는 구대칭인 경우 식 (4. 64)는 아래와 같이 $P(x, y, z)$대신 '반경분포함수(radial distribution function)' $P(r)$항으로 나타낼 수 있다(아래 참고 4. 3참조).

$$P(r)dr = 4\pi r^2\left(\frac{3}{2\pi nl^2}\right)^{3/2}\exp(-3r^2/2nl^2)dr \tag{4. 65}$$

참고 4. 3

3차원 공간에 고정된 한 점(위치벡터 r)의 Cartesian 좌표계의 3성분 (x, y, z)와 구좌표의 3 성분 (r, θ, ϕ) [여기서 $r = \sqrt{x^2 + y^2 + z^2}$, θ는 극각, ϕ는 방위각임]의 관계를 그림 4. 7에 나타내었다.

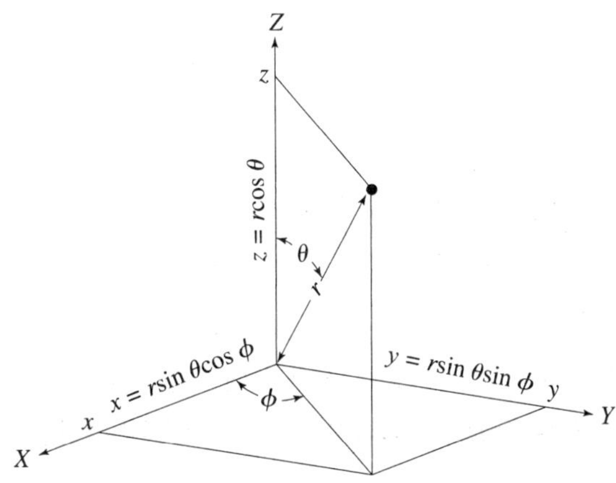

▶ **그림 4. 7** Cartesian 좌표계와 구좌표와의 관계

그림에서 두 좌표계사이의 상관관계는 아래와 같다.

$$x = r\sin\theta\cos\phi,\ y = r\sin\theta\sin\phi,\ z = r\cos\theta \qquad (4.\ 66a)$$

$$r = \sqrt{x^2 + y^2 + z^2},\ \theta = \cos^{-1}\frac{z}{r},\ \phi = \tan^{-1}\frac{y}{x} \qquad (4.\ 66b)$$

그런데 텐서(tensor)좌표변환 기법에 의하면 3차원 적분에 있어서 미소 체적 dV는 아래와 같이 나타낼 수 있다.

$$dV = dxdydz = J(\frac{x, y, z}{r, \theta, \phi})drd\theta d\phi \qquad (4.\ 67a)$$

$$J(\frac{x, y, z}{r, \theta, \phi}) = \frac{\partial(x, y, z)}{\partial(r, \theta, \phi)} = \begin{vmatrix} x_r & x_\theta & x_\phi \\ y_r & y_\theta & y_\phi \\ z_r & z_\theta & z_\phi \end{vmatrix} = r^2\sin\theta \qquad (4.\ 67b)$$

위 식에서 J는 변환의 Jacobian 행렬식을 의미하며, 행렬식에서 밑에 있는 첨자는 그 좌표계에 대한 편미분 (가령 $x_r = \frac{\partial x}{\partial r} = \sin\theta\cos\phi$ 등)을 의미한다.

따라서 어떤 3차원 함수 $f(x, y, z) = F(r, \theta, \phi)$ 의 3중적분은 아래와 같이 된다.

$$\int_{x=-\infty}^{\infty}\int_{y=-\infty}^{\infty}\int_{z=-\infty}^{\infty} f(x,y,z)dxdydz = \int_{r=0}^{\infty}\int_{\theta=0}^{\pi}\int_{\phi=0}^{2\pi} F(r,\theta,\phi)r^2 \sin\theta dr d\theta d\phi \quad (4.68)$$

만약 f(또는 F)가 각도에 무관하고 r만의 함수인 구대칭인 경우 (즉 $F(r,\theta,\phi) = F(r)$)적분은 아래와 같이 된다.

$$\int_{r=0}^{\infty} 4\pi r^2 F(r)dr \quad (4.69)$$

그러므로 본문 식 (4. 65)의 $P(r)$은 $4\pi r^2 F(r)$에 해당된다.

한편 식 (4. 65)는 (4. 64)의 경우와 달리 확률이 최대가 되는 점은 $r=0$ 즉 원점이 아님을 아래 그림에서 알 수 있다. 또한 식 (4. 65)를 이용하여 가우스 사슬의 비섭동 제곱 평균 말단거리 $\langle R^2 \rangle_\theta \left[= \int_0^{\infty} r^2 P(r)dr\right]$를 구하면 식(4. 12)과 마찬가지로 nl^2을 얻을 수 있다(문제 4. 5 참조).

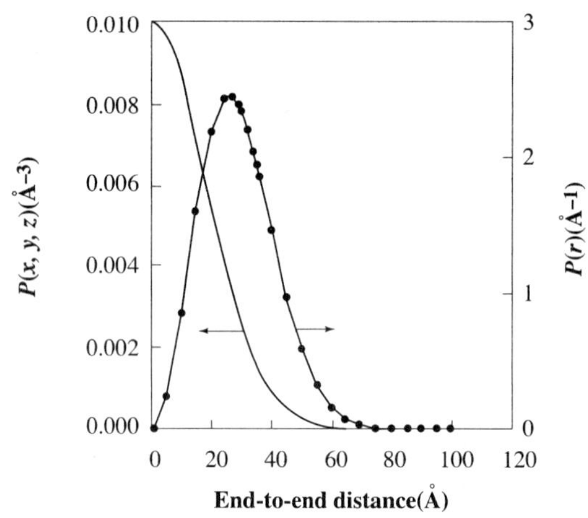

▶ **그림 4. 8** 확률 분포함수 $P(x, y, z)$와 $P(r)$의 플롯

이 장의 마지막으로 식 (4. 65)에 나타낸 가우스 사슬의 말단거리에 대한 분포함수는 외부 응력이 가해지지 않은 양 끝의 말단거리가 별로 크지 않을 경우에 적용되는 식이다. 응력이 가해졌을 때의 비교적 큰 말단거리에 대한 분포함수의 유도는 부록 4. 1에 나타내었다.

연습문제

4.1 3 회전이성체(RIS)모델을 사용한 구속회전(restricted rotation) 사슬의 비섭동(unperturbed) 제곱 평균 말단거리 $\langle R^2 \rangle_\theta$(식 4.19)의 자연대수의 온도 의존성 [즉 $d\ln\langle R^2\rangle_\theta/dT$]이 $\dfrac{2\ln\sigma}{T(2+\sigma)}$ 됨을 증명하라(단 첨자 θ는 생략해도 됨).

풀이

식 (4.19)의 nl^2은 온도 T에 무관하다고 생각되므로, 식 (4.18)-(4.21)에서,

$$d\ln\langle R^2\rangle/dT = d\ln\left[C_\infty \times nl^2\right]/dT = d\ln C_\infty/dT = \frac{1}{C_\infty}\frac{dC_\infty}{dT}$$ 가 된다.

그런데 $C_\infty = 2(2+\sigma)/3\sigma$ 이므로

$\dfrac{dC_\infty}{dT} = -\dfrac{4}{3}\dfrac{1}{\sigma^2}\dfrac{d\sigma}{dT}$. 그런데 $\sigma = e^{-\frac{u_g}{kT}}$ (단 u_g는 T무관)이므로 $\dfrac{d\sigma}{dT} = \dfrac{u_g}{kT^2}e^{-\frac{u_g}{kT}} = \dfrac{u_g}{kT^2}\sigma$

따라서, $d\ln\langle R^2\rangle/dT = \dfrac{3\sigma}{2(2+\sigma)}\times\left(-\dfrac{4}{3}\right)\dfrac{1}{\sigma^2}\dfrac{d\sigma}{dT} = \ominus\dfrac{u_g}{kT^2}\left(\dfrac{2}{2+\sigma}\right)$ 가 된다.

그런데 $\ln\sigma = -\dfrac{u_g}{kT}$ 이므로 결국 $d\ln\langle R^2\rangle/dT = \dfrac{2\ln\sigma}{T(2+\sigma)}$ 가 증명된다.

4.2 a)반경 a의 구(sphere)와 b)길이 L의 얇은 막대(rod)(폭 무시) 각각의 경우 회전반경 $R_g\left(=\langle S^2\rangle^{1/2}\right)$을 구하라.

풀이

a) 식 (4.22)의 연속(적분)형에서 구의 제곱 회전반경은 질량중심에서 각 질점까지의 거리r을 이용하여 아래와 같이 나타내진다.

$$S^2 = \frac{\int r^2 dm}{\int dm} = \frac{\int r^2\rho dV}{\int \rho dV} = \frac{\int r^2 dV}{\int dV} = \frac{\int_0^a 4\pi r^4 dr}{\int_o^a 4\pi r^2 dr}$$ ($\because$ 구의 $V_r = \frac{4}{3}\pi r^3 \to dV_r = 4\pi r^2 dr$ 이용)

따라서 $S^2 = \left[\dfrac{r^5}{5}\right]_0^a \Big/ \left[\dfrac{r^3}{3}\right]_0^a = \dfrac{3}{5}a^2 \quad \therefore R_g = \langle S^2\rangle^{1/2} = \sqrt{\dfrac{3}{5}}\,a$

b) 마찬가지로 얇은 막대(길이 L)의 경우 질량중심에서 질점까지의 거리를 r이라고 하면,

$$S^2 = \frac{\int r^2 dm}{\int dm} = \frac{\int r^2 \rho dV}{\int \rho dV} = \frac{\int r^2 dV}{\int dV} = \frac{2\int_0^{\frac{L}{2}} r^2 dr}{2\int_o^{\frac{L}{2}} dr} \quad (\because \text{막대의 } dV_r = dr \times A_{\text{일정}})$$

$$= \left[\frac{r^3}{3}\right]_0^{\frac{L}{2}} / [r]_0^{\frac{L}{2}} = \frac{L^2}{12} \qquad \therefore R_g = \langle S^2 \rangle^{1/2} = \frac{1}{\sqrt{12}} L$$

4.3 반굴곡성 사슬(worm-like chain)의 제곱평균 말단거리(4.35)는 양 극한경우인 a) 가우스 이상사슬과 b)막대형 사슬 각각에 대해 아래와 같이 됨을 증명하라 [단 증명에서 θ첨자는 생략해도 됨].

a) $\lim_{L/Q \to \infty} \langle R^2 \rangle_\theta = 2QL$ (가우스 사슬)

b) $\lim_{L/Q \to 0} \langle R^2 \rangle_\theta = L^2$ (막대)

풀이

a) 식 (4.35)에서 $\frac{L}{Q} = x$ (즉 $Q = \frac{L}{x}$)[단 여기서 윤곽장 $L = nl$ 은 고정]로 두어 나타내면

$\langle R^2 \rangle = 2 \times \left(\frac{L}{x}\right)^2 \times x - 2\left(\frac{L}{x}\right)^2 (1 - e^{-x})$

여기서 $x \to \infty$ 의 극한을 취하면 $e^{-x} \to 0$ 되므로

$\lim_{x \to \infty} \langle R^2 \rangle = \frac{2L^2}{x} - \frac{2L^2}{x^2}$. 여기서 x^{-2}항은 x^{-1}항에 비해 x가 커짐에 따라 급격히 감소하므로 무시하면 $\lim_{x \to \infty} \langle R^2 \rangle \simeq \frac{2L^2}{x} = 2QL$이 증명된다.

b) 마찬가지로 식 (4.35)에서 $\frac{L}{Q} = x$ (즉, $Q = \frac{L}{x}$)두고 $x \to 0$의 극한을 취하면 [이때 우편의 $(1 - e^{-x})$ 항을 단순히 0으로 간주하지 말고 우식 전체를 한데 묶으면 $x \to 0$ 일때 $\frac{0}{0}$ 형이 되므로 로피탈(L'hospital)의 극한 법칙(분모, 분자가 동시에 0이 안될 때까지 계속 미분을 반복)을 이용하여 구해야 함].

$\langle R^2 \rangle = \frac{2L^2}{x} - 2\left(\frac{L}{x}\right)^2 (1 - e^{-x}) = 2L^2\left(\frac{1}{x} - \frac{1 - e^{-x}}{x^2}\right) = 2L^2\left(\frac{x - 1 + e^{-x}}{x^2}\right)$

여기서 $x \to 0$ 일 때의 괄호안의 극한을 로피탈 정리를 이용하여 구하면(즉 분모, 분자가 동시에 0이 안될 때까지 반복하여 미분)

$$\lim_{x\to0}\frac{x-1+e^{-x}}{x^2}=\lim_{x\to0}\frac{1-e^{-x}}{2x}=\lim_{x\to0}\frac{e^{-x}}{2}=\frac{1}{2}$$ 이 되므로

막대의 경우 제곱평균 말단거리는

$$\lim_{L/Q\to0}\langle R^2\rangle=\lim_{x\to0}\langle R^2\rangle=2L^2\lim_{x\to0}\left(\frac{x-1+e^{-x}}{x^2}\right)=L^2$$ 이 되어 증명됨.

4. 4 지금 폴리스티렌(PS)의 중합도가 1,000 이며, 광산란으로부터 측정한 θ-용매에서의 비섭동 제곱 평균 회전반경의 평방근 즉 $\langle S^2\rangle_\theta^{1/2}=55$ Å 인 것을 알았다. 이때 4. 4절에서 논의된 절차를 참고로 하여 아래 물음에 답하라. 단, $l_{C-C}=1.5$ Å, θ(결합각)$=71°$ 이고, 식에 사용될 $(C-C)$ 결합수 n값은 중합도의 2배를 이용하여라.

a) θ-용매에서의 Kuhn 분절크기 β 및 분절수 n'를 계산하여라.

b) 만약 양용매($\alpha>1$)에서 측정한 평균 회전반경 $\langle S^2\rangle^{1/2}=65$ Å 인 것을 알았다. 이때 용매에 의한 팽창계수 α의 값은 얼마인가? 또 양용매계에서의 Kuhn 분절크기 β' 및 분절수 n'' 를 계산하여라.

풀이

a) C − C 결합수 $n=2\times1000=2000$, 식 (4. 33)에 의해,

$\langle R^2\rangle_\theta=6\langle S^2\rangle_\theta=6\times(55\text{ Å})^2=18150\,(\text{Å})^2$.

그리고 윤곽장 $\overline{CL}=R_e=nl\sin\left(\frac{\pi-\theta}{2}\right)=2000\times1.5\text{ Å}\times\sin\left(\frac{180-71}{2}\right)=2442.3$ Å (용매에 무관). 비섭동상태에서의 Kuhn 분절크기는 식 (4. 44)의 첫 번째 등호식에서

$$\beta=18150\text{ Å}^2/2000\times1.5\text{ Å}\times\sin\left(\frac{180-71}{2}\right)=7.43\text{ Å}$$

다음에 Kuhn 분절수 n'는 식 (4. 45)의 두 번째 등호식에서

$$n'=\left[2000\times1.5\text{ Å}\times\sin\left(\frac{180-71}{2}\right)^2\right]/18150\text{ Å}^2=328.7\approx329$$

b) 양용매내에서 $\langle S^2\rangle^{1/2}=\alpha\langle S^2\rangle_\theta^{1/2}$ $\quad\therefore\alpha=65\text{ Å}/55\text{ Å}=1.18$

이로부터 섭동상태의 제곱평균 말단거리 $\langle R^2\rangle$는, $\langle R^2\rangle=\alpha^2\langle R^2\rangle_\theta=1.18^2\times18150\text{ Å}^2=25272\text{ Å}^2$

여기서 섭동상태의 Kuhn 분절크기 β'는 식 (4. 46)-(4. 47)에서,

$$\beta'=\langle R^2\rangle/R_e=25272\text{ Å}^2/2442.3\text{ Å}=10.35\text{ Å}$$

또한 섭동상내의 Kuhn 분절수 n'' 는 $R_e=n'\beta=n''\beta'=nl\sin\frac{\pi-\theta}{2}$ 에서

$$n''=R_e/\beta'=2442.3\text{ Å}/10.35\text{ Å}=236$$

따라서 위 문제에서

$n(=2000) > n'(=328.7) > n''(=236)$, 그리고 $l(=1.5\ \text{Å}) < \beta(=7.43\ \text{Å}) < \beta'(=10.35\ \text{Å})$

임을 알 수 있다.

4. 5 식 (4. 65)에 주어진 구대칭 자유연결 (가우스)사슬에 대한 말단거리 r의 (정규화된) 반경 분포 함수 $P(r)$을 이용하여 아래의 값을 구하여라. 또한 만약 n=4000, l=0.154 nm 일 경우 각각의 경우의 실제길이를 구해보아라.

a) $R_{rms} = \langle R^2 \rangle_\theta{}^{1/2}$

b) $R_{mean} = \langle R^1 \rangle_\theta$

c) R_{peak} [$P(r)$의 극대값에 해당]

풀이

a) 편의상 식 중의 $\frac{3}{2nl^2} = a^2$로 두고 계산한 후, 나중에 도로 환원키로 한다. 그러면 먼저 분포함수 $P(r)$의 정규성(합이 1)을 조사해보자.

$$\int_0^\infty P(r)dr = 4\pi\left(\frac{a}{\pi^{1/2}}\right)^3 \int_0^\infty r^2 e^{-a^2r^2} dr = 4\pi\left(\frac{a}{\pi^{1/2}}\right)^3 \times \frac{1}{4}\sqrt{\frac{\pi}{a^6}} = 1 \quad [\because \text{ 식 (2. 85)}]$$

다음에는 이 $P(r)$을 사용하여 $\langle R^2 \rangle$을 식 (2. 85)의 공식을 이용하여 구하면 아래와 같다.

$$\langle R^2 \rangle = \int_0^\infty r^2 P(r)dr = 4\pi\left(\frac{a}{\pi^{1/2}}\right)^3 \int_0^\infty r^4 e^{-a^2r^2} dr = 4\pi\left(\frac{a}{\pi^{1/2}}\right)^3 \times \frac{3}{8}\sqrt{\frac{\pi}{a^{10}}} = \frac{3}{2}\frac{1}{a^2} = \frac{3}{2} \times \frac{2nl^2}{3} = nl^2$$

이 되어 식 (4. 12)의 결과와 일치한다. 따라서 $\langle R^2 \rangle^{1/2} = l\sqrt{n}$ 이 된다.

b) $$R_{mean} = \langle R^1 \rangle = \int_0^\infty rP(r)dr = 4\pi\left(\frac{a}{\pi^{1/2}}\right)^3 \int_0^\infty r^3 e^{-a^2r^2} dr$$

$$= 4\pi\left(\frac{a}{\pi^{1/2}}\right)^3 \times \frac{1}{2a^4} = \frac{2}{a\sqrt{\pi}} = l\sqrt{8n/3\pi}$$

c) $P(r)$의 극대값에 해당하는 R_{peak}를 구하기 위해 먼저 $P(r)$을 r에 대해 미분하여 0으로 두자.

$$dP/dr = 4\pi\left(\frac{a}{\pi^{1/2}}\right)^3 (2r - 2a^2r^3)e^{-a^2r^2} = 0$$ 두면 $a^2r^2 = 1$, $r = \frac{1}{a}$ 되어 $R_{peak} = \frac{1}{a} = l\sqrt{2n/3}$ 이 된다.

한편 n = 4000, l = 0.154 nm인 경우 각각의 길이를 구해보면 R_{rms} = 9.74 nm, R_{mean} = 8.97 nm, R_{peak} = 7.95 nm 가 되어 $R_{peak} < R_{mean} < R_{rms}$ 의 관계를 알 수 있다.

제4장 부록

A4. 1 인장힘 존재하의 가우스 사슬의 말단거리 분포

4. 5. 2절에서는 외력이 없을 때의 가우스 이상 (자유연결)사슬의 말단거리에 대한 3차원 구대칭 (반경) 분포함수 $P(r)$ (식 4. 65)을 랜덤비행 해석에 기초를 두어 구하였다. 그러나 여기에서는 인장힘 존재하의 상당히 큰 말단거리에 대한 분포함수를 Langevin 함수의 도움으로 구하고자 한다.

지금 x방향으로 인장힘(tensile force) τ를 받고 있는 한 개의 자유연결쇄의 n개의 결합 중 한 개를 생략해보자. ψ_i를 그 결합과 x축 사이의 각도라하면 그 결합의 x 방향의 성분은 $x_i = l\cos\psi_i$[그림 4. 6 참조]가 될 것이다. 이 때 그 결합의 배향에너지(orientation energy)는 $-\tau x_i$($\because$ 에너지 $= -$ 힘 $\times$ 거리)이 되며, 그 x 성분을 길이 x_i와 $x_i + dx_i$ 사이에 있을 확률 $P(x_i)dx_i$는 아래와 같이 될 것이다($\because$ Boltzman 통계역학에서 에너지 준위 ε_i에 존재할 확률 $P_i \propto e^{-\varepsilon_i/kT}$).

$$P(x_i)dx_i \propto \exp(\tau x_i/kT)\,2\pi\sin\psi_i\,d\psi_i \propto \exp(\tau x_i/kT)dx_i \tag{A4. 1}$$

이 분포함수를 이용하여 인장힘 τ의 영향하에 있는 x_i의 평균치 $\bar{x}_i (= \langle x_i \rangle)$는 적분공식의 도움을 받아 확률론적으로 아래와 같이 나타낸다.

$$\bar{x}_i = \frac{\int_{-l}^{l} x_i \exp(\tau x_i/kT)dx_i}{\int_{-l}^{l} \exp(\tau x_i/kT)dx_i} = l[\coth(\tau l/kT) - kT/\tau l] = l\mathcal{L}(\tau l/kT) \tag{A4. 2}$$

단 위 식의 계산에 있어서 아래의 공식이 이용되었다.

$$\int_{-l}^{l} e^{ax}dx = \frac{1}{a}[e^{al} - e^{-al}] \tag{A4. 3}$$

$$\int_{-l}^{l} xe^{ax}dx = \frac{1}{a}\left\{l(e^{al} + e^{-al}) - \frac{1}{a}(e^{al} - e^{-al})\right\} \tag{A4. 4}$$

$$\coth(x) = (e^{x} + e^{-x})/(e^{x} - e^{-x}) \tag{A4. 5}$$

$$\mathcal{L}(x)\ (Langevin\ 함수) = \coth(x) - 1/x \tag{A4. 6}$$

[단 식 (A4. 2)의 계산을 위해, 식 (A4. 3) 및 (A4. 4)의 적용에 있어서는 $a = \tau/kT$, 식 (A4. 5) 및 (A4. 6)의 적용에 있어서는 $x = \tau l/kT$ 를 이용하였다.]

이제 한 개의 자유연결 사슬의 n개 결합의 x축에 대한 투영(projection)의 평균치의 대수합을 $\overline{x}$라 하면

$$\overline{x} = \sum_{i=1}^{n} \overline{x}_i = nl\mathcal{L}(\tau l/kT) \tag{A4. 7}$$

반대로 이 식에서 전체 결합의 x방향 평균 투영 $\overline{x}$를 유지하는데 필요한 인장힘 τ는 역함수를 이용하여 아래와 같이 된다.

$$\tau = (kT/l)\mathcal{L}^*(\overline{x}/nl) \tag{A4. 8}$$

위 식에서 $\mathcal{L}^*$는 역 Langevin 함수(참고로 함수 $f(x)$와 역함수 $f^{-1}(x)$는 직선 $y = x$에 대해 대칭임)로서 $x = 0$ 근방으로 Taylor 전개하면 아래와 같이 나타내진다.

$$\mathcal{L}^*(x) = 3x + \frac{9}{5}x^3 + \frac{297}{175}x^5 + \cdots \tag{A4. 9}$$

식 (A4. 8)에서 τ는 한 개의 가우스사슬의 x방향의 신장(extension) $\overline{x}$를 유지하는데 필요한 힘이므로 아래와 같이 τdr을 $r = 0$에서 r까지 적분을 행하면 사슬을 길이 r로 잡아당기는데 필요한 일(에너지) $E(r)$을 준다[∵ 미소구간의 일 $dw = f(힘) \times dr(미소거리)$].

$$E(r) = \int_0^r \tau dr = (kT/l)\int_0^r \mathcal{L}^*(r/nl)dr \tag{A4. 10}$$

한편 위에서 언급한 바와 같이 한 개의 사슬의 길이(말단거리)가 r일 확률은 $\exp\left(-\frac{E(r)}{kT}\right)$[여기서 $E(r)$은 해당 에너지]에 비례하고, 또한 구대칭인 경우 4. 5. 2절의 (정규화된)반경분포함수 $P(r)$을 구할 때와 마찬가지로 인장힘 τ의 영향을 받고 있을 경우의 (신장된)말단거리 r에 대한 정규화된 분포함수 $P(r)$[혹은 말단거리가 r과 $r+dr$ 사이에 있을 확률 $P(r)dr$]은 아래와 같이 나타내진다.

$$P(r)dr = \text{Const} \cdot \exp\left[-\left(\int_0^r \tau dr\right)/kT\right] 4\pi r^2 dr \qquad \text{(A4. 11)}$$

$$= \text{Const} \cdot \exp\left[-l^{-1}\int_0^r \mathcal{L}^*(r/nl)dr\right] 4\pi r^2 dr$$

위 식에서 Const. 는 정규화 상수[즉 $\int_0^\infty P(r)dr = 1$ 되게 하는 상수]이며, 만약 인장힘이 가해지지 않은 경우의 작은 변형(말단거리) r에 대한 반경 분포함수는 식 (A4. 11)의 역 Langevin 함수값으로서 식 (A4. 9)의 Taylor 전개의 1차항($3x$, $x = r/nl$)만 취하여 적분을 행하면 $3r^2/2nl$가 되어 지수안의 항이 식 (4. 65)와 마찬가지가 됨을 알 수 있으므로, 식 (A4. 11)의 타당성을 증명해 준다.

제 **5** 장

고분자 용액의 열역학

이 장에서는 학문적 뿐 아니라, 산업적으로도 매우 중요한 고분자 용액(polymer solution)의 열역학적 성질(thermodynamic properties)을 이해하기 위하여 (평형)열역학(thermodynamic)의 기초개념을 바탕으로 저분자 용액의 성질, 나아가 저분자 용매와 고분자 용액을 혼합할 때 생기는 각종 열역학 성질의 변화를 이론적으로 추정하는 Flory-Huggins(F-H) 고분자 용액론의 소개, 또 이를 이용하여 농도 및 온도의 변화에 따라 야기되는 '상분리(phase separation)거동'의 추정 및 다분산성 합성고분자로부터 좁은 분자량분포를 얻는 '분별(fractionation)'에 응용 등에 관하여 설명하고자 한다. 그러나 편의상 특별한 언급이 없는 한 논의는 주로 비전해질(nonelectrolyte)용액에 국한하기로 한다.

5. 1 열역학의 복습

'열역학'이란 2개의 경로함수(path function) 즉, 열(heat) q 과 일(work) w , 또 8개의 상태함수(state function) 즉, P(압력)- V(부피)- T(온도)를 위시하여 내부에너지(internal energy) U , 엔탈피(enthalpy) $H\ [\equiv U+PV]$, 엔트로피(entropy) S , Helmholtz 자유(free)에너지 $A\ [\equiv U-TS]$ 및 Gibbs 자유에너지 $G\ [\equiv H-TS]$ 를 사용하여 계(system)와 외계(surrounding)(이는 계의 여사상에 해당)와의 열과 에너지 등을 주고받을 때 (그림 5. 1 참조) 생기는 각종 열역학적 성질의 변화를 다루는 학문이다.

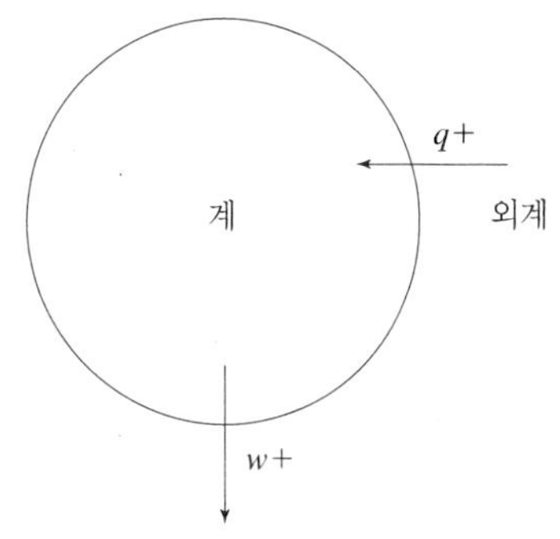

▶ **그림 5. 1** q (열)와 w (일)의 부호의 협약

한편 계에는 질량이나 에너지가 일정하지 않은 (즉 $dm \neq 0$, $dE \neq 0$) '개방(open)'계, 질량만 일정($dm = 0$)한 '밀폐(closed)'계, 그리고 질량 및 에너지 모두 일정($dm = 0$, $dE = 0$)한 '고립(isolated)'계의 3종류가 있으나 실제에서는 주로 밀폐계를 다룬다.

또한 열역학 제 1법칙은 평형(equilibrium)상태의 연속인 '가역 과정(reversible process)'에 대한 에너지 보존의 법칙으로 아래와 같이 미소 변화에 대한 (전)미분형태로 나타내진다.

$$du = \delta q - \delta w \tag{5. 1}$$

이 식의 의미는 계가 외계로부터 δq의 열량을 받아서 [즉 $\delta q > 0$ 은 계가 흡열(endothermic) 을 의미] δw 란 일을 외계에 하고 [여기서 $\delta w > 0$ 은 계가 바깥에 일을 함을 의미] 남는 에너지가 계의 내부에너지로서 측정됨을 의미한다(그림 5. 1 참조). 한편 위 식에서 d 기호는 상태함수의 미소변화, δ 는 경로함수의 미소변화를 나타내는데 이들의 정의에 관해서는 참고 5. 1에 주어져 있다.

지금 그림 5. 2에 처음 상태 1에 최종상태 2로 가는 경로(path)가 3종류 있는 것을 나타내었는데 열이나 일은 경로함수이므로 처음과 나중의 상태가 결정되었더라도 경로에 따라 관련된 값이 모두 달라지고, 특히 그림에서 경로 2가 제일 값이 큼을 알 수 있다. 그러나 U 는 상태함수이므로 경로에 무관하게 값을 가질 것이다.

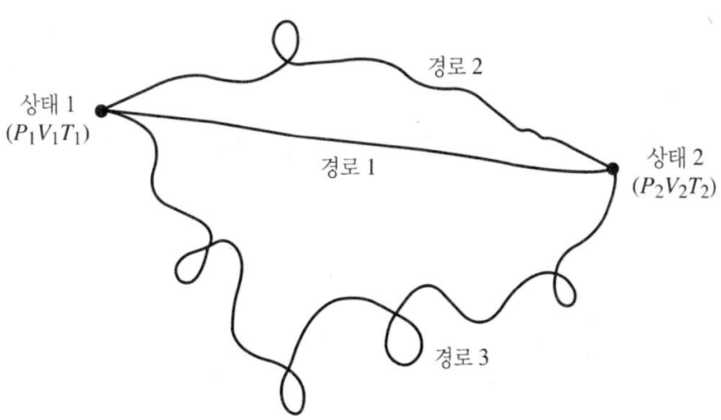

▶ **그림 5. 2** 열역학 상태변화에 대한 경로(path)

한편 열역학 제 2법칙은 자발적(spontaneous)변화나 반응에 대한 방향성을 제시해 주는데, 제 1법칙과 달리 가역과 비가역과정을 동시에 나타내어 우주(universe)의 엔트로피는 증가하고, 계의 자유에너지인 A나 G는 감소하는 방향으로 자발적 (비가역적)으로 진행되다가 자유에너지의 극소(minimum)점에서 가역(평형)상태에 도달 [즉 $dA_{T,V} \le 0$, 혹은 $dG_{T,P} \le 0$]함을 제시해 준다. 여기에서 상태함수인 계의 엔트로피의 미소변화(dS)는 가역과정에 계가 흡수한 열량 δq_{rev} 항을 이용하여 $dS = \frac{1}{T}\delta q_{rev}$로 정의되며, 비가역 과정에 관련된 열량 δq 와의 관계는 아래와 같이 Clausis 부등식(inequality)으로 나타내진다.

$$dS\left[\equiv \frac{1}{T}dq_{rev}\right] > \delta q \ , \quad \oint \frac{\delta q}{T} \le 0 \text{ (등호는 가역과정)} \tag{5. 2}$$

그러나 본 책에서는 특별한 언급이 없는 한 가역과정의 평형상태 열역학만을 주로 다루기로 한다. 따라서 열역학 1법칙을 아래와 같이 가역과정에 대해서만 나타낸다.

$$dU = \delta q_{rev} - \delta w_{rev} \tag{5. 3}$$

여기서 상태함수 dU는 가역, 비가역 경로에 무관하므로 첨자 'rev'를 생략하였다. 한편 미소일 δw 은 아래와 같이 PV-일(work) '$P_{ex}dV$'(여기서 P_{ex}는 외계의 압력)항과 $non-PV$ 일 δw_e 항으로 나누어진다.

$$\delta w = P_{ex}dV + \delta w_e \tag{5. 4}$$

non$-PV$ 일 δw_e 에는 전기적인 일, 표면장력 항, 고무탄성 일, 용액의 농도의존 자유에너지 항 등 많은 것이 포함되어 있으나, 필요할 경우에만 언급하겠다. 그리고 가역과정의 경우에는 계와 외계의 압력이 거의 같으므로 식 (5. 4)의 P_{ex} 를 계의 압력 P로 둔다. 그러면 식 (5. 3)은 아래와 같이 나타내어진다.

$$dU = TdS - PdV + (-\delta w_e) \tag{5. 5}$$

그러면 앞에 언급한 H, A, G 의 가역과정에 대한 전미분도 정의식으로 부터 아래와 같이 나타내어진다.

$$dH = d(U+PV) = dU + PdV + VdP = TdS + VdP + (-\delta w_e) \tag{5. 6}$$

$$dA = d(U-TS) = dU - TdS - SdT = -SdT - PdV + (-\delta w_e) \tag{5. 7}$$

$$dG = d(H-TS) = dH - TdS - SdT = -SdT + VdP + (-\delta w_e) \tag{5. 8}$$

여기서 상태함수와 경로함수의 정의에 관하여 참고 5. 1에서 설명하겠다.

참고 5. 1

'상태함수' [또는 '완전미분(exact differential)']란 q와 w를 제외한 대부분의 연속 해석함수[가령 적분 모함수 $dF = f(x)(= F'(x))dx$ 등]가 여기에 속한다. 만약 3독립변수 x, y, z의 상태함수인 ϕ는 각 독립변수의 미소변화에 대하여 아래와 같이 전미분(total differential)을 해당 1차 편미분의 선형결합으로 나타낼 수 있다.

$$d\phi = Mdx + Ndy + Qdz \tag{5. 9}$$

여기서 $M = \left(\frac{\partial \phi}{\partial x}\right)_{y,z}$, $N = \left(\frac{\partial \phi}{\partial y}\right)_{x,z}$, $Q = \left(\frac{\partial \phi}{\partial z}\right)_{x,y}$ 그런데 편미분의 순서를 바꾸어도 같으므로 $\left[\text{즉, } \frac{\partial}{\partial x}\frac{\partial \phi}{\partial y} = \frac{\partial}{\partial y}\frac{\partial \phi}{\partial x}\right]$ 아래의 식이 성립된다.

$$\left(\frac{\partial M}{\partial y}\right)_{x,z} = \left(\frac{\partial N}{\partial x}\right)_{y,z} \quad \left(\frac{\partial M}{\partial z}\right)_{x,y} = \left(\frac{\partial Q}{\partial x}\right)_{y,z} \quad \left(\frac{\partial N}{\partial z}\right)_{x,y} = \left(\frac{\partial Q}{\partial y}\right)_{x,z} \tag{5. 10}$$

이 관계를 상태함수에 관한 Maxwell의 역(reciprocal) 관계라 칭하며, 이 중 어느 하나만 성립되어도 식 (5. 9)의 우편의 3항은 1개의 상태함수 ϕ로 집약될 수 있다. 따라서 식 (5. 10)의 관계를 함수 ϕ가 상태함수가 되기 위한 필요, 충분조건(necessary and sufficient condition)이라 칭한다. 물론 이것이 만족되지 않는 경우를 q나 w와 같은 '경로함수'라 하며, 이는 그림 5. 2에 나타낸 바와 같이 최초 및 최후 상태가 정해졌더라도 경로에 따라 값이 달라진다.

지금 식 (5. 5)에서 U는 상태함수이므로 식 (5. 10)에 의해 아래가 성립된다.

$$\left.\frac{\partial T}{\partial V}\right|_S = -\left.\frac{\partial P}{\partial S}\right|_V \tag{5. 11}$$

그러나 열 δq는 식 (5. 5)에서 δw_e항을 무시하면

$$dq = dU + PdV \tag{5. 12}$$

또 $dU(S, V)$는 상태함수이므로 아래와 같이 나타낼 수 있다.

$$dU = \left.\frac{\partial U}{\partial S}\right|_V dS + \left.\frac{\partial U}{\partial V}\right|_S dV \tag{5. 13}$$

이를 식 (5. 12)에 대입하면

$$dq = \frac{\partial U}{\partial S}\bigg|_V dS + \left[\frac{\partial U}{\partial V}\bigg|_S + P\right] dV \tag{5. 14}$$

식 (5. 14)에서 $X \equiv \left(\frac{\partial U}{\partial S}\right)_V \left[= \left(\frac{\partial q}{\partial S}\right)_V\right]$, $Y \equiv \left[\frac{\partial U}{\partial V}\bigg|_S + P\right]\left[= \left(\frac{\partial q}{\partial V}\right)_S\right]$로 두면

$$\frac{\partial X}{\partial V}\bigg|_S = \frac{\partial^2 U}{\partial V \partial S} \neq \frac{\partial Y}{\partial S}\bigg|_V = \frac{\partial^2 U}{\partial S \partial V} + \frac{\partial P}{\partial S}\bigg|_V \tag{5. 15}$$

따라서 δq의 경우 (5. 10)의 Maxwell 역관계가 성립되지 않으므로 상태함수가 아닌 경로함수임이 증명된다.

그런데 판별기준 (5. 10)이 성립되면 우편의 3항은 좌편의 1개(상태함수)항으로 집약되어 나타내지므로 '적분'이 가능해지고[즉 적분에 의한 미방 해가 가능], 이 적분은 구간의 처음과 같이 정해지면 경로에 무관하게 일정하며, 또한 사이클(cycle) 적분은 0이 된다. 즉 (5. 10)에서 $\phi = f(x, y, z)$로 두면

$$\Delta\phi = \int_1^2 d\phi = \phi_2 - \phi_1 = f(x_2, y_x, z_2) - f(x_1, y_1, z_1), \quad \oint d\phi = 0 \tag{5. 16a}$$

$$d\phi = \left(\frac{\partial f}{\partial x}\right)_{y,z} dx + \left(\frac{\partial f}{\partial y}\right)_{x,z} dy + \left(\frac{\partial f}{\partial z}\right)_{x,y} dz \tag{5. 16b}$$

만약 ϕ의 적분경로를 공간의 1점 (x_1, y_1, z_1)에서 출발하여 (x_2, y_1, z_1)[즉 x만 변함]을 거쳐 또 (x_2, y_2, z_1)[즉 y만 변함]도 거쳐 최종점인 (x_2, y_2, z_2)[즉 z만 변함]에 도달하는 3구간으로 나누어 적분하면 아래와 같다.

$$\Delta\phi = \int_{x_1}^{x_2} \left(\frac{\partial f}{\partial x}\right)_{y_1, z_1} dx + \int_{y_1}^{y_2} \left(\frac{\partial f}{\partial y}\right)_{x_2, z_1} dy + \int_{z_1}^{z_2} \left(\frac{\partial f}{\partial z}\right)_{x_2, y_2} dz \tag{5. 17}$$

반면에 q나 w 같은 경로함수의 경우에는 아래에서 보는바와 같이 적분시 'Δ' 기호를 사용치 않고, 또한 처음과 끝의 상태가 정해졌다해도 경로에 따라 적분값이 달라지며 한 사이클 적분값도 0이 안됨에 유의해야 한다.

$$q = \int_1^2 \delta q \neq q_2 - q_1, \quad \oint \delta q \neq 0 \tag{5. 18}$$

참고 5. 1에 기술된 내용을 바탕으로 non-PV일(δw_e)이 없는 경우 식 (5. 5)-(5. 8)로 나타낸 4 상태함수의 가역(미소)과정에 대한 Maxwell 역관계를 표 5. 1에 나타내었다.

표 5. 1 평형 열역학식과 Maxwell 역관계

원 식		Maxwell 역관계
	$dU = TdS - PdV$	$\left(\frac{\partial T}{\partial V}\right)_S = -\left(\frac{\partial P}{\partial S}\right)_V$
$H = U + PV$	$dH = TdS + VdP$	$\left(\frac{\partial T}{\partial P}\right)_S = \left(\frac{\partial V}{\partial S}\right)_P$
$A = U - TS$	$dA = -SdT - PdV$	$\left(\frac{\partial S}{\partial V}\right)_T = \left(\frac{\partial P}{\partial T}\right)_V$
$G = H - TS$	$dG = -SdT + VdP$	$-\left(\frac{\partial S}{\partial P}\right)_T = \left(\frac{\partial V}{\partial T}\right)_P$

다음에는 지금까지 논의된 것을 바탕으로 몇 가지 중요한 열역학적 공식을 유도하려 한다. 그러나 이에 앞서 유도에 필요한 편미분의 '사슬법칙(chain rule)'을 참고 5. 2에 나타낸다.

참고 5. 2

표 5. 1에 기술한 각각 2개의 독립변수를 가진 상태함수에도 그대로 적용되는 법칙으로서, 지금 3개의 독립변수 x, y, z 사이에 $f(x, y, z) = 0$ 의 관계가 성립될 때 아래처럼 임의의 한 개는 나머지 2개의 함수로 나타낼 수 있다.

$$x = x(y, z), \quad y = y(x, z), \quad z = z(x, y) \tag{5. 19}$$

이 때 $dx(y, z)$ 및 $dy(x, z)$ 를 각각 식 (5. 16b)처럼 완전미방 형태로 전개하면 아래와 같다.

$$dx = \left(\frac{\partial x}{\partial y}\right)_z dy + \left(\frac{\partial x}{\partial z}\right)_y dz \tag{5. 20}$$

$$dy = \left(\frac{\partial y}{\partial x}\right)_z dx + \left(\frac{\partial y}{\partial z}\right)_x dz \tag{5. 21}$$

위 두식에서 dy 를 소거하면

$$\left[\left(\frac{\partial x}{\partial y}\right)_z \left(\frac{\partial y}{\partial x}\right)_z - 1\right] dx + \left[\left(\frac{\partial x}{\partial y}\right)_z \left(\frac{\partial y}{\partial z}\right)_x + \left(\frac{\partial x}{\partial z}\right)_y\right] dz = 0 \tag{5. 22}$$

그런데 미소변화 dx 및 dz는 임의이므로 0이 될 수 없어 첫 번째 및 두 번째의 괄호 안이 모두 0이 되어야 위 식이 성립된다. 이에 아래의 사슬법칙이 성립된다.

$$\left(\frac{\partial x}{\partial y}\right)_z\left(\frac{\partial y}{\partial x}\right)_z = 1, \text{ 또는} \left(\frac{\partial x}{\partial y}\right)_z = \frac{1}{(\partial y/\partial x)_z} \tag{5. 23}$$

$$\left(\frac{\partial x}{\partial y}\right)_z\left(\frac{\partial y}{\partial z}\right)_x = -\left(\frac{\partial x}{\partial z}\right)_y, \text{ 또는} \left(\frac{\partial x}{\partial y}\right)_z\left(\frac{\partial y}{\partial z}\right)_x\left(\frac{\partial z}{\partial x}\right)_y = -1 \tag{5. 24}$$

특히 식 (5. 24)는 '원사슬 법칙(cyclic chain rule)'으로 알려져 있다. 이의 응용으로서는 기체의 상태함수 $f(T, V, P) = 0$에서 $T = x$, $V = y$, $P = z$ 로 두면 아래식이 성립된다.

$$\left(\frac{\partial T}{\partial V}\right)_P\left(\frac{\partial V}{\partial P}\right)_T\left(\frac{\partial P}{\partial T}\right)_V = -1 \tag{5. 25a}$$

$$\left(\frac{\partial P}{\partial T}\right)_V = \frac{\frac{1}{V}\left(\frac{\partial V}{\partial T}\right)_P}{-\frac{1}{V}\left(\frac{\partial V}{\partial P}\right)_T} = \frac{\alpha}{\beta} \tag{5. 25b}$$

위 식에서 $\alpha = \frac{1}{V}\left(\frac{\partial V}{\partial T}\right)_P$는 부피 열팽창계수, $\beta = -\frac{1}{V}\left(\frac{\partial V}{\partial P}\right)_T$는 등온 압축률 (compressibility)이다.

또한 $f(x, y, z) = 0$ 에서 $z = z(x, y)$이므로 아래 표현이 성립된다.

$$dz = \left(\frac{\partial z}{\partial x}\right)_y dx + \left(\frac{\partial z}{\partial y}\right)_x dy \tag{5. 26}$$

여기서 양변에 $\left.\frac{\partial}{\partial x}\right)_u$ [단 $u = u(x, y)$]연산자를 취하면 (즉 u=일정하게두고, x에대해 편미분함) 아래의 중요한 사슬 법칙을 얻는다.

$$\left(\frac{\partial z}{\partial x}\right)_u = \left(\frac{\partial z}{\partial x}\right)_y + \left(\frac{\partial y}{\partial x}\right)_u\left(\frac{\partial z}{\partial y}\right)_x \tag{5. 27}$$

그런데 식 (5. 27)에 대하여 몇 가지 지적 또는 주의를 환기시킬 필요가 있다. 즉 왼편항을 보면 $u = u(x, y)$이므로 u가 일정하고 x가 변하면 y도 변하는데, 우편의 첫째항에서 y가 일정 간주했으므로, 사실상은 불합리하므로 이를 '가상미분(virtual differential)'기호 δ을 사용하여 $\left(\frac{\delta z}{\delta x}\right)_y$로 표현하기도 한다. 좌변은 (실제)독립변수가 x 및 $u(x, y)$의 2개인데, 우변은 (가상의)독립변수가 x, y, u 3개로 간주한다. 이와 같은 가상미분법에 대해서는 부록 5. 3에서 자세히 다루기로 한다. 어쨌든 식 (5. 27)의 우편의 두 번째 항을 원사슬법칙(식5. 24)과 식(5.23)을 사용하여 아래와 같은 또 다른 형태의 사슬법칙을 얻을 수 있다.

$$\left(\frac{\partial z}{\partial x}\right)_u = \left(\frac{\partial z}{\partial x}\right)_y - \frac{u_x\,[= (\partial u/\partial x)_y]}{u_y\,[= (\partial u/\partial y)_x]} \times \left(\frac{\partial z}{\partial y}\right)_x \tag{5. 28a}$$

$$= (\frac{\partial z}{\partial x})_y \quad [1 - (\frac{\partial u}{\partial z})_y (\frac{\partial z}{\partial u})_x] \tag{5. 28b}$$

한편 본 책에서는 독자의 혼돈을 막기 위해 별로 사용하지는 않으나 사슬법칙 못지않게 유용한 열역학적 관계식을 유도하는데 자주 이용되는 참고 4. 3에 잠깐 언급된 바 있는 변환의 Jacobian 행렬식을 이용하는 기법에 대해서는 부록 5. 1에 요약하여 나타내었다.

그러면 위에서 논의된 지식을 갖고 몇 가지 중요한 열역학적 관계식을 유도해 보기로 한다.

a. ***dP*(*T*, *V*)의 상태함수 전개:**

$$dP(T, V) = \left(\frac{\partial P}{\partial T}\right)_V dT\,[= dP_V] + \left(\frac{\partial P}{\partial V}\right)_T dV\,[= dP_T] \tag{5. 29}$$

그런데 식 (5. 25b) 및 $\left(\frac{\partial P}{\partial V}\right)_T = \frac{1}{(\partial V/\partial P)_T} = -\frac{1}{V\beta}$ 를 이용하면 식(5. 29)는 아래와 같이 된다.

$$dP = \frac{\alpha}{\beta} dT - \frac{1}{V\beta} dV \tag{5. 30}$$

이를 초기상태 (T_i, V_i)에서 최종상태 (T_f, V_f)로 적분을 행하면

$$\triangle P(T, V)\,[= P(T_f, V_f) - P(T_i, V_i)] = \int_{T_i}^{T_f} dP_V\,[= \triangle P_V] + \int_{V_i}^{V_f} dP_T\,[= \triangle P_T]$$

$$= \int_{T_i}^{T_f} \frac{\alpha}{\beta} dT - \int_{V_i}^{V_f} \frac{1}{\beta V} dV \simeq \frac{\alpha}{\beta}(T_f - T_i) - \frac{1}{\beta} \ln \frac{V_f}{V_i} \tag{5. 31}$$

예제 5.1

유리 온도계의 에탄올이 우연히 끝머리에 도달하여 유리 모세관의 부피가 모두 채워졌다. 만일 온도가 10.0 ℃ 더 증가한다면 모세관 내의 압력은 얼마나 증가할 것인가?

$\beta_{glass} = 2.00 \times 10^{-5}(℃)^{-1}$, $\beta_{ethanol} = 11.2 \times 10^{-4}(℃)^{-1}$,

$\kappa_{ethanol} = 11.0 \times 10^{-5}(\text{bar})^{-1}$이다.

이정도 압력에 온도계가 견딜 수 있다고 생각하는가?

풀이 식 (5. 31)을 사용하여

$$\Delta P = \int \frac{\beta_{ethanol}}{\kappa} dT - \int \frac{1}{\kappa V} dV \approx \frac{\beta_{ethanol}}{\kappa} \Delta T - \frac{1}{\kappa} \ln \frac{V_f}{V_i}$$

$$= \frac{\beta_{ethanol}}{\kappa} \Delta T - \frac{1}{\kappa} \ln \frac{V_i(1 + \beta_{glass} \Delta T)}{V_i} \approx \frac{\beta_{ethanol}}{\kappa} \Delta T - \frac{1}{\kappa} \frac{V_i \beta_{glass} \Delta T}{V_i}$$

$$= \frac{(\beta_{ethanol} - \beta_{glass})}{\kappa} \Delta T = \frac{(11.2 - 0.200) \times 10^{-4} (℃)^{-1}}{11.0 \times 10^{-5} (\text{bar})^{-1}} \times 10.0 ℃ = 100 \text{ bar}$$

이 계산에서 $V(T_2) = V(T_1)(1 + \beta[T_2 - T_1])$와 $x \ll 1$일 때 $\ln(1+x) \approx x$의 관계를 이용한다. 유리는 이와 같은 커다란 압력의 증가를 견디지 못할 것 같다.

b. $dU(T, V)$의 상태함수 전개 (정적비열 C_V와 내압 P_i):

$$dU(T, V) = \left(\frac{\partial U}{\partial T}\right)_V dT [= dU_V] + \left(\frac{\partial U}{\partial V}\right)_T dV [= dU_T] \tag{5. 32a}$$

$$= C_V dT + P_i dV \tag{5. 32b}$$

여기서 C_V(정적비열) $= (\partial U / \partial T)_V$, P_i(내압, internal pressure) $= \left(\frac{\partial U}{\partial V}\right)_T$

a)의 경우와 마찬가지로 적분을 행하면

$$\Delta U(T, V) = \int_{T_i}^{T_f} dU_V (= \Delta U_V) + \int_{V_i}^{V_f} dU_T (= \Delta U_T) \tag{5. 33a}$$

$$= \int_{T_i}^{T_f} C_V dT + \int_{V_i}^{V_f} P_i dV \tag{5. 33b}$$

일반적으로 ΔU_V항이 ΔU_T보다 훨씬 크다.

c. 열역학 상태방정식:

$$P_T(\text{전압})\left[= T(\partial P/\partial T)_V\right] = P_i(\text{내압})\left[= \left(\frac{\partial U}{\partial V}\right)_T\right] + P(\text{외압})$$

증 명 식 (5. 5)의 양변에 $\left(\frac{\partial}{\partial V}\right)_T$ 연산자를 취하면

$$\left(\frac{\partial U}{\partial V}\right)_T = T\left(\frac{\partial S}{\partial V}\right)_T - P \tag{5. 34}$$

표 5. 1의 A에 관한 Maxwell 관계에서 $\left(\frac{\partial S}{\partial V}\right)_T = \left(\frac{\partial P}{\partial T}\right)_V$를 대입하면

$P_i = T\left(\frac{\partial P}{\partial T}\right)_V (= P_T) - P$ 즉, $P_T = P + P_i$가 증명된다. ■

d. $dH(T, P)$의 상태함수 전개 (정압비열 C_P와 $\left(\frac{\partial H}{\partial P}\right)_T$량):

$$dH(T, P) = \left(\frac{\partial H}{\partial T}\right)_P dT\left[= dH_P\right] + \left(\frac{\partial H}{\partial P}\right)_T dP\left[= dH_T\right] \tag{5. 35a}$$

$$= C_P dT + V(1 - T\alpha)dP \tag{5. 35b}$$

여기서

$$C_P(\text{정압비열}) = (\partial H/\partial T)_P,\ dH_P = \delta q_P = C_P dT\ [\text{단, } \delta w_e = 0\text{이라 가정}] \tag{5. 36}$$

$$\left(\frac{\partial H}{\partial P}\right)_T = V(1 - T\alpha) \tag{5. 37}$$

증 명 가역($P_{ex} = P$), non-PV일(δw_e)이 없는 경우 식 (5. 6) 또는 표 5. 1에서

$$dH = TdS + VdP$$

양변에 $\left(\frac{\partial}{\partial P}\right)_T$ 연산자를 취하고, Maxwell 관계 $(\partial S/\partial P)_T = -(\partial V/\partial T)_P$를 이용하면

$$\left(\frac{\partial H}{\partial P}\right)_T = T\left(\frac{\partial S}{\partial P}\right) + V = -T\left(\frac{\partial V}{\partial T}\right)_P + V = V(1 - T\alpha) \quad \blacksquare$$

따라서 식 (5. 35b)에 적분을 행하면 b)경우처럼 아래와 같이 나타낼 수 있다.

$$\Delta H(T,\ P) = \int_{T_i}^{T_f} dH_P\ (= \Delta H_P) + \int_{P_i}^{P_f} dH_T\ (= \Delta H_T) \tag{5. 38a}$$

$$= \int_{T_i}^{T_f} C_P dT + \int_{P_i}^{P_f} V(1 - T\alpha)dP \tag{5. 38b}$$

$\Delta U(T,\ V)$의 경우와 마찬가지로 일반적으로 $\Delta H_P > \Delta H_T$가 성립된다.

e. 정압비열(C_P)와 정적비열(C_V)의 차이:

먼저 C_P의 정의식 및 $H = U + PV$에서 아래와 같이 된다.

$$C_P = \left(\frac{\partial H}{\partial T}\right)_P = \left(\frac{\partial U}{\partial T}\right)_P + P\left(\frac{\partial U}{\partial T}\right)_P \tag{5. 39}$$

그런데 참고 5. 2의 사슬법칙 (5. 27)에서 ($z \rightarrow U,\ x \rightarrow T,\ u \rightarrow P,\ y \rightarrow V$)로 두면

$$\left(\frac{\partial U}{\partial T}\right)_P = \left(\frac{\partial U}{\partial T}\right)_V + \left(\frac{\partial V}{\partial T}\right)_P \left(\frac{\partial U}{\partial V}\right)_T = C_V + P_i\left(\frac{\partial V}{\partial T}\right)_T \tag{5. 40}$$

이를 위 식에 대입하고, 식 (5. 34)를 이용하면

$$C_P - C_V = \left(\frac{\partial V}{\partial T}\right)_P \times (P + P_i) = T\left(\frac{\partial P}{\partial T}\right)_P \left(\frac{\partial V}{\partial T}\right)_P = TV\alpha^2/\beta \tag{5. 41}$$

f. $dS(T,\ V)$의 상태함수 전개:

참고 5. 1에 의해 dS를 T 및 V에 관해 상태함수 전개를 행하면

$$dS(T,\ V) = \left(\frac{\partial S}{\partial T}\right)_V dT\ [= dS_V] + \left(\frac{\partial S}{\partial V}\right)_T dV\ [= dS_T] \tag{5. 42a}$$

$$= \frac{C_V}{T}dT + \frac{\alpha}{\beta}dV \tag{5. 42b}$$

증 명 열역학 1법칙 (단 $\delta w_e = 0$ 간주) 식 (5. 5) 및 (5. 32b), (5. 34)로 부터

$$dS(T,V) = \frac{1}{T}dU + \frac{P}{T}dV = \frac{1}{T}(C_V dT + P_i dV) + \frac{P}{T}dV$$

$$= \frac{C_V}{T}dT + \frac{1}{T}(P_i + P)dV = \frac{C_V}{T}dT + \frac{\alpha}{\beta}dV \quad ■$$

위와 마찬가지로 식 (5. 42b)의 적분을 행하면,

$$\Delta S(T,V) = \int_{T_i}^{T_f} dS_V \ (= \Delta S_V) + \int_{V_i}^{V_f} dS_T \ (= \Delta S_T) \tag{5. 43a}$$

$$= \int_{T_i}^{T_f} \frac{C_V}{T}dT + \int_{V_i}^{V_f} \frac{\alpha}{\beta}dV \tag{5. 43b}$$

이 경우에도 일반적으로 $\Delta S_V > \Delta S_T$가 성립된다.

g. $dS(T,P)$의 상태함수 전개:

상태함수 $S(T,P)$를 T 및 P에 대해 전미분을 행하면

$$dS(T,P) = \left(\frac{\partial S}{\partial T}\right)_P dT \ [= dS_P] + \left(\frac{\partial S}{\partial P}\right)_T dP \ [= dS_T] \tag{5. 44a}$$

$$= \frac{C_P}{T}dT - V\alpha dP \tag{5. 44b}$$

증 명 가역(미소)과정, $\delta w_e = 0$인 경우 식 (5. 6) 및 (5. 35b)에서

$$dS(T,P) = \frac{dH}{T} - \frac{V}{T}dP = \frac{1}{T}(C_P dT + V(1 - T\alpha)dP) - \frac{V}{T}dP$$

$$= \frac{C_P}{T}dT + \frac{V}{T}(1 - T\alpha - 1)dP = \frac{C_P}{T}dT - V\alpha dP$$

■

역시 식 (5. 44b)의 적분을 행하면

$$\Delta S(T,P) = \int_{T_i}^{T_f} dS_P \ (= \Delta S_P) + \int_{P_i}^{P_f} dS_T \ (= \Delta S_T) \tag{5. 45a}$$

$$= \int_{T_i}^{T_f} \frac{C_P}{T}dT - \int_{P_i}^{P_f} V\alpha dP \tag{5. 45b}$$

이 또한 대부분의 경우 $\Delta S_P > \Delta S_T$가 성립된다.

h. Gibbs−Helmholtz 식:

$$\left[\frac{\partial(A/T)}{\partial(1/T)}\right]_V = U,\ \left[\frac{\partial(A/T)}{\partial T}\right]_V = -\frac{U}{T^2} \tag{5. 46a}$$

$$\left[\frac{\partial(G/T)}{\partial(1/T)}\right]_P = H,\ \left[\frac{\partial(G/T)}{\partial T}\right]_P = -\frac{H}{T^2} \tag{5. 46b}$$

증 명 a) 표 5. 1을 이용하여

$$\left(\frac{\partial A/T}{\partial T}\right)_V = \frac{1}{T}\left(\frac{\partial A}{\partial T}\right)_V - \frac{A}{T^2} = -\frac{S}{T} - \frac{A}{T^2} = -\frac{A+TS}{T^2} = -\frac{U}{T^2}$$

또한 사슬법칙에서

$$\left(\frac{\partial A/T}{\partial 1/T}\right)_V = \left(\frac{\partial A/T}{\partial T}\right)_V\left(\frac{\partial T}{\partial 1/T}\right)_V = \frac{\left(\frac{\partial A/T}{\partial T}\right)_V}{\left(\frac{\partial 1/T}{\partial T}\right)_V} = -T^2\left(\frac{\partial A/T}{\partial T}\right)_V = U \quad ■$$

b) 역시 표 5. 1을 이용하여

$$\left(\frac{\partial G/T}{\partial T}\right)_P = \frac{1}{T}\left(\frac{\partial G}{\partial T}\right)_P - \frac{G}{T^2} = -\frac{S}{T} - \frac{G}{T^2} = -\frac{G+TS}{T^2} = -\frac{H}{T^2}$$

또한 사슬법칙에서

$$\left(\frac{\partial G/T}{\partial 1/T}\right)_P = \left(\frac{\partial G/T}{\partial T}\right)_P\left(\frac{\partial T}{\partial 1/T}\right)_P = \frac{\left(\frac{\partial G/T}{\partial T}\right)_P}{\left(\frac{\partial 1/T}{\partial T}\right)_P} = -T^2\left(\frac{\partial G/T}{\partial T}\right)_P = H \quad ■$$

이외에도 중요한 열역학적 관계식은 많으나 지면 관계상 여기서 줄인다. 그러나 만약 필요한 곳에서는 이절에서 논의된 것을 바탕으로 식을 증명하겠다.

5. 2 혼합물의 열역학

5. 2. 1 조성변수

앞 절에서는 단일 성분(single component)의 열역학을 다루었으나, 이절 이후에는 주로 2종류 이상의 물질이 균일하게 혼합되어 한 상(one phase)을 이룬 (기상 혹은 액상)혼합물(mixture)의 열역학을 다루기로 한다. 그러기 위하여 먼저 균일상의 조성(composition) 혹은 농도(concentration)를 정하는 방법에 대하여 생각해보자. 가장 간단한 것으로 성분 $i\ (i=1,2,\cdots n)$의 몰분율 x_i, 부피분율 ϕ_i, 무게분율 w_i가 아래와 같이 정의된다.

$$x_i = \frac{n_i}{n} = \frac{n_i}{\sum_i n_i} \tag{5. 47}$$

$$\phi_i = \frac{V_i}{V} = \frac{n_i \overline{V}_i}{\sum_i n_i \overline{V}_i} \tag{5. 48}$$

$$w_i = \frac{W_i}{W} = \frac{n_i M_i}{\sum_i n_i M_i} = \frac{n_i \overline{V}_i \rho_i}{\sum_i n_i \overline{V}_i \rho_i} \tag{5. 49}$$

위 식에서 n_i, ρ_i, M_i 및 $\overline{V_i}$는 각각 i성분의 몰수, 밀도, 몰분자량 및 부분몰부피(partial molar volume)이다. 특히 부분몰부피는 순수한 i물질의 부피 V_i° 과 달리 조성에 따라 변하는 복잡한 양이므로 다음절에서 다루기로 한다. 또한 부피분율 ϕ_i에 대해서는, 만약 다분산성 고분자 용액에 있어서 분자량 M_i짜리의 부피분율 ϕ_i는 전체 용액 1 cm^3 당 M_i 짜리가 차지하는 부피에 해당되므로, 지금 용액 1 cm^3 중 M_i 짜리의 질량이 $c_i\,(\mathrm{g/cm^3})$이고, 비체적(partial specific volume)이 $v_i\,(=1/\rho_i)$라면 $\phi_i = c_i v_i$ 로 나타낼 수 있는데 이에 관해서는 6장에서 언급하겠다.

다음으로 많이 사용되는 조성변수로서는 몰농도(molarity) M(몰/L) 및 몰랄농도(molality) m(몰/kg)이 있는데, 통상 M은 용액 1 L당 용질의 몰수, m은 용매 1 kg당 용질의 몰수로 정의되어 서로 아래와 같은 관계가 있다.

$$M = 1000\rho m/(1000 + mM_2) \tag{5. 50}$$

위 식에서 ρ는 용액의 밀도, M_2는 용질(성분2)의 몰분자량이다. 이 식의 유도는 용매 1kg속에 분자량 M_2짜리 용질이 n_2몰 (즉 $n_2 = m$ 됨)녹아 전체 용액의 밀도가 ρ가 되었다고 가정하여 이루어진다.

그러나 이를 서로 다른 조성변수 사이에는 정의를 통하여 당연히 상호 변환가능한 관계가 있음에 유의해야한다.

5. 2. 2 부분 몰량

지금 어떤 (T, P)에서 n개의 성분이 혼합하여 균일한 조성의 용액(solution)을 형성하였을 때 계의 질량(몰수)의존하는 어떤 크기(extensive)성질(가령 V, U, H, S, A, G 등)[부록 5. 2에서의 $h=1$차 동차함수] $X=X(P, T, n_i, n_2, \cdots)$의 상태함수 전개법에 따라 아래와 같이 나타내진다.

$$dX=\left(\frac{\partial X}{\partial T}\right)_{P, n_i, n_2, \cdots} dT+\left(\frac{\partial X}{\partial P}\right)_{T, n_i, n_2, \cdots} dP+\sum_{i}^{\text{components}}\left(\frac{\partial X}{\partial n_i}\right)_{T, P, n_j \neq n_i} dn_i \tag{5. 51}$$

이 때 용액의 임의 조성에서 성분 i의 '부분 몰 성질(partial molar property)' $\overline{X}_i$는 아래와 같이 정의된다.

$$\overline{X}_i \equiv \left(\frac{\partial X}{\partial n_i}\right)_{T, P, n_j \neq n_i} \tag{5. 52}$$

일정 온도, 압력(즉 $dT=dP=0$)에서 식 (5. 51)은

$$dX=\sum_{i}^{\text{components}} \overline{X}_i dn_i \tag{5. 53}$$

이를 적분하면

$$X=\sum_{i}^{\text{componens}} \overline{X}_i n_i \tag{5. 54}$$

[사실 이 식은 부록 5. 2의 Euler 동차이론에 관한 적분형태인 식 (A5. 21)에서 $f \to X$, $x \to n_1$, $y \to n_2 \cdots$, $h=1$에 해당한다.]

균일혼합물의 경우의 주어진 조성에서의 부분 몰량 $\overline{X}_i$는 순수 성분i의 몰량 $\overline{X}_i^*$(혹은 $\overline{X}_i^\circ$)과는 전혀 다른 양으로서 아래와 같은 미분성질에 의해 실험적으로 구할 수 있다. 가령 $X=V$(부피)라 할 때 $\overline{X}_1=\overline{V}_1$ 및 $\overline{X}_2=\overline{V}_2$ 는 각각 아래와 같이 나타내진다.

$$\overline{V}_1 = V_m - x_2 \frac{dV_m}{dx_2} \tag{5.55a}$$

$$\overline{V}_2 = V_m + x_1 \frac{dV_m}{dx_2} \tag{5.55b}$$

여기서 용액 1몰의 부피 V_m은 아래와 같이 정의된다.

$$V_m (= \overline{V}) = \frac{V}{n} = \sum_i x_i \overline{V}_i \tag{5.56}$$

증 명 (a) 부분 몰량의 정의에 의해 (단 일정 온도, 압력을 의미하는 T, P는 생략함)

$$\overline{V}_1 = \left(\frac{\partial V}{\partial n_1}\right)_{n_2} = \left[\frac{\partial (n V_m)}{\partial n_1}\right]_{n_2} = V_m + n\left(\frac{\partial V_m}{\partial n_1}\right)_{n_2}$$

그런데 V_m은 몰수 대신 몰분율에 의존하는 세기(intensive)성질이므로 편미분 사슬법칙에 의해 아래의 식을 얻는다.

$$\left(\frac{\partial V}{\partial n_1}\right)_{n_2} = \left(\frac{\partial x_2}{\partial n_i}\right)_{n_2} \times \frac{dV_m}{dx_2} \quad \text{여기서 } x_2 = \frac{n_2}{n} \text{이므로}$$

$$\left(\frac{\partial x_2}{\partial n_1}\right)_{n_2} = \left[\frac{\partial}{\partial n_1}\left(\frac{n_2}{n}\right)\right]_{n_2} = \frac{-n_2}{n^2} = -\frac{x_2}{n} = -\left(\frac{\partial x_1}{\partial n_1}\right)_{n_2} \text{ 가 된다.}$$

따라서 최종적으로 $\overline{V}_1$는 아래와 같다.

$$\overline{V}_1 = V_m + n \times \left(-\frac{x_2}{n}\right)\frac{dV_m}{dx_2} = V_m - x_2 \frac{dV_m}{dx_2}$$

(b) 마찬가지로 성분 2의 부분몰부피는

$$\overline{V}_2 = \left(\frac{\partial V}{\partial n_2}\right)_{n_1} = \left[\frac{\partial}{\partial n_2}(n V_m)\right]_{n_1} = V_m + n\left(\frac{\partial V_m}{\partial n_2}\right)_{n_1} \quad \text{여기서}$$

$$\left(\frac{\partial V_m}{\partial n_2}\right)_{n_1} = \left(\frac{\partial x_2}{\partial n_2}\right)_{n_1} \times \frac{dV_m}{dx_2},$$

또한 $\left(\frac{\partial x_2}{\partial n_2}\right)_{n_1} = \left[\frac{\partial}{\partial n_2}\left(\frac{n_2}{n}\right)\right]_{n_1} = \frac{n - n_2}{n^2} = \frac{n_1}{n^2} = \frac{x_1}{n}$

따라서 $\overline{V}_2 = V_m + n \times \frac{x_1}{n}\frac{dV_m}{dx_2} = V_m + x_1 \frac{dV_m}{dx_2}$ ■

식 (5. 55)에서의 $\dfrac{dV_m}{dx_2}$은 x축에 x_2(2성분의 몰분율), y축에 그 조성에서의 용액의 몰부피 V_m $\left(= \overline{V} = \dfrac{V}{n}\right)$를 플롯했을 때 임의점 x_2에서 실험곡선에 그은 접선의 기울기를 의미하므로 그림 5. 3에 나타낸 방법으로 그 조성에서의 $\overline{V}_1$ 및 $\overline{V}_2$를 구할 수 있다. 단 곡선의 양 값은 순수성분의 몰부피 $\overline{V}_1^*$ 및 $\overline{V}_2^*$를 나타낸다.

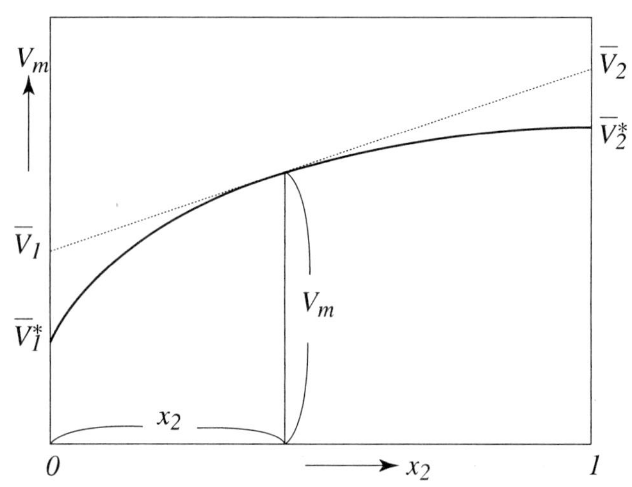

▶ **그림 5. 3** 이성분계 용액의 각 성분의 부분몰 부피 ($\overline{V}_1$, $\overline{V}_2$)의 결정

위 그림의 임의의 조성 x_2에서의 곡선의 높이가 V_m이며, 그 점에서 그은 접선과 양 y축($x_2 = 0$ 및 $x_2 = 1$)의 교점이 각각 $\overline{V}_1$ 및 $\overline{V}_2$를 나타냄을 식 (5. 55a) 및 (5. 55b)에서 알 수 있다.

한편 식 (5. 55)를 이용하여 그림 5. 3의 방법으로 $\overline{V}_1$, $\overline{V}_2$를 구하는 경우는 두 성분이 $x_2 = 0 \sim 1$까지 완전히 섞일 경우에만 가능한 방법이다. 그러나 실제 주어진 용매에 대한 용질의 최대(포화) 용해도는 한정되어 있으므로 용액의 부피를 몰분율 대신 몰랄농도(m)의 함수로 측정할 경우가 많은데 이때 각 조성(m)에서의 두 성분의 부분몰부피를 나타내는 방법을 예제 5. 2에 나타내었다.

예제 5.2

지금 25℃, 1기압에서 물(H_2O, 분자량 18.02 g/몰)에 소금 (NaCl, 분자량 58.5 g/몰)이 녹아있을 때의 용액의 전체부피(V)를 몰랄농도(m)의 함수로 나타내면 아래와 같다.

$V(\text{cm}^3) = 1003 + 16.62m + 1.77m^{3/2} + 0.12m^2$

이때 $m = 0.1$(몰/kg 용매)일 때의 물과 소금의 부분몰부피 $\overline{V}_{H_2O}$ 및 $\overline{V}_{NaCl}$를 구해 보아라.

풀이 부분몰부피의 정의 및 농도는 몰랄농도(m)로 나타내므로 이는 용매 (H_2O)가 1 kg일 때 용질의 몰수 $n_2 = m$을 의미하므로 $\overline{V}_{NaCl} = \left(\dfrac{\partial V}{\partial n_{NaCl}}\right)_{n_{H_2O}} = \left(\dfrac{\partial V}{\partial m}\right)_{n_{H_2O}}$ 이다.

따라서 m으로 나타내진 용액 전체의 부피 V를 m에 대해 미분하면,

$\overline{V}_{NaCl} = \left(\dfrac{\partial V}{\partial m}\right)_{n_1} = \left[16.62 + \dfrac{3}{2} \times 1.77m^{1/2} + 2 \times 0.12m\right]$ (cm^3/몰)이므로 $m = 0.1$ 대입하면

$\overline{V}_{NaCl} = 17.48$ cm^3/몰.

한편 1 kg 중 H_2O의 몰수는 $n_{H_2O} = 1000/18.02 = 55.49$ 몰.

그런데 $V = n_1\overline{V}_1 + n_2\overline{V}_2$ (식 5. 54) 및 $V((m = 0.1) = 1004.7\,\text{cm}^3$ 에서 $\overline{V}_1 = \left(V - n_2\overline{V}_2\right)/n_1$ $= (1004.7 - 0.1 \times 17.48)/55.49 = 18.07$ cm^3/몰. 그런데 이 값은 25 ℃, 1기압에서의 두 성분의 순수 몰부피와 다른 값임에 유의해야 한다.

한편 U, V, S와 같은 Euler 1차 동차함수인 크기 성질 X에 관한 적분형태 [부록(A5. 20)]인 식 (5. 54)의 전미분을 취하여 식 (5. 51)과 같이 두고, 등온, 등압의 조건 (즉 $dT = dP = 0$)을 취하면

$$\sum_i n_i d\overline{X}_i = 0 \quad (T,\ P\text{는 일정}) \tag{5. 57}$$

이 식은 Gibbs-Duhem 식으로 잘 알려져 있으며, 가령 $n = 2$ 성분계의 경우 조성에 따라 만약 $\overline{X}_1$ 가 증가 (즉 $d\overline{X}_1 > 0$)하면 $\overline{X}_2$는 감소 (즉 $d\overline{X}_2 < 0$) 함을 의미하며, 이 사실은 25℃, 1atm에서 물(H_2O)-에탄올(ethanol) 혼합용액의 조성(x_2)에 따라 두 성분의 부분몰부피의 실험곡선인 그림 5. 4에 잘 반영되고 있다.

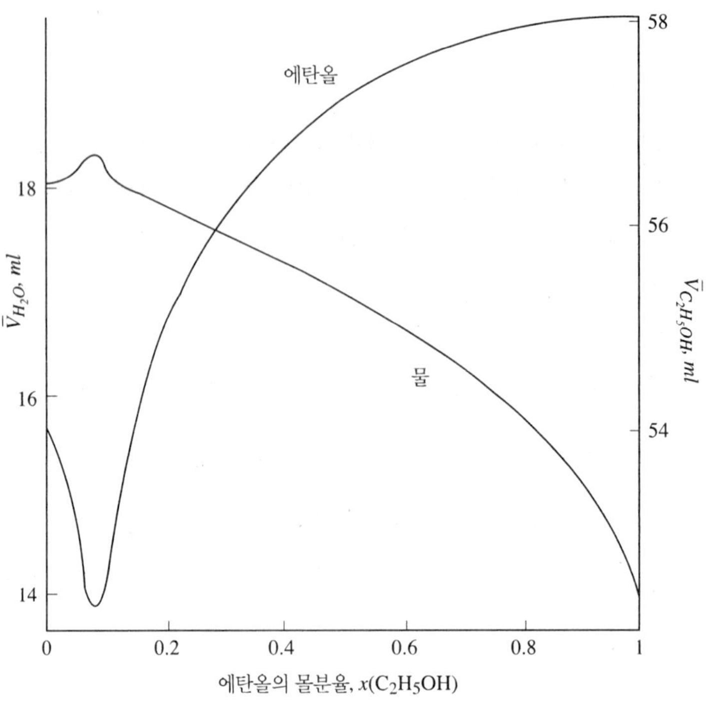

▶ **그림 5. 4** 25℃, 1 atm에서 물–에탄올용액에서의 물 및 에탄올의 부분몰부피 (양쪽의 척도가 같지 않음을 주목하라)

5. 2. 3 저분자 용액의 열역학

지금 크기나 성질이 비슷한 두 성분[가령 성분 1을 용매(solvent), 성분 2를 용질(solute)라 칭함]이 일정 온도, 압력에서 혼합하여 어떤 조성의 균일(honogeneous)한 혼합물(mixture) 혹은 용액(solution)이 되었다고 하자. 이 과정은 아래 그림과 같이 두 성분이 각각 (물리적인) 1-1, 2-2결합을 끊고 두 개의 새로운 1-2결합을 형성하는 과정으로 묘사할 수 있다.

○…○ + ●…● ⇌ 2○…●

용매 용질 용액(혼합물)

이때에 발생하는 (크기) 열역학적 성질(함수)의 변화ΔX_m(changes in extensive properties X upon mixing)을 아래와 같이 나타낼 수 있다.

$$\Delta X_m = X_{용액} - X_{순수} = \sum_i n_i \overline{X}_i - \sum_i n_i \overline{X}_i^* = \sum_i n_i \left(\overline{X}_i - \overline{X}_i^*\right) = \sum_i n_i \Delta \overline{X}_i \tag{5. 58}$$

위에서 $\overline{X}_i$ 및 $\overline{X}_i^*$는 각각 i 성분의 부분 몰량 및 순수 몰량이며, $\triangle\overline{X}_i = \overline{X}_i - \overline{X}_i^*$는 혼합에 의한 i 성분의 부분 몰량의 변화(changes in partial molar quanties $\overline{X}_i$ upon mixing)를 의미하면 아래와 같이 나타낼 수 있다.

$$\triangle\overline{X}_i = \overline{X}_i - \overline{X}_i^* = \frac{\partial}{\partial n_i}\triangle X_m \tag{5. 59}$$

증 명 여기서 n성분계의 각 성분의 몰수 n_i, n_j 는 서로 독립이므로 아래 관계가 성립된다.

$$\left.\frac{\partial n_j}{\partial n_i}\right|_{n_{k\neq i}} = \delta_{ij} \tag{5. 60}$$

여기서 $n_{k\neq i}$ 는 i성분을 제외한 다른 성분의 몰수는 일정함을 의미한다. 그리고 Kronecker-delta 기호 δ_{ij}는 $i=j$ 일 때만 1이고, $i\neq j$ 는 0이 됨을 의미하며, 이로부터 아래 관계가 성립된다.

$$\sum_{j=1}^{n}\left(\frac{\partial n_j}{\partial n_i}\right)f(n_j) = \sum_{j=1}^{n}\delta_{ij}f(n_j) = f(n_i) \tag{5. 61}$$

따라서 식 ((5. 58)-(5. 61)에서

$\left(\frac{\partial\triangle X_m}{\partial n_i}\right)_{n_{k\neq i}} = \frac{\partial}{\partial n_i}\left(\sum_{j=1}^{n}n_j\triangle\overline{X}_j\right) = \sum_j\delta_{ij}\triangle\overline{X}_j = \triangle\overline{X}_i$ 즉 식 (5. 59)가 증명된다.

■

한편 n성분 균일 혼합물의 경우 (미소)가역과정의 열역학(크기)상태 함수에 대한 관계식 (5. 5)-(5. 8)은 각 성분의 몰수의 변화(dn_i)에 따른 관련된 양(에너지)의 첨부(즉 non-PV 일 δw_e의 존재)로 인하여 다음과 같이 나타낼 수 있다.

$$dU = TdS - PdV + \sum_i\mu_i dn_i \tag{5. 62}$$

$$dH = TdS + VdP + \sum_i\mu_i dn_i \tag{5. 63}$$

$$dA = -SdT - PdV + \sum_i\mu_i dn_i \tag{5. 64}$$

$$dG = -SdT + VdP + \sum_i \mu_i dn_i \tag{5.65}$$

한편 참고 5. 1에서 논의된 상태함수의 성질에서 쉽게 아래의 관계가 성립됨을 알 수 있다.

$$\mu_i = \left(\frac{\partial U}{\partial n_i}\right)_{S,V,n_{j\neq i}} [=\overline{U}_i] = \left(\frac{\partial H}{\partial n_i}\right)_{S,P,n_{j\neq i}} [=\overline{H}_i] = \left(\frac{\partial A}{\partial n_i}\right)_{T,V,n_{j\neq i}} [=\overline{A}_i] = \left(\frac{\partial G}{\partial n_i}\right)_{T,P,n_{j\neq i}} [=\overline{G}_i] \tag{5.66}$$

[참고로 식 (5. 62)-(5. 65)의 적분형태는 Euler 동차함수 정리를 이용하여 부록 5. 2에 주어져 있다.]

일반적으로 '용액론'이란 식 (5. 58)의 ΔX_m을 조성(몰분율 또는 부피분율)의 함수로서 이론적으로 측정하는 것을 말한다. 크게 2가지 방법으로 나눌 수 있는데, 그 중 하나는 (a) ΔG_m에 대한 가정으로부터 출발하여 (크기)상태함수에 관한 표 5. 1을 이용하여 ΔV_m, ΔU_m, ΔH_m 및 ΔS_m을 추정하는 방법이고, 다른 하나는, (b) 통계열역학적 정의인 $S = k\ln\Omega$ [여기서 k는 Boltzmann 상수, Ω는 구별가능한 배치수(number of distinguishable arrangements)임]를 이용하여 $\Delta S_m = S_{용액} - S_{순수}$ 를 구하고, 한편 혼합시 에너지(엔탈피)의 변화인 ΔH_m을 랜덤(혹은 비랜덤)혼합의 가정에서 추정하여 $\Delta G_m = \Delta H_m - T\Delta S_m$ 을 구하고, 이로부터 ΔV_m, ΔU_m 등을 추정하는 방법이다.

그러면 먼저 (a)방법을 이용하여 (저분자)이상용액의 ΔX_m을 구해보기로 하자. 그러기 위해 우선 $X = G$인 경우의 ΔG_m에 대해 생각해 보자. 이 경우 $\overline{G}_i \equiv \mu_i$ [여기서 μ_i는 용액내에서 i성분의 화학퍼텐셜(chemical potential)이라 칭함]로 두고, 식 (5. 58)에서 아래가 성립된다.

$$\Delta G_m = G_{용액} - G_{순수} = \sum_i n_i(\mu_i - \mu_i^{\square}) = \sum_i n_i \Delta\mu_i = RT\sum_i n_i \ln a_i = nRT\sum_i x_i \ln a_i \tag{5.67}$$

여기서 $\mu_i^{\square}(=\overline{G}_i^{\square})$는 표준상태 [다음절에서 보듯이, 용매의 경우는 순수상태, 용질의 경우는 무한희석이면서 몰랄농도 $m_i \to m^{\circ}(=1)$이 되는 상태로서 활동도 $a_i \to 1$되는 상태임]의 화학퍼텐셜이다. 또한 활동도(activity) $a_i = \gamma_i$(활동도 계수)×x_i(몰분율)로서 이상용액(ideal solution)의 경우는 항상 $\gamma_i = 1$이 되어 $a_i = x_i$가 되며, 실제(non-ideal)용액의 경우는 γ_i 가 조성의 함수가 되어 $a_i \neq x_i$되어 훨씬 복잡해진다.

따라서 이상용액($\gamma_i = 1$)의 경우 ΔG_m, ΔV_m, ΔS_m, ΔH_m, ΔU_m 및 ΔA_m을 식 (5. 58)-(5. 67)과 (5. 46b)의 도움을 받아 구하면 아래와 같다.

$$
\left.\begin{aligned}
\Delta G_m &= \sum_i n_i \Delta\mu_i = RT\sum_i n_i \ln a_i = RT\sum_i n_i \ln x_i = nRT\sum_i x_i \ln x_i \\
\Delta V_m &= \left(\frac{\partial \Delta G_m}{\partial P}\right)_{T,n_i} = 0 \\
\Delta S_m &= (-)\left(\frac{\partial \Delta G_m}{\partial T}\right)_{P,n_i} = -nR\sum_i x_i \ln x_i = -R\sum_i n_i \ln x_i \\
\Delta H_m &= \left[\frac{\partial(\Delta G_m/T)}{\partial(1/T)}\right]_P = -T^2\left[\frac{\partial(\Delta G_m/T)}{\partial T}\right]_P = 0 \\
\Delta U_m &= \Delta H_m - P\Delta V_m = 0 \\
\Delta A_m &= \Delta G_m - P\Delta V_m = \Delta G_m = nRT\sum_i x_i \ln x_i
\end{aligned}\right\} \quad (5.68)
$$

다음에 (b) 방법에 의해 위에서 얻어진 이상용액(특히 $n=2$인 경우)에 대한 각종 ΔX_m을 구해보자. 관계식 $S=k\ln\Omega$ 을 이용하여 $\Delta S_m(=S_{용액}-S_{순수})$를 얻기 위해서는 먼저 혼합전후의 배치수 Ω를 구해야 한다. 혼합 전 순수성분의 경우에는 각각 배치수가 1이므로 $S_{순수}=k(\ln 1+\ln 1)=0$ 이 된다. 한편 혼합 후 용액의 배치수 $\Omega_{용액}$을 구하면 조합의 원리에 의해 아래와 같다.

$$
\Omega_{용액} = \frac{n!\,[=(n_1+n_2)!]}{n_1!n_2!} \quad (5.69)
$$

여기에서 $n!$ 에 대한 stirling 공식 $\ln n! \simeq n\ln n - n$ 및 $n=n_1+n_2$ 를 이용하면 $S_{용액}$은 아래와 같이 된다.

$$
\begin{aligned}
S_{용액} &= k\ln\Omega_{용액} = k[\ln n! - \ln n_1! - \ln n_2!] \\
&= k[n\ln n - n - n_1\ln n_1 + n_1 - n_2\ln n_2 + n_2] \\
&= -k\left[n_1\ln\frac{n_1}{n} + n_2\ln\frac{n_2}{n}\right] = -k[n_1\ln x_1 + n_2\ln x_2] = -nk(x_1\ln x_1 + x_2\ln x_2) \quad (5.70)
\end{aligned}
$$

따라서 용액의 혼합엔트로피변화 ΔS_m은 아래와 같이 된다.

$$
\Delta S_m^{id} = S_{용액} - S_{순수} = k[\ln\Omega_{용액} - \ln\Omega_{순수}] = -nk(x_1\ln x_1 + x_2\ln x_2) \quad (5.71)
$$

여기에서 분자단위 k 에서 몰단위 $R(=N_A k)$로 바꾸면 (a)방법의 ΔS_m의 결과 (식 (5.68))와 일치함을 알 수 있다. 한편 (b)방법에서는 이상용액의 경우 성질[혹은 역장(force field)]이 비슷한 두 성분을 혼합하므로 혼합시 에너지 변화가 아래와 같이 없다고 가정한다.

$$\Delta U_m^{id} \simeq \Delta H_m^{id} \simeq 0 \tag{5. 72}$$

결국 이상용액에 대한 ΔG_m은 (a)의 경우와 마찬가지로 아래와 같이 된다.

$$\Delta G_m^{id} = \Delta H_m^{id} - T\Delta S_m^{id} = nRT(x_1 \ln x_1 + x_2 \ln x_2) = RT(n_1 \ln x_1 + n_2 \ln x_2) \tag{5. 73}$$

이로부터 (a)의 경우와 마찬가지로 ΔS_m^{id}, ΔV_m^{id} 등을 구할 수 있다.

결국 두 방법의 결과는 일치하나, 5. 3절에서 다룰 비이상성이 큰 고분자 용액의 경우에는 (a)방법의 활동도 계수 γ_i 값을 추정할 수 없으므로 (b)방법에 의한 통계적 계산으로 ΔS_m, 나아가 ΔG_m을 구하게 된다.

참고로 식 (5. 68)로 나타낸 이상용액과 비이상계인 25 ℃의 사염화탄소 (CCl_4)-메탄올(CH_3OH) 실제용액(이상용액보다 잘 안섞임)의 차이를 이해하기 위하여 대표적인 열역학 혼합함수인 ΔH_m, ΔS_m, ΔG_m 를 메탄올의 몰분율의 함수로서 그림 5. 5에 나타내었다.

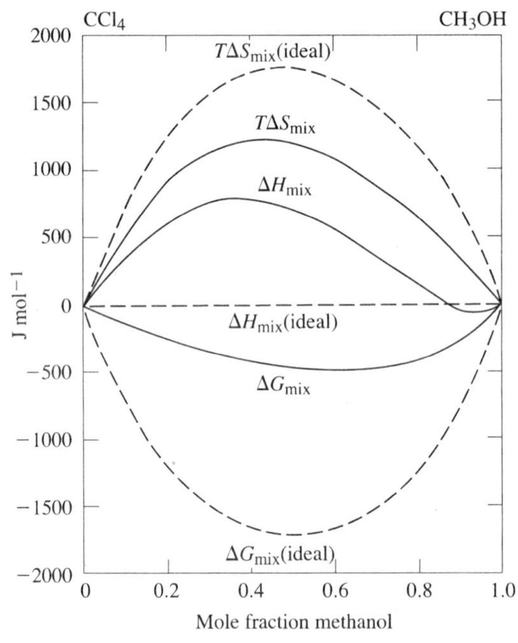

▶ **그림 5. 5** 25℃의 사염화탄소(CCl_4)−메탄올(CH_3OH)용액에 대하여 3 대표적인 열역학 혼합함수의 이상용액에 대비한 플롯.

5. 2. 4 실제용액의 활동도 및 활동도 계수

기체의 비이상성(non-ideality)을 고려하기 위하여 '퓨가시티(fugacity)'의 개념을 도입하는 것과 유사하게 용액의 비이상성을 고려하기 위하여 5. 2. 3절에서 잠깐 언급한 바 있는 '활동도(activity)'의 개념을 도입한다. 논의를 간단하게 하기위하여 $n=2$ 성분계의 용액에 한정하여 설명한다(물론 $n>2$ 이상계에서도 확장이 가능하다).

용매(성분 A)의 표준상태($a_A=1$이 됨) 화학퍼텐셜($\mu_A^{\square}$)은 순수상태(μ_A^*)와 동일하므로 아래 관계식(식 5. 67 참조)이 성립된다.

$$\mu_A=\mu_A^{\square}+RT\ln a_A=\mu_A^*+RT\ln a_A=\mu_A^*+RT\ln\frac{P_A}{P_A^*} \tag{5. 74}$$

위 식에서 용매의 활동도 a_A는 어떤 온도에서 순수한 A의 증기압 P_A^*와 균일용액(one-phase) 속에 들어있는 성분 A의 (부분)증기압의 비로서 나타내지므로 통상 $0<a_A<1$의 값을 가진다 [따라서 $\mu_A<\mu_A^*$, $\Delta\mu_A=RT\ln a_A<0$을 만족한다]. 또한 용매의 활동도는 아래식과 같이 활동도 계수와 몰분율의 곱으로 나타내기도 한다. 즉,

$$a_A=\frac{P_A}{P_A^*}=\gamma_A x_A \tag{5. 75}$$

위 식에서 γ_A는 주어진 조성에서 A성분의 활동도계수로서 잘 섞이는 $\gamma_A<1$이며, 잘 섞이지 않는 경우에는 $\gamma_A>1$의 값을 가지며, 이상용액의 경우에는 항상 $\gamma_A=1$의 값을 가진다. 실제용액($\gamma_A\neq 1$)이라도 아주 묽은 경우(즉, $x_A\rightarrow 1$)에는 $\gamma_A\rightarrow 1$이 되어 이상용액처럼 거동하는 소위 'Raoult의 법칙'을 따른다.

$$\lim_{x_A\rightarrow 1}\gamma_A=1,\ \lim_{x_A\rightarrow 1}a_A=\gamma_A \tag{5. 76}$$

이 경우 식 (5. 75)에 나타난 용액 중 성분 A의 증기압 P_A도 아래와 같이 된다.

$$\lim_{x_A\rightarrow 1}P_A=P_A^* x_A \tag{5. 77}$$

한편 용질(성분 B)의 표준상태($a_B=1$이 됨)의 화학퍼텐셜($\mu_B^{\square}$)은 용매의 경우와 달리 농도를 몰랄농도(m)으로 표시하였을 때 무한희석(즉, $m\rightarrow 0$, $x_B\rightarrow 0$)이면서 $m\rightarrow m^\circ$ $(=1)$이 되는 '가설적(hypothetical)' 상태에 해당된다. 이에 주어진 조성에서의 용질의 화학퍼텐셜은 용매에 대한 '용해도(solubility)'의 역에 해당되는 Henry 상수 k_B를 사용하여 아래와 같이 나타내진다.

$$\mu_B = \mu_B^{\square} + RT\ln a_B = \mu_B^{\square} + RT\ln\frac{P_B}{k_B} \quad (5.78)$$

또한 용매의 활동도 a_B는 아래와 같이 몰랄농도 m과 그에 대응하는 활동도계수 γ_m의 곱으로 나타내기도 한다.

$$a_B = \frac{P_B}{k_{B,m}} = \gamma_m \cdot m/(m^{\circ} = 1) \quad (5.79)$$

위 식에서 괄호안 항은 a_B의 단위를 없애기 위함이다. 용매, 용질 둘 다 액상인 경우는 용매의 경우처럼 간혹 아래식도 사용된다.

$$a_B = \frac{P_B}{k_{B,x}} = \gamma_B x_B \quad (5.80)$$

한편 용매에 대한 Raoult 법칙과 유사하게 무한 희석 ($x_{B\to 0}$, $m\to 0$)의 경우 γ_B(혹은 γ_m) $\to 1$ 이 되어 $a_B \to m/(m^{\circ} = 1)$ [혹은 $a_B \to x_B$]되는 아래와 같이 소위 'Henry의 법칙' 이 성립된다.

$$\lim_{m\to 0}\gamma_m = 1, \lim_{m\to 0} a_B = m/(m^{\circ} = 1) \quad (5.81a)$$

만약 몰분율을 조성 단위로 취할 경우

$$\lim_{x_B\to 0}\gamma_B = 1, \lim_{x_B\to 0} a_B = x_B \quad (5.81b)$$

또한 용액 중 용질의 증기압에 대해서도 식 (5. 79)에서 아래가 성립된다.

$$\lim_{m\to 0} P_B = k_{B,m} \cdot m/(m^{\circ} = 1) \quad (5.82a)$$

혹은

$$\lim_{x_B\to 0} P_B = k_{B,x} \cdot x_B \quad (5.82b)$$

위 식에서 $k_{B,m}$ 및 $k_{B,x}$ 는 각각 농도로 m 또는 x_B로 나타내었을 때의 용질의 Henry상수에 해당된다.

예제 5.3

25℃, 1 bar 정도의 압력에서 물(A)에 대한 CO_2기체(B)의 용해는 묽은 용액의 가정 [즉, γ_B(혹은 γ_m) $\rightarrow 1$]하에 아래와 같이 Henry의 법칙을 따른다고 하자.

$$P_B \simeq 42.3 \times m/(m^\circ = 1)$$

만약 $P_{CO_2} = 15$ bar인 경우 m=0.3 (몰/kg)의 포화수용액이 얻어진다면 이 농도 [실제 용액 가정 즉 γ_m(혹은 γ_B) $\neq 1$]에서 CO_2 기체의 활동도, 활동도 계수 및 $\Delta\mu_2 \left[= \mu_2 - \mu_2^{\square} = RT\ln a_B\right]$를 구하라.

풀이 위 문제 식에서 Henry 상수 $k_{B,m}$=42.3 이므로 식 (5. 79)에서 활동도

$$a_B = \frac{P_B}{k_{B,m}} = \frac{15}{42.3} = 0.355,$$ 활동도 계수 γ_m는

$$\gamma_m = a_B \times \frac{(m^\circ = 1)}{m} = \frac{0.355}{0.3} = 1.183,$$

$$\Delta\mu_2 = RT\ln a_B = 8.314\ (\text{J}/^\circ\text{k} \cdot \text{몰}) \times 298(^\circ\text{k}) \times \ln 0.355 = -2.57\ \text{kJ/몰}.$$

한편 그림 5. 6에서 볼 수 있듯이 2성분 실제용액에 있어서 휘발성 성분 A에 대해서 만약 몰분율 $x_A \rightarrow 1$ 이 되면 예상대로 용매로서 Raoult법칙을 따르고, $x_A \rightarrow 0$ 이 되면 용질로서 Henry의 법칙을 따름을 알 수 있다.

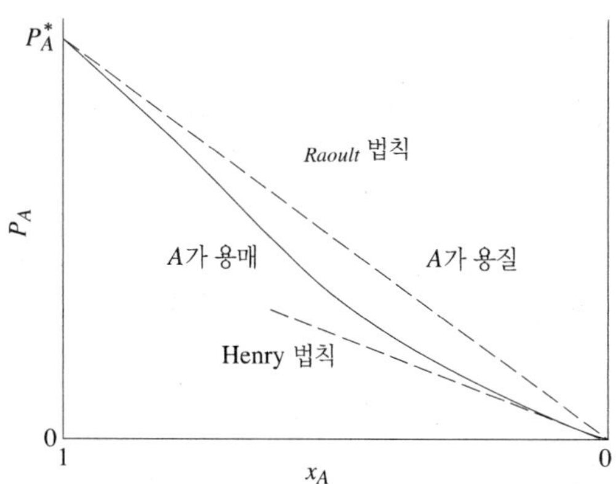

▶ **그림 5. 6** 실제용액의 휘발성 성분(A)에 대한 전형적인 증기압-조성 다이어그램

[참고 : 위에서 언급한 비전해질 용액에 대한 일반 표준상태는 $[H^+]$(수소이온농도)=1(몰/L), 즉 $pH = -\log[H^+] = 0$ 에 해당되나, '생화학적 표준상태'의 경우는 $pH = 7$ 즉 $[H^+] = 10^{-7}$ (몰/L)에

해당됨에 유의해야 된다.]

다음에는 2성분 '정규 용액(regular solution)'의 경우 각 성분의 활동도 계수를 구해 보기로 한다. 정규 용액이란 $\Delta G_m = \Delta H_m - T\Delta S_m$ 에서 ΔS_m 으로서는 이상용액의 값 (식 5. 68)을 갖고, $\Delta H_m = nRT\beta x_1 x_2$[여기에서 β는 혼합시 생기는 교환 엔탈피 파라미터로서 $\beta = 0$은 이상용액, $\beta > 0$ 일 때는 잘 안 섞이는 경우, $\beta < 0$은 잘 섞이는 경우에 해당]을 이용한다. 따라서 아래 식이 성립된다.

$$\Delta G_m \left[= n_1\Delta\mu_1 + n_2\Delta\mu_2\right] = nRT\left[x_1\ln x_1 + x_2\ln x_2 + \beta x_1 x_2\right] \tag{5. 83}$$

이때 각 성분의 활동도계수는 아래와 같다.

$$\ln\gamma_1 = \beta x_2^2\,,\ \ln\gamma_2 = \beta x_1^2 \tag{5. 84}$$

증 명 $\Delta\mu_1\left(= RT\ln a_1\right) = \left(\dfrac{\partial\Delta G_m}{\partial n_1}\right)_{P,\,T,\,n_2}$ 이므로 식 (5. 83)을 n_1에 대하여 미분하면 아래와 같다.

$$\frac{\Delta\mu_1}{RT} = \left(x_1\ln x_1 + x_2\ln x_2 + \beta x_1 x_2\right) + n\left\{\left(\frac{\partial x_1}{\partial n_1}\right)_{n_2}\ln x_1 - \left(\frac{\partial x_1}{\partial n_1}\right)_{n_2}\ln x_2 + \beta\left[\left(\frac{\partial x_1}{\partial n_1}\right)_{n_2} x_2 - x_1\left(\frac{\partial x_1}{\partial n_1}\right)_{n_2}\right]\right\}$$

여기에서 $\left(\dfrac{\partial x_1}{\partial n_1}\right)_{n_2} = \left[\dfrac{\partial}{\partial n_1}\left(\dfrac{n_1}{n}\right)\right]_{n_2} = \dfrac{n-n_1}{n_2} = \dfrac{x^2}{n}$ 를 대입하면,

$$\frac{\Delta\mu_1}{RT} = \left(x_1\ln x_1 + x_2\ln x_2 + \beta x_1 x_2\right) + n\left[\frac{x_2}{n}\left(\ln x_1 - \ln x_2\right) + \beta\times\frac{x_2}{n}\left(x_2 - x_1\right)\right] = \ln x_1 + \beta x_2^2$$

그런데 $\dfrac{\Delta\mu_1}{RT} = \ln a_1 = \ln\left(x_1\gamma_1\right) = \ln x_1 + \ln\gamma_1$ 이므로 위 식에서 $\ln\gamma_1 = \beta x_2^2$ 가 증명된다.

마찬가지로 $\Delta\mu_2\left(= RT\ln a_2\right) = \left(\dfrac{\partial\Delta G_m}{\partial n_2}\right)_{n_1}$ 이므로 식 (5. 83)을 n_2에 대해 미분하면 아래와 같다.

$$\frac{\Delta\mu_2}{RT} = \left(x_1\ln x_1 + x_2\ln x_2 + \beta x_1 x_2\right) + n\left\{\left(\frac{\partial x_1}{\partial n_2}\right)_{n_1}\ln x_1 - \left(\frac{\partial x_1}{\partial n_2}\right)_{n_1}\ln x_2 + \beta\left[\left(\frac{\partial x_1}{\partial n_2}\right)_{n_1} x_2 - x_1\left(\frac{\partial x_1}{\partial n_2}\right)_{n_1}\right]\right\}$$

여기서 $\left(\dfrac{\partial x_1}{\partial n_2}\right)_{n_1} = \left[\dfrac{\partial}{\partial n_2}\left(\dfrac{n_1}{n}\right)\right]_{n_1} = -\dfrac{n_1}{n^2} = -\dfrac{x_1}{n}$을 위 식에 대입하면

$$\frac{\Delta\mu_2}{RT} = [x_1\ln x_1 + x_2\ln x_2 + \beta x_1 x_2] + n\left\{-\frac{x_1}{n}(\ln x_1 - \ln x_2) - \frac{x_1}{n}\beta(x_2 - x_1)\right\}$$

$$= \ln x_2 + \beta x_1^2$$

그런데 $\frac{\Delta\mu_2}{RT} = \ln a_2 = \ln(x_2\gamma_2) = \ln x_2 + \ln\gamma_2$

따라서 $\ln\gamma_2 = \beta x_1^2$이 증명된다. ■

[비고 : 부록 5. 3에 기술한 소위 '가상 미분법'에 의해서도 비교적 간단히 증명될 수 있음을 밝혀 둔다.]

한편 정규용액의 성분1(용매)의 활동도 a_1도 아래와 같이 나타낼 수 있다.

$$a_1 = \gamma_1 x_1 = x_1 e^{\beta x_2^2} = x_1 e^{\beta(1-x_1)^2} \tag{5. 85}$$

a_2에 대해서도 비슷한 식을 쓸 수 있다. 한편 성분1의 활동도는 용액속의 증기압 P_1과 순수한 증기압 P_1^*의 비(식 5. 75)이므로 다음과 같이 쓸 수 있다.

$$P_1 = \left\{x_1 e^{\beta(1-x_1)^2}\right\} P_1^* \tag{5. 86}$$

이 식에서 $x_1 \to 1$이 됨에 따라 예상대로 Raoult의 법칙에 접근하게 되며, 반대로 $x_1 \ll 1$일 때는 위 식은 아래와 같이 Henry의 법칙에 접근하게 된다.

$$P_1 \simeq x_1 e^{\beta} P_1^* = k_1 x_1 \tag{5. 87}$$

여기서 $k_1\left(= e^{\beta}P_1^*\right)$는 1성분의 몰분율로 나타낸 Henry 상수에 해당되며, 정규용액의 엔탈피 파라미터 $\beta = \ln\left(k_1/P_1^*\right)$관계에서 얻어질 수 있다.

5. 3 고분자 용액론

5. 3. 1 준화학적 모델에 의한 혼합엔탈피 추정

지금 어떤 (T, P)에서 N_1개의 용매와 N_2개의 용질이 혼합하여 아래 관계식이 나타낸 바와 같이 X_{12}개의 1-2 접촉쌍(contact pair) 수, X_{11}개의 섞이지 않고 그대로 남아있는 1-1 접촉쌍 수 및 X_{22}개의 미혼합상태의 2-2 접촉쌍 수가 남아있다고 하자.

X_{12}

N_1 + N_2 $\overset{K(T)}{\rightleftharpoons}$ X_{11} X_{22} (5. 88)

이때 질량(혹은 개수)보존 원리와 5. 2. 3절에 나타낸 그림[즉, ○…○+●…●→2○…●]을 참조로 아래 관계식이 성립된다.

$$N_1 = 2X_{11} + X_{12} \quad (5.\ 89a)$$

$$N_2 = 2X_{22} + X_{12} \quad (5.\ 89b)$$

[사실 위 식에서 양변에 용액 내 한 개의 분자(혹은 세그먼트) 주위의 최근접 이웃(nearest neighbors)의 수 즉, '배위수(coordination number)' z를 곱해야 정확한 접촉쌍의 수가 된다.]

위 식에서 최종 혼합물에서 미혼합상태로 남아있는 두 성분의 접촉쌍의 수 X_{11} 및 X_{22}를 구하면 아래와 같다.

$$X_{11} = \frac{N_1}{2} - \frac{X_{12}}{2} \quad (5.\ 90a)$$

$$X_{22} = \frac{N_2}{2} - \frac{X_{12}}{2} \quad (5.\ 90b)$$

그런데 혼합물에 관한 Guggenhein의 '준화학적 모델(quasi-chemical equilibrium model)'에 의하면 식 (5. 88)의 혼합과정을 화학반응의 평형과 유사하게 취급하여 아래와 같이 나타낸다.

$$K(T) = \left[\frac{\left(\frac{1}{2}X_{12}\right)^2}{X_{11}X_{22}}\right]_{eq} = e^{-\frac{2\Delta w_{12}}{RT}} \quad (5.\ 91)$$

위 식에서 첨자 'eq'는 평형상태에 있는 혼합과 미혼합상태에 있는 접촉쌍의 수를 의미하며, $K(T)$는 주어진 온도에서 혼합에 대한 '평형상수(equilibrium constatnt)'이고, Δw_{12}는 1개의 1-2 결합이 생길 때 야기되는 에너지(엔탈피)변화 즉,

$$\Delta w_{12} = w_{12} - \frac{w_{11} + w_{22}}{2} \quad (5.\ 92)$$

이 식에서 w_{11} 및 w_{22}는 1-1 및 2-2 결합의 상호작용 에너지, w_{12}는 1-2 결합의 상호작용 에너지

를 의미한다. 식 (5. 91)에서 Δw_{12}가 작을수록 X_{12} 및 K가 커져 잘 혼합(즉, $\Delta G_m \ll 0$)됨을 의미한다.

혼합에는 이상용액의 경우처럼 두 성분의 크기나 성질이 비슷하게(가령 벤젠과 톨루엔의 혼합 경우처럼) 거의 랜덤하게 섞이는(즉, X_{12}의 수가 증가) '랜덤혼합(random mixing)'과 그렇지 못한 '비랜덤 혼합(non-random mixing)'(고분자 용액의 경우가 대표적인 경우임)의 두 종류가 있는데 우선 랜덤혼합의 경우부터 생각해보자.

랜덤혼합의 경우는 식 (5. 88)의 X_{12}가 전체분자수 $N(=N_1+N_2)$과 혼합초기에 두 성분의 수에 비례하는 몰분율을 사용하여 아래와 같이 나타내진다.

$$X_{12}=Nx_1x_2 \tag{5. 93}$$

이를 식 (5. 90) 및 (5. 91)에 대입하면 아래 관계가 얻어진다.

$$X_{12}^2=4X_{11}X_{22},\ K=1,\ \Delta w_{12}=0 \tag{5. 94}$$

증 명 먼저 식 (5. 90)에 (5. 93)의 X_{12}를 대입하고, $N_1+N_2=N$, $Nx_1=N_1$, $Nx_2=N_2$ 관계를 이용하면 아래와 같다.

$$\begin{aligned}4X_{11}X_{22}&=4\left(\frac{N_1}{2}-\frac{X_{12}}{2}\right)\left(\frac{N_2}{2}-\frac{X_{12}}{2}\right)=N_1N_2-(N_1+N_2)X_{12}+X_{12}^2\\&=N_1N_2-NX_{12}+X_{12}^2=N_1N_2-N^2x_1x_2+X_{12}^2=X_{12}^2\end{aligned}$$ ■

그러나 대부분의 실제용액의 경우에는 $\Delta w_{12}\neq 0$, $K\neq 1$이 되므로 X_{12}값으로서 식 (5. 93)대신 '비랜덤 혼합'의 척도를 나타내는 '$\kappa(T)$'를 사용(여기서 $\kappa=1$은 랜덤, $\kappa\neq 1$은 비랜덤 혼합물을 의미)하여 아래와 같이 나타낸다.

$$X_{12}=\kappa(T)X_{12}^{\circ}=\kappa Nx_1x_2 \tag{5. 95}$$

여기서 X_{12}°은 랜덤혼합의 경우 (5. 93)의 X_{12}값 즉, Nx_1x_2를 의미한다.

따라서 비랜덤 혼합에 대한 혼합엔탈피 변화 ΔH_m은 이 개념을 이용하여 통상 아래와 같이 나타낸다.

$$\Delta H_m=zX_{12}\cdot\Delta w_{12}=z\kappa X_{12}^{\circ}\Delta w_{12}=z\Delta w_{12}\kappa(T)N_1x_2 \tag{5. 96}$$

위 식에서 κ값이 클수록 비랜덤성이 증가하고, 또 혼합 상호작용에너지 변화인 Δw_{12}값이 0이면 '무열(athermal)', Δw_{12}값이 음으로 크면 '발열(exothermic)' 즉, $\Delta H_m<0$이 되어 자발적인 혼합

[즉, $\Delta G_m = \Delta H_m - T\Delta S_m < 0$ 성립]이 되어 잘 섞이게 된다. 물론 $\Delta w_{12} > 0$이되면 '흡열(endothermic)' 즉, $\Delta H_m > 0$ 되어 잘 안섞이게[즉 상분리(phase separation)가 유리]된다.

5. 3. 2 Hildebrand의 정규용액 이론

5. 2. 4절에서 언급한 정규용액[ΔG_m에 관한 식 (5. 83)]의 상호작용 엔탈피 파라미터 β의 구체적인 표현을 준화학적 모델에 기인하여 유도하려 한다. Scatchard와 Hildebrand는 식 (5. 92)의 w_{12}가 각 성분의 상호작용 에너지의 기하평균(즉, $w_{12} = \sqrt{w_{11} w_{12}}$)으로 표시될 수 있다는 점에 착안하여 혼합에 의한 내부에너지 변화 ΔU_m을 아래와 같이 나타내었다(식 5. 96 참조).

$$\Delta U_m = (n_1 V_1 + n_2 V_2)\left[\left(\frac{\Delta U_1^v}{V_1}\right)^{1/2} - \left(\frac{\Delta U_2^v}{V_2}\right)^{1/2}\right]^2 \phi_1 \phi_2 \tag{5. 97a}$$

$$= V(\delta_1 - \delta_2)^2 \phi_1 \phi_2 \tag{5. 97b}$$

위 식에서 V_1 및 V_2는 각 성분의 (부분)몰부피를 의미하며, $V(= n_1 V_1 + n_2 V_2)$는 용액의 전체부피이다. 또한 각 성분의 '용해도 파라미터(solubility parameter)' δ는 분자간 인력 [즉 내압(internal pressure) $P_i = (\partial U / \partial V)_T$]의 척도로서 아래와 같이 단위체적당 증발 내부에너지, $\Delta U^v / V$ [여기서 위첨자 v 는 증발(vaporization)을 의미], 항으로 정의된다.

$$\delta = \left(\frac{\Delta U^v}{V}\right)^{1/2}, \quad c.e.d. = \delta^2 = \frac{\Delta U^v}{V} \tag{5. 98}$$

위 식에서 $c.e.d.$(=cohesive energy density)는 분자의 '응집에너지 밀도'를 의미한다.

한편 낮은 압력에서는 $\Delta U_m \simeq \Delta H_m$ $(\because H = U + PV)$이므로 아래와 같이 나타낼 수 있다.

$$\Delta H_m = V(\delta_1 - \delta_2)^2 \phi_1 \phi_2 = n_1 \overline{V}_1 (\delta_1 - \delta_2)^2 \phi_2 \tag{5. 99}$$

여기서 부피분율 $\phi_1 = n_1 \overline{V}_1 / V(= n_1 \overline{V}_1 + n_2 \overline{V}_2)$가 이용되었다. 이는 식 (5. 83)에서의 모호한 파라미터 β대신에 각 성분의 용해도 파라미터를 이용한 향상된 이론으로서 이를 'Hildebrand-Scatchard'(혹은 'Hildebrand') 정규 용액론이라고 한다[단 ΔS_m으로서는 식 (5. 68)의 $\Delta S_m{}^{id}$을 이용하였다]. 식 (5. 99)의 장점 혹은 물리적 의미는 두 성분의 용해도 파라미터 값이 비슷할수록 (가령 같이 극성, 또는 같이 비극성인 경우) ΔH_m의 값이 작아져 자발적 혼합의 기준 조건인 $\Delta G_m < 0$이 되기 쉽다. 사실 주어진 고분자(δ_2)에 대하여 상용성을 주는 용매의 용해도 파라미터(δ_1) 값의 대략적인 기준으로서 '엄지법칙(a rule of thumb)'으로 알려진 아래의 관계가

있다.

$$(\delta_2 - 1.1) < \delta_1 < (\delta_2 + 1.1) \tag{5.100}$$

그러나 1차원적인 식 (5. 99)대신에 참고 5. 3에서 Hansen의 3차원적인 용해도 파라미터 개념을 도입하여 설명하였다.

참고 5. 3

그림 5. 7에서 보듯이 어떤 물질의 용해도 파라미터 δ는 스칼라가 아닌 3차원(cartesian 직교좌표) 공간에서 3성분 즉, 비극성 분산력 성분 δ_d, 극성성분 δ_p, 그리고 수소결합 성분 δ_h를 가진 벡터 즉 $\boldsymbol{\delta}$로 표시된다.

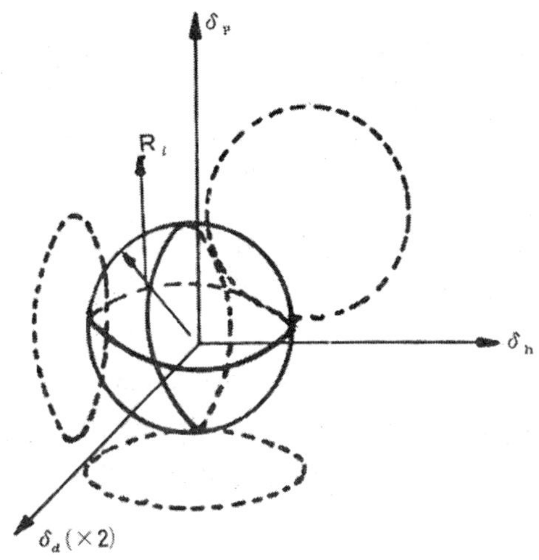

▶ **그림 5. 7** 상호작용 반경 R_i를 가진 Hansen 3차원 용해도 파라미터 구 및 이의 3 좌표평면상에 투영.

지금 1, 2 간의 교환에너지 항 A_{12}를 아래와 같이 두 용해도 파라미터 벡터 $\boldsymbol{\delta}_1$과 $\boldsymbol{\delta}_2$의 차벡터의 크기로 정의한다.

$$A_{12} = |\boldsymbol{\delta}_1 - \boldsymbol{\delta}_2|^2 = \sum_{i=d,P,h} (\delta_{1i} - \delta_{2i})^2 \tag{5.101}$$

이로부터 ΔU_m 표현으로서 식 (5. 97)대신 아래와 같이 쓸 수 있다.

$$\Delta U_m = V\phi_1\phi_2\left[(\delta_{1,d} - \delta_{2,d})^2 + (\delta_{1,P} - \delta_{2,P})^2 + (\delta_{1,h} - \delta_{2,h})^2\right] \tag{5.102}$$

물론 낮은 압력의 경우 $\Delta U_m \simeq \Delta H_m$ 으로 대체할 수 있다. 3차원 용해도 파라미터에 대한 언급은 여기서 그칠까 한다.

한편 저분자와 달리 고분자는 증발하지 않으므로 식 (5. 98)로부터 직접 $\delta_2(=\delta_P)$를 구할 수 없다. 대신 식 (5. 99)의 개념에 의해 용매의 δ 값과 차이가 작을수록 잘 녹던지 (선형고분자의 경우), 아니면 잘 팽윤(가교 고분자의 경우)되는 성질을 이용하여 그림 5. 8에 나타낸 바와 같이 약간 가교시킨 고분자에 대해 각종 용매속에서 평형(부피)팽윤도를 측정하여 최대값(식 5. 103 참조)이 되는 용매의 δ_1 값을 고분자의 δ_P 값으로 간주하는 방법이다.

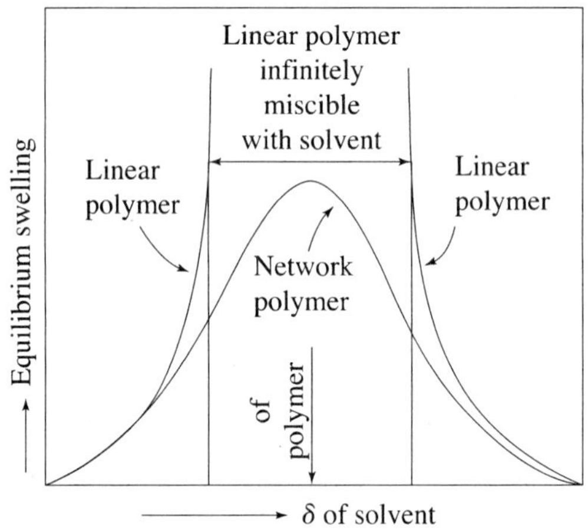

▶ **그림 5. 8** 주어진 선형 및 가교 폴리스티렌 고분자에 대해 용매의 용해도 파라미터 (δ_1) 의 함수로서 평형(부피)팽윤도의 표현.

여기서 팽윤도와 용매의 δ 값과의 관계를 정규용액이론의 개념으로부터 추정하면 다음의 경험식으로 얻는다.

$$Q = Q_{\max}\exp\left[-KV_1(\delta_1-\delta_2)^2\right] \tag{5. 103}$$

여기서 Q는 건조 고분자 1 cm^3 당 평형 함유된 용매의 부피, K는 상수, $Q_{\max}$는 $\delta_1=\delta_2$ 되는 최대 팽윤값이다. 따라서 $\left[V^{-1}\ln Q_{\max}/Q\right]^{1/2}$ vs δ_1 plot 의 절편이 고분자의 δ_2값이 된다.

한편 고분자의 용해도 파라미터 $\delta_P(=\delta_2)$ 값을 추정하는 다른 방법으로서 소위 '군 공헌 부가방법(group contribution additive method)'이 있다. 측정하려는 고분자의 밀도 ρ는 고분자의 반복단위 구조에 따라 결정(분자량에 무관)된다고 가정하여 아래의 관계식으로부터 δ_2 값을 추정한다.

$$\delta_2 = \rho\frac{\sum E_{iu}}{M_u} \tag{5. 104}$$

위 식에서 M_u 는 반복단위(모노머)의 분자량, E_{iu} 는 반복단위 u에 속한 i군(group)의 구조배열을 반영하는 '몰 인력상수(molar attraction constant)'이다. 아래의 예제를 참조하여라.

예제 5.4

지금 반복단위의 구조가 $-\{CH_2-CH[COO(CH_2)_3-CH_3]-\}_n$ 형태인 폴리(부틸 아크릴레이트)와 같은 아크릴계 고분자(밀도 ρ = 0.95 g/cm³)를 생각해보자. 만약 반복단위의 각 군의 몰 인력상수 값[단위는(cal·cm³)^{1/2}]이 아래와 같다면 식 (5. 104)로부터 δ_2를 계산하라. 또 이 결과로부터 용매 n-부틸아세테이트 $[\delta_1 = 8.7\,(\mathrm{cal/cm^3})^{1/2}]$과 메탄올 $[\delta_1 = 10.4(\mathrm{cal/cm^3})^{1/2}]$ 중 어느 것에 더 잘 녹을까?

[여기서 $M_C = 12$, $M_H = 1$, $M_O = 16$ g/몰을 이용하여라.]

단 $E(CH_2) = 13.3$, $E(CH) = 28$, $E(C=O) = 275$, $E(-O-) = 70$, $E(CH_3) = 214$ (단위는 생략).

풀이 먼저 반복단위분자량

$M_u = 4 \times CH_2 + CH_3 + CH + CO + O = 56 + 15 + 13 + 28 + 16 = 128$ g/몰 단량체.

또한 $\sum E_{iu} = 4 \times 133 + 214 + 28 + 275 + 70 = 1119$ $[(\mathrm{cal{\cdot}cm^3})^{1/2}]$

$$\therefore \delta_2 = 0.95\,(\mathrm{g/cm^3}) \times \frac{1119\,(\mathrm{cal/cm^3})^{1/2}}{128\ \mathrm{g/몰}} = 8.3\,(\mathrm{cal/cm^3})^{1/2}$$

그런데 n-부틸아세테이트의 경우 $\delta_1 = 8.7$ $\therefore (\delta_1 - \delta_2)^2 = 0.16\ \mathrm{cal/cm^3}$

한편 메탄올의 경우 $\delta_1 = 10.4$ $\therefore (\delta_1 - \delta_2)^2 = 4.4\ \mathrm{cal/cm^3}$ 이로부터 n-부틸아세테이트 용매가 주어진 고분자에 더 잘 적합한 용매라고 생각된다.

5. 3. 3 Flory-Huggins(F-H) 고분자 용액론

핵심은 $\Delta G_m = \Delta H_m - T\Delta S_m$에서 ΔH_m으로서는 식 (5. 96)의 van Laar 형태를 취하고, ΔS_m으로서는 5. 2. 3절에서 언급된 바 있는 엔트로피의 통계역학적 정의 $S = k\ln W$(여기서 W는 구별가능한 배치수)를 사용하여 ΔG_m을 계산하는 것이다.

5. 3. 3. 1 격자(lattice)모델로부터 ΔS_m의 유도

지금 N_1개의 용매분자(크기는 격자점 1개의 크기와 동일 간주)와 N_2개의 고분자(크기는 1개의 격자점의 r배, 사실 용매의 크기나 세그먼트의 크기모두 기준 격자점 1개의 크기와 같다고 간주하므로 r은 고분자의 중합도에 해당)가 혼합하여 어떤 조성 ϕ_2(부피분율)의 고분자 용액을 이룰 경우에 전체 $N = N_1 + rN_2$의 격자점위에 용매분자와 고분자의 세그먼트가 배치되어 있는 한 배열을 그림 5. 9에 나타내었다.

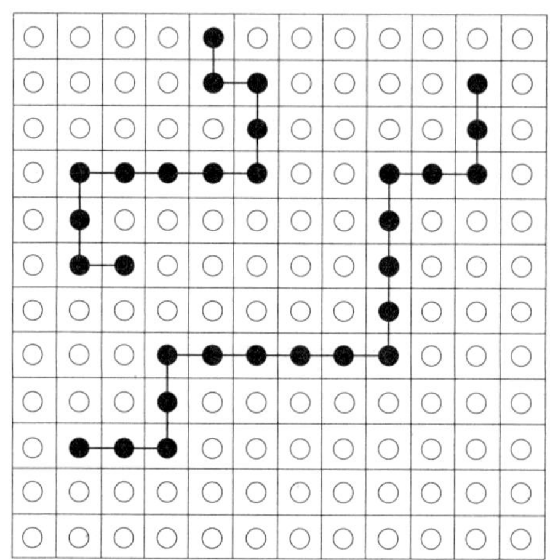

▶ **그림 5. 9** 격자점의 랜덤 채움: ●, 고분자 세그먼트; ○, 용매분자.

먼저 최종 용액(혼합물)상태의 배치수 $W(N_1, N_2)$를 구해보자. 그러기 위해 전체 N개의 격자점(최근접 이웃의 수인 배위수는 z)에 이미 $(i-1)$개의 고분자가 랜덤하게 배치되어 있다고 할 때 i번째의 고분자를 배치하는 방법의 수를 ν_i라 할 때 이를 i의 함수로 나타낼 수 있다면 전체 배치수 $W_{용액} = \prod_{i=1}^{N_2} \nu_i$ 가 될 것이다. 그래서 ν_i를 구하기 위해 i번째의 고분자의 최초 세그먼트를 전체 격자점에 넣을 가지수는 비어있는 격자점의 수에 해당(용매는 N_2개의 고분자가 모두 들어간 후 맨 마지막에 자동으로 들어감)하는 $N - r(i-1)$개일 것이다. 다음에 i번째 고분자의 2번째 세그먼트가 들어갈 가지수의 기대(평균)치는 배위수 X(첫번째 세그먼트의 이웃이 비어있을 확률) $=z\{N - r(i-1)\}/N$이다. 다음에 붙어있는 3번째 세그먼트가 들어갈 평균 가지수는 이미 1개 이웃이 차지하고 있으므로 $(z-1)\{N - r(i-1)\}/N$일 것(단 비어있을 확률은 모두 동일하다고 간주)이다. 따라서 i번째 고분자의 r개의 전 세그먼트를 전체 격자점에 배치하는 (구별가능한)가지수 ν_i는 아래와 같이 될 것이다.

$$\nu_i = \frac{\{N - r(i-1)\}}{\sigma} \cdot \frac{z\{N - r(i-1)\}}{N} \cdot \frac{(z-1)\{N - r(i-1)\}}{N} \cdots \tag{5. 105}$$

$$= \frac{Nz(z-1)^{r-2}}{\sigma} \cdot \{N-r(i-1)\}^r$$

여기서 σ는 고분자 사슬의 대칭수로서 머리(head)와 꼬리(tail)의 구별이 가능한 경우 $\sigma = 1$, 구별이 불가능한 경우 $\sigma = 2$ 가 된다.

식 (5. 105)로부터 최종 혼합물에 대한 전체 배치수 $W_{용액}$은 아래와 같이 된다.

$$W_{용액}(N_1, N_2) = \frac{1}{N_2!}\prod_{i=1}^{N_2}\nu_i = \frac{z^{N_2}(z-1)^{N_2(r-2)}}{\sigma^{N_2}N_2!} \cdot N^{N_2}\prod_{i=1}^{N_2}\left\{1-\frac{r(i-1)}{N}\right\}^r \tag{5. 106a}$$

$$= \frac{z^{N_2}(z-1)^{N_2(r-2)}}{\sigma^{N_2}N_2!} \cdot N^{-(r-1)N_2}\left\{r^{N_2}\frac{(N/r)!}{(N_1/r)!}\right\}^r \tag{5. 106b}$$

위 식에서 분모에 $N_2!$ 로 나눈 것은 N_2 개의 고분자끼리는 구별이 불가능하기 때문이다. 또 식 (a)에서 (b)로 된 것은 곱 기호($\prod$)항을 $i=1$부터 N_2까지 전개하면 아래와 같게 되기 때문이다. 즉

$$\prod_{i=1}^{N_2}\left\{1-\frac{r(i-1)}{N}\right\}^r = 1^r \times \left(1-\frac{r}{N}\right)^r \times \left(1-\frac{2r}{N}\right)^r \times \cdots \times \left[1-\frac{(N_2-1)r}{N}\right]^r$$

$$= \left[\frac{N}{N} \times \frac{N-r}{N} \times \frac{N-2r}{N} \times \cdots \times \frac{N-(N_2-1)r}{N}\right]^r$$

$$= N^{-rN_2}[N(N-r)(N-2r)\cdots[N-(N_2-1)r]]^r$$

$$= N^{-rN_2}\left[r^{N_2} \times \frac{N}{r} \times \left(\frac{N-r}{r}\right) \times \left(\frac{N-2r}{r}\right) \times \cdots \times \left[\frac{N-(N_2-1)r}{r}\right]\right]^r$$

$$= N^{-rN_2}\left[r^{N_2} \times \frac{N}{r} \times \left(\frac{N}{r}-1\right) \times \left(\frac{N}{r}-2\right) \times \cdots \times \left[\frac{N}{r}-(N_2-1)\right]\right]^r$$

$$= N^{-rN_2}\left[r^{N_2} \times \left(\frac{N}{r}\right)! \Big/ \left(\frac{N_1}{r}\right)!\right]^r \quad (\because N = N_1 + rN_2)$$

따라서 식 (b)가 성립된다.

한편 식 (5. 106b)에서 $x(>0)$가 매우 클 때 stirling 공식 $x! \simeq (x/e)^x$ 및 $N = N_1 + rN_2$를 이용하여 정리하면, 특히 $\{\cdots\}^r$항은

$$\{\cdots\}^r = \left\{ \frac{r^{N_2} \times (N/re)^{N/r}}{(N_1/re)^{N_1/r}} \right\}^r = r^{N_2 r} \times \left(\frac{N/re}{N_1/re} \right)^{N_1} \times \left(\frac{N}{re} \right)^{rN_2}$$

$$= r^{N_2 r} (N/N_1)^{N_1} \times (N/re)^{rN_2} = [rN/re]^{rN_2} \times (N/N_1)^{N_1}$$

$$= (N/e)^{rN_2} \times (N/N_1)^{N_1}$$

이를 이용하여 식 (5. 106b)를 다시 정리하면

$$W_{용액}(N_1, N_2) = \left[\frac{z(z-1)^{r-2}}{\sigma} \right]^{N_2} \times e^{N_2} \times \frac{1}{N_2^{N_2}} \times \frac{1}{N^{(r-1)N_2}} \times \left(\frac{N}{e} \right)^{rN_2} \times \left(\frac{N}{N_1} \right)^{N_1} \quad (5.107)$$

여기서 e 항을 모으면 $e^{N_2 - rN_2} = e^{-(r-1)N_2}$ 가 되므로 식 (5. 107)은 다시 아래와 같이 간단히 된다.

$$W_{용액}(N_1, N_2) = \left[\frac{z(z-1)^{r-2}}{\sigma e^{r-1}} \right]^{N_2} \times \left(\frac{N}{N_2} \right)^{N_2} \times \left(\frac{N}{N_1} \right)^{N_1} \quad (5.108)$$

이때 고분자 용액의 배위(configuration)엔트로피 $S_{용액}(N_1, N_2)$는

$$S_{용액}(N_1, N_2) = k \ln W = kN_2 \ln\left[z(z-1)^{r-2}/\sigma e^{r-1}\right] - k\left[N_2 \ln \frac{N_2}{N} + N_1 \ln \frac{N_1}{N}\right] \quad (5.109a)$$

$$= kN_2 \ln\left[rz(z-1)^{r-2}/\sigma e^{r-1}\right] - k\left[N_2 \ln \frac{rN_2}{N} + N_1 \ln \frac{N_1}{N}\right] \quad (5.109b)$$

혼합하기 전 순수한 용매의 엔트로피 $S(N_1, 0)$ 및 순수한 고분자의 엔트로피 $S(0, N_2)$ 는 위 식에 각각 $N_2 = 0$ 및 $N_1 = 0$ 대입하면 아래와 같이 얻어진다.

$$S(N_1, 0) = 0 \quad (5.110a)$$

$$S(0, N_2) = kN_2 \ln\left[rz(z-1)^{r-2}/\sigma e^{r-1}\right] \quad (5.110b)$$

특히 식 (5. 110b)의 $S(0, N_2)$는 순수한 (결정성)고상 고분자(이때 배치수는 1이므로 해당 엔트로피는 0이 됨)에서 무질서한(disordered) 랜덤상태의 액상 고분자로 되는데 수반되는 '용해(disorientation)' 엔트로피 ΔS_{dis}라 칭한다. 따라서 N_1개의 액상 용매와 N_2개(크기 r)의 액상 고분자를 혼합 시 일어나는 배위(configuration)엔트로피 변화 ΔS_m은

$$\left.\begin{aligned}\Delta S_m = S_{용액} - S_{순수} &= k[\ln W_{용액}(N_1, N_2) - \ln W_{용매}(N_1, 0) - \ln W_{고분자}(0, N_2)] \\ &= S_{용액}(N_1, N_2) - S_{용매}(N_1, 0) - S_{고분자}(0, N_2)(= \Delta S_{dis}) \\ &= -k\left[N_1 \ln\frac{N_1}{N} + N_2 \ln\frac{N_2}{N}\right] - kN_2 \ln r \\ &= -k\left[N_1 \ln\frac{N_1}{N} + N_2 \ln\frac{rN_2}{N}\right] = -R[n_1 \ln\phi_1 + n_2 \ln\phi_2] \\ &= -nR[x_1 \ln\phi_1 + x_2 \ln\phi_2]\end{aligned}\right\} \quad (5.111)$$

단 위 식에서 $\frac{N_1}{N} = \phi_1$(용매의 부피분율), $\frac{rN_2}{N} = \phi_2$(고분자의 부피분율) 및 분자단위 $k \to$ 몰단위 $R(= N_A k)$로 치환하였다. 이 식과 저분자 이상용액에 대한 ΔS_m(식 5. 68)을 비교해보면 형태는 똑같으나 log안의 단위가 몰분율에서 부피분율로 바뀌었음에 유의하라. 그러나 이 결과로 인하여 양자간 매우 큰 차이를 유발하게 된다.

예제 5.5

(a) 만약 60 cm^{3}의 톨루엔과 20 cm^{3}의 벤젠을 300 °K에서 혼합하여 이상용액이 되었다면 혼합 엔트로피 변화 ΔS_m을 구하라. 단 밀도 $\rho_{벤젠} = \rho_{톨루엔} = 0.9\ g/cm^3$를 가정하고, 기체 상수 $R \doteqdot 2$ cal/°K·몰 로 간주하여라. 또 $M_{벤젠} = 78\ g/몰$, $M_{톨루엔} = 92\ g/몰$이다.

(b) 만약 벤젠 대신 중합도(혹은 격자크기) $r = 1000$인 10^{-4} 몰의 고분자 용질로 치환될 때 혼합에 의한 ΔS_m을 F-H이론으로부터 측정하여라.

풀이 (a) 식 (5. 68)에서 $\Delta S_m = -R[n_1 \ln x_1 + n_2 \ln x_2]$

여기서 벤젠의 몰수 $n_1 = \frac{\rho_1 \times V_1}{M_1} = \frac{20 \times 0.9}{78} = 0.23$ 몰, 톨루엔의 몰수

$n_2 = \frac{\rho_2 \times V_2}{M_2} = \frac{60 \times 0.9}{92} = 0.59$ 몰.

따라서 벤젠의 몰분율 $x_1 = \frac{n_1}{n_1 + n_2} = 0.28$, 톨루엔의 몰분율 $x_2 = \frac{n_2}{n_1 + n_2} = 0.72$

$\therefore \Delta S_m = -R(=2) \times (0.28 \ln 0.28 + 0.59 \ln 0.72) = +0.974\ cal/°K$

(b) 고분자의 크기(중합도) $r = 1000$, 고분자의 몰수 $n_2 = 10^{-4}$ 몰, n_1(톨루엔) $= 0.59$ 몰,

또한 격자모델에서 부피분율은 격자(lattice)분율과 같으므로

$$\phi_1(\text{톨루엔 부피분율}) = \frac{n_1}{n_1 + n_p \times r} = \frac{0.59}{0.59 + 10^{-4} \times 10^3} = 0.86$$

$$\phi_2(\text{고분자 부피분율}) = \frac{n_p r}{n_1 + n_p \times r} = \frac{10^{-4} \times 10^3}{0.59 + 10^{-4} \times 10^3} = 0.14$$

따라서 F-H이론에 의한 고분자 용액의 배위 엔트로피 변화 ΔS_m는 식 (5. 111)에 의해,

$$\Delta S_m = -R[n_1 \ln\phi_1 + n_2 \ln\phi_2] = -2 \times [0.59\ln 0.86 + 10^{-4}\ln 0.14] = 0.178 \text{ cal}/{}^\circ\text{K}$$

따라서 고분자 용액의 경우가 저분자(이상)용액에 비해 ΔS_m값이 훨씬 작음을 알 수 있다.

5. 3. 3. 2 이성분계 (단분산)고분자용액의 ΔG_m

비랜덤 혼합의 엔탈피에 관한 식 (5. 96)에서 고분자계에 적용을 위하여 몰분율 x_2를 부피분율 ϕ_2로, 또 교환 엔탈피항을 아래와 같이 대체한다.

$$z\Delta w_{12}\kappa(T) = RT\chi_h \tag{5. 112}$$

여기서 χ_h는 Flory 상호작용 엔탈피 피라미터라 칭한다. 따라서 고분자 용액에 관한 F-H 이론의 혼합 엔탈피 ΔH_m은 아래와 같이 표시된다.

$$\Delta H_m = RT\chi_h n_1 \phi_2 \tag{5. 113}$$

이에 고분자 용액의 F-H 이론에 의한 혼합에 관한 Gibbs 자유에너지 변화항 ΔG_m $(= \Delta H_m - T\Delta S_m)$은 식 (5. 111)과 (5. 113)을 사용하여 구해질 수 있게 된다. 그러나 문제는 격자모델을 사용하여 구한 엔트로피항(식 5. 111)은 상호작용을 무시한 채 오직 통계역학적 수단에만 의존하여 혼합에 의한 배치수의 변화항만을 고려한 아래의 '배위(combinatorial)' 엔트로피항 ΔS_C 에 불과하다.

$$\Delta S_C = -R(n_1 \ln\phi_1 + n_2 \ln\phi_2) \tag{5. 114}$$

여기에서 Flory는 아래와 같이 상호작용항을 고려한 '잉여(residual)' 엔트로피항 ΔS_R을 도입하였다.

$$\Delta S_R = -Rn_1\phi_2\chi_s \tag{5. 115}$$

여기에서 χ_s는 상호작용 엔트로피 파라미터이다.

결국 혼합에 의한 전체 엔트로피 변화항 ΔS_m은 아래와 같이 된다.

$$\Delta S_m = \Delta S_C + \Delta S_R = -R\left[n_1 \ln \phi_1 + n_2 \ln \phi_2 + n_1 \phi_2 \chi_s\right] \quad (5.116)$$

그러면 F-H 이론에 의한 이성분계 단분산 고분자 용액의 혼합에 의한 Gibbs 자유에너지 변화항은 식 (5. 113)-(5. 116)의 도움을 받아 최종적으로 아래와 같이 나타낼 수 있다.

$$\Delta G_m = \Delta H_m - T\Delta S_m = RT\left[n_1 \ln\phi_1 + n_2 \ln\phi_2 + \chi n_1 \phi_2\right] \quad (5.117)$$

여기서 χ는 상호작용 Gibbs 자유에너지 파라미터로서 아래와 같이 정의된다.

$$\chi = \chi_h + \chi_s \ , \ \chi_h = -T\left(\frac{\partial \chi}{\partial T}\right)_P \quad (5.118)$$

한편 5. 1절에 논의한 열역학 성질의 제반관계, 특히 Gibbs-Helmholtz 식 (5. 46b) 및 표 5. 1의 상태함수간의 관계를 이용하여 아래의 식들이 증명될 수 있다. 단 편미분에서 두 성분의 몰 수 n_1, n_2가 일정하다는 첨자는 생략하였다.

$$\Delta H_m = -T^2\left[\frac{\partial(\Delta G_m/T)}{\partial T}\right]_P = RT\chi_h n_1 \phi_2 \quad (5.119)$$

$$\Delta S_m \left(= \Delta S_C + \Delta S_R\right) = -\left(\frac{\partial \Delta G}{\partial T}\right)_P = -R\left[n_1 \ln \phi_1 + n_2 \ln \phi_2 + \chi_s n_1 \phi_2\right] \quad (5.120)$$

$$\Delta V_m = \left(\frac{\partial \Delta G_m}{\partial P}\right)_T = RTn_1\phi_2\left(\frac{\partial \chi}{\partial P}\right)_T \quad (5.121)$$

$$\Delta U_m = \Delta H_m - P\Delta V_m = RTn_1\phi_2\left[\chi_h - \left(\frac{\partial \chi}{\partial P}\right)_T\right] \quad (5.122)$$

이번에는 5. 2. 3절에서 논의한 혼합에 의한 각 성분의 각종(크기) 부분 몰량의 변화 $\Delta \overline{X}_i \left(= \overline{X}_i - \overline{X}_i^*\right)$를 식 (5. 59)에 의거하여 구해보기로 한다. 그러기위해 우선, 전체 격자수를 $L = n_1 + rn_2$(여기서 $r = \overline{V}_2/\overline{V}_1$, $\overline{V}_1$는 격자 1개의 크기와 동일하다고 간주)로 두면 각 성분의 부피분율은 아래와 같이 된다.

$$\phi_1 = n_1/L\left(= n_1 + rn_2\right), \ \phi_2 = rn_2/L = 1 - \phi_1 \quad (5.123)$$

이를 몰수 n_1 및 n_2에 대해 미분한 결과는 아래와 같다(단, 편미분에서 등온, 등압의 첨자 T, P는 생략한).

$$\left(\frac{\partial \phi_1}{\partial n_1}\right)_{n_2} = -\left(\frac{\partial \phi_2}{\partial n_1}\right)_{n_2} = \frac{\phi_2}{L}, \quad \left(\frac{\partial \phi_1}{\partial n_2}\right)_{n_1} = -\left(\frac{\partial \phi_2}{\partial n_2}\right)_{n_1} = -\frac{r\phi_1}{L} \tag{5. 124}$$

이 관계 및 상호작용 파라미터(χ, χ_h, χ_s)를 편의상 조성(혹은 몰수)에 무관하다고 가정하여 고분자 용액의 부분몰량에 관한 중요한 관계식들을 얻을 수 있다.

$$\Delta\mu_1 (= \mu_1 - \mu_1^{\square}) = RT\ln a_1 = \left(\frac{\partial \Delta G_m}{\partial n_1}\right)_{n_2} = RT\left[\ln\phi_1 + \left(1 - \frac{1}{r}\right)\phi_2 + \chi\phi_2^2\right] \tag{5. 125}$$

$$\Delta\mu_2 (= \mu_2 - \mu_2^{\square}) = RT\ln a_2 = \left(\frac{\partial \Delta G_m}{\partial n_2}\right)_{n_1} = RT\left[\ln\phi_2 - (r-1)\phi_1 + \chi r\phi_1^2\right] \tag{5. 126}$$

$$\Delta\overline{H}_1 = \left(\frac{\partial \Delta H_m}{\partial n_1}\right)_{n_2} = RT\chi_h\phi_2^2 \tag{5. 127}$$

$$\Delta\overline{H}_2 = \left(\frac{\partial \Delta H_m}{\partial n_2}\right)_{n_1} = RT\chi_h r\phi_1^2 \tag{5. 128}$$

$$\left.\begin{aligned} &\Delta\overline{S}_1 = \Delta\overline{S}_{C,1} + \Delta\overline{S}_{R,1} = -R\left[\ln\phi_1 + \phi_2\left(1 - \frac{1}{r}\right) + \chi_s\phi_2^2\right] \\ &\Delta\overline{S}_{C,1} = -R\left[\ln\phi_1 + \phi_2\left(1 - \frac{1}{r}\right)\right], \quad \Delta\overline{S}_{R,1} = -R\chi_s\phi_2^2 \end{aligned}\right\} \tag{5. 129}$$

$$\left.\begin{aligned} &\Delta\overline{S}_2 = \Delta\overline{S}_{C,2} + \Delta\overline{S}_{R,2} = -R\left[\ln\phi_2 + \phi_1(1-r) + \chi_s\phi_1^2 r\right] \\ &\Delta\overline{S}_{C,2} = -R\left[\ln\phi_2 + \phi_1(1-r)\right], \quad \Delta\overline{S}_{R,2} = -R\chi_s\phi_1^2 r \end{aligned}\right\} \tag{5. 130}$$

한편 모든 성분의 활동도계수(γ_i)가 1인 2성분계 이상용액에 대한 고분자 용액의 '과잉함수(excess function)'는 아래와 같이 정의된다.

$$\left.\begin{aligned} \Delta G^{ex} &\equiv \Delta G_m - \Delta G_m^{id} = \sum_{i=1}^{2} n_i(\Delta\mu_i - \Delta\mu_i^{id}) = \sum_i n_i\Delta\mu_i^E \\ &= RT\sum n_i(\ln a_i - \ln x_i) = RT\sum_{i=1}^{2} n_i\ln\gamma_i \quad (\because a_i = \gamma_i \times x_i) \end{aligned}\right\} \tag{5. 131}$$

$$\ln\gamma_1 = \left[\frac{\partial}{\partial n_1}\left(\frac{\Delta G^{ex}}{RT}\right)\right]_{n_2}, \quad \ln\gamma_2 = \left[\frac{\partial}{\partial n_2}\left(\frac{\Delta G^{ex}}{RT}\right)\right]_{n_1} \tag{5. 132}$$

[단 식 (5. 132)는 '가상미분'에 대한 부록 5. 3 참조요.]

식 (5. 131)에서 $\Delta\mu_i$는 식 (5. 125)-(5. 126), $\Delta\mu_i^{id} = RT\ln x_i$를 이용하면 $\Delta\mu_i^E(i=1,\ 2)$는아래와 같이 된다.

$$\Delta\mu_1^E = \left(\frac{\partial \Delta G^{ex}}{\partial n_1}\right)_{n_1} = \Delta\mu_1 - \Delta\mu_1^{id}\left(= \Delta\overline{H}_1^E - T\Delta\overline{S}_1^E\right)$$

$$= RT\left[\ln\phi_1 + \left(1 - \frac{1}{r}\right)\phi_2 + \chi\,\phi_2^2 - \ln x_1\right] \tag{5. 133}$$

$$\Delta\mu_2^E = \left(\frac{\partial \Delta G^{ex}}{\partial n_2}\right)_{n_1} = \Delta\mu_2 - \Delta\mu_2^{id}\left(= \Delta\overline{H}_2^E - T\Delta\overline{S}_2^E\right)$$

$$= RT\left[\ln\phi_2 - (r-1)\phi_1 + \chi\,r\phi_1^2 - \ln x_2\right] \tag{5. 134}$$

마찬가지로 아래가 성립된다.

$$\Delta H^{ex} \equiv \Delta H_m - \Delta H_m^{id}(=0) = \sum_{i=1}^{2} n_i \Delta\overline{H}_i\left(= \Delta\overline{H}_i^E\right) = RT\chi_h\left(n_1\phi_2^2 + n_2 r\phi_1^2\right) \tag{5. 135}$$

$$\Delta\overline{H}_1^E = \left(\frac{\partial \Delta H^{ex}}{\partial n_1}\right)_{n_2} = RT\chi_h\phi_2^2 \tag{5. 136}$$

$$\Delta\overline{H}_2^E = \left(\frac{\partial \Delta H^{ex}}{\partial n_2}\right)_{n_1} = RT\chi_h r\phi_1^2 \tag{5. 137}$$

또한

$$\Delta S^{ex} \equiv \Delta S_m - \Delta S_m^{id} = \sum_{i=1}^{2} n_i\left(\Delta\overline{S}_i - \Delta\overline{S}_i^{id}\right) \tag{5. 138}$$

$$= -R\left[n_1\ln\phi_1 + n_2\ln\phi_2 + \chi_s n_1\phi_2 - n_1\ln x_1 - n_2\ln x_2\right]$$

$$\Delta\overline{S}_1^E = \left(\frac{\partial \Delta S^{ex}}{\partial n_1}\right)_{n_2} = -R\left[\ln\phi_1 + \phi_2\left(1 - \frac{1}{r}\right) + \chi_s\phi_2^2 - \ln x_1\right] \tag{5. 139}$$

$$\Delta\overline{S}_2^E = \left(\frac{\partial \Delta S^{ex}}{\partial n_2}\right)_{n_1} = -R\left[\ln\phi_2 - \phi_1(r-1) + \chi_s r\phi_1^2 - \ln x_2\right] \tag{5. 140}$$

5. 3. 3. 3 묽은 고분자용액에 대한 Flory – Krigbaum 이론

묽은 고분자용액($\phi_2 \to 0$)의 성질을 논할 경우는 $\Delta\mu_2$보다 $\Delta\mu_1$이 중요하므로 여기서는 주로 $\Delta\mu_1$에 대하여 언급하겠다. 그에 앞서 고분자의 부피분율 ϕ_2란 용액 1 cm^3 (1 ml)중 고분자의 부피에 해당되므로, 만약 1 cm^3에 고분자가 c_2 g 들어있고 또 그 농도에서의 고분자의 밀도의 역수에 해당하는 비체적(partial specific volume) (즉 1 g당 부피)이 $\bar{v}_2$(= $\bar{V}_2 / M_2$, 여기서 M_2 및 $\bar{V}_2$는 고분자의 몰 질량 및 부피)라면 아래 관계식이 성립된다.

$$\phi_2 = c_2 v_2 = c_2 \times \frac{\bar{V}_2}{M_2} = c_2 r \bar{V}_1 / M_2 \qquad [\text{단 } r = \bar{V}_2 / \bar{V}_1] \tag{5. 141}$$

그러면 이 식과 농도가 묽은 경우의 $\ln\phi_1 = \ln(1-\phi_2) = -\phi_2 - \frac{\phi_2^2}{2} - \frac{\phi_2^3}{3} \cdots$ (즉 $\ln\phi_1$을 $\phi_2 = 0$ 근방으로 Taylor 전개)을 이용하면 F-H 이론의 $\Delta\mu_1$ 식 (5. 125)은 아래와 같이 농도에 관한 비리얼(virial) 급수전개로 나타낼 수 있다 (단 χ파라미터는 조성무관 가정).

$$\left.\begin{aligned}
\frac{\Delta\mu_1}{RT} &= \ln a_1 = \ln(1-\phi_2) + \left(1 - \frac{1}{r}\right)\phi_2 + \chi\phi_2^2 \\
&= -\frac{1}{r}\phi_2 - \left(\frac{1}{2} - \chi\right)\phi_2^2 - \frac{1}{3}\phi_2^3 \cdots \\
&= -c_2\bar{V}_1\left[\frac{1}{M_2} + A_2 c_2 + A_3 c_2^2 + \cdots\right]
\end{aligned}\right\} \tag{5. 142}$$

여기서 용액내 세그멘트간 상호작용을 나타내는 소위 '2nd virial 계수' A_2 및 '3rd virial 계수' A_3는 각각 아래의 값을 가진다.

$$A_2 = \left(\frac{1}{2} - \chi\right)\frac{\bar{v}_2^2}{\bar{V}_1}, \quad A_3 = \frac{1}{3}\frac{\bar{v}_2^3}{\bar{V}_1}, \quad \cdots \tag{5. 143}$$

특히 묽은 용액의 성질을 다룰 때 매우 중요한 A_2는 Flory - Krigbaum 엔탈피 및 엔트로피 파라미터인 $\kappa_1(=\chi_h)$와 $\psi_1\left(=\frac{1}{2} - \chi_s\right)$의 도입 및 $\frac{\kappa_1}{\psi_1} \equiv \frac{\Theta}{T}$ [여기서 Θ는 주어진 고분자-용매계에 일정한 임계(상분리)온도에 해당]의 정의와 $\chi = \chi_h + \chi_s$의 관계를 이용하면 아래와 같이 나타내지기도 한다.

$$A_2 = \left(\frac{1}{2} - \chi\right)\frac{\bar{v}_2^2}{\bar{V}_1} = \psi_1\left(1 - \frac{\Theta}{T}\right)\frac{\bar{v}_2^2}{\bar{V}_1} \tag{5. 144}$$

한편 앞 절에서 언급된 용매의 과잉 부분몰 엔트로피 $\Delta \overline{S}_1^E$(식 5. 139)도 묽은 고분자 용액의 경우 $\ln(1-\phi_2) \simeq -\phi_2 - \dfrac{\phi_2^2}{2} \cdots$ 및 $x_1 \rightarrow 1$, $r \rightarrow \infty$ 의 가정과 $\dfrac{1}{2} - \chi_s = \psi_1$의 관계를 이용하면 아래와 같이 된다.

$$\Delta \overline{S}_1^E \simeq R\left(\frac{1}{2} - \chi_s\right)\phi_2^2 = R\psi_1\phi_2^2 \tag{5. 145}$$

따라서 농도가 묽을 경우 용매의 과잉 화학퍼텐셜 $\Delta\mu_1^E$(5. 133)는 식 (5. 136)의 χ_h를 κ_1으로 두면 아래와 같이 근사적으로 나타낼 수 있다.

$$\left.\begin{aligned} \Delta\mu_1^E &= \Delta \overline{H}_1^E - T\Delta \overline{S}_1^E \simeq RT\phi_2^2(\kappa_1 - \psi_1) \\ &= -RT\psi_1\left(1 - \frac{\Theta}{T}\right)\phi_2^2 = -RT\left(\frac{1}{2} - \chi\right)\phi_2^2 \end{aligned}\right\} \tag{5. 146}$$

이 식의 의미는 용액의 온도가 낮아져 (UCST) 상분리 온도 Θ(5. 4절 참조)에 도달하면 엔탈피와 엔트로피 효과가 같아져 이상용액의 성질에서 벗어나는 과잉 화학퍼텐셜 $\Delta\mu_1^E$의 값이 0이 됨을 의미한다.

그러나 위에서 논의한 묽은 고분자 용액에 관한 식들은 고분자의 용매능이 Θ상태보다 좋아져 고분자 세그먼트끼리는 반발하고, 고분자와 용매의 인력은 증가하여 4장에서 논의한 고분자 사슬의 크기($\langle R^2 \rangle$ 혹은 $\langle S^2 \rangle$)가 팽창된다는 Flory-Krigbaum의 '배제체적 효과 (excluded volume effect)'를 고려하면(복잡하므로 자세한 유도는 생략함) 식 (5. 142)-(5. 144)는 $\left(\dfrac{1}{2} - \chi\right)\left[= \psi_1\left(1 - \dfrac{\Theta}{T}\right)\right]$ 항에 약간 복잡한 함수 $F(X)$(아래 참조)를 곱하여 아래와 같이 수정되어 표시된다.

$$\frac{\Delta\mu_1}{RT} = \ln a_1 = -\frac{1}{r}\phi_2 - \left(\frac{1}{2} - \chi\right)F(X)\phi_2^2 - \frac{1}{3}\phi_2^3 \tag{5. 147}$$

$$A_2 = \left(\frac{1}{2} - \chi\right)F(X)\frac{\overline{v}_2^2}{\overline{V}_1} = \psi_1\left(1 - \frac{\Theta}{T}\right)F(X)\frac{\overline{v}_2^2}{\overline{V}_1} \tag{5. 148}$$

여기서 배제체적 효과를 나타내는 독립변수 X 및 그 함수 $F(X)$는 아래와 같이 정의된다.

$$X = 4C_M\psi_1(1 - \Theta/T)M^{1/2}/\alpha^3 \tag{5. 149}$$

$$C_M = \frac{9}{2^{5/2}\pi^{3/2}}\left(\frac{\bar{v}_2^2}{\bar{V}_1 N_A}\right)\left(\frac{M}{\langle r^2\rangle_0}\right)^{3/2} \tag{5.150}$$

$$F(X) = 4\pi^{-1/2}X^{-1}\int_0^\infty \{1-\exp[-X\exp(-y^2)]\}y^2dy \tag{5.151}$$

$$= 1 - X/(2!\,2^{3/2}) + X^2/(3!\,3^{3/2}) + \cdots \tag{5.152}$$

위 식에서 $\langle r^2\rangle_0$은 (비섭동)θ상태의 고분자 사슬의 제곱평균 말단거리, $\alpha^2(=\langle r^2\rangle/\langle r^2\rangle_0)$는 용매에 의한 팽창계수를 의미한다. 위 식에서 $X=0$(θ상태) 때 $F(X)=1$, $X>5$ 되는 양용매의 경우 $F(X)>1$ 크게 된다. 그러나 특별한 언급이 없는 한 이후의 논의에서는 $F(X)\simeq 1$로 간주[즉, 식 (5. 142)-(5. 144)를 그대로 사용]하여 진행한다.

한편 4장에서도 언급한 바있는 관심의 (양)용매에 의한 팽창계수 α는 Flory-Krigbaum 이론에 의하여 아래와 같은 α의 5차 방정식으로 나타내진다.

$$\alpha^5 - \alpha^3 = 2C_M\psi_1(1-\Theta/T)M^{1/2} \tag{5.153a}$$

$$= \frac{3^{3/2}}{2}X(\because \text{식 (5. 149)}) \simeq 2.60X \tag{5.153b}$$

이 식을 α를 구하기 위한 Flory의 'α^5-법칙'이라 칭한다[사실 α를 구하기 위한 다수의 이론이 제안되고 있으나 여기서는 생략한다]. 이절에서 지금까지 언급된 것을 비추어 볼 때 5. 4절에서 언급할 UCST 상분리의 경우 $T>\Theta$(혹은 용매가 양용매)이면 $A_2>0$(즉, 세그먼트 간의 반발력이 인력보다 큼), $\chi<\frac{1}{2}$ 및 $\alpha>1$이 성립된다. 반대로 온도가 낮아져 Θ온도에 접근하면 $A_2\to 0$, $\chi\to\frac{1}{2}$, $\alpha\to 1$이 되어 비섭동(θ)상태의 축소된 코일 형태를 취하게 됨을 알 수 있다.

5. 3. 3. 4 다성분계 균일 혼합물계로 확장

그림 5. 9의 격자모델을 이용하여 크기가 균일(단분산)한 1종류의 고분자($\bar{V}_2 = r\bar{V}_1$, r은 고분자의 중합도에 해당)와 격자 1개의 크기를 가진 1종류의 (저분자)용매를 혼합시 생기는 배위(combinatorial) 엔트로피 ΔS_C는 식 (5. 111)의 간단한 형태로 유도되었다. 이 식을 유도할 때와 같은 기법(다만, 성분 i의 분자의 크기만 달라짐)을 이용하면 (관련된 식은 훨씬 복잡해지겠지만) 크기 m_i(즉, $\bar{V}_i = m_i v_0$, v_0는 기준 격자 1개의 부피로서 용매나 세그먼트의 크기와 동일하다고 간주)인 i성분의 몰수 n_i(혹은 분자수 N_i)(여기서 $i=1\sim n$)를 균일하게 혼합할 경우의 ΔS_C에

대한 Flory-Huggins이론의 확장은 아래와 같다.

$$\Delta S_C = -LR\sum_{i=1}^{n}\frac{\phi_i}{m_i}\ln\phi_i = -R\sum_{i=1}^{n}n_i\ln\phi_i \tag{5. 154}$$

여기서 전체 격자수 L 및 크기 m_i인 i성분의 부피분율 ϕ_i는 아래와 같이 나타내진다.

$$L = \sum_{i=1}^{n}n_i m_i = V\left(=\sum n_i \overline{V}_i\right)/v_0,\ \ \phi_i = n_i m_i/L \tag{5. 155}$$

이 식을 사용하여 5. 3. 3. 2절에 논의한 절차(식 (5. 117)의 유도에 관련된)에 따라 다성분계 혼합물에 대한 ΔG_m은 아래와 같이 추정될 수 있다.

$$\Delta G_m/RT\left[=\sum_{i=1}^{n}n_i\Delta\mu_i/RT\right] = L\cdot\left[\sum_{i=1}^{n}\frac{\phi_i}{m_i}\ln\phi_i + \sum_{i}^{n}\sum_{<j}\chi_{ij}\phi_i\phi_j\right] \tag{5. 156a}$$

$$= \sum_{i=1}^{n}n_i\ln\phi_i + L\sum_{i}^{n}\sum_{<j}\chi_{ij}\phi_i\phi_j \tag{5. 156b}$$

여기서 $i-j$성분 간의 상호작용 파라미터 $\chi_{ij}(=\chi_{ji})$[여기서 $\chi_{ii}=0$ ∵ 동종 성분 간에는 서로 잘 섞이므로 교환 엔탈피항이 0이 됨]에 관한 표현식은 n성분 기체혼합물에 있어서 관련된 물성에 대한 소위 '일유체 랜덤 혼합법칙(one-fluid random mixing rule)'에 관한 식[문 5. 4 참조]과 유사하다. 그리고 위 식(a)의 우편 괄호 안은 조성(ϕ_i)의 함수로 된 '세기(intensive)' 성질이며, (b)의 표현은 질량(혹은 몰수)의 함수로 된 '크기(extensive)' 성질임에 유의해야 한다.

이제 5. 3. 3. 2절의 2성분계 (단분산)고분자 용액의 화학퍼텐셜에 관한 식과 유사하게, 다성분계의 경우에도 5. 4절의 상분리(phase separation)현상에 적용을 위하여 (조금 복잡하지만) 각 성분의 혼합에 의한 화학퍼텐셜의 변화량을 구해보기로 한다. 그러기에 앞서 2성분계의 경우와 마찬가지로 각 성분의 몰수에 의한 조성(부피분율)의 편미분에 관한 식을 식 (5. 60)에 소개된 Kronecker-delta기호 δ_{ij}(즉, $i=j$일 때 1, 기타 0)를 사용하여 [즉, 몰수 n_i는 서로 독립이므로 $\left(\frac{\partial n_j}{\partial n_i}\right)=\delta_{ij}$이 됨] 아래와 같이 나타낸다[단, 크기 m_i는 몰수에 무관하다고 가정].

$$(\partial\phi_j/\partial n_i)_{n_{j\neq i}} = \left[\frac{\partial}{\partial n_i}\left(\frac{n_j m_j}{L}\right)\right] = \frac{\delta_{ij}m_j - \phi_j m_i}{L},\ \ \frac{\partial L}{\partial n_i} = \sum_j\frac{\partial(n_j m_j)}{\partial n_i} = m_i \tag{5. 157}$$

그러면 크기표현인 식 (5. 156b)를 이용하여 크기 m_i인 i성분의 $\Delta\mu_i$에 관한 표현식을 구하면 (단 상호작용 파라미터 χ_{ij}는 조성과 무관하다고 가정) 아래의 매우 중요한 결과를 얻는다.

$$\Delta\mu_i(=RT\ln a_i)=\left(\frac{\partial\Delta G_m}{\partial n_i}\right)_{n_{j\neq i}}=\ln\phi_i+1-m_i\sum_{j=1}^{n}\frac{\phi_j}{m_j}+m_i\sum_{k=1}^{n}\chi_{ik}\phi_k-m_i\sum_{k}\sum_{<l}\phi_k\phi_l\chi_{kl} \qquad (5.158)$$

증 명 우선 식 (5. 156b)의 우편 첫째항을 식 (5.157)의 도움을 받아 n_i로 편미분한다.

$$\left[\frac{\partial}{\partial n_i}\left(\sum_{j=1}^{n}n_j\ln\phi_j\right)\right]_{n_{j\neq i}}=\sum_j\delta_{ij}\ln\phi_j+\sum_j(n_j/\phi_j)\frac{\partial\phi_j}{\partial n_i}=\ln\phi_i+\sum_j\left(\frac{n_j}{\phi_j}\right)\frac{\delta_{ij}m_j-\phi_j m_i}{L}$$

$$=\ln\phi_i+1-m_i\sum_j\frac{\phi_j}{m_j}\quad(\because n_jm_j/L=\phi_j,\ \sum_j\delta_{ij}=1) \qquad (5.159)$$

다음에는 우편 두 번째 항을 미분해보자. 단 χ_{ii} 는 0이므로 $\sum_{j=1}^{n}\chi_{ij}(\cdots)=\sum_{j\neq i}^{n}\chi_{ij}(\cdots)$를 의미한다.

$$\left(\frac{\partial L}{\partial n_i}\right)\sum_{k<}\sum_{l}\chi_{kl}\phi_k\phi_l+L\sum_{k<}\sum_{l}\chi_{kl}\left(\frac{\partial\phi_k}{\partial n_i}\right)\phi_l+L\sum_{k<}\sum_{l}\chi_{kl}\phi_k\left(\frac{\partial\phi_l}{\partial n_i}\right)$$

여기서 $\left(\frac{\partial L}{\partial n_i}\right)=m_i$, $\left(\frac{\partial\phi_k}{\partial n_i}\right)=\frac{\delta_{ik}m_k-\phi_k m_i}{L}$, $\left(\frac{\partial\phi_l}{\partial n_i}\right)=\frac{\delta_{il}m_l-\phi_l m_i}{L}$ 를 대입하면 위 식은

$$m_i\sum_{k<}\sum_{l}\chi_{kl}\phi_k\phi_l+L\sum_{k<}\sum_{l}\chi_{kl}\frac{\delta_{ik}m_k-\phi_k m_i}{L}\phi_l+L\sum_{k<}\sum_{l}\chi_{kl}\phi_k\frac{\delta_{il}m_l-\phi_l m_i}{L}$$

여기서 δ에 관련된 두 항만을 합하면 아래와 같이 된다[단 여기서 가령 $\sum_k\delta_{ik}m_k$는 $k\rightarrow i$로 치환하고 $\sum_k$기호가 없어짐을 이용할 것].

$$\sum_{l(>i)}\chi_{il}m_i\phi_l+\sum_{k(<i)}\chi_{ki}m_i\phi_k=m_i\sum_{p=1}^{n}\chi_{ip}\phi_p$$

($\because$dummy 변수 p는 모두 i포함 즉 $p=1\sim n$의미)

또 위의 χ에 관련된 식에서 -항 2개(사실 같은 항임)를 모으면

$$-m_i\sum_{k<}\sum_{l}\chi_{kl}\phi_k\phi_l-m_i\sum_{k<}\sum_{l}\chi_{kl}\phi_k\phi_l=-2m_i\sum_{k<}\sum_{l}\chi_{kl}\phi_k\phi_l$$

따라서 식 (5. 159)이하를 모두 모아 정리하면 최종적으로 $\Delta\mu_i$에 관한 표현식 (5. 158)을

얻을 수 있다.

$$\Delta\mu_i = \ln\phi_i + 1 - m_i\sum_{j=1}^{n}\frac{\phi_j}{m_j} + m_i\sum_{i=1}^{n}\chi_{ip}\phi_p - m_i\sum_{k<}^{n}\sum_{l}\chi_{kl}\phi_k\phi_l \quad \blacksquare$$

[비고 : 이와 같은 직접미분법대신 부록 5.3의 가상미분 기법에 의해서도 비교적 쉽게 얻을 수 있다.]

이 결과를 이용하여 아래의 몇몇 대표적인 경우의 다성분계 혼합물에 대하여 5.4절의 상분리 현상을 설명하는데 매우 중요한 각 성분 i의 $\Delta\mu_i$에 관한 식의 유도 및 단위체적의 격자에 관한 Gibbs 자유에너지 변화 $\Delta g_v \equiv \Delta G_m / V(=Lv_0)$ (여기서 v_0는 기준 격자 1개의 부피로서 크기 1인 용매나 세그먼트의 부피와 동일시함)에 관한 표현식도 함께 나타내기로 한다. 그러기위하여 몇몇 주의점 즉 $\sum_{r=1}^{n}(\cdots)$는 $r=1$인 용매 $(m_1=1)$와 $r \geq 2$인 고분자 성분에 대한 합 $\sum_{r=2}'(\cdots)$으로 나누어진다 [단 $\sum'$기호는 $r=1$인 용매를 제외한 전 성분에 대해 합을 의미함]. 그리고 상호작용 파라미터항 χ_{ij}의 표현식에서 동종 고분자내의 $\chi_{ij}(i, j \geq 2)$는 0이고, 가령 A, B 두 종류의 다분산 고분자의 혼합물(blend)경우는

$\sum_{i<}^{n}\sum_{j}\chi_{ij}\phi_i\phi_j$ 가 $\chi_{AB}\phi_A\phi_B$ [단 $\phi_A = \sum_{i\geq 2}'\phi_i(A)$, $\phi_B = \sum_{j\geq 2}'\phi_j(B)$를 의미함], 용매(1)과 두 종류의 고분자(단분산 혹은 다분산 모두) A 및 B가 있을 때 상호작용 파라미터 항을 가령 $\chi_{1A}\phi_1\phi_A + \chi_{1B}\phi_1\phi_B + \chi_{AB}\phi_A\phi_B$ 의 형태가 됨에 유의하라.

그러면 이와 같은 규약을 갖고 n성분계에 대한 일반 표현식인 위 식 (5.156)과 (5.158)로부터 아래의 각각 경우의 특수 형태에 관한 식을 유도해 보기로 한다.

(a) 용매(1) + 단분산 고분자(2)

식 (5.156b)에서 이 경우$(m_1=1,\ m_2=r)$에 대해 아래가 성립된다.

$$\Delta G_m / RT = n_1\ln\phi_1 + n_2\ln\phi_2 + L\chi\phi_1\phi_2 (=\chi n_1\phi_2) \quad [\text{단 } \chi_{12}\equiv\chi] \tag{5.160}$$

[위 식은 식 (5.117)과 동일함에 유의할 것.]

다음에서 식 (5.160)을 바로 미분하여 $\Delta\mu_1$, $\Delta\mu_2$를 구할 수 있겠으나 모처럼 유도한 식 (5.158)을 이용하여 구해보자.

$$\left.\begin{aligned}\Delta\mu_1(=\mu_1-\mu_1^{\square})/RT &= \ln a_1 = \ln\phi_1 + 1 - \left(\phi_1 + \frac{\phi_2}{r}\right) + \chi_{12}\phi_2 - \phi_1\phi_2\chi_{12} \\ &= \ln\phi_1 + \left(1 - \frac{1}{r}\right)\phi_2 + \chi\phi_2^2\end{aligned}\right\} \quad (5.\,161)$$

$$\left.\begin{aligned}\Delta\mu_2(=\mu_2-\mu_2^{\square})/RT &= \ln a_2 = \ln\phi_2 + 1 - r\left(\phi_1 + \frac{\phi_2}{r}\right) + r\chi_{12}\phi_1 - r\phi_1\phi_2\chi_{12} \\ &= \ln\phi_2 - (r-1)\phi_1 + \chi r\phi_1^2\end{aligned}\right\} \quad (5.\,162)$$

$$\triangle g_v\left[=\triangle G_m/V(=Lv_0)\right] = \frac{RT}{v_0}\left[\phi_1\ln\phi_1 + \frac{\phi_2}{r}\ln\phi_2 + \chi\phi_1\phi_2\right](\because \text{식 } 5.\,156\text{a}) \quad (5.\,163)$$

이들 결과는 5. 3. 3. 2의 것과 일치함을 알 수 있다.

(b) 단분산 고분자(1) + 단분산 고분자(2)

이는 추후 언급될 고분자 복합재료(polymer composites)의 한 축을 담당하고 있는 두 종류 고분자의 물리적인 혼합물(polymer blend)에 관한 경우이다. 지금 두 단분산 고분자의 크기를 m_1, m_2 라 하면 식 (5. 156b)와 (5. 158)에서 아래의 결과를 얻을 수 있다.

$$\Delta G_m/RT = n_1\ln\phi_1 + n_2\ln\phi_2 + L\chi\phi_1\phi_2(=\chi n_1 m_1\phi_2) \quad [\text{단 } \chi_{12}\equiv\chi] \quad (5.\,164)$$

$$\left.\begin{aligned}\Delta\mu_1/RT &= \ln a_1 = \ln\phi_1 + 1 - m_1\left(\frac{\phi_1}{m_1} + \frac{\phi_2}{m_2}\right) + m_1\chi_{12}\phi_2 - m_1\chi_{12}\phi_1\phi_2 \\ &= \ln\phi_1 + \left(1 - \frac{m_1}{m_2}\right)\phi_2 + \chi m_1\phi_2^2\end{aligned}\right\} \quad (5.\,165)$$

$$\left.\begin{aligned}\Delta\mu_2/RT &= \ln a_2 = \ln\phi_2 + 1 - m_2\left(\frac{\phi_1}{m_1} + \frac{\phi_2}{m_2}\right) + m_2\chi_{12}\phi_1 - m_2\chi_{12}\phi_1\phi_2 \\ &= \ln\phi_2 - \left(\frac{m_2}{m_1} - 1\right)\phi_1 + \chi m_2\phi_1^2\end{aligned}\right\} \quad (5.\,166)$$

$$\Delta g_v = \frac{RT}{v_0}\left[\frac{\phi_1}{m_1}\ln\phi_1 + \frac{\phi_2}{m_2}\ln\phi_2 + \chi_{12}\phi_1\phi_2\right] \quad (5.\,167)$$

위의 (단분산 혹은 다분산) 2성분계 고분자 블랜드에 관한 식은 상분리 거동이나 블랜드 용융물(melt)의 열역학적인 성질[가령 결정성 고분자에 상용성을 가진 비정형 고분자를 소량 첨가시 발생하는 결정 융점(T_m)강하 등]을 논의할 때 유용하게 사용된다. 참고로 문제 5. 5 및 5. 6에 두 종류의 공중합체 블랜드에 있어서 상호작용 파라미터 χ를 구하는 방법과 위 식을 이용하여 또 5. 4절에서 논의될 (UCST) 상분리시 임계점(critical point)의 조건을 구하는 방법에 대하여 기술하였다.

(c) 용매(1) + 용매(2) + 단분산 고분자(3)

$m_1 = m_2 = 1$, $m_3 = r$로 하여 식 (5. 156b)와 (5. 158)에서 3성분계 혼합물에 관한 아래의 결과를 얻을 수 있다.

$$\Delta G_m/RT = n_1 \ln\phi_1 + n_2 \ln\phi_2 + n_3 \ln\phi_3 + L(\chi_{12}\phi_1\phi_2 + \chi_{13}\phi_1\phi_3 + \chi_{23}\phi_2\phi_3)$$

$$\left.\begin{aligned}\Delta\mu_1/RT &= \ln\phi_1 + 1 - \left(\phi_1 + \phi_2 + \frac{\phi_3}{r}\right) + \chi_{12}\phi_2 + \chi_{13}\phi_3 - \phi_1\phi_2\chi_{12} - \phi_1\phi_3\chi_{13} - \phi_2\phi_3\chi_{23} \\ &= \ln\phi_1 + \left(1 - \frac{1}{r}\right)\phi_3 + \chi_{12}(1-\phi_1)\phi_2 + \chi_{13}(1-\phi_1)\phi_3 - \chi_{23}\phi_2\phi_3\end{aligned}\right\} \quad (5.\ 168)$$

$$\left.\begin{aligned}\Delta\mu_2/RT &= \ln\phi_2 + 1 - \left(\phi_1 + \phi_2 + \frac{\phi_3}{r}\right) + \chi_{12}\phi_1 + \chi_{23}\phi_3 - \phi_1\phi_2\chi_{12} - \phi_1\phi_3\chi_{13} - \phi_2\phi_3\chi_{23} \\ &= \ln\phi_2 + \left(1 - \frac{1}{r}\right)\phi_3 + \chi_{12}(1-\phi_2)\phi_1 + \chi_{23}(1-\phi_2)\phi_3 - \chi_{13}\phi_1\phi_3\end{aligned}\right\} \quad (5.\ 169)$$

$$\left.\begin{aligned}\Delta\mu_3/RT &= \ln\phi_3 + 1 - r\left(\phi_1 + \phi_2 + \frac{\phi_3}{r}\right) + r\chi_{13}\phi_1 + r\chi_{23}\phi_2 - r(\phi_1\phi_2\chi_{12} + \phi_1\phi_3\chi_{13} + \phi_2\phi_3\chi_{23}) \\ &= \ln\phi_3 + (1-r)(1-\phi_3) + r\{\chi_{13}(1-\phi_3)\phi_1 + \chi_{23}(1-\phi_3)\phi_2 - \chi_{12}\phi_1\phi_2\}\end{aligned}\right\} \quad (5.\ 170)$$

$$\Delta g_v = \frac{RT}{v_0}\left[\phi_1 \ln\phi_1 + \phi_2 \ln\phi_2 + \frac{\phi_3}{r}\ln\phi_3 + \chi_{12}\phi_1\phi_2 + \chi_{13}\phi_1\phi_3 + \chi_{23}\phi_2\phi_3\right] \quad (5.\ 171)$$

(d) 용매(1) + 단분산고분자(2) + 단분산고분자(3)

1종류의 용매($m_1 = 1$)와 크기가 각각 m_2 및 m_3인 두 종류의 단분산 고분자 2,3을 균일하게 혼합했을 경우의 각 성분에 대한 $\Delta\mu$ 및 Δg_v값을 역시 식 (5. 156b)와 (5. 158)로부터 구하여 아래에 나타내었다.

$$\Delta G_m/RT = n_1 \ln\phi_1 + n_2 \ln\phi_2 + n_3 \ln\phi_3 + L(\chi_{12}\phi_1\phi_2 + \chi_{13}\phi_1\phi_3 + \chi_{23}\phi_2\phi_3) \quad (5.\ 172)$$

$$\Delta\mu_1/RT = \ln\phi_1 + \left(1 - \frac{1}{m_2}\right)\phi_2 + \left(1 - \frac{1}{m_3}\right)\phi_3 + \chi_{12}(1-\phi_1)\phi_2 + \chi_{13}(1-\phi_1)\phi_3 - \chi_{23}\phi_2\phi_3 \quad (5.\ 173)$$

$$\Delta\mu_2/RT = \ln\phi_2 + (1-m_2)\phi_1 + \left(1 - \frac{m_2}{m_3}\right)\phi_3 + m_2\{\chi_{12}(1-\phi_2)\phi_1 + \chi_{23}(1-\phi_2)\phi_3 - \chi_{13}\phi_1\phi_3\} \quad (5.\ 174)$$

$$\Delta\mu_3/RT = \ln\phi_3 + (1-m_3)\phi_1 + \left(1-\frac{m_3}{m_2}\right)\phi_2 + m_3\{\chi_{13}(1-\phi_3)\phi_1 + \chi_{23}(1-\phi_3)\phi_2 - \chi_{12}\phi_1\phi_2\} \quad (5.\ 175)$$

$$\Delta g_v = \frac{RT}{v_0}\left[\phi_1\ln\phi_1 + \frac{\phi_2}{m_2}\ln\phi_2 + \frac{\phi_3}{m_3}\ln\phi_3 + \chi_{12}\phi_1\phi_2 + \chi_{13}\phi_1\phi_3 + \chi_{23}\phi_2\phi_3\right] \quad (5.\ 176)$$

(e) 용매(1) + 다분산 고분자(2)

$m_1 = 1$인 용매와 (동종)고분자의 크기가 분포를 하고 있는 경우는 위 식을 적용하기 위하여 몇 가지 규약을 한다. 즉, 크기 $m_r(=r)$ (여기서 $r \geq 2$임)인 고분자의 부피분율을 ϕ_r, 전체 고분자의 부피분율 $\phi_p(=1-\phi_1)$ 및 다분산 고분자의 수평균 크기 $(r_n = < r^1 >_f)$을 다음과 같이 나타낸다.

$$\phi_r = r n_r/L,\ \phi_p = \sum_{r\geq 2}{}'\phi_r = 1-\phi_1,\ L = n_1 + \sum_{r\geq 2}{}' r n_r \quad (5.\ 177a)$$

$$r_n = \frac{\sum' r n_r}{\sum' n_r} = \frac{\sum' \phi_r\,(=\phi_p)}{\sum' \phi_r/r} \quad (\because \text{ 양변을 } L\text{로 나눔}) \quad (5.\ 177b)$$

위 식에서 $\sum_r{}'$는 전체 n개의 성분 중 용매($r=1$)을 제외하고 $r \geq 2$인 고분자에 대해서만 합함을 의미한다. 그러면 식 (5. 156)과 (5. 158)에서 아래의 관계식을 유도한다[단, 상호작용 파라미터는 용매와 동족열 고분자간의 $\chi_{12}(=\chi)$ 1개만 존재함에 유의하라].

$$\Delta G_m/RT = L\left\{\phi_1\ln\phi_1 + \sum_{r\geq 2}{}'\frac{\phi_r}{r}\ln\phi_r + \chi\phi_1\phi_p\right\} \quad (5.\ 178a)$$

$$= n_1\ln\phi_1 + \sum_r{}' n_r\ln\phi_r + \chi n_1\phi_p \quad (5.\ 178b)$$

$$\left.\begin{aligned}\Delta\mu_1/RT &= \ln\phi_1 + 1 - \left(\phi_1 + \sum_r{}'\frac{\phi_r}{r}\right) + \chi\phi_p - \phi_1\phi_p\chi \\ &= \ln\phi_1 + \left(1-\frac{1}{r_n}\right)\phi_p + \chi\phi_p^2\end{aligned}\right\} \quad (5.\ 179)$$

$$\left.\begin{aligned}\Delta\mu_{r(\geq 2)}/RT &= \ln\phi_r + 1 - r\left(\phi_1 + \sum_r{}'\frac{\phi_r}{r}\right) + r\chi\phi_1 - r\phi_1\phi_p\chi \\ &= \ln\phi_r - (r-1) + \left(1-\frac{1}{r_n}\right)\phi_p r + \chi r\phi_1^2\end{aligned}\right\} \quad (5.\ 180)$$

$$\Delta g_v = \frac{RT}{v_0}\left[\phi_1 \ln \phi_1 + \sum_{r \geq 2}{}' \frac{\phi_r}{r} \ln \phi_r + \chi \phi_1 \phi_p\right] \tag{5. 181}$$

단, 위 식 (5. 179) 및 (5. 180) 둘 다 모두 2번째 항등관계로 넘어가는 것은 식 (5. 177b)에 의해 $\sum_r{}' \phi_r / r = \phi_p / r_n$(여기서 r_n은 수평균 크기)을 대입하므로 이루어진다.

여기에서 얻어진 결과들은 5. 4절에서 논의된 다분산 고분자용액에 대해 상분리 현상을 이용한 분자량 분포가 좁은 고분자를 얻기 위한 '분별(fractionation)'에 이용된다.

(f) 다분산 고분자(1) + 다분산 고분자(2)

다분성계 용액에 대한 확장 F-H 이론의 마지막 응용예로서 두 종류의 다분산 고분자 블랜드 (균일)계에 대하여 논하기로 한다. 이 경우에는 모든 식들을 두 종류의 고분자의 (수)평균 분자량 항으로 나타낼 필요가 있으므로, 식 (5. 156)을 아래와 같이 좀 더 구체적인 표현으로 바꾼다.

$$\Delta G_m / RT = L\left[\sum_{i=1}^{n_1} \frac{\phi_{X_i}}{X_i} \ln \phi_{X_i} + \sum_{j=1}^{n_1} \frac{\phi_{Y_j}}{Y_j} \ln \phi_{Y_j} + \chi_{12} \phi_1 \phi_2\right] \tag{5. 182}$$

여기서 X종의 크기 X_i의 (전체에 대한)부피분율 ϕ_{X_i} 와 Y종의 크기 Y_j의 부피분율 ϕ_{Y_j} 는 각각 아래와 같이 정의 된다.

$$\left.\begin{aligned} &\phi_{X_i} = X_i \cdot N_{X_i} / L,\ \phi_{Y_j} = Y_j \cdot N_{Y_j} / L,\ L = L_X + L_Y \\ &L_X = \sum_{i=1}^{n_1} X_i N_{X_i},\ \ L_Y = \sum_{j=1}^{n_2} Y_j N_{Y_j} \\ &\phi_1 (= \phi_X) = \sum_i \phi_{X_i},\ \ \phi_2 (= \phi_Y) = \sum_j \phi_{Y_j} \end{aligned}\right\} \tag{5. 183}$$

그리고 각각의 수평균 크기는 아래와 같이 정의된다.

$$X_n = \frac{\sum_i X_i N_{X_i}}{\sum_i N_{X_i}} = \frac{\phi_X (= \phi_1)}{\sum_i \phi_{X_i} / X_i} \quad (\because \text{양변을 } L\text{로 나눔}) \tag{5. 184a}$$

$$Y_n = \frac{\sum_j Y_j N_{Y_j}}{\sum_j N_{Y_j}} = \frac{\phi_Y (= \phi_2)}{\sum_j \phi_{Y_j} / Y_j} \quad (\because \text{양변을 } L\text{로 나눔}) \tag{5. 184b}$$

그리고 조성에 관한 편미분은 식 (5. 157)의 기법을 이용하여 아래와 같이 된다[단 N_{X_i}는 N_{Y_j}에 무관하며, 그 반대도 성립된다.].

$$\left(\frac{\partial \phi_{X_j}}{\partial N_{X_i}}\right) = \frac{\partial}{\partial N_{X_i}}\left(\frac{N_{X_j} X_j}{L}\right) = \frac{\delta_{ij} X_j - \phi_{X_j} X_i}{L}, \quad \left(\frac{\partial \phi_{Y_j}}{\partial N_{X_i}}\right) = \frac{\partial}{\partial N_{X_i}}\left(\frac{N_{Y_j} Y_j}{L}\right) = -\frac{\phi_{Y_j} X_i}{L} \tag{5.185a}$$

$$\left(\frac{\partial \phi_{X_i}}{\partial N_{Y_j}}\right) = \frac{\partial}{\partial N_{Y_j}}\left(\frac{N_{X_i} X_i}{L}\right) = -\frac{\phi_{X_i} Y_j}{L}, \quad \left(\frac{\partial \phi_{Y_k}}{\partial N_{Y_j}}\right) = \frac{\partial}{\partial N_{Y_j}}\left(\frac{N_{Y_k} Y_k}{L}\right) = \frac{\delta_{jk} Y_k - \phi_{Y_k} Y_j}{L} \tag{5.185b}$$

한편 이들 관계를 사용하여 식 (5. 182)의 ΔG_m을 직접 미분하여 $\Delta\mu_{X_i}(=\partial\Delta G_m/\partial N_{X_i})$ 및 $\Delta\mu_{Y_j}(=\partial\Delta G_m/\partial N_{Y_j})$를 구할 수도 있겠으나, 유용한 관계식인 (5. 158) 및 수평균 크기에 관한 정의 식 (5. 184)을 이용하여 구해보면 아래와 같다.

$$\Delta\mu_{X_i}/RT = \ln\phi_{X_i} + 1 - X_i\left(\sum_{i=1}^{n_1}\frac{\phi_{X_i}}{X_i} + \sum_{j=1}^{n_2}\frac{\phi_{Y_j}}{Y_j}\right) + X_i\chi_{12}\phi_2 - X_i\phi_1\phi_2\chi_{12} \tag{5.186}$$

$$= \ln\phi_{X_i} - (X_i - 1) + X_i\left(1 - \frac{1}{X_n}\right)\phi_1 + X_i\left(1 - \frac{1}{Y_n}\right)\phi_2 + \chi X_i\phi_2^2$$

$$\Delta\mu_{Y_j}/RT = \ln\phi_{Y_j} + 1 - Y_j\left(\sum_{i=1}^{n_1}\frac{\phi_{X_i}}{X_i} + \sum_{j=1}^{n_2}\frac{\phi_{Y_j}}{Y_j}\right) + Y_j\chi_{12}\phi_1 - Y_j\phi_1\phi_2\chi_{12} \tag{5.187}$$

$$= \ln\phi_{Y_j} - (Y_j - 1) + Y_j\left(1 - \frac{1}{X_n}\right)\phi_1 + Y_j\left(1 - \frac{1}{Y_n}\right)\phi_2 + \chi Y_j\phi_1^2$$

$$\Delta g_v = \frac{RT}{v_0}\left[\sum_{i=1}^{n_1}\frac{\phi_{X_i}}{X_i}\ln\phi_{X_i} + \sum_{j=1}^{n_2}\frac{\phi_{Y_j}}{Y_j}\ln\phi_{Y_j} + \chi_{12}\phi_1\phi_2\right] \tag{5.188}$$

단 식 (5. 186)과 (5. 187)의 2번째 항등관계는 두 경우 모두 식 (5. 184)에서 각각 $\sum_i \phi_{X_i}/X_i = \phi_1/X_n$ 및 $\sum_j \phi_{Y_j}/Y_j = \phi_2/Y_n$ 를 대입함으로서 성립된 것이다.

5. 4 F-H이론에 의한 상분리 현상의 설명

5. 4. 1 상분리 현상과 이론

‘상(phase)’이란 일반적으로 물리적 집합상태(가령 액상, 고상, 기상 등) 화학적 조성(composition)이 균일한(homogeneous) 것을 칭한다. 주위 환경, 특히 온도 및 압력에 따라 조성이 균일한 한 상계(one-phase system)로부터 불균일한(heterogeneous) 두 상계(two-phase system)(혹은 그 이상 계)로 상분리(phase separation)된다. 이 때 열역학 제2법칙[즉, $dG_{T,P} \le 0$, 여기서 부등호는 자발적인 비가역 (비평형)과정, 등호는 가역 (평형)상태에 해당]에 의해 평형 공존(equilibrium coexistence)하는 두 상의 각 성분 i의 화학퍼텐셜이 같게 된다. 만약 C개의 성분으로 된 P개의 상이 평형공존하고 있을 때 임의의 상의 한 영역(region)을 지정할 때 필요한 세기 성질의 독립변수의 수인 '자유도(degree of freedom)' f는 아래와 같은 'Gibbs의 상법칙(phase rule)'로 나타내진다.

$$f = C - P + 2 \tag{5. 189}$$

증 명 우선 온도 및 압력을 정해야한다. 다음에는 각 상의 조성(가령 몰분율)을 정해야 하는데 그 수는 $P(C-1)$이 된다($\because$ 각 상의 조성을 나타내는 몰분율의 수는 전체합이 1이 되므로, 오직 $C-1$개만이 독립임). 이에 자유도 f는 $2+P(C-1)$이 되어야 하는데 위에서 언급한 평형공존하는 각 상에 있는 성분의 화학퍼텐셜은 모두 같다. 즉, $\mu_{i,\alpha} = \mu_{i,\beta} = \cdots = \mu_{i,P}$ (단 $i = 1 \sim C$)라는 과잉의 정보가 들어가 있으므로 위의 값에서 이를 빼야한다. 따라서 정확한 자유도의 수 $f = 2 + P(C-1) - C(P-1) = C - P + 2$가 된다. ■

또한 C성분계의 경우 평형공존하고 있는 상의 상태를 나타내는 '상도(phase diagram)'를 작성하기 위해서는 $C+1$개의 세기성질(즉, 온도, 압력, 조성)이 필요하다. 가령 $C = 1$(순수물질)인 경우는 온도, 압력의 2개, $C = 2$인 용액(혼합물)계는 온도, 압력, 조성 1개 ($\because x_1 + x_2 = 1$) 모두 3개가 필요하므로 평면상에 상도를 나타내기 위해서는 가령 압력을 고정시켜야 할 것이며, 만약 $C = 3$인 3성분계의 경우에는 온도, 압력, 조성 2개($\because x_1 + x_2 + x_3 = 1$) 모두 4개가 필요한데 이 중 2개(가령 온도, 압력)를 고정시켜야 평면상에 나타낼 수 (즉, 아래에서 보는 조성 정삼각형과 같이)있다. 그리고 $C = 1$(가령 H_2O)인 경우 1 atm, 100 ℃에서 평형공존하고 있는 상도 상의 끓는점 곡선위에 있는 한 점(영역)을 지정하기 위해서는 식 (5. 189)에 의해 $f = 1-2+2 = 1$개의 자유도가 필요하며, 3상 공존점(triple point)인 경우는 $f = 1-3+2 = 0$이 되어 물질만 정해지면 자연적으로 그 점이 결정됨을 의미한다.

덧붙여 초기에 균일계가 온도, 압력의 변화에 의해 가령 두 상 공존의 불균일계로 들어갔다면 (그래야만 Gibbs 자유에너지가 더욱 낮아짐) 초기의 점은 같은 화학퍼텐셜의 조성이 다른 두 지역으로 상분리 되는데 이때 두 공존 상의 몰(또는 질량)비는 소위 아래의 '지렛대 법칙(lever rule)' (그림 5. 10 참조)으로 나타내진다.

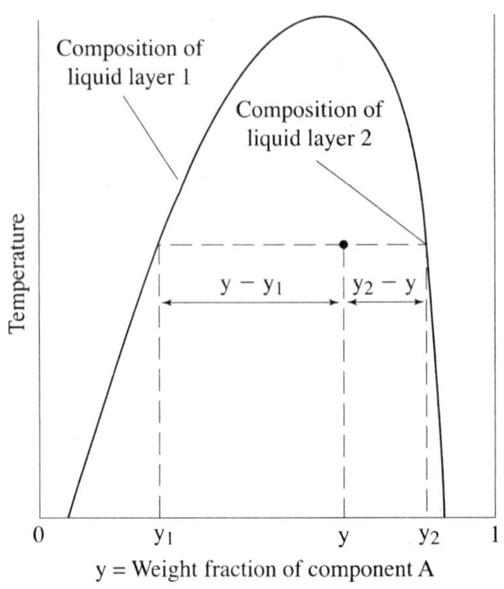

▶ **그림 5. 10** 압력 일정하의 T(온도)−X(조성)의 상도에서 두 평형공존 액층(liquid layer)의 상대(질)량 w_1/w_2는 각 상의 조성 (무게분율 y_1, y_2)과 상분리 전의 전체 조성 (y)항으로 나타낸 지렛대법칙 $w_1/w_2 = (y_2 - y)/(y - y_1)$

증 명 그림에서 w_1, w_2는 물질 A의 각각의 조성(무게분율) y_1, y_2를 가진 두 평형공존상의 질량을 나타내며, 전체 질량 $w = w_1 + w_2$가 된다. 또한 성분 A의 질량보존 법칙에서

$$yw = y_1 w_1 + y_2 w_2$$

여기에 $w = w_1 + w_2$를 대입하면 $y(w_1 + w_2) = y_1 w_1 + y_2 w_2$

이를 정리하면 아래의 지렛대 법칙을 얻는다.

$$\frac{w_1}{w_2} = \frac{y_2 - y}{y - y_1} \tag{5. 190}$$ ■

한편 식 (5. 190)의 지렛대 법칙은 3성분계의 경우에도 그대로 적용될 수 있음에 유의해야한다. 그러면 이하에서 주로 2성분계 및 3성분계의 고분자 용액(또는 고분자 블랜드)의 상분리 현상 및 이론에 대하여 기술하고자 한다.

5. 4. 1. 1 $C = 2$ 성분계의 상분리 거동

5. 3. 3절의 F-H이론에 의하면 (이성분계)고분자 용액이나 고분자 블랜드의 경우 예제 5. 5에서 볼 수 있듯이 고분자의 긴 사슬로 인하여 고분자의 분절과 용매, 더욱이 서로 다른 고분자 분절 간에는 혼합 시 교환에 의한 배치수의 증가가 여의치 못하여 저분자 용액의 경우에 비하여 ΔS_m 값이 훨씬 낮아 $\Delta G_m = \Delta H_m - T\Delta S_m < 0$이 될 가능성이 작아져 잘 섞이지 않고 상분리되기

쉽다[여기서 $\Delta G_m < 0$은 자발적 혼합이 되기 위한 필요조건이지, 충분조건은 아님에 유의해야한다].

일반적으로 이성분계 고분자계(용액 혹은 블랜드)의 온도나 압력변화에 의한 상분리 현상은 그림 5. 11에서 보듯이, (대부분의 경우에서처럼)일정압력에서 T를 낮추면 상분리가 일어나는 '상한 임계용액온도 (UCST)'현상과 (드물지만)반대로 T를 올리면 상분리가 일어나는 '하한 임계용액온도 (LCST)'현상으로 크게 두 가지로 나눌 수 있다. 그러나 편의상 논의는 특별한 언급이 없는 한 UCST의 경우로 한정키로 한다.

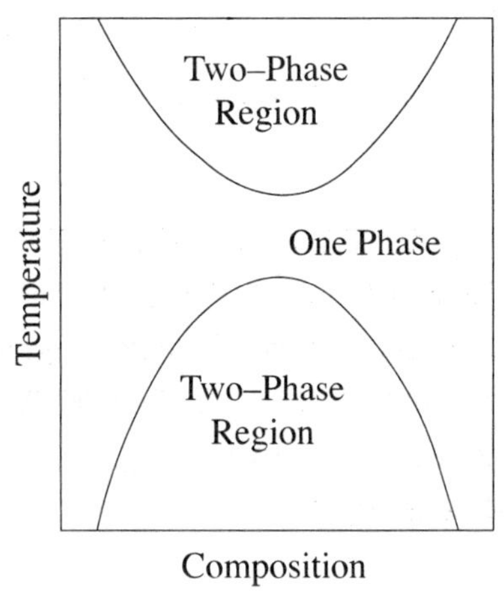

▶ **그림 5. 11** 상한(UCST) 및 하한(LCST) 임계용액온도를 보여주는 이성분계 고분자의 상평형도. 고분자 물질은 혼합엔트로피가 낮으므로 고분자 블랜드의 경우 가끔 LCST 현상을 보인다.

이제 등온, 등압에서 2성분계 고분자 용액의 상분리 거동에 관한 열역학적 논의로 옮기기로 한다. 그림 5. 12에 도시되어 있는 바와 같이 일정압력에서, 몰(평균)혼합 Gibbs 자유에너지 $\Delta \overline{G}_m (= \Delta G_m / n)$의 조성 의존성(혹은 상용성)의 형태를 용액의 온도에 따라 크게 3가지로 분류하였다.

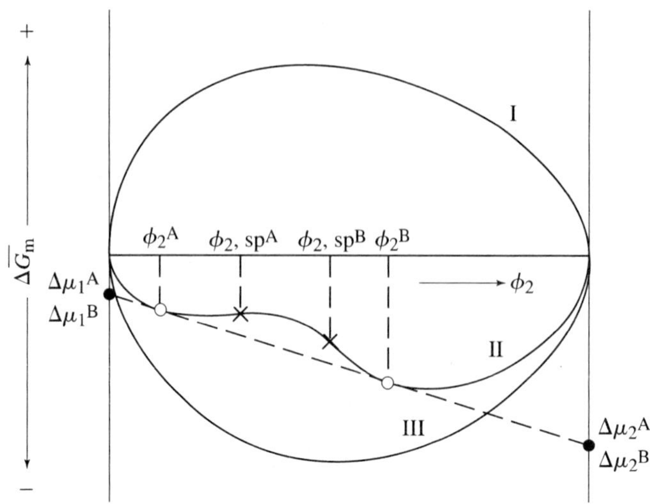

▶ **그림 5. 12** 등온 등압에서 2성분계 혼합물의 혼합 몰(평균) Gibbs 자유에너지($\Delta\overline{G}_m$)의 고분자의 부피분율 ϕ_2에 대한 의존성. I.전체 조성에서 불상용(totally immiscibility), II.부분상용성(partially immiscibility), III. 전체 조성에서 상용성(totally miscibility). 부분상용성(curve II)의 경우에 혼합물은 Gibbs 자유에너지 곡선의 공통 접점에 해당되는 부피분율 ϕ_2^A와 ϕ_2^B인 조성을 가진 두 상으로 분리된다. 스피노달(spinodal) 조성인 $\phi_{2,sp}{}^A$와 $\phi_{2,sp}{}^B$는 Gibbs 자유에너지 곡선의 부피분율에 관한 변곡점(**X**)에 해당된다.

만약 $\Delta\overline{G}_m$이 곡선 I로 나타난 바와 같이 전 조성에서 양(+)이면 고분자와 용매는 전 조성에 걸쳐 완전히 불상용(totally immiscible)이며 평형공존하는 두 상으로 완전히 상분리된다. 또 다른 두 가능성은 곡선 II, III에서 나타난 바와 같이 부분상용성과 완전상용성(partial and total miscible)이다. 이성분계혼합물이 전 조성에 걸쳐 완전 상용성이 되기 위하여서는 $\Delta\overline{G}_m\left(=\Delta\overline{H}_m - T\Delta\overline{S}_m\right) < 0$ (필요)조건에 덧붙여 $\Delta\overline{G}_m$의 용매(성분 1) 또는 고분자(성분 2)의 부피분율에 관한 2계도함수가 전체 조성에서 양인 다음의 조건이 성립될 필요가 있다.

$$\left(\partial^2\Delta\overline{G}_m/\partial\phi_2^2\right)_{T,P} > 0 \tag{5. 191}$$

이와 같은 완전 상용성에 관한 2가지 조건은 곡선 III의 경우에는 만족되나 $\Delta\overline{G}_m$의 값에서 2개의 극소점을 나타내는 곡선 II의 경우에는 만족되지 않는다. 따라서 이 경우에 식 (5.191)에서 나타낸 미분 판정 기준은 $\Delta\overline{G}_m$-조성곡선에 따른 모든 점에서는 만족되지 않는다. 그와 같은 2개의 $\Delta\overline{G}_m$의 극소점을 나타내는 용액은 양쪽 성분에 대해 각자 다른 조성을 포함하는 평형공존하는 두 상으로 상분리(phase separation)된다. 두 평형 공존상의 조성(고분자의 부피분율)은 그림 5.12에서 나타낸 바와 같이 Gibbs 자유에너지 곡선에 대한 공통접선의 접점으로 주어지며, 용매가 풍부한 상(solvent-rich-phase)의 조성은 ϕ_2^A로 나타내며 고분자가 많은 상(polymer-rich-phase)은 ϕ_2^B로 나타낸다.

상평형은 용액의 온도에 의하여 크게 영향을 받는다. 사실 그림 5. 12에 도시된 3종류의 상거동(phase-behavior) 중에 어느 것도 계의 온도(또는 압력)를 바꿈으로써 생길 수 있다. 지금 그림 5. 13에 UCST 상거동을 나타내는 일정 분자량의 단분산 고분자 용액의 상도(phase diagram)를 나타내었다.

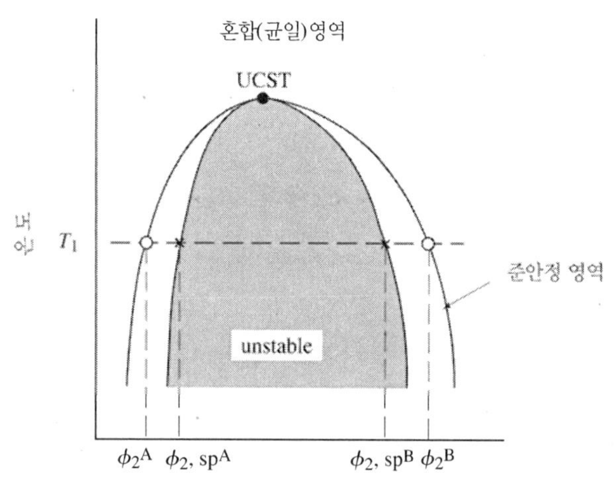

▶ **그림 5. 13** 임계상한 용액온도(UCST)를 나타내는 고분자 용액의 전형적인 상평형 그림(phase diagram). UCST(●); 스피노달 곡선(- - -); 바이노달 곡선(—)

그림에서 온도가 UCST로 표시된 임계온도(T_C)이상에 있을 때는 두 성분은 전 조성에 걸쳐서 완전히 섞이며(totally miscible), 그 이하의 온도에서는 2상 공존의 상분리 영역에 들어가는데, 가령 그림 5. 12의 곡선 II(partially miscible)에 해당하는 온도인 T_1에서는 곡선 양쪽 바깥 영역에서는 균일한 상을 형성한다.

반면에 곡선 안의 조성에서는 열역학적으로 불안정하여(즉, 식 5. 191에 벗어남)용액은 평형공존하는 두 상으로 상분리된다. 각각 A상 및 B상으로 나타낸 두 평형공존상의 조성은 바이노달(binodal)이라 불리는 곡선상의 점으로 주어진다. 바이노달은 다음과 같이 주어진 이성분계혼합물의 열역학적 평형(thermodynamic equilibrium)에 조건에 만족시키는 점들의 궤적(loci)으로 되어 있다.

$$\mu_1^A = \mu_1^B \text{, 혹은 } \Delta\mu_1^A = \Delta\mu_1^B \tag{5. 192a}$$

그리고

$$\mu_2^A = \mu_2^B\,,\ \text{혹은}\ \Delta\mu_2^A = \Delta\mu_2^B \tag{5. 192b}$$

각성분의 화학퍼텐셜은 조성에 관한 혼합물의 Gibbs 자유에너지의 1계도함수 (식 5. 125 및 5. 126)로 주어지므로, 각 평형공존상의 화학퍼텐셜은 그림 5. 13에 나타낸 바와 같이 곡선 II에 그려진 공통점접선과 Gibbs 자유에너지 축과의 절편(intercept)으로부터 도식적으로 얻어진다[이는 같은 부분몰량인 주어진 조성에서 $\overline{V}_1$ 및 $\overline{V}_2$를 구하는 그림 5. 3의 원리와 같다].

그림 5. 13에 나타낸 바와 같이 바이노달지역과 불안정(unstable)지역 사이에는 스피노달(spinodal) 곡선으로 경계지어진 준안정(metastable)지역이 있다. 준안정지역에서는 2성분계가 작은 농도 요동(fluctuation)에는 견디나 결국에는 바이노달에 의해서 안정한 두 평형 공존상으로 분리될 것이다. 스피노달곡선상의 점은 그림 5. 12의 몰(평균)Gibbs 자유에너지 ($\Delta\overline{G}_m$)그림의 곡선 II에 나타나 있는 변곡점(point of inflection)에 해당되며, 다음과 같은 관계식을 만족한다.

$$\left(\frac{\partial^2 \Delta\overline{G}_m}{\partial\phi_2^2}\right)_{P,\,T} = 0 \tag{5. 193a}$$

혹은

$$\left(\partial\Delta\mu_1 / \partial\phi_2\right)_{P,\,T} = 0 \tag{5. 193b}$$

바이노달곡선과 스피노달곡선은 임계점(critical point)에서 일치하고, 이점에서 조성에 관한 혼합 Gibbs 자유에너지의 3차 도함수는 다음 관계식을 만족시킨다.

$$\left(\frac{\partial^3 \Delta\overline{G}_m}{\partial\phi_2^3}\right)_{P,\,T} = 0 \tag{5. 194a}$$

혹은

$$\left(\partial^2\Delta\mu_1 / \partial\phi_2^2\right)_{P,\,T} = 0 \tag{5. 194b}$$

UCST의 경우, 임계점은 그림 5. 13에 나타낸 바와 같이 상평형 그림의 꼭대기에 위치한다. 그리고 임계점에서 안정한 (neutral) 평형상태를 이루기 위해서는 아래의 추가조건이 필요하다.

$$\left(\partial^4\Delta\overline{G}_m / \partial\phi_2^4\right)_{P,\,T} > 0 \tag{5. 195}$$

위 식들에서 $\Delta\overline{G}_m\,(= \Delta G_m / n)$은 몰(평균)혼합 Gibbs 에너지이다.

그러나 지금까지 주로 사용한 Flory-Hnggins 고분자 용액론(5. 3. 3절)은 사실상 많은 결점을 갖고 있다. 가령 혼합에 의한 부피변화 ΔV_m이나 온도가 올라가면 상분리가 일어나는 LCST 현상

(특히 극성 고분자 블랜드의 경우 자주 일어남)에 대해서도 설명이 불가능하다. 이는 각 성분의 P, V, T와 같은 상태방정식 성질도 무시했을 뿐 아니라, 고분자 용질과 용매간의 현격히 다른 크기의 차이도 적절하게 고려하지 않았기 때문이다. 그래서 최근 이와 같은 결점을 극복하기 위한 새로운 상태방정식(equation-of-state, EOS)이론들이 소개되고 있으나 지면 관계상 이 책에서는 다루지 않기로 한다. 대신 이 절의 마지막으로 그림 5. 13에 소개된 조성 ϕ_2^A와 $\phi_{2,sp}^{A}$사이 및 $\phi_{2,sp}^{B}$와 ϕ_2^B사이의 준안정영역에서의 상분리 현상을 '기핵성장(nucleation mechanism, NG)' 상분리, 또한 조성 $\phi_{2,sp}^{A}$와 $\phi_{2,sp}^{B}$ 사이의 불안정영역에서의 상분리 현상을 '스피노달 분해(spinodal decomposing, SD)' 상분리라 하는데 이들 두 기구(mechanism)의 차이 (사실상은 고분자 용액의 경우보다 고분자 블랜드의 경우 더욱 중요하지만)를 나중을 대비하여 참고 5. 4에 요약하여 나타내었다.

참고 5. 4

NG와 SD 상분리 기구의 근본적인 차이는 식 (5. 190)으로 나타낸 지렛대 법칙으로 간단히 설명할 수 있다. 즉 NG 상분리의 경우 그림 상분리전의 출발점이 5. 13의 왼쪽 준안정영역에 있을 경우는 지렛대 법칙에 의해 상분리 후 고분자 농도가 얕은 ϕ_2^A 조성의 양이 농도가 진한 ϕ_2^B의 양보다 훨씬 클 것이며, 만약 출발점이 오른쪽 준안정영역에 있을 경우는 그 반대일 것이다. 한편 SD 상분리의 경우 출발점이 스피노달곡선 안에 있는 불안정영역이므로 지렛대 법칙에 의해 상분리 후 2조성에서의 양이 거의 비슷할 것이며 전자현미경으로 관찰된 상분리된 고분자 성분의 도메인(domain)의 크기도 비슷할 것이 예상된다. 그래서 그림 5. 14에 2성분계 고분자 용액(또는 블랜드)에 관한 전형적인 UCST 상분리 거동을 양 기구에 대해 예측되는 두 공존상(검은 부분이 농도가 진한 상)의 양과 도메인 크기를 상분리 진행시간에 따라 나타내었다.

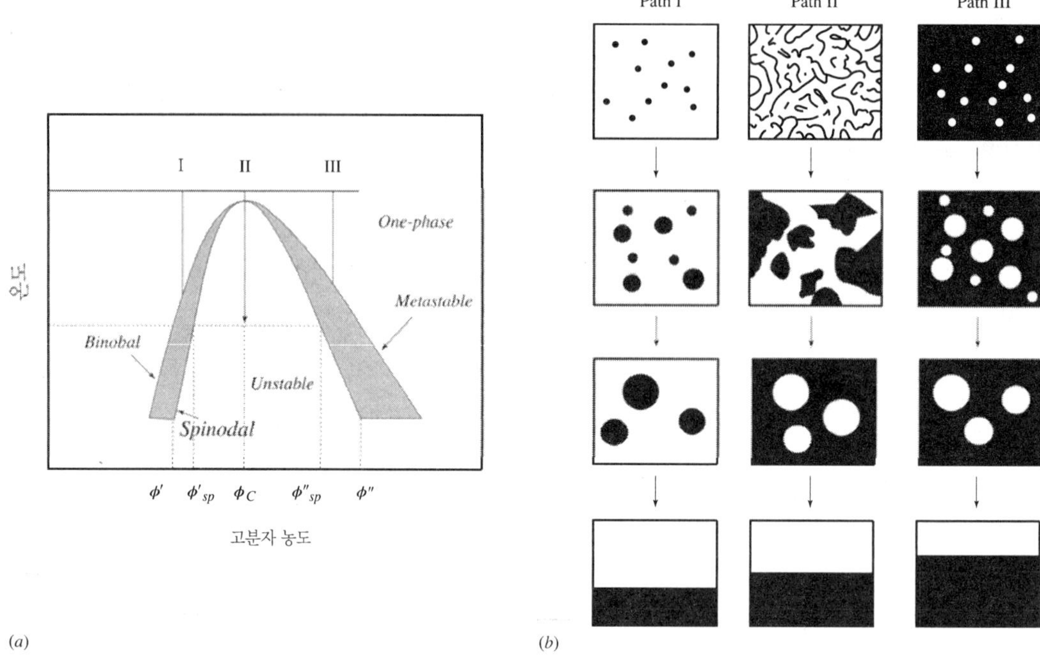

▶ **그림 5. 14** (a) 온도가 UCST 임계온도(T_C)이하로 내려갈 때의 공존상을 나타내는 상분리 그림, (b) 상분리시간 경과에 따른 NG기구(경로 I , III)와 SD(경로 II)에 대한 순간적(transient)인 구조형성과 발현. (그림 (b)에서 검정부분은 고분자 농도가 진한 영역을 의미함.)

위 그림과 더불어 NG와 SD간의 상분리 기구의 차이점을 분명히 이해하기 위하여 그림 5. 15에 두 상분리 과정의 시간 경과에 따른 (나중에 언급할)레이져광산란(laser light scattering)실험결과를 환원산란각도 q [$=(4\pi/\lambda)\sin(\theta/2)$ 여기서 λ는 빛의 파장, θ는 산란각임]의 함수로서 나타내었다[y축은 환원산란각도 q에서의 산란강도(scattered intensity) I_g임].

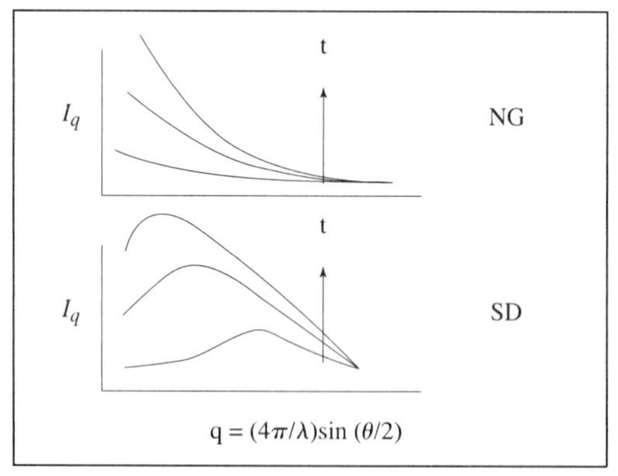

▶ **그림 5. 15** NG 및 SD 두 상분리기구에 있어서 시간경과에 따른 산란강도 (I_q)의 환원산란각도 q에 대한 플롯. 특히 SD기구의 경우 $I_{max} \sim t^{\alpha}$, $q_{max} \sim t^{-\beta}$ [단 $\alpha, \beta > 0$, $q_{max} = 2\pi/L$, L은 상분리 도메인의 크기].

한편 NG 및 SD 두 상분리기구의 차이점을 속도론적(kinetic)관점에서 조사해 보기로 하자. NG 상분리는 준안정성 상태와 관련되어 있으므로 에너지 장벽(barrier)의 존재 및 비교적 큰 조성요동을 수반한다. 그래서 '임계핵(critical nuclei)' 이라 불리우는 최소 크기의 도메인이 NG성장에 필수적이다. 이와 같은 관점에서 NG는 가령 과포화(supersaturated)용액에서 염(salt)의 상분리기구와 유사하다. 반면에 SD 상분리는 에너지 장벽이 무시될 만큼 작아서 조성의 작은 요동이라도 성장해 나가는 상분리에 대응한다.

두 상분리기구의 속도론적 차이는, NG기구는 시간에 따라 상분리된 도메인 크기가 증가하여 구상(spheroidal)으로 될려는 경향이 있다. 반면에 SD경우는 서로 연결된(interconnected) 원통형 도메인을 형성할려는 경향이 있다. SD의 첫 성장기구는 상 계면을 지나 질량의 교환을 포함하고, 생성된 파동의 진폭은 시간과 함께 증가하나 파장은 반드시 그렇지는 않다. 그리고 성장 도메인의 크기는 상분리 초기단계 중의 파동같은 요동의 첫 파장과 거의 같은 크기이다. 그러나 만약 열처리(annealing)를 가할 경우는 NG 및 SD 기구가 서로 합일(coalesce)하여 보다 큰 구형의 구조를 형성하게 된다. 참고로 그림 5. 16에 NG 및 SD 상기구에 대하여 상분리 도중에 생기는 농도 프로필을 시간과 거리의 함수로 나타내었다.

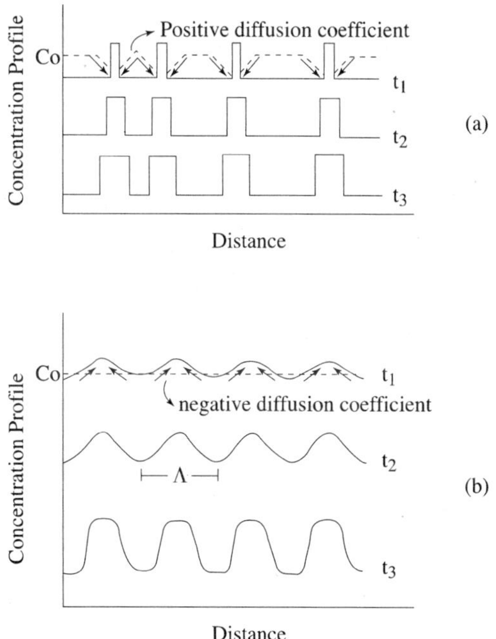

▶ **그림 5. 16** (a) NG 및 (b) SD 상분리기구에 대하여 상분리 과정중의 시간과 거리의 함수로서의 농도 프로필.

한편 Cahn-Hilliard 이론에 의하면 상분리 초기단계에는 아래와 같은 형태의 확산(diffusion)방정식이 성립된다고 알려져 있다.

$$\frac{\partial \phi}{\partial t} = M\left[\left(\frac{\partial^2 G}{\partial \phi^2}\right)\nabla^2\phi - 2K\nabla^4\phi\right] \tag{5. 196}$$

여기에서 G는 상분리계의 Gibbs 자유에너지, ϕ는 조성, M은 이동도(mobility)계수, 그리고 K는 자유에너지에 대한 조성 기울기 공헌에서 생기는 에너지 구배(gradient)계수이다. 이 편미분 방정식의 해를 구한다면 상분리 계의 파장 및 도메인이 형성되는 속도도 알 수 있을 것이다. 전술한 바와 같이 스피노달 곡선은 상도에서 $\partial^2 G/\partial\phi^2 = 0$ 을 만족하는 온도의 궤적으로 정의된다. 그리고 임계점은 3계도함수가 0(식 5. 194a)이 되는 점에 해당된다.

---

5. 4. 1. 2 $n=3$ 성분계의 상분리 거동

5. 3. 3. 4절에 논의된 $S(1)-S(2)-P(3)$ 혹은 $S(1)-P(2)-P(3)$ 형의 3 성분계에 대한 상분리 현상을 기술하고자 한다. 이 경우 상도를 작성하기 위한 (최소)세기변수의 개수는 4(온도, 압력, 조성2개)인데 평면상에 나타내기 위하여 등온, 등압에서 2조성만의 함수로서 상도를 나타낸다. 그러기 위하여 우선 그림 5. 17에 조성 정삼각형(각 변의 길이가 1이고, 삼각형 내부의 임의의 점에서 3변에 나란하게 그은 3직선의 합은 1이 되는 원리를 이용)의 임의의 점에서의 3성분의 조성을 읽는 방법을 나타내었다.

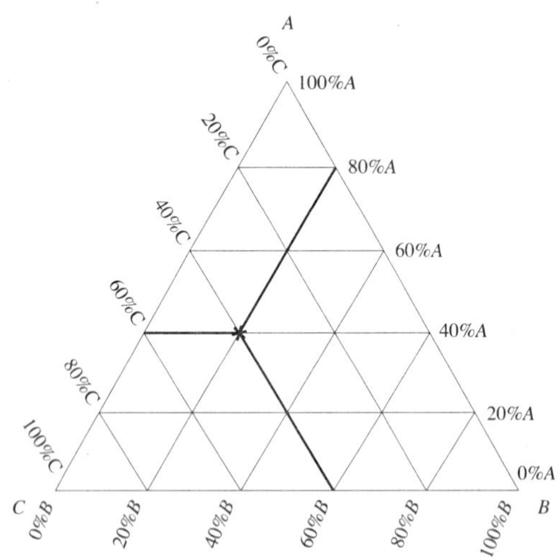

▶ **그림 5. 17** 3성분계의 조성 정의 그림. ＊점의 3조성 : $x_A = 0.4,\ x_B = 0.2,\ x_C = 0.4$

그리고 그림 5. 18에 편의상 고분자 대신 저분자 3 성분계, 즉 18℃ 1 atm에 있는 식초산(CH_3COOH)-클로로 포름($CHCl_3$)-물(H_2O)계에 대한 상도를 등온, 등압에서 두 독립성분인 조성(가령 x_A, x_B)의 함수로서 나타내었다.

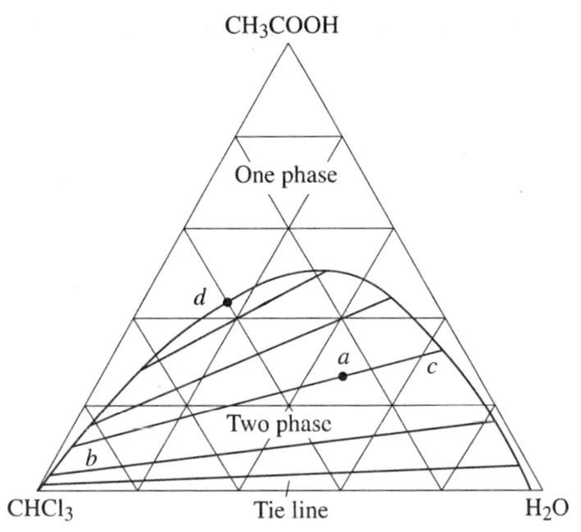

▶ **그림 5. 18** 18℃, 1 atm에 있는 식초산–클로로포름–물 3성분계에 대한 상도.

이 그림에서 점 a는 상분리 영역내에 있으므로 조상이 다른(그러나 두 조성에서 각 성분의 화학퍼텐셜은 같은)두 지역 b및 c로 상분리되며, 이와 같은 점을 이은 것을 '맺음선(tie line)'이라하며, 맺음선의 끝점들을 연결한 곡선이 2 성분계 경우에서와 같이 바이노달 곡선이며, 이는 스피노달(Gibbs 자유에너지의 조성에 관한 2계 도함수가 0이 되는 점들의 궤적)곡선과 바이노달 곡선이 만나는 임계점이다(그림에서는 스피노달 곡선을 생략하였다).

예제 5.6

그림 5. 18의 3 성분계에 대한 상도에서 각 점 a, b, c, d 및 균일상(one phase)내의 임의의 한 점에 대하여 상태를 정의하기 위한 자유도 f(식 5. 189) 혹은 온도, 압력을 제외한 그림상의 자유도 $f'(=f-2)$를 각각의 경우에 구하라.

풀이 알기 쉽게 그림 상, 자유도 f'를 구해보자(그러면 $f=f'+2$이므로 금방 알 수 있다). 점 a는 열역학적인 측면에서 자동적으로 두 점 b 및 c로 상분리되므로 평형공존상 P의 수는 2, 따라서 $f'(=f-2)=3-2=1\ (f=3)$이 된다. 즉 그림 상에서 가령 1조성 $x_{CH_3COOH}=0.2$ 만 정하기만 하면 이 평행선은 직선 $\overline{bc}$와 만나고, 이 점은 다시 바이노달 곡선상의 그 평형공존 점인 b 및 c로 분리됨을 의미한다. 따라서 b 및 c점도 a점과 마찬가지로 $f'=1\ (f=3)$이 된다. 마지막으로 균일상지역의 1점은 그림에서 조성 2개(나머지 1개는 $\sum_i x_i=1$에서 결정됨)를 정해야 결정되므로 그림 상의 자유도 $f'=2\ (f=4)$가 된다.

한편 2 성분계에 대한 상 안정조건(식 5. 191)에 대응하여 3 성분계의 경우에도 다음과 같은 안정화 조건이 필요하다[단 3조성 중 x_2 및 x_3를 독립변수, $x_1 = 1 - x_2 - x_3$는 종속변수로 간주함].

$$\overline{G}_{22} > 0, \quad \overline{G}_{33} > 0 \tag{5. 197a}$$

$$|\overline{G}| = \begin{vmatrix} \overline{G}_{22} & \overline{G}_{23} \\ \overline{G}_{32} & \overline{G}_{33} \end{vmatrix} = \overline{G}_{22}\overline{G}_{33} - \overline{G}_{23}^{\,2} \geq 0 \tag{5. 197b}$$

$$\overline{G}_{ij}(= \overline{G}_{ji}) = \left(\partial^2 \Delta \overline{G}_m / \partial\phi_i \partial\phi_j\right), \text{ 여기서 } \Delta \overline{G}_m = \Delta G_m / n \tag{5. 197c}$$

또한 3성분계의 상도에 있어서 바이노달 곡선상의 2평형 공존점(즉 맺음선의 양끝)을 A 및 B 라 하면 2성분계의 경우 (식 5. 192)와 마찬가지로 아래와 같은 관계가 성립된다.

$$\mu_i^A = \mu_i^B, \text{ 혹은 } \Delta\mu_i^A = \Delta\mu_i^B \quad (i = 1, 2, 3) \tag{5. 198}$$

그리고 스피노달 곡선상의 조건도 2성분계의 경우 (식 5. 193)와 유사하게 아래와 같이 나타내어진다.

$$|\overline{G}| = \overline{G}_{22}\overline{G}_{33} - \overline{G}_{23}^{\,2} = 0 \tag{5. 199}$$

또한 바이노달과 스피노달이 만나는 임계(중성평형)점에서도 2성분계의 식 (5. 194)와 유사하게 식 (5. 199)와 더불어 아래식이 만족되어야 한다.

$$\begin{vmatrix} \left(\dfrac{\partial|\overline{G}|}{\partial\phi_2}\right)_{\phi_3} & \left(\dfrac{\partial|\overline{G}|}{\partial\phi_3}\right)_{\phi_2} \\ \overline{G}_{32} & \overline{G}_{33} \end{vmatrix} = 0 \tag{5. 200}$$

사실은 고분자 용액의 경우 위 식들에서 (평균)몰 혼합 Gibbs 에너지 $\Delta\overline{G}_m (= \Delta G_m/n)$대신 단위체적당 혼합 Gibbs 에너지 $\Delta g_v (\equiv \Delta G_m/V)$를 이용함이 훨씬 편리하므로 5. 4. 2절에서 $n = 2$ 및 $n = 3$ 성분계에 대해 F-H 이론을 이용하여 임계점에서의 조건 ϕ_C 및 χ_C를 구할 때는 5. 3. 3. 4절에 언급된 Δg_v를 이용할 것이다.

끝으로 $n = 4$ 성분계의 정의의 안정성 기준 및 임계점에서의 조건에 대하여 참고 5. 5 에 요약하여 나타내었다.

참고 5. 5

n=3 인 경우의 상 안정성 기준인 식 (5. 197)과 유사하게 n=4인 경우에는 아래와 같이 확장할 수 있다[단 4개의 조성 중 ϕ_2, ϕ_3, 및 ϕ_4를 독립변수, $\phi_1 = 1 - \phi_2 - \phi_3 - \phi_4$를 종속변수로하여

나타내었다].

$$\overline{G}_{22} > 0\ ,\ \overline{G}_{33} > 0\ ,\ \overline{G}_{44} > 0 \tag{5. 201a}$$

$$\begin{vmatrix} \overline{G}_{22} & \overline{G}_{23} \\ \overline{G}_{32} & \overline{G}_{33} \end{vmatrix} \geq 0\ ,\ \begin{vmatrix} \overline{G}_{22} & \overline{G}_{24} \\ \overline{G}_{42} & \overline{G}_{44} \end{vmatrix} \geq 0\ ,\ \begin{vmatrix} \overline{G}_{33} & \overline{G}_{34} \\ \overline{G}_{43} & \overline{G}_{44} \end{vmatrix} \geq 0 \tag{5. 201b}$$

$$|\overline{G}| = \begin{vmatrix} \overline{G}_{22} & \overline{G}_{23} & \overline{G}_{24} \\ \overline{G}_{32} & \overline{G}_{33} & \overline{G}_{34} \\ \overline{G}_{42} & \overline{G}_{43} & \overline{G}_{44} \end{vmatrix} \geq 0 \tag{5. 201c}$$

또 바이노달과 스피노달이 만나는 임계점에서의 중성평형(neutral equilibrium)조건은 n=3인 경우의 식 (5. 199)-(5. 200)의 확장으로서 아래와 같다.

$$|\overline{G}| = \overline{G}_{22}\overline{G}_{33}\overline{G}_{44} + 2\overline{G}_{23}\overline{G}_{24}\overline{G}_{34} - \overline{G}_{34}^{\,2}\overline{G}_{22} - \overline{G}_{24}^{\,2}\overline{G}_{33} - \overline{G}_{23}^{\,2}\overline{G}_{44} = 0 \tag{5. 202}$$

$$\begin{vmatrix} \left(\dfrac{\partial|G|}{\partial\phi_2}\right) & \left(\dfrac{\partial|G|}{\partial\phi_3}\right) & \left(\dfrac{\partial|G|}{\partial\phi_4}\right) \\ \overline{G}_{32} & \overline{G}_{33} & \overline{G}_{34} \\ \overline{G}_{42} & \overline{G}_{43} & \overline{G}_{44} \end{vmatrix} = 0 \tag{5. 203}$$

단 위 줄에서

$$\overline{G}_{ij}\left(=\overline{G}_{ji}\right) = \frac{\partial^2}{\partial\phi_i}\frac{\Delta\overline{G}_m}{\partial\phi_j}\ \ (i, j = 2 \sim 4),\ \ \Delta\overline{G}_m = \Delta G_m / n \tag{5. 204}$$

그리고 식 (5. 203) 중의 $\left(\dfrac{\partial|G|}{\partial\phi_i}\right)$는 $n-1$(즉 여기서는 3)개의 독립조성 중 ϕ_i이외의 나머지는 일정하게 두고 편미분을 의미한다. 가령 $\left(\dfrac{\partial|G|}{\partial\phi_2}\right) = \left(\dfrac{\partial|G|}{\partial\phi_2}\right)_{\phi_3,\,\phi_3}$를 의미한다. 그리고 $\left(\dfrac{\partial\phi_1}{\partial\phi_2}\right) = \left(\dfrac{\partial\phi_1}{\partial\phi_2}\right)_{\phi_3,\,\phi_4} = \dfrac{\partial}{\partial\phi_2}(1-\phi_2-\phi_3-\phi_4) = -1$ (이는 다른 독립조성인 ϕ_3나 ϕ_4로 미분한 경우에도 마찬가지 임)이 됨에 유의하라. 이와 같은(조성에 관한 편미분상의)문제점은 부록 5. 3의 가상미분법을 참조해주길 바란다.

n=4이상의 다성분계 혼합물 경우나 5. 3. 3. 4절의 (e)에서 논의한 바 있는 다분산 고분자 용액의 경우에 대해 상기의 상평형문제를 풀어서 임계점에서의 i성분의 조성 $\phi_{i,\,C}$나 상호작용 파라미터 $\chi_{ij,\,C}$를 고분자의 크기(분자량)함수로 나타내기 위하여서는 행렬식에 관한 선형대수이론을 적용

해야 할 것이다. 그러나 본 책에서는 다음 절에서처럼 오직 n=2 인 단분산 고분자 용액이나 또는 단분산 고분자 블랜드, 또 n=3 인 경우 용매(1)+용매(2)+단분산 고분자(3)나 용매(1)+단분산 고분자(2)+단분산 고분자(3)과 같은 간단한 경우에 대해서만 F-H이론을 적용하여 구하기로 한다.

---

5. 4. 2 F-H 이론을 이용한 2성분 및 3성분(단분산)계에 대한 상평형 계산

앞에서 논의된 $n=2$ 및 3성분계의 스피노달 및 임계(상평형)조건을 5. 3. 3. 4절에서 논의된 n 성분계로 확장된 F-H 이론을 사용하여 이절에서 직접 구해보기 전에 고분자 용액의 ΔG_m은 이상용액 혹은 정규용액과 같은 저분자 용액의 경우와 달리 몰분율 x_i대신 부피분율 ϕ_i로 나타나 있으므로 ΔG_m에 대한 이들 조성으로 편미분시 상관관계(혹은 차이점)를 독자의 이해를 돕기 위해 참고 5. 6에 정리하여 나타내었다.

참고 5. 6

식 (5. 156)으로 나타낸 n성분 혼합물의 ΔG_m에 관한 F-H 이론의 확장식은 몰(평균) $(\Delta \overline{G}_m \equiv \Delta G_m/n)$, 단위체적당 $(\Delta g_v \equiv \Delta G_m/V(=Lv_0))$, 및 단위격자당$(\Delta g_{cell} \equiv \Delta G_m/L(=\sum n_i m_i))$ 혼합 Gibbs 자유에너지를 사용하여 아래와 같이 나타내진다.

$$\Delta G_m = n\Delta \overline{G}_m = V\Delta g_v = L\Delta g_{cell} \tag{5. 205}$$

여기서 만약 $\Delta \overline{G}_m\left(=\sum_i x_i \Delta\mu_i\right)$이 식 (5. 83)의 정규용액 경우처럼 몰분율 x_i로 나타내져 있다면 아래의 유용한 관계를 얻는다.

$$\mu_{ij}\left[\equiv\left(\frac{\partial^2 \Delta G_m}{\partial n_i \partial n_j}\right)\right] = \frac{1}{n}\left\{\overline{G}_{ij} - \sum_k{}' x_k \overline{G}_{kj} - \sum_k{}' x_k \overline{G}_{ik} + \sum_k{}'\sum_m{}' x_k x_m \overline{G}_{mk}\right\} \tag{5. 206}$$

단 $n=\sum n_i$, $\overline{G}_{ij} = \partial^2 \Delta \overline{G}_m/\partial x_i x_j$ 이고, $\sum_k{}'$는 종속조성 x_n을 제외한 $(n-1)$개의 독립조성 x_k에 대해 (실제)편미분을 의미한다.

증 명 먼저 $\Delta\mu_i = \left(\frac{\partial \Delta G_m}{\partial n_i}\right)_{n_{j\neq i}} = \frac{\partial}{\partial n_i}\left(n\Delta \overline{G}_m\right) = \Delta \overline{G}_m + n\frac{\partial \Delta \overline{G}_m}{\partial n_i}$ (5. 207)

여기서 $\Delta \overline{G}_m (\equiv \overline{G})$는 세기성질이므로, $n-1$개의 독립조성 x_k를 이용하여 (실제)편미분 형태로 아래와 같이 나타내진다.

$$\left(\frac{\partial \Delta \overline{G}}{\partial n_i}\right) = \sum_j{}' \frac{\partial x_j}{\partial n_i}\frac{\partial \overline{G}}{\partial x_j} \tag{5. 208}$$

여기서 $\frac{\partial x_j}{\partial n_i} = \frac{\partial}{\partial n_i}\left(\frac{n_j}{n}\right) = \frac{\delta_{ij} - x_j}{n}$ 및 $\frac{\partial \overline{G}}{\partial x_j} \equiv \overline{G}_j$를 이용하면 아래와 같이 된다.

$\left(\frac{\partial \Delta \overline{G}}{\partial n_i}\right) = \sum_j{}' \frac{\delta_{ij} - x_j}{n}\overline{G}_j = \frac{1}{n}\left(\overline{G}_i - \sum_j{}' x_j \overline{G}_j\right)$ 가 되어 이를 $\Delta\mu_i$에 관한 식에 대입하면 아래를 얻는다.

$$\Delta\mu_i = \overline{G} + \overline{G}_i - \sum_j{}' x_j \overline{G}_j \tag{5. 209}$$

여기서 $\overline{G} = \Delta \overline{G}_m$, $\overline{G}_j = \left(\partial \overline{G}/\partial x_j\right)$
[단 이 편미분은 종속조성 x_n을 제외한 $n-1$개의 독립조성 중 j에 대해서만 편미분을 의미]

다음에는 식 (5. 209)를 다시 x_j에 대해 편미분을 하면(단 첨자변경요)

$$\left.\begin{aligned}\left(\frac{\partial \Delta\mu_i}{\partial x_j}\right) &= \overline{G_j} + \overline{G}_{ij} - \sum_k{}' \frac{\partial x_k}{\partial x_j}\overline{G}_k - \sum_k{}' x_k \overline{G}_{kj} \\ &= \overline{G_j} + \overline{G}_{ij} - \sum_k{}' \delta_{kj}\overline{G}_k - \sum_k{}' x_k \overline{G}_{kj} \\ &= \overline{G_j} + \overline{G}_{ij} - \overline{G_j} - \sum_k{}' x_k \overline{G}_{kj} = \overline{G}_{ij} - \sum_k{}' x_k \overline{G}_{kj}\end{aligned}\right\} \tag{5. 210}$$

여기서 $\overline{G}_{ij} (= \overline{G}_{ji}) = \frac{\partial^2}{\partial x_i}\frac{\overline{G}}{\partial x_j}$, $(\partial x_k/\partial x_j) = \delta_{kj}$ (5. 211)

그런데 $\mu_{ij} \equiv \frac{\partial^2 \Delta G_m}{\partial n_i \partial n_j} = \frac{\partial}{\partial n_j}\Delta\mu_i$ 에서 $\Delta\mu_i$는 $\overline{G} = \left(\Delta \overline{G}_m\right)$와 마찬가지로 세기성질이므로 위의 경우와 마찬가지로 (독립)조성 편미분을 통하여 아래와 같이 나타내진다.

$$\mu_{ij} = \sum_k{}' \frac{\partial x_k}{\partial n_j}\frac{\partial \Delta\mu_i}{\partial x_k} = \sum_k{}' \frac{\delta_{kj} - x_k}{n} \times \frac{\partial \Delta\mu_i}{\partial x_k} = \frac{1}{n}\left[\frac{\partial \Delta\mu_i}{\partial x_j} - \sum_k{}' x_k \frac{\partial \Delta\mu_i}{\partial x_k}\right] \tag{5.212}$$

이 식에 식 (5. 210)을 대입하면 소기의 관계식을 얻는다.

$$\begin{aligned}\mu_{ij} &= \frac{1}{n}\left[\overline{G}_{ij} - \sum_k{}' x_k \overline{G}_{kj} - \sum_k{}' x_k\left(\overline{G}_{ik} - \sum_m{}' x_m \overline{G}_{mk}\right)\right] \\ &= \frac{1}{n}\left[\overline{G}_{ij} - \sum_k{}' x_k \overline{G}_{kj} - \sum_k{}' x_k \overline{G}_{ik} + \sum_k{}'\sum_m{}' x_k x_m \overline{G}_{mk}\right] \quad \blacksquare\end{aligned}$$

다음에는 다성분계 고분자 용액에 대한 F-H 이론 (식 5. 156)의 경우처럼 $\Delta\overline{G}_m$(혹은 $\Delta g_v = \Delta G_m / V$)이 부피분율 ϕ의 함수인 경우에는 (식 5. 206)대신 아래의 유용한 관계가 성립된다.

$$\mu_{ij}\left[\equiv \frac{\partial^2 \Delta G_m}{\partial n_i \partial n_j}\right] = \frac{v_0 m_i m_j}{L}\left[\bar{g}_{ij} - \sum_k{}' \phi_k \bar{g}_{kj} - \sum_k{}' \phi_k \bar{g}_{ik} + \sum_k{}'\sum_m{}' \phi_k \phi_m \bar{g}_{mk}\right] \tag{5.213}$$

여기서 $\bar{g}_{ij}(=\bar{g}_{ji}) = \left(\partial^2 \Delta g_v / \partial\phi_i \partial\phi_j\right)$

[위 식에서 v_0은 기준격자의 크기(용매나 세그먼트의 크기와 동일시), $\sum_k{}'$는 종속조성 ϕ_n을 제외한 $n-1$개의 독립조성 중 ϕ_k에 대해서만 (실제)편미분함을 의미한다.]

증 명 $$\Delta\mu_i = \left(\frac{\partial \Delta G_m}{\partial n_i}\right)_{n_{j\neq i}} = \left[\frac{\partial}{\partial n_i}(V\Delta g_v)\right] = \left(\frac{\partial V}{\partial n_i}\right)\Delta g_v + V\frac{\partial \Delta g_v}{\partial n_i} = v_0 m_i \Delta g_v + V\frac{\partial \Delta g_v}{\partial n_i} \tag{5.214}$$

위 식에서 $V = Lv_0$, $\dfrac{\partial L}{\partial n_i} = m_i$를 이용하였다. 그런데 $\Delta g_v(=\Delta G_m / V)$ 또한 부피분율 ϕ_i로 나타낸 세기성질이므로 역시 아래와 같이 사슬법칙을 통한 조성에 관한 (실제)편미분으로 나타내진다.

$$\frac{\partial \Delta g_v}{\partial n_i} = \sum_j{}' \frac{\partial \phi_j}{\partial n_i}\frac{\partial \Delta g_v}{\partial \phi_j} = \sum_j{}' \frac{\delta_{ij} m_j - \phi_j m_i}{L}\bar{g}_j = \frac{m_i}{L}\left[\bar{g}_i - \sum_j{}' \phi_j \bar{g}_j\right] \tag{5.215}$$

단 위식에서 $\dfrac{\partial \phi_j}{\partial n_i}$로서 식 (5. 157)을, 그리고 $\bar{g}_i \equiv \dfrac{\partial}{\partial \phi_i}\Delta g_v$를 사용하였다.

이를 식 (5. 214)에 대입하면 아래를 얻는다.

$$\Delta\mu_i = v_0 m_i \left[\Delta g_v + \bar{g}_i - \sum_k{}' \phi_k \bar{g}_k\right] \tag{5. 216}$$

이를 다시 독립조성 ϕ_i에 관해 (실제)편미분(단 $\partial\phi_k/\partial\phi_i = \delta_{ki}$)을 행하면 아래를 얻는다.

$$\left(\frac{\partial\Delta\mu_j}{\partial\phi_i}\right) = v_0 m_j \left[\bar{g}_i + \bar{g}_{ji} - \sum_k{}' \delta_{ki}\bar{g}_k - \sum_k{}' \phi_k \bar{g}_{ki}\right] \tag{5. 217}$$

$$= v_0 m_j \left[\bar{g}_{ji} - \sum_k{}' \phi_k \bar{g}_{ki}\right]$$

여기서

$$\bar{g}_{ij}(=\bar{g}_{ji}) = \left(\frac{\partial^2}{\partial\phi_i}\frac{\Delta g_v}{\partial\phi_j}\right),\ (\partial\phi_k/\partial\phi_i) = \delta_{ki} \tag{5. 218}$$

그런데 $\mu_{ij}\left(\equiv \frac{\partial^2\Delta G_m}{\partial n_i \partial n_j}\right) = \frac{\partial}{\partial n_j}\Delta\mu_i$ 에서 $\Delta\mu_i$는 ϕ_i로 나타내진 세기성질이므로 위의 경우와 마찬가지로 아래와 같이 (독립)조성에 관한 편미분으로 나타내진다.

$$\mu_{ij} = \sum_k{}' \frac{\partial\phi_k}{\partial n_j}\frac{\partial\Delta\mu_i}{\partial\phi_k} = \sum_k{}' \frac{\delta_{kj}m_k - \phi_k m_j}{L}\frac{\partial\Delta\mu_i}{\partial\phi_k} = \frac{m_j}{L}\left(\frac{\partial\Delta\mu_i}{\partial\phi_j} - \sum_k{}'\phi_k\frac{\partial\Delta\mu_i}{\partial\phi_k}\right) \tag{5. 219}$$

여기에 식 (5. 217)을 대입하면 아래와 같이 소기의 관계식을 얻을 수 있다.

$$\mu_{ij} = \frac{m_j}{L}\left\{v_0 m_i\left[\bar{g}_{ij} - \sum_k{}' \phi_k \bar{g}_{kj}\right] - \sum_k{}' \phi_k \times v_0 m_i \left[\bar{g}_{ik} - \sum_m{}' \phi_m \bar{g}_{mk}\right]\right\} \tag{5. 220}$$

$$= \frac{v_0 m_i m_j}{L}\left[\bar{g}_{ij} - \sum_k{}' \phi_k \bar{g}_{kj} - \sum_k{}' \phi_k \bar{g}_{ik} + \sum_k{}'\sum_m{}' \phi_k \phi_m \bar{g}_{mk}\right] \blacksquare$$

한편 $n = 2$성분계 단분산 고분자 용액의 경우 ($m_1 = 1,\ m_2 = r$) 5. 4. 1. 1절에서 논의된 상 안정성기준 ($\Delta G_m < 0$에 덧붙여) 식 (5. 191)에서 $\Delta\bar{G}_m$ 대신 Δg_v를 이용하면 $\bar{g}_{22} > 0$을 의미한다. 그런데 위 식 (5. 213)의 결과를 이용하여 먼저 ϕ_1을 독립조성(ϕ_2 는 종속조성 ϕ_n으로 간주)으로 간주하여,

$\mu_{11} = \left(\frac{\partial^2\Delta G_m}{\partial n_1^2}\right)_{n_2}$ 를 구해보면 $\mu_{11} = \frac{v_0 \times m_1^2(=1)}{L}\left[\bar{g}_{11} - \phi_1\bar{g}_{11} - \phi_1\bar{g}_{11} + \phi_1^2\bar{g}_{11}\right]$ 이 되고, 이를 정리하면 $\mu_{11} = \frac{v_0}{L}\phi_2^2\bar{g}_{11}$ 이 되어 만약 상 안정성 기준을 식 (5. 191)대신

$\left(\dfrac{\partial^2 \Delta g_v}{\partial \phi_1^2}\right) = \bar{g}_{11} > 0$ 으로 표시한다면 $\mu_{11} > 0$과 같은 결과를 준다. 또한 ϕ_2를 독립조성으로 간주하면 식 (5. 213)에서 $\mu_{22} = \dfrac{v_0 m_2^2 (= r^2)}{L}\left[\bar{g}_{22} - \phi_2 \bar{g}_{22} - \phi_2 \bar{g}_{22} + \phi_2^2 \bar{g}_{22}\right] = \dfrac{v_0 r^2}{L}\phi_1^2 \bar{g}_{22}$가 되어, 상 안정성기준 식 (5. 191)에서 $\bar{g}_{22} > 0$ 이 성립되면 마찬가지로 $\mu_{22} > 0$ 도 성립된다. 이와 같은 논리는 $n \geq 3$ 이상의 다성분계에 대해서도 그대로 확장이 가능하다. 또한 안정성 기준 외에도 스피노달 조건 식 (5. 193) 및 임계조건 (5. 194)도 마찬가지 원리로 $\Delta \overline{G}_m$이나 Δg_v 대신 μ_{ij}로 나타낼 수 있음을 알 수 있다.

이제 F-H 이론을 이용하여 5. 4. 1. 1 및 5. 4. 1. 2절에 논의된 2 성분계 및 3 성분계의 (단분산)고분자 혼합물에 대한 상평형(즉 스피노달 및 임계점)조건을 각각 이하에서 구해보기로 한다.

5. 4. 2. 1 2성분계 단분산 고분자 용액

용매(1)-단분산 고분자(2) UCST 상분리계(m_1=1, m_2=r)에 관한 F-H식 (5. 160)-(5. 163)을 사용하여 그림 5. 13의 $\phi_{2,sp}^{A}$ 및 $\phi_{2,sp}^{B}$에 해당하는 스피노달 분해조건을 식 (5. 193a)(여기서는 $\Delta \overline{G}_m$ 대신 Δg_v이용) 혹은 (5. 193b)에 의해 구해보면 아래와 같다 (단 상호작용 파라미터 χ는 조성무관 가정).

$$\left(\frac{\partial^2 \Delta g_v}{\partial \phi_2^2}\right)_{T,P} = 0 \quad \rightarrow \quad \frac{1}{\phi_{1,sp}} + \frac{1}{r\phi_{2,sp}} - 2\chi_{sp} = 0 \tag{5. 221a}$$

혹은

$$\left(\frac{\partial \Delta \mu_1}{\partial \phi_2}\right)_{T,P} = 0 \quad \rightarrow \quad \frac{1}{\phi_{1,sp}} - \left(1 - \frac{1}{r}\right) - 2\chi_{sp}\phi_{2,sp} = 0 \tag{5. 221b}$$

다음에는 그림 5. 13의 스피노달과 바이노달 곡선이 만나는 UCST 임계점(T_C)에서의 중성평형조건(위 식에 덧붙여)은 식 (5. 194a)(여기서도 $\Delta \overline{G}_m$ 대신 Δg_v이용) 혹은 (5. 194b)에 의해 구해보면 아래와 같다.

$$\left(\frac{\partial^3 \Delta g_v}{\partial \phi_2^3}\right)_{T_C,P_C} = 0 \quad \rightarrow \quad \frac{1}{\phi_{1,C}^2} - \frac{1}{r\phi_{2,C}^2} = 0 \tag{5. 222a}$$

혹은

$$\left(\frac{\partial^2 \Delta\mu_1}{\partial\phi_2^2}\right)_{T_C, P_C} = 0 \quad \rightarrow \quad \frac{1}{\phi_{1,C}^{\ 2}} - 2\chi_C = 0 \tag{5. 222b}$$

결국 위 식의 ϕ_2에 대한 두 미분경로 (a)(Δg_v의 미분) 및 (b)($\Delta\mu_1$ 혹은 $\Delta\mu_2$의 미분) 모두 똑같이 아래의 임계점에서의 결과를 준다.

$$\phi_{1,C} = \frac{\sqrt{r}}{1+\sqrt{r}}, \ \phi_{2,C} = \frac{1}{1+\sqrt{r}}, \ \chi_C = \frac{(1+\sqrt{r})^2}{2r} \tag{5. 223}$$

특히 식 (5. 223)이 암시하는 바는 고분자의 분자량 (혹은 크시 $m_2 = r$)이 증가할 때 $\phi_{2,C}$ 값 및 χ_C 값이 작아짐을 알 수 있다. UCST의 경우 온도를 낮추면 $\chi(T)$값이 증가(아래식 참조) 하지만 분자량이 작은 경우는 임계값 χ_C가 $\frac{1}{2}$보다 훨씬 커 온도를 매우 낮추어도 $\chi < \chi_C$가 되어 상분리가 일어나지 않는다.

$$\chi(T) = a + b/T \ (a, b > 0) \ \text{(UCST)} \tag{5. 224}$$

그러나 위 식에서 $r \rightarrow \infty$ 이면 $\phi_{2,C} = 0$, $\chi_C = \frac{1}{2}$되어 고분자는 거의 소량만 넣어도 상분리영역에 들어갈 뿐 아니라 온도를 조금만 낮추어도 $\chi > \chi_C\left(= \frac{1}{2}\right)$되어 상분리가 일어나게 된다. 그림 5. 19에 분자량(r)이 다른, 3 종류의 단분산 2 성분계 고분자 용액에 F-H 이론의 상평형조건인 식 (5. 221) 및 (5. 222)를 이용해 구한 이론 스피노달 곡선(점선)[바깥의 실선은 바이노달 혹은 흐림점(cloud point)곡선임]과 이론 임계점(두 곡선이 만나는 꼭지점)을 ϕ_2의 함수로 나타내었다[단 $\chi(T) = 200/T$ (절대온도)경험식에 의해 추정하였음]. 그림에서 알 수 있듯이 r 이 클수록 실험곡선이 y 축을 향해 왼쪽상단으로 진행함을 알 수 있다.

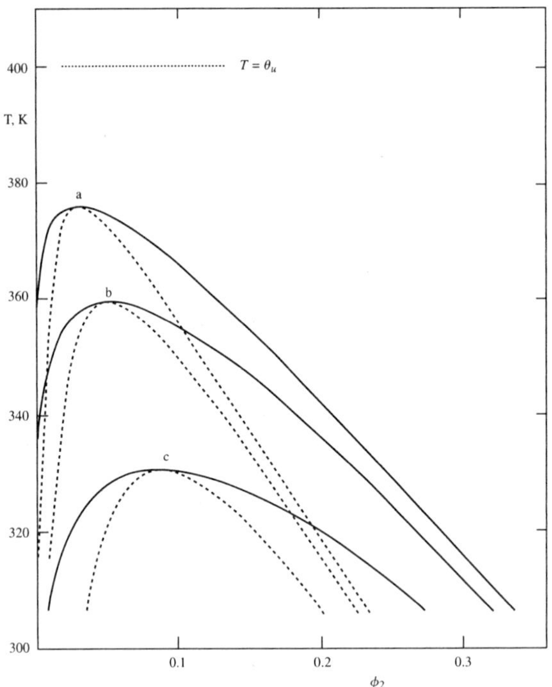

▶ **그림 5. 19** 크기가 다른 3종류의 단분산 고분자 용액에 대한 F-H이론의 상평형 그림. 실선은 바이노달, 점선은 스피노달 곡선이고, $\chi(T) = 200/T$: (a) $r = 1000$; (b) $r = 333$; (c) $r = 100$ [단 $r = \overline{V}_2/\overline{V}_1 = m_2$].

그리고 그림에서 $r \to \infty$(즉, $\chi_C(T) = \frac{1}{2}$)되는 임계점(UCST)온도 $T_C(=\theta_u) = 400^\circ K$ ($\because$ $\chi(T) = 200/T$ 추정식)

[비고 : 이와 반대로 온도를 올리면 상분리가 일어나는 LCST의 경우에는 T가 커지면 $\chi(T)$가 커져 식 (5. 224)의 우편에 $cT^2(c > 0)$항을 더해야한다. 또한 분자량(혹은 r)이 클수록 실험곡선을 y축을 향해 왼쪽으로 내려가 그 극한값 (즉, $r \to \infty$) 즉, 임계 꼭지점이 y축과 만나는 점이 $\chi_C = \frac{1}{2}$이 되는 온도 $T_C = \theta_L$이다.]

한편 UCST의 경우 그림 5. 19에서 $r \to \infty$ 되는 온도(Θ_u)를 아래와 F-H이론으로부터 추정할 수 있다. 즉, 5. 3. 3. 3절의 식 (5. 144)에서 고분자의 크기가 r인 경우의 임계온도 T_C, 임계 상호작용 파라미터 χ_C 및 $r \to \infty$ 될 때의 T_C에 해당하는 $\theta(\theta_u)$온도 사이에는 아래의 관계가 성립된다.

$$\frac{1}{2} - \chi_C = \psi_1\left(1 - \frac{\theta}{T_C}\right) \qquad (5.\ 225)$$

크기가 r인 경우의 χ_C값을 식 (5. 223)에서 대입하면 위 식은 아래와 같이 나타낼 수 있다.

$$\frac{1}{T_C} = \frac{1}{\theta}\left[1 + \frac{1}{\psi_1}\left(\frac{1}{\sqrt{r}} + \frac{1}{2r}\right)\right] \tag{5. 226}$$

위 식에서 $r \gg 1$이면, 우편에서 $\frac{1}{r}$항을 무시할 수 있고, 또한 고분자의 격자상 크기 $r\left(= \overline{V}_2 / \overline{V}_1\right)$과 분자량 M은 비례하므로 위 식을 (비례)상수 b를 사용하여 아래와 같이 나타낼 수 있다.

$$\frac{1}{T_C} \simeq \frac{1}{\theta}\left(1 + \frac{b}{\sqrt{M}}\right) \tag{5. 227}$$

따라서 위 식이 의미하는 대로 주어진 분자량 M인 경우의 단분산 고분자 용액에 대한 UCST 상분리 온도 T_C를 실험적으로 구할 수 있으면[가령, 상분리에 의한 탁도(turbidity)가 급격히 증가하는 흐림점(cloud point)의 측정 등] T_C^{-1}와 $M^{-\frac{1}{2}}$의 직선 플롯[소위 'Shultz-Flory Polt']의 y축의 절편값에서 극한 $(M \to \infty)$ UCST 임계온도 θ_u값을 측정할 수 있다.

지금 그림 5. 20에 에틸벤젠-디페닐에테르 혼합용매계에서 분자량을 달리하는 (단분산)폴리이소부틸렌(PIB)을 사용하여 UCST 상분리 실험에서 얻어진 T_C를 갖고 식 (5. 227)에 의거하여 Shultz-Flory 직선플롯을 한 결과를 나타내었다.

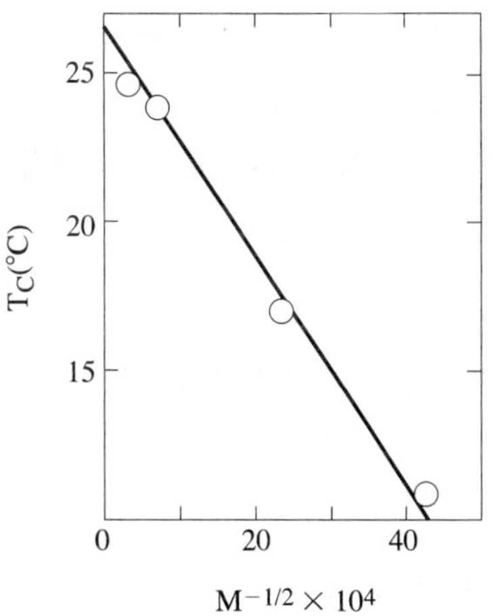

▶ 그림 5. 20 에틸벤젠–디페닐에테르 혼합용매계에서 PIB의 분자량 함수로서의 UCST임계온도(T_C).

한편 크기가 m_1, m_2인 2종류의 단분산 고분자의 블랜드 혼합물에 대한 (UCST 상분리) 임계점에서의 ϕ_C , χ_C 값을 대응하는 F-H 이론식 (5. 164)-(5. 167)을 사용하여 구하는 예제는 문제 5. 6에 주어져 있다.

5. 4. 2. 2 3 성분계 (단분산) 고분자혼합물

아래 그림 5. 21(a) 및 (b)는 각각 용매(S)-침전제(NS)-고분자(P) 및 용매(S)-고분자(P1)-고분자(P2)의 (단분산)3 성분계에 대한 상도(phase diagram)이다.

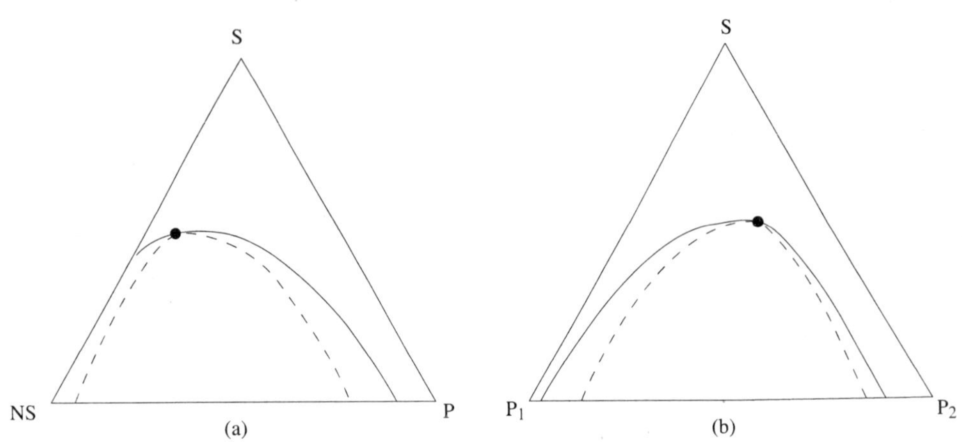

▶ **그림 5. 21** (a) 용매(S)-침전제(NS)-고분자(P) 및 (b) 용매(S)-고분자(P1)-고분자(P2)의 3성분계 상도. (●): 임계점 ; (−) 바이노달 ; (□□□) 스피노달.

위 그림의 (a)경우는 고분자 분리막(polymeric membranes for separation)의 제조에 널리 이용되며, (b) 경우는 공통용매(cosolvent)를 이용한 두 성분 고분자 블랜드 필름제조에 이용되는 상도이다.

그러면 각각의 경우 5. 3. 3. 4절의 (c) 및 (d)에 해당하는 F-H 이론식 (5. 168)-(5. 176)을 사용하여(단, χ 파라미터는 조성과 무관한 성질을 가짐) 그림 5. 21의 스피노달에 해당하는 식 (5. 199) 및 (이에 덧붙여)임계점에 해당하는 식(5. 200)[단, $\Delta \overline{G}_m$ 대신 Δg_v를 이용하여, $\overline{G}_{ij}$ 및 행렬식 $|\overline{G}|$항으로서 $\left(\partial^2 \Delta g_v / \partial\phi_i \partial\phi_j\right)$를 이용한다]에 의해 상평형 조건을 구할 수 있는데, 아래에는 특히 (b) 경우(두 단분산 고분자의 크기 m_2, m_3임)에 대해서만 논하기로 한다. 먼저 스피노달 조건으로서는

$$\det|\overline{g}_{ij}|\left(\equiv |\overline{g}_v|\right) = \begin{vmatrix} \overline{g}_{22} & \overline{g}_{23} \\ \overline{g}_{32} & \overline{g}_{33} \end{vmatrix} = \overline{g}_{22}\overline{g}_{33} - \left(\overline{g}_{23}\right)^2 = 0 \tag{5. 228}$$

여기서

$$\overline{g}_{ij}\left(= \overline{g}_{ji}\right) = \left(\frac{\partial^2 \Delta g_v}{\partial\phi_i \partial\phi_j}\right), \quad \Delta g_v = \Delta G_m / V\left(= L v_0\right) \tag{5. 229}$$

지금 위 그림 (b)에 해당하는 Δg_v로서 식 (5. 176)식을 사용하여 식 (5. 228)에 대입하여 스피노

달 조건을 구한다. 지금 용매의 ϕ_1을 종속조성 ϕ_n으로 두고, ϕ_2, ϕ_3를 2개의 독립조성으로 간주하여 해당 편미분[부록 5. 3에 언급한 바와 같이 조성에 관한 미분의 경우 $\phi_1(=\phi_n)$을 종속으로 간주(즉, $\partial\phi_1/\partial\phi_i=-1,\ i=2,3$)하는 실제미분과 ϕ_1도 가상적으로 독립으로 간주하는 가상미분이 있으나, 여기서는 아직 가상미분법에 익숙치 못한 독자들을 위하여 실제미분법에 의존함]을 구하기 위해 먼저 도중에 필요한 관계식들을 아래에 열거한다[단, 편의상 $\dfrac{RT}{v_0}$항 및 조성이나 χ파라미터에 붙는 'sp'첨자도 생략함].

$$\left.\begin{aligned}
\bar{g}_{22}\left(=\partial^2\Delta g_v/\partial\phi_2^2\right)_{\phi_3} &= \frac{1}{\phi_1}+\frac{1}{m_2\phi_2}-2\chi_{12} \\
\bar{g}_{23}\left(=\bar{g}_{32}\right)=\left(\partial^2\Delta g_v/\partial\phi_2\phi_3\right) &= \frac{1}{\phi_1}-\chi_{12}-\chi_{13}+\chi_{23} \\
\bar{g}_{33}=\left(\partial^2\Delta g_v/\partial\phi_3^2\right)_{\phi_2} &= \frac{1}{\phi_1}+\frac{1}{\phi_3 m_3}-2\chi_{13}
\end{aligned}\right\}$$

이를 이용하여 식 (5. 228)의 행렬식을 구하면(단 $m_1=1$) 아래와 같다. (5. 230)

$$\det\left|\bar{g}_{ij}\right|=\bar{g}_{22}\bar{g}_{33}-\left(\bar{g}_{23}\right)^2=\left(\frac{1}{\phi_1}+\frac{1}{m_2\phi_2}-2\chi_{12}\right)\left(\frac{1}{\phi_1}+\frac{1}{m_3\phi_3}-2\chi_{13}\right)-\left(\frac{1}{\phi_1}+\chi_{23}-\chi_{12}-\chi_{13}\right)^2 \quad (5.231)$$

$$=\left(1+Mm_2\phi_2\right)\left(1+Nm_3\phi_3\right)-K^2m_2\phi_2\times m_3\phi_3$$

여기서 $M=\dfrac{1}{\phi_1}-2\chi_{12}$, $N=\dfrac{1}{\phi_1}-2\chi_{13}$, $K=\bar{g}_{23}$

따라서 식 (5. 231)을 0을 두고 구하면 스피노달 점의 $\phi_{i,sp}$ 및 χ_{sp}를 $n=2$ 인 경우와 마찬가지로 두 고분자의 크기(혹은 분자량)m_2, m_3의 함수로 나타낼 수 있다(단 아래의 임계조건의 경우와 마찬가지로 관련된 수식이 복잡하여 직접 풀기는 어렵고, 컴퓨터를 통한 수치해석기법을 이용해야 할 것이다.).

다음에는 식 (5. 200)으로부터 (여기서는 $\Delta\overline{G}_m$ 및 $\overline{G}_{ij}$ 대신 Δg_v 및 $\bar{g}_{ij}$를 이용함) 그림 5. 21(b)의 임계점에 해당하는 조건(식 5. 228에 덧붙여)을 구하면 아래와 같다(위와 마찬가지로 임계점을 의미하는 첨자 'C'는 생략함).

$$\begin{vmatrix}\left(\dfrac{\partial\left|\bar{g}_v\right|}{\partial\phi_2}\right)_{\phi_3} & \left(\dfrac{\partial\left|\bar{g}_v\right|}{\partial\phi_3}\right)_{\phi_2} \\ \bar{g}_{32} & \bar{g}_{33}\end{vmatrix}=0 \quad (5.232)$$

이 계산을 위해 필요한 도중 결과식을 아래에 적는다.

$$\left(\frac{\partial|\bar{g}_v|}{\partial\phi_2}\right)_{\phi_3} = \frac{1}{m_2\phi_1\phi_2}\left(\frac{1}{\phi_1} - \frac{1}{\phi_2}\right) + \frac{1}{m_3\phi_3}\left(\frac{1}{\phi_1^2} - \frac{1}{m_2\phi_2^2}\right) + \frac{2\chi_{13}}{m_2\phi_2^2} - \frac{2\chi_{23}}{\phi_1^2} \tag{5. 233}$$

$$\left(\frac{\partial|\bar{g}_v|}{\partial\phi_3}\right)_{\phi_2} = \frac{1}{m_2\phi_2}\left(\frac{1}{\phi_1^2} - \frac{1}{m_3\phi_3^2}\right) + \frac{1}{m_3\phi_1\phi_3}\left(\frac{1}{\phi_1} - \frac{1}{\phi_3}\right) + \frac{2\chi_{12}}{m_3\phi_3^2} - \frac{2\chi_{23}}{m_1\phi_1^2} \tag{5. 234}$$

이 결과를 식 (5. 232)에 대입하여 행렬식 값을 0을 두면, 주어진 두 고분자의 크기 m_2, m_3 (단 $m_1 = 1$)에 해당하는 (바이노달과 스피노달이 만나는) 임계(평형)점에서의 ϕ_i, C 및 χ_C의 값을 2 성분계의 경우와 마찬가지로 m_2, m_3의 함수로 나타낼 수 있는데 여기서는 지면 관계상 최종결과는 생략한다.

5. 4. 3 분별이론

이절에서는 화학구조가 동일한(homologous) 한 종류의 분자량분포가 넓은 다분산 고분자를 한 종류의 용매에 녹인 2성분계 고분자 용액에 앞에서 언급한 Flory-Huggins의 상평형이론을 적용시켜 분자량분포가 좁은 고분자를 얻는 소위 '분별(fractionation)' 기법에 대해서 논하기로 한다. 지금 5. 3. 3. 4절의 (e)에 기술된 식 (5. 178-5.181)을 바탕으로 만약 용액의 온도가 그림 5. 13의 임계온도(T_C)이하로 냉각되었을 때 용액은 조성이 다른 (그러나 각 성분의 화학퍼텐셜은 같은) 바이노달 곡선상의 2점 ϕ_2' (polymer-lean phase)와 ϕ_2''(polymer-rich phase)으로 상분리된다(그래야만 Gibbs 자유에너지가 더욱 낮아짐). 이때 아래의 상평형 조건이 만족된다.

$$\Delta\mu_1' = \Delta\mu_1'' \tag{5. 235a}$$

$$\Delta\mu_r' = \Delta\mu_r'' \quad (r \geq 2) \tag{5. 235b}$$

먼저 평형조건 (5. 235a)의 $\Delta\mu_1$표현을 식 (5. 179)에서 치환하면 아래의 관계식을 얻는다.

$$\ln\frac{\phi_1''}{\phi_1'} = \left(1 - \frac{1}{r_n'}\right)\phi_P' - \left(1 - \frac{1}{r_n''}\right)\phi_P'' + \chi\left(\phi_P'^2 - \phi_P''^2\right) \tag{5. 236}$$

여기서 $r_n'(=\sum_{r\geq 2} rn_r' / \sum n_r')$ 및 $r_n''(=\sum_{r\geq 2} rn_r'' / \sum n_r'')$는 각각 ϕ_2' 및 ϕ_2'' 상에서의 고분자의 수평균 크기이며, $\phi_P'(=\phi_2') = \sum_{r\geq 2}\phi_r' = 1-\phi_1'$ 및 $\phi_P''(=\phi_2'') = \sum_{r\geq 2}\phi_r'' = 1-\phi_1''$는 각각 ϕ_2' 및 ϕ_2''상에서의 고분자의 부피분율[5. 4. 1절에서 언급한 지렛대 법칙 (5. 190)에 의거해 결정됨]이다.

한편 식 (5. 235b)의 고분자 성분($r \geq 2$)에 관한 평형조건의 $\Delta\mu_r$에 관한 표현식을 식 (5. 180)에서 치환하여 정리하면 아래의 관계식을 얻는다.

$$\ln\frac{\phi_r''}{\phi_r} = \phi_P' r\left(1-\frac{1}{r_n'}\right) - \phi_P'' r\left(1-\frac{1}{r_n''}\right) + \chi r(1-\phi_P')^2 - \chi r(1-\phi_P'')^2 \tag{5. 237}$$

특히 위 식에서 크기가 r인 고분자성분의 두 평형 공존상에서의 부피분율비를 온도만에 의존하는 '분리인자(separation factor)' σ를 이용하여 아래와 같이 정의한다.

$$\phi_r''/\phi_r' \equiv e^{\sigma r} \quad \text{혹은} \quad \sigma = \frac{1}{r}\ln(\phi_r''/\phi_r') \tag{5. 238}$$

그러면 식 (5. 236)-(5. 237)에서 아래의 관계를 얻는다.

$$\left.\begin{aligned}\sigma &= \left(1-\frac{1}{r_n'}\right)\phi_P' - \left(1-\frac{1}{r_n''}\right)\phi_P'' - \chi\left[(1-\phi_P'')^2 - (1-\phi_P')^2\right] \\ &= 2\chi(\phi_1' - \phi_1'') - \ln(\phi_1'/\phi_1'')\end{aligned}\right\} \tag{5. 239}$$

(여기서 $\phi_1' = 1-\phi_P'$, $\phi_1'' = 1-\phi_P''$, $\phi_P'' - \phi_P' = \phi_1' - \phi_1''$ 성립됨)

증 명 식 (5. 236)에서 $\left(1-\frac{1}{r_n'}\right)\phi_P' = A$, $\left(1-\frac{1}{r_n''}\right)\phi_P'' = B$, $\chi(\phi_P'^2 - \phi_P''^2) = C$라고 두자. 그리고 식 (5. 237)의 우편의 χ항은 $\chi r\left[(1-\phi_P')^2 - (1-\phi_P'')^2\right] = \chi r(\phi_P'^2 - \phi_P''^2) - 2\chi r(\phi_P' - \phi_P'')$ 된다. 따라서 식 (5. 237)의 우편은 $rA - rB + rC - 2\chi r(\phi_1'' - \phi_1')$가 된다($\because \phi_P' - \phi_P'' = \phi_1'' - \phi_1'$). 그리고 왼편은 σr이며, 또한 $A - B + C = -\ln\left(\frac{\phi_1'}{\phi_1''}\right)$ ($\because$ 식 5. 236)이므로 결국 아래가 성립된다.

$$\sigma = A - B + C + 2\chi(\phi_1' - \phi_1'') = 2\chi(\phi_1' - \phi_1'') - \ln(\phi_1'/\phi_1'') \quad \blacksquare$$

한편 크기 r인 고분자 성분의 두 평형 공존상 ϕ' 및 ϕ''에서의 수(혹은 부피)분율을 각각 f_r' 및 f_r''라 하면(즉, $f_r' + f_r'' = 1$) 각각 분리인장 σ 및 두 공존상의 부피비 $R[= V'/V''$, 여기서 V' 및 V''는 지렛대 법칙으로 정해지는 각 상에서의 용매를 포함하는 전체 부피임]의 항으로 아래와 같이 나타내진다.

$$f_r' = V'\phi_r'/(V'\phi_r' + V''\phi_r'') = R\exp(-\sigma r)/[1 + R\exp(-\sigma r)] \tag{5. 240a}$$

$$f_r'' = K(R, \sigma, r) = V''\phi_r''/(V'\phi_r' + V''\phi_r'') = 1/[1 + R\exp(-\sigma r)] \tag{5. 240b}$$

위 식에서 $r \geq 2$인 경우에 아래 식도 성립된다.

$$f_r''/f_r' = \frac{1}{R}e^{\sigma r},\ R = V'/V'' \tag{5. 241}$$

참고로 분별이론에서 식 (5. 238)-(5. 241)의 의미를 생각해보면, 만약 r이 매우 큰 (즉, $r \to \infty$) 성분은 $f_r'' > f_r'$ 되어 그 성분은 고농도 지역인 ϕ''에 거의 존재하게 되어 분별효과가 매우 큼을 의미한다. 반대로 r값이 매우 작은 저분자량 성분은 $f_r' \to R/(1+R)$, $f_r'' \to 1/(1+R)$이 되어 소위 '꼬리(tail)'가 발생한다. 이 꼬리효과를 없애려면 $R \gg 1$ 즉, 첫 상분리 시작점을 그림 5. 14의 NG-I 영역에서 시작하면 지렛대 법칙에 의해 $R(= V'/V'') \gg 1$을 만족하게 되어 $f_r' \to 1$, $f_r'' \to 0$이 되어 저분자 성분에 의한 꼬리효과를 방지할 수 있다. 특히 식 (5. 240b)에서 f_r''를 R, σ, r의 함수인 K로 두어 그림 5. 22에 r의 함수로 나타내었다.

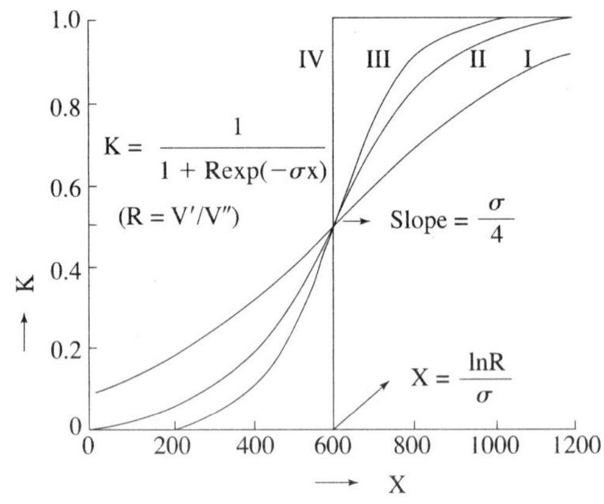

▶ **그림 5. 22** 크기 x인 고분자 성분이 상분리 후 고농도 지역의 ϕ''에 있을 수(부피)분율 $f_r'' = (K)$의 x에 대한 플롯. 곡선 I, II, III 에 대한 R값은 각각 10, 100, 1000이고, 곡선 IV는 이상적인 분별곡선이다. 모든 경우에 대해 $x = \frac{\ln R}{\sigma}$에서 $K = \frac{1}{2}$값을 갖고, 그 점에서의 기울기는 $\frac{\sigma}{4}$값을 가진다.

그림 5. 22에서 알 수 있듯이 고분자의 크기 $x = \ln R/\sigma$값을 가질 때 $K(= f_r'') = \frac{1}{2}$이 되어 두 영역에 똑같이 존재[이는 식 (5. 240b)에서 증명됨, 단 $e^{-\ln R} = 1/R$ 이용]함을 알 수 있고, 그 크기보다 큰 성분은 농도가 진한성분에 많이 존재(즉, 분리효과가 큼)하며, 두 상의 전체 부피비(상분리 첫 출발 시 정해짐) $R(= V'/V'')$값이 커질수록 그 효과가 급격히 증대함을 알 수 있으며,

또한 $K=\frac{1}{2}$ 되는 크기 $x(=\ln R/\sigma)$에서의 곡선에 대한 기울기는 일률적으로 $\sigma/4$값을 가짐을 위 식에서도 확인할 수 있다.

참고로 그림 5. 23에 온도와 침전제를 이용한 간단한 분별침전 장치(fractional precipitation equipment)를 나타내었다. 이 장치를 이용하여 분별할 다분산성 고분자를 일정온도에서 용매에 녹인 후 침전제 및 온도를 사용하여 분자량 분포의 양 끝 성분들을 차례로 제거해 나가 결국엔 가운데 부분의 분자량 분포폭이 좁은 고분자를 얻을 수 있게 된다.

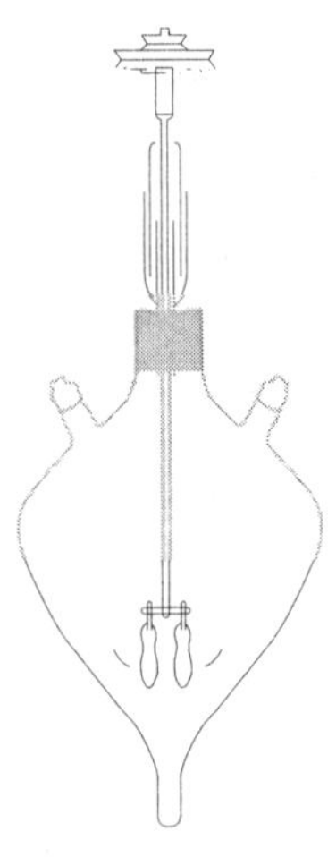

▶ **그림 5. 23** 분별침전 장치의 개략도.

5. 5 조성에 따른 고분자-용매 상 다이어그램의 분류

지금까지 다루어 온 고분자 용액에 관한 F-H 이론이나 특히 5. 3. 3. 3절의 Flory-Krigbaum 이론에서는 고분자 농도가 묽을 경우 소위 '배제체적 효과(excluded volume effect)' 즉 $\Delta\mu_1$을 농도에 관한 멱급수 전개시 'two-body'상호작용을 나타내는 2차 비리얼계수 A_2(식 5. 143)가 양용매속에서 +값(즉 $\chi<\frac{1}{2}$)을 갖게 되며 세그먼트끼리는 반발력이 우세하고, 대신 용매와 세그먼트 사이에는 인력이 작용하여 고분자의 크기가 팽창된다는 개념에 의해 비교적 성공적이었다. 그러나 용액의 농도가 증가함에 따라 이들 이론은 별로 성공적이지 못하다. 대신 '스케일링개념(scaling concept)'에 기초를 둔 de Gennes 이론이나 벌크(bulk)상의 비정형 고분자나 농후(concentrated)용액에 적용되는 Doi-Fdwards의 '튜브(tube)' 혹은 '파행운동(reptation)' 모델 등이 최근 각광을 받고 있다.

그래서 이 절에서는 Daoud와 Jannink가 제안한 모델, 즉 조성에 따라 고분자-용액 공간을 7영역으로 나누어 고분자의 부피분율(ϕ) 대 '배제체적 파라미터'인 v의 플롯으로 나타내는 그림 5. 24에 대하여 주로 설명하겠다.

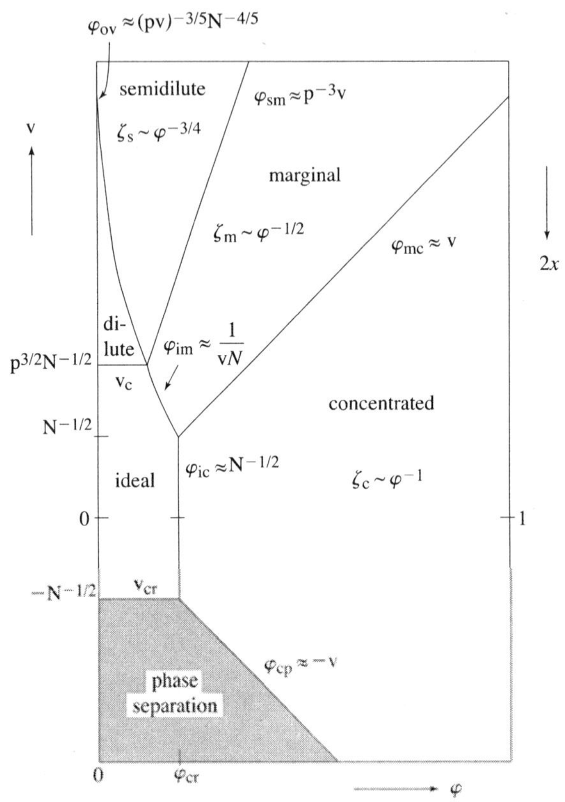

▶ **그림 5. 24** 고분자용액을 5개 안정[이상(ideal), 묽은(dilute), 반묽은(semidilute), 경계의(marginal), 그리고 농후(concentrated)]영역과 한 개의 상분리(phase separated)영역으로 분류. 기호의 정의 : ϕ=고분자의 부피분율, ξ=상관(correlation)길이, p= $C_\infty/6$(여기서C_∞는 고분자특성비), v=배제체적 파라미터($1-2\chi$), N=한 개의 사슬당 결합수, χ=Flory–Huggins 상호작용파라미터, v_c=팽윤상태서 이상상태로 교차(cross–over). 첨자의 정의 : cr=임계(critical), i=이상(ideal), d=묽은(dilute), s=반묽은(semi–dilute), m=경계영역, c=농후영역, ov=묽은 영역에서 반묽은 영역으로 교차, cp=농후영역에서 상분리영역으로 교차, sm=반묽은 영역에서 경계영역으로 교차, mc=경계에서 농후로 교차

그림 5. 24에 나타낸 각 영역들은 참고 5. 7에 나타낸 de Gennes의 스케일링개념에 의거하여 서로 다른 분자특성(혹은 의존성)을 나타낸다.

참고 5. 7

de Gennes들이 제안한 스케일링 법칙은 어떤 물성의 영역(가령 농도로 구분된)사이의 전이(transition)에 관련된 법칙으로서 가끔 '보편적(universal)' 혹은 '국소적(local)' 성질이라고 불리는 '지수(exponent)'를 이용한다. 지금 어떤 파라미터 (혹은 독립변수) x의 함수 (혹은 종속변수)인 성질 S가 x의 임계(critical)값인 x^*에서 성질의 변화 (혹은 전이)가 일어날 경우 스케일링 법칙에 의하면 아래와 같이 나타내진다.

$$S = S_0 f\left(\frac{x}{x^*}\right) \tag{5. 242}$$

여기에서 x의 두 영역의 함수 f아래와 같이 정의된다.

$$f\left(\frac{x}{x^*}\right) = 1 \quad \text{if } \frac{x}{x^*} < 1 \tag{5. 243}$$

그리고

$$f\left(\frac{x}{x^*}\right) = \left(\frac{x}{x^*}\right)^m \quad \text{if } \frac{x}{x^*} > 1 \tag{5. 244}$$

여기에서 m은 '보편적(universal)' 스케일링 지수를 나타낸다.

이제 그림 5. 24의 내용을 살펴보자. 먼저 그림 왼쪽 상단에 나타난 묽은 용액 영역은 위의 스케일링 법칙에 의해 우편은 교차(overlap)부피분율 ϕ_{ov}와 밑에서는 교차 배제체적 파라미터 v_c와 경계를 하고 있다. 그 바로 다음은 사슬들이 겹치기(overlap) 시작하는 반묽은 농도영역이다(그림 5. 25 참조).

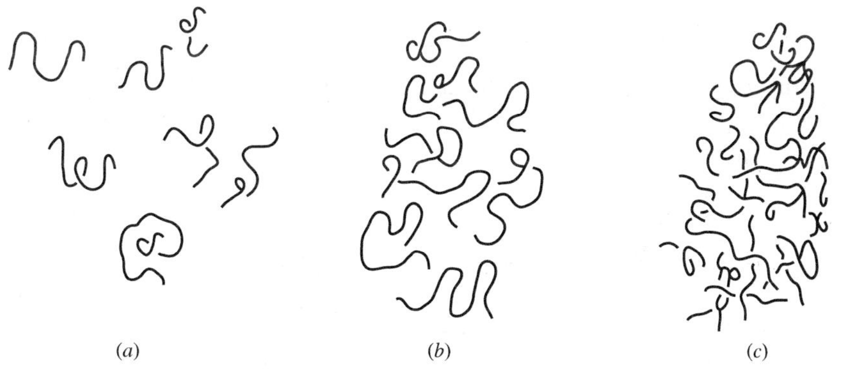

▶ **그림 5. 25** 서로 다른 농도영역에 있는 고분자사슬의 상관관계. (a) 묽은 용액 ($\phi < \phi_{ov}$)영역, (b) 전이(transition)영역 ($\phi = \phi_{ov}$), (c) 반묽은 용액($\phi > \phi_{ov}$)영역. 각 영역에서의 사슬의 겹침(overlap)에 유의하라.

여기서 묽은 영역과 반묽은 영역을 경계 짓는 곡선은 참고 5. 7의 스케일링 법칙에 의해 아래와 같이 나타내진다.

$$\phi_{\mathrm{ov}} = K'' n^{-4/5} \ (\text{혹은}\ \phi_{\mathrm{ov}} \sim n^{-4/5}) \tag{5.245}$$

[여기서 K''는 스케일링 상수, 4/5는 스케일링 지수 m, $n(=N)$은 분자량에 비례하는 사슬 내 결합수임]

증 명 4장에서 논의한 바에 의하면 Gauss 이상사슬의 θ-상태에서의 비섭동 제곱평균 말단거리는 $\langle R^2 \rangle_\theta = nl^2$(여기서 비례상수 $K = l^2$ 해당)이다. 그러나 양용매를 포함한 일반적인 (묽은 용액) 경우 스케일링 지수 ν를 이용하여 아래와 같이 나타낸다.

$$\langle R^2 \rangle = Kn^{2\nu} \tag{5.246}$$

여기서 Flory 이론에 의하면 θ상태 경우는 $\nu = \dfrac{1}{2}$, 양용매 경우는 $\nu = 3/5$값을 취한다. 한편 이상사슬에 대한 제곱 평균회전 반경은 $n \to \infty$ 인 경우 $\langle S^2 \rangle = (1/6)\langle R^2 \rangle$ (식 4. 33)이므로 양용매를 포함한 일반적인 (묽은 용액)경우에 대해 $\langle R^2 \rangle$의 경우와 마찬가지로 아래와 같이 나타내진다.

$$R_g \left(= \langle S^2 \rangle^{1/2}\right) = Kn^{\nu} \tag{5.247}$$

[사실 이 식의 상수 K는 식 (5. 246)의 상수 K의 1/6에 해당됨.] 위 식에서 알 수 있듯이 농도가 묽은 경우에는 R_g는 조성(ϕ)에 무관하다고 간주된다.

그런데 고분자의 부피분율 ϕ란 용액 1 cm^3(즉, 단위체적)에 있는 고분자의 부피에 해당된다. 따라서 임계(교차)부피분율 ϕ_{ov}에서는 전체의 부피가 고분자 분자들로 이루어져 있다고 가정할 수 있으므로 아래와 같이 나타낼 수 있다.

$$\phi_{\mathrm{ov}} = \frac{K'M}{N_A R_g^3} \tag{5.248}$$

여기서 K'는 비례상수, M은 분자량, N_A는 Avogadro수이다. 그런데 M은 n에 비례하고, R_g에 식(5.247)을 대입하면 위 식은 아래가 된다.

$$\phi_{\mathrm{ov}} = \frac{K' n^1}{N_A (Kn^{\nu})^3} = K'' n^{1-3\nu} \tag{5.249}$$

여기서 양용매에 대한 값 $\nu = 3/5$을 취하면 $1 - 3\nu = -4/5$가 되어 식 (5. 245)가 증명

된다.

[또한 참고 5.7의 식 (5.244)를 이용하면 그림 5.24 스케일링 관계식은 $\phi_{ov} \sim (pv)^{-3/5} n^{-4/5}$(여기서 v는 배제체적 파라미터, $p = C_\infty/6$, C_∞는 고분자 특성비)도 증명할 수 있다.] ■

그리고 양용매($\nu = 3/5$)를 이용한 반묽은 용액에서의 고분자의 회전 반경 $R_{g,s}\left(\equiv \langle S^2 \rangle_s^{1/2}\right)$은 n과 ϕ에 관하여 아래와 같이 스케일링될 수 있다.

$$R_{g,s} \sim n^{1/2} \phi^{-1/8} \tag{5.250}$$

증 명 식 (5.247)에 나타낸 바와 묽은 양용매 용액의 경우 $R_{g,d} \sim n^{3/5}$로 쓸 수 있으므로 이 농도 영역에서는 R_g는 조성(ϕ)에 무관하다고 간주된다.

한편 반묽은 용액의 $(\phi > \phi_{ov})$의 $R_{g,s}$에 대해서는 참고 2.7의 스케일링 범주에서 $x \to \phi$, $x^* \to \phi_{ov}$, $S_0 \to R_{g,d}$, $S \to R_{g,s}$로 치환하면 아래의 식을 얻을 수 있다.

$$R_{g,s} = R_{g,d} f\left(\frac{\phi}{\phi_{ov}}\right) = R_{g,d}\left(\frac{\phi}{\phi_{ov}}\right)^m \tag{5.251}$$

여기에서 식 (5.245)를 이용하면 위 식은 아래가 된다.

$$R_{g,s} \sim R_{g,d} \phi^m n^{(4/5)m} \tag{5.252}$$

위 식에서 $R_{g,s}$는 $R_{g,d}$와 달리 분자량(n)뿐만 아니라 조성(ϕ)에도 의존함을 알 수 있다. 그런데 실험에 의하면 $R_{g,s}$의 분자량(혹은 n)의존성은 $R_{g,s} \sim n^{1/2}$로 알려져 있다. 따라서 식 (5.252)에서 $R_{g,s}$의 좌우에 대해 n 의존성만을 비교(단 $R_{g,d} \sim n^{3/5}$ 이용)하면 아래의 관계식을 얻는다.

$$n^{1/2} \sim n^{3/5} \times n^{(4/5)m}$$

즉, $\frac{1}{2} = \frac{3}{5} + \left(\frac{4}{5}\right)m$에서 $m = -1/8$을 얻는다. 따라서 이를 식 (5.252)에 대입하면 소기의 관계식 (5.25)을 얻는다.

$$R_{g,s} \sim n^{1/2} \phi^{-1/8}$$ ■

다시 그림 5.24로 돌아가면 θ(비섭동)상태($\chi = 1/2$, $A_2 = 0$, $\alpha = 1$)에 해당되는 이상용액에서 온도를 더욱 낮추면 χ값이 더욱 커져 어느 (임계)온도에서 $\chi > \chi_C$가 되어 (UCST)상분리 영역(빗금친 부분)에 들어간다.

한편 그림 5.24의 또 하나의 중요한 성질로서는 소위 '상관(correlation)길이' ('혹은 '차폐(screening) 길이')로 알려진 ξ이다. 이 양은 묽은 영역에서는 $\xi_d = R_{g,d}(\sim n^{3/5})$값을 가져 조성($\phi$)에 무관하나, 반묽은 용액의 영역에서는 ξ_s는 아래 식과 같이 n에 무관(분자량이 매우 클 경우)하고 오직 조성에만 의존한다.

$$\xi_s \sim \phi^{-3/4} \tag{5.253}$$

증 명 앞의 경우와 마찬가지로 참고 5.7에서 $x \to \phi$, $x^* \to \phi_{ov}$, $S_0 \to \xi_d$, $S_0 \to \xi_s$로 치환하면 $\phi > \phi_{ov}$ 되는 반묽은 용액의 영역에서는 아래의 ξ에 대한 스케일링 법칙이 성립된다.

$$\xi_s = \xi_d \left(\frac{\phi}{\phi_{ov}} \right)^m \tag{5.254}$$

그런데 앞에서 언급했듯이 $\xi_d = R_{g,d}$ 및 $\phi_{ov} \sim n^{-4/5}$가 성립되므로 아래가 성립된다.

$$\xi_s \sim R_{g,d}\phi^m n^{(4/5)m} \tag{5.255}$$

그리고 $R_{g,d} \sim n^{3/5}$이므로

$$\xi_s \sim \phi^m n^{\{3/5+(4/5)m\}} \tag{5.256}$$

그런데 M(혹은 n)이 매우 클 때 반묽은 용액에서의 ξ_s는 분자량에 무관하다고 가정될 수 있으므로 아래의 관계식이 성립된다.

$$\xi_s \sim n^0 \phi^m \tag{5.257}$$

이 식과 식 (5.256)의 비교에서 $m = -3/4$가 되어 결국 아래와 같이 소기의 관계식 (5.253)이 성립된다.

$$\xi_s \sim \phi^{-3/4} \quad \blacksquare$$

한편 그림 5.24는 상관길이 ξ의 경계영역(ϕ_m) 및 농후영역(ϕ_C)에서의 변화거동도 보여주는데, 이들 (지수)관계식도 묽은 경우나 반묽은 경우처럼 스케일링 법칙으로 증명될 수 있으나 여기서는 생략한다.

끝으로 반묽은 용액의 또 다른 흥미 있는 양(quantity)으로서 '블롭(blob)'이란 것이 있는데, 이는 양용매에 의한 배제체적 효과가 작용하고 있는 경우에 위의 메쉬(mesh)크기 ξ_s만큼 떨어져있는 인접한 얽힘(adjacent entanglement)사이의 '머(mer)'의 수를 나타낸다. 일반적으로 이들의 크기는 전체의 고분자 사슬의 크기와 필적할 정도이므로 고분자 '코일 내 코일'로도 불린다. 만약 고분자의 농도가 증가하면 이들 블랍의 크기는 작아져 용매가 없는 극한상태(가령 용융상태)에 도달하면 이들 크기는 고분자 사슬의 한 개의 머의 크기와 같아지게 된다. 이 개념은 농도가 진한 고분자 용액의 동역학(dynamics) 등을 다룰 때 매우 중요하나, 여기서는 더 이상 다루지 않겠다.

연습문제

5. 1 다음은 상태함수에 관한 물음이다. 답하라.

(a) $ydx-xdy$ 는 한 개의상태함수 $df(x,y)$로 모아질 수 있을까? 아니면 무엇(적분인자)을 곱해야 상태함수가 될까?

(b) 적분 $\int f(x,y)dx+\int g(x,y)dy$ 이 경로에 무관하다면 미분 $dz=f(x,y)dx+g(x,y)dy$ 는 완전미분이다. 미분 $dz=2xydx+x^2dy$ 가 경로 (1,1) → (5,1) → (5,5) 그리고 (1,1) → (3,1) → (3,3) → (5,3) → (5,5) 를 따라서 dz에 의해 적분 될 때 완전 미분임을 증명하라. 괄호의 첫 번째 번호는 x좌표, 두 번째 번호는 y좌표이다.

풀이

a) 식 (5. 10)의 판정기준을 적용하면 $\left(\frac{\partial y}{\partial y}\right)_x=1\neq\left(\frac{\partial(-x)}{\partial x}\right)_y=-1$. 따라서 상태함수(완전미방) $df(x,y)$가 존재만 한다. 그러나 적분인자 $\frac{1}{x^2}$을 곱하면 식은 $\frac{y}{x^2}dx-\frac{1}{x}dy$가 되고,

$\left[\frac{\partial}{\partial y}\left(\frac{y}{x^2}\right)\right]_x=\frac{1}{x^2}=\left[\frac{\partial}{\partial y}\left(-\frac{1}{x}\right)\right]_y=\frac{1}{x^2}$ 성립되어 우편의 2항도 1개의 상태함수 $df\left[=d\left(-\frac{y}{x}\right)\right]$로 합쳐져 나타내어지므로 적분에 의해 상미방 해가 가능하게 된다.

b) 먼저 $dz=f(x,y)dx+g(x,y)dy=2xydx+x^2dy$ 에서 식 (5. 10)의 조건을 조사하면 $\left(\frac{\partial f}{\partial y}\right)_x=\left(\frac{\partial g}{\partial x}\right)_y=2x$ 가 되어 만족되므로 z는 완전미방(상태함수)이다. 따라서 적분을 행하면 경로에 무관해야 할 것이다.

즉 적분 $\int dz=\int 2xydx+\int x^2dy$ 에 있어서 첫 번째 경로를 따라 적분을 행하면,

$$\int dz=2\int_1^5 xdx+25\int_1^5 dy=[x^2]_1^5+25[y]_1^5=(25-1)+25(5-1)=124$$

또한 두 번째 경로를 따라서 적분을 행하면,

$$\int dz=2\int_1^3 xdx+9\int_1^3 dy+6\int_3^5 xdx+25\int_3^5 dy=[x^2]_1^3+9[y]_1^3+3[x^2]_3^5+25[y]_3^5$$

$$=(9-1)+9(3-1)+3(25-9)+25(5-3)=124$$

따라서 상태함수 z는 적분경로에도 무관함이 증명되었다.

5.2 부록 5.1에서 논의된 Jacobian 행렬식 기법을 이용하여 Joule-Thompson 계수 $\mu_{J-T}=\left(\frac{\partial T}{\partial P}\right)_H=\frac{V}{C_p}(T\alpha-1)$ 을 증명하라.

풀이

계수 $\mu_{J-T}=\left(\frac{\partial T}{\partial P}\right)_H$ 를 부록 식 (A5.1) 및 Jacobian의 성질 (b) 및 (c)를 이용하여 Jacobian형태로 전개하면 아래와 같이 된다.

$$\mu_{J-T}=\left.\frac{\partial T}{\partial P}\right|_H=\frac{\partial(T,H)}{\partial(P,H)}\frac{\partial(T,P)}{\partial(T,P)}=-\frac{\partial(H,T)}{\partial(P,T)}\frac{\partial(P,T)}{\partial(P,H)}=-\frac{1}{C_P}\left.\frac{\partial H}{\partial P}\right|_T$$

단 위 식의 마지막 단계에서 $\frac{\partial(H,T)}{\partial(P,T)}=\left.\frac{\partial H}{\partial P}\right|_T$ 및 $\frac{\partial(P,T)}{\partial(P,H)}=\frac{1}{\frac{\partial(H,P)}{\partial(T,P)}}=\frac{1}{(\partial H/\partial T)_P}=\frac{1}{C_P}$ 을 사용하였다. 또한 식 (5.37)에서 $\left.\frac{\partial H}{\partial P}\right|_T=V(1-T\alpha)$ 이므로

최종적으로 계수 $\mu_{J-T}=\left.\frac{\partial T}{\partial P}\right|_H=-\frac{1}{C_P}\times V(1-T\alpha)=\frac{V}{C_P}(T\alpha-1)$ 이 증명된다.

5.3 2 성분계 (단분산)고분자 용액에 관한 Flory-Huggins 식의 각 성분의 혼합에 의한 화학퍼텐셜의 변화 $\Delta\mu_1$ 및 $\Delta\mu_2$에 관한 식을 이용하여 이 경우에도 Gibbs-Duhem 식 (5.57)이 성립됨을 증명하라 (단 상호작용 파라미터 χ는 조성에 무관가정).

풀이

식 (5.125) 및 (5.126)에서 $\Delta\mu_1$ 과 $\Delta\mu_2$는 각각 아래로 주어진다.

$$\Delta\mu_1=RT\ln a_1=RT\left(\ln\phi_1+\left(1-\frac{1}{r}\right)\phi_2+\chi\phi_2^2\right) \tag{i}$$

$$\Delta\mu_2=RT\ln a_2=RT\left(\ln\phi_2-(r-1)\phi_1+\chi r\phi_1^2\right) \tag{ii}$$

[이식에서 r은 고분자의 크기 즉 $r=\overline{V}_2/\overline{V}_1$, χ는 조성에 무관한 상호작용 파라미터이다.]

그런데 등온, 등압의 혼합 경우 고분자 용액의 부분몰 Gibbs 자유에너지 $\overline{G}_i=\mu_i$에 관한 Gibbs-Duhem 식은 아래에 주어진다.

$$\sum_i n_i d\mu_i = 0 \quad \text{따라서} \quad \sum_i n_i d\Delta\mu_i = RT\sum_i n_i d\ln a_i = 0 \tag{iii}$$

혹은 식 (iii)의 양변을 용매의 부피분율ϕ_1으로 편미분 하면 아래가 만족 되어야 한다.

$$n_1\left(\frac{\partial\Delta\mu_1}{\partial\phi_1}\right)_{T,P} + n_2\left(\frac{\partial\Delta\mu_2}{\partial\phi_1}\right)_{T,P} = 0 \tag{iv}$$

혹은 $\phi_1 = \dfrac{n_1}{L(=n_1+rn_2)}$, $\phi_2 = \dfrac{n_2 r}{L}$ 이므로 $\dfrac{n_2}{n_1} = \dfrac{\phi_2}{r\phi_1}$가 된다. 따라서 식 (iv)의 양변을 n_1으로 나누면 아래가 만족되어야 한다. 즉

$$\left(\frac{\partial\Delta\mu_1}{\partial\phi_1}\right) + \frac{\phi_2}{r\phi_1}\left(\frac{\partial\Delta\mu_1}{\partial\phi_1}\right) = 0 \tag{v}$$

여기에서 식 (i) 및 (ii)를 각각 ϕ_1에 대해 편미분하면 아래의 결과를 얻는다(단 $\phi_2 = 1-\phi_1$ 이용).

$$\left(\frac{\partial\Delta\mu_1}{\partial\phi_1}\right) = RT\left[\frac{1}{\phi_1} - \left(1-\frac{1}{r}\right) - 2\chi\phi_2\right] \tag{vi}$$

$$\left(\frac{\partial\Delta\mu_2}{\partial\phi_1}\right) = RT\left[-\frac{1}{\phi_2} - (r-1) + 2\chi r\phi_1\right] \tag{vii}$$

이를 식 (v)의 왼편에 대입하여 0이 되는가를 조사해보면 된다. 즉

$$RT\left\{\frac{1}{\phi_1} - \left(1-\frac{1}{r}\right) - 2\chi\phi_2 - \frac{1}{r\phi_1} - \frac{\phi_2(r-1)}{r\phi_1} + 2\chi\phi_2\right\}$$

$$= RT\left\{\frac{1}{\phi_1}\left(1-\frac{1}{r}\right) - \left(1-\frac{1}{r}\right) - \frac{(1-\phi_1)}{\phi_1}\left(1-\frac{1}{r}\right)\right\} = RT\left(1-\frac{1}{r}\right)\left(\frac{1}{\phi_1} - 1 - \frac{1}{\phi_1} + 1\right) = 0 \quad \text{이 되어}$$

F-H 이론의 $\Delta\mu_1$, $\Delta\mu_2$도 Gibbs-Duhem 식을 만족함이 증명되었다.

5. 4 n성분의 균일한 기체혼합물에 관한 소위 '일유체 랜덤혼합법칙(one-fluid random mixing rule)'에 의하면 어떤 물성 (가령 상호작용 에너지나 2nd 비리얼 계수 등) A에 있어서 i성분간의 성질 $A_{ii}[=A_i]$를 가진 n_i몰의 i성분($i=1,2,\cdots n$)이 혼합되어 조성 y_i(몰 또는 부피분율)의 균일한 혼합물이 되었을 때 최종혼합물의 물성 $A_C(=A_{mixture})$는 아래와 같이 된다.

$$A_C = \sum_{i=1}^{n}\sum_{j=1}^{n} y_i y_j A_{ij} \quad [\text{여기서 } A_{ij}\text{는 } i-j\text{접촉간의 물성}]$$

그런데 이는 다시 아래와 같이 됨을 증명하라.

$$A_C = \sum_{i=1}^{n} y_i A_i + \sum_{i<j}^{n}\sum y_i y_j k_{ij}$$

단 여기서 $A_i = A_{ii}$ 이고, $k_{ij} = 2\left(A_{ij} - \frac{A_{ii}+A_{jj}}{2}\right)$ 이다.

풀이

지금 $\sum_{i=1}^{n} y_i = 1$ 및 $\left(\sum_i y_i\right)\sum_j y_j A_{jj} = \sum_i^n \sum_j y_i y_j A_{jj}$ 로 쓸 수 있음에 유의하여 위 A_C 에 관한 식을 아래와 같이 변형한다.

$$A_C = \sum_i y_i A_{ii} + \sum_i \sum_j y_i y_j A_{ij} - \sum_i y_i A_{ii} \quad \text{(i)}$$

다음 우편 맨 끝 항은 다시 아래와 같이 쓸 수 있다.

$$\sum_i y_i A_{ii} = \frac{1}{2}\sum_i y_i A_{ii} + \frac{1}{2}\sum_j y_j A_{jj} \quad \text{(ii)}$$

또한 이식의 우편의 각항에 대하여 아래도 성립된다($\because \sum_i y_i = \sum_j y_j = 1$).

$$\frac{1}{2}\sum_i y_i A_{ii} = \frac{1}{2}\left(\sum_j y_j\right)\sum_i y_i A_{ii} = \frac{1}{2}\sum_i \sum_j y_i y_j A_{ii} \quad \text{(iii)}$$

$$\frac{1}{2}\sum_j y_j A_{jj} = \frac{1}{2}\left(\sum_i y_i\right)\sum_j y_j A_{jj} = \frac{1}{2}\sum_i \sum_j y_i y_j A_{jj} \quad \text{(iv)}$$

여기에서 식 (iii) 및 (iv)를 식 (ii)에 대입하고, 다시 이를 식 (i)의 우편의 맨 끝항에 대입하면 아래가 얻어진다.

$$A_C = \sum_i y_i A_{ii} + \frac{1}{2}\sum_i \sum_j y_i y_j [2A_{ij} - (A_{ii} + A_{jj})] \quad \text{(v)}$$

마지막으로 $\sum_{i=1}^{n} \sum_{j=1}^{n} (\cdots) \rightarrow 2 \sum_{i<}^{n} \sum_{j} (\cdots)$ 의 치환에 의하여 아래의 목적하는 결과를 얻을 수 있다.

$$A_C = \sum_i y_i A_i + \sum_{i<}^{n} \sum_j y_i y_j k_{ij} \quad \text{(vi)}$$

단 여기서 $A_i = A_{ii}$ 이고, $k_{ij} = 2\left(A_{ij} - \frac{A_{ii}+A_{jj}}{2}\right)$ (물론 $i=j$ 일 때는 $k_{ij}=0$ 이 됨)이다.

덧붙여 또 다른 일유체 랜덤 혼합법칙으로서 아래의 역성질 관계가 있다.

$$B_C^{-1} = \sum_i^n \sum_j B_{ij}^{-1} y_i y_j \quad \text{(vii)}$$

이것도 역시 위와 유사한 기법으로 아래와 같이 나타낼 수 있다 (문 8.16 참조).

$$B_C^{-1} = \sum_i^n y_i B_{ii}^{-1} + \sum_{i<} \sum_j y_i y_j k_{ij} \tag{viii}$$

여기서 $k_{ij} = 2\left[B_{ij}^{-1} - \frac{B_{ii}^{-1} + B_{jj}^{-1}}{2}\right]$ (물론 $i = j$ 일 때는 $k_{ij} = 0$ 임.)

5. 5 둘 다 공중합체인 (단분산 혹은 다분산)고분자의 (균일한)물리적 혼합물인 블랜드에 대한 상호작용 파라미터의 χ_{blend}[식 (5. 164)-(5. 167)에 사용되는]는 일반적으로 아래의 관계식으로 나타내진다.

$$\chi_{blend} = \sum_{i} \sum_{<j} c_{ij} \chi_{ij} \tag{i}$$

[여기서 계수 c_{ij}는 공중합체 조성의 함수로서 통상 $0 \le c_{ij} \le 1$값을 가진다].

만약 $A_n/(B_x C_{1-x})_{n'}$형 블랜드[즉, 한쪽은 단일 고분자, 다른 한쪽은 조성 x를 가진 공중합체로서 블랜드 (몰)비율이 n 대 n'인 것]의 경우 χ_{blend}는 블랜드 비율 n, n' 혹은 조성(부피분율)에 무관하다고 가정하여 아래의 형태로 표시된다.

$$\chi_{blend} = x\chi_{AB} + (1-x)\chi_{AC} - x(1-x)\chi_{BC} \tag{ii}$$

이로부터 a)만약 $(A_x B_{1-x})_n/(C_y D_{1-y})_{n'}$형의 블랜드(즉, 둘 다 공중합체)라면 χ_{blend}는 어떻게 나타내질까? 또 b) 구한 식에서 χ_{blend}를 두 개의 독립변수 x 및 y의 함수로 간주하여 극소(극대)점에 관한 원리 즉, $df = \left(\frac{\partial f}{\partial x}\right)_y dx + \left(\frac{\partial f}{\partial y}\right)_x dy = 0$ 되기 위해 각각의 편미분 f_x 및 f_y가 동시에 0이 되어야함(단, 그 점에서 2계도함수가 0이 아니고, 극소의 경우 양의 값을 가짐)에 유의하여 χ_{blend}를 최소로하는 두 조성 x 및 y를 상호작용 파라미터 χ_{ij}항으로 나타내어 보아라.

풀이

a) 위 식 (ii)에 유의하여 $(A_x B_{1-x})_n/(C_y D_{1-y})_{n'}$형의 둘 다 공중합 블랜드 경우의 χ는 아래와 같이 측정된다.

$$\chi_{blend} = xy\chi_{AC} + y(1-x)\chi_{BC} + (1-y)x\chi_{AD} + (1-y)(1-x)\chi_{BD} - x(1-x)\chi_{AB} - y(1-y)\chi_{CD} \tag{iii}$$

b) 위에 얻은 식에서 χ_{blend}를 공중합체의 2 조성 x 및 y의 함수 $f(x, y)$로 간주하여 f가 최소가 되는 점 (x^*, y^*)는 f를 각각에 대해 편미분하여 0으로 두어 구하면 된다. 따라서

$$f_x = \left(\frac{\partial f}{\partial x}\right)_y = y\chi_{AC} - y\chi_{BC} + (1-y)\chi_{AD} - (1-y)\chi_{BD} - (1-2x)\chi_{AB} = 0 \quad \text{(iv)}$$

$$f_y = \left(\frac{\partial f}{\partial y}\right)_x = x\chi_{AC} + (1-x)\chi_{BC} - x\chi_{AD} - (1-x)\chi_{BD} - (1-2y)\chi_{CD} = 0 \quad \text{(v)}$$

식 (iv) 및 (v)의 연립방정식의 해 [즉, 두 식에서 각각 x 및 y항으로 모으고, 어느 한쪽 변수를 소거하여 풂]를 구하면 $f(=\chi_{blend})$를 최소($\because f'' > 0$)로 하는 두 공중합체의 조성 (x^*, y^*)는 각각 아래와 같다.

$$x^* = \frac{(E+F-B)(B+D-C-E)+2F(E+A-D)}{4AF-(B+D-E-C)^2}$$

$$y^* = \frac{2A(E+F-B)+(E+A-D)(B+D-E-C)}{4AF-(B+D-E-C)^2}$$

단, $A=\chi_{AB}$, $B=\chi_{BC}$, $C=\chi_{AC}$, $D=\chi_{AD}$, $E=\chi_{BD}$, $F=\chi_{CD}$이다. 이 때 χ의 성질에서 이 최적조성 (x^*, y^*)에서 블랜드는 원칙적으로 어떤 비율로도 잘 섞일 수 있는 가능성이 크다고 하겠다.

5. 6 5. 4절에서 논의된 상분리 이론에 의하면 2성분 혼합물 특히, 크기 m_1, m_2인 2종류의 단분산 고분자 블랜드에 있어서 주어진 압력에서 온도가 내려가 임계(UCST 상분리)온도, 임계조성에 도달하면 세기함수(즉, 부피분율 ϕ_2의 함수)인 단위체적당 ΔG_m에 해당하는 Δg_v(식 5. 167)의 조성(ϕ_2)에 관한 2계도함수 및 3계도함수가 동시에 0이 된다. 이를 이용하여 임계점의 조성 $\phi_{1,C}(=1-\phi_{2,C})$ 및 그때(또는 그 온도에서)의 블랜드의 상호작용 파라미터 $\chi_{blend}(=\chi_{12})$ 각각 두 고분자의 크기 m_1 및 m_2의 함수로 나타내어라.

풀이

식 (5. 167)을 우선 ϕ_2에 대해 한번 미분하면 아래와 같다.

$$\left(\frac{\partial \Delta g_v}{\partial \phi_2}\right) = \frac{RT}{v_0}\left[-\frac{1}{m_1}\ln\phi_1 + \frac{-1}{m_1} + \frac{\ln\phi_2}{m_2} + \frac{1}{m_2} + \chi_{12}(-\phi_2+\phi_1)\right] \quad \text{(i)}$$

다시 미분하면

$$\left(\frac{\partial^2 \Delta g_v}{\partial \phi_2^2}\right) = \frac{RT}{v_0}\left[\frac{1}{m_1\phi_1} + \frac{1}{\phi_2 m_2} - 2\chi_{12}\right] \quad \text{(ii)}$$

또 한번 더 미분하면

$$\left(\frac{\partial^3 \Delta g_v}{\partial \phi_2^3}\right) = \frac{RT}{v_0}\left(\frac{1}{m_1\phi_1^2} - \frac{1}{m_2\phi_2^2}\right) \tag{iii}$$

상분리 임계점에서의 조건에서 식 (ii) 및 (iii)가 0이 되어야한다.

우선 식 (iii)에서 $m_1(1-\phi_2)^2 = m_2\phi_2^2$가 되고 이를 ϕ_2에 관한 2차 방정식을 풀면,

$\phi_2 = \dfrac{-2m_1 \pm \sqrt{4m_1m_2}}{2(m_2-m_1)} = \dfrac{-m \pm \sqrt{m_1m_2}}{(m_2-m_1)}$ 여기서 $m_2 > m_1$ 가정하고 (반대도 마찬가지 결과를 줌)

$(m_2-m_1) = \left(\sqrt{m_2}\right)^2 - \left(\sqrt{m_1}\right)^2 = \left(\sqrt{m_2}+\sqrt{m_1}\right)\left(\sqrt{m_2}-\sqrt{m_1}\right)$을 이용하면 임계점에서의 $\phi_{2,C}$는 아래와 같이 된다.

$$\phi_{2,C} = \frac{\sqrt{m_1}}{\sqrt{m_1}+\sqrt{m_2}},\ \phi_{1,C} = 1-\phi_{2,C} = \frac{\sqrt{m_2}}{\sqrt{m_1}+\sqrt{m_2}}$$

또 식 (ii)에서 임계점에서의 상호작용 파라미터 $\chi_{12,C}(=\chi_{blend,C})$는 아래와 같이 된다.

$\chi_{12,C} = \dfrac{1}{2m_1 \times \phi_{1,C}^2} = \dfrac{1}{2}\left(\dfrac{1}{\sqrt{m_1}} + \dfrac{1}{\sqrt{m_2}}\right)^2$이 되고, 만약 두 고분자의 분자량이 모두 무한대(즉, m_1, $m_2 \to \infty$)가 되면 $\chi_{12,C} = 0$이 되어 대부분의 조건에서 $\chi > \chi_C$되어 이 블랜드는 항상 상분리 즉, 두상 공존 상태가 될 것이다.

5.7 2 성분계 단분산 고분자 용액의 ΔG_m에 관한 Flory-Huggins 표현식 (5.117)[여기서 상호작용 파라미터 χ는 조성과 무관하다고 가정]의 경우 $\Delta\mu_1$과 $\Delta\mu_2$에 관한 식은 각각 식 (5.125) 및 (5.126)으로 주어졌다. 그런데 만약 χ의 조성의존성을 고려하여 ΔG_m을 아래와 같이 나타낸다면, 이 때 $\Delta\mu_1$과 $\Delta\mu_2$를 각각 구해보아라.

$$\Delta G_m/RT = L\left\{\phi_1 \ln\phi_1 + \frac{\phi_2}{r}\ln\phi_2 + \phi_2\int_{\phi_2}^{1}\chi(\phi)d\phi\right\} \tag{a}$$

$$= n_1 \ln\phi_1 + n_2 \ln\phi_2 + L\phi_2\int_{\phi_2}^{1}\chi(\phi)d\phi \tag{b}$$

여기서 전체 격자수 $L = n_1 + rn_2$이다.

풀이

어느 쪽도 무방하나 크기 변수인 몰수로 표시된 (b)를 이용하여 구해보기로 한다. 그런데 5.3.3.4절의 식 (5.157)의 관계식을 이용하면 $\left(\dfrac{\partial\phi_1}{\partial n_1}\right)_{n_2} = \dfrac{\phi_2}{L}$, $\left(\dfrac{\partial\phi_2}{\partial n_2}\right)_{n_1} = \dfrac{\phi_1 r}{L}$이 되고, 또한 $\dfrac{\partial L}{\partial n_i} = m_i$(여기서 $m_1 = 1$, $m_2 = r$)이 된다. 그런데 이를 이용하여 우선 $\Delta\mu_1$을 구하면 다음과 같다.

$$\Delta\mu_1/RT = \frac{1}{RT}\left(\frac{\partial \Delta G_m}{\partial n_1}\right)_{n_2} = \ln\phi_1 + \frac{n_1}{\phi_1}\left(\frac{\partial\phi_1}{\partial n_1}\right)_{n_2} + \frac{n_2}{\phi_2}\left(\frac{\partial\phi_2}{\partial n_1}\right)_{n_2} + \left(\frac{\partial L}{\partial n_1}\right)_{n_2}\phi_2\int_{\phi_2}^{1}\chi(\phi)d\phi$$

$$+ L\left(\frac{\partial\phi_2}{\partial n_1}\right)_{n_2}\int_{\phi_2}^{1}\chi(\phi)d\phi + L\phi_2\left\{\frac{\partial}{\partial n_1}\left[\int_{\phi_2}^{1}\chi(\phi)d\phi\right]\right\}_{n_2}$$

여기서 $\left(\frac{\partial\phi_1}{\partial n_1}\right)_{n_2} = \frac{\phi_2}{L} = -\left(\frac{\partial\phi_2}{\partial n_1}\right)_{n_2}$, $\left(\frac{\partial L}{\partial n_1}\right)_{n_2} = 1(=m_1)$, 또 정적분의 미분에 관한 Leibniz 공식 즉,

$\left[\frac{\partial}{\partial n_1}\int_{\phi_2}^{1}\chi d\phi\right]_{n_2} = -\left(\frac{\partial\phi_2}{\partial n_1}\right)_{n_2}\times\chi(\phi_2)$를 이용하면 위 식은 아래와 같이 된다.

$$\Delta\mu_1/RT = \ln\phi_1 + \left(1-\frac{1}{r}\right)\phi_2 + \chi(\phi_2)\phi_2^2$$

[여기서 주목할 것은 형태는 식 (5. 125)와 동일하다는 것이다.]

한편 같은 방법으로 $\Delta\mu_2$를 구해보면 아래와 같다.

$$\Delta\mu_2/RT = \frac{1}{RT}\left(\frac{\partial \Delta G_m}{\partial n_2}\right)_{n_1} = \frac{n_1}{\phi_1}\left(\frac{\partial\phi_1}{\partial n_2}\right)_{n_1} + \ln\phi_2 + \frac{n_2}{\phi_2}\left(\frac{\partial\phi_2}{\partial n_2}\right)_{n_1} + \left(\frac{\partial L}{\partial n_2}\right)_{n_1}\phi_2\int_{\phi_2}^{1}\chi d\phi$$

$$+ L\left(\frac{\partial\phi_2}{\partial n_2}\right)_{n_1}\int_{\phi_2}^{1}\chi d\phi + L\phi_2\frac{\partial}{\partial n_2}\int_{\phi_2}^{1}\chi d\phi$$

여기서 $\left(\frac{\partial\phi_2}{\partial n_2}\right)_{n_1} = -\left(\frac{\partial\phi_1}{\partial n_2}\right)_{n_1} = \frac{\phi_1 r}{L}$, $\left(\frac{\partial L}{\partial n_2}\right)_{n_1} = r(=m_2)$, $\frac{\partial}{\partial n_2}\int_{\phi_2}^{1}\chi d\phi = -\left(\frac{\partial\phi_2}{\partial n_2}\right)_{n_1}\times\chi(\phi_2)$를

이용하면 아래의 식을 얻는다.

$$\Delta\mu_2/RT = \ln\phi_2 - (r-1)\phi_1 - \chi(\phi_2)r\phi_1\phi_2 + r\int_{\phi_2}^{1}\chi(\phi)d\phi$$

그런데 이 경우는 χ의 조성의존성을 무시한 경우의 식 (5. 126)과 약간 다른 결과임에 유의하라.

5. 8 n성분 다성분계에서 $\left[\frac{\partial}{\partial\phi_i}\left(\frac{n}{L}\right)\right]_{\phi_{j\neq i}} = \frac{1}{m_i} - \frac{1}{m_n}$ [여기서 $L = \sum_{i=1}^{n} n_i m_i$, m_i는 부피분율 $\phi_i\left(=\frac{n_i m_i}{L}\right)$에 해당되는 성분 i의 크기, m_n은 n개의 조성 중 $n-1$개의 독립조성외의 한 개의 종속조성 ϕ_n에 해당하는 성분의 크기임] 임을 두 방법 즉,

a) 실제미분법 (즉 $n-1$개의 독립조성 ϕ_i에 대해서만 미분)
b) 가상미분법 (즉 n개 모두 독립가정, 부록 5. 3참조)

각각에 대하여 증명하라.

풀이

a) 먼저 $\dfrac{n}{L}=\dfrac{\sum n_i}{L}=\sum_j n_j/L=\sum_{j=1}^{n}\phi_j/m_j$ 가 된다. 다음에는 실제미분법에서는 종속조성 ϕ_n[=1-(독립조성 ϕ_i의 합)]을 제외한 $n-1$개의 독립조성 ϕ_i에 대해서만 미분하므로 아래의 관계가 성립된다.

$$\left[\frac{\partial}{\partial\phi_i}\left(\frac{n}{L}\right)\right]_{\phi_{j\neq i}}=\frac{\partial}{\partial\phi_i}\left(\sum_{j=1}^{n}\phi_j/m_j\right)=\frac{\partial}{\partial\phi_i}\left[\sum_j{}'\frac{\phi_j}{m_j}+\frac{\phi_n}{m_n}\right]$$ 가 된다.

여기서 $\sum'$는 종속조성 ϕ_n을 제외한 $n-1$개의 독립조성에 대한 합을 의미한다. 또한 독립조성끼리의 미분은 $\dfrac{\partial\phi_j}{\partial\phi_i}=\delta_{ij}$ 가 되며, 또한 $\dfrac{\partial\phi_n}{\partial\phi_i}=-1$ 임을 이용하면 위의 미분은 아래가 된다.

$$\frac{\partial}{\partial\phi_i}\left(\frac{n}{L}\right)=\sum_j{}'\frac{1}{m_j}\left(\frac{\partial\phi_j}{\partial\phi_i}\right)+\frac{1}{m_n}\frac{\partial\phi_n}{\partial\phi_i}=\sum_j{}'\frac{1}{m_j}\delta_{ij}-\frac{1}{m_n}=\frac{1}{m_i}-\frac{1}{m_n}$$ 가 되어 증명됨.

b) 가상미분법에서는 5.3절에 논의된 바와 같이 ϕ_n포함 모두 (가상적으로) 독립이라고 가정한다. 즉, 사슬법칙에 의해 $\left.\dfrac{\partial}{\partial\phi_i}\right|_{\Sigma}=\left.\dfrac{\delta}{\partial\phi_i}\right|_{\not\Sigma}+\dfrac{\partial\phi_n}{\partial\phi_i}\times\dfrac{\delta}{\delta\phi_n}$ 가 성립한다.

여기서 $\sum$는 $\sum_{i=1}^{n}\phi_1=1$을 고려하여 종속조성 ϕ_n을 제외한 n-1개의 독립조성에 대해서만 (실제)미분을 의미 (여기서 $\partial\phi_n/\partial\phi_i=-1$됨) 하는 것이고, $\not\Sigma$ 기호는 $\sum_{i=1}^{n}\phi_i=1$ 을 고려하지 않고 n개 조성 모두(ϕ_n까지) 독립으로 간주하여 미분함을 의미(즉 가상변수끼리 미분시 $\dfrac{\delta\phi_j}{\delta\phi_i}=\delta_{ij}$성립)한다. 따라서 아래가 성립된다.

$$\frac{\partial}{\partial\phi_i}\left(\frac{n}{L}\right)=\frac{\delta}{\delta\phi_i}\left(\frac{n}{L}\right)\Bigg|_{\phi_n}+\frac{\partial\phi_n}{\partial\phi_i}\frac{\delta}{\delta\phi_n}\left(\frac{n}{L}\right)$$

$$=\frac{\delta}{\delta\phi_i}\left(\sum_{j=1}^{n}\frac{\phi_j}{m_j}\right)-\frac{\delta}{\delta\phi_n}\left(\sum_{j=1}^{n}\frac{\phi_j}{m_j}\right)=\sum_{j=1}^{n}\frac{\delta_{ij}}{m_j}-\sum_{j=1}^{n}\frac{\delta_{nj}}{m_j}=\frac{1}{m_i}-\frac{1}{m_n}$$ 가 되어 증명됨.

여기서 종속조성 ϕ_n을 정할 때는 임의로 해도 되지만, n=2 성분계의 경우는 ϕ_1 혹은 ϕ_2 어느 것이나 경우에 맞게 고를 것이며, S(1)-P(2)-P(3) 3 성분계 경우는 통상 $\phi_1=\phi_n$을 취하고, ϕ_2, ϕ_3를 독립성분으로 취하며 F-H 이론을 사용하여 상평형 조건을 구한다.

5.9 묽은 양용매계에서 Gauss 이상사슬의 용매에 의한 사슬(말단거리 R)의 팽창(배제체적 효과)을 나타내는 계수 α에 대한 Kurata 모델에 의하면 아래와 같다.

$$\frac{1}{5}\left(\alpha_R^5 - 1\right) + \frac{1}{3}\left(\alpha_R^3 - 1\right) = \frac{4}{3}z$$

여기서 $\alpha_R = \langle R^2 \rangle^{1/2} / \langle R^2 \rangle_\theta^{1/2}$ 이고, z는 배제체적 효과를 나타내는 파라미터로서 식 (5. 149)의 X와 동일하다. 이때 (a) z가 매우 클 때 $\alpha_R^2 \doteqdot Kz^{2/5}$ (여기서 K는 상수)가 성립함을 증명하라. 또 (b) z가 $M^{1/2}$에 비례 (식 5. 149)한다면 α_R^2은 분자량의 몇 승에 비례할까? 그리고 이 경우 주어진 용매-고분자계에서 분자량을 바꾸어 α_R값을 측정했다면 문제(a)의 상수 K값은 어떻게 구할까?

풀이

(a) 본문 식 (5.153b) (여기서 $X = z$)에서 보듯이 z가 커지면 α값도 커지므로 이 경우

$\alpha_R{}^5 \gg \alpha_R{}^3$ 되어 $\left(\alpha_R{}^3 - 1\right)$항의 무시가 가능하다. 따라서

$\frac{1}{5}\left(\alpha_R^5 - 1\right) \doteqdot \frac{4}{3}z,\ \alpha_R{}^5 - 1 \doteqdot \frac{20}{3}z$

$\therefore\ \alpha_R{}^5 \doteqdot 1 + 6.67z$ 가 되어 $\alpha_R{}^2 \doteqdot K(\text{상수}) \times z^{2/5}$ 로 쓸 수 있다.

(b) 문(a)의 결과에서 만약 z가 $M^{1/2}$에 비례한다면,

$\alpha_R{}^2 = K'(\text{상수})M^{1/5}$ 가 되어 분자량의 1/5승에 비례한다.

따라서 양변의 log를 취하면 아래의 직선식을 얻는다.

$$\log\alpha_R = \frac{1}{2}\log K' + \frac{1}{10}\log M$$

따라서 $\log\alpha_R$과 $\log M$의 직선 플롯의 절편에서 K'값을 구할 수 있다.

[또는 $\alpha_R{}^2$과 $M^{1/5}$을 그대로 (직선)플롯하여 그 기울기에서도 K'를 구할 수 있다.]

5. 10 (a) $\phi_2 = c_2\bar{v}_2$ [여기서 c_2는 고분자 용액의 단위체적당 고분자의 질량(g/cm^3)이고, $\bar{v}_2\left(\bar{V}_2/M_2 = \rho_2^{-1}\right)$ 는 그 농도에서의 고분자의 비체적(cm^3/g)으로서 고분자 밀도(ρ_2)의 역수에 해당되나, 묽은 용액의 경우 상수로 간주할 수 있다.]관계를 이용하여 본문 식 (5. 248)의 상수 K'가 $\bar{v}_2$에 해당됨을 증명하라.

(b) 만약 분자량 (M)이 3.0×10^6 g / 몰인 폴리스티렌(PS)고분자가 벤젠 속에서 반묽은(semi-dilute)용액을 형성하고 있다고 하자. 이때 이 농도에서의 PS 1분자의 (평균)회전반경 $R_{g,s}\left(= \langle R_g^2 \rangle_s^{1/2}\right) = 1010$Å 이고, 고분자의 비체적($\bar{v}_2$)이 0.9 cm^3/g 이라면 교차(overlap)농도 c_2^* 및 교차 부피분율 ϕ_{ov} 를 각각 구해보아라.

풀이

(a) 교차(overlap)농도 (c^* 혹은 ϕ_{ov}) 이상의 반묽은 용액의 경우 계는 거의 고분자분자로 채워지게 된다. 따라서 아래식이 성립된다.

$$c_2^*(\mathrm{g/cm^3}) = M(\mathrm{g}/\text{몰})/N_A \times R_{g,s}^3$$

$$\phi_{ov} = c_2^* \times \bar{v}_2 = \bar{v}_2 \times M/N_A R_{g,s}^3$$

따라서 식 (5. 248)의 상수 $K' = \bar{v}_2$가 성립된다.

(b) 먼저 c_2^*를 구하면 $c_2^* = \dfrac{3.0\times 10^6}{6.023\times(1010\times 10^{-8})^3} = 4.83\times 10^{-3}\mathrm{g/cm^3}$

그리고 $\phi_{ov} = \bar{v}_2 \times c_2^* = 0.9\times 4.83\times 10^{-3} = 4.35\times 10^{-3}$ 가 된다.

제5장 부록

A5. 1 Jacobian 행렬식

참고 4. 3에서 언급한 바와 같이 'Jacobian'은 요소가 편미분으로 되어있는 행렬식을 의미한다. 열역학에서 이 응용의 핵심은 아래 관계이다.

$$\left.\frac{\partial u}{\partial x}\right|_{y,\cdots z} = \frac{\partial(u, y, \cdots z)}{\partial(x, y, \cdots z)} \qquad \text{(A5. 1)}$$

즉, 이 식의 의미는 독립변수가 $x, y, \cdots z$일 때 함수 u의 x에 대한 편미분을 Jacobian 표현식으로 나타내는 것이다. 이 식의 증명은 아래와 같은 Jacobian의 정의식에서 실제 해당 편미분값을 갖고 행렬식 값을 구하면 쉽게 얻어진다. 즉, 함수 $u, v, \cdots w$가 독립변수 $x, y, \cdots z$의 함수일 때 Jacobian은 아래와 같이 정의된다.

$$\frac{\partial(u, v, \cdots w)}{\partial(x, y, \cdots z)} = \begin{vmatrix} \frac{\partial u}{\partial x} & \frac{\partial u}{\partial y} & \cdots & \frac{\partial u}{\partial z} \\ \frac{\partial v}{\partial x} & \frac{\partial v}{\partial y} & \cdots & \frac{\partial v}{\partial z} \\ \vdots & \vdots & & \vdots \\ \frac{\partial w}{\partial x} & \frac{\partial w}{\partial y} & \cdots & \frac{\partial w}{\partial z} \end{vmatrix} \qquad \text{(A5. 2)}$$

위 식의 편미분에서 편의상 일정하게 유지되는 변수명[가령 $\left(\frac{\partial u}{\partial x}\right)_{y,z}$ 에서 y 및 z]을 생략하였다.

이렇게 정의되는 Jacobian은 아래와 같은 중요한 성질을 갖고 있다.

a. 역관계

$$\frac{\partial(u, v, \cdots w)}{\partial(x, y, \cdots z)} = 1 \Big/ \frac{\partial(x, y, \cdots z)}{\partial(u, v, \cdots w)} \qquad \text{(A5. 3)}$$

이 식은 사슬법칙 (5. 23)에 대응한다.

b. 행 또는 열의 교환

$$\frac{\partial(u, v, \cdots w)}{\partial(x, y, \cdots z)} = -\frac{\partial(v, u, \cdots w)}{\partial(x, y, \cdots z)} \tag{A5. 4}$$

위 식에서 분자의 두 글자를 바꾸면 행(row)의 교환이 되고, 분모의 두 글자를 바꾸면 열의 교환이 되며, 어떤 경우든 한번 씩 교환할 때마다 (-1)을 곱해야한다.

c. 통상의 사슬법칙

$$\frac{\partial(u, v, \cdots w)}{\partial(x, y, \cdots z)} = \frac{\partial(u, v, \cdots w)}{\partial(r, s, \cdots t)}\frac{\partial(r, s, \cdots t)}{\partial(x, y, \cdots z)} \tag{A5. 5}$$

이 식은 참고 5. 2의 사슬법칙 (5. 23a)에 대응한다.

d. 행렬식 전개($n=2$ 경우)

$$\frac{\partial(u, v)}{\partial(x, y)} = \begin{vmatrix} \left.\frac{\partial u}{\partial x}\right|_y & \left.\frac{\partial u}{\partial y}\right|_x \\ \left.\frac{\partial v}{\partial x}\right|_y & \left.\frac{\partial v}{\partial y}\right|_x \end{vmatrix} = \left.\frac{\partial u}{\partial x}\right|_y \left.\frac{\partial v}{\partial y}\right|_x - \left.\frac{\partial u}{\partial y}\right|_x \left.\frac{\partial v}{\partial x}\right|_y \tag{A5. 6}$$

다시 식 (A5. 1)에서 $\left.\frac{\partial u}{\partial x}\right|_y = \frac{\partial(u, y)}{\partial(x, y)}$ 등이 성립하므로 이를 위 식에 대입하면 아래가 된다.

$$\frac{\partial(u, v)}{\partial(x, y)} = \frac{\partial(u, y)}{\partial(x, y)}\frac{\partial(v, x)}{\partial(y, x)} - \frac{\partial(u, x)}{\partial(y, x)}\frac{\partial(v, y)}{\partial(x, y)} \tag{A5. 7}$$

위의 성질 (a)-(d)는 모두 Jacobian의 정의 (A5. 2)에서 행렬식 값을 구하면 쉽게 증명할 수 있다.

이절의 마지막으로 독자의 이해를 돕기 위해 본문 (5. 41)의 관계를 여기서 논의된 Jacobian 행렬식 기법을 이용하여 증명해 보기로 한다. 먼저 식 (5. 42b)에서 얻어지는 정적비열 $C_V\left(= T\left.\frac{\partial S}{\partial T}\right|_V\right)$에 대해 아래와 같이 Jacobian 형태로 전개한다.

$$C_V = T\left.\frac{\partial S}{\partial T}\right|_V = T\frac{\partial(S, V)}{\partial(T, V)} = T\frac{\partial(S, V)}{\partial(T, P)}\frac{\partial(T, P)}{\partial(T, V)} = -\frac{T}{V\beta}\frac{\partial(S, V)}{\partial(T, P)} \tag{A5. 8}$$

이를 다시 성질 d)를 이용하여 우편의 행렬식을 전개하면

$$C_V = -\frac{T}{V\beta}\left[\left.\frac{\partial S}{\partial T}\right|_P \left.\frac{\partial V}{\partial P}\right|_T - \left.\frac{\partial S}{\partial P}\right|_T \left.\frac{\partial V}{\partial T}\right|_P\right] \tag{A5. 9}$$

위 식에서 $\left.\frac{\partial S}{\partial T}\right|_P = \frac{C_P}{T}$(식 5. 44b), $\left.\frac{\partial V}{\partial P}\right|_T = -V\beta$, $\left.\frac{\partial V}{\partial T}\right|_P = V\alpha$ 및 표 5. 1의 G에 관한 Maxwell 관계에서 얻어지는 아래식

$$\left.\frac{\partial S}{\partial P}\right|_T = -\left.\frac{\partial V}{\partial T}\right|_P = -V\alpha \tag{A5. 10}$$

을 대입하면 아래를 얻는다.

$$C_V = -\frac{T}{V\beta}\left[\frac{C_P}{T}\times(-V\beta)+(V\alpha)^2\right] \tag{A5. 11}$$

따라서 $C_P - C_V = TV\alpha^2/\beta$ (식 5. 41)이 증명되었다.

A5. 2 Euler 동차식 정리

지금 크기(extensive)변수 x 및 y에 대해 $h(>0)$차 (degree h)도 '동차(homogeneous)'이고, 세기(intensive)변수 a, b에 대해서는 0차로 동차인 함수 $f(a, b, x, y)$가 있다고 하자. h차 동차함수의 정의에 의해 만약 두 크기변수 x 및 y가 k배 곱해진다면 함수는 원래 함수값의 k^h배 증가할 것이다. 즉, 아래와 같이 나타낼 수 있다.

$$f(a, b, X, Y) = k^h f(a, b, x, y) \tag{A5. 12}$$

여기에서

$$X = kx \ , \ Y = ky$$

지금 식 (A5. 12) 양변의 전미분을 취하면 [즉, $df = d(k^h f)$] 아래와 같다[단 우편의 경우 k도 변수로 간주].

$$\left.\begin{aligned}&\frac{\partial}{\partial a}[f(a,b,X,Y)]_{b,X,Y}\,da+\frac{\partial}{\partial b}[f(a,b,X,Y)]_{a,X,Y}\,db\\&\quad+\frac{\partial}{\partial X}[f(a,b,X,Y)]_{a,b,Y}\,dX+\frac{\partial}{\partial Y}[f(a,b,X,Y)]_{a,b,X}\,dY\\&\quad=(k^h)\frac{\partial}{\partial a}[f(a,b,x,y)]_{b,x,y}\,da+(k^h)\frac{\partial}{\partial b}[f(a,b,x,y)]_{a,x,y}\,db\\&\quad+(k^h)\frac{\partial}{\partial x}[f(a,b,x,y)]_{a,b,y}\,dx+(k^h)\frac{\partial}{\partial y}[f(a,b,x,y)]_{a,b,x}\,dy\\&\qquad\qquad\qquad+(hk^{h-1})[f(a,b,x,y)]\,dk\end{aligned}\right\}\quad\text{(A5. 13)}$$

그리고

$$dX=kdx+xdk\ ,\ dY=kdy+ydk \quad\text{(A5. 14)}$$

식 (A5. 14)을 (A5. 13)에 대입하여 정리하면 아래의 식을 얻는다.

$$\left.\begin{aligned}&\left\{\frac{\partial}{\partial a}[f(a,b,X,Y)]-(k^h)\frac{\partial}{\partial a}[f(a,b,x,y)]\right\}da\\&\quad+\left\{\frac{\partial}{\partial b}[f(a,b,X,Y)]-(k^h)\frac{\partial}{\partial b}[f(a,b,x,y)]\right\}db\\&\quad+\left\{(k)\frac{\partial}{\partial X}[f(a,b,X,Y)]-(k^h)\frac{\partial}{\partial x}[f(a,b,x,y)]\right\}dx\\&\quad+\left\{(k)\frac{\partial}{\partial Y}[f(a,b,X,Y)]-(k^h)\frac{\partial}{\partial y}[f(a,b,x,y)]\right\}dy\\&+\left\{(x)\frac{\partial}{\partial X}[f(a,b,X,Y)]-(y)\frac{\partial}{\partial Y}[f(a,b,X,Y)]-hk^{h-1}f(a,b,x,y)\right\}dk=0\end{aligned}\right\}\quad\text{(A5. 15)}$$

그런데 위 식에서 변수 a, b, x, y 및 k는 서로 독립이므로 식이 성립되기 위해서는 괄호 안이 모두 0이 되어야 한다. 따라서 아래의 관계식이 성립된다.

$$\frac{\partial}{\partial a}[f(a,b,X,Y)]=(k^h)\frac{\partial}{\partial a}[f(a,b,x,y)] \quad\text{(A5. 16)}$$

$$\frac{\partial}{\partial b}[f(a,b,X,Y)]=(k^h)\frac{\partial}{\partial b}[f(a,b,x,y)] \quad\text{(A5. 17)}$$

$$\frac{\partial}{\partial X}[f(a,b,X,Y)]=(k^{h-1})\frac{\partial}{\partial x}[f(a,b,x,y)] \quad\text{(A5. 18)}$$

$$\frac{\partial}{\partial Y}[f(a,b,X,Y)]=(k^{h-1})\frac{\partial}{\partial y}[f(a,b,x,y)] \quad\text{(A5. 19)}$$

$$(x)\frac{\partial}{\partial X}[f(a,b,X,Y)]+(y)\frac{\partial}{\partial Y}[f(a,b,X,Y)]=(hk^{h-1})[f(a,b,x,y)] \qquad \text{(A5. 20)}$$

여기서 식 (A5. 18) 및 (A5. 19)을 (A5. 20)에 대입하면 아래의 목적하는 관계식을 얻을 수 있다.

$$(x)\frac{\partial}{\partial x}[f(a,b,x,y)]+(y)\frac{\partial}{\partial y}[f(a,b,x,y)]=h[f(a,b,x,y)] \qquad \text{(A5. 21)}$$

이 식은 동차함수에 관한 Euler정리로 알려져 있으며, 전미분 df의 적분형태는 최종적으로 오직 차수 h로 동차인 크기변수 x 및 y에 관한 편미분항으로만 나타내짐을 알 수 있다.

그런데 5. 1절에서 다룬 모든 열역학 상태함수는 질량(또는 몰수)에 대해 0차($h=0$) 동차함수인 세기변수(가령 T, P, μ_i 등)와 1차($h=0$) 동차함수인 크기변수(가령 S, V, H 등)의 두 종류에 속함을 알 수 있다. 이제 식 (5. 62)-(5. 65)에 기술된 n성분의 균일용액에 대한 4종류의 Euler 1차 동차(크기) 열역학 상태함수 U, H, A, G에 Euler정리[특히 식(A5. 21)]를 적용해 보자.

먼저 식 (A5. 21)에서 $f\rightarrow U$, $x\rightarrow S$, $y\rightarrow V$, 마찬가지로 크기(extensive)변수 $x_i\rightarrow n_i$ ($i=1,2,\cdots n$)로 대체[단, 이 경우 세기(intensive)변수 a및 b항은 없다.]하면 식 (5. 62)의 적분형태는 식 (5. 66)의 도움을 받아 아래와 같이 된다.

$$U(S,V,n_1,n_2,\cdots)=\left(\frac{\partial U}{\partial S}\right)_{V,n_i}S+\left(\frac{\partial U}{\partial V}\right)_{S,n_i}V+\sum_{i=1}^{n}\left[\left(\frac{\partial U}{\partial n_i}\right)_{S,V,n_{j\neq i}}\times n_i\right] \qquad \text{(A5. 22)}$$

$$=TS-PV+\sum_i n_i\mu_i(=\overline{U}_i)$$

마찬가지로 식(A5. 21)에서 $f\rightarrow H$, $a\rightarrow P$, $x\rightarrow S$, 크기변수 $x_i\rightarrow n_i(i=1,2,\cdots n)$로 대체하고, 역시 식 (5. 66)을 이용하면 식 (5. 63)의 적분형태는 아래와 같이 된다.

$$H(S,P,n_1,n_2,\cdots)=\left(\frac{\partial H}{\partial S}\right)_{P,n_i}S+\sum_{i=1}^{n}\left[\left(\frac{\partial H}{\partial n_i}\right)_{S,P,n_{j\neq i}}\times n_i\right] \qquad \text{(A5. 23)}$$

$$=TS+\sum_i n_i\mu_i(=\overline{H}_i)$$

마찬가지 방법으로 아래 관계식들도 얻어진다.

$$A(T,V,n_1,n_2,\cdots)=\left(\frac{\partial A}{\partial V}\right)_{T,n_i}V+\sum_{i=1}^{n}\left[\left(\frac{\partial A}{\partial n_i}\right)_{T,V,n_{j\neq i}}\times n_i\right] \qquad \text{(A5. 24)}$$

$$=-PV+\sum_i n_i\mu_i(=A_i)$$

$$G(T, P, n_1, n_2, \cdots) = \sum_{i=1}^{n}\left[\left(\frac{\partial G}{\partial n_i}\right)_{T,P,n_{j\neq i}} \times n_i\right] = \sum_i n_i \mu_i (= \overline{G}_i) \tag{A5. 25}$$

A5. 3 가상 미분법

'가상미분(virtual differentiation)'이란 실제미분에 대비되는 말이다. 가령 5. 3. 3. 4절에 논의된 n성분 균일(고분자)혼합물의 경우 용액의 ΔG_m(식 5. 156)은 크기(extensive)변수인 몰수(n_i)를 변수로 하는 크기함수인 반면에, 혼합에 의한 i성분의 화학퍼텐셜 변화인 $\Delta\mu_i$(식 5. 161)는 세기(intensive)변수인 부피분율 ϕ_i의 함수이다. 이 때 $\Delta\mu_i$의 조성(ϕ_i)에 관한 편미분에 있어서 통상의 실제미분에 있어서는 n성분의 조성의 합이 1(즉, $\sum_{i=1}^{n}\phi_i = 1$)이라는 제한조건을 받으므로 이중 $(n-1)$개의 조성 ϕ_i만 독립으로 간주하여 편미분에 참가하고, 나머지 1개의 변수 ϕ_n(보통 첫 성분 아니면 맨 끝 성분이나 지정은 그때 그때에 따라 유동적이다)은 종속변수도 간주하여 편미분에는 관여하지 않는다 (즉, $\frac{\partial}{\partial \phi_n}$항은 없으며, $\partial\phi_n/\partial\phi_i = -1$이 됨). 반면에 가상미분법이란 참고 5. 2에 설명한 사슬법칙 (5. 27)에 기초 [즉, 이 식의 왼편은 $u = u(x, y)$로서 u가 일정하고, x가 변할 때는 당연히 y가 변하는, 즉 y를 종속변수로 간주하는 실제미분에 해당되나, 외관상 문제를 쉽게하기 위하여 우편에서는 x가 변해도 y가 변하지 않는다는 즉, y도 가상적으로 독립변수로 간주하는 '가상미분법'에 의거하여 보통의 편미분 기호 $\left.\frac{\partial}{\partial x}\right)_y$ 대신 $\left.\frac{\delta}{\delta x}\right)_y$를 사용하여 왼편의 실제미분 연산자 $\left.\frac{\partial}{\partial x}\right)_u$는 가상미분기호를 사용하여 아래와 같이 나타냄이 보다 타당할 것이다.

$$\left.\frac{\partial}{\partial x}\right)_u = \left.\frac{\delta}{\delta x}\right)_y + \left.\frac{\partial y}{\partial x}\right|_u \times \frac{\delta}{\delta y} \tag{A5. 26}$$

이와 유사하게 n성분계의 경우에 $\Delta\mu_i$와 같은 세기함수에 대한 조성(ϕ_i)을 통한 편미분에 있어서 실제 편미분 연산자 $\frac{\partial}{\partial \phi_i}$(단, 여기서 ϕ_i는 $n-1$개 중의 한 개의 독립조성에 해당)는 종속변수 ϕ_n도 변한다는 가상미분법을 이용하여 아래와 같이 나타낼 수 있다.

$$\frac{\partial}{\partial \phi_i} = \left.\frac{\delta}{\delta \phi_i}\right|_{\phi_n} + \frac{\partial \phi_n}{\partial \phi_i}(= -1) \times \frac{\delta}{\delta \phi_n} \tag{A5. 27}$$

가령 $\Delta\mu_i$를 조성에 의존하는 임의의 세기함수 Q라 두면 조성에 대한 일반적인 가상미분 공식은 아래와 같이 나타내진다.

$$\left.\frac{\partial Q}{\partial \phi_i}\right|_{\Sigma} = \left.\frac{\delta Q}{\delta \phi_i}\right|_{\not\Sigma} + \frac{\partial \phi_n}{\partial \phi_i}(= -1) \times \frac{\delta Q}{\delta \phi_n} \tag{A5. 28a}$$

$$Q^{(i)} = Q_i - Q_n \tag{A5. 28b}$$

위 식에서 $\sum$ 기호는 $\sum \phi_i = 1$을 고려하는 [즉, $n-1$개의 ϕ_i만 독립적으로 변하고 나머지 1개인 ϕ_n는 동시에 변하는 종속조성 즉, $\frac{\partial \phi_n}{\partial \phi_i} = -1$로 간주] 실제 미분으로서 그 결과를 $Q^{(i)}$로 표시하고, 한편 우편의 가상미분의 $\not\Sigma$ 기호는 $\sum \phi_i = 1$을 인정하지 않는 (즉, ϕ_n도 독립변수로 간주하여 ϕ_i가 변할 때 ϕ_n은 다른 독립조성처럼 변하지 않는다고 가정) 기호로서 그 결과를 Q_i로 표시한다. 즉,

$$Q^{(i)} \equiv \left.\frac{\partial Q}{\partial \phi_i}\right|_{\Sigma}, \quad Q_i \equiv \left.\frac{\delta Q}{\delta \phi_i}\right|_{\not\Sigma} \tag{A5. 29}$$

즉, 실제미분은 2개의 가상미분의 차로써 얻어진다. 여기서 실제미분 $Q^{(i)}$를 (실제)독립조성 ϕ_j에 대해 한번 더 미분하면 식 (A5. 27)의 가상미분의 개념을 이용하여 아래와 같이 된다.

$$\frac{\partial}{\partial \phi_j} Q^{(i)} = \left.\frac{\delta Q^{(i)}}{\delta \phi_j}\right|_{\phi_n} + \frac{\partial \phi_n}{\partial \phi_j}(= -1) \times \frac{\delta Q^{(i)}}{\delta \phi_n} \tag{A5. 30}$$

여기에 식 (A5. 28b)를 대입하면 아래와 같이 2차 실제미분과 가상미분의 관계가 얻어진다.

$$Q^{(ij)} = Q_{ij} - Q_{nj} - (Q_{in} - Q_{nn}) \tag{A5. 31}$$

여기서

$$Q^{(ij)}(= Q^{(ji)}) = \frac{\partial}{\partial \phi_j} Q^{(i)}, \quad Q_{ij}(= Q_{ji}) = \frac{\delta}{\delta \phi_j} Q_i \tag{A5. 32}$$

마찬가지로 식 (A5. 31)을 독립조성 ϕ_k에 미분하고, 역시 (A5. 27)의 개념 및 (A5. 32)를 대입하면

아래와 같이 3차 실제미분과 가상미분의 관계가 얻어진다.

$$\frac{\partial}{\partial \phi_k} Q^{(ij)} = \left.\frac{\delta Q^{(ij)}}{\delta \phi_k}\right|_{\phi_n} + \frac{\partial \phi_n}{\partial \phi_k}(=-1) \times \frac{\delta Q^{(ij)}}{\delta \phi_n} \tag{A5. 33a}$$

$$Q^{(ijk)} = Q_{ijk} - Q_{ink} - Q_{jnk} - Q_{ijn} + Q_{inn} + Q_{jnn} + Q_{knn} - Q_{nnn} \tag{A5. 33b}$$

지금까지 얻어진 결과는 몰분율 x_i에 대해서도 똑같이 성립된다.

이제 가상미분을 이용한 실제 응용으로서 혼합에 의한 과잉(excess) Gibbs 자유에너지 $\varDelta G^{ex}$ (식 5. 131)에서 $\varDelta G^{ex}/RT(= n\sum x_i \ln\gamma_i$, 여기서 γ_i는 i성분의 활동도계수)를 임의의 크기함수 Q_T [$= nQ$, 여기서 $n = \sum n_i$이고, $Q = \sum x_i \ln\gamma_i$는 몰분율에 의존하는 세기함수임]로 나타내면 아래의 관계식이 성립된다.

$$\ln\gamma_i = \left[\frac{\partial}{\partial n_i} Q_T\right]_{n_{j \neq i}} = \frac{\partial}{\partial n_i}(nQ) = \frac{\partial n}{\partial n_i}(=1) \times Q + n\frac{\partial Q}{\partial n_i} \tag{A5. 34}$$

위 식의 첫 번째 등호는 $\frac{\partial}{\partial n_i}\left(\sum_j n_j \ln\gamma_j\right) = \sum_j \delta_j \ln\gamma_j + \sum_j n_j \frac{\partial \ln\gamma_j}{\partial n_i} = \ln\gamma_i$ [$\because$ 우편의 2 번째 항은 Gibbs-Duhem 즉, $\sum n_i d\varDelta\mu_i = RT\sum n_i d\ln a_i = RT\sum n_i d\ln\gamma_i + RT\sum n_i d\ln x_i$ $\left(= 0 \because \sum x_i = 1\right) = 0$ 에서 없어짐]에서 성립된다. 지금 식 (A5. 34)에서 Q는 몰분율로 표시된 세기함수이므로 직접 크기변수인 n_i로 미분이 불가능하므로 사슬법칙을 통해 아래와 같이 조성에 대한 실제 편미분으로 바뀌어진다. 즉,

$$\frac{\partial Q}{\partial n_i} = \sum_j{}' \frac{\partial x_i}{\partial n_i}\frac{\partial Q}{\partial x_j} = \sum_j{}' \frac{\delta_{ij} - x_j}{n} \times Q^{(j)} = \frac{1}{n}\left[Q^{(i)} - \sum_j{}' x_j Q^{(j)}\right] \tag{A5. 35}$$

여기서 $\sum_j{}'$는 실제미분으로서, 종속조성 x_n을 제외한 $(n-1)$개의 독립조성 x_j에 대해서만 미분해 합한다는 것을 의미하고, $Q^{(i)} = \partial Q/\partial x_i|_{\sum}$ (이 때 종속조성도 변함 즉, $\frac{\partial x_n}{\partial x_j} = -1$)는 실제미분이다. 위 식을 가상미분법에 따라 (즉, 종속조성 ϕ_n도 독립조성으로 간주) 구하면 아래와 같다.

$$\frac{\partial Q}{\partial n_i} = \sum_j^n \frac{\partial x_j}{\partial n_i} \times \frac{\delta Q}{\delta x_j} = \sum_j^n \frac{\delta_{ij} - x_j}{n} \times Q_j = \frac{1}{n}\left[Q_i - \sum_j^n x_j Q_j\right] \tag{A5. 36}$$

그런데 이 결과는 별도로 식 (A5. 35)에서 $Q^{(i)}$에 (A5. 28b)를 대입하고, $\sum_j{}' x_j(Q_j - Q_n)$

$= \sum_j^n x_j(Q_j - Q_n)$ 관계를 이용해도 얻어진다. 식 (A5. 35) 또는 (A5. 36)을 식 (A5. 34)에 대입하면 아래를 얻는다.

$$\ln\gamma_i = Q + Q^{(i)} - \sum_j{}' x_j Q^{(j)} \tag{A5. 37a}$$

$$= Q + Q_i - \sum_j^n x_j Q_j \tag{A5. 37b}$$

예제 A5.1

식 (5. 83)의 정규용액에 대한 $\ln\gamma_1$ 및 $\ln\gamma_2$를 가상미분법으로 구하라.

풀이 과잉함수 $\Delta G^{ex}(=\Delta G - \Delta G^{id})$의 정의에서 크기함수 $Q_T(=nQ)$는 아래와 같이 된다.

$$Q_T(=nQ) = \frac{\Delta G^{ex}}{RT} = \frac{1}{RT} \times RT[n_1 \ln x_1 + n_2 \ln x_2 + n\beta x_1 x_2 - n_1 \ln x_1 - n_2 \ln x_2]$$
$$= n\beta x_1 x_2$$

따라서 세기함수 $Q = \beta x_1 x_2$가 되고, 이에 대해 가상미분 Q_1, Q를 구하면 각각 아래와 같다.

$$Q_1 = \left.\frac{\delta Q}{\delta x_1}\right|_{x_2} = \beta x_2,\quad Q_2 = \left.\frac{\delta Q}{\delta x_2}\right|_{x_1} = \beta x_1$$

이 결과를 가상미분식 (A5. 37b)에 대입하면 아래를 얻는다.

$$\ln\gamma_1 = Q + Q_1 - x_1 Q_1 - x_2 Q_2 = Q + x_2(Q_1 - Q_2)$$
$$= \beta x_1 x_2 + x_2(\beta x_2 - \beta x_1) = \beta x_2^2$$
$$\ln\gamma_2 = Q + Q_2 - x_1 Q_1 - x_2 Q_2 = Q + x_1(Q_2 - Q_1) = \beta x_1^2$$

즉, 식 (5. 84)의 결과가 가상미분법에 의해 간단히 증명된다.

또 다른 응용으로서 5. 3. 3. 4절의 확장 F-H이론을 이용한 다성분계 (고분자)혼합물의 ΔG_m에 관한 공식 (5. 156)에서 아래와 같은 표현식을 얻는다.

$$\Delta G_m\left(=\sum n_i \Delta\mu_i\right)/RT \equiv Q_T = LQ \tag{A5. 38a}$$

$$L = \sum n_i m_i,\quad Q = Q_T/L = \frac{n}{RTL}\sum x_i \Delta\mu_i = \sum_i \frac{\phi_i}{m_i}\ln\phi_i + \sum_{i<j}\sum \chi_{ij}\phi_i\phi_j \tag{A5. 38b}$$

여기서 식 (A5. 34)의 경우와 유사하게 아래의 관계식이 성립된다.

$$\Delta\mu_i/RT = \frac{1}{RT}\left(\frac{\partial \Delta G_m}{\partial n_i}\right)_{n_{j\neq i}} = \left(\frac{\partial}{\partial n_i}Q_T\right) = \left[\frac{\partial}{\partial n_i}(LQ)\right] = \frac{\partial L}{\partial n_i}(=m_i)\times Q + L\frac{\partial Q}{\partial n_i} \quad \text{(A5. 39)}$$

위 식의 첫 번째 등호도 $\Delta G_m = \sum n_i \Delta\mu_i$ 및 Gibbs-Duhem 식 $\sum n_i d\Delta\mu_i = 0$에서 증명된다. 한편 우편의 2 번째항에서 Q는 부피분율로 나타낸 세기함수이므로 식 (A5. 35)와 유사하게 사슬법칙과 식 (5. 157)의 도움을 받아 아래와 같이 조성에 관한 (실제)편미분 항으로 나타내진다.

$$\frac{\partial Q}{\partial n_i} = \sum_j{}' \frac{\partial \phi_j}{\partial n_i}\frac{\partial Q}{\partial \phi_j} = \sum_j{}' \frac{\delta_{ij}m_j - \phi_j m_i}{L}\times Q^{(j)} = \frac{m_i}{L}\left(Q^{(i)} - \sum_j{}' \phi_j Q^{(j)}\right) \quad \text{(A5. 40)}$$

여기서 $\sum_j{}'$는 종속조성 ϕ_n을 제외한 $(n-1)$개의 독립조성 ϕ_j에 관한 (실제)편미분의 합을 의미하고, 실제 미분 $Q^{(i)} \equiv \left.\frac{\partial Q}{\partial \phi_i}\right|_{\Sigma}$ 로 정의된다. 식 (A5. 36)의 경우와 유사하게 식(A5. 40)을 가상미분법 $Q_i \equiv \left.\frac{\delta Q}{\delta \phi_i}\right|_{\phi_n}$ 을 이용하여 나타내면 다음과 같다.

$$\frac{\partial Q}{\partial n_i} = \sum_j^n \frac{\partial \phi_j}{\partial n_i}\times\frac{\delta Q}{\delta \phi_j} = \sum_j^n \frac{\delta_{ij}m_j - \phi_j m_i}{L}\times Q_j = \frac{m_i}{L}\left(Q_i - \sum_j^n \phi_j Q_j\right) \quad \text{(A5. 41)}$$

이 식은 식 (A5. 40)의 $Q^{(i)} = Q_i - Q_n$을 대입하고 $\sum_j{}' \phi_j(Q_j - Q_n) = \sum_j^n \phi_j(Q_j - Q_n)$을 대입해도 마찬가지로 얻어진다. 이제 식 (A5. 40)혹은 (A5. 41)을 식 (A5. 39)에 대입하면 아래의 결과를 얻는다.

$$\Delta\mu_i/RT = m_i\left[Q + Q^{(i)} - \sum_j{}' \phi_j Q^{(j)}\right] \quad \text{(A5. 42a)}$$

$$= m_i\left[Q + Q_i - \sum_j^n \phi_j Q_j\right] \quad \text{(A5. 42b)}$$

예제 A5.2

2 성분계 단분산 고분자용액의 ΔG_m에 관한 식 (5. 160)에서 $\Delta\mu_1$ 및 $\Delta\mu_2$를 가상미분법으로 구해보아라.

풀이 $Q_T(=LQ)=\dfrac{\Delta G_m}{RT}$ 및 식 (5. 160)에서 Q는 다음과 같이 나타내진다.

$$Q=\frac{1}{L}Q_T=\phi_1\ln\phi_1+\frac{\phi_2}{r}\ln\phi_2+\chi\phi_1\phi_2 \tag{A5. 43}$$

여기서 $L\left(=\sum n_i m_i\right)=n_1+rn_2,\ m_1=1,\ m_2=r$

위 식에서 가상미분 Q_1 및 Q_2를 구하면 아래와 같다.

$$Q_1=\left.\frac{\delta Q}{\delta\phi_1}\right|_{\phi_2}=\ln\phi_1+1+\chi\phi_2 \tag{A5. 44a}$$

$$Q_2=\left.\frac{\delta Q}{\delta\phi_2}\right|_{\phi_1}=\frac{1}{r}\ln\phi_2+\frac{1}{r}+\chi\phi_1 \tag{A5. 44b}$$

이것을 식 (A5. 42b)에 대입하면 아래의 결과를 얻는다.

$$\Delta\mu_1/RT=m_1(=1)\left[Q+Q_1-\phi_1Q_1-\phi_2Q_2\right]=Q+\phi_2(Q_1-Q_2)$$

$$=\phi_1\ln\phi_1+\frac{\phi_2}{r}\ln\phi_2+\chi\phi_1\phi_2+\phi_2\ln\phi_1+\phi_2+\chi\phi_2^2-\frac{\phi_2}{r}\ln\phi_2-\frac{\phi_2}{r}-\chi\phi_1\phi_2$$

$$=\ln\phi_1+\left(1-\frac{1}{r}\right)\phi_2+\chi\phi_2^2 \tag{5. 161}$$

마찬가지로

$$\Delta\mu_2/RT=m_2(=r)\left[Q+Q_2-\phi_1Q_1-\phi_2Q_2\right]=r\left[Q+\phi_1(Q_2-Q_1)\right]$$

$$=r\phi_1\ln\phi_1+\phi_2\ln\phi_2+\chi r\phi_1\phi_2+\phi_1\ln\phi_2+\phi_1+\chi r\phi_1^2-r\phi_1\ln\phi_1-r\phi_1-\chi r\phi_1\phi_2$$

$$=\ln\phi_2-(r-1)\phi_1+\chi r\phi_1^2 \tag{5. 162}$$

즉, 가상미분법에 의해서도 본문의 $\Delta\mu_1$ 및 $\Delta\mu_2$에 관한 식 (5. 161) 및 (5. 162)의 결과가 간단히 증명된다.

이 가상미분법도 $n\geq 3$ 이상의 F-H 이론 뿐만 아니라 다른 복잡한 용액론의 경우에도 까다로운 실제미분법 대신에 비교적 간단히 적용될 수 있으나, 지면 관계상 여기에서 그칠까 한다.

제 6 장

묽은 고분자 용액의 성질을 이용한 평균분자량 측정

앞장에서 언급한 Flory-Huggins 이론이 비교적 잘 적용되는 1% 이하의 묽은 고분자 용액의 성질(가령 삼투압, 광산란, 점도 등)을 이용하여 합성 고분자의 평균분자량 및 분포(다분산 지수)를 측정하는 방법에 대하여 이 장에서 논하기로 한다. 주로 비전해질 용액을 다루고, 필요한 곳에서 전해질 용액에 대해서도 언급하겠다.

6. 1 기본 개념

앞에서 언급했듯이 만약 1 cm^3(단위체적)의 용액에 동족열(homologous) 고분자로서 분자량 M_i 짜리가 c_i g 녹아있고, 또 그 농도에서의 고분자의 비체적(partial specific volume)$\bar{v}_2(=\rho_2^{-1}=\overline{V}_2/M_2)$이 분자량에 무관하다고하면 고분자의 전체 부피분율 $\phi_2(=1-\phi_1)$에 관하여 아래관계가 성립된다(단 ϕ_2는 $\phi_p=\sum_{i\geq 2}^{\infty}\phi_i$를 의미함).

$$\phi_2=c_2\times\bar{v}_2=\sum_{i\geq 2}^{\infty}\phi_i\ ,\quad c_2(=c_p)=\sum_{i\geq 2}^{\infty}c_i\ ,\quad \phi_i=c_i\times\bar{v}_2(=\overline{v_i})\ (i\geq 2) \tag{6. 1}$$

여기서 합성 고분자내 분자량 M_i짜리의 (자체)무게분율 w_i는 아래와 같이 c_i항으로 나타내진다.

$$w_i=c_i/\sum_i c_i=c_i/c\,(=c_2)\quad(i\geq 2) \tag{6. 2}$$

따라서 2장에서 언급한 무게평균 분자량 M_w 및 수평균 분자량 M_n은 농도 c_i를 이용하여 아래와 같이 나타내진다.

$$M_w = \sum_i w_i M_i = \frac{1}{c_2}\sum_i c_i M_i \tag{6. 3a}$$

$$M_n = \frac{1}{\left(\sum_i w_i / M_i\right)} = \frac{c_2}{\left(\sum_i c_i / M_i\right)} \tag{6. 3b}$$

한편 주어진 농도에서 (단분산)고분자 용액 전체의 밀도 ρ는 각 성분의 밀도 ρ_1 및 ρ_2와 c_2를 사용하여 아래와 같이 나타내진다.

$$\rho = \rho_1 + c_2\left(1 - \rho_1 \bar{v}_2\right) \tag{6. 4}$$

증 명 용액의 밀도 ρ(=m/V, 여기서 m 및 V 및 용액의 전체 질량 및 부피임)는 용액 중 분자량 M_1, 밀도 ρ_1인 용매가 n_1몰, (평균)분자량 M_2, 밀도 ρ_2(=$1/\bar{v}_2$)인 용질(고분자)이 n_2몰 있다면 $\phi_i\left(= n_i \overline{V}_i / \sum_{i=1}^{2} n_i \overline{V}_i\right)$ 및 식 (6. 1)을 이용하여 아래와 같이 나타낼 수 있다.

$$\rho(= m/V) = \left(n_1 M_1 + n_2 M_2\right) / \left(n_1 \overline{V}_1 + n_2 \overline{V}_2\right) = \left(n_1 \overline{V}_1 \rho_1 + n_2 \overline{V}_2 \rho_2\right) / \left(n_1 \overline{V}_1 + n_2 \overline{V}_2\right)$$
$$= \phi_1 \rho_1 + \phi_2 \rho_2 = \rho_1 + \phi_2\left(= c_2 \bar{v}_2\right) \times \left(\rho_2 - \rho_1\right) = \rho_1 + c_2 \times \left(1 - \bar{v}_2 \rho_1\right) \quad ■$$

또한 위에서 정의된 농도c와 5. 2. 1절에서 언급된 다른 조성 가령 몰분율(x)와 몰랄농도(m)사이의 관계에서 만약 (단분산)고분자의 농도가 매우 묽을 경우에는 아래의 근사적인 관계식이 성립된다.

$$x_2 / c_2 \fallingdotseq \overline{V}_1 / M_2 \tag{6. 5a}$$

$$m / c_2 \fallingdotseq n_1 \overline{V}_1 / M_2 \quad , \quad n_1 = 1000 / M_1 \tag{6. 5b}$$

증 명 (a) x_2 및 c_2의 정의 및 묽은 용액의 가정(즉 분자의 n_2항은 그대로 두고, 분모의 n_2항은 무시 즉 $n_2 \to 0$ 간주)을 취하면 각각 아래와 같이 된다.

$$x_2 = n_2 / \left(n_1 + n_2\right) \fallingdotseq n_2 / n_1 \tag{6. 6a}$$

$$c_2 = m_2 / V = n_2 M_2 / \left(n_1 \overline{V}_1 + n_2 \overline{V}_2\right) \fallingdotseq n_2 M_2 / n_1 \overline{V}_1 \tag{6. 6b}$$

위 식들의 비교에서 식 (6. 5a)가 성립된다.

(b) 몰랄농도 m의 정의 즉 용매(분자량 M_1) 1 kg당 용질의 몰수(n_2)에서 아래와 같이 표시된다.

$$m = (n_2 / n_1 M_1) \times 1000 = n_2 \ \ (\because n_1 = 1000 / M_1)$$

따라서 이 식과 묽은 용액에 대한 식 (6. 6b)에서 목적하는 식 (6. 5b)가 증명된다. ■

다음에는 묽은 고분자의 용액의 각종 물성의 측정으로부터 어떤 종류의 평균분자량이 얻어질 수 있는가에 대하여 논하겠다. 만약 분자량 M_i짜리에 의존하는 물성 A_i의 형태를 아래와 같이 크게 3종류로 분류한다면 용매전체의 물성 $A\left(= \sum_{i \geq 2}^{\infty} A_i\right)$ 측정에서 각각 아래의 평균분자량이 얻어질 수 있다.

(a) $A_i = kc_i / M_i$ 형태이면 $A_{용액} = \sum_i A_i = kc / M_n$ (6. 7a)

(b) $A_i = kc_i M_i$ 형태이면 $A_{용액} = \sum_i A_i = kcM_w$ (6. 7b)

(c) $A_i = kc_i M_i^2$ 형태이면 $A_{용액} = \sum_i A_i = kcM_w M_z$ (6. 7c)

단 위 식에서 k는 분자량 무관 상수이며, $c = c_2 = \sum_i c_i$임.

증 명 (a) 지금 식 (6. 2)에서 $c_i = c \times w_i$를 대입하고, M_n에 대한 정의식 (2. 11)을 이용하면 아래가 성립된다.

$$A_{용액} = \sum_i A_i = kc \sum_i w_i / M_i = kc / M_n$$

(b) 마찬가지로 $c_i = c \times w_i$ 및 M_w 정의식 (2. 12)에서 아래의 식을 얻는다.

$$A_{용액} = \sum_i A_i = kc \sum_i w_i M_i = kcM_w$$

(c) 역시 c_i의 정의 및 식 (2. 13)의 w_i로 나타낸 M_z의 정의식에서 아래의 관계가 얻어진다.

$$A_{용액} = \sum_i A_i = kc \sum_i w_i M_i^2 = kc \times \left(\sum_i w_i M_i\right) \times \left(\sum_i w_i M_i^2 / \sum w_i M_i\right) = kcM_w M_z$$

■

나중에 다룰 삼투압(osmotic pressure)과 같은 묽은 용액의 총괄성(colligative properties)은 (a)의 형태를, 광산란(light scattering)은 (b)의 형태, 그리고 초원심분리(ultracentrifuge)의 경우는 (c)형태라고 말할 수 있겠으나 실제는 아래의 예제에서 볼 수 있듯이 위 3가지 형태가 존재되어 있는 경우가 많다. 이 경우에는 (c)의 증명의 경우처럼 분모, 분자에 동시에 $\sum w_i M_i$(혹은 $\sum c_i M_i$)나 $\sum w_i M_i^2$(혹은 $\sum c_i M_i^2$)등으로 나누고, 곱해서 평균분자량(혹은 다른 물성의 평균)에 관한 기지의 식을 이용하여 구해야 할 것이다.

예제 6.1

묽은 (단분산)고분자 용액에 관한 광산란 측정에 있어서 농도가 매우 묽을 때(즉 $c \to 0$)아래의 관계식이 성립한다.

$$\lim_{c \to 0} \frac{K \times c}{R_\theta} = \frac{1}{M \times P(\theta)} \tag{6. 8}$$

(여기서 K는 상수, R_θ는 산란각도 θ에서 Rayleigh 산란강도, $P(\theta)$는 고분자의 크기(내부구조)를 반영하는 Debye 산란 함수로서 둘 다 분자량에 의존하는 양이다. 자세한 설명은 뒤로 미룸.)

그러나 다분산 용액의 경우는 위 식은 아래와 같이 나타낼 수 있다.

$$R_\theta(\text{용액}) = \sum_i R_\theta(i) = K \sum_i c_i M_i P_i(\theta) \tag{6. 9}$$

여기서 $R_\theta(i)$ 및 $P_i(\theta)$는 각각 분자량 M_i짜리에 의한 용액의 R_θ 및 $P(\theta)$에 의한 공헌이다. 이때 농도가 매우 묽을 때 아래의 관계식이 얻어진다.

$$\frac{K \times c}{R_\theta(\text{용액})} \simeq \frac{1}{M_w \langle P(\theta) \rangle_z} \tag{6. 10}$$

단 $\langle P(\theta) \rangle_z = \dfrac{\sum_i w_i M_i P_i(\theta)}{\sum_i w_i M_i}$이다. 이 식을 증명하라.

풀이 이는 식 (6. 7b)와 (6. 7c)의 혼재 형태로 볼 수 있다. 어쨌든 ($c\to 0$일 때)용액의 전체 $R_\theta(=A_{용액})$는 식 (6. 9)의 분모, 분자에 적당한 항을 곱하거나 나누고, $c_i = c\times w_i$를 이용하면 아래와 같이 구할 수 있다.

$$R_\theta(용액) = K\times\sum_i c_i\times\frac{\sum c_iM_i}{\sum c_i}\times\frac{\sum c_iM_iP_i(\theta)}{\sum c_iM_i} = K\times c\times\frac{\sum w_iM_i}{\sum w_i}\times\frac{\sum w_iM_iP_i(\theta)}{\sum w_iM_i}$$

$$= K\times c\times M_w\times\langle P(\theta)\rangle_z$$ 가 되어 증명된다.

또한 광산란 이론에서 $\langle P(\theta)\rangle_z = \left\langle 1-\frac{h^2}{3}S^2+\cdots\right\rangle_z = 1-\frac{h^2}{3}\langle S^2\rangle_z+\cdots$

(여기서 h는 분자량이나 농도에 무관한 산란각도의존항이며, S^2은 고분자 사슬의 제곱(평균)회전반경이다.)

혹은, $\langle P(\theta)\rangle_z^{-1} = 1+\frac{h^2}{3}\langle S^2\rangle_z+\cdots$ 가 된다.

6. 2 묽은 용액의 총괄성으로부터 M_n 측정

6. 2. 1 기본원리

묽은 용액이 나타내는 '총괄성(colligative properties)'이란 (액상)용매에 비휘발성(non-volatile), 비전해질(non-electrolyte)(혹은 전해질) 용질을 소량 첨가시 순수한 용매의 경우보다 용액 속의 용매의 '증기압강하(vapor pressure depression)', '비점상승(boiling point elevation)', '빙점강하(freezing point depression)' 그리고 '삼투압증가(osmotic pressure increase)' 등을 칭한다. 이와 같은 현상이 일어나는 원인으로서는 5장에서 논의한 혼합에 의한 용매의 화학퍼텐셜 μ_1이 순수한 상태 $\mu_1^{\square}(=\mu_1^*)$보다 값이 감소 즉 $\Delta\mu_1(=\mu_1-\mu_1^*)=RT\ln a_1<0$ [즉 이래야만 $\Delta G_m = n_1\Delta\mu_1+n_2\Delta\mu_2<0$되어 자발적인 혼합이 일어나기 위한 필요조건이 만족된다]되기 때문에 일어나는 현상이다.

지금 등압에서 용매에 소량의 용질을 첨가함에 따라 야기되는 비점상승 및 빙점강하의 원리를 용매의 화학퍼텐셜 변화항으로 설명하기 위하여 온도(T)변화에 따른 순수 상태 및 용액 중 용매의 3상(액, 기, 고)에 대한 화학퍼텐셜(μ_1)의 변화를 그림 6. 1에 나타내었다.

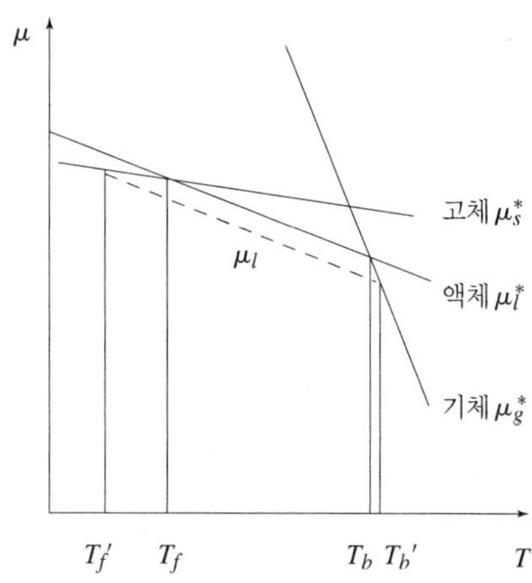

▶ 그림 6. 1 묽은 용액의 비점상승 및 빙점강하에 대한 열역학적 표현

그림에서 용질이 없는 순수한 용매의 3상에 대한 등압에서의 화학퍼텐셜(실선) 그림에서 가령 고상과 액상이 만나는 점 즉, $\mu_{1,s}^* = \mu_{1,l}^*$이 성립하는 온도가 순수용매의 어는점(혹은 녹는점) T_f, 기상과 액상이 만나는 점 즉, $\mu_{1,g}^* = \mu_{1,l}^*$ 되는 온도가 순수용매의 끓는점(혹은 응축점) T_b가 된다. 그러나 용매에 비휘발성 용질(전해질 혹은 비전해질)을 소량 첨가하게 되면 $\Delta\mu_1 < 0$되는 원리에 의해 용액 중의 용매의 화학퍼텐셜 $\mu_{1,l}$이 $\mu_{1,l}^*$보다 낮아지게 된다. 따라서 이 상태의 용매의 액상 화학퍼텐셜(점선 표시)이 순수 고체의 $\mu_{1,s}^*$와 만나는 점 즉, $\mu_{1,l} = \mu_{1,s}^*$가 성립하는 온도가 용액 중의 용매의 어는점 T_f'가 되고, 그림에서 볼 수 있듯이 $T_f' < T_f$ 되어 어는점 강하가 일어나게 된다. 또한 실선으로 나타낸 $\mu_{1,l}$이 순수기체의 $\mu_{1,g}^*$와 만나는 점 즉, $\mu_{1,l} = \mu_{1,g}^*$가 성립하는 온도가 용액중의 용매의 끓는점 T_b'가 되고, 그림에서 볼 수 있듯이 $T_b' > T_b$가 되어 끓는점 상승이 일어나게 된다. 그러면 이하에서 3 대표적인 용액의 총괄성으로부터 고분자의 수평균 분자량을 구하는 방법에 대하여 논하기로 한다.

6. 2. 2 증기압 강하

혼합에 의한 용매의 (상대)증기압 강하는($\Delta P_1 = P_1^* - P_1$)는 식 (5. 75)에서 아래와 같이 정의된다.

$$\Delta P_1 / P_1^* = \left(P_1^* - P_1\right) / P_1^* = 1 - a_1,\ a_1 = P_1 / P_1^* = \gamma_1 x_1 \tag{6. 11}$$

여기서 만약 용액이 매우 묽을 경우 식 (5. 76)-(5. 77)의 Raoult의 이상용액 가정법칙이 적용되어

(즉 $\gamma_1 \simeq 1$) 위 식은 아래가 된다.

$$\Delta P_1 / P_1^* \simeq 1 - x_1 = x_2 \tag{6. 12}$$

여기서 묽은 용액에 대한 식 (6. 5a)의 근사를 취하면 위 식은 아래와 같이 쓸 수 있다.

$$\lim_{c_2 \to 0} \left(\Delta P_1 / P_1^* \right) / c_2 = \overline{V}_1 / M_2 \tag{6. 13}$$

만약 고분자가 다분산인 경우는 식 (6. 7a)에서 $\overline{V}_1 = k$, $\Delta P_1 / P_1^* = A_{용액}$으로 두면, $A_i = kc_i / M_i$ ($i \geq 2$)되어 증기압 강하로부터 구한 고분자의 평균 분자량은 M_n이 되어 아래와 같이 나타낼 수 있다.

$$\lim_{c_2 \to 0} \left(\Delta P_1 / P_1^* \right) / c_2 = \overline{V}_1 / M_n \tag{6. 14}$$

즉, x축에 c_2, y축에 $\left(\Delta P_1 / P_1^* \right) / c_2$를 취하여 얻어진 실험 데이터를 플롯하면 그 곡선(혹은 직선)의 y축 절편이 $\overline{V}_1 / M_n$에 해당하게 되어 M_n을 구할 수 있는데, 이 방법의 약점도 만약 M_n이 크다면 절편 값이 작게 되어 실험오차가 커지므로 분자량이 작은 경우에만 유효하다고 할 수 있겠다(이와 같은 사실은 나머지 총괄성에도 그대로 적용된다).

6. 2. 3 비점 상승 및 빙점 강하

먼저 빙점 강하에 대해 설명하기로 한다. 그림 6. 1에서 볼 수 있듯이 (등압)온도 T_f'에서 용액 중 용매의 화학퍼텐셜 $\mu_{1,l}$과 순수 고상 $\mu_{1,s}^*$이 만난다. 즉 아래의 평형조건이 성립된다.

$$\mu_{1,l} \left[= \mu_{1,l}^* + RT \ln a_1 \right] = \mu_{1,s}^* \tag{6. 15}$$

한편 표 5. 1의 $dG(T, P)$에 관한 가역과정의 미소변화(단 $\delta w_e = 0$)식에서 G대신 순수 성분 1의 (부분)몰 자유에너지인 화학퍼텐셜(μ_1^*)에 관한 식으로 나타내면 아래와 같다.

$$d\mu_1^*(T, P) = -\overline{S}_1^* dT + \overline{V}_1^* dP = -\overline{S}_1^* dT \quad (\because dP = 0) \tag{6. 16}$$

고상 및 액상에 이 식을 적용하여 식 (6. 15)의 전미분을 취하면 아래와 같다.

$$d\mu_{1,l}^* + RT d \ln a_1 = d\mu_{1,s}^*$$

$$-\overline{S}_{1,l}^* dT + RT d \ln a_1 = -\overline{S}_{1,s}^* dT$$

$$\Delta \overline{S}_f \left(= \Delta \overline{H}_f / T\right) dT = -RT d\ln a_1 \tag{6. 17}$$

여기서 고상-액상 평형조건 아래를 이용하였다.

$$\Delta \overline{S}_f \equiv \overline{S}^*_{1,s} - \overline{S}^*_{1,l} = \Delta \overline{H}_f / T \quad \left(\because \Delta \overline{G}_f = \Delta \overline{H}_f - T\Delta \overline{S}_f = 0\right)$$

위 식의 $\Delta \overline{S}_f$(<0)및 $\Delta \overline{H}_f$(<0)는 각각 그 온도에서의 순수 1성분의 몰 응고(freezing)엔트로피 및 엔탈피이다. 그런데 $\Delta \overline{H}_f$가 순수 용매의 어는 온도 $T_f°$(그림 6. 1의 T_f에 해당)와 용액이 어는 온도 T_f(그림 6. 1의 T_f'에 해당)사이에서 값이 변하지 않는다고 가정하여 (실제 $T_f° - T_f'$값이 그다지 크지 않음) 식 (6. 17)의 양변을 T는 $T_f°$에서 T_f까지, a_1은 1(순수상태)에서 a_1 용액상태까지 적분을 행하면 아래와 같이 된다.

$$-\frac{\Delta \overline{H}_f}{R}\int_{T_f°}^{T_f} \frac{dT}{T^2} = \int_{a_1 = 1}^{a_1} d\ln a_1$$

$$\frac{\Delta \overline{H}_f}{R}\left(\frac{1}{T_f} - \frac{1}{T_f°}\right) = \ln a_1 \quad (\because \ln 1 = 0) \tag{6. 18}$$

여기서 $T_f° - T_f = \Delta T_f$(어는점 강하), 분모의 $T_f T_f° \simeq T_f^{°2}$ 가정하면 어는점 강하에 관한 아래 식을 얻는다.

$$\Delta T_f = \frac{RT_f^{°2}}{\Delta \overline{H}_f}\ln a_1 \tag{6. 19}$$

그런데 다분산 고분자 용액에 관한 F-H 이론의 $\ln a_1 \left(= \Delta\mu_1 / RT\right)$에 관한 식으로서 농도 c_2에 관한 멱급수(virial) 전개식 (5. 142)를 이용하면 위 식은 아래가 된다(6. 2. 2절의 경우와 마찬가지로 식 (5. 142)의 M_2는 M_n이 됨).

$$\Delta T_f = -\frac{RT_f^{°2}}{\Delta \overline{H}_f} c_2 \overline{V}_1 \left(\frac{1}{M_n} + A_2 c_2 + A_3 c_2^2 + \cdots\right) \tag{6. 20}$$

따라서 y축에 $\Delta T_f / c_2$를, x축에 c_2를 취하여 조성을 달리하여 얻어진 ΔT_f값을 플롯하면 (c_2가 낮을 경우는 직선, 높을 경우는 곡선이 됨) 식 (6. 14)와 유사하게 아래의 극한 결과(즉 y축의 절편에서 M_n을 얻음)를 얻는다.

$$\lim_{c_2 \to 0} \frac{\Delta T_f}{c_2} = -\frac{RT_f^{°2}}{\Delta \overline{H}_f} \times \frac{\overline{V}_1}{M_n} \tag{6. 21}$$

식 (6. 21)에 관하여 몇 가지 주의할 점은 첫째는 T_f°, $\overline{V}_1$, $\Delta\overline{H}_f$는 모두 용질의 종류에 무관한 용매만의 성질인 것이고, 둘째는 위 식은 액체가 고체로 응고되는 과정에 대하여 유도한 것이므로 $\Delta\overline{S}_f$나 $\Delta\overline{H}_f$값이 모두 음(<0)임에 유의해야 한다. 그리고 마지막으로 왼편의 ΔT_f $(=T_f^\circ - T_f)>0$이 된다. 따라서 좌, 우의 부호가 똑같이 양이 되어 성립된다.

한편 식 (6. 56)의 농도가 매우 묽을 경우의 c_2와 m 관계식을 식 (6. 21)에 대입하면 몰랄농도 m으로 표시된 아래 식을 얻는다.

$$\lim_{m\to 0}\Delta T_f = K_f\cdot m \tag{6. 22}$$

여기서 어는점 상수 K_f는 아래와 같다.

$$K_f = -\frac{RT_f^{\circ 2}}{\Delta\overline{H}_f}\times\frac{M_1}{1000} \tag{6. 23}$$

위 식 (6. 22)로부터 빙점 강하와 같은 용액의 총괄성은 일단 용매의 종류만 결정되면 용질의 종류에 관계없이 넣어준 양(즉 농도)에만 비례함을 알 수 있다.

다음에는 마찬가지 방법으로 비점 상승을 생각해보자. 역시 그림 6. 1에서 볼 수 있듯이 (등압)온도 T_b'에서 용액 중 용매의 화학퍼텐셜 $\mu_{1,l}$과 순수 기상 $\mu_{1,g}^*$이 만나서 아래의 평형조건이 성립된다.

$$\mu_{1,l}\left[=\mu_{1,l}^* + RT\ln a_1\right] = \mu_{1,g}^* \tag{6. 24}$$

여기서 순수용매의 액상 및 고상의 화학퍼텐셜에 대하여 식 (6. 16)을 사용하여 식 (6. 24)의 양변의 전미분을 취하면 아래와 같이 된다.

$$d\mu_{1,l}^* + RTd\ln a_1 = d\mu_{1,g}^*$$

$$-\overline{S}_{1,l}^*dT + RTd\ln a_1 = -\overline{S}_{1,g}^*dT$$

$$\Delta\overline{S}_v\left(=\Delta\overline{H}_v/T\right)dT = -RTd\ln a_1 \tag{6. 25}$$

여기서 아래의 액상-기상 평형조건이 이용되었다.

$$\Delta\overline{S}_v \equiv \overline{S}_{1,g}^* - \overline{S}_{1,l}^* = \Delta\overline{H}_v/T \quad (\because \Delta\overline{G}_v = \Delta\overline{H}_v - T\Delta\overline{S}_v = 0) \tag{6. 26}$$

여기서 $\Delta\overline{H}_v$(>0)를 상수로 간주하고, 식 (6. 25)의 양변을 T는 순수 끓는점 T_b°(그림 6. 1의 T_b대

신)에서 T_b(그림 6. 1의 T_b' 대신)까지, a_1은 1(순수상태)에서 a_1(용액상태)까지 적분을 행하고, $T_b - T_b^\circ \equiv \Delta T_b$(비점 상승)과 분모의 $T_b T_b^\circ \simeq T_b^{\circ 2}$를 이용하면 아래의 결과를 얻는다.

$$\Delta T_v = -\frac{RT_b^{\circ 2}}{\Delta \overline{H}_v} \ln a_1 \tag{6. 27}$$

빙점 강하의 경우와 마찬가지로 $\ln a_1$을 식 (5. 142)에서 치환하면

$$\Delta T_v = \frac{RT_b^{\circ 2}}{\Delta \overline{H}_v} c_2 \overline{V}_1 \left(\frac{1}{M_n} + A_2 c_2 + A_3 c_2^2 + \cdots \right) \tag{6. 28}$$

역시 아래의 극한 결과가 성립되어 y축의 절편에서 M_n을 구할 수 있다.

$$\lim_{c_2 \to 0} \frac{\Delta T_v}{c_2} = \frac{RT_b^{\circ 2}}{\Delta \overline{H}_v} \times \frac{\overline{V}_1}{M_n} \tag{6. 29}$$

위 식에서 용매의 몰 증발엔탈피 $\Delta \overline{H}_v$값 (혹은 몰 증발엔트로피 $\Delta \overline{S}_v$ 값도)은 양이 된다.

한편 식 (6. 29)의 c_2를 식 (6. 5b)에서 m(몰랄농도)항으로 대체하면 아래의 식을 얻는다.

$$\lim_{m \to 0} \Delta T_b = K_b \cdot m \tag{6. 30}$$

여기서 끓는점 상수 K_b는 아래와 같다.

$$K_b = \frac{RT_b^{\circ 2}}{\Delta \overline{H}_v} \times \frac{M_1}{1000} \tag{6. 31}$$

6. 2. 4 삼투압 증가

묽은 용액에서의 '삼투압(osmotic pressure)'현상이란 그림 6. 2에 나타낸 바와 같이 순수 용매(우측)와 (고분자)용질이 포함된 농도 c_2의 묽은 용액(좌측)이 큰 고분자는 통과시키지 않고 작은 용매분자만 통과시키는 반투막(semi-permeable membrane)을 사이에 두고 접해 있을 때 앞에서 언급한대로 μ_1^*(순수) $> \mu_1$(용액)이므로 열역학 제2법칙에 의해 화학퍼텐셜(혹은 부분몰 자유에너지)이 높은 우측에서 좌측 용액 쪽으로 용매의 유입에 따른 압력(삼투압)증가로 어느 순간에 화학평형(즉, 좌우 용매의 화학퍼텐셜이 같아짐)에 도달하면 용매의 유입이 중단되어 왼쪽 용액 속에 세

운 모세관내 액체의 높이(h)가 일정하게 된다. 이때 좌측 용액의 압력을 평형 심투압 $\pi[=\rho gh$, ρ는 용액의 밀도]라 하면 아래식이 성립된다.

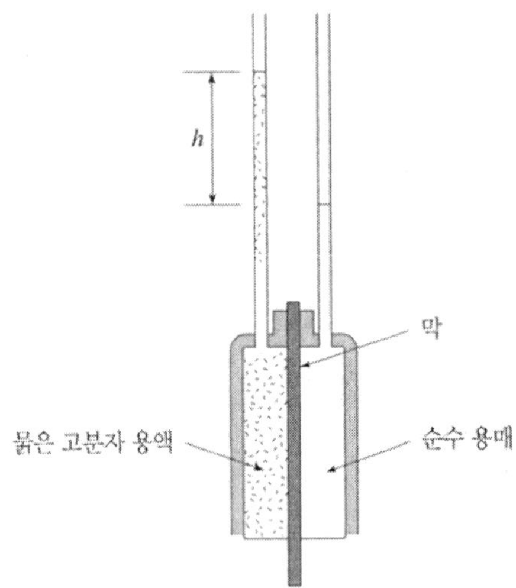

▶ **그림 6. 2** 간단한 막 삼투압 측정계(membrane osmometer)의 모식도.

$$(L) \quad \mu_1\left[= \mu_1^*(T, P+\pi) + RT\ln a_1\right] = \mu_1^*(T, P) \quad (R) \tag{6. 32}$$

여기서 식 (6. 16)의 $\left(\partial\mu_1^*/\partial P\right)_T = \overline{V}_1^*$(순수 용매의 몰부피)임을 이용하면 $\mu_1^*(T, P+\pi)$는 아래와 같이 된다(단, $\overline{V}_1^*$는 P 무관 가정).

$$\mu_1^*(T, P+\pi) = \mu_1^*(T, P) + \int_P^{P+\pi}\left(\frac{\partial\mu_1^*}{\partial P}\right)\left[=\overline{V}_1^*\right]dP \tag{6. 33a}$$

$$= \mu_1^*(T, P) + \overline{V}_1^* \times \pi \tag{6. 33b}$$

식 (6. 33b)를 (6. 32)에 대입하면 (평형)삼투압 π에 관한 아래의 공식을 얻는다.

$$\pi = -RT\ln a_1 / \overline{V}_1^* = -\Delta\mu_1\left(=\mu_1 - \mu_1^*\right) / \overline{V}_1^* \tag{6. 34}$$

여기서 $\overline{V}_1^*$는 순수 용매의 몰부피이다. 여기서 $\ln a_1(=\Delta\mu_1 / RT)$항으로 (다분산)고분자 용액에 관한 F-H 이론식 (5. 142)을 대입하면 아래의 식을 얻는다(단 $c_2 = c$, $M_2 = M_n$ 로 치환).

$$\pi / cRT = \frac{1}{M_n} + A_2 c + A_3 c^2 + \cdots \tag{6. 35}$$

여기서 아래의 극한 관계가 성립되고, 다분산 고분자 용액의 경우 y축의 절편에서 수평균 분자량 (M_n)을 구할 수 있다(문제 6. 1참조).

$$\lim_{c \to 0}(\pi / cRT) = \frac{1}{M_n} \tag{6. 36}$$

그리고 π / cRT 대 c의 직선플롯의 기울기에서 식 (5. 143)의 2차 비리얼 계수 A_2를 얻을 수 있다. 만약 상분리 직전의 가장 나쁜 용매인 θ-용매에서는 $\chi = \frac{1}{2}(= \chi_c)$, $A_2 = 0$이 되므로 직선 플롯의 기울기가 0이 되는 반면에 용매능이 큰 양용매의 경우는 기울기 즉 A_2값이 양으로 커지게 된다.

한편 식 (6. 35)에서 $\Gamma_2 = A_2 M_n$, $\Gamma_3 = A_3 M_n$ 등의 치환을 행하면 아래와 같이 나타내진다.

$$\pi / c = \frac{RT}{M_n}\left(1 + \Gamma_2 c + \Gamma_3 c^2 + \cdots\right) \tag{6. 37}$$

여기서 다시 농도가 그리 높지 않은 경우에 c의 2 차항까지만 유효하다고 가정하고, 또한 $\Gamma_3 \simeq \frac{1}{4}\Gamma_2^2$으로 두면 우편 괄호 안은 $\left(1 + \frac{\Gamma_2}{2}c\right)^2$이 되어 위 식은 아래와 같이 나타낼 수 있다.

$$(\pi / c)^{1/2} = (\pi / c)_0^{1/2}\left(1 + \frac{\Gamma_2}{2}c\right), \quad (\pi / c)_0^{1/2} = \left(RT / M_n\right)^{1/2} \tag{6. 38}$$

따라서 식 (6. 38)에 의하면 $(\pi / c)^{1/2}$ 대 c의 직선 플롯의 절편에서 M_n값을, 기울기에서 A_2값을 구할 수 있게 된다. 이 방법은 π/c 대 c의 플롯보다 더 좋은 직선성이 얻어진다 (문제 6. 2참조).

6. 2. 5 증기상 삼투압법

앞 절에서 논의한 반투막 삼투압법은 약 35,000 이하의 M_n측정에는 적절치 못한데, 이는 막을 통한 용질의 침투 때문이다. 이 범위 내에서는 다른 총괄성 방법이 채택되어야 하는데 6. 2. 2절에 기술한 용매의 증기압 강하를 이용하는 것이다. 식 (6. 11)에서 묽은 용액의 경우 Raoult의 이상용액의 가정 법칙에서 $a_1 \to 1$(단 $\ln a_1 < 0$)이므로 함수 $\ln x$(단 $0 < x < 1$)을 $x = 1$ 근방 Taylor 전개하여 1차항만 취하면 $\ln x \simeq x - 1$인 것을 이용하면 $1 - a_1 \simeq -\ln a_1$가 되고, $\ln a_1(= \Delta\mu_1 / RT)$에 관한 F-H 이론의 농도 $c_2(= c)$항으로 비리얼 전개 형태인 식 (5. 142)를 이용하면 식 (6. 11)은 아래와 같이 나타낼 수 있다.

$$\Delta P_1/P_1^* \simeq -\ln a_1 \left[= -\Delta\mu_1/RT\right] = \overline{V}_1 c\left(\frac{1}{M_n} + A_2 c + A_3 c^2 + \cdots\right) \tag{6.39}$$

여기서 $\overline{V}_1$는 용매의 부분 몰 부피로서, 묽은 경우에는 순수용매의 몰 부피 $\overline{V}_1^*$와 거의 같다. 그런데 용매의 증기압 강하 $\Delta P_1 \left(= P_1^* - P_1\right)$은 보통 값이며 매우 작아 오차를 많이 수반하게 된다. [가령 농도가 10 g/L인 벤젠 용액에서 M_n이 20,000인 고분자 용액의 증기압 강하는 실온에서 약 2×10^{-3} mmHg이다. 그리고 압력측정에 대한 정확성의 한계는 이 값의 약 반이다.] 따라서 이 증기압차를 온도차로 변환하는 것이 정확하고 편리하다. 이것은 그림 6. 3에 나타낸 '증기상 삼투압법(vapor pressure osmometry, VPO)' 혹은 '열전기적 미분증기압 강하(thermoelectric differential vapor pressure lowering)'이라고도 한다.

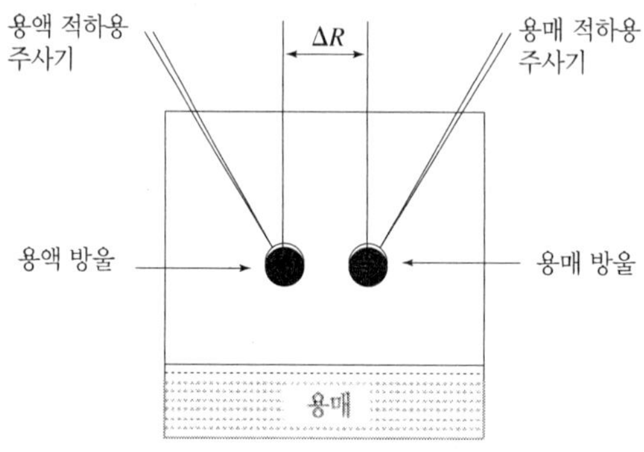

▶ **그림 6. 3** 증기삼투압측정을 위한 기본장치.

그림 6. 3에 나타내는 바와 같이 상용되는 증기압 삼투압계는 포화용매증기를 포함하는 밀폐된 항온 (±0.001℃)실에 놓여진 두 개의 조화된 더미스터(thermister)를 이용한다. 주사기를 이용하여, 한 더미스터 위에는 한 방울의 용매를 그리고 다른 더미스터 위에는 묽은 고분자 용액 한 방울을 떨어뜨린다. 용매 증기가 용액 속으로 응축되어 용액의 증기압이 용매의 증기압과 같게 될 때까지 용액 더미스터의 온도는 증가한다. 두 더미스터 간의 온도 차이는 저항의 차이(ΔR)로서 기록되고 이것은 표준 저분자량 시료를 사용하여 보정된다. 묽은 용액의 농도 범위에 걸쳐 $\Delta R/c$의 값을 농도 0으로 외삽(즉, $c \to 0$)하면 아래의 관계식을 통하여 M_n값을 얻을 수 있다.

$$\left(\frac{\Delta R}{c}\right)_{c\to 0} = \frac{K_{\mathrm{VPO}}}{M_n} \tag{6.40}$$

여기에서 K_{VPO}는 분자량을 정확하게 알고 있는 저분자량 표준물질에 대한 ΔR을 측정함으로써 얻어지는 보정상수이다. 막삼투압 측정의 경우와 마찬가지로 $\Delta R/c$과 c의 플롯의 기울기는 제2비리얼 계수와 관계가 있다. VPO에 대한 보정제(calibrant)의 선택 기준은 고순도(>99.9%)와 저증기압 (P_1^*의 $< 0.1\%$)을 포함한다. VPO 측정을 취한 보정제로서는 수용액 중에서 측정 경우에는 만니톨(mannitol)과 자당(sucrose) 등이 있으며 유기 용액 중에서 측정할 경우에는 펜타에리트리틸 4-스테아르산염(pentaerythrityl tetrastearate), 낮은 다분산지수와 저분자량의 폴리스티렌과 폴리아이소뷰틸렌 표준물질 등이 있다. 저분자량 표준물질에 의한 보정은 K_{VPO}를 얻는데 필요하므로 VPO는 보정제가 필요 없는 막삼투압 측정과는 달리 2차(secondry) 분자량 결정 방법으로 생각된다.

한편 식 (6. 39)의 용매의 증기압 강하 즉, 압력차 ΔP_1을 해당 온도차 ΔT_1(이하에는 편의상 첨자 1을 생략함)로 바꾸는 것은 액상-기상 평형에 관한 소위 'Clausius-Clayperon (C-C)'식을 이용하는데 그 결과는 아래와 같다.

$$\Delta T = \Delta P \cdot RT^2 / \Delta H_v P_1^* \tag{6. 41}$$

증 명 액상-기상 평형에 관한 C-C식에 의하면 아래 관계가 성립된다.

$$\frac{dP}{dT}\left(\fallingdotseq \frac{\Delta P}{\Delta T}\right) = \frac{\Delta S}{\Delta V} = \frac{\Delta H_v}{T\Delta V} \tag{6. 42}$$

여기서 Δ는 증발 즉 액상에 기상으로 변화할 때 수반되는 평형상태의 열역학적 (적분) 변화를 의미한다(가령 $\Delta V = \overline{V}_g - \overline{V}_l$). 특히 ΔH_v는 몰 증발 엔트로피로서 $\Delta G_v = \Delta H_v - T\Delta S_v = 0$에서 $\Delta H_v = T\Delta S_v$가 성립된다. 위 식에서 관련된 증기를 이상기체로 간주하면, $\overline{V}_g \gg \overline{V}_l$이므로 $\overline{V}_l$을 무시하고, 또 이상기체 상태방정식 $\overline{V}_g = RT/P_1^*$(여기서 P_1^*는 순수용매의 증기압)를 대입하면 목적의 관계식이 얻어진다.

$$\Delta T = \Delta P R T^2 / \Delta H_v P_1^* \quad ■$$

이를 식 (6. 39)의 $\Delta P_1 (= \Delta P)$항에 대입하면 아래를 얻는다.

$$\frac{\Delta T}{c} = \frac{RT^2}{\Delta H_v}\overline{V}_1\left(\fallingdotseq \overline{V}_1^*\right) \times \left(\frac{1}{M_n} + A_2 c + A_3 c^2 + \cdots\right) \tag{6. 43}$$

따라서 아래의 극한관계가 성립되므로 y축의 절편에서 M_n을 구할 수 있게 된다.

$$\lim_{c\to 0}\frac{\Delta T}{c}=\frac{RT^2}{\Delta H_v}\overline{V}_1^*\times\frac{1}{M_n} \tag{6.44}$$

여기서 온도 T는 두 더미스터의 평균온도 혹은 장치 내 증기의 온도(그림 6. 3 참조)로 간주할 수 있다.

6. 2. 6 전해질 용액의 총괄성

앞에서 언급한 비전해질 용액의 경우와 달리 전해질 용액의(electrolytic solution) 총괄성질은 용액 속에 존재하는 이온의 수에 영향을 받는다. 예를 들면, NaCl 0.01 m 용액에 의하여 생기는 물의 빙점 강하는, NaCl이 완전해리한다고 가정하면, 비전해질인 0.01 m 설탕 용액의 2배가 될 것이라고 추측된다. 일반적으로 전해질은 물속에서 해리도(degree of dissociation) α가 1보다 작은 경우가 허다하므로 이와 같은 약전해질 용액의 총괄성을 다루기 위하여 소위 'van't Hoff 계수' i를 아래와 같이 정의한다.

$$i=\frac{\text{용액에 든 입자의 실제수}}{\text{해리전에 용액에 든 입자의 수}}$$

즉 i는 전해질 분자 1개를 용액 속에 넣었을 때 실제로 존재하는 분자 전체(즉 해리하여 생긴 +, -이온 및 미해리 분자를 포함)의 수를 칭한다. 지금 용액 속에 $M_{\nu_-}^{z+}X_{\nu_-}^{z-}$형의 해리도 α인 약전해질 N분자를 넣어 다음과 같이 해리평형에 도달하였다고 하자.

$$M_{\nu_+}X_{\nu_-}\rightleftharpoons \nu_+M^{z_+}+\nu_-X^{z_-}$$

이때 $N(1-\alpha)$의 해리되지 않은 분자와 $(N\nu_+\alpha+N\nu_-\alpha)$ 또는 $N\nu\alpha$ 이온이 평형상태에서 용액에 들어 있다(단 $\nu=\nu_++\nu_-$ 이다). 이제 van't Hoff 계수를 다음과 같이 쓸 수 있다.

$$i=\frac{N(1-\alpha)+N\nu\alpha}{N}=1-\alpha+\nu\alpha=1+\alpha(\nu-1) \tag{6.45a}$$

그리고

$$\alpha=\frac{i-1}{\nu-1} \tag{6.45b}$$

(이때 이온쌍이 존재하지 않는다는 가정 하에 다룬다.)

이 개념을 이용하여 앞 절에서 논의한 비전해질 (고분자) 용액의 경우 농도 c(혹은 m)의 극한에 해당하는 총괄성(빙점 강하, 비점 상승, 삼투압 증가) 관계식에서 전해질의 경우는 아래와 같이 농도 항에 van't Hoff 계수 i를 곱해야 한다.

$$\lim_{m \to 0} \Delta T_f = K_f(im) \tag{6. 46a}$$

$$\lim_{m \to 0} \Delta T_b = K_b(im) \tag{6. 46b}$$

$$\lim_{c \to 0} \pi = RT(ic)/M_n \tag{6. 46c}$$

따라서 van't Hoff 계수 i는 같은 농도의 비전해질 용액에 대한 전해질 용액의 총괄성의 비로서도 정의된다. 특히 (6. 46c)에서 알 수 있듯이 전해질 용액의 경우 계수 i를 무시하고, 비전해질의 관계식 (6. 36)에 의거하여 y축의 절편에서 M_n을 구했다면 이는 진짜 M_n이 아니고, M_n/i 즉 i배 축소된 평균분자량이 얻어지므로 여기에 i를 곱해야 진짜 수평균분자량 M_n이 됨에 유의해야 한다.

예제 6.2

298 K에서 0.01m의 $CaCl_2$용액과 0.01m 설탕 용액의 삼투압은 0.605 기압과 0.224 기압이다. $CaCl_2$의 van't Hoff계수와 해리도를 계산하여라. 이상기체로 가정한다.

풀이 삼투압 측정에서 $CaCl_2$와 설탕사이의 전리이온(Ca^{2+}와 Cl^-)형성의 차이만 고려할 수 있다. 따라서 $CaCl_2$용액의 van't Hoff 계수의 계산은 다음과 같다.

$$i = \frac{0.605 \text{ atm}}{0.224 \text{ atm}} = 2.70 \ , \quad \alpha = \frac{2.70 - 1}{3 - 1} = 0.85$$

다음에는 (고분자)전해질 용액의 삼투압에 대한 소위 'Donnan 효과(effect)'에 대하여 언급하고자 한다.

Donnan 효과

Donnan 효과는 삼투압의 취급에서 출발된다. 막의 양쪽에 분포된 작은 확산은 자유롭게 투과할 수 있으나, 막의 한쪽에 존재하는 거대분자전해질의 거대분자는 투과하지 못한다.

한 cell이 물과 작은 이온의 확산은 허용하나 단백질과 같은 거대한 분자는 허용하지 않는 반투막에 의하여 두 성분으로 분리되어 있다고 가정하자. 그리고 단백질분자는 한 개의 분자에 다수의 음전하 $(z-)$를 가진 $Na_z^+ P^{z-}$형의 강전해질 고분자라하고, 또한 농도로서 지금까지 논의된 $c(=c_2)$ (g/L)대신에 편의상 $c_2/M_n \equiv c$ (몰/L)로 두어 진행하고자 한다. 먼저 1개의 강전해질 단백질분자는 아래와 같이 해리될 것이다.

$$Na_z^+ P^{z-} \rightarrow zNa^+ + P^{z-}$$

따라서 이 경우의 van't Hoff 계수 $i = z+1$이 된다.
그러면 아래 그림 6.4를 참고로 두 가지 경우를 생각해 보겠다.

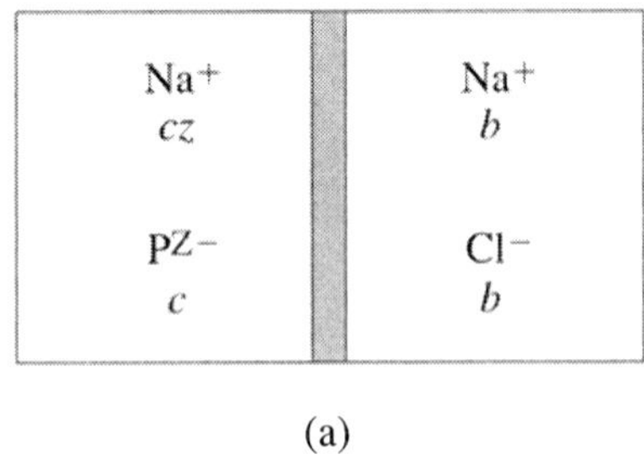

(a)

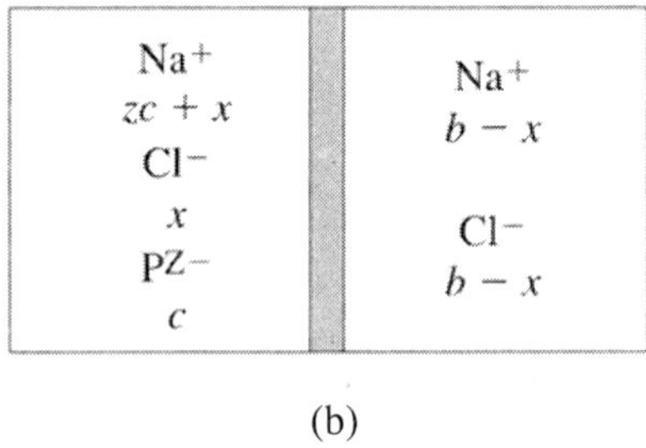

(b)

▶ **그림 6.4** Donnan 평형 : (a) 확산이 일어나기 전,
(b) 평형에서 두 성분으로 분리된 막은 P^{z-}이온을 제외하고 모두 투과됨.

경우 1. 단백질용액은 왼쪽 칸에 위치하고, 물은 오른쪽 칸에 있다. 용액의 삼투압(π_1)은 다음과 같이 된다.

$$\pi_1 = (z+1)cRT$$

여기서 c (몰/L)는 위에서 언급한 바와 같이 식 (6.36) 또는 식 (6.46)의 c_2 (g/L)대신 편의상 $c \equiv c_2/M_n$로 나타낸 농도단위이다.

경우 2. 단백질용액은 왼쪽 칸에 위치하고, NaCl용액은 오른쪽 칸에 있다. 구성성분의 화학 퍼텐셜은 NaCl 대신 물을 채웠을 때와 같다. 평형에 이르기 위해 오른쪽에서 왼쪽 칸으로 이동된 NaCl수 와 실제 이동량을 계산해보자. Na_z^+ , P^{z-}의 마지막 몰농도를 c, NaCl농도를 b라 하자. 평형에서 농도는 다음과 같다.

$$[P^{z-}]^L = c \qquad [Na^+]^L = (zc+x) \qquad [Cl^-]^L = x$$

그리고

$$[Na^+]^R = (b-x) \qquad [Cl^-]^R = (b-x)$$

여기서 x는 NaCl이 오른쪽에서 왼쪽으로 이동한 후의 농도 증가이다.

따라서 평형에서, 묽은 용액에 대해서 $(\mu_{NaCl})^L = (\mu_{NaCl})^R$에서 평균활동도 계수 $\gamma_{\pm} = 1$로 간주할 수 있으므로 전해질의 (평균)활동도 대신 아래와 같이 각 이온의 농도 곱으로 나타낼 수 있다(부록 6. 1참조).

$$([Na]^+[Cl]^-)^L = ([Na]^+[Cl]^-)^R$$

또는,

$$(zc+x)(x) = (b-x)(b-x)$$

$$x = \frac{b^2}{2c+2b}$$

두 칸 사이에서 용질 농도 차에 비례하는 삼투압(π_2)은 다음과 같다.

$$\pi_2 = \{\underbrace{(c+zc+x+x)}_{\text{왼쪽칸}} - \underbrace{(b-x+b-x)}_{\text{오른쪽칸}}\}RT$$

또는,

$$\pi_2 = (c+zc-2b+4x)RT$$

x값을 대입하여 정리하면, 다음을 얻을 수 있다.

$$\pi_2 = \left(c+zc-2b+\frac{4b^2}{zc+2b}\right)RT$$

$$= \frac{zc^2+zcb+z^2c^2}{zc+2b}RT$$

이 식을 pH나 용액의 부피 변화 없이도 유도할 수 있다. 두 가지의 제한된 경우가 다음과 같다.

$b \ll zc$(염의 농도는 단백질의 농도보다 매우 작다):

$$\pi_2 = \frac{zc^2+z^2c^2}{zc}RT = (zc+c)RT = (z+1)cRT = \pi_1$$

$b \gg z^2c$(염의 농도는 단백질의 농도보다 매우 크다):

$$\pi_2 = \frac{2cb}{2b}RT = cRT$$

이와 같이 우편의 염의 농도가 많은 경우, 삼투압은 순수한 단백질의 등전점(즉 여기서 단백질은 비전해질이 됨)과 가까워졌다. 이와 같은 영향에서 가해준 염은 Donnan 효과를 제거한다. 이러한 조건하에서 참값에 가까운 삼투압을 측정함으로써 분자량을 결정할 수 있다.

6. 3 광산란 측정으로부터 M_w 결정

먼저 몇 가지 기본 용어를 생각해보자. 물체에 입사하는 전자파(electromagnetic wave)로부터 나오는 방사파장(radiation wavelength) λ보다 물체가 훨씬 크면 반사(reflect)된다고 하며, 원자의 차원에서 물체의 크기가 방사의 파장에 접근하게 되면 산란(scatter)된다고 한다. 보다 복잡한 계의 경우에는 산란(scattering)에 관하여 크게 두 가지로 나누는데, 첫 번째는 원자, 분자 또는 입자가 일정하게 규칙적으로 배열된다면 물체의 (결정)크기에 따른 특정강도에서만 산란 즉 '회절(diffraction)'이라고 한다. 반대로 규칙적인 배열이 있는 계(가령 무질서한 용액 내)의 경우에는 모든 각도에서 산란이 관측되며, 이하에서 보는 바와 같이 산란세기(scattered intensity)의 변화로부터 구조의 크기를 추정할 수 있다.

6. 3. 1 용액 내 작은 분자에 의한 Rayleigh 산란

빛(light)과 같은 전자파는 파동과 입자의 양면(dual) 성질을 가진다. 즉 파동의 특성으로서 아래의 식이 성립된다.

$$c_0 = \lambda\nu = w/k \tag{6.47}$$

여기서 c_0는 진공(굴절률 $n=1$)에서의 모든 전자파의 속도[즉 $c_0 = 3\times10^5\ \mathrm{km/s}$로서 굴절률 $n(>1)$인 매체 속에서는 속도가 c_0/n로 감소된다], λ는 전자파의 파장, ν는 진동수로서 주기(T)의 역수이다. 그리고 ω는 일정(steady-state) 각속도 $\dot{\theta}(=d\theta/dt)$로서 $\omega = 2\pi\nu$의 관계가 있다. 또한 k는 운동량 또한 '파수(wave number)' 벡터의 크기로 불리는 양으로서 $k = 2\pi/\lambda$(여기서 $\lambda^{-1} = \bar{\nu}$는 파수임)로 정의된다.

한편 전자파의 입자로서의 성질을 아래의 관계식으로 나타내진다.

$$\varepsilon = h\nu = \hbar\omega = \hbar c_0 k \tag{6.48}$$

여기서 ε는 '광양자(photon)'라고 불리는 전자파 입자 한 개의 에너지, h는 Plank 상수, $\hbar(=h/2\pi)$는 각운동량(angular momentum)의 단위이다. 식 (6. 47)-(6. 48)에서 전자파가 파장이 긴 마이크로(micro)파에서 파장이 점점 짧아지는 적외선(infrared, IR), 가시광선, 자외선(ultraviolet,

UV), X선(X-ray) 등으로 갈수록 진동수는 커져 한 개의 광양자의 (운동)에너지는 커져 물체에 입사하면 더 많은 일을 할 수 있다. 그리고 같은 전자파(즉 같은 파장이나 진동수)라도 광양자의 양이 많으면 전자파의 진폭(amplitude)이 커져 세기(intensity)(진폭의 절대값 크기의 제곱에 비례)가 증가한다고 말한다.

'Rayleigh 산란'이란 전자파의 파장보다 작은 물체에 의한 산란으로서 그림 6. 5에 나타낸 바와 같이 3요소, 즉 입사광(incident light), 전자파에 의한 '분극(polarization)'효과로 진동 쌍극자(oscillating dipole)로 작용하는 입자(particle), 그리고 산란파(scattered light)이다. 그리고 산란실험에 이용되는 대부분의 전자파는 특별한 언급이 없는 한 산란 후에도 파장이 변하지 않는 '탄성(elastic)'산란에 속한다.

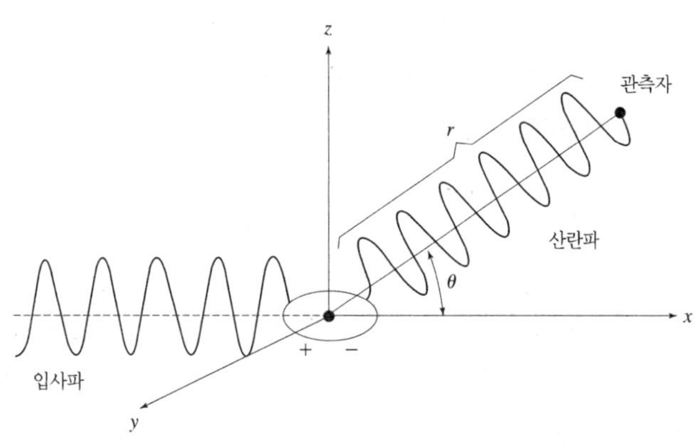

▶ **그림 6. 5** Rayleigh 탄성 산란 모델

그림 6. 5에 나타낸 입사파의 전장강도(electric field)벡터 $E_i(t, x)$는 복소수 개념에 의해 크기(진폭) E_0, 진동수 ν(혹은 각진동수 ω)를 가진 시간 t와 거리 x의 함수로서 아래의 식으로 나타내진다.

$$E_i(t, x) = E_0 \cos(\omega t - kx) \tag{6.49}$$

[여기서 cos의 괄호 안에 있는 $-kx$는 거리 x에 대한 (각도)위상차(phase difference)를 의미한다.]

한편 입사파가 물체에 입사하여 상호작용 즉 아래 식으로 나타내었듯이 물체에 '유전분극(induced polarization)' p를 야기시킨다.

$$p = \alpha E_i = \alpha E_0 \cos(\omega t - kx) \tag{6.50}$$

여기서 α는 물체의 분극률(polarizability)이다. 이 식의 유전분극이 2차광원이 되어 전 방향으로 흩뜨리는 것이 산란파에 해당되며, 산란파의 전장강도 $E_s(t, x)$는 식 (6. 50)의 p의 시간에 대한

2계도함수에 비례한다. 이렇게 얻어진 E_s와 입사파의 E_i의 (절대값)크기의 제곱에 내가 아래와 같이 입사강도 I_0(incident intensity)와 산란강도 $I(\theta)$의 비로 나타내진다.

$$\frac{I(\theta)}{I_0} = \frac{|E_s|^2}{|E_i|^2} = 16\pi^4\alpha^2\cos^2\theta/\lambda^4 r^2 \tag{6. 51}$$

(여기서 r은 그림 6. 5에 나타낸 관측자까지의 거리이다.)

[비고: 복소수 이론에 의하면 가령 복소수 벡터 E_s의 크기제곱은 $|E_s|^2 = E_s \times E_s^*$로 나타내지며, 여기서는 E_s^*(혹은 $\overline{E}_s$)는 E_s의 켤레 복소수(complex conjugate)이다.]

식 (6. 51)은 입사파에 대하여 수평적 혹은 수직적으로 주어진 평면상에서만 진동하는 평면 편광파(plane-polarized wave)에 관한 식이다. 이와 대조적으로 만약 입사광선이 자연광(natural light)와 같은 비편광(unpolarized)파인 경우에는 위 식이 아래와 같이 된다.

$$\frac{I(\theta)}{I_0} = 8\pi^4\alpha^2(1+\cos^2\theta)/\lambda^4 r^2 \tag{6. 52}$$

위 식에서 $I(\theta)$는 θ방향으로의 1개의 산란입자에 의한 것으로, 여기에 단위체적당 산란수 즉 수밀도 $\rho_n(= V/N$, 여기서 N 및 V는 산란입자 전체수 및 부피임)를 곱한 항 $i(\theta)\left[\equiv \rho_n \times I(\theta)\right]$로 산란강도를 나타냄이 편리하다. 여기서 $i(\theta)$를 이용하여 입사강도 I_0에 대한 비에 해당하는 소위 'Rayleigh 비' R_θ를 편광(a) 및 비편광(b) 경우에 각각 아래와 같이 정의한다.

$$R_\theta \equiv \frac{i(\theta)r^2}{I_0\cos^2\theta} = \rho_n\frac{16\pi^4}{\lambda^4}\alpha^2 \tag{6. 53a}$$

$$R_\theta \equiv \frac{i(\theta)r^2}{I_0(1+\cos^2\theta)} = \rho_n\frac{8\pi^4}{\lambda^4}\alpha^2 \tag{6. 54b}$$

한편 Maxwell의 전자파이론에 의하면 식 (6. 53)대신 상대(유전)투과율(relative permitivity) ε_r $[= \varepsilon/\varepsilon_0$, 여기서 ε_0 및 ε는 각각 진공 및 매체의 유전상수(dielectric constant)이다]을 사용하여 편광 및 비편광 경우에 대하여 각각 아래와 같이 나타낼 수도 있다.

$$R_\theta = \rho_n\pi^2\alpha^2/\varepsilon_r^2\lambda^4 \tag{6. 54a}$$

$$R_\theta = \rho_n\pi^2\alpha^2/2\varepsilon_r^2\lambda^4 \tag{6. 54b}$$

이번에는 광산란법으로 분자량을 측정하는 기본원리에 대하여 논하겠다. 즉 가령 비편광을 이용한 경우 해당하는 식 (6. 54b)로부터 아래의 관계식이 증명된다.

$$R_\theta = KcM \tag{6. 55}$$

여기서 c는 용질의 농도, M은 용질의 (몰)분자량(다음절의 다분산 고분자 용액의 경우에는 M_w가 됨), 그리고 '광학대조인자(optical contrast factor)'인 K는 비편광인 경우 아래와 같이 정의된다.

$$K = \frac{2\pi^2}{\lambda^4 N_A} n_0^2 \left(\frac{dn}{dc}\right)_0^2 \tag{6. 56}$$

여기서 n_0는 용매의 굴절률, $(dn/dc)_0$은 용질과 용매의 굴절률 차이에 비례하는 (극한) '미분굴절률 증가(differential refractive index increasement)'이다. 한편 용액의 굴절률에 관한 Abbe 이론에 의하면 아래 식이 성립된다.

$$n(c) \doteqdot n_0 + \left(\frac{dn}{dc}\right)_0 c \tag{6. 57}$$

여기서 $n(c)$는 농도 c에서의 용액의 굴절률이다. 그러면 식 (6. 55)를 증명해 보자.

증 명 용액의 농도 요동에 따른 분극율(α) 및 굴절률(n)의 요동에 관한 Debye의 '요동(fluctuation)'이론에 의하면 아래의 관계식이 성립된다.

$$n^2 - n_0^2 = \rho_n \alpha / \varepsilon_r \tag{6. 58}$$

여기서 ε_r 은 상대 투과율, 그리고 수밀도 ρ_n은 용질의 농도 c 및 몰분자량 M을 이용하여 아래와 같이 나타내진다.

$$\rho_n (= N/V) = cN_A / M \tag{6. 59}$$

한편 식 (6. 57)에서 농도가 묽을 때 아래의 관계가 성립된다.

$$n^2 - n_0^2 \simeq 2n_0 \left(\frac{dn}{dc}\right)_0 c \tag{6. 60}$$

식 (6. 59)-(6. 60)을 (6. 58)에 대입하면 용액의 분극율 α에 관한 아래 식을 얻는다.

$$\alpha = \frac{\varepsilon_r}{\rho_n}\left(n^2 - n_0^2\right) \simeq \frac{2\varepsilon_r n_0 M}{N_A}\left(\frac{dn}{dc}\right)_0 \tag{6. 61}$$

이를 비편광에 대한 Rayleigh비 식인 (6. 54b)에 대입하면 아래의 목적하는 식을 얻는다.

$$R_\theta = \left(\frac{c}{M}N_A\right)\pi^2\frac{4\varepsilon_r^2 n_0^2 M^2}{N_A^2}\left(\frac{dn}{dc}\right)_0^2 \bigg/ 2\varepsilon_r^2\lambda^4 \tag{6.55}$$

$$\equiv KcM$$

여기서 K는 식 (6. 56)에 주어진 비편광 광학상수이다. ■

편광의 경우에도 똑같이 유도될 수 있으며 같은 형태를 취한다. 식 (6. 55)를 보면 만약 다분산 고분자의 경우에는 6. 1절의 식 (6. 7b)와 같은 형태로 $R_i(\theta)\rightarrow A_i$, $K\rightarrow k$에 해당되므로

$$R_\theta(\text{용 액}) = \sum_i R_i(\theta) = K\sum_i c_iM_i = K\left(\sum c_i\right)\left(\frac{\sum c_iM_i}{\sum c_i}\right) = Kc\sum w_iM_i = KcM_w$$

[단 $w_i = \dfrac{c_i}{c}$, $c = \sum c_i$ 임]

따라서 광산란법으로 구한 분자량은 무게평균분자량(M_w)임을 알 수 있다.

[주의 : 위에서 사용한 용액의 분극율 α는 저분자 기체의 경우에는 그대로 사용되나, 고분자 용액과 같은 액체의 경우에는 α대신 농도요동에 의한 과잉 분극율 $\Delta\alpha[=\Delta\overline{\alpha}+\delta\Delta\alpha$, 여기서 $\Delta\overline{\alpha}$는 평균 과잉농도로 $\langle(\Delta\overline{\alpha})^2\rangle = 0$이 되며 $\delta\Delta\alpha$는 $\Delta\overline{\alpha}$주위의 요동이다], 나아가 α^2대신 $(\Delta\alpha)^2$의 평균치 즉, $\langle(\Delta\alpha)^2\rangle[=\langle(\Delta\overline{\alpha})^2\rangle(=0)+2\langle\Delta\overline{\alpha}\rangle\langle\delta\Delta\alpha\rangle(=0)+\langle(\delta\Delta\alpha)^2\rangle]=\langle(\delta\Delta\alpha)^2\rangle$을 사용해야 한다.]

한편 식 (6. 62)는 용질의 농도가 아주 묽을 때 사용되는 식인데 실제로 농도가 진해지면 고분자 용액에 관한 식 (5. 142)나 (6. 35)경우처럼 상호작용 비리얼 계수인 A_2, A_3를 포함하는 농도의 멱급수 전개가 된다. 따라서 농도가 아주 묽지 않은 경우에는 식 (6. 55)의 보정이 필요하다. 그런데 위에서 언급한 Debye의 농도요동이론에 의하면 용액의 비편광산란에 의한 Rayleigh 비 R_θ는 아래와 같이 나타내진다.

$$R_\theta = KcRT\overline{V}_1(1+\cos^2\theta)/[-\partial\mu_1/\partial c] \tag{6.62a}$$

$$= KcRT(1+\cos^2\theta)/[\partial\pi/\partial c] \tag{6.62b}$$

위 식 (a)에서 (b)로 간 것은 삼투압에 관한 식 (6. 34)을 이용한 것이다.

즉 $(\partial\mu_1/\partial c) = (\partial\Delta\mu_1/\partial c) = -\overline{V}_1(\fallingdotseq \overline{V}_1^*)(\partial\pi/\partial c)$가 되기 때문이다. 그리고 식 (6. 62b)에서 비편광 산란의 경우 산란각도 $\theta = 90°$인 경우가 많이 이용되는데 이 경우 아래의 관계식이 성립된다($\because \cos 90° = 0$).

$$\frac{Kc}{R_\theta} = \frac{1}{RT}(\partial\pi/\partial c)_{T,P} \tag{6. 63}$$

여기서 식 (6. 35)처럼 용액의 삼투압은 일반적으로 농도의 멱급수로 표시되므로 다음절의 고분자용액에 관한 Zimm plot에서처럼 $\frac{Kc}{R_\theta}$ 도 농도의 멱급수로 전개, 더 정확히 말하면 산란각도 θ와 농도 c의 더블함수가 된다.

6. 3. 2 용액 내 (다분산성)고분자에 의한 광산란

고분자용액의 경우에는 앞 절의 저분자에 의한 Rayleigh 산란과 달리 고분자 자체 내 많은 산란요소(혹은 산란중심)을 갖고 있으므로 가령 같은 각도로 산란된다하더라도 그림 6. 6에 나타낸 파동들 간의 간섭(interference)효과로 인하여 산란각도에 따른 강도의 감소 및 비대칭성이 증가한다.

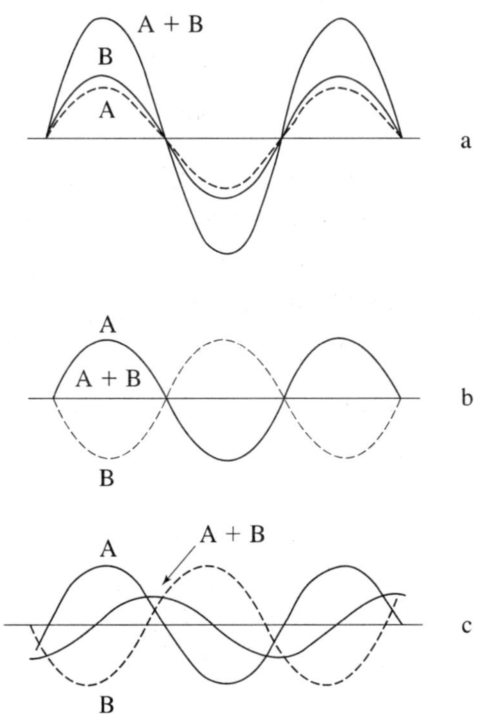

▶ **그림 6. 6** 같은 진폭을 가진 두 파장(A: 실선, B: 점선)의 간섭효과. (a)건설적 간섭(위상차 0), (b) 완전 파괴적 간섭(위상차 180°), (c) 일부 파괴적 간섭(위상차 150°)

위 그림에서 (a)경우는 각도 위상차(phase difference)가 $\pm n\pi$ (여기서 $n = 0, 1, 2 \cdots$), 그리고 이에 대응하는 거리 위상차가 파장의 정수배인 $n\lambda$(여기서 $n = 0, \pm 1, \pm 2 \cdots$)가 되어 완전 건설

적(constructive) 간섭이 되어 진폭(강도)가 최대가 되며, (b)경우는 반대로 각도위상차가 $\pm\frac{n\pi}{2}$ $(n=1,2\cdots)$, 또 거리 위상차가 $\frac{n}{2}\lambda$(여기서 $n=\pm 1, \pm 3\cdots$)되어 완전 파괴적(destructive)간섭이 되어 진폭(강도)가 최소(0)이 된다. 그리고 (c)경우는 (a), (b) 경우의 중간성격을 띤다고 하겠다.

이와 같이 고분자에 의한 산란의 경우 자체분자내의 다른 산란요소에 의한 (파괴적)간섭효과로 대칭성인 저분자의 경우와 전혀 다른 산란강도의 각도의존성을 나타낸다(그림 6.7 참조).

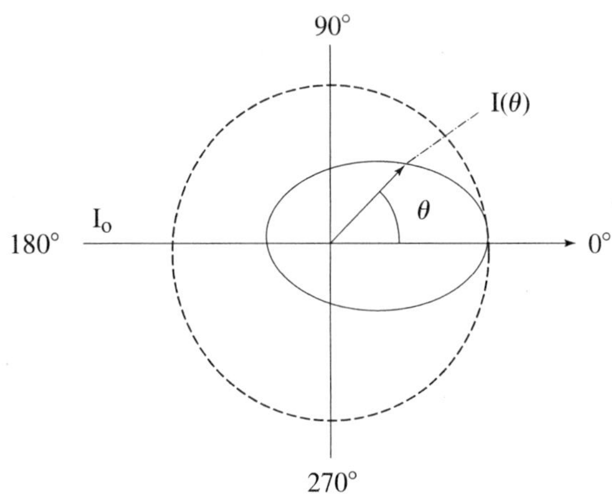

▶ **그림 6.7** 대칭 분포를 갖는 작은 입자(점선의 원)와 비대칭 분포를 갖는 큰 고분자(실선의 타원)에 대하여 여러 산란 각도에서의 광산란의 강도분포(intensity distribution).

이와 같은 결과를 주는 고분자 내의 간섭효과를 정량적으로 나타내기 위하여 그림 6.8에 단위 입사벡터 $\boldsymbol{k}_p$, 단위 산란벡터$\boldsymbol{k}_s$ 및 산란각도 θ에 관련된 차벡터 $\boldsymbol{k}(=\boldsymbol{k}_s-\boldsymbol{k}_p)$를 사용하여 고분자 내 거리 $|\boldsymbol{r}_{ij}|$ 떨어진 두 점 i와 j사이의 위상차(path difference)를 도식적으로 나타내었다.

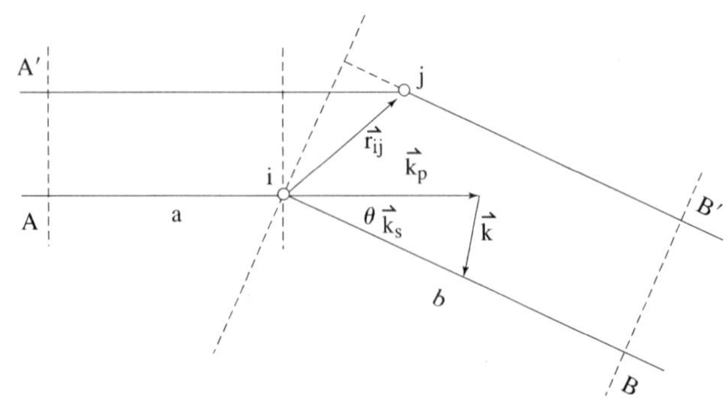

▶ **그림 6.8** 고분자내 두 요소에 의해 산란된 빛의 위상(경로)차이에 대한 도식적 표현

그림에서 고분자내 두 요소 i 및 j에 의해 산란된 빛의 이동거리를 각각 Δ_i 및 Δ_j로 나타내고, 이들 간의 경로차이를 $\Delta_{ij} \equiv \Delta_j - \Delta_i$라 하자. 여기서 이동거리는 그림에서 입사 빔(beam)에 수직인 AA'면과 산란 빔에 수직인 BB'면 사이의 거리로 측정되어야 한다. 지금 그림에서 $\boldsymbol{r}_{ij}(=\boldsymbol{r}_j - \boldsymbol{r}_i)$는 2점 사이 거리 벡터, θ는 산란각도, $\boldsymbol{k}_p$ 및 $\boldsymbol{k}_s$는 각각 단위 입사파 및 산란파 벡터, $\boldsymbol{k}(=\boldsymbol{k}_s - \boldsymbol{k}_p)$는 이들의 차벡터이며, 이등변 삼각형에서 $\boldsymbol{k}$벡터의 크기 $|\boldsymbol{k}| = 2\sin(\theta/2)$이다. 요소 i의 기준면 A 및 B에서의 거리는 각각 a 및 b이다. 따라서 i요소에 의해 산란된 빛은 거리 $\Delta_i = a + b$를 이동하며, 그것이 요소 j에 도달하기 전에 이동한 거리는 $a + \boldsymbol{k}_p \cdot \boldsymbol{r}_{ij}$, 그리고 j에서 평면 b까지 거리는 $b - \boldsymbol{k}_s \cdot \boldsymbol{r}_{ij}$이다(단 벡터의 내적에 관한 것은 4장 참고 4. 1참조). 따라서 아래의 관계가 성립된다.

$$\Delta_{ij} \equiv \Delta_j - \Delta_i = (a + \boldsymbol{k}_p \cdot \boldsymbol{r}_{ij} + b - \boldsymbol{k}_s \cdot \boldsymbol{r}_{ij}) - (a + b) = \boldsymbol{k} \cdot \boldsymbol{r}_{ij} \tag{6. 64}$$

여기서 두 산란 빔의 각도위상차는 아래와 같이 거리위상차 Δ_{ij}에 관련되어 있다.

$$\phi_i - \phi_j = 2\pi\Delta_{ij}/\lambda \tag{6. 65}$$

여기서 파장 λ는 시간 $1/\nu(=T$, 주기)동안 빛이 이동한 거리이며, 굴절률 $n(>1)$인 매체에서는 파장λ는 속도의 경우처럼 진공에서의 값보다 $\frac{1}{n}$배 줄어짐에 유의해야한다.

이제 이 간섭에 관한 개념을 갖고, 그림 6. 7에 나타낸 바와 같이 고분자의 경우 왜 산란강도 $I(\theta)$가 (비대칭)각도의존성[즉 $\theta = 0$에서 최대, θ가 증가(반시계 방향으로)할수록 강도가 감소하며, 가령 $\theta = 45^\circ$와 $\theta = 135^\circ$의 강도비로 나타낸 비대칭도 $z = I_{45}/I_{135} > 1$인가 등]을 갖는가에 대하여 이론적으로 고찰해 보기로 하자.

그러기 위하여 식 (6. 49)에 나타낸 입사파의 전장강도 벡터 $E_i(t, x)$에 관한 식 대신 실제로는 아래와 같이 지수함수[여기서 De Moivre 정리 $e^{\pm i\theta} = \cos\theta \pm i\sin\theta$(단 $i = \sqrt{-1}$)을 이용함]를 이용하여 3차원 벡터형식으로 나타낸다.

$$\boldsymbol{E}_i(t, \boldsymbol{r}) = \boldsymbol{E}_0 \exp[-i(\omega t - \boldsymbol{q} \cdot \boldsymbol{r})] \tag{6. 66}$$

여기서 ω는 입사파의 (일정)각진동수($\omega = 2\pi\nu$), $\boldsymbol{E}_0$은 입사파의 전장강도 진폭, $\boldsymbol{q}$는 입사파의 파동(wave)벡터이며 $\boldsymbol{r}$은 산란계 내에 있는 임의의 산란요소의 거리벡터이다.

이에 대응하여 6. 3. 1절에서의 논의에 따라 빛이 물체와 상호작용을 한 후 θ방향으로 산란된 산란파의 전장강도 벡터 $\boldsymbol{E}_s(t, \boldsymbol{r})$은 아래와 같이 나타내진다.

$$\boldsymbol{E}_s(t) = \sum_{j=1}^{N} \boldsymbol{E}_j = \sum_{j=1}^{N} \boldsymbol{E}_{0j}(t) \exp[i\boldsymbol{q} \cdot \boldsymbol{r}_j(t)] \exp(-i\omega t) \exp(-i\boldsymbol{q}_s \cdot \boldsymbol{r}) \tag{6.67}$$

여기서 N은 산란체적 V 내에 있는 전체 입자(혹은 산란요소)의 수, 첨자 j는 j번째 입자에 대한 값을 의미하며, $\boldsymbol{q}$ 및 $\boldsymbol{q}_s$는 각각 입사파 및 산란파의 파동(wave)벡터이다. 특히 각도 θ로 산란한 경우 $\boldsymbol{q}_s$ 벡터의 크기 q_s(이하에서 편의상 q혹은 s로 나타냄)는 아래의 값을 가진다.

$$q(=q_s) = (4\pi/\lambda)\sin(\theta/2) = (4\pi n_0/\lambda_0)\sin(\theta/2) \tag{6.68}$$

여기서 λ는 용액 내 빛의 파장(묽은 경우는 용매 내 빛의 파장), λ_0은 진공에서의 파장, n_0은 용매의 굴절률이다.

이 때 $t=0$에서의 θ방향으로의 정적(static) 산란강도 $I_s(\theta)$는 식 (6.67)에 주어진 산란파의 전장강도 벡터의 크기의 제곱으로서 비편광 빛의 경우 아래와 같이 나타내진다.

$$\left.\begin{aligned}
\underset{t=0}{I_s(\theta)} &= \langle \boldsymbol{E}_s^* \cdot \boldsymbol{E}_s \rangle = \langle |\boldsymbol{E}_s|^2 \rangle \\
&= \frac{\omega^4 \alpha^2 E_0^2 (1+\cos^2\theta)}{c_0^4 r^2} \left\langle \sum_{i=1}^{N} \exp[i\boldsymbol{q} \cdot \boldsymbol{r}_i(0)] \sum_{j=1}^{N} \exp[-i\boldsymbol{q} \cdot \boldsymbol{r}_j(0)] \right\rangle \\
&= A^2 \left\langle \sum_{i=1}^{N} \sum_{j=1}^{N} \exp\{-i\boldsymbol{q} \cdot [\boldsymbol{r}_j(0) - \boldsymbol{r}_i(0)]\} \right\rangle \\
&= A^2 \left\langle \sum_{i=1}^{N} \sum_{j=1}^{N} \exp[-i\boldsymbol{q} \cdot \boldsymbol{r}_{ij}] \right\rangle = A^2 \sum_{i=1}^{N} \sum_{j=1}^{N} \langle \cos \boldsymbol{q} \cdot \boldsymbol{r}_{ij} \rangle
\end{aligned}\right\} \tag{6.69}$$

[단 위 식에서 $\boldsymbol{r}_{ij}(0)$ 대신 편의상 $\boldsymbol{r}_{ij}$를 이용하였다.]

위 식에서 $\langle \cdots \rangle$는 'ergodic'확률 이론에 의해 괄호안 양에 대한 시간 평균 혹은 이와 동등한 집단(앙상블) 평균을 의미한다. 또한 $\omega = 2\pi\nu = 2\pi c_0/\lambda$(여기서 c_0는 진공에서의 빛의 속도)이며 나머지 기호 설명은 아래와 같다.

$$\boldsymbol{q} = \boldsymbol{q}_s - \boldsymbol{q}_0, \ \boldsymbol{r}_{ij} = \boldsymbol{r}_j - \boldsymbol{r}_i, \ A = \frac{\omega^2 \alpha E_0 (1+\cos^2\theta)^{1/2}}{c_0^2 r} \tag{6.70}$$

그리고 식 (6.69)의 마지막 등호는 아래와 같이 Euler 정리 및 sin함수는 기함수인 것(즉

$\int_{-\infty}^{\infty} \sin x dx = 0$)을 이용하였다.

$$\langle \exp[-i\boldsymbol{q} \cdot \boldsymbol{r}_{ij}] \rangle = \langle \cos(\boldsymbol{q} \cdot \boldsymbol{r}_{ij}) \rangle - i \langle \sin(\boldsymbol{q} \cdot \boldsymbol{r}_{ij}) \rangle = \langle \cos(\boldsymbol{q} \cdot \boldsymbol{r}_{ij}) \rangle$$

그러면 비편광 빛의 $t=0$일 때의 정적 산란강도에 관한 식 (6. 69)가 아래와 같이 편리한 스칼라 함수형태로 변환될 수 있다.

$$\underset{t=0}{I_s(\theta)} = \frac{\omega^4 \alpha^2 E_0^2 (1+\cos^2\theta)}{c_0^4 r^2} \sum_{i=1}^{N} \sum_{j=1}^{N} \frac{\sin q r_{ij}}{q r_{ij}} \qquad (6.71a)$$

$$= \frac{16\pi^4 \alpha^2 E_0^2 (1+\cos^2\theta)}{\lambda^4 r^2} \sum_{i=1}^{N} \sum_{j=1}^{N} \frac{\sin q r_{ij}}{q r_{ij}} \quad (\because \omega = 2\pi\nu = 2\pi c_0/\lambda) \qquad (6.71b)$$

증 명 식 (6. 69)에서 벡터 $\boldsymbol{r}_i$와 $\boldsymbol{r}_j$ 사이의 각도를 β라 하면 내적 공식에서 아래가 성립된다.

$$\boldsymbol{q} \cdot \boldsymbol{r}_{ij} = q r_{ij} \cos\beta$$

따라서 $\cos(\boldsymbol{q} \cdot \boldsymbol{r}_{ij})$의 평균은 아래와 같이 계산된다.

$$\langle \cos(\boldsymbol{q} \cdot \boldsymbol{r}_{ij}) \rangle = \frac{\int_0^{x} \cos(q r_{ij} \cos\beta) \sin\beta d\beta}{\int_0^{x} \sin\beta d\beta} = \frac{\sin q r_{ij}}{q r_{ij}} \qquad (6.72)$$

여기서 평균치를 구하는 (정규화된) 확률밀도함수 $f(\beta) = \sin\beta / \int_0^{\pi} \sin\beta d\beta$ 를 이용하였음에 유의하라.

이로부터 식 (6. 69)는 (6. 70)에서 A의 대입을 통하여 아래와 같이 되어 식 (6. 71)이 증명된다.

$$\underset{t=0}{I_s(\theta)} = \frac{\omega^4 \alpha^2 E_0^2 (1+\cos^2\theta)}{c_0^4 r^2} \sum_{i=1}^{N} \sum_{j=1}^{N} \frac{\sin q r_{ij}}{q r_{ij}}$$

$$= \frac{16\pi^4\alpha^2 E_0^2(1+\cos^2\theta)}{\lambda^4 r^2}\sum_{i=1}^{N}\sum_{j=1}^{N}\frac{\sin qr_{ij}}{qr_{ij}} \quad (\because \omega/c_o = 2\pi/\lambda) \quad ■$$

그러면 여기서 이 결과를 이용하여 고분자와 같은 큰 분자에 의한 산란의 경우 산란강도의 각도 의존성(그림 6. 7)을 나타내는 중요한 인자인 Debye의 '단일 사슬 형태인자(single chain form factor)' 혹은 '입자 산란인자(particle form factor)'라고 불리는 $P(0)$를 아래와 같이 정의한다.

$$P(\theta) = \frac{I_s(\theta)}{I_s(0)} \tag{6. 73}$$

여기서 $I_s(0)$는 고분자 내 서로 다른 산란요소 간의 파괴적 간섭이 없는 $\theta = 0$에서의 산란강도를 의미한다. 그런데 $q = 4\pi \sin(\theta/2)/\lambda$이므로 $\theta \to 0$은 $q \to 0$이 되고, L' Hospital의 정리[즉 $\lim_{x\to a} f(x)/g(x) = f^{(n)}(a)/g^{(n)}(a)$]에 의해 $\lim_{q\to 0}(\sin qr_{ij}/qr_{ij}) = 1$이 성립되므로 아래의 관계를 얻는다.

$$I_s(0) = N^2\omega^4\alpha^2 E_0^2(1+\cos^2\theta)/c_0^4 r^2 \tag{6. 74a}$$

$$= N^2 16\pi\alpha^2 E_0^2(1+\cos^2\theta)/\lambda^4 r^2 \tag{6. 74b}$$

지금 3가지 특수형태의 고분자 즉 구(sphere), 막대(rod) 및 가우스(이상)사슬(Gaussian coil)에 대하여 이론적 계산을 통한 $P(\theta)$의 결과는 아래와 같다.

$$\text{구} : P(\theta) = \left[\frac{3}{x^3}(\sin x - x\cos x)\right]^2 \quad x = \frac{qD}{2} \tag{6. 75}$$

$$\text{막대} : P(\theta) = \frac{1}{x}\int_0^{2x}\frac{\sin w}{w}dw - \left(\frac{\sin x}{x}\right)^2 \quad x = \frac{qL}{2} \tag{6. 76}$$

$$\text{코일} : P(\theta) = \frac{2}{x^2}\left[e^{-x} - (1-x)\right] \quad x = q^2\langle S^2\rangle \tag{6. 77}$$

여기서 $D=$ 구의 지름, $L=$ 막대의 길이, $\langle S^2\rangle =$ 불규칙 가우스(이상) 코일의 제곱평균 회전반경이며, $q = 4\pi\sin(\theta/2)/\lambda$이다. 식 (6. 75)의 증명은 문제 6. 6에, 식 (6. 76)은 문제 6. 3에, 그리고 식 (6. 77)의 증명은 문제 6. 7에 주어져 있다.

지금 위 식들은 그림 6. 9에 x(단 코일의 경우는 $\sqrt{x}$)의 함수로서 나타내었다.

한편 특히 가우스 이상코일의 경우 식 (6. 77)에서 e^{-x}의 $x = 0$ 근방의 Taylor 급수 전개인 $e^{-x} = 1 - x + \frac{x^2}{2} - \frac{x^3}{6} + \frac{x^4}{24}\cdots$에서도 구할 수 있겠으나 $q\langle S^2\rangle^{1/2} \leq 1$되는 작은 산란각도(소

위 Guinier)영역에서 아래의 형태로 간단히 증명될 수 있다. 즉

$$P(\theta) = 1 - \frac{1}{3}q^2\langle S^2 \rangle + \cdots \tag{6.78}$$

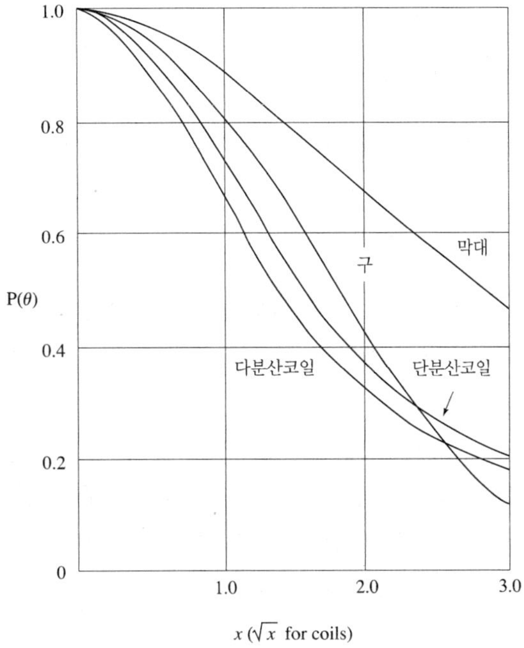

▶ **그림 6.9** 식 (6.75)–(6.77)에 따른 구, 막대, 코일에 대한 입자산란인자 $P(\theta)$의 플롯.

단 여기서 $\langle S^2 \rangle$는 4.2절의 식 (4.31)에 의해[단 사슬 내 결합수 또는 분절수 $n \to N$, $N+1 \simeq N$으로 둠] 아래와 같이 된다.

$$\langle S^2 \rangle = \frac{1}{2N^2}\sum_i\sum_j r_{ij}^2 \tag{6.79}$$

증 명 $P(\theta)$의 정의식 (6.73)에서 $I_s(\theta)$는 식 (6.71)에서, $I_s(0)$은 식 (6.74)에 대입을 하면 아래의 식을 얻는다.

$$P(\theta) = \frac{1}{N^2}\sum_{i=1}^{N}\sum_{j=1}^{N}\frac{\sin qr_{ij}}{qr_{ij}} \tag{6.80}$$

여기서 $\sin x$의 $x = 0$ 근방으로 Taylor 전개 공식(여기서 $qr_{ij} = x$로 둠)

$$\sin x = x - \frac{x^3}{3!} + \frac{x^4}{5!} + \cdots \tag{6.81}$$

및 $\sum_{i=1}^{N}\sum_{j=1}^{N}1 = N^2$을 이용하면 아래의 식을 얻는다.

$$\left.\begin{aligned} P(\theta) &= \frac{1}{N^2}\sum_{i=1}^{N}\sum_{j=1}^{N}\left(1-\frac{x^2}{3!}+\cdots\right) \quad (x = qr_{ij}) \\ &= \frac{1}{N^2}\left(N^2-\frac{1}{6}q^2\sum_i\sum_j r_{ij}^2+\cdots\right) \\ &= 1-\frac{q^2}{6N^2}\sum_i\sum_j r_{ij}^2+\cdots \end{aligned}\right\} \tag{6. 82}$$

여기서 식 (6. 79)를 이용하면 아래의 목적하는 식 (6. 78)을 얻는다.

$$P(\theta) = 1-\frac{q^2}{3}\langle S^2\rangle+\cdots \quad \blacksquare$$

이하부터는 가우스 고분자 이상 사슬(코일)에 대해서만 논하기로 한다. 6. 3. 1절의 저분자 용질에 대한 비편광 산란의 경우 농도 c가 0에 접근할 때의 식은 식 (6. 55)에서 아래와 같이 된다.

$$Kc/R_\theta = 1/M$$

그런데 고분자 용질의 경우는 크기에 의한 분자 내 간섭효과인 $P(\theta)$인자를 고려해야 한다. 즉 식 (6. 73)에서 실제의 $I_s(\theta) = I_s(0)\times P(\theta)$ (단 저분자이 경우는 $P(\theta) = 1$이 되어 $I_s(\theta) = I_s(0)$이 됨)이므로 R_θ의 정의식 (6. 53)에도 이를 고려하여 식 (6. 55)은 아래와 같이 보정되어야 할 것이다.

$$Kc/R_\theta = 1/(MP(\theta)) \tag{6. 83}$$

그런데 보통 고분자는 다분산성이므로 식 (6. 83)은 단분산에 해당하는 식으로 간주하여 6. 1절에 논의된 개념에 의하여 R_θ(용액) $= \sum_i R_{\theta,i} = K\sum_i c_iM_iP_i(\theta)$가 되어 예제 6. 1의 결과로부터 아래를 얻는다.

$$Kc/R_\theta = 1/(M_w\langle P(\theta)\rangle_z) \tag{6. 84}$$

그런데 식 (6. 78)을 이용하면 다분산 고분자 (이상)코일의 경우 아래의 식을 얻는다.

$$Kc/R_\theta = \frac{1}{M_w}\left(1+\frac{q^2}{3}\langle S^2\rangle+\cdots\right) \tag{6. 85}$$

단 위 식에서 식 (6. 78)의 역수는 아래와 같이 됨을 이용하였다.

$$P(\theta)^{-1} = 1+\frac{q^2}{3}\langle S^2\rangle+\cdots \tag{6. 86}$$

한편 위 식들은 모두 농도 $c \to 0$이 되는 극한 상태에 적용되는 식이므로, 실제는 6. 3. 1절에서 논의한 용액의 농도의 요동을 고려한 Einstein-Smoluckowski의 농도 보정식 (6. 63)에 고분자 용액에 관한 삼투압식 (6. 35)을 적용하면 아래의 중요한 관계식을 얻을 수 있다.

$$\left.\begin{aligned} Kc/R_\theta &= \frac{1}{RT}(\partial\pi/\partial c)_{T,P} \\ &= \frac{1}{M} + 2A_2c + 3A_3c^2 + \cdots \end{aligned}\right\} \tag{6. 87}$$

단 위식에서 고분자 용액에 관한 $(\partial\pi/\partial c) = 1/M + 2A_2c + 3A_3c^2 + \cdots$를 이용하였다. 그런데 고분자의 경우 분자 내 간섭효과 $P(\theta)(\neq 1)$가 존재하므로 식 (6. 87)의 M대신 $MP(\theta)$를 사용하여 농도 c의 단분산 고분자 용액에 대한 비편광 산란결과는 식 (6. 59)의 이용과 함께 아래와 같이 된다.

$$Kc/R_\theta = \frac{1}{MP(\theta)} + 2A_2c + \cdots \tag{6. 88a}$$

$$= \frac{1}{M}\left(1 + \frac{q^2}{3}\langle S^2\rangle + \cdots\right) + 2A_cc + \cdots \tag{6. 88b}$$

한편 다분산 고분자 용액의 경우 식 (6. 88)대신 예제 6. 1의 결과를 토대로 아래와 같이 나타낼 수 있다.

$$Kc/R_\theta = \frac{1}{M_w}\frac{1}{\langle P(\theta)\rangle_z} + 2A_2c + \cdots \tag{6. 89a}$$

$$= \frac{1}{M_w}\left(1 + \frac{q^2}{3}\langle S^2\rangle_z + \cdots\right) + 2A_2c + \cdots \tag{6. 89b}$$

$$= \frac{1}{M_w}\left(1 + \frac{16\pi^2}{3\lambda^2}\langle S^2\rangle_z \sin^2\frac{\theta}{2} + \cdots\right) + 2A_2c + \cdots \tag{6. 89c}$$

[주의: 만약 A_2가 분자량에 의존할 경우에는 예제 6. 1의 방법에 따라 $\langle A_2\rangle_z$가 된다.]

실제로 식 (6. 89)를 이용하여 고분자의 M_w, $\langle S^2\rangle_z$, A_2 등을 구할 때는 R_θ대신 $\Delta R_\theta = R_\theta$(용액)-$R_\theta$(용매)를 이용한다. 그리고 위 식에서 왼쪽은 고분자의 농도 c와 각도항 $\sin^2\frac{\theta}{2}$(여기서 θ는 산란각)이므로 y축에는 Kc/R_θ, x축에는 $\sin^2\frac{\theta}{2} + kc$(여기서 k는 상수)를 표시하여 구하는데 이를 'Zimm 더블 플롯(double plot)'이라 한다. 특히 식 (6. 89c)에서 $\theta \to 0$ 및 $c \to 0$의 극한 경우

삭삭 아래와 같이 나타내짐을 알 수 있다.

$$(Kc/R_\theta)_{\theta=0} = \frac{1}{M_w} + 2A_2 c + \cdots \tag{6.90}$$

$$(Kc/R_\theta)_{c=0} = \frac{1}{M_w}\left[1 + \frac{1}{3}\left(\frac{4\pi}{\lambda}\right)^2 \langle S^2 \rangle_z \sin^2\frac{\theta}{2} + \cdots\right] \tag{6.91}$$

또 이 두 직선이 y축에서 만나므로 그 교점[즉 $\theta \to 0$, $c \to 0$이 되는 점) 즉 y축 절편값은 위 식에서 아래가 된다.

$$(Kc/R_\theta)_{\theta=0, c=0} = \frac{1}{M_w} \tag{6.92}$$

따라서 $\theta = 0$ 직선의 농도에 대한 기울기에서 2차 비리얼계수 A_2를, $c = 0$ 직선의 각도 $\sin^2\frac{\theta}{2}$에 대한 기울기에서 $\langle S^2 \rangle_z$를, 그리고 $c \to 0$, $\theta \to 0$ 되는 y축의 절편에서 M_w를 구할 수 있다(그림 6. 10 참조).

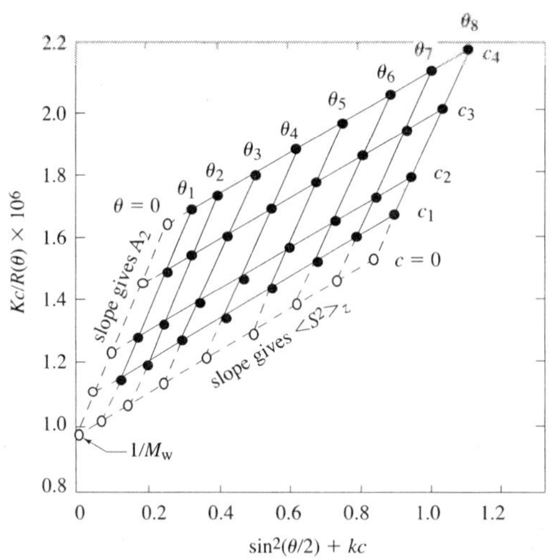

▶ **그림 6. 10** 여러 다른 산란각(θ)과 용액의 농도(c)에서 취해진 광산란 데이터(●)에 대한 이상적인 Zimm 플롯. 제로농도와 제로산란각으로의 이중외삽은 점으로 나타나있다.

그림 6. 10에서 x축의 단위에서 상수 k를 정하는 방법, 원 실험데이터에서 $\theta = 0$ 및 $c = 0$ 직선을 구하는 방법 등에 대하여 문제 6. 4에서 자세하게 설명하였다.

한편 식 (6. 89)에서 M_w 등을 구하는 것은 고분자의 분자량이 그다지 크지 않을 경우에 유효하지만, 만약 분자량이 매우 클 경우는 직선이 되기 어려워 삼투압의 경우처럼(식 6. 38 참조) $(Kc/R_\theta)^{1/2}$을 사용하여 c에 대해 플롯하면 보다 쉽게 직선이 되어 y축에 외삽에 의해 M_w를 구하기 쉬워진다.

한편 고분자 용액의 경우 산란강도의 비대칭성(그림 6. 7 참조)이 존재한다. 그래서 아래에 산란각 θ에서의 '비대칭계수 $z(\theta)$'를 아래와 같이 정의한다.

$$z(\theta) = I(\theta)/I(180-\theta) = i(\theta)/i(180-\theta) \tag{6. 93}$$

특히 θ=45° 에서의 비대칭계수 z를 사용하여 고분자의 $\langle S^2 \rangle_z$를 구하는 방법에 대하여 문제 6. 5에 나타내었다.

지금까지는 (다분산성)고분자 용액에 대한 비편광 산란실험에서 환원산란강도인 Rayleigh 비 R_θ에 기초를 두어 논의해 왔으나, 이와는 별도로 또는 이 방법에 대한 실험 보정(calibration)으로서 산란에 의한 '탁도(turbidity)'실험으로부터도 M_w를 구할 수 있는 방법에 대해 논의해 보겠다. 분자진동에 의한 적외선(IR)의 흡수나 (π)전자의 UV흡수에 의한 투과광(transmitted light)의 강도(I_t)감소에 관한 Lambert-Beer 법칙과 유사하게 산란증가에 의한 투과광의 감도 감소를 탁도(τ)항으로 아래와 같이 정의하였다.

$$\tau \equiv -\frac{1}{l}\ln\left(\frac{I_t}{I_0}\right) \tag{6. 94}$$

여기서 l은 탁도 실험의 셀(cell)의 두께, I_0 및 I_t는 각각 입사광 및 투과광의 강도이다. 그런데 위 식에서 농도가 묽은 경우에는 그다지 산란이 일어나지 않아 투과광의 강도 감소가 그리 높지 않다[즉, $(I_0 - I_t)/I_0 \ll 1$ 성립]. 그리고 지수함수의 Taylor 전개 [즉, $\ln(1-x) = -x - \frac{x^2}{2}\cdots$, 단, $0 < x < 1$]에서 1차항만 취하면 아래의 관계식을 얻는다.

$$\tau = -\frac{1}{l}\ln\left(1 - \frac{I_0 - I_t}{I_0}\right) \simeq \frac{1}{l}\frac{I_0 - I_t}{I_0} \tag{6. 95}$$

그런데 $I_0 - I_t$는 전방향의 산란강도 $I(\theta)$의 합(적분)인 I_{total}과 같다고 간주할 수 있다. 여기에서 다음관계가 성립된다.

$$I_{total} = \frac{128\pi^5}{3\pi^4}\alpha^2 I_0 = \frac{16}{3}\pi R_\theta I_0 \tag{6. 96}$$

증 명 $$I_{total} = \int_{\phi=0}^{2\pi}\int_{\theta=0}^{\pi} I(\theta) r^2 \sin\theta \, d\theta \, d\phi \tag{6. 97}$$

[여기서 $r^2 \sin\theta\, d\theta\, d\phi$는 탁도 실험에 있어서 빛이 통과하는 미소면적에 해당하는 $(rd\phi)(r\sin\theta\, d\theta)$에서 온 것이다.]

식 (6. 97)의 비편광의 산란강도 $I(\theta)$를 식 (6. 52)에서 치환하여 적분을 행하면 아래와 같이 목적 식 (6. 69)가 얻어진다.

$$I_{total} = \int_0^{2\pi}\int_0^{\pi} \frac{8\pi^4}{\lambda^4 r^2} r^2 \sin\theta (1+\cos^2\theta)\alpha^2 I_0\, d\theta\, d\phi$$

$$= \frac{8\pi^4}{\lambda^4}\alpha^2 I_0 \int_0^{2\pi}\int_0^{\pi}(\sin\theta + \sin\theta\cos^2\theta) d\theta\, d\phi$$

$$= \frac{8\pi^4}{\lambda^4}\alpha^2 I_0\, 2\pi \int_0^{\pi}(\sin\theta + \sin\theta\cos^2\theta) d\theta = \frac{128\pi^5}{3\lambda^4}\alpha^2 I_0 = \frac{16}{3}\pi R_\theta I_0 \quad \blacksquare$$

따라서 이 결과를 식 (6. 95)의 $(I_0 - I_t)$항으로 간주하여 대입하면 단위 셀 길이(즉, $l=1$ 간주)에 대한 탁도가 아래와 같이 얻어진다.

$$\tau = \frac{16}{3}\pi R_\theta \tag{6. 98}$$

그런데 식 (6. 55)에서 농도 $c\to 0$일 때의 극한 $(R_\theta)_{c\to 0}$은 아래와 같이 된다[이때 식 (6. 83)의 분자내 간섭인자 $P(\theta) \simeq 1$간주].

$$(R_\theta)_{c\to 0} = KcM \tag{6. 99}$$

따라서 $c\to 0$일 때의 극한 탁도는 아래와 같이 된다.

$$\tau_{c\to 0} = \frac{16}{3}\pi KcM \equiv HcM \tag{6. 100}$$

여기서 탁도에 관한 광학적 상수 $H(=16\pi K/3)$는 산란강도를 Rayleigh비 R_θ로 나타내었을 때의 (비편광)광학상수 K(식 6. 56)와 대별된다. 위 식에 K값을 대입하여 다시 나타내면 아래와 같다.

$$\lim_{c\to 0}\tau = MHc = \frac{32}{3}\frac{\pi^3 n_0^2}{\lambda^4 N_A}\left(\frac{dn}{dc}\right)_0^2 Mc \tag{6. 101}$$

$$H \equiv \frac{16}{3}\pi K = \frac{32}{3}\frac{\pi^3 n_0^2}{\lambda^4 N_A}\left(\frac{dn}{dc}\right)_0^2 \tag{6. 102}$$

식 (6. 74)는 만약 주어진 고분자와 용매계의 (극한)미분 굴절률 증가 $(dn/dc)_0$ 및 용매의 굴절률 n_0를 알고, (직선이 범위 내에서)묽은 농도 용액의 탁도를 농도 c의 함수로 측정한 후 $c \to 0$의 (직선)외삽을 행하면 아래와 같이 간단히 (고분자)용질의 분자량 M을 측정할 수 있다.

$$H\lim_{c \to 0}(c/\tau) = 1/M \tag{6. 103}$$

[비고 : 만약 다분산성 고분자의 경우는 탁도 실험에서 얻어진 분자량은 M_w가 될 것이다. 왜냐하면 식 (6. 7)의 논리에 의해 $\tau_{용액} = \sum_i \tau_i = H\sum_i M_i c_i = H\left(\sum c_i\right)\left(\sum_i M_i c_i\right)/\sum c_i = HcM_w$ ($\because c_i = cw_i$, $\sum c_i = c$)가 되기 때문이다.]

한편 식 (6. 98)과 (6. 100)에서 아래 관계가 성립된다.

$$Kc/R_\theta = Hc/\tau \tag{6. 104}$$

그런데 통상 탁도 실험의 경우 산란각도는 θ=90° 로 고정시킨 후 용액의 농도를 바꾸어 측정하므로 식 (6. 104)의 관계로부터 식 (6. 88) Zimm 플롯의 우편의 각도의존항 $P(\theta)$=1로 간주하여 아래식이 성립된다.

$$Hc/\tau = \frac{1}{M_w} + 2A_2 c + \cdots \tag{6. 105}$$

위 식에서 볼 수 있듯이 탁도 실험의 경우 R_θ를 이용한 Zimm 플롯과는 달리 Hc/τ 대 c의 직선 플롯의 기울기 및 절편에서 각각 A_2 및 M_w를 구할 수 있게 된다.

6. 3. 3 고분자-혼합용매계에 대한 광산란 이론

아직 널리 인정된 이론은 없는 것 같으나, 제안된 것 중 가장 간단한 이론을 하나 소개하겠다. 2개의 용매로 이루어진 혼합용매(mixed solvent)계에서는 고분자에 대한 어느 한 용매의 선택적 흡착(preferential adsorption)이 중요하다고 하겠다. 따라서 주어진 고분자의 정확한 분자량을 혼합용매계에 대한 광산란 측정으로부터 구하기 위해서는 이 점을 고려해야 하겠다. 가령 성분 1이 용매, 성분 2가 고분자, 성분 3이 다른 용매라면 아래의 두 종류의 광산란 실험을 생각해보자. 첫 번째는 고분자(2)와 용매 중 1개만의 2성계 용액에 대한 (비편광)광산란 실험을 행하는 것[이 경우 구해지는 분자량을 $(M_2)_{two}$ 라고 명명한다]이고, 다른 하나는 주어진 조성의 혼합용매계에서 (비편광) 광산란 실험을 행하는 것으로 이 경우 구해지는 분자량은 $(M_2)_{three}$ 으로 명명하면 고분자의 농도 $c \to 0$ 일 때의 식 (6. 55)를 바탕으로 아래식이 성립될 것이다.

$$\left[\frac{K'c}{R_{90}}\left(\frac{dn}{dc}\right)^2\right]_{c=0} = \left(\frac{1}{M_2}\right)_{two} \qquad \text{(2 성분계)} \qquad (6.106)$$

$$\left[\frac{K'c}{R_{90}}\left(\frac{dn}{dc} + D'\frac{dn}{d\phi_1}\right)^2\right]_{c=0} = \left(\frac{1}{M_2}\right)_{three} \qquad \text{(3 성분계)} \qquad (6.107)$$

여기에서 $K' = 2\pi^2 n_0^2/\lambda^4 N_A$, ϕ_1은 (혼합)용매의 부피분율, 그리고

$$D' = -\frac{d\phi_1}{dc}$$

이때 위 두 식의 비를 취하면 아래의 식을 얻는다.

$$D' = \frac{(dn/dc)\left[(M_2)_{three}/(M_2)_{two} - 1\right]}{dn/d\phi_1} \qquad (6.108)$$

증 명 위 2식에서 $\frac{K'c}{R_{90}}$ 및 $\left(\frac{dn}{dc}\right)_{c=0}$ 가 동일하다고 가정하면, 식 (6. 107)의 좌측의 괄호에서 $\left(\frac{dn}{dc}\right)_{c=0}$ 항을 빼내고, 식 (6. 107)를 (6. 106)로 나누면 아래의 결과를 얻는다.

$$\left[1 + D'\frac{dn}{d\phi_1}\times\frac{1}{(dn/dc)}\right]^2_{c=0} = (M_2)_{two}/(M_2)_{three}$$

따라서

$\left(D'\frac{dn}{d\phi_1}\times\frac{1}{(dn/dc)}\right)_{c=0} = \sqrt{(M_2)_{two}/(M_2)_{three}} - 1$ 되어 아래의 결과를 얻는다.

$$D' = \frac{(dn/dc)_0}{(dn/d\phi_1)_0} = \left[\sqrt{(M_2)_{two}/(M_2)_{three}} - 1\right] \quad ■$$

따라서 용매의 선택적 흡착계수인 D'는 2종류의 실험 결과로부터 얻어질 수 있다.

6. 3. 4 2성분계 공중합체-단일 용매계에 대한 광산란이론

이 경우에는 용액의 농도의 요동뿐 아니라 공중합체 분자량 및 조성의 요동 때문에 문제가 꽤 복잡해진다. 지금 주어진 조성의 A/B 공중합체 고분자의 (극한)미분 굴절률 증가 $\left(\frac{dn}{dc}\right)_{c\to 0}$는 공중합체 조성에 관하여 비례한다고 가정하여 Stockmayer는 $c\to 0$, $\theta\to 0$의 극한 조건에 해당하는 아래 식을 제안하였다.

$$\left(\frac{I}{K'c}\right)_{\substack{c\to 0\\ \theta\to 0}} = \left(\frac{dn}{dc}\right)_0^2 \overline{M}_w + 2b\left(\frac{dn}{dc}\right)_0 \langle M\Delta x\rangle + b^2\langle M(\Delta x)^2\rangle \tag{6. 109}$$

여기에서

$$\left(\frac{I}{K'c}\right)_{\substack{c\to 0\\ \theta\to 0}} = \left(\frac{dn}{dc}\right)_0^2 M_{app}$$

$$b = \left(\frac{dn}{dc}\right)_A - \left(\frac{dn}{dc}\right)_B$$

$$\langle M\Delta x\rangle = \sum w_i M_i (\Delta x)_i$$

$$\langle M(\Delta x)^2\rangle = \sum w_i M_i (\Delta x)_i^2$$

위 식에서 $x_i\,(i=1,2)$는 공중합체의 조성(부피분율)이며, w_i는 무게분율, M_i는 분자량이다. 그런데 식 (6. 81)에서 미지수가 M_w(공중합체의 무게평균 분자량), $\langle M\Delta x\rangle$ 및 $\langle M(\Delta x)^2\rangle$의 3개가 있으므로 동일한 공중합체를 이용하여 적어도 3개 이상의 단일 용매계 용액에서 (비편광)산란실험을 행해야 미지수들(특히 M_w)을 결정할 수가 있을 것이다. 이 식을 사용하여 공중합체의 M_w를 구하는 예제를 문제 6. 8에 나타내었다. 그런데 미지수가 3개, 식이 3개인 경우에 해를 구하는 Kramer 공식을 참고 6. 1에 나타내었다.

참고 6. 1

지금 미지수가 x_1, x_2, $\cdots$ x_n의 n개, 계수 a_{ij} 및 b_i를 알고 있는 식이 아래와 n개 있을 때 Kramer의 선형대수법에 기인하여 미지수(해)를 구하는 방법에 대해 생각해보자.

$$
\left.\begin{array}{l}
a_{11}x_1 + a_{12}x_2 + \cdots a_{1n}x_n = b_1 \\
a_{21}x_1 + a_{22}x_2 + \cdots a_{2n}x_n = b_2 \\
\vdots \qquad\qquad\qquad\qquad \vdots \\
a_{n1}x_1 + a_{n2}x_2 + \cdots a_{nn}x_n = b_n
\end{array}\right\} \tag{6. 110}
$$

이를 벡터 및 행렬표현으로 나타내면 아래와 같다.

$$\underline{\underline{A}} \cdot \boldsymbol{x} = \boldsymbol{b} \tag{6. 111}$$

여기서 행렬 $\underline{\underline{A}} = (a_{ij})$, 벡터 $\boldsymbol{x} = (x_1 \cdots x_n)^T$, $\boldsymbol{b} = (b_1 \cdots b_n)^T$(여기서 T는 행벡터의 열벡터로의 치환을 의미함.) 지금 $\det|\underline{\underline{A}}| \neq 0$ (즉 $\underline{\underline{A}}$가 정측행렬)라면 미지수 벡터 $\boldsymbol{x}$(즉 해)는 $\underline{\underline{A}}$의 역행렬을 이용하여 아래와 같이 주어진다.

$$\boldsymbol{x} = \underline{\underline{A}}^{-1} \cdot \boldsymbol{b} \tag{6. 112}$$

여기서 $\underline{\underline{A}}^{-1}$는 $\underline{\underline{A}}$의 역행렬이다.

식 (6. 112)에서 가령 n개의 미지수 중 특히 x_j만을 구하려면 아래의 유용한 식이 유도된다.

$$x_j = \left[\det\left(\underline{\underline{A}}\right)_j\right] / \det\left(\underline{\underline{A}}\right) \tag{6. 113}$$

여기서 $\left[\det\left(\underline{\underline{A}}\right)_j\right]$는 $\underline{\underline{A}}$의 행렬식에서 j열 요소를 모두 $\boldsymbol{b}$의 요소로 치환한 것(가령 $a_{3j} \rightarrow b_j$등)의 행렬식을 의미한다.

가령 예로서 $n = 3$인 연립방정식 $\left\{\begin{array}{l} 2x_1 + 3x_2 + x_3 = 9 \\ x_1 + 2x_2 + 3x_3 = 6 \\ 3x_1 + x_2 + 2x_3 = 8 \end{array}\right.$

가 주어졌다면 만약 식 (6. 112)에 의해 $\boldsymbol{x}$ 를 구하려면, $\underline{\underline{A}}^{-1} = \dfrac{1}{18}\begin{pmatrix} 1 & -5 & 7 \\ 7 & 1 & -5 \\ -5 & 7 & 1 \end{pmatrix}$ 이므로

$\boldsymbol{x} = \underline{\underline{A}}^{-1} \cdot \boldsymbol{b} = \dfrac{1}{18}\begin{pmatrix} 1 & -5 & 7 \\ 7 & 1 & -5 \\ -5 & 7 & 1 \end{pmatrix}\begin{pmatrix} 9 \\ 6 \\ 8 \end{pmatrix} = \dfrac{1}{18}\begin{pmatrix} 35 \\ 29 \\ 5 \end{pmatrix}$ 가 되어 $x_1 = 35/18$, $x_2 = 29/18$, $x_3 = 5/18$ 이 됨.

만약 x_2를 식 (6. 113)에 의해 구해보면

$x_2 = \begin{vmatrix} 2 & 9 & 1 \\ 1 & 6 & 3 \\ 3 & 8 & 2 \end{vmatrix} \Bigg/ \begin{vmatrix} 2 & 3 & 1 \\ 1 & 2 & 3 \\ 3 & 1 & 2 \end{vmatrix} = \dfrac{29}{18}$가 되어 마찬가지 결과를 준다.

6. 3. 5 동적 광산란

6. 3. 5. 1 서론

앞 절에서는 빛이 물체와 상호작용한 후 산란된 빛의 정적산란강도 즉 $t \to 0$ 혹은 시간평균으로서의 전체강도를 측정하여 이 결과를 용액의 농도 혹은 분극율의 (제곱평균)요동을 고려한 이론으로 해석하여 다분산성 고분자의 M_w, $\langle S^2 \rangle_z$, A_2 등을 구하였다.

그러나 용액 중에 있는 용질 분자의 실시간(real time) 랜덤(즉 Brownian)운동에 대해 고려하면 좀 더 많은 것을 얻을 수 있다. 이러한 랜덤운동은 도플러 효과(Doppler effect)를 일으키고, 산란된 빛은 입사광의 진동수로부터 아주 약간 이동된 어느 범위의 진동수를 갖는다는 사실을 알게 되었다[이 산란을 준탄성(quasi-elastic)이라 한다]. 이러한 진동수의 이동(shift)은 용질 분자의 움직임[즉 동력학(dynamics)]에 관한 정보를 제공해 준다. 이와 같은 산란을 '동적 광산란(dynamic light scattering, DLS)' 혹은 '준탄성 광산란(quasi-elastic light scattering, QELS)'라고 부른다. 경우에 따라서는 '광양자 상관분광법(photon correlation spectroscopy, PCS)'라고도 부른다.

용액 속에서 비슷한 크기를 가진 입자들이 비슷한 속도로 움직이기 때문에 산란된 빛은 자연적으로 시간과 상관이 있게 된다. 그래서 '시간 상관함수(time correlation function)'라 불리는 양 [$g(\tau)$]를 측정하여, 가령 구상입자의 경우 아래의 식을 통하여 입자의 (평균) 병진 확산계수(translational diffusion coefficient) D_t 를 구할 수 있다.

$$g(\tau) = A_0 + A\exp(-\Gamma t) \tag{6.114}$$

$$\Gamma = D_t q^2 , \quad q = 4\pi n_0 \sin(\theta/2)/\lambda_0 \tag{6.115}$$

여기에서 n_0는 용매의 굴절률, θ는 산란각, λ_0는 진공에서의 빛의 파장(즉 용매 내 빛의 파장은 λ_0/n이 된다)이다. 또한 A_0 및 A_1은 각각 시간 $t=0$ 및 $t=t$에서의 시그널이다. 측정원리는 매우 좁은 구경(aperture)과 민감한 검출기(detector)를 갖춘 레이저 광산란기를 사용하여 50 ns ~ 1 min의 시간 간격으로 용액의 작은 부피요소로부터 산란되어 나오는 광양자(photon)의 수를 셈으로써 시간의존성 산란강도를 측정하게 된다. 이 데이터를 컴퓨터가 달린 디지털 상관계로 보내어 산란강도의 자동상관함수 $g(\tau)$를 계산하고, 이의 상관시간(τ)에 대한 감쇄(decay)속도를 측정하여 용액 내 분자의 운동에 관한 여러 정보 가령 D_t나 수력학적 반경(hydrodynamic radius) R_H, 분자의 모양(이 경우는 여러 개의 산란각도를 바꾸어 측정)등을 얻을 수 있다.

6. 3. 5. 2 자동상관함수

부록 6. 2에서 논의한 두 함수 f 및 g가 실함수일 경우의 상관함수 정의식 (A6. 46)이나 복소수함수일 경우의 식 (A6. 48)에서 두 함수가 같은 경우를 '자동상관함수(auto correlation function)'이라고 부른다.

지금 일단 산란강도를 실함수라 하고, (상관)시간 τ 떨어진 경우의 산란강도의 자동상관함수의 평균 $\langle I(t)I(t+\tau)\rangle$를 생각해보자. 이전에 언급한 바 있는 확률의 'ergodic'이론에 의하면 (긴)시간평균과 계의 모든 입체배열(configuration)에 대한 집단(ensemble)평균을 같다고 간주하므로 긴 주기(T)위의 강도 산란함수의 시간평균은 아래와 같이 정의된다.

$$\langle I(t)\, I(t+\tau)\rangle = \lim_{T\to\infty}\frac{1}{T}\int_0^T I(t)I(t+\tau)dt \tag{6. 116}$$

여기서 (긴)주기 $T=\int_0^T dt$ 에 해당된다. 그리고 위 식에서 계가 평형에 도달하면 앙상블 평균은 시간에 따라 변하지 않으므로 $\langle I(t)\, I(t+\tau)\rangle = \langle I(0)\, I(\tau)\rangle$가 성립될 것이다.

참고로 그림 6. 11의 (a) 및 (b)에 산란강도 $I(t)$의 시간 t에 따른 평균치$\langle I\rangle$주위의 변화 및 산란강도 자동상관함수의 상관시간 τ에 대한 변화를 각각 나타내었다.

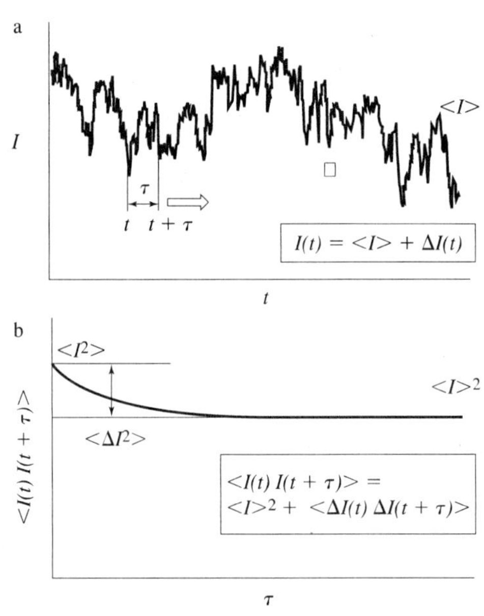

▶ **그림 6. 11** (a) 산란강도 $I(t)$의 평균치 $\langle I\rangle$주위의 요동. (b) 산란강도의 (긴) 시간평균 자동상관함수 $\langle I(t)I(t+\tau)\rangle$의 상관 (혹은 감쇄)시간 τ에 따른 변화.

특히 그림 6. 11b에서 볼 수 있듯이 상관 (지연)시간 $\tau=0$일 때는 최대값인 $\langle I^2\rangle$을 갖고, $\tau\to\infty$일 때는 기준선(baseline)에 해당하는 최소값 $\langle I\rangle^2$을 갖는다. 이는 τ가 클 때는 $I(t)$와 $I(t+\tau)$사이에 상관이 없게 되므로 [가령 공통 확률함수 $P(x,y)(\equiv P(x)P(y/x)$

$= P(x)P(y)g(x,y))$ (여기서 g는 상관 또는 독립성을 나타냄)에 있어서 $g = 1$이 되어 두 사상이 독립적이 되는 경우에 해당] $\langle I(t)I(t+\tau)\rangle = \langle I(t)\rangle\langle I(t+\tau)\rangle = \langle I\rangle^2$이 된다. 위 그림 (a) 및 (b)에서 아래 식이 성립된다.

$$\langle I(t)I(t+\tau)\rangle = \langle I\rangle^2 + \langle \Delta I(t)\Delta I(t+\tau)\rangle \tag{6. 117}$$

[왜냐하면 $\langle I(t)\rangle = \langle I\rangle + \Delta I(t)$와 $\langle I(t+\tau)\rangle = \langle I\rangle + \Delta I(t+\tau)$를 곱하여 시간평균을 취한 후 요동의 1차항인 $\langle \Delta I(t)\rangle = \langle \Delta I(t+\tau)\rangle = 0$이 됨을 이용함.] 위 식에서 $\tau = 0$일 때는 제곱평균 요동항이 최대값인 $\langle(\Delta I)^2\rangle$이 되고, 반대로 $\tau \to \infty$일 때는 두 요동평균사이에 상관이 없어져 $\langle \Delta I(t)\Delta I(t+\tau)\rangle = \langle \Delta I(t)\rangle\langle \Delta I(t+\tau)\rangle = 0$이 되어 그림 (b)가 설명된다.

여기서 위 식을 사용하여 용액으로부터 산란파(scattered light)의 전장강도(electric field) $\boldsymbol{E}_s(t, \boldsymbol{r})$의 시간평균 자동상관함수 $g_1(\tau)$와 산란강도 $I_s\left(\propto |\boldsymbol{E}_s|^2 = \boldsymbol{E}_s\boldsymbol{E}_s^*\right)$의 시간평균 자동상관함수 $g_2(c)$를 아래와 같이 나타낸다.

$$g_2(\tau) \equiv \langle I(t)I(t+\tau)\rangle / \langle I\rangle^2 = 1 + \langle \Delta I(t)\Delta I(t+\tau)\rangle / \langle I\rangle^2 \tag{6. 118}$$

$$|g_1(\tau)|^2 \equiv [g_2(\tau) - 1] / [g_2(0) - 1] \tag{6. 119}$$

위 식에서 $0 < g_1(\tau) < 1$이고, $g_2(\tau) > 1$이며, $\tau \to \infty$일 때는 $g_1(\tau) \to 0,\ g_2(\tau) \to 1$ 임을 알 수 있다. 여기서 정규화된 전장강도 자동상관 $g_1(\tau)$는 아래와 같이 정의된다.

$$g_1(\tau) \equiv \frac{\langle \boldsymbol{E}_s^*(t) \cdot \boldsymbol{E}_s(t+\tau)\rangle}{\langle \boldsymbol{E}_s^*(t) \cdot \boldsymbol{E}_s(t)\rangle} \tag{6. 120}$$

그리고 정규화된 산란강도 자동상관함수 $g_2(\tau)$도 아래와 같이 정의된다.

$$g_2(\tau) \equiv \frac{\langle I_s^*(t) \cdot I_s(t+\tau)\rangle}{\langle I_s^*(t) \cdot I_s(t)\rangle} \tag{6. 121a}$$

혹은 I_s에 수밀도 $\rho_n(= V/N = cN_A/M)$을 곱한 산란강도 $i_s(t)$를 사용하여

$$g_2(\tau) \equiv \frac{\langle i_s^*(t) \cdot i_s(t+\tau)\rangle}{\langle i_s^*(t) \cdot i_s(t)\rangle} \tag{6. 121b}$$

6. 3. 5. 3 자동상관함수의 이론적 계산

먼저 $g_1(\tau)$를 구해보자. 지금 N개의 산란입자(scattering entity)로 이루어진 한 물체(가령 중합

도 N인 한 개의 고분자 사슬 등)에 있어서 시간 t, 거리 $\boldsymbol{r}$에서 탐지된 한 개의 산란 광양자(scattered photon)는 이전에 시간 t_0, 거리 $\boldsymbol{r}_j'$ $(j=1,2,\cdots,N)$에서 산란된 N개의 입자 중 1개였다고 생각하면, 그림 6. 8과 식 (6. 67)을 참조로 하여 산란 후 산란벡터 $\boldsymbol{k}_s$(각도 θ)방향으로 진행하는 한 개의 광양자의 전장강도 벡터 $\boldsymbol{E}_s(\boldsymbol{r}, t)$는 아래와 같이 나타낼 수 있다.

$$\boldsymbol{E}_s(\boldsymbol{r}, t)=\boldsymbol{E}_{sm}\exp\left[i(\boldsymbol{k}_s\cdot(\boldsymbol{r}-\boldsymbol{r}'_1)-\omega(t-t_0))\right]\sum_{j=1}^{N}\exp\left[i\boldsymbol{k}\cdot(\boldsymbol{r}'_1-\boldsymbol{r}'_j)\right] \tag{6. 122}$$

$$=\boldsymbol{E}_{sm}\exp\left[i(\boldsymbol{k}_s\cdot\boldsymbol{r}-\boldsymbol{k}_i\cdot\boldsymbol{r}'_1)-i\omega(t-t_0)\right]\sum_{j=1}^{N}\exp(-i\boldsymbol{k}\cdot\boldsymbol{r}'_j)$$

위 식에서 $\boldsymbol{E}_{sm}$은 산란파의 진폭 벡터, ω는 빛의 각진동수($\omega=2\pi\nu$), $\boldsymbol{k}_i$ 및 $\boldsymbol{k}_s$는 각각 크기 $(2\pi/\lambda)$를 가진 입사파 및 산란파의 파동(wave)벡터이다. 위 식의 두 번째 항등관계를위해 $\boldsymbol{k}=\boldsymbol{k}_s-\boldsymbol{k}_i$을 이용하였으며, 크기 $k(=|\boldsymbol{k}|)$는 아래값을 가지므로 식 (6. 68)의 q와 같다.

$$k=(4\pi/\lambda)\sin(\theta/2),\ \ \lambda=\lambda_0/n_0 \tag{6. 123}$$

여기서 λ_0 및 λ는 각각 진공 및 용매 내에서 빛의 파장, n_0는 용매의 굴절률이다. 그리고 식 (6. 122)에서 시간 t_0, 위치 $\boldsymbol{r}'_1$에서의 산란은 한 개의 기준점(reference point)으로 선택되었으며, $(\boldsymbol{r}, t)$는 산란파의 탐지(detection)의 위치 및 시간을 의미한다.

한편 식 (6. 122)를 참조로 시간 $t+\tau$, 위치 $\boldsymbol{r}$에서의 한 개의 산란 광양자의 전자강도 벡터는 아래와 같이 유추된다.

$$\boldsymbol{E}_s(\boldsymbol{r}, t+\tau)=\boldsymbol{E}_{sm}\exp\left[i(\boldsymbol{k}_i\cdot(\boldsymbol{r}_1-\boldsymbol{r}'_1)-i\omega\tau)\right]\exp\left[i(\boldsymbol{k}_s\cdot\boldsymbol{r}-\boldsymbol{k}_i\cdot\boldsymbol{r}_1)\right.$$

$$\left.-i\omega(t-t_0-\tau)\right]\sum_{l=1}^{N}\exp(-i\boldsymbol{k}\cdot\boldsymbol{r}_l) \tag{6. 124}$$

$$=\boldsymbol{E}_{sm}\exp\left[i(\boldsymbol{k}_s\cdot\boldsymbol{r}-\boldsymbol{k}_i\cdot\boldsymbol{r}'_1)-i\omega(t-t_0)\right]\sum_{l=1}^{N}\exp(-i\boldsymbol{k}\cdot\boldsymbol{r}_l)$$

식 (6. 122)의 양변을 복소공액(즉 허수 i 항 앞에 -를 붙임)을 취하여 식 (6. 124)와 곱하면 전장강도 자동상관함수에 관한 아래 식을 얻는다.

$$\boldsymbol{E}_s^*(\boldsymbol{r}, t)\cdot\boldsymbol{E}_s(\boldsymbol{r}, t+\tau)=|\boldsymbol{E}_{sm}|^2\sum_{j,l=1}^{N}\exp\left[i\boldsymbol{k}\cdot(\boldsymbol{r}_j(t)-\boldsymbol{r}_l(t+\tau))\right] \tag{6. 125}$$

위 식에서 $\boldsymbol{r}'_j$는 $\boldsymbol{r}_j(t)$로, $\boldsymbol{r}_l$은 $\boldsymbol{r}_l(t+\tau)$로 고쳐 썼다. 엄밀히 말하면 $\boldsymbol{r}'_j=\boldsymbol{r}_j(t_0)$, $\boldsymbol{r}_l=\boldsymbol{r}_l(t_0+\tau)$

이나, 실제로는 산란파의 탐지시간 t와 이전의 산란시간 t_0의 차이는 상관(혹은 지연)시간 τ에 비해 훨씬 작으므로 t_0대신 t로 나타내었다.

이제 $g_1(\tau)$를 구하기 위하여 식 (6. 125)의 양변의 통계적 (시간)평균을 취하면 아래와 같다.

$$\left\langle \boldsymbol{E}_s^*(\boldsymbol{r},t)\cdot\boldsymbol{E}_s(\boldsymbol{r},t+\tau)\right\rangle = |\boldsymbol{E}_{sm}|^2\left\langle \sum_{j,l=1}^{N}\exp\left[i\boldsymbol{k}\cdot\left(\boldsymbol{r}_j(t)-\boldsymbol{r}_l(t+\tau)\right)\right]\right\rangle \tag{6. 126}$$

$$= |\boldsymbol{E}_{sm}|^2\left\langle \sum_{j,l=1}^{N}\exp\left[i\boldsymbol{k}\cdot\left(\boldsymbol{r}_j(0)-\boldsymbol{r}_l(\tau)\right)\right]\right\rangle$$

위 식의 두 번째 등호는 전술한 바와 같이 평형상태에서 계의 앙상블 평균은 t에 무관한 '정지(stationary)'상태로 간주할 수 있기 때문이다. 여기서 $\tau=0$을 취하면 아래 식을 얻는다.

$$\left\langle \boldsymbol{E}_s^*(\boldsymbol{r},t)\cdot\boldsymbol{E}_s(\boldsymbol{r},t)\right\rangle = |\boldsymbol{E}_{sm}|^2\left\langle \sum_{j,l=1}^{N}\exp\left[i\boldsymbol{k}\cdot\left(\boldsymbol{r}_j(0)-\boldsymbol{r}_l(0)\right)\right]\right\rangle \tag{6. 127}$$

따라서 식 (6. 126)을 (6. 127)로 나누면 아래의 정규화된 $g_1(\tau)$ (식 6.120)를 얻는다.

$$|g_1(\tau)| = \frac{\left\langle \sum_{j,l=1}^{N}\exp\left[i\boldsymbol{k}\cdot\left(\boldsymbol{r}_j(0)-\boldsymbol{r}_l(\tau)\right)\right]\right\rangle}{\left\langle \sum_{j,l=1}^{N}\exp\left[i\boldsymbol{k}\cdot\left(\boldsymbol{r}_j(0)-\boldsymbol{r}_l(0)\right)\right]\right\rangle} \tag{6. 128}$$

여기서 산란파의 '동적구조인자(dynamic structure factor)' $S(\boldsymbol{k},\tau)$를 도입한다.

$$S(\boldsymbol{k},\tau) = \left\langle \frac{1}{N}\sum_{j,l=1}^{N}\exp\left[i\boldsymbol{k}\cdot\left(\boldsymbol{r}_j(0)-\boldsymbol{r}_l(\tau)\right)\right]\right\rangle \tag{6. 129}$$

따라서 정규화된 $|g_1(\tau)|$를 아래와 같이 나타낼 수도 있다.

$$|g_1(\tau)| = S(\boldsymbol{k},\tau)/S(\boldsymbol{k},0) \tag{6. 130}$$

다음에는 산란강도 $i_s(t)$ [$=I_s(t)\cdot\rho_n$(수밀도)]에 대한 자동상관함수 $g_2(\tau)$를 구해보기로 하자. 그런데 산란강도는 산란파의 전장강도 벡터 $\boldsymbol{E}_s(t)$의 크기제곱에 비례한다. 그래서 먼저 식 (6. 122)에 기술한 식을 좀 더 간단히 하기 위하여 물체의 중심에 원점이 있고, 이로부터 거리 $\boldsymbol{r}_j$ 떨어진 입자의 산란파와 같은 각도로 산란하는 원점에서의 산란파의 각도 위상차를 $\phi_j(t)$라 하면 아래의 식이 성립된다(식 6. 65참조).

$$\phi_j(t) = \boldsymbol{k}(\theta) \cdot \boldsymbol{r}_j(t) = (\boldsymbol{k}_s - \boldsymbol{k}_i) \cdot r_j(t),\ k = |\boldsymbol{k}(\theta)|(= q) = (4\pi/\lambda)\sin(\theta/2) \tag{6. 131}$$

이를 사용하여 식 (6. 122)의 N개 산란입자에 대한 산란파의 전장강도 벡터는 아래와 같이 나타내진다 [단, 기준 입자 $\boldsymbol{r}'_1$와 기준(산란)시간 t_0항 생략함].

$$\boldsymbol{E}_s(t) = \sum_{j=1}^{N} \boldsymbol{E}_0 \exp[i(\phi_j(t) - \omega t)] \tag{6. 132}$$

여기서 $\boldsymbol{E}_0 = \boldsymbol{E}_{sm}$은 입자에 동일한 산란파의 진폭벡터이며, $i = \sqrt{-1}$이다. 그러면 이를 이용한 각도 θ(or k), 시간 t에서의 산란강도 $i_s(t)$는 비례상수 β를 사용하여 아래 식으로 나타내진다.

$$\begin{aligned} i_s(t) &= \beta|\boldsymbol{E}_s(t)|^2 = \beta \boldsymbol{E}_s(t) \cdot \boldsymbol{E}_s^*(t) \\ &= \beta\left(\sum_{j=1}^{N} E_0 \exp[i(\phi_j(t) - \omega t)]\right)\left(\sum_{k=1}^{N} E_0 \exp[-i(\phi_k(t) - \omega t)]\right) \\ &= \beta E_0^2 \sum_{j=1}^{N}\sum_{k=1}^{N} \exp[i(\phi_j(t) - \phi_k(t))] \end{aligned} \tag{6. 133}$$

[비고 : 이 결과는 식 (6. 127)과 동일한 형태임에 유의하라.]

그러므로 이로부터 구한 산란강도 $i_s(t)$의 지연(상관)시간 τ로 나타낸 시간 평균 자동상관함수는 아래의 형태로 나타내진다.

$$R_I(\tau) \equiv \langle i_s^*(t) i_s(t+\tau) \rangle = A + Be^{-2\Gamma\tau} \tag{6. 134}$$

여기서

$$A = \beta^2 E_0^4 N^2,\ B = \beta^2 E_0^4 (N^2 - N),\ \Gamma = Dq^2$$

증 명 먼저 식 (6. 133)의 양변에 복소공액(즉, 주어진 함수내의 모든 허수 i를 $-i$로 바꿈)을 취하여 $\boldsymbol{E}_s^*(t)$를 만들고, 또 식 (6. 133)의 t를 $t+\tau$로 치환하여 얻어지는 $\boldsymbol{E}_s(t+\tau)$와의 내적(즉, 곱)을 만들고 이의 통계적 평균을 취하면 아래의 식을 얻는다.

$$R_I(\tau) = \beta^2 E_0^4 \sum_j^N \sum_k^N \sum_l^N \sum_m^N \langle \exp[-i(\phi_j(t) - \phi_k(t))] \exp[i(\phi_l(t+\tau) - \phi_m(t+\tau))] \rangle \tag{6. 135}$$

이식을 구체적으로 전개하기 전에 아래와 같은 몇 가지 가정을 취한다.

1. 각 항들의 합의 평균은 각 항의 평균의 합과 같다.
2. 각 항들의 곱의 평균은 만약 각 항들이 서로 상관이 없다면 각 항의 평균의 곱과 같다.
3. 임의의 한 산란단위(구)의 운동은 서로 상관이 없는 독립적이다.
4. $e^{i\phi_j(t)}$(여기서 $i=\sqrt{-1}$, $\phi_j(t)$는 각도 위상차)의 평균치는 주어진 평균시간 내 한 산란단위의 운동은 빛의 파장에 비해 큰 거리에서 일어나므로 0으로 간주한다.

위 항목 2-4의 가정에 의하여, 식 (6. 135) 중의 어떠한 $jklm$항에 있어서 임의의 한 지수가 나머지 3지수와 다른 경우의 시간평균값은 0이 될 것이다. 따라서 0이 안되는 항은 4지수 중의 짝(pair)들이 같은 값을 가질 경우만이다. 즉 아래의 3 경우 (i)$j=k$, $l=m$[S_1항 (값은 1이 됨)], (ii)$j=l$, $k=m$[S_2항 (단 $j\neq k$ 즉 중복은 피함)], (iii) $j=m$, $k=l$[S_3항 (역시 $j\neq k$)]이라고 하자. 그러면 N^2개의 S_1항, N^2-N개의 S_2항, 역시 N^2-N개의 S_3항이 있다. 그런데 S_1항은 값이 1이므로 간단하다. 그러나 S_2 및 S_3항은 간단하지 않다. S_2항의 경우 각도 위상차 $\phi_j(t)=\boldsymbol{k}\cdot\boldsymbol{r}_j(t)$, $\phi_l(t+\tau)=\boldsymbol{k}\cdot\boldsymbol{r}_l(t+\tau)$가 되는데 지금 $j=l$이라고 가정에서 $\boldsymbol{r}_j=\boldsymbol{r}_l=\boldsymbol{r}$로 두면 그 두 항은 합쳐서 $\exp[-i\boldsymbol{k}\cdot(\boldsymbol{r}(t)-\boldsymbol{r}(t+\tau))]$라고 쓸 수 있다. 마찬가지 논리로 l과 m항도 합해서 $\exp[i\boldsymbol{k}\cdot(\boldsymbol{r}(t)-\boldsymbol{r}(t+\tau))]$로 쓸 수 있다. 그리고 $\boldsymbol{r}(t+\tau)-\boldsymbol{r}(t)=\Delta\boldsymbol{r}(\tau)$라고 나타내면 S_2항은 아래와 같이 근사적으로 나타낼 수 있다.

$$S_2\text{항}=\langle\exp[-i\boldsymbol{k}\cdot(\boldsymbol{r}(t)-\boldsymbol{r}(t+\tau))]\rangle\langle\exp[i\boldsymbol{k}\cdot(\boldsymbol{r}(t)-\boldsymbol{r}(t+\tau))]\rangle \tag{6. 136}$$

$$=\langle\exp[i\boldsymbol{k}\cdot\Delta\boldsymbol{r}(\tau)]\rangle\langle\exp[-i\boldsymbol{k}\cdot\Delta\boldsymbol{r}(\tau)]\rangle\equiv\langle s_2\rangle\langle s_2^*\rangle$$

여기서 $s_2=\exp[i\boldsymbol{k}\cdot\Delta\boldsymbol{r}(\tau)]$이다. 그런데 평균 $\langle s_2\rangle$에 대해 정규분포를 가정하면 $\langle s_2\rangle\doteqdot\exp(-k^2\sigma^2/2)=\langle s_2^*\rangle$($\because$허수항이 없으므로)가 되어, 식 (6. 136)의 S_2항은 아래가 된다.

$$S_2\text{항}=\exp(-k^2\sigma^2)=\exp[-2Dq^2\tau] \tag{6. 137}$$

단 $q=k=(4\pi/\lambda)\sin(\theta/2)$이고, 정규분포에 관련된 상수(표준편차)항 $\sigma^2=2D\tau$(여기서 D는 확산계수)로 취하였다.
[사슬 고분자 용액에 대한 확산이론에서 $\langle(\boldsymbol{r}_i-\boldsymbol{r}_j)^2\rangle_{t\to\infty}=6Dt$의 관계가 성립되기 때문이다.]

마지막으로 S_3항은 S_2의 경우와 비슷한 논리로 아래와 같이 나타낼 수 있다.

$$S_3\text{항} \equiv \langle s_3 \rangle \langle s_3^* \rangle = \langle \exp[-i\boldsymbol{k} \cdot (\boldsymbol{r}(t)+\boldsymbol{r}(t+\tau))] \rangle \langle \exp[i\boldsymbol{k} \cdot (\boldsymbol{r}(t)+\boldsymbol{r}(t+\tau))] \rangle \quad (6.138)$$

$$= \langle \exp[-i\boldsymbol{k} \cdot (2\boldsymbol{r}(t)+\Delta \boldsymbol{r}(\tau))] \rangle \langle \exp[i\boldsymbol{k} \cdot (2\boldsymbol{r}(t)+\Delta \boldsymbol{r}(t))] \rangle$$

여기서 $s_3 = \exp[+i\boldsymbol{k} \cdot (\boldsymbol{r}(t)+\boldsymbol{r}(t+\tau))]$이다.

그런데 요동(fluctuation)이론에서 $\langle s_3 \rangle = \langle s_3^* \rangle = 0$을 가정하여 $S_3 = 0$이 된다.

따라서 산란강도 시간평균 자동상관함수 $R_I(\tau)$는 (i), (ii), (iii) 경우를 모두 합하면 아래와 같이 되어 증명된다.

$$R_I(\tau) = \beta^2 E_0^4 \{1 \times N^2 + (N^2 - N)\exp(-2Dq^2\tau)\}$$

$$= A + Be^{-2\Gamma\tau}$$

여기서 $A = \beta^2 E_0^4 N^2,\ B = \beta^2 E_0^4 (N^2 - N),\ \Gamma = Dq^2$ ■

한편 식 (6. 134)에서 $\tau = 0$을 취하여 식 (6. 134)를 나누면 아래와 같이 정규화된 산란강도 (시간평균) 자동 상관 $q_2(\tau)$가 얻어진다.

$$g_2(\tau)(\text{정규화}) = \frac{R_I(\tau)}{R_I(\tau=0)} = 1 + \frac{B}{A}e^{-2\Gamma\tau} \quad (6.139)$$

또 식 (6. 119)에 따라 전장강도 상관함수 $g_1(\tau)$를 구하면 아래와 같다.

$$|g_1(\tau)|^2 = [g_2(\tau) - 1] / [g_2(0) - 1] = \exp(-2\Gamma\tau) \quad (6.140)$$

즉 아래가 성립된다.

$$|g_1(\tau)| = \exp(-\Gamma\tau) \quad (6.141)$$

그런데 이 경우는 '감쇄속도(decay rate)'로 정의되는 $\Gamma(= Dq^2)$가 1개 밖에 없는 경우에 해당된다. 그러나 다분산성 고분자 용액과 같은 경우에는 Γ가 1개가 아닌 평균치 $\langle \Gamma \rangle$ 주위로 (정규화된)분포 (확률밀도)함수 $G(\Gamma)$를 갖고 분포를 하게 된다. 이 경우 식 (6. 141)대신 아래와 같이 $G(\Gamma)$에 대하여 통계적 평균치로 나타내져야한다.

$$|g_1(\tau)| = \langle \exp(-\Gamma\tau) \rangle = \int_0^\infty \exp(-\Gamma\tau) G(\Gamma) d\Gamma \quad (6.142)$$

단 $\int_0^\infty G(\Gamma)d\Gamma = 1$이 성립된다.

이는 사실 $|g_1(\tau)|$는 $G(\Gamma)$의 라플라스(Laplace) 변환(즉 Γ 공간에서 τ공간으로)에 해당한다. 즉 구간 $(0, \infty)$에서 정의되는 어떤 함수 $f(t)$의 s공간으로 라플라스($\mathcal{L}$) 변환은 아래와 같이 정의되기 때문이다(부록 6. 3절 참조).

$$\mathcal{L}f(t) \equiv \int_0^\infty f(t)e^{-st}dt \equiv F(s) \ (\text{단 Re } s > 0) \tag{6. 143}$$

또 $f(t)$는 $F(s)$의 역변환으로 얻어진다. 즉

$$f(t) = \mathcal{L}^{-1}F(s) \tag{6. 144}$$

따라서 식 (6. 142)에서 감쇄속도 Γ의 (확률)분포함수 $G(\Gamma)$는 $|g_1(\tau)|$의 역 라플라스 변환에 의해 얻어진다. 그리고 $|g_1(\tau)|$가 산란강도 I에 비례($\because I \propto E^2$)하므로 분포 $G(\Gamma)$는 '산란강도 가중치(scattering intensity-weighted)'분포로 불린다.

한편 2. 1절에서 논의한 확률분포함수에 관련된 특성함수 $\phi(t)$(식 2. 6) 및 그의 큐뮬런트 전개식 (2. 8)에서 $t \rightarrow \tau$, $x \rightarrow \Gamma$, $i \rightarrow -1$ 그리고 ϕ를 $|g_1(\tau)|$, $f(x)$를 $G(\Gamma)$으로의 치환을 행하면 $\ln g_1(\tau)$의 $\tau = 0$ 근방으로의 큐뮬런트 전개식은 아래와 같다.

$$\ln|g_1(\tau)| = \sum_{n=0}^{\infty} \frac{(-1)^n}{n!}\kappa_n \tau^n = -\kappa_1\tau + \frac{\kappa_2}{2!}\tau^2 - \frac{\kappa_3}{3!}\tau^3 + \cdots \tag{6. 145}$$

여기서 큐뮬런트 전개계수 κ_n에 대한 식 (2. 10)의 결과를 이용하면 아래와 같다.

$$\kappa_1 = \langle \Gamma \rangle,\ \kappa_2 = \langle (\Delta\Gamma)^2 \rangle = \langle \Gamma^2 \rangle - \langle \Gamma \rangle^2,\ \kappa_3 = \langle (\Delta\Gamma)^3 \rangle = \langle \Gamma^3 \rangle - 3\langle \Gamma \rangle \langle \Gamma^2 \rangle + 2\langle \Gamma \rangle^3, \cdots \tag{6. 146}$$

여기서 $\langle \Gamma^n \rangle \equiv \int_0^\infty \Gamma^n G(\Gamma)d\Gamma$를 의미한다. 식 (6. 146)의 결과를 식 (6. 145)에 대입하면 아래를 얻는다.

$$\ln|g_1(\tau)| = -\langle \Gamma \rangle\tau + \frac{1}{2}\langle \Delta\Gamma^2 \rangle\tau^2 - \frac{1}{6}\langle \Delta\Gamma^3 \rangle\tau^3 + \cdots \tag{6. 147}$$

위 식에서 아래가 성립된다.

$$\frac{\partial}{\partial\tau}\ln|g_1(\tau)|\bigg|_{\tau=0} = -\langle \Gamma \rangle$$

여기서

$$\langle \Gamma \rangle = \langle Dq^2 \rangle = q^2 \langle D \rangle, \quad q = (4\pi/\lambda)\sin(\theta/2) \tag{6. 148}$$

그런데 다분산성 고분자 용액의 경우 식 (6. 142)의 분포함수 $G(\Gamma)$에서 분자량 M_i에 해당하는 Γ_i의 분포 $G(\Gamma_i)$는 통상 c_iM_i에 비례하므로 아래가 성립된다.

$$|g_1(\tau)| \propto \sum_i c_iM_i \exp\left(-D_iq^2\tau\right)$$

여기에 log를 취해 τ에 대해 편미분하고, $\tau = 0$을 취하면 아래를 얻는다.

$$-\frac{\partial}{\partial\tau}\ln|g_1(\tau)|\bigg|_{\tau=0} = \frac{\sum c_iM_iD_i}{\sum c_iM_i}q^2 = \langle \Gamma \rangle = \langle D \rangle q^2$$

그런데 $c_i = cw_i$(여기서 w_i는 무게분율, $c = \sum c_i$)이므로 $c_iM_i/\sum c_iM_i = w_iM_i/\sum w_iM_i = z_i$($z$ 분율)(식 2. 16)이므로 아래가 성립된다.

$$\frac{\sum c_iM_iD_i}{\sum c_iM_i} = \sum z_iD_i = D_z = \langle D \rangle_z, \quad \langle \Gamma \rangle = D_zq^2 \tag{6. 149}$$

따라서 식 (6. 147)의 큐뮬런트 전개의 초기 기울기에서 구한 D는 z평균 D 즉 D_z가 된다(그림 6. 12 참조).

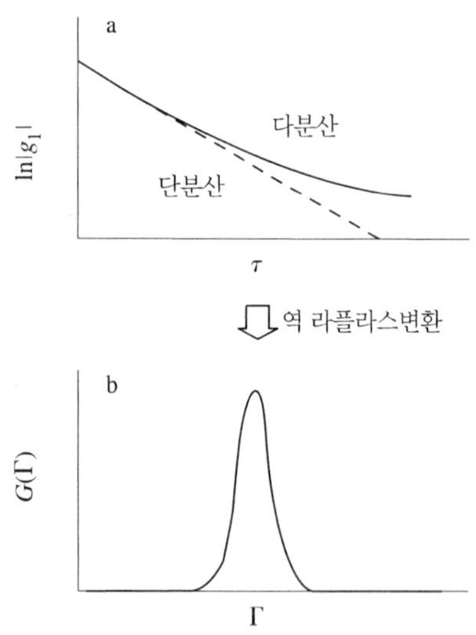

▶ **그림 6. 12** a: 단분산 입자 용액의 경우, $\ln|g_1(\tau)|$ 대 τ의 플롯은 직선(점선)이 되나, 다분산 입자의 경우는 직선에서 벗어남(실선)을 알 수 있다. b: $|g_1(\tau)|$의 역 라플라스 변환은 감쇄(decay)속도 Γ의 분포 $G(\Gamma)$를 준다[식 (6. 143) 참조].

[비고: DLS에서 구한 D는 용액 속에서 용질 분자간의 구별이 어려우므로 단독 용질의 자기(self) 확산계수 D_s가 아닌 상호(mutual)확산계수 D_m임에 유의해야한다.]

한편 용액 속 용질의 확산에 관한 Stokes-Einstein 공식에 의하면 반경 R_s의 구(sphere)의 경우 확산계수는 아래 식으로 표시된다.

$$D = kT/6\pi\eta_0 R_s \tag{6.150}$$

여기서 k는 Boltzmann 상수, η_0는 용매의 점도이다.

이에 반해 구가 아닌 고분자 코일과 같은 일반적인 비대칭 경우에는 '구 대응 반경(sphere-equivalent radius)' R_e에 상응하는 소위 '수력학적 반경(hydrodynamic radius)' R_H가 아래 식으로 정의된다.

$$R_H \equiv kT/6\pi\eta_0 D \tag{6.151}$$

여기에서 D(혹은 $\langle D \rangle$)는 위에서 언급한 $\ln|g_1(\tau)|$ 대 τ의 플롯의 초기($\tau \to 0$)기울기에서 얻어지므로 R_H도 식 (6.151)로부터 구할 수 있다.

한편 R_H는 고분자 용액에 관한 수력학적 이론[즉 용질의 존재가 용매의 속도분포에 영향을 미친다는 소위 'Oseen 텐서'라고 불리우는 수력학적 상호작용을 고려한)에 의하면 고분자 사슬의 경우는 아래와 같이 분자 내 m 및 n번째 있는 세그먼트의 거리 $\boldsymbol{r}_m$과 $\boldsymbol{r}_n$의 차벡터의 크기의 역수 평균으로 R_H^{-1}이 얻어진다.

$$\frac{1}{R_H} = \left\langle \frac{1}{|\boldsymbol{r}_m - \boldsymbol{r}_n|} \right\rangle \tag{6.152}$$

이 식의 우편은 고분자의 전 세그먼트에 대하여 통계적 평균을 계산해야한다. 이 관계로부터 결합수(혹은 중합도) N, 한 개의 결합길이 b인 4.1절에서 논의한 가우스 (이상)사슬(자유 연결쇄)의 경우 아래가 성립한다.

$$R_H = 8\left(\frac{2}{3\pi}\right)^{1/2} \frac{1}{bN^{1/2}} \tag{6.153}$$

증 명 이상사슬의 경우 $|j-i|$ 떨어진 길이 l 두 분절 간 거리제곱의 평균 즉 $\langle r_{ij}^2 \rangle = \langle (\boldsymbol{r}_i - \boldsymbol{r}_j)^2 \rangle = |j-i|l^2$ (식 4.32)이다. 또한 (비섭동)평균거리 $\langle r^2 \rangle_\theta$를 알 때 두 분절간 (말단)거리에 관한 3차원 (구대칭)반경분포 함수 $w(r)$에 관한 공식 (4.65)로부터 거리 $|n-m|$ 떨어진 두 분절 간의 거리의 역수 $\left(\frac{1}{r}\right)$에 관한 정규화된 분포함수 $w(r)$는

$|n-m|$ 벌어신, 길이 b인 두 분질 간의 이싱사슬에 대힌 제곱평균 기리 $\langle (\boldsymbol{r}_m - \boldsymbol{r}_n)^2 \rangle = \langle r_{nm}^2 \rangle = |n-m|b^2$가 되므로 이를 이용하여 아래와 같이 나타낼 수 있다.

$$w(r) = \left(2\pi \langle r_{nm}^2 \rangle /3\right)^{-3/2} \exp\left(-\frac{3r^2}{2\langle r_{nm}^2 \rangle}\right) 4\pi r^2 \tag{6. 154}$$

이를 사용하여 아래의 거리 $|n-m|$ 떨어진 고분자의 두 분절 간의 거리 역수 $\left(\frac{1}{r}\right)$의 평균을 구하면 아래와 같다.

$$\left\langle \frac{1}{|\boldsymbol{r}_m - \boldsymbol{r}_n|} \right\rangle_{mn} = \int_0^\infty \left(2\pi |n-m| b^2/3\right)^{-3/2} \exp\left(-\frac{3r^2}{2|n-m|b^2}\right) 4\pi r^2 \frac{1}{r} dr \tag{6. 155}$$

$$= \left(2\pi |n-m| b^2/3\right)^{-3/2} 4\pi \cdot |n-m| b^2/3 = (6/\pi)^{1/2} b^{-1} |n-m|^{-1/2}$$

다시 위 식의 우편의 $|n-m|^{-1/2}$항의 전 n 및 m(분절)에 관한 평균을 아래와같이 n 및 m에관한 이중적분으로 나타내어 구하면 아래와 같다.

$$\langle |n-m|^{-1/2} \rangle_{mn} = N^{-2} \int_0^N dn \int_0^N dm |n-m|^{-1/2} = 2N^{-2} \int_0^N dn \int_0^n dm (n-m)^{-1/2} \quad (\because n > m)$$

$$= 2N^{-2} \int_0^N dn \int_0^n x^{-1/2} dx \quad (\because n-m = x) = 2N^{-2} \int_0^N 2n^{1/2} dn = (8/3) N^{-1/2} \tag{6. 156}$$

단 위 식의 첫번째 항등관계의 N^{-2}는 분모의 이중적분 $\int_0^N dn \int_0^N dm = N^2$에 의한 것이며, 두 번째 항등관계의 2는 $\sum_{n,m}^{N} (--) \rightarrow 2 \sum_{n>m}^{N} (--)$의 치환에 의한 것이다 (물론 적분의 경우에도 마찬가지로 적용됨).

이 결과를 식 (6. 155)의 우편의 $|n-m|^{-1/2}$항에 대입하면 이상사슬 고분자의 R_H^{-1}에 관한 최종 결과 (식 6. 153)를 얻는다.

$$\frac{1}{R_H} = \left(\frac{6}{\pi}\right)^{1/2} \frac{1}{b} \times \frac{8}{3} N^{-1/2} = 8 \left(\frac{2}{3\pi}\right)^{1/2} \frac{1}{bN^{1/2}} \quad \blacksquare$$

한편 길이 b인 결합수 N을 가진 가우스 이상사슬의 제곱평균 말단거리의 1/2승 즉 $R_F\left(\equiv \langle R^2 \rangle_\theta^{1/2}\right)$는 식 (4. 12)에서 $R_F = N^{1/2} b$이고, 또 가우스 사슬에 대한 (비섭동)제곱평균 말

단거리의 1/2승 즉 $R_g(\equiv \langle S^2 \rangle^{1/2})$는 식 (4. 33)에서 $R_g=(1/\sqrt{6})R_F=(1/\sqrt{6})N^{1/2}b$가 된다. 따라서 결합길이 b, 결합수 N인 가우스 고분자 사슬의 경우 아래의 크기관계가 성립된다.

$$R_H/R_F=(3\pi/2)^{1/2}/8 \simeq 0.271,\ R_H/R_g=(3/8)\pi^{1/2} \approx 0.665,\ R_H < R_g < R_F \tag{6. 157}$$

또한 양용매 내에서의 섭동(perturbed)상태의 경우 식 (5. 246)에서 가우스 사슬의 n, m 간 평균크기는 $|\boldsymbol{r}_n - \boldsymbol{r}_m| = |r_{nm}| \simeq |n-m|^\nu b$ (여기서 지수 ν는 θ-용매 경우 1/2, 양용매 경우 3/5의 값을 가진다)이므로 R_H도 R_F나 R_g의 경우와 마찬가지로 $R_H \simeq bN^\nu$가 될 것이다.

이제 식 (6. 134)로 돌아가 시간평균 산란강도 자동상관함수 $R_I(\tau)(=\langle i_s^*(t)\, i_s(t+\tau)\rangle)$의 푸리에 변환에 해당하는 '파워 스펙트럼(power spectrum)' $P_I(\omega)$(여기서 ω는 각진동수)에 관한 소위 'Wiener-Khintchine 정리'를 부록 6. 2에 나타낸 (복소)푸리에 변환 공식을 이용하여 증명해보자. 이 때 산란강도에 관한 상관함수의 정의식 (6. 116)대신 일반의 경우인 부록 6. 2의 정의식 (A6. 48)에 맞추어 복소 산란강도 $i_s(t)$에 대한 자동상관함수 $R_I(\tau)$는 아래와 같이 다시 정의한다.

$$\begin{aligned} R_I(\tau) \equiv \langle i_s^*(t)\, i_s(t+\tau) \rangle &= \lim_{T\to\infty}\left[\int_{-T}^{T} i_s^*(t)\, i_s(t+\tau)dt \Big/ \int_{-T}^{T} dt (=2T)\right] \\ &= \lim_{T\to\infty}\int_{-T}^{T} i_s^*(t)\, i_s(t+\tau)dt/2T \end{aligned} \tag{6. 158}$$

여기서 T는 주기이다. 이제 $R_I(\tau)$를 각진동수 ω공간으로 푸리에 변환을 하기 위하여 부록 6. 2의 1차원 푸리에 변환 공식 (A6. 29)-(A6. 30)에서 $x \to t$, $\alpha \to \omega$, $f(x) \to i_s(t)$, $F(\alpha) \to I_s(\omega)$라 두면 아래의 관계식이 성립된다.

$$I_s(\omega) = \mathcal{F}(i_s(t)) = \int_{-\infty}^{\infty} i_s(t) e^{+i\omega t} dt \tag{6. 159}$$

이의 역변환은 아래가 된다.

$$i_s(t) = \mathcal{F}^{-1}[I_s(\omega)] = \frac{1}{2\pi}\int_{-\infty}^{\infty} I_s(\omega) e^{-i\omega t} dw \tag{6. 160}$$

한편 부록 6. 2의 식 (A6. 39)에서 아래가 성립된다[단 부록의 복소공액표시의 위첨자 ¯와 *를 혼용하여 사용하나, 특히 $i_s(t)$의 공액은 $i_s^*(t)$로 표시한다.]

$$i_s^*(t) = \frac{1}{2\pi}\int_{-\infty}^{\infty} \bar{I}_s(\omega) e^{i\omega t} d\omega \tag{6. 161}$$

따라서 시간평균 산란강도 자동상관함수 $R_I(\tau)$는 이들 결과를 대입하고, 델타함수 $\delta(x)$에 관한 공식 (A6. 22) 및 (A6. 24)을 이용하면 아래가 된다.

$$\left.\begin{aligned}
R_I(\tau) &\equiv \langle i_s^*(t)\, i_s(t+\tau)\rangle \equiv \lim_{T\to\infty}\frac{1}{2T}\int_{-\infty}^{\infty} i_s^*(t)\, i_s(t+\tau)dt \\
&= \lim_{T\to\infty}\frac{1}{2T}\int dt\left[\frac{1}{2\pi}\int d\omega\,\bar{I}_s(\omega)e^{i\omega t}\right]\left[\frac{1}{2\pi}\int d\omega' I_s(\omega')e^{-i\omega'(t+\tau)}\right] \\
&= \lim_{T\to\infty}\left(\frac{1}{2T}\right)\left(\frac{1}{2\pi}\right)^2\int d\omega\,\bar{I}_s(\omega)\int d\omega' I_s(\omega')\left[\int dte^{it(\omega-\omega')}\right]e^{-i\omega'\tau} \\
&= \lim_{T\to\infty}\left(\frac{1}{2T}\right)\left(\frac{1}{2\pi}\right)^2\int d\omega\,\bar{I}(\omega)\int d\omega' I(\omega')2\pi\delta(\omega-\omega')e^{-i\omega'\tau} \\
&= \lim_{T\to\infty}\left(\frac{1}{2T}\right)\left(\frac{1}{2\pi}\right)\int d\omega\,\bar{I}_s(\omega)I(\omega)e^{-i\omega\tau} = \lim_{T\to\infty}\left(\frac{1}{2T}\right)\mathcal{F}^{-1} \\
&\left[|I_s(\omega)|^2\left(=\bar{I}_s(\omega)I_s(\omega)\right)\right]
\end{aligned}\right\}\quad (6.\ 162)$$

여기서 산란강도 파워스펙트럼 $P_I(\omega)$를 아래와 같이 정의하면

$$P_I(\omega) \equiv \lim_{T\to\infty}\frac{1}{2T}|I_s(\omega)|^2 \quad (6.\ 163)$$

아래와 같이 단일 감쇄속도(혹은 완화시간)을 가진 단분산 고분자에관한 Wiener-Khintchine 정리가 증명된다.

$$R_I(\tau) \equiv \langle i_s^*(t)\, i_s(t+\tau)\rangle = \mathcal{F}^{-1}[P_I(\omega)] \quad (6.\ 164)$$

혹은

$$P_I(\omega)\left[\equiv \lim_{T\to\infty}\frac{1}{2T}|I_s(\omega)|^2\left(=\bar{I}_s(\omega)\, I_s(\omega)\right)\right] = \mathcal{F}\left[\langle i_s^*(t)\, i_s(t+\tau)\rangle\right] \quad (6.\ 165)$$

한편 감쇄속도 $\Gamma(=Dq^2)$의 분포 $G(\Gamma)$대신 단일 감쇄속도(즉 $\Gamma=Dq^2$이 1개)를 갖는 경우에 얻어진 시간평균 산란강도 자동상관함수 $R_I(\tau)$에 관한 결과식인 식 (6. 134)의 양변을 지연시간인 τ공간에서 각 진동수 w공간으로 직접 푸리에변환을 해보자. 왼편도 식 (6. 165)에 의해 $P_I(w)$가 된다. 그리고 우편은 부록표 A6. 2를 이용하여 아래가 된다.

$$2\pi\delta(\omega)A + B\times 4\Gamma/\left(4\Gamma^2+\omega^2\right)\ \ (\text{단 } \Gamma = Dq^2 > 0 \text{ 만족})$$

따라서 전체적으로 단일 감쇄속도인 경우의 파워스펙트럼의 ω 의존성은 아래와 같이 된다.

$$P_I(\omega) = A2\pi\delta(\omega) + (B/\Gamma)/\left[1 + (\omega/2\Gamma)^2\right] \tag{6. 166}$$

위 식의 우편의 두 번째 항은 소위 'Lorenz형'곡선이 된다. 따라서 초함수인 $\delta(\omega)$항을 무시하면, $P_I(\omega)$의 ω에 대한 곡선은 $\omega = 0$에서 최대가 되는 좌우대칭의 우함수로서 최대 높이의 반에 해당하는 점에서의 x축상으로의 폭 즉 반폭치 $\Delta\omega_{1/2} = 2\Gamma = 2Dq^2$가 되어, 이로부터 (고분자)용질의 확산계수 D[정확히는 병진, 상호 확산계수 D_m에 해당]를 구할 수 있으며, Stokes-Einstein 법칙식 (6. 151)에서 입자의 수력학적 크기 R_H 및 이로부터 분자량에 관한 정보 및 나아가 다분산 고분자의 경우 전술한 바와 같이 Γ의 분포함수 $G(\Gamma)$(이는 $|g_1(\tau)|$의 역 라플라스변환에서 얻어진)로부터 분자량 분포 및 z평균 확산계수 D_z도 구할 수 있다. 또한 산란각도 θ(혹은 파동벡터 q)를 고정시키지 않고 여러 값을 바꾸어 측정하면 용질의 모양에 관한 정보도 얻을 수 있다.

6. 3. 6 소각 X-선 산란(SAXS)와 중성자산란(SANS)

가시광선의 산란에 관한 이론에서 유도된 기본식은 X-선과 중성자(neutron) 산란에도 적용할 수 있으며, 이때 광학 대비(contrast)상수 K가 산란의 근원이 다른 것을 감안하여 다시 정의되어야 한다. 각각의 경우에 K는 측정할 산란입자(용질분자)와 그 환경(용매분자)사이의 적절한 물성값 차이의 제곱에 비례한다. 가시광선에 의한 산란은 K_{LS}에 대한 식 (6. 56)의 $[n_0(dn/dc)]^2$항으로 표현하는 분극율 α의 차이에 의한 발생한다. X-선 산란은 전자 밀도 차이 $\Delta\rho_e$에 의해 발생하며, $K_{\text{XS}} \propto (\Delta\rho_e)^2$이다. 그리고 중성자 산란은 중성자 산란길이(neutron scattering length) 밀도차 $\Delta\rho_n$에 기인하며 $K_{\text{NS}} \propto (\Delta\rho_n)^2$이다.

X-선(대개 0.1 nm)과 중성자(대개 0.1 nm에서 2 nm)의 파장은 가시광선의 파장보다 매우 작다. 따라서 X-선과 중성자 산란 측정은 광산란을 이용해서 측정한 것보다 더 작은 범위의 크기에 대한 정보를 제공해 준다. 그러나 간섭효과(즉 $P(\theta)$로부터)로부터 이런 정보를 얻기 위해선 경로길이 차이가 $\lambda/2$보다 작도록, 매우 작은 산란각 ($\theta < 2°$)에서의 측정이 요구된다. 이러한 측정은 시료로부터 먼 거리(대개 1~40 m)에 검출기를 위치함으로서 가능해진다. 즉 입사광($\theta = 0$)과 산란된 광선 사이에 거리가 비교적 크도록 하는 효과이다. 이러한 소각 x-선과 중성자 산란 측정들은 SAXS(small angle X-선 scattering)와 SANS(small angle neutron scattering)로 각각 약칭되어진다.

광산란과 같은 방법으로 SAXS와 SANS의 실험 자료로부터 M_w, A_2와 $\langle S^2 \rangle_z$를 구할 수 있다. 식 (6. 78)에 의해 정의된 Guinier 근사법과 식 (6. 89)과 동등한 SAXS와 SANS에 관한 식을 이용하여, 분자의 형태를 가정하지 않고 $\langle S^2 \rangle_z$를 결정할 수 있다. 그러나 Guinier의 표현은

$q\langle S^2\rangle_z^{1/2} \leq 1$일때만 만족한다. 그래서 그 식을 $\langle S^2\rangle_z^{1/2}$을 구하는데 사용하는 것은, 산란각 θ의 범위에 걸쳐 실험 데이터를 외삽시켜 $q\langle S^2\rangle_z^{1/2} \leq q^{-1}$의 조건이 되었을 때 유효하다. 즉 식 (6. 78)의 Guinier 근사식을 사용할 경우 주어진 λ의 값과 가능한 θ의 범위에 대하여 $\langle S^2\rangle_z^{1/2}$를 결정할 수 있는 상한치가 존재한다. SAXS, SANS과 광산란의 상한값은 각각 5 nm, 20 nm, 200 nm이다. $q\langle S^2\rangle_z^{1/2} > 1$ 경우에는 실험 데이터를 해석하기 위하여 $P(\theta)$에 대한 완전한 표현이 요구되며, 이 식은 고분자 분자에 대한 특정한 모델의 가정을 필요로 한다[예를 들면 가우스(이상) 코일에 대한 식 (6. 77)].

싱크로트론(Synchrotron)방사의 원천은 $0.06 \leq \lambda \leq 0.3\,\text{nm}$ 범위의 파장으로 선별된 X-선 광을 사용할 수 있게 된다. 하지만 실험실에서 쓰이는 장치는 Cu Kα선($\lambda = 0.154$ nm)이 주로 사용된다. 고분자의 경우, $\langle S^2\rangle_z^{1/2}$는 5 nm보다 크기 때문에 Guinier지역은 일반적으로 SAXS에 의해 측정될 수 없으며, $\langle S^2\rangle_z^{1/2}$을 구하기 위해 모델가정이 요구된다.

SANS의 경우, 핵반응로로부터 직접 방출된 열 중성자($\lambda = 1\,\text{nm}$ 가량)의 사용은 SAXS에서 마찬가지로 이와 유사한 제한이 있다. 그러나 열 중성자의 속도를 줄여 냉각된 중성자($\lambda = 1\,\text{nm}$ 가량)을 만들어 냄으로서 SANS에 의해 Guinier 지역에서 약 20 nm까지의 $\langle S^2\rangle_z^{1/2}$를 결정할 수 있다. 그러므로 이러한 측정은 $\lambda = 488.0\,\text{nm}$인 것을 사용하여 15 nm가량의 측정 하한치를 갖는 광산란에 의한 유사한 측정을 보완할 수 있다. SANS분석에서 필요로 하는 대비($\Delta\rho_n$)를 얻기 위해, 수소(^{1}H)원자와 중수소(^{2}H)원자의 중성자 산란길이의 간의 큰 차이를 이용한다. 그래서 중수소화 용질 또는 중수소화 용매가 사용된다. ^{1}H과 ^{2}H원자는 각각 상이한 산란 거동을 보이므로 블록 공중합체에서 특정 블록의 $\langle S^2\rangle_z^{1/2}$의 결정이 가능하다. 이것은 한 가지 블록만이 중수소화된 블록 중합체를 적절한 ^{1}H로 된 용매에 용해시켜 SANS분석을 함으로서 이루어진다.

높은 침투력을 가진 X-선과 중성자를 이용한 SAXS와 SANS측정은 고체형태의 고분자의 분석도 가능하게 한다. SAXS는 보통 고분자에서 분산상의 크기를 측정하는데 사용되며, 특히 고분자 형태학(morphology) 연구에 적합하다. 고체상 고분자의 SANS 측정은 ^{1}H 고분자와 매우 작은 양(낮은 농도)의 해당하는 중수소화 고분자를 포함하는 (예로 중수소원자핵의 폴리스티렌을 가진 폴리스티렌) 혼합물을 분석함으로서 가능하다. 이러한 측정은 순수한 무정형 고분자에서 고분자 분자들이 비섭동 상태의 이상적인 크기로 존재한다는 확실한 증거를 제공한다. 또한, 이러한 선택적인 중수소화를 이용하여, 상분리된 블록 공중합체에서 개개의 블록 크기 그리고 망상고분자에서 망상 사슬의 크기를 결정할 수도 있다. 따라서 SANS는 현재까지 고분자 사슬 크기의 연구에 가장 중요한 기술이며 여기서 언급된 것 이상으로 많이 응용된다.

SAXS 및 SANS에 관한 언급은 여기서 그치겠으나, 이후 필요한 곳에서는 다시 설명하겠다.

6.4 용액의 이동성질로부터 분자량 측정

묽은 고분자 용액 속에서 용질의 확산(diffusion), 침강(sedimentation), 점성(viscosity)거동과 같은 시간의존성의 소위 '이동성질(transport properties)'의 측정으로부터도 고분자의 평균분자량을 구할 수 있다. 이동성질이란 지금까지 다루어 온 평형성질과는 달리 자발적으로 일어나 비가역, 비평형 과정에 대한 열역학 제2법칙 즉 $dG_{T,P} \le 0$(여기서 등호는 평형, 부등호는 비평형 과정에 해당)에 의거하여 질량(mass)이동, 운동량(momentum)이동, 열(에너지)이동 등을 일컫는 것으로 용액 중 고분자 사슬의 동력학적(dynamic)성질과 관련되어 있다. 이절에서는 3 대표적인 이동성질인 확산, 침강 및 점성거동으로부터 평균분자량을 구하는 방법에 대하여 논하고자 한다.

6.4.1 확산

액체 속에 분산되어있는 입자들은 열에너지 kT(여기서 k는 볼츠만 상수)로 활성화되어 브라운(Brown)열운동에 의하여 용기 속에서 '확산과정'에 의해 끊임없이 그들의 위치를 바꾼다. 그림 6.13은 시간 $t=0$, 위치 $\boldsymbol{r}'$에 있는 입자가 시간 t후에 어떻게 위치 $\boldsymbol{r}$에 도달하는가를 보여준다. 그러나 변위(displacement) $\Delta \boldsymbol{r}(=\boldsymbol{r}-\boldsymbol{r}')$는 예측할 수 없다.

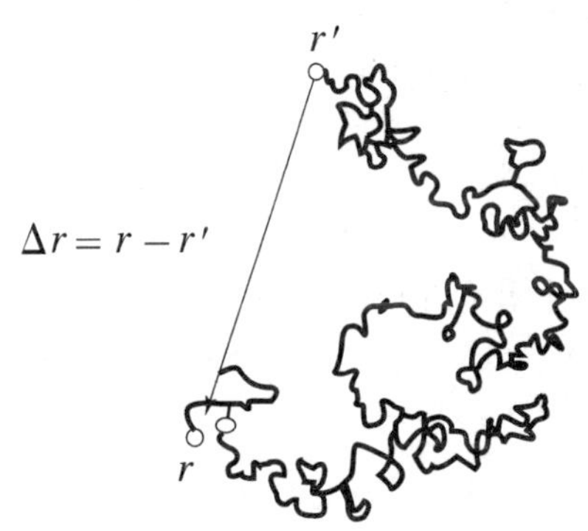

▶ **그림 6.13** 브라운(Brown)열운동의 궤적. 시간 0, 위치 r'에 있는 입자가 시간 t에 위치 r로 도달하나, 그 변위$\Delta r(=r-r')$는 예측할 수 없다.

다만 $t=0$, $\boldsymbol{r}=\boldsymbol{r}'$에서 $t=t$, $\boldsymbol{r}=\boldsymbol{r}$로 이동하는 확률적(stochastic)과정에 대한 '천이확률(transition probability)' $P(\boldsymbol{r}, \boldsymbol{r}'; t)$는 아래와 같이 나타낼 수 있다.

$$P(\boldsymbol{r}, \boldsymbol{r}'; t) = (4\pi Dt)^{-3/2} \exp\left(-\frac{(\boldsymbol{r}-\boldsymbol{r}')^2}{4Dt}\right) \tag{6.167}$$

여기서 D는 확산계수이다. 이 식은 4.5.2절의 가우스 이상 사슬의 말단거리 r에 대한 3차원 (구대칭)반경분포함수 $P(r)$에 관한 식 (4.65)에서 $\langle r^2 \rangle_\theta = nl^2$ 대신 $6Dt$를 둔 것에 해당되며, $4\pi r^2$항은 위 식의 $P(\boldsymbol{r})d\boldsymbol{r}$ 3차원 적분시 $d\boldsymbol{r}(= r^2 \sin\theta \, dr \, d\theta \, d\phi)$에서 구대칭인 경우 $4\pi r^2 dr$로 변환되므로 생략되었다(참고 4.3 참조).

그러면 이 (정규화된)천이확률 P를 사용하여 3차원과정에 대한 용질의 확산계수 D는 일반적으로 아래와 같이 나타내진다.

$$D = \frac{\langle [\boldsymbol{r}(t) - \boldsymbol{r}(0)]^2 \rangle}{6t} \tag{6.168}$$

여기서 위치벡터의 제곱평균 변위는 식 (6.167)의 천이확률 P를 사용하여 아래와 같이 정의된다.

$$\langle [\boldsymbol{r}(t) - \boldsymbol{r}(0)]^2 \rangle = \int\int\int d^3r [\boldsymbol{r}(t) - \boldsymbol{r}(0)]^2 P(\boldsymbol{r}, \boldsymbol{r}'; t) \tag{6.169}$$

식 (6.168)에 정의된 D는 시간 t의 함수이므로 $t \to \infty$에 해당하는 긴 시간(극한) 확산계수는 아래와 같이 정의된다.

$$D = \lim_{t \to \infty} \frac{\langle (\boldsymbol{r} - \boldsymbol{r}')^2 \rangle}{6t} \tag{6.170}$$

한편 6.3.5절의 전장강도 자동상관함수 $|g_1(\tau)|$의 큐뮬런트 전개식 (6.147)에서 $\tau \to 0$일때의 1차항만 취하여 식 (6.170)과 비교하면 (단 $t \to \tau$, $\kappa_1 = \langle \Gamma^1 \rangle = \langle D \rangle (\doteqdot D) q^2$ 이용) 낮은 산란각도(즉 q값이 작을 때)에서 아래가 성립된다.

$$\langle (\boldsymbol{r} - \boldsymbol{r}')^2 \rangle = -6 \ln|g_1(\tau)| / q^2 \tag{6.171}$$

그리고 식 (6.151)에서 고분자 용질의 (Stokes)수력학적 반경 R_H를 사용하여 D는 아래와 같이 나타낼 수도 있다.

$$D = \frac{kT}{6\pi \eta_0 R_H} \tag{6.172}$$

여기서 k는 볼츠만 상수, η_0는 용매의 점도이다.

6.4.1.1 Fick의 확산법칙

지금 그림 6.14에 나타낸 바와 같이 같은 물질의 농도가 다른 두 상이 칸막이(partition)로 구분되어 있다가 이를 제거하면 열역학 제2법칙에 의한 용질의 농도(정확히는 화학퍼텐셜)이 높은 곳에서 낮은 곳으로 질량이동이 일어나 $t \to \infty$가 되면 결국 양쪽 농도가 같은[즉 농도의 구배(gradient)가 0이 됨] 평형상태에 도달하게 된다.

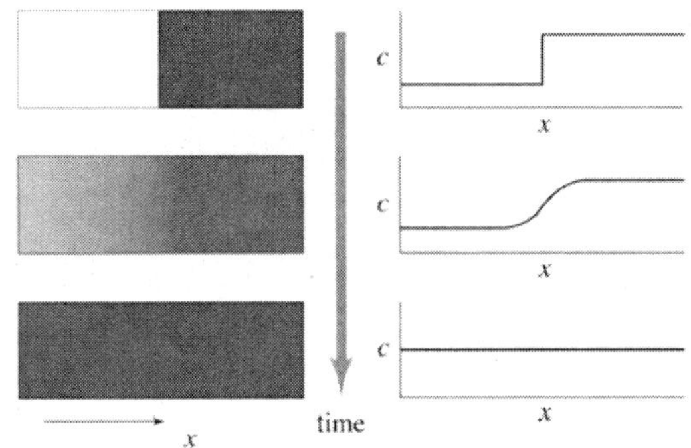

▶ **그림 6. 14** 칸막이(partition)를 제거하면 용질분자는 농도가 높은 곳에서 낮은 곳으로 이동(확산)하여 결국에는 농도가 같은 평형상태에 도달한다.

한편 Fick는 이 과정을 설명하기 위하여 질량이동에 관한 아래의 두 법칙(소위 Fick 의 제1 및 제2법칙)을 제안하였다.

$$j = -D\nabla c \tag{6. 173}$$

$$\frac{\partial c}{\partial t} = -\nabla \cdot j \doteqdot D\nabla^2 c \tag{6. 174}$$

위 식에서 j는 단위시간에 단위면적을 통과하는 질량, 즉 질량 이동 속도(mass flux)이며, 그리고 ∇은 3차원 편미분 연산자로서 $\boldsymbol{i}$, $\boldsymbol{j}$, $\boldsymbol{k}$를 단위 벡터로 갖는 3차원 Cartesian 좌표계의 경우 $\nabla = \boldsymbol{i}\frac{\partial}{\partial x} + \boldsymbol{j}\frac{\partial}{\partial y} + \boldsymbol{k}\frac{\partial}{\partial z}$가 되며, $\nabla^2 (= \nabla \cdot \nabla)$는 $\frac{\partial^2}{\partial x^2} + \frac{\partial^2}{\partial y^2} + \frac{\partial^2}{\partial z^2}$가 된다. 또한 식 (6. 174)의 두 번째 등호관계는 확산계수 D가 농도 c에 무관하다고 가정함에 따른 것이다.

그러나 실제의 경우 D는 농도(및 분자량)의 함수가 된다. 즉, 각 용질이 묽은 용액에서 독립적으로 움직이고 있을 때는 주위 분자의 영향을 받지 않으므로 이때 D를 1개의 용질의 '자기(self)확산계수' D_s라 칭한다. 반면에 농도 c가 커지면 용질분자의 확산은 다른 분자에 영향을 받아 용질간의 구별이 불가능해지므로 한 개의 분자의 (자기)확산계수 대신에 '상호(mutual)확산계수' D_m을 6. 3. 5절에서 언급한 DLS 기법 등을 통하여 추정해 낼 수밖에 없다. 따라서 D_s의 측정은 매우 어려워 '강제 레일리 산란(forced Rayleigh scattering, FRS)'과 같은 특수 측정수단에 의존한다.

한편 두 확산계수에 대한 개념에서 식 (6. 170)을 바탕으로 긴 시간 $(t \to \infty)$에 대한 D_s 및 D_m의 정의식을 아래에 나타낸다.

$$D_s = \lim_{t \to \infty} \frac{\langle [\boldsymbol{r}_1(t) - \boldsymbol{r}_1(0)]^2 \rangle}{6t} \tag{6. 175}$$

$$D_m = \lim_{t \to \infty} \frac{\langle [\boldsymbol{r}_1(t) - \boldsymbol{r}_2(0)]^2 \rangle}{6t} \tag{6.176}$$

식 (6. 175)에서는 농도가 묽을 때 같은 용질 1분자사이의 자기확산을 의미하며, (6. 176)에서는 농도가 진해지면 용질분자 1과 용질분자 2사이의 상호확산을 의미한다. 일반적으로 그림 6. 15에서 볼 수 있듯이 $D_m > D_s$이며, 농도 $c \to 0$인 극한 상황에서는 두 개가 일치하여 $D_0 = \lim_{c \to 0} D(c)$가 된다.

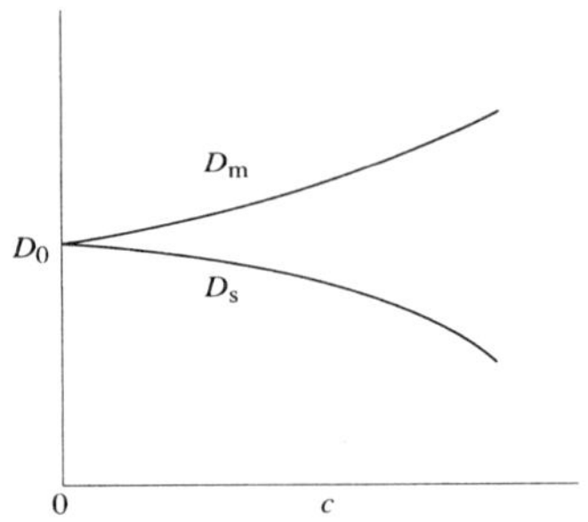

▶ **그림 6. 15** 용질의 농도 c가 증가하면, 일반적으로 D_m은 증가하나, D_s는 감소하며, $c \to 0$의 극한에서는 두 개가 D_0에 일치하게 된다.

이 그림을 이해하기 위하여 D_s 및 D_m에 관한 농도의존성을 생각해보자. 먼저 D_s의 경우는 확산계수에 관한 Stokes-Einstein 법칙(6. 151)에서 아래와 같이 나타내진다.

$$D_s = \frac{k_B T}{\zeta} = \frac{k_B T}{\zeta_0}(1 - \zeta_1 c + \cdots) \tag{6.177}$$

여기서 k는 볼츠만 상수, $\zeta = 6\pi\eta_0 R_H$(여기서 η_0는 용매의 점도, R_H는 용질의 수력학적 반경)로 나타내지는 마찰계수로서 아래와 같이 농도의 조성을 가진다.

$$\zeta = \zeta_0(1 + \zeta_1 c + \cdots) \tag{6.178}$$

한편 D_m의 농도의존성은 고분자 용액의 화학퍼텐셜 μ_1, μ_2에 관한 Gibbs-Duhem식으로부터 μ_1에 관한 식 (5. 142)를 이용하여 μ_2에 관한 농도(c) 의존식을 구한 후, 용질의 질량 플럭스 $\boldsymbol{j}(=\boldsymbol{v}(\text{속도}) \times c) = -D\nabla c$의 정의식과 아래의 확산평형에 도달하였을 때의 stokes 마찰력과 μ_2의 기울기에 의한 추진력간의 '힘 밸런스(force balance)'로부터 구할 수 있다.

$$\boldsymbol{j}(r) = -\frac{c(\boldsymbol{r})}{\zeta} \nabla \mu(\boldsymbol{r}) \tag{6.179}$$

그 결과만을 소개하면 D_m의 농도의존성은 아래와 같다.

$$D_m = D_0(1 + k_D c + \cdots) \quad (6.180)$$

여기에서 계속 k_D는 아래와 같다.

$$k_D = 2A_2 M - \zeta_1 - \bar{v}_2 \quad (6.181)$$

위 식에서 ζ_1는 식 (6. 178)의 계수이며, A_2는 (F-H) 2차 비리얼계수 (식 5. 144)이다. 또한 $\bar{v}_2$ ($= \bar{V}_2/M$, $\bar{V}_2$는 용질의 부분몰부피)는 비체적(partial specific volume)이나, 묽은 용액의 경우 상수로 취급한다. 그리고 실제에 있어서 후류(backflow)의 영향으로 식 (6. 181)의 $\bar{v}_2$대신 $2\bar{v}_2$로 보정하여 나타낸다.

다음절에서는 3차원으로 나타낸 Fick의 확산 방정식 (6. 173-6.174)대신 (x방향의)1차원 확산방정식의 풀이에 대해 논하겠다.

6. 4. 1. 2 1차원 확산방정식의 해

x방향으로의 1차원 Fick의 제2확산방정식은 아래와 같다(단 확산계수 D는 농도무관 가정).

$$\frac{\partial c}{\partial t} = D\frac{\partial^2 c}{\partial x^2} \quad (6.182)$$

이는 농도 c 및 시간 t의 함수인 $c(x,t)$에 대한 편미분 방정식이다. 지금 위 식에서 $x > 0$, $t > 0$을 가정하고 아래의 초기 및 경계조건을 만족한다고 하자.

$$c(x,0) = 0, \quad c(0,t) = c_0, \quad c(\infty,t) = 0 \quad (6.183)$$

이때 부록 6. 3에 주어진 라플라스변환공식을 이용하여 식 (6. 182)의 해를 구하면 아래와 같다.

$$c = c_0\left\{1 - \frac{2}{\sqrt{\pi}}\int_0^{x/\sqrt{4DT}} e^{-u^2}du\right\} = c_0 erfc(x/\sqrt{4DT}) \quad (6.184)$$

단

$$erfc(x) = 1 - erf(x) = (2/\sqrt{\pi})\int_x^{\infty} e^{-u^2}du \quad (6.185)$$

증 명 식 (6. 182)의 양변을 변수 t에서 s로 라플라스 변환을 취하고, 부록 표 A6. 3의 공식 3을 이용하면 아래와 같다 [단 $\mathcal{L}c(x,t) = c(x,s)$].

$$sC(x,s) - c(x,0) = D\frac{d^2}{dx^2}C(x,s) \quad (6.186)$$

그런데 조건 (6. 183)에서 $c(x,0)=0$이므로 위 x에 관한 2계상미방(여기서 s는 상수취급)은 아래와 같이 된다.

$$\frac{d^2C}{dx^2} - \frac{s}{D}C = 0 \tag{6. 187}$$

그리고 조건 $c(0,t)$에 대한 $\mathcal{L}$변환은 아래와 같다.

$$c(0,s) = c_0/s (\because \text{ 표 A6. 3-1공식}) \tag{6. 188}$$

식 (6. 187)은 잘 알려진 2계 상미방의 고유치(eigen value)문제에 해당되므로 아래와 같이 일반해를 나타낼 수 있다.

$$C(x,s) = c_1 e^{\sqrt{s/D}\,x} + c_2 e^{-\sqrt{s/D}\,x} \tag{6. 189}$$

그런데 조건 (6. 183)에서 $c(\infty,t)=0$ 이므로 $c_1=0$이 되어야 한다. 그리고 식 (6. 188)에서 $c_2 = c_0/s$가 된다. 따라서 식 (6. 189)는 아래가 된다.

$$C(x,s) = \frac{c_0}{s} e^{-\sqrt{s/D}\,x} \tag{6. 190}$$

그런데 표 A6. 4의 공식 10번 (여기서 $k = x/\sqrt{D}$ 임)을 이용하여 식 (6. 190)의 역 라플라스변환에서 아래가 얻어져 증명된다.

$$c(x,t) = c_0 erf\,c(x/\sqrt{4Dt}) = c_0\{1 - erf(x/\sqrt{4Dt})\}$$
$$= c_0\left\{1 - \frac{2}{\sqrt{\pi}}\int_0^{x/\sqrt{4Dt}} e^{-u^2} du\right\} \quad ■$$

한편 해 (6. 184)를 x에 대하여 편미분하면 아래를 얻는다.

$$\left(\frac{\partial c}{\partial x}\right)_t = -\frac{2c_0}{\sqrt{4\pi Dt}} e^{-x^2/4Dt} \tag{6. 191}$$

[단 여기서 $erfc(x)$의 미분 즉 $derfc(x)/dx = -(2/\sqrt{\pi})e^{-x^2}$을 이용하였다.]

이를 x축에 대하여 플롯하면 아래와 같다(단 위 식에서 부호 -를 생략).

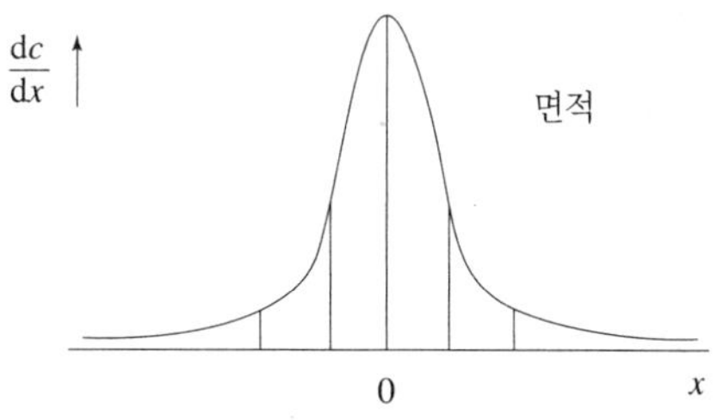

▶ **그림 6. 16** 확산 프로필 [식 (6. 191)의 플롯. 단 −부호는 생략했음].

한편 식 (6. 191)과 그림 6. 16에서 아래가 정의된다.

$$A(\text{면적}) = \int_{-\infty}^{\infty} \left(\frac{\partial c}{\partial x}\right)_t dx = -2c_0 \,[\because \text{식}\,(2.85),\ n=0,\ a=1/4Dt] \tag{6. 192}$$

$$H(x=0\text{에서 높이}) = -\frac{2c_0}{\sqrt{4\pi Dt}} \tag{6. 193}$$

$$A/H = \sqrt{4\pi Dt} \tag{6. 194}$$

단 식 (6. 192)의 결과는 $\int_{-\infty}^{\infty} e^{-x^2/4Dt}dx = 2\int_0^{\infty} e^{-x^2/4Dt}dx = 2I_0 = 2\times\frac{1}{2}\sqrt{4\pi Dt}$ [∵식 (2. 85)에서 $n=0$, $a=1/4Dt$ 대입]을 이용하였다. 그리고 식 (6. 194)에서 $(A/H)^2 = 4\pi Dt$이므로 확산실험에서 얻어진 데이터를 사용하여 $(A/H)^2$ 대 t의 직선 플롯을 하면 그림 6. 17에서 보는 바와 같이 기울기가 $4\pi D$를 주어, D를 구할 수 있다.

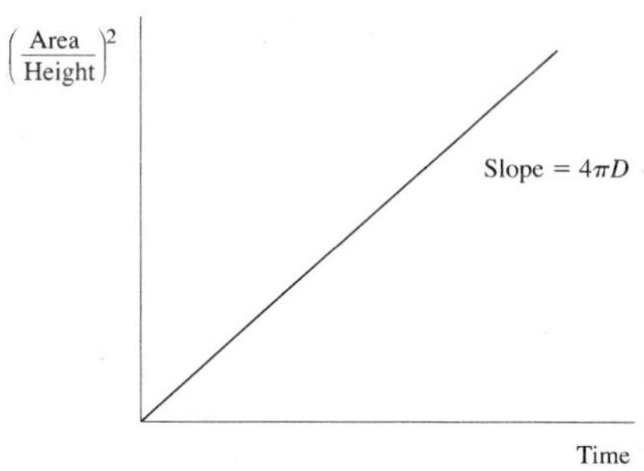

▶ **그림 6. 17** 면적(A)/ 높이(H) 플롯으로부터 D의 추정

한편 1차원 확산방정식 (6. 182)의 해로서 만약 초기 및 경계조건이 다를 경우 다른 형태의 해가 얻어진다. 가령 조건 (6. 183)에서 $c(0,t) = c_0$ 대신 시간 의존항 가령 $c(0,t) = g/\sqrt{4\pi Dt}$ (여기서

$g = \int_{-\infty}^{\infty} c(x,t)dx$)를 이용하면 식 (6. 184)대신 아래 형태의 해가 얻어진다.

$$c(x,t) = \frac{g}{\sqrt{4\pi Dt}} e^{-\frac{x^2}{4Dt}} \tag{6. 195}$$

이에 관한 문제는 문 6. 11에 주어져 있다. 다음절에서는 D 의 분자량 및 모양(shape)의존성에 대하여 간단히 설명하겠다.

6. 4. 1. 3 *D*의 분자량 및 모양의존성

먼저 식 6. 180의 D_m 의 농도의존성에서 $D_0\left(= \lim_{c\to 0} D_m\right)$의 분자량 의존성도 Stokes Einstein 식 (6. 177)과 다음절의 침강실험으로부터 일반적으로 아래와 같이 지수(스케일링법칙)적으로 나타낸다.

$$D_0(M) = k_D M^{-a_D} \tag{6. 196}$$

여기서 D_0의 M의존성을 나타내는 스케일링 지수 a_D는 0~1의 실수 (통상 1/3~0.6)를 취한다. 여기에 대해서는 이 장의 뒷부분에서 다시 언급하겠다.

다음에는 확산계수 D (혹은 마찰계수 ζ)에 대한 용질분자의 모양(shape)의존성에 대하여 생각해보자. 만약 용질이 반경 a의 구(sphere)라면 식 (6. 177)로 정의되는 Stokes-Einstein법칙에서 마찰계수 $\zeta = 6\pi a\eta_0$가 될 것이다. 그러나 일반적으로 막대나 코일처럼 모양이 구가 아니다. 따라서 Perrin등은 축비(axial ratio) $p = b/a$(혹은 a/b)[여기서 일반적으로 3차원 타원체(ellipsoid)의 경우 장축(major axis)을 a, 단축(minor axis)를 b라 둠]개념을 도입하여 D 혹은 ζ의 용질모양의존성을 나타내었다. 그러기위하여 먼저 '구대응 반경(sphere-equivalent radius)' c 를 아래와 같이 정의하였다.

$$v_{\text{mol}} = (4\pi/3)c^3 = \overline{V}_2/N_A \tag{6. 197}$$

여기서 v_{mol}는 1개의 (비대칭)용질의 분자부피이며, $\overline{V}_2$(=$M\overline{v_2}$, 여기서 M 및 $\overline{v}_2$는 각각 용질의 분자량 및 비체적)는 부분몰부피, N_A는 아보가드로수이다. 여기서 만약 M과 $\overline{v}_2$를 알면 c 를 결정할 수 있다. 위 식에 정의된 구대응 반경 c는 반경 a인 구의 경우는 당연히 $c = a$가 되겠지만, 반경 a, 길이 L인 막대 (이 경우 $V = \pi a^2 L$) 뾰족(prolate)타원체 [이 경우 부피 $V = (4\pi/3)ab^2$, a가 장축]나 납작(oblate)타원체 [이 경우 $V = (4\pi/3)a^2 b$, a가 장축]의 경우는 c가 아래와 같이 나타내진다[증명은 실제 V와 식 (6. 197)의 c의 정의에서 얻어짐].

$$c(\text{막대}) = (3a^2L/4)^{1/3},\ c(\text{뾰족타원체}) = (ab^2)^{1/3},\ c(\text{납작타원체}) = (a^2b)^{1/3} \tag{6. 198}$$

이와 같이 정의된 구대응 반경 c를 가진 용질의 확산계수 또는 마찰계수를 각각 D_0 및 ζ_0라 하고, 식 (6. 177)에서 아래의 관계가 성립된다.

$$\zeta_0 = 6\pi\eta_0 c,\ D_0 = kT/\zeta_0 = kT/6\pi\eta_0 c \tag{6. 199}$$

이에 대응하여 6. 3. 5절에서 언급한 DLS측정에서 얻어진 D에서 구한 마찰계수 ζ는 수력학적 반경R_H(식 6. 172)를 사용하여 아래와 같이 나타내진다.

$$\zeta = kT/D(= 6\pi\eta_0 R_H) \tag{6. 200}$$

여기서 Perrin 등은 막대, 뾰족 타원체, 납작 타원체의 용질에 대아여 비 $\zeta/\zeta_0(= D_0/D)$를 축비 $p(= b/a)$(또는 장축, 단축의 길이 a, b항)의 함수인 용질의 '기하인자(geometrical factor)' $\xi(p)$를 사용하여 각각 아래와 같이 나타내었다.

먼저 반경 a, 길이 L인 구의 경우는 아래와 같다.

$$\zeta/\zeta_0(\equiv \xi(p)) = \left[\frac{(1/2a)^{2/3}}{(3/2)^{1/3}\{2\ln(L/a) - 0.11\}}\right] \tag{6. 201}$$

장축 $2a$, 단축 $2b$인 뾰족 타원체의 경우는 축비 $p = b/a(< 1)$로 나타내면 아래와 같다.

$$\zeta/\zeta_0(\equiv \xi(p)) = \frac{\sqrt{1-p^2}}{p^{2/3}\ln\left[\left(1+\sqrt{1-p^2}\right)/p\right]} \tag{6. 202}$$

그리고 장축 $2a$, 단축 $2b$인 납작 타원체의 경우는 축비 $p = a/b(> 1)$로 정의하여 나타내면 아래와 같다.

$$\zeta/\zeta_0(\equiv \xi(p)) = \frac{(p^2-1)^{1/2}}{p^{2/3}\tan^{-1}(p^2-1)^{1/2}} \tag{6. 203}$$

따라서 가령 뾰족 또는 납작 타원체의 경우 축비 p값에 따라 기하인자 $\xi(p)$의 값을 위 수식에 의해 미리 계산해두면 만약 ζ_0는 식 (6. 197)과 (6. 199)에서 용매의 점도 η_0, 용질의 분자량 M 및 비체적 $\bar{v}_2$를 안다면 계산할 수 있으며, 실제 마찰계수 ζ는 DLS측정 등에서 (상호)확산계수 D 값을 알면 식 (6. 200)에서 구할 수 있다. 따라서 실제의 비 ζ/ζ_0 값을 계산하여 해당하는 모양의 기하인자 $\xi(p)$값과 일치하는 경우의 축비 $p(= b/a$ 혹은 $a/b)$값으로부터 분사의 크기(dimension)에 관한 정보를 주는 장축, 단축의 길이 a 및 b를 계산할 수 있다(아래 예제 참고).

[비고 : 한 가지 지적하고 싶은 것은 식 (6. 199)-(6. 203)에서 알 수 있듯이 수력학적 반경 $R_H = c\xi(p)$의 관계에 있다.]

예제 6.3

지금 몰분자량 $M = 66.3$ kg mol^{-1}, 비체적 $\bar{v}_2 = 0.734$ cm^3 g^{-1} 이고, DLS로 측정한 용질의 (상호)확산계수 $D = 6.97\times10^{-7}$ cm^2 s^{-1} 인 고분자 용질이 25 ℃에서 밀도 $\rho_1 = 1.0023$ g cm^{-3}, 점도 $\eta_0 = 1.00\times10^{-3}$ kg m^{-1} s^{-1} 인 용매 속에 녹아 있을 때 이 용질을 뾰족 타원체라 가정하여 식 (6. 202)를 사용하여 분자의 축비 $p(= b/a)$ 및 장축과 단축의 크기 a, b를 추정하여 보아라[단, 볼츠만 상수 $k = 1.381\times10^{-23}$ J/K, 기체상수 $R = 8.314$ J/K·mol 이다].

풀이 먼저 식 (6. 200)에서 ζ를 구하면,

$$\zeta = kT/D = (1.381\times10^{-23}\times293.15 \text{ kg m}^2 \text{ s}^{-2})/(6.97\times10^{-11} \text{ m}^2 \text{ s}^{-1})$$
$$= 5.81\times10^{-11} \text{ kg s}^{-1}$$

다음에 용질의 (부분)몰부피 $\bar{V}_2 = M\bar{v}_2 = (0.734 \text{ cm}^3 \text{ g}^{-1})\times(66.3\times10^3 \text{ g mol}^{-1})$
$$= 4.87\times10^{-2} \text{ m}^3 \text{ mol}^{-1}$$

따라서 식 (6. 197)의 구대응 반경 c는 아래와 같이 구해진다.

$$c = \left(3\bar{V}_2/4\pi N_A\right)^{1/3} = \{3\times(4.87\times10^{-2}\text{m}^3\text{mol}^{-1})/4\pi\times(6.023\times10^{23}\text{mol}^{-1})\}^{1/3}$$
$$\doteqdot 2.68\times10^{-9} \text{ m}$$

다음에는 구대응 마찰계수 ζ_0는 식 (6. 199)에서 아래와 같이 된다.

$$\zeta_0 = 6\pi c\eta_0 = 6\pi\times(2.68\times10^{-9}\text{m})\times(1.00\times10^{-3}\text{kg m}^{-1}\text{s}^{-1}) = 5.05\times10^{-11}\text{kg s}^{-1}$$

따라서 두 마찰계수의 비 $\zeta/\zeta_0(\equiv\xi(p)) = 1.15$가 되어 이 경우는 식 (6. 202)에서 축비 $p(= b/a) \doteqdot 0.286$ (혹은 $\frac{a}{b} \doteqdot 3.5$)에 해당된다. 그런데 식 (6. 197)에서 분자1개의 부피 $v_{mol} = (4\pi/3)c^3$[여기서 $c = (ab^2)^{1/3}$]이다.

따라서 $ab^2 = c^3 = (2.68\times10^{-9}\text{m})^3 = 1.93\times10^{-26}\text{m}^3$이 되고, 축비 p값에서 $a \doteqdot 3.5b$가 되어 $ab^2 \doteqdot 3.5b = 1.93\times10^{-26}\text{ m}^3$ 즉 $b \doteqdot 1.8$ nm, $a \doteqdot 6.2$ nm 됨.

6. 4. 2 침강

중력장 속에서는 용액 속의 무거운 알맹이가 '침강(sedimentation)'이라고 부르는 과정에 의해서 밑으로 가라앉는다. 침강 속도는 중력장의 세기뿐 아니라 알맹이의 질량과 모양에도 의존한다. 구형 분자(및 일반적으로 치밀한 분자)는 막대모양이나 넓적한 분자보다 빨리 가라앉는다[이는 앞절에서 언급한 입자모양의 비대칭성을 나타내는 , 마찰계수 ζ의 비로서 정의된 기하인자 $\xi(p) \equiv \zeta(\text{비대칭형})/\zeta_0(\text{구형})$가 입자모양이 구형에서 벗어날수록 커져 침강속도가 감소하기 때문이다]. 예로서 DNA분자는 무작정 코일로 변성되었을 때 더 빠르게 가라앉으며, 그리하여 침강속도를 가지고 변성을 조사할 수 있다. 알맹이들은 평형 상태에서 볼츠만 분포 법칙에 따라 일정한 높이 영역에 걸쳐 분포된다(이것은 중력장의 효과와 열 운동의 효과가 상반되는 경쟁을 하기 때문이다). 이 높이에 따르는 분포는 분자 질량에 의존하며, 따라서 평형 분포를 분석하면 몰 질량을 결정할 수 있다.

침강은 일반적으로 매우 느리게 일어나지만, 중력장을 원심력장으로 바꾸어주는 '초원심분리법(ultracentrifuge)'을 이용하여 침강 속도를 증가시킬 수 있다. 이러한 목적으로 이용되는 초원심 분리 장치는 실린더 속에 시료를 넣고 이 실린더를 회전축 주위로 매우 빠르게 회전시키는 것이다(그림 6. 18). 최신의 초원심분리기는 아래 예제에서 볼 수 있듯이 중력의 10^5정도의 힘(10^5 g)을 받게 할 수 있다. 처음에는 시료가 균일하지만 침강이 일어나면서 용질의 상부 계면이 바깥쪽으로 이동하게 된다.

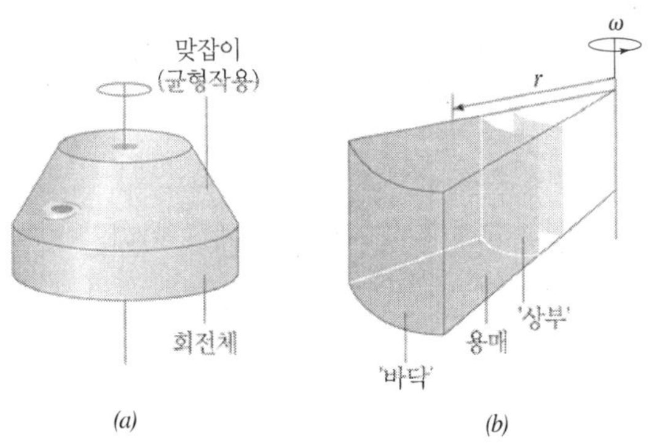

▶ **그림 6. 18** (a) 원심분리기 회전 머리. 시료를 한쪽에 넣고 맞은편에는 균형을 잡기 위해서 맞잡이를 넣는다. (b) 시료 용기 내부. 상부 면이 안쪽 면이고, 원심력에 의해서 바깥쪽 면으로 침상이 일어난다. 반지름 r인 곳의 알맹이는 $mr\omega^2$의 힘을 받는다[여기서 m은 입자의 질량, ω는 시간에 일정한 (steady-state)회전 각속도($\omega = 2\pi\nu$, ν는 진동수)이다].

예제 6.4

그림 6. 18에서 회전속도가 80,000 r.p.m.(revolution per minute)인 초원심분리기의 회전축 중심으로부터 거리 $r = 6.0\,\mathrm{cm}$ 떨어진 곳의 셀(cell)내에서의 (반경방향의) 회전 가속도 a를 구하고, 이는 중력장 가속도 $g(=9.8\ \mathrm{m/s^2})$의 약 몇 배가 될까?

풀이 고전역학의 회전운동이론에 의하면 중심에서 거리 $\boldsymbol{r}$ 떨어진 곳의 회전 속도 $\boldsymbol{v}\,(=d\boldsymbol{r}/dt)$는 $\boldsymbol{v}=\boldsymbol{\omega}\times\boldsymbol{r}$로 주어진다(여기서 $\boldsymbol{\omega}$는 회전 각속도 $\boldsymbol{\omega}=d\theta/dt$). 이때 회전 각속도 $\boldsymbol{\omega}$가 시간에 무관한 정상상태(steady-state)(즉 $\partial\omega/\partial t=0$)이라면 아래식에서 보는 바와 같이 (반경 방향의)회전 각속도 $\boldsymbol{a}(=d\boldsymbol{v}/dt)$의 크기는 $\omega^2 r$이다.

$$\boldsymbol{a}=d\boldsymbol{v}/dt=d(\boldsymbol{\omega}\times r)/dt=\boldsymbol{\omega}\times\boldsymbol{v}=\boldsymbol{\omega}\times(\boldsymbol{\omega}\times\boldsymbol{r}) \tag{6. 204}$$

$$=(\boldsymbol{\omega}\cdot\boldsymbol{r})\boldsymbol{\omega}-\omega^2\boldsymbol{r}=-\omega^2\boldsymbol{r}, \qquad |\boldsymbol{a}|=\omega^2 r$$

위 식에서 공식 $\boldsymbol{\omega}\times(\boldsymbol{\omega}\times\boldsymbol{r})=(\boldsymbol{\omega}\cdot\boldsymbol{r})\boldsymbol{\omega}-\omega^2\boldsymbol{r}$과 $\boldsymbol{\omega}$와 $\boldsymbol{r}$은 수직 (즉 $\boldsymbol{\omega}\cdot\boldsymbol{r}=0$)인 것을 이용하였다. 따라서 문제의 회전 가속도 $\boldsymbol{a}$의 크기를 $\omega=2\pi\nu$(ν는 1초당 진동수)를 이용하여 계산해 보면 다음과 같다.

$$a=\omega^2 r=(2\pi\nu)^2 r=4\pi^2\nu^2 r=4\pi^2([8\times10^4/60]\ \mathrm{s^{-1}})^2\times(6.0\times10^{-2}\ \mathrm{m})$$
$$=4.21\times10^6\ \mathrm{ms^{-2}}$$

그런데 중력 가속도 $g=9.8\ \mathrm{ms^{-2}}$이므로 $a \fallingdotseq 4.3\times10^5\ \mathrm{g}$ 값을 가진다.

일반적으로 고분자의 분자량 측정을 위한 침강실험에는 아래와 같이 (a)침강속도법과 (b)침강평형법의 2가지가 있다.

(a) 침강속도

질량이 m인 용질 알맹이는 용매의 부력(floating force) 때문에 그 유효 질량을 $m_{\mathrm{eff}}=bm$으로 나타낼 수 있으며, b는 다음과 같이 된다.

$$b=1-\rho_1\overline{v}_2 \tag{6. 205}$$

여기서, ρ_1는 용매의 밀도 그리고 $\overline{v}_2$는 용질의 비체적($\overline{v}_2=\overline{V}_2/M$)으로서 묽은 용액의 경우 b는 상수로 간주한다. 회전축으로부터 r인 거리에서 일정(steady)각속도가 ω로 회전하는 용질 알맹

이는 원심력 $m_{\text{eff}}\, r\omega^2$을 받는다[왜냐하면 ω라는 각속도로 회전하는 용액속의 용질이 이 받는 원심력은 $m_{\text{eff}}\, a$(여기서 a는 회전 가속도)이고, a는 식 (6. 204)에 의해 $\omega^2 r$이기 때문이다]. 그리고 바깥쪽을 향하는 이 힘은 마찰 저항을 받는데, 이 저항력은 용매 속에서의 알맹이의 속력 $v(=|d\mathbf{r}/dt|)$에 비례한다. 즉 이 저항력은 ζv이며, ζ가 마찰계수이다 (식 6. 200). 이 두 힘이 같아질 때 즉 $m_{\text{eff}}\, r\omega^2$과 ζv가 같아질 때는 알맹이가 일정한 속도를 나타내게 되는데 이 속도를 침강(표류)속도라고 한다. 따라서 일정(steady) 침강속도는 다음과 같이 된다.

$$v = \frac{m_{\text{eff}}\, r\omega^2}{\zeta} = \frac{bm\, r\omega^2}{\zeta} \tag{6. 206}$$

침강속도 v는 이와 같이 각속도와 회전 반지름에 비례하며, 따라서 다음과 같은 '침강상수' s라고 부르는 양을 고려하는 것이 편리하다.

$$s = \frac{v}{r\omega^2} = \frac{bm}{\zeta} \tag{6. 207}$$

위 식에 마찰계수 ζ로서 Stokes-Einstein식 (6. 200)을 대입하고, 분자단위에서 몰단위로 변환(즉 $N_A k = R$, $N_A m = M$)하면 아래의 소위 'Svedberg'식이 얻어진다.

$$M = \frac{RT}{b} = \frac{s}{D} \tag{6. 208}$$

그런데 위 식에서 (상호)확산계수 D(식 6. 180 참조)와 침강계수 s는 아래와 같이 각각 농도 (c, g/cm^3)의존식으로 나타내진다.

$$D = D_0(1 + k_D c + \cdots) \tag{6. 209}$$

$$s = s_0(1 - k_s c + \cdots) \tag{6. 210a}$$

$$s^{-1} = s_0^{-1}(1 + k_s c + \cdots) \tag{6. 210b}$$

그런데 고분자 용액의 경우에는 큰 분자들 사이의 복잡한 상호작용결과로 농도의 비리얼 급수전개로 나타내지므로, 식 (6. 208)에서 용질의 (평균)분자량을 측정하기 위해서는 일련의 (낮은)농도들에서 D 및 s값을 c의 함수로 (가령 D는 DLS실험, s는 침상속도실험에서)구한 후 아래와 같이 실험데이터를 농도 0으로 외삽(이제 D는 D_0, s는 s_0이 됨)하여 구한다.

$$M = \frac{RT}{b}\frac{s_0}{D_0} = \frac{RT}{(1 - \bar{v}_2\rho_1)}\frac{s_0}{D_0} \tag{6. 211}$$

한편 침강속도실험에서 주어진 농도에서의 침상계수 s를 구하기 위하여 식 (6. 207)에서 일정(steady)침강속도 $v\left(=\dfrac{dr}{dt}\right)$는 아래와 같이 나타내진다.

$$\frac{dr}{dt}(=v)=r\omega^2 s \tag{6.212}$$

여기서 r은 초원심분리기의 회전축의 중심에서의 거리 (그림 6. 18), ω는 시간에 무관한 각속도 ($\omega=2\pi\nu$, ν는 1초당 진동수)이다. 이 식의 양변을 $t=0$(이때 $r=r_0$)에서 $t=t$(이때 $r=r$)까지 정적분을 행하면 아래를 얻는다.

$$\ln(r/r_0)=\omega^2 st \tag{6.213}$$

이 식으로부터 침상계수 s를 구하는 예제를 아래에 나타내었다.

예제 6.5

소의 혈청 알부민(BSA)의 침강을 25℃에서 모니터하였다. 처음에는 용질 표면이회전축으로부터 5.50 cm의 거리에 있었다. 56850 r.p.m.의 원심분리회전을 시켰더니 이 거리가 다음과 같이 이동하였다.

t/s	0	500	1000	2000	3000	4000	5000
r/cm	5.50	5.55	5.60	5.70	5.80	5.91	6.01

침강 상수(s)를 계산하여라.

풀이 위에서 얻어진 데이터를 사용하여 $\ln(r/r_0)$대 t의 직선 플롯을 행하면 옆 그림과 같다.
옆 그림에서 직선의 기울기(즉, $\omega^2 s$)가 1.78×10-5 (s^{-1})이다. 그런데 회전속도가 56, 850 rpm 이므로
$\omega=2\pi\nu=2\pi\times(56850/60)\text{s}^{-1}=5.95\times10^3\ \text{s}^{-1}$이므로
침강계수 $s=1.78\times10^{-5}(\text{s}^{-1})/(5.95\times10^3\ \text{s}^{-1})^2=$
$5.02\times10^{-13}\ s$가 된다. 그리고 통상 침강계수의 단위로서 $10^{-13}\ \text{s}=1\ \text{Sv}$단위로 부르기 때문에 본 예제의 $s=5.02\ \text{Sv}$가 된다.

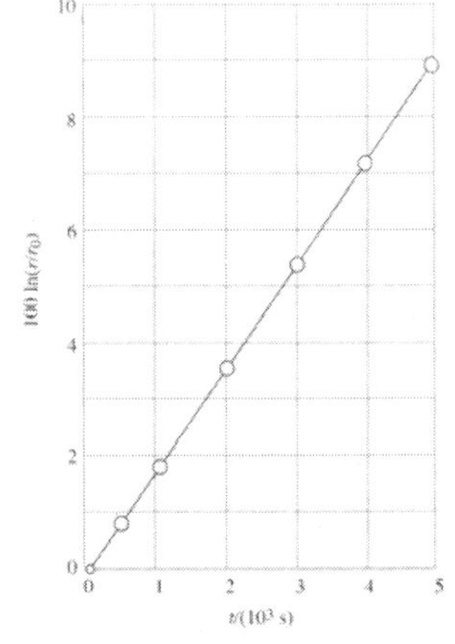

▶ **그림 6. 19** 예제 6. 5의 데이터를 도시한 결과.

그런데 위 예제에서는 농도 0으로 외삽한 침강계수 s_0이 아니라, 주어진 농도 c에서 침강계수 $s(c)$값을 구한 것이다. 지금 식 (6. 212)에 대해 부정적분을 취하면 아래와 같다.

$$\ln r_b = s\omega^2 t + \text{const.} \tag{6. 214}$$

여기서 r_b는 침강중인 계면(boundary)과 회전축 중심까지의 거리이며, 침강계수 s는 농도 c의 함수이다. 이 식을 사용하여 몇 개의 다른 농도에서의 s를 구한 후, 식 (6. 210b)의 직선 플롯의 y축 절편에서 농도 $c \to 0$ 의 극한값인 s_0를 구하는 예제를 문제 6. 12에 나타내었다.

한편 침강계수 s_0의 분자량 의존성은 확산계수 D_0의 경우(식 6. 196)와 유사하게 아래와 같이 지수의존성 형으로 나타내진다.

$$s_0(M) = k_s M^{a_s} \tag{6. 215}$$

여기서 만약 가우스 아상사슬의 경우 a_s는 θ-용매에서 $\frac{1}{2}$, 양용매에서 0.4값을 가지나, 이에 대해서는 나중에 다시 언급하겠다.

(b) 침강평형

침강속도를 이용해서 몰 질량을 구하는 데 문제가 되는 것은 복합 분산계의 확산계수를 결정하는 데 부수되는 불확실성이다. 이 어려움을 피하는 한 방법은 용액을 열적 평형에 도달시켜서 운반 성질이 D와 무관하게 해주는 것이다.

지금 확산 및 침강속도가 농도에 의존하지 않을 정도의 충분히 묽다고 가정하고, 초원심분리기의 회전축으로부터 거리 r 떨어진 곳의 셀(cell)반경에 수직인 단위 미소단면적 $(dA = 1\text{ cm}^2)$을 생각하면 단위시간, 단위면적당 질량 플럭스 $\dot{m}$[=v(속도)×c(농도), 여기서 c의 단위는 g/cm^3]의 관계로부터 $r = r$지점에서 침강평형에 도달했다면 (아래로 향하는) 침강에 의한 플럭스 속도 $c\frac{dr}{dt}(=cv)$과 (위로 향하는)농도구배에 의한 질량 플럭스 $-D\frac{\partial c}{\partial x}$(즉, 1차원 Fick의 확산 제1법칙)의 합이 0 또는 아래와 같은 밸런스가 성립되어야 한다.

$$c\frac{dr}{dt} = D\frac{\partial c}{\partial r} \tag{6. 216}$$

여기에 일정(steady) 침강속도 $v(=dr/dt)$에 대한 식 (6. 206)를 대입하고, $D\zeta = kT$(6. 200)를 이용하여 정리하면 아래를 얻는다.

$$\frac{d\ln c}{dr} = \frac{Mr\omega^2 b}{RT}, \quad b - 1 - \bar{v}_2\rho_1 \tag{6. 217}$$

한편 얻어진 식 (6. 217)에 대한 용질의 화학퍼텐셜 $\mu_2(=\mu_2^{\square}+RT\ln a_2)$를 이용한 열역학적 증명에 대해서는 아래의 참고 6. 2에 나타내었다.

참고 2. 6

침강평형 실험에서 용질 알맹이들이 분포되는 것은 원심력의 효과와 농도 기울기를 따라 확산해 내려가는 분산 효과가 균형을 이루기 때문이다. (일정)각 속도가 ω인 회전축으로부터 반지름 r인 곳에 있는 유효질량이 m인 알맹이는 $\frac{1}{2}m\omega^2r^2$의 운동에너지를 가지며, 따라서 반지름이 r인 곳의 용질의 화학 퍼텐셜은 $\bar{\mu}_2(r)=\mu_2(r)-\frac{1}{2}m\omega^2r^2$이다. 여기서 $\mu_2(r)$은 용질의 농도에 의존하는 기여이다. 평형 조건은 이 화학 퍼텐셜이 전체적으로 균일해져야 하는 것이다. 따라서,

$$\left(\frac{\partial\bar{\mu}_2}{\partial r}\right)_T=\left(\frac{\partial\mu_2}{\partial r}\right)_T-M\omega^2r=0$$

여기서 $M=mN_A$이며, 농도항 μ_2의 편미분은 다음과 같이 된다.

$$\left(\frac{\partial\mu_2}{\partial r}\right)_T=\left(\frac{\partial\mu_2}{\partial p}\right)_{T,c}\left(\frac{\partial p}{\partial r}\right)_{T,c}+\left(\frac{\partial\mu_2}{\partial c}\right)_{T,p}\left(\frac{\partial c}{\partial r}\right)_{T,p}=M\bar{v}_2\omega^2r\rho+RT\left(\frac{\partial\ln c}{\partial r}\right)_{T,p}$$

첫째 번 결과는 $(\partial\mu_2/\partial p)_T=\overline{V}_2$(부분몰 부피), 그리고 $\overline{V}_2=M\bar{v}_2$를 이용한 것이다. 또 위치 r에서의 유체 역학적 압력이 $P(r)=P(r_0)+\frac{1}{2}\rho\omega^2(r^2-r_0^2)$라는 사실도 함께 이용한 결과이다. r_0은 시료표면(즉 메니스커스)의 반지름, 그리고 ρ는 용액의 밀도로서 묽을 경우에는 $\rho\simeq\rho_1$(용매의 밀도). 그리고 농도 항은 $\mu_2=\mu_2^{\square}+RT\ln a_2=\mu_2^{\square}+RT\ln[\gamma_c\cdot c/c^o(=1)]$ $\simeq\mu_2^{\square}+RT\ln(c/c^o(=1))$($\because$묽을 때 활동도계수 $\gamma_c\simeq1$ 가정) 를 이용한 결과이다. 따라서 평형 조건은 다음과 같이 된다.

$$Mr\omega^2(1-\bar{v}_2\rho)-RT\left(\frac{\partial\ln c}{\partial r}\right)_{T,p}=0$$

일정한 온도의 조건에서는 이식을 다음과 같이 쓸 수 있다.

$$d\ln c=\frac{Mr\omega^2(1-\bar{v}_2\rho)dr}{RT}$$

따라서 묽을 경우 $\rho\simeq\rho_1$을 취하고, $1-\bar{v}_2\rho_1=b$로 두면, 식 (6. 217)이 증명된다.

한편 단분산 용질에 해당하는 식 (6. 217)의 양변에 대해 부정적분을 취하고, $\omega^2 b/RT = K$(상수)로 두면 아래와 같다.

$$\ln c(r) = KM\left(\frac{r^2}{2} + \text{const.}\right) \tag{6. 218}$$

여기서 (무차원)환원거리 $\xi(r)$을 아래와 같이 정의한다.

$$\xi(r) \equiv \left(r^2 - r_1^2\right)/\left(r_2^2 - r_1^2\right) \text{ 혹은 } r^2 = \xi\left(r_2^2 - r_1^2\right) + r_1^2 \tag{6. 219}$$

위에서 $\xi(r_1) = 0$, $\xi(r_2) = 1$ 됨.

식 (6. 219)에서 r을 식 (6. 218)에 대입하고, $\frac{K}{2}\left(r_2^2 - r_1^2\right) \equiv \lambda$(상수)로 두면 아래가 얻어진다.

$$c(\xi(r)) = \exp(\lambda M\xi)\exp\left[\frac{K}{2}M\left(r_1^2 + 2\text{const.}\right)\right] \tag{6. 220}$$

여기서 아래의 가정을 취한다.

$$c(r = r_1, \xi = 0) = \exp\left[\frac{K}{2}M\left(r_1^2 + 2\text{const.}\right)\right] \equiv c_0\lambda M/[\exp(\lambda M) - 1] \tag{6. 221}$$

위 식에서 $c_0\left(= \sum_i c_{0,i}\right)$는 침강평형에 도달하기 전 초기의 용질의 농도이다. 식 (6. 221)를 식 (6. 220)에 대입하면 아래를 얻는다.

$$c(\xi(r)) = c_0\frac{\lambda M}{\exp(\lambda M) - 1}\exp(\lambda M\xi) \tag{6. 222}$$

만약 다분산 용질의 경우는 분자량 M_i짜리에 관한 위 식은 아래가 된다.

$$c_i(\xi(r)) = c_{0,i}\frac{\lambda M_i}{\exp(\lambda M_i) - 1}\exp(\lambda M_i\xi) \tag{6. 223}$$

따라서 $c = \sum c_i$, $c_0 = \sum c_{0,i}$관계에서 아래가 성립된다.

$$c(\xi(r)) = \sum_i c_i(\xi(r)) = \sum_{i=1}^{\infty}\frac{\lambda M_i c_{0,i}}{\exp(\lambda M_i) - 1}\exp(\lambda M_i\xi) \tag{6. 224}$$

한편 M_w 및 M_z의 정의에서 아래가 성립된다(2. 2절 참조).

$$M_w = \sum_i w_i M_i = \left(\frac{1}{c_0}\right)\sum_{i=1}^{\infty} c_{0,i}M_i \tag{6. 225}$$

$$M_z = \frac{\sum_i w_i M_i^2}{\sum_i w_i M_i} = \left(\frac{1}{c_0 M_w}\right)\sum_{i=1}^{\infty} c_{0,i} M_i^2 \tag{6. 226}$$

단 위에서 $w_i = c_{0,i}/c_0\left(= \sum_i c_{0,i}\right)$를 이용하였다.

식 (6. 225)를 이용하면 식 (6. 224)에서 아래가 성립된다.

$$c(r = r_2, \xi = 1) - c(r = r_1, \xi = 0) = c_0 \sum_{i=1}^{\infty} \frac{\lambda M_i (c_{0,i}/c_0)}{\exp(\lambda M_i) - 1}\{\exp(\lambda M_i) - 1\}$$

$$= \lambda c_0 \sum_{i=1}^{\infty} M_i \left(\frac{c_{0,i}}{c_0}\right) = \lambda c_0 \sum_i w_i M_i = \lambda c_0 M_w \tag{6. 227}$$

즉

$$M_w = \frac{1}{\lambda c_0}\{c(r = r_2) - c(r = r_1)\} \tag{6. 228}$$

또한 식 (6. 224)를 ξ에 대해 미분하면 아래가 된다.

$$\frac{dc(\xi)}{d\xi} = \sum_{i=1}^{\infty} \frac{\lambda^2 M_i^2 c_{0,i}}{\exp(\lambda M_i) - 1} \exp(\lambda M_i \xi) \tag{6. 229}$$

여기서 $\xi = 1(r = r_2)$인 경우에서 $\xi = 0(r = r_1)$경우를 빼면 아래가 성립된다.

$$\left(\frac{dc}{d\xi}\right)_{\xi=1} - \left(\frac{dc}{d\xi}\right)_{\xi=0} = \sum_{i=1}^{\infty} \lambda^2 M_i^2 c_{0,i} \tag{6. 230}$$

식 (6. 229)의 우편을 c_0 및 $\sum_i c_{0,i} M_i$를 갖고 분모, 분자를 나누고 곱하고, 또 식 (6. 225)-(6. 226)을 이용하면 아래가 된다.

$$\left(\frac{dc}{d\xi}\right)_{\xi=1} - \left(\frac{dc}{d\xi}\right)_{\xi=0} = \lambda^2 c_0 \left(\frac{\sum_i c_{0,i} M_i}{c_0}\right)\left(\frac{\sum_i c_{0,i} M_i^2}{\sum_i c_{0,i} M_i}\right) = \lambda^2 c_0 M_w M_z \tag{6. 231}$$

즉

$$M_z = \frac{1}{\lambda^2 c_0 M_w}\left\{\left(\frac{dc}{d\xi}\right)_{\xi=1} - \left(\frac{dc}{d\xi}\right)_{\xi=0}\right\} \tag{6. 232}$$

그러나 5장에서 언급한 실제의 비이상(즉 Θ상태가 아닌)용액의 경우는 식 (6. 228)에서 얻어진 M_w는 진짜가 아닌 겉보기 분자량 M_{app}가 되어 진짜 M_w와의 관계는 Flory-Huggins 2차 비리얼 계수 A_2(식 5. 143)를 사용하여 아래와 같이 나타내진다.

$$\frac{1}{M_{app}} = \frac{1}{M_w} + 2A_2\bar{c} + \cdots \tag{6. 233}$$

단 위 식에서 $\bar{c} = (1/2)\{c(r = r_2) + c(r = r_1)\}$이다.

마찬가지로 실제용액에 대한 보정은 M_z에도 적용되어 식 (6. 231)은 아래와 같이 보정된다.

$$\frac{\{c(\xi = 1) - c(\xi = 0)\}^2}{c_0\{(dc/d\xi)_{\xi=1} - (dc/d\xi)_{\xi=0}\}} = \left(\frac{M_w}{M_z}\right)\left(1 + 2A_2M_w\bar{c} + \cdots\right) \tag{6. 234}$$

결국 침강평균법에서는 원심분리기의 셀 내에서의 평형농도분포 $c(\xi(r))$를 초기농도 c_0를 여러종류 바꾸어 측정하여 식 (6. 228) 또는 (6. 232)에서, 또 실제용액의 경우에는 식 (6. 233)과 (6. 234)를 사용하여 $\bar{c}\,[= (c(\xi = 1) + c(\xi = 0))/2] = 0$까지 외삽하여 M_w, M_z를 구한다. 그리고 r_1, r_2, ω 등은 초원심분리기에서 측정된다. 또한 상수 $\lambda\left[= (K/2)\left(r_2^2 - r_1^2\right)\right]$에 필요한 $b\left(= 1 - \bar{v}_2\rho_1\right)$는 $\bar{v}_2\left(= \bar{V}_2/M\right)$관계에서 별도로 측정된다.

6. 4. 3 전기 이동법

DNA와 같은 상당수의 고분자들은 전하를 가지고 있으며 전기장의 영향을 받고 이동할 수 있다. 이 이동 현상을 '전기이동(electrophoresis)'이라고 한다. 이 전기 이동은 전기적 구동력 zeE(보통의 경우에서와 같이 ze는 실효 전하이고 E는 전기장의 세기이다)와 마찰력 ζv(여기서 ζ는 마찰계수)가 맞먹을 때의 이온의 이동 속력인 표류(drift)속도 v 때문에 나타난다. 이 일정(steady) 표류속도 v는 다음과 같이 주어진다.

$$v = \frac{zeE}{\zeta} \tag{6. 235}$$

따라서 전기장 속에서의 고분자의 이동도는 그 실효 전하, 크기(따라서 몰 질량도 함께), 그리고 모양에 의존한다. 크기와 모양에 의존한다는 것은 v가 ζ에 의존한다는 것을 의미한다.

전기 이동은 생체 세포를 세분한 것과 같은 복잡한 혼합물로부터 생중합체를 분리시킬 수 있는 대단히 좋은 수단으로 이용된다. 여기서는 생화학자들이 이용하는 겔전기-이동법, 등전점 맞춤법, 그리고 모세관 전기 이동법의 세 가지에 대해서 간단히 설명하려고 한다. 이 세 방법들은 생체 분자들의 표류 속력을 조절하는 방법이 다르며, 이러한 조절을 통해서 혼합물 속에 들어 있는 성분들을 분리시키는 것이다.

6. 4. 4 점도

6. 4. 4. 1 유체의 점도

높은 분자량을 가진 고분자를 유체(fluid)인 용매에 소량만 첨가해도 '점성저항(viscous resistivity)'의 증가로 천천히 흐르게 되며, 그 결과 유동(flow)에 포함된 난류(turbulence)현상(빠른 유속으로 인하여 속도성분의 방향이 일정치 않는 현상)을 감소[소위 '저항 감소(drag reduction)'라 칭함]시키는 효과가 있다.

지금 그림 6. 20에 나타낸바와 같이 두 평행판(parallel plates)사이의 공간을 채우는 한 유체를 생각해보자.

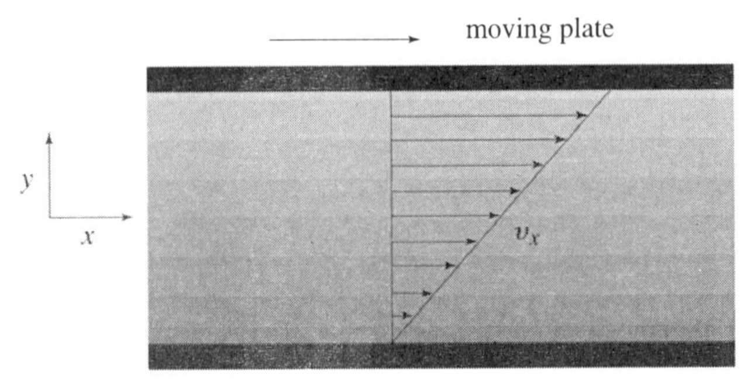

▶ **그림 6. 20** 아래 정지판(stationary plate)과 윗 이동판(moving plate)사이의 유체의 흐름. 유체의 속도 v_x는 판에 평형하며, 정지판에서의 거리에 비례한다. 또한 균일한 속도구배[즉 $\left(\frac{\partial v_x}{\partial y}\right)=\dot{\gamma}$(일정)]를 갖는다.

밑판은 정지(stationary)되어있고, 위판은 y방향으로 미끄러지며, 판에 인접한 유체가 판에 들러붙으므로[즉 'no-slip' 경계조건을 만족] 유체는 판과 같은 방향으로 움직이게 된다. 정지밑판 근처의 유체는 겨우 흐르나, 정지판에서의 거리(y)가 증가할수록 유속은 빨라진다. 속도성분이 오직 x방향만을 가지도록 유속이 충분히 느린 경우를 '층류(laminar flow)'라고 한다[유체역학적으로 Reynolds 수 $R_e = d\bar{v}/\nu$(여기서 d는 관의 직경, $\bar{v}$는 평균유속, $\nu = \eta$(점도)/ρ(밀도)는 동적(kinematic)점도임)가 약 2,000 이하인 경우에 해당]. 이 경우 y방향의 속도구배(velocity gradient) $\left(\frac{\partial v_x}{\partial y}\right) \equiv \dot{\gamma}$(일정) [여기서 $\dot{\gamma}$는 정상상태(steady-state)의 전단속도(shear rate)임]이다. 그리고 우측 v_x를 야기시키는데 필요한 응력을 '전단응력(shear stress)' $\sigma_{yx}(=\sigma_{xy})$이라 하며, 이는 y축에 수직인 면에서 x방향으로 미는 응력(=힘/면적)에 해당된다. 만약 속도구배 혹은 전단속도가 충분히 작을 경우에는 점도 η가 전단속도 $\dot{\gamma}$에 무관하게 되어 σ_{yx}와 $(\partial v_x/\partial y) = \dot{\gamma}$가 비례하게 되어 이를 '뉴톤성유체(Newtonian fluid)'라고 한다. 순수한 물과 같은 저분자유체는 여기 속하나, 묽은 고분자 용액의 경우는 속도구배가 어느 정도 커지게 되면 점도가 $\dot{\gamma}$에 따라 변하게 되어 σ_{yx}와 $\dot{\gamma}$가 비례하지 않게 되는 소위 '비뉴톤성(non-Newtonian)'거동을 나타낸다. 묽은 고분자 용액의 경우 속도구배가 낮아 점도 η가 거의 상수가 되는 뉴톤성 유체의 경우는 아래와 같이 식을 나타낼 수 있다.

$$\sigma_{yx} = \eta(\partial v_x/\partial y) = \eta\dot{\gamma} \tag{6. 236}$$

이 경우 점도 η는 σ_{yx}와 $\dot{\gamma}$간의 비례상수에 해당된다. 여기서 응력 σ_{yx}의 단위는 N/m^2, 속도구배 $(\partial v_x/\partial y)$의 단위는 s^{-1}이므로 η의 단위는 응력×시간 즉 SI 단위로 N · s/m^2=kg/(m · s)이며, cgs 단위로는 g/(m · s)=poise이다. 실온에서 낮은 분자량의 유체의 점도는 대략 0.01 poise 근방이므로 점도의 단위로 cP(= 0.01 poise)= 10^{-3} kg (m · s)를 주로 사용한다. 식 (6. 236)에서 알 수 있듯이 점도는 유체의 흐름에 대한 저항을 나타내며 점도가 큰 유체일수록 같은 속도구배(또는 전단속도)를 가지기 위해서는 큰 전단응력이 요구된다.

6. 4. 4. 2 고분자 용액의 점도

앞에서 언급한 바와 같이 용매에 소량의 고분자를 첨가하면 점도가 커지게 된다. 그림 6. 21에 전단흐름(shear flow) 속에 있는 한 개의 고분자 사슬을 나타낸다.

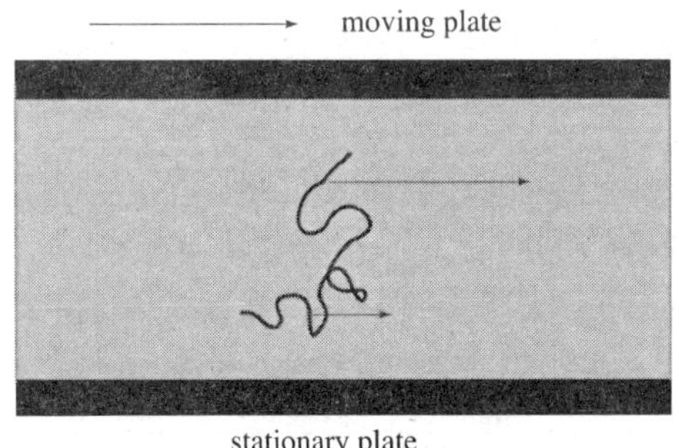

▶ **그림 6. 21** 정지판에서의 거리에 의존하는 여러 다른 속도를 경험하는 전단흐름 내 한 개의 고분자 사슬.

그림에서 볼 수 있듯이 윗 이동판에 가까운 고분자 사슬 부분은 정지판에 인접한 사슬부분보다 훨씬 큰 속도를 경험하게 되이 고분자가 없는 순수용매에 비하여 과잉(extra)의 전단응력이 요구될 것이다. 바꾸어 말하면 고분자의 존재로 인하여 흐름이 어려워지게(즉 점도가 커지게)된다. 이것이

후술할 점도 측정에 의하여 고분자의 (점도)평균 분자량을 구하는 기본원리가 되는 '고유점도(intrinsic viscosity)'개념의 기본이 된다.

지금 용액의 경우 점도의 농도(c)의존성을 나타내기 위하여 먼저 용매의 점도 η_0에 대한 상대점도(relative viscosity) η_r을 아래와 같이 정의한다.

$$\eta_r = \frac{\eta}{\eta_0} = 1 + [\eta]c + K_v c^2 + \cdots \tag{6. 237}$$

여기서 선형계수 $[\eta]$를 고유점도라 하며, 아래와 같이 실험적으로 측정 가능한 형태로 정의한다.

$$[\eta] \equiv \lim_{c\to 0}\frac{\eta_r - 1}{c} = \lim_{c\to 0}\frac{\eta_{sp}}{c} = \lim_{c\to 0}\eta_{red} \tag{6. 238}$$

여기서 $\eta_{sp} \equiv \eta_r - 1 = (\eta - \eta_0)/\eta_0$는 '비점도(specific viscosity)', $\eta_{red} \equiv \eta_{sp}/c$는 '환원 점도(reduced viscosity)'이다. 그리고 $[\eta]$는 아래의 형태로도 나타낼 수 있다.

$$[\eta] \equiv \lim_{c\to 0}\eta_{inh} = \lim_{c\to 0}\ln\eta_r/c \tag{6. 239}$$

여기서 $\eta_{inh} \equiv \ln\eta_r/c$는 '고유적 점도(inherent viscosity, I. V.)'라 칭한다. 아래 표에 대표적 용액 점도의 명명법을 나타낸다.

표 6.1 용액 점도의 명명법

이 름	부 호	정 의
용액 점도	η	
용매 점도	η_0	
상대 점도	η_r	η/η_0
비점도	η_{sp}	$\eta_r - 1 = \eta/\eta_0 - 1$
환원 점도	$\eta_{red}(= \eta_{sp}/c)$	$(\eta_r - 1)/c$
I. V.	η_{inh}	$c^{-1}\ln\eta_r = c^{-1}\ln(\eta/\eta_0)$
고유 점도	$[\eta]$	$\lim_{c\to 0} c^{-1}(\eta/\eta_0 - 1)$

한편 식 (6. 237)-(6. 238)에서 $[\eta]$의 결정에 널리 쓰이는 소위 'Huggins 식'을 아래에 나타낸다.

$$\eta_{sp}/c = [\eta] + k_H[\eta]^2 c + \cdots \tag{6. 240}$$

이 식은 $[\eta]c \ll 1$일 때 유효하며, Huggins 상수 k_H는 분자량과 무관하고, 양용매의 경우 0.3 값을, 그리고 θ-용매인 경우 0.5값을 가지나 일반적으로 이 두 극한값사이에 위치한다.

이 식과 더불어 (η)의 결정에 널리 이용되는 또 하나의 유용한 식 (6. 239 참조) 'Kraemer 식'을 아래에 적는다.

$$\ln(\eta_r)/c = [\eta] + k_K[\eta]^2 c + \cdots \tag{6. 241}$$

이때 Kraemer 상수 $k_K \fallingdotseq k_H - \frac{1}{2}$이고 값은 음수(또는 0)이다.

증 명 함수 $\ln(1+x)$(여기서 $|x|<1$)를 $x=0$근방으로 Taylor 급수전개하면,

$\ln(1+x) = x - \frac{x^2}{2} + \frac{x^3}{3} + \cdots$이므로 묽은 용액의 경우 비점도 $\eta_{sp}(=\eta_r - 1) < 1$이므로 $\ln\eta_r = \ln(1+\eta_{sp})$는 아래와 같이 η_{sp}항으로 전개가 가능하다.

$$\ln\eta_r = \ln(1+\eta_{sp}) = \eta_{sp} - \frac{\eta_{sp}^2}{2} + \frac{\eta_{sp}^3}{3} - \cdots \tag{6. 242}$$

이를 c로 나누고, Huggin식 (6. 240)을 이용하면 아래가 된다.

$$\left.\begin{aligned} \frac{\ln\eta_r}{c}(=\eta_{inh}) &= \left\{[\eta] + k_H[\eta]^2 c + \cdots\right\} - \frac{\left\{[\eta]c + k_H[\eta]^2 c^2 + \cdots\right\}^2}{2c} + \cdot \\ &= [\eta] + \left(k_H - \frac{1}{2}\right)[\eta]^2 c + \cdots \end{aligned}\right\} \tag{6. 243}$$

따라서 이 식과 kraemer 식 (6. 241)을 비교하면 $k_K = k_H - \frac{1}{2}$를 얻는다. 또한 일반적으로 $0.3 < k_H < 0.5$이므로 k_K는 음의 값(혹은 0)을 가한다. ■

참고로 그림 6. 22에 두 식을 동시에 이용하여 25℃의 톨루엔에 용해된 폴리(tert-부틸아크릴레이트)시료의 고유점도(η)값을 구하는 예를 나타내었다.

한편 위 두식 외에도 아래와 같은 고유점도를 구하는 식이 제안되어 있다.

$$\frac{(2\eta_{sp} - 2\eta_r)^{1/2}}{c} = [\eta] + k_M[\eta]^2 c + \cdots \tag{6. 244}$$

이 때 $k_M = \left(k_H - \frac{1}{3}\right)$가 된다(문세 6. 15참소).

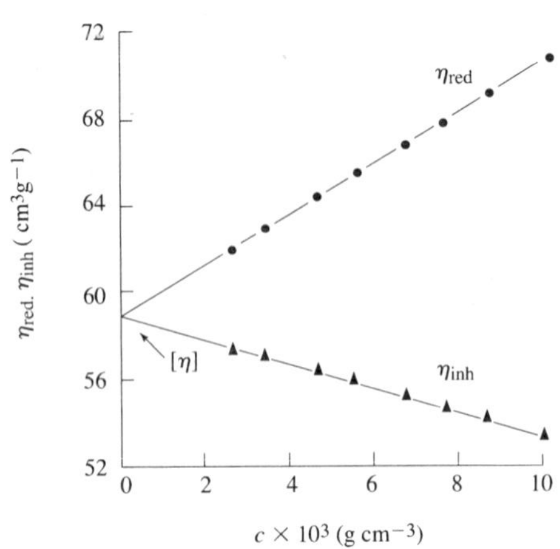

▶ **그림 6. 22** 이중 Huggins-Kraemer plot을 이용하여 25℃의 톨루엔에 용해된 폴리(tert-부틸아크릴레이트) 시료 용액의 [η]의 결정

6. 4. 4. 3 고유점도와 분자크기

고분자와 같은 큰 입자의 묽은 용액에 대한 고유점도와 분자의 크기관계를 보고한 것은 Einstein과 Simha가 최초이다. Einstein-Simha 이론에 의하면 강직(rigid) 입자의 묽은 용액[또는 현탁액(suspension)]의 점도는 입자의 부피분율 ϕ항으로 아래와 같이 나타내진다.

$$\eta = \eta_0(1+\gamma\phi) \tag{6. 245}$$

여기서 γ는 구상입자의 경우 2.5, 다른 비대칭입자[축비 $p(=b/a) \neq 1$, a는 장축, b는 단축의 길이]의 경우는 이보다 더 큰 값을 가지는, 조성에 무관한 상수이다. 이때 위 식으로부터 고유점도 $[\eta]$를 구하면 아래가 된다.

$$[\eta] = \gamma N_A V_h/M \tag{6. 246}$$

$$V_h = (4\pi/3)R_e^3 \tag{6. 247}$$

여기서 V_h는 용액 내 한 개의 입자의 수력학적 부피(hydrodynamic volume)이고, R_e는 (비대칭) 입자를 같은 체적을 갖는 구로 간주했을 때의 반경, 즉 구대응(sphere-equivalent)반경으로서 전술한 식 (6. 197)의 c나 식 (6. 200)의 R_H에 해당된다.

증 명 고분자의 부피분율 ϕ_2는 용액 1 cm^3(단위체적) 중 고분자가 차지하는 부피로 간주할 수 있으므로 아래와 같이 나타낼 수 있다.

$$\phi_2 = c_2\bar{v}_2 \tag{6. 248}$$

여기서 c_2는 용액 1 cm^3 중의 용질의 g 수, $\bar{v}_2(=\overline{V}_2/M)$는 용액 중 용질 1 g의 부피를 나타내는 비체적(partial specific volume)이나 묽은 경우는 상수로 간주한다. 그런데 (부분)몰부피 $\overline{V}_2 = N_A \times v_e$(여기서 v_e는 용질 한 개의 부피)이며, 만약 입자를 같은 체적의 구대응 반경 R_e를 갖는 한 개의 구로 간주한다면 $v_e = (4\pi/3)R_e^3$이 될 것이다. 따라서 식 (6. 248)도 아래와 같이 나타낸다.

$$\phi_2 = c_2 \times \frac{\overline{V}_2}{M} = c_2 \times \frac{N_A}{M}\left(\frac{4\pi}{3}R_e^3\right) \tag{6. 249}$$

이를 식 (6. 245)에 대입하고, $v_e = V_h$로 두고 $[\eta]$의 정의식 (6. 238)을 이용하면 아래식을 얻는다.

$$[\eta] = \lim_{c\to 0}\frac{\eta_{sp}}{c} = \lim_{c\to 0}\frac{\gamma\phi}{c} \simeq \frac{\gamma(4\pi/3)N_A R_e^3}{M} = \gamma N_A V_h/M \ ▪$$

[비고: (비섭동)구상용질의 회전반경(R_g)(혹은 구대응반경 R_e)은 분자량(M)의 1/3승에 비례(표 9. 7 참조)하므로 수력학적반경 $V_h \propto M^1$가 되어, 식 (6. 246)에서 $[\eta] \propto M^0$가 됨에 유의해야 한다.]

한편 묽은 고분자 코일 용액의 경우 코일 내에서 용매가 흐르지 않으므로, Einstein 관계식의 경우처럼 한 개의 고분자 코일을 (평균)회전반경 $R_g(\equiv \langle S^2 \rangle^{1/2})$ 또는 말단거리 $R(\equiv \langle r^2 \rangle^{1/2})$에 비례하는 유체역학적으로 등가(equivalent)인 반경을 가진 구상입자로 볼 수 있다면 식 (6. 246)과 유사하게 아래의 'Flory-Fox 식'을 얻는다.

$$[\eta] = \frac{\phi\langle R^2 \rangle^{3/2}}{M} = \frac{\phi'\langle S^2 \rangle^{3/2}}{M} \tag{6. 250}$$

위 식에서 $\langle R^2 \rangle^{3/2}$이나 $\langle S^2 \rangle^{3/2}$은 구대응 수력학적 부피 V_h에 해당된다. 그리고 상수 ϕ 및 ϕ'는 '보편(universal)'상수라 불리며, 특히 V_h가 $\langle R^2 \rangle$으로 나타내었을 때의 상수 ϕ는 아래 값을 가진다.

$$\phi(\varepsilon) = \Phi_0(1 - 2.63\varepsilon + 2.86\varepsilon^2) \tag{6. 251a}$$

$$\phi'(\varepsilon) = 6^{3/2}\Phi(\epsilon) \tag{6. 251b}$$

여기서 ϕ_0는 θ(비섭동)상태 [이 경우 용매에 의한 배제체적효과 $\varepsilon \to 0$이 됨]의 ϕ로서 약 2.87×10^{23}의 값을 가진다. 양용매에 의한 팽창(섭동)효과를 나타내는 팽창계수 α(식 4. 1)를 사용하여 식 (6. 250)의 $\langle R^2 \rangle$항은 아래와 같이 나타낼 수 있다.

$$[\eta] = \Phi\left(\frac{\langle R^2 \rangle}{M}\right)^{3/2} M^{1/2} = \Phi\left(\frac{\langle R^2 \rangle_\theta}{M}\right)^{3/2} M^{1/2}\alpha^3 \tag{6.252}$$

전술한 바와 같이 θ용매에서의 고분자는 가우스 이상쇄(식 4. 12)처럼 거동하므로 괄호 안 항은 분자량에 무관하다. 위 식에서 θ용매 경우 $\alpha = 1$이므로 $[\eta] \propto M^{1/2}$이 되고, 양용매 경우 Flory의 α 5승법칙에 의해 $\alpha^5 \propto M^{1/2}$(5. 3. 3. 3절 참조)이므로 $\alpha^3 \propto M^{3/10}$이 되어 $[\eta] \propto M^{0.8}$이 된다. 그리고 식 (6. 250)에서 $\langle R^2 \rangle$과 $\langle S^2 \rangle$의 관계는 $M \to \infty$일 때의 가우스 이상사슬 경우 $\langle R^2 \rangle = 6\langle S^2 \rangle$, $\langle R^2 \rangle_\theta = 6\langle S^2 \rangle_\theta$의 관계가 성립된다(식 4. 33).

한편 식 (6. 252)에서 아래와 같이 나타낼 수 있다.

$$[\eta] = [\eta]_\theta \alpha_\eta^3 \tag{6.253}$$

$$[\eta]_\theta = \phi_0 \langle R^2 \rangle_\theta^{3/2} / M \tag{6.254}$$

식 (6. 253)의 α_η는 일반적으로 말단거리 팽창계수 $\alpha_R\left[\equiv \left(\langle r^2 \rangle / \langle r^2 \rangle_\theta\right)^{1/2}\right]$나 회전반경 팽창계수 $\alpha_s\left[\equiv \left(\langle S^2 \rangle / \langle S^2 \rangle_\theta\right)^{1/2}\right]$보다 약간 작은 값을 가지나 대개의 경우 같이 취급하기도 한다.

6. 4. 4. 4 고유점도와 분자량 관계

a. 단분산 고분자

전술한 바와 같이 묽은 용액 중의 굴곡성(flexible) 고분자 사슬이 나타내는 고유점도$[\eta]$는 식 (6. 250)을 통하여 분자의 수력학적 부피(V_h)에 직접 관련되어 있으므로, $[\eta]$의 측정으로 분자량 M을 측정키위해서는 V_h와 M의 관계를 먼저 알 필요가 있을 것이다. 식 (6. 254)를 다시 쓰면

$$[\eta]_\theta = \Phi_0\left(\langle R^2 \rangle_\theta / M\right)^{3/2} M^{1/2} \tag{6.255}$$

위에서 언급한 바와 같이 괄호 안은 M과 무관한 상수이므로 위 식을 아래와 같이 쓸 수 있다.

$$[\eta]_\theta = K_\theta M^{1/2}, \quad K_\theta \equiv \Phi_0\left(\langle R^2 \rangle_\theta / M\right)^{3/2} \tag{6.256}$$

반면에 양용매($\alpha > 1$, $A_2 > 0$)계에 대한 고유점도는 식 (6. 253)에서 아래가 된다.

$$[\eta] = [\eta]_\theta \alpha_\eta^3 = K_\theta M^{1/2} \alpha_\eta^3 \equiv K M^a \tag{6.257}$$

여기서 K, a는 Mark-Houwink(M-H) 파라미터라 하며, 특히 양용매 내에서 $[\eta]$의 M의존성을 나타내는 지수 a는 5장에서 언급된 '배제체적(excluded volume)'효과를 나타내는 인자 ε를 사용하여 아래와 같이 나타낸다.

$$a = 0.5 + 1.5\varepsilon \ (\text{여기서 } \varepsilon(\geq 0)\text{는 배제체적 파라미터}) \tag{6. 258}$$

위 식에서 M-H지수 a는 θ용매($\varepsilon = 0$)에서는 0.5, 양용매경우는 $\alpha_\eta^3 \propto M^{3/10}$, $K_\theta \propto M^{1/2}$에서 $a = 0.8$의 M의존성을 갖는다.

한편 식 (6. 257)에서 주어진 용매-고분자계에 대한 M-H지수 K 및 a를 구하려면 분자량을 알고 있는 단분산성의 분자량이 다른 몇 종류를 택하여 각각에 대해 고유점도측정을 행한 후 $\ln[\eta]$ 대 $\ln M$의 (직선)플롯의 기울기와 절편에서 각각 a와 K값을 구할 수 있다(물론 이들 파라미터는 온도의존성임을 유의해야한다) (문제 6. 16 참조).

b. 다분산성 고분자

다분산성 고분자의 경우 지금까지 논의한 단분산에 대한 점도식에서 분자량 M_i짜리에 의한 공헌이 아래와 같이 가성적(additive)이라고 가정한다. 즉 단분산에 대한 식 (6. 238)과 (6. 257)에서 아래가 성립된다.

$$\eta_{sp}(= \eta_r - 1) = \sum_{i=1}^{\infty} \eta_{sp,\,i} = \sum_i c_i [\eta]_i = K \sum_i c_i M_i^{\,a} \tag{6. 259}$$

여기서 $c_i = cw_i$(여기서 $c = \sum c_i$, w_i는 무게분율)이므로 아래가 성립된다.

$$\frac{\eta_{sp}}{c} = K \sum_i w_i M_i^a = K \langle M^{\,a} \rangle_w \tag{6. 260}$$

위 식은 $c \to 0$의 극한에서 아래가 성립($\because$ 식 6. 238)된다.

$$[\eta] \left(= \lim_{c \to 0} \frac{\eta_{sp}}{c} \right) \equiv K M_v^{\,a} \tag{6. 261}$$

여기서 M_v는 '점도평균(viscosity average)'분자량으로 아래와 같이 정의된다.

$$M_v = \langle M^a \rangle_w^{1/a} = \left(\sum_i w_i M_i^a \right)^{1/a} \simeq \left(\int_0^\infty w(M) M^{\,a} dM \right)^{1/a} \tag{6. 262}$$

[비고: 식 (6. 262)의 유도는 용액의 고유점도 $[\eta]$가 각 분자량 M_i의 공헌 $[\eta]_i$의 무게평균으로 가정해노 (식 (6. 257)의 도움을 받아) 즉 $[\eta] = \sum_i w_i [\eta]_i = K \sum_i w_i M_i^a = K \langle M^{\,a} \rangle_w \equiv K M_v^{\,a}$가

되어 같은 결과를 준다.」

따라서 주어진 다분산성 고분자의 M_v는 묽은 용액의 점도측정에 의한 $[\eta]$의 결정 및 주어진 용매-고분자계에 대한 M-H지수 a값을 안다면 구할 수 있다. 그리고 앞에서 언급한 바와 같이 M-H 지수 a는 $0.5(\theta$용매$)-0.8($양용매$)$의 값을 취하므로 수학적으로 $a=-1$ 되는 M_n과 $a=1$이 되는 M_w사이에 있으나. 현실적으로 M_w에 훨씬 가깝다고 할 수 있겠다. 그러나 점도법으로 구한 M_v는 삼투압법으로 구한 M_n이나 광산란측정에서 구한 M_w와는 달리 절대평균분자량이 아니고 용매에 의존하는 상대평균 분자량임에 유의해야 한다. 이와 관련하여 '점도 다분산 지수(viscosity polydispersity index)' δ이라는 것이 있는데 이는 같은 고분자를 2개의 다른 용매(가령 1 및 2)에서 측정한 M_v의 비로서 정의된다. 즉

$$\delta \equiv M_{v,1}/M_{v,2} \tag{6.263}$$

일반적으로 δ을 이용키위해서는 하나는 양용매(1), 하나는 빈용매(2)를 택하면 감도가 좋아져 비교적 값싸고 간단하게 다분산도를 예측할 수 있다.

6.4.4.5 분지형 고분자의 고유점도

식 (6.250)에서 알 수 있듯이 고분자의 고유점도는 용액 속에서 유효 수력학적 부피 V_h에 의해 결정되므로, 분자내 긴 가지(long chain branching)의 존재에 민감하다. 일반적으로 분자내 가지(또는 분지)의 존재는 대응하는 선형사슬에 비해 작은 V_h를 갖게 되어 고유점도 또한 작아질 것이다. 이와 같은 맥락에서 사슬내 분지효과는 아래와 같이 정의되는 '분지인자(branching factor)' g로 설명된다.

$$g \equiv \langle S^2 \rangle_B / \langle S^2 \rangle_L \tag{6.264}$$

여기서 $\langle S^2 \rangle$은 제곱평균회전반경, B 및 L은 (같은 분자량을 갖는) 각각 '분지형(branched)' 및 '선형(linear)'고분자를 칭한다. 그리고 양용매의 배제체적 효과에 의한 팽창계수는 같다(즉 $\alpha_B=\alpha_L$)고 가정한다.

Zimm 등에 의하면 분지점의 기능도(functionality of branch points) m의 함수로 분지인자 g를 아래와 같이 나타내었다.

$$g=\left[(1+m/7)^{1/2}+(4m/9\pi)\right]^{-1/4} \tag{6.265}$$

한편 가우스 이상사슬 경우 M이 클 때 $\langle S^2 \rangle = \frac{1}{6}\langle R^2 \rangle$이 성립되므로 식 (6.250)과 (6.264)에서 아래 관계식이 성립된다.

$$g^{3/2} = [\eta]_B / [\eta]_L \tag{6.266}$$

특히 기능도 3(즉, $m = 3$)인 분지형 고분자 경우 식 (6. 265)에서 M이 높을 때 $g \propto M^{-1/4}$이므로 아래가 성립된다.

$$[\eta]_B = K' M^{a-1/4} \tag{6.267}$$

만약 θ용매의 경우 $a = 0.5$가 되므로 $[\eta]_{B,\theta} \propto M^{0.25}$임이 실험에서 확인되고 있다.

6. 4. 4. 6 고유점도, 침강 및 확산에 대한 분자량 의존 지수 비교

참고 5. 7에서 언급한 멱급수지수에 관한 스케일링 이론을 바탕으로 묽은 고분자 용액의 고유점도 ($[\eta]$), (극한)침강계수 (s_0), 및 (극한)확산계수 (D_0)의 분자량 의존 지수에 대하여 간단히 논하고자 한다. 문제를 간단히하기 위하여 4장에서 논의한 가우스 이상 사슬을 대상으로 한다. 즉 아래가 성립된다.

$$R_F \equiv \langle R^2 \rangle^{1/2} \sim M^{\nu} \tag{6.268}$$

여기서 스케일링 지수 ν는 θ용매 경우는 1/2, 양용매 경우는 3/5값을 가진다.

먼저 다분산성 고분자의 고유점도의 분자량 의존성 식 (M-H식)(6. 261)에서 지수 a를 a_η로 나타내면 아래와 같다.

$$[\eta] \sim M^{a_\eta}, \quad a_\eta = 0.5 + 1.5\varepsilon = 3\nu - 1 \tag{6.269}$$

여기서 ε는 양용매에 의한 배제체적(excluded volume)효과를 나타내는 인자로 θ용매 경우는 $\varepsilon = 0$, 양용매는 $\varepsilon > 0$, 값을 가지면, 지수 ν는 식 (6. 268)의 지수로서 θ용매는 $\nu = 1/2$, 양용매는 $\nu = 3/5$ 값을 가진다.

다음에는 (극한)확산계수 D_0의 M의존성은 식 (6. 196)의 $-a_D$를 a_D로 바꾸면 아래 관계가 성립된다.

$$D_0 \sim M^{a_D}, \quad a_D = -\nu \tag{6.270}$$

마지막으로 (극한)침강계수 s_0의 M의존성은 식 (6. 215)의 a_s를 아래와 같이 나타낸다.

$$s_0 \sim M^{a_s}, \quad a_s = 1 - \nu \tag{6.271}$$

결국 이들 3지수 사이에는 아래 관계가 성립된다.

$$a_\theta = -\nu = -(1+a_\eta)/3,\ a_s = 1-\nu = (2-a_\eta)/3,\ a_\eta = 3\nu - 1 \tag{6.272}$$

6.4.4.7 고유점도에 대한 수력학적 상호작용의 영향

일찍이 Rouse는 묽은 용액 속에 있는 중합도 N인 한 개의 고분자를 N개의 구슬(bead)이 탄력성 있는 스프링으로 연결된 'bead-spring'계로 간주하여(그림 6.23 참조), 행렬에 의한 좌표변환시 주고유(principal)방향으로의 소위 '정규좌표(normal coordinate)'변환 기법을 사용하여 고유점도 $[\eta]$를 계산하였는데 그 결과 θ용매에서의 $[\eta]_\theta$는 앞에서 언급한 실측치인 $M^{1/2}$의존성보다 훨씬 큰 M^1의존성을 나타내었다.

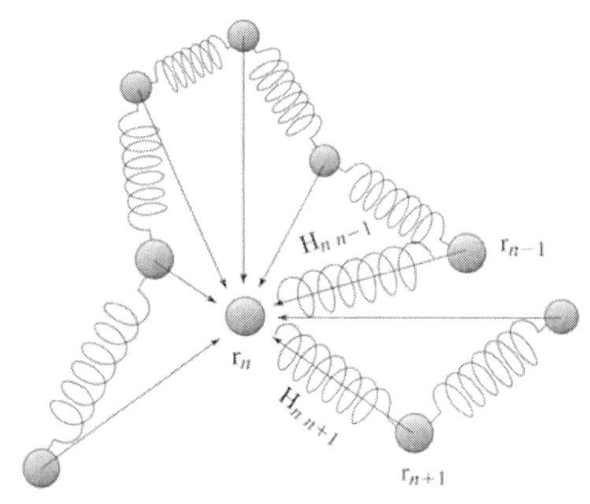

▶ **그림 6.23** n번째 구슬(bead)의 운동은 수력학적 상호작용을 통하여 다른(N−1) 구슬의운동에 의하여 영향을 받는다.

Zimm 등은 이 결점을 보완하기 위하여, 그림 6.23에 나타낸 바와 같이 유동 중의 묽은 용액 속에 있는 크기(중합도) N인 한 개의 고분자에 있는 스프링으로 연결된 임의의 한 구슬(bead)의 속도는 용매의 흐름을 통하여, 다른 나머지 구슬의 속도에 영향을 미친다는 소위 '수력학적 상호작용(hydrodynamic interaction)'을 고려하여 'Oseen Tensor'라 불리는 $\boldsymbol{H}_{nm}$을 사용하여 (구대응)수력학적 반경 R_H(식 6.152) 및 확산계수 D와 고유점도 $[\eta]$의 M의존성을 계산하였다. 그 이론의 핵심은 구슬-사슬(bead-spring)모델의 운동방정식을 풀기 위하여 정확한 $\boldsymbol{H}_{nm}$ 대신 아래와 같이 평형상태에서의 평균치로 대체(즉 'preaveraging 근사')하여 계산하였다.

$$\langle \boldsymbol{H}_{nm} \rangle = \frac{\boldsymbol{I}}{6\pi\eta_0}\left\langle \frac{1}{|\boldsymbol{r}_n - \boldsymbol{r}_m|} \right\rangle_{nm} = \frac{\boldsymbol{I}}{6\pi\eta_0}\frac{1}{R_H} \tag{6.273}$$

위 식에서 η_0는 용매의 점도, $\boldsymbol{I}$는 대각선요소가 1, 기타 0인 단위(unit)텐서(행렬)이다.

여기에서 지면 관계상 계산과정은 생략하고, 완화시간 τ_1[원래 다분산성 고분자는 완화시간 τ도 분포를 갖는데(8장 참조) 이중 가장 긴 완화시간에 해당], (θ상태)고유점도 $[\eta]$와 (질량중심에 관한 상호)확산계수 D_G의 분자량 M의존성에 대한 Rouse의 위의 고분자 내의 구슬 간 수력학적 상호작용을 전혀 고려치 않는 'free-drawing 모델'과 Zimm의 구슬 간 수력학적 상호작용에 기초를 둔 'non-drawing 모델'의 계산결과만을 아래에 간단히 나타내겠다.

(Rouse 모델) $$\tau_1 \sim M^2,\ [\eta]_\theta \sim M^1,\ D_G \sim M^{-1} \tag{6.274}$$

(Zimm 모델) $$\tau_1 \sim M^{3\nu},\ [\eta] \sim M^{3\nu-1},\ D_G \sim M^{-\nu} \tag{6.275}$$

Zimm 모델에 관한 식에서 지수 ν는 (가우스사슬에 대한) 제곱평균 말단거리($\langle R^2 \rangle$)의 M의존성 지수로서 θ용매에서는 $\nu = \frac{1}{2}$, 양용매에서는 $\nu = \frac{3}{5}$ 값을 가진다.

6.4.4.8 점도의 측정

묽은 고분자용액의 점도측정을 위하여 널리 사용되고 있는 모세관 점도계(capillary viscometer)로서는 그림 6.24에 나타낸 바와 같이 Ostwald-Fenske 형태 또는 Ubbelohde 형태가 있다. Ubbelohde 형태의 점도계는 측정에 이용된 초기 용액을 모세관 점도계 내에서 순수한 용매로 연속적으로 희석시킴으로써 여러 농도의 용액이 직접 얻어지는 장점이 있다.

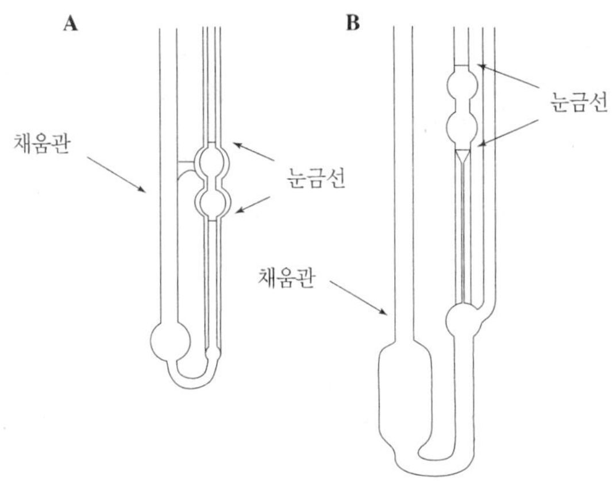

▶ **그림 6.24** (A) Ostwald-Fenske 형 모세관 점도계와 (B) Ubbelohde 형 모세관 점도계

측정 도중 점도계는 일정온도(통상 25℃ 또는 35℃)에서 ±0.02℃로 조절 가능한 항온조 속에 담구어져 있다.

U자관 점도계에서, 흐름을 일으키는 압력헤드는 점도계에 들어 있는 용액의 부피, 정확히 말하

면 점도계 안에 있는 용액의 전체부피가 아니라 단지 모세관의 윗부분에 있는 용액의 부피에만 의존한다. 따라서 각 측정 시 이 부피는 동일해야 한다. 이것은 보통 온도 평형 후, 액체 수면이 저장벌브의 위에 새겨진 표시에 꼭 맞는가를 확인하여 맞춘다.

모세관 점도계에 의한 점도측정원리는 그림 6.25에 나타낸 모세관 속의 유체 흐름에 기인한다. 만약 묽은 용액 내 흐름이 느려 층류(laminar flow)가 된다면 [즉 한 방향만의 속도성분을 가지고, 점도는 속도구배 혹은 전단 속도 ($\dot{r}$)에 무관해지는 뉴톤성 흐름(식 6.236)이 됨], 모세관 속의 속도 프로필(velocity profile)은 포물선형(parabolic)이 된다. 전술한 'no-slip'경계조건에 의해 벽면에서의 속도는 0이 되고, 중앙에서의 속도가 최대가 되는 z방향의속도 $v_z(r)$는 중심축에서의 반경반향거리 r의 함수로 아래와 같이 나타내진다.

$$v_z(r) = \frac{\Delta P}{4\eta L} \cdot R^2\left[1-\left(\frac{r}{R}\right)^2\right] \tag{6.276}$$

여기서 R 및 L은 각각 모세관의 반경 및 길이이고, ΔP는 흐름을 야기시키는 모세관 헤드내의 압력차로서 $\Delta P = \rho g \Delta h$(여기서 ρ는 용액의 밀도, g는 중력가속도, Δh는 모세관내의 양 눈금선의 높이 차)이고 η는 용액의 점도이다.

위 식을 이용하여 단위시간에 모세관 내 (일정)단면적 A를 통과하는 미소 체적(dV)은 $v_z(r)2\pi r\,dr$이 되고, 이를 $r = 0 \sim R$까지 적분을 행하면 아래와 같이 압력차 $\Delta P(=\rho g \Delta h)$에 의해 단위시간에 모세관을 통과하는 부피유속 $Q(=dV/dt)$가 될 것이다.

$$Q(=dV/dt) = \int_0^R 2\pi r v_z(r)\,dr = \frac{\Delta P \pi R^4}{8\eta L} \tag{6.277}$$

위 식은 뉴톤유체의 층류에대한 '포아제(Poiseuille)식'이라고 하며, 만약 $Q(=dV/dt) \doteqdot V/t$ [여기서 V는 t시간에 모세관을 통과한 용액의 부피로서 용액의 종류에 관계없이 모세관의 기하가 결정되면 일정한 값 즉 그림 6.24에서 양 눈금사이의 모세관의 부피에 해당]로 가정하면 위 식은 용액의 점도 η에 대하여 아래와 같이 나타낼 수 있다.

$$\eta = \frac{\pi R^4 \langle \Delta h \rangle \rho g t}{8VL} \tag{6.278}$$

여기서 $\pi R^4 \langle \Delta h \rangle g / 8VL$은 유체에 의존하지 않는 사용한 점도계 상수이므로 A로 두면 위 식은 아래와 같이 된다.

$$\eta = A\rho t \tag{6.279}$$

희박용액 점도계에서는 절대적인 점도측정을 필요로 하지 않는다. 왜냐하면 순수한 용매의 점도에 대한 고분자 용액의 상대적인 점도를 구하는 것만이 필요하기 때문이다. 식 (6.279)을 응용하여 다음과 같은 상대적인 점도에 관한 관계식을 나타낼 수 있다.

$$\eta_r = \frac{\eta}{\eta_0} = \frac{\rho t}{\rho_0 t_0} \tag{6.280}$$

여기서 ρ와 ρ_0, 그리고 t와 t_0는 각각 농도가 c인 고분자 용액과 순수한 용매의 밀도와 흐름시간이다. 희박용액을 이용했기 때문에 보통 $\rho = \rho_0$라는 가정을 사용하며 η_r는 흐름시간의 비 t/t_0에 의해 간단히 주어진다.

그런데 포아제 식 (6. 277)의 유도 시 모세관 위 액체의 위치(potential)에너지는 모세관 점성흐름에 대한 전단응력을 극복하는데 완전히 소모되어 결과적으로 유체가 용액을 빠져나올 때의 속도(즉 운동에너지)는 0이 된다고 가정하였다. 그러나 실제는 그렇지 않다. 왜냐하면 대부분의 모세관 점도계의 경우 모세관의 상, 하 양 끝에 있는 유동선(flow-lines)의 수렴 및 발산(convergence and divergence)결과로 인하여 에너지가 산일(dissipated)되어 운동에너지 항이 0이 안 된다. 따라서 이 경우 식 (6. 279)대신 아래와 같이 써야한다.

$$\eta = A\rho t - B\rho/t \tag{6.281a}$$

$$A = \pi R^4 \langle \Delta h \rangle g/8VL, \quad B = mV\rho/8\pi L, \quad m \doteqdot 1.12 \tag{6.281b}$$

위 식에서 운동에너지에 의한 소위 '말단효과(end effect)'를 무시하려면 용액의 점도가 커서 시간 t를 크게 하던가, 아니면 모세관의 길이 $L \gg R$(반경)되게 하면 무시할 수 있다. 그래서 대부분의 Ubbelohde형 모세관 점도계 경우 이 운동에너지 항에 의한 오차는 측정점도의 0.5 % 이내이므로 실제 묽은 용액에 대한 점도측정의 경우 이를 고려하지 않고 식 (6. 280)에서 $\eta_r (= \eta/\eta_0) \simeq t/t_0$ 즉 상대점도는 용액과 용매의 유동시간비로서 간단히 측정한다(문제 6. 16 참조).

6. 5 젤 투과 크로마토그래피로부터 분자량 측정

지금까지 설명한 방법들은 모두가 데이터를 얻는 데 걸리는 시간이라든가, 필요한 장비들의 비싼 비용이라든가, 또 조리에 맞지 않는 데이터 해석 등과 같은 단점들을 가지고 있다. 지름이 약 0.1 mm 정도인 다공성 중합체(젤)물질로 된 구슬로 이용하여 분자들을 그 크기에 따라 선택적으로 포획하는 방법이 개발되어 이러한 단점들의 상당한 부분을 극복할 수 있게 되었다. 크기-배제 크로마토그래피(SEC, size-exclusion chromatography)나, 또는 젤 투과 크로마토그래피(GPC, gel permeation chromatography)라고 하는 빠르고 비교적 경제적인 방법이 중합체의 몰 질량을 구하는 데 널리 쓰이고 있는데, 이 방법에서는 통상 $50 - 10^6$ Å 의 범위를 갖는 다공도(porosity)를 갖는 젤이 채워진 거름관을 통해서 중합체시료 용액을 기른다. 젤의 다공성 구조속으로 투과해 들어갈 수 있는 작은 분자들은 긴 용리시간[elution time(t_e), 특정길이의 관을 통과하는데 걸리는 시간 혹은 관내에 머문 시간(retention time, t_r)이라고도 함]을 필요로 하며, 포획되지 않는 큰 분자들은 빨리 통과해 나온다(그림 6. 25 참조). 따라서 기지 몰 질량의 고분자를 가지고 검정이 된 거름관을 통해서 나오는 고분자의 용리 시간 또는 용출액(eluate)의 부피(V_e)를 측정하면 그 몰 질량을 결정할 수 있다.

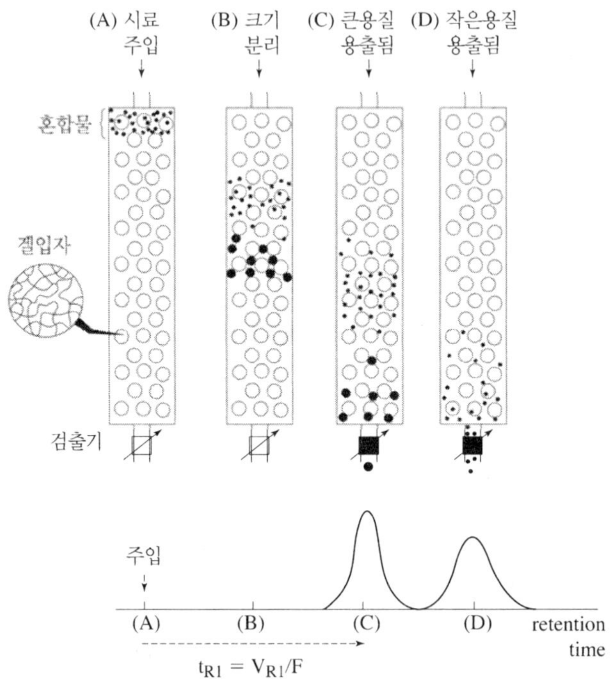

▶ **그림 6. 25** GPC 실험장치

비극성 용매에 녹인 비극성 중합체를 연구하는 데는 일반적으로 가교된 폴리스티렌이 널리 이용되고 있다. 이 경우 조절된 크기의 작은 동공을 가지도록 제조되어 있는데, 아주 단단하며 용매에 팽윤(swelling)되지 않는다. 일반적으로 서로 다른 동공크기분포를 가진 입자를 채운 관을 직렬로 연결하여 사용한다. 반면 더 극성인 계를 연구하는 데는 다공성 유리젤이, 그리고 단백질을 연구하는 데는 폴리아크릴아미드 젤이 이용된다.

6. 5. 1 크기배제에 의한 분리기구

농도를 측정하는 지점에서부터 용액 주입 지점까지 GPC 칼럼에 담겨진 용매의 부피는 기공

(void)부피 V_0(즉 다공성 구슬 밖을 차지하는 용매의 부피)와 내부 부피 V_i(즉 구슬 안에 있는 용매의 부피)의 합으로서 구해진다. 주입 지점으로부터 감지기(detector)까지 특별한 고분자를 추출하는데 요구되어지는 용매의 부피를 그 고분자의 용출부피(elution volume) V_e[혹은 머문 부피(retention volume, V_r)라고도 함]라고 할 때, 이 부피는 크기배제의 의한 분리법에 의하여 아래 식과 같이 주어진다.

$$V_e = V_0 + K_{se} V_i \tag{6. 282}$$

이 식의 K_{se}는 총 내부기공부피에 대한 특별한 고분자가 투과한 내부기공부피의 분율이다. 작은 고분자는 $K_{se} = 1$이고, $V_e = V_0 + V_i$이여서 내부 부피 모두를 통과할 수 있으며(그러나 늦게 용출됨), 반면에 매우 큰 고분자는 $K_{se} = 0$이고, $V_e = V_0$이여서 기공들을 통과할 수가 없다(따라서 빨리 용출됨). 당연히 중간 크기의 고분자에서는 K_{se}와 V_e가 이들의 한계값 사이에 놓여있다.

GPC에서 전형적으로 사용되는 유속(약 1 cm^3min^{-1})에 대해서는 V_e가 유속에 독립적인 것으로 나타난다. 이것은 분자가 구멍의 안쪽과 바깥쪽으로 확산되는데 충분한 시간을 갖는 것을 의미하여서, 분자의 평형농도 c_i와 c_0는 구멍의 안쪽과 바깥쪽에서 각각 얻어진다. 분리 과정이 평형조건 아래에서 이루어지기 때문에 K_{se}는 $K_{se} = c_i / c_0$에 의해 규정된 평형 상수(equilibrium constant)로 여겨질 수 있다($c_i = c_0$이고 $K_{se} = 1$일 때 고분자가 기공을 통과할 때를 주시하라). 열역학적으로 K_{se}와 구멍의 침투성에 관한 표준상태의 Gibbs 자유에너지 변화 ΔG_p° 사이의 관계는, 화학반응에 관한 열역학평형상수 (K)관계식 $K = \prod_{i=1}^{n} a_i^{\nu_i} = \exp\left(-\Delta G^\circ / RT\right)$[여기서 a_i 및 ν_i는 i성분의 활동도 및 양론지수(생성물인 경우 $\nu_i > 0$, 반응물은 $\nu_i < 0$), ΔG°는 표준상태의 반응의 Gibbs 자유에너지변화임]에 기초하여 아래와 같이 나타낼 수 있다.

$$\Delta G_p^\circ = -RT \ln K_{se} \tag{6. 283}$$

크기 배제에 의한 분리에 있어서 기공을 통한 용매의 이동에 관계되는 (상호작용)엔탈피변화는 영임에 틀림없다. 따라서 ΔG_p°은 상응하는 엔탈피 변화 ΔS_p°에 의해 결정되고 $\Delta G_p^\circ = -T \Delta S_p^\circ$에 의해 주어진다. 따라서 식 (6. 283)으로부터 얻어진 K_{se}는 아래 식에 의해 주어진다.

$$K_{se} = \exp\left(\Delta S_p^\circ / R\right) \tag{6. 284}$$

고분자가 가질 수 있는 형태(conformation)의 수는 고분자가 비투과성의 기공의 벽에 의하여 한정되기 때문에 감소되어지고 결국 ΔS_p°는 음수가 된다.

이 형태엔트로피의 손실은 분자의 유체역학적 반경보다 기공 벽에 더 가까운 영역으로 그 분자의 질량 중심이 배제될 때 발생하는 양에 해당한다. 통계 열역학을 이용하여 원통형기공에 들어가는 가우스 (이상)코일에대한 단순화된 모델을 가지고 이 $\Delta S_p°$를 표현할 수 있다. 이에 관한 세부 상항은 생략하고, 얻어진 결과만을 소개하면 아래와 같다.

$$\Delta S_p° = -RA_s(\overline{L}/2) \tag{6. 285}$$

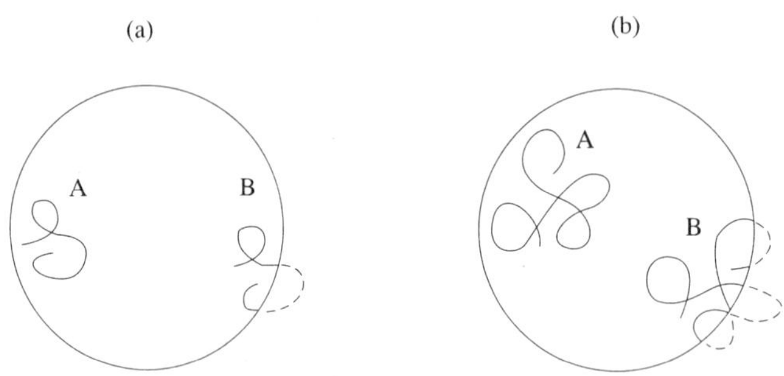

▶ **그림 6. 26** 원 내부에 있는 (a) 작은 (b) 큰 고분자의 도해. A 고분자는 벽에 가장 가까이 근접한 거리에서 질량중심을 갖도록 배치된다. B 고분자는 분자가 벽에 매우 가까이 배치되었을 때 배제된 분자형태를 보여준다.

이때 A_s는 단위기공부피에 대한 표면적이고, $\overline{L}$는 고분자가 용액에서 자유로울 때 평균 분자투영길이(mean molecular projection)로서 $\overline{L}$이 커지면 당연히 분자량 M이 커진다(구의 경우 $\overline{L}$는 구의 반경이 된다). 식 (6. 284)와 (6. 285)를 (6. 282)에 대입하면,

$$V_e = V_0 + V_i \exp(-A_s\overline{L}/2) \tag{6. 286}$$

따라서 V_e는 $\overline{L}$(즉 분자크기)에 대하여 함수의 형태로 예측되어지며, $\overline{L} \to 0$일 때 $V_e \to (V_0 + V_i)$이고 $\overline{L} \to \infty$일 때 $V_e \to V_0$임을 알 수 있다. 식 (6. 286)의 V_e가 $\log \overline{L}$(혹은 $\log M$)에 대하여 대략 선형적으로(linearly) 감소한다고 말할 수 있다. 이와 같은 해석은 아래와 같은 GPC 검량 또는 보정(calibration)곡선을 위해서 특히 유용하다.

$$\log M(\equiv f(V_e)) = -s\,V_e + const. \tag{6. 287}$$

여기서 $s = |dlogM/dV_e| = |\dot{f}(V_e)|\,(>0)$이 되는 검량(보정)계수이다.

6. 5. 2 보정 및 분자량 분포 결정

일반적으로 얻어지는 GPC 크로마토그램(chromatogram)은 용출시간 t_e에 비례하는 용출부피 V_e 대 검출기응답(detector response) $H(V_e)$의 플롯이다. 이로부터 M_n, M_w, M_z와 같은 평균분자량을 얻기 위해서는 이 곡선을 (정규화된 미분)무게분율 분포 곡선 즉 분자량 M 대 무게분율 $w(M)$의 플롯으로 변화시켜야 한다. 지금 $W(V_e)$가 시작($t=0$)부터 용출부피가 V_e(시간 t_e)에 도달할 때까지 용출된 누적 무게분율(즉 $dW/dM=w(M)$)이라고 하면 복합미분법칙에 의해 아래관계가 성립된다.

$$w(M)=dW(V_e)/dM=\frac{d\log M}{dM}\cdot\frac{dV_e}{d\log M}\cdot\frac{dW}{dV_e}=\frac{1}{2.303\,M}\cdot\frac{dW}{dV_e}\cdot\frac{dV_e}{d\log M} \quad (6.288)$$

한편 임의의 용출부피 V_e에서의 크로마토그램의 높이 즉 검출기 응답 $H(V_e)$는 그때까지 용출된 누적무게분율 $W(V_e)$의 미분에 해당되므로 아래와 같이 나타낼 수 있다.

$$H(V_e)=dW(V_e)/dV_e \quad (6.289)$$

그리고 검량(보정)관계식 (6. 287)에서 $dV_e/d\log M=(d\log M/dV_e)^{-1}=1/\dot{f}(V_e)=-1/s$ $(s>0)$이므로 정규화된 미분 무게분율에 해당하는 식 (6. 288)은 아래가 된다.

$$w(M)=\frac{H(V_e)}{2.303\,M}\frac{1}{\dot{f}(V_e)}=-\frac{H(V_e)}{2.303\,M\cdot s}\frac{1}{} \quad (6.290)$$

따라서 분자량 M에 대하여 $-H(V_e)/(2.303)Ms$를 플롯하면 임의의 척도로 나타낸 (미분 무게분율)분자량분포곡선이 얻어진다. 만약 식 (6. 287)로 주어진 검량선이 문제 6. 17에서처럼 직선이 된다면 보정계수 s는 상수가 되어 단순히 $-H(V_e)/(2.303)M$을 플롯해도 될 것이다.

6. 5. 3 만능 보정

앞에서 언급한 바와 같이 비극성 용매에서 비극성 고분자의 분자량을 GPC로 측정시에는 주로 가교된 폴리스틸렌 젤을 (다수의 연결된)컬럼으로 사용할 뿐 아니라, 용출부피 V_e에 대응하는 분자량 M을 측정하기 위한 검량(직)선 (식 6. 287)의 작성은 분자량분포가 좁은 다수의 PS 단분산 표준시료를 이용하여 이루어진다. 그런데 시료가 PS와 다른 경우 같은 GPC 용매(가령 THF)라 할지라도 배제체적 효과와 같은 고분자-용매간 상호작용이 달라 같은 분자량(M)이라도 수력학적 부피 (V_h) 혹은 $\langle R^2\rangle$이나 $\langle S^2\rangle$이 다르게 되어 고유점도 $[\eta]$ 또한 다르게 된다. 따라서 PS표준

시료로 작성한 검량신에서 M을 구하면 상당한 오차가 수반된다. 이와 같은 문제를 해결하기 위하여 GPC(혹은 SEC)컬럼으로 고분자를 분리해 내는 기구(mechanism)은 분자량이 아닌 용액속에 있는 고분자의 수력학적 부피일 것이므로 Flory-Fox 식 (6. 250)에서 $(\eta)M = \phi V_h$(여기서 V_h는 $\langle R^2 \rangle^{3/2}$ 혹은 $\langle S^2 \rangle^{3/2}$에 해당되고, ϕ는 만능상수)로 표현되므로 검량선으로서 $\log M$ 대 V_e 대신 $\log[\eta]M$대 V_e의 검량(직)선을 일단 단분산 PS시료를 이용하여 만들어두면 다음에는 PS와 다른 어떤 시료라도 이 검량선상에 있을 것이므로(실제 그림 6. 27로 확인 됨)이로부터 임의의 V_e에 해당하는 $(\eta)M$ 값, 나아가 고유점도(η)를 알면 분자량 M도 알 수 있으므로 이 검량선을 '만능보정(universal calibration)'이라고 칭한다.

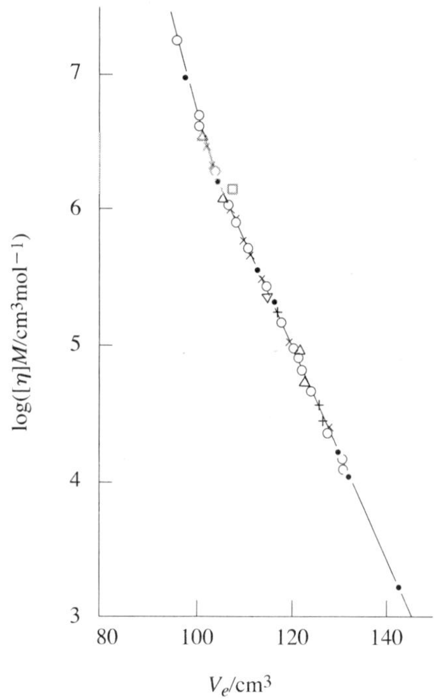

▶ **그림 6. 27** 용매로서 테트라하이드로퓨란을 가지는 가교화된 폴리스티렌 겔에 대한 보편적인 보정 곡선 : ●,선형 폴리스티렌; ○, 가지 폴리스티렌(comb 형태); +, 가지 폴리스티렌(star형태); △, 스티렌메틸 메타아크릴레이트의 가지친 블록 공중합체; ×, 폴리메틸메타아크릴레이트; ○, 폴리비닐클로라이드; ▽, 스티렌메틸 메타아크릴레이트의 그라프트 공중합체; □, 폴리부타디엔.

또한 여러 개의 단분산 PS 시료를 이용하여 그림 6. 27의 만능보정 검량선을 만들어두면, 아래 예제에서 볼 수 있듯이 이로부터 PS와 다른 어떤 시료의 고유점도의 분자량 의존식인 M-H식 (6. 257 혹은 6. 261)만 안다면 이로부터 이 시료의 $\log M$ 대 V_e의 통상의 검량선(식 6. 287)도 쉽게 작성 될 수 있다.

예제 6.6

분자량이 다른 몇 개의 단분산 PS 시료를 이용하여 아래와 같은 만능 검량(직)선을 만들었다.

$$\log[\eta]M = -0.2352\,V_e + 12.7072 \tag{6. 291}$$

이때 위의 GPC 측정과 동일 온도 및 동일 용매를 사용하여 다른 고분자인 폴리메틸메타크릴레이트(PMAA) 시료의 고유점도 $[\eta]$와 분자량 관계(M−H식)을 아래와 같이 얻었다.

$$[\eta] = 6.27\times10^{-5}\times M^{0.76} \tag{6. 292}$$

이 결과를 사용하여 PMMA 시료에 대한 보정 검량선 즉 $\log M$ 대 V_e 관계를 만들어라.

풀이 만능 보정원리 즉 $[\eta]M$값 즉 수력학적 부피(V_h)가 같으면 고분자의 종류에 관계없이 같은 용출부피 V_e에서 용출된다는 개념에서, 식 (6. 292)의 양변을 M으로 곱하면 아래의 식을 얻는다.

$$[\eta]M = 6.27\times10^{-5}M^{1.76} \tag{6. 293}$$

이를 만능 검량선인 식 (6. 291)에 대입하여 $\log M$항에 대해 풀면 아래를 얻는다.

$$\log M = -0.1336\,V_e + 9.6079 \tag{6. 294}$$

따라서 PMMA 시료의 경우 V_e값만 알면 만능 검량선을 이용하지 않아도 바로 해당 분자량을 알 수 있다.

이하에서는 만능보정 원리 즉 Flory-Fox 식 (6. 250)에서 임의의 시료에 대해 $[\eta]M$값이 같으면, 즉 수력학적 부피 V_h값이 같으면 GPC 측정 시 같은 V_e에서 용출된다는 개념에 바탕을 두어 몇 가지 유용한 관계식을 유도해 보겠다. 먼저 임의의 시료 i의 고유점도 $[\eta]_i = KM_i^{a_i}$ (식 6. 257)에서 아래가 성립된다.

$$[\eta]_i M_i = K_i M_i^{1+a_i} \tag{6. 295}$$

이로부터 같은 V_e에서 용출되는 두 종의 고분자 1 및 2 (단 GPC 용매는 같으나 고분자가 다르므로 M-H 지수 K 및 a값이 다르다)에 대해 아래가 성립된다.

$$[\eta]_1 M_1 = K_1 M_1^{1+a_1} = [\eta]_2 M_2 = K_2 M_2^{1+a_2} \tag{6. 296}$$

이로부터 아래가 성립된다.

$$\ln M_2 = \frac{1+a_1}{1+a_2}\ln M_1 + \frac{1}{1+a_2}\ln\left(\frac{K_1}{K_2}\right) \tag{6. 297}$$

이 식의 의미는 고분자 1의 M_1, a_1, K_1값 및 고분자 2의 M-H 지수를 알면 M_2를 알 수 있다는 것이다.

다음에는 동종 고분자로서 (즉 주어진 GPC 용매에 대한 M-H 지수 K 및 a가 동일) (점도)평균 분자량 혹은 고유점도가 다를 경우에 시료 1 및 2의 고유점도 비를 M-H 지수를 사용하지 않고, 대신 각각의 무게분율 w_{1i} 및 w_{2i}와 분자량 M_i의 수력학적 부피에 해당하는 $J_{1i}(\equiv [\eta]_{1i}M_i)$와 $J_{2i}(\equiv [\eta]_{2i}M_i)$를 이용하여 나타내는 방법에 대해 생각해 보자. 지금 각각의 시료에 대해 아래의 J_i 양을 정의한다.

$$J_i = [\eta]_i M_i = KM_i^{1+a},\ [\eta]_i = KM_i^a \tag{6. 298}$$

이 때 위 식에서 $M_i = (J_i/K)^{1/(1+a)}$를 이용하면 아래 식을 얻을 수 있다.

$$[\eta]_i = K(J_i/K)^{a/(1+a)} = J_i^{a/(1+a)}K^{1/(1+a)} \tag{6. 299}$$

그런데 $[\eta] = \sum w_i[\eta]_i$이므로 아래가 성립된다.

$$[\eta] = K^{1/(1+a)}\sum_i w_i J_i^{a/(1+a)} \tag{6. 300}$$

여기서 동일 용매 속에서 두 동종 고분자 시료 1 및 2의 고유점도 비는 아래와 같이 나타내진다.

$$\frac{[\eta]_1}{[\eta]_2} = \sum_i w_{1i}J_{1i}^{a/(1+a)} \Big/ \sum_i w_{2i}J_{2i}^{a/(1+a)} \tag{6. 301}$$

마지막으로 한 개의 다분산 시료를 각기 다른 용매 1 및 2에서 고유점도를 측정했을 때 (단 두 용매에 대한 M-H 지수인 K와 K', a와 a'는 분자량에 무관하다) 제1용매에서의 분자량 M_i짜리에 대한 $J_i = [\eta]_iM_i$(식 6. 298), 제2용매에서의 분자량 M_i에 대한 $J_i' = [\eta']_iM_i$ 관계에서 아래 식이 성립된다.

$$J_i' = [\eta']_i J_i/[\eta]_i \tag{6. 302}$$

여기서 $[\eta]_i = KM_i^a$, $[\eta']_i = K'M_i^{a'}$라 하면 아래가 성립된다.

$$J_i' = J_i(K'/K)M_i^{a'-a} \tag{6. 303}$$

여기서 용매 1 및 2에서의 고유점도 $[\eta]$ 및 $[\eta']$는 각각 $[\eta]=\sum_i w_{1i}[\eta]_i$, $[\eta']=\sum_i w_{2i}[\eta']_i$ 및 $M_i=(J_i/K)^{1/(1+a)}=(J_i'/K')^{1/(1+a')}$를 이용하면 아래를 얻는다.

$$\frac{[\eta]}{[\eta']}=\frac{K^{1/(1+a)}\sum_i w_{1i}J_i^{a/(1+a)}}{K'^{1/(1+a')}\sum_i w_{2i}J_i'^{a'/(1+a')}} \tag{6. 304}$$

연습문제

6. 1 삼투압법으로 측정한 평균분자량은 수평균 분자량(M_n)임을 증명하라.

풀이

식 (6. 35)에서 단분산 고분자의 농도 $c\to 0$ 일 때 $\pi = cRT/M$ 이 성립된다. 따라서 묽은 다분산 고분자 용액의 경우 아래가 성립된다($c_i/c = w_i$, 여기에서 w_i는 무게분율).

$$\pi_{용액} = \sum_i \pi_i = \sum_i c_i RT/M_i$$

여기서 분자량 M_i짜리가 나타내는 삼투압 π_i는 본문 식 (6. 7a)의 물성 A_i(그리고 RT는 k)에 해당된다.

따라서 $\pi = RT\left(\sum_i c_i\right)\left(\sum_i c_i/M_i\right)/\sum_i c_i = cRT\left(\sum_i w_i/M_i\right) = \dfrac{c}{M_n}RT$.

6. 2 아래에 여러 농도(c)로 30 ℃의 톨루엔에 녹아있는 다분산성 폴리 P-메틸 스티렌[Poly(p-methyl styrene)]의 삼투압 측정결과를 표로 만들었다. 단 농도 c의 단위는 g/100 cm^3, 그리고 삼투압 $\pi(\rho gh$, 여기서 ρ는 용액의 밀도, g는 중력의 가속도, h는 모세관 상승 높이임) 의 단위는 편의상 ρg를 생략한 모세관 상승높이 h(cm)로 하여 'cm-solun'로 나타내었다.

c/g (100 cm^3)$^{-1}$	0.349	0.713	0.782	0.915	1.136
π/cm-solun	0.284	0.935	1.064	1.453	2.247

이때 용액의 밀도 ρ는 농도가 아주 낮으므로 톨루엔 용매의 밀도 $\rho = 0.8563$ g cm^{-3}, 중력가속도 $g = 980$ cm s^{-2} 이고 기체상수 $R = 8.314$ JK^{-1}mol^{-1} 로 하여, 본문 식 (6. 36)을 이용하여 위 시료의 수평균 분자량 M_n 및 2차 비리얼계수 A_2를 구하여라.

풀이

주어진 데이터로부터 $\pi/c(\pi/c)^{1/2}$ 및 c는 아래 표에 나타나있다. 단 농도 c의 단위는 g/100 cm3 대신 g/dm^3(=10^{3}cm^3)로 하고, π/c및 $(\pi/c)^{1/2}$의 정확한 단위대신 $\pi = \rho gh$(여기서 ρg는 전 시료에 대해 일정함) 이므로 gh단위를 생략한 각각 (h/c)의 단위인 [cm-solun / (g/dm^3)] = cm-solun g^{-1}dm^3 및 $(h/c)^{1/2}$의 단위인 (cm-solun g^{-1}dm^3)$^{1/2}$로 표시하였다.

c/g dm^{-3}	3.49	7.13	7.82	9.15	11.36
h/c/(cm−solun g^{-1}dm^3)	0.081	0.131	0.136	0.159	0.198
$(h/c)^{1/2}$/(cm−solun g^{-1}dm^3)$^{1/2}$	0.285	0.362	0.369	0.398	0.445

이들 데이터를 아래 그림에 (직선)플롯을 행하였다.

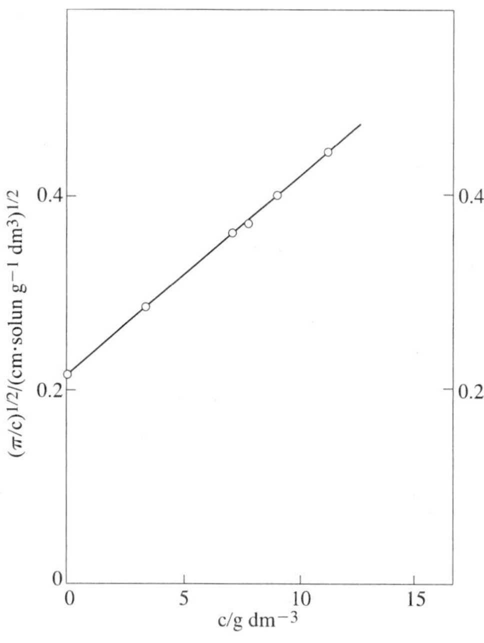

위 직선플롯의 y축 절편을 구하면 $\left(\dfrac{\pi}{c}\right)^{1/2}_{c\to 0} = 0.214$, 이의 제곱은 $\left(\dfrac{\pi}{c}\right)_{c\to 0} = 0.0458$, 그런데 이는 $\pi = \rho g h$에서 ρg항을 생략한 것이므로 정확한 $\left(\dfrac{\pi}{c}\right)_{c\to 0} = 0.0458 \times \rho g = 0.0458\ (\text{cm g}^{-1}\text{dm}^3) \times 0.8563\ (\text{g cm}^{-3}) \times 980\ (\text{cm s}^{-2})$ $= 3.84\times10^{-3}$ J/g 된다[단 여기서 1 J = 1 N · m, 1 N = 1 kg · m/s^2, 1 dm^3 = cm^3 을 이용하였다]. 그런데 식 (6. 36)에서 $\left(\dfrac{\pi}{c}\right)_{c\to 0} = \dfrac{RT}{M_n}$ 이므로 $M_n = RT/\left(\dfrac{\pi}{c}\right)_{c\to 0} = 6.53 \times 10^5\ (\text{g mol}^{-1})$이 된다. 그리고 위 그림의 기울기 $a = 0.0230$ (단위생략). 그런데 식 (6. 36)에서 직선의 기울기 $a = (\pi/c)_0^{1/2} \times \dfrac{\Gamma_2}{2} = (\pi/c)_0^{1/2} \times \dfrac{A_2 M_n}{2}$. 따라서 아래에서 A_2가 구해진다[단 기울기 및 $(\pi/c)_0^{1/2}$에서 똑같이 단위 $(\rho g)^{1/2}$를 생략하였으며, M_n단위로서 kg을 사용하였다.].

$$\therefore A_2 = \frac{2 \times 0.0202}{0.214 \times 6.53 \times 10^2} = 2.89 \times 10^{-4} (\text{kg}^{-2}\ \text{m}^3\ \text{mol})]$$

6.3 길이 L인 막대 고분자(rod)에 대한 Debye의 분자 내 간섭(구조)인자 $P(\theta)$는 본문 식(6.76)으로부터 아래와 같이 주어짐을 증명하라.

$$P(\theta)=\frac{1}{x}\int_0^{2x}\left(\frac{\sin y}{y}\right)dy-\left(\frac{\sin x}{x}\right)^2$$

여기서 $x=\frac{1}{2}sL$, $s=\frac{4\pi}{\lambda}\sin\frac{\theta}{2}$, θ는 산란각, λ는 빛의 파장이다.

풀이

Debye이론에 의하면 1개의 분자 내 n개의 산란중심(scattering centers)(혹은 세그먼트)을 가진 경우 산란각도 θ에서의 분자 내 간섭(구조)인자 $P(\theta)$는 아래와 같이 나타내진다.

$$P(\theta)=\left(\frac{1}{n^2}\right)\sum_{i=1}^{n}\sum_{j=1}^{n}\left\{\frac{\sin(sR_{ij})}{(sR_{ij})}\right\},\quad s=(4\pi/\lambda)\sin\frac{1}{2}\theta$$

길이 L인 막대의 경우 2산란중심 i와 j간의 거리 $R_{ij}=|j-i|l\equiv kl$[여기서 $k=|j-i|$, l는 단위 간격간 거리 또는 한 개의 분절의 길이]라 하면 $R_{ij}=0$ 인 항이 n개(이때 $\lim_{x\to 0}\frac{\sin x}{x}=1$ 이용), $R_{ij}=l$ 인 항은 $2(n-1)$개, $R_{ij}=2l$ 인 항은 $2(n-2)$개, $\cdots$. 따라서 $R_{ij}=k(=|j-i|)l$ 인 항은 $2(n-k)$개일 것이다. 따라서 위의 2중합은 아래와 같이 단일 합으로 나타낼 수 있다.

$P(\theta)=(1/n^2)\sum_{k=0}^{n-1}2(n-k)\{\sin(skl)/(skl)\}-(1/n)$가 된다. 여기서 $1/n$을 빼준 것은 $\sum(\cdots)$에서 $k=0$일때 $\frac{2}{n}$가 되어, 실제 $R_{ij}=0$ 인 항의 개수는 n개이므로 $\frac{n}{n^2}=\frac{1}{n}$ 되어야 하므로 $\frac{1}{n}$을 빼준 것이다[이 결과는 4장의 참고 4.2의 절차를 따라도 가능하다].
다음에는 이를 적분형태로 바꾸면 아래와 같다.

$$P(\theta)\approx(2n/n^2)\int_0^{n-1}\frac{\sin(skl)}{skl}dk-(2/n^2sl)\int_0^{n-1}\sin(skl)dk-(1/n)$$

여기서 $x=skl$의 변수치환을 하면 $dk=dx/sl$, 또 $nl=L$을 이용하면 위 적분은 아래가 된다.

$$P(\theta)\approx(2/sL)\int_0^{(n-1)sl}\left(\frac{\sin x}{x}\right)dx-(2/s^2L^2)\int_0^{(n-1)sl}\sin x dx-(1/n)$$

$$=(2/sL)\int_0^{(n-1)sl}\left(\frac{\sin x}{x}\right)dx+(2/s^2L^2)\{\cos[(n-1)sl]-1\}-(1/n)$$

여기서 $\cos[(n-1)sl]=\left\{1-2\sin^2\left[\frac{1}{2}(n-1)sl\right]\right\}$ 및 $(n-1)sl\approx nsl=sL$, $1/n\to 0(\because\ n$이 매우 큼)을 이용하고, 또 $sL/2=x$로 두면 아래의 목적하는 식이 얻어진다.

$$P(\theta) \approx \frac{1}{x}\int_0^{2x}\left(\frac{\sin y}{y}\right)dy - \left(\frac{\sin x}{x}\right)^2 \quad (\text{단 } x = \frac{1}{2}sL)$$

한편 sine 적분 $Si(z) \equiv \int_0^z \left(\frac{\sin x}{x}\right)dx$를 이용하면 $P(\theta)$를 아래와 같이 나타낼 수 있다.

$$P(\theta) \approx xSi(2x) - \{\sin x/x\}^2 \quad [\text{단 } x = \frac{1}{2}sL]$$

6. 4 436 nm의 파장의 (비편광)자연광을 사용하여 어떤 폴리스티렌(PS)시료의 톨루엔 용액의 광산란을 측정하여 환원산란강도(Rayleigh비) R_θ, 산란강도 θ 및 농도 c사이에는 아래의 데이터를 얻었다.

c/g(100 cm^3)$^{-1}$	$R_\theta \times 10^5$/cm^{-1}				
	θ=45°	60°	90°	120°	135°
0.085	9.79	9.02	7.83	6.75	6.63
0.215	17.4	16.7	14.8	13.2	13.0
0.297	19.5	18.8	16.8	15.6	15.4
0.383	21.1	20.1	18.5	17.2	16.7
0.489	22.0	21.6	20.3	18.8	18.5

PS의 톨루엔용액은 25 ℃에서 $(dn/dc)_0 = 0.111\ (\text{cm}^3\text{g}^{-1})$, 빛의 파장 $\lambda = 4.36 \times 10^{-5}$ cm, 톨루엔의 굴절률 $n_0 = 1.52$, Avogadro수 $N_A = 6.03 \times 10^{23}\ \text{mol}^{-1}$로 하여 이 시료의 M_w, A_2 및 $\langle S^2 \rangle_z$를 Zimm plot(식 6. 88)를 이용하여 구하라.

풀이

Zimm plot식은 아래와 같다.

$$\frac{K_c}{R_\theta} = \frac{1}{M_w P(\theta)} + 2A_2 c + \cdots \tag{1}$$

여기서 광학상수 K는 자연광(비편광)의 경우

$$K = \frac{2\pi^2}{\lambda^4 N_A} n_0^2 \left(\frac{dn}{dc}\right)_0^2 \text{이 된다.} \tag{2}$$

(만약 수직편광의 경우는 우편의 2 대신 4가 된다.)

여기서 y축에 Kc/R_θ를 x축에 $\sin^2(\theta/2)+kc$를 취한 것이 Zimm plot이다. 식 (1)에서 알 수 있듯이 $\theta=0$에서는 $P(\theta)=1$이 되므로 $c=0$의 직선과 $\theta=0$의 직선은 y축에서 만나게 된다. 이 절편값이 M_w를 주고, A_2는 $\theta=0$의 직선의 기울기에서 알 수 있다. 구조인자 $P(\theta)$는 고분자 코일의 경우 아래가 성립된다.

$$P(\theta)=1-\frac{1}{3}\langle S^2\rangle_z\left(\frac{4\pi}{\lambda}\right)^2\sin^2\frac{\theta}{2}+\cdots \tag{3}$$

혹은 $$P(\theta)^{-1}=1+\frac{1}{3}\langle S^2\rangle_z\left(\frac{4\pi}{\lambda}\right)^2\sin^2\frac{\theta}{2}+\cdots \tag{4}$$

또한 $\langle S^2\rangle_z$는 $c=0$의 직선의 기울기에서 얻어진다. 자연광의 경우 Rayleigh비 (분자1개에 대해) $R_\theta=I(\theta)r^2/I_0(1+\cos^2\theta)$ [여기서 r은 관측점까지 거리] 그런데 $I(\theta)$는 단위체적당 산란입자수 (즉 산란수밀도)에 비례하므로 R_0의 단위는 길이의 역수 단위이다. 여기서 (2)식을 사용하여 문제에 주어진 데이터로부터 K값을 계산하면 아래와 같다.

$$K=\frac{2\times(3.14)^2\times(1.52)^2\times(0.111)^2}{(4.36\times10^{-5})^4\times6.03\times10^{23}}\ (\mathrm{cm^6g^{-2}\cdot cm^{-4}\cdot mol})$$

$$=2.58\times10^{-7}\,(\mathrm{cm^2g^{-2}mol})$$

이 값을 사용하여 K_c/R_θ을 계산하여 데이터를 정리한 것이 아래 표이다.

$c\times10^3/\mathrm{g\ cm^{-3}}$	$(K_c/R_\theta)\times10^6/(\mathrm{g^{-1}mol})$				
	$\theta=45°$	60°	90°	120°	135°
0.85	2.24	2.43	2.80	3.25	3.31
2.15	3.19	3.32	3.75	4.20	4.27
2.97	3.93	4.08	4.56	4.91	4.98
3.83	4.68	4.92	5.34	5.75	5.92
4.89	5.73	5.84	6.21	6.71	6.82

그리고 이를 이용하여 아래에 Zimm 플롯을 행하였다.

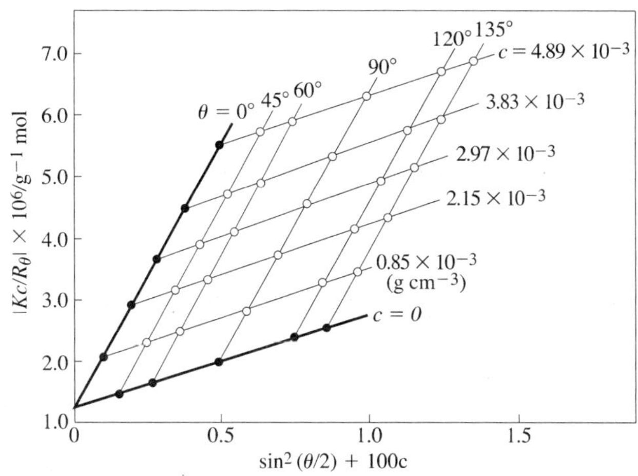

그림에서 Kc/R_θ의 단위는 $\mathrm{cm^2 g^{-2} mol \cdot g\, cm^{-3} \cdot cm = g^{-1} mol}$로 한다. θ=45°~135°의 범위에서 $\sin^2\frac{\theta}{2}$는 0.1의 단위로 되므로 상수 $k=100$으로 하면 kc의 단위도 0.1이 되어 보기 쉬운 그림이 될 것이다. 그림의 0표시는 표의 값을 플롯한 것이다. 같은 농도의 측정점을 직선으로 연결하여 그 연장선 위에 x축이 $100c$가 되는 (즉 $\theta=0$됨)점(● 표시)을 취한다. 이와 같은 조작을 각 농도별로 행하여 얻은 점을 연결하면 $\theta=0$에 대응하는 직선을 얻는다. 마찬가지로 θ가 같은 측정점을 연결하여 그 연장선상에 x축이 $\sin^2\frac{\theta}{2}$ 되는 점(●표시)(즉 $c=0$됨)을 취한다. 다시 말하면 주어진 각도 θ의 여러 농도점의 연장선과 x축이 $\sin^2\frac{\theta}{2}$ 되는 점 (즉 $c=0$됨)에서 세운 수직선과 만나는 점을 ●로 표시한다. 이와 같은 조작을 반복하여 각 각도에서 얻어진 ●점들을 연결하면 $c=0$에 해당하는 직선을 얻는다. 그리고 그림에서처럼 $\theta=0$ 및 $c=0$ 직선의 y축상의 교점(절편)이 $\frac{1}{M_w}$값을 준다. 즉,

$$\left(\frac{K_C}{R_\theta}\right)_{\substack{c\to 0\\ \theta\to 0}} = 1.25\times 10^{-6}\ (\mathrm{g^{-1}mol})$$

을 얻는다. 따라서 식 (1)로부터

$$M_w = \frac{1}{1.25\times 10^{-6}} = 8.00\times 10^5\ (\mathrm{g\ mol})$$

A_2는 $\theta=0$의 직선의 기울기로부터 식 (1)에 의해

$$2A_2 = \frac{0.80\times 10^{-6}}{0.10\times 10^{-2}}\ (\mathrm{g^{-1}mol \cdot g^{-1}cm^3})$$

$$= 8.0\times 10^{-4}\ (\mathrm{g^{-2}cm^3mol}) = 8.0\times 10^{-4}\ (\mathrm{kg^{-2}m^3mol})$$

$$\therefore\ A_2 = 4.0\times 10^{-4}\ (\mathrm{kg^{-2}m^3mol})$$

(1)식과 (3)식에 따르면 $c=0$의 기울기로부터

$$\frac{1}{3}\frac{\langle S^2\rangle_z}{M_w}\left(\frac{4\pi}{\lambda}\right)^2 = 1.50\times10^{-6}\ \ (\mathrm{g^{-1}mol})$$

따라서

$$\langle S^2\rangle_z = \frac{3\times1.50\times10^{-6}\times(4.36\times10^{-5})^2\times8.00\times10^5}{(4\times3.14)^2}\ \ (\mathrm{g^{-1}mol\cdot g\ mol^{-1}\cdot cm^2})$$

$$= 4.33\times10^{-11}\,(\mathrm{cm^2})$$

[비고 : 만약 고분자의 분자량이 매우 클 때는 보통의 Zimm plot보다는 삼투압의 경우처럼 (식 6. 38) $(Kc/R_\theta)^{1/2}$을 사용하여 플롯하면 M_w를 구하기 위한 직선의 외삽이 더욱 쉽게 된다.]

6. 5 광산란에 있어서 비대칭계수 $z = I(\theta)/I(180-\theta)$(식 6. 93)는 $\langle S^2\rangle$과 같은 분자의 크기와도 관계가 있다. Zimm plot식에서 $[I(\theta)/I(180-\theta)]_{c\to0} = P(\theta)/P(180-\theta)$이 성립하므로 $z_{c\to0} = P(\theta)/P(180-\theta)$가 된다. 만약 아래 그림과 같은 $D\equiv\langle S^2\rangle_z^{1/2}/\lambda$ 대 $z_{c\to0}$관계가 주어진다면, 문 6. 4의 데이터를 이용하여 $\theta = 45°$일 때의 $z_{c\to0}$을 구하고, 이로부터 이 고분자의 $\langle S^2\rangle_z$를 구하여라. [단 $\lambda = 4.36\times10^{-5}\,\mathrm{cm}$]

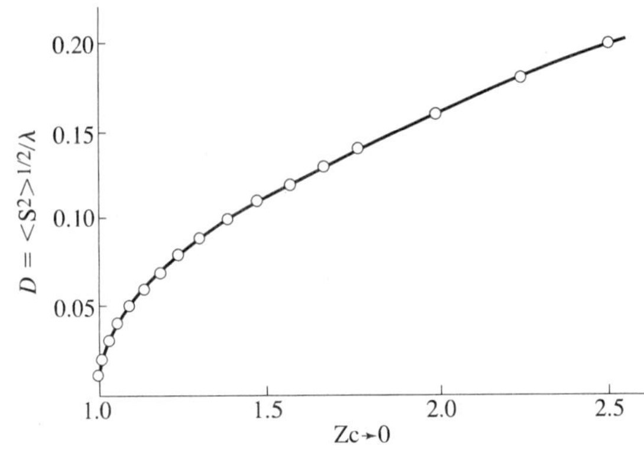

풀이

먼저 $c\to0$ 일 때의 비대칭계수 $z_{c\to0}$는 자연광에 대한 Rayleigh비 $R_\theta = I(\theta)r^2/I_0(1+\cos^2\theta)$에서 아래가 성립된다. $z_{c\to0} = \left(\frac{I(\theta)}{I(180-\theta)}\right)_{c\to0} = \left(\frac{R(\theta)}{R(180-\theta)}\right)_{c\to0}$ 도 성립 [$\because$ $\cos^2(180-\theta) = \cos^2\theta$]되므로 $\theta = 45°$에서의 비대칭도 $z_{c\to0}$에 대하여 아래의 관계식들이 성립된다.

$$z_{c\to0}(\theta=45°) = \left(\frac{R(45°)}{R(135°)}\right)_{c\to0} = \left[\frac{(c/R(135°))}{(c/R(45°))}\right]_{c\to0}$$

그런데 문 6. 4의 데이터에서 $z_{c\to0}$을 보다 정확히 구하기 위해서는 아래 식이 보다 효율적이다.

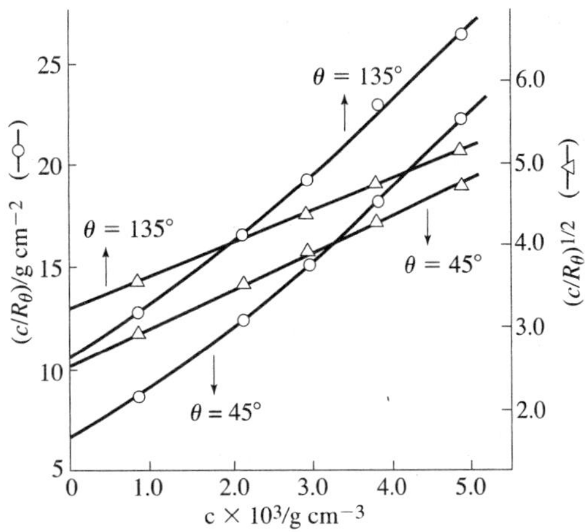

$$z_{c\to 0}(\theta = 45°) = \left[\frac{(c/R(135°))^{1/2}}{(c/R(45°))^{1/2}}\right]^2_{c\to 0}$$

따라서 문 6.4의 데이터를 이용하여 아래 그림에 $\theta = 45°$ 및 $135°$ 각각의 경우에 농도 c의 함수로서 $c/R(\theta)$ 및 $(c/R(\theta))^{1/2}$의 플롯을 행하였다.

특히 그림의 우측에 나타낸 y축의 단위를 이용하여 $\theta = 45°$ 및 $135°$ 경우의 $(c/R_\theta)^{1/2}_{c\to 0}$ (절편값)을 구하면 $\left\{\frac{c}{R(45°)}\right\}^{1/2}_{c\to 0} = 2.55$, $\left\{\frac{c}{R(135°)}\right\}^{1/2}_{c\to 0} = 3.50$ 따라서 $\theta = 45°$일 때의 비대칭계수는 $z_{c\to 0}(\theta = 45°) = \left\{(c/R_{135})^{1/2}_{c\to 0}/(c/R_{45})^{1/2}_{c\to 0}\right]^2 = (3.5/2.55)^2 = 1.88$이 된다. 또 이 값을 갖고 문제에 주어진 그림의 y축에 해당하는 D값 (즉 x축의 $z_{c\to 0} = 1.88$되는 점에서 수직선을 그어 실험곡선과 만나는 점)을 구하면 $D = \langle S^2\rangle_z^{1/2}/\lambda = 0.151$ $\therefore$ $\langle S^2\rangle_z = \lambda^2 \times 0.151^2 = (4.36\times 10^{-5}\ \text{cm})^2 \times 0.151^2 = 4.33\times 10^{-11}\ (\text{cm}^2)$이 얻어진다.

6.6 구(sphere)의 산란강도의 내부간섭효과를 나타내는 '입자산란인자' $P(\theta)$에 관한 식 (6.75)를 증명하라.

풀이

식 (6.73)의 $P(\theta)$의 정의식에서 산란강도 $I_s(\theta)$로서는 식 (6.71)을 대입한다. 따라서 직경 $D(=2a)$구의 경우 산란 (파동)벡터를 $\boldsymbol{q}$, 입자상의 임의의 점과 구의 중심을 연결하는 벡터를 $\boldsymbol{r}_p$, 그리고 $\boldsymbol{q}$와 $\boldsymbol{r}_p$사이 각도를 α라 하자. 이때 내적 $\boldsymbol{q}\cdot\boldsymbol{r}_p$가 일정한 점으로부터 산란된 빛의 위상 (phase)은 모두 같다고 하겠다. 그러면 각도 α가 α와 $\alpha + d\alpha$사이에 있고, $\boldsymbol{r}_p$백터가 $\boldsymbol{r}_p$와 $\boldsymbol{r}_p + d\boldsymbol{r}_p$사이에 있을 확률은 $2\pi r_p^2 \sin\alpha\, d\alpha\, dr_p$(참고 4.3 참조)로 나타낼 수 있다. 이때 구의 (정적)산란강도 $I_s(\theta)$는 아래와 같이 나타내진다(식 6.69 참조).

$$I_s(\theta)=\langle|\boldsymbol{E}_s|^2\rangle=\langle\boldsymbol{E}_s\cdot\boldsymbol{E}_s^*\rangle=\left\langle\sum_p\exp(i\boldsymbol{q}\cdot\boldsymbol{r}_p)\right\rangle^2 \tag{1}$$

여기서 $\langle\cdots\rangle=2\pi\int_0^a\int_0^\pi(\cdots)r_p^2\sin\alpha\, d\alpha\, dr_p$를 의미한다.

지금 위 적분에서 $\cos\equiv\xi$, $d\xi=-\sin\alpha\, d\alpha$ 및 $r_p=r$의 변수치환을 하면 식 (1)은 아래와 같이 계산된다.

$$I_s(\theta)=-2\pi\int_0^a\int_1^{-1}\exp[i\boldsymbol{q}\cdot\boldsymbol{r}_p]r_p^2d\xi dr_p=2\pi\int_0^a\frac{1}{iqr}[\exp(iqr\xi)]_1^{-1}r^2dr$$

$$=4\pi\int_0^a\frac{1}{q}\sin(qr)rdr=\frac{4\pi}{q}\left(-\frac{a}{q}\cos(aq)+\frac{1}{q^2}\sin(aq)\right) \tag{2}$$

단 위식의 두 번째 등호는 $\exp(i\boldsymbol{q}\cdot\boldsymbol{r}_p)d\xi=\exp(iqr_p\xi)d\xi=\frac{1}{iqr_p}d\exp(iqr_p\xi)$ 에서 오고, 또한 세 번째 등호는 $e^{i\theta}-e^{-i\theta}=2i\sin\theta$에서 온다. 따라서 아래 식이 성립된다.

$$I_s=|E_s|^2=\left(\frac{4\pi}{q}\right)^2\left(-\frac{a}{q}\cos(aq)+\frac{1}{q^2}\sin(aq)\right)^2=\frac{(4\pi)^2}{q^6}(-aq\cos(aq)+\sin(aq))^2 \tag{3}$$

$$=\frac{a^6(4\pi)^2}{x^6}(\sin x-x\cos x)^2$$

여기서 $x\equiv aq$(a는 구의 반경), q(산란벡터)$=(4\pi/\lambda)(\sin\theta/2)$[여기서 λ는 용매내 빛의 파장으로서 $\lambda=\lambda_0(\text{진공})/n_0(\text{용매조절율})$]이다. 그런데 $I_s(\theta=0)=I(0)$은 $\sin x$의 Taylor 전개식을 이용하여 아래와 같이 구해진다.

$$I_s(0)=\lim_{q\to0}I_s(q)=\lim_{x\to0}\frac{a^6(4\pi)^6}{x^6}\left(x-\frac{x^3}{3!}+\frac{x^5}{5!}-\cdots-x\left(1-\frac{x^2}{2!}+\cdots\right)\right)^2$$

$$=\lim_{x\to0}a^6(4\pi)^2\left(\left(\frac{1}{2!}-\frac{1}{3!}\right)+\left(\frac{1}{5!}-\frac{1}{4!}\right)x^2+\cdots\right)=\frac{a^6(4\pi)^2}{9} \tag{4}$$

여기에서 $P(\theta)=\frac{I_s(\theta)}{I_s(0)}=\frac{9}{a^6(4\pi)^2}\frac{a^6(4\pi)^2}{x^6}(\sin x-x\cos x)^2=\left[\frac{3}{x^3}(\sin x-x\cos x)\right]^2$가 되어 식 (6. 75)가 증명된다.

6. 7 가우스 (이상) 코일에 대한 '입자산란인자' $P(\theta)$에 관한 식 (6. 77)를 증명하라.

풀이

가우스 이상사슬에 대한 '진주목걸이(pearl-necklace)' 모델을 생각해보자. 지금 사슬 내 k번째 분절과 j번째

분절을 연결하는 벡터를 $\boldsymbol{r}_{jk}$라 하자. 그리고 같은 $|k-j|$ 값을 주는 조합의 수는 $n-|k-j|$ 이다. j 및 k 에 번호를 매기는 방법은 왼쪽 끝에서부터 혹은 오른쪽 끝에서부터의 2가지이고, 이리하여 전체수는 2를 곱해야 한다.

이제 $P(\theta)$의 정의식 (6. 73)에 필요한 (정적)산란강도 $I_s(\theta)$는 식 (6. 69) 에 의하여 아래와 같이 나타낼 수 있다.

$$I_s \propto \sum_j \sum_k \exp i\boldsymbol{q} \cdot \boldsymbol{r}_{pp'} \tag{1}$$

이를 다시 적분으로 근사하면 아래와 같이 된다[참고 4. 2참조]

$$I_s(\theta) \propto 2\int \sum_{j<} \sum_k (n-|k-j|)\exp(i\boldsymbol{q} \cdot \boldsymbol{r}_{jk})\, W(\boldsymbol{r}_{jk})d\boldsymbol{r}_{jk} \tag{2}$$

여기에서 $W(\boldsymbol{r}_{jk})$는 아래의 정규분포형태의 $\boldsymbol{r}_{jk}$ 의 분포함수이다.

$$W(\boldsymbol{r}_{jk}) = \left(\frac{3}{2\pi|k-j|b'^2}\right)^{\frac{3}{2}} \exp\left(-\frac{3\boldsymbol{r}_{jk}^2}{2|k-j|b'^2}\right)$$

여기서 b'는 1개의 결합길이이다. 위 식에서 아래와 같은 Cartesian 직교좌표계를 이용한다.

$$d\boldsymbol{r}_{jk} = dx_{jk}dy_{jk}dz_{jk},\quad \boldsymbol{r}_{jk} = x_{jk}^2 + y_{jk}^2 + z_{jk}^2$$

식(2)의 합($\sum$)도 적분으로 바꾸고, $p \equiv |k-j|$=(k-j)(∵ k>j) 를 이용하면 아래가 성립된다.

$$I_s(\theta) \propto 2\int_0^n (n-p)\,dp \int_{-\infty}^{\infty} dx_p \int_{-\infty}^{\infty} dy_p \int_{-\infty}^{\infty} dz_p \exp i(q_x x_p + q_x y_p + q_x z_p)$$

$$\times \left(\frac{3}{2\pi p b'^2}\right)^{\frac{3}{2}} \exp\left(-\frac{3(x_p^2 + y_p^2 + z_p^2)}{2pb'^2}\right) \tag{3}$$

위에서 먼저 x_p에 대해 적분을 행하면 아래가 된다.

$$\int_{-\infty}^{\infty} \exp(iq_x x_p)\left(\frac{3}{2\pi p b'^2}\right)^{\frac{3}{2}} \exp\left(-\frac{3x_p^2}{2pb'^2}\right)dx_p$$

$$= \left(\frac{3}{2\pi p b'^2}\right)^{\frac{3}{2}} \int \exp\left(iq_x x_p - \frac{3x_p^2}{2pb'^2}\right)dx_p$$

$$= \left(\frac{3}{2\pi p b'^2}\right)^{\frac{3}{2}} \int \exp - \left(\left(\frac{3}{2pb'^2}\right)^{\frac{1}{2}} x_p - \frac{iq_x}{2}\left(\frac{3}{2pb'^2}\right)^{\frac{1}{2}}\right)^2 \exp\left(\frac{q_x^2}{4}\frac{2pb'^2}{3}\right)dx_p$$

$$= \exp\left(-\frac{2}{3}pb'^2 q_x^2\right) \tag{4}$$

따라서 $I_s(\theta)$는 아래와 같이 계산된다.

$$I_s(\theta) \propto 2\int_0^n (n-p)dp\,\exp\left(-\frac{2}{3}pb'^2q^2\right)$$

$$=2\int_0^n n\exp\left(-\frac{2}{3}pb'^2q^2\right)dp - 2\int_0^n \exp\left(-\frac{2}{3}pb'^2q^2\right)p\,dp$$

$$=2\int_0^n n\exp(-Ap)dp - 2\int_0^n p\exp(-Ap)dp$$

$$=\frac{2}{A^2}\exp(-An) - \frac{2}{A^2} + \frac{2n}{A} \tag{5}$$

여기에서

$A \equiv \frac{2}{3}b'^2q^2$ 이다.

따라서 위 식에서 $x \equiv An$ 으로 두면 아래를 얻는다.

$$I_s(\theta) \propto \frac{2n^2}{x^2}\{\exp(-x)+x-1\} \tag{6}$$

식 (6)에서 x를 0으로 외삽하면 L' Hospital의 정리 [즉, $\lim_{x\to a}\frac{f(x)}{g(x)} = \frac{f^{(n)}(a)}{g^{(n)}(a)}$ 성립]를 이용하면 $I_s(0)$이 얻어진다.

$$I_s(0) \propto \lim_{x\to 0}\frac{2n^2}{x^2}\{\exp(-x)+x-1\} = \lim_{x\to 0}\frac{2n^2}{x^2}\left\{1-x+\frac{x^2}{2!}\cdots+x-1\right\} = n^2 \tag{7}$$

따라서 가우스(이상)코일에 대한 입자 산란인자 $P(\theta)$는 최종적으로 아래가 되어 식 (6. 77)이 증명된다.

$$P(\theta) = \frac{I_s}{I_s(0)} = \frac{2}{x^2}(\exp(-x)+x-1) \tag{8}$$

여기에서 $x \equiv An = \frac{2}{3}b'^2q^2n$

[비고 : 가우스이상 사슬 경우 비섭동 제곱평균 말단거리 $\langle R^2\rangle_\theta = nb^{12} = 6\langle S^2\rangle_\theta$ (제곱평균 회전반경)이 되므로 (4. 2절 참조), 여기서의 $x = 4\langle S^2\rangle q^2$이 되어 식 (6. 77)의 x의 4배가 되는 결과를 주나 함수모양은 본문과 동일하다. 그러므로 다소 번거로운 이 방법보다는 본문 중 식 (6. 78)을 유도할 때 사용된 방법이 훨씬 더 간편하다고 하겠다.]

6. 8 어떤 조성의 폴리스티렌(PS)-폴리(메틸메타크릴레이트)(PMMA) 공중합체를 아래와 같이 3 다

른 용매 속에서 파장이 436 nm (비편광)광산란 측정을 한 결과를 아래 표에 나타내었다.

	$\left(\frac{dn}{dc}\right)_0$	$M_{app} \times 10^{-6}$
Butanone	0.184	1.05
1,2-Dichloroethane	0.135	0.97
Toluene	0.075	1.11

이때 6. 3. 4절에 언급된 Stockmayer 이론(식 6. 109)을 사용하여 이 공중합체의 (진짜)중량 평균분자량 (M_w)를 구하라. 단 식 중의 $b = (dn/dc)_A - (dn/dc)_B$ 값은 0.117 임이 밝혀졌다.

풀이

Stockmayer 식에서 아래가 성립된다.

$$\left(\frac{I_\theta}{K'c}\right)_{\substack{c\to 0\\ \theta\to 0}} = \left(\frac{dn}{dc}\right)_0^2 M_{app} \tag{i}$$

$$\left(\frac{I_\theta}{K'c}\right)_{\substack{c\to 0\\ \theta\to 0}} = \left(\frac{dn}{dc}\right)_0^2 M_w + 2b\left(\frac{dn}{dc}\right)_0 \langle M\Delta x\rangle + b^2\langle M(\Delta x)^2\rangle \tag{ii}$$

여기에서 미지수가 M_w, $\langle M\Delta x\rangle$, $\langle M(\Delta x)^2\rangle$의 3개이고, 식 (ii)의 좌측 값으로 3 다른 용매계에 대한 표에 주어진 기지의 양[즉 $\left(\frac{dn}{dc}\right)_0$ 및 M_{app}]을 사용하면 3개의 다른 방정식이 세워진다. 따라서 미지수 3개, 식이 3개이므로 참고 6. 1에 요약된 Kramer 공식을 이용하면 3미지수를 구할 수 있다. 즉 3미지수 $x_1 = M_w$, $x_2 = \langle M\Delta x\rangle$, $x_3 = \langle M(\Delta x)^2\rangle$로 두고, 위 표로부터 해당하는 3식은 아래와 같다.

$$0.184^2 x_1 + 2\times 0.11^7\times 0.184 x_2 + 0.117^2\times x_3 = 0.184^2\times 1.05\times 10^6$$

$$0.135^2 x_1 + 2\times 0.11^7\times 0.135 x_2 + 0.117^2\times x_3 = 0.135^2\times 0.97\times 10^6$$

$$0.075^2 x_1 + 2\times 0.11^7\times 0.075 x_2 + 0.117^2\times x_3 = 0.075^2\times 1.11\times 10^6$$

즉,

$$a_{11}(=3.38\times 10^{-2})x_1 + a_{12}(=4.31\times 10^{-2})x_2 + a_{13}(=1.37\times 10^{-2})x_3 = b_1(=3.56\times 10^4)$$

$$a_{21}(=1.82\times 10^{-2})x_1 + a_{22}(=3.16\times 10^{-2})x_2 + a_{23}(=1.37\times 10^{-2})x_3 = b_2(=1.77\times 10^4)$$

$$a_{31}(=5.63\times 10^{-3})x_1 + a_{32}(=1.76\times 10^{-2})x_2 + a_{33}(=1.37\times 10^{-2})x_3 = b_3(=6.24\times 10^3)$$

여기서 $x_1 = M_w$만 중요하므로 참고 6. 1의 식 (6. 113)를 이용하여 구하면 아래와 같다.

$$x_1(=M_w) = \begin{vmatrix} b_1 & a_{12} & a_{13} \\ b_2 & a_{22} & a_{23} \\ b_3 & a_{32} & a_{33} \end{vmatrix} \Bigg/ \begin{vmatrix} a_{11} & a_{12} & a_{13} \\ a_{21} & a_{22} & a_{23} \\ a_{31} & a_{32} & a_{33} \end{vmatrix} = \frac{1.628}{1.011\times 10^{-6}} = 1.61\times 10^6 \ \text{(g / mol)}$$

6. 9 전장강도 상관함수 $|g_1(\tau)|$에 대한 큐뮬런트 전개공식 (6. 147)을 2장에서 얻어진 계수 κ_n에 대한 공식을 사용하지 않고 다분산 고분자 용액에 대한 $|g_1(\tau)|$의 정의식 (6. 142)로부터 계수 κ_1, κ_2, κ_3를 바로 구해보아라. 그리고 이 결과를 이용하여 감쇄(decay)속도 Γ의 (수)분포곡선 $G(\Gamma)$의 분포의 폭에 대해서도 논하라.

풀이

식 (6. 142)의 log 를 취한 후 아래와 같이 1계미분부터 3계미분까지 차례로 미분을 행하면 아래와 같다.

$$\frac{\partial}{\partial\tau}\ln|g_1(\tau)| = -|g_1(\tau)|^{-1}\int \Gamma G(\Gamma)\exp(-\Gamma\tau)d\Gamma$$

$$\frac{\partial^2}{\partial\tau^2}\ln|g_1(\tau)| = |g_1(\tau)|^{-1}\int \Gamma^2 G(\Gamma)\exp(-\Gamma\tau)d\Gamma - \left(|g_1(\tau)|^{-1}\int \Gamma G(\Gamma)\exp(-\Gamma\tau)d\Gamma\right)^2$$

$$\frac{\partial^3}{\partial\tau^3}\ln|g_1(\tau)| = -|g_1(\tau)|^{-1}\int \Gamma^3 G(\Gamma)\exp(-\Gamma\tau)d\Gamma + 3|g_1(\tau)|^{-2}\int \Gamma^2 G(\Gamma)\exp(-\Gamma\tau)d\Gamma\int \Gamma G(\Gamma)\exp(-\Gamma\tau)d\Gamma$$
$$-2\left(|g_1(\tau)|^{-1}\int \Gamma G(\Gamma)\exp(-\Gamma\tau)d\Gamma\right)^3$$

여기에 $\tau=0$의 극한을 취하면 아래를 얻는다.

$$\frac{\partial}{\partial\tau}\ln|g_1(\tau)|\Big|_{\tau=0} = -\int \Gamma G(\Gamma)d\Gamma = -\langle\Gamma\rangle$$

$$\frac{\partial^2}{\partial\tau^2}\ln|g_1(\tau)|\Big|_{\tau=0} = \langle\Gamma^2\rangle - \langle\Gamma\rangle^2 = \langle\Delta\Gamma^2\rangle$$

$$\frac{\partial^3}{\partial\tau^3}\ln|g_1(\tau)|\Big|_{\tau=0} = -\langle\Gamma^3\rangle + 3\langle\Gamma^2\rangle\langle\Gamma\rangle - 2\langle\Gamma\rangle^3 = -\langle\Delta\Gamma^3\rangle$$

따라서 $\ln|g_1(\tau)|$의 $\tau=0$ 근방으로의 Taylor 전개공식은 아래와 같다.

$$\ln|g_1(\tau)| = \sum_{n=1}^{\infty}\frac{\ln^n}{n!}|g_1(\tau)|_{\tau=0}\,\tau^n = \ln^{(1)}|g_1(\tau)|_{\tau=0}\,\tau + \frac{\ln^{(2)}|g_1(\tau)|_{\tau=0}}{2!}\tau^2 + \frac{\ln^{(3)}|g_1(\tau)|_{\tau=0}}{3!}\tau^3 + \cdots$$

[단 여기서 $\ln^{(n)}|g_1(\tau)|_{\tau=0} = \frac{\partial^n}{\partial\tau^n}\ln|g_1(\tau)|\Big|_{\tau=0}$ 을 의미함]

여기에서 위에서 얻어진 결과를 대입하면 식 (6. 147)의 결과를 얻는다.

다음에는 감쇄속도 Γ의 수분포곡선 $G(\Gamma)$에 대한 $\langle\Gamma^1\rangle_f = \kappa_1$과 $\langle(\Delta\Gamma)^2\rangle_f = \kappa_2 = \langle\Gamma^2\rangle_f - \langle\Gamma^1\rangle_f^2$이므로 이들 비가 $G(\Gamma)$의 수분포 폭(즉 수분산지수 $_n$PDI)에 관한 정보를 줄 수 있다. 즉

$$\frac{\kappa_2}{\kappa_1} = \frac{\langle(\Delta\Gamma)^2\rangle_f}{\langle\Gamma^1\rangle_f^2} = \frac{\langle\Gamma^2\rangle_f}{\langle\Gamma^1\rangle_f^2} - 1$$

그러나 참고 2. 2에서 언급한 바와 같이 Γ와 무게 M이 직접 비례하지 않으므로($\because$ $\Gamma = Dq^2$, $D = kT/f$, $f = 6\pi R_H \eta_0$, η_0는 용매의 점도이다. 그리고 R_H는 용질의 수력학적 반경으로서 직접 분자량에 비례하지 않기 때문이다) $\langle \Gamma^2 \rangle_f / \langle \Gamma^1 \rangle_f \neq \langle \Gamma \rangle_w$, $\langle \Gamma^2 \rangle_f / \langle \Gamma^1 \rangle_f^2 \neq \langle \Gamma \rangle_w / \langle \Gamma \rangle_n$(여기서 w는 무게평균을 의미)임에 유의해야한다.

6. 10 묽은 용액의 극한(즉 $c \to 0$)에서 식 (6. 176)로 정의되는 긴 시간 상호확산계수 D_m이 그림 6. 15에서 보는 바와 같이 D_s와 일치하여 D_0이 됨을 증명하라.

풀이

식 (6. 176)중의 $\langle [\boldsymbol{r}_1(t) - \boldsymbol{r}_2(0)]^2 \rangle$을 아래와 같이 전개한다.

$$\begin{aligned}\langle [\boldsymbol{r}_1(t) - \boldsymbol{r}_2(0)]^2 \rangle &= \langle [\boldsymbol{r}_1(t) - \boldsymbol{r}_1(0) + \boldsymbol{r}_1(0) - \boldsymbol{r}_2(0)]^2 \rangle \\ &= \langle [\boldsymbol{r}_1(t) - \boldsymbol{r}_1(0)]^2 \rangle + 2\langle [\boldsymbol{r}_1(t) - \boldsymbol{r}_1(0)][\boldsymbol{r}_1(0) - \boldsymbol{r}_2(0)] \rangle + \langle [\boldsymbol{r}_1(0) - \boldsymbol{r}_2(0)]^2 \rangle \\ &= \langle [\boldsymbol{r}_1(t) - \boldsymbol{r}_1(0)]^2 \rangle + 0 + \langle [\boldsymbol{r}_1(0) - \boldsymbol{r}_2(0)]^2 \rangle\end{aligned}$$

위에서 가운데 항이 0이 된 것은 입자 1의 변위(즉 $\Delta \boldsymbol{r}_1 = \boldsymbol{r}_1(t) - \boldsymbol{r}_1(0)$)는 입자 2와 아무런 상관이 없기 때문이다. 다음에는 위에서 얻어진 관계에 긴 시간의 극한 즉 $t \to \infty$를 취하면 우편항만이 우세해져 결국 $c \to 0$, $t \to \infty$의 극한에서 D_m은 식 (6. 175)로 나타낸 D_s와 일치하게 되어 $D_0(=\lim_{c \to 0} D)$이 된다.

6. 11 1차원 Fick의 확산방정식 (6. 182)의 해가 초기 및 경계조건이 아래를 만족할 때 $c(x, 0) = 0$, $c(0, t)(\neq c_0) = f(t) = g/\sqrt{4\pi Dt}$ (여기서 $g = \int_{-\infty}^{\infty} c(x)dx$), $c(\infty, t) = 0$

해는 아래와 같이 주어진다.

$$c(x, t) = \frac{g}{\sqrt{4\pi Dt}} e^{-x^2/4Dt} \tag{6. 195}$$

이때 (a) 역으로 식 (6. 195)가 (6. 182)를 만족함을 보여라. (b) 해 (6. 195)가 초기 및 경계조건도 만족함을 보여라. 단 이 경우 부록 6. 2에 언급한 델타함수의 성질 $\lim_{T \to 0} \frac{e^{-x^2/T}}{\sqrt{\pi T}} = \delta(x)$를 이용하여라.

풀이

(a) 먼저 (6. 182)의 왼편 $(\partial c/\partial t)_x$를 구해보자.

$$\left(\frac{\partial c}{\partial t}\right)_x = \frac{g}{\sqrt{4\pi D}}\left\{-\frac{1}{2}t^{-\frac{3}{2}}e^{-x^2/4Dt} + \frac{1}{\sqrt{t}}\left(-\frac{x^2}{4D}\right)\left(-\frac{1}{t^2}\right)\right\}$$

$$= \frac{g}{\sqrt{4\pi Dt}}e^{-x^2/4Dt}\left\{-\frac{1}{2}t^{-1} + \frac{x^2}{4Dt^2}\right\} = -\frac{c}{2t}\left(1-\frac{x^2}{2Dt}\right)$$

다음에는 $(\partial c/\partial x)_t$ 및 $(\partial^2 c/\partial x^2)_t$를 구해보자

$$\left(\frac{\partial c}{\partial x}\right)_t = \frac{g}{\sqrt{4\pi Dt}}(-)\frac{2x}{4Dt}e^{-x^2/4Dt} = -\frac{x}{2Dt}c$$

$$\left(\frac{\partial^2 c}{\partial x^2}\right)_t = -\frac{1}{2Dt}c - -\frac{x}{2Dt}\left(\frac{\partial c}{\partial x}\right)_t = -\frac{c}{2Dt}\left(1-\frac{x^2}{2Dt}\right)$$

따라서 $D\left(\frac{\partial^2 c}{\partial x^2}\right)_t = -\frac{c}{2t}\left(1-\frac{x^2}{2Dt}\right) = \left(\frac{\partial c}{\partial t}\right)_x$ 가 만족된다.

(b) 먼저 조건 $c(x\to\infty, t)$는 식 (6. 195)에 $x\to\infty$ 대입하면 간단히 $c(\infty, t) = 0$ 이 성립된다. 또 $c(0, t)$는 식 (6. 195)에 $x = 0$ 을 대입하면 역시 $c(0, t) = g/\sqrt{4\pi Dt}$ 가 증명된다. 마지막으로 경계조건 $c(x, 0)$은 식 (6. 195)에서 $4Dt = T$로 두고, 델타함수의 공식 $\lim_{T\to 0}\frac{e^{-x^2/T}}{\sqrt{\pi T}} = \delta(x)$을 이용하면 $c(x, t=0) = g\delta(x)$가 되어 $\delta(x)$의 성질에 의해 $x \neq 0$ 인 모든 곳에서는 0이 되며, $c(0, 0) = g\delta(0)$이 되어 매우 커지는데 이는 $c(0, t) = g/\sqrt{4\pi Dt}$ 에서 $t\to 0$ 대입해도 같은 결과를 준다.

6. 12 아래 표에 천연 다당류인 xantan에 대한 침강 속도 실험 데이터를 나타냈다. 용매는 0.1 mol dm^{-3}의 NaCl 수용액(25℃)이고, 초원심분리기의 회전수는 48,000 rpm이다. 이때 농도 $c\to 0$ 일 때의 극한 침강계수 s_0 값을 식 (6. 210b)와 (6. 214)를 사용하여 구하라. 단 용매에 의한 부력인자 $b = 1-\bar{v}_2\rho_1 = 0.401$ (단 ρ_1 및 $\bar{v}_2$는 각각 용매의 밀도 및 용질의 비체적이다)이다.

$c/g\ cm^{-3}$	1.008×10^{-3}		2.016×10^{-3}			3.030×10^{-3}		
t/s	r_b/cm	$(\ln r_b)$	t/s	r_b/cm	$(\ln r_b)$	t/s	r_b/cm	$(\ln r_b)$
1980	6.3031	1.841	2040	6.2667	1.835	2160	6.3489	1.848
2700	6.3677	1.852	2820	6.3297	1.845	3060	6.4154	1.859
3420	6.4347	1.862	3600	6.3942	1.855	3960	6.4858	1.870
4140	6.5022	1.872	4440	6.4644	1.866	4740	6.5446	1.879
4860	6.5697	1.882	5160	6.5248	1.876	5460	6.6000	1.887

풀이

먼저 농도 $c_1 = 1.008 \times 10^{-3}\,\mathrm{g/cm^3}$의 용액에 대하여 식 (6.214)에 의해 y축에 $\ln r_b$, x축에 t 플롯을 하여 최소자승법으로부터 직선의 기울기($= \omega^2 s$)를 구하면 1.4583×10^{-5}. 따라서 $s_1^{-1} = 6.857 \times 10^4 \omega^2$가 된다. 다음에는 농도 $c_2 = 2.016 \times 10^{-3}\,\mathrm{g/cm^3}$ 용액에 대하여 $\ln r_b$ 대 t의 플롯의 기울기를 구하면 1.2962×10^{-5}. 따라서 $s_2^{-1} = 7.714 \times 10^4 \omega^2$가 된다. 마지막으로 농도 $c_3 = 3.030 \times 10^{-3}\,\mathrm{g/cm^3}$ 용액에 대해서도 직선의 기울기를 구하면 1.1905×10^{-5}가 되어, $s_3^{-1} = 8.400 \times 10^4 \omega^2$가 된다. 그러면 이들 데이터를 갖고 식 (6.210b)에 따라 s^{-1} 대 c의 (직선)플롯을 행하여 역시 최소자승법에 의하여 먼저 y축의 절편(즉 s_0^{-1})을 구하면 $6.088 \times 10^4 \omega^2$이 된다. 따라서 침상계수의 극한값 $s_0 = 6.088^{-1} \times 10^{-4} \omega^{-2}$가 된다. 그런데 rpm이 48,000이므로 이 경우 각진동수 $\omega = 2\pi\nu = 2\pi \times (48000/60)\,s^{-1} = 5.0265 \times 10^{-3} s^{-1}$가 되고, $\omega^2 = 2.5266 \times 10^7\,s^{-2}$가 된다. 따라서 $s_0 = 6.088^{-1} \times 10^{-4}/(2.5266 \times 10^7) = 6.50 \times 10^{-13}\,s$가 된다. 다음에 s^{-1} 대 c의 직선 플롯의 기울기(즉 $s_0^{-1} \times k_s$)도 최소자승법에서 구하면 $7.63 \times 10^6 \omega^2$가 된다. 따라서 $k_s = 7.63 \times 10^6 \omega^2 \times s_0 = 7.63 \times 10^6 \omega^2 \times 6.088^{-1} \times 10^{-4} \omega^{-2} = 125.3\,\mathrm{cm^3 g^{-1}}$가 얻어진다.

6.13 예제 6.5에 주어진 소의 혈청 알부민(BSA)의 침강 실험 데이터를 이용하여, 만약 BSA가 뾰족 타원체(prolate ellipsoid)라면 식 (6.202)로 주어진 두 마찰계수 비인 $\xi(p)(= \zeta/\zeta_0)$의 축비 $p(= b/a$, 여기서 a는 장축, b는 단축의 길이)에 대한 함수값이 아래와 같이 주어진다면 이로부터 이 BSA의 축비 p를 추정해보아라.

$p^{-1}(a/b)$	2	3	4	5	6	7	8	9	10	50	100
$\xi(p)(= \zeta/\zeta_0)$	1.04	1.11	1.18	1.25	1.31	1.38	1.43	1.49	1.54	2.95	4.07

단 용매(용액)의 밀도 $\rho_1 = 1.0024\,\mathrm{gcm^{-3}}$, 용질의 비체적 $\bar{v}_2 = 0.734\,\mathrm{cm^3 g^{-1}}$, 용매의 점도 $\eta_0 = 0.890\,\mathrm{kgm^{-1}s^{-1}}$, 온도 T는 25℃이고, DLS 실험에서 구한 (상호)확산계수 $D = 6.97 \times 10^{-7}\,\mathrm{cm^2 s^{-1}}$를 이용하여라.

풀이

식 (6.208)에서 $M = \dfrac{RT}{b}\dfrac{s}{D}$, 그런데 부력보정인자 $b = 1 - \bar{v}_2 \rho_1 = 1 - 0.734 \times 1.0024 = 0.735$이고, 예제 6.5에서 구한 침강계수 $s = 5.02\sqrt{v}\,(= 10^{-13} s)$이고 $D = 6.97 \times 10^{-7}\,\mathrm{cm^2 s^{-1}}$이므로 M값을 구하면 아래

와 같다 (단 $1\,J = 1\,N \cdot m = 1\,kgm^2s^{-2}$).

$M = 8.314\,(J/K \cdot mol) \times 298.15\,K \times 5.02 \times 10^{-13}\,s/0.735 \times 6.97 \times 10^{-7}\,cm^2s^{-1}$가 되고,

여기에 $1\,J = 10^3\ g \cdot m^2s^{-2}$, $1\,cm^2 = 10^{-4}\,m^2$을 대입하여 정리하면 $M = 69 \times 10^3\,gmol^{-1}$가 된다.

또 실제마찰계수 $\zeta = kT/D$ (식 6. 200)이므로 $\zeta = 1.38 \times 10^{-23}\,(J/K) \times 298.15\,(K)/6.97 \times 10^{-7}\,cm^2s^{-1}$.

여기서 $1\,J = 1\,N \cdot m = 1\,kgm^2s^{-2}$, $1\,cm^2 = 10^{-4}\,m^2$를 대입하면 $\zeta = 5.91 \times 10^{-11}\,kgs^{-1}$이 된다.

또 구대응반경 c(뾰족 타원체의 경우 $c = (ab^2)^{1/3}$이 됨)를 가진 분자 1개의 부피 $v_{mol} = (4\pi/3)c^3 = \overline{V}_2(= \bar{v}_2 \times M)/N_A = (0.734\,cm^3g^{-1}) \times (69000\,gmol^{-1})/N_A = 8.4 \times 10^{-26}\,m^3$이 된다.

따라서 $c = (3v_{mol}/4\pi)^{1/3} = 2.7 \times 10^{-9}\,m$가 되고, 따라서 구대응반경 c를 가진 구형의 마찰계수 $\zeta_0 = 6\pi\eta_0 c = 6 \times 3.14 \times 0.890\,kgm^{-1}s^{-1} \times 2.7 \times 10^{-9}\,m = 4.5 \times 10^{-11}\,kgs^{-1}$. 따라서 두 마찰계수 비 $\xi(p) = \zeta/\zeta_0 = 5.91/4.5 = 1.3$가 된다. 이는 위 $\zeta(p)$ 대 p^{-1} 표에서 축 비 $a/b \fallingdotseq 6$에 해당된다.

6. 14 단분산 고분자 용액의 침강평형에 관한 식 (6. 217)을 회전축 중심으로부터 거리 $r_1 = r_{top}$에서 $r_2 = r_{bottom}$까지 정적분을 행하면 아래의 식을 얻는다.

$$M = 2RT\ln(c_2/c_1)/\omega^2 b(r_2^2 - r_1^2) \tag{i}$$

여기서 $b = 1 - \bar{v}_2\rho_1$(ρ_1은 용매의 밀도, $\bar{v}_2$는 용질의 비체적)이고, $\omega(= 2\pi\nu$, ν는 1초의 진동수)는 시간에 일정(steady)한 각속도이다. 이때 농도 $c_2 = c_{bottom}$이 $c_1 = c_{top}$보다 5배 이상 크며, $r_{top} = 5.0\,cm$, $r_{bottom} = 7.0\,cm$, M(몰 분자량) $\approx 10^5\,g/mol$, $\rho_1\bar{v}_2 \approx 0.75$, $T = 298\,K$이라면 식 (i)로 주어진 침강평형 실험에서 쉽게 측정 가능한 농도구배($\partial c/\partial r$)를 얻기 위하여 요구되는 초원심분리기의 적절한 회전속도(rpm)을 구하라.

풀이

위 식 (i)에서 $\omega^2(= (2\pi\nu)^2)$에 대해 풀면 아래와 같다.

$$\omega^2 = \frac{2RT\ln(c_2/c_1)}{bM(r_2^2 - r_1^2)} \tag{ii}$$

그런데 $b = 1 - \bar{v}_2\rho_1 = 1 - 0.75 = 0.25$, $R = 8.314\,J/K \cdot mol$, $1\,J = 1\,N \cdot m = 1\,kg \cdot m^2s^{-2}$,

$T = 298\,K$ 및 (r_1, r_2), (c_1, c_2)에 대한 값들을 대입(단 $1\,cm^2 = (10^{-2}\,m)^2 = 10^{-4}\,m^2$이용)하여 정리하면 아래를 얻는다.

$$\nu^2 = \frac{2 \times 8.314 \times 10^3\,(g \cdot m^2s^{-2}/K \cdot mol) \times 298\,(K) \times \ln 5}{(2\pi)^2 \times 0.25 \times 10^5\,(g/mol) \times (7^2 - 5^2) \times 10^{-4}\,m^2} = 3370\,Hz^2(= s^{-2})$$

$\therefore \nu = 58.05\ \mathrm{Hz}(=\mathrm{s}^{-1})$ 이므로 분당 회전속도 $60\nu = 3483\ (\fallingdotseq 3500)$ rpm 이다.

6. 15 묽은 용액의 경우 식 (6. 244)의 상수 $k_M = k_H - \dfrac{1}{3}$(여기서 k_H는 Huggins 상수)가 됨을 증명하라.

풀이

식 (6. 241)을 증명할 때와 마찬가지로 $\ln\eta_r = \ln(1+\eta_{sp})$(여기서 $\eta_{sp} < 1$)를 η_{sp}항으로 전개한 식 (6. 242)를 식 (6. 244)에 대입하고 이항정리 (식 2. 54)를 이용하면 아래와 같다[그리고 Huggins 식 (6. 240)을 다시 대입한다].

$$\frac{(2\eta_{sp} - 2\ln\eta_r)^{1/2}}{c} = \frac{\left(2\eta_{sp} - 2\eta_{sp} + \eta_{sp}^2 - \dfrac{2}{3}\eta_{sp}^3 + \cdots\right)^{1/2}}{c}$$

$$= \frac{\eta_{sp}}{c}\left\{1 - \left(\frac{2}{3}\right)\eta_{sp} + \cdots\right\}^{1/2} = \frac{\eta_{sp}}{c}\left\{1 - \left(\frac{1}{3}\right)\eta_{sp} + \cdots\right\}$$

$$= \left\{[\eta] + k_H[\eta]^2c + \cdots\right\}\left\{1 - \left(\frac{1}{3}\right)\left([\eta]c + k_H[\eta]^2c^2 + \cdots\right)\right\}$$

$$= [\eta] + \left(k_H - \frac{1}{3}\right)[\eta]^2c + \cdots$$

따라서 $k_M = k_H - \dfrac{1}{3}$ 의 관계가 증명된다.

6. 16 (a) 분자량이 다른 6종류의 단분산 폴리스티렌(PS) 시료가 있다. 시클로헥산과 톨루엔을 용매로 하여 35℃ 에서 고유점도 $[\eta]$를 측정하여 아래 표에 나타내었다. 이로부터 각 용매에 대한 Mark-Houwink식 ($[\eta] = KM_v^a$)의 지수 K와 a값을 구하라.

시료번호	분자량	고유점도 $[\eta]\ /\mathrm{cm^3g^{-1}}$	
	$M\times 10^{-4}$	시클로헥산	톨루엔
1	9.82	24.1	40.6
2	16.0	30.0	56.9
3	18.0	31.0	61.7
4	41.1	47.2	109.2
5	67.0	61.0	152.9
6	86.0	71.4	181.5

(b) 35℃ 에서 PS의 톨루엔 용액에 대한 점도 $[\eta]$를 농도 c의 함수로서 측정하여 c와 상대점도 $\eta_r(=\eta/\eta_0)$사이에는 아래 표와 같은 결과를 얻었다. 이때 문제 (a)에서 얻어진 M-H 지수 K

및 a값을 이용하여 이 PS 시료의 점도평균분자량 M_v(식 6. 261)를 구하여라.

용액 번호	1	2	3	4	5
$c\times 10^2$ /g cm^{-3}	1.125	0.923	0.675	0.451	0.225
η/η_0	1.604	1.482	1.339	1.219	1.106

풀이

(a) 단분산 고분자에 대한 M-H식 $[\eta]= KM^a$의 양변을 $\log_{10}$ 대수를 취하여 $\log[\eta]$ 대 $\log M$의 직선 플롯의 기울기 및 절편으로부터 각각 a 및 K 값을 구할 수 있다. 따라서 두 용매에 대하여 위 표에 얻어진 실험결과를 사용하여 $\log[\eta]$ 대 $\log M$ 의 직선 플롯을 아래 그림에 나타내었다.

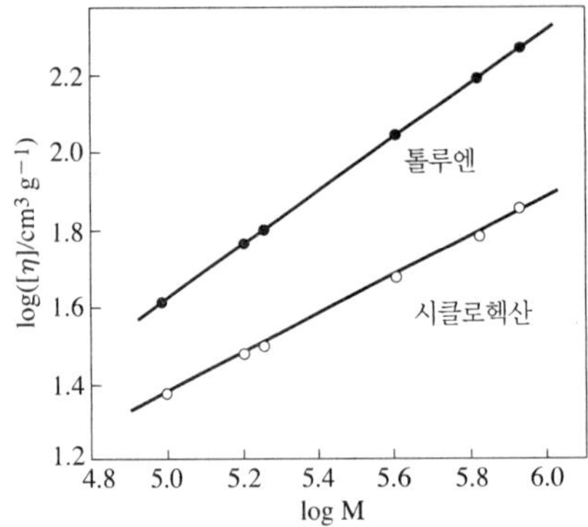

두 용매계에 대한 직선의 기울기 및 절편으로부터 각각 구한 a 및 K 값을 아래 표에 나타내었다.

용 매	$K\times 10^3$ /cm^3 g^{-1}	a
시클로헥산	74.3	0.50
톨루엔	14.6	0.69

(b) 비점도 $\eta_{sp}= (\eta/\eta_0)-1$이고, 고유점도는 $[\eta]= \lim_{c\to 0}(\eta_{sp}/c)$이므로 농도 c에 대하여 η_{sp}/c를 플롯하면 일반적으로 낮은 농도영역에서는 직선이 되므로 $c= 0$이 되는 y축인 η_{sp}/c의 절편으로부터 $[\eta]$를 구할 수 있다. 따라서 위 표를 이용하여 각 농도에 대한 η_{sp}/c값을 구하여 이를 c에 대하여 플롯하면 아래와 같이 직선이 된다.

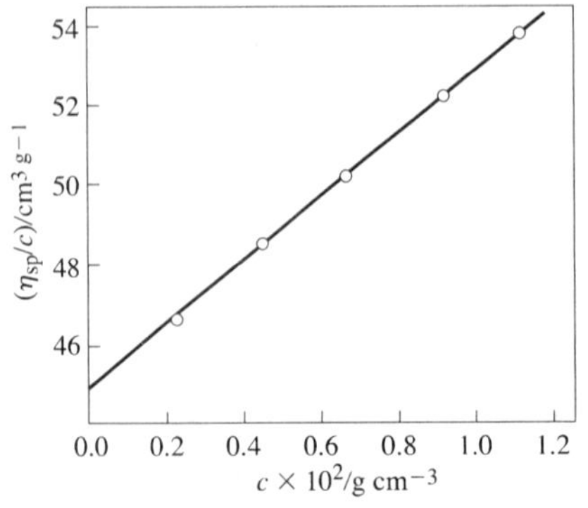

위 그림에서 y축 절편 즉 $\lim_{c \to 0}(\eta_{sp}/c) = [\eta] = 45.0\ \mathrm{cm^3\,g^{-1}}$이 얻어진다. 그런데 문제 (a)에서 얻어진 35℃ PS-톨루엔 계의 K 및 a값은 각각 $14.6 \times 10^{-3}\ \mathrm{cm^3\,g^{-1}}$ 및 0.69이므로 여기 해당하는 M-H 점도식 (6. 261)은 아래와 같다 (단 단위는 생략).

$[\eta] = 14.6 \times 10^{-3} M_v^{0.69} = 45.0$

여기서 양변의 상용대수 log를 취하면 아래와 같다.

$0.69 \log M_v = 1.65 + 1.83 = 3.49$

여기서 $M_v = 10^{3.49/0.69} = 11.4 \times 10^4\ (\mathrm{g/mol})$이 된다.

6. 17 폴리스티렌(PS)시료의 테트라하이드로퓨란(THF) 용액에서 GPC 측정을 행하여 아래 그림과 같은 크로마토그램을 얻었다. 각 용출부피(V_{ei})에 대응하는 검출기 피크 높이(H_i)를 아래 표에 나타낸다. 이 결과로부터 본 시료의 수평균분자량(M_n), 무게평균분자량(M_w) 및 수분포 분산지수 nPDI($= M_w/M_n$)를 구하라. 그리고 동일측정조건에서 분자량(M_i)을 알고 있는 표준 PS 시료를 사용하여 작성한 검량선(식 6. 287)은, 분자량을 모르는 미지시료의 V_e의 범위 내에서 아래 관계가 성립된다고 가정하여라.

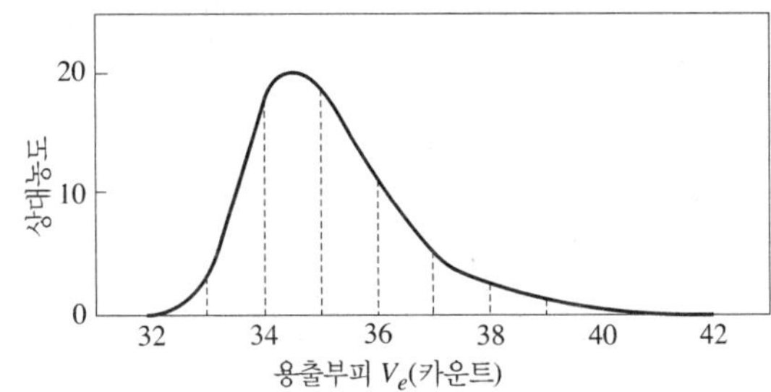

용출부피(V_{ei})와 피크높이(H_i)와의 관계									
V_{ei}	33	34	35	36	37	38	39	40	41
H_i	6.0	38.0	39.5	24.5	11.0	5.0	2.5	1.0	0.5

$$\log M_i = -0.1605\, V_{ei} + 10.6402$$

풀이

각종 평균분자량을 GPC의 결과로부터 계산하기 위해서는 얻어진 크로마토그램을 등간격으로 가능한한 잘게 잘라 각각의 용출부피 V_{ei}를 문제에 주어진 검량선을 사용하여 분자량 M_i로 바꾸고, 그때의 크로마토그램의 높이 H_i로부터 해당되는 부분의 (미분)정규화된 무게분율을 다음식으로 구한다.

$$w_i = \frac{H_i}{\sum_{i=1}^{\infty} H_i} \qquad \text{(i)}$$

이로부터 M_n(식 2.11참조) 및 M_w를 아래와 같이 구한다.

$$M_n = \frac{1}{\sum_{i=1}^{\infty}(w_i/M_i)} = \frac{1}{\sum_{i=1}^{\infty}\left\{\left(H_i/\sum_{i=1}^{\infty}H_i\right)/M_i\right\}} \qquad \text{(ii)}$$

$$M_w = \sum_{i=1}^{\infty}(w_i M_i) = \sum_{i=1}^{\infty}\left\{\frac{H_i}{\sum_{i=1}^{\infty}H_i}M_i\right\} \qquad \text{(iii)}$$

위에서 얻어진 데이터의 처리결과는 아래 표와 같다.

V_{ei}	H_i	$\frac{H_i}{\sum_{i=1}^{\infty}H_i}$	$M_i \times 10^{-5}$	$\left(\frac{H_i}{\sum_{i=1}^{\infty}H_i}\right)\frac{10^5}{M_i}$	$\left(\frac{H_i}{\sum_{i=1}^{\infty}H_i}\right)\frac{M_i}{10^5}$
33	6.0	0.0469	2.206	0.0212	0.1034
34	38.0	0.2969	1.525	0.1947	0.4527
35	39.5	0.3086	1.054	0.2929	0.3252
36	24.5	0.1914	0.7281	0.2629	0.1394
37	11.0	0.0859	0.5032	0.1708	0.0432
38	5.0	0.0391	0.3477	0.1123	0.0136
39	2.5	0.0195	0.2403	0.0813	0.0047
40	1.0	0.0078	0.1660	0.0470	0.0013
41	0.5	0.0039	0.1147	0.0340	0.0004
합계	128.0	1.0000		1.2171	1.0839

따라서 식 (ii) 및 (iii)을 사용하여 계산한 M_n 및 M_w값은 아래와 같다.

$$M_n = \frac{10^5}{1.2171} \fallingdotseq 8.22 \times 10^4$$

$$M_w = 1.0839 \times 10^5 \fallingdotseq 10.8 \times 10^4$$

그리고 수다분산지수 ${}_n$PDI(= M_w/M_n)은 아래와 같다.

$$\frac{M_w}{M_n} = \frac{10.8}{8.22} = 1.31$$

6. 18 동종의 고분자 2시료 A 및 B에 대하여 분지형(branched)분자를 포함하는가 아닌가를 검토할 목적으로 분자량을 분별(fractionation)하여 GPC/광산란계로 무게평균분자량(M_w) 측정 및 모세

관 점도계에 의한 θ상태의 고유점도($[\eta]_\theta$)측정을 동시에 행하였다. 결과를 표 a 및 b에 각각 나타낸다. 이 표를 이용하여 두 시료 중 어느 것이 분지형인가를 설명하라.

A			B		
분별시료	$M_w \times 10^{-4}$	$[\eta]_\theta/(100\ \mathrm{cm}^3)\ \mathrm{g}^{-1}$	분별시료	$M_w \times 10^{-4}$	$[\eta]_\theta/(100\ \mathrm{cm}^3)\ \mathrm{g}^{-1}$
1	4.5	0.192	1	4.2	0.164
2	20.8	0.344	2	9.4	0.229
3	52.8	0.548	3	16.4	0.300
4	109	0.776	4	24.8	0.335
5	222	1.14	5	45.8	0.386
			6	72.0	0.466
			7	184	0.571
			8	413	0.672

풀이

GPC 측정에서 용출부피 V_e에 따른 고분자의 분리(혹은 확인)는 용액 중 고분자의 분자량에 의한 것이 아니라, $\langle R^2\rangle^{3/2}$ 혹은 $\langle S^2\rangle^{3/2}$(여기서 $\langle R^2\rangle$ 및 $\langle S^2\rangle$은 각각 제곱평균 말단거리 및 회전반경임)에 비례하는 수력학적 부피 V_h 즉 $[\eta]M$(식 6. 250)에 비례한다. 그리고 같은 분자량으로 분자 내 분지(branch)가 있는 경우는 감소된 V_h로 인하여 $g(\equiv \langle S^2\rangle_B/\langle S^2\rangle_L) < 1$(식 6. 264) 혹은 $(g_{\eta_\theta})^{3/2} = [\eta]_{B,\theta}/[\eta]_{L,\theta} < 1$(식 6. 266)가 성립된다. 그리고 식 (6. 250)에서 선형 고분자의 경우 $\langle R^2\rangle_\theta \propto M^1$(식 4. 12)이므로 $[\eta]_{L,\theta} \propto M^{0.5}$가 될 것이다. 따라서 선형 고분자의 경우 $\log[\eta]_{L,\theta}$와 $\log M_w$를 플롯하면 기울기 0.5인 직선이 될 것이다. 그러나 분지형 고분자의 경우 $\langle R^2\rangle_\theta \propto M^k$(여기서 $k<1$)가 되고, 따라서 $[\eta]_{B,\theta} \propto M^{k'}$(여기서 $k' < 0.5$)되어 $\log[\eta]_{B,\theta}$와 $\log M_w$를 플롯하면 어떤 분자량 이상되는 지점에서 기울기(k')가 0.5보다 작아지는 직선이 될 것이다. 이와 같은 배경에서 위 두 시료 A 및 B에 대해 각각 $\log[\eta]_\theta$ 대 $\log M_w$의 직선 플롯을 행하면 아래 그림이 된다.

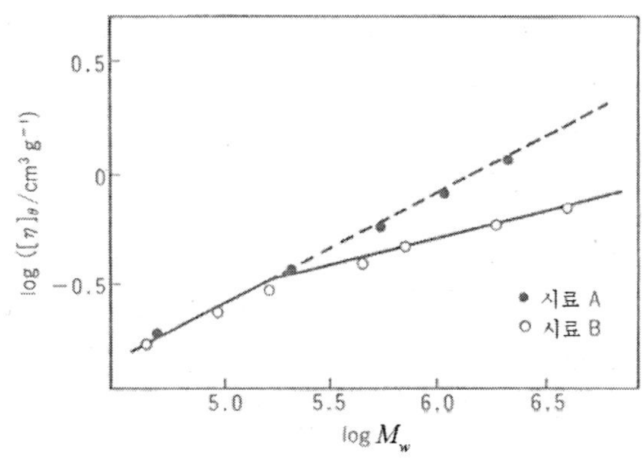

그림에서 볼 수 있듯이 시료 A에 대해서는 전 M_w영역에서 기울기 0.5의 직선이 얻어지나, 시료 B의 경우에는 $M_w = 25\times10^4$정도를 경계로 하여 곡선은 2개의 기울기를 가진 직선으로 나누어진다. 또 저분자량 영역에서는 직선이 시료 A와 겹쳐진다. 따라서 두 시료에 대해 Mark-Houwink 점도식 (6. 261)을 구하면 아래와 같다.

시료 A : $[\eta]_\theta = 7.64\times10^{-4}M_w^{0.50}$

시료 B 의 낮은 기울기 부분 : $[\eta]_\theta = 1.54\times10^{-2}M_w^{0.25}$

이 결과에서 시료 A는 직선형, 시료 B는 분자량이 높은 경우 가지가 포함된다. 그리고 시료 B의 M_w가 낮은 영역에서는 시료 A의 점도식과 일치(즉 기울기 0.5)하는 것은 둘 다 동종의 고분자이기 때문이다.

6. 19 Θ용매에 대한 Mark-Houwink(M-H)상수 $K_\theta = 1.0\times10^{-2}\ \mathrm{cm^3/g}$를 사용하여

(a) 분자량 $M = 2.0\times10^4\ \mathrm{g/mole}$인 고분자 코일의 고유점도 $[\eta]_\theta$를 계산하라.

(b) 비섭동 회전반경 $R_{g,\theta} \equiv \langle S^2\rangle_\theta^{1/2}$를 계산하라.

(c) 한 개의 단량체가 $-(CH_2-CHX)_m-$ 형인 고분자의 중합도 $m = 100$일 때, 이 고분자의 (비섭동) 통계적 세그먼트 길이 β를 계산하라. 단 C–C(θ)–C 의 정사면체적(tetrahedral) 결합각 $\theta = 109^\circ$, C-C 결합 길이 $l = 1.5\times10^{-8}\ \mathrm{cm}$, 그리고 Flory-Fox식의 상수 $\Phi_\theta = 2.9\times10^{23}\ \mathrm{mole^{-1}}$를 이용하여라.

풀이

(a) θ-용매에 대한 M-H식 (6. 256)에서 M-H 지수 $a = 0.5$값을 가지므로

$[\eta]_\theta = K_\theta \cdot M^{0.5} = 1.0\times10^{-2}(2\times10^4)^{0.5} = 1.414\ \mathrm{cm^3/g}$이 된다.

(b) θ-용매에 대한 Flory-Fox식 (6. 254)에서 가우스 사슬의 경우 $\langle R^2\rangle_\theta \doteqdot 6\langle S^2\rangle_\theta$ (식 4. 33)를 이용하여

$[\eta]_\theta = \Phi_0 \times \langle R^2\rangle_\theta^{3/2}/M = \Phi_0\langle S^2\rangle_\theta^{3/2}\cdot 6^{3/2}/M$가 된다.

따라서 $\langle S^2\rangle_\theta^{1/2} = \left([\eta]_\theta M/\Phi_0\cdot 6^{3/2}\right)^{1/3} = \left(1.414\ \mathrm{cm^3/g}\times2\times10^4\ \mathrm{g/mole}/2.9\times10^{23}\ \mathrm{mole^{-1}}\times6^{3/2}\right)^{1/3}$

$= 1.879\times10^{-7}\ \mathrm{cm} = 18.79\ \mathrm{\AA}$

(c) $\langle R^2\rangle_\theta = 6\langle S^2\rangle_\theta = 6\times(18.79\ \mathrm{\AA})^2 = 2118.38\ \mathrm{\AA}^2$

그런데 식 (4. 43)에서 $\langle R^2\rangle_\theta = n'\beta^2 = R_e\cdot\beta$가 된다.

(여기서 n' 및 β는 각각 비섭동 상태의 Kuhn 분절수 및 길이이며, $R_e = nl\sin(\theta/2) = n'\beta$ 윤곽장임)

그런데 한 개의 고분자 사슬 내 C-C 결합수 $n = 2\times m$(중합도)=200이 된다.

따라서 비섭동 상태의 Kuhn 분절길이 $\beta = \langle R^2\rangle_\theta/R_e = 2118.38\ \mathrm{\AA}^2/200\times1.5\ \mathrm{\AA}\times\sin(109/2) = 8.67\ \mathrm{\AA}$가 된다.

6. 20 다분산성 고분자에 대한 Flory-Fox식은 아래와 같이 됨을 증명하라.

$$[\eta] = 6^{3/2}\Phi\left\langle \langle S^2 \rangle^{3/2}/M \right\rangle_w \quad \text{(a)}$$

$$= 6^{3/2}\Phi\left\langle \langle S^2 \rangle^{3/2} \right\rangle_n / M_n \quad \text{(b)}$$

풀이

(a) 단분산 고분자에 대한 고유점도 정의식 $\lim_{c\to 0}\frac{\eta_{sp}}{c} = [\eta]$ (식 6. 238)과 Flory-Fox식 $[\eta] = \frac{\Phi\langle R^2 \rangle^{3/2}}{M}$ (식 6. 250)에서 다분산성 고분자의 경우 분자량 M_i짜리에 의한 비점도 $\eta_{sp,i}$는 아래와 같이 나타내진다.

$\eta_{sp,i} = \Phi\langle R_i^2 \rangle^{3/2} c_i/M_i$가 된다. 그런데 $M\to\infty$일 때 가우스 사슬 경우 $\langle S^2 \rangle = \frac{1}{6}\langle R^2 \rangle$ (식 4. 25)가 성립된다. 따라서 위 식은 아래가 된다.

$\eta_{sp,i} = 6^{3/2}\Phi\langle S_i^2 \rangle^{3/2} c_i/M_i$가 된다.

그런데 $\eta_{sp} = \sum_i \eta_{sp,i}$가 성립되므로 고유점도 $[\eta]$는 $c_i/c = w_i$(무게분율)를 이용하여 아래와 같이 나타내진다.

$$[\eta] = \lim_{c\to 0}\frac{\eta_{sp}}{c} \simeq \frac{6^{3/2}\Phi\sum_i\left\{\langle S_i^2 \rangle^{3/2}/M_i\right\}c_i}{\sum_i c_i(=c)} = 6^{3/2}\Phi\sum_i w_i\langle S_i^2 \rangle^{3/2}/M_i = 6^{3/2}\Phi\left\langle \frac{\langle S^2 \rangle^{3/2}}{M} \right\rangle_w.$$

(b) 위 식에서 $c_i/M_i = n_i$(여기서 n_i는 용액 1 cm^3에 있는 분자량 M_i짜리의 몰수) 및 $c = \sum_i c_i = \sum_i M_i n_i$를 이용하면 아래식을 얻는다.

$$[\eta] = 6^{3/2}\Phi\frac{\sum_i\langle S_i^2 \rangle^{3/2} n_i}{\sum_i n_i M_i} = 6^{3/2}\Phi\frac{\sum_i\langle S_i^2 \rangle^{3/2} n_i}{\sum_i n_i}\cdot\frac{\sum_i n_i}{\sum_i n_i M_i}$$

$= 6^{3/2}\Phi\sum_i\langle S_i^2 \rangle^{3/2} f_i \cdot \frac{1}{\sum_i f_i M_i}$(여기서 $f_i = \frac{n_i}{n}$는 수분율) $\equiv 6^{3/2}\Phi\left\langle \langle S^2 \rangle^{3/2} \right\rangle_n / M_n$이 증명된다.

A6. 1 전해질 용액의 기초

A6. 1. 1 평균 활동도와 활동도계수

전해질 용액의 경우 용액에 존재하는 이온사이의 쿨롱(Coulomb) 정전기적 상호작용 때문에 활동도계수 γ가 1이 되는 이상용액과는 크게 달라진다. 만약 $z_+ : z_-$형의 $A_{\nu_+}B_{\nu_-}$ 전해질이 유전상수(dielectric constant) ε이 큰 물속에서 아래와 같이 해리(dissociation)한다고 한다.

$$A_{\nu_+}B_{\nu_-} \rightleftharpoons \nu_+ A^{z+} + \nu_- B^{z-} \tag{A6. 1}$$

이때 계의 전기적 중성(electrical neutrality)조건에서 아래 관계가 성립된다.

$$\nu_+ z_+ + \nu_- z_- = 0 \tag{A6. 2}$$

그런데 전해질(염)의 화학퍼텐셜을 μ_e(여기서 밑첨자 e는 전해질 즉, 염을 의미한다)라 하면 비전해질 경우(식 5. 79)와 유사하게 아래식으로 나타내진다.

$$\mu_e = \mu_e^{\square} + RT\ln a_e \tag{A6. 3a}$$

$$a_e = \gamma_e m_e / (m^\circ = 1) \tag{A6. 3b}$$

여기서 γ_e는 몰랄농도(m)으로 나타낸 염의 활동도계수이며, a_e는 염의 활동도, 그리고 $\mu_e^{\square}$는 $a_e = 1$이 되는 염의 표준상태의 화학퍼텐셜이다.

그런데 전해질의 경우 해리평형에서 생긴 +, −이온이 따로 있지 않고 항상 서로 근접하여 이온쌍(pair)으로 존재하므로 이들을 독립적으로 취급하기보다는 아래와 같이 평균적인 양으로 다룬다. 즉, 강전해질 경우 1개가 해리하여 $\nu_+ + \nu_- = \nu$개의 이온이 되므로 한 개의 염의 μ_e를 (기하)평균농도($m_\pm$), 평균활동도($a_\pm$), 평균활동도계수($\gamma_\pm$)항으로 아래와 같이 나타낸다.

$$\mu_e = \nu\mu_\pm = \gamma\left(\mu_\pm^{\square} + RT\ln a_\pm\right) = \nu\mu_\pm^{\square} + RT\ln a_\pm^{\nu} \tag{A6. 4}$$

여기서 평균량은 기하평균형태로 아래와 같이 정의된다.

$$a_{\pm} = \gamma_{\pm} m_{\pm} = \left(a_{+}^{\nu_+} a_{-}^{\nu_-}\right)^{1/\nu}, \quad a_{+} = \gamma_{+} m_{+}, \quad a_{-} = \nu_{-} m_{-} \qquad \text{(A6. 5a)}$$

$$\gamma_{\pm} = \left(\gamma_{+}^{\nu_+} \gamma_{-}^{\nu_-}\right)^{1/\nu}, \quad m_{\pm} = \left(m_{+}^{\nu_+} m_{-}^{\nu_-}\right)^{1/\nu}, \quad m_{+} = m\nu_{+}, \quad m_{-} = m\nu_{-} \qquad \text{(A6. 5b)}$$

위 식에서 m은 해리한 염의 (몰랄)농도로서 강전해질($\alpha = 1$)의 경우에는 처음 넣은 염의 농도, 약전해질($\alpha < 1$)의 경우에는 해리한 농도 αm° (여기서 m° 은 처음 넣은 염의 농도)을 의미한다.

한편 식 (A6. 3b)와 (A6. 4)를 비교하면 아래의 관계가 성립된다.

$$a_e = \gamma_e m_e = a_{\pm}^{\nu} = \nu_{\pm}^{\nu} \cdot m_{\pm}^{\nu} \qquad \text{(A6. 6a)}$$

$$\gamma_e = \gamma_{\pm}^{\nu} = \gamma_{+}^{\nu_+} \gamma_{-}^{\nu_-}, \quad m_e = m_{\pm}^{\nu} = m_{+}^{\nu_+} m_{-}^{\nu_-} = m^{\nu}\left(\nu_{+}^{\nu_+} \nu_{-}^{\nu_-}\right) \qquad \text{(A6. 6b)}$$

위 식에서 식 (A6. 3b)의 m_e는 넣은(혹은 해리한)염의 농도 m과 전혀 다른 양임을 알 수 있다.

여기서 식 (A6. 5a)-(A6. 6b)관계를 식 (A6. 4)에 대입하면 아래와 같이 된다.

$$\mu_e (= \nu \mu_{\pm}) = \left[\nu \mu_{\pm}^{\circ} + RT\ln\left(\nu_{+}^{\nu_+} \nu_{-}^{\nu_-}\right)\right] + \nu RT\ln\left(\frac{m}{m^{\circ}}\right) + \nu RT\ln\gamma_{\pm} \qquad \text{(A6. 7)}$$

(위 식의 우편의 m°는 log안의 단위를 없애기 위하여 $m^{\circ} = 1$(몰랄농도)를 나눈 것이다.)

위 식의 우편의 사각괄호 안에 있는 첫 번째 항은 보통 Henry 법칙에 의해 주어지는 '정규'표준상태이며, 둘째 항은 염의 종류에 따라 정해지는 양이다. 이 두 항을 조합하여 새로운 표준상태 $\mu_{\pm}^{\circ\circ}$로 정의하면 식 (A6. 7)은 아래와 같이 된다.

$$\mu_e = \mu_{\pm}^{\circ\circ} + \nu RT\ln\left(\frac{m}{m^{\circ}}\right) + \nu RT\ln\gamma_{\pm} \qquad \text{(A6. 8)}$$

위 식에서 우편의 2개항은 $\gamma_{\pm} = 1$이 되는 이상(이온)용액에 해당되며, 마지막 셋째 항이 전해질의 이상거동에서 벗어나는 편차(즉, $\gamma_{\pm} \neq 1$로서 m의 복잡한 함수가 됨)를 의미하는 가장 중요한 항이라고 할 수 있겠다. 평균 활동도계수 $\gamma_{\pm}$는 여러 방법으로 실험적으로 구할 수 있는데 특히 전해질 용액의 농도가 묽은 경우에는 아래의 Debye-Hückel식이 유용하다.

A6. 1. 2 평균 활동도계수에 관한 Debye-Hückel 극한 법칙

전해질 용액 내에서 각 이온 주위의 진하분포상태와 초기 중성상태에서 이들 이온이 전하 z_+와 z_-를 띄는데 필요한 정전기적 일을 계산하여 25℃, 수용액의 경우에 식 (A6. 8)의 평균 활동도계수 $\gamma_\pm$에 대하여 얻어진 소위 'Debye-Hückel 극한 법칙(limiting law)'을 아래 식에 나타내었다(유도과정은 생략함).

$$\log \gamma_\pm = -0.5092|z_+ z_-|\sqrt{I} \quad \text{또는} \tag{A6. 9}$$

$$\ln\gamma_\pm = -1.173|z_+ z_-|\sqrt{I}$$

여기서 이온강도 (혹은 세기)(ionic strength) I는 아래와 같이 정의된다.

$$I = \frac{m}{2}\sum_i\left(\nu_{i+}z_{i+}^2 + \nu_{i-}z_{i-}^2\right) = \frac{1}{2}\sum_i\left(m_{i+}z_{i+}^2 + m_{i-}z_{i-}^2\right) \tag{A6. 10}$$

여기서 m은 해리한 염(혹은 강전해질의 경우 넣은 염)의 농도이다.

예제 A6.1

같은 농도의 $m = 0.05$ 몰랄농도 (a) NaCl 용액 (b) Na_2SO_4 용액의 I를 계산하여라.

풀이 (a) $I_{NaCl} = \frac{m}{2}\left(\nu_+ z_+^2 + \nu_- z_-^2\right) = \frac{0.05\ (\text{몰/kg})}{2} \times (1+1) = 0.05\ \text{몰/kg}$

(b) $I_{Na_2SO_4} = \frac{m}{2}\left(\nu_+ z_+^2 + \nu_- z_-^2\right) = \frac{0.05\ (\text{몰/kg})}{2} \times (2+4) = 0.15\ \text{몰/kg}$

위 식 (A6. 9)에서 만약 전해질의 농도 혹은 이온세기 I가 클수록 $\gamma_\pm$값이 더욱 음으로 커져 $\gamma_\pm = 1$(즉 $\log \gamma_\pm = 0$)이 되는 이상성으로부터 크게 벗어나진다. 그리고 일반적으로 I값이 커짐에 따라 식 (A6. 10)의 실험값과 차이가 커지므로 이를 보정하는 식도 보고되어 있으나 여기서는 생략한다. 이 부록의 마지막으로 $\gamma_\pm$를 구하는 또 다른 중요한 수단인 전지반응에 관한 소위 'Nernst 식'을 다음절에 소개하겠다.

A6. 1. 3 Nernst 식

전지반응에 대한 Gibbs 자유에너지 변화는 일반 화학반응식의 경우와 마찬가지로 아래와 같이 나타내진다.

$$aA + bB \rightarrow cC + dD$$

$$\Delta G = \Delta G^\circ + RT \ln Q \tag{A6. 11}$$

$$= \Delta G^\circ + RT \ln \frac{a_C^c \, a_D^d}{a_A^a \, a_B^b}$$

여기서 a는 각 성분의 활동도이다. 위에서 전지반응의 Gibbs 자유에너지 변화는 아래와 같이 나타내진다.

$$\Delta G = -nF\varepsilon \tag{A6. 12}$$

여기서 ε은 전지반응에 생긴 기전력(볼트), n은 반응에 관련된 전자의 몰수, F(파라데이)는 전자 1몰의 전하량 즉, $F = N_A e = 96500$ C(쿨롱)이다. 이 식을 (A6. 11)에 대입하면 아래식을 얻는다.

$$\varepsilon = \varepsilon^\circ - \frac{RT}{nF} \ln \frac{a_C^c \, a_D^d}{a_A^a \, a_B^b} \tag{A6. 13}$$

식 (A6. 13)를 Nernst 식이라 한다. 여기서 ε은 전지의 측정된 기전력이고 ε°는 전지의 모든 반응물질과 생성물질이 활동도가 1인 표준상태에 있을 때의 표준상태의 기전력이다. 평형에서 ε $[= -\Delta G/nF] = 0$이므로,

$$\varepsilon^\circ = \frac{RT}{nF} \ln K = \frac{-\Delta G^\circ}{nF} \tag{A6. 14}$$

그런데 25℃에서 $RT/F = 0.02567$ V(볼트)이고, $\ln(\cdots) = 2.303 \log(\cdots)$을 이용하면 식 (A6. 13)은 아래와 같이 나타내진다.

$$\varepsilon = \varepsilon^\circ - \frac{0.0591}{n} \log \frac{a_C^c \, a_D^d}{a_A^a \, a_B^b} \tag{A6. 15}$$

예제 A6.2

25℃에서 다음 전지반응에 대하여 Nernst 식을 나타내어라.

$$Zn(s) + Cu^{2+}(aq) \rightarrow Zn^{2+}(aq) + Cu(s) \tag{A6. 16}$$

풀이 식 (A6. 15)에 의하여 아래와 같이 나타낼 수 있다.

$$\varepsilon = \varepsilon^{\circ} - \frac{0.0591}{n}\log\frac{a_{Zn^{2+}}a_{Cu}}{a_{Zn}a_{Cu^{2+}}} \tag{A6. 17}$$

$n = 2$(두 개의 전자가 산화-환원반응에서 이동된다)이고 정의에 의해, $a_{Cu} = 1$이고 $a_{Zn} = 1$이므로, 다음을 얻을 수 있다.

$$\varepsilon = \varepsilon^{\circ} - 0.0296\log\frac{a_{Zn^{2+}}}{a_{Cu^{2+}}}$$

만일 용액의 활동도를 농도로 바꿀 수 있을 만큼 (즉 활동도계수 ≒ 1) 충분히 묽다면, 전지의 기전력은 다음과 같이 주어진다.

$$\varepsilon = \varepsilon^{\circ} - 0.0296\log\frac{[Zn^{2+}]}{[Cu^{2+}]}$$

만일 표준상태 기전력 ε° 값을 안다면, 용액의 농도로부터 기전력 ε를 계산할 수 있다.

A6. 2 델타함수와 푸리에 적분변환

푸리에 적분변환(Fourier Transform, FT)은 동적광산란(DLS)뿐만 아니라 FT-IR, FT-NMR, 결정에 관한 X선회절 해석 등 많은 화학관련 기기에 널리 이용되고 있는 적분변환기법으로 화학공정해석이나 Laplace 적분변환과 함께 고분자 분야에서 매우 중요하다고 하겠다. 그래서 이 절에서는 FT 변환의 수학적 기초가 되는 Dirac-Delta(간단히 델타)함수에 관하여 먼저 논하고자 한다.

A6. 2. 1 델타함수

A6. 2. 1. 1 정의

델타함수 $\delta(x)$는 '초함수(distribution)'이라고 불리며 $x=0$을 제외한 모든 곳에서는 0이고, $x=0$에서만 거의 무한대로 값이 커지는 함수를 말하며, 아래에 나타낸 Heavy-side 스텝(step)함수의 미분으로 얻어진다.

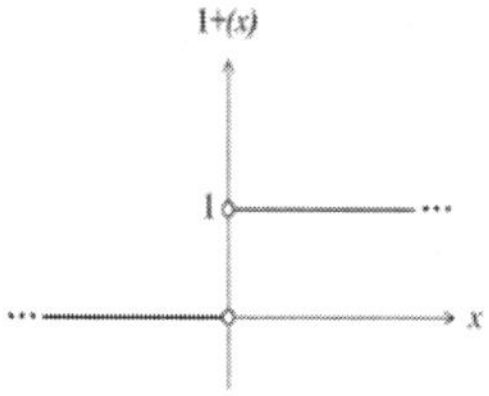

$$H(x)=\begin{cases}0 & (x<0)\\ 1 & (x\geq 0)\end{cases} \quad \text{(A6. 18)}$$

$$\delta(x)=\frac{dH}{dx}=H'(x) \quad \text{(A6. 19a)}$$

$$\delta(x-a)=\frac{H(x-a)}{dx}=H'(x-a)\left[=\frac{dX}{dx}(=1)\times\left.\frac{dH(X)}{dX}\right|_{X=x-a}\right] \quad \text{(A6. 19b)}$$

A6. 2. 1. 2 델타함수의 성질

1차원 델타함수 $\delta(x)$의 몇 가지 중요 성질을 아래에 증명 없이 그대로 열거한다.

1) $\delta(-x)=\delta(x)$ (우함수), $\delta(ax)=\frac{1}{|a|}\delta(x)$, $\delta'(x)=-\delta(x)/x$ (A6. 20)

2) $\int_{-\infty}^{\infty}\delta(x)dx=1$ (A6. 21)

3) $\int_{-\infty}^{\infty}f(x)\delta(x-a)dx=f(a)$ (A6. 22)

4) $\int_{-\infty}^{\infty}f(x)\delta'(x-a)dx=-f'(a)$ (A6. 23a)

5) $\int_{-\infty}^{\infty}f(x)\delta^{(n)}(x-a)dx=(-1)^n f^{(n)}(a)$ [단 위첨자 n은 n계미분을 의미] (A6. 23b)

6) $\int_{-\infty}^{\infty}1(\omega)e^{\pm i\omega(t-t')}d\omega=2\pi\delta(t-t')$ (A6. 24)

마찬가지로 3차원 델타함수 $\delta(\boldsymbol{r})=\delta(x)\delta(y)\delta(z)$도 아래의 성질을 가진다.

7) $\iiint d^3r\,\delta(\boldsymbol{r}) = 1$ (A6. 25)

8) $\iiint d^3r\, f(\boldsymbol{r})\delta(\boldsymbol{r}-\boldsymbol{a}) = f(\boldsymbol{a})$ (A6. 26)

9) $\iiint d^3r\, f(\boldsymbol{r})\delta'(\boldsymbol{r}-\boldsymbol{a}) = -f'(\boldsymbol{a})$ (A6. 27)

10) $\iiint d^3r\, 1(\boldsymbol{r}) e^{\pm i\boldsymbol{r}\cdot(\boldsymbol{k}-\boldsymbol{k}')} = (2\pi)^3\delta(\boldsymbol{k}-\boldsymbol{k}')\left[\equiv \delta(k_x-k'_x)\delta(k_y-k'_y)\delta(k_z-k'_z)\right]$ (A6. 28)

[비고: 위에 열거된 대부분의 공식들은 $\delta(x)$의 정의를 바탕으로 적분을 통하여 증명될 수 있다.]

A6. 2. 2 푸리에 적분변환

먼저 1차원 푸리에 적분변환에 대하여 논하겠다. 함수 $f(x)$가 주어졌다면 x공간에서 α공간으로의 푸리에 변환 $\mathcal{F}$ 및 역변환 $\mathcal{F}^{-1}$는 아래와 같이 정의된다.

$$\mathcal{F}[f(x)](\equiv F(\alpha)) = \int_{-\infty}^{\infty} f(x)e^{+i\alpha x}dx \quad \text{(A6. 29)}$$

$$f(x) = \mathcal{F}^{-1}(F(\alpha)) = \frac{1}{2\pi}\int_{-\infty}^{\infty} F(\alpha)e^{-i\alpha x}d\alpha \quad \text{(A6. 30)}$$

(여기서 $i=\sqrt{-1}$, $i^2=-1$이다.)

참고로 푸리에 역변환의 정의식 (A6. 30)가 어떻게 원래의 함수 $f(x)$를 주는가에 대하여 앞 절에서 논의된 델타함수를 사용해 증명해보자.

증 명 식 (A6. 30)의 우편의 $F(\alpha)$에 (A6. 29)를 대입하고, 적분순서를 바꾸고 공식 (A6. 24)을 이용하면 식의 우편은 아래와 같이 되어 증명이 된다.

$$\frac{1}{2\pi}\int_{-\infty}^{\infty}\left[\int_{-\infty}^{\infty} f(x')e^{+i\alpha x'}dx'\right]e^{-i\alpha x}d\alpha$$

$$= \frac{1}{2\pi}\int_{-\infty}^{\infty}\left[\int_{-\infty}^{\infty} e^{i\alpha(x'-x)}d\alpha\right]f(x')dx' = \int_{-\infty}^{\infty}\delta(x'-x)f(x')dx' = f(x) \quad ■$$

[비고: 푸리에 변환 및 그에 대응하는 역변환의 정의식은 위 식 이외에도 여러 형태가

제안되고 있으나, 서로 간단히 교환이 가능하므로 여기서는 위 식에 의거하여 논의하기로 한다.]

1차원 변환에 대하여 더 진행하기 전에 참고로 위 식에 대응하는 3차원 푸리에 변환 및 그 역변환식을 아래에 적겠다.

$$\mathcal{F}\,[f(\boldsymbol{x})](\equiv F(\boldsymbol{\alpha}))=\iiint d^3x\, f(\boldsymbol{x})e^{+i\boldsymbol{\alpha}\cdot\boldsymbol{x}} \tag{A6. 31}$$

$$f(\boldsymbol{x})=\mathcal{F}^{-1}(F(\boldsymbol{\alpha}))=\frac{1}{(2\pi)^3}\iiint d^3\alpha\, F(\boldsymbol{\alpha})e^{-i\boldsymbol{\alpha}\cdot\boldsymbol{x}} \tag{A6. 32}$$

증 명 1차원과 마찬가지로 식 (A6. 32)의 우편의 $F(\boldsymbol{\alpha})$에 식 (A6. 31)을 대입하고, 3차원 델타함수공식 (A6. 28)를 이용하면 아래와 같이 증명될 수 있다.

$$\frac{1}{(2\pi)^3}\iiint d^3\alpha\left[\iiint d^3x'\, f(\boldsymbol{x}')e^{i\boldsymbol{\alpha}\cdot\boldsymbol{x}'}\right]e^{-i\boldsymbol{\alpha}\cdot\boldsymbol{x}}$$

$$=\frac{1}{(2\pi)^3}\iiint d^3x'\left[\iiint d^3\alpha e^{i\boldsymbol{\alpha}\cdot(\boldsymbol{x}'-\boldsymbol{x})}\right]f(\boldsymbol{x}')=\iiint d^3x'\,\delta(\boldsymbol{x}'-\boldsymbol{x})f(\boldsymbol{x}')=f(\boldsymbol{x})$$ ■

이제 아래표 A6. 1 및 A6. 2에 각각 1차원 푸리에 변환의 기초공식 및 대표적인 변환 예를 나타내었다.

표 A6. 1 기본 성질

	$f(x)$	$F(\alpha)$
1	$f^{(n)}(x)\left(=\dfrac{d^n}{dx^n}f(x)\right)$	$(-i\alpha)^n F(\alpha)$
2	$x^n f(x)$	a) $F^{(n)}(\alpha)/i^n$
3	$f(x-c)$	$e^{i\alpha c}F(\alpha)$
4	$e^{icx}f(x)$	$F(\alpha+c)$
5	$f(cx)$	$\lvert c\rvert^{-1}F(\alpha/c)$ (c는 상수)
6	$F(x)(=F(\alpha)\rvert_{\alpha=x})$	$2\pi f(-\alpha)$
7	b) $f*g(x)\left[\equiv\int_{-\infty}^{\infty}f(x-y)g(y)dy\right]$	$F(\alpha)G(\alpha)$

a) $F^{(n)}(\alpha)$는 α에 대해 n제 상미방을 의미

b) ∗표시는 함수 f와 g의 중첩(convolution)적분을 의미함.

표 A6.2 대표적 변환 예

	$f(x)$	$F(\alpha)$
1	1	$2\pi\delta(\alpha)$
2	$e^{i\lambda x}$	$2\pi\delta(\alpha+\lambda)$
3	e^{-cx^2}	$\left(\frac{\pi}{c}\right)^{1/2} e^{-\frac{\alpha^2}{4c}}$
4	$e^{-\lambda\lvert x\rvert}$ [단 $\lambda>0$]	$2\lambda/(\lambda^2+\alpha^2)$
5	$2\lambda/(x^2+\lambda^2)$	$2\pi e^{-\lambda\lvert\alpha\rvert}$ (단 $\lambda>0$)
6	[a] $I_A(x) \equiv \begin{cases} 1 & \lvert x\rvert < A \\ 0 & \lvert x\rvert > A \end{cases}$	$2\sin(A\alpha)/\alpha$
7	$2\sin(Ax)/x$	$2\pi I_A(\alpha)$

a) $I_A(x)=I_A(-x)$을 만족하는 우함수임.

이제 6.3.5절의 동적광산란(DLS) 이론에 적용을 위하여 식 (A6.29) 및 (A6.30)의 1차원 변환 및 역변환 공식에서 편의상 변수 치환 즉 $x \to r$, $\alpha \to s$로 바꾸어 이하에서 논의하기로 하겠다. 먼저 변수 r, s에 관한 $\mathcal{F}$변환 및 역변환은 정의에서 아래와 같이 된다.

$$\mathcal{F}(f(r))(\equiv F(s)) = \int_{-\infty}^{\infty} f(r)e^{+irs}dr \leftrightarrow f(r) = \mathcal{F}^{-1}(F(s)) = \frac{1}{2\pi}\int_{-\infty}^{\infty} F(s)e^{-irs}ds \quad \text{(A6.33)}$$

이제 이 정의를 토대로 복소함수 $f(r)$ 및 그의 복소공액($\bar{f}(r)$)에 관한 몇 가지 중요한 결과를 아래에 적겠다. 그러기에 앞서 일반적으로 함수 $f(r)=A(r)+iB(r)$[여기서 A 및 B는 각각 f의 실수(Re) 및 허수(Im)부분이다]형태를 가진 복소함수이며, 그의 복소공액(complex conjugate)은 $\bar{f}(r)=A(r)-iB(r)$로 나타내지며, $f(r)\bar{f}(r)=|f(r)|^2$이 된다. 그러면 푸리에 변환의 정의 및 위 표를 참조로 아래의 유용한 관계식을 증명 없이 적는다.

1) $\mathcal{F}(f(r))=F(s) \to \mathcal{F}(\bar{f}(r))=\bar{F}(-s)(\neq \bar{F}(s))$ (A6.34)

2) $\mathcal{F}(f(-r))=F(-s) \to \mathcal{F}(\bar{f}(-r))=\bar{F}(s)$ (A6.35)

3) $\mathcal{F}(f(r-a))=e^{ias}F(s) \to \mathcal{F}(\bar{f}(r-a))=e^{ias}\bar{F}(-s)$ (A6.36)

4) $\mathcal{F}(f(a-r))=e^{ias}F(-s) \to \mathcal{F}(\bar{f}(a-r))=e^{ias}\bar{F}(s)$ (A6.37)

5) $\bar{F}(s)=\int \bar{f}(r)e^{-isr}dr\left[\neq \mathcal{F}(\bar{f}(r))=\int \bar{f}(r)e^{+isr}dr\right]$ (A6.38)

6) $\bar{f}(r) = \frac{1}{2\pi}\int_{-\infty}^{\infty} \bar{F}(s)e^{+isr}ds \left[\neq \mathcal{F}^{-1}(\bar{F}(s)) = \frac{1}{2\pi}\int_{-\infty}^{\infty} \bar{F}(s)e^{-isr}ds \right]$ (A6. 39)

7) $f(r) = \bar{f}(r)$(즉 f가 순실함수)이면 $\bar{F}(s) = F(-s)$ (A6. 40)

8) $f(r) = -\bar{f}(r)$(즉 f가 순허수함수)이면 $\bar{F}(s) = -F(-s)$ (A6. 41)

단 위 식에서 함수(곡선) $f(a-r)$는 $f(r-a)$(이는 $f(r)$을 r축의 우측으로 a만큼 평행이동한 것)를 $r=a$축 주위로 뒤집은 (즉 반사시킨)것에 해당한다. 위 공식들의 증명에서 $\mathcal{F}$변환(및 역변환) 정의식의 양변에 복소공액(위첨자 $^{-}$ 혹은 * 표시)을 취하던가 또는 $s \to -s$를 대입하여 구한 후 다시 환원시켜 구함이 편리하다.

다음에는 위 식들을 토대로 두 함수 $f(r)$ 및 $g(r)$의 '중첩(convolution)'함수 ($c_v(r)$) 및 '상관(correlation)'함수 ($c_r(r)$)의 (복소)푸리에 변환에 대하여 알아보기로 하자.

중첩함수

먼저 두 함수 $f(r)$, $g(r)$이 모두 순실함수일 경우에 두 함수의 중첩(convolution)적분 $c_v(r)$은 아래와 같이 정의된다.

$$c_v(r) \equiv f * g(r) \equiv \int_{-\infty}^{\infty} f(r-t)g(t)dt = g * f(r) = \int g(r-t)f(t)dt \quad \text{(A6. 42)}$$

이의 푸리에 변환은 아래와 같이 된다.

$$\mathcal{F}(c_v(r))[\equiv C_v(s)] = \mathcal{F}(f * g(r)) = \mathcal{F}\left[\int_{-\infty}^{\infty} f(r-t)g(t)dt\right] = F(s)G(s) \ (\because \text{표 } A6.1)$$

(A6. 43)

한편 두 함수 f 및 g가 복소함수인 경우 복소중첩적분은 아래와 같이 정의된다.

$$c_v(r) \equiv \bar{f} * g(r) \equiv \int_{-\infty}^{\infty} \bar{f}(r-t)g(t)dt = g * \bar{f}(r) = \int_{-\infty}^{\infty} g(r-t)\bar{f}(t)dt \quad \text{(A6. 44)}$$

이의 복수 푸리에 변환은 아래와 같이 정의된다.

$$\mathcal{F}(\bar{f} * g(r))(\equiv C_v(s)) = \bar{F}(-s)G(s) \quad \text{(A6. 45)}$$

증 명 $\mathcal{F}(\overline{f} * g(r)) = \mathcal{F}\left[\int_{-\infty}^{\infty} \overline{f}(r-t)g(t)dt\right] = \int dr\left[\int \overline{f}(r-t)g(t)dt\right]e^{+isr}$

$$= \int dt\, g(t)\left[\int \overline{f}(r-t)e^{isr}dr\right] = \int dt\, g(t)\mathcal{F}(\overline{f}(r-t))$$

$$= \int dt\, g(t)e^{its}\overline{F}(-s) \quad (\because \text{식 } A6.36)$$

$$= \overline{F}(-s)\int dt\, g(t)e^{its} = \overline{F}(-s)G(s)$$

혹은 실함수경우처럼 $\mathcal{F}(\overline{f} * g(r)) = \mathcal{F}(\overline{f}(r))\mathcal{F}(g(r)) = \overline{F}(-s)G(s)$ ($\because$ 식 A6. 34) ■

식 (A6. 45)에서 $f(r)$이 순실함수면 식 (A6. 40)에 의해 식 (A6. 43)로 환원된다.

상관함수

먼저 두 함수 f 및 g가 모두 순실함수라면 두 함수의 '상관(correlation)적분'(혹은 '상관함수') $c_r(r)$은 아래와 같이 정의된다.

$$c_r(r) \equiv f \star g(r) \equiv \int_{-\infty}^{\infty} f(t-r)g(t)dt\left[= \int f(t)g(t+r)dt\right] \neq g \star f(r)\left[= \int g(t-r)f(t)dt\right] \quad \text{(A6. 46a)}$$

혹은 중첩기호($*$)를 이용하여

$$c_r(r) \equiv f \star g(r) \equiv f(-) * g(r) = \int_{-\infty}^{\infty} f(t-r)g(t)dt \neq f * g(r)\left[= \int f(r-t)g(t)dt\right] \quad \text{(A6. 46b)}$$

단 위에서 $f(-)$는 $f(r)$을 $f(-r)$, 혹은 $f(r-t)$를 $f(t-r)$로 바꾸는 것 즉 $r=0$ 혹은 $r=t$ 축 주위로 뒤집는 것을 의미한다.

그러면 실함수 $c_r(r)$의 푸리에 변환은 아래와 같이 된다.

$$\mathcal{F}(c_r(r)) \equiv C_r(s) = \mathcal{F}(f \star g(r)) = \mathcal{F}(f(-) * g(r)) = \mathcal{F}(f(-r))\mathcal{F}(g(r))$$

$$= F(-s)G(s) \quad (\because \text{식 } A6.35) \quad \text{(A6. 47)}$$

다음에는 함수 f 및 g가 모두 복소함수일 경우 복소 상관함수(혹은 적분)은 아래와 같이 정의된다.

$$c_r(r) \equiv \overline{f} \star g(r) \equiv \int_{-\infty}^{\infty} \overline{f}(t-r)g(t)\left[= \int_{-\infty}^{\infty} \overline{f}(t)g(t+r)dt\right] \neq g \star \overline{f}(r)\left[= \int g(t-r)\overline{f}(t)dt\right]$$

(A6. 48a)

혹은 중첩기호($*$)를 이용하여

$$c_r(r) \equiv \bar{f} \star g(r) \equiv \bar{f}(-) * g(r) = \int \bar{f}(t-r) g(t) dt \neq \bar{f} * g(r) \left[= \int \bar{f}(r-t) g(t) dt \right] \quad \text{(A6. 48b)}$$

이의 복소 푸리에 변환은 아래와 같이 된다.

$$\mathcal{F}\left(c_r(r)\right)(\equiv C_r(s)) = \mathcal{F}\left(\bar{f} \star g(r)\right) = \mathcal{F}\left(\bar{f}(-) * g(r)\right) = \mathcal{F}\left(\bar{f}(-r)\right)\mathcal{F}\left(g(r)\right) = \bar{F}(s)\,G(s) \quad \text{(6. 49)}$$

여기서 만약 f, g 둘 다 실함수이면 위 식은 식 (A6. 47)으로 환원($\because$ A6. 40)된다.

마지막으로 f, g가 둘 다 실함수인 경우에 중첩함수 $c_v(r)(\equiv f * g(r))$과 상관함수 $c_r(r)(\equiv f \star g(r))$은 $r = t$축 주위로 서로 거울대칭(180° 뒤집음)인 것에 유의해야한다.

A6. 3 라플라스 변환

라플라스(Laplace) 적분변환은 구간$(0, \infty)$에서 정의되는 주어진 함수 $f(t)$가 있을 때 아래와 같이 정의되는 $\mathcal{L}$ 변환에 의해 t공간에서 s공간의 함수 $F(s)$로 변환된다(식 6. 143 참조).

$$\mathcal{L} f(t) \equiv \int_0^\infty f(t) e^{-st} dt \equiv F(s) \quad (\text{Re } s > 0) \quad \text{(A6. 50)}$$

이의 역변환은 복소 콘투어(contour)적분을 이용하여 아래와 같이 정의된다.

$$f(t) = \mathcal{L}^{-1} F(s) \equiv \frac{1}{2\pi i} \int_{\gamma - i\infty}^{\gamma + i\infty} F(s) e^{+st} ds \quad \text{(A6. 51)}$$

여기서 $i = \sqrt{-1}$, γ는 식 (A6. 50)에서 $\mathcal{L}$ 변환이 유효한 실제 s의 범위는 $\text{Re } s > \text{Re } s_0$로서 $\text{Re } s_0 = \gamma$되는 양의 실수이다. 그러나 여기서는 지면관계상 (역)라플라스 변환에 대한 증명없이 결과만을 아래의 표에 적겠다.

그래서 표 A6. 3에서는 라플라스 변환의 기본성질을, 그리고 표 A6. 4에서는 몇 가지 대표적 변환 예를 나타낸다.

표 A6.3 기본성질

	$f(t)$	$F(s)$
1	$c_1 f_1(t)+c_2 f_2(t)$	$c_1 F_1(s)+c_2 F_2(s)$
2	$f(at)$	$a^{-1}F(s/a)\ (a>0)$
3	[a] $f^{(n)}(t)$	$s^n F(s)-s^{n-1}f(0)-\cdots-f^{(n-1)}(0)$
4	$t^n f(t)$	$(-1)^n F^{(n)}(s)\ (n=1,2,\cdots)$
5	$e^{ct}f(t)$	$F(s-c)$ ($c=$ 상수)
6	[b] $H(t-b)f(t-b)$	$e^{-bs}F(s)\ (b>0)$
7	[c] $f*g(t)$	$F(s)G(s)$

a) $f^{(n)}(t)=d^n f(t)/dt^n$

b) $H(t-b)$는 Heavy-side함수로서 $t<b$일 때 0, $t>b$일 때 1임

c) $f*g(t)=\int_0^\infty f(t-t')g(t')dt'=g*f(t)$는 중첩적분임.

표 A6.4 대표적 변환 예

	$f(t)$	$F(s)$
1	1	$\frac{1}{s}$
2	t^n	$n!/s^{n+1}\ (n=1,2,\cdots)$
3	$\delta(t)$	1
4	e^{kt}	$1/(s-k)$
5	$\sin at$	$a/(s^2+a^2)$
6	$\cos at$	$s/(s^2+a^2)$
7	$1/\sqrt{\pi t}$	$1/\sqrt{s}$
8	$e^{-k^2/4t}/\sqrt{\pi t}$	$e^{-k\sqrt{s}}/\sqrt{s}\ (k>0)$
9	$ke^{-k^2/4t}/\sqrt{4\pi t^3}$	$e^{-k\sqrt{s}}\ (k>0)$
10	[a] $erfc(k/2\sqrt{t})$	$e^{-k\sqrt{s}}/s\ (k>0)$

a) $erfc(z)\equiv\frac{2}{\sqrt{\pi}}\int_z^\infty e^{-u^2}du=1-erf(z).$

제 **7** 장

고무 탄성

7. 1 탄성거동의 정성적 설명

미가황된 고무(unvulcanized rubber)는 주 사슬에서 단일결합 주위로 자유 회전이 가능하도록 많은 수의 유연한 긴 고분자로 이루어져 있다. 변형을 주면 펼쳐지고 엔트로피(entropy, *S*)가 감소한다. 그 결과 고분자의 분자 말단에 반발력이 가해진다. 유연한 고무분자의 분자 구조로 말미암아 열적 운동하에서는 통계적으로 무작위한 형태를 가질 확률이 많다. 이 성질은 탄성체(elastomer)에서의 약한 분자간 인력의 결과로 플라스틱이나 섬유용으로 사용되는 다른 고분자와 구별되게 한다.

고분자에서의 흐름과 변형은 고분자 사슬의 조그만 세그먼트의 국부적인 운동에 기인하지, 전체 분자의 연결된 순간적인 운동에 기인하는 것이 아니라는 사실을 이해하는 것은 매우 중요하다. 펼쳐진 고분자의 사슬이 재빨리 coil형태로 되돌아가는 능력으로부터 높은 탄성(elasticity)이 있게 된다. 이 성질에서 분자 세그먼트의 유연성(flexibility)은 필수적이며 이 유연성은 또한 고분자 사슬 축 주위의 회전의 용이성에 기인한다.

만일 분자가 다른 원자와 얽혀(entanglement) 제약을 받고 있거나, 사슬 사이의 실제 화학결합(가교결합)에 의해 제한을 받을 경우 국부적 세그먼트의 상호보완적인 이동 때문에 여전히 변형이 가능하게 된다. 이것은 그러한 제약 사이의 사슬 원자 수가 국지적인 움직임에 관련된 세그먼트의 평균크기에 비해 훨씬 크다는 것을 말해주고 있다. 보통의 가황된 천연고무는 100 parts의 고무당 가황제 중량비로 0.5-5 part 포함되어 있다. 양호한 물성을 나타내는 전형적인 고무는 보통 수백개의 사슬 원자 중의 하나 꼴로 가교된다. 그러나 에보나이트(ebonite)처럼 너무 가황을 많이 시켜(가령 100 part 고무당 30-50 part의 황을 사용) 가교밀도를 증가시키면 세그먼트의 움직임이 많은 제약을 받아 강직한 비탄성체가 된다.

탄성이 높다는(high elasticity)는 것은 사슬 분자의 말단간의 거리를 짧게 해 주어 충분한 열적 움직임을 가능하게 하고 따라서 분자의 주 사슬을 따라 단일결합 주위의 회전을 조래한다. 고무재료의 특성인 응력을 가하고 제거했을 때 신속히 응답하는 특성은 사용온도에서 이러한 회전이 높은 주파수로 일어날 것을 요구한다.

단일결합 주위의 회전은 결코 완전히 자유롭지는 않으며 이웃하는 사슬 원자들에 있는 치환체가 엇갈린 형태로부터 벗어날 때 에너지 장애에 부딪친다. 이러한 에너지 장애는 측쇄기가 부피가 크지 않거나 극성이 거의 없는 분자일수록 작다. 가지가 달리지 않은 비교적 대칭성 사슬들은 배향이나 냉각에 의해 결정화되기 쉽다. 그러나 이 성질은 결정이 그들의 구성 사슬을 격자에 잡아두기 때문에 높은 탄성이 요구되는 경우엔 바람직하지 않다. 공중합에 의해 야기되는 사슬의 불규칙성은 어느 정도 결정화 경향을 감소시키는데 사용된다. 만일 천연고무같은 1, 4-polydiene에서와 같이 고분자 사슬에 이중결합이 있다면 cis 배열이 충진밀도가 낮고 세그먼트의 점프에 훨씬 더 많은 자유공간이 확보되고 이러한 더 많은 불규칙적 배열은 결정화를 어렵게 만든다. 따라서 cis-polyisoprene(천연고무)은 탄성체이지만 trans-polyisoprene은 그렇지 않다.

일반적으로 전형적인 탄성체가 되기 위해서는 모든 사용온도에서 유연성을 가진 고분자 재료로서 응력이 가해지지 않은 상태에서는 무정형(amorphous)이어야 하며(결정성 폴리에틸렌은 탄성체가 아니지만 충분한 함량의 프로필렌과 공중합시키면 사슬의 규칙성 즉 결정성이 감소되어 유용한 탄성체가 됨), 마지막으로 적당한 가교밀도(crosslink density)를 가진 연속적인 망상(network) 구조를 가져야한다.

그러나 화학적으로 가교되지 않은, 물리적으로 많이 얽혀진(entangled) 구조를 가진 고분자의 경우 과도적(transient) 응력조건하에서는 일시적으로 탄성거동을 나타내나, 응력에 의해 분자가 미끄러지므로 가해진 응력을 계속 유지할 수가 없어 제품의 모양에 변형이 일어나게 된다.

수소보다 더 큰 치환기가 없는 polybutadiene은 천연고무보다 더 큰 반발탄성(resilience)을 갖는다. 폴리부타디엔에는 각 isoprene 반복단위에 메틸기가 포함되어 있다. Polychloroprene(neoprene)은 치환기가 부피가 크고 극성인 염소 원자이므로 내유성이 우수한 반면 저온에서는 금방 탄성을 잃어버린다.

고분자 탄성체는 본질적으로 '엔트로피 스프링(entropy spring)'이다. 이것은 철선(steel wire), 즉 '에너지 스프링'과는 대조적이다. 철제 스프링이 변형되면 그의 구성 원소 또한 평형 상태의 최저 에너지 위치로부터 변위가 일어난다. 가해진 응력을 제거하면 에너지우물(well)효과와 구성원자사이의 인력(즉 내부에너지) 때문에 회복력이 발생하여 재수축(retraction)된다. 재수축될 때 에너지 스프링은 따뜻하게 된다. 이상적인 에너지 스프링은 약 10^{11}-10^{12} $\mathrm{dyn/cm}(10^{10}-10^{11}\ \mathrm{N/m^2})$의 신장 탄성계수(Young modulus)를 갖는 결정성 고체로서 최대 신장률(elongation at break)은 매우 낮다. 그리고 일정길이(L)에서 스프링을 유지하는데 필요한 힘은 온도에 반비례하며, 일정온도에서 단위길이 변화에 따른 내부에너지 변화(즉 $(\partial U/\partial L)_T$는 일반적으로 양의 큰 값을 가진다 (대신 $(\partial S/\partial L)_{T,V}=0$이 된다).

한편 이상적인 고분자 탄성체는 Young률이 약 $10^6-10^7\ \mathrm{dyn/cm^2}(10^5-10^6\ \mathrm{N-m^2})$이고 수백 %의 신장률을 갖는 가역탄성을 보인다. 이 엔트로피 스프링을 일정한 길이로 유지하는 데 소요

되는 힘은 온도가 감소할수록 떨어지며, $(\partial U/\partial L)_T$값 또한 0에 가깝다.

7. 2 고무탄성에 대한 열역학 상태방정식

고무가 외부로부터 힘(f)을 받아 신장되었을 경우의 미소 가역과정에 대한 열역학 제반법칙은 포함된 'non-PV일' $\delta w_e(=-fdL$, 여기서 dL은 길이의 미소변화) 때문에 식 (5. 5)-(5. 8)(또는 표 5. 1)가 아래와 같이 수정되어 나타내진다.

$$dU = TdS - PdV + fdL \tag{7. 1}$$

$$dH = TdS + VdP + fdL \tag{7. 2}$$

$$dA = -SdT - PdV + fdL \tag{7. 3}$$

$$dG = -SdT + VdP + fdL \tag{7. 4}$$

그리고 U, H, A, G 모두가 경로함수가 아닌 상태함수(완전미방)이므로 표 5. 1에 대응하는 Maxwell 역관계가 성립되어야한다. 참고로 아래에 $dA(T, V, L)$ 및 $dG(T, P, L)$에 대해서만 이들 관계를 나타낸다.

$$-S = (\partial A/\partial T)_{V,L}\ ,\ -P = (\partial A/\partial V)_{T,L}\ ,\ f = (\partial A/\partial L)_{T,V} \tag{7. 5}$$

$$(\partial S/\partial V)_{T,L} = (\partial P/\partial T)_{V,L},\ -(\partial S/\partial L)_{T,V} = (\partial f/\partial T)_{V,L},\ -(\partial P/\partial L)_{T,V} = (\partial f/\partial V)_{T,L} \tag{7. 6}$$

$$-S = (\partial G/\partial T)_{P,L}\ ,\ V = (\partial G/\partial P)_{T,L}\ ,\ f = (\partial G/\partial L)_{P,T} \tag{7. 7}$$

$$-(\partial S/\partial P)_{T,L} = (\partial V/\partial T)_{P,L},\ -(\partial S/\partial L)_{T,P} = (\partial f/\partial T)_{P,L},\ (\partial V/\partial L)_{P,T} = (\partial f/\partial P)_{T,L} \tag{7. 8}$$

그러면 이들 관계에 기초를 두어 아래에 (T, V)계 및 (T, P)계에 대한 고무탄성에 관한 열역학 상태방정식을 유도해 보기로 한다.

a) (T, V)계 :

식 (7. 5), (7. 6) 및 $A = U - TS$에서 아래식이 성립된다.

$$\left.\begin{aligned} f &= (\partial A/\partial L)_{T,V} = (\partial U/\partial L)_{T,V} - T(\partial S/\partial L)_{T,V} \\ &= (\partial U/\partial L)_{T,V} + T(\partial f/\partial T)_{V,L} \end{aligned}\right\} \tag{7. 9}$$

위 식의 첫 번째 항은 탄성회복력의 (내부)에너지에 의한 항으로 f_e로 쓰고, 두 번째 항은 엔트로피에 의한 항[$\because (\partial f/\partial T)_{V,L} = -(\partial S/\partial L)_{T,V}$]이므로 f_s리 쓸 수 있으며, 아래의 식 (7. 10)을 얻는다.

$$f = f_e + f_s,\ f_e(\equiv (\partial U/\partial L)_{T,V}),\ f_s(\equiv T(\partial f/\partial T)_{V,L}) \tag{7. 10}$$

식 (7. 9) 또는 (7. 10)을 $(T,\ V)$계의 고무탄성에 대한 열역학 상태방정식이라고 한다. 여기서 f_e와 f_s항의 크기 비를 이해하기 위하여 이 식을 사용하여 아래 그림에 나타낸 힘 (f)과 온도 (T)와의 일반적인 실험곡선을 해석해보자.

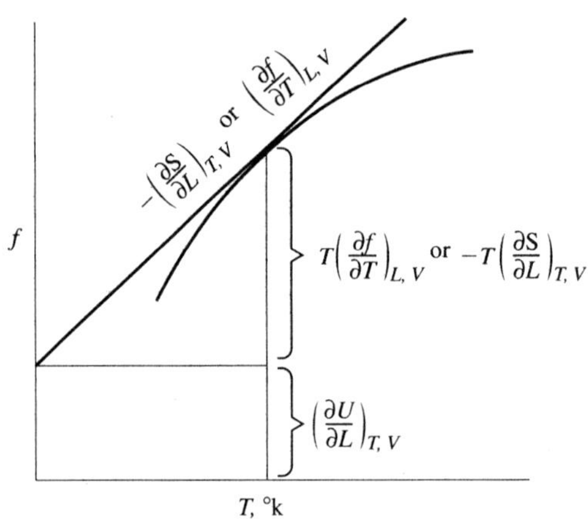

▶ **그림 7. 1** 고무탄성의 열역학적 상태 방정식 해석을 위한 그림

식 (7. 9), (7. 10)을 참고하면 그림의 임의의 한 점에서 접선을 그어 y축과의 교점(절편)이 에너지 항 $f_e[=(\partial U/\partial L)_{T,V}]$가 되고, 기울기가 $(\partial f/\partial T)_{L,V}[=-(\partial S/\partial L)_{T,V}]$가 된다. 또한 그림에 표시한 바와 같이 임의의 온도 T에서의 y값(즉 f)은 $f_e + f_s$ $[= T(\partial f/\partial T)_{V,L}$ 혹은 $-T(\partial S/\partial L)_{T,V}]$로 됨을 알 수 있다. 그런데 그림 7. 2에서 볼 수 있듯이 초기의 낮은 신장률[extension ratio, $\varepsilon = \Delta L / L_0$(여기서 L_0 및 ΔL은 각각 초기 길이 및 늘어난 길이)] 지역을 제외한 거의 모든 영역에서 f_s가 응력의 90 %이상을 차지하며, f_e항은 거의 영에 가깝다.

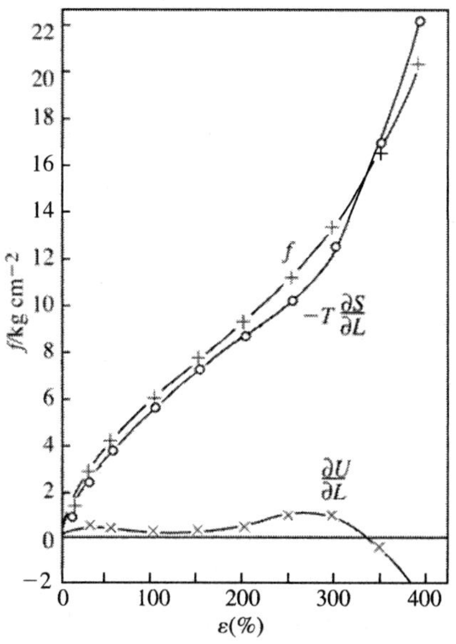

▶ **그림 7. 2** 고무 인장힘(f)과 신장률($\varepsilon = \Delta L/L_0$)의 관계 및 힘의 내부에너지 항($f_e$)와 엔트로피 항($f_s$)의 분리.

그림에서 신장률이 300 %이상 되는 경우 f_e항이 급격히 떨어지는 것은 높은 신장률에 따른 결정화, 즉 소위 '변형야기 결정화(strain-induced crystallization)' 때문이라고 추정된다. 그리고 앞에서 언급한 바와 같이 고분자 탄성체와 같은 엔트로피 스프링의 경우 회복력은 내부에너지에 기인하는 철선과 같은 에너지 스프링과 달리, 망상구조가 가질 수 있는 형태(conformation)수의 변화에 관련된 엔트로피 반발 탄성효과 즉 신장시 엔트로피 감소($dS < 0$)에 따른 $dG = dH - TdS$가 양이 되어 열역학적으로 불안정해져 응력을 제거하자 말자 엔트로피가 증가($dS > 0$)(따라서 $dG < 0$)하는 방향으로 움직여 원래 상태로 되돌아가는 '엔트로피 탄성회복력'을 나타내게 된다. 따라서 이상 탄성체의 경우 내부에너지 항 $f_e[=(\partial U/\partial L)_{T,V}] = 0$이 된다.

b) **(T, P)계 :**

식 (7. 7), (7. 8) 및 $G = H - TS$에서 아래가 성립된다.

$$\left.\begin{aligned} f = (\partial G/\partial L)_{T,P} &= (\partial H/\partial L)_{T,P} - T(\partial S/\partial L)_{T,P} \\ &= (\partial H/\partial L)_{T,P} + T(\partial f/\partial T)_{P,L} \end{aligned}\right\} \quad (7.11)$$

위 식의 첫 번째 항은 탄성회복력의 엔탈피(에너지)에 의한 항으로 f_H라 쓰고, 둘째 항은 엔트로피에 의한 항 $[\because (\partial f/\partial T)_{P,L} = -(\partial S/\partial L)_{T,P}]$이므로 ($T, P$)계의 f_S라 쓸 수 있으며, 아래의 식 (7. 12)를 얻는다.

$$f = f_H + f_S, \quad f_H(\equiv (\partial H/\partial L)_{T,P}), \quad f_S(\equiv T(\partial f/\partial T)_{P,L}) \quad (7.12)$$

식 (7. 11) 또는 (7. 12)를 (T, P)계의 고무탄성에 대한 열역학 상태방성식이라고 한나. (T, V)세와 마찬가지로 (T, P)계에서 만약 f와 T의 실험곡선이 얻어졌다면, 그림 7. 1과 유사하게 임의의 점 (T)에서 곡선에 접선을 그으면 y축과의 교점(절편)이 f_H가 되고, 기울기가 $(\partial f/\partial T)_{P,L}\left[= -(\partial S/\partial L)_{T,P}\right]$될 것이다. 또한 그 점에서의 y축 값 즉 $f = f_H + f_S$가 성립된다. 그리고 앞과 마찬가지 논리로 비교적 높은 신장률(가령 10 % 이상)에서는 f_H항이 무시될 수 있는 엔트로피만의 탄성회복력을 갖게 된다. 또한 식 (7. 11)을 재정리하면 f와 T 실험곡선상의 접선의 기울기$\left[(\partial f/\partial T)_{P,L}\right]$에 관한 식을 얻는다.

$$\left(\frac{\partial f}{\partial T}\right)_{P,L} = \frac{f - (\partial H/\partial L)_{T,P}}{T} \tag{7. 13}$$

이 식에서 볼 수 있듯이 $f > f_H\left[= (\partial H/\partial L)_{T,P}\right]$ 즉 비교적 높은 신장률에서는 f의 T에 기울기가 양이 되고, 낮은 신장률에서는 $f < f_H$되어 기울기가 음이 된다. 따라서 어떤 신장률을 전후로 하여 기울기의 부호가 바뀌게 되는 (T, P)계에서 소위 '열탄성 역전현상(thermoelastic inversion phenomenon)'을 나타내게 된다(그림 7. 3참조).

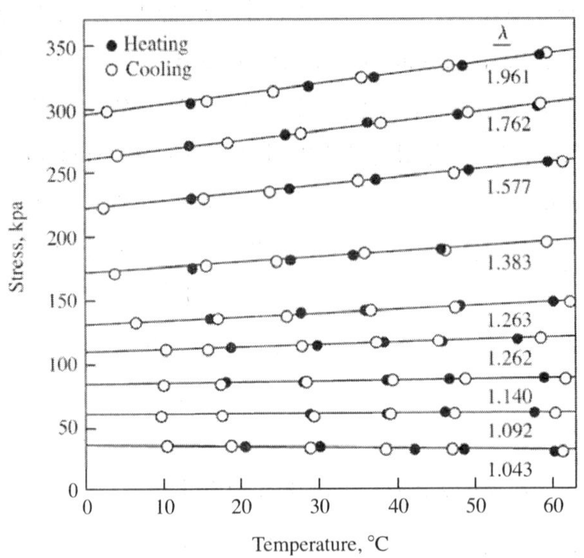

▶ **그림 7. 3** 천연고무의 여러 연신비(draw ratio, $\lambda = L/L_0$)에서의 응력과 온도 관계곡선.

한편 식 (7. 12)중의 엔탈피(에너지)항 f_H도 낮은 신장률영역에서는 무시할 수 없으므로 이하에서는 이 공헌에 대하여 좀 더 자세히 조사하고자 한다.

식 (7. 2)양변에 대해 $\left.\frac{\partial}{\partial L}\right)_{T,P}$ 미분연산자를 취하면 아래의 결과를 얻는다.

$$\left(\frac{\partial H}{\partial L}\right)_{T,P} = \left(\frac{\partial U}{\partial L}\right)_{T,P} + P\left(\frac{\partial V}{\partial L}\right)_{T,P} \tag{7. 14}$$

그리고 상태함수인 내부에너지 U를 일정온도에서 L과 V만의 함수인 $U(L, V)$로 간주하여 전미분을 취하면 아래와 같다.

$$dU = \left(\frac{\partial U}{\partial L}\right)_{V,T} dL + \left(\frac{\partial U}{\partial V}\right)_{L,T} dV \tag{7. 15}$$

이 식의 양변에 대해 $\left.\frac{\partial}{\partial L}\right)_{T,P}$ 연산자를 취하면 아래의 결과를 얻는다.

$$\left(\frac{\partial U}{\partial L}\right)_{T,P} = \left(\frac{\partial U}{\partial V}\right)_{L,T}\left(\frac{\partial V}{\partial L}\right)_{T,P} + \left(\frac{\partial U}{\partial L}\right)_{V,T} \tag{7. 16}$$

[비고: 편미분의 사슬법칙 식 (5. 27)에서 $z \to U,\ x \to L,\ u \to P,\ y \to V$로 두어도 유도가능(단 온도 T는 양변 일정 간주)하다.]

식 (7. 16)을 식 (7. 14)에 대입하여 정리하면 아래 결과를 얻는다.

$$\left(\frac{\partial H}{\partial L}\right)_{T,P} = \left(\frac{\partial U}{\partial L}\right)_{T,V} + \left[\left(\frac{\partial U}{\partial V}\right)_{T,L} + P\right]\left(\frac{\partial V}{\partial L}\right)_{T,P} \tag{7. 17}$$

이 식에서 계속 $f_H[=(\partial H/\partial L)_{T,P}]$는 일정부피에서 길이변화 과정 중 일어나는 내부에너지 변화항과 부피변화항의 합으로 되어있다. 우편의 계수 $(\partial U/\partial L)_{T,V}$는 (T, V)계의 힘 f의 내부에너지항 f_e (식 7. 10)으로서 이 또한 무시될 수 없다. 그리고 계수 $(\partial U/\partial V)_{T,L}$는 기체의 내압(internal pressure) P_i(식 5. 32)에 대응하는 양으로서 기체의 경우와 마찬가지로 실험적으로 접근할 수 있는 양으로 변환이 가능하다. 즉 식 (7. 6)에서 아래가 성립된다.

$$\left(\frac{\partial S}{\partial V}\right)_{T,L} = \left(\frac{\partial P}{\partial T}\right)_{V,L} \tag{7. 18}$$

그리고 식 (7. 1)의 양변에 $\left.\frac{\partial}{\partial V}\right)_{T,L}$ 연산자를 취하면 아래가 성립된다.

$$\left(\frac{\partial U}{\partial V}\right)_{T,L} = T\left(\frac{\partial S}{\partial V}\right)_{T,L} - P \tag{7. 19}$$

식 (7. 18)을 이용하면 아래식으로도 나타낼 수 있다.

$$\left(\frac{\partial U}{\partial V}\right)_{T,L} = T\left(\frac{\partial P}{\partial T}\right)_{V,L} - P \tag{7. 20}$$

그리고 일정길이 L에서 서로 음함수관계에 있는 P, T, V간의 원(cyclic)사슬법칙 (식 5. 25a)에서 아래가 성립된다.

$$\left(\frac{\partial P}{\partial T}\right)_{V,L} = -\left(\frac{\partial P}{\partial V}\right)_{T,L}\left(\frac{\partial V}{\partial T}\right)_{P,L} \tag{7. 21}$$

여기서 기체의 경우와 마찬가지로 탄성체에 대해서도 부피 열팽창계수 α와 등온압축률계수 β를 각각 아래와 같이 정의한다.

$$\alpha = \frac{1}{V}\left(\frac{\partial V}{\partial T}\right)_{P,L} \tag{7. 22}$$

$$\beta = -\frac{1}{V}\left(\frac{\partial V}{\partial P}\right)_{T,L} \tag{7. 23}$$

이들 계수를 식 (7. 21)에 대입하면 아래를 얻는다.

$$\left(\frac{\partial P}{\partial T}\right)_{V,L} = \frac{\alpha}{\beta} \tag{7. 24}$$

이를 다시 식 (7. 20)에 대입하면 아래를 얻는다.

$$\left(\frac{\partial U}{\partial V}\right)_{T,L} = T\frac{\alpha}{\beta} - P \tag{7. 25}$$

이 결과는 기체의 경우 '열역학 상태방정식' 식 (5. 34)에 대응된다.
이 결과를 식 (7. 17)에 대입하면 아래를 얻는다.

$$\left(\frac{\partial H}{\partial L}\right)_{T,P} = \left(\frac{\partial U}{\partial L}\right)_{T,V} + T\frac{\alpha}{\beta}\left(\frac{\partial V}{\partial L}\right)_{T,P} \tag{7. 26}$$

이 식의 왼편은 (T,P)계의 힘의 엔탈피(에너지)항 f_H로서 힘 f와 온도 T의 실험곡선의 임의의 점(온도)에서 곡선에 접선을 그어 y축과의 교점(절편)에서 얻어지고, 우편의 첫째항은 (T,V)계의 (내부)에너지 항 f_e로서 이 또한 f와 T의 실험곡선상에 그은 접선과 y축과의 교점에서 얻어진다. 또한 계수 α 및 β도 쉽게 얻어질 수 있으나, 계수 $(\partial V/\partial L)_{T,P}$는 일반적으로 탄성체의 신장에 따른 부피변화는 아주 작으므로 측정에 신중을 기해야 한다. 그리고 마지막으로 식 (7. 11)과 (7. 26)을 결합하면 (T,V)계의 에너지항 $f_e\,[=(\partial U/\partial L)_{T,V}]$에 관하여 아래와 같이 측정 가능한 항으로 나타내진다.

$$f_e = \left(\frac{\partial U}{\partial L}\right)_{T,V} = f - T\left(\frac{\partial f}{\partial T}\right)_{P,L} - \frac{T\alpha}{\beta}\left(\frac{\partial V}{\partial L}\right)_{T,P} \tag{7. 27}$$

그러나 이 또한 우편의 맨 끝항에 있는 $(\partial V/\partial L)_{T,P}$ 값의 정확한 측정의 어려움 때문에 탄성회복력 f중 에너지 항 f_e와 엔트로피 항 f_S를 실험적으로 분리해내는 것도 쉬운 일이 아님을 알 수 있다.

7. 3 고무탄성에 대한 통계열역학적 상태방정식

7. 3. 1 기체 상태방적식의 통계열역학적 유도

탄성체의 통계열역학적 상태방정식을 유도하기 전에 먼저 편의상 기체 상태방정식을 통계열역학으로 유도하는 방법을 설명하고자 한다. 통계열역학적 방법은 엔트로피를 계산해 내기 위한 수단으로서, 원자, 분자 혹은 고분자의 사슬분절 등을 일정 공간 내에서 발견할 수 있는 확률을 생각한다. 따라서 통계열역학은 엔트로피적 현상에 대해 분자적 관점에서 잘 설명할 수 있는 반면, 고전 열역학 방법은 에너지적 현상을 잘 해석할 수 있다.

총 분자수가 ν인 기체가 원래 부피 V_0에 있다고 하자. 지금 기체가 자발적으로 더 작은 분자인 V로 움직이는 확률 Ω를 계산하여 보자. 부피 V에서 한 개의 기체분자를 발견하는 확률은 식 (7. 28)과 같다.

$$P_1 = V/V_0 \tag{7. 28}$$

분자 자체의 부피를 무시하고(이상기체이므로) 부피 V에서 두 개의 분자를 발견하는 확률은 식 (7. 29)과 같다.

$$P_2 = (V/V_0)^2 \tag{7. 29}$$

따라서 ν개 전체 분자를 발견하는 확률은 식 (7. 30)과 같다.

$$\Omega = (V/V_0)^\nu \tag{7. 30}$$

(여기서 Ω는 구별가능한 배치수에 비례하는 양이다.)
위의 확률은 볼츠만 식에 의해 엔트로피와 관계 지워진다.

$$S = +k\ln\Omega \tag{7.31}$$

식 (7. 30)을 대입하면 식 (7. 32)를 얻는다.

$$S = k\nu\ln(V/V_0) \tag{7.32}$$

고전 열역학에서 기체의 압력은 식 (7. 33)로 표시되면(식 7. 5참조), 이 때 A는 Helmholtz의 자유에너지이다.

$$P = -\left(\frac{\partial A}{\partial V}\right)_T = -\left(\frac{\partial U}{\partial V}\right)_T + T\left(\frac{\partial S}{\partial V}\right)_T \tag{7.33}$$

이상기체에 대해서는 내압 $P_i = \left(\frac{\partial U}{\partial V}\right)_T = 0$ 이므로 식 (7. 34)가 얻어진다.

$$P = T\left(\frac{\partial S}{\partial V}\right)_T = \frac{k\nu T}{V} \tag{7.34}$$

분자 개개에 대해 계산한 것을 몰 단위로 바꾸면 볼츠만 상수 k는 기체상수 R이 되고, ν는 몰수 n이 되어 친숙한 식 (7. 35)을 얻는다.

$$PV = nRT \tag{7.35}$$

만약 기체의 내압 P_i가 θ이 아닌 경우는 아래와 같은 van der Waals 상태방정식이 있다 (단 식에서 V는 몰부피, a 및 b는 각각 인력 및 반발력 상수임).

$$P = -\frac{a}{V^2} + \frac{RT}{V-b} \tag{7.36}$$

식 (7. 36)의 우편의 첫째항은 에너지(인력)영향을 나타내는 내압 $P_i = a/V^2$이며, 둘째 항은 엔트로피의 영향 (식 7. 35 참조)을 나타낸다.

앞으로 되돌아가서 1 몰 정도 기체분자가 모두 자발적으로 더 작은 부피로 움직이려는 확률은 매우 적어지리라 예상할 수 있고, 따라서 그렇게 하기 위해서는 P라는 압력이 필요하다.

위의 과정을 고무에 응용할 때 이것은 고무밴드가 자발적으로 신장되는 경우에 해당한다. 이런 현상이란 가능하기는 하지만 있음직하지 못하다. 기체에 있어서 더 좁은 부피인 V에 기체를 가두어 두는데, P의 압력이 필요하였듯이 탄성체를 L_0에서 L로 신장된 채로($\alpha = L/L_0$) 유지하려면 응력 σ가 요구되는 것이다. 이상의 두 경우에 있어서 문제를 간단히 하기 위하여 내부에너지의 영향을 영이라고 가정하였음을 유념해야한다. 이상기체의 개념과 이상 탄성체의 개념과의 비교를 표 7. 1에 나타내었다.

표 7.1 이상기체와 이상탄성체에 있어서 서로 상응하는 개념들

$PV = nRT$(이상기체)	[a] $G = \nu RT$(이상탄성체)
(1) 엔트로피는 n분자들을 주어진 부피 V에서 발견할 확률로부터 구함.	(1) 엔트로피를 말단거리 r을 r_0에서 발견할 확률로부터 구함.
(2) 기체의 부피가 자발적으로 줄어드는 확률에 가정함.	(2) 탄성체가 자발적으로 늘어날 확률을 가정함.
(3) $\left(\dfrac{\partial U}{\partial V}\right)_T = 0$, 내부에너지를 영으로 가정	(3) $\left(\dfrac{\partial U}{\partial L}\right)_{T,V} = 0$, 내부에너지를 영으로 가정
(4) 기체 자체 부피를 영으로 가정	(4) 탄성체는 비압축성임을 가정(부피는 일정)
(5) 압력 $P = -\left(\dfrac{\partial A}{\partial V}\right)_T$ 로 나타남	(5) 회복력 $f = -\left(\dfrac{\partial A}{\partial L}\right)_{T,V}$ 로 나타남.

a) G는 전단 탄성계수(shear modulus).

7.3.2 단위사슬에 대한 통계열역학적 상태방정식

탄성체에 대한 상태방정식 유도과정을 이 절에서는 단위사슬에 대한 식을 유도하고, 다음 절에서 이를 망상구조사슬로 확대하기로 한다.

먼저 Helmholtz의 자유에너지 $A = U - TS$를 통계열역학 식으로 바꾸어 식 (7.37)를 얻는다.

$$A = constant - kT\ln\Omega(r,\ T) \tag{7.37}$$

(여기서 상수는 내부에너지 U에 해당함.)

여기에서 $\Omega(r,\ T)$은 온도 T에서 탄성체 망상구조에 속한 임의의 고분자 사슬 하나가 주어진 공간에서 말단기간거리가 r인 경우 존재하는 형태(conformation)를 가지는 확률을 말한다. 식 (7.30) 및 식 (7.31)을 참조하고, 복원력이 엔트로피 변화에 의해 생겨남을 기억하면 식 (7.39)가 성립함을 이해할 수 있다.

정량적으로 말하면 말단기간거리가 한 단계씩 변할 때마다 두 끝을 공간에 고정한 채 모든 가능한 형태(conformation)의 수를 계산한 다음 이것들을 합산하는 과정을 밟게 된다.

식 (7.9)와 식 (7.37)를 참조하면 복원력(f)은 식 (7.38)로 주어진다.

$$f = \left(\frac{\partial A}{\partial r}\right)_{T,V} = -kT\left(\frac{\partial \ln\Omega(r,\ T)}{\partial r}\right)_{T,V} \tag{7.38}$$

내부에너지 U는 상수이므로 소거되어 복원력은 엔트로피 변화만의 함수로 된다. 또 여기에서는 단위사슬에 대한 계산이므로 복원력으로 f를 쓴다. 왜냐하면 응력 σ를 계산하기 위한 단위사슬의 단면적이 아직 미정인 상태에 있기 때문이다.

식 (7. 38)의 우변을 계산하기 위해 먼저 공간의 어느 한 방향을 정한다. 다음 벡터를 써서 말단기간거리 r이 그 방향에서 r과 $r+dr$사이에 있을 확률을 구하면 식 (7. 39)로 되고, 이 식에서 분모는 확률의 정규화 인자(normalizing factor)이다.

$$W(r)dr = \frac{\Omega(r,\ T)dr}{\int_0^\infty \Omega(r,\ T)dr} \tag{7. 39}$$

물론 적분을 무한대까지 할 필요는 없다. 왜냐하면 실제 고분자 사슬이 완전히 전개되어 막대(rod like)형이 되는 것이 최고로 늘어난 형태(conformation)이기 때문이다. 다음 r에 대한 방향성의 조건을 제거하면 그림 7. 4에 나타낸 것처럼 r과 $r+dr$ 사이의 구각이 형성되고, 식 (7. 39)는 식 (7. 40)으로 된다.

$$W(r)dr = \frac{\Omega(r,\ T)dr}{\int_0^\infty \Omega(r,\ T)dr} 4\pi r^2 \tag{7. 40}$$

식 (7. 40)의 양변에 대수를 취하고 정리하면 식 (7. 41)을 얻는다.

$$\ln\Omega(r,\ T) = \ln W(r) + \ln\int_0^\infty \Omega(r,\ T)dr - \ln 4\pi - \ln r^2 \tag{7. 41}$$

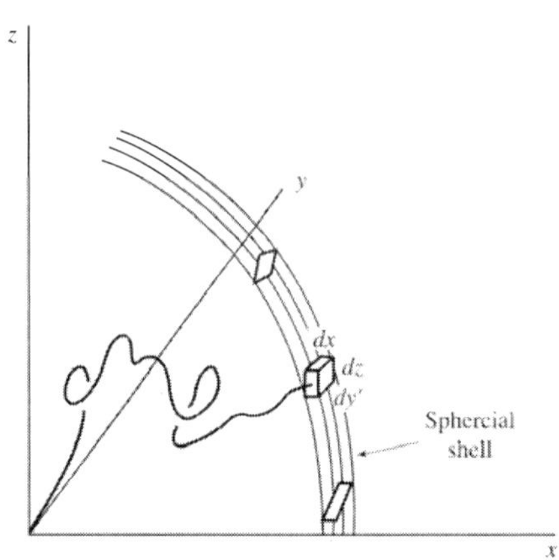

▶ **그림7. 4** 안쪽 구각거리 r과 바깥쪽 구각거리$(r+dr)$로 구성된 구각 그림으로서 공간에서 r의 말단기간거리를 갖는 모든 고분자 사슬 형태(conformation)를 정의해 준다.

식 (7. 41)을 r에 대해 미분하면 식 (7. 42)를 얻는다.

$$\left(\frac{\partial \ln\Omega(r,\ T)}{\partial r}\right)_{T,V} = \left(\frac{\partial \ln W(r)}{\partial r}\right)_{T,V} - \frac{2}{r} \tag{7. 42}$$

여기에서 $\ln\int_0^\infty \Omega(r,\ T)dr$항은 r의 함수가 아니므로 소거된다. 확률분포함수 $W(r)$은 식 (7. 43)와 같이 가우스 분포로 표시될 수 있다(식 4. 65 참조).

$$W(r)=\left(\frac{\beta}{\pi^{1/2}}\right)^3 e^{-\beta^2 r^2}4\pi r^2 \tag{7. 43}$$

분자적인 관점에서 $\beta^2=3/2\overline{r_0^2}$의 관계에 있으며, 여기서 $\overline{r_0^2}$는 완화된 형태의 말단기간거리의 제곱평균이다. 구대칭 반경 분포함수 $W(r)$의 r에 대한 관계가 그림 7. 5에 나타나 있으며, (a)는 말단기간거리가 r_0일 때 그리고 (b)는 외부에서 f의 힘을 받아 신장된 경우를 나타낸다.

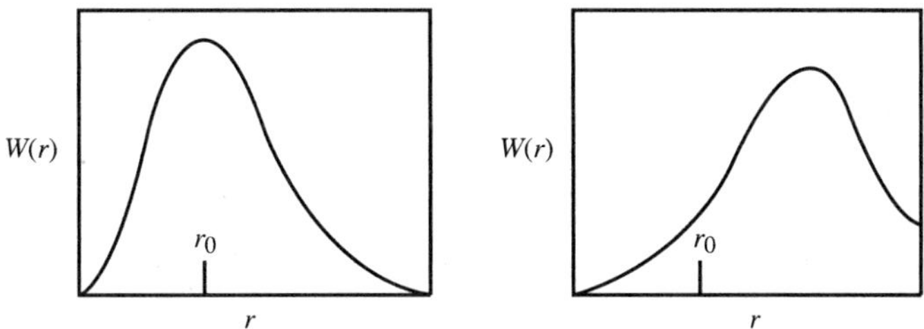

▶ **그림 7. 5** 반경분포(radial distribution) 함수 $W(r)$을 r의 함수로 나타낸 그림. (a) 최적(most probable) 말단기간거리 r_0인 완화된 상태 때의 그림, (b) 외부의신장력 f가 작용될 때의 그림.

식 (7. 43)를 이용하여 식 (7. 42)를 정리하면 식 (7. 44)를 얻는다.

$$\left(\frac{\partial \ln \Omega(r,\ T)}{\partial r}\right)_{T,V}=-2\beta^2 r$$

식 (7. 44)를 식 (7. 38)에 대입하여 식 (7. 45)를 얻는다.

$$f=\frac{3kTr}{\overline{r_0^2}} \tag{7. 45}$$

식 (7. 45)가 구하고자 하는 단위사슬에 관한 상태방정식이다. 이 식의 의미는 한 개의 고분자 사슬에 인장힘 f를 가하여 길이 r만큼 잡아당겼을 때의 복원 스프링 탄성계수 $k_{spring}=3kT/\overline{r_0^2}$에 해당되며, 또한 이상 엔트로피 탄성체에 요구되는 바와 같이 힘 f 또는 스프링상수 k_{spring}가 온도 T에 비례함을 알 수 있다(문 7. 1 참조). 그리고 그림 7. 4에서 알 수 있는 바와 같이 구좌표를 가정했으므로 $r=0$일 때 복원력은 영이 된다. r_0는 (가교에 의해) 제약없는(unconstrained) (비섭동) 등방성 고분자사슬의 말단간거리로서, 고체상태 또는 θ-용매에서의 말단거리[즉 $\langle r_o^2\rangle = nl^2$ (식

4.12)]에 상당한다 (문 7.3 및 식 10.151 참조).

7. 3. 3 아핀모델을 이용한 거시적 가우스 망상사슬에 대한 계산

식 (7. 45)는 가우스 이상사슬의 (반경)분포함수에 기초를 둔 단위사슬에 대한 회복력을 나타낸다. [사실 이 식은 변형(r)이 별로 크기 않을 때 유효하며 큰 변형의 경우에는 부록 4. 1에 언급한 대로 역 Langevin 함수를 사용하여 계산되어야 한다]. 회복력이 r에 비례하므로 고분자사슬은 신장되었을 때 Hook의 스프링처럼 행동한다. 이 절에서는 단위부피당 탄성 사슬(또는 가교점)의 수 $\nu_0\,[= N/V_0$, 여기서 N은 건조, 등방성인 망상구조의 부피 V_0에 있는 전(탄성)사슬의 수임]을 써서 거시적 망상구조의 상태 방정식을 유도하기로 한다.

먼저 '아핀변형(affine deformation)'의 가정이 필요하다. 즉 그림 7. 6에 나타내었듯이 가교화된 사슬간의 접합점(junction points)들은 마치 탄성연속체(elastic continuum)속에 박혀 있는 것처럼 변형시 움직이게 된다. 변형된 상태에서의 평균제곱거리는 식 (7. 46)으로 주어진다.

$$\overline{r^2} = \frac{1}{3}\left(\lambda_x^2 + \lambda_y^2 + \lambda_z^2\right)\overline{r_0^{\,2}} \tag{7. 46}$$

여기에서 각 λ_i항들은 세 방향으로 일어난 변형의 연신율(draw ratio)로서 $(L/L_0)_i$와 같고, i는 직교 Cartesian 좌표계의 x, y, z 방향을 가리킨다.

$\overline{r_0^{\,2}}$항은 등방성이고 응력을 받지 않은 상태(isotropic, unstrained)의 망상구조내 사슬분절의 말단기간거리를 가리킨다. $\overline{r_0^{\,2}}$과 $\overline{r_f^{\,2}}$은 서로 상응하는 양으로서, $\overline{r_0^{\,2}}$은 고분자사슬이 가교화된 망상구조내에서, 그리고 $\overline{r_f^{\,2}}$은 가교화되지 않은 자유로운 상태에서 응력을 받지 않은 완화된 상태하의 말단기간거리이다. 따라서 $\overline{r_0^{\,2}}\,/\,\overline{r_f^{\,2}}$은 거의 단위값에 가깝다. 실제로 간단한 고무탄성 이론에서는 $\overline{r_0^{\,2}}\,/\,\overline{r_f^{\,2}}$을 1로 가정한다. 그러나 온도변화, 응력하에서의 팽윤, 가교화 등 조건하에서는 단위값에서부터 벗어나며, 고무탄성의 현대적 이론에서는 그 중요성이 증가된다.

$\overline{r_0^{\,2}}$와 $\overline{r_f^{\,2}}$의 차이를 예를 들어 설명해 보기로 한다. 사방 1 cm의 정육면체를 생각하자. 만약 이것이 10 cm^3로 팽윤되었다면 새로이 늘어난 모서리의 원래 길이에 대한 팽윤비$(V/V_0)^{1/3}$(여기서 V_0 및 V는 각각 팽윤전후의 부피임)는 $(10)^{1/3}$이 된다. 즉 $r_0 = (10)^{1/3}r_f$가 된다. r_f의 값은 제약받지 않은 상태에서의 말단기간거리이므로 변하지 않는다. r_0의 값은 사슬을 결합하고 있는 가교간 거리에 의해서 정해지는 값이다. 여기서 r_0 또는 r_f 어느 것도 전체 고분자사슬이 아니라 가교결합점 사이에 속해 있을 사슬분절의 말단기간거리임을 상기해 둔다.

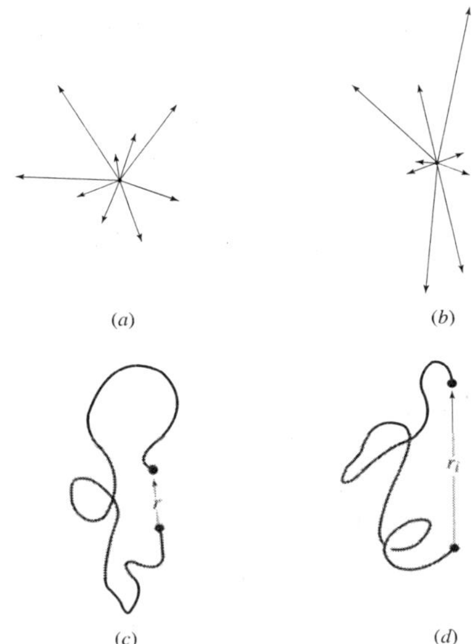

▶ **그림7. 6** 고분자사슬 혹은 사슬분절의 아핀변형(affine deformation)을 예시한 그림.
말단기간거리 벡터가 중심점 기준으로 그려졌음.
(a) 말단기간거리 벡터가 구대칭(spherical symmetry)성을 가짐.
(b) 신장을 일으킨 후에는 말단기간거리 벡터가 타원구형 대칭을 보임.
(c)와 (d)는 각각 단일 고분자사슬의 (a)와 (b) 때에 상응하는 그림임

등온, 등체적(즉 $dT=0$, $dV=0$)에서 (건조)부피 V_0의 미연신, 등방 망상구조 내 N개의 (탄성)사슬분절(혹은 가교점)에 의해 하여진 일은 식 (7. 47)로 나타난다[식 5. 7 참조].

$$-W=\Delta A_{el} \tag{7. 47}$$

(사실 여기서 W는 고무탄성에 관련된 non-PV 일이다.)
여기에서 ΔA_{el}은 탄성 변형에 의해 생긴 Helmholtz 자유에너지의 차이이다. 식 (7. 45)을 이용하면 N개의 망상사슬분절에 대해서는 식 (7. 48)을 얻는다.

$$\Delta A_{el}=\frac{3NRT}{\overline{r_f^2}}\int_{\left(\overline{r_0^2}\right)^{1/2}}^{\left(\overline{r^2}\right)^{1/2}} r\,dr \tag{7. 48}$$

위 식을 적분하고 식 (7. 46)을 대입하면 식 (7. 49)을 얻는다.

$$\Delta A_{el}=\frac{NRT}{2}\frac{\overline{r_0^2}}{\overline{r_f^2}}\left(\lambda_x^2+\lambda_y^2+\lambda_z^2-\lambda_{x_0}^2-\lambda_{y_0}^2-\lambda_{z_0}^2\right) \tag{7. 49}$$

정의에 의해 $\lambda_{x_0}^2-\lambda_{y_0}^2-\lambda_{z_0}^2-1$이다. 왜냐하면 이것들은 응력을 받지 않은 상태를 나타내기 때문이다.

또 변형 시 부피변화가 없다고 가정하였으므로 (포아송비 μ가 거의 0.5로서 이 값은 비압축성 고체에 가깝다) 식 (7. 50)를 얻는다.

$$\lambda_x \lambda_y \lambda_z = 1 \tag{7. 50}$$

또 일정부피에서 λ_x를 λ로 놓으면 $\lambda_y = \lambda_z = 1/\lambda^{1/2}$이 된다. 이것들은 식 (7. 49)에 대입하면 1축 신장(uniaxial elongation)에 의한 일은 식 (7. 51)으로 표시된다.

$$-W = \Delta A_{el} = \frac{NRT}{2} \frac{\overline{r_0^2}}{\overline{r_f^2}} \left(\lambda^2 + \frac{2}{\lambda} - 3 \right) \tag{7. 51}$$

또 초기 단위 단면적을 고려한 응력 $\sigma (= f/A_0$, 여기서 f는 인장힘, A_0는 초기단면적임)는 식 (7. 52)로 표시된다.

$$\sigma = \left(\frac{\partial A}{\partial \lambda} \right)_{T,V} = \nu_0 RT \frac{\overline{r_0^2}}{\overline{r_f^2}} \left(\lambda - \frac{1}{\lambda^2} \right) \tag{7. 52}$$

[단 여기서 $\nu_0 = N/V_0$는 등방, 미연신 망상체의 단위부피당 (유효)탄성사슬의 수 혹은 가교밀도이다.]

식 (7. 52)를 고무탄성에 대한 통계열역학적 상태방정식이라고 부른다. 위 식에서 $(\overline{r_0^2}/\overline{r_f^2})$를 '선행인자(front factor)'라고 부른다.

위 식에서 ν_0는 단위부피당 활동적인(effective) 망상사슬 (탄성)분절의 수 혹은 (유효)가교밀도를 나타낸다. 즉 $\nu_0 = N/V_0 = \rho/M_c$[여기서 N은 망상체 내 전 탄성 분절의 수, V_0 및 ρ는 각각 건조망상체의 부피 및 밀도, 그리고 M_c는 가교점 사이에 있는 사슬의 분자량임]로 나타내진다. 고무탄성의 상태방정식 식 (7. 52)로부터 몇 가지 유용한 관계식이 유도된다. Young 율(E)은 식 (7. 53)로 나타낼 수 있으며,

$$E = \left(\frac{\partial \sigma}{\partial \varepsilon} \right)_{T,V} = L \left(\frac{\partial \sigma}{\partial L} \right)_{T,V} \qquad (\because d\varepsilon = dL/L) \tag{7. 53}$$

변형이 작을 때(즉 $\lambda \simeq 1$일 때) 이것은 식 (7. 54)으로 표시된다.

$$E = \nu_0 RT \frac{\overline{r_0^2}}{\overline{r_f^2}} \left[2\lambda^2 + 1/\lambda \right] \cong 3\nu_0 \frac{\overline{r_0^2}}{\overline{r_f^2}} RT \tag{7. 54}$$

이것은 완화된 상태($\lambda = 1$)가 아니라 실제 단면을 사용한 공학적 탄성계수로서 신장비가 작을 때는 두 탄성계수는 거의 일치한다.

한편 전단 탄성계수(shear modulus)는 변형이 작은 선형점탄성(linear viscoelasticity) 이론에서

아래와 같이 나타내진다.

$$G = E/2(1+\mu) \tag{7.55}$$

식 (7. 55)에서 μ는 포아송비로서 비압축성을 가정할 수 있는 고무에 있어서는 약 0.5가 되므로 식 (7. 56)의 관계가 성립한다.

$$G = \nu_0 \frac{\overline{r_0^2}}{\overline{r_f^2}} RT \tag{7.56}$$

식 (7. 52)와 식 (7. 56)을 조합하면 신장에 필요한 일, 응력-변형 관계 및 이상탄성체의 탄성계수 등을 매우 좋은 근사식으로 정의해 주는 식 (7. 57)를 얻는다.

$$\sigma = G\left(\lambda - \frac{1}{\lambda^2}\right) \tag{7.57}$$

식 (7. 52)와 식 (7. 57)에서 보듯이 고무탄성의 경우, 아주 작은 변형률 지역을 제외하고서는 응력이 변형에 직접 비례하지 않으므로 Hook의 법칙($\sigma = G\lambda$)을 따르지 않는다(아래 예제 참조).

예제 7.1

고무의 1축 신장에 관한 식 (7. 57)에서 만약 신장률 $\varepsilon[=\Delta l/l_0 = \lambda - 1$, 여기서 $\lambda = l/l_0$는 연신비(draw ratio)이다]이 매우 작을 경우에는 Hook의 법칙 즉 $\sigma = E\varepsilon$(여기서 $E \simeq 3G$, $\mu \simeq 1/2$ 가정)이 성립됨을 증명하라.

풀이 식 (7. 57)에서 $\lambda = 1+\varepsilon$을 대입하고, $(1+\varepsilon)^{-2} \simeq 1-2\varepsilon+\cdots$(단 $|\varepsilon| \ll 1$)을 이용하면 아래가 얻어진다.

$\sigma = G(1+\varepsilon-1+2\varepsilon-\cdots) \simeq 3G\varepsilon = E\varepsilon$가 성립된다.

식 (7. 57)로 나타낸 고무의 일축신장 외에 이축신장(biaxial extension)에 관한 것도 보고되어 있다. 만약 구상의 고무기구(spherical rubber balloon) 경우에서처럼 등방향의 이축신장(equibiaxial extension)을 가정하고, 앞에서처럼 선행인자 $\overline{r_0^2}/\overline{r_f^2} \simeq 1$ 및 신장 시 부피변화를 무시하면 아핀모델에 의한 관계식 (7. 49)에서 아래가 유도된다.

$$\sigma = \nu_0 RT(\lambda^2 - \lambda^{-4}) \tag{7.58}$$

잠고로 이 설에서 얻어신(1축 신장에 관한) 결과들의 이해를 돕기 위하여 이래에 3개의 간단한 응용예제를 싣겠다.

예제 7.2

만약 35℃ 에서 크기 0.1 cm × 0.1 cm × 10 cm의 탄성체가 2×10^7 dynes/cm^{2}의 응력(σ)을 받아 길이 20 cm로 (1축)신장된다고 하자. 이때 단위체적당 유효 탄성분절의 수(또는 가교밀도) ν_0를 구하라.

풀이 식 (7. 52)에서 선행인자를 1로 두면 아래식이 성립된다(단 이때 연신비 $\lambda = L/L_0 = 25$ cm/10 cm = 2.5임).

$$\nu_0 = \frac{\sigma}{RT(\lambda - 1/\lambda^2)}$$
$$= \frac{2\times10^7\ \text{dynes/cm}^2}{8.314\times10^7\ (\text{dynes}\cdot\text{cm/mol}\cdot\text{K})\times 308\ \text{K}\times(2.5-1/2.5^2)}$$
$$= 3.34\times10^{-4}\ \text{mol/cm}^3$$

예제 7.3

예제 7. 2의 탄성체시료를 25 ℃에서 길이 10 cm가 45 cm로 신장되었다면, 이 과정에 관여된(non-PV)일 W를 식 (7. 51)을 사용하여 계산해 보아라. 단 선행인자는 1로 간주하고, 유효 가교밀도 ν_0는 예제 7. 2에서 얻어진 결과를 이용하여라[단 이 경우 연신비 λ=45 cm / 10 cm=4.5임].

풀이 식 (7. 51)에서

$$-W = 3.34\times10^{-4}\ (\text{mol/cm}^3)\times 8.31\times10^7\ (\text{dyne}\cdot\text{cm/mol}\cdot\text{K})$$
$$\times 298\ K(4.5^2 + 2/4.5 - 3) = 1.46\times10^8\ \text{erg/cm}^3 = 1.46\times10\ \text{J}$$

그런데 여기 계산된 일은 탄성체의 단위체적당에 관한 것이므로, 이 문제의 경우처럼 탄성체의 부피가 10 cm^{3}이므로 전체 (신장시 계가 받은)일 $-W$는 아래의 값을 가질 것이다.

$$-W = 1.46\times10^9\ \text{erg} = 1.46\times10^2\ \text{J}$$

예제 7.4

탄성체의 1축 신장시 식 (7. 54)를 이용하여 초기($\lambda \simeq 1$) 공학(engineering) Young 탄성계수 E를 구하는 문제이다. 그런데 (유효)가교밀도 $\nu_0 = N/V_0 = \rho/M_c$(여기서 ρ는 건조망상체의 밀도, M_c는 가교점간 분자량임)의 정의를 사용하여 만약 유리전이온도 T_g = -10 ℃, 밀도 ρ = 1.10 g/cm3 및 M_c = 10,000 g/mol인 비정형 고분자 망상체라면 25 ℃에서의 Young (공학)탄성계수 E를 구하여라. 단 T_g는 실온(25 ℃)보다 훨씬 낮으므로 실온에서 이 탄성체는 (log)E 대 온도(T)의 플롯에 있어서 고무상 플래토우(rubbery plateau)지역에 있다고 생각하여라.

풀이 $M_c = 1 \times 10^4$ g/mol이므로 가교밀도 $\nu_0 = \rho/M_c = 1.10\,(\mathrm{g/cm^3})/1 \times 10^4\,(\mathrm{g/mol})$
$= 1.1 \times 10^{-4}\ \mathrm{mol/cm^3} = 1.1 \times 10^2\ \mathrm{mol/m^3}$

따라서 식 (7. 54)에서 Young (공학)탄성계수 E는 선형인자를 1로 두고 아래와 같이 얻어진다.

$$E = 3\nu_0 RT = (3 \times 1.1 \times 10^2\ \mathrm{mol/m^3}) \times (8.314\ \mathrm{Pa - m^3/mol - K}) \times 298\ \mathrm{K}$$
$$= 8.16 \times 10^5\ \mathrm{Pa} = 8.16 \times 10^6\ \mathrm{dynes/cm^2}$$

단 계산에서 $1\ \mathrm{Pa} = 1\ \mathrm{N/m^2} = 10\ \mathrm{dynes/cm^2}$, $1\ \mathrm{J} = 1\ \mathrm{N \cdot m} = 1\ \mathrm{Pa \cdot m^3}$을 이용하였다. 이 결과는 물리적인 가교인 'entanglement' 효과를 무시하였으므로 실제의 E는 이보다 약간 높은 값을 가질 것이다.

7. 3. 4 가우스 망상사슬에 대한 일반 통계열역학이론

7. 3. 4. 1 고전 통계열역학의 분류

앞 절에서는 아핀(affine)모델을 이용하여 거시적 망상구조에 대한 고무탄성 상태방정식, 특히 일축 신장에 대한 응력과 변형, Young 탄성계수 등에 대하여 논하였다. 그러나 문제를 간단히 하기 위하여 변형에 따른 내부에너지 변화항 $f_e\left[= (\partial U/\partial L)_{T,V}\right]$항을 무시하고 엔트로피 공헌 $f_s\left[= -T(\partial S/\partial L)_{T,V} = T(\partial f/\partial T)_{V,L}\right]$만으로 이루어진 소위 '이상 탄성체(ideal elastomer)'의 가정은 물론, 일어진 결과식에서 선행인사 $\langle r_0^2 \rangle / \langle r_f^2 \rangle \simeq 1$ 및 변형에 따른 부피변화도 무시 즉 $V/V_0 \simeq 1$로 가정하여 모든 계산을 행하였다.

본절에서는 변형이 그다지 크지 않을 경우에 유효한 가우스 망상구조에 대한 고전통계열역학의 출발점인 $S = \Delta A_{el} \ln \Omega$(식 7.31, Ω는 구별가능한 배치수)로부터 탄성변형(elastic deformation) 시 내부에너지 변화는 무시하여 (T, V)계에 대한 Helmholtz 변화항 ΔA_{el}를 앞절 (식 7.37)과 마찬가지로 아래와 같이 나타낸다(그러나 내부에너지항 f_e의 기여에 대해서는 나중에 다시 논하기로 한다).

$$\Delta A_{el}(\equiv A(\lambda = \lambda) - A(\lambda = 1)) \simeq -T\Delta S_{el} = -kT\Delta \ln \Omega \tag{7.59}$$

그러나 본절에서는 앞절과 달리 문제의 정확성을 기하기 위하여 선행인자를 1로 가정하지도 않고, 또한 탄성변형 시 부피변화도 무시하지 않고(즉 $V/V_0 \neq 1$) 그대로 계산을 진행하기로 한다.

한편 가우스 망상사슬(network chains)의 가교점 사이에 있는 탄성사슬의 신장(변형)에 따른 말단벡터(end-to-end vector)의 (제곱평균)거리에 대한 가우스형 반경 분포함수의 가정(식 7.43)에 기초를 둔 모든 고전 탄성 통계열역학 이론들은 (신장)변형시 망상구조내 접합점(junction points)들의 평균위치 주위로의 요동(fluctuation)에 부과된 제한조건(constraints)의 강도(severness)에 따라 아래와 같이 크게 3 극한 경우, 즉 3모델로 분류할 수 있다.

첫째는 '환상 모델(phantom model)'이라 불리는 것으로, 여기에 의하면 탄성변형시 망상 구조내 접합점들의 평균위치는 앞 절의 아핀 모델과 마찬가지로 선형적(affinely)으로 변형되나, 평균위치 주위로의 요동이 일정치 않은 자유로운 특성을 가져 결국 망상구조내 탄성사슬의 변형은 비아핀적(non-affine) 성격을 띄게 된다.

두 번째 모델은 앞절에서 논의한 '접합아핀 모델(junction affine model)'로서, 그림 7.6에 나타낸 바와 같이 탄성변형시 망상구조 내 접합점은 평균위치에 고정되어 있는 반면 두 접합점 사이에 있는 한 개의 탄성사슬의 나머지 사슬요소(분절)들은 자유롭게 요동된다. 따라서 망상구조내 가교접합점(crosslink junctions)은 가해진 변형(즉 연신율 $\lambda = L/L_0$)에 따라 선형적으로(affinely) 변형하게 된다.

마지막 '사슬아핀(chain affine) 모델'은 주로 강직한(rigid) 망상체 경우에 해당되는 것으로서 망상구조 내 사슬요소(chain elements)들의 모든 쌍(pair)들이 마치 그들이 선형적으로 변형하는 연속체(continuum)속에 담겨져 있는 것처럼 가해진 변형에 따라 직선적(affinely)으로 움직이는 경우를 말한다.

그러나 실제 대부분의 고분자 망상체는 앞의 두 극한 모델 사이에 있다고 간주되므로 이하에서는 주로 이들 두 모델을 중심으로 논의를 계속해 나가기로 한다.

앞 절에서 논의한 바와 같이, (이상)가우스 망상 사슬에 대한 고전 통계역학적 이론에 따르면, 탄성변형에 대한 Helmholtz 자유에너지 변화 ΔA_{el}은 내부에너지 항은 무시하여, 일반적으로 3주(고유)방향으로의 연신율(draw ration) $\lambda_i[= L_i/L_{i,0}\ (i = 1, 2, 3)$, 여기서 $L_{i,0}$ 및 L_i는 각각 i성분의 변형 전, 후의 길이임]항으로 아래와 같이 나타내진다.

$$\triangle A_{el} \simeq -T\triangle S_{el} = \frac{G_N}{2}\{A_\phi(\lambda_1^2+\lambda_2^2+\lambda_3^2-3) - 2B_\phi \ln(\lambda_1\lambda_2\lambda_3)\} \tag{7.60}$$

여기서

$$G_N = \mathcal{F} NkT, \quad \mathcal{F} = \langle r_0^2 \rangle / \langle r_f^2 \rangle \tag{7.61}$$

[주의: 앞 절의 제곱평균 말단거리에 대한 표현식 $\overline{r_0^2}$, $\overline{r_f^2}$ 대신 여기서는 편의상 $\langle r_0^2 \rangle$, $\langle r_f^2 \rangle$기호를 택했다.]

식 (7. 60)에서 N는 관심의 고무망상체(rubber network)속에 포함되어 있는 탄성적으로 유효한 (elastically effective) 전 탄성사슬(primary chains)의 수(사실 가교점의 수에 해당)이며, $\langle r_f^2 \rangle$ 및 $\langle r_0^2 \rangle$은 앞 절에서 정의한 대로 각각 가교되지 않은 자유로운 사슬의 제곱평균 말단거리 및 (건조)부피 V_0의 미변형, 등방상태에 있는 망상구조 내의 전형적인 한 개의 탄성사슬에 대한 제곱평균 말단거리이다. 이하에서 $\langle r_0^2 \rangle$은 온도에 무관하게 간주하나, $\langle r_f^2 \rangle$은 4장에서 논의한 미가교 한 개의 자유로운 사슬의 말단거리에 해당하므로 한 개의 분절의 결합길이, 결합각도, 회전에 따른 형태에너지(conformational energy)등에 의존하므로 온도 T의 함수로 간주한다. 그리고 식 (7. 61)의 G_N는 전체에 대한 탄성계수에 해당되며, '선행인자(front factor)' $\mathcal{F}$는 미가교 자유사슬이 가교에 의해 망상체를 형성시 수반되는 부피변화를 나타내는 항으로 앞 절에서는 편의상 1로 간주하였으나 여기서는 필요한 경우 온도 및 부피의 함수로 다루겠다.

위 식 중의 각 방향으로의 연신배율의 제곱을 나타내는 $\lambda_i^2 (i=1,2,3)$는 연속체(continuum)에 대한 텐서(tensor)이론에 의하면 대칭 변형텐서 $\boldsymbol{\Lambda} = \boldsymbol{\lambda}^{-1} \cdot \boldsymbol{\lambda}$ [여기서 $\boldsymbol{\lambda} = \|\partial x_i' / \partial x_j\|$는 변위구배(displacement gradient)텐서이고, x_j 및 x_i'는 각각 변형 전후의 한 점의 좌표임]의 3주(고유)값[principal(eigen)values]이다.

마지막으로 식 (7. 60)중의 A_ϕ 및 B_ϕ는 망상체의 기능도(functionality) ϕ (즉 망상체 내 한 개의 가교점의 분지수에 해당)에 의존하는 항으로서 위에서 언급한 두 모델에 대하여 각각 아래의 값을 가진다.

$$(\text{접합 아핀 모델}) : A_\phi = 1, \quad B_\phi = 2/\phi \tag{7.62}$$

$$(\text{환상 모델}) : A_\phi = (\phi - 2)/\phi, \quad B_\phi = 0 \tag{7.63}$$

위 식에서 접합 아핀 모델의 경우 만약 부피보존성 변형[즉 $\lambda_1\lambda_2\lambda_3 = \mathrm{Det}|\boldsymbol{\lambda}| = \mathrm{V}/\mathrm{V}_0 = 1$됨]이라면 ϕ값에 관계없이 B_ϕ항은 0이 될 것이다. 또한 식 (7. 63)에서 $\phi \to \infty$ 되는 경우는 $A_\phi \to 1$이 되어 접합 아핀 모델의 경우에 해당된다.

이들 관계식을 식 (7. 60)에 대입하면 각 모델에 대하여 아래식을 얻는다.

$$(\text{접합 아핀 모델}) : \triangle A_{el} = \frac{G_N}{2}\left(\lambda_1^2 + \lambda_2^2 + \lambda_3^2 - 3\right) - \frac{2G_N}{\phi}\ln\left(\lambda_1\lambda_2\lambda_3\right) \quad (7.64)$$

$$(\text{환상 모델}) : \triangle A_{el} = \mathcal{F}\xi kT/2\left(\lambda_1^2 + \lambda_2^2 + \lambda_3^2 - 3\right) \quad (7.65)$$

위 식에서 $\xi \equiv (1-2/\phi)N$는 망상체의 'cycle rank'로 불리는 양으로서, 그래프(graph)이론에 의하면 망상구조를 원상의 연결이 없는(free of cyclic connections) 가지가 뻗어있는 나무(spanning tree)로 감소시키는데 요구되는 원상 컷(cyclic cuts)의 수를 칭하는 것으로 실제 한 개의 고무망상체내에 있는 (유효)탄성사슬(elastic strand)수와 가교접합점 수의 차이에 해당된다.

식 (7. 64)와 (7. 65)에 의하면, 만약 기능도 $\phi = 4$인 부피보존성변형의 경우 (즉 $\ln(\lambda_1\lambda_2\lambda_3) = 0$)는 $\xi = N/2$이 되어 아핀모델의 경우가 환상모델에 비해 2배의 큰 탄성계수를 갖게 됨을 알 수 있다.

다음에는 응력 상태방정식인 힘 $f = (\partial A/\partial L)_{T,V}$ 또는 응력 $\sigma_i = 2V^{-1}\lambda_i^2(\partial \triangle A_{el}/\partial \lambda_i^2)$(여기서 σ_i 및 λ_i는 각각 응력 및 변형텐서의 주(i)방향의 고유치임)관계를 이용하여, 만약 주어진 한 변형상태가 정해지면, 가령 단순(1축)변형(simple deformation) 경우 $\lambda_2 = \lambda_3 = \left((V/V_0)\lambda_1^{-2}\right)^{\frac{1}{2}}$ (여기서 $\lambda_1 > 1$이면 일축신장, $\lambda_1 < 1$이면 일축압축변형), 그리고 순수전단(pure shear)변형의 경우 $\lambda_2 = \lambda_1^{-1}$, $\lambda_3 = V/V_0$관계에 있으므로 위 식 (7. 64) 또는 (7. 65)로부터 두 모델에 대응하는 힘 또는 응력은 쉽게 계산할 수 있다. 그러나 이후는 편의상 단순변형(일축신장 혹은 압축)만을 주로 다루겠다.

그러나 위에서 언급된 두 모델의 경우는 모두 변형이 그다지 크지 않은 경우에 유효한 , 즉 사슬의 한정된 신장성(limited chain extensibility)만을 고려한 가우스 통계적 분포함수이론에 기초를 두었으므로, 큰 변형의 경우 여기에서 유도한 힘이나 응력은 실제와 크게 달라지는데 이에 대해서는 부록 4. 1에서 자세히 언급하였으므로 여기에서는 생략하겠다.

7. 3. 4. 2 가우스 통계적 모델에 대한 역학적 검증

앞에서 소개한 고무탄성에 대한 가우스 통계적 모델(주로 접합아핀 및 환상모델)의 타당성을 조사하기 위한 여러 종류의 역학적 검증(가령 건조 및 팽윤시료에 대한 여러 종류의 변형형태를 사용하여 응력과 변형의 관계 조사 등)가 시도되었으나, 여기서는 편의상 일축신장($\lambda > 1$) 혹은 일축압축($\lambda < 1$)의 단순변형을 통해서만 검증을 행하겠다. 그리고 식 (7. 64) 및 (7. 65)에서 볼 수 있듯이 망상체의 기능도 ϕ값만 알면 서로 변환이 가능하므로 현재 가장 널리 쓰이고 있는 접합아핀 모델에 대하여서만 집중적으로 논의하겠다.

응력-변형(stress-strain)실험은 일정 길이 하에서의 탄성력 측정과 일정 하중(힘)하에서의 길이측정의 두 종류로 행해진다. 그리고 특히 팽윤시료에 대한 실험의 경우, 평형상태(equilibrium state)에로의 접근의 용이성과 변형야기 결정화(strain-induced crystalli -zation)를 방지하기 위하여 가급적 상온에서 비휘발성 용매(non-volatile diluent)를 사용함을 원칙으로 한다.

a. 건조시료에 대한 검증

지금 한 변의 길이 L_0, 부피 V_0인 미연신, 등방성(unstrained, isotropic)의 입방체 형(cube) 고무망상체 시료가 일축신장(또는 압축)에 의해 길이 L, 부피 V의 연신, 이방성(strained, anisotropic)의 큐브형 망상체로 변형되었다고 하자. 이때 문제는 가우스 통계적 모델이 함유되어 있는 부피변형 항(즉 $\lambda_1\lambda_2\lambda_3 = V/V_0$)뿐 아니라, (T, V)계의 힘 $f = (\partial A/\partial L)_{T,V}$ (식 7. 9)에 포함된 일정 부피하의 변형조건에서 볼 수 있듯이 일반적으로 탄성변형도 부피보존성이 아니라는 것(즉 $V/V_0 \neq 1$)이다. 이 문제를 해결하기 위하여 그림 7. 7에 나타낸 바와 같이 미변형 '기준 상태(reference state)'를 초기의 V_0상태가 아닌, 가설적인 정수압(hypothetical hydrostatic)에 의하여 최종 변형된, 비등방성의 시료의 부피 V와 같은 값을 갖는 등방성 상태(길이는 L', 즉 $V = L'^3$)로 재정의 그러면, 그림에서 볼 수 있듯이 초기의 미변형(등방)상태(길이는 L_{0i})에서 최종변형(비등방)상태(길이는 L_i)로 바로 가는 (이 경우 연신비 $\lambda_i = L_i/L_{0i}$)대신 가설적인 기준 상태를 통하여 최종상태로 가더라도 같은 결과를 준다는 것이다. 즉 이 경우 아래가 성립된다.

$$\lambda_i (\equiv L_i/L_{0i}) = \left(\frac{V}{V_0}\right)^{1/3} \cdot \alpha_i\,,\ \alpha_i = L_i/L_i' \tag{7. 66}$$

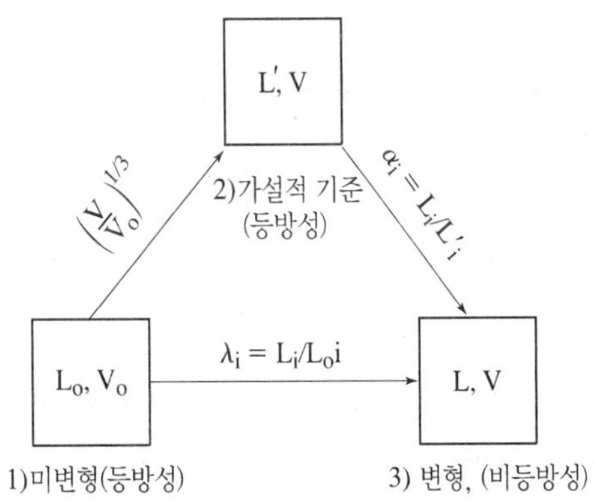

▶ **그림 7. 7** 단순 신장을 통하여 1상태에서 3상태로 가는 경로에 대한 망상체의 상태크기(연신비)를 나타내는 다이어그램 : $\lambda_1 = \lambda$, $\lambda_2 = \lambda_3 = (V/\lambda V_0)^{1/2}$, $\lambda_1\lambda_2\lambda_3 = V/V_0$, $\lambda_i = (V/V_0)^{1/3}\alpha_i$, $\alpha_1\alpha_2\alpha_3 = 1$.

여기서 일축신장(또는 압축) $\lambda_1 = \lambda$, $\lambda_2 = \lambda_3 (= V/\lambda V_0)^{1/2}$, $\alpha_1 = \alpha$, $\alpha_2 = \alpha_3 = (1/\alpha)^{1/2}$가 성립되므로 아래가 성립된다(그림 7. 7 참조).

$$\lambda_1 = \lambda = \alpha(V/V_0)^{1/3}, \ \lambda_2 = \lambda_3 = \alpha^{-\frac{1}{2}}(V/V_0)^{1/3} \tag{7.67}$$

이들 결과를 식 (7. 60)의 가우스형의 일반 망상구조 이론식에 대입하면 아래를 얻는다.

$$\Delta A_{el} = (G_N/2)\left[A_\phi\left(\lambda^2 + 2(V/V_0)\lambda^{-1} - 3\right) - 2B_\phi \ln(V/V_0)\right] \tag{7.68a}$$

$$= (G_N/2)\left[A_\phi\left\{(V/V_0)^{2/3}\alpha^2 + 2(V/V_0)^{2/3}\alpha^{-1} - 3\right\} - 2B_\phi \ln\frac{V}{V_0}\right] \tag{7.68b}$$

그러면 식 (7. 9)에서 단순변형(일축신장 혹은 압축)에 관한 힘의 표현식은 아래가 된다[단 일정 V에서 V/V_0는 연신비 λ나 α에 무관하다고 가정].

$$\left.\begin{aligned} f &= (\partial A/\partial L)_{T,V} = (\partial\lambda/\partial L)_{T,V}(\partial A/\partial\lambda)_{T,V} \\ &= (\partial\lambda/\partial L)_{T,V}(\partial\Delta A_{el}/\partial\lambda)_{T,V} = (A_\phi G_N/L_0)\left(\lambda - (V/V_0)\lambda^{-2}\right) \end{aligned}\right\} \tag{7.69a}$$

혹은

$$\begin{aligned} f &= (\partial A/\partial L)_{T,V} = (\partial\alpha/\partial L)_{T,V}(\partial A/\partial\alpha)_{T,V} \\ &= (\partial\alpha/\partial L)_{T,V}(\partial\Delta A_{el}/\partial\alpha)_{T,V} = (A_\phi G_N/L')(V/V_0)^{2/3}(\alpha - \alpha^{-2}) \end{aligned} \tag{7.69b}$$

위 식에서 $L' = (\partial\alpha/\partial L)_{T,V} = L_0(V/V_0)^{1/3}$이다.

다음에는 미연신 등방시료의 초기 단면적(A_0)에 대한 힘으로 정의된 '공칭응력(nominal stress)' $\sigma_0(= f/A_0)$에 대한 식은 위 식에서 아래가 얻어진다.

$$\sigma_0(= f/A_0) = G_0\left[\lambda - (V/V_0)\lambda^{-2}\right] = G_0(V/V_0)^{1/3}(\alpha - \alpha^{-2}) \tag{7.70}$$

$$G_0 = A_\phi \mathcal{F} \nu_0 kT, \qquad \nu_0 = N/V_0 \tag{7.71}$$

여기서 G_0는 7. 3. 3절에서 언급된 바 있는 전단 탄성계수(shear modulus)이고(식 7. 56 참조), ν_0는 식 (7. 52)에서 정의된 미연신 등방시료(부피 V_0)의 단위부피당 (유효)탄성사슬의 수(혹은 가교밀도에 해당)이다.

마찬가지로 연신 비등방 시료의 단면적(A)에 대한 힘으로 정의된 '실제(true)'혹은 '공학(engineering)'응력 σ_t에 관한 식은 아래가 된다.

$$\sigma_t(\equiv f/A) = (A_0/A)(f/A_0) = \lambda(V_0/V)\sigma_0 = G_0(V_0/V)^{1/3}(\alpha^2 - \alpha^{-1}) \tag{7.72a}$$

$$= G_0(V_0/V)\left(\lambda^2 - (V/V_0)\lambda^{-1}\right) \tag{7.72b}$$

위 식에서 $A_0/A\lambda = A_0/A(L/L_0) = V_0(=A_0L_0)/V(=AL)$ 및 $\lambda = \alpha(V/V_0)^{1/3}$을 이용하였다. [비고: 특히 식 (7. 72b)는 식 (7. 68a)에서 $\sigma = 2V^{-1}\lambda^2(\partial\Delta A_{el}/\partial\lambda^2)$를 이용해도 얻어질 수 있다.]

한편 위에서 유도된 모든 식들 즉 식 (7. 68)-(7. 72)들에서 $A_\phi = 1$, $B_\phi = 2/\phi$(여기서 ϕ는 망상체의 기능도)로 두면 접합아핀 모델에 관한 식이 되고, 만약 $A_\phi = (\phi-2)/\phi$, $B_\phi = 0$으로 두면 환상모델에 관한 식이 된다. 그리고 ΔA_{el}로부터 탄성힘 f 또는 응력 σ에 관한 공식을 구하면 B_ϕ항이 사라짐에 유의해야 한다. 그리고 f나 σ에 관한 환상모델을 이용하기 위해서는 기능도 ϕ 값을 알아야하나(통상 $\phi = 4$를 이용), 접합아핀 모델의 경우는 A_ϕ는 ϕ값에 관계없이 항상 1이므로 공칭응력 σ_0에 대한 식 (7. 70)에서 $A_\phi = 1$로 두면 접합아핀 모델의 타당성을 단순변형($\lambda > 1$일 때는 일축신장, $\lambda < 1$일 때는 일축압축)실험에 대하여 그림 7. 8에서 확인할 수 있다.

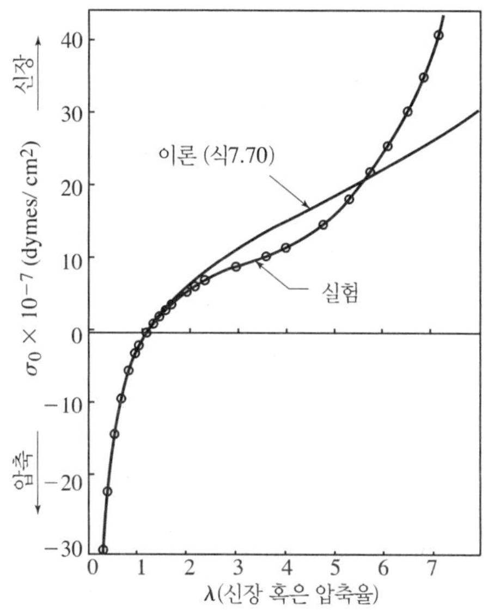

▶ **그림 7. 8** 25 ℃의 천연고무에 대한 공칭응력(σ_0) 대 변형(연신율 λ)곡선. 이론곡선(실선)은 식 (7. 70)에서 $G_0 = 4\times10^6$ dyne/cm^{2}값 및 $(V/V_0) \simeq 1$을 이용하여 계산하였다.

그림에서 볼 수 있듯이 측정된 실험범위에서 일축압축($\lambda < 1$)의 경우는 이론과 실험이 잘 일치하고 있고, 일축신장($\lambda > 1$)의 경우에는 신장비 $\lambda = 6$이상부터는 이론곡선에서 크게 벗어남을 알 수 있는데 이는 앞에서 지적하였듯이 낮은 변형률 즉, 제한된 사슬의 신장성에 기초를 둔 가우스 통계모델의 원천적 결함에 의한 것으로 이의 보완은 부록 4. 1의 역 Langevin함수의 이용이나 아니면 후술할 Mooney-Rivlin의 경험적 모델에 의존하는 수밖에 없다.

b. 팽윤시료에 대한 검증

지금 어떤 온도 T에서 길이 L_0, 부피 V_0인 미변형, 미팽윤(unstrained, unswollen)등방성 고무시료로부터 용매의 첨가에 따른 팽윤시료에 대한 단순변형(일축신장 혹은 압축)에 의하여 최종적으로 길이 L, 부피 V의 변형, 팽윤된 비등방성(strained, swollen anisotropic)의 시료로 변환될 때에 수반되는 Helmholtz 자유에너지 변화 ΔA는 아래와 같이 3항의 합으로 나타내진다.

$$\Delta A = \Delta A_m + \Delta A_s + \Delta A_{el} \tag{7. 73}$$

여기서 ΔA_m은 용매(diluent)와 망상체 사슬간의 혼합에 의한 변화로서 5장에서 논의된 Flory-Huggins 고분자용액론에서 추정가능(즉 $\Delta A_m = \Delta G_m - P\Delta V_m \simeq \Delta G_m$을 이용)하고, ΔA_s는 용매에 의한 (등방성)팽윤팽창에 의한 변화이며, ΔA_{el}은 팽윤시료에 가해진 신장(또는 압축)힘에 의한 탄성에너지 변화항이다. 이 중 ΔA_m은 힘이나 길이변화와는 무관하므로 $f = (\partial A/\partial L)_{T,V}$(식 7. 9)나 응력 σ를 구할 때는 제외된다. 그리고 ΔA_s와 ΔA_{el}항은 아래에서 보는 바와 같이 합쳐져 처리될 수 있다.

건조시료의 경우와 마찬가지로 팽윤시료에 대한 일축신장이나 압축에 따른 시료의 부피변화항을 고려하기 위하여 그림 7. 9에 나타낸 바와 같이 (길이 L'의) '팽윤, 가설적(등방)기준상태(swollen, hypothoetical (isotropic) reference state)'라는 개념을 도입한다. 즉 최초상태(1)인 길이 L_0, 부피 V_0의 건조, 미변형 등방시료로부터 최종상태(4)인 길이 L, 부피 V의 팽윤, 평형된 비등방성 시료로 바로 가는 (이 경우 연신비 $\Lambda_i = L_i/L_{0,i}$(여기서 $i = 1,2,3$)임) 대신, 용매에 의한 길이 L_{0s}, 부피 V_{0s}인 등방성 팽윤상태(2)로 변환[이때 연신비는 $(V_{0s}/V_0)^{1/3} = \phi_2^{-1/3}$, 여기서 V_{0s}는 용매로 팽윤된 고무의 부피이고, ϕ_2는 그때의 고분자의 부피분율 임]을 거쳐, 또한 바로 최종상태인 길이 L, 부피 V의 팽윤, 변형된 비등방성 시료(상태 4)로 가는 (이 경우 연신비 $\lambda_i = L_i/L_{0s,i}$)대신 상태 2로부터 길이 $L'(=L_{0s}(V/V_{0s})^{1/3}$), 부피는 최종시료의 부피 V와 같은 '팽윤, 가설적 (등방)기준상태'인 상태 3(이때 연신비는 $(V/V_{0s})^{1/3}$임)을 거쳐 최종 시료(상태 4)로 가는 경로(이 때의 연신비 $\alpha_i = L_i/L_i'$임)를 택하기로 한다.

지금 그림 7. 9를 참조로 상태 1로부터 상태 4로 가는 과정의 팽윤시료에 대한 일축신장(혹은 압축)에 수반되는 Helmholtz 자유에너지 변화는 가우스 모델의 최초의 식인 (7. 60)의 λ_i 대신 Λ_i를 대입하든지 아니면 단순변형에 대해 얻어진 식 (7. 68)에 직접 λ_i 대신 Λ_i를 대입하여 얻으면 된다[왜냐하면 식 (7. 73)의 3변화 항에서 ΔA_m은 길이변화와 무관하고, ΔA_s와 ΔA_{el}항은 그림 7. 9에서 보는 바와 같이 Λ_i를 통해 합쳐져 나타낼 수 있기 때문이다]. 얻어진 결과는 아래와 같다(단 혼합항인 ΔA_m은 생략하였다).

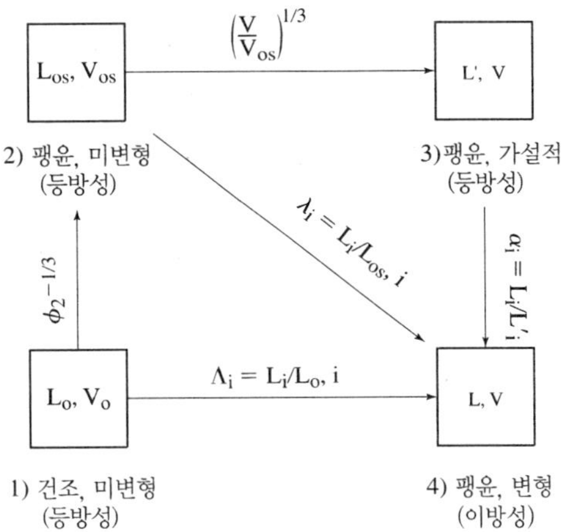

▶ **그림 7. 9** 최초의 건조, 등방성 미연신 시료(1)로부터 용매에 의한 등방팽윤상태(2)를 거쳐 바로 최종상태(4)로 가는 대신 최종시료의 부피와 같은 부피를 갖는 팽윤, 등방성 가설적 상태(3)을 거쳐 상태(4)로 가는 팽윤시료에 대한 일축신장(혹은 압축)에 있어서 각 경로에 대한 연신비를 보여주는 다이어그램 : $\lambda_1=\lambda$, $\lambda_2=\lambda_3=(V/V_{0s}\lambda)^{1/2}$, $\lambda_1\lambda_2\lambda_3=V/V_{0s}$, $\Lambda_1\Lambda_2\Lambda_3=V/V_0$, $\alpha_1\alpha_2\alpha_3=1$, $\phi_2^{-\frac{1}{3}}\lambda_i=\Lambda_i=\phi_2^{-\frac{1}{3}}(V/V_{0s})^{\frac{1}{3}}\alpha_i$.

$$\Delta A_{el} \simeq -\Delta TS_{el} = (G_N/2)\left[A_\phi\left(\Lambda_1^2+2\Lambda_1^2-3\right)-2B_\phi \ln(V/V_0)\right]$$

$$= (G_N/2)\left[A_\phi\left\{\phi_2^{-2/3}\lambda^2+2(V/V_0)\phi_2^{1/3}\lambda^{-1}-3\right\}-2B_\phi\ln(V/V_0)\right] \quad (7.74a)$$

$$= (G_N/2)\left[A_\phi\left\{\phi_2^{-2/3}(V/V_{0s})^{2/3}\left(\alpha^2+2\alpha^{-1}\right)-3\right\}-2B_\phi\ln(V/V_0)\right] \quad (7.74b)$$

위 식의 유도에 있어서 아래 관계가 이용되었다.

$$\Lambda_1 = \Lambda = \phi_2^{-1/3}\lambda,\ \Lambda_2=\Lambda_3=(V/V_0\Lambda)^{1/2},\ \lambda=(V/V_{0s})^{1/3}\alpha,\ \phi_2=V_0/V_{0s} \quad (7.75)$$

이로부터 팽윤시료에 대한 일축신장(혹은 압축)에 대한 $f(=(\partial A/\partial L)_{T,V})$는 건조시료에 대한 식 (7. 69)를 얻을 경우와 유사하게 아래와 같이 나타내진다[단 일정 V에서 V_0, V_{0s}, ϕ_2는 연신비 λ나 α에 무관하다고 가정].

$$f = (\partial A/\partial L)_{T,V} = (\partial\lambda/\partial L)_{T,V}(\partial A/\partial\lambda)_{T,V} = (\partial\lambda/\partial L)_{T,V}\left(\partial\Delta A_{el}/\partial\lambda\right)_{T,V} \quad (7.76a)$$

$$= (A_\phi G_N/L')\phi_2^{-2/3}(V/V_{0s})^{1/3}\left(\lambda-(V/V_{0s})\lambda^{-2}\right)$$

혹은

$$f = (\partial A/\partial L)_{T,V} = (\partial \alpha/\partial L)_{T,V}(\partial A/\partial \alpha)_{T,V} = (\partial \alpha/\partial L)_{T,V}(\partial \Delta A_{el}/\partial \alpha)_{T,V} \quad (7.76b)$$

$$= (A_\phi G_N/L')\phi_2^{-2/3}(V/V_{0s})^{2/3}(\alpha - \alpha^{-2})$$

위 식에서 아래가 이용되었다.

$$(\partial \lambda/\partial L) = 1/L_{0s},\ L_{0s} = L'(V_{0s}/V)^{1/3},\ (\partial \alpha/\partial L) = 1/L',\ \phi_2 \cdot (V/V_0) = V/V_{0s} \quad (7.77)$$

다음에는 힘 f로부터 팽윤, 미연신 단위면적당 힘으로 정의되는 응력 $\sigma_s(= f/A_{0s})$는 식 (7. 76)에서 아래와 같이 얻어진다.

$$\sigma_s(\equiv f/A_{0s}) = G_0\phi_2^{1/3}(V/V_{0s})^{1/3}(\alpha - \alpha^{-2}) \quad (7.78a)$$

$$= G_0\phi_2^{1/3}(\lambda - (V/V_{0s})\lambda^{-2}) \quad (7.78b)$$

여기서 G_0은 식 (7. 71)로 정의된 건조시료에 대한 전단탄성계수에 해당된다.

또한 초기의 건조(미팽윤), 미연신 단위면적당 힘으로 정의되는 응력 $\sigma_d(= f/A_0)$도 식 (7. 78)에서 쉽게 얻어진다.

$$\sigma_d = (A_{0s}/A_0)(f/A_{0s}) = \phi_2^{-2/3}\sigma_s = G_0\phi_2^{-1/3}(V/V_{0s})^{1/3}(\alpha - \alpha^{-2}) \quad (7.79a)$$

$$= G_0\phi_2^{-1/3}(\lambda - (V/V_{0s})\lambda^{-2}) \quad (7.79b)$$

위 식 (7. 78)과 (7. 79)의 팽윤시료의 단순변형에 대한 응력 σ_s와 σ_d에 관한 식에서 연신비 λ나 α항은 건조시료에 대한 식 (7. 70)이나 (7. 72)의 λ나 α항과 구별하기 위하여 λ_s 나 α_s로 표기하는 경우도 종종 있음에 유의해야한다.

한편 건조시료에 대한 응력 표현식인 식 (7. 70)과 팽윤시료에 대한 식 (7. 78)을 비교해보면 팽윤시료의 경우 건조시료에 비하여 전단탄성계수(G_0)의 값이 $\phi_2^{1/3}$만큼 감소(즉 팽윤이 많이 되어 실제 고분자의 부피분율이 감소된다면 전단변형에 대한 저항계수인 G_0값이 크게 저하)됨을 알 수 있다. 이는 용매에 의한 '가소화 효과(plasticizing effect)'라고도 생각할 수 있다.

또한 응력에 관한 위의 식들은 대개의 경우 건조시료에 대한 그림 7. 8의 경우처럼 비교적 낮은 연신비(λ_s) 영역에서는 실험과 잘 일치(일축신장 혹은 압축에 대하여)한다고 보고되어 있으나, 연신비가 어느 값 이상이 되면 실험과의 격차가 커지게 되는데 이 또한 낮은 연신비 영역에서만 유효한 가우스 통계모델의 결함에 기인하는 것으로서 이에 대한 보정(가령 부록 4. 1에서와 같은 역 Langevin 함수의 도입을 통하든가 아니면 후술할 Mooney-Rlvlin의 경험식에 의존)이 필요하다고 하겠다.

7.3.4.3 소각 중성자산란(SANS)에 의한 가우스 고무탄성 모델의 검증

지금까지는 고무탄성에 대한 가우스 통계적 이론의 타당성을 건조 및 팽윤시료에 대하여 행해진 단순변형(일축 신장 및 압축) 실험결과와의 비교를 통한 역학적 검증에 의해 조사하였다.

한편, 고무 망상체 내에 있는 탄성사슬들의 제곱평균 말단거리나 회전반경과 같은 사슬의 크기(chain dimension)가 외부에 가해진 일축신장 시의 연신율(λ)과 같은 거시적인 변형(macroscopic strain)에 어떻게 의존하는가를 조사하는 것도 가우스 통계적 모델의 타당성을 조사하는 한 방법이 될 것이다. 이와 같은 맥락에서 6.3.6절에 소개한 바 있는 X-선이나 중성자 산란(scattering)실험이 큰 도움이 될 것이다. 특히 보통 수소와 중수소사이의 큰 산란력(scattering power)의 차이를 이용하는 소각 중성자산란(SANS)기법은 시료의 입체배열(configuration)에는 전혀 영향을 주지 않으므로 탄성변형 시 망상체의 정적, 동적 성질의 연구 나아가 가우스 통계이론의 타당성을 조사하는데 유용하게 이용될 것이다.

6.3절의 광산란이론에서 소개했듯이 분자 내 간섭효과가 없는 산란각도 $\theta=0$일 때의 산란강도에 대한 임의의 산란각도에서의 산란강도 비로 정의된 Debye의 '입자산란인자' $P(\theta)$(식 6.73)는 분자의 모양과 관계없이 (제곱평균)회전반경과 관계있다. 일반 산란이론에 의하면 한 개의 고분자 사슬 내 산란요소 또는 분절의 수가 n인 경우에 $P(\theta)$는 고분자 사슬 내의 짝 상관함수(intra-chain pair correlation function) $\Omega(r_{ij})$의 푸리에 변환으로 아래와 같이 정의된다.

$$P(\boldsymbol{q})=n^{-2}\sum_{i=1}^{n}\sum_{j=1}^{n}\exp(i\boldsymbol{q}\cdot\boldsymbol{r}_{ij})\Omega(\boldsymbol{r}_{ij})d\boldsymbol{r}_{ij} \tag{7.80}$$

여기서 $i=\sqrt{-1}$, 그리고 산란벡터 $\boldsymbol{q}$의 크기 $q=(4\pi/\lambda)\sin(\theta/2)$(여기서 λ는 중성자의 파장, θ는 산란각)이다(식 6.68). 식 (7.80)은 다시 랜덤배향 가정에 의하여 아래와 같이 스칼라적으로 나타내진다(식 6.80).

$$P(q)=n^{-2}\sum_{i=1}^{n}\sum_{j=1}^{n}\sin(qr_{ij})/qr_{ij} \tag{7.81}$$

일축신장된 고무시료에 대한 SANS 실험에서 Guinier 지역(즉 $q\langle s^2\rangle_z\leq 1$ 만족, 여기서 $\langle s^2\rangle_z$는 미변형 상태에 있는 사슬의 z평균 제곱회전반경임)에 있는 한 개의 가우스 코일의 Debye 산란인자는 일반적으로 아래와 같이 근사적으로 나타내진다(식 6.78 및 6.86 참조).

$$P(q)=1-q^2\langle s^2\rangle_k+\cdots \tag{7.82}$$

$$P^{-1}(q)=1+q^2\langle s^2\rangle_k+\cdots \tag{7.83}$$

위 식에서 $\langle s^2 \rangle_k$는 산란벡터 방향 즉 연신(stretching)방향에 평행한 (제곱평균)회전반경의 성분이다. 식 (7. 83)에서 만약 $P^{-1}(q)$와 q^2의 (직선)플롯을 행하면 기울기가 $\langle s^2 \rangle_k$가 될 것이다.

한편 4. 2절의 논의에 의하면 분자량(즉 n)이 큰 가우스 이상 사슬의 경우 아래식이 성립된다.

$$\langle S^2 \rangle = (1/2n^2) \sum_{i=1}^{n} \sum_{j=1}^{n} \langle r_{ij}^2 \rangle \simeq (1/6) \langle R^2 \rangle \tag{7. 84}$$

여기서 $\langle R^2 \rangle$은 양 말단 간 제곱평균 거리이다.

Eichinger 등은 망상체의 기능도 $\phi = 4$인 경우의 표준 망상체에 대하여 SANS 실험을 통한 망상구조 내의 탄성사슬의 크기에 대한 거시적 변형(연신율 λ)의 영향을 가우스 통계모델과 연관지어 연구하였다.

7. 3. 4. 1절에 소개한 고무탄성에 대한 3 대표적인 고전 가우스 통계적 모델에 대하여 SANS에 관한 연구에서 Eichinger 등이 얻은 결과를 요약하여 표 7. 2에 나타내었다.

표 7. 2 3 대표적 가우스 고무탄성 모델로부터 계산된 일축신장시 망상시료내 탄성사슬의 겉보기 제곱평균 말단거리와 회전반경의 연신(또는 산란벡터)방향에 평행한 k 성분과 이에 대응하는 미연신상태의 성분과의 비에 대한 함수표현식.

모델의 종류	$\langle r^2 \rangle_k / \langle r^2 \rangle_{0,k}$ (a)	$\langle S^2 \rangle_k / \langle S^2 \rangle_{0,k}$	$R \equiv \langle S_{//}^2 \rangle^{\frac{1}{2}} / \langle S_{//}^2 \rangle_{\lambda=1}^{\frac{1}{2}}$ for $\phi = 3(\lambda = \lambda_k)$
(A) 환상모델	$\xi \lambda_k^2 + (1-\xi)$ (b)	$[\xi(\lambda_k^2 - 1) + 2]/2$	$\sqrt{(5+\lambda^2)/6}$
(B) 접합아핀모델	λ_k^2	$(\lambda_k^2 + 1)\}$	$\sqrt{(1+\lambda^2)/2}$
(C) 사슬아핀모델	λ_k^2	λ_k^2	λ

a) k성분은 연신(산란벡터) 방향임.　b) $\xi = (\phi - 2)/\phi$

그런데 미연신(미변형)상태의 망상구조내 사슬의 제곱평균 말단거리와 회전반경에 대해서는 아래가 성립된다.

$$\langle r^2 \rangle_0 = \sum_{k=1}^{3} \langle r^2 \rangle_{0,k} = 3 \langle r^2 \rangle_{0,k} \tag{7. 85}$$

$$\langle s^2 \rangle_0 = \sum_{k=1}^{3} \langle s^2 \rangle_{0,k} = 3 \langle s^2 \rangle_{0,k} \tag{7. 86}$$

그리고 식 (7. 84)에 의거하여 $\langle r^2 \rangle_{0,k} = 6 \langle s^2 \rangle_{0,k}$도 성립된다. 그러나 연신(변형)된 망상구조내의 탄성사슬에 대해서는 강직한 망상체에 적용되는 사슬아핀모델을 제외하고서는 $\langle r^2 \rangle_k \neq 6 \langle s^2 \rangle_k$이다.

한편 표 7. 2의 결과에 의하면 일축신장된 망사체내에 있는 탄성사슬의 제곱평균 회전반경(혹은 말단거리)의 연신(k)방향에 평행한 성분의 크기는 주어진 거시적 변형률(λ_k)값이 일정할 때 (A)→(B)→(C) 순으로 커짐을 알 수 있는데 이는 신장된 망상구조내에 있는 접합점이 평균위치주위로 요동에 대한 구속조건(constraint)의 증가에 따른 것이라고 생각된다.

고무탄성에 대한 3 고전 가우스모델의 타당성을 SANS 실험결과를 통하여 조사하기 위하여, 표 7. 2에 주어진 기능도 $\phi=3$인 일축연신된 표준 망상체내에 있는 탄성사슬의 제곱평균 회전반경의 연신(산란벡터)방향에 평행한 (k)성분의 1/2승과 이에 대응하는 미연신상태의 성분값의 1/2승의 비인 $R \equiv \langle S_{//}^2 \rangle_{\lambda}^{\frac{1}{2}} / \langle S_{//}^2 \rangle_{\lambda=1}^{\frac{1}{2}}$ 값을 그림 7. 10에 연신비 $\lambda(=\lambda_k)$의 함수로서 나타내었다.

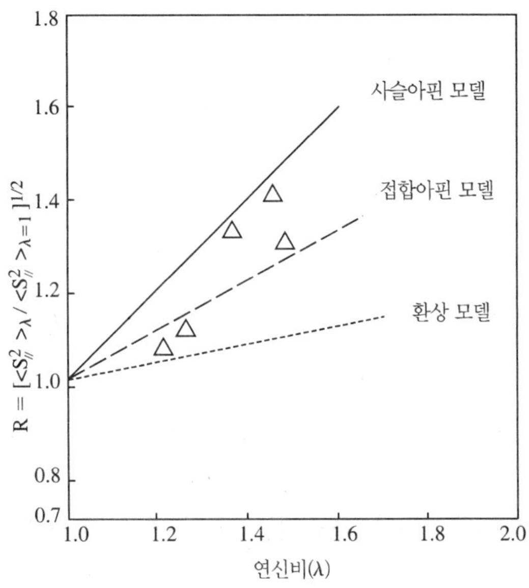

▶ **그림 7. 10** 기능도 $\phi=3$인 일축신장된 망상체내에 있는 탄성사슬의 연신방향과 평행한 근평균 제곱회전반경의 성분과 대응하는 미연신 상태 값과의 비인 $\boldsymbol{R}$의 SANS 실험값과 3 가우스 모델의 이론 직선과의 비교. △:SANS 실험 데이터를 이용하여 식 (7. 83)의 직선플롯에서 얻어진 $\boldsymbol{R}$ 값.

그림 7. 10을 보면 연신비가 낮은 경우에는 환상모델이 잘 맞고, 연신비가 증가할수록 접합아핀→사슬아핀 순으로 잘 맞는 것 같은데, 이는 연신비 증대에 따른 망상구조내의 탄성사슬에 대한 구속력(constraint)의 증가에 기인한다고 생각된다.

7. 3. 5 고무탄성 상태방정식에 대한 에너지의 영향

7. 3절의 통계열역학 모델에서는 에너지 공헌을 처음부터 무시한 채 계산해냈다. 그러나 그림 7. 2에서 볼 수 있듯이 조사된 변형영역에서 완전히 제로는 아닌 것을 알 수 있다. 이에 여기서는

전체 탄성회복력 f에 대한 (내부)에너지 f_e의 기여분을, 7. 3. 4. 2절에서 얻어진 고무탄성에 대한 일반 가우스 통계 모델[이 경우 선행인자 $\mathcal{F}(\equiv \langle r_0^2\rangle/\langle r_f^2\rangle) \neq 1$도 온도의존성을 가질 뿐 아니라, 변형 시 부피변화(비록 크기는 작지만)도 고려하였다]을 사용하여 단순변형(일축신장 혹은 압축)(건조시료)에 대하여 유도된 힘 f의 식 (7. 69)으로부터 출발하여 열역학적 기법을 이용하여 자세히 조사하고자 한다.

그러기 위해서 먼저 필요한 기초 관계식들을 유도하기로 한다. 변형률이 그다지 높지 않을 때 아래에 나타낸 바와 같이 체적변형률 $\varepsilon_v(\equiv \Delta V/V_0)$는 길이변형률 $\varepsilon_l(\equiv \Delta l/l_0)$의 약 3배(단 등방성을 가정하여)이다.

$$\varepsilon_v(\equiv \Delta V/V_0) \simeq 3\varepsilon_l(\equiv \Delta l/l_0) \tag{7. 87}$$

증 명 변형 전의 길이 l_{i0}이 변형 후 길이 $l_i(i=1, 2, 3)$로 되었다면 관련된 부피 변화식은 아래와 같다.

$$\begin{aligned} V/V_0 &= (V_0+\Delta V)/V_0 = 1+\varepsilon_v \\ &= l_{1,0}(1+\varepsilon_1)\cdot l_{2,0}(1+\varepsilon_2)\cdot l_{3,0}(1+\varepsilon_3)/l_{1,0}\,l_{2,0}\,l_{3,0} \end{aligned} \tag{7. 88}$$

$$= (1+\varepsilon_1)(1+\varepsilon_2)(1+\varepsilon_3) = 1+\varepsilon_1+\varepsilon_2+\varepsilon_3+\varepsilon_1\varepsilon_2+\varepsilon_1\varepsilon_3+\varepsilon_2\varepsilon_3+\varepsilon_1\varepsilon_2\varepsilon_3$$

여기서 변형률이 그다지 높지 않을 때는 2차항 및 3차항을 무시하여 아래의 식을 얻는다.

$$\varepsilon_v \simeq \varepsilon_1+\varepsilon_2+\varepsilon_3 \tag{7. 89}$$

그런데 등방성이라면 식 (7. 87) $\varepsilon_v \simeq 3\varepsilon_1(=3\varepsilon_l)$를 얻는다(여기서 ε_l은 길이방향 변형률임). ■

한편 (P, L)조건에서의 (등압)체적팽창계수 β_L과 (P, α)조건에서(여기서 α는 연신비, 그림 7. 7 참조) 체적탄성계수 β_α를 아래와 같이 정의한다(단 5장에서 정의한 팽창계수 α 대신 여기서는 β를 사용한 것은 연신비 α와의 혼동을 피하기 위함임).

$$\beta_L \equiv V^{-1}(\partial V/\partial T)_{P,L} = (\partial \ln V/\partial T)_{P,L},\ \beta_\alpha \equiv V^{-1}(\partial V/\partial T)_{P,\alpha} = (\partial \ln V/\partial T)_{P,\alpha} \tag{7. 90}$$

그런데 (3차원)체적팽창계수 β_v는 미분의 정의에서 일반적으로 아래와 같이 근사적으로 나타낼 수 있다.

$$\beta_v \equiv V^{-1}(\partial V/\partial T)_P \simeq (\Delta V/\Delta T)_P/V \simeq \varepsilon_v/\Delta T \tag{7. 91}$$

한편 등방성시료에 대한 (1차원)길이팽창계수 $\beta_l(=\beta_1)$도 아래와 같이 나타낼 수 있다.

$$\beta_l = l^{-1}(\partial l/\partial T)_P \simeq (\Delta l/\Delta T)_P/l \simeq \varepsilon_l/\Delta T \tag{7. 92}$$

여기에서 식 (7. 87)의 관계를 이용하면 낮은 변형률의 경우 아래가 성립된다.

$$\beta_v \simeq 3\beta_l \tag{7. 93}$$

이제 건조고무시료에 대한 일축신장(혹은 압축)의 경우 일반 가우스 모델로부터 유도된 힘 f에 관한 식으로 돌아가 보자. 식 (7. 69a) 및 (7. 69b)는 식 (7. 71)로 정의된 전단탄성계수 G_0을 포함하도록 아래와 같이 나타낼 수 있다.

$$f = A_0 G_0\left(\lambda - (V/V_0)\lambda^{-2}\right) \tag{7. 94a}$$

$$= A_0 G_0 (V/V_0)^{1/3}\left(\alpha - \alpha^{-2}\right) \tag{7. 94b}$$

이때 일정(V, L)조건에서 f (식 7. 94a)를 T에 대해 편미분하면 아래의 결과를 얻는다.

$$(\partial f/\partial T)_{V,L} = (f/G_0)(dG_0/dT) + \beta_v f/3 \tag{7. 95a}$$

혹은

$$(\partial \ln f/\partial T)_{V,L} = d\ln G_0/dT + \beta_v/3 \tag{7. 95b}$$

위 식에서 $\beta_V = V_0^{-1}(\partial V_0/\partial T)_{V,L} = (\partial \ln V_0/\partial T)_{V,L}$는 식 (7. 90)의 β_L에 해당된다.

증 명 먼저 식 (7.94a)의 각각의 항에 대하여 일정(V, L)조건에서 T에 관한 편미분 결과를 생각해보자. 그런데 변형 전의 고무망상체는 등방성이므로 $A_0 = L_0^2$, $V_0 = L_0^3 = (A_0)^{3/2}$이 성립한다. 여기서 식 (7. 87)-(7. 93)의 결과를 이용하여 아래의 관계식을 얻는다.

$$(\partial L_0/\partial T)_{V,L} = L_0\beta_l = L_0\beta_v/3,\ (\partial \ln L_0/\partial T)_{V,L} = \beta_V/3 \tag{7. 96}$$

$$(\partial A_0/\partial T)_{V,L} = 2L_0^2\beta_l = 2A_0\beta_v/3,\ (\partial \ln A_0/\partial T)_{V,L} = (2/3)\beta_V \tag{7. 97}$$

$$(\partial V_0/\partial T)_{V,L} = V_0\beta_v,\ (\partial \ln V_0/\partial T)_{V,L} = \beta_v \tag{7. 98}$$

다음에는 $\lambda(=L/L_0$, 일축신장시)에 관한 편미분을 생각해보자.

$$(\partial\lambda/\partial T)_{V,L} = -\left(L/L_0^2\right)(\partial L_0/\partial T)_{V,L} = -\lambda\beta_v/3,\ (\partial\ln\lambda/\partial T)_{V,L} = -\beta_v/3 \quad (7.99)$$

이들 관계를 이용하여 식 (7. 94a)를 일정$(V,\ L)$조건에서 T에 관해 편미분하면 아래의 결과를 얻는다.

$$\begin{aligned}(\partial f/\partial T)_{V,L} &= (2/3)\beta_v f + (f/G_0)(dG_0/dT) + \\ &\quad A_0G_0\left(-\lambda\beta_v/3 + \left(V/V_0^2\right)\lambda^{-2}V_0\beta_v - 2(V/V_0)\lambda^{-3}\lambda\beta_v/3\right) \\ &= (2/3)\beta_v f + (f/G_0)(dG_0/dT) - (\beta_v/3)A_0G_0\left(\lambda - (V/V_0)\lambda^{-2}\right) \\ &= (f/G_0)(dG_0/dT) + \beta_v f/3\end{aligned}$$

또는

$$(\partial\ln f/\partial T)_{V,L} = d\ln G_0/dT + \beta_v/3 \quad ■$$

한편 식 (7. 69b)에서 아래 관계식도 성립된다.

$$\begin{aligned}(\partial\ln(f/T)/\partial T)_{V,L} &\equiv (\partial\ln(f/T)/\partial T)_{V,\alpha}(\because \alpha = L/L',\ L' = V^{1/3},\ (\partial\alpha/\partial T)_{V,L} = 0) \\ &= -d\ln\langle r_f^2\rangle/dT\end{aligned} \quad (7.100)$$

증 명 식 (7. 69b)에 $G_N = \mathcal{F}NkT$ 및 $\mathcal{F} = \langle r_0^2\rangle/\langle r_f^2\rangle$(식 7. 61)그리고 $L' = L_0(V/V_0)^{1/3}$ (그림 7. 7 참조)를 대입하면 아래를 얻는다.

$$f = (A_\phi\mathcal{F}NkT/L')(V/V_0)^{2/3}(\alpha-\alpha^{-2}) \quad (7.101)$$

$$= \left(A_\phi\langle r_0^2\rangle NkT/\langle r_f^2\rangle L_0\right)(V/V_0)^{1/3}(\alpha-\alpha^{-2})$$

이 식의 양변을 T로 나누고, 다시 log를 취하면 아래를 얻는다.

$$\ln(f/T) = \ln(A_\phi Nk) + \ln\langle r_0^2\rangle - \ln\langle r_f^2\rangle - \ln L_0 + (1/3)\ln(V/V_0) + \ln(\alpha-\alpha^{-2}) \quad (7.102)$$

그런데 여기서 일정(V, L)조건에서 T에 대해 편미분하면 0이 되는 것은 우편의 첫째항과 $\ln V$항이다. 그리고 $\ln L_0$과 $\ln V_0$의 T에 관한 편미분 값은 식 (7. 96)과 식 (7. 98)의 결과를 이용한다. 한편 미연신, 등방상태에 있는 망상체 내에 있는 탄성사슬의 제곱평균 말단거리를 나타내는 $\langle r_0^2 \rangle$은 $V_0^{2/3}$에 비례하므로 아래와 같이 나타낼 수 있다.

$$\ln\langle r_0^2 \rangle = \ln const. + (2/3)\ln V_0 \tag{7. 103}$$

그리고 그림 7. 7에서 정의된 일축신장에 대한 연신비 $\alpha = L/L'$인데, $L' = L_0(V/V_0)^{1/3} = V^{1/3}$이므로 일정($V$, L)조건에서 α를 T에 편미분하면 0 즉 아래가 된다.

$$(\partial\alpha/\partial T)_{V,L} = (\partial\alpha/\partial T)_{V,\alpha} = 0 \tag{7. 104}$$

이와 같은 배경을 가지고, 식 (7. 102)를 일정(V, L)조건에서 T에 대하여 편미분하면 목적하는 아래결과를 얻는다.

$$\begin{aligned}(\partial\ln(f/T)/\partial T)_{V,L} &= (2/3)\beta_v - d\ln\langle r_f^2 \rangle/dT - \beta_V/3 - \beta_V/3 + 0\\ &= -d\ln\langle r_f^2 \rangle/dT \quad ■\end{aligned}$$

한편 식 (7. 95)와 (7. 100)을 결합하면 아래를 얻는다.

$$(d\ln f/dT)_{V,L} = (d\ln G_0/dT) + \beta_V/3 = T^{-1} - d\ln\langle r_f^2 \rangle/dT \tag{7. 105}$$

혹은

$$(d\ln f/d\ln T)_{V,L} = (d\ln G_0/d\ln T) + \beta_V T/3 = 1 - d\ln\langle r_f^2 \rangle/d\ln T \tag{7. 106}$$

이제 고무탄성 힘 f에 대한 (내부)에너지항 f_e의 기여도를 조사해보자. (T, V)계의 고무탄성 방정식 (7. 9)에서 아래가 성립된다.

$$f_e(\equiv (\partial U/\partial L)_{T,V}) = f - T(\partial f/\partial T)_{V,L} \tag{7. 107}$$

이 식과 식 (7. 95)를 결합하면 아래를 얻는다.

$$f_e = f - f(d\ln G_0/d\ln T) - \beta_v Tf/3 \tag{7. 108}$$

또는

$$f_e/f = 1-(d\ln G_0/d\ln T)- \beta_v T/3 \tag{7.109a}$$

$$= d\ln\langle r_f^2\rangle/d\ln T \quad (\because \text{식 } 7.106) \tag{7.109b}$$

한편 문제 4. 1에 주어진 (비섭동)구속회전 사슬의 제곱평균 말단거리 $\langle r^2\rangle_\theta$에 관한 3 회전이성체(RIS)모델(즉, t, g^+, g^- 의 3회전상태만 고려)을 이용한 계산결과인 $\left(d\ln\langle r_\theta^2\rangle/d\ln T\right) = 2\ln\sigma/(2+\sigma)$[여기서 $\ln\sigma = -(u_g - u_t(=0))/kT$로서 온도의존하는 형태에너지항이다]를 1축 신장의 고무탄성에 응용[단 $\langle r_\theta^2\rangle \to \langle r_f^2\rangle$으로 둠, 여기서 $\langle r_f^2\rangle$은 가교전의 미연신 자유(가우스) 사슬의 제곱평균 말단거리임]하면 전체 힘 f에 대한 내부에너지 항 f_e의 상대적인 공헌도를 분자론적으로 추정할 수 있다.

다음에는 이 절의 마지막으로 편미분의 사슬법칙 (식 5. 27)이나 가상미분법 (부록 5. 3)을 이용하여 2종류의 중요한 관계식을 유도하고자 한다. 먼저 아래의 (식 7. 110)을 증명해보자.

$$(\partial\ln(f/T)/\partial T)_{P,L} = (\partial\ln(f/T)/\partial T)_{V,L} + (\partial\ln(f/T)/\partial V)_{T,L}(\partial V/\partial T)_{P,L} \tag{7.110}$$

$$= -d\ln\langle r_f^2\rangle/dT - \beta_L(\alpha^3-1)^{-1}$$

단 $\beta_L = V^{-1}(\partial V/\partial T)_{P,L}$ 이다.

증 명 사슬법칙 식 (5. 27)에서 $z\to\ln(f/T)$, $x\to T$, $u\to P$, $y\to V$ 두면 식 (7. 110)의 첫 번째 등호가 성립된다. 그런데 고무탄성에 대한 가우스 모델의 일축신장에 관한 힘의 공식 (7. 69a)에서 $G_N = \mathcal{F} NkT$, $\mathcal{F} = \langle r_0^2\rangle/\langle r_f^2\rangle$ (식 7. 61)를 대입하고, 양변을 T를 나누고 이의 log를 취하면 아래가 된다.

$$\ln(f/T) = \ln(A_\phi Nk) + \ln\langle r_0^2\rangle - \ln\langle r_f^2\rangle - \ln L_0 + \ln\left(\lambda - (V/V_0)\lambda^{-2}\right) \tag{7.111}$$

그런데 일정(T, L)조건에서 부피 V에 대해 편미분을 취하면 우편의 첫 번째 항은 물론, $\langle r_0^2\rangle = const.V_0^{2/3}$, $L_0 = V_0^{1/3}$ 및 $\langle r_f^2\rangle$항도 모두 0이 된다($\because\langle r_f^2\rangle$이나 V_0은 온도 T만의 함수). 그리고 $\lambda = L/L_0$이므로 역시 편미분이 0이 되어 아래식이 성립된다.

$$(\partial\ln(f/T)/\partial V)_{T,L} = (\partial\ln(f/T)/\partial V)_{T,\lambda} \quad (\because (\partial\lambda/\partial V)_{T,L} = 0) \tag{7.112}$$

그러면 식 (7. 110)의 우편에서 첫 번째 항은 식 (7. 100)에 의하여 $-d\ln\langle r_f^2\rangle/dT$가 된다. 그리고 우편의 두 번째 항에서 $(\partial V/\partial T)_{P,L} = V\beta_L$ (식 7. 90)가 된다. 다음으로

식 (7. 111)의 우편을 일정(T, L)조건에서 V에 대해 편미분을 행하여 0이 되지 않는 항은 아래 밖에 없다. 즉

$$[\partial \ln(f/T)/\partial V]_{T,L} = \left[\partial \ln\left(\lambda - (V/V_0)\lambda^{-2}\right)/\partial V\right]_{T,\lambda}$$

$$= -\left(\lambda^{-2}/V_0\right)/\left(\lambda - (V/V_0)\lambda^{-2}\right) = -V^{-1}/\left(\alpha^3 - 1\right) \quad (7.113)$$

($\because \lambda = (V/V_0)^{1/3}\alpha$ 대입)

따라서 식 (7. 110)의 우편은 아래와 같이 요구하는 결과를 준다.

$$(\partial \ln(f/T)/\partial T)_{P,L} = -d\ln\langle r_f^2\rangle/dT - \beta_L V \cdot V^{-1}/(\alpha^3 - 1) = -d\ln\langle r_f^2\rangle/dT - \beta_L(\alpha^3-1)^{-1}$$

[별해 : 1축 신장 힘에 관한 식 (7. 69a)대신 (7. 69b)로부터 출발하여 얻어진 식 (7. 102)에 대하여 일정(T, L)조건에서 V에 대해 편미분을 행하여 없어지지 않는 항은 V 및 α포함 항이다. 특히 $\alpha = L/L' = L/V^{1/3}$(그림 7. 7)이므로 아래 관계가 성립된다.

$$(\partial\alpha/\partial V)_{T,L} = -(1/3)LV^{-4/3} = -(1/3)\alpha V^{-1} \quad (7.114)$$

이를 이용하여 $(\partial \ln(f/T)/\partial V)_{T,L}$를 구하면 아래와 같다(단 $\langle r_f^2\rangle$, $\langle r_0^2\rangle$, V_0항 등은 편미분에 대하여 0이 됨).

$$(\partial \ln(f/T)/\partial V)_{T,L} = 1/3V + (\partial\alpha/\partial V)_{T,L}(\partial \ln(\alpha - \alpha^{-2})/\partial\alpha)_{T,L}$$

$$= -V^{-1}(\alpha^3 - 1)^{-1}$$ 가 되어 같은 결과를 준다.] ■

다음에는 편미분의 사슬법칙에서 아래의 중요한 관계식도 성립된다.

$$(\partial \ln(f/T)/\partial T)_{P,\alpha} = (\partial \ln(f/T)/\partial T)_{V,\alpha} + (\partial \ln(f/T)/\partial V)_{T,\alpha}(\partial V/\partial T)_{P,\alpha} \quad (7.115)$$

$$= -d\ln\langle r_f^2\rangle/dT + \beta_\alpha/3$$

단 $\beta_\alpha = V^{-1}(\partial V/\partial T)_{P,\alpha}$ (식 7. 90)이다.

증 명 이 또한 사슬법칙 식 (5. 27)에서 앞의 경우와 마찬가지로 첫 번째 등호관계가 성립된다. 그리고 두 번째 등호의 첫 번째 항은 식 (7. 100)에서 성립된다. 또 $(\partial V/\partial T)_{P,\alpha} = V\beta_\alpha$ (정의식 7. 90)가 된다. 한편 일축신장에 대한 힘 f에 관한 식 (7. 69b)에서 얻어지는 관계식 (식 7. 102)를 일정(T, α)조건에서 U에 대해 편미분하면 오직 아래의 한 개의 항만이

남는다 (∵이 조건에서 $\langle r_f^2 \rangle$, $\langle r_0^2 \rangle$, V_0, α 등은 모두 상수가 되므로).

$$(\partial \ln(f/T)/\partial V)_{T,\alpha} = 1/3V \tag{7.116}$$

따라서 최종적으로 식 (7.115)의 우편은 목적하는 대로 아래식이 된다.

$$(\partial \ln(f/T)/\partial T)_{P,\alpha} = -d\ln\langle r_f^2 \rangle/dT + V\beta_\alpha/3V = -d\ln\langle r_f^2 \rangle/dT + \beta_\alpha/3 \quad ■$$

특히 식 (7.115)에서 아래의 유용한 관계식을 얻는다.

$$(\partial f/\partial T)_{P,\alpha} = (\partial f/\partial T)_{V,L} + f\beta_\alpha/3 \tag{7.117}$$

증 명 식 (7.115)의 첫 번째 등호의 왼편은 전개하면 아래가 된다.

$$(\partial \ln(f/T)/\partial T)_{P,\alpha} = \frac{T}{f}\left(-f/T^2 + T^{-1}(\partial f/\partial T)_{P,\alpha}\right)$$

$$= -T^{-1} + (\partial f/\partial T)_{P,\alpha}/f \tag{7.118}$$

그리고 첫 번째 등호의 우편의 첫째항의 전개는 아래가 된다.

$$(\partial \ln(f/T)/\partial T)_{V,\alpha} = (\partial \ln(f/T)/\partial T)_{V,L} \quad (\because \text{식 } 7.100)$$

$$= \frac{T}{f}\left(-f/T^2 + T^{-1}(\partial f/\partial T)_{V,L}\right) \tag{7.119}$$

$$= -T^{-1} + (\partial f/\partial T)_{V,L}/f$$

그런데 첫 번째 등호의 우편의 둘째 항은 $\beta_\alpha/3$가 된다. 따라서 식 (7.118)과 (7.119)에서 아래의 목적하는 식을 얻는다.

$$(\partial f/\partial T)_{P,\alpha} = (\partial f/\partial T)_{V,L} + f\beta_\alpha/3 \quad ■$$

그런데 실제 고무탄성에 있어서 변형이 그다지 높지 않을 경우(즉 힘 f의 크기가 작을 경우)아래의 근사관계가 성립된다.

$$(\partial f/\partial T)_{P,\alpha} \simeq (\partial f/\partial T)_{V,L} \tag{7.120}$$

7. 4 고무탄성의 연속체이론

7. 4. 1 Mooney–Rivlin 방정식

7. 3절에서 유도한 고무탄성체의 가우스 통계열역학 이론은 고분자사슬의 불규칙 운동과 가교에 의한 회복력에 기초를 두고 있다. 즉 이것은 분자 수준에 기초를 둔 이론이다. 그러나 매우 유사한 방정식이 탄성체를 연속체(continuum)로 보고 순전히 현상학적인 접근방법으로도 구해진다. 이 중 가장 잘 알려진 것이 아래의 비압축성 고무(즉 $V/V_0 \simeq 1$)에 대한 Mooney-Rivlin (M-R)방정식이다.

$$\sigma = 2C_1\left(\lambda - \frac{1}{\lambda^2}\right) + 2C_2\left(1 - \frac{1}{\lambda^3}\right) \tag{7. 121a}$$

여기서 σ는 초기단면적에 대한 힘 즉 공칭응력 σ_0 (식 7. 70)에 해당되며(단 $V/V_0 \simeq 1$ 간주), C_1, C_2는 M-R 계수라고 불린다.

$$\sigma = \left(2C_1 + \frac{2C_2}{\lambda}\right)\left(\lambda - \frac{1}{\lambda^2}\right) \tag{7. 121b}$$

위 식은 부가적인 항을 가지고 있어 통계역학적으로 얻어진 탄성의 상태 방정식 식 (7. 70)의 약점, 즉 그림 7. 8에서 보는 바와 같이 높은 변형(가령 연신비 $\lambda > 6$)에서는 실험과 일치하지 않는 점을 보완하는 것처럼 보인다.

즉 식 (식 7. 70)에 의하면 $\sigma/\left(\lambda - \frac{1}{\lambda^2}\right)$이 상수가 되어야 한다. 그러나 식 (식 7. 121)은 아래에 보는 것과 같이 상수가 아니고 λ에 의존한다.

$$\frac{\sigma}{\left(\lambda - \frac{1}{\lambda^2}\right)} = 2C_1 + \frac{2C_2}{\lambda} \tag{7. 122}$$

위 M-R식에서 환원응력 $[\sigma]\left(\equiv \sigma/(\lambda - \lambda^{-2})\right)$과 λ^{-1}을 플롯하면 아래의 그림 7. 11에 나타낸 바와 같이 기울기 $2C_2$, 절편 $2C_1$인 직선이 됨을 알 수 있다.

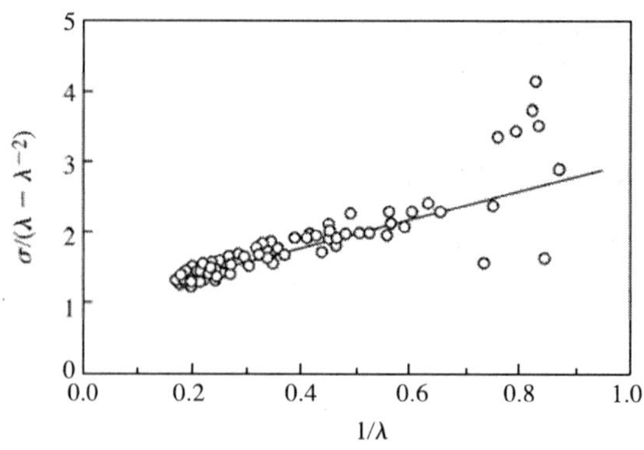

▶ **그림 7. 11** Mooney-Rivlin 식 (7. 122)의 (직선)플롯. λ→1에 가까운 낮은 연신율에서는 실험데이터가 이론식에서 벗어남을 알 수 있다.

위 M-R식의 계수 $2C_1$은 가우스 통계모델에서 얻어진 식 (식 7. 70)과 비교해보면 건조시료에 대한 일축신장시 식 (식 7. 71)로 정의되는 전단탄성계수 G_0에 해당되는 듯하고, 탄성체가 용매에 팽윤이 되면 급격히 값이 감소(나중 참조)하는 것으로 보아 비평형 현상에 기인하여 정해짐을 알 수 있다. 그러나 두 M-R계수 C_1, C_2의 정확한 의미에 대해서는 아직도 뚜렷한 결론을 내리지 못하는 실정이다.

7. 4. 2 일반화된 응력-에너지 함수

지금 (건조)미변형 고무시료를 (주)신장률 $\lambda_i(i=1, 2, 3)$로 표현되는 최종 변형상태로 만들기 위하여 계(시료)의 단위부피당 가해진(non-PV) 일 $W(\lambda_i)$는 나중 탄성회복에 사용될 변형(strain)에너지도 계에 저장되어, 아래 식으로 나타낼 수 있다.

$$W(\lambda_i)=\int_{\lambda_1=1}^{\lambda_1}\sigma_1 d\lambda_1+\int_{\lambda_2=1}^{\lambda_2}\sigma_2 d\lambda_2+\int_{\lambda_3=1}^{\lambda_3}\sigma_3 d\lambda_3 \tag{7. 123}$$

일반적으로 (탄성)변형에너지 함수 W는 앞에서 언급한 바 있는 대칭, 변형텐서 $\Lambda[=\lambda^{-1}\cdot\lambda$, 여기서 $\lambda=\|\partial\chi_i'/\partial\chi_j\|$, χ_j 및 χ_i'는 변형전후의 입자점의 좌표]의 3 스칼라 불변량(invariants) $I_i(i=1,2,3)$의 함수로 아래와 같이 나타내진다.

$$\left.\begin{aligned} I_1 &= T_r(\Lambda)=\lambda_1^2+\lambda_2^2+\lambda_3^2 \\ I_1 &= (1/2)\left((T_r\Lambda)^2-T_r(\Lambda^2)\right)=\lambda_1^2\lambda_2^2+\lambda_2^2\lambda_3^2+\lambda_1^2\lambda_3^2 \\ I_1 &= \mathrm{Det}|\Lambda|=\lambda_1^2\lambda_2^2\lambda_3^2=(V/V_0)^2 \end{aligned}\right\} \tag{7. 124}$$

위 식에서 $\lambda_i^2(i=1,2,3)$은 대칭 변형텐서 Λ의 3주(고유)값이다.

만약 위 식에서 부피보존성 변형의 경우 $I_3=1$이 되므로, M-R식에서 W는 아래의 형태를 가진다.

$$W = C_1(I_1-3) + C_2(I_2-3) \tag{7. 125}$$

만약 건조시료에 대한 단순변형(일축신장 혹은 압축)의 경우 식 (7. 124)의 I_1과 I_2항은 아래의 형태를 가진다(그림 7. 7 참조).

$$I_1 = \lambda^2 + 2/\lambda,\ I_2 = 2\lambda + \lambda^{-2} \tag{7. 126}$$

이를 식 (7. 125)에 대입하면 아래가 된다.

$$W = C_1(\lambda^2 + 2/\lambda - 3) + C_2(2\lambda + \lambda^{-2} - 3) \tag{7. 127}$$

식 (7. 123)에서 볼 수 있듯이 초기 단위면적당 힘에 해당하는 공칭응력 $\sigma_0(=f/A_0)$는 $(\partial W/\partial\lambda)_{T,V}$와 같으므로 식 (7. 127)의 미분에서 아래가 얻어진다.

$$\sigma_0 = (\partial W/\partial\lambda)_{T,V} = 2\left(C_1 + C_2\lambda^{-1}\right)\left(\lambda - \lambda^{-2}\right) \tag{7. 128}$$

따라서 Mooney-Rivlin 식 (7. 121)이 증명된다.

한편 그림 7. 9로 나타낸 팽윤시료에 대한 일축신장(혹은 압축)시의 Mooney-Rivlin 식은 아래와 같이 얻어진다. 식 (7. 78)에서 보듯이 팽윤시료에 대한 전단탄성계수(G)는 건조시료에 대한 값보다 $\phi_2^{1/3}$(여기서 ϕ_2는 고분자의 부피분율로서 1보다 작은 값을 가짐)배만큼 작아지는 것과 같은 원리로, 건조시료에 대한 단위체적당 변형에너지 W_d(식 7. 125)보다 팽윤시료에 대한 변형에너지 W_s는 W_d보다 ϕ_2배 만큼 작아져야 하므로 아래식이 성립된다.

$$W_s = \phi_2 W_d = \phi_2\left[C_1(I_{1,s}-3) + C_2(I_{2,s}-3)\right] \tag{7. 129}$$

여기서 1축신장된 건조시료의 3불변량(I_i)에 관한 식 (7. 126)이 팽윤시료의 경우($I_{i,s}$)는 아래와 같이 수정되어야 한다. 즉 식 (7. 126)의 $\lambda(=\lambda_1)$대신 팽윤시료에 대한 그림 7. 9를 참고로 $\Lambda_i = \phi_2^{-1/3}\lambda_i$ 즉 일축신장의 경우는 식 (7. 126)의 λ를 $\phi_2^{-1/3}\lambda_s$(여기서 λ_s는 팽윤시료에 대한 연신비를 의미)로 대체해야 한다. 즉

$$I_{1,s} = \phi_2^{-2/3}\lambda_s^2 + 2\phi_2^{1/3}\lambda_s^{-1},\ I_{2,s} = 2\phi_2^{-1/3}\lambda_s + \phi_2^{2/3}\lambda_s^{-2} \tag{7. 130}$$

이를 식 (7. 129)에 대입하면 아래를 얻는다.

$$W_s = \phi_2\left[C_1\left(\phi_2^{-2/3}\lambda_s^2 + 2\phi_2^{1/3}\lambda_s^{-1} - 3\right) + C_2\left(2\phi_2^{-1/3}\lambda_s + \phi_2^{2/3}\lambda_s^{-2} - 3\right)\right] \tag{7.131}$$

여기서 식 (7. 128)과 유사하게 일축신장된 팽윤시료의 미연신, 팽윤 단위면적당 힘에 해당하는 응력 σ_2는 W_s의 미분을 통하여 아래와 같이 얻어진다.

$$\left.\begin{aligned}\sigma_s(= f/A_{0s}) &= (\partial W_s/\partial\lambda_s)_{T,V} \\ &= 2\phi_2^{1/3}\left[C_1\left(\lambda_s - \lambda_s^{-2}\phi_2\right) + \phi_2^{4/3}C_2\lambda_s^{-1}\left(\lambda_s\phi_2^{-1} - \lambda_s^{-2}\right)\right] \\ &\simeq 2\phi_2^{1/3}\left(C_1 + C_2\phi_2^{4/3}/\lambda_s\right)\left(\lambda_s - \lambda_s^{-2}\right)\end{aligned}\right\}$$

또한 이로부터 초기 미팽윤, 미연신 단위 단면적당 힘에 해당하는 응력 σ_d는 아래와 같이 얻어진다.

$$\begin{aligned}\sigma_d(= f/A_0) &= (A_{0s}/A_0)(f/A_{0s}) = \left(V_{0s}/V_0\right)^{2/3}\sigma_s = \phi_2^{-2/3}\sigma_s \\ &= 2\phi_2^{-1/3}\left(C_1 + C_2\phi_2^{4/3}/\lambda_s\right)\left(\lambda_s - \lambda_s^{-2}\right)\end{aligned} \tag{7.132}$$

위 식에서 $(A_{0s}/A_0) = \left(V_{0s}/V_0\right)^{2/3} = \phi_2^{-2/3}$ (그림 7. 9 참조)가 이용되었다. 그림 7. 12에 팽윤시료의 일축신장에 대한 M-R 식 (7. 133)의 유효성을 검증하기 위하여 $\sigma_d\phi_2^{-1/3}/2\left(\lambda_s - \lambda_s^{-2}\right)$ 대 $\phi_2^{4/3}/\lambda_s$의 플롯을 n-decane 용매계에서 천연고무(NR) 팽윤실험 데이터를 사용하여 나타내었다.

(7. 133)

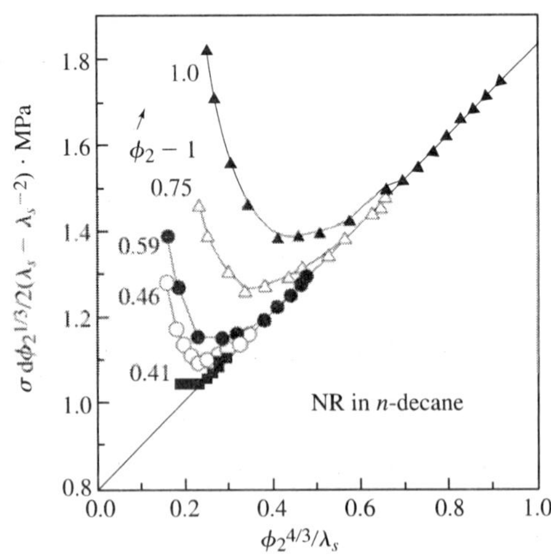

▶ **그림 7. 12** n-decane 용매에서 팽윤된 천연고무(NR)의 일축신장에 대한 M-R 플롯(식 7. 133).

그림 7. 12에서 볼 수 있듯이 팽윤도(즉 ϕ_2값)를 달리하여도 비교적 실험과 잘 일치함을 알 수

있다. 다만 각 팽윤도(또는 ϕ_2값)에서 x축의 값이 작아질수록, 즉 연신비 λ_s가 클수록 직선에서 벗어나 그림이 위로 올라가는 것을 높은 연신에서 일어나는 '변형야기 결정화(strain-induced crystallization)' 현상 때문이라고 생각된다.

7. 5 고무탄성에 영향을 미치는 인자들

앞에서 용매(diluent)에 팽윤(swelling)을 시키면 전단탄성계수가 현저히 감소됨을 확인하였다. 그 외에도 가교점의 기능도(cross-link functionality, ϕ), 망상체내의 결함(network defect), 충진제(filler)의 함유, 변형야기 결정화(strain-induced crystallization)등이 있다. 이에 대하여 이하에서 간단히 설명하겠다.

7. 5. 1 가교점의 기능도

건조시료에 대한 일축신장(혹은 압축)에 있어서 공칭응력 σ_0(식 7. 70)이나 공학응력 σ_t(식 7. 72)에 관한 표현식에 있어서, 전단탄성계수 G_0(식 7. 71)에 포함된 A_ϕ항의 값이 접합아핀 모델의 경우에는 1이나, 환상 모델(phantom network)의 경우에는 $(\phi-2)/\phi$값 (식 7. 63)을 가지므로 비압축성 고무(즉 $V/V_0 \simeq 1$)의 경우에는 공칭응력 σ_0가 아래와 같이 표현된다(단 몰단위로 $k \rightarrow R$로 바꿈).

$$\sigma_0 = (1-2/\phi)\nu_0 RT\left(\langle r_0^2\rangle / \langle r_f^2\rangle\right)(\lambda - \lambda^{-2}) \tag{7. 134}$$

(단 위 식에서 비압축성 고무의 경우에는 그림 7. 7의 $\alpha = \lambda$ 임.)

식 (7. 134)에 의하면 만약 기능도 $\phi = 4$인 경우는 같은 조건에서 환상 모델의 전단탄성계수가 $A_\phi = 1$인 접합아핀의 탄성계수의 반밖에 되지 않는다. 대신 기능도 $\phi \rightarrow \infty$이면 접합아핀의 경우와 같은 탄성계수를 갖는다.

7. 5. 2 망상체 결함영향

건조시료의 일축신장에 대한 접합아핀 모델($A_\phi = 1$)의 응력 σ_0나 σ_t의 표현식에 포함된 전단탄성계수 G_0의 정의식 (7. 71)은 아래가 된다.

$$G_0 = \mathcal{F}\,\nu_0 RT = (\rho RT/M_c)(\langle r_0{}^2 \rangle / \langle r_f{}^2 \rangle) \tag{7. 135}$$

$$\nu_0 = N/V_0 = \rho/M_c \tag{7. 136}$$

이 식에서 ρ는 (건조)시료의 밀도, M_c는 가교점간 분자량, N는 부피 V_0의 (건조)미연신 등방 망상체속에 있는 전체 (유효)탄성사슬의 수이다. 그러나 식 (7. 135) 혹은 (7. 136)은 망상체가 완전(perfect), 즉 그 안에 있는 모든 주사슬(primary chains)들이 탄성응력을 야기시키는데 유효하다는 가정하에 적용되는 식이다. 그러나 그림 7. 13에 나타낸 바와 같이 여러 종류의 망상체 결함이 포함되어 있다.

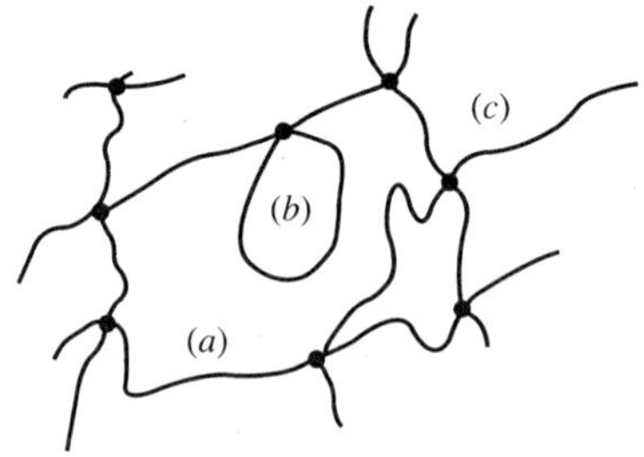

▶ **그림 7. 13** 탄성체 망상구조중 손상구조의 예. (a) 탄성적으로 활성(active)인 사슬, (b) 루프(loop), (c) 달려 있는(dangling) 사슬

그리고, 비록 망상체내 모든 가교점들이 결함이 없는 정상(normal)상태라 할지라도 단위부피의 망상체내에 있는 (가교전의) 분자량$M(>M_c)$을 가진 모든 선형고분자는 탄성응력을 지탱할 수 없는 2개의 양 끝부분을 갖고 있다. 따라서 이와 같은 사슬 양 끝의 결함을 보정하여 식 (7. 135)중의 가교밀도항 ν_0는 탄성적으로 '유효(effective) 가교밀도' ν_e항으로 바뀌어져야 한다.

$$G_0 = \mathcal{F}\,\nu_e RT = RT\left(\frac{\langle r_0^2 \rangle}{\langle r_f^2 \rangle}\right)\left(\frac{\rho}{M_c} - \frac{2\rho}{M}\right) = \frac{\rho RT}{M_c}\left(\frac{\langle r_0^2 \rangle}{\langle r_f^2 \rangle}\right)\left(1 - \frac{2M_c}{M}\right) \tag{7. 137}$$

$$\nu_e = \left(\frac{\rho}{M_c} - \frac{2\rho}{M}\right) = \frac{\rho}{M_c}\left(1 - \frac{2M_c}{M}\right) \tag{7. 138}$$

이와는 반대로 만약 망상체내에 물리적인 가교(physical cross-link)인 분자간 사슬 얽힘(chain entanglement)이 존재한다면 이는 전단탄성계수에 플러스효과를 나타내어 식 (7. 137)에 덧붙여 아래와 같이 나타낼 수 있다.

$$G_0 = \left(\frac{\rho RT}{M_c} + a\right)\left(\frac{\langle r_0^2 \rangle}{\langle r_f^2 \rangle}\right)\left(1 - \frac{2M_c}{M}\right) \tag{7. 139}$$

여기서 a는 사슬 얽힘 효과를 나타내는 상수이다.

7. 5. 3 충진제 영향

고무망상체에서 충진제(filler)의 역할은 매우 중요하다. 가령 자동차 타이어(tire)는 마모저항(wear resistance), 강도(strergth), 탄성계수 등을 향상시킬 목적으로 충진제를 이용한다. 충진제로서는 카본블랙, 산화아연, 탄산칼슘 등이 이용되며, 일반적으로 위의 '강화용(reinforcing)'충진제와 응력유연화(stress softening)작용을 하는 '비강화용(non-reinforcing)'충진제의 두 종류로 분류할 수 있다. 대부분의 충진제는 강화용으로서 강도나 고무탄성을 손상시키지 않으면서 고무의 탄성계수나 강직성(stiffness)을 증가시키는데 사용된다. 이와 같은 딱딱한(hard) 충진제의 함량(부피분율) ϕ_f의 함수로 나타낸 고무의 인장탄성계수(elastic modulus) E에 대한 3가지 대표적 표현식을 아래에 나타낸다.

(Guth−Smallwood 식) $$E_f/E_0 = 1 + 2.5\phi_f + 14.1\phi_f^2 \quad (7.\ 140)$$

(Krieger−Douherty 식) $$E_f/E_0 = \left[1/(1-\phi_f/\phi_m)\right]^{2.5\phi_m} \quad (7.\ 141)$$

(Mooney 식) $$E_f/E_0 = \left[2.5\phi_f/(1-\phi_f/\phi_m)\right] \quad (7.\ 142)$$

위 식들에서 ϕ_f는 충진제의 부피분율이고, 밑첨자 f 및 0는 각각 충진제가 첨가시 및 비첨가시의 고무의 인장탄성계수를 말한다. 그리고 파라미터 ϕ_m은 주어진 충진제의 모양에서 가능한 최대 쌓음(packing)분율을 일컬으며, 만약 랜덤하게 분산된 구상의 충진제의 경우는 $\phi_m = 0.637$을 갖는다.

한편 지금까지 알려진 바로는 충진제 함량이 $\phi_f = 0.3$정도까지의 저함량 경우에는 식 (7. 140)이, 그리고 꽤 높은 함량에서는 식 (7. 141) 및 (7. 142)가 비교적 잘 적용된다.

한편 강화용 목적이 아닌 충진제의 또 다른 효과는 소위 'Mullins 효과'라고 불리우는 응력유연화(stress softening)효과이다. 지금 카본블랙으로 충진된 천연고무(NR)계에 대한 응력(σ) 대 연신비(λ)의 반복(cycle)실험은 나타내는 그림 7. 14를 보면, 첫 번째 사이클에 대한 σ 대 λ의 초기 기울기(즉 탄성계수)값보다 2차, 3차로 반복됨에 따라 초기 기울기가 현저히 낮아지고, 파괴신도(elongation-at-break)는 증가하는 전형적인 응력유연화현상을 보여준다.

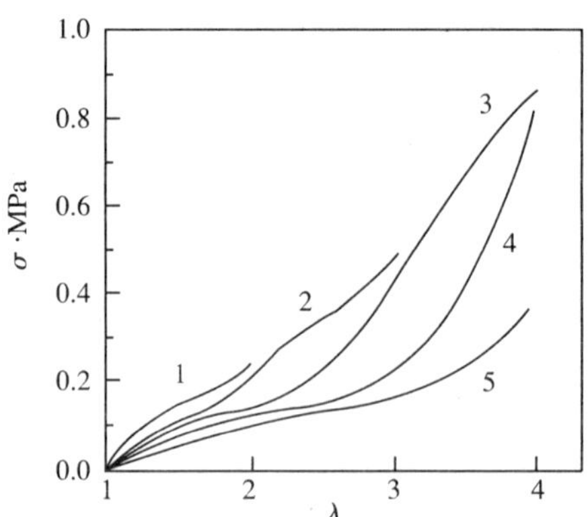

▶ **그림 7. 14** 카본블랙으로 충진된 천연고무(NR)에 대한 응력유연화(Mullins)효과를 보여주는 그림. 그림 중의 숫자는 응력(σ) 대 연신비(λ)의 반복된 실험의 사이클 수를 의미함.

이와 같은 Mullins효과를 분자론적으로 해석하는 Bueche에 의한 간단한 모형이 그림 7. 15에 나타나있다.

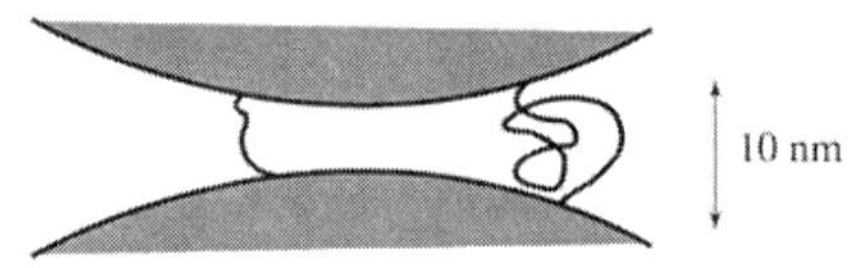

▶ **그림 7. 15** 충진제 입자에 붙어있는 고분자사슬의 모식도

그림 7. 15로 나타낸 Bueche의 해석에 의하면, 강화용 충진제로 충진된 고무가 첫 번째 사이클에서 응력에 의한 변형을 받은 후 사슬의 일부는 완화(relaxed)되나, 나머지는 이미 상당히 연신되어 있을 것이다. 이를 두 번째 사이클에서 다시 잡아당기면 이미 늘어난 사슬은 최대 신장에 도달했다가 그 중 일부는 충진제로부터 떨어지거나 파괴될 수도 있다. 따라서 이들 파괴된 고분자사슬은 탄성응력을 지탱할 수가 없어서 강직도(혹은 탄성계수)의 저하를 가져오게 된다. 계속 반복된 실험을 하면 더욱 강직도가 감소되어 Mullins의 응력유연화현상을 일으키게 된다. 그러나 이렇게 응력유연화된 고무를 고온에서 가열(annealing)하면 다시 강직도가 높은 원상상태로 회복(healing)이 가능할 것이다.

7. 5. 4 변형야기 결정화효과

만약 고무망상체를 어느 한 방향으로 잡아당기면, 다른 옆(lateral) 방향보다 잡아당기는(stretching) 방향으로 배향(orientation)을 하게 되어 방향에 따라 강직도가 달라지는 이방성(anisotropy)을 나타낸다. 이렇게 더 잘 배향된 사슬들도 규칙도를 갖게 되어 미결정(crystallites)을 형성하게 되고, 이들 미결정들은 이웃의 망상체 내의 다른 사슬들과 연결(tie)하여 부가적인 (물리적)가교효과를 나타내게 된다. 이 가교효과의 증대가 σ 대 λ인 인장실험곡선에서 처음보다 상당히 증가된 기울기 즉 높은 탄성계수(E)값을 갖게 된다. 가령 인장시험 전의 대부분의 고무의 E값은 실온에서 10^6 Pa정도인데, 변형야기 결정화가 일어난 경우의 E값은 10^{11} Pa 정도로 추산된다. 이와 같은 탄성계수의 급격한 증가는 변형야기 결정화에서 생긴 미결정들이 앞절의 탄성응력을 지탱해주는 강화용 충진제로서 작용하기 때문이라고 생각된다.

아래의 그림 7.16에서는 두 개의 다른 온도에서의 천연고무(NR)의 응력(σ)-변형(λ)곡선을 나타낸다.

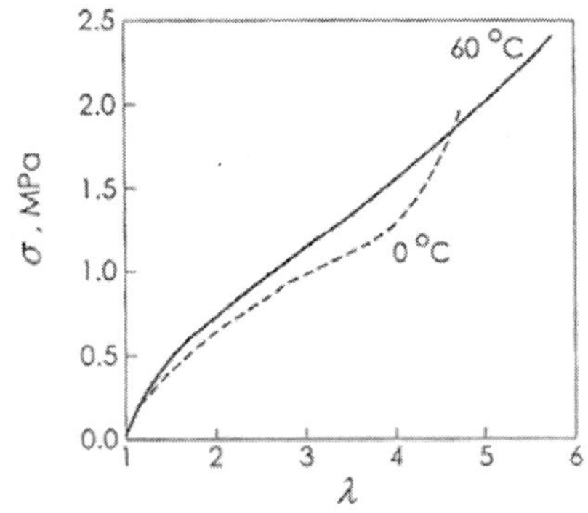

▶ **그림 7.16** 0℃와 60℃의 천연고무의 응력(σ) 대 변형(연신비)(λ)곡선. 0℃경우 $\lambda > 3$에서 응력(또는 기울기)의 급격한 상승은 '변형야기 결정화'에 기인된다.

그림 7.16을 보면 0℃의 경우, 연신비 $\lambda > 3$에서 급격한 탄성응력의 증가(또는 기울기인 탄성계수의 증가)를 보여주는 변형야기 결정화 현상이 관측된다. 그러나 60℃에서는 이와 같은 현상이 별로 관측되지 않는 것(X-선 측정에서도 결정화 피크가 거의 보이지 않음)은 고온에서 망상체 내 고분자 사슬들의 한정된 신장성(finite extensibility)이 기인된다고 추정된다.

7.6 팽윤고무에 대한 Flory-Rehner 식

만약 등온, 등압에서 건조(등방)상태의 부피 V_0 고무망상체 내부로 용매(diluent)가 침투하여 팽윤평형에 도달(즉 망상체 안과 밖의 용매의 화학퍼텐셜 μ_1이 같아짐)했다고 하자. 이 때 팽윤고무의 (등방성)부피는 $V_{0s}[= V_0 + n_1 \overline{V}_1$, 여기서 $\overline{V}_1$는 용매의 (부분)몰부피, n_1은 팽윤평형에 도달했을 때의 망상체 내에 있는 용매의 부피]이고, 고분자의 부피분율 $\phi_2(= V_0/V_{0s})$라면 7.3.4절의 고무단성에 대한 가우스 통계역학적 모델 (식 7.60) 중 접합아핀(junction affine)모델을 이용(단이 때 가교점의 기능도 $\phi = 4$로 간주, 따라서 $A_\phi = 1$, $B_\phi = 1/2$이 됨)하여 팽윤 평형상태의 관계식을 구하면 아래의 'Flory-Rehner'식이 성립된다.

$$-\left[\ln(1-\phi_2)+\phi_2+\chi\phi_2^2\right] = \nu_0 \overline{V}_1\left(\phi_2^{1/3}-\phi_2/2\right) \tag{7. 143}$$

여기서 χ는 5장에서 논의한 고분자-용매간의 상호작용(Gibbs 자유에너지)파라미터(농도 무관 가정), ν_0는 식 (7. 136)의 (유효)가교밀도이다.

증 명 열역학적 제2법칙에 의하면 팽윤평형이 도달하였을 때는 (팽윤된)망상체 내부(μ_1)와 바깥($\mu_1^{\square}$)에 있는 용매의 화학퍼텐셜이 같아야 한다. 그런데 내부에 있는 화학퍼텐셜 μ_1은 다시 용매가 망상체 내로 들어와서 고분자와 용매의 혼합에 의한 Gibbs 자유 에너지항 ΔG_m과 혼합 후 망상체가 부피팽윤도 $V_{0s}/V_0 = \phi_2^{-1}$로 등방 탄성팽윤될 때의 탄성 Gibbs 자유에너지항 ΔG_{el}(단 이 때 식 7. 60의 연신비 $\lambda_1 = \lambda_2 = \lambda_3 = \left(V_{0s}/V_0\right)^{1/3} = \phi_2^{-1/3}$를 대입이 필요, 그림 7. 9 참조)의 두 기여로부터 생긴다.

이 때 $\Delta\mu_1 = \left(\partial\Delta G/\partial n_1\right)_{P,T,n_2}$의 정의로부터 아래의 평형관계가 성립된다.

$$\left(\partial\Delta G/\partial n_1\right)_{P,T,n_2} = \left[\partial(\Delta G_m + \partial\Delta G_{el})/\partial n_1\right]_{P,T,n_2} = \Delta\mu_{1,m} + \Delta\mu_{1,el} = 0 \tag{7. 144}$$

여기서 혼합에 의한 용매의 화학퍼텐셜 $\Delta\mu_{1,m}$은 식 (5. 125)를 취한다. 그러나 단 고분자의 크기를 나타내는 $r\left(=\overline{V}_2/\overline{V}_1\right)\to\infty$로 간주(즉 $1/r\to 0$)한다. 즉

$$\Delta\mu_{1,m} = RT\left(\ln\phi_1+\phi_2+\chi\phi_2^2\right) \tag{7. 145}$$

한편 용매에 의한 등방 팽윤 탄성변화에 따른 Gibbs 자유에너지 변화 $\Delta G_{el}\left[=\Delta A_{el}+\Delta(PV)_{el}\right]\simeq\Delta A_{el}$로 간주하고, $\Delta A_{el}\left(\simeq -T\Delta S_{el}\right)$항으로서 가교점의 기능도 $\phi = 4$인 접합아핀 모델($A_\phi = 1$, $B_\phi = 1/2$)의 식 (7. 60)을 이용하면 아래가 성립된다[단 $\lambda_1 = \lambda_2 = \lambda_3$ 항에 $\left(V_{0s}/V_0\right)^{1/3} = \phi_2^{-1/3}$를 대입하고, 선행인자 $\mathcal{J}\simeq 1$, $N = \nu_0 V_0$(식 7. 71), $kT\to RT$, $\lambda_1\lambda_2\lambda_3\to V_{0s}/V_0\left(=\phi_2^{-1}\right)$를 이용한다].

$$\Delta G_{el}\simeq\Delta A_{el} = \left(V_0\nu_0 RT/2\right)\left[3\left(\phi_2^{-2/3}-1\right)+\ln\phi_2\right] \tag{7. 146}$$

다음에는 팽윤평형에 도달했을 때의 ϕ_2를 n_1에 대해 편미분하면 아래 관계가 성립된다.

$$\left.\begin{aligned}(\partial\phi_2/\partial n_1)_{P,T,n_2} &= [\partial(V_0/V_{0s})/\partial n_1]_{n_2} = \{\partial[V_0/(V_0+n_1\overline{V}_1)]/\partial n_1\}_{n_2}\\ &= -V_0\overline{V}_1/V_{0s}^2 = -\phi_2^2\overline{V}_1/V_0\end{aligned}\right\} \quad (7.147)$$

이를 이용하여 식 (7. 146)을 n_1에 대해 편미분하면 아래와 같이 $\Delta\mu_{1,el}$에 관한 식을 얻는다.

$$\left.\begin{aligned}\Delta\mu_{1,el}&\left[=(\partial\Delta G_{el}/\partial n_1)_{P,T,n_2}\right]\\ &= (V_0\nu_0 RT/2)\cdot(\partial\phi_2/\partial n_1)_{n_2}\{-2\phi_2^{-5/3}+1/\phi_2\}\\ &= \overline{V}_1\nu_0 RT(\phi_2^{1/3}-\phi_2/2)\end{aligned}\right\} \quad (7.148)$$

따라서 식 (7. 145)와 (7. 148)을 식 (7. 144)에 대입하면 아래의 목적하는 관계식을 얻는다.

$$-[\ln\phi_1+\phi_2+\chi\phi_2^2] = \nu_0\overline{V}_1(\phi_2^{1/3}-\phi_2/2) \quad ■$$

Flory-Rehner 식은 만약 상호작용 파라미터 χ값을 알면, 망상체의 가교밀도 $\nu_0(=\rho/M_c)$ 나아가, 가교점간의 분자량 M_c, 또는 전단 탄성계수 G_0값을 알 수 있으며, 반대로 가교밀도 ν_0를 알면 χ 파라미터 값을 알 수 있는 매우 중요한 관계식이다.

예제 7.5

만약 poly(butadiene-stat-styrene) 고무망상체가 25℃ 의 용매 톨루엔 속에서 4.8배로 (평형)부피팽윤(즉 $V_{0s}/V_0=\phi_2^{-1}=4.8$)되었다면, 이 때의 고무의 인장(Young) 탄성계수는 얼마인가? 단, 상호작용 파라미터 $\chi=0.39$이고, 톨루엔 밀도(ρ_1)는 0.8669 g/cm3, (몰)분자량은 92 g/mol이다.

풀이 용매의 몰부피 $\overline{V}_1=M_1/\rho_1=92\ \text{g/mol}/0.8669\ \text{g/m}^3=106\ \text{cm}^3/\text{mol}$. 그리고 고분자의 부피분율 $\phi_2=V_0/V_{0s}=1/4.8=0.208$. 이 값들은 Flory-Rehner 식 (7. 143)에 대입하면 가교밀도 $\nu_0(=\rho/M_c)$값을 아래에 얻는다.

$$\begin{aligned}\nu_0 &= -[\ln\phi_1+\phi_2+\chi\phi_2^2]/\overline{V}_1(\phi_2^{1/3}-\phi_2/2)\\ &= -[\ln(1-0.208)+0.208+0.39\times 0.208^2]/(106\ \text{cm}^3/\text{mol})\{0.208^{1/3}-0.208/2\}\\ &= 1.5\times 10^{-4}\ \text{mol/cm}^3\end{aligned}$$

여기서 인장(Young) 탄성계수 $E(=3G_0)$는 식 (7. 54) 또는 식 (7. 71)에서 선행인자 $\mathcal{J} \simeq 1$, $kT \to RT$로 두어 계산하면 아래와 같다.

$$E(=3G_0) = 3\nu_0 RT = 3 \times 1.5 \times 10^{-4}\,(\mathrm{mol/cm^3}) \times 8.31 \times 10^7\,(\mathrm{dyne \cdot cm/mol \cdot K}) \times 298\,(\mathrm{K})$$
$$= 1.1 \times 10^7\ \mathrm{dyne/cm^2} = 1.1\ \mathrm{MPa}$$

단 계산에서 $1\ \mathrm{J} = 10^7\ \mathrm{erg} = 10^7\ \mathrm{dyne \cdot cm}$, $1\ \mathrm{Pa} = 1\ \mathrm{N/m^2}$, $1\ \mathrm{N} = 10^5\ \mathrm{dyne}$, $1\ \mathrm{MPa} = 10^7\ \mathrm{dyne/cm^2}$ 를 이용하였다.

7. 7 고분자에서 젤화(gelation) 현상

고분자에서 젤화(gelation)는 여러 가지 방법, 즉 온도변화(특히 단백질의 젤화과정에 매우 중요함), 가교제를 이용한 중합반응, 블록 공중합체의 상분리, 이오노머(ionomer) 형성, 심지어 결정화 등을 통하여 이루어질 수 있다. 그와 같은 물질은 크게 열가역성(thermoreversible) 물리적 가교(physical cross-link)와 열경화성수지(thermoset)와 같은 비가역적인 화학가교(chemical cross-link)의 두 종류로 나누어진다.

물리적 가교인 경우는 '쌍극자-쌍극자(dipole-dipole) 상호작용이나 약간의 결정화도 등에 의하여 야기될 수 있으며, 주어진 용매계에서 시간, 온도, 압력에 의존되며, 대부분의 경우 열가역성으로서 고온에서는 물리젤의 결합이 깨지고, 저온에서는 다시 형성된다.

반면에 공유결합에 의한 화학적 가교의 좋은 예로서, 가교제를 이용하여 액상에서 중합반응이 개시되어 고체 성격을 갖는 가교점에 도달하게 되면 점도가 무한대가 되고, 평형상태의 탄성계수 0부터 급격히 증가하기 시작한다. 또한 동적 점탄성 실험에서는 가교점을 전후로 손실계수인 G'' 값보다 저장계수인 G'값이 커지는 역전 현상(이는 각진동수 ω나 온도에는 무관)이 일어나게 된다. 또한 화학가교의 또 다른 중요 예로서 친수기(hydrophilic group)인 -OH, -COOH, -$CONH_2$ 등을 가진 고분자의 물속에서의 가교반응을 통해 얻어진 수화젤(hydrogel)은 자기 체적보다 훨씬 더 많은 (평형상태의)물을 함유할 수 있으며, 특히 많은 이온성 수화젤의 경우 온도, pH, 전압 등의 외적인 자극에 의해 부피 불연속의 가역적인 1차 전이를 수반한다. 이에 대한 이론은 본절에서 언급한 고무탄성이론에 매우 유효하게 사용되나 지면 관계상 여기에서 줄이겠다.

7. 8 결정화 가능한 고무의 융점에 관한 변형의 영향

대부분의 탄성체는 사용 시 비결정성(amorphous)이다. 사실 결정화도는 고무 탄성특성을 저해한다. 그러나 cis-폴리이소프렌(천연고무, NR), cis-폴리부타디엔, cis-폴리클로로프렌 등과 같은 몇몇 고무 탄성체는 7. 5. 4절에 설명한 바와 같이 연신(extension)과 같은 변형 중 결정화가 일어나서 결정융점(crystalline melting point)을 갖게 된다.

그와 같은 현상은 실제 공학적 응용에 있어서 큰 중요성을 가진다. 가령 자동차 (고무)타이어가 주행 중 도로와의 (회전)마찰에 의하여 타이어 실(thread)이 마모손실 되어 떨어져 나간다. 이 때 작은 파편(shreds)들이 타이어 한 쪽 끝에 매달려 주행 중 계속 변형을 받아 결국 고무타이어를 찢어지게 할 것이다. 이 때 만약 고무가 신장변형에 의한 결정화를 수반한다면 그것은 자체 강화(self-reinforcing)효과를 갖게 되어, 마모(failure)현상을 상당부분 지연시킬 것이다. 그러다가 만약 변형이 느슨하게 되면, 신장과정에 생긴 미결정(crystallite)들은 녹아, 고무를 다시 원래의 비정성의 탄성을 (가역적으로)갖게 만든다.

이와 같은 (신장)변형야기에 의한 결정화로 인하여 결정화 가능한 고무의 융점(T_f) 상승에 관한 이론은 열역학 평형조건인 연신된 비정고무상의 화학퍼텐셜(μ^a)과 결정상의 화학퍼텐셜(μ^c)를 같게 두어 아래의 유용한 관계식을 얻는다.

$$\frac{1}{T_f} = \frac{1}{T_f^\circ} - \frac{R}{2n\Delta h_{f,u}}\left(\lambda^2 + \frac{2}{\lambda} - 3\right) \tag{7. 149}$$

위 식에서 T_f 및 T_f° 은 각각 변형된(비정상) 고무 및 미변형된(결정상) 고무의 융점이며, λ는 연신비(L/L_0), n은 망상체 내의 한 개의 고분자 (탄성)사슬의 중합도(혹은 분절의 수)이며, $\Delta h_{f,u}(= \Delta H_f/n)$는 1개의 분절(mer)당 용융엔탈피($> 0$)이다.

증 명 비정상 고무가 (신장)변형에 의해 결정화가 된다면, 이 때 두 독립상 즉 연신된 비정 고무상과 미연신된 결정 고무상이 평형공존하게 되어 아래의 평형조건이 성립된다.

$$\mu^a = \mu^c \tag{7. 150}$$

여기서 μ^a 및 μ^c는 각각 연신된 비정상 및 미연신 결정상의 (고분자의)화학퍼텐셜이다. 그런데 원래 혼합물 중의 i성분의 화학퍼텐셜의 정의식인 $\mu_i\left[= \left(\partial G/\partial n_i\right)_{P,\,T,\,n_{j\neq i}}\right]$(식 5. 66)에서 본 문제의 경우는 용매가 없는 순수 고분자 성분만 해당되므로 첨자 2를 생략하고, 그냥 $\mu = (\partial G/\partial n) = G/n$으로 쓸 수 있다.

그래서 비정고무의 (일축)신장에 의한 Gibbs 자유에너지 변화를 나타내는 μ^a는, 비압축

$(V/V_0 \simeq 1)$, 선행인자 $\mathcal{J} \simeq 1$의 가정 하에 접합아핀 모델($A_\phi = 1$)의 $\Delta A_{el}(\simeq \Delta G_{el})$의 항 (7. 68a)를 사용하여 아래와 같이 나타내진다(단 $kT \rightarrow RT$로 바꿈).

$$\mu^a = (\partial G/\partial N)_{P,T} \simeq (\partial \Delta A_{el}/\partial N)_{T,V} = (RT/2)(\lambda^2 + 2\lambda^{-1} - 3) \tag{7. 151}$$

단 위 식에서 부피 V_0의 망상체 내의 고분자 사슬의 (몰)수 $n_2 = N$인 것을 이용하였다. 그리고 가교밀도 $\nu_0 = \rho/M_c$이다.

여기서 식 (7. 150)의 양변의 전미분을 취하면 아래가 성립된다.

$$d\mu^a = d\mu^c \tag{7. 152}$$

그런데 $\mu^a = \mu^a(T, P, \lambda)$, $\mu^c = \mu^c(T, P)$ 이점과 식 (5. 8)의 (T, P)계의 Gibbs 자유에너지 G의 전미분 식에서 non-PV일 $\delta w_e = 0$ 두고, 양변을 고분자사슬의 몰수인 $n_2(= N)$으로 편미분하고, 등압$(dP = 0)$조건을 취하면 고분자의 화학퍼텐셜(μ)의 전미분식을 아래와 같이 얻는다.

$$-\bar{S}^a dT + (\partial\mu^a/\partial\lambda)_{T,P} d\lambda = -\bar{S}^c dT \tag{7. 153}$$

그런데 식 (7. 151)을 λ에 대해 편미분하면 아래를 얻는다.

$$(\partial\mu^a/\partial\lambda)_{T,P} = RT(\lambda - \lambda^{-2}) \tag{7. 154}$$

또한 비정상과 결정상 사이의 용융평형에 관한 아래식이 성립된다.

$$\bar{S}^a - \bar{S}^c = \Delta\bar{S}_f \simeq \Delta\bar{H}_f/T \tag{7. 155}$$

단 위 식의 두 번째 항등관계는 용융평형에서 (몰)Gibbs 자유에너지 변화는 0 즉 아래관계를 이용하였다.

$$\Delta\bar{G}_f(= \Delta\mu_f) = \Delta\bar{H}_f - T\Delta\bar{S}_f \simeq 0 \tag{7. 156}$$

여기서 식 (7. 154)와 (7. 155)를 식 (7. 153)에 대입하면 아래를 얻는다.

$$\Delta\bar{S}_f dT = (\Delta\bar{H}_f/T)dT = RT(\lambda - \lambda^{-2})d\lambda \tag{7. 157}$$

위 식의 양변을 연신비 $\lambda = 1$(이때 융점 $T = T_f^\circ$)에서 $\lambda = \lambda$(이때 융점 $T = T_f$)까지 적분을 행하면(단 관련된 융점변화가 크지 않을 경우에 (몰)용융엔탈피 $\Delta\bar{H}_f$는 상수로 간주) 아래의 식을 얻는다.

$$\Delta \overline{H}_f \int_{T_f^\circ}^{T_f} (1/T^2)dT = R\int_1^\lambda (\lambda - \lambda^{-2})d\lambda \tag{7. 158}$$

적분을 행하면 아래와 같이 원하는 식을 얻는다(단 $\Delta \overline{H}_f = n\Delta h_{f,u}$ 대입).

$$1/T_f - 1/T_f^\circ = -\frac{R}{2n\Delta h_{f,u}}(\lambda^2 + 2/\lambda - 3) \quad ■$$

위 식을 보면 x축에 $(\lambda^2 + 2/\lambda - 3)$, y축에 $1/T_f$을 플롯하면 직선의 기울기 및 절편에서 각각 $\Delta \overline{H}_f(= n\Delta h_{f,u})$ 및 T_f°을 얻을 수 있다. 그런데 기울기는 음이 되므로 ($\because \Delta h_{f,u} > 0$)$x$축 값이 클수록 즉 연신비 λ가 클수록 y값은 작아지고, 대신 연신된 비정상 고무의 융점 T_f는 증가하게 되어 통상의 용매(diluent)에 의한 결정상의 융점강하와는 반대로 신장변형에 의한 융점상승효과를 일으킨다. 이는 7. 5. 4절에 언급한 연신비의 증가에 따른 '변형야기 결정화'에 의해 미결정(crystallites)의 수가 많아지고 결정이 두꺼워져 융점이 상승하는 것으로 생각된다. 실제로 n 및 $\Delta h_{f,u}$값이 각각 731,000 cal/mol 과 372,000 cal/mol 인 천연고무(NR)와 폴리클로로프렌의 두 결정성고무에 대하여 실험데이터를 위 식에 'curve-fitting'시켜 얻은 결과를 그림 7. 17에 나타내었다.

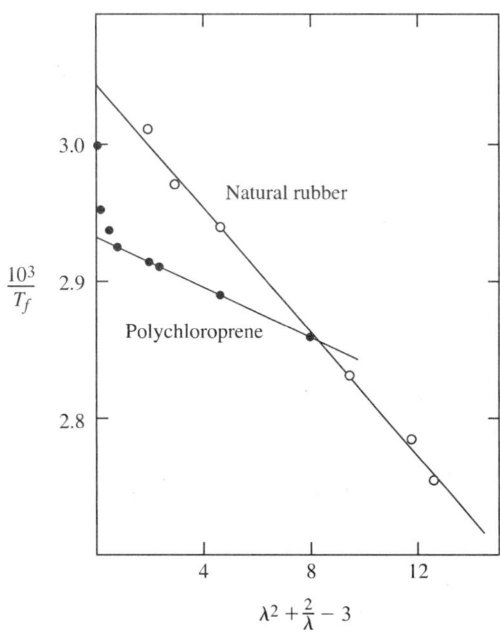

▶ **그림 7. 17** 위 그림에서 볼 수 있듯이 2 고무시료 모두 직선이 얻어지므루 위 식의 타당성을 뒷받침하며, 특히 천연고무가 연신에 따라 더 빨리 융점상승이 일어나는 것으로 보아 천연고무내의 극성기에 의해 변형야기 결정화가 더 잘 일어나는 것으로 추측된다.

연습문제

7.1 고무를 (1축)신장시킬 때 인장힘 f와 온도 T사이에 $f = cT(c > 0)$관계가 성립되려면 다음의 두 식이 성립되어야 함을 증명하라.

$$\left(\frac{\partial U}{\partial L}\right)_{T,V} = 0 \tag{1}$$

$$\left(\frac{\partial S}{\partial L}\right)_{T,V} < 0 \tag{2}$$

풀이

주어진 문제에서 $f = cT(c > 0)$로부터 힘과 온도의 실험 곡선의 기울기 $\left(\frac{\partial f}{\partial T}\right)_{L,V} = c(> 0)$이 된다. 따라서 (T, V)계의 고무 상태방정식 (7.9)에서 에너지항 $f_e[=(\partial U/\partial L)_{T,V}]$는 아래가 된다.

$$\left(\frac{\partial U}{\partial L}\right)_{T,V} = f - T\left(\frac{\partial f}{\partial T}\right)_{V,L} = f - cT = 0 \tag{1}$$

그런데 상태함수 $dA(T,\ V,\ L)$에 대한 Maxwell 역관계식 (7.6)에서

$$\left(\frac{\partial S}{\partial L}\right)_{T,V} = -\left(\frac{\partial f}{\partial T}\right)_{V,L} = -c < 0\ (\because c > 0) \tag{2}$$

가 되어 증명된다.

7.2 (a) 고무를 급격히 신장했을 때(단열과정으로 간주)는 고무의 온도가 상승(즉 흡열)하고, (b) 천천히 신장 시(등온과정으로 간주)는 고무로부터 발열(즉 고무는 냉각)됨을 설명하라. 단 정압신장 시 정압비열 $C_{P,L} = (\partial H/\partial T)_{P,L} = T(\partial S/\partial T)_{P,L}$ (식 5.44)인 것과 변형이 아주 작은 경우를 제외하고서는 f 대 T 실험곡선의 기울기 $(\partial f/\partial T)_{P,L} > 0$(그림 7.3)을 이용하여라.

풀이

(a) 이 경우는 단열적 즉 $\delta q_{rev} = TdS = 0$이 되어 일정 엔트로피과정에 속한다. 고무신장 시의 가역의 Gibbs 자유에너지 변화(식 7.4)는

$$dG = -SdT + VdP + fdL$$

이므로 아래의 Maxwell 역관계 (식 7.8)가 성립된다.

$$\frac{\partial^2 G}{\partial T \partial L} = -\left(\frac{\partial S}{\partial L}\right)_{T,P} = \left(\frac{\partial f}{\partial T}\right)_{P,L} \tag{1}$$

따라서 단열과정의 등압 신장 시 (상태함수인)엔트로피 변화 $dS_P(T, L)$는 아래와 같이 나타내진다.

$$\left.\begin{aligned} dS_P(T, L) &= \left(\frac{\partial S}{\partial T}\right)_{P,L} dT + \left(\frac{\partial S}{\partial L}\right)_{P,T} dL \\ &= \frac{C_{P,L}}{T} dT - \left(\frac{\partial f}{\partial T}\right)_{P,L} dL = 0 \end{aligned}\right\} \tag{2}$$

식 (2)에서 관련된 단열(등 엔트로피)과정에 대한 온도 변화($(dT)_S$)는 아래와 같이 된다.

$$(dT)_S = \frac{T}{C_{P,L}}\left(\frac{\partial f}{\partial T}\right)_{P,L} dL \tag{3}$$

이 식에 $T > 0$, $dL > 0$(∵ 신장 시), $C_{P,L} > 0$, $(\partial f/\partial T)_{P,L} > 0$의 조건을 대입하면

$$(dT)_S > 0 \tag{4}$$

되어, 급격히 신장했을 경우의 계(고무)의 온도는 증가(즉 흡열)한다. 이 현상을 줄(Joule)효과라 하며, $(\partial f/\partial T)_{P,L} = -(\partial S/\partial L)_{T,P}$에서 기울기 $(\partial f/\partial T)_{P,L} > 0$이면 $(\partial S/\partial L)_{T,P} < 0$되어 신상 시 엔트로피가 감소되는 전형적인 '엔트로피 고무탄성'의 증명이 된다.

(b) 천천히 신상 시는 등온과정이므로 $dT = 0$. 그런데 위 식 (1)에서 등온, 가역 신장과정에 계가 흡수한 열량은 아래가 된다.

$$(\delta q)_T = TdS = T\left(\frac{\partial S}{\partial L}\right)_{P,T} dL = -T\left(\frac{\partial f}{\partial T}\right)_{P,L} dL \tag{5}$$

여기에 $T > 0$, $dL > 0$, $(\partial f/\partial T)_{P,L} > 0$의 조건을 대입하면 아래가 성립된다.

$$(\delta q)_T < 0 \tag{6}$$

따라서 발열과정이 되어 고무(계)는 냉각된다.

7.3 25 ℃에 있는 한 개의 가우스 자유연결 단일사슬(결합수 $n = 1{,}000$, 결합길이 $l = 7$ Å)이 인장힘 $f = 10^{-6}$ dynes을 받아 늘어났다면 이때 늘어난 길이 r를 식 (7.45)를 이용하여 구하라[단

볼츠만상수 $k = 1.38 \times 10^{-16}$ dyne · cm/K 임].

풀이

식 (7.45)에서 $f = \dfrac{3kT}{\overline{r_0^2}} r$ (i)

여기서 가우스 사슬에 대한 제공평균 말단거리 $\overline{r_0^2}\left(=\langle r_0^2\rangle\right) = nl^2$ (4.12) 이므로 아래가 성립된다.

$$r = \frac{f\overline{r_0^2}}{3kT} = \frac{f \times nl^2}{3kT} = \frac{10^{-6}\ \text{dyne} \times 1000 \times (7 \times 10^{-8}\ \text{cm})^2}{3 \times 1.38 \times 10^{-16}\ (\text{dyne} \cdot \text{cm/K}) \times 298\ \text{K}} = 3.97 \times 10^{-5}\ \text{cm} = 3{,}970\ \text{Å}$$

7.4 7.3.3절에 논의된 '아핀(affine)변환'에 기초를 둔 거시적 가우스 망상사슬에 대한 통계적 이론(단 신장에 따른 내부에너지항은 무시함)에 의하면 길이 L_0에서 L로 1축신장시 탄성 엔트로피 변화항 $\Delta S_{el}\left[= S(\lambda) - S_0(\lambda = 1)\right]$은 선행인자$\left(\dfrac{\overline{r_0^2}}{\overline{r_f^2}}\right) \simeq 1$ 및 신장에 따른 부피변화를 무시하면 아래와 같이 나타내진다(식 7.51 참조).

$$\begin{aligned} -\Delta S_{el} &= \frac{1}{2}NR\left(\lambda^2 + \frac{2}{\lambda} - 3\right) \\ &= \frac{1}{2}NR\left\{\left(\frac{L}{L_0}\right)^2 + 2\left(\frac{L_0}{L}\right) - 3\right\} \end{aligned} \tag{1}$$

여기서 N는 미연신 등방 부피 V_0를 가진 망상체내 전(유효)탄성사슬(혹은 가교점)의 (몰)수이며, $\lambda(= L/L_0)$은 연신비이다. 이때 신장에 대한 (공학)Young탄성계수 E(식 7.53)를 구하여라.

풀이

(T, V)계의 고무 상태방정식 식 (7.9)의 이용 및 신장에 따른 내부에너지변화를 무시하면 아래관계가 얻어진다.

$$f = \left(\frac{\partial A}{\partial T}\right)_{T,V} = \left(\frac{\partial \Delta A_{el}}{\partial T}\right)_{T,V} \simeq -T\left(\frac{\partial \Delta S_{el}}{\partial T}\right)_{V,L} \tag{2}$$

식 (2)에 식 (1)을 대입하여 미분하면 아래를 얻는다.

$$f = +\frac{NRT}{2}\left(2L/L_0^2 - 2L_0/L^2\right) = \frac{NRT}{L_0}\left\{\frac{L}{L_0} - \left(\frac{L_0}{L}\right)^2\right\} \tag{3}$$

그런데 초기 단면적에 대한 응력 $\sigma = f/A_0$이고, 미분 신장률 $d\varepsilon = dL/L$를 이용하면 인장탄성계수 $E\left(\equiv\left(\frac{\partial\sigma}{\partial\varepsilon}\right)_{T,V}\right)$에 대한 식은 아래가 된다.

$$E = \left(\frac{\partial\sigma}{\partial\varepsilon}\right)_{T,V} = L\left(\frac{\partial\sigma}{\partial L}\right)_{T,V} = \frac{L}{A_0}\left(\frac{\partial f}{\partial L}\right)_{T,V}$$

$$= \frac{NRT}{V_0} \times L \times \frac{\partial}{\partial L}\left\{\frac{L}{L_0} - \left(\frac{L_0}{L}\right)^2\right\}$$

$$= \nu_0 RT\left\{\frac{L}{L_0} + 2\left(\frac{L_0}{L}\right)^2\right\} = \nu_0 RT(\lambda + 2\lambda^{-2})$$

[단 위 식에서 $\nu_0 = N/V_0$는 망상체의 단위(미연신, 등방)부피당 (유효)탄성사슬의 (몰)수 혹은 가교밀도이다.]

7.5 건조 25 ℃의 가교고무시료에 대한 일축신장실험 시 공칭응력 $\sigma_0(= f/A_0)$는 부피보존성 변형 (즉 $V/V_0 = 1$) 및 선행인자 $\mathcal{F} \simeq 1$의 가정을 하면 접합아핀 가우스 통계모델에 의하면 아래와 같이 나타내진다.

$$\sigma_0 = \frac{\rho RT}{M_c}\left(1 - \frac{2M_c}{M}\right)(\lambda - \lambda^{-2}) \tag{1}$$

여기서 A_0는 초기 단면적, ρ는 고무의 밀도, M_c는 가교점간 분자량, M은 가교전 선형고분자의 분자량, 그리고 $\lambda(= L/L_0)$는 연신비이다.

만약 초기길이 $L_0 = 4$ inches, 최종길이 $L = 10$ inches, 초기 단면적 $A_0 = 0.04$ in^2, $M_c = 6000$ g/mol, $M = 30,000$ g/mol, $\rho = 0.9$ g/cm^3 라면 이 변형을 일으키는데 필요한 힘f를 위 식 (1)을 사용하여 구하라.

풀이

연신비 $\lambda = 1014 = 2.5$, 따라서 이들 값을 식 (1)에 대입하면 아래가 얻어진다.

$$\sigma_0(= f/A_0) = \frac{0.9\ \text{g/cm}^3 \times 8.314\ \text{J/K}\cdot\text{mol}}{6,000\ \text{g/mol}} \times 298\ \text{K}\left(1 - \frac{2 \times 6,000}{30,000}\right)(2.5 - 1/2.5^2)$$

$$= 0.52\ \text{J/cm}^3$$

그런데 초기 단면적 $A_0 = 0.04\ \text{in}^2 = 0.04 \times (2.54\ \text{cm})^2 = 0.258\ \text{cm}^2$

따라서 힘 $f = \sigma_0 \times A_0 = 0.52\ (\text{J/cm}^3) \times 0.258\ \text{cm}^2 = 0.134\ \text{J/cm}$

$= 0.134\ \text{N·m/cm} = 13.4\ \text{N} = 1.34 \times 10^6\ \text{dynes}$ 의 힘이 필요하다.

단 위 계산에서 1 J = 1 N·m, 1 N = 105 dynes, 1 m = 100 cm, 1 in = 2.54 cm 가 이용되었다.

제**8**장

비정영역의 T_g 현상과 점탄성거동

고체상의 준결정성(semi-crystalline)고분자는 일반적으로 규칙적인(ordered) 결정성 영역(crystalline region)과 불규칙적인(disordered) 랜덤구조를 갖는 비결정성(non-crystalline) 혹은 비정(amorphous)영역의 두 상(two-phase) 공존구조의 성격을 띤다. 이 두 영역의 가장 큰 차이는 아마도 구조의 조밀성에 관련된 밀도(density)와 여분의 자유에너지의 존재유무일 것이다(비정의 밀도는 결정의 밀도의 0.85~0.95 범위에 있다). 특히 비정영역은 평형에 이르지 못하였기 때문에 갖는 여분의 에너지(extra energy) 때문에 각종 완화(relaxation)현상을 일으키게 된다. 그리고 열역학적으로 큰 차이점은 결정영역을 가열하면 결정상과 용융(액)상이 평형공존하는 '열역학적 1차 전이' 점인 융점(melting point) T_m(여기서 두 상의 부피 혹은 엔트로피의 불연속적인 변화가 수반됨)에 도달하는 반면, 비정영역을 가열하면 딱딱한 유리(플라스틱)상에서 유연한 고무상에로의 전이(glass-rubber transition)가 일어나는 '열역학적 (준)2차 전이'점인 T_g(여기서 열팽창계수 혹은 비열의 불연속적인 변화가 수반됨)에 도달하게 된다. 이 장에서는 먼저 비정구조의 특성, 이들이 나타내는 선형점탄성(linear viscoelasticity)의 현상론, 나아가 점탄성 이론모델의 소개, 그리고 탄성계수(elastic modulus)에 대한 시간-온도 중첩원리(time-temperature superposition principle) 및 전이와 완화현상에 대한 분자론적 해석 등을 다루겠다.

8.1 비정구조의 성격

8.1.1 구조규명을 위한 실험적인 방법들

고분자의 비정상태에 관한 연구는 고분자사슬의 모양과 규칙성의 정도를 밝힐 수 있는 정교한 실험방법, 역학적 혹은 물리적 성질의 분석 예측에 이용될 수 있는 분자모형의 개발 등의 분야에서 진행되고 있으나, 아직 이 분야의 연구는 많은 발전의 여지가 있다고 하겠다.

비정성 고분자의 구조 규명에 관한 실험방법은 20 Å 미만의 단거리 상호작용(short-range interaction)과 이보다 큰 장거리 상호작용(long-range interaction)을 밝히는 것으로 대별할 수 있으며, 이를 표 8. 1에 요약하였다.

표8. 1 비결정상태의 구조 규명에 이용되는 실험 방법들

방법	얻을 수 있는 정보	주요결과
	A. 단거리 상호작용	
응력-광학상수	독립된 사슬에서 분절의 배향	5 ~ 10 Å 미만에 한정됨
탈편광 상수	분절 배열의 배향과의 관계	-CH_2-단위 2~3개와 관련
자기적 복굴절	분절 배열의 배향과의 관계	배향과의 관계가 극히 미미
Raman 산란	트랜스와 고쉬(gauche)의 분포	분자간 작용하는 힘에 의한 사슬의 형태(conformation)의 변화가 거의 없음
NMR완화	완화시간	용융상태에서 작게 요동하는 (fluctuating) 흡수다발
소각 X-선 산란	밀도변화	비결정성 고분자는 거의 균일하며, 열적요동이 주를 이룸.
	B. 장거리 상호작용	
소각 중성자산란	사슬의 형태	용융상태에서와 θ-용매에서의 회전반지름이 동일함
전자현미경	표면의 불균일성	직경이 50 ~ 200 Å 인 작은 마디구조
전자회절과 광각 X-선 회절	비결정성에서 나타나는 달무리 무늬	축방향의 길이가 50 Å 이고 반지름방향으로 길이가 25 Å 인 다발들, 그러나 규칙성은 이웃하는 한두 개의 사슬에 국한됨.
	C. 일반적인 것	
엔탈피 완화	평형상태로부터의 편차	구조의 변화와 연관되지 않음
밀도	사슬이 조밀한 정도	비결정 상태에서의 밀도는 결정상태의 약 0.9배임

a. 단거리 상호작용

단거리 상호작용의 측정은 고분자사슬의 축(axial)방향으로의 배열의 규칙성을 측정하는 방법과 서로 이웃하는 사슬 사이의 반경(radial)방향으로의 규칙성을 측정하는 방법으로 대별할 수 있다.

단거리 상호작용을 측정하는 방법 중 복굴절(birefringence) Δn은 축방향으로의 배열을 측정하는 매우 유용한 방법 중의 하나이다. 시료의 복굴절은 다음과 같이 정의되며, 여기서 n_1과 n_2는 서로 90° 각도를 이루는 두 방향에서의 편광의 굴절률인데, 보통 고분자의 경우 연신축 방향과 이에 수직인 방향으로 한다.

$$\Delta n = n_1 - n_2 \tag{8. 1}$$

연신된 고분자의 굴절률의 비등방성은 직교를 이룬 편광판 사이에 고분자 필름을 두고 관찰하는 경우, 연신하기 전에는 빛이 통과되지 못하나 연신 후에는 명확한 색상이 나타나는 현상으로부터 확인할 수 있다. 편광방향과 45°로 연신하는 경우 통과한 빛의 분율(T)은 다음 식으로 나타낼 수 있으며, 여기서 d는 두께이고, λ_0는 진공에서의 빛의 파장이다.

$$T = \sin^2\left(\frac{\pi d \Delta n}{\lambda_0}\right) \tag{8. 2}$$

따라서 통과한 빛의 양을 측정하여 복굴절을 알 수 있는데, 복굴절은 단량체, 결정 혹은 화학결합 등과 같은 분자단위의 배향과 다음 식의 관계가 있으며,

$$\Delta n = \frac{2}{9}\pi \frac{(\bar{n}^2 + 2^2)}{\bar{n}} \sum_i (b_1 - b_2)_i f_i \tag{8. 3}$$

여기서 f_i는 다음 식으로 표현되는 배향함수이다.

$$f_i = \frac{3\cos^2\theta_i - 1}{2} \tag{8. 4}$$

위 식에서 θ_i는 배향단위의 대칭축이 연신축과 이루는 각도이고, $\bar{n}$는 평균 굴절률, b_1과 b_2는 각각 배향단위의 대칭축과 이에 수직인 방향으로의 분극율(polarizability)이다.

일반적으로 섬유(fiber)나 필름(film)에 있어서, 완전 배향(perfect orientation)에 대한 식 (8. 4)의 해는 θ=0°이고, 반면에 제로배향(즉 완전랜덤)의 경우에는 θ=54°의 값을 가진다. 실제로 나일론이나 레이욘(rayon)과 같은 섬유의 경우에는 통상 $\theta \simeq 5°$의 해를 가진다.

응력-광학계수(stress-optical coefficient, SOC)는 외부응력 σ로 시료를 늘린 경우 복굴절의 변화를 나타내는 상수로,

$$\mathrm{SOC} = \frac{\Delta n}{\sigma} \tag{8. 5}$$

만약 고분자가 고무탄성의 관계식을 만족하면(7장 참조) 다음 식이 성립한다.

$$\mathrm{SOC} = \frac{\Delta n}{\sigma} = \frac{2\pi}{45kT} \frac{(\bar{n}+2)^2}{\bar{n}} (b_1 - b_2) \tag{8. 6}$$

비결정성 고분자를 변형시킨 경우 복굴절의 변화로부터 비결정성상태에서의 규칙성에 관한 중요한 정보를 얻을 수 있는데, 식 (8. 6)로부터 얻어지는 값은 각각의 독립된 사슬 중에서의 분절의 배향 정도를 나타내는 값이며, 이웃하는 사슬과의 배향 정도와는 무관한 값이다. 또 변형-광학상수(strain-optical coefficient, STOC)는 늘린 정도에 무관한 반면, SOC는 그렇지 못한 것으로 알려져

있다.

분절의 비등방성은 $b_1 - b_2$값으로부터 알 수 있으며, 일반적으로 연신이나 팽윤에 의해 이 값이 거의 변하지 않음이 관찰되었는데, 이는 동일 사슬의 축방향으로의 규칙성의 범위가 저분자량 액체에서 규칙성의 범위인 5 ~ 10 Å 수준임을 보여준다 (고분자의 복굴절에 관해서는 9.11절에서 보다 자세히 논하기로 함).

탈편광산란(depolarized light-scattering : DPS)도 위에서와 비슷한 측정방법으로 시료를 90° 각도로 놓인 두 편광판 사이에 두고 가시광선을 쪼여 산란광의 각도를 측정하는 것으로, n-알칸 액체를 DPS로 조사한 결과 탄소 8~9개에 해당하는 길이가 임계길이로서 그 이하에서는 용융상태에서 규칙성을 볼 수 없었다. 긴사슬의 경우 동일 사슬 중 -CH_2- 2~3개 단위로 배향과 상관관계를 가짐을 볼 수 있으며, 이는 배향과 분자사슬의 배열간의 관계가 극히 미약함을 나타내고 있다.

그 밖에 전자파를 이용한 고분자의 단거리 상호작용을 규명하는 방법으로 다음과 같은 것이 있다.

1. Rayleigh 산란 : 탄성산란광을 산란각도에 대해 측정한다.
2. Brillouin 산란 : 미세한 진동수의 변화를 수반하는 일종의 Doppler효과이다.
3. Raman 산란 : 화학적 흡수나 방출에 기인하는 파장의 변화를 수반하는 비탄성 과정이다.

표 8. 1에 요약된 단거리 상호작용의 실험방법들로부터 이러한 방법들에서 보통 저분자량 약체에서 관찰되는 규칙성의 범위인 수십 Å 미만의 규칙성을 측정할 수 있으며, 비결정성 고분자에서 분자 내 배향은 다른 사슬에 의해 영향을 받지 않음을 알 수 있다.

b. 장거리 상호작용

고분자의 구조와 형태의 관점에서 보면 장거리 상호작용이 더 흥미 있는데, 중성자의 파동성을 이용한 소각 중성자산란(small-angle neutron scattering, SANS)은 이 중 가장 유용한 방법 중의 하나이다. SANS기술을 고분자에 적용하면 고체 상태에서 회전반경 $R_g\left(=\langle S^2\rangle^{1/2}\right)$(radius of gyration)을 측정할 수 있다.

SANS의 기본이론은 6.3.6절에서 잠깐 언급한 바와 같이 광산란(6. 3. 2절 참조)과 거의 동일하다. 즉 소각 중성자산란으로부터 중량평균분자량 M_w와 z-평균 회전반지름 R_g를 아래식으로부터 구할 수 있다.

$$\frac{Kc}{R(\theta)-R(\text{용매})}=\frac{1}{M_w P(\theta)}+2A_2c+\cdots \tag{8. 7}$$

여기서 Rayleigh 비로 알려진 $R(\theta)$는 환원산란강도이다(식 6. 53 참조).

$$R(\theta)=\frac{I_\theta r^2}{I_0 V_s} \tag{8. 8}$$

위 식에서 r는 시료-탐지기 사이의 거리이고, V_s는 산란부피, I_θ/I_0는 산란광의 입사광에 대한 강도비이다. $P(\theta)$는 광산란식[식 (6. 73)]의 Debye 입자산란인자와 동일한 산란인자이다. 이 $P(\theta)$ 항은 묽은 용액 혹은 고체 상태에서 측정된 값과 이 값의 해석사이에 상관을 지어주는 중요한 항으로 굉장히 작은 입자나 분자의 경우 $P(\theta)$는 1이다. 식 (8. 7)와 식 (8. 8)에서 용매 혹은 바탕의 산란강도는 빼주어야 한다.

SANS실험에서는 중수소로 치환된 고분자를 애초 치환되지 않은 고분자에 섞거나 혹은 이와 반대로 하여 측정을 하는데, 이 때 두 고분자의 분자량을 동일하게 하면 계산이 쉬워지며, 앞의 경우 중수소로 치환되지 않은 고분자에 의한 바탕산란을 빼어 주면 섞여있는 중수소로 치환된 고분자에 의한 고유산란을 구할 수 있다.

식 (8. 7)의 광학적 대비상수 K값은 중성자 산란의 경우 광산란에 대한 식 (6. 56)대신 아래와 같이 나타내진다.

$$K = \frac{N_A}{M_p^2}\left[a_s\left(\frac{V_p}{V_s}\right) - a_p\right]^2 \tag{8. 9}$$

여기에서 M_p는 단량체의 분자량이며, a_p와 a_s는 각각 단량체와 용매의 고유중성자 산란길이 (coherent neutron scatting length)이다.

회전반지름 $R_g\left(=\langle S^2\rangle_z^{1/2}\right)$를 구하기 위해서는 아래의 Guinier조건이 만족되어야만 한다.

$$q^2R_g^2 < 1 \tag{8. 10}$$

이에 대응되는 물리적 조건은 같은 입자에 충돌하는 두 파동 사이에 부분적인 파괴간섭만이 일어나 파동이 180°이상의 위상차가 생기지 않아야만 된다는 것이다.

최근에는 SANS 실험에서 고유산란은 시료 단위 부피당 고체각(solid angle) $\Omega(=\sin\theta d\theta d\phi$, 참고 4. 3 참조)에서 중성자가 산란된 확률인 단면적(cross section), $d\sum/d\Omega$로 묘사되며, 이 경우 식 (8. 7)은 다음과 같이 나타낼 수 있다.

$$\frac{C_N}{d\sum/d\Omega} = \frac{1}{M_wP(\theta)} \tag{8. 11}$$

여기서 C_N은 K와 유사한 항으로 다음 식으로 표현되며,

$$C_N = \frac{(a_H - a_D)^2 N_A\,\rho(1-X)X}{M_p^2} \tag{8. 12}$$

여기시 a_D와 a_H는 중수소로 치환된 고분사와 치환되지 않은 고분자의 구조단위(structural unit)

의 산란길이이고, ρ는 고분자의 밀고, X는 중수소로 치환된 고분자의 몰분율이다. 따라서 C_N항에는 광학적 상수뿐만 아니라 농도항도 포함되어 있으며, a_D와 a_H값은 구조단위 중 각 원소의 산란길이(표 8. 2 참조)를 더하면 된다. 농도가 극히 묽은 경우 $(1-X)X$항은 식 (8. 7)과 같이 농도 c가 된다. SANS의 경우 식 (8. 7)을 정리하면 다음 식이 된다.

$$\left[\frac{d\Sigma}{d\Omega}\right]^{-1} = \frac{1}{C_N M_w}\left(1+\frac{q^2 R_g^2}{3}+\cdots\cdots\right)+2A_2 c+\cdots \tag{8. 13}$$

여기서 $q=(4\pi/\lambda)\sin(\theta/2)$이다(식 6. 68 참조). 위 식에서 만약 $A_2=0$인 경우 $[d\Sigma/d\Omega]^{-1}$을 q^2에 대해 플롯하여 접점과 기울기를 접점으로 나눈 값으로부터 분자량 M_w와 제곱평균 회전반경 $R_g^2(=\langle S^2\rangle_z)$을 구할 수 있으나, A_2가 어떤 한정된 값을 갖는 경우는 농도가 0이 되도록 외삽하여 구해야 한다.

표 8. 2 원소의 산란길이(Coherent scattering length)

원 소	고유 산란길이 $b\times10^{12}$ cm
탄소, ^{12}C	0.665
산소, ^{16}O	0.580
수소, ^{1}H	-0.374
중수소, ^{2}H	0.667
플루오르, ^{19}F	0.560
황, ^{32}S	0.280

중성자산란과 광산란에서 문제점은 분자량은 중량평균값인데, R_g는 z-평균값이라는 점이며, 음이온중합 등으로 합성한 단분산(monodisperse)성인 고분자를 사용한 경우 이러한 문제점이 없으며, 분자량 분포를 아는 경우는 대략적인 보정을 할 수 있다.

중수소로 치환된 폴리스티렌에 치환되지 않은 폴리스티렌을 섞어 측정한 값을 그림 8. 1에 농도 c와 (환원)산란각도(q^2)의 변화에 대해 간결하게 나타낼 수 있는 Zimm 플롯으로 도시하였다 (광산란에 대한 그림 6. 10 참조).

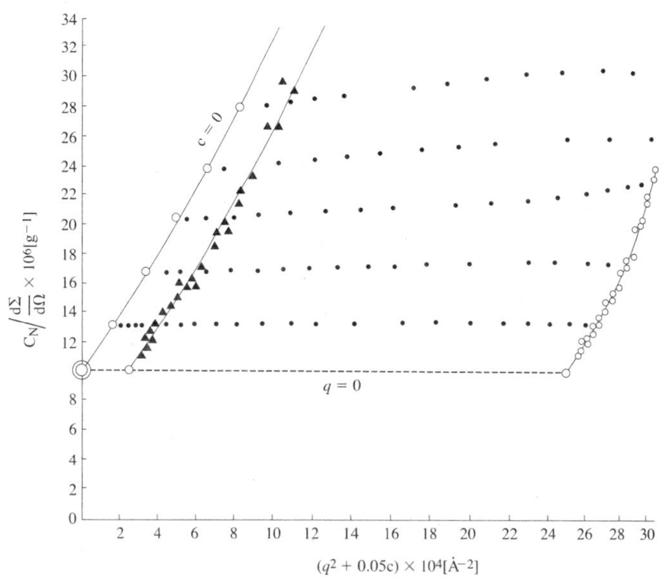

▶ **그림 8. 1** 중수소로 치환된 폴리스티렌에 녹아 있는 수소로 치환된 폴리스티렌의 소각 중성자산란. 각도와 농도가 0인 지점까지 외삽한 Zimm 도시법. 폴리스티렌이 폴리스티렌에 녹아 있으므로 2차 비리알 계수 A_2가 0임을 알 수 있다.

그림 8. 1의 자료로부터 R_g와 M_w를 계산할 수 있으며, 결과를 표 8. 3에 나타내었다. 또 표 8. 3에는 동일한 값을 Flory θ-용매 속에서 광산란으로 구하여 나타내었는데, θ-용매 속에서는 용매-고분자 상호작용과 고분자-고분자 상호작용의 자유에너지가 동일(즉 $A_2 = 0$)하므로(5. 3. 3절 참조) 고분자사슬이 교란되지 않은 비섭동 형태(unperturbed conformation)를 갖는다.

표 8. 3 비정상태의 고분자의 분자크기

고분자	$\left(R_g^2/M_w\right)^{1/2}$		$\frac{Å\ mole^{1/2}}{g^{1/2}}$
	비정상태	비정상태에서의 SANS	θ-용매에서의 광산란
폴리스티렌	유리	0.275	0.275
폴리스티렌	유리	0.28	0.275
폴리에틸렌	용융	0.46	0.45
폴리에틸렌	용융	0.45	0.45
Poly(methyl methacrylate)	유리	0.31	0.30
Poly(ethylene oxide)	용융	0.45	-
폴리염화비닐	유리	0.30	0.37
폴리카보네이트	유리	0.457	-

표 8. 3에 $\left(R_g^2/M_w\right)^{1/2}$값을 나타내었는데, 각 고분자의 경우 분자량에 무관하게 대략 일정값을 가짐을 알 수 있다. 표 8. 3을 보면 θ-용매에서의 값(5. 5절 참조)과 고체상태에서의 값이 실험오차 범위에서 거의 동일함을 볼 수 있는데, 이는 Flory에 의하여 이론적으로 예측된 바이다. 또 이 결과는 묽은 용액에서 고분자사슬이 불규칙코일로 존재하듯이 비결정성 고체상태에서도 불규칙코일로 존재함을 나타내고 있다.

결정성 물질은 X-선이나 전자를 회절시켜 점이나 고리(ring)형태의 회절무늬를 나타내며, 이것으로부터 Bragg의 법칙(9장 참조)에 의거하여 평면 간 간격을 구할 수 있다. 액체 혹은 비결정성 물질도 X-선이나 전자를 회절시키나 회절무늬가 뚜렷하지 못하므로 달무리무늬(halo)라고 부른다. 저분자량의 액체의 경우 이와 같이 명확하지 않은 달무리무늬가 나타나는 것은 이웃하는 분자간 간격이 어느 정도 불규칙성을 가지며 두 개 혹은 세 개 이상 떨어진 분자의 경우 거의 규칙성이 존재하지 않음을 보여준다. 고분자의 경우는 사슬이 길기 때문에 좀 더 복잡해지는데, 사슬들이 평행하게 놓이는지 여부와 평행하게 놓이는 정도 등이 주로 관심의 대상이다.

용융된 폴리에틸렌과 polytetrafluoroethylene(PTFE)의 대표적인 광각 X-선 회절, 즉 WAXS 자료를 그림 8. 2에 나타내었다.

그림에서 y축에 $s\,i(s)$로 나타낸 환원(reduced) 산란강도[여기서 $s = 4\pi(\sin\theta)/\lambda$이고, λ는 X-선의 파장, θ는 회절각의 1/2이며, $i(s)$는 입사강도 I_0로 나눈 산란강도임]는 Å^{-1}의 단위를 가지므로 '역공간(inverse space)'(부록 9. 1절 참조)이라고 불리는 환원 산란각도 s에 대하여 플롯하였다(사실 여기의 s는 그림 8. 1의 q와 동일한 파라미터임).

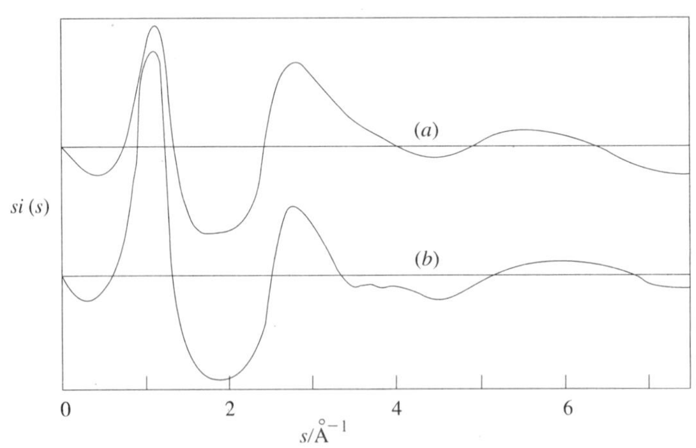

▶ **그림 8. 2** polytetrafluoroethylene(PTFE)에 대한 광각 X-선 산란(WAXS) 데이터: (a) 실험데이터 ; (b)이론. 단, 이론은 고분자를 직경 24 Å인 원통속에 5겹으로 채워진(fivefold packing) 무질서한 나선(helix)으로 간주하여 계산하였다.

그림 8. 2에서 낮은 산란각도에서의 첫 번째 산란 피크는 비정영역 내 고분자사슬 간격의 거리

(chain spacing distance)를 나타내며, 산란각도가 큰 영역에서의 피크는 보다 짧은 사슬간 간격을 나타낸다[왜냐하면 Bragg 회절공식(식 9. 6)에서 피크 산란각도와 사슬간 간격은 서로 역비례하기 때문이다].

일반적으로 WAXS 자료를 해석하는 경우 두 가지 분자배향, 즉 1) 축방향으로 한 개의 사슬이 얼마나 곧게 배열하는가와, 2) 반지름 방향으로 이웃하는 사슬과 얼마나 규칙적으로 배열하는가를 모두 고려해야 하는데, WAXS에서는 모두를 관찰한다.

Lovell 등의 연구에 의하면, 용융 폴리에틸렌의 축 방향으로의 배열은 세 가지 회전상태, 즉 0° 와 ±120° 로 묘사될 수 있는데 평균 트랜스 간격이 3~4주 사슬의 결합마다 존재함을 관찰하였다. 또 반지름 방향의 배열은 유연한 사슬이 랜덤하게 배열된 것으로 생각한 모형이 가장 잘 맞았다.

이에 반해 그림 8. 2에 나타낸 PTFE는 적어도 24 Å 이상 되는 축 방향으로의 곧은 배향을 가지며, 다른 연구보고서에서도 치환된 불소 때문에 사슬이 매우 강직한 것으로 보고되고 있다. WAXS 자료로부터 반지름 방향으로 곧은 사슬의 부분이 평행하게 배열하고 있음이 알려져 있으나 정확한 배열 방법과 불규칙한 정도는 아직도 밝혀지지 않은 점이 많다. poly(methyl methacrylate)(PMMA)와 폴리스티렌은 폴리에틸렌과 PTFE의 중간 정도의 규칙성을 갖는 것으로 알려져 있다. WAXS 실험에서 얻어진 비결정성 고분자의 대표적인 분자간 간격을 표 8. 4에 나타내었는데, 폴리스티렌과 실리콘고무에서 분자간 간격이 큰 것은 부분적으로 폴리에틸렌보다 큰 곁치환기(side group)에 기인한다.

표 8. 4 대표적 비결정성 고분자들의 사슬간 간격

고분자	간격 Å
폴리에틸렌	5.5
실리콘 고무	9.0
폴리스티렌	10.0
폴리카보네이트	4.8

그러나 고분자의 비정구조에 대한 X-선 회절자료의 해석은 아직도 논쟁의 여지가 많은 실정이다.

8. 1. 2 벌크 비정상태에 있는 고분자사슬의 형태에 대한 모델

1920년대 Staudinger에 의해 거대분자의 존재에 관한 가정이 제안된 이래로 고분자 과학자들은 묽은 용액과 벌크(bulk)상태에서의 고분자사슬의 공간적 배향을 여러 가지로 생각해 왔다. 최초의 모형들은 막대기나 침대의 스프링 형태의 코일 등의 모형들로 사신이나 딴 사슬과 중복되지 않으면서 공간을 마음대로 채우고 있는 것으로 생각했다.

Mark에 의해 발전된 후 Flory에 의해 더욱 발전된 불규칙코일 모형을 이용하여 비결정성 고체의 입체형태를 묘사할 수 있다. 중성자 산란에서 벌크 비정상태에 있는 사슬의 입체형태가 θ-용매에서와 거의 동일함을 관찰할 수 있으며, 이는 불규칙코일 모형을 잘 뒷받침해 준다(표 8. 3 참조). 이에 반해 어떤 과학자들은 사슬이 다양한 단거리 혹은 장거리 상호작용을 가지고 있다고 주장하기도 한다.

Mark와 Flory의 불규칙코일(random coil)모형으로부터 Pechhold의 훨씬 조직적인 미로(highly organized meander)모델 등 다양하게 제안되어 있다. 일부 모형은 불규칙코일 모형보다는 약간 제한을 가하거나, 비결정상태에서 사슬이 접히는 구조를 갖는 것으로 설명한다. 대표적으로 차이가 나는 몇 가지 모형들을 그림 8. 3에 플롯하였다.

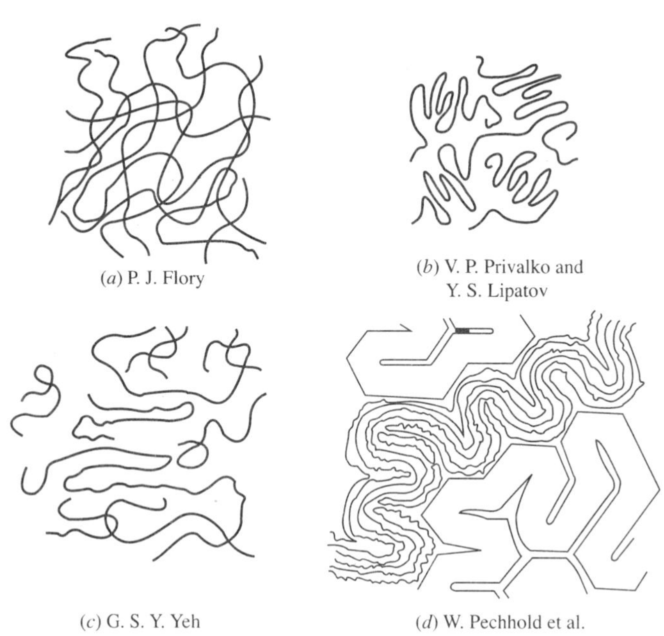

▶ **그림 8. 3** 비결정상태를 도식화하여 나타낸 모형. (a) Flory의 불규칙코일(random coil) 모형 ; (b) Privalko와 Lipatov의 랜덤하게 접힌 사슬(randomly folded chain)의 공간형태 ; (c) Yeh의 술달린 접힌 사슬 미셀(folded-chain fringed micellar) 모형 ; (d) Pechhold의 미로(meander) 모형. 모형의 규칙성이 (a)에서 (d)로 갈수록 증가한다.

표 8. 3에 나타낸 벌크 상태의 비정구조에 대한 SANS실험 데이터에서 벌크(고체)상태에서 (비섭동)θ-용매에서의 크기(R_g)와 동일함을 보았는데, 상당한 불규칙성이 존재하는 급히 결정화시킨(rapidly crystallized)시료의 경우에도 동일한 회전반경(R_g)을 관찰할 수 있다. 이 결과는 X-선에서 관찰된 달무리 무늬(halo)와 함께 비정사슬 안에 있는 단거리 규칙성(short-range order)을 뒷받침해 주는 결과로 볼 수 있다.

Flory 등에 의해 제안된 벌크상태에 있는 비정사슬의 형태에 관한 불규칙(random)코일 모형의 큰 장점 중의 하나는 단순하다는 것이다. 즉 어떤 특정한 규칙성을 가정하지 않으므로 불규칙코일에 많은 수학적인 조작이 가능하여 고무탄성이나 점탄성거동 등의 해석에 잘 적용시킬 수 있다는 것이다. 이에 반해 다른 모형에는 어떤 해석적 방법도 적용될 수 없으므로 고분자 물성의 정량적인 예측에 사용된 예가 없으며, 다른 모형의 이와 같은 응용이 가능하기 이전에는 불규칙코일 모형에 대한 매력은 감소의 여지가 없는 것으로 생각된다.

그러나 비결정 벌크(고체)상태에서 고분자의 입체형태는 아직도 많은 발전의 여지를 남겨두고 있다. 수많은 연구 결과들에서 불규칙코일 모형이 비교적 사실에 근접한 것으로 설명되고 있으나, 부분적 규칙성에 관해서도 좀 더 연구의 여지가 있다고 하겠다.

8. 1. 3 비정영역내 분자사슬의 동역학

유리상 고체(glassy solid)나 용융(melt)상태와 같은 벌크(bulk)상태에 있는 비정영역의 사슬의 운동(dynamics)에 관한 지식은 사슬 결정화(chain crystallization)나 유리전이영역에서 사슬운동의 시작, 고무탄성체의 신장 및 완화거동의 이해를 위하여 필수적이다.

저분자량의 분자는 주로 병진(translational)운동에 의해 이동하는데, 예를 들면 기체분자는 공간에서 다른 분자나 벽과 충동할 때까지 직선으로 이동한다. 이동거리가 분자크기 수준이기는 하지만 액체상태에서도 저분자량의 분자는 주로 병진운동에 의해 이동한다.

고분자의 운동은 분자 전체의 입체배열의 변화와 이웃하는 분자와의 상대적 위치의 이동, 두 가지로 크게 나눌 수 있는데, 둘 다 자기확산(self-diffusion)을 이용하여 설명할 수 있다(6. 4. 1절 참조).

고분자사슬이 단순한 병진운동에 의해 옆으로 이동할 수 있지만, 길고 엉킨(entangled) 분자이므로 이 운동은 굉장히 서서히 일어난다. 왜냐하면 주변에서 옆으로의 이동을 방해하는 분자 역시 길고 엉켜 있으므로 옆 방향으로의 이동은 많은 이동이 동시에 협조적으로 일어나야 하기 때문이다. 따라서 고분자 사슬의 이동은 저분자량의 분자에 비해 훨씬 복잡하며 별도의 이론이 요구된다.

고분자사슬의 운동에 관한 최초의 이론은 Rouse와 Bueche 등에 의해 발전되었는데, 이 이론은 고분자사슬이 각각이 불규칙코일로서 가우스분포를 만족하기에 충분히 긴 일련의 작은 분자가 연결되어 있는 것으로 생각하고, 이 작은 분자를 동일 질량의 스프링으로 바꾸어 생각한다. 이 스프링은 주변의 끈끈한 매질(viscous medium) 속에 잠겨 있어 이동할 때 마찰력을 받으며, 주변 매질에 의해 약화된 진동운동을 하는 것으로 생각한다. 이동에 필요한 힘은 망상구조에서와 같이 분자 끝에 주어질 수도 있고 점성운동을 하는 선형 고분자에서처럼 축 방향으로 균일하게 주어질 수도 있는데, 이 중 후자는 다음에서 다루는 de Gennes 의 '파행운동(reptation)이론' 의 발판이 된다.

Rouse-Bueche 이론은 크리프(creep), 완화(relaxation), 점성도 등이 분자운동에 기인한다는 개념을 주는 데는 크게 기여했지만 정량적인 실험결과와는 잘 일치하지 않는다. de Gennes 는 고분자사슬의 파행운동 이론을 도입했는데, 그림 8. 4에 나타낸 이 모형에서는 고분자 젤과 같은 삼차원 망상구조에 각각의 독립된 사슬 P가 갇혀 있는 것으로 생각하고, 이 때 그림에서와 같이 젤을 고정된 일련의 장애물 O_1, O_2, …… O_n …으로 생각할 수 있다. 사슬 P는 장애물을 지나가지는 못하지만 그 사이를 뱀과 같이 움직일 수 있다.

사슬은 저장된 길이(stored length)가 b인(그림 8. 5 참조) 결함(defects)들을 갖고 있고, 이 결함들은 일종의 흐름 형태로 사슬에서 이동하는 것으로 생각하며, 결함이 움직일 때 그림 8. 5에서 보듯이 사슬이 이동한다(그림 8. 6 참조).

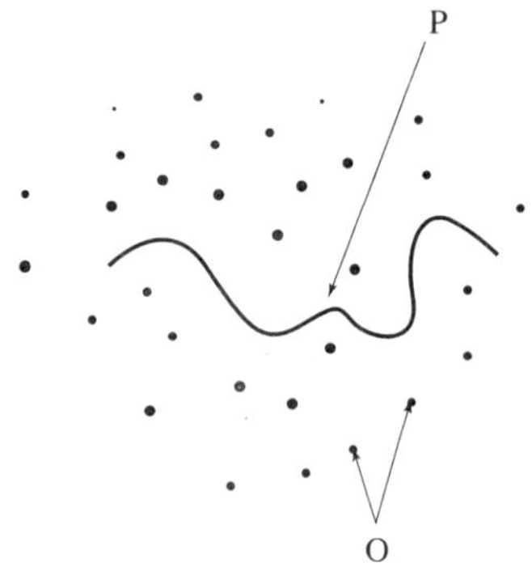

▶ **그림 8. 4** 파행(reptation)운동의 모형. 사슬 P가 고정된 장애물 O사이를 움직이며 장애물을 지나지는 못한다.

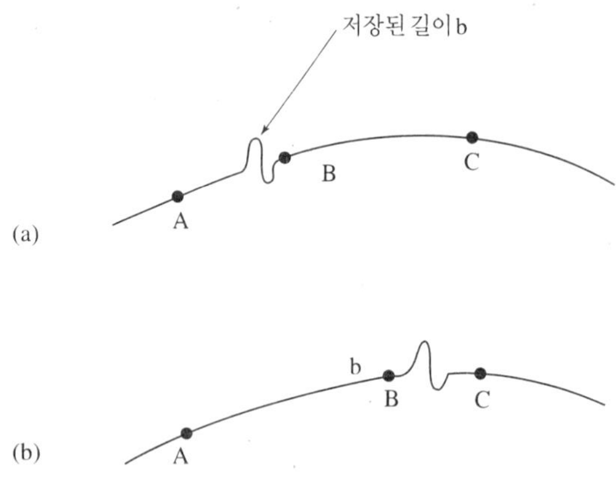

▶ **그림 8. 5** 결함(defects)의 운동에 의한 파행(reptation). (a) 저장된 길이(stored length) b가 A로부터 C까지 사슬을 따라 이동, (b) 결함이 B를 지날 때 b만큼 이동된다.

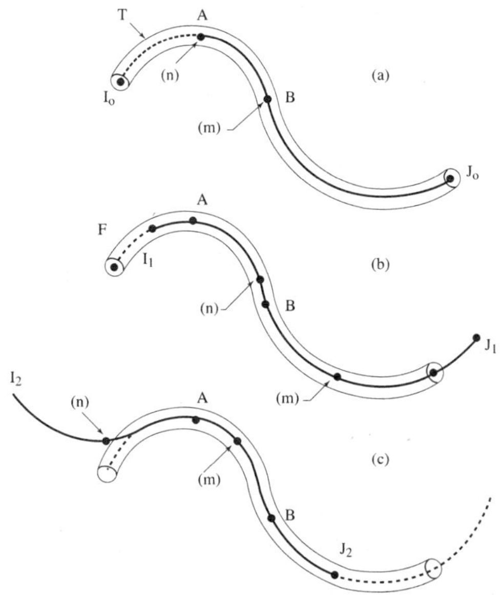

▶ **그림 8. 6** 사슬이 관(tube) 속에 있는 것으로 생각한다. (a) 처음위치. (b) 사슬이 파행(reptation) 운동에 의해 오른쪽으로 이동. (c) 끝 부분 I가 다른 경로 I_2J_2 를 선택하여 사슬이 왼쪽으로 이동. 이때 사슬의 일부분인 I_1J_2 는 아직 관 속에 있다.

그림 8. 6에서 n번째 반복단위의 속도는 결함흐름(defect current) J_n과 다음과 같은 관계가 있으며,

$$\frac{d\boldsymbol{r}_n}{dt} = b\boldsymbol{J}_n \tag{8. 14}$$

여기서 $\boldsymbol{r}_n$은 n번째 반복단위의 위치 벡터이다.

결함이 사슬의 말단에 위치하여 움직이는 경우 사슬은 앞으로 파행운동을 하며, 이 경우 뱀의 머리가 숲 속에서 아무 방향으로나 움직이듯 사슬의 말단은 임의의 방향으로 이동할 수 있는 것으로 de Gennes 는 가정하였다. de Gennes 은 스케일링 개념(참고 5. 7 참조)을 도입하여 젤 내에서 사슬의 자기(self)확산계수 D는 분자량과 다음의 관계가 있는 것으로 유도하였다.

$$D \propto M^{-2} \tag{8. 15}$$

일반적으로 벌크상태에 있는 비정 고분자의 (자기)확산계수는 10^{-12}에서 10^{-6} cm^2/sec 범위의 값을 갖는데, Tirrell에 의해 요약된 자료에 의하면 분자량이 1×10^4 g/mol인 폴리에틸렌은 176 ℃에서 D값이 1×10^{-8} cm^2/sec부근이고, 분자량이 1×10^5 g/mol인 폴리스티렌은 175 ℃에서 D값이 1×10^{-12} cm^2/sec이다.

한편 한 개의 고분자 사슬이 파행운동에 의해 그림 8. 6의 관(tube)을 빠져나오는데 걸리는 시간

즉 '파행시간(reptation time)' t_r은 아래와 같은 분자량의존성을 갖는다.

$$t_r \propto M^3 \tag{8. 16}$$

Doi 와 Edwards 는 이 이론을 더 발전시켜 파행운동의 동역학으로부터 벌크상태에 있는 비정사슬의 분자량과 역학적(mechanical) 성질과의 관계를 얻었다. 요약하면 비정사슬의 고무상 플래토우 전단탄성계수(plateau shear modulus) G_N°, 정상상태 점도(steady-state viscosity) η_0, 그리고 정상상태 회복 컴플라이언스(recoverable compliance) J_e° 는 분자량과 다음 관계가 있다[단 각 계수의 첨자 '∘'는 전단속도 $\dot{\gamma}$가 0에 접근하는 평형상태의 값을 의미한다].

$$G_N^\circ \propto M^\circ, \ \eta_0 \propto M^3, \ J_e^\circ \propto M^\circ \tag{8. 17}$$

위 식에서(정상상태의) 전단탄성계수 G_N° 과 이의 역수에 해당하는 컴플라이언스 J_N° 가 분자량 M과 무관한 이유는, 분자량 M이 대략 $M > 8M_c$[여기서 M_c는 벌크상태에 있는 비정 고분자사슬의 분자간 얽힘이 일어나서 벌크(용융)점도의 M(지수)의존성이 1에서 3.4로 급격히 변하기 시작하는 '임계얽힘(critical entanglement)' 분자량에 해당] 이상되는 조건에서 파행운동을 하는 사슬과 젤이 접촉하여 엉켜있는 개수가 많고, 또 대개 일정한 간격을 두고 접촉하고 있기 때문이다.

위에서 언급한 de Gennes의 파행(reptation)이론은 고분자의 용해(dissolution), 자유라디칼 중합에서 결합(combination)에 의한 정지반응, 고분자-고분자의 용융에 의한 접착(adhesion) 등에서 확산 메카니즘의 설명에 널리 이용되고 있다.

8. 2 선형 점탄성 이론의 현상론

8. 2. 1 점탄성의 기원

벌크(bulk)상태에 있는 비결정성 고분자의 역학적 성질이, 어떤 온도(또는 시간)범위 내에서 완전 Hooke형 가역적인 고체탄성(식 8. 18)과 완전 Newton형 비가역적인 액체점성(식 8. 19)의 사이에 있는 '점탄성(viscoelasticity)'을 나타내는 것은 그림 1. 6에 나타낸 바와 같이 (Young) 탄성계수 E가 온도(또는 시간) 의존성을 갖기 때문이다.

$$\sigma = E \cdot \varepsilon \tag{8. 18}$$

$$\tau = \eta \cdot \dot{\gamma} \tag{8. 19}$$

식 (8. 18)에서 σ와 ε는 각각 인장응력(tensile stress)과 변형률(strain)이며, E는 변형에 무관한 Young 탄성(저항)계수이다. 또한 식 (8. 19)의 τ 및 $\dot{\gamma}$는 각각 전단응력(shear stress)과 전단속도(shear rate)이며, η는 $\dot{\gamma}$에 무관한 점성저항계수(즉 점도)이다(식 6. 236 참조). 그리고 일반적으로 벌크 고분자의 변형은 구조의 규칙상태(state of order)와 분자 이동도(molecular mobility)에 크게 의존한다.

그림 8. 7에서는 완전히 비정고분자의 역학적 거동을 탄성계수에 대응하는 '강성도(stiffness)'와 온도의 플롯으로서 나타내었다. 그런데 그림 1. 6의 분류와 달리 저온 영역으로부터 유리상의 깨지기쉬운(brittle) 가역적인 탄성(elastic)지역, 같은 유리상의 비탄성(anelastic) 즉 점탄성(viscoelastic) 지역, 다음에는 유리-고무 전이지역(transition zone) 그리고 분자간에 물리적 가교(entanglement)로 인한 고무탄성의 플래토우(plateau)지역, 마지막으로 고온에서는 비가역적인 점성흐름(viscous flow)지역으로 나누었다. 이때의 변형률 $\varepsilon(=\Delta L/L_0$, 여기서 L_0는 초기 길이, ΔL은 늘어난 길이임)는 1% 이내의 작은 변형으로하여 탄성계수(혹은 강성도)가 변형에 무관한 선형(linear)탄성이 되도록 하였다.

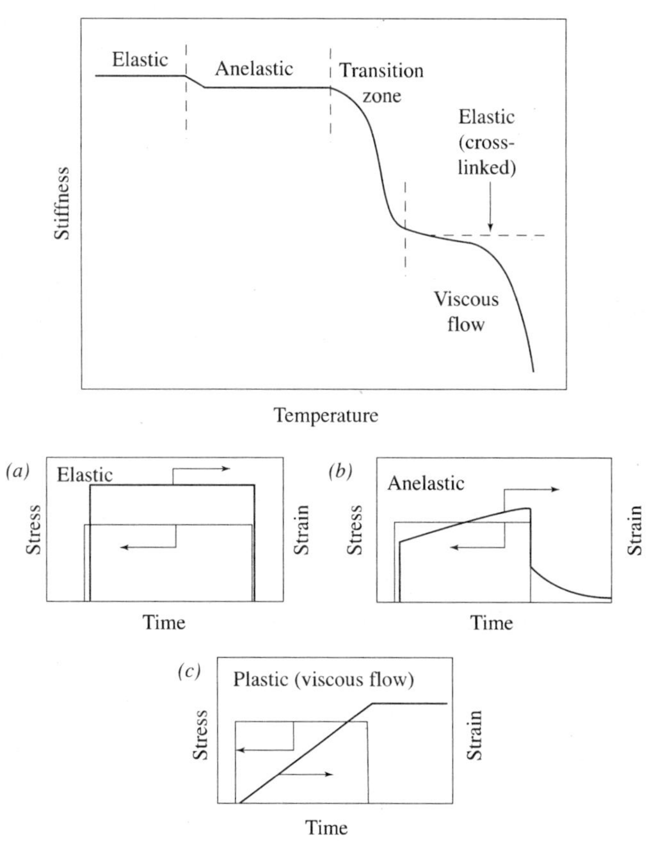

▶ **그림 8. 7** 비결정 고분자의 역학적 거동에 대한 도식적 표현.

그림 8. 7 아래에 있는 작은 3 그림은 일정하중(loading) 혹은 응력을 가하고, 제거했을 때에 일어나는 변형에 대한 '크리프(creep)'를 나타내는 것으로서, (a)그림은 저온영역의 완전(가역)탄성에 관한 크리프이고, 반대로 (c)그림은 고온영역의 완전(비가역)점성흐름에 관한 것이고, 마지막으로 (b)그림은 저온과 고온사이의 점탄성(anelastic)영역에 대응하는 크리프 그림으로서, 완전 탄성과 완전 점성의 가운데 성격을 띰을 알 수 있다(이에 대해서는 나중에 다시 언급하겠음).

지금부터는 위와는 반대로 T_g 이상의 일정온도에서, 비결정성 고분자의 시간(time, t) 의존적 거동을 살펴보기로 한다. 그림 8. 8은 $T > T_g$조건에서 측정된 비결정성 고분자의 전단 탄성계수 $G(t)$를 그림 1. 6 또는 그림 8. 7에서 결정하는 방식과 마찬가지로 응력부가 시간(t)에 따라 나타내었다. 일반적으로 탄성계수가 높은 재료는 그다지 크지 않은 변형을 일으키는 데도 높은 힘이나 응력이 필요하다. 여기서 특기할 사항은 응력을 매우 빠르게 적용하면 T_g 이상에 있는 비결정성 고분자의 탄성계수는 매우 높아 유리상 거동을 나타낸다는 것이다. 응력부가 시간(t)을 증가시킴에 따라 탄성계수는 감소하여 마침내 일정한 영역에 이르게 된다. 이러한 일정한 탄성계수 구간은 응력부가 시간이 네 구간(10,000배)정도 지속되고 고무상 거동을 보인다. 그리고 마침내 특정 응력부가 시간 이상에서는 탄성계수가 급격히 하락하고 더 이상 응력을 지탱할 수 없게 되는 거시적인 흐름이 시작된다.

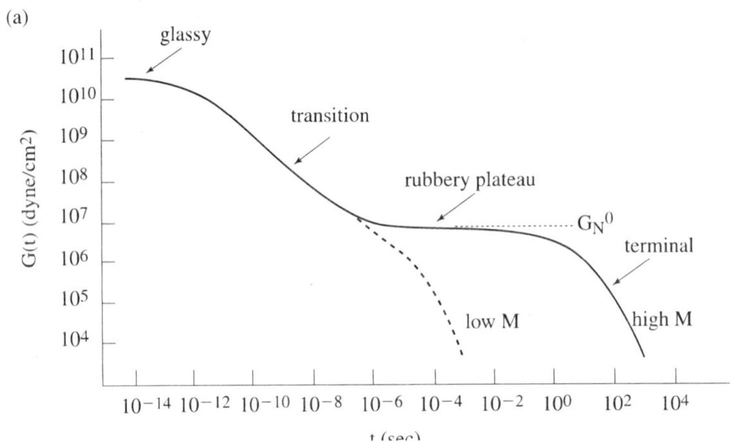

▶ **그림 8. 8** $T > T_g$의 일정온도에서 전형적인 비결정성 고분자의 전단 탄성계수 $G(t)$ 대 시간(t) 플롯.

유리전이온도 이상에서 관찰된 비결정성 벌크 고분자 시료의 시간(혹은 진동수) 의존성이 내포하는 의미를 살펴보자. 만일 힘이나 응력을 충분히 오랜 시간동안 고분자 시편에 가하면, 즉 부가된 힘이나 응력에 대한 반응시간이 충분하다면 시편은 거시적인 흐름거동을 보일 것이 분명하다. 그림 8. 8에서 볼 수 있는 바와 같이 흐름을 유발하는 데 필요한 시간은 기껏해야 수초에서 수분 정도이다. 각 코일의 무게중심의 이동이 가능하여 결국 거시적인 흐름을 유도하는 비결정성 벌크

시료 내 꼬임구조의 고분자 코일을 푸는 데 필요한 시간은 상당히 길다고 볼 수 있다. 결국, 응력부가 시간이 짧은 경우 흐름이 불가능할 것이고, 대신 탄성적인 거동을 보일 것이다. 중간 정도의 응력부가 시간에서는 고무상 재료거동을 보이고, 매우 짧은 응력부가 시간에서는 유리상 거동을 나타낼 것이다. 고무상 평탄영역에서는 고분자 사슬들의 형태변화를 일으키는 데는 충분한 조건이지만, 꼬임사슬을 푸는 데는 충분하지 않아서 결국 사슬의 얽힘 점이 가교구조 역할을 함으로써 망상구조를 형성하기 때문에 가역적인 변형은 가능하지만 비가역적인 흐름은 불가능하다. 그림 8. 8의 점선은 저분자량의 비결정성 벌크시료의 거동인데 고무상 평탄영역이 없다. 이러한 거동은 고분자 코일의 얽힘구조(entanglement)가 나타나는 분자량(M_e)보다 낮은 분자량일 때 나타나고, 이러한 설명은 M_e와는 정확히 동일한 개념은 아니지만, 8. 1. 3절에서 언급한 고분자의 용융점도의 분자량 의존성이 1승과 3.4승으로 변경되는 임계 얽힘 분자량인 M_c(통상 $M_c \simeq 2M_e$)에도 적용될 수 있다. 응력부가 시간이 너무 짧을 경우는 각 고분자 사슬의 형태변경조차도 허용되지 않기 때문에 취성(brittleness)을 가진 유리상 거동을 보인다.

한편 그림 8. 8에 나타낸 바와 같이 일정온도($T > T_g$)에서 비정고분자가 응력부가 시간이 길어짐에 따라 (완전)가역적인 탄성에서 점탄성을 거쳐 (완전)비가역적인 점성흐름으로 바뀌어가는 현상을 아래와 같이 정의되는 무차원의 데보라 수(Deborah number, De)로 설명할 수 있다.

$$D_e = \lambda / t \tag{8. 20}$$

여기서 t는 실험(응력부가)시간, λ는 온도와 분자량에만 의존하는 고분자의 특성 완화(characteristic relaxation)시간이다. 여기서 실험시간이 매우 짧아 $D_e \gg 1$인 경우에는 물질은 가역적인 탄성거동이 주효하고, 반대로 시간이 매우 길어 $D_e \ll 1$인 경우에는 비가역적인 점성거동이 주효하게 된다. 대개의 실험시간 경우 이 양 극한사이에 있는 점탄성거동을 나타낸다. 이 현상은 낮은 T_g를 가진 실리콘 고무의 일종인 "Silly Putty"에 의하여 잘 설명된다. 이것을 공으로 말아서 마루에 떨어뜨리면 고무공의 반발탄성(resilience)으로 튀어오를 것이다. 이것은 빠른 변형으로부터 일어나는 탄성 거동의 한 예이다. 만약 며칠 동안 책상 위에 둔다면 공은 평평해 질 것이다. Silly Putty 공은 납작해질 것이다. 이것은 오랜 시간을 방치하면 점성액체처럼 흐르게 됨을 의미하는 것이다. 만약 적당한 변형속도로 잡아당기면 공은 많이 늘어나게 되어 결국 끊어지게 될 것이다.

8. 2. 2 점탄성의 현상론

8. 2. 2. 1 응력텐서

힘은 두 가지의 독특한 방식으로 외부로부터 물체에 가해질 수 있다. 중력과 관성력은 물체의 개개 입자들 모두에게 직접 작용하기 때문에 본체의 힘(body force)으로 생각될 수 있다. 다른 종류의 힘으로 물체의 표면에만 작용하는 표면력(surface force) 혹은 접촉력이 있으나, 그들의 영향은 원자나 분자 결합을 통하여 물체의 안쪽에 있는 입자들에게 전달된다. 고분자의 기계적 물성을 고려할 때 우리는 주로 외부로부터 물질에 가해지는 응력이나 압력과 같은 표면력의 영향에만 관심을 기울인다.

비록 이러한 힘들에 대한 응답이 물체 안에서 개개 입자들의 변위(displacement)를 반영하지만 계는 일반적으로 거시적 관점에서 고려되고 우리는 계를 연속체(continuum)로 간주한다. 물체 내의 한 점에서 응력의 상태를 정의하기 위해서 그림 8. 9에 제시된 것처럼 그 점 주위의 작은 정육면체를 설정해 그에 작용하는 표면력을 고려한다. 이 표면력들 각각은 그것이 작용하는 표면적으로 구분되는 3개의 좌표축에 평행한 요소로 분해된다.

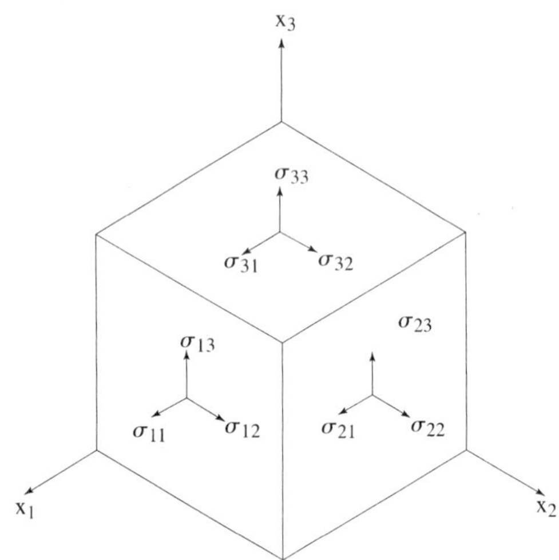

▶ **그림 8. 9** Cartesian 직교 좌표계에서 9개의 응력(stress) 성분의 도식적 설명도.

여기서 i 면(즉 i 축에 수직인 면)에 j 방향으로 작용하는 응력텐서(stress tensor) $\sigma_{ij}(i,j=1\sim3)$는 아래 식에서처럼 9개의 요소가 있다.

$$\sigma_{ij}=\begin{pmatrix}\sigma_{11}\ \sigma_{12}\ \sigma_{13}\\ \sigma_{21}\ \sigma_{22}\ \sigma_{23}\\ \sigma_{31}\ \sigma_{32}\ \sigma_{33}\end{pmatrix} \tag{8. 21}$$

이 중 첨자가 같은 σ_{11}, σ_{22}등을 '법선(normal)응력'이라하고, 첨자가 다른 σ_{12}, σ_{23}등을 '전단(shear)응력'이라 한다. 그리고 각운동량(angular momentum) 보존법칙 즉 응력을 나타내는 정육면체가 역학적 평형상태에 있고 회전하지 않는다는 가정하에 응력(및 변형률)텐서는 대칭이 되어 실제로 σ_{ij}는 σ_{11}, σ_{22}, σ_{33}, $\sigma_{12}(=\sigma_{21})$, $\sigma_{13}(=\sigma_{31})$, $\sigma_{23}(=\sigma_{32})$ 모두 6개의 독립 성분을 가진다.

한편 고체의 응력에 관한 탄성이론에 의하면 응력텐서는 아래와 같이 대각선 성분 안에 작용하는 정수압(hydrostatic pressure) P와 외부로부터의 실제 변형에 기인하는 '편차(deviatoric)응력' τ_{ij}로 분해된다.

$$\sigma_{ij} = -P\delta_{ij} + \tau_{ij} \tag{8. 22}$$

여기서 δ_{ij}는 $i = j$일 때 1, 나머지는 0이 되는 Kronecker-delta 기호(식 5.60참조)이고, 위 식에서 알 수 있듯이 $i \neq j$인 경우는 $\sigma_{ij} = \tau_{ij}$이고, $i = j$일 때는 아래가 성립된다.

$$\sigma_{ii} - \sigma_{jj} = \tau_{ii} - \tau_{jj} \tag{8. 23}$$

8. 2. 2. 2 변형률 텐서

물질에 힘이 작용하면 원자들은 힘에 대한 반응으로 그 위치가 변한다. 이 변화가 변형률(strain)이다. 간단한 예로 길이 l의 얇은 막대기를 외부에서 응력을 가하여 작은 양 δl만큼 연신될 때 변형률 e는 다음과 같이 표현된다.

$$e = \delta l / l \tag{8. 24}$$

다른 방향으로의 연신과 압축, 그리고 전단이 있는 일반적 형태의 변형의 경우 상황은 매우 복잡하다. 그러나 어떤 변형들은 작고 e^2항은 무시할 수 있다고 가정하면 분석은 매우 단순화될 수 있다. 실제에 있어 통상적으로 위 해석은 단지 결정의 선형 탄성변형에만 제한적으로 적용될 수 있다. 예를 들어, 매우 높은 변형이 일어나는 비선형 탄성체의 경우 다른 접근법이 사용되어야 한다.

미소변형(infinitesimal strain)을 해석할 때는 물체 내의 어떤 한 점의 변위(displacement)를 고려한다. 원점 0에서 x_1, x_2, 그리고 x_3의 3축이 만나는 직교좌표계를 사용하는 것이 가장 편리하다. 해석은 그림 8. 10에서 제시된 것처럼 2차원적인 경우를 생각하면 쉽게 설명된다. 만일 P가 좌표 (x_1, x_2)에 위치한 물체 내의 한 점이고 변형에 의해 좌표 $(x_1 + u_1, x_2 + u_2)$로 주어지는 점 P'로 움직인다고 생각하자. 그러나 점 P에 극히 가까운 점 Q는 같은 정도로 변위하지는 않는다. 만일 Q가 원래 $(x_1 + dx_1, x_2 + dx_2)$의 좌표를 가지고 있었다면 변형에 의해 Q'로 변위가 일어나고 $(u_1 + du_1, u_2 + du_2)$만큼 변위가 일어난다. dx_1와 dx_2는 무한히 작으므로 다음과 같이 근사적으로 쓸 수 있다.

$$du_1 \simeq \frac{\partial u_1}{\partial x_1} dx_1 + \frac{\partial u_1}{\partial x_2} dx_2 \tag{8. 25a}$$

$$du_2 \simeq \frac{\partial u_2}{\partial x_1} dx_1 + \frac{\partial u_2}{\partial x_2} dx_2 \tag{8. 25b}$$

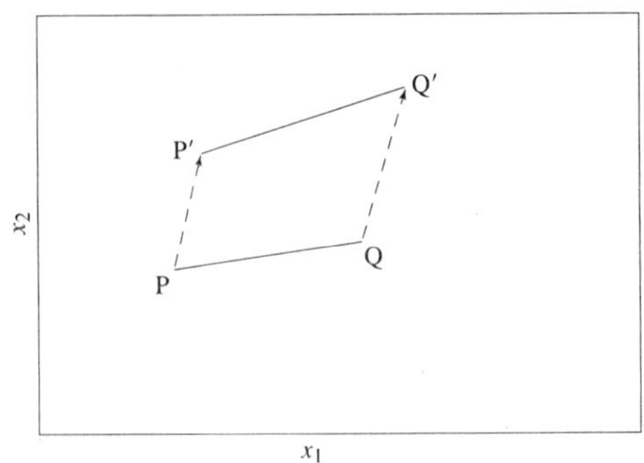

▶ **그림 8. 10** 본체 내의 점 P와 Q의 2차원적 일반적 변위(displacement).

이 식을 3차원(Cartesian) 텐서표현으로 나타내면 아래와 같이 된다.

$$du_i = \left(\sum_{j=1}^{3} \frac{\partial u_i}{\partial x_j}\right) dx_j = e_{ij} dx_j \tag{8. 26a}$$

위 식에서 같은 첨자 (j)가 두 개 있으면 합($\sum$) 기호를 생략하는 Einstein의 '이중합(double summation)규약'을 따랐으며, 텐서 e_{ij}는 변위구배(displacement gradient)텐서의 치환[즉 $\mathbf{e} = (\partial \boldsymbol{u} / \partial \boldsymbol{x})^T = (\nabla_{\boldsymbol{x}} \boldsymbol{u})^T$]으로서 아래와 같이 정의된다.

$$e_{ij} = (\partial \boldsymbol{u} / \partial \boldsymbol{x})^T_{ij} = (\partial u_i / \partial x_j) \tag{8. 26b}$$

그런데 일반적으로 비대칭 텐서인 e_{ij}는 아래와 같이 회전이 없는 순수변형(pure strain)의 대칭텐서 ε_{ij}와 회전변형만의 반대칭(anti-symmetric) 텐서 ω_{ij}로 분해된다.

$$e_{ij} = \varepsilon_{ij} + \omega_{ij} \tag{8. 27}$$

여기서

$$\varepsilon_{ij} \equiv \left[\frac{1}{2}(\mathbf{e} + \mathbf{e}^T)\right]_{ij} = \frac{1}{2}(e_{ij} + e_{ji}) \equiv \gamma_{ij}/2 \tag{8. 28}$$

$$\omega_{ij} \equiv \left[\frac{1}{2}(\mathbf{e} - \mathbf{e}^T)\right]_{ij} = \frac{1}{2}(e_{ij} - e_{ji}) \tag{8. 29}$$

[주의: 위 식 (8. 28)에서 $i = j$일 때는 인장(압축)변형률 ε_{ij}를 쓰고, $i \neq j$일 경우는 ε_{ij}대신 전단변형률인 γ_{ij}를 통상 사용한다.]

위 식의 정의에서 알 수 있듯이 대칭 변형률텐서 ε_{ij}는 모두 6개의 독립성분을 가지며, 변형대칭텐서 ω_{ij}는 대각선요소가 0이 되는 모두 3개의 독립성분($\because \omega_{12} = -\omega_{21}$, $\omega_{13} = -\omega_{31}$,

$\omega_{23}= -\omega_{32}$)만 갖게 된다.

8. 2. 2. 3 응력과 변형률 사이의 관계(탄성계수 또는 강성도 텐서)

많은 물질의 경우 응력과 변형 사이의 관계는 적어도 낮은 변형에서는 응력은 변형에 비례한다고 언급한 Hooke의 법칙(식 8. 18)에 의하여 표현될 수 있다. 하지만 방향에 따라 탄성계수 값이 달라지는 이방성(anisotropic)물질의 경우에는 아래와 같이 3차원적으로 일반화된 Hooke 법칙으로 나타내져야한다.

$$\sigma_{ij}= c_{ijkl}\varepsilon_{kl} \tag{8. 30}$$

여기서 c_{ijkl}은 $3^4 = 81$개의 모든 강성도(stiffness) 상수를 포함하고 있는 4차 텐서이다. 그러나 앞에서 언급한 바와 같이 응력 텐서 σ_{ij}와 변형률 텐서 ε_{kl}가 대칭텐서이므로 아래 증명에서 알 수 있듯이 (a) $c_{ijkl}= c_{jikl}= c_{ijlk}= c_{jilk}$가 되어 36개의 독립성분으로 감소하고, 다시 (b) $c_{ijkl}= c_{klij}$의 대칭성에 의해 21개의 독립성분으로 감소된다.

증 명 (a) 첨자 i와 j, k와 l의 교환 대칭성에서 독립 c_{ijkl}의 수는 n개의 다른 것 중에서 r개를 중복을 허용하여 뽑는 '중복조합'의 수 ${}_nH_r(\equiv {}_{n+r-1}C_r)$를 이용하여 ${}_3H_2 \times {}_3H_2 = {}_4C_2 \times {}_4C_2 = 36$개가 된다.

(b) 여기에 덧붙여 다시 (ij)와 (kl)의 대칭성이 허용될 경우 전체 독립성분의 수는 ${}_{({}_3H_2)}H_2 = {}_6H_2 = {}_7C_2 = 21$개가 된다. ■

그런데 실제에 있어서 응력과 변형률 텐서 σ_{ij}와 ε_{kl}이 모두 독립성분 6개만을 갖는 대칭텐서이고, c_{ijkl}는 통상 위조건 (a)에 의해 36개만의 독립성분을 가지므로 식 (8. 30)대신 아래와 같이 약식으로 나타낸다.

$$\sigma_i= C_{ij}\varepsilon_j \quad (i, j= 1 \sim 6) \tag{8. 31}$$

위 식에서 아래의 협약이 이용되었다.

$$\begin{array}{lll} \sigma_{11}\to\sigma_1, & \sigma_{22}\to\sigma_2, & \sigma_{33}\to\sigma_3 \\ \sigma_{23}\to\sigma_4, & \sigma_{13}\to\sigma_5, & \sigma_{12}\to\sigma_6 \\ \varepsilon_{11}\to\varepsilon_1, & \varepsilon_{22}\to\varepsilon_2, & \varepsilon_{33}\to\varepsilon_3 \\ 2\varepsilon_{23}(=\varepsilon_4)\to\gamma_{23}(=\gamma_4), & 2\varepsilon_{13}(=\varepsilon_5)\to\gamma_{13}(=\gamma_5), & 2\varepsilon_{12}(=\varepsilon_6)\to\gamma_{12}(=\gamma_6) \end{array}$$

한편 식 (8. 31) 약식 강성도 상수 c_{ij}의 0이 아닌 독립성분의 수는 위 증명 (b)에서 보여준 바와 같이 36개에서 21개로 줄었는데, 이는 분자 내 대칭(반사)면을 한 개 갖는 모노클리닉(monoclinic) 물질의 경우 14개의 독립성분, 그리고 서로 다른 3개의 상호수직인 대칭면을 갖는 '직교이방성(orthotropic)'의 물질의 경우에는 다시 9개의 독립성분으로 준다. 지면관계상 이에 대한 증명은 생략하지만, 대칭조작에 대한 텐서변환의 법칙, 가령 x_2, x_3 평면을 임의의 한 대칭면으로 간주하면 직교이방성 물질의 경우에는 대칭(반사)변환 전의 응력과 변형인 $\sigma_{12}(=\sigma_6)$, $\varepsilon_{12}(=\gamma_6/2)$과 변환 후의 응력과 변형인 $\sigma_{12}{}'$와 $\varepsilon_{12}{}'$ 사이에는 아래의 관계가 성립되어야 한다.

$$\sigma_{12}{}' = -\sigma_{12},\ \varepsilon_{12}{}' = -\varepsilon_{12}$$

이 식과 식 (8. 31)을 사용하여 먼저 결과를 얻고, 이와 같은 조작을 전 성분에 대하여 반복하면 직교이방성 물질에 대하여 9개의 독립성분에 대한 증명이 가능하다. 또한 분자 내 어떤 한 대칭면 내에서 재료의 성질이 같은 '가로등방성(transversely isotropic)' 물질의 경우에는 0이 아닌 독립성분 c_{ij}의 수가 다시 5개로 준다. 참고로 표 8. 5 및 8. 6에 각각 직교이방성과 가로등방성 물질에 대한 응력과 변형률과의 관계 (식 8. 31)을 나타내었다.

표 8. 5 직교이방성 물질의 탄성계수

	ε_1	ε_2	ε_3	ε_4	ε_5	ε_6
σ_1	c_{11}	c_{12}	c_{13}	0	0	0
σ_2	c_{21}	c_{22}	c_{23}	0	0	0
σ_3	c_{31}	c_{32}	c_{33}	0	0	0
σ_4	0	0	0	c_{44}	0	0
σ_5	0	0	0	0	c_{55}	0
σ_6	0	0	0	0	0	c_{66}

표 8. 6 가로등방성 물질의 탄성계수(x_1, x_2 평면이 등방성 평면)

	ε_1	ε_2	ε_3	ε_4	ε_5	ε_6
σ_1	c_{11}	c_{12}	c_{13}	0	0	0
σ_2	c_{12}	c_{11}	c_{13}	0	0	0
σ_3	c_{13}	c_{23}	c_{33}	0	0	0
σ_4	0	0	0	c_{44}	0	0
σ_5	0	0	0	0	c_{44}	0
σ_6	0	0	0	0	0	$\dfrac{c_{11}-c_{12}}{2}$

한편 식 (8. 31)로 나타낸 응력, 변형률, 또한 강성도(탄성)계수의 방향(각도 θ) 의존성을 조사하

는 것도 매우 중요하다고 하겠다. 그래서 참고로 그림 8. 11에 나타낸 직교이방성을 갖는 섬유강화 플라스틱(FRP) 복합재료의 2차원(x, y) 평면응력(plane stress)상태 [이 경우 식 (8. 31)에 있어서 6개의 응력 중 σ_1, σ_2, $\sigma_6(=\tau_{12})$만 0이 아니고, 또한 6개의 변형률 ε_1, ε_2, $\varepsilon_6(=\gamma_{12})$만 0이 아님]의 임의의 x, y 직교좌표축에 대해 생각해보자. 이 경우 텐서좌표변환기법에 의하여 아래의 두 관계식이 성립된다.

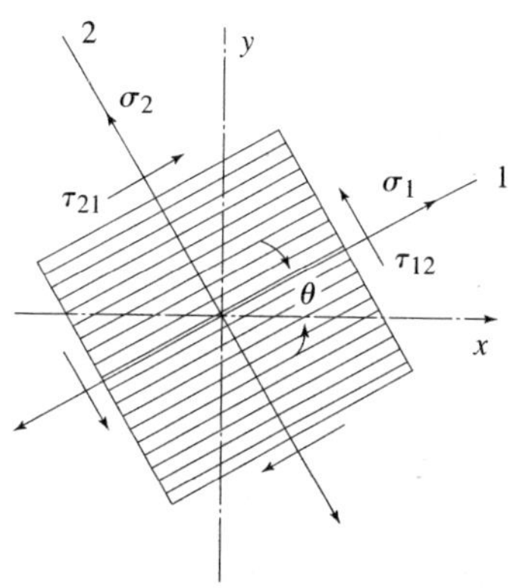

▶ **그림 8. 11** 직교이방성 물질의 평면응력 상태에서 응력 간의 변화.

$$\begin{Bmatrix} \sigma_1 \\ \sigma_2 \\ \tau_{12} \end{Bmatrix} = [J_1] \begin{Bmatrix} \sigma_x \\ \sigma_y \\ \tau_{xy} \end{Bmatrix}, \text{ 여기서 } [J_1] = \begin{bmatrix} m^2 & n^2 & 2mn \\ n^2 & m^2 & -2mn \\ -mn & mn & m^2-n^2 \end{bmatrix} \tag{8. 32a}$$

$$\begin{Bmatrix} \varepsilon_1 \\ \varepsilon_2 \\ \gamma_{12} \end{Bmatrix} = [J_2] \begin{Bmatrix} \varepsilon_x \\ \varepsilon_y \\ \gamma_{xy} \end{Bmatrix}, \text{ 여기서 } [J_2] = \begin{bmatrix} m^2 & n^2 & mn \\ n^2 & m^2 & -mn \\ -2mn & 2mn & m^2-n^2 \end{bmatrix} \tag{8. 32b}$$

위 식에서 $[J_1]$ 및 $[J_2]$는 좌표변환 행렬이고, $m=\cos\theta$, $n=\sin\theta$을 나타낸다.

증 명 (a) 텐서변환기법에 의하면 식 (8. 31) 중의 응력 (및 변형률)을 원래의 직교 Cartesian x, y 축에 대한 값 σ_{ij}와 반시계방향으로 회전된 (주)축 1, 2축에 대한 값 $\sigma_{ij}{}'$ 사이에는 아래의 변환관계가 성립된다(식 8. 30 참조).

$$\sigma_{ij}{}' = l_{im} l_{jn} \sigma_{mn} \text{ [여기서 } (i,\ j)\text{=1~3 ; } (m,\ n)\text{=1~3임]} \tag{8. 33}$$

여기서 l_{ij}는 (Cartesian) 좌표변환 행렬로서 $l_{ij} = \boldsymbol{e}_i{}' \cdot \boldsymbol{e}_j = \cos\theta_{ij}$(여기서 각도 θ_{ij}는 새(주)축의 단위벡터 $\boldsymbol{e}_i{}'$와 원래축의 단위벡터 $\boldsymbol{e}_j$ 사이의 각도임)로 정의되므로 그림 8. 11의 평면(회전)변환의 경우 아래의 행렬형태를 가진다.

$$[l_{ij}] = \begin{bmatrix} \cos\theta & \sin\theta & 0 \\ -\sin\theta & \cos\theta & 0 \\ 0 & 0 & 1 \end{bmatrix} = \begin{bmatrix} m & n & 0 \\ -n & m & 0 \\ 0 & 0 & 1 \end{bmatrix} \tag{8.34}$$

또한 행렬 $[l_{ij}]$의 행렬식 값은 1이며, 치환행렬이 역변환이 되는 직교(orthogonal)변환행렬이다. 그런데 식 (8. 32a)의 주축방향의 3응력 σ_1, σ_2, $\tau_{12}(=\sigma_{12})$는 3차원의 식 (8. 30)의 표현의 경우 각각 $\sigma_1 = \sigma_{11}'$, $\sigma_2 = \sigma_{22}'$, $\tau_{12} = \sigma_{12}'$에 해당되므로 변환전의 좌표에 대한 3응력 $\sigma_x(=\sigma_{11})$, $\sigma_y(=\sigma_{22})$, $\tau_{xy}(=\sigma_{12})$ 사이에는 식 (8. 33)에 의해 아래와 같은 좌표변환 관계가 성립된다.

$$\sigma_1(=\sigma_{11}') = l_{1m} l_{1n} \sigma_{mn} \tag{8.35a}$$

$$\sigma_2(=\sigma_{22}') = l_{2m} l_{2n} \sigma_{mn} \tag{8.35b}$$

$$\tau_{12}(=\sigma_{12}') = l_{1m} l_{2n} \sigma_{mn} \tag{8.35c}$$

[주의: 식 (8. 35)에서 첨자 m이 2개, n이 2개 있으므로 Einstein 축약협약에 의해 사실 $\sum_{m=1}^{3} \sum_{n=1}^{3}$을 적용시켜야 한다.]

따라서 위 식에서 직교 좌표변환 (방향 여현)텐서 l_{ij}값을 식 (8. 34)에 대입하여 계산하면, $\sigma_1 = m^2\sigma_x + n^2\sigma_y + 2mn\tau_{xy}$, $\sigma_2 = n^2\sigma_x + m^2\sigma_y - 2mn\tau_{xy}$, $\tau_{12} = -mn\sigma_x + mn\sigma_y + (m^2 - n^2)\tau_{xy}$가 되어, 이를 행렬표현으로 나타내면 식 (8. 32a)가 증명된다.

(b) 식 (8. 33)과 마찬가지로 원래 좌표에 대한 변형률 ε_{ij}와 새(변환)주축에 대한 변형률 ε_{ij}' 사이에는 아래의 텐서변환 관계가 성립된다.

$$\varepsilon_{ij}' = l_{im} l_{jn} \varepsilon_{mn} \tag{8.36}$$

[주의: 여기서도 마찬가지로 첨자 m과 n에 대하여 각각 2개씩 있으므로 $\sum_{m=1}^{3} \sum_{n=1}^{3}$이 적용되어야 한다.]

여기서 주축방향의 3 변형률 성분은 $\varepsilon_1 = \varepsilon_{11}'$, $\varepsilon_2 = \varepsilon_{22}'$, $\nu_{12}(=\varepsilon_6) = 2\varepsilon_{12}'$이므로 원래의 좌표축에 대한 3 변형률 성분 $\varepsilon_x = \varepsilon_{11}$, $\varepsilon_y = \varepsilon_{22}$, $\gamma_{xy}(=2\varepsilon_{xy}) = 2\varepsilon_{12}$와는 아래의 변환관계가 성립된다.

$$\varepsilon_1(=\varepsilon_{11}') = l_{1m} l_{1n} \varepsilon_{mn} \tag{8.37a}$$

$$\varepsilon_2 (= \varepsilon_{22}') = l_{2m} l_{2n} \varepsilon_{mn} \tag{8. 37b}$$

$$\gamma_{12} (= 2\varepsilon_{12}') = 2 l_{1m} l_{2n} \varepsilon_{mn} \tag{8. 37c}$$

[주의: 여기서도 각각 2개씩 있는 첨자 m 및 n에 대하여 $\sum_{m=1}^{3} \sum_{n=1}^{3}$을 적용시켜야 한다.]

위 식에서 좌표변환 행렬 l_{ij}값을 식 (8. 34)에서 대입하여 값을 구하면 아래를 얻는다. $\varepsilon_1 = m^2 \varepsilon_x + n^2 \varepsilon_y + mn\gamma_{xy}$, $\varepsilon_2 = n^2 \varepsilon_x + m^2 \varepsilon_y - mn\gamma_{xy}$, $\gamma_{12} = -2mn\varepsilon_x + 2mn\varepsilon_y + (m^2 - n^2)\gamma_{xy}$가 된다. 이를 행렬표현으로 나타내면 식 (8. 32b)가 증명된다. ■

한편 그림 8. 11의 평면응력 상태에서 응력과 변형률 사이의 관계는 4개의 독립인 강성도 파라미터 Q_{ij}를 사용하여 아래와 같이

$$\sigma_i = Q_{ij} \varepsilon_j \ (i, j = 1, 2, 6) \tag{8. 38a}$$

혹은

$$\begin{Bmatrix} \sigma_1 \\ \sigma_2 \\ \tau_{12} \end{Bmatrix} = \begin{Bmatrix} Q_{11} & Q_{12} & 0 \\ Q_{12} & Q_{22} & 0 \\ 0 & 0 & Q_{66} \end{Bmatrix} \tag{8. 38b}$$

여기서 평면 강성도 인자 Q_{ij}는 표 8. 5의 강성도 인자 c_{ij}를 사용하여 아래와 같이 나타내진다.

$$Q_{ij} = c_{ij} - c_{i3} c_{j3} / c_{33} \ (i, j = 1, 2, 6)$$

(단 $Q_{16} = Q_{61} = 0$, $Q_{26} = Q_{62} = 0$, $Q_{36} = 0$임.)

식 (8. 38)은 텐서(행렬)표현으로 나타내면 아래가 된다.

$$\boldsymbol{\sigma} = \mathbf{Q} \cdot \boldsymbol{\varepsilon} \tag{8. 39}$$

이를 변환 좌표계에 대해서도 적용하면 아래가 된다.

$$\boldsymbol{\sigma}' = \mathbf{Q}' \cdot \boldsymbol{\varepsilon}' = [J_1]\boldsymbol{\sigma} = [J_1]\mathbf{Q} \cdot \boldsymbol{\varepsilon} = \mathbf{Q}' \cdot [J_2]\boldsymbol{\varepsilon} \tag{8. 40}$$

위 식에서 우편의 맨 끝 두 항에서 아래의 관계가 성립된다.

$$\mathbf{Q}' = [J_1]\mathbf{Q}[J_2]^{-1} \tag{8. 41a}$$

혹은

$$\mathbf{Q} = [J_1]^{-1}\mathbf{Q}'[J_2] \tag{8.41b}$$

여기서 역행렬 $[J_1]^{-1}$과 $[J_2]^{-1}$은 식 (8.32)에서 아래가 된다.

$$[J_1]^{-1} = \begin{bmatrix} m^2 & n^2 & -2mn \\ n^2 & m^2 & 2mn \\ mn & -mn & (m^2-n^2) \end{bmatrix}, \quad [J_2]^{-1} = \begin{bmatrix} m^2 & n^2 & -mn \\ n^2 & m^2 & mn \\ 2mn & -2mn & (m^2-n^2) \end{bmatrix} \tag{8.42}$$

따라서 식 (8.41a) 또 (8.41b)에서 새(변환)주축좌표(1, 2)에 대한 강성도계수 Q_{ij}'와 원래(변환전) 좌표계(x, y)에 대한 강성도계수 Q_{ij} 사이의 관계를 좌표변환 행렬 $[J_1]$ 또는 $[J_2]$를 통하여 알 수 있다. 평면 변형 상태의 경우도 유사한 관계식이 성립되나 여기서는 생략하겠다.

한편 7.4.2절에서 논의된 바 있는 단위체적당 변형에너지 W는 식 (8.30) 혹은 (8.31)로 나타낸 3차원 이방성 시료에 대한 일반 (선형)Hooke 탄성법칙에서 아래와 같이 나타낼 수 있다.

$$W = \int \delta W = (1/2)c_{ijkl}\varepsilon_{ij}\varepsilon_{kl} = (1/2)c_{ij}\varepsilon_i\varepsilon_j \tag{8.43}$$

증 명 1차원 일축신장의 경우 단위체적당 변형에너지 W는 Hooke 법칙 $\sigma = E\varepsilon$ (식 8.18)을 사용하여 아래와 같이 간단히 나타내진다.

$$W = \int \sigma d\varepsilon = \int E\varepsilon d\varepsilon = E\varepsilon^2/2 \tag{8.44}$$

이에 유추하여 3차원 (선형)이방성 물질의 경우 탄성계수 E를 강성도인자 c_{ij}로 간주하여 아래와 같이 나타낼 수 있다.

$$W = (1/2)c_{ijkl}\varepsilon_{ij}\varepsilon_{kl} = (1/2)c_{ij}\varepsilon_i\varepsilon_j \quad ■$$

또한 위 식에서 축약 강성도인자 c_{ij}의 대칭성 즉 $c_{ij} = c_{ji}$[식 (8.30)의 조건 (b)에 해당]을 가정하면, 아래관계가 성립된다.

$$c_{ij} = \left(\partial^2 W/\partial\varepsilon_i\partial\varepsilon_j\right) \tag{8.45}$$

증 명 식 (8.43)의 맨 끝 항등관계식에 대해 편미분을 행하는데 이때 ε_i 및 ε_j를 서로 다른 독립변수로 간주하여, $(\partial\varepsilon_j/\partial\varepsilon_i) = \delta_{ij}$ (여기서 δ_{ij}는 Kronecker-delta 기호로서, $c_{mj}\delta_{mi} = c_{ij}$가 되는 '치환'연산자임)인 관계를 이용하여 먼저 아래의 한번 미분결과를 얻는다(단 강성

도인자 c_{ij}는 변형에 무관하다고 가정).

$$(\partial W/\partial \varepsilon_j) = \frac{1}{2}\frac{\partial}{\partial \varepsilon_j}(c_{mn}\varepsilon_m\varepsilon_n) = \frac{c_{mn}}{2}(\delta_{mj}\varepsilon_n + \varepsilon_m\delta_{nj}) = \frac{1}{2}(c_{jn}\varepsilon_n + c_{mj}\varepsilon_m)$$

이를 다시 ε_i에 대해 미분하고 $c_{ij} = c_{ji}$를 이용하면 아래의 목적식을 얻는다.

$$(\partial^2 W/\partial \varepsilon_i \partial \varepsilon_j) = \frac{1}{2}(c_{jn}\delta_{in} + c_{mj}\delta_{mi}) = \frac{1}{2}(c_{ji} + c_{ij}) = c_{ij} \quad ■$$

그러나 8. 1. 1 (a)절에서 논의한 바 있는 일축신장에 대한 배향(orientation)야기 복굴절로 인하여 이방성을 초래하는 것과 같은 특별한 경우를 제외하고서는, 대부분의 벌크(고체)상태의 비결정성 고분자는 대부분 등방성이라고 생각해도 좋으므로 이후부터의 논의는 거의 등방성 물질에만 한정시키기로 한다. 그런데 물성이 방향에 의존하지 않는 등방성 물질의 경우에는 위에 언급한 이방성 물질과는 전혀 달리 식 (8. 30) 또는 (8. 31)에서 오직 2개만의 독립적인 강성도인자(혹은 탄성계수)만이 필요하다. 이 경우 등방성 시료에 대한 3 대표적인 실험 즉 일축신장 변형(이때 인장 탄성계수는 E), 전단변형(이때 전단탄성계수는 G), 그리고 부피압축실험(이때 체적탄성계수는 K)에 있어서 이들 탄성계수 사이에는 아래의 간단한 관계가 성립된다.

$$E = 2G(1+\nu) = 3K(1-2\nu) \tag{8. 46}$$

여기서 ν는 일축신장 시 재료의 길이의 증가에 따른 폭의 감소비를 나타내는 포아송(Poisson) 비로서 아래와 같이 정의된다.

$$\nu = -\varepsilon_2/\varepsilon_1 = -\varepsilon_3/\varepsilon_1 = \frac{1}{2}\left[1 - \frac{1}{V}\left(\frac{\partial V}{\partial \varepsilon}\right)\right] \tag{8. 47}$$

만약 7장에서 논의한 비압축성 고무의 경우는 (신장)변형시 부피변화는 무시되므로[즉 $(\partial V/\partial \varepsilon) \simeq 0$] $\nu \simeq 0.5$의 값을 가지나, 일반적인 플라스틱 경우는 $\nu \simeq 0.4$ 정도의 값을 갖는다. 식 (8. 46)을 보면, 선형탄성에 대한 등방성물질의 경우 E, G, K, ν 4개 중에서 어느 두 개만 알면 나머지 모두가 결정됨을 알 수 있다.

한편 식 (8. 46)의 증명과 관련된 것으로, 등방성 시료의 선형탄성에 대하여 식 (8. 30)으로부터 출발하여 아래와 같이 표현되는 'Lame 식'이 있다.

$$\sigma_{ij} = c_{ijkl}\varepsilon_{kl} = \lambda\delta_{ij}\varepsilon_{kk} + 2\mu\varepsilon_{ij} \tag{8. 48}$$

(단 위 식에서 Einstein 이중합 기호가 이용되었다.)

여기서 Lame상수 λ 및 μ는 아래와 같이 2개의 독립상수 E와 ν로 나타내진나.

$$\lambda = \nu E/(1+\nu)(1-2\nu) \tag{8. 49a}$$

$$\mu = E/2(1+\nu) \tag{8. 49b}$$

증 명 완전 등방성물질의 경우에는 어떠한 회전이나 반사와 같은 (대칭)변환에 대하여서도 물성의 탄성계수는 변하지 않으므로 식 (8. 48)의 4차 강성도 텐서 c_{ijkl}는 아래와 같이 순수 2차 등방텐서인 Kronecker-delta δ_{ij}기호(식 8. 22 참조)를 사용하여 아래와 같이 나타낼 수 있다.

$$c_{ijkl} = \lambda\delta_{ij}\delta_{kl} + \eta\delta_{ik}\delta_{jl} + \kappa\delta_{il}\delta_{jk} \tag{8. 50}$$

여기서 λ, η, κ는 임의의 상수이다. 그러면 식 (8. 50)를 식 (8. 48)의 첫 번째 항등관계에 대입하면 아래를 얻는다.

$$\begin{aligned} \sigma_{ij} &= \left[\lambda\delta_{ij}\delta_{kl} + \eta\delta_{ik}\delta_{jl} + \kappa\delta_{il}\delta_{jk}\right]\varepsilon_{kl} \\ &= \lambda\delta_{ij}\varepsilon_{kk} + \eta\varepsilon_{ij} + \kappa\varepsilon_{ji} = \lambda\delta_{ij}\varepsilon_{kk} + (\eta+\kappa)\varepsilon_{ij} \quad (\because \varepsilon_{ij} = \varepsilon_{ji}) \end{aligned} \tag{8. 51}$$

여기서 $\eta+\kappa = 2\mu$로 두면 식 (8. 48)의 두 번째 항등관계가 증명된다. 단 식 중의 $\varepsilon_{kk} = \varepsilon_{11} + \varepsilon_{22} + \varepsilon_{33} \simeq \varepsilon_v (= \Delta V/V)$[식 (7. 89)]이다.
다음에는 식 (8. 48)의 두 번째 항등관계에서 x방향으로의 일축 신장변형만을 생각해보자. 이때 $\sigma_{11}(=\sigma_x) = E\varepsilon_{11} = E\varepsilon_1$만 존재하고, $\sigma_{22}(=\sigma_y)$ 및 $\sigma_{33}(=\sigma_z)$는 0이 되므로 아래의 3식이 성립된다.

$$\sigma_{11} = \left[\sigma_x = E\varepsilon_1\right] = \lambda\varepsilon_{kk} + 2\mu\varepsilon_1 \neq 0 \tag{8. 52a}$$

$$\sigma_{22}(=\sigma_y) = \lambda\varepsilon_{kk} + 2\mu\varepsilon_2 = 0 \tag{8. 52b}$$

$$\sigma_{33}(=\sigma_z) = \lambda\varepsilon_{kk} + 2\mu\varepsilon_3 = 0 \tag{8. 52c}$$

위 3식을 합하고, $\varepsilon_1 + \varepsilon_2 + \varepsilon_3 \simeq \varepsilon_{kk}(=\varepsilon_v)$를 이용하면 아래식이 얻어진다.

$$\varepsilon_{kk}(\simeq \varepsilon_v) = \sigma_x/(3\lambda+2\mu) = E\varepsilon_1/(3\lambda+2\mu) \tag{8. 53}$$

이를 식 (8. 52a)에 대입하면 인장탄성계수 E에 관한 식을 얻는다.

$$E = \mu(3\lambda+2\mu)/(\lambda+\mu) \tag{8. 54}$$

그런데 포아송비 $\nu = -\varepsilon_2/\varepsilon_1 (= -\varepsilon_3/\varepsilon_1)$이므로 ε_1 및 ε_2를 각각 식 (8. 52a) 및 (8. 52b)에서 대입하고, 식 (8. 54)를 이용하면 ν에 관한 아래식을 얻는다.

$$\nu = -\varepsilon_2/\varepsilon_1 = \lambda/2(\lambda+\mu) \tag{8. 55}$$

다음에는 식 (8. 55)에서 λ를 μ로 나타내고, 이를 다시 식 (8. 54)에 대입하여 먼저 μ에 관해 풀고, 이를 다시 λ와의 관계에 대입하면 원하는 아래 관계식을 얻는다.

$$\mu = E/2(1+\nu), \qquad \lambda = \nu E/(1+\nu)(1-2\nu) \quad \blacksquare$$

그런데 Lame 식 (8. 48)에서 상수 μ는 사실 전단 탄성계수 G와 같으므로 식 (8. 46)의 첫 번째 항등관계가 성립되며, 만약 비압축성 고무인 경우는 $\nu = 1/2$이 되어 $E \simeq 3G$가 된다[식 (7. 54) 또는 예제 7. 1 참조].

한편 식 (8. 22)에서 정수압 P만 존재하고, 편차응력 τ_{ij}가 없을 때는 $\sigma_1 (= \sigma_2 = \sigma_3) \simeq -P (= -\Delta P)$가 되어, 이때의 체적 탄성계수 K는 아래가 된다.

$$K\left[\equiv -V(\partial P/\partial V)_T\right] \simeq -\Delta P/(\Delta V/V) = -\Delta P/\varepsilon_v = +\sigma_1/\varepsilon_v \tag{8. 56}$$

이 식의 $\varepsilon_v \left[\simeq \varepsilon_{kk} (= \varepsilon_1 + \varepsilon_2 + \varepsilon_3)\right]$로서 Lame 식의 증명에 관한 식 (8. 53)의 결과를 대입하면 아래 관계식을 얻는다.

$$K \simeq E\varepsilon_1/\varepsilon_v = 3\lambda + 2\mu \tag{8. 57}$$

혹은 여기서 $\mu (= G)$에 관한 식 (8. 49b)를 대입하고 λ에 대하여 풀면 아래의 식을 얻는다.

$$\lambda = \frac{\nu}{1+\nu} 3K = \frac{\nu}{(1+\nu)} \frac{E}{(1-2\nu)} \tag{8. 58}$$

따라서 식 (8. 57) 혹은 (8. 58)로부터 체적탄성계수 K에 관한 아래식을 얻어, 식 (8. 46)의 두 번째 항등관계가 증명된다.

$$K = E/3(1-2\nu) \tag{8. 59}$$

다음에는 일축신장(선형)변형에 있어서, 등방성 물체가 일반적인 응력계에 대하여 어떻게 반응하는가를 생각해보자, 만약 1방향으로만 응력 $\sigma_1 (= E\varepsilon_1)$가 작용하고, 나머지 $\sigma_2 = \sigma_3 = 0$인 경우라도, 1방향의 변형률 ε_1는 물론 포아송비 ν의 정의식 (8. 47)에서 2방향 및 3방향의 변형률도 각각 $-\nu\varepsilon_1 = -\nu\sigma_1/E$ 만큼 생길 것이다. 마찬가지로 2방향으로만 응력 $\sigma_2 (= E\varepsilon_2)$가 작용하고, 나머지 $\sigma_1 = \sigma_3 = 0$이라도 ε_2는 물론 1방향과 3방향의 변형률 ε_1 및 ε_3도 각각 $-\nu\varepsilon_2 = -\nu\sigma_2/E$

만큼 생길 것이다. 또한 3방향으로만 응력 $\sigma_3(=E\varepsilon_3)$가 작용하고, $\sigma_1=\sigma_2=0$이라도 ε_3는 물론 1방향과 2방향의 변형률 ε_1 및 ε_2도 각각 $-\nu\varepsilon_3=-\nu\sigma_3/E$ 만큼 생길 것이다. 따라서 이하의 3 관계식이 성립될 것이다.

$$\varepsilon_1(=\varepsilon_{11})=\frac{1}{E}[\sigma_1-\nu(\sigma_2+\sigma_3)](=e_{11}) \tag{8. 60a}$$

$$\varepsilon_2(=\varepsilon_{22})=\frac{1}{E}[\sigma_2-\nu(\sigma_1+\sigma_3)](=e_{22}) \tag{8. 60b}$$

$$\varepsilon_3(=\varepsilon_{33})=\frac{1}{E}[\sigma_3-\nu(\sigma_1+\sigma_2)](=e_{33}) \tag{8. 60c}$$

이 절의 마지막으로 위에서 논의된 등방성 선형탄성식에 대한 이해를 돕기 위하여 예제 문제 3개를 이하에 나타내겠다.

예제 8.1

아래 그림에서처럼 높이 l의 물체가 전단하중 P에 의해 오른쪽으로 길이 λ_s만큼 밀렸을 때 생기는 전단변형률 γ는 아래식으로 나타내진다.

$$\gamma\equiv\lambda_s/l(\simeq\tan\gamma) \tag{8. 61}$$

이때 높이 $l=10$ cm, $\lambda_s=2$ mm 이라면 전단 변형률 γ (단위는 radian으로)를 구하라.

풀이 전단 변형률 $\gamma=\lambda_s/l=0.2/10=0.02$ rad 이 된다. 여기서 γ의 단위가 각도 단위가 되는 것을 식 (8. 61)에서 $\gamma\simeq\tan\gamma$ [즉 $\tan\gamma$를 $\gamma=0$근방으로 Taylor 급수 전개시 γ가 작을 경우 첫 항만 취함]관계에서 각도의 단위를 가진다.

예제 8.2

원래의 직경이 50 cm, 길이가 2 m인 원통형 강철막대가 길이방향으로 일축 인장하중을 받아 길이방향 변형률 $\varepsilon_l = 0.04$, 폭(두께)방향 변형률 $\varepsilon_d = -0.01$일 때 변형에 의한 부피변화 ΔV를 구하라.

풀이 원래의 길이 l, 직경 d라 할 때 변형 후 (늘어난)길이 $l' = (1+\varepsilon_l)l$, 또 변형 후의 (줄어 든)두께 $d' = (1+\varepsilon_d)d$가 될 것이다. 이 때 변형전의 원래 부피 V_1은 아래가 된다.

$$V_1 = \frac{\pi}{4}d^2 l = \frac{\pi}{4} \cdot 50^2 \cdot 200$$

그리고 변형 후의 부피 V_2는 아래가 된다.

$$V_2 = \frac{\pi}{4}d'^2 l' = \frac{\pi}{4}(1+\varepsilon_d)^2 d^2 (1+\varepsilon_l)l$$

$$= \frac{\pi}{4}(1+2\varepsilon_d+\varepsilon_d^2)d^2(1+\varepsilon_l)l \doteqdot \frac{\pi}{4}(1+2\varepsilon_d)(1+\varepsilon_l)d^2 l$$

$$\therefore \Delta V = V_2 - V_1 \doteqdot \frac{\pi}{4}d^2 l\{(1+2\varepsilon_d)(1+\varepsilon_l)-1\}$$

$$= \frac{\pi}{4}d^2 l\{2\varepsilon_d+\varepsilon_l+2\varepsilon_d\varepsilon_l\} \doteqdot \frac{\pi}{4}d^2 l(2\varepsilon_d+\varepsilon_l) \quad (\because \varepsilon_d\varepsilon_l\text{항 무시})$$

$$= \frac{\pi}{4} \times 50^2 \times 200\{2(-0.01)+0.04\} = 7{,}854 \ (\text{cm}^3)$$

예제 8.3

오른쪽 그림에서처럼 길이 $l = 300$ cm, 지름 $d = 3$ cm 의 둥근 막대에 $P = 13{,}000$kg 의 인장하중을 가하였을 때 최종 길이 $l' = 300.28$ cm, 지금 $d' = 2.9990$ cm 로 (선형)탄성 변형하였다고 한다. 이 재료의 Young 률 E 및 포아송비 ν를 구하여라.

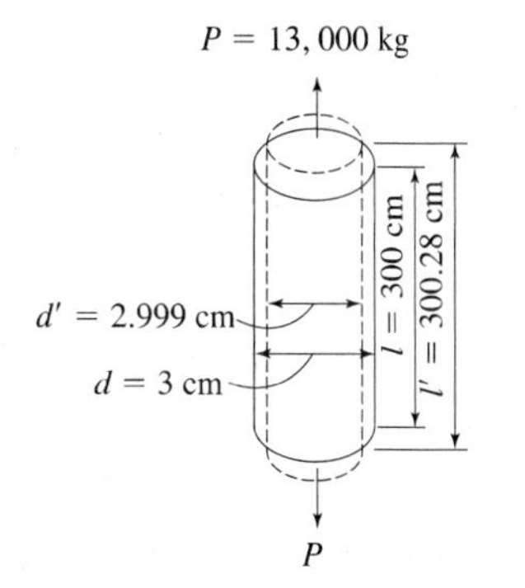

풀이 초기 단면적 $A_0(=\frac{\pi}{4}d^2)$에 대한 힘(하중)인 공칭응력 σ_0는 아래와 같이 된다.

$$\sigma_0 = \frac{P}{A_0} = \frac{13{,}000}{\frac{\pi}{4}\times 3^2} = 1{,}840\ \text{kg/cm}^2$$

또 길이변형 ε_l과 두께(지름)변형 ε_d는 각각 아래가 된다($\because \varepsilon = \Delta l/l_0$).

$$\varepsilon_l = \frac{300.28 - 300}{300} = 0.000933$$

$$\varepsilon_d = \frac{2.9990 - 3.0}{3.0} = -0.000333$$

한편 포아송비 $\nu = -\varepsilon_d/\varepsilon_l = -(-0.000333)/0.000933 = 0.357$이 된다.

또한 Young률 $E = \sigma_0/\varepsilon_l = 1{,}840/0.000933 = 1.972\times 10^6\ \text{kg/cm}^2$이 된다.

8. 2. 2. 4 시간 일과성(time transient) 실험

그림 8. 8에 나타낸 바와 같은 비정고분자에 있어서 (응력)완화(relaxation)현상의 시간의존성은 매우 복잡하다. 측정된 탄성계수나 그의 역에 해당하는 (크리프)컴플라이언스(compliance) 실험이 수행된 방법에 크게 의존한다.

예를 들면, 다음의 두 실험을 비교해 보자. 먼저, 한 고분자를 1시간동안 일정한 일축신장응력 $\sigma_1 = \sigma_0$을 받게 하면, 고분자는 임의의 시간(가령 1 hr)에서 측정 가능한 변형률 ε를 나타낼 것이다. 두 번째 실험에서는, 동일한 시료에 대해 응력을 적용하자 말자 앞과 동일한 변형률 $\varepsilon(t = 1\ \text{hr})$을 갖도록 충분한 응력을 갖게 한다. 그런 후 $\varepsilon(t = 1\,\text{hr})$이 일정하게 유지되도록 응력을 감소시킨다. 이때 두 번째 실험에서 1시간 후의 응력을 σ_2라 하면, 일반적으로 $\sigma_1(=\sigma_0) \neq \sigma_2(t = 1\ \text{hr})$일 것이고, 아마도 일정변형 $\varepsilon(t = 1\ \text{hr})$을 유지하는데 관련된 σ_2값이 더 낮을 것이다. 그러나 두 실험 모두 변형률 $\varepsilon(t = 1\ \text{hr})$는 같으므로 아래 식에서 계산된 응력완화 (Young)탄성계수 E값은 달라질 것이므로 측정방법을 미리 명확하게 기술해야 할 것이다.

$$E = \frac{\sigma_E}{\varepsilon} = \frac{1}{D} \tag{8. 62}$$

단 여기서 σ_E는 인장응력이고, 탄성계수 E나 인장 크리프 컴플라이언스 D의 시간의존성은 무시(이 경우 $E = 1/D$ 성립)하였다.

참고로 식 (8. 62)과 대응하여 (시간무관)전단 탄성계수 G 및 전단 크리프 컴플라이언스 J는 아래와 같이 정의된다.

$$G = \frac{\sigma}{\gamma} = \frac{1}{J} \tag{8. 63}$$

여기서 σ는 전단응력을 나타낸다. 그러나 실제의 (선형)점탄성 고분자에 있어서, 그림 8. 8에서처럼 탄성계수나 컴플라이언스가 시간의존성을 가지므로 서로 역은 아니다(나중 참조).

한편 위에서 언급한 두 실험방법은 각각 인장(tensile) 크리프 지연(creep retardation)실험과 (인장)응력완화(stress relaxation)실험이다. 먼저 완화현상의 시간의존성을 갖는 점탄성 고분자에 있어서, '(인장)크리프 지연' 실험에 대한 인장 크리프 컴플라이언스 $D(t)$는 식 (8. 62)과 달리 아래와 같이 표현된다.

$$D(t) = \frac{\varepsilon(t)}{\sigma_{E,0}} \neq \frac{1}{E(t)} \tag{8. 64}$$

여기서 $\sigma_{E,0}$는 시료에 가해진 일정 인장응력이고, $\varepsilon(t)$는 그때 관측된 시간 t에서의 인장변형률이다. 앞에서 언급한 바와 같이 시간의존성의 경우 탄성계수 E와 컴플라이언스는 서로 역이 아니다.

한편 식 (8. 64)에 대응하는 전단 크리프 컴플라이언스 $J(t)$는 역시 식 (8. 63)과 달리 아래와 같이 표현된다.

$$J(t) = \frac{\gamma(t)}{\sigma_0} \neq \frac{1}{G(t)} \tag{8. 65}$$

여기서 σ_0는 시료에 가해진 일정 전단응력이고, $\gamma(t)$는 그때 발생한 시간 t에서의 전단 변형률이다. 인장 크리프 실험과 마찬가지로 $G(t)$와 $J(t)$는 서로 역이 아님에 주의해야한다.

선형 점탄성실험에 있어서 위의 크리프 실험과 쌍벽을 이루는 또 따른 시간의존성 일과성(transient) 실험은 위 예의 두 번째 실험에 해당하는 '응력완화' 실험이다. 이 실험에서는 변형률 $\varepsilon = \varepsilon_0$이 일정하게 유지되고, 그에 응답(response)하는 시료의 응력이 시간에 따라 완화(감소)되어 가는 과정을 시간의 함수로 측정하는 것이다. 먼저 인장 실험의 경우는 인장 완화 탄성계수 $E(t)$가 아래식으로 나타내진다.

$$E(t) \equiv \frac{\sigma_E(t)}{\varepsilon_0} \tag{8. 66}$$

여기서 ε_0는 시료에 가해지는 일정 인장 변형률이고, $\sigma_E(t)$는 그때 시료에 생긴 시간 t에서의 인장(완화)응력이다.

또 이에 대응하여 전단 실험의 경우에는 전단 완화 탄성계수 $G(t)$는 아래식으로 나타내진다

$$G(t) \equiv \frac{\sigma_{21}(t)}{\gamma_0} \tag{8. 67}$$

여기서 γ_0는 시료에 가해진 일정 전단변형률이고, $\sigma_{21}(t)$는 그때 시료에 생긴 시간 t에서의 전단(완화)응력이다.

다시 한 번 강조하지만, 시간의존성을 갖는 (선형)점탄성물질에 있어서, 두 다른 시간일과성실험에 대한 응력완화 탄성계수와 크리프 컴플라이언스 지연계수는 아래식으로 나타내는 바와 같이 인장 및 전단실험 모두 서로 역이 아님에 주의해야한다.

$$E(t) = \frac{\sigma_E(t)}{\varepsilon_0} \neq \frac{\sigma_{E,0}}{\varepsilon(t)} = \frac{1}{D(t)} \tag{8. 68a}$$

$$G(t) = \frac{\sigma_{21}(t)}{\gamma_0} \neq \frac{\sigma_0}{\gamma(t)} = \frac{1}{J(t)} \tag{8. 68b}$$

장시간 부하의 경우 크리프 실험에 의한 데이터의 재표현

일정한 크로스헤드(cross-head)속도에서의 실험은 일반적으로 아주 빠르므로 수분이내에 끝나고 이 실험으로부터 강성도 데이터를 얻을 수 있다. 이 데이터는 품질관리용으로 중요하다. 그러나 사용 중의 대부분의 플라스틱 제품은 수년 정도의 장시간까지도 하중(long-term loading)을 받으며, 때로는 하중 또는 변형이 가하여져 일정하게 유지되는 경우도 있다. 플라스틱 재료에 상응하는 거동은 크리프나 응력 완화 시험의 형태로 측정되며 장기간 하중지지(load-bearing)설계는 이 데이터에 따라야 하며 단기간 부하(short-term loading)데이터에 의존하여서는 안된다.

특히 크리프 실험은 일정한 온도 및 일정한 하중에서 평행한 시험편에 대하여 행하여진다. 크리프는 일정한 하중을 가하였을 때 일어나는 변형의 시간적 변화를 나타내는 것으로, 다른 인자에 의한 변화를 찾기 위하여 하중을 받고 있지 않는 유사한 시료에 대하여서도 동시에 조절시험이 행하여진다. 데이터는 그림 8. 12에 나타낸 것처럼 대수시간에 대한 선형 변형(또는 이중 대수좌표 또는 이중 선형좌표)으로 표시된다.

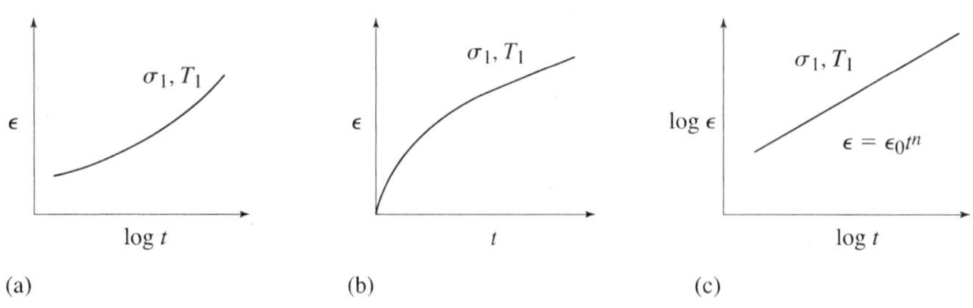

▶ **그림 8. 12** 동일한 응력 σ_1 및 동일한 온도 T_1에서의 크리프 실험의 예시.

변형은 응력이 가해지는 순간부터 시간의존성을 가진다는 것을 유의해야 한다. 즉 시간의존성 변형이 부가되어지는 순간 또는 초기 변형은 없으며, 순간적인 변형이 존재하는 경우는 측정이 충분히 짧은 시간에서 행하여지지 않았음을 의미한다.

한편 그림 8. 13(a)에서 보는 바와 같이 응력을 $\sigma_1 < \sigma_2 < \sigma_3$의 순으로 증가시키면 주어진 시간에서 변형도 증가한다. 그러나 짧은 시간의 경우를 제외하고는 응력을 2배 증가시킨다고 하여 변형이 2배로 되지는 않는다. 하중하에 주어진 응력 및 시간에서 온도가 높을수록 변형도 커진다(그림 8. 13b). 실온 이상의 어떤 온도에서 크리프는 온도차에 의한 팽창을 포함하지 않는다. 즉 실온이 아닌 시험온도에서의 변형이 0일 때를 원점으로 한다.

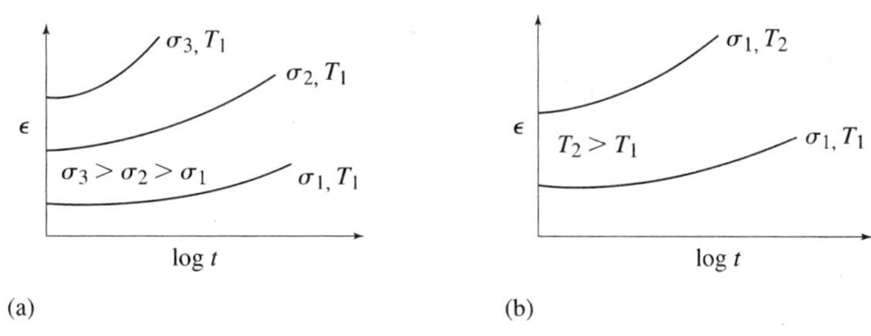

▶ **그림 8. 13** 크리프 실험에 대한 응력 또는 온도의 효과.

지금까지 보고된 대부분의 데이터는 인장 크리프에 관한 것이다. 실제로 압축 크리프는 인장 크리프와 거의 동일하다. 측면 수축비(포아송비)는 시간에 따라 변화가 미미하므로 시간의존성은 대체로 무시될 수 있다. 전단 크리프는 측면 수축비를 사용하여 인장 크리프와 관계지울 수 있다[예제 8. 4참조].

크리프 데이터를 얻는다는 것은 좀 까다로운 일이다. 데이터 집합 간의 내삽은 실용적이어야 한다. 즉 비례인자(proportioning factor)를 구하기 위하여 등시각 곡선(isochronous curve)을 사용하여 얻어지는 크리프 곡선간의 내삽의 경우(만약 등시각 곡선이 없는 경우에는 직선 내삽을 가정)나 단기간 탄성계수-온도곡선을 사용하고 또 비례인자의 설계시 장기간 거동이 단기간 거동에 유사하다는 가정하에 두 다른 온도에서 얻어진 크리프 곡선군 간의 내삽의 경우에서처럼 실용적이어야 한다(아래의 예제 8. 5참조).

이렇게 얻어진 크리프 곡선군은 그림 8. 14에서 볼 수 있는 것처럼 등시각(isochronous) 응력-변형곡선, 등변형(ismoetric) 응력-대수시간 및 크리프 탄성계수-대수시간 곡선으로 재표현될 수 있다. 크리프 탄성계수는 주어진 시간 및 온도에서 응력을 변형으로 나눈 값으로, 해당하는 등시각 곡선상에서 얻어진 시컨트 모듈러스(secant modulus)(즉 S-S곡선의 원점과 1% 변형률에 해당하는 점을 연결한 식선의 기울기)를 나타낸다. 이들 재표현된 곡선은 모두 같은 정보를 제공하므로 어느 것이 더욱 유효한가는 설계자가 결정해야 한다.

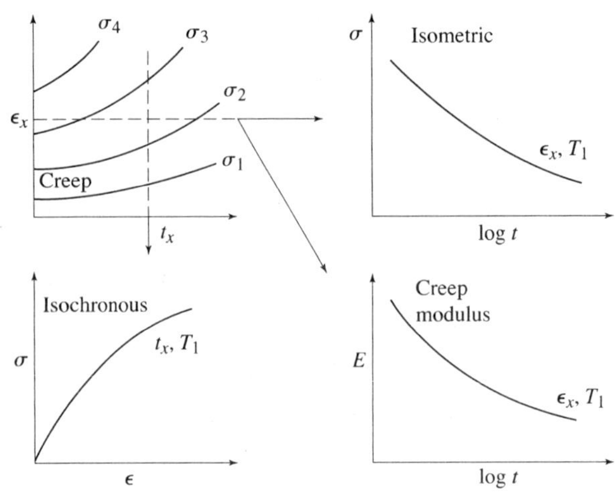

▶ **그림 8. 14** 크리프 데이터의 재표현.

예제 8.4

폴리프로필렌(PP) 단일중합체로된, 균일한 2.5 mm의 두께 h, 내부직경 $d = 1$ m의 실험용구가 6 h/day 동안 대기압 이상의 0.1 MN/m^{2}인 내부압력(P)선에 연결되어 있다. 그날의 나머지 시간동안 용기를 대기 중으로 배기시켰다. 용기와 가스는 20℃에 유지되어 있다. 만약 20℃에서 100번째 압력 주기에 해당하는 시간 t에서의 크리프 인장 변형률 $\varepsilon_l = 1.6$ %이라면 이때 구에 갇혀 있는 가스의 부피의 증가를 계산하라. 단 구의 인장응력 $\sigma = Pd/4h$(여기서 P는 용기의 내부압력, d 및 h는 각각 구의 직경 및 두께임)관계식 및 PP의 포아송비 $\nu = 0.4$를 이용하여라.

풀이 먼저 구의 인장응력 $\sigma = 0.1 \times 1/4 \times 2.5 \times 10^{-3} = 10$ MN/m^{2}이다. 다음에 이 일정응력에서 100 사이클 압력주기에 해당하는 시간에서의 PP재료의 크리프 실험으로부터 구한 인장변형률 ε_l는 1.6 %이므로, 포아송비가 $\nu = 0.4$인 경우의 실제의 인장변형률 ε_l'는 아래가 된다.

$$\varepsilon_l' = \varepsilon_l(1-\nu) = 1.6 \times 0.6 = 0.96\ \%(= 0.0096)$$

따라서 새로운 (변형된)내부직경 $d' = d(1+\varepsilon_l') = 1 \times 1.0096 = 1.0096$ m .

이로부터 구의 새로운 부피 $V_2 = \dfrac{4}{3}\pi\left(\dfrac{d'}{2}\right)^3 = \dfrac{1}{8} \times \dfrac{4}{3}\pi \times (1.0096)^3 = \dfrac{\pi}{6} \times 1.0291$ m^3.

그런데 변형전의 옛 부피 $V_1 = \dfrac{4}{3}\pi\left(\dfrac{d}{2}\right)^3 = \dfrac{1}{8} \times \dfrac{4}{3}\pi \times 1^3 = \dfrac{\pi}{6}$ m^3.

따라서 부피변화 $\Delta V = V_2 - V_1 = 0.0291\pi/6 = 15.24 \times 10^{-3}$ m^{3}가 된다.

예제 8.5

폴리프로필렌(PP) 시료의 크리프 실험데이터에 의하면 일정영역 $\sigma = 3\ \mathrm{MN/m^2}$하에서 온도 20 ℃와 60 ℃에 대하여 시간 $t = 1.2\ \mathrm{Ms}$ (2주)일 때의 일축신장 변형률 $\varepsilon = 0.6\ \%$와 $\varepsilon = 1.25\ \%$이었다. (a)이 때 각 온도에서의 인장탄성계수 E_{20}' 및 E_{60}'값을 계산하여라. 또 (b)위의 PP시료의 동일한 일정응력하에 측정시간이 $t = 100\ \mathrm{s}$로 바뀌어졌을 때 온도 20 ℃, 50 ℃ 및 60 ℃에서의 인장 탄성계수 값이 각각 $E_{20} = 1.34$, $E_{50} = 0.82$, $E_{60} = 0.7\ (\mathrm{GN/m^2})$임이 밝혀졌다. 이때 $t = 100\ \mathrm{s}$에서의 인장탄성계수 E의 직선 온도의존성($y = ax + b$형)의 비례계수 k값이 $t = 1.2\ \mathrm{Ms}$(2주)경우에도 그대로 적용된다면 이로부터 일정응력 $\sigma = 3\ \mathrm{MN/m^2}$하의 온도 50 ℃ 시료의 시간 $t = 1.2\ \mathrm{Ms}$에 해당하는 탄성계수 E_{50}'의 값을 구하라.

풀이 (a) 크리프 실험에서 일정응력 σ하에서 임의의 시간 t일 때의 크리프 변형률 ε값을 알면, (인장)탄성계수 $E = \sigma/\varepsilon$에서 구해진다. 따라서 $t = 1.2\ \mathrm{Ms}$일 때의 온도 20 ℃ 및 60 ℃에서의 각각의 탄성계수 E_{20}' 및 E_{60}'값은 아래와 같다.

$$E_{20}' = 3\ (\mathrm{MN/m^2})/0.6 \times 10^{-2} = 0.5\ \mathrm{GN/m^2},\quad E_{60}' = 3/1.25 \times 10^{-2} = 0.24\ \mathrm{GN/m^2}$$

(b) $t = 100\ \mathrm{s}$일 때의 온도 20 ℃, 50 ℃, 60 ℃에서의 인장 탄성계수 E값의 온도 의존성은 아래의 직선 관계가 성립된다고 가정한다.

$$E_{50} = E_{20} - \left(\frac{E_{20} - E_{50}}{E_{20} - E_{60}}\right)(E_{20} - E_{60}) = E_{20} - k(E_{20} - E_{60})$$

그런데 문제 (b)에 주어진 각각의 값을 대입하면 비례계수 $k = 0.8125$가 된다. 이 관계가 $t = 1.2\ \mathrm{Ms}$ (2주)경우에는 적용된다고 가정하면 아래식이 성립된다.

$$E_{50}' = E_{20}' - 0.8125(E_{20}' - E_{60}')$$

여기서 문제 a)에서 얻어진 $E_{20}' = 0.5\ \mathrm{GN/m^2}$ 및 $E_{60}' = 0.24\ \mathrm{GN/m^2}$값을 대입하면 $E_{50}' = 0.29\ \mathrm{GN/m^2}$를 얻는다.

예제 8.6

20 ℃의 아세탈 공중합체 시료에 대한 크리프 실험에서 일정 인장응력 $\sigma = 10\,\mathrm{MN/m^2}$하의 시간 $t = 10\,\mathrm{s}$ 및 $t = 10^5\,\mathrm{s}$에서의 크리프 신장변형률 ε이 각각 $\varepsilon = 0.365\,\%$ 및 $\varepsilon = 0.645\,\%$임이 확인되었다.

(a) 이때 크리프 데이터의 재표현(그림 8. 14 참조)으로부터 각각의 경우의 크리프 인장탄성계수 E값을 구하라.

(b) 또 이렇게 얻어진 인장 탄성계수 E의 시간 의존성을 $E = E_0 t^n$(여기서 E_0은 $t = 0$일 때의 값임)의 형태로 가정하면 문제 (a)에서 얻어진 결과를 이용하여 지수 n값을 구하여라.

풀이 (a) $E = \sigma/\varepsilon$에서 $E_{10} = 10\,(\mathrm{MN/m^2})/0.365 \times 10^{-2} = 2.74\,\mathrm{GN/m^2}$

$E_{10^5} = 10/0.645 \times 10^{-2} = 1.55\,\mathrm{GN/m^2}$

(b) $E = E_0 t^n$의 양변에 log를 취하면 $\log E = \log E_0 + n \log t$. 따라서 두 시간 간격 t_1 및 t_2에서의 E값을 알면 n은 아래와 같이 구해진다.

$n = [\log E_1 - \log E_2]/[\log t_1 - \log t_2]$

여기에 문제 (a)에서 얻어진 결과를 이용하면

$n = (0.438 - 0.19)/(1-5) = -0.062$를 얻는다.

이하에서는 응력(하중)을 제지시 일어나는 크리프회복(creep recovery)에 대하여 논하기로 한다. 탄성한계 내에서 연강에 대한 변형시험의 최종단계에서 하중을 제거하면 강철은 즉시 원래의 미변형상태로 돌아온다. 금속에 대한 크리프 시험의 최종단계는 탄성 변형만이 회복되고 비가역적인 소성(plastic) 변형은 그대로 남아있다.

그러나 고분자 플라스틱의 거동은 이들과 다르다. 즉 시험의 최종단계에서 하중을 제거하면 항복점 이내에서 플라스틱 재료는 대부분 변형을 회복하지만 그 과정은 시간을 요한다. 단기간 낮은 응력 크리프 시험에서는 회복은 빠르고 완전하나, 장기간 크리프 또는 높은 응력 크리프 시험시 회복은 지연되고 완전하지 못하다.

그림 8. 15에서는 2가지 새로운 개념을 사용하여 크리프 회복 데이터를 표현하였다. 즉 환원시간(reduced time, t_R)≡회복시간/크리프 시간과 회복 변형분율(fractional recovered strain, FRS)≡회복된 변형/최대 크리프 변형률이다. 이를 토대로 하여 모든 크리프 데이터는 그림 8. 15에 나타낸 것처럼 좁은 지역으로 집약되어 나타낼 수 있다.

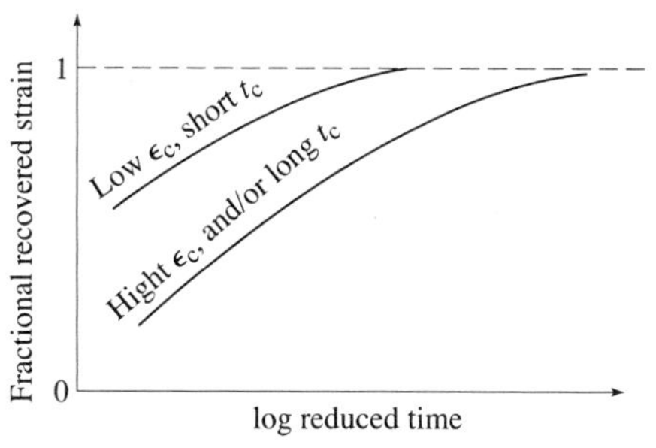

▶ **그림 8. 15** 크리프 회복 데이터의 표현.

끝으로 응력 완화는 일정한 변형을 가하였을 때 응력의 시간적 변화를 말한다. 응력 완화 시험은 크리프 시험보다 훨씬 더 까다롭기 때문에 거의 행하여지지 않는다. 1% 정도 이내의 변형으로서 장기간 변형이 일어나지 않는다고 가정한다. 응력 완화는 크리프 시험에서 얻어지는 적절한 등변형 응력-시간곡선에 의하여 묘사될 수 있다(그림 8. 14 참조).

8. 2. 2. 5 동적 점탄성 실험

앞절에서 언급한 응력완화나 크리프실험에서와 같은 시간의존성의 단계적(step)함수형태로 주어지는 시간일과성실험에 덧붙여 벌크상 고분자의 선형점탄성 거동을 조사하는 또 하나의 중요한 실험기법으로서 시간대신 일정한(steady) 각 진동수(angular frequency) $\omega(=2\pi\nu$, 여기서 ν는 진동수)를 변수로 하는 '동적 기계적 분석(dynamic mechanical analysis, DMA)'이 있다. 여기서는 보통 사인(sine)형태의 변형이나 응력의 적용과 같은 주기적인(periodic) 동요(perturbation)에 대한 고분자의 시간의존성 응답을 동적 탄성계수의 형태로 기록한다. 일반적으로 변형(또는 응력)의 진폭이 별로 크지 않은 선형 점탄성 범위 내에서 이루어지는 동적 실험기구는 여러 변형 방식(가령 인장, 비틀림, 압축, 휨 및 전단변형)의 작용과 다양한 진동수 영역(일반적으로 0.1~100 Hz, 또는 0.628~691 rad s^{-1})까지 포함할 수 있다. 먼저 동적 기계적 분석의 원리에 대하여 설명하겠다.

A) DMA 분석 원리

먼저 동적 (인장) 응력완화(dynamic stress relaxation)실험에 있어서 진동성(oscillatory) 변형 $\varepsilon(t)$는 아래식과 같이 사인형태 함수로 주어진다.

$$\varepsilon = \varepsilon^{\circ}\sin(\omega t) \tag{8. 69}$$

여기서 ε°는 가해진 변형의 진폭(amplitude)이며, ωt는 시간 t 후의 회전각도 θ_t에 해당된다(왜냐하면 각속도 ω의 변위는 rad s^{-1}이므로).

이때 가해진 변형에 대한 선형 점탄성 물질의 동적 응력응답은 아래식으로 나타내진다.

$$\sigma(t) = \sigma^{\circ}\sin(\omega t+\delta) \tag{8. 70}$$

여기서 σ° 은 응력응답의 진폭이며, δ은 응력변형의 ε에 대한 위상차를 나타내는 위상각(phase angle) 또는 지연(delay)각도로서 만약 물질이 완전(가역)탄성고체인 경우는 위상각 $\delta = 0$이고, 또 완전(비가역)점성액체인 경우는 $\delta = \pi/2$로서 점탄성고분자에 대한 δ값은 이들 양 극한값 사이에 있다(그림 8. 16 참조).

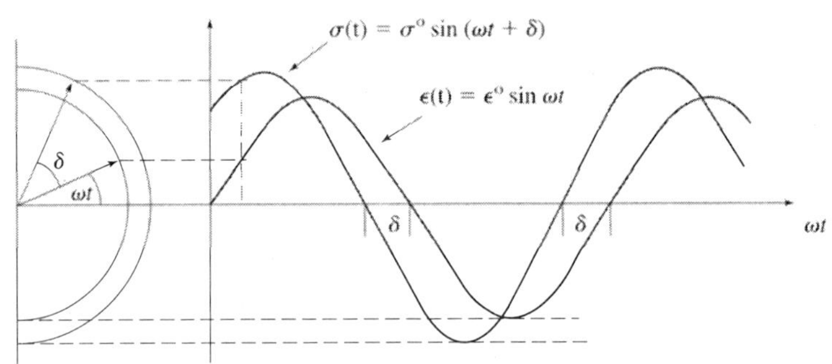

▶ **그림 8. 16** 사인파 변형에 대하여 위상각(phase angle) δ로 응력응답을 나타내는 동적 응력완화 실험에 대한 모식도.

위 그림에서 응력응답 $\sigma(t)$는 다시 변형 $\varepsilon(t)$와 같은 위상(in-phase, 즉 $\sin(\omega t)$)을 갖는 $\sigma'(t)$ 파동과 $\delta = \pi/2$만큼 지연된 위상(out-of-phase, 즉 $\cos(\omega t)$)을 갖는 $\sigma''(t)$ 파동으로 분해가 가능하며, 이는 식 (8. 70)의 우편을 삼각함수 공식을 이용하여 전개함으로써 알 수가 있다.

$$\sigma(t) = \sigma'(t) + \sigma''(t) = \sigma^\circ(\sin\omega t\cos\delta + \cos\omega t\sin\delta) \tag{8. 71}$$

따라서 이 식의 우편의 첫 번째 항이 σ'이며, 두 번째 항이 σ''가 된다. 그리고 σ' 및 σ''의 진폭은 각각 $\sigma^\circ\cos\delta$과 $\sigma^\circ\sin\delta$임을 알 수 있다. 한편 가해진 변형의 진폭은 ε° (식 8. 69)이므로 비 $\sigma^\circ/\varepsilon^\circ$ 는 아래에 나타내는 복소 인장탄성계수 E^*의 크기 $|E^*|$와 같다.

$$E^* = E' + iE'' = |E^*|\exp(i\delta) \tag{8. 72}$$

$$|E^*| = (E'^2 + E''^2)^{1/2} = \sigma^\circ/\varepsilon^\circ, \ \exp(i\delta) = \cos\delta + i\sin\delta \tag{8. 73}$$

여기서 $i = \sqrt{-1}$ 이고, E' 및 E''는 각각 (in-phase) 저장(storage) 인장탄성계수와 (out-of-phase) 손실(loss) 인장탄성계수이다. 위 식에서 아래가 성립된다.

$$E' = |E^*|\cos\delta = \left(\frac{\sigma^\circ}{\varepsilon^\circ}\right)\cos\delta \tag{8. 74}$$

$$E'' = |E^*|\sin\delta = \left(\frac{\sigma^\circ}{\varepsilon^\circ}\right)\sin\delta \tag{8. 75}$$

손실 탄성률과 저장 탄성률의 비는 "$\tan\delta$"라 불리는 동적 기계적 분석에 있어서 또 하나의 유용한 파라미터를 정의한다.

$$\tan\delta = \frac{\sin\delta}{\cos\delta} = \frac{E''}{E'} \tag{8. 76}$$

한편 동적(인장) 응력완화에 있어서 식 (8. 69)로 주어지는 사인파 형태의 입력대신 아래와 같이 (실수와 허수성분을 갖는) 복소변형 ε^*으로 주어질 수도 있다.

$$\varepsilon^* = \varepsilon^\circ \exp(i\omega t) \tag{8. 77}$$

이때 결과로서 생기는 복소 응력 σ^*는 일반적으로 아래와 같이 나타내진다.

$$\sigma^* = \sigma^\circ \exp[i(\omega t + \delta)] \tag{8. 78}$$

복소응력과 변형의 경우에도 아래와 같이 마찬가지로 Hooke의 법칙이 성립된다.

$$\sigma^*/\varepsilon^* = (\sigma^\circ/\varepsilon^\circ)\exp(i\delta) \equiv E^* \tag{8. 79}$$

여기서도 사인파 변형의 입력의 경우와 마찬가지로 식 (8. 74)-(8. 76)이 성립된다.

다음에는 동적 크리프(dynamic creep)실험에 대하여 논하기로 한다. 만약 점탄성 물질에 대하여 식 (8. 69)와 유사하게 사인형의 인장응력 $\sigma(t) = \sigma^\circ \sin\omega t$를 건다면 변형은 아래와 같이 (빠른)위상각 δ을 가지고 나타날 것이다.

$$\varepsilon(t) = \varepsilon^\circ \sin(\omega t - \delta) \tag{8. 80}$$

이 또한 동적 완화 경우처럼 아래와 같이 $\sigma(t)$와 위상이 일치하는 ε' 파동과 위상이 $\pi/2$ 만큼 벗어나는 ε'' 파동으로 분해된다.

$$\varepsilon(t) = \varepsilon'(t) + \varepsilon''(t) = \varepsilon^\circ(\sin\omega t\cos\delta - \cos\omega t\sin\delta) \tag{8. 81}$$

여기서 각 성분의 진폭$(\varepsilon')^\circ$과 $(\varepsilon'')^\circ$에 대하여 아래가 성립된다.

$$(\varepsilon')^\circ = \varepsilon^\circ\cos\delta,\ (\varepsilon'')^\circ = \varepsilon^\circ\sin\delta \tag{8. 82}$$

그런데 입력 응력에 대한 크리프 변형의 진폭비 $\varepsilon^\circ/\sigma^\circ$는 복소인장 크리프 탄성계수 $D^*(=1/E^*)$의 크기 $|D^*|$와 같으므로 아래 관계식들이 성립된다.

$$D^*(=1/E^*) = D' - iD'' = |D^*|\exp(-i\delta) \tag{8. 83}$$

$$|D^*| = (D'^2 + D''^2)^{1/2} = \varepsilon^\circ/\sigma^\circ,\ \exp(-i\delta) = \cos\delta - i\sin\delta \tag{8. 84}$$

$$D' = |D^*|\cos\delta = (\varepsilon^\circ/\sigma^\circ)\cos\delta \tag{8.85}$$

$$D'' = |D^*|\sin\delta = (\varepsilon^\circ/\sigma^\circ)\sin\delta \tag{8.86}$$

$$\tan\delta = \sin\delta/\cos\delta = E''/E' = D''/D' \tag{8.87}$$

또한 동적 완화실험과 마찬가지로 사인파 응력의 작용대신 아래와 같이 (실수와 허수 성분을 갖는) 복소응력 σ^*를 입력할 수 있다.

$$\sigma^* = \sigma^\circ \exp(i\omega t) \tag{8.88}$$

이때 생기는 복소(크리프)변형은 아래와 같이 나타내진다.

$$\varepsilon^* = \varepsilon^\circ \exp[i(\omega t - \delta)] \tag{8.89}$$

여기서 식 (8. 79)대신 아래가 성립된다.

$$\varepsilon^*/\sigma^* = (\varepsilon^\circ/\sigma^\circ)\exp(-i\delta) \equiv D^*(=1/E^*) \tag{8.90}$$

또한 식 (8. 83)-(8. 87)는 마찬가지로 성립된다.

한편 위에서 언급된 E^*와 D^*의 정의로부터 아래관계가 성립됨을 알 수 있다.

$$D^* = \frac{1}{E^*} = \frac{1}{E' + iE''} = \frac{E'}{(E')^2 + (E'')^2} - i\left[\frac{E''}{(E')^2 + (E'')^2}\right] \tag{8.91}$$

$$D' = \frac{E'}{(E')^2 + (E'')^2}\ ,\quad D'' = \frac{E''}{(E')^2 + (E'')^2} \tag{8.92}$$

마찬가지로 E' 및 E''도 D' 및 D''의 함수로 나타낼 수 있다.

참고로 일과성 실험의 $E(t)$와 $D(t)$, 그리고 동적 기계적 실험의 $(E',\ D')$와 $(E'',\ D'')$쌍 사이에는 일반적으로 선형 점탄성 범위내에서 아래의 부등식(inequality) 관계가 성립됨을 밝혀둔다(8. 2. 2. 6절 참조).

$$D(t) \le 1/E(t) \tag{8.93a}$$

$$D'(\omega) \le 1/E'(\omega),\ D''(\omega) \le 1/E''(\omega) \tag{8.93b}$$

이상에서 언급한 동적 인장 (응력완화 및 크리프)실험에 대한 모든 결과식은 동적 전단실험경우에도 (이 경우 G', G'', J', J'', $J^* = 1/G^*$등) 똑같이 적용될 수 있다.

한편 식 (8. 77)형태로 주어진 복소동적 전단응력완화실험에 있어서 복소 전단변형 $\gamma^*(t)$의 시간미분 즉 $\dot{\gamma}^*(=d\gamma^*/dt)$와 복소전단응력 σ^*사이에는 액체의 점성흐름에 대한 뉴톤의 법칙 (식 6. 236)에서 아래의 관계식이 정의된다.

$$\sigma^*/\dot{\gamma}^* \equiv \eta^* \tag{8.94}$$

여기서 $\eta^* = \eta' - i\eta''$로 나타내지는 '복소점도(dynamic viscosity)'이다. 그런데 식 (8. 77)을 t로 미분하면 $\dot{\gamma}^* = i\omega\gamma^*$가 얻어지고, 또한 $\sigma^*/\gamma^* = G^*$ (식 8. 79 참조)이므로 아래관계가 얻어진다.

$$\eta^* = \sigma^*/i\omega\gamma^* = G^*/i\omega \tag{8.95}$$

여기서 $G^* = G' + iG''$ (식 8. 72 참조)이므로 아래관계가 성립된다.

$$\eta^* = \eta' - i\eta'',\ \text{여기서}\ \eta' = G''/\omega,\ \eta'' = G'/\omega \tag{8.96}$$

B) 동적 응력완화에 있어서 산일(dissipation)에너지

다른 형태의 기계적 변형의 경우와 마찬가지로 동적 기계적 실험 중에도 일(work)이 소비된다. (G''항에 의해 열로서)소비된(dissipated) 일(또는 동력)의 양은 고분자의 점탄성 성질에 의존한다. 시료의 단위 체적당 일은 다음과 같이 응력과 변형의 항으로 나타내어질 수 있다.

$$W = \int\left(\frac{f}{V}\right)dl = \int\left(\frac{f}{A}\right)\frac{dl}{l} = \int\sigma\, d\varepsilon \tag{8.97}$$

여기서 f는 힘, dl은 시료의 미소신장, 그리고 V는 시료의 부피이다. 진동의 한 사이클[즉 각도는 $0 \sim 2\pi$라디안, 시간은 $0 \sim T$ (여기서 $T = 2\pi/\omega$ 주기임)]당 동적 일(dynamic work)은 다음과 같이 나타내어진다.

$$W = \int\sigma^* d\gamma^* = \int_0^{2\pi/\omega}\sigma^*\dot{\gamma}^* dt = \pi G''(\gamma^\circ)^2 \tag{8.98}$$

여기서 γ°는 복소전단변형 $\gamma^*(t) = \gamma^\circ \sin\omega t$ (식 8. 69 참조)의 진폭이다.

증 명 위 식에서 $\dot{\gamma}^* = \omega\gamma^\circ\cos\omega t$이고, 응답된 복소전단응력 σ^*는 식 (8. 71)경우와 마찬가지로 아래와 같이 γ^*와 위상이 일치하는 σ'와 $\delta = \pi/2$ 위상차가 나는 σ''항으로 분해된다.

$$\sigma^* = \sigma' + \sigma'' = (\sigma')^\circ \sin\omega t + (\sigma'')^\circ \cos\omega t \tag{8.99}$$

여기서 각각의 진폭 $(\sigma')^\circ$과 $(\sigma'')^\circ$은 아래가 된다(식 8. 74, 8. 75 참조).

$$(\sigma')^\circ = \sigma^\circ \cos\delta = G'\gamma^\circ, \ (\sigma'')^\circ = \sigma^\circ \sin\delta = G''\gamma^\circ \tag{8.100}$$

따라서 이들 결과를 식 (8.98)에 대입하여 적분을 행하면 아래가 된다.

$$W = \int_0^{2\pi/\omega} \sigma^* \dot{\gamma}^* dt = \omega\gamma^\circ \int_0^{2\pi/\omega} [(\sigma')^\circ \sin\omega t + (\sigma'')^\circ \cos\omega t] \cos\omega t \, dt \tag{8.101}$$

$$= \omega\gamma^\circ \left\{ (\sigma')^\circ \int_0^{2\pi/\omega} \sin\omega t \cos\omega t \, dt + (\sigma'')^\circ \int_0^{2\pi/\omega} \cos^2\omega t \, dt \right\}$$

여기서 아래의 (부정)적분 공식을 이용한다.

$$\int \sin\omega t \cos\omega t \, dt = \sin^2\omega t / 2\omega + 상수 \tag{8.102}$$

$$\int \cos^2\omega t \, dt = t/2 + \sin 2\omega t / 4\omega + 상수 \tag{8.103}$$

이 공식을 이용하여 식 (8.101)의 적분을 행하면 0이 안되고 남은 항은 아래가 되어 증명된다.

$$W = \omega\gamma^\circ (\sigma'')^\circ \pi/\omega = \pi\gamma^\circ G''\gamma^\circ = \pi G''(\gamma^\circ)^2 \quad ■$$

C) 비틀림추(torsion pendulum)동적 기계적 실험

여기서 고분자의 대표적인 한 동적 기계적 실험방법에 대하여 소개하기로 한다. 그림 8.17에 도식적으로 나타낸 것과 유사한 비틀림추(torsion pendulum)를 사용하여 매우 쉽게 실험을 수행할 수 있다. 이 장치는 커다란 관성 판에 연결된 원통형의 고분자 봉으로 구성되어 있다. 일반적으로 판의 무게가 서로 균형이 잡혀 있어서 그 결과 시편은 어떠한 단축방향으로의 인장이나 압축을 받지 않게 된다. 관성 판을 뒤틀고 풀어 줌으로써 이 장치를 진동시킬 수 있고 장치의 크기와 고분자 시료봉의 물성에 따라 일정 (각)주파수 ω에서 사인함수적으로 진동이 일어난다. 만일 장치가 완전히 마찰이 없다면 완전 탄성체로 구성된 봉의 경우 무한히 진동을 할 것이다. 고분자와 같은 점탄성적 물질의 경우 점성 성분 때문에 진동은 감쇄하고 그림 8.17에 보인 것과 같이 시간에 따라 그 진폭도 줄어든다. 이 장치는 넓은 범위의 온도(일반적으로 -200 ℃ ~ +200 ℃)에서 사용가능할 정도로 그 크기가 충분히 작다. 그러나 시편의 크기는 많이 바뀔 수 없어 ω는 상대적으로 좁은 범위(일반적으로 0.01~10 Hz)로 제한되어 있다. 넓은 범위의 주파수에서 점탄성 물성의 측정은 보통 강제(forced)진동을 사용해야 한다.

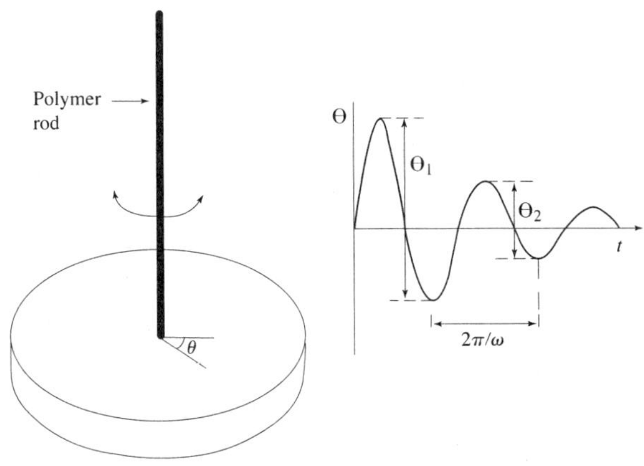

▶ **그림 8. 17** 점탄성 물질의 뒤틀림 추(torsion pendulum)와 진동 댐핑(vibration damping)의 도식적 표현.

비틀림추의 운동은 비교적 간단히 분석될 수 있다. 만일 반경이 a이고 길이가 l인 원형단면봉이 사용되었다면 한쪽 끝이 다른 쪽에 비하여 상대적으로 θ각 만큼 뒤틀렸을 때 봉의 토크(torque) T는 다음과 같다.

$$T = \frac{G\pi a^4}{2l}\theta \tag{8. 104}$$

여기서 G는 봉의 전단 탄성률이다. 만일 물질이 완전탄성체라면 진동계의 운동방정식은

$$I\ddot{\theta} + T = 0 \tag{8. 105}$$

여기서 I는 판의 관성모멘트(moment of inertia)이다. 다음식이 계의 움직임을 기술한다.

$$I\ddot{\theta} + \frac{G\pi a^4}{2l}\theta = 0 \tag{8. 106}$$

이러한 형태의 식은 다음과 같은 표준해를 가진다.

$$\theta = \theta_0 \cos(\omega t + \alpha)$$

여기서

$$\omega = \left(\frac{G\pi a^4}{2lI}\right)^{1/2} \tag{8. 107}$$

탄성봉에 대한 전단 탄성률은 다음과 같다.

$$G = \frac{2lI\omega^2}{\pi a^4} \tag{8. 108}$$

앞에서 언급한 바와 같이 점탄성 물질의 복소 전단 탄성률 G^*을 아래와 같이 정의할 수 있다.

$$G^* = G' + iG'' \tag{8.109}$$

여기서 G'와 G''는 복소 전단 탄성률의 실수부와 허수부이다. 만일 점탄성 물질이 봉으로 사용된다면 운동방정식 식 (8. 106)은 다음과 같이 된다.

$$I\ddot{\theta} + \frac{\pi a^4}{2l}(G' + iG'')\theta = 0 \tag{8.110}$$

만일 이 방정식이 다음의 해를 갖는다고 가정하면 (A8. 2절 참조)

$$\theta = \theta_0 e^{-\lambda t} e^{i\omega t} \tag{8.111}$$

위 식의 실수부와 허수부는 다음과 같이 되고

$$G' = \frac{2lI}{\pi a^4}(\omega^2 - \lambda^2) \tag{8.112}$$

$$G'' = \frac{2lI}{\pi a^4} 2\omega\lambda \tag{8.113}$$

또한 위상각 δ는 다음과 같이 된다.

$$\tan\delta = E''/E' = G''/G' = 2\omega\lambda/(\omega^2 - \lambda^2) \tag{8.114}$$

일반적으로 비틀림추에서 점탄성 물질에 대해 측정되는 양은 '대수적(logarithmic) 감소'인 Λ이다. 이것은 두 개의 연속적인 주기의 크기의 비에 자연로그를 취한 값으로 정의된다.

$$\Lambda = \ln(\theta_n/\theta_{n+1}) \tag{8.115}$$

Λ를 어떻게 결정하는지를 그림 8. 17에 도식적으로 제시하였다. 두 연속적인 주기 사이의 시간간격이 $2\pi/\omega$이기 때문에 식 (8. 111)과 (8. 115)를 묶으면

$$\Lambda = 2\pi\lambda/\omega \tag{8.116}$$

그리하여 식 (8. 112)은

$$G' = \frac{2lI\omega^2}{\pi a^4}\left(1 - \frac{\Lambda^2}{4\pi^2}\right) \tag{8.117}$$

그리고 식 (8. 113)은

$$G'' = \frac{2lI\omega^2}{\pi a^4}\frac{\lambda}{\pi} \tag{8. 118}$$

또한 위상차 δ는

$$\tan\delta = \frac{\Lambda/\pi}{1-\Lambda^2/4\pi^2} \tag{8. 119}$$

보통 Λ는 작으므로($\ll 1$) 일반적으로 $\Lambda^2/4\pi^2$항은 무시할 수 있다. 식 (8. 117)은

$$G' \simeq \frac{2lI\omega^2}{\pi a^4} = G \tag{8. 120}$$

이 되고 식 (8. 119)는 감쇄가 작을 때 근사적으로 다음과 같이 된다.

$$\tan\delta \simeq \Lambda/\pi \tag{8. 121}$$

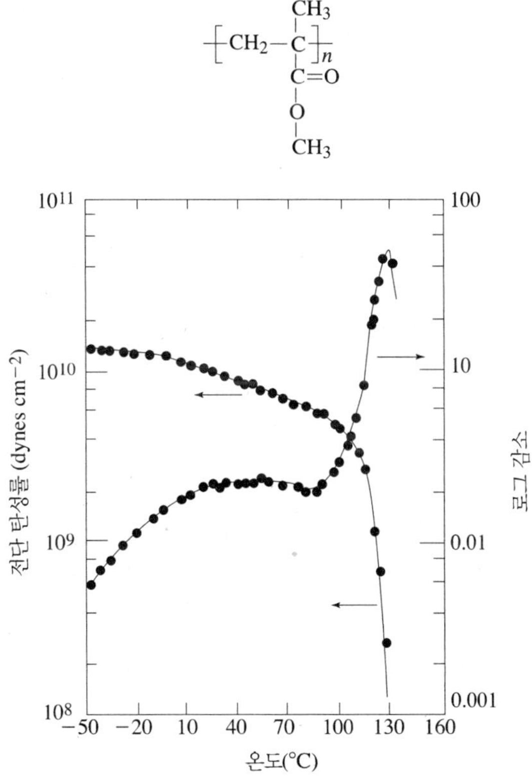

▶ **그림 8. 18** PMMA의 경우 전단 저장 탄성률(G')과 로그 감소(Λ)의 값과 온도의 관계. 데이터는 토션 펜들럼 측정으로부터 얻어졌다.

동적 기계적 데이터의 한 예로서 폴리(메틸 메타아크릴레이트)(PMMA)에 대한 초기의 토션 펜들럼 측정으로부터 얻어진 저장 탄성률(G')과 로그 감소(Λ)의 값이 그림 8. 18에 온도에 대하여 플롯되어 있다. 그림 8. 18의 데이터는 130 ℃ 근방에서 T_g에 대응하는 α완화(즉 로그감소 Λ는 최대이고 G'는 급격하게 감소)를 나타내고, 40 ℃근방에서는 2차 완화 (β) 피크를 나타낸다. β완화의 경우 온도에 따른 G'의 작은 감소가 Λ의 폭이 넓은 피크에 수반되어 일어난다. 이 연구에서의 β완화는 PMMA의 큰(-COOCH$_3$) 측쇄기(pendant group) 때문이라고 생각된다. 2차 완화과정에 대해서는 8. 5절에서 다시 한번 논하기로 한다.

8. 2. 2. 6 볼츠만 중첩원리 (Boltzmann Superposition Principle)

그림 8. 7에 비결정성 고분자의 주어진 온도(또는 시간)범위내에서 가지는 (선형)점탄성이 완전탄성 또는 완전 점성에 대비하여 차이점을 시간에 일정한 스탭(step) 응력을 가했을 때 일어나는 크리프 변형률에 대한 도식적 표현으로 설명하였다. 한편 아래 그림 8. 19에서는 (a)스탭 (전단)변형을 가했을 때 일어나는 응력 응답(완화현상)에 있어서 3 물질 즉 (b)완전 점성체, (c)점탄성 물체, 그리고 (d)완전 탄성체 사이의 역학적 거동의 차이점을 도식적으로 표현하였다.

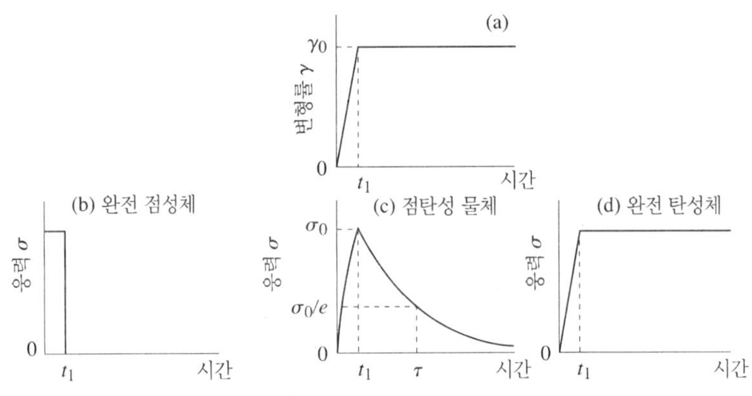

▶ **그림 8. 19** 단계적 변형에 대한 응력 응답.

지금 그림 8. 20에 $t > 0$ 이후 단계적 (일정)전단변형률 γ를 가하고 있을 때 (점탄성, 액체 및 고체)물체에 일어나는 응력완화 현상을 응력 완화 전단 탄성계수 $G(t)(=\sigma(t)/\gamma)$항으로 좀 더 구체적으로 나타내었다.

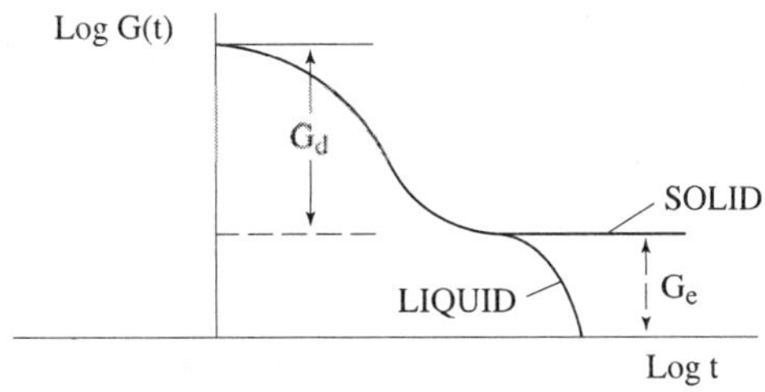

▶ **그림 8. 20** 시간 영역에서 응력완화 전단 탄성계수 $G(t)$에 대한 log-log 플롯.

위 그림에서의 파라미터 G_d, G_e의 의미에 대해서는, 전형적인 점탄성 물체에 있어서 일정 (전단)변형률하에 일어나는 응력완화 전단 탄성계수($G(t)$)의 시간 의존성은 아래와 같이 나타내진다.

$$G(t) = G_e + G_d \Phi(t) \tag{8. 122}$$

위식에서 G_e는 $t \to \infty$ 일 때 완전 완화(relaxed)된 경우의 평형상태의 탄성계수 값 즉 $G_e = \sigma_\infty / \gamma$ 으로서 완화시간이 짧은 액체의 경우 $G_e = 0$이 된다. 그리고 G_d는 실제 응력완화(감소)가 일어난 양으로서 엔트로피 탄성의 최대공헌에 해당된다. 또한 시간에 따라 단조 감소하는 정규화된 완화함수인 $\Phi(t)$는 $t = 0$일 때 1, $t = \infty$ 일 때 0값을 가지고 물체의 점탄성 특성을 좌우하는 엔트로피 탄성기구에 기인하는 양으로서 응력완화의 '기억(memory)효과'에 관련되어 있다. 한편 그림 8. 20에서 볼 수 있듯이 $t = 0$일 때 (즉 미완화)는 $G(t=0) = G_d + G_e \equiv G_g$(여기서 G_g는 유리의 전단 탄성계수) 관계에 있다.

한편 그림 8. 21에 $t > 0$ 이후에 (일정)단계적 전단응력 σ를 가하고 있을 때 점탄성 물체에 일어나는 전형적인 크리프 전단변형 컴플라이언스 $J(t)(= \gamma(t)/\sigma)$의 시간의존성(log-log 플롯)을 나타내었다(그림 8. 7 참조).

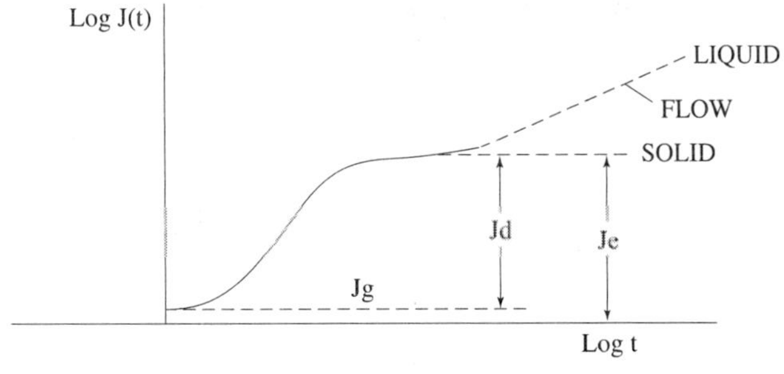

▶ **그림 8. 21** 시간 영역에서 전단 크리프 컴플라이언스 $J(t)$에 대한 log-log 플롯.

위 그림 중의 파라미터의 의미에 대해서는, 전형적인 점탄성 물체에 있어서 일정(전단) 응력 하에 일어나고 크리프 전단 탄성계수 $J(t)$의 시간의존성은 아래식으로 나타내진다.

$$J(t) = J_g + J_d\psi(t) + \frac{t}{\eta} \tag{8. 123}$$

위 식에서 $J_g(=1/G_g)$는 $t=0$인 경우에 먼저 완전탄성체에 의해 순간적으로 생기는 크리프 전단변형률 혹은 컴플라이언스에 해당되고, J_d는 그 이후 크리프 (지연)함수 $\psi(t)$에 의해 곡선적으로 서서히 증가하여 이루어진 $J(t)$에 대한 물체의 '점탄성(anelastic)공헌'을 나타낸다. 여기서 $t=0$과 $t=\infty$ 사이에서 단조적으로 증가하는 정규화된 크리프 함수 $\psi(t)$는 $t=0$에서 0, $t=\infty$에서 1을 가지며, 응력완화함수 $\phi(t)$(식 8. 122)의 경우와 마찬가지로 크리프에 있어서 기억효과를 나타낸다. 그리고 그림에서 보듯이 $\psi(t)\rightarrow 1$이 되도록 시간이 충분히 경과한 후에 아래 관계가 성립된다.

$$J_e = J_g + J_d \tag{8. 124}$$

여기서 J_e는 (크리프)변형된 물체가 저장할 수 있는 최대 (엔트로피)탄성의 척도로서 '평형(equilibrium) 컴플라이언스'로 불리워지며, 특히 액체의 경우에는 '정상상태(steady-state) 컴플라이언스'로 J_e° (여기서 첨자 $\circ$ 은 극한 전단속도 $\dot{\gamma}=0$을 의미함)로 표기하는 경우가 많다. 그리고 식 (8. 123) 중의 비가역성을 나타내는 점도 η는 전단변형(유동) 중 고분자가 산일(dissipation)하는 최대 에너지와 관계되어 있으며(식 8. 98 참조), 특히 고체의 경우에는 $\eta\rightarrow\infty$로 간주하여 $J(t)$에 공헌항이 없어지게 된다.

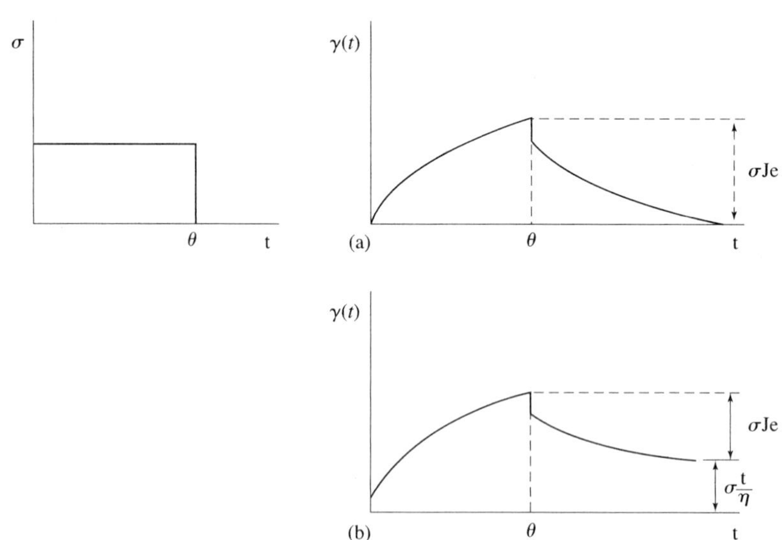

▶ **그림 8. 22** 일정 단계적 전단응력 σ의 부하 및 제거에 따라 (a) 점탄성 고체 및 (b) 점탄성 액체에 야기되는 크리프 현상에 대한 모식도.

한편 그림 8. 22에 $t > 0$ 이후 일정(단계적) 전단응력 σ를 물체에 가하다가 $t = \theta$ 이후에 제거했을 때 $t = t$까지의 물체에 야기되는 크리프 전단변형률 $\gamma(t)$를 크리프 발생 및 회복의 전 시간에 걸쳐 (a) 점탄성 고체(이 경우 점도 $\eta = 0$이 됨)와 (b) 점탄성 액체($\eta \neq 0$)에 대하여 식 (8. 123)을 토대로 도식적으로 나타내었다.

위에 언급된 점탄성 물체에 대하여 관측되는 응력완화와 크리프 지연 현상을 현상학적으로 설명하기 위하여 응답시간의 경과에 따라 (주기적으로)응력 또는 변형을 계속 첨가(superimposed)하는 '볼츠만 중첩원리(Boltzmann superposition principle)'를 이하에서 (a) 이산형(discrete)과 (b) 적분형으로 나누어 설명하겠다.

(a) 이산형(discrete) 중첩원리

8. 2. 2. 4절에서 설명한 바와 같이 비결정성 고분자의 선형 점탄성거동을 조사함에 있어서 바로 응력완화 실험을 하기보다는 크리프 실험을 통하여 데이터의 재표현을 통해 응력완화에 관한 정보를 얻는 것이 훨씬 용이(그림 8. 14 참조)하므로 여기서는 우선 (인장)크리프 실험을 중심으로 이산형 중첩원리를 전개하여 나가기로 한다. (인장)변형률(ε)이 1% 이하의 선형 점탄성 영역(이 경우 탄성계수나 컴플라이언스가 변형의 크기에 무관함)에 있어서는 단계적 (일정)응력 σ에 대한 크리프 응답 ε는 아래식으로 나타내진다.

$$\varepsilon = \sigma f(t) \tag{8. 125}$$

여기서 $f(t)$는 부가된 하중(응력)에 기인하는 변형에 무관한 크리프 컴플라이언스 함수(즉 $f(t)$는 $D(t)$나 $J(t)$에 해당)이다.

여기서 크리프 실험에 대한 볼츠만의 중첩원리는 각각 다른 시간에서 각각 다른 응력의 입력으로부터 생기는 변형은 서로 독립적이고 가성적(additive), 즉 '선형연산자(linear operator)'이론에 기초를 둔다. 이때 시간 $t = 0$인 경우의 응력과 변형은 모두 0이라고 가정한다. 또한 연속적인 부하(a sequence of loadings)에 대한 응답은 적당한 시간 간격에서 얻어진 개개의 응답의 합이라고 가정한다. 임의의 시간에서의 변형의 응답이 선형 점탄성의 한계 이내로 주어진다면 중첩이론과 실제 간의 상관관계는 매우 좋을 것이다.

지금 $t = 0$에서 일정한 응력 σ_1이 가하여져 아래의 변형의 응답을 나타내며(식 8. 125 참조),

$$\varepsilon_1(t) = \sigma_1 f_1(t)$$

그 후 $t = t_1$에서 제거되는 경우의 '크리프 회복(creep recovery)'에 대해 생각해보자. 하중(응력)의 제거는 $t > t_1$인 시간에 대하여 응력 σ_1이 연속적으로 가해짐과 동시에 $t = t_1$에서 음의 응력 $-\sigma_1$이 가해진다고 생각할 수 있다(그림 8. 23 참조).

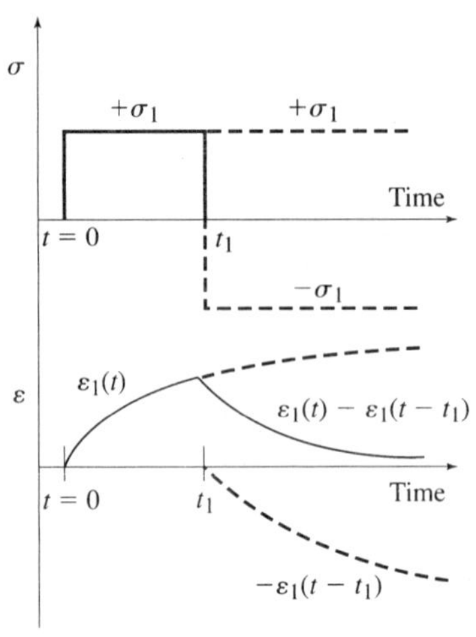

▶ **그림 8. 23** 크리프 회복에 대한 모식도.

[비고 : 시간 t_1으로부터 계에 작용하는 응력 $+\sigma_1$에 대한 응답은 단순히 $\varepsilon_1(t-t_1)=\sigma_1 f_1(t-t_1)$이다.] 두 응답을 합하여 $t > t_1$일 때 전체 남아있는 회복된 변형은 다음과 같이 주어진다.

$$\varepsilon(t)=\varepsilon_1(t)-\varepsilon_1(t-t_1)=\sigma_1 f_1(t)-\sigma_1 f_1(t-t_1) \tag{8. 126}$$

다음에는 시간 $t=0$에서 응력 σ_1이 가하여지고 $t=t_1$에서 응력이 $\sigma_2(\sigma_2 > \sigma_1)$로 증가된다고 하자. 이때 $t>0$ 이후 $t=t(>t_1)$까지 일정응력 σ_1이 계속 가해지면서, $t=t_1$에서 추가된 응력 $\triangle\sigma(=\sigma_2-\sigma_1)$의 효과를 생각하는 대신 $t>t_1$인 어떤 시간에서의 변형은 앞의 예를 간단히 확장시켜 평가 할 수 있다. 즉 $t=t_1$에서 일정응력 σ_1이 제거되고(그림 8. 23 참조) 새로운 응력 σ_2 $(>\sigma_1)$가 부가된다고 생각한다. 따라서 $t>t_1$동안 응력(σ_1)은 계속 부가되지만, $t=t_1$에서 가해진 응력 $-\sigma_1$에 의하여 상쇄되며, $t=t_1$에서 응력 σ_2가 가해진다고 생각할 수 있다(그림 8. 24 참조).

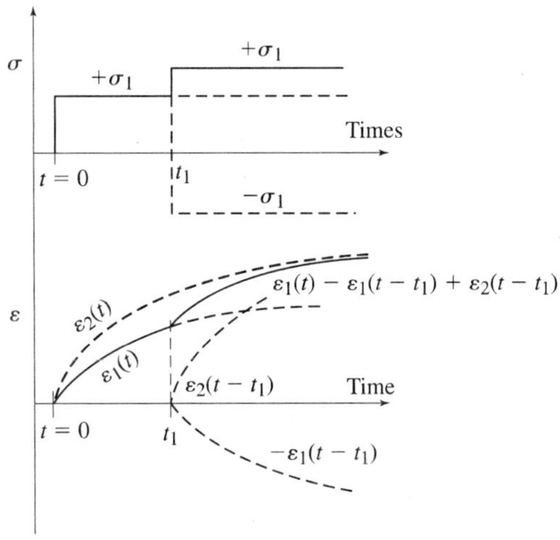

▶ **그림 8. 24** 첨가부하(superimposed lead)

그러면 $t > t_1$일 때 첨가부하에 의해 계에 생긴 (남아있는) 전체 크리프 변형은 아래 식으로 주어진다.

$$\varepsilon(t) = \varepsilon_1(t) - \varepsilon_1(t - t_1) + \varepsilon_2(t - t_1) \quad (8.\ 127)$$

$$= \sigma_1 f_1(t) - \sigma_1 f_1(t - t_1) + \sigma_2 f_2(t - t_1)$$

$t \gg t_1$인 경우에는, 이 연속응력에 대한 변형의 응답은 마치 $t = 0$으로부터 응력 σ_2만이 가해지고 응력 σ_1은 결코 가해지지 않았다고 간주하는 경우와 본질적으로 동일함을 알 수 있다.

다음에는 주기적으로 부가된 하중(periodic leading)에 대한 변형의 응답은 중첩원리를 이용하고, 또한 재료는 선형 점탄성(약 1% 또는 그 이하의 낮은 변형에서는 타당)이라고 가정하여 예측할 수 있다. 그 해석은 동일한 응력 σ_1이 $t = 0$에서 가해지고, $t = t_1$에서 제거되며, 또한 $t = t_2$에서 재부가되고, $t = t_1 + t_2$에서 제거되고 또한 $t = 2t_2$에서 다시 부가되는 양상으로 간주하여 행할 수 있다.

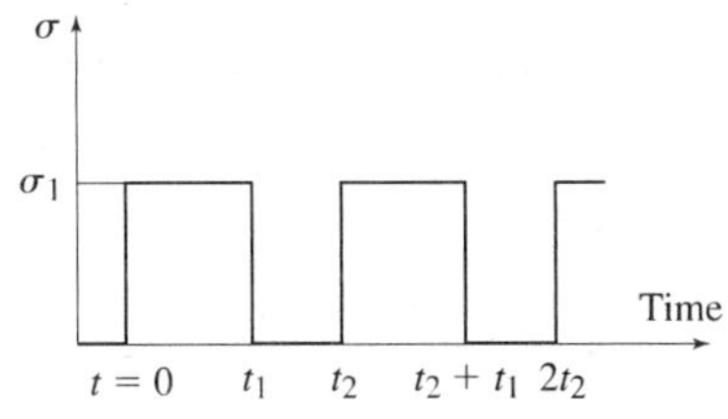

▶ **그림 8. 25** 주기적 응력-무응력(periodic stress-no stress)

여기서 중요한 것은 $t = t_1,\ t_2 + t_1 \ldots\ldots\ldots\ldots, xt_2 + t_1$($x$는 양의 정수) 동안 응력이 가해진 시간의 끝에서의 크리프 변형과, 시간 $t_2,\ 2t_{2,\ldots\ldots,}\ xt_2$에서 응력이 재부가 되기 직전의 잔류변형이다. 첫 번째 응력 사이클 후의 잔류변형 분율(fractional residual strain) R_1을 다음과 같이 정의하는 것은 도움이 된다.

$$R(t_2) \equiv \varepsilon(t_2)/\varepsilon_1(t_1) = [\varepsilon_1(t_2) - \varepsilon_1(t_2 - t_1)]/\varepsilon_1(t_1) \tag{8. 128}$$

[여기서 $\varepsilon(t_2)$는 크리프 회복에 관한 식 (8. 126)에서 $t \to t_2$로 대입한 것임.]

응력 σ_1에 의한 임의의 시간에서의 변형 $\varepsilon_1(t)$는 다음과 같이 (예를 들어 그림 8. 12 (c) 참조) 근사적으로 나타낼 수 있다.

$$\varepsilon_1(t) = \varepsilon_0 t^n \tag{8. 129}$$

여기서 ε_0는 단위 시간에서의 응력의존성 변형이다. 이를 근거로, 첫 번째 사이클에 대한 $R(t_2)$은 다음과 같이 쓸 수 있다.

$$R(t_2) = \left(\frac{t_2}{t_1}\right)^n - \left(\frac{t_2}{t_1} - 1\right)^n \tag{8. 130}$$

다음에는 두 번째 사이클 후 시간 $t = 2t_2$에 남아있는 잔류변형 $\varepsilon(2t_2)$는 첫 번째 사이클에 대한 식 (8. 126)을 토대로 $t = 0$에서 $t = t_1$까지 가해진 후 $t = t_1$에서 제거된 응력 σ_1에 의한 것($t = 2t_2$까지도 영향을 미침)과 다시 $t = t_2$에서 $t = t_2 + t_1$까지 같은 크기의 응력 σ_1을 걸고 그 후 제거한 것이 $t = 2t_2$에서의 잔류변형에 영향을 끼치는 두 항의 결합에 의해 아래와 같이 나타내진다.

$$\begin{aligned} \varepsilon(2t_2) &= \varepsilon_1(2t_2) - \varepsilon_1(2t_2 - t_1) + \varepsilon_1(2t_2 - t_2) - \varepsilon_1[2t_2 - (t_1 + t_2)] \\ &= \varepsilon_1(2t_2) - \varepsilon_1(2t_2 - t_1) + \varepsilon_1(t_2) - \varepsilon_1(t_2 - t_1) \equiv \varepsilon_1(t_1)R(2t_2) \end{aligned} \tag{8. 131}$$

여기서 첫 번째 사이클 경우와 마찬가지로 식 (8. 129)형의 시간의존성을 대입하면 두 번째 사이클 후 남아있는 $\varepsilon_1(t_1)$에 상대적인 잔류변형분율 $R(2t_2)$는 아래식으로 나타내진다.

$$R(2t_2) = \left(\frac{2t_2}{t_1}\right)^n - \left(\frac{2t_2}{t_1} - 1\right)^n + \left(\frac{t_2}{t_1}\right)^n - \left(\frac{t_2}{t_1} - 1\right)^n \tag{8. 132}$$

따라서 N번째 사이클 후에는 아래의 관계식을 유추해낼 수 있다.

$$R(Nt_2) = \sum_{x=1}^{N} \left[\left(\frac{xt_2}{t_1} \right)^n - \left(\frac{xt_2}{t_1} - 1 \right)^n \right] \tag{8. 133}$$

N번째 사이클 후 잔류변형은 :

$$\varepsilon(Nt_2) = \varepsilon_1(t_1) R(Nt_2) \tag{8. 134}$$

또 $(N+1)$번째의 응력 부가시간, 즉 $(Nt_2 + t_1)$ 후에서의 변형은 :

$$\begin{aligned} \varepsilon(Nt_2 + t_1) &= \varepsilon_1(t_1) R(Nt_2) + \varepsilon_1(t_1) \\ &= \varepsilon_1(t_1) [R(Nt_2) + 1] \end{aligned} \tag{8. 135}$$

식 (8. 135)에서 볼 수 있듯이 만약 응력 사이클에서 무하중 부분이 길다면 변형의 회복을 위한 충분한 시간이 있으며, 잔류변형 $\varepsilon(xt_2)$의 형성은 작으므로 변형 $\varepsilon(xt_2 + t_1)$은 $\varepsilon_1(t_1)$과 별로 차이가 없다. 반면에 응력 사이클의 회복 부분이 아주 짧다면 회복은 완전하지 못하여,

$$\varepsilon(xt_2 + t_1) \rightarrow \varepsilon_1(xt_2 + t_1) \tag{8. 136}$$

연속적인 부하시간의 끝에서의 변형에 대한 표현 (식 8. 135)은 그림 8. 26 (a)에서 볼 수 있듯이 t_2/t_1의 여러 가지 비에 대하여 $\log(xt_1)$에 대한 연속적인 변형 값으로 나타낼 수 있다.

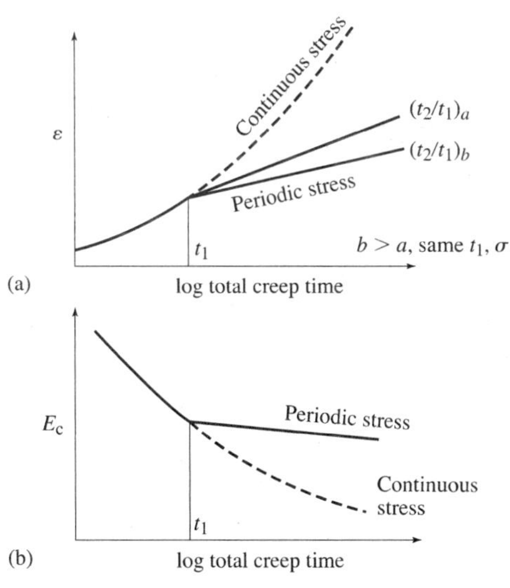

▶ **그림 8. 26** 주기적인 응력의 응답.

그림 8. 26의 시간축은 새로운 것으로서 일정 응력에 대한 크리프 곡선은 전 실험시간 $t = \sum t_2$와

관계가 있다. 또 각 응력시간 (xt_1) 후에 최대 변형을 나타내는 점은 응력 하의 전 시간 $\sum(t_1)$에 대하여 나타내어져 있다. 또한 그림 8. 26 (b)에서 볼 수 있듯이 $\log(xt_1)$에 대한 크리프 탄성률의 플롯도 가능하다. 두 그림에서 알 수 있듯이 같은 크기의 일정 응력보다는 주기적 부하로 적용되는 경우가 플라스틱의 이용에 있어서 상당한 절감효과가 있다.

$R(Nt_2)$은 $\log(xt_1)$에 직선적이지만, 변형은 시간에 따라 증가하고 장시간의 하중으로 인한 높은 변형은 결과적으로 변형-시간곡선이 U자 모양으로 변하는 것에 유의해야 한다. 응력이 높으면 빠르게 부하되는 조건하에서는 열이 발생하므로 중첩원리는 적용할 수 없다. 또한 주기가 아주 짧아지므로 취성파괴가 일어나기 쉽다. 그러나 변형의 응답은 응력 사이클의 응력과 무응력 부분 사이의 변화에 의하여 지배되므로 응력의 해석은 무의미하다.

예제 8.7

20℃ 에서 주조(cast) 아크릴로 된 중공구(hollow sphere)가 균일한 두께 $h = 10\ \mathrm{mm}$ 의 벽과 내부직경 $d = 400\ \mathrm{mm}$를 가진다고 하자. 이때 구는 20℃, 대기압 이상의 내부(hoop) 압력 $P_1 = 1.03\ \mathrm{MN/m^2}$에서 10 일동안 불활성 기체 저장고인 A에 연결되어 있다. 그리고 하루동안 대기에 노출시켜 배기시키고, 최종적으로 대기압 이상의 내부압력 $P_2 = 700\ \mathrm{kN/m^2}$에서 불활성 기체의 저장고 B에 연결하였다. 이제 저장고 B에 연결된 4일(즉 첫날부터 15 일 경과)후 중공구에 갇힌 기체의 부피를 크리프 변형의 (이산)중첩원리에 관한 식 (8. 127)를 사용하여 계산하라.

단 아크릴의 측면 수축(포아송)비 ν의 값은 0.4로 간주하고, 예제 8. 4의 경우와 마찬가지로 내부(후프)압력 P에 의한 후프 응력 $\sigma_H = Pd/4h$로 계산하여라. 그리고 일축신장 시 변형률 ε에 대한 근사적인 크리프 실험데이터는 아래에 주어져 있다.

$\varepsilon(\sigma = 10.5\ \mathrm{MN/m^2},\ \mathrm{t} = 15\ 일) \simeq 0.51\%$, $\varepsilon(\sigma = 10.5\ \mathrm{MN/m^2},\ \mathrm{t} = 5\ 일) \simeq 0.47\%$,

$\varepsilon(\sigma = 7.2\ \mathrm{MN/m^2},\ t = 4\ 일) \simeq 0.29\%$.

먼저 두 종류의 내부압력 P_1=1.03 MN/m^2 과 P_2=700 kN/m^{2}에 대한 중공구의 후프 응력 σ_H를 계산하면 아래와 같다.

$$\sigma_{H1} = pD/4h = 1.03 \times 0.40/4 \times 0.01 = 10.56\ \mathrm{MN/m^2}$$

$$\sigma_{H2} = 0.7 \times 0.40/.04 = 7.17\ \mathrm{MN/m^2}$$

이 응력에서의 크리프 변형률 실험데이터는 문제에 주어진 응력 값과 별 차이가 없으므로 문제의 크리프 데이터를 그대로 사용해도 무방하다고 생각된다. 한편 식 (8. 127)의 첨가하중에 대한 중첩원리 공식에서 t=15일, t_1=10일, t_2=11일을 대입하면 15일후에 중공구에 남아있는 전체 잔류변형률 $\varepsilon(t$=15)은 아래가 된다.

$\varepsilon(t=15)=\varepsilon_1(15)-\varepsilon_1(15-10)+\varepsilon_2(15-11)=\varepsilon_1(15)-\varepsilon_1(5)+\varepsilon_2(4)$

그런데 문제의 크리프 데이터에 의하면 σ_1=10.56 MN/m^{2}일 때의 $\varepsilon_1(15일)\simeq 0.51$ %, $\varepsilon_1(5일)\simeq 0.47\%$, 그리고 $\sigma_2=7.17$ MN/m^2 일 때의 $\varepsilon_2(4일)\simeq 0.29$ %이므로 이를 위 식에 대입하면 15일 후의 전체의 후프인장 변형률 $\varepsilon_H(15)$는 아래 값을 갖는다.

$\varepsilon_H(15)=0.51-0.47+0.29=0.33\%$

그런데 이 경우의 측면수축을 고려한 실제 후프변형률 ε_H'는 예제 8. 4의 경우와 마찬가지로 위에서 얻어진 $\varepsilon_H(15)=0.33\%$보다 감소된 값을 갖는다.
즉 $\varepsilon_H'=\varepsilon_H(1-\nu)=0.33\times 0.6=0.198\%$

그러면 t=15일 후 크리프 변형에 의해 변환(증가)된 중공구의 내부직경 d'는 아래가 된다.

$d'=d(1+\varepsilon_H')=400\times(1+0.198\times 10^{-2})=400.79$ mm

따라서 구의 최종 변환(팽창)된 부피 V'는 아래가 된다.

$$V'=\frac{4}{3}\pi\left(\frac{d'}{2}\right)^3=\frac{1}{8}\times\frac{4\pi}{3}\times d'^3=\frac{1}{8}\times\frac{4\pi}{3}\times(400.79)^3\times 10^{-9}\,\text{m}^3=0.0337\,\text{m}^3$$
($\because$ 1mm=10^{-3}m)

지금까지는 주로(1분보다) 긴 시간 간격에 스탭형의 응력 입력에 의한 크리프 인장변형률에 대한 볼츠만의 이산형 중첩원리를 다루어 왔다. 그러나 이를 연속(적분)형으로 나타내기 위해서는 아래의 조작(가정)이 요구된다. 즉 만약 변형의 응답이 $\varepsilon_1=f_1(\sigma,t)$의 형태를 가지며 시간 t_1에서의 응력의 변화가 작다면 (가령 $\delta\sigma$처럼), $t>t_1$에서의 변형은 식 (8. 127)을 적용하면 아래가 성립된다.

$$\varepsilon(t)=f_1(\sigma,t)+\frac{\partial f_1}{\partial\sigma}(\sigma,\,t-t_1)\delta\sigma \tag{8. 137}$$

여기의 편미분 $\partial f_1/\partial\sigma$는 (인장)크리프 컴플라이언스에 해당된다.
만약 응력이 시간 $t_n(n=0\sim N)$에서 연속적으로 계단식 응력 $\delta\sigma$으로 적용한다면, 변형의 응답은 다음과 같이 쓸 수 있다.

$$\varepsilon(t)=\sum_{x=0}^{N}\frac{\partial f_1}{\partial\sigma}(\sigma,t-\tau)\delta\sigma_x \tag{8. 138}$$

위 식에서 만약 $N \to \infty$인 경우에 이 식은 다음과 같은 적분형태로 나타낼 수 있다.

$$\varepsilon(t) = \int_0^{\sigma} \frac{\partial f_1}{\partial \sigma}(\sigma, t-\tau)\, d\sigma \tag{8.139}$$

이 식은 임의의 시간 t에서의 변형은 이전의 부하 이력(loading history) $d\sigma(t)$ 및 재료의 강성도(creep compliance) $\partial f_1/\partial\sigma$에 의존함을 의미한다. 응력 이력의 효과는 위 식 대신에 아래 식으로 나타내는 것이 더욱 뚜렷하다(단 $d\sigma = \dfrac{\partial\sigma(\tau)}{\partial\tau} d\tau$ 이용).

$$\varepsilon(t) = \int_0^{t} \frac{\partial f_1}{\partial \sigma}(\sigma, t-\tau)\, \frac{\partial\sigma(\tau)}{\partial\tau} d\tau \tag{8.140}$$

이 식은 6장 부록 6. 2. 2절에서 논의한 두 함수 $\partial f_1/\partial\sigma$와 $\partial\sigma/\partial\tau$간의 '중첩(convolution)적분'(식 A6. 38)에 해당된다.

한편 지금까지는 주로 인장 크리프 변형률 $\varepsilon(t)$에 관한 이산형 중첩원리를 논의해 왔는데, 실제에 있어서는 아래와 같이 전단 크리프 변형률 $\gamma(t)$에 관한 이산형(및 적분형) 중첩원리가 많이 사용되고 있다.

$$\gamma(t) = \sum_{i=1}^{N} J(t-t_i)\Delta\sigma_i \tag{8.141}$$

여기서 $\gamma(t)$는 시간 t에서의 (크리프)전단변형률, J는 전단 크리프 컴플라이언스, 그리고 t_i는 미소 응력증가분 $\Delta\sigma_i$의 응용시간이다. 앞에서와 마찬가지로 주어진 미소 응력증가분에 대한 전단변형응답은 부가되는 응력의 이력(history)와는 무관하다고 가정하여 전단 컴플라이언스 $J(t)$(혹은 $f(\sigma, t)$)값만 알면 발생한 크리프 전단변형률 $\gamma(t)$를 계산할 수 있다. 이하에서는 주로 전단실험 모드에 기초를 두어 응력완화나 크리프에 대한 연속(적분)형 볼츠만 중첩원리에 대해 논의하기로 한다.

(b) 연속(적분)형 중첩원리

위에서 언급한 인장 크리프 변형률 ε에 관한 적분형 볼츠만 중첩원리 공식 [식 (8. 140), 여기서 미분 $\partial f_1/\partial\sigma$는 인장 크리프 컴플라이언스 $D(\tau)$에 해당]에 대응하여, 식 (8. 141)로 나타낸 전단(shear)크리프 변형률 $\gamma(t)$에 관한 이산형 중첩원리를 아래와 같이 적분형으로 나타낼 수 있다.

$$\gamma(t) = \int_{-\infty}^{t} \frac{\partial\sigma(s)}{\partial s} J(t-s)\, ds \tag{8.142}$$

여기서 현재의 측정시간으로서, 적분 'dummy' 변수로 나타낸 과거의 측정시간 s를 통하여 적분구간 $s=-\infty$부터 $s=t$까지의 '응력이력(stress history)'의 변형률 $\gamma(t)$에 대한 영향을 나타낸다. [비고 : 위 식의 우편은 J와 $\dot{\sigma}$의 중첩적분 $J*\dot{\sigma}(t)$ (식 A6. 38)와 같음에 유의하라.] 이때 위 식을 적분의 '부분적분' 공식을 이용하여 아래와 같이 보다 유용한 적분 형태로 나타낸다.

$$\gamma(t)=J_g\sigma(t)+\int_0^\infty \sigma(t-a)\frac{\partial J(a)}{\partial a}da \tag{8. 143}$$

여기서 $J_g=J(0)$(식 8. 123 참조)이다.

증 명 아래의 부분적분공식에서

$$\int udv=uv-\int vdu \tag{8. 144}$$

$$v=\sigma(s),\ dv=\frac{dv}{ds}ds=\frac{\partial\sigma(s)}{\partial s}ds$$

$$u=J(t-s),\ du=\frac{du}{ds}ds=\frac{\partial J(t-s)}{\partial s}ds$$

를 이용하여 식 (8. 143)에 대입하면 아래가 된다.

$$\gamma(t)=J(t-s)\sigma(s)|_{-\infty}^{t}-\int_{-\infty}^{t}\sigma(s)\frac{\partial J(t-s)}{\partial s}ds \tag{8. 145}$$

그런데 크리프실험에서 $\sigma(-\infty)=0$ 및 $J(0)=J_g$관계를 이용하고, 위 적분에서 $t-s\equiv a$의 변수치환을 행하면 아래의 원하는 식을 얻는다.

$$\gamma(t)=J_g\sigma(t)+\int_0^\infty \sigma(t-a)\frac{\partial J(a)}{\partial a}da \qquad ■$$

한편 전단 응력완화 실험에 대한 볼츠만의 적분형 중첩원리는 아래 식으로 나타내진다.

$$\sigma(t)=\int_{-\infty}^{t}\frac{\partial\gamma(s)}{\partial s}G(t-s)ds \tag{8. 146}$$

[비고 : 이 식의 우편도 G와 $\dot{\gamma}$의 중첩적분 $G*\dot{\gamma}(t)$로 나타내짐에 유의하라.]

이 식도 식 (8. 143)의 경우와 마찬가지로 부분적분 공식을 이용하면 아래와 같이 유용한 적분형태로 바꾸어진다.

$$\sigma(t)=G_g\gamma(t)+\int_0^\infty \gamma(t-a)\frac{\partial G(a)}{\partial a}da \tag{8. 147}$$

위 식에서 $G_g = G(0)$(식 8. 122 참조)이며, 크리프 경우와 마찬가지로 간단히 증명될 수 있다.

예제 8.8

아래 식으로 주어지는 전단 크리프 컴플라이언스 $J(t)$를 가진 점탄성물질을 생각해보자.

$$J(t) = J_r + t/\eta \tag{a}$$

여기서 J_r는 탄성부분의 공헌으로서 회복 가능한 변형을 나타내며(그림 8. 21에서 J_e에 해당), η는 점도이다. 이때 아래 그림과 같이 선형으로 증가하는 응력함수 $\sigma(t)$가 물질에 가해진다면, (i)응력이 부가되는 동안(즉 $0 < t \le t_1$) 물질에 생긴 변형률 $\gamma(t)$ 및 (ii) $t > t_1$ 즉 $\dot{\sigma}(t) = 0$이 되는 시간에서의 크리프 변형률 $\gamma(t)$를 식 (8. 142) 혹은 (8. 143)을 사용하여 구해 보아라.

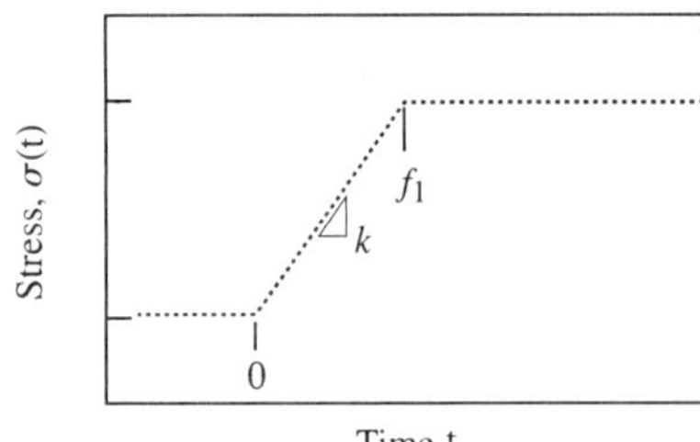

▶ **그림 8. 27** 계산에 사용된 응력 이력.

(i) 그림에 나타낸 응력이력에서 $0 < t < t_1$ 사이에서는 아래의 관계가 성립된다.

$-\infty \le s \le 0 \qquad \sigma(s) = 0$

$0 \le s \le t_1 \qquad \sigma(s) = ks$

여기서 식 (8. 142)를 이용하면 아래와 같이 나타낼 수 있다.

$$\gamma(t) = \int_0^t k\left(J_r + \frac{t-s}{\eta}\right)ds \tag{b}$$

적분을 수행하면 아래가 된다.

$$\gamma(t) = ktJ_r + \frac{kt^2}{2\eta} \tag{c}$$

여기서 kt는 시간 $t(>0)$에서의 전체 응력 $\sigma(t)$에 해당되므로 (즉 $kt = \sigma(t)$, 그림 참조) 최종적으로 위 식은 아래와 같이 나타낼 수 있다.

$$\gamma(t) = \sigma(t)\left(J_r + \frac{t}{2\eta}\right) \tag{d}$$

(ii) $t > t_1$ 이후의 응력 증가 속도가 0(즉 $\dot{\sigma}(t)=0$)인 경우의 발생한 전단 크리프 변형률 $\gamma(t)$를 구하기 위하여 그림에서 아래와 같은 응력이력을 적는다.

$$
\begin{aligned}
-\infty \le s \le 0 \quad & \sigma(s)=0 \\
0 \le s \le t_1 \quad & \sigma(s)=ks \\
t_1 \le s \le t \quad & \sigma(s)=kt_1
\end{aligned}
$$

식 (8. 142)의 적분을 위 응력 이력에 따라 3구간으로 나누어 행해야 하는데, 오직 0이 아닌 값을 주는 구간은 $0 < s < t_1$ 뿐이므로 아래의 적분식을 얻는다.

$$\gamma(t)=\int_0^{t_1} k\left[J_r+\frac{t-s}{\eta}\right]ds \tag{e}$$

이의 적분을 행하면 아래 결과를 얻는다.

$$\gamma(t)=\sigma(t_1)\left[J_r+\frac{(t-t_1)+t_1/2}{\eta}\right] \tag{f}$$

여기서 $t=t_1$인 경우는 식 (d) 및 (f)가 (당연히)같은 결과를 준다.

한편 이하에서 문제 (ii)를 식 (8. 142) 대신 보다 유용한 형태인 식 (8.143)을 사용하여 계산해보기로 한다. 이 경우 응력 이력이 원래의 실험시간인 s대신 변환된 시간 $a \equiv t-s$(이는 현재와 과거사이의 흘러간 시간을 의미)로 바꾸어 적분을 행하면 아래식이 된다.

$$\gamma(t) = J(0)\sigma(t)+\int_0^{\infty}\sigma(t-a)\frac{\partial J(a)}{\partial a}da \tag{g}$$

이 경우 응력 이력을 변환된 시간 a항으로 아래와 같이 나타낼 수 있다.

$$
\begin{aligned}
-\infty \le s \le 0 \quad & \sigma(s)=0 \quad & \infty \ge a \ge t \\
0 \le s \le t_1 \quad & \sigma(s)=ks \quad & t \ge a \ge t-t_1 \\
t_1 \le s \le t \quad & \sigma(s)=kt_1 \quad & t-t_1 \ge a \ge 0
\end{aligned}
$$

그리고 식 (a)에서 아래를 얻는다.

$$\frac{\partial J(a)}{\partial a}=\frac{1}{\eta} \tag{h}$$

여기에서 다시 변환시간 a에 대한 적분구간을 $0\to t-t_1$, $t-t_1\to t$ 및 $t\to\infty$의 3구간으로 나눈다. 그런데 마지막 구간에서는 응력이 0이므로 0이 된다. 여기서 식 (h)와 위의 응력이력을 식 (g)에 대입하면 아래 적분식을 얻는다.

$$\gamma(t)=J_r\sigma(t_1)+\int_0^{t-t_1}\frac{kt_1}{\eta}da+\int_{t-t_1}^{t}\frac{k}{\eta}(t-a)da \tag{i}$$

이 적분을 행하면 식 (f)와 동일한 결과를 얻는다.

한편 위에서 언급된 응력완화나 크리프에 대한 1차원의 볼츠만 중첩원리가 3차원으로도 확장될 수 있다. 가령 식 (8. 28)로 나타낸 3차원 (대칭)전단변형률 텐서 γ_{ij}를 사용하여 3차원 응력완화에 대한 볼츠만 중첩원리는 아래와 같이 나타낼 수 있다.

$$\sigma_{ij}(t)=\int_{-\infty}^{t}\frac{\partial\gamma_{ij}(s)}{\partial s}G(t-s)ds \tag{8. 148}$$

단 위 공식은 어디까지나 변형이 작은 선형 점탄성 영역의 경우에만 유효한 식임을 깨달아야 한다.

(c) 크리프 및 응력완화 실험에서의 기억효과

먼저 응력완화현상에 대한 기억효과(memory effect)는 중첩원리 식 (8. 147)로부터 식 (8. 122) 중의 완화함수 $\phi(t)$를 이용하여 아래와 같이 나타내진다.

$$\sigma(t)= G_g\gamma(t)+ G_d\int_{-\infty}^{t}\gamma(\theta)\frac{d\phi(t-\theta)}{d(t-\theta)}d\theta \tag{8. 149}$$

증 명 먼저 $G(t)$에 관한 식 (8. 122)에서 아래 관계식을 얻는다.

$$\partial G(a)/\partial a= G_d\partial\phi(a)/\partial a \tag{8. 150}$$

또한 적분변수를 $t-a=\theta$로 치환하고, 미분법칙 $\partial\phi(a)/\partial a=\frac{d(t-\theta)}{da}\cdot\frac{d\phi(t-\theta)}{d(t-\theta)}$ $=\frac{d\phi(t-\theta)}{d(t-\theta)}(\because t-\theta=a)$ 및 $da=-d\theta$을 이용하면 목적 식을 얻을 수 있다. ■

식 (8. 149)를 보면 $\phi(t)$는 $t=0$때 1, $t=\infty$때 0[통상 $\phi(t)=\exp(-t/\tau)$(여기서 τ는 t에 무관한 완화시간)의 형태를 취함]을 가지는 시간에 따라 단조감수함수이므로 $d\phi(t-\theta)/d(t-\theta)<0$이 되고, 또한 $\theta\rightarrow t$일 때 미분(기울기)의 절대값이 급격하게 커지고, θ가 t에서 크게 벗어날수록 값이 작아지는 소위 '쇠퇴성 기억(fading memory)'을 나타낸다.

한편 크리프지연의 경우에도 마찬가지로 중첩원리 식 (8. 143) 및 $J(t)$에 관한 식 (8. 123)으로부터 아래의 기억효과를 나타내는 식을 얻는다.

$$\gamma(t)= J_g\sigma(t)+ J_d\int_{-\infty}^{t}\sigma(\theta)\frac{d\psi(t-\theta)}{d(t-\theta)}d\theta+\frac{1}{\eta}\int_{-\infty}^{t}\sigma(\theta)d\theta \tag{8. 151}$$

증 명 $J(t)$에 관한 식 (8. 123)에서 아래를 얻는다.

$$\partial J(a)/\partial a= J_d\partial\psi(a)/\partial a+1/\eta \tag{8. 152}$$

위와 마찬가지로 적분변수를 $t-a=\theta$로 치환하고,

$d\psi(a)/\partial a = \dfrac{d(t-\theta)}{da} \cdot \dfrac{d\psi(t-\theta)}{d(t-\theta)} = \dfrac{d\psi(t-\theta)}{d(t-\theta)}$ 및 $da=-d\theta$를 이용하면 위식이 얻어진다. ■

식 (8. 151)에서 크리프 완화(지연)함수 $\psi(t)$는 $t=0$에서 0, $t=\infty$일 때 1[통상 $\psi(t)=1-\exp(-t/\tau)$(여기서 τ는 t무관상수)의 형태를 취함]이 되는 시간에 따라 단조증가함수이므로 $d\psi(t-\theta)/d(t-\theta)>0$이 되고, 또한 $\theta \rightarrow t$일 때 최대 기울기를 갖고 θ가 t에서 벗어날수록 값이 작아지는 역시 쇠퇴성 기억(fading memory)효과를 나타낸다.

(d) 크리프 컴플라이언스와 응력완화 탄성계수사이의 관계

전단변형률 $\gamma(t)$에 관한 크리프 중첩적분 식 (8. 142)는 아래와 같이 J와 $\dot{\sigma}$사이의 중첩(convolution)적분($*$)으로 나타내진다(식 A6. 38 참조).

$$\gamma(t)= J * \dot{\sigma}(t)\left[=\dot{\sigma} * J(t)\right]=\int_{-\infty}^{t} J(t-s)\frac{\partial \sigma(s)}{\partial s}ds \tag{8. 153}$$

여기서 부록 6. 3절에 소개된 라플라스(Laplace) 변환에 있어서 미분 및 중첩적분에 관한 변환공식(표 A6. 3의 3번 및 7번 항)을 사용하여 위 식의 양변에 대해 라플라스변환을 행하면 아래 식을 얻는다.

$$\bar{\gamma}(s)= \bar{J}(s)\cdot\left(s\bar{\sigma}(s)-\sigma(0)\right) \tag{8. 154}$$

여기서 $\bar{\gamma}(s)$, $\bar{J}(s)$ 및 $\bar{\sigma}(s)$는 각각 해당 $\gamma(t)$, $J(t)$ 및 $\sigma(t)$의 라플라스 변환한 형태이다 (부록 6. 3절 참조).

한편 (전단)응력완화에 관한 볼츠만 중첩적분공식 (8. 146)도 아래와 같이 역시 G와 $\dot{\gamma}$사이의 중첩적분 형태로 나타내진다.

$$\sigma(t)= G * \dot{\gamma}(t)\left[=\dot{\gamma} * G(t)\right]=\int_{-\infty}^{t} G(t-s)\frac{\partial \gamma(s)}{\partial s}ds \tag{8. 155}$$

마찬가지로 부록 6. 3절의 공식을 이용하여 양변을 라플라스 변환을 행하면 아래식을 얻는다.

$$\bar{\sigma}(s)= \bar{G}(s)\cdot\left(s\bar{\gamma}(s)-\gamma(0)\right) \tag{8. 156}$$

그런데 식 (8. 154)와 (8. 156)에서 초기항 $\sigma(0)$ 및 $\gamma(0)$을 무시(사실상 상쇄됨)하면, 선형점탄성에 있어서 매우 유용한 아래의 관계식 얻는나.

$$\overline{G}(s)\cdot\overline{J}(s)=1/s^2 \tag{8.157}$$

[비고: 여기서 $s\to i\omega$ (단 $i=\sqrt{-1}$)일 때 $s\overline{G}(s)=G^*(\omega)$, $s\overline{J}(s)=J^*(\omega)$가 되어 $G^*(\omega)J^*(\omega)=1$이 성립된다.]

다시 이 식의 양변에 대해 라플라스 역변환을 취하면 아래식을 얻는다(표 A6.4 이용).

$$G*J(t)[=J*G(t)]=\int_0^t G(t-s)J(s)ds=\int_0^t G(s)J(t-s)ds=t \tag{8.158}$$

[주의: 여기서 하한 적분구간 $-\infty$ 대신 0을 사용한 것은 실제의 선형 점탄성 거동에 있어서 $s\geq 0$의 경우가 보다 유효하기 때문이다.]

위의 두 식은 선형 점탄성거동에 있어서 변환된 라플라스 식, 즉 역(s) 공간에서의 $\overline{G}(s)$와 $\overline{J}(s)$ 사이의 상관관계뿐만 아니라, 이로부터 변환 전의 실(t) 공간에서의 $G(t)$와 $J(t)$ 사이의 상관관계를 알려주는 응용성 면에서 매우 중요한 관계식이라 할 수 있겠다. 아래의 예제 8.9에서 보듯이 만약 G와 J 중 어느 하나 형태만 알면 위 식을 통하여 나머지 하나의 형태도 알 수 있다.

예제 8.9

많은 응용에 있어서 전단 크리프 컴플라이언스 $J(t)$는 종종 아래의 형태로 나타내진다.

$J(t')=J(t)x^m$ [여기서 $t'=xt$, $0<x<1$, m은 양의 상수] (8.159)

이 때 이 관계식과 식 (8.158)로부터 $G(t)$의 형태를 추정하여 보아라.

편의상 식 (8.158)의 두 번째 항등관계를 아래에 적는다.

$$\int_0^t G(t-s)J(s)ds=\int_0^t J(t-s)G(s)ds=t \tag{8.160}$$

여기서 먼저 $s=xt$(t는 상수)로 두면 식 (8.159)에서 $J(s)=J(t)x^m$가 된다. 또한 식 (8.159)와 유사하며 $G(t)$는 t의 감소함수이므로 아래의 형태를 가정한다.

$G(t')=G(t)x^{-n}$ [여기서 $t'=xt$, $0<x<1$, n은 양의 상수] (8.161)

여기서도 $s=xt$로 두면, $G(s)=G(xt)=G(t)x^{-n}$가 되며, $G(t-s)=G[t(1-x)]=G(t)(1-x)^{-n}$가 된다. 따라서 $J(s)$와 $G(t-s)$에 대한 결과를 식 (8.160)에 대입(단 $s=xt$, $ds=tdx$ 이용)하면 아래가 된다.

$$G(t)J(t)\int_0^1(1-x)^{-n}x^m dx=1 \quad (\because \text{양변을 } t\text{로 나눔}) \tag{8.162a}$$

한편 참고 2.5에 소개된 감마(Gamma)함수 $\Gamma(x)$의 정의식 (2.78)로부터 아래 관계가 성립된다.

$$\int_0^1 x^{M-1}(1-x)^{N-1}dx = \Gamma(M)\Gamma(N)/\Gamma(M+N)\ [\equiv B(M,N)] \tag{8.162b}$$

이로부터 $M-1\rightarrow m$, $N-1\rightarrow -n$으로 치환하면 식 (8. 162a)는 아래가 된다.

$$G(t)J(t)\frac{\Gamma(1+m)\Gamma(1-n)}{\Gamma(2+m-n)} = 1 \tag{8.163}$$

그런데 $G(t)$와 $J(t)$의 시간의존성 식에 있어서 사실상 $m \simeq n$으로 가정할 수 있으므로 위 식은 아래가 된다.

$$G(t)J(t) = \frac{\Gamma(2)}{\Gamma(1+m)\Gamma(1-m)} \tag{8.164}$$

그리고 $\Gamma(2) = 1$이고, 또한 감마함수와 삼각함수 사이에는 아래 관계식이 알려져 있다.

$$\Gamma(1+m)\Gamma(1-m) = \frac{m\pi}{\sin(m\pi)}\ \text{(여기서 } m\text{은 양의 실수)} \tag{8.165}$$

따라서 이 관계식과 식 (8. 164)에서 $G(t)$에 관한 아래식이 얻어진다.

$$G(t) = \frac{\sin(m\pi)}{m\pi}\cdot\frac{1}{J(t)} \tag{8.166}$$

다음에는 식 (8. 93)에서 잠깐 언급한 바 있는 $G(t)$와 $J(t)$ 사이의 중요한 부등(inequality)관계식을 유도해보자. 아래에 나타낸 정적분의 미분에 관한 Leibnitz 공식을 이용하여

$$\frac{d}{dc}\left[\int_{a(c)}^{b(c)} f(x,c)dx\right] = \int_{a(c)}^{b(c)}\left(\frac{\partial f}{\partial c}\right)dx + \frac{db}{dc}f(b,c) - \frac{da}{dc}f(a,c) \tag{8.167}$$

식 (8. 160)의 첫 번째 식의 양변을 t로 미분하면 아래 식을 얻는다.

$$\int_0^t \frac{\partial}{\partial t}G(t-s)\cdot J(s)ds + G(0)J(t) = 1 \tag{8.168}$$

여기서 $G(0) = G_g$ 및 적분의 변수치환 즉 $(t-s) = u$로 두고, $\frac{\partial G}{\partial t}(t-s) = \frac{du}{dt}\frac{dG(u)}{du}$ $= \frac{dG(u)}{du}$를 이용하면 위 적분은 아래가 된다.

$$\int_0^t \frac{dG(u)}{du}J(t-u)du + G_gJ(t) = 1 \tag{8.169}$$

다음에는 식 (8. 160)의 두 번째 식의 양변을 역시 Leibnitz 공식을 이용하여 t에 대해 미분하면 아래 식을 얻는다.

$$\int_0^t \frac{\partial J(t-s)}{\partial t} \cdot G(s)ds + J(0)G(t) = 1 \tag{8. 170}$$

여기서 $J(0) = J_g$ 및 변수치환 $(t-s) = u$로 두고, $\dfrac{\partial J(t-s)}{\partial t} = \dfrac{dt}{du}\dfrac{dJ(u)}{du} = \dfrac{dJ(u)}{du}$를 이용하면 위 식은 아래가 된다.

$$\int_0^t \frac{dJ(u)}{du} G(t-u)du + J_g G(t) = 1 \tag{8. 171}$$

그리고 아래의 두 항등관계를

$$J(t-u) = J(t) + [J(t-u) - J(t)] \tag{8. 172a}$$

$$G(t-u) = G(t) + [G(t-u) - G(t)] \tag{8. 172b}$$

위 식 (8. 169)와 (8. 171)에 대입하면 각각 아래를 얻는다.

$$J(t)G(t) + \int_0^t [J(t-u) - J(t)] \frac{dG(u)}{du} du = 1 \tag{8. 173a}$$

$$J(t)G(t) + \int_0^t [G(t-u) - G(t)] \frac{dJ(u)}{du} du = 1 \tag{8. 173b}$$

여기서 $J(t)$ 및 $G(t)$는 각각 시간 t에 대한 단조증가 및 단조감소함수이므로 $J(t-u) - J(t) \le 0$ 및 $dG(t)/dt \le 0$이 성립된다. 마찬가지 이유로 $G(t-u) - G(t) \ge 0$ 및 $dJ(t)/dt \ge 0$이 성립된다. 따라서 위 식의 (a), (b) 모두에서 아래의 부등식 관계가 성립된다.

$$G(t)J(t) \le 1 \tag{8. 174}$$

식 (8. 173)의 적분은 $t = 0$에서 0이므로 $J(0)G(0)(= J_g G_g) = 1$이 항상 성립된다. 그리고 점탄성 고체(이 경우 점도 $\eta \to \infty$ 됨)의 경우, $t \to \infty$일 때 위 식에서 $J(t-u) - J(t)$ 및 $G(t-u) - G(t)$는 모두 0이 되므로 $J(\infty)G(\infty)(= J_e G_e) = 1$이 성립된다(식 8. 122와 8. 123 참조). 또한 점탄성 액체(이 경우 $\eta \ne \infty$)의 경우는, 식 (8. 123)에서 $dJ(t)/dt = 1/\eta$이고, 액체이므로 $G(t \to \infty) = 0$이 되므로 아래 식 (8. 173b)에서 아래 관계가 성립된다.

$$\lim_{t \to \infty} G(t)J(t) = G_e J_e^\circ = 1 - \frac{1}{\eta}\int_0^\infty G(t-u)du = 1 - \frac{\eta}{\eta} = 0 \tag{8. 175}$$

지금까지 위에서 논의된 전단실험에 관한 모든 식들은 인장실험의 경우에도 그대로 적용된다.

가령 대표적으로 아래가 성립된다.

$$\overline{D}(s)\overline{E}(s) = 1/s^2,\ D * E(t)[= E * D(t)] = t,\ D(t)E(t) \leq 1 \tag{8.176}$$

(e) 정적(t 함수) 및 동적(ω 함수) 점탄성 성질 사이의 관계

먼저 그림 8.16으로 나타낸 동적 (전단)응력완화 실험을 생각해보자. 점탄성 물질에 가해진 진동성(oscillatory) 전단변형률 $\gamma(t)$는 $\gamma(t) = \gamma^\circ \sin\omega t$ (식 8.69)로 나타내고 이에 대한 응력 응답은 식 (8.70) 혹은 (8.71)으로 나타내진다. 이것과 응력완화에 관한 볼츠만 중첩원리 식 (8.146)가 동일해야 한다. 여기서 $G(t) = G_e + G_d\phi(t)$ (식 8.122)를 대입하면 아래를 얻는다.

$$\sigma(t) = \int_{-\infty}^{t} [G_e + G_d\phi(t-s)] \frac{\partial\gamma(s)}{\partial s} ds = \gamma^\circ [G'(\omega)\sin\omega t + G''(\omega)\cos\omega t] \tag{8.177}$$

위 식에서 $\partial\gamma(s)/\partial s = \gamma^\circ \omega\cos\omega s$ 및 적분 변수치환 $(t-s) = u$ (즉 $s = t-u$)를 행하면 $\sigma(t)$는 아래가 된다.

$$\left.\begin{aligned}\sigma(t) &= \int_0^\infty [G_e + G_d\phi(u)]\gamma_0\omega\cos\omega(t-u)du \\ &= \gamma_0\omega\int_0^\infty [G_e + G_d\phi(u)][\cos\omega t\cos\omega u + \sin\omega t\sin\omega u]du \\ &= \gamma_0\left[\omega G_d\int_0^\infty \phi(u)\cos\omega u du\right]\cos\omega t + \gamma_0\left[G_e + \omega G_d\int_0^\infty \phi(u)\sin\omega u du\right]\sin\omega t\end{aligned}\right\} \tag{8.178}$$

위 식의 두 번째 항등관계에서는 삼각함수 공식 $\cos(x-y) = \cos x\cos y + \sin x\sin y$가 이용되었다. 또한 3번째 항등관계에서는 아래식이 이용되었다.

$$\int_0^\infty \cos\omega u du = 0,\ \int_0^\infty \sin\omega u du = 1/\omega \tag{8.179}$$

여기서 식 (8.177)과 (8.178)을 같게 두면 응력완화에 있어서 정적과 동적성질 사이의 두 중요한 관계식이 얻어진다[단 식 (8.178)에서 적분 변수 u를 t로 치환하였다].

$$\begin{aligned}G'(\omega) &= G_e + \omega G_d\int_0^\infty \phi(t)\sin\omega t dt \\ &= G_e + \omega\int_0^\infty [G(t) - G_e]\sin\omega t dt \quad (\because \text{식 } 8.122)\end{aligned} \tag{8.180}$$

$$G''(\omega) = \omega G_d \int_0^\infty \phi(t)\cos\omega t dt = \omega \int_0^\infty [G(t) - G_e]\cos\omega t dt \tag{8. 181}$$

식 (8. 180)과 (8. 181)는 아래 참고 8. 1에 소개된 푸리에(Fourier) sin 및 cos 변환항으로 아래와 같이 각각 나타내진다.

$$[G'(\omega) - G_e]/\omega = \mathcal{F}_s[G(t) - G_e] \tag{8. 182}$$

$$G''(\omega)/\omega = \mathcal{F}_c[G(t) - G_e] \tag{8. 183}$$

또는 정적 성질 $G(t) - G_e$는 아래와 같이 각각 푸리에 역 sin 및 cos 변환항으로 나타내진다.

$$G(t) - G_e = \mathcal{F}_s^{-1}[(G'(\omega) - G_e)/\omega] = \mathcal{F}_c^{-1}[G''(\omega)/\omega] \tag{8. 184}$$

참고 8. 1

함수 $f(t)$의 변환변수 ω에 대한 푸리에 sin 및 cos 변환은 각각 아래와 같이 정의된다.

$$\mathcal{F}_s(f(t)) = F_s(\omega) \equiv \int_0^\infty f(t)\sin\omega t dt \tag{8. 185}$$

$$\mathcal{F}_c(f(t)) = F_c(\omega) \equiv \int_0^\infty f(t)\cos\omega t dt \tag{8. 186}$$

이의 역 푸리에 sin 및 cos 변환은 각각 아래가 된다.

$$f(t) = \mathcal{F}_s^{-1}(\omega) = \frac{2}{\pi}\int_0^\infty F_s(\omega)\sin\omega t d\omega \tag{8. 187a}$$

$$f(t) = \mathcal{F}_c^{-1}(\omega) = \frac{2}{\pi}\int_0^\infty F_c(\omega)\cos\omega t d\omega \tag{8. 187b}$$

여기서 역변환에 대한 증명은 아래와 같다.

증 명 (a) 우편 적분의 $F_s(\omega)$에 식 (8. 185)를 대입하고, 아래의 삼각함수의 적분공식을 이용한다.

$$\int_0^\infty \sin ax \sin bx dx = \int_0^\infty \cos ax \cos bx dx = \frac{\pi}{2}\delta(a-b) \tag{8. 188}$$

여기서 $\delta(a-b)$는 델타함수(A6.2.1절 참조)이다. 즉 식 (8. 187a)의 적분에서 $F_s(\omega)$를 식

(8. 185)에 대입하고 적분순서를 바꾸고, 공식 (8. 188)를 이용하면 아래와 같이 역변환 공식이 증명된다.

$$\frac{2}{\pi}\int_0^\infty \sin\omega t\left[\int_0^\infty f(t')\sin\omega t' dt'\right]d\omega = \frac{2}{\pi}\int_0^\infty f(t')dt'\left[\int_0^\infty \sin\omega t\,\sin\omega t' d\omega\right]$$

$$= \frac{2}{\pi}\int_0^\infty f(t')\frac{\pi}{2}\delta(t-t')dt' = f(t) \quad (\because \text{델타함수 공식 A6. 18})$$

(b) 마찬가지로 식 (8. 187b)의 적분에서 $F_c(\omega)$항은 식 (8. 186)에서 대입하고 (a)와 같은 절차를 밟으면 아래와 같이 역변환 (b)도 증명이 된다.

$$\frac{2}{\pi}\int_0^\infty \cos\omega t\left[\int_0^\infty f(t')\cos\omega t' dt'\right]d\omega = \frac{2}{\pi}\int_0^\infty f(t')dt'\left[\int_0^\infty \cos\omega t\cos\omega t' d\omega\right]$$

$$= \frac{2}{\pi}\int_0^\infty f(t')\frac{\pi}{2}\delta(t-t')dt' = f(t) \quad \blacksquare$$

다음에는 동적 전단 크리프 실험을 생각해보자. 이 경우 물질에 가해지는 전단응력 $\sigma(t)$와 응답된 크리프 전단 변형률 $\gamma(t)$는 각각 아래와 같다고 생각한다[식 (8. 80)-(8. 87)참조].

$$\sigma(t) = \sigma^\circ \sin\omega t \tag{8. 189}$$

$$\gamma(t) = \gamma^\circ \sin(\omega t - \delta) \tag{8. 190}$$

$$= \sigma^\circ J'(\omega)\sin\omega t - \sigma^\circ J''(\omega)\cos\omega t$$

그런데 식 (8. 190)과 전단 크리프에 관한 볼츠만 중첩원리 식 (8. 142)는 같아야 한다. 여기서 $J(t)$에 관하여 식 (8. 123)을 대입하면 아래가 성립된다.

$$\gamma(t) = \int_{-\infty}^{t}\left[J_g + J_d\psi(t-s) + \frac{t-s}{\eta}\right]\frac{\partial\sigma(s)}{\partial s}ds = \sigma^\circ\left[J'(\omega)\sin\omega t - J''(\omega)\cos\omega t\right] \tag{8. 191}$$

위 적분에서 식 (8. 123)에서 $t\to\infty$ 일 때의 $\psi(t)$값 즉 $\psi(\infty)$(사실상 1이지만)를 사용하여 위 적분의 괄호안을 아래와 같이 약간 변형한다.

$$\gamma(t) = \int_{-\infty}^{t}\left\{[J_g + J_d\psi(\infty)] - J_d[\psi(\infty) - \psi(t-s)] + \frac{t-s}{\eta}\right\}\frac{\partial\sigma(s)}{\partial s}ds \tag{8. 192}$$

여기서 $\dfrac{\partial\sigma(s)}{\partial s} = \sigma^\circ \omega\cos\omega s$ 및 변수치환 $(t-s) = u$ (즉 $s = t-u$)를 행하면 아래가 된다.

$$\gamma(t) = \sigma^\circ \omega\int_0^\infty \left\{[J_g + J_d\psi(\infty)] - J_d[\psi(\infty) - \psi(u)] + \frac{u}{\eta}\right\}\cos\omega(t-u)du \tag{8. 193}$$

위 식에서 $\cos\omega(t-u) = \cos\omega t\cos\omega u + \sin\omega t\sin\omega u$를 대입한다.
여기서 적분의 대괄호안의 첫 번째 항에 대해 적분을 먼저 수행하고 공식 (8. 179)를 이용하면 아래가 된다.

$$[J_g + J_d\psi(\infty)]\left\{\cos\omega t\int_0^\infty \cos\omega u du + \sin\omega t\int_0^\infty \sin\omega u du\right\} = J_e \sin\omega t/\omega \tag{8. 194}$$

여기서 $J_g + J_d\psi(\infty) = J(\infty) - \infty/\eta = J_e$ (식 8. 123 참조)를 이용하였다. 또한 식 (8. 193)의 적분의 대괄호안의 둘째 및 셋째 항의 합은 식 (8. 123)에서 아래가 된다.

$$-J_d[\psi(\infty) - \psi(u)] + \frac{u}{\eta} = -J_e + J(u) = \left(-J_e + J(u) - \frac{u}{\eta}\right) + \frac{u}{\eta} \tag{8. 195}$$

이 관계를 이용하여 식 (8. 193)의 대괄호안의 나머지 항을 적분하면 아래가 된다.

$$\int_0^\infty \left[\left(-J_e + J(u) - \frac{u}{\eta}\right) + \frac{u}{\eta}\right](\cos\omega t\cos\omega u + \sin\omega t\sin\omega u)du$$

$$= -\cos\omega t\int_0^\infty \left(J_e - J(u) + \frac{u}{\eta}\right)\cos\omega u du - \sin\omega t\int_0^\infty \left(J_e - J(u) + \frac{u}{\eta}\right)\sin\omega u du - \frac{\cos\omega t}{\eta\omega^2} \tag{8. 196}$$

위 식의 우편의 맨 끝항의 결과는 부분적분 공식 및 $\sin(\pm\infty) = \cos(\pm\infty) = 0$ 과 공식 (8. 179)를 이용하였다. 식 (8. 194)와 (8. 196)항을 합하면 식 (8. 193)의 전체 적분은 아래가 된다.

$$\gamma(t) = \sigma^\circ\left[J_e - \omega\int_0^\infty \left(J_e - J(u) + \frac{u}{\eta}\right)\sin\omega u du\right]\sin\omega t$$

$$-\sigma^\circ\left[\frac{1}{\omega\eta} + \omega\int_0^\infty \left(J_e - J(u) + \frac{u}{\eta}\right)\cos\omega u du\right]\cos\omega t \tag{8. 197}$$

그런데 이 식과 식 (8. 191)의 우편이 같아야 함으로 $J'(\omega)$ 및 $J''(\omega)$에 대하여 아래의 중요한 관계가 성립된다(단 적분변수 u를 t로 치환).

$$J'(\omega) = J_e - \omega\int_0^\infty \left[J_e - J(t) + \frac{t}{\eta}\right]\sin\omega t dt \tag{8. 198}$$

$$J''(\omega)=\frac{1}{\omega\eta}+\omega\int_0^\infty\left[J_e-J(t)+\frac{t}{\eta}\right]\cos\omega t dt \tag{8.199}$$

위 두식은 응력완화의 경우와 마찬가지로 아래와 같이 각각 정적 성질의 푸리에 sin 및 cos 변환으로 나타내진다.

$$\frac{J'(\omega)-J_e}{\omega}=\mathcal{F}_s\left[J(t)-J_e-\frac{t}{\eta}\right] \tag{8.200}$$

$$\frac{J''(\omega)}{\omega}-\frac{1}{\omega^2\eta}=\mathcal{F}_c\left[J_e-J(t)+\frac{t}{\eta}\right] \tag{8.201}$$

반대로 정적 크리프 성질은 아래와 같이 동적 성질의 역 푸리에 sin 및 cos 변환에 의해 얻어진다.

$$J(t)-J_e-\frac{t}{\eta}=\mathcal{F}_s^{-1}\left\{\frac{J'(\omega)-J_e}{\omega}\right\}=\frac{2}{\pi}\int_0^\infty\left[\frac{J'(\omega)-J_e}{\omega}\right]\sin\omega t d\omega \tag{8.202a}$$

$$J_e-J(t)+\frac{t}{\eta}=\mathcal{F}_c^{-1}\left\{\frac{J''(\omega)}{\omega}-\frac{1}{\omega^2\eta}\right\}=\frac{2}{\pi}\int_0^\infty\left[\frac{J''(\omega)}{\omega}-\frac{1}{\omega^2\eta}\right]\cos\omega t d\omega \tag{8.203a}$$

혹은 보다 명확한 식으로 표현하면 위 식은 아래가 된다.

$$J(t)=J_e+\frac{2}{\pi}\int_0^\infty\left[\frac{J'(\omega)-J_e}{\omega}\right]\sin\omega t d\omega+\frac{t}{\eta} \tag{8.202b}$$

$$J(t)=J_e-\frac{2}{\pi}\int_0^\infty\left[\frac{J''(\omega)}{\omega}-\frac{1}{\omega^2\eta}\right]\cos\omega t d\omega+\frac{t}{\eta} \tag{8.203b}$$

그런데 앞에서 유도한 응력완화에 대한 정적과 동적성질의 관계식인 식 (8. 180)과 (8. 181) 및 바로 위에 유도한 크리프에 대한 관계식 (8. 198)과 (8. 199)대신 이 후 8. 3절에서 논의할 점탄성 모델에 의한 점탄성 성질의 완화함수 분포에 의한 표현에 더욱 간편하게 적용할 목적으로 위 식 중에서 $G(t)$ 및 $J(t)$를 제외한 모든 항은 생략 또는 무시하여 통상 아래와 같이 간략하게 나타낸다(사실 점탄성 고체의 경우에는 $\eta\rightarrow\infty$가 되어 자연적으로 $1/\eta$항은 없어지게 된다).

$$G'(\omega)=\int_0^\infty\omega G(s)\sin\omega s\, ds \tag{8.204a}$$

$$G''(\omega)=\int_0^\infty\omega G(s)\cos\omega s\, ds \tag{8.204b}$$

$$J'(\omega) = \int_0^\infty \omega J(s) \sin\omega s \, ds \tag{8. 205a}$$

$$J''(\omega) = -\int_0^\infty \omega J(s) \cos\omega s \, ds \tag{8. 205b}$$

여기에서 참고로 저장 (전단)탄성계수 $G'(\omega)$와 손실 탄성계수 $G''(\omega)$사이에는 아래의 'Krőnig-Kramers 관계식'으로 알려진 식이 있다.

$$G'(\omega) - G_e = \frac{2}{\pi}\int_{-\infty}^{\infty} G''(x)\frac{\omega^2}{\omega^2 - x^2} d\ln x \tag{8. 206a}$$

$$G''(\omega) = \frac{2}{\pi}\int_{-\infty}^{\infty} \frac{\omega x\left[G'(x) - G_e\right]}{(x^2 - \omega^2)} d\ln x \tag{8. 206b}$$

그러나 이들 관계식은 복소 유수(complex residue) 적분정리에 기초를 두고 있으므로 이에 대한 증명은 지면 관계상 생략하겠다.

한편 앞에서 언급한 (선형)정적 점탄성계수 $G(t)$와 $J(t)$사이의 등식 (8. 158) 및 부등식 (8. 174) 관계는 아래와 같이 요약된다.

$$G * J(t)\left[= \int_0^t G(t-u)J(u)du\right] = t, \qquad G(t)J(t) \le 1$$

이에 대해 (선형)동적 점탄성계수 $G'(\omega)$와 $G''(\omega)$사이의 등식 (8. 91) 및 부등식 (8. 93b)는 아래와 같이 요약된다(증명생략).

$$G^*(\omega)J^*(\omega) = 1, \qquad G'(\omega) \le 1/J'(\omega), \;\; G''(\omega) \le 1/J''(\omega)$$

(f) 낮은 진동수 영역에서의 동적성질의 표현

먼저 전단 크리프 컴플라이언스의 경우를 생각해보자. 식 (8. 198)에서 점탄성고체의 경우에는 $\eta \to \infty$이고, 또 $\omega \to 0$일 때 $\sin\omega t \simeq \omega t$ 및 $\cos\omega t \simeq 1$ (Taylor 급수 전개시)의 관계를 이용하면 낮은 진동수 영역에서 J' 및 J''는 각각 아래로 근사된다.

$$J'(\omega) \simeq J_e - \omega^2\int_0^\infty t\left[J_e - J(t)\right]dt \tag{8. 207a}$$

$$J''(\omega) \simeq \omega\int_0^\infty \left[J_e - J(t)\right]dt \tag{8. 207b}$$

따라서 낮은 ω지역에서 ω에 대한 아래의 스케일링 법칙이 성립된다.

$$J_e - J'(\omega) \sim \omega^2, \quad J''(\omega) \sim \omega \tag{8.208}$$

점탄성 액체($\eta \neq \infty$)의 경우에는 식 (8. 199)에서 $\omega \to 0$일 때 아래의 스케일링 법칙이 성립된다.

$$J''(\omega) \sim \omega^{-1}, \quad d\log J''(\omega)/d\log\omega \simeq -1 \tag{8.209}$$

다음에는 응력완화 전단 탄성계수 G' 및 G''는 낮은 진동수 ($\omega \to 0$)지역에서는 식 (8. 180)과 (8. 181)에서 각각 아래가 성립된다 (단 $\sin\omega t \simeq \omega t$, $\cos\omega t \simeq 1$을 이용).

$$G'(\omega) \approx G_e \sim \omega^{\circ}, \quad G''(\omega) \sim \omega \tag{8.210a}$$

$$\lim_{\omega \to 0} \frac{d\log G'(\omega)}{d\log\omega} = 0, \quad \lim_{\omega \to 0} \frac{d\log G''(\omega)}{d\log\omega} = 1 \tag{8.210b}$$

한편 점탄성액체의 경우에는 $\omega \to 0$(혹은 $t \to \infty$)일 때 $G_e = 0$이고, $\sin\omega t \simeq \omega t$, $\cos\omega t \simeq 1$을 이용하면 식 (8. 180)과 (8. 181)에서 아래관계가 성립된다.

$$\lim_{\omega \to 0} G'(\omega) \simeq \omega^2 \int_0^{\infty} tG(t)dt, \quad \lim_{\omega \to 0} \frac{d\log G'(\omega)}{d\log\omega} = 2 \tag{8.211a}$$

$$\lim_{\omega \to 0} G''(\omega) \simeq \omega \int_0^{\infty} G(t)dt, \quad \lim_{\omega \to 0} \frac{d\log G''(\omega)}{d\log\omega} = 1 \tag{8.211b}$$

한편 점탄성액체에 있어서 정상상태(steady state)의 전단속도 $\dot{\gamma}$ 가 0에 접근할 때의 '극한 전단 점도(zero shear viscosity)' η_0에 대하여 아래 관계식이 성립된다[사실 전단속도 $\dot{\gamma}$와 각진동수 ω는 비례관계에 있다].

$$\eta_0 \simeq \lim_{\omega \to 0} \eta'(\omega) = \lim_{\omega \to 0} \frac{G''(\omega)}{\omega} \simeq \int_0^{\infty} G(t)dt \tag{8.212}$$

위 식의 두 번째 항등관계는 식 (8. 96), 그리고 세 번째 항등관계는 식 (8. 181)에서 $G_e = 0$, $\cos\omega t \simeq 1$을 대입함으로써 얻어진다.

이 절의 마지막으로 고분자 유변학(rheology)에서 'Cox-Merz 법칙'으로 알려진 아래 관계식이 있다.

$$\eta(\dot{\gamma}) = |\eta^*(\omega)|_{\omega = \dot{\gamma}} \tag{8.213}$$

여기서 $\eta(\dot{\gamma})$는 정상상태의 전단 점도이고, 동적점도 $\eta^*(\omega)$의 크기 $|\eta^*(\omega)| = |\eta'^2(\omega) + \eta''^2(\omega)|^{1/2}$

(식 8. 95 참조)이다.

8. 3 점탄성 모델에 의한 계산

앞 절에서는 변형되고 있는 고분자 물질의 구조단위와는 전혀 무관한 선형점탄성거동에 관한 현상론적 관점에서 논의하였다. 그러나 여기서는 고분자의 완화과정에 대한 구조상의 역할을 고려한 어떤 분자론적 모델에 입각하여 논하기로 한다. 첫 번째 모델은 '스프링-대쉬폿(spring-dashpot) 모델'로 알려진 '역학적 아날로그(mechanical analogs)'로서 많은 세그먼트의 화학적 결합으로 이루어진 고분자를 단순히 고체(가역적) 탄성을 나타내는 스프링과 액체(비가역적) 점성을 나타내는 대쉬폿으로 묘사하여 점탄성거동을 계산하는 비교적 단순한 모델이다. 두 번째 모델로서는 6. 4절에서 논의된 바 있는 점성매체(viscous medium)속의 한 고분자의 분자론적 운동(molecular dynamics)에 기초를 두어 계산하는 보다 합리적이고 어려운 모델이다. 이절에서는 주로 스프링-대쉬폿 모델에 대하여 집중적으로 설명하겠다.

8. 3. 1 스프링-대쉬폿 모델

먼저 8. 2. 1절에서 언급한 바 있는 고체의 순수 탄성과 액체의 순수 점성에 대하여 다시 한번 간단히 설명하기로 한다. 만약 물체가 순수(가역) Hooke 탄성(단 관성효과는 무시)을 가진다면 낮은 변형(선형탄성)의 인장실험에서 아래식으로 나타낸 바와 같이

$$\sigma_0 = E\varepsilon_0 \tag{8. 214}$$

순간적으로 가해진 변형 ε_0에 (변형무관)비례계수인 Young 탄성계수 E를 통하여 순간적으로 크기 σ_0의 일정한 응력응답이 있을 것이다. 그러나 실제의 점탄성 물질은 관성효과와 시간의존성을 가지므로 반드시 Hooke 법칙을 따르지는 않는다.

반면에 탄성대신 점성도(viscosity)를 가진 유체(fluids)의 경우에는 전단응력과 전단속도사이의 구성 방정식이 아래와 같이 (3차원으로)일반화된 Newton의 법칙으로 나타내진다.

$$\tau_{ij} = \eta\dot{\gamma}_{ij}, \quad \text{여기서 } \dot{\gamma}_{ij} = 2D_{ij} \tag{8. 215a}$$

$$D_{ij} = \frac{1}{2}\left(\frac{\partial v_i}{\partial x_j} + \frac{\partial v_j}{\partial x_i}\right) \tag{8. 215b}$$

[비고: 위 식은 고체의 경우 식 (8. 28)에 대응한다.]

위에서 τ_{ij}는 i면에 j방향으로 작용하는 전단응력, $D_{ij}(=\dot{\gamma}_{ij}/2)$는 속도구배(velocity gradient) 텐서[$(\nabla \boldsymbol{v})^T$]의 대칭부분이다. 만약 전단응력$\tau_{21}$에 의한 1방향으로만 속도성분을 가진 정상상태(steady-state)의 단순전단흐름(SSF)의 경우에는 직교(Cartesian) 좌표계에서 속도벡터 $\boldsymbol{v}=(\dot{\gamma}y, 0, 0)^T$이므로 이때 1차원 뉴톤 점성식은 아래가 된다.

$$\tau_{21}(=\tau_{12})=\eta\dot{\gamma}_{12}=\eta\frac{dv_1}{dx_2}\equiv\eta\dot{\gamma} \tag{8.216}$$

여기서 (일정) 전단속도 $\dot{\gamma}$는 속도구배 dv_1/dx_2와 같다. 한편 정상상태의 단순(일축)신장흐름(SEF)의 경우 '제1 법선응력차' $(\sigma_{11}-\sigma_{22})$ 및 신장(혹은 인장)응력 σ_E는 아래와 같이 나타내진다.

$$\sigma_{11}-\sigma_{22}=3\eta\frac{dv_1}{dx_1}, \quad \sigma_E=\eta_E\frac{d\varepsilon}{dt}=\eta_E\dot{\varepsilon} \tag{8.217}$$

위 식에서 η는 전단점도, η_E는 신장(extensional)점도로서 $\dot{\gamma}$가 낮을 때는 $\eta_E\simeq 3\eta$ 가 된다(이는 고체의 낮은 변형률에서 $E\simeq 3G$되는 원리와 동일하다). 또 신장 속도구배 $\frac{dv_1}{dx_1}(=D_{11})=\dot{\varepsilon}(\neq\dot{\gamma}_{11})$에서 $\dot{\varepsilon}$는 정상(steady) 신장변형 속도이다. 덧붙여, 식 (8.216)에서 전단속도 $\dot{\gamma}$가 낮은 뉴톤성 흐름의 경우에는 점도 η는 상수가 되나, 만약 $\dot{\gamma}$가 커지게 되면 η가 $\dot{\gamma}$에 의존하는 비뉴톤성 거동을 나타낸다[보다 상세는 레올로지(rheology)관련 서적 참조 요].

한편 아래의 스프링-대쉬폿 모델에서는 식 (8.214)의 Hooke 탄성은 스프링으로, 식 (8.216)의 Newton 점성은 대쉬폿의 역학적 아날로그로 나타낸다.

그런데 구체적인 스프링-대쉬폿 모델로 들어가기 전 선형점탄성 이론의 수학적 기초인 선형연산자(linear operator)에 기초를 둔 선형미분방정식 및 그의 라플라스 변환에 의한 동적 탄성계수를 구하는 방법에 논하기로 한다. 변형이 작은 선형점탄성영역에서는 시간의존성 응력과 변형에 대한 구성방정식이 선형일 뿐만 아니라, 아래 식에서 보는 바와 같이 시간미분의 계수도 점도나 탄성계수와 같은 다른 물질 파라미터처럼 상수라고 가정한다. 이때 선형점탄성에 관한 미분방정식은 아래의 일반 형태로 나타나진다.

$$\hat{A}(t)\sigma(t)=\hat{B}(t)\varepsilon(t) \tag{8.218}$$

여기서 응력과 변형에 관한 두 시간 미분 연산자는 각각 아래의 형태를 취한다.

$$\hat{A}(t)=\sum_{k=0}^{n}a_k\hat{D}^k\left(=\frac{d^k}{dt^k}\right)=a_0+a_1\frac{d}{dt}+a_2\frac{d^2}{dt^2}+\cdots+a_n\frac{d^n}{dt^n} \tag{8.219a}$$

$$\hat{B}(t) = \sum_{k=0}^{m} b_k \hat{D}^k \left(= \frac{d^k}{dt^k} \right) = b_0 + b_1 \frac{d}{dt} + b_2 \frac{d^2}{dt^2} + \cdots + b_m \frac{d^m}{dt^m} \tag{8.219b}$$

위 식에서 일반적으로 $n = m$ 또는 $n = m - 1$형태를 취한다.

만약 (이후에 설명할) 어떤 점탄성 모델에 의하여 구성방정식 (8.218)의 구체적인 형태가 결정되면 이 모델에 의한 물질의 동적 점탄성계수는 위 미분 방정식의 라플라스(Laplace)변환에 의해 구해질 수 있다. 식 (8.218)은 현재의 t공간에서는 $\hat{A}$와 σ가 서로 연결된 'coupled'형태를 취하므로 취급이 자의 불가능하나, 만약 이를 라플라스($\mathcal{L}$)변환을 시키면 부록 6.3절에서 논의한 미분의 $\mathcal{L}$ 변화에 관한 공식(표 A6.3-3)에 의해 아래와 같이 $\hat{A}$와 σ가 서로 분리된 (decoupled)형태를 취하므로 다루기 매우 쉬워진다. 식 (8.218)의 좌우를 $\mathcal{L}$ 변환 시키면 각각 아래가 된다.

$$\mathcal{L}\left[\hat{A}(t)\sigma(t)\right] = \mathcal{L}\left[\sum_{k=0}^{n} a_k \hat{D}^k \sigma(t)\right] = \sum_{k=0}^{n} a_k \left(s^k \bar{\sigma}(s) - s^{k-1}\sigma(0) - \cdots - \sigma^{(k-1)}(0)\right) \tag{8.220a}$$

$$\mathcal{L}\left[\hat{B}(t)\varepsilon(t)\right] = \mathcal{L}\left[\sum_{k=0}^{m} b_k \hat{D}^k \varepsilon(t)\right] = \sum_{k=0}^{m} b_k \left(s^k \bar{\varepsilon}(s) - s^{k-1}\varepsilon(0) - \cdots - \varepsilon^{(k-1)}(0)\right) \tag{8.220b}$$

만약 위 식에서 응력 또는 변형률의 초기치 값을 0으로 간주하면 [아니면 서로 상쇄되든지] 위 두 식은 각각 아래가 된다.

$$\mathcal{L}\left[\hat{A}(t)\sigma(t)\right] = \hat{A}(s) \cdot \bar{\sigma}(s), \text{ 여기서 } \hat{A}(s) = \sum_{k=0}^{n} a_k s^k \tag{8.221a}$$

$$\mathcal{L}\left[\hat{B}(t)\varepsilon(t)\right] = \hat{B}(s) \cdot \bar{\varepsilon}(s), \text{ 여기서 } \hat{B}(s) = \sum_{k=0}^{m} b_k s^k \tag{8.221b}$$

즉 식 (8.221)를 보면 $\mathcal{L}$ 변환 후 구성방정식은 단순히 $\hat{A}(s)$와 $\bar{\sigma}(s)$ (또는 $\hat{B}(s)$와 $\bar{\varepsilon}(s)$)의 곱형태로 'decoupled'될 뿐 아니라 $\hat{A}(s)$ 및 $\hat{B}(s)$의 형태도 각각 정의식 (8.219)에서 시간에 대한 상미분 연산자 $\hat{D}^k$ 대신 단순히 s^k로 바꾼 것에 불과하므로 다루기 매우 간편한 형태로 되었음을 알 수 있다. 또한 식 (8.221a)와 (8.221b)를 같이 둠으로써 (∵ 원래 미방식 8.218의 양변을 $\mathcal{L}$ 변환한 것임). 아래의 유용한 관계가 성립되어, 이로부터 동적 (복소)탄성계수가 구해질 수 있다.

$$\frac{\bar{\sigma}(s)}{\bar{\varepsilon}(s)} = \frac{\hat{B}(s)}{\hat{A}(s)} \equiv s\,\bar{G}(s), \quad s\,\bar{G}(s)\big|_{s=iw} = G^*(w) \tag{8.222a}$$

$$\frac{\bar{\varepsilon}(s)}{\bar{\sigma}(s)} = \frac{\hat{A}(s)}{\hat{B}(s)} \equiv s\,\bar{J}(s), \quad s\,\bar{J}(s)\big|_{s=iw} = J^*(w) \tag{8.222b}$$

위 식에서 $\overline{G}(s)$ 및 $\overline{J}(s)$는 각각 응력완화 전단 탄성계수 $G(t)$ 및 크리프 컴플라이언스 $J(t)$를 $\mathcal{L}$ 변환한 것이며, 각 식의 두 번째 항등관계는 식 (8. 157)에서 이미 예고된 것이다.

8. 3. 2 Maxwell 모델

그림 8. 28에 한 개의 스프링(탄성계수 G)과 한 개의 대쉬폿(점성도 η)가 직렬로 연결된 Maxwell 모델을 나타내었다.

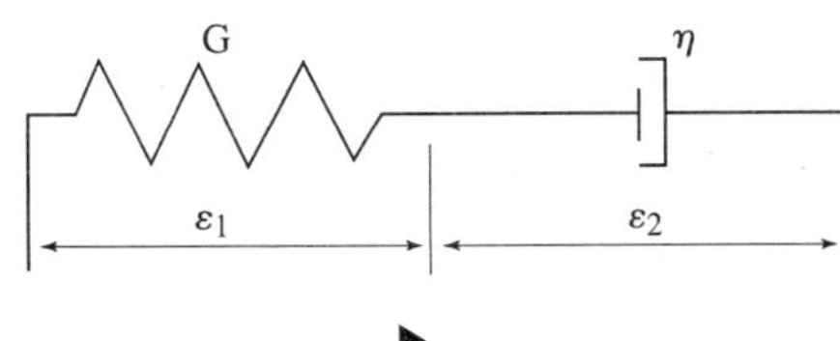

▶ 그림 8. 28 Maxwell 모델의 도식적 모델.

먼저 Maxwell 모델의 구성 방정식을 구해보면 아래와 같다.

$$\dot{\varepsilon} = \frac{\dot{\sigma}}{G} + \frac{\sigma}{\eta} \tag{8. 223}$$

[여기서 $\eta = G\tau$, τ는 Maxwell 모델의 완화시간임.]

증 명 그림에서 스프링과 대쉬폿이 받는 응력은 동일, 변위는 합이므로 아래가 성립된다.

$$\sigma = \sigma_1 = \sigma_2, \quad \varepsilon = \varepsilon_1 + \varepsilon_2 \tag{8. 224}$$

위 식의 전체변형률 ε를 시간에 미분하고, 각각에 대해 Hooke 탄성법칙(식 8. 214)과 Newton 점성법칙(식 8. 216)을 대입하면 아래가 되어 증명된다.

$$\dot{\varepsilon} = \dot{\varepsilon}_1 + \dot{\varepsilon}_2 = \dot{\sigma}/G + \sigma/\eta \quad ■$$

먼저 이 모델에 대한 전단 크리프 컴플라이언스 $J(t)$를 구해보기로 한다. 응력입력 $\sigma(t) = \sigma_0 H(t)$(여기서 $H(t)$는 스텝함수로 $t < 0$일 때는 0, $t \geq 0$일 때는 1이 됨)를 작용하면 이 때 생기는 크리프 변형률 $\varepsilon(t)$를 미방식 (8. 223)에 대입하여, 부록 8. 1절의 상미방 공식에 의해 구할 수 있으나, 여기서는 앞에 논의된 선형연산자와 그의 $\mathcal{L}$ 변환식의 응용에 대한 독자의 이해를 돕기 위하여 식 (8. 223)의 양변을 $\mathcal{L}$ 변환 시키면 아래가 된다(이 때 식 8. 219에서 $a_0 = \dfrac{1}{\eta}$,

$a_1 = \frac{1}{G}$, $b_0 = 0$, $b_1 = 1$이 되어 $n = m = 1$임).

$$s\bar{\varepsilon}(s) - \varepsilon(0^+) = \frac{1}{G}\left[s\bar{\sigma}(s) - \sigma(0^+)\right] + \frac{1}{\eta}\bar{\sigma}(s) \tag{8. 225}$$

여기서 크리프의 응력입력 $\sigma(t) = \sigma_0 H(t)$의 $\mathcal{L}$ 변환 $\bar{\sigma}(s) = \sigma_0/s$를 대입하면 위 식 우편의 괄호항은 0이 된다. 따라서 이 경우 식 (8. 225)는 아래가 된다.

$$\bar{\varepsilon}(s) = \frac{\varepsilon(0)}{s} + \frac{\sigma_0}{\eta s^2} \tag{8. 226}$$

단 위에서 $\varepsilon(0^+) = \varepsilon_0$, $\sigma(0^+) = \sigma_0$으로 두었다. 다음에 위 식의 역 $\mathcal{L}$ 변환을 시키면 목적하는 식 아래를 얻는다.

$$\varepsilon(t) = \sigma_0\left(\frac{1}{G} + \frac{t}{\eta}\right) = \sigma_0\left(J + \frac{t}{\eta}\right) \tag{8. 226}$$

따라서 Maxwell 모델의 전단 크리프 컴플라이언스 $J(t)$는 아래가 됨을 알 수 있다.

$$J(t) = \varepsilon(t)/\sigma_0 = \frac{1}{G} + \frac{t}{\eta} = J + \frac{t}{\eta} \tag{8. 227}$$

다음에는 이 모델로부터 응력완화 전단 탄성계수 $G(t)$를 구해보자. 지금 스텝변형 $\varepsilon(t) = \varepsilon_0 H(t)$를 가했을 때 생기는 응답응력 $\sigma(t)$(혹은 $G(t)$)를 구성방정식 (8. 223)을 이용하여 상미방의 해로부터 구할 수 있으나, 역시 $\mathcal{L}$ 변환된 구성식 (8. 225)에 $\bar{\varepsilon}(s) = \mathcal{L}\left(\varepsilon_0 H(t)\right) = \varepsilon(0^+)/s$를 대입하면 아래가 된다.

$$s\frac{\varepsilon(0^+)}{s} - \varepsilon(0^+) = \frac{1}{G}\left[s\bar{\sigma}(s) - \sigma(0^+)\right] + \frac{1}{\eta}\bar{\sigma}(s) = 0 \tag{8. 228}$$

따라서 아래를 얻는다.

$$\bar{\sigma}(s) = \frac{\eta}{G + \eta s}\sigma(0^+) = \frac{1}{\tau^{-1} + s}\sigma(0^+) \tag{8. 229}$$

여기서 완화시간 $\tau = \eta/G$이다. 이의 역 라플라스 변환을 취하면 공식 표 A6. 4-4에 의해 아래식을 얻는다.

$$\sigma(t)\left[= G(t)\varepsilon_0\right] = \sigma(0^+)\exp(-t/\tau) \tag{8. 230}$$

따라서 응력완화 전단 탄성계수 $G(t)$는 아래가 된다.

$$G(t) = \frac{\sigma(t)}{\varepsilon_0} = \frac{\sigma(0^+)}{\varepsilon_0} \exp(-t/\tau) \tag{8.231}$$

아래 그림 8. 29에 Maxwell 모델에 의한 응력완화 실험 즉 $\varepsilon(t) = \varepsilon_0 H(t)$를 가했을 때 일어나는 응력 $(\sigma(t))$완화현상을 도식적으로 나타내었다.

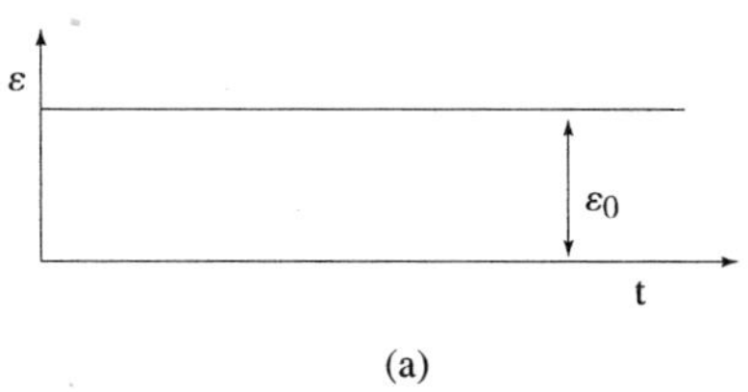

(a)

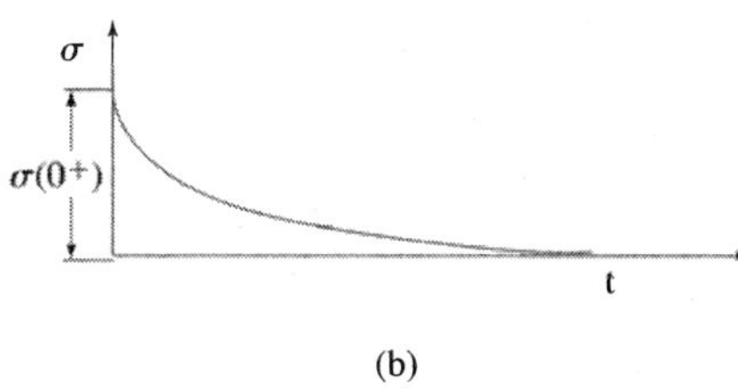

(b)

▶ **그림 8. 29** 전단 스텝변형 입력에 대한 Maxwell 유체의 응력응답.

마지막으로 Maxwell 모델에 대한 복소 동적 탄성계수(G^* 혹은 J^*)를 구해보기로 하자. 스텝형 전단응력 $\sigma(t) = \sigma_0 H(t)$의 입력에 대하여 응답된 크리프 전단변형률 $\varepsilon(t)$의 $\mathcal{L}$ 변환식인 (8. 226)을 $\sigma(t)$의 $\mathcal{L}$ 변환인 $\bar{\sigma}(s) = \sigma_0/s$로 나누면 아래가 성립된다.

$$\bar{\varepsilon}(s)/\bar{\sigma}(s)\left[= s\bar{J}(s)\right] = \frac{\varepsilon(0)}{\sigma_0} + \frac{1}{\eta s} = J\left(1 + \frac{1}{\tau s}\right) \tag{8.232}$$

위 식에서 $\varepsilon(0)/\sigma_0 = J = 1/G$ 및 $\eta = G\tau = \tau/J$ 관계를 이용하였다. 식 (8. 232)로부터 Maxwell 모델에 대한 복소 전단 컴플라이언스 $J^*(\omega)$가 아래에서 구해진다.

$$s\bar{J}(s)\big|_{s=i\omega} = J^*(\omega)\left(= 1/G^*(\omega)\right) = J\left(1 + \frac{1}{\tau s}\right)\Big|_{s=i\omega} = J - i/\eta\omega \tag{8.233}$$

즉 $J^* = J' - iJ''$에서 $J' = J,\ J'' = 1/\eta\omega = J/\tau\omega$임을 알 수 있다.

8. 3. 3 Voigt 모델

그림 8. 30에 스프링과 대쉬폿이 병렬로 연결된 Voigt 모델을 나타내었다.

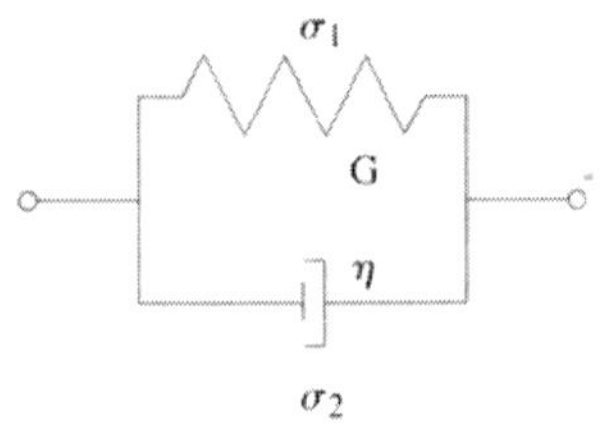

▶ **그림 8. 30** Voigt 모델의 도식적 표현.

이 모델의 구성방정식은 아래와 같다.

$$\sigma = G\varepsilon + \eta\dot{\varepsilon} \tag{8. 234}$$

증 명 이 모델에 응력을 가하여 변형을 야기시킬 때 스프링과 대시폿의 변형은 같고, 응력은 합이다. 즉

$$\varepsilon_1 = \varepsilon_2 = \varepsilon, \quad \sigma = \sigma_1 + \sigma_2 \tag{8. 235}$$

위 식에서 σ_1과 σ_2를 각각 식 (8. 214)와 (8. 216)으로부터 대입하면 목적하는 아래식이 얻어진다.

$$\sigma = G\varepsilon + \eta\dot{\varepsilon} \quad \blacksquare$$

식 (8. 234)를 변수 t공간에서 s공간으로 라플라스($\mathcal{L}$) 변환하면 아래가 된다.

$$\bar{\sigma}(s) = G\bar{\varepsilon}(s) + \eta\left[s\bar{\varepsilon}(s) - \varepsilon(0^+)\right] \tag{8. 236}$$

이 모델에 의한 전단 크리프에 있어서 스텝형 응력 $\sigma(t) = \sigma_0 H(t)$(여기서 $H(t)$는 $t > 0$일 때 1, 기타 0임)를 가한다면 $\bar{\sigma}(s) = \sigma_0/s$가 되고, 만약 초기변형률 $\varepsilon(0^+) = 0$이라하면 위 식에서 아래가 성립된다.

$$\bar{\varepsilon}(s) = \sigma_0/s(G + \eta s) \tag{8. 237}$$

이것의 역 $\mathcal{L}$ 변환은 부록 표 A6. 4-3 공식에 의해 아래가 된다.

$$\varepsilon(t)= \frac{\sigma_0}{G}\left[1-\exp\left(-\frac{t}{\tau}\right)\right] \tag{8.238}$$

여기서 $\tau= \eta/G$로 정의되는 Voigt 모델의 완화시간이다. 여기서 전단 크리프 컴플라이언스 $J(t)$는 아래와 같이 쉽게 얻어진다.

$$J(t)= \varepsilon(t)/\sigma_0= J[1-\exp(-t/\tau)] \tag{8.239}$$

여기서 $J= 1/G$가 탄성스프링의 경우 성립된다. 그림 8. 31에 식 (8. 237)를 도식적으로 나타내었다.

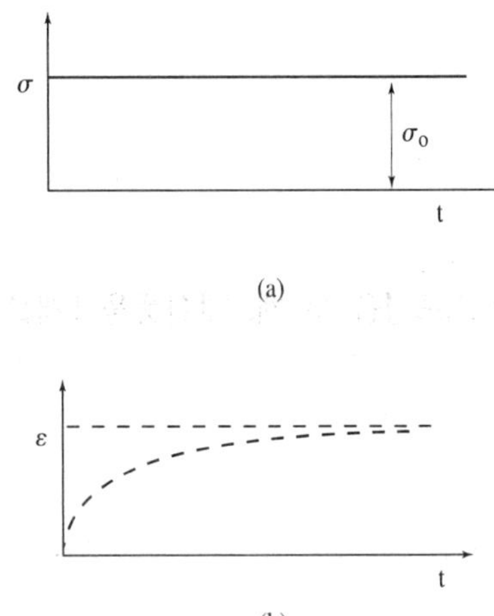

▶ **그림 8. 31** 스텝형 전단응력 입력에 대한 Voigt 점탄성고체의 크리프 응답.

한편 Voigt 모델의 동적 (전단)크리프 컴플라이언스 $J^*(\omega)= J'-iJ''$는 식 (8. 233)의 방법과 마찬가지로, $J(t)$를 $\mathcal{L}$ 변환하여 아래와 같이 얻어진다.

$$J^*(\omega)= s\bar{J}(s)\big|_{s=i\omega}= J/(1+s\tau)\big|_{s=i\omega}= \frac{J}{1+\tau^2\omega^2}(=J')-i\frac{J\tau\omega}{1+\tau^2\omega^2}(=J'') \tag{8.240}$$

참고로 표 8. 7에 Maxwell 모델과 Voigt 모델에 의한 응력완화 탄성계수, 크리프 컴플라이언스, 동적 저장 및 손실계수를 인장시험을 예로 나타내었다(물론 전단실험의 경우에도 마찬가지 관계가 성립됨).

표 8.7 인장실험에 대한 두 점탄성 모델의 결과식

실험	Maxwell 모델	Voigt 모델
크리프	$D(t)= D+t/\eta_E$	$D(t)= D\left(1-e^{-t/\tau}\right)$
응력완화	$E(t)= Ee^{-t/\tau}$	—
동적	$D'= D$	$D'= D/\left(1+\omega^2\tau^2\right)$
	$D''= 1/\eta\omega$	$D''= D\omega\tau/\left(1+\omega^2\tau^2\right)$
	$E'= E\omega^2\tau^2/\left(1+\omega^2\tau^2\right)$	$E'= E$
	$E''= E\omega\tau/\left(1+\omega^2\tau^2\right)$	$E''= \omega\eta$

응력완화에 대한 Maxwell 모델의 결과(그림 8. 29)와 크리프에 대한 Voigt 모델의 결과(그림 8. 31) 모두 앞에서 설명한 실제 점탄성 고분자의 거동과 그렇게 잘 일치하지는 않음을 알 수 있다. 그래서 아래에서는 실제에 보다 접근하기 위하여 스프링과 대쉬폿의 개수를 증가시키는 모델에 관하여 언급하겠다.

8. 3. 4 3 요소 모델

그림 8. 32의 (a) 및 (b)에 각각 스프링을 두 개, 대쉬폿을 1개를 사용하는 서로 대응하는 소위 'Zener 모델'을 나타내었다.

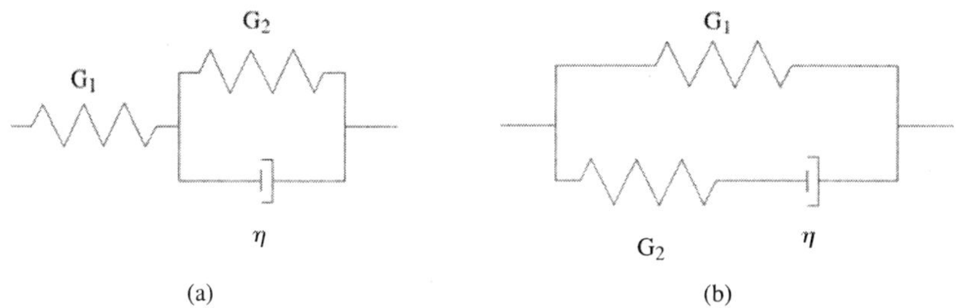

▶ 그림 8. 32 Zener 의 대응하는 두 3요소 모델.

위의 두 대응 모델에 의한 전단변형에 관한 구성방정식은 각각 아래와 같다.

$$\frac{G_1+G_2}{\eta}\sigma+\dot{\sigma}=\frac{G_1G_2}{\eta}\varepsilon+G_1\dot{\varepsilon} \tag{8. 241a}$$

$$\frac{G_2}{\eta}\sigma+\dot{\sigma}=\frac{G_1G_2}{\eta}\varepsilon+\left(G_1+G_2\right)\dot{\varepsilon} \tag{8. 241b}$$

증 명 a) 그림 (a)에서 왼편 스프링 단독요소를 (1), 우편 한 개의 Voigt (병렬)요소를 (2)라 하면, 전체의 응력(σ)과 변형(ε)에 있어서 두 요소가 받는 힘(응력)은 같고, 늘어난 변위(변형률)는 각각의 합과 같으므로 아래 관계가 성립된다.

$$\sigma_{(1)} = \sigma_{(2)} = \sigma, \quad \varepsilon = \varepsilon_{(1)} + \varepsilon_{(2)} \tag{1}$$

여기서

$$\sigma_{(1)} = \sigma = G_1 \varepsilon_{(1)}, \quad \sigma_{(2)} = \sigma = \eta \dot{\varepsilon}_{(2)} + G_2 \varepsilon_{(2)} \ (\because \text{식 } 8.234) \tag{2}$$

여기서 $\varepsilon_{(2)} = \varepsilon - \varepsilon_{(1)}$ 및 $\varepsilon_{(1)} = \sigma / G_1$를 식 (2)에 대입하면 아래를 얻는다.

$$\sigma = \eta\left(\dot{\varepsilon} - \dot{\sigma} / G_1\right) + G_2\left(\varepsilon - \sigma / G_1\right) \tag{3}$$

이 식 양변을 G_1/η으로 곱하고, 정리하면 목적하는 식을 얻는다.

b) 그림의 위 스프링 단독요소를 (1), 아래의 Maxwell 요소를 (2)로 할 때 전체변형에 있어서 두 요소에 대해 변위는 같고, 응력은 각 요소의 합과 같으므로 아래가 성립된다.

$$\varepsilon_{(1)} = \varepsilon_{(2)} = \varepsilon, \quad \sigma = \sigma_{(1)} + \sigma_{(2)} \tag{4}$$

여기서

$$\sigma_{(1)} = G_1 \varepsilon, \quad \dot{\varepsilon} = \frac{\dot{\sigma}_{(2)}}{G_2} + \frac{\sigma_{(2)}}{\eta} \ (\because \text{식 } 8.223) \tag{5}$$

여기서 $\sigma_{(2)} = \sigma - \sigma_{(1)}$을 위 식에 대입하고, $\sigma_{(1)} = G_1 \varepsilon$에 의해 첨자 (1), (2) 모두를 제거하면 (a)의 경우와 마찬가지로 소기의 식을 얻는다. ■

한편 아래 그림 8. 33에 각각 대쉬폿이 2개, 스프링이 1개인 대응하는 3요소 'Jeffrey 모델'을 나타내었다.

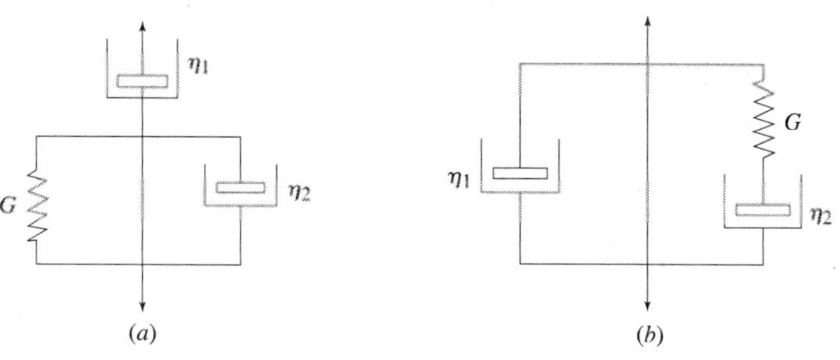

▶ **그림 8. 33** Jeffrey 의 두 대응하는 3요소 모델.

각각에 대응하는 전단변형에 대한 구성방정식은 아래와 같다.

$$\frac{\sigma}{\eta_1}+\frac{\eta_1+\eta_2}{G\eta_1}\dot{\sigma}=\dot{\varepsilon}+\frac{\eta_2}{G}\ddot{\varepsilon} \tag{8. 242a}$$

$$\sigma+\frac{\eta_2}{G}\dot{\sigma}=(\eta_1+\eta_2)\dot{\varepsilon}+\frac{\eta_1\eta_2}{G}\ddot{\varepsilon} \tag{8. 242b}$$

증 명 a) 그림 위의 한 개의 대쉬폿을 요소 (1), 아래의 한 개의 Voigt 요소를 요소 (2)라하면 전체응력(σ)과 변형(ε) 관계에 있어서 Zener 모델의 경우와 유사하게 아래가 성립된다.

$$\sigma_{(1)}=\sigma_{(2)}=\sigma,\quad \varepsilon=\varepsilon_{(1)}+\varepsilon_{(2)} \tag{1}$$

여기서 대쉬폿과 Voigt 요소에 대해 아래가 성립된다.

$$\dot{\varepsilon}_{(1)}=\sigma/\eta_1\ (\because \text{뉴톤유체}),\qquad \dot{\varepsilon}_{(2)}+\frac{G}{\eta_2}\varepsilon_{(2)}=\sigma/\eta_2 \tag{2}$$

식 (2)에서 $\varepsilon_{(2)}=\varepsilon-\varepsilon_{(1)}$을 대입하고, 양변을 t에 대해 한번 더 미분하고, $\dot{\varepsilon}_{(1)}=\sigma/\eta_1$을 이용하면 첨자 (1), (2)가 없어지는 목적하는 구성방정식을 얻는다.

b) 병렬연결의 왼편 대쉬폿을 요소 (1), 우편 Maxwell 요소를 요소 (2)라 할 때 그림에서 아래의 관계가 성립된다.

$$\varepsilon_{(1)}=\varepsilon_{(2)}=\varepsilon,\quad \sigma=\sigma_{(1)}+\sigma_{(2)} \tag{3}$$

여기서 한 개의 대쉬폿과 Maxwell 요소에 대해 아래가 성립된다.

$$\dot{\varepsilon}_{(2)}(=\dot{\varepsilon})=\sigma_{(1)}/\eta_1,\quad \dot{\varepsilon}=\frac{\dot{\sigma}_{(2)}}{G}+\frac{\sigma_{(2)}}{\eta_2} \tag{4}$$

식 (4)에 $\sigma_{(2)}=\sigma-\sigma_{(1)}=\sigma-\eta_1\dot{\varepsilon}$, $\dot{\sigma}_{(2)}=\dot{\sigma}-\dot{\sigma}_{(1)}=\dot{\sigma}-\eta_1\ddot{\varepsilon}$를 대입하고 정리하면 첨자 (1), (2)가 없는 소기의 구성방정식을 얻는다. ■

한편 선형 점탄성 고체($1/\eta\to 0$ 됨)의 경우 특히 그림 8. 32(a)에 나타낸 소위 '표준 선형 고체(standard linear solid)모델'이 크리프나 응력완화 현상 등을 비교적 잘 묘사하므로 이에 대해 좀 더 깊이 설명하려한다. 먼저 크리프 즉 스텝형 응력 $\sigma(t)=\sigma_0H(t)$를 작용하면 $\dot{\sigma}=0$이 되므로 구성방정식 8. 241(a)는 아래가 된다.

$$\frac{d\varepsilon}{dt}+\frac{G_2\varepsilon}{\eta}=\frac{G_1+G_2}{\eta G_1}\sigma_0 \tag{8. 243}$$

이 상미방을 부록 8. 1의 공식 A8. 7에 의해 해 $\varepsilon(t)$를 구하고(단 $\varepsilon(0)=\sigma_0/E_1$ 가정) 이를 σ_0으로 나누면 아래의 전단 크리프 컴플라이언스 $J(t)$가 얻어진다.

$$J(t)=\frac{\varepsilon(t)}{\sigma_0}=\frac{1}{G_1}+\frac{1}{G_2}\left[1-\exp(-t/\tau_c)\right] \tag{8. 244}$$

여기서 완화시간 $\tau_c=\eta/G_2$이다. 이 식과 점탄성 고체$(1/\eta=0)$에 대한 현상론식 (8. 123)을 비교하면 $J_g=1/G_1$, $J_d=1/G_2$, $\psi(t)=1-\exp(-t/\tau_c)$임을 알 수 있다. 다시 이로부터 $G(t)$와 동적 탄성계수를 구하기 위하여 식 (8. 244)의 $\mathcal{L}$ 변환을 취하면 아래와 같다.

$$\bar{J}(s)=\left(\frac{1}{G_1}+\frac{1}{G_2}\right)/s-\frac{1}{G_2}\frac{1}{s+\tau_c^{-1}} \tag{8. 245}$$

이로부터 식 (8. 157)을 이용하여 $\bar{G}(s)$를 구하면 아래와 같다.

$$\bar{G}(s)=\frac{\eta G_1}{(G_1+G_2)}\left(s+\tau_c^{-1}\right)\left\{\frac{1}{s}-\frac{1}{s+\tau_r^{-1}}\right\} \tag{8. 246}$$

여기서 $\tau_c=\eta/G_2$, $\tau_r=\eta/(G_1+G_2)$이다.

위 식의 역 $\mathcal{L}$ 변환을 취하면 아래와 같이 전단 탄성계수 $G(t)$가 얻어진다.

$$G(t)=\frac{G_1G_2}{G_1+G_2}\left[1+\frac{G_1}{G_2}\exp(-t/\tau_r)\right] \tag{8. 247}$$

이 식을 보면 $t=0$일 때는 $G(t)=G_1(=G_g)=J_g^{-1}$, $t\to\infty$일 때는 $G(\infty)=\dfrac{G_1G_2}{G_1+G_2}$가 되고, 만약 $G_2\ll G_1$인 경우 $G(\infty)\simeq G_2$가 된다. 이 식과 $G(t)$에 관한 현상론식 (8. 122)와 비교해보면 $G_e\simeq G_2$, $G_g=G_1$, $\phi(t)\simeq\exp(-t/\tau_r)$이 되어 $J(t)$ 및 $G(t)$ 모두 현상론과 비교적 잘 일치함을 알 수 있다.

다음에는 식 (8. 222b)에 의해 동적 계수 $J^*(\omega)(=1/G^*(\omega))$를 구해보자.

$$J^*(\omega)=s\,\bar{J}(s)|_{s=i\omega}=\left[\left(\frac{1}{G_1}+\frac{1}{G_2}\right)-\frac{1}{G_2}\frac{s}{s+\tau_c^{-1}}\right]_{s=i\omega}=J'(\omega)-iJ''(\omega) \tag{8 248a}$$

$$J'(\omega) = \frac{(G_1 + G_2) + G_2\omega^2\tau_c^2}{G_1 G_2(1 + \tau_c^2\omega^2)}, \quad J''(\omega) = \frac{\omega\tau_c}{G_2(1 + \omega^2\tau_c^2)} \tag{8. 248b}$$

한편 식 (8. 246)과 식 (8. 222a)에 의해 아래와 같이 $G^*(\omega)$를 구해보기로 하자.

$$G^*(\omega) = s\,\overline{G}(s)\big|_{s=i\omega} = \left[\frac{G_1 G_2}{G_1 + G_2}\left(1 + \frac{G_1}{G_2}\frac{s}{s + \tau_r^{-1}}\right)\right]_{s=i\omega} = G'(\omega) + iG''(\omega) \tag{8 249a}$$

$$G'(w) = \frac{G_1 G_2(1 + \omega^2\tau_r^2) + G_1^2\omega^2\tau_r^2}{(G_1 + G_2)(1 + \omega^2\tau_r^2)}, \quad G''(\omega) = \frac{G_1^2\omega\tau_r}{(1 + \omega^2\tau_r^2)(G_1 + G_2)} \tag{8. 249b}$$

식 (8. 248)과 (8. 249)에서 아래와 같이 $\tan\delta$을 구할 수 있다.

$$\tan\delta = \frac{J''}{J'} = \frac{G_1\omega\tau_c}{(G_1 + G_2) + G_2\omega^2\tau_c^2} = \frac{G''}{G'} = \frac{G_1\omega\tau_r}{G_2(1 + \omega^2\tau_r^2) + G_1\omega^2\tau_r^2} \tag{8. 250}$$

식 (8. 249)에서 낮은 진동수영역(즉 $\omega\tau_c \ll 1$)에서는 $G'' \to \infty$, $G' \to G_1 G_2/(G_1 + G_2)$되고, 높은 진동수영역(즉 $\omega\tau_c \gg 1$)에서는 $G'' \to \infty$, $G' \to G_1$이 됨을 알 수 있다. 그리고 식 (8. 250)의 ω에 대한 미분을 0으로 두면 온도 일정 경우 $\omega = \sqrt{(G_1 + G_2)/G}/\tau$되는 점에서 $\tan\delta$이 아래의 최대값을 가짐을 알 수 있다.

$$(\tan\delta)_{\max} = \left(\frac{1}{2}G_1 / G_2\right)\sqrt{G_2/(G_1 + G_2)} \tag{8. 251}$$

8. 3. 5 4 요소 Burgers 모델

그림 8. 3. 4에 한 개의 Maxwell요소와 한 개의 Voigt요소가 직렬로 연결된 4요소 Burgers모델을 나타내었다.

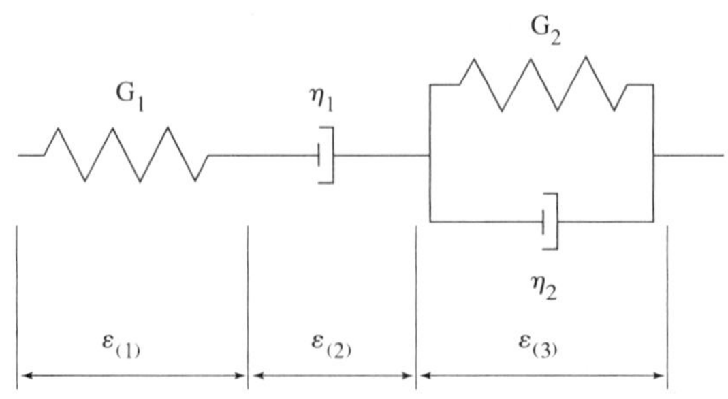

▶ **그림 8. 34** 4요소 Burgers 모델의 도식적 표현.

이 모델에 대한 구성방정식은 아래와 같다.

$$\sigma+\left[\frac{\eta_2}{G_2}+\eta_1\left(\frac{1}{G_1}+\frac{1}{G_2}\right)\right]\dot{\sigma}+\frac{\eta_1\eta_2}{G_1G_2}\ddot{\sigma}=\eta_1\dot{\varepsilon}+\frac{\eta_1\eta_2}{G_2}\ddot{\varepsilon} \tag{8.252}$$

증 명 한 개의 대쉬폿, 스프링, 그리고 Voigt요소를 각각 요소 (1),(2),(3)으로 한다. 그러면 전체 변형에 대해 각 요소의 응력은 같고, 변위는 합이므로 아래관계가 성립된다.

$$\sigma_{(1)}=\sigma_{(2)}=\sigma_{(3)}=\sigma,\quad \varepsilon=\varepsilon_{(1)}+\varepsilon_{(2)}+\varepsilon_{(3)} \tag{1}$$

여기서 $\sigma_{(1)}=\sigma=\eta_1\dot{\varepsilon}_{(1)},\quad \sigma_{(2)}=\sigma=G_1\varepsilon_{(2)},\quad \frac{\sigma_3(=\sigma)}{\eta_2}=\dot{\varepsilon}_{(3)}+\frac{G_2}{\eta_2}\varepsilon_{(3)}$ (2)

그런데 식 (2)의 맨 끝 식에서 $\dot{\varepsilon}_{(3)}=\dot{\varepsilon}-\dot{\varepsilon}_{(1)}-\dot{\varepsilon}_{(2)}$, $\varepsilon_{(3)}=\varepsilon-\varepsilon_{(1)}-\varepsilon_{(2)}$를 대입하고, 여기서 $\dot{\varepsilon}_{(1)}(=\sigma/\eta_1)$, $\dot{\varepsilon}_{(2)}(=\dot{\sigma}/G_1)$, $\varepsilon_{(2)}=\sigma/G_1$관계를 아나, $\varepsilon_{(1)}$항이 미지이므로 다시 한 번 더 시간에 미분하면 목적하는 아래 식을 얻을 수 있다.

$$\frac{\dot{\sigma}}{\eta_2}=\ddot{\varepsilon}-\frac{\dot{\sigma}}{\eta_1}-\frac{\ddot{\sigma}}{G_1}+\frac{G_2}{\eta_2}\left(\dot{\varepsilon}-\frac{\sigma}{\eta_1}-\frac{\dot{\sigma}}{G_1}\right) \tag{3}$$

양변에 $\frac{\eta_1\eta_2}{G_2}$ 를 곱하고 정리하면 식 (8. 252)를 얻는다. ■

여기서 스텝 응력입력 $\sigma(t)=\sigma_0H(t)$에 대한 크리프 변형응답은 구성 방정식 (8. 252)에 $\dot{\sigma}=\ddot{\sigma}=0$을 대입하고, 부록 8. 1절의 상미방 공식을 이용하여 해를 구하면 아래와 같다.

$$\varepsilon(t)=\sigma_0\left\{\frac{1}{G_1}+\frac{t}{\eta_1}+\frac{1}{G_2}\left[1-\exp\left(-\frac{t}{\tau_2}\right)\right]\right\} \tag{8.253}$$

여기서 완화시간 $\tau_2=\eta_2/G_2$이다. 위 식에서 얻어지는 크리프 컴플라이언스 $J(t)(=\varepsilon(t)/\sigma_0)$에 대해 $\mathcal{L}$ 변환을 시키고, 식 (8. 222b)를 이용하여 복소 전단 컴플라이언스 $J^*(\omega)\left[=s\bar{J}(s)|_{s=i\omega}\right]$는 아래 형태가 되어 $J'(\omega)$ 및 $J''(\omega)$를 계산할 수 있다.

$$J^*(\omega)=\frac{1}{G_1}+\frac{1}{\eta_1 s}+\frac{1}{G_2(s\tau_2+1)}\bigg|_{s=i\omega} \tag{8.254}$$

8.3.6 일반 Maxwell-Wiechert 모델

그림 8.35에 (인장변형에 대한) Maxwell 요소가 z개 병렬로 연결된 소위 'Maxwell-Wiechert(M-W) 모델'을 나타내었다.

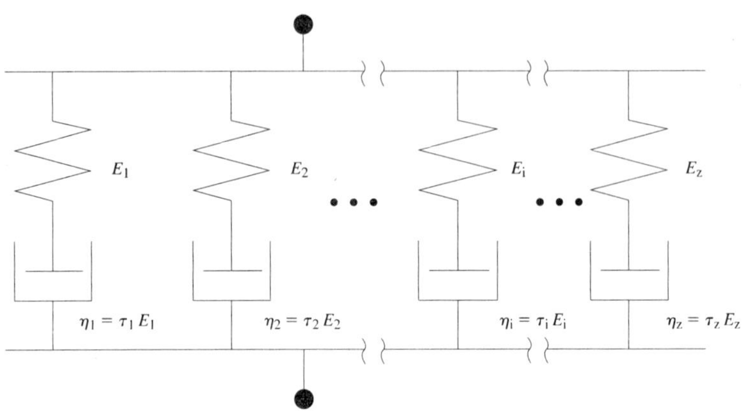

▶ **그림 8.35** 일반화 Maxwell-Wiechert(M-W) 모델.

이 모델의 경우 그림에서 알 수 있듯이 전체 (인장)변형에 대하여 각 요소의 변위(혹은 변형률)를 같고, 힘(혹은 응력)은 합이 된다. 즉

$$\varepsilon(t) = \varepsilon_i(t)(i = 1 \sim z), \ \sigma(t) = \sum_{i=1}^{z} \sigma_i(t) \tag{8.255}$$

만약 응력완화에 이 모델을 적용하여 (인장)응력완화 탄성계수 $E(t)$를 구해보자. 지금 일정 변형 $\varepsilon(t)(= \varepsilon_i(t)) = \varepsilon_0 H(t)$을 물질에 가해 생기는 응력응답을 계산함에 있어서, 각 Maxwell요소 i에 대해 아래가 성립된다 (식 8.223 참조).

$$\frac{d\varepsilon(t)}{dt} = 0 = \frac{d\varepsilon_i(t)}{dt} = \frac{1}{E_i}\frac{d\sigma_i(t)}{dt} + \frac{\sigma_i(t)}{\eta}(i = 1 \sim z) \tag{8.256}$$

위 식 i요소에 관한 위의 상미분 방정식을 변수분리에 의해 해를 구하면 아래와 같다.

$$\int_0^t \frac{d\sigma_i}{\sigma_i} = -\int_0^t \frac{E_i}{\eta} dt \ \rightarrow \text{해} \ \sigma_i(t) = \sigma_i(0)\exp(-t/\tau_i) \tag{8.257}$$

여기서 $\sigma_i(0) = \varepsilon_0 E_i$, $\tau_i = \eta / E_i$이다.

따라서 전체 응력완화탄성계수 $E(t)(= \sigma(t)/\varepsilon_0)$는 아래가 된다.

$$E(t) = \sum_{i=1}^{z} E_i \exp(-t/\tau_i) = \sum_{i=1}^{z} E_i(t) \tag{8. 258}$$

즉 z요소 M-W모델에서는 완화시간(τ)이 한 개가 아니고, 분포를 한다. 이는 실제의 고분자에 있어서 분자량이 평균 분자량 주위로 분포를 하는 것과 같은 이치이다.

식 (8. 258)을 $\mathcal{L}$ 변환 시킨 후 식 (8. 222a)에 의해 (복소) 동적인장탄성계수 $E^*(\omega)$를 구할 수 있다. 즉

$$E^*(\omega) = s\,\overline{E}(s)\big|_{s=i\omega} = \sum_{i=1}^{z} E_i \frac{s}{s+\tau_i^{-1}}\bigg|_{s=i\omega} = \sum_{i=1}^{z} E_i^*(\omega) \tag{8. 259a}$$

$$E_i^*(\omega) = E_i' + iE_i'' = \frac{\tau_i^2\omega^2 E_i}{1+\tau_i^2\omega^2} + i\frac{\tau_i\omega E_i}{1+\tau_i^2\omega^2} \tag{8. 259b}$$

8. 3. 7 일반 Voigt-Kelvin 모델

그림 8. 36에 Voigt 요소가 z개 직렬로 연결된 소위 'Voigt-Kelvin(V-K) 모델'을 나타내었다. 이 모델의 경우에는 전체(인장)변형에 대하여 각 요소 i가 받는 응력은 같고, 전체 변위(변형률)는 각 요소의 합과 같다. 즉

$$\sigma(t) = \sigma_i(t)\ (i = 1 \sim z),\ \ \varepsilon(t) = \sum_{i=1}^{z} \varepsilon_i(t) \tag{8. 260}$$

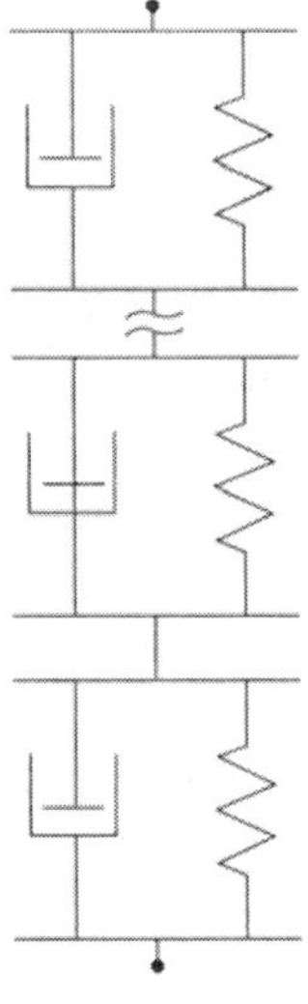

▶ **그림 8. 36** 일반 Voigt-Kelvin(V-K) 모델.

지금 이 모델에 대해 복소 응력완화 즉 $\varepsilon_j(t) = \varepsilon_j^\circ e^{i\omega t}$(단 $i = \sqrt{-1}$)를 걸면 이에 대한 응력응답 $\sigma_i(t)\left[= \sigma_j^\circ e^{i(\omega t+\delta)}\right] = \sigma(t)$는 Voigt 요소의 성질 (식 8. 234)에 의해 아래관계가 성립된다($\because$ $\dot{\varepsilon}_j(t) = i\omega\varepsilon_j(t)$).

$$\sigma(t) = \sigma_j(t) = E_j\varepsilon_j(t) + \eta_j\dot{\varepsilon}_j(t) = \varepsilon_j(t)(E_j + i\omega\eta_j) \quad (i = 1 \sim z) \tag{8.261}$$

이때 복소 인장 크리프 컴플라이언스 $D^*(\omega)(= 1/E^*(\omega))$는 아래와 같이 구해진다.

$$D^*(\omega) = \varepsilon(t)/\sigma(t)(= \sigma_j(t)) = \sum_{j=1}^{z} D_j^*(\omega) = \sum_{j=1}^{z} \frac{\varepsilon_j(t)}{\sigma_j(t)}$$

$$= \sum_{j=1}^{z} \frac{1}{E_j + i\omega\eta_j} = \sum_{j=1}^{z} [D_j'(\omega) - iD_j''(\omega)] = \sum_{j=1}^{z} \left[\frac{D_j - i\omega\tau_j D_j}{1 + \omega^2\tau_j^2}\right] \tag{8.262}$$

위 식에서 $D_j = 1/E_j$, $\tau_j = \eta_j/E_j$이다. 즉 $D^*(\omega)$는 식 (8. 222b)의 과정을 거치지 않고도 바로 구해질 수 있다.

참고로 표 8. 8에 선형 인장 점탄성 실험(크리프와 응력완화)에 있어서 일반 M-W 모델과 V-K 모델에 의해 계산된 결과를 요약하여 나타내었다.

표 8. 8 일반화 M-W 및 V-K 모델에 의한 인장실험의 결과식

실 험	일반 Maxwell 모델	Voigt-Kelvin 모델
크리프	$D(t) = \sum_{i=1}^{z} D_i(1 + t/\tau_i)$	$D(t) = \sum_{1}^{z} D_i(1 - e^{-t/\tau_i})$
응력완화	$E(t) = \sum_{i=1}^{z} E_i e^{-t/\tau_i}$	—
동적	$E' = \sum_{i=1}^{z} \frac{E_i\omega^2\tau_i^2}{1+\omega^2\tau_i^2}$	$D' = \sum_{i=1}^{z} \frac{D_i}{1+\omega^2\tau_i^2}$
	$E'' = \sum_{i=1}^{z} \frac{E_i\omega\tau_i}{1+\omega^2\tau_i^2}$	$D'' = \sum_{i=1}^{z} \frac{D_i\omega\tau_i}{1+\omega^2\tau_i^2}$

아래에 요소수가 작은 (가령 $z = 2$)경우의 M-W 및 V-K 모델에 대한 구성방정식을 구하는 예제를 보여준다.

예제 8.10

$z=2$경우의 (a)M-W 모델과 (b)V-K 모델에 관한 구성방정식을 각각 구해보아라.

풀이 (a) 각 Maxwell 요소의 변위는 같고, 응력은 합이므로 아래와 같이 나타낼 수 있다.

$$\varepsilon(t)=\varepsilon_1(t)=\varepsilon_2(t), \qquad \sigma(t)=\sigma_1(t)+\sigma_2(t) \tag{1}$$

그런데 임의의 Maxwell i요소는 식 (8. 223)에 의해 아래로 나타내진다.

$$\dot{\varepsilon}(=\dot{\varepsilon}_i)=\frac{\dot{\sigma}_i}{G_i}+\frac{\sigma_i}{\tau_i G_i} \quad \text{혹은} \quad \dot{\sigma}_i=G_i\dot{\varepsilon}-\frac{\sigma_i}{\tau_i} \quad (i=1,2) \tag{2}$$

이를 이용하여 식 (1)의 시간 미분을 취하고, $\sigma_2=\sigma-\sigma_1$을 대입하면 아래가 된다.

$$\dot{\sigma}=\dot{\sigma}_1+\dot{\sigma}_2=(G_1+G_2)\dot{\varepsilon}-\sigma_1\left(\frac{1}{\tau_1}-\frac{1}{\tau_2}\right)-\frac{\sigma}{\tau_2} \tag{3}$$

이를 한번 더 미분하면 아래가 된다.

$$\ddot{\sigma}=(G_1+G_2)\ddot{\varepsilon}-\dot{\sigma}_1\left(\frac{1}{\tau_1}-\frac{1}{\tau_2}\right)-\frac{\dot{\sigma}}{\tau_2} \tag{4}$$

식 (3)과 (4)에서 첨자가 있는 σ_1과 $\dot{\sigma}_1$의 소거는 Maxwell 요소식 즉 $\frac{\sigma_1}{\tau_1}+\dot{\sigma}_1=G_1\dot{\varepsilon}$를 이용하여,

식 (1)× $\frac{1}{\tau_1}$+식 (2)하면 아래와 같이 제거되어 요구하는 구성방정식을 얻을 수 있다.

$$\frac{\dot{\sigma}}{\tau_1}+\ddot{\sigma}=(G_1+G_2)\ddot{\varepsilon}+\frac{1}{\tau_1}(G_1+G_2)\dot{\varepsilon}-\frac{\dot{\sigma}}{\tau_2}-\left(\frac{1}{\tau_1}-\frac{1}{\tau_2}\right)G_1\dot{\varepsilon}-\frac{\sigma}{\tau_1\tau_2} \tag{5}$$

이를 정리하면 아래가 된다.

$$\ddot{\sigma}+\left(\frac{1}{\tau_1}+\frac{1}{\tau_2}\right)\dot{\sigma}+\frac{\sigma}{\tau_1\tau_2}=(G_1+G_2)\ddot{\varepsilon}+\left(\frac{G_2}{\tau_1}+\frac{G_1}{\tau_2}\right)\dot{\varepsilon} \tag{8. 263}$$

따라서 이 식을 $\mathcal{L}$ 변환시켜 $\bar{\sigma}(s)$와 $\bar{\varepsilon}(s)$항으로 분리시켜 식 (8. 222)기법에 의하여 복소 동적 탄성계수 $G^*(\omega)$ 또는 $J^*(\omega)$를 구할 수 있다. 이는 표 8. 8에 주어진 것과 같은 결과를 줄 것이다.

(b) 각 Voigt 요소의 응력은 같고, 변위는 합이므로 아래와 같이 나타낼 수 있다.

$$\sigma(t)=\sigma_1(t)=\sigma_2(t), \qquad \varepsilon(t)=\varepsilon_1(t)+\varepsilon_2(t) \tag{1}$$

그런데 임의의 Voigt i요소는 식 (8. 234)에 의해 아래로 나타내진다.

$$\dot{\varepsilon}_i + \frac{\varepsilon_i}{\tau_i} = \frac{D_i}{\tau_i}\sigma \tag{2}$$

여기서 $D_i = 1/G_i$, $\tau_i = \eta_i/G_i$이다.

이때 식 (1)에서 t에 미분하고, $\varepsilon_2 = \varepsilon - \varepsilon_1$을 대입하면 아래가 성립된다.

$$\dot{\varepsilon} = \dot{\varepsilon}_1 + \dot{\varepsilon}_2 = \frac{D_1}{\tau_1}\sigma - \varepsilon_1\left(\frac{1}{\tau_1} - \frac{1}{\tau_2}\right) + \frac{D_2}{\tau_2}\sigma - \frac{\varepsilon}{\tau_2} \tag{3}$$

ε_1을 소거하기 위하여 이를 다시 미분하면 아래가 된다.

$$\ddot{\varepsilon} = \frac{D_1}{\tau_1}\dot{\sigma} - \frac{\dot{\varepsilon}_1}{\tau_1} + \frac{D_2}{\tau_2}\dot{\sigma} - \frac{\dot{\varepsilon}}{\tau_2} \tag{4}$$

식 (3)과 (4)에서 식 (3)$\times\frac{1}{\tau_1}$+식 (4) 하면 Voigt 요소의 성질 $\dot{\varepsilon}_1 + \frac{\varepsilon_1}{\tau_1} = \frac{D_1}{\tau_1}\sigma$에 의하여 ε_1, $\dot{\varepsilon}_1$가 소거되어 아래와 같이 원하는 구성방정식이 얻어진다.

$$\frac{1}{\tau_1\tau_2}(D_1 + D_2)\sigma + \left(\frac{D_1}{\tau_1} + \frac{D_2}{\tau_2}\right)\dot{\sigma} = \ddot{\varepsilon} + \dot{\varepsilon}\left(\frac{1}{\tau_1} + \frac{1}{\tau_2}\right) + \varepsilon/\tau_1\tau_2 \tag{8.264}$$

역시 이를 $\mathcal{L}$ 변환시켜 $\bar{\sigma}(s)$와 $\bar{\varepsilon}(s)$를 분리해 내고, 식 (8.222)기법에 의하여 표 8.8에 주어진 복소 동적계수 $J^*(\omega)$ 또는 $G^*(\omega)$를 구할 수 있다.

예제 8.11

$z = 2$요소 M-W 모델에서 응력완화 탄성계수 $E(t)\left(= \sum_i E_i(t)\right)$에 관한 결과식 (8.258)을 사용하여 응력완화에 관한 적분형 볼츠만 중첩원리 식 (8.146)의 좌우를 시간에 대해 2번 미분함으로써 예제 8.10 (a)에서 얻어진 결과와 동일한 구성방정식을 구해보아라.

풀이 먼저 식 (8.146)을 정적분에 관한 Leibnitz 공식 (8.167)을 사용하여 시간에 대해 한번 미분한 결과는 아래와 같다.

$$\frac{\partial\sigma}{\partial t} = -\int_{-\infty}^{t}\left\{\frac{G_1}{\tau_1}e^{-(t-s)/\tau_1} + \frac{G_2}{\tau_2}e^{-(t-s)/\tau_2}\right\}\dot{\gamma}(s)ds + (G_1 + G_2)\dot{\gamma}(t) \tag{1}$$

식의 양변을 $(\tau_1 + \tau_2)$로 곱하면 아래와 같이 된다.

$$(\tau_1 + \tau_2)\frac{\partial\sigma}{\partial t} = -\int_{-\infty}^{t}\left\{G_1 e^{-(t-s)/\tau_1} + G_2 e^{-(t-s)/\tau_2}\right\}\dot{\gamma}(s)ds$$

$$-\int_{-\infty}^{t}\left\{\frac{\tau_2}{\tau_1}G_1 e^{-(t-s)/\tau_1} + \frac{\tau_1}{\tau_2}G_2 e^{-(t-s)/\tau_2}\right\}\dot{\gamma}(s)ds + (\tau_1 + \tau_2)(G_1 + G_2)\dot{\gamma}(t) \tag{2}$$

식 (2)를 한번 더 미분하면 아래가 된다.

$$\frac{\partial^2\sigma}{\partial t^2}=\int_{-\infty}^{t}\left\{\frac{G_1}{\tau_1^2}e^{-(t-s)/\tau_1}+\frac{G_2}{\tau_2^2}e^{-(t-s)/\tau_2}\right\}\dot{\gamma}(s)ds-\left(\frac{G_1}{\tau_1}+\frac{G_2}{\tau_2}\right)\dot{\gamma}(t)+(G_1+G_2)\frac{\partial\dot{\gamma}(t)}{\partial t}$$

또는 아래가 된다.

$$\tau_1\tau_2\frac{\partial^2\sigma}{\partial t^2}=\int_{-\infty}^{t}\left\{\frac{\tau_2}{\tau_1}G_1e^{-(t-s)/\tau_1}+\frac{\tau_1}{\tau_2}G_2e^{-(t-s)/\tau_2}\right\}\dot{\gamma}(s)ds$$

$$-(G_1\tau_2+\tau_1G_2)\dot{\gamma}(t)+\tau_1\tau_2(G_1+G_2)\frac{\partial\dot{\gamma}(t)}{\partial t} \quad (3)$$

식 (1), (2), (3)을 조합하여 정리하면 아래의 구성방정식이 된다.

$$\sigma+(\tau_1+\tau_2)\dot{\sigma}+\tau_1\tau_2\ddot{\sigma}=(\tau_1G_1+\tau_2G_2)\dot{\gamma}+\tau_1\tau_2(G_1+G_2)\ddot{\gamma} \quad (4)$$

이 식의 양변을 $\tau_1\tau_2$로 나누고, $\gamma(t)=\varepsilon(t)$로 두면 목적하는 식 (8. 263)이 얻어진다.

다음절의 완화함수분포로 넘어가기전 앞에서 언급한 일반 스프링-대쉬폿 모델의 구성방정식을 구하고 또 다른 중요수단인 역학적 모델에 상응하는 '전기적 아날로그(electrical analog)' 모델이 있는데, 관심 있는 독자를 위해 부록 8. 2에 요약하여 나타내었다.

8. 3. 8 완화 및 지연 스펙트럼

여러 개의 스프링과 대쉬폿으로 이루어진 M-W 모델에 의한 (전단)응력완화 탄성계수 $G(t)$(식 8. 258)나 V-K 모델에 의한 크리프 컴플라이언스 $J(t)$(표 8. 8)에서 일반적으로 보듯이 완화함수 τ_i가 1개가 아닌 분포를 하고 있음을 알 수 있다. 그래서 이절에서는 실험에서 얻어진 $E(t)$나 $J(t)$ 곡선으로부터 응력완화(relaxation) 및 크리프 지연(retardation) 스펙트럼(또는 분포함수)을 구하는 방법에 대해 논하겠다.

8. 3. 8. 1 완화스펙트럼 $H(\tau)$

식 (8. 258)에서 $G(t)=\sum_i G_i\exp(-t/\tau_i)=\sum_i G_i\exp(-s_it)$(여기서 $s_i=1/\tau_i$)로 두고, 전체의 $G(t)$대신 실제로 완화하는 부분 $G(t)-G_e$ $[=G_d\phi(t)$, 식 (8. 122)]로 대체한 후 완화분포함수 $N(s)$를 도입하면 아래의 적분표현식을 얻을 수 있다.

$$G(t)-G_e=\int_0^\infty N(s)\exp(-st)ds=\mathcal{L}\,[N(s)] \tag{8.265a}$$

혹은

$$N(s)=\mathcal{L}^{-1}[G(t)-G_e] \tag{8.265b}$$

즉 미지의 완화시간의 역수 s로 나타낸 완화분포함수 $N(s)$는 실험에서 얻어진 $G(t)-G_e$의 역라플라스 변환에서 구할 수 있다. 그런데 s대신 τ로 나타내기 위하여 위 식에서 $s=1/\tau$로 두고 적분을 행하면 보다 유용한 아래식을 얻는다.

$$G(t)-G_e=\int_0^\infty (H(\tau)/\tau)\exp(-t/\tau)d\tau=\int_{-\infty}^\infty H(\tau)\exp(-t/\tau)d\ln\tau \tag{8.266}$$

여기서 $H(\tau)=N(s=1/\tau)/\tau$인 역시 미지의 완화분포함수로서 $G(t)$에 관한 실험으로부터 구해질 수 있다.

[비고: 식 (8. 266)은 식 (8. 258)에서 G_i를 $H(\tau_i)/\tau_i$로 두고, τ에 관한 적분형태로 바꾸면 $N(s)$를 거치지 않고 바로 얻어질 수 있다.]

다음에는 동적계수 $G'(\omega)$ 및 $G''(\omega)$를 완화분포함수 $N(s)$나 $H(\tau)$로 나타내보자. 먼저 식 (8. 182)의 $G(t)-G_e$항에 식 (8. 265a)를 대입하면 Fourier sin변환($\mathcal{F}_s$) 및 라플라스 변환($\mathcal{L}$)을 사용하여 아래와 같이 나타내진다.

$$G'(\omega)-G_e=\omega\mathcal{F}_s(G(t)-G_e)=\omega\mathcal{F}_s[\mathcal{L}\,N(s)]$$

$$=\omega\int_0^\infty N(s)ds\left[\int_0^\infty \exp(-st)\sin\omega t dt\right]=\omega\int_0^\infty N(s)\mathcal{L}\,(\sin\omega t)ds \tag{8.267}$$

여기서 라플라스 변환공식 표 A6. 4-5을 이용하면 아래와 같이 두 분포함수 $N(s)$ 및 $H(\tau)$의 형태로 나타낼 수 있다.

$$G'(\omega)-G_e=\int_0^\infty N(s)\frac{\omega^2}{\omega^2+s^2}ds=\int_{-\infty}^\infty H(\tau)\frac{\omega^2\tau^2}{1+\omega^2\tau^2}d\ln\tau \tag{8.268}$$

위 식의 두 번째 항등관계는 $s=1/\tau$ 및 $N(s=1/\tau)/\tau=H(\tau)$를 이용하였다.

마찬가지로 식 (8. 183)의 $G(t)-G_e$에 식 (8. 265a)를 대입하면 아래를 얻는다.

$$G''(\omega)=\omega\mathcal{F}_c(G(t)-G_e)=\omega\mathcal{F}_c[\mathcal{L}\,(N(s))]$$

$$= \omega \int_0^{\infty} N(s) ds \left[\int_0^{\infty} \exp(-st) \cos \omega t dt \right] = \omega \int_0^{\infty} N(s) \mathcal{L}(\cos \omega t) ds \tag{8.269}$$

역시 라플라스 변환공식 표 A6. 4-6을 이용하면 아래와 같이 $N(s)$ 및 $H(\tau)$의 형태로 나타낼 수 있다.

$$G''(\omega) = \omega \int_0^{\infty} N(s) \frac{s}{s^2 + \omega^2} ds = \int_{-\infty}^{\infty} H(\tau) \frac{\omega\tau}{1 + \omega^2\tau^2} d\ln\tau \tag{8.270}$$

[비고: 식 (8. 268)와 (8. 270)의 두 번째 항등관계는 $G'(\omega)$ 및 $G''(\omega)$에 관한 M-W 모델의 식 (표 8. 8)에서 G_i를 $H(\tau_i)/\tau_i$로 대체하고, τ에 관한 적분형태로 바꾸어도 바로 얻어질 수 있다.]

한편 식 (8. 266)-(8. 270)에서 $H(\tau)$에 관한 적분의 경우

$\int_0^{\infty} [H(\tau)/\tau] f(\tau) d\tau = \int_{-\infty}^{+\infty} H(\tau) f(\tau) d\ln\tau$ 관계를 이용하였음에 유의해야 한다.

8. 3. 8. 2 지연 스펙트럼 $L(\tau)$

점탄성 물질에 관한 (전단)크리프 응답 표현식 (8. 123)에서 만약 고체인 경우 $t/\eta \to 0$이 되므로 크리프 지연 기억함수 $\psi(t)$에 관하여 아래가 성립된다.

$$J_d \times (\psi(\infty) - \psi(t)) = J_e - J(t), \text{ 여기서 } J_e = J_g + J_d \psi(\infty) \tag{8.271}$$

[일반적으로 $\psi(t)$는 $1 - \exp(-t/\tau)$의 형태로 $t \to \infty$일 때 $\psi(\infty) \to 1$이지만 편의상 위 식에서 $\psi(\infty)$를 그대로 사용한다.]

그러면 식 (8. 265a)와 유사하게 완화분포함수 $N'(s)(= dN(s)/ds)$의 형태로 아래를 정의한다.

$$\psi(\infty) - \psi(t) [= (J_e - J(t))/J_d] \equiv \int_0^{\infty} N'(s) \exp(-st) ds \tag{8.272}$$

그런데 위 식에 $\psi(0) = 0$을 대입하면 아래를 얻는다.

$$\psi(\infty) = \int_0^{\infty} N'(s) ds \tag{8.273}$$

이 식을 식 (8. 272)에 대입하면 크리프 기억함수 $\psi(t)$에 관한 아래식을 얻는다.

$$\psi(t) = \psi(\infty) - \int_0^{\infty} N'(s) e^{-st} ds = \int_0^{\infty} N'(s)(1 - e^{-st}) ds \tag{8.274}$$

따라서 크리프 컴플라이언스 $J(t)$는 점탄성 고체의 경우 식 (8. 271)과 (8. 274)에서 아래로 나타내

진다.

$$J(t) = J_g + J_d\psi(t) = J_g + J_d\int_0^{\infty} N'(s)(1-e^{-st})ds \tag{8.275}$$

여기에서 $s = 1/\tau$로 치환하고, $J_d N'(s = 1/\tau)/\tau \equiv L(\tau)$(여기서 $L(\tau)$는 완화시간 τ로 나타낸 크리프 지연 완화분포함수임) 관계를 이용하면 위 식은 아래와 같이 나타낼 수 있다.

$$J(t) = J_g + \int_{-\infty}^{\infty} L(\tau)[1-\exp(-t/\tau)]\,d\ln\tau \tag{8.276}$$

만약 점탄성 액체의 경우에는 점도항이 0이 아니므로, 식 (8. 123)에서 아래가 성립된다.

$$J(t) = J_g + \int_{-\infty}^{\infty} L(\tau)[1-\exp(-t/\tau)]\,d\ln\tau + t/\eta \tag{8.277}$$

[비고: 식 (8. 276)이나 (8. 277)은 (전단)크리프의 $J(t)$에 관한 V-K 모델식(표 8. 8)에서 J_i 대신 $L(\tau_i)/\tau_i$로 시환하고, $\sum$에서 τ에 관한 적분으로 바꾸고, 왼편의 $J(t)$대신 $J(t) - J_g$(혹은 $J(t) - J_g - t/\eta$)항)을 두면 $N'(s)$를 거치지 않고 바로 얻어질 수 있다.]

다음에는 $\psi(t)$ 혹은 $J(t)$에 관한 실험곡선에서 동적 컴플라이언스 계수 $J'(\omega)$ 및 $J''(\omega)$를 완화분포함수 $L(\tau)$로 표현해 보자. 먼저 식 (8. 200)에서 점탄성 고체의 경우 $\dfrac{t}{\eta} \to 0$이고 $J_d \times (\psi(\infty) - \psi(t)) = J_e - J(t)$가 성립되므로, 식 (8. 272)에서 아래관계가 성립된다.

$$\begin{aligned} J'(\omega) &= J_e - \omega J_d\int_0^{\infty}[\psi(\infty) - \psi(t)]\sin\omega t\,dt \\ &= J_e - \omega J_d\int_0^{\infty} N'(s)\left[\int_0^{\infty}\exp(-st)\sin\omega t\,dt\right] \\ &= J_e - \omega J_d\int_0^{\infty} N'(s)\mathcal{L}(\sin\omega t)ds = J_e - \omega J_d\int_0^{\infty} N'(s)\frac{\omega^2}{\omega^2+s^2}ds \end{aligned} \tag{8.278}$$

여기서 $s = 1/\tau$ 및 $L(\tau) = J_d N'(s = 1/\tau)/\tau$를 이용하여 아래와 같이 나타내진다.

$$J'(\omega) = J_e - \int_{-\infty}^{\infty} L(\tau)\frac{\omega^2\tau^2}{1+\omega^2\tau^2}d\ln\tau \tag{8.279}$$

그런데 $\omega \to \infty$(혹은 $t \to 0$)일 때 $J'(\omega) = J_g$가 되므로 위 식에서 아래가 성립된다.

$$\lim_{\omega \to \infty} J'(\omega)(=J_g) = J_e - \int_{-\infty}^{\infty} L(\tau) d\ln\tau \quad \left(\because \frac{\omega^2\tau^2}{1+\omega^2\tau^2} \to 1\right) \tag{8.280}$$

이 식을 식 (8. 279)에 대입하면 아래가 성립된다.

$$J'(\omega) = J_g + \int_{-\infty}^{\infty} L(\tau) \frac{1}{1+\omega^2\tau^2} d\ln\tau \tag{8.281}$$

다음에는 점탄성 액체의 경우($\eta \ll \infty$) $J''(\omega)$를 식 (8. 280)과 (8. 272)를 사용하여 구해보면 아래와 같다.

$$\begin{aligned} J''(\omega) &= \frac{1}{\omega\eta} + \omega J_d \int_0^{\infty} [\psi(\infty) - \psi(t)] \cos\omega t dt \\ &= \frac{1}{\omega\eta} + \omega J_d \int_0^{\infty} N'(s) \left[\int_0^{\infty} \exp(-st) \cos\omega t dt\right] ds \\ &= \frac{1}{\omega\eta} + \omega J_d \int_0^{\infty} N'(s) \mathcal{L}(\cos\omega t) ds = \frac{1}{\omega\eta} + J_d\omega \int_0^{\infty} N'(s) \frac{s}{s^2+\omega^2} ds \end{aligned} \tag{8.282}$$

여기서 $s = \frac{1}{\tau}$ 및 $L(\tau) = J_d N'(s=1/\tau)/\tau$를 이용하면 최종적으로 아래식을 얻는다.

$$J''(\omega) = \frac{1}{\omega\eta} + \int_{-\infty}^{\infty} L(\tau) \frac{\omega\tau}{1+\omega^2\tau^2} d\ln\tau \tag{8.283}$$

[비고: 식 (8. 281) 및 (8. 283)은 (전단)크리프의 동적 컴플라이언스의 $J'(\omega)$ 및 $J''(\omega)$에 관한 V-K 모델의 식(표 8. 8)에서 J_i를 $L(\tau_i)/\tau_i$로 치환하고 $\sum$를 τ에 관한 적분으로 바꾸고, 또 왼편의 $J'(\omega)$ 및 $J''(\omega)$를 각각 $J'(\omega)-J_g$ 및 $J''(\omega)-\frac{1}{\omega\eta}$로 치환하면 $N'(s)$를 거치지 않고 바로 구해질 수 있다.]

8. 3. 8. 3 완화 및 지연 스펙트럼에 관한 근사공식

a) 1차 근사식

먼저 완화스펙트럼 $H(\tau)$에 관한 근사식을 생각해보자. 식 (8. 266)에서 완화시간 $\tau > t$일 때 $\exp(-t/\tau) \simeq 1$로 간주하여 아래의 근사식이 성립된다.

$$G(t) - G_e \simeq \int_{\ln t}^{\infty} H(\tau) d\ln\tau \tag{8.284}$$

위 식의 양변을 $\ln t$로 편미분하면 정적분의 미분에 관한 Leibnitz 공식 (8. 167)에 의해 $-H(t)$가 되므로 아래가 성립된다.

$$H(\tau) \simeq -\left.\frac{d[G(t)-G_e]}{d\ln t}\right|_{t=\tau} = -G(t)\left.\frac{d\log G(t)}{d\log t}\right|_{t=\tau} \tag{8. 285}$$

이 관계식을 완화스펙트럼 $H(\tau)$에 관한 '1차(first order) 근사'라 하며, 시간 일과성(time transient) 실험곡선 $G(t)$의 t에 대한 미분(기울기)에서 구할 수 있다.

한편 동적계수에 관한 식 (8. 268)에서 $\tau > \omega^{-1}$(혹은 $\tau\omega > 1$)일 때 $\omega^2\tau^2/(1+\omega^2\tau^2) \simeq 1$로 근사하여 아래가 성립된다.

$$G'(\omega) - G_e \simeq \int_{\ln\omega^{-1}}^{\infty} H(\tau)d\ln\tau \tag{8. 286}$$

여기서 양변을 $\ln\omega$로 미분하면 Leibnitz 공식에서 $H(\omega)$가 되므로 아래가 성립된다.

$$H(\tau) \simeq \left.\frac{d[G'(\omega)-G_e]}{d\ln\omega}\right|_{\tau=1/\omega} = G'(\omega)\left.\frac{d\log G'(\omega)}{d\log\omega}\right|_{\omega=1/\tau} \tag{8. 287}$$

또한 $G''(\omega)$에 관한 식 (8. 270)도 $\tau\omega > 1$일 때 마찬가지로 아래의 근사식이 성립된다.

$$\omega G''(\omega) = \int_{-\infty}^{\infty} \frac{H(\tau)}{\tau}\frac{\omega^2\tau^2}{1+\omega^2\tau^2}d\ln\tau \simeq \int_{\ln\omega^{-1}}^{\infty}\frac{H(\tau)}{\tau}d\ln\tau \tag{8. 288}$$

역시 양변을 $\ln\omega$로 미분하면 $H(\omega)\omega$(여기서 $\omega = 1/\tau$)가 되므로 아래의 근사식이 성립된다.

$$H(\tau) \approx \frac{1}{\omega}\frac{d}{d\ln\omega}[\omega G''(\omega)]_{\omega=1/\tau} = G''(\omega)\left[1+\frac{d\log G''(\omega)}{d\log\omega}\right]_{\omega=1/\tau} \tag{8. 289}$$

다음에는 크리프 지연 스펙트럼 $L(\tau)$에 대한 근사식을 생각해보자. 먼저 식 (8. 277)에서 완화시간 $\tau < t$일 때 $\exp(-t/\tau) \simeq 0$으로 간주하여 아래의 근사식이 성립된다.

$$J(t) \simeq J_g + \int_{-\infty}^{\ln t} L(\tau)d\ln\tau + \frac{t}{\eta} \tag{8. 290}$$

여기서 $J(t) - J_g - \dfrac{t}{\eta}$를 $\ln t$로 미분하면 Leibnitz 공식에 의해 $L(t) > 1$가 되므로 아래의 근사식이 성립된다.

$$L(\tau) \simeq \frac{d}{d\ln t}\left[J(t) - J_g - \frac{t}{\eta}\right]_{t=\tau} = \left[J(t) - \frac{t}{\eta}\right]\left.\frac{d\log[J(t)-t/\eta]}{d\log t}\right|_{t=\tau} \tag{8. 291}$$

여기서 점탄성 고체의 경우는 $t/\eta = 0$이 된다. 그리고 위와 마찬가지로 $L(\tau)$는 동적 컴플라이언스 실험곡선 $J'(\omega)$ 및 $J''(\omega)$에서도 얻어질 수 있다. 즉 식 (8.279)에서 $\tau > \omega^{-1}$일 때 $\omega^2\tau^2/(1+\omega^2\tau^2) \simeq 1$로 간주하여 아래 근사식이 성립된다.

$$J'(\omega) \simeq J_e - \int_{\ln\omega^{-1}}^{\infty} L(\tau) d\ln\tau \tag{8.292}$$

이 식을 양변을 $\ln\omega$로 미분하면 $-L(\omega)$가 되므로 아래의 근사 관계식이 성립된다.

$$L(\tau) \simeq -\left.\frac{dJ'(\omega)}{d\ln\omega}\right|_{\omega=\tau^{-1}} = -J'(\omega)\left.\frac{d\log J'(\omega)}{d\log\omega}\right|_{\omega=1/\tau} \tag{8.293}$$

또한 점탄성액체의 $J''(\omega)$에 관한 식 (8.283)에서 $\tau > \omega^{-1}$의 경우 아래의 근사식이 성립된다. 즉

$$\omega J''(\omega) = \int_{-\infty}^{\infty} \frac{L(\tau)}{\tau}\left(\frac{\omega^2\tau^2}{1+\omega^2\tau^2}\right) d\ln\tau + \frac{1}{\eta} \simeq \int_{\ln\omega^{-1}}^{\infty} \frac{L(\tau)}{\tau} d\ln\tau + \frac{1}{\eta} \tag{8.294}$$

위와 마찬가지로 양변을 $\ln\omega$로 미분하면 공식에서 $\omega L(\omega)$가 얻어지므로 아래의 1차 근사식이 성립된다.

$$L(\tau) \simeq \left[J''(\omega) - \frac{1}{\omega\eta}\right]\left[1 + \frac{d\log[J''(\omega) - 1/\omega\eta]}{d\log\omega}\right]_{\omega=1/\tau} \tag{8.295}$$

증 명 역으로 증명을 시도한다. 즉 우편 식에 있어서 $\log\omega$ 미분은 아래가 된다.

$$\frac{d\log[J''(\omega) - 1/\omega\eta]}{d\log\omega} = \frac{1}{J'' - 1/\omega\eta} d\left[\frac{1}{\omega}\left(\omega J'' - \frac{1}{\eta}\right)\right] / d\ln\omega$$
$$= \frac{1}{(J'' - 1/\omega\eta)}\left\{-\frac{1}{\omega}\left(\omega J'' - \frac{1}{\eta}\right) + \frac{1}{\omega} \times \omega L(\omega)\right\}$$

[단 위에서 $d[\omega J''(\omega)]/d\ln\omega = \omega L(\omega)$를 이용하였다.]

따라서 우편 항은 아래가 된다.

$$\left[J''(\omega) - \frac{1}{\omega\eta}\right]\left[1 - 1 + \frac{L(\omega)}{(J''(\omega) - 1/\omega\eta)}\right] = L(\omega)$$가 되어

$L(\omega)|_{\omega=1/\tau} = L(\tau)$가 되어 증명된다. ■

b) 고차 근사식

여기에서는 완화($H(\tau)$) 및 지연($L(\tau)$)스펙트럼에 관한 Schwartz의 미분 연자자법에 의한 고차(higher order)근사법을 소개할까 한다. 먼저 응력완화 스펙트럼 $H(\tau)$의 고차조사의 경우 식 (8. 265)와 (8. 266)에 있어서, $G(t)-G_e=f(t)$, $N(s)=F(s)$, $h(\tau)=H(\tau)/\tau$로 두면 아래가 성립된다.

$$f(t)(=G(t)-G_e)=\int_0^{\infty}F(s)e^{-st}ds=\int_0^{\infty}h(\tau)\exp(-t/\tau)d\tau \tag{8. 296}$$

여기서 식 (8. 265)-(8. 266)의 $N(s=1/\tau)=\tau H(\tau)$의 관계에 의해 아래가 성립된다.

$$F(s)=\tau^2 h(\tau)=\tau H(\tau) \tag{8. 297}$$

이때 Schwartz의 $F(s)$에 대한 고차근사 표현식은 아래와 같이 정의된다.

$$F(s)=\lim_{k\to\infty}F_k(s)=\lim_{k\to\infty}\frac{(-1)^k}{k!}\left(\frac{k}{s}\right)^{k+1}f^{(k)}\left(\frac{k}{s}\right) \tag{8. 298}$$

여기서 $f^{(k)}(k/s)=\frac{d^k}{dx^k}f(x)|_{x=k/s}=\frac{d^k}{dx^k}f(x)|_{x=k\tau}$ 를 의미(단 $\tau=1/s$)한다. 이 식으로부터 $k=1,2,3$의 근사를 구하면 아래와 같다.

$$F_1(s)=-\frac{1}{s^2}f'\left(\frac{1}{s}\right),\ F_2(s)=\frac{4}{s^3}f''\left(\frac{2}{s}\right),\ F_3(s)=-\frac{27}{2s^4}f'''\left(\frac{3}{s}\right),\ \cdots \tag{8. 299}$$

그리고 식 (8. 297)에서 아래 근사식도 성립된다(단 $s=1/\tau$관계에 있다).

$$h_1(\tau)=\frac{H_1(\tau)}{\tau}=\frac{1}{\tau^2}F_1(s)=s^2F_1(s)=-f'\left(\frac{1}{s}\right)$$

$$=-\frac{d}{dt}[G(t)-G_e]|_{t=1/s=\tau}=-\frac{dG(t)}{dt}\bigg|_{t=1/s=\tau} \tag{8. 300}$$

이 식은 앞에서 언급한 $H(\tau)$에 대한 1차 근사식 $H(\tau)=-dG(t)/d\ln t|_{t=\tau}$ 식 (8. 285)와 일치한다.

$$h_2(\tau)=\frac{1}{\tau^2}F_2(s)=s^2F_2(s)=\frac{4}{s}f''\left(\frac{2}{s}\right)=4\tau f''(2\tau)$$

$$=2x\frac{d^2f(x)}{dx^2}|_{x=2\tau}=2x\frac{d^2[G(x)-G_e]}{dx^2}\bigg|_{x=2\tau}=2x\frac{d^2G(x)}{dx^2}\bigg|_{x=2\tau} \tag{8. 301}$$

$$h_3(\tau) = \frac{1}{\tau^2} F_3(s) = s^2 F_3(s) = -\frac{27}{2s^2} f'''\left(\frac{3}{s}\right) = -\frac{27}{2}\tau^2 f'''(3\tau)$$

$$= -\frac{27}{2}\left(\frac{x}{3}\right)^2 \frac{d^3 f(x)}{dx^3}\bigg|_{x=3\tau} = -\frac{3}{2}x^2 \frac{d^3}{dx^3} G(x)\bigg|_{x=3\tau} \tag{8. 302}$$

그런데 여기서 $h \geq 2$차 이상의 $H(\tau)$에 대한 고차근사를 구하기 위하여 아래의 미분연산자 관계식이 이용된다.

$$\frac{d}{dt} = \frac{1}{t}\frac{d}{d\ln t},\ \frac{d^2}{dt^2} = \frac{d}{dt}\left(\frac{d}{dt}\right) = \frac{d}{dt}\left(\frac{1}{t}\frac{d}{d\ln t}\right) = \frac{1}{t^2}\left[\frac{d^2}{d(\ln t)^2} - \frac{d}{d\ln t}\right], \tag{8. 303}$$

$$\frac{d^3}{dt^3} = \frac{d}{dt}\left(\frac{d^2}{dt^2}\right) = \frac{d}{dt}\left\{\frac{1}{t^2}\left[\frac{d^2}{d(\ln t)^2} - \frac{d}{d\ln t}\right]\right\} = \frac{1}{t^3}\left[\frac{d^3}{d(\ln t)^3} - 3\frac{d^2}{d(\ln t)^2} + 2\frac{d}{d\ln t}\right], \cdots$$

단 위 식의 유도에 있어서 $d\ln t = \frac{1}{t}dt$, $\frac{d}{d\ln t} = t\frac{d}{dt}$, $\frac{d}{dt}\left(\frac{d}{d\ln t}\right) = \frac{d\ln t}{dt}\left(= \frac{1}{t}\right) \cdot \frac{d}{d\ln t}\left(\frac{d}{d\ln t}\right) = \frac{1}{t^2}\frac{d^2}{d(\ln t)^2}$이 이용되었다. 이 미분연산자 관계식을 이용하여 먼저 2차 근사식 $H_2(\tau)$를 구해보자. $h_2(\tau)$에 관한 식 (8. 301)의 $\frac{d^2}{dx^2}$항에 위 연산자 관계를 대입하면 아래를 얻는다[단 $\tau = \frac{x}{2}$를 대입].

$$H_2(\tau) = \tau h_2(\tau) = x^2 \frac{d^2 G(x)}{dx^2}\bigg|_{x=2\tau} = \left[-\frac{d}{d\ln x} + \frac{d^2}{d(\ln x)^2}\right] G(x)\bigg|_{x=2\tau}$$

$$= \left[-\frac{d}{d\ln(2t)} + \frac{d^2}{d(\ln 2t)^2}\right] G(2t)\bigg|_{t=\tau} = H_1(2\tau) - \frac{d}{d\ln\tau} H_1(2\tau) \tag{8. 304}$$

위 식의 맨 끝 항등관계에서 $-\frac{dG(x)}{d\ln x}\Big|_{x=2\tau} = H_1(2\tau)$ (식 8. 285참조) 및 $\frac{d^2}{d(\ln x)^2}G(x)\Big|_{x=2\tau} = -\frac{d}{d\ln x}\left(-\frac{dG(x)}{d\ln x}\right)_{x=2\tau} = -\frac{d}{d\ln(2\tau)}H_1(2\tau) = -\frac{d}{d\ln\tau}H_1(2\tau)$ 관계 ($\because d\ln(2\tau) = d\ln\tau$)를 이용하였다.

나음에는 3차 근사식 $H_3(\tau)$는 식 (8. 302) 중의 미분연산자 $\frac{d^3}{dx^3}$에 대해 식 (8. 303)에서 대입함

으로써 아래와 같이 얻어진다[단 $\tau = \frac{x}{3}$를 대입].

$$H_3(\tau) = \tau h_3(\tau) = \frac{x}{3}\left(-\frac{3}{2}x^2\right)\frac{d^3}{dx^3}G(x)\bigg|_{x=3\tau} = -\frac{1}{2}\left(2\frac{d}{d\ln x} - 3\frac{d^2}{d(\ln x)^2} + \frac{d^3}{d(\ln x)^3}\right)G(x)\bigg|_{x=3\tau}$$

$$= H_1(3\tau) - \frac{3}{2}\frac{d}{d\ln\tau}H_1(3\tau) + \frac{1}{2}\frac{d^2H_1(3\tau)}{d(\ln\tau)^2} \quad (8.305)$$

맨 끝 식에서 $H_1(3\tau) = -\frac{dG(x)}{d\ln x}\bigg|_{x=3\tau}$ 및 $\frac{d^2G(x)}{d(\ln x)^2}\bigg|_{x=3\tau} = -\frac{d}{d\ln x}\left(-\frac{dG(x)}{d\ln x}\right)_{x=3\tau}$

$= -\frac{d}{d\ln\tau}(H_1(3\tau))(\because d\ln 3\tau = d\ln\tau)$, 그리고 $\frac{d^3}{d(\ln x)^3}G(x)\bigg|_{x=3\tau} = \frac{d}{d\ln x}\left[\frac{d^2G(x)}{d(\ln x)^2}\bigg|_{x=3\tau}\right]$

$= \frac{d}{d\ln\tau}\left[-\frac{d}{d\ln\tau}H_1(3\tau)\right] = -\frac{d^2H_1(3\tau)}{d(\ln\tau)^2}$를 이용하였다.

예제 8.12

단일 Maxwell 요소의 (전단)응력완화 탄성계수는 아래로 주어진다(식 8. 231참조).

$$G(t) = G_0\exp(-t/\tau) \quad (8.231)$$

여기서 $G_0 = \sigma(0^+)/\varepsilon_0$이다. 이때 위에서 논의한 완화 스펙트럼 $H(\tau)$에 관한 Schwartz 고차 근사식을 사용하여 근사식 $H_1(\tau)$, $H_2(\tau)$, $H_3(\tau)$까지 구해 보아라.

풀이 먼저 식 (8. 231)로부터 3근사에 필요한 $\ln t$에 대한 1차, 2차, 3차 미분식 (단 $\frac{d}{d\ln t} = t\frac{d}{dt}$ 임)을 아래에 나타낸다.

$$\frac{dG(t)}{d\ln t} = -G_0\frac{t}{\tau_0}\exp\left(-\frac{t}{\tau_0}\right) \quad (1)$$

$$\frac{d^2G(t)}{d\ln t^2} = -G_0\frac{t}{\tau_0}\exp\left(-\frac{t}{\tau_0}\right) + G_0\left(\frac{t}{\tau_0}\right)^2\exp\left(-\frac{t}{\tau_0}\right) \quad (2)$$

$$\frac{d^3G(t)}{d\ln t^3} = -G_0\frac{t}{\tau_0}\exp\left(-\frac{t}{\tau_0}\right) + 3G_0\left(\frac{t}{\tau_0}\right)^2\exp\left(-\frac{t}{\tau_0}\right) - G_0\left(\frac{t}{\tau_0}\right)^3\exp\left(-\frac{t}{\tau_0}\right) \quad (3)$$

먼저 식 (1)을 이용하여 $H_1(\tau)$를 구하면 아래와 같다.

$$H_1(\tau) = -\frac{dG(t)}{d\ln t}\bigg|_{t=\tau} = G_0\frac{\tau}{\tau_0}\exp(-\frac{\tau}{\tau_0}) \tag{4}$$

다음에 $H_2(\tau)$는 식 (8. 304)와 식 (2)를 이용해 구하면 아래가 된다.

$$H_2(\tau) = H_1(2\tau) - \frac{dH_1(2\tau)}{d\ln\tau} = +G_0\frac{2\tau}{\tau_0}\exp\left(-\frac{2\tau}{\tau_0}\right) - \tau\frac{d}{d\tau}\left[G_0\frac{2\tau}{\tau_0}\exp\left(-\frac{2\tau}{\tau_0}\right)\right] \tag{5}$$

$$= 4G_0\left(\frac{\tau}{\tau_0}\right)^2\exp\left(-2\frac{\tau}{\tau_0}\right)$$

마지막으로 $H_3(\tau)$는 식 (8. 305)와 식 (3)을 이용하여 구하면 아래가 된다.

$$H_3(\tau) = H_1(3\tau) - \frac{3}{2}\frac{dH_1(3\tau)}{d\ln\tau} + \frac{1}{2}\frac{d^2H_1(3\tau)}{d(\ln\tau)^2}$$

$$= 3G_0\frac{\tau}{\tau_0}\exp\left(-\frac{3\tau}{\tau_0}\right) - \frac{3}{2}\tau\frac{d}{d\tau}\left[3G_0\frac{\tau}{\tau_0}\exp\left(-\frac{3\tau}{\tau_0}\right)\right] + \frac{1}{2}\tau\frac{d}{d\tau}\left[\tau\frac{d}{d\tau}\right]\left[3G_0\frac{\tau}{\tau_0}\exp\left(-\frac{3\tau}{\tau_0}\right)\right] \tag{6}$$

$$= \frac{27}{2}G_0\left(\frac{\tau}{\tau_0}\right)^3\exp\left(-3\frac{\tau}{\tau_0}\right)$$

근사식 $H_k(\tau)$의 차수 k값이 커질수록 정확한 $H(\tau)$값에 가까워지게 된다.

위에 언급한 바와 같이 (선형)점탄성거동을 나타내는 비정고분자가 완화($H(\tau)$) 또는 지연($L(\tau)$) 스펙트럼의 분포를 갖는다는 것은 다분산성 고분자의 분자량 분포, 나아가 완화시간(τ)의 분포를 의미한다. 6. 3. 5절에서 언급한 바와 같이 고분자의 완화시간은 완화속도(혹은 확산계수)의 역수에 비례하고, 점도나 분자량에는 직접 관련되어 있으므로 $H(\tau)$ 또는 $L(\tau)$의 분포를 결정할 수 있으면 이로부터 고분자의 분자량분포도 결정할 수가 있을 것이나 지면 관계상 여기서는 다르지 않겠다.

8. 3. 9 극한 진동수($\omega \to 0$)일 때의 선형점탄성 파라미터간의 상호관계

먼저 복소점도(η^*)의 정의식 (8. 95)에서 각속도 $\omega \to 0$(혹은 $\dot{\gamma} \to 0$)일 때의 'steady zero-shear viscosity' η_0는 식 (8. 270)의 도움을 받아 아래로 표현된다.

$$\eta_0 = \lim_{\omega\to 0}\eta'(\omega) = \lim_{\omega\to 0}\frac{G''(\omega)}{\omega} \simeq \int_0^{\infty} H(\tau)d\tau = \int_0^{\infty} G(t)dt \tag{8.306}$$

여기서 맨 끝의 항등관계는 $G(t)$(또는 $G(t) - G_e$)에 식 (8.266)을 대입하여 적분을 행하고 $\int_0^{\infty}\exp(-t/\tau')dt = \tau'$ 관계를 이용하면 증명된다. 다음에는 정상상태(steady-state)의 $\omega\to 0$일 때의 (평형)전단 크리프 컴플라이언스 $J_e°$는 아래의 근사 관계식으로 나타내진다.

$$J_e° \simeq \lim_{\omega\to 0}\left[\frac{1}{\eta^2}\left(\frac{G'(\omega)}{\omega^2}\right)\right] = \frac{\int_0^{\infty} tG(t)dt}{\eta_0^2} = \frac{\int_0^{\infty} tG(t)dt}{\left[\int_0^{\infty} G(t)dt\right]^2} \tag{8.307}$$

증 명 $G^*(\omega)(= G'(\omega) + iG''(\omega)) = 1/J^*(\omega)(= J'(\omega) - iJ''(\omega))$의 관계에서 아래가 성립된다(식 8.91 참조).

$$G'(\omega) = J'(\omega)/\left[J'(\omega)^2 + J''(\omega)^2\right] \tag{8.308}$$

한편 $J_e^0 = \lim_{w\to 0} J'(\omega)$가 성립되므로 아래의 관계식이 성립된다.

$$\lim_{\omega\to 0} G'(\omega) = \lim_{\omega\to 0}\frac{J'(\omega)}{J'^2(\omega) + J''^2(\omega)} \simeq \frac{J_e°}{J_e^{0^2} + 1/(\omega\eta)^2} \tag{8.309}$$

맨 마지막 항등관계에서 $\lim_{\omega\to 0} J''(\omega) \simeq 1/\omega\eta$은 식 (8.283)을 이용하였다. 그리고 $\omega\to 0$일 때 분모의 항 중 $J_e° \ll 1/\omega\eta$가 성립되므로 $J_e°$은 아래와 같이 근사적으로 나타내어진다.

$$J_e° = \lim_{\omega\to 0}\left[\frac{1}{\eta^2}\left(\frac{G'(\omega)}{\omega^2}\right)\right] = \frac{1}{\eta_0^2}\lim_{\omega\to 0}\left(\frac{G'(\omega)}{\omega^2}\right) \tag{8.310}$$

그런데 식 (8.268)에서 $\omega\to 0$일 때 G_e항을 무시하면 아래가 성립된다.

$$\lim_{\omega\to 0}\left(\frac{G'(\omega)}{\omega^2}\right) = \int_0^{\infty}\tau H(\tau)d\tau = \int_0^{\infty} tG(t)dt \tag{8.311}$$

여기서 맨 마지막 항등관계는 $G(t)$(단 G_e항 생략)항으로서 식 (8.266)을 대입하여 적분을 행하고, 적분공식 $\int_0^{\infty} t\exp(-t/\tau')dt = \tau'^2$을 이용하면 증명된다. 따라서 식 (8.

311)을 식 (8. 310)에 대입하고, η_0는 식 (8. 306)을 이용하면 아래와 같이 식 (8. 307)이 증명된다.

$$J_e^\circ \simeq \frac{\int_0^\infty tG(t)dt}{\left[\int_0^\infty G(t)dt\right]^2} \quad \blacksquare$$

다음에는 완화시간의 분포에서 가장 긴 완화시간 λ_0는 완화분포함수 $H(\tau)$를 사용하여 아래와 같이 나타내진다[단 식 (8. 307)이용].

$$\lambda_0 \equiv \langle \tau \rangle_{H(\tau)} = \int_0^\infty \tau H(\tau) d\tau \Big/ \int_0^\infty H(\tau) d\tau = \int_0^\infty tG(t)dt \Big/ \int_0^\infty G(t)dt = J_e^\circ \eta_0 \qquad (8.312)$$

위 식에서 식 (8. 306) 및 식 (8. 311)의 항등관계를 이용하였다.

예제 8.13

한 개의 Maxwell요소에 대한 전단 완화 탄성계수 $G(t) = G_0 \exp(-t/\tau)$(식 8. 231)로 나타내질 때 $J_e^\circ = 1/G_0$됨을 증명하여라.

풀이 식 (8. 307)에 위의 $G(t)$를 대입하고 적분을 행하면 아래가 되어 증명된다.

$$J_e^\circ = \frac{1}{\eta_0^2}\int_0^\infty tG(t)dt = \frac{\int_0^\infty tG(t)dt}{\left[\int_0^\infty G(t)dt\right]^2} = \frac{\int_0^\infty tG_0\exp(-t/\tau)dt}{\left[\int_0^\infty G_0\exp(-t/\tau)dt\right]^2} = \frac{1}{G_0}$$

8. 3. 10 분자론적 모델

6. 4. 4. 7절에서 묽은 고분자용액의 고유점도($[\eta]$)에 대한 두 극한 고전모델 즉 Rouse와 Zimm모델을 잠깐 소개하였다. 두 모델 모두 그림 8. 37에 나타낸 바와 같이 중합도(혹은 부사슬의 수) N의 한 개의 고분자 사슬을 굴곡성(flexible)의 탄성 스프링과 구슬로 연결된 'spring-bead'모델에 기초를 두고 있으니 Rouse모델에서는 고분자 세그먼트의 존재하에도 유체(용매)의 속도는 아무런 장애를 받지 않고 고분자 분절사이를 자유롭게 넘나드는 'free-draining'을 가정하였고, 반면 Zimm

모델에서는 그림 6.23 및 식 (6.273)에 나타낸 바와 같이 용매의 운동(속도)이 고분자의 분절의 존재로 인한 수력학적 상호작용에 의해 섭동(perturbed)되는 'non-draining'을 가정하였다.

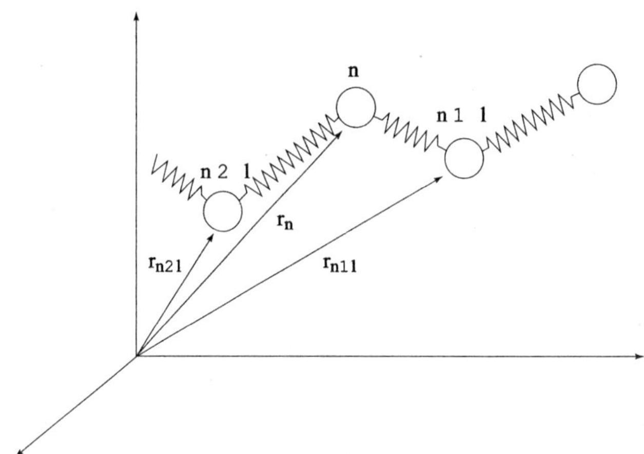

▶ **그림 8.37** 스프링-구슬(spring-bead)모델에 대한 모식도.

Rouse는 그림 8.37에 묘사된 스프링-구슬 모델의 각 부사슬(subchain)간의 Newton 운동방정식을 7장에서 논의한 스프링에 작용하는 힘 f와 변위 r사이의 관계식 (식 7.45)에 기초를 두어 [이때 스프링 상수는 $3kT/\langle r_0^2 \rangle$이 됨] 고분자에 있는 전 부사슬(subchain)에 대해 운동방정식을 세워, 이를 고유(주)방향으로의 '정규(normal)'좌표변환을 행함으로써 해를 구하여 p번째의 완화시간 $\tau_p(p=1,2,3\cdots)$를 아래와 같이 계산하였다.

$$\tau_p = \frac{b^2\zeta_0}{3kTp^2\pi^2}N^2 \tag{8.313}$$

여기서 b는 스프링의 길이, N는 고분자에 있는 부사슬의 수, ζ_0는 1개의 부사슬의 Stokes 마찰계수이다. 그리고 Rouse이론에서 계산된 응력완화 인장탄성계수 $E(t)$는 M-W 스프링-대쉬폿 모델의 결과와 일치하여 아래로 나타내진다.

$$E(t) = \sum_{p=1}^{N} E_p \exp(-t/\tau_p) \tag{8.314a}$$

$$E_p = 3nkT = 3cRT/M (\text{단 } E_p\text{는 } p\text{에 무관 일정}),\ n = cN_A/M \tag{8.314b}$$

위 식에서 n는 용액의 단위부피(cm^3)당 용질의 개수, c는 용질의 농도(g/cm^3), k 및 N_A는 각각 볼츠만 상수 및 아보가드로수이고, $R=N_Ak$이다. 식 (8.314a)에서 초기 탄성계수 $E(0)=\sum_{p=1}^{N}E_p$

가 성립되고, 동적 저장(인장) 탄성계수 $E'(\omega)$는 아래로 나타내진다.

$$E'(\omega) = \frac{3cRT}{M}\sum_{p=1}^{N}\frac{\omega^2\tau_p^2}{1+\omega^2\tau_p^2} \tag{8.315}$$

예제 8.14

고분자 몰 분자량이 10^5 g/mol, 25 ℃에서 고분자용액의 농도 $c \simeq 100$ kg/m^{3}일 때 Rouse모델에서 p번째(pth mole) 인장 탄성계수 E_p (식 8.314b)를 구하라.

풀이 식 (8.314b)에서 아래가 성립된다.

$E_p = 3nkT = 3cRT/M$ (여기서 n는 단위체적당 고분자 사슬의 수)

$= 3 \times 100(\text{kg/m}^3) \times 8.314\,(\text{J/mol}\cdot\text{K}) \times 298\ \text{K} \div 100\ \text{kg/mol}$

$= 7400\ \text{J/m}^3 = 7.4\ \text{kPa}$ (단 $1\ \text{Pa} = 1\ \text{N/m}^2 = 1\ \text{J/m}^3$)

Rouse모델에서 고분자 용액이 나타내는 전체 점도 η중 용액의 점도 η_s를 제외한 고분자의 순수 공헌에 의한 점도 $\eta - \eta_s$는 아래식으로 나타내진다.

$$\eta - \eta_s = \sum_{p=1}^{N} G_p\tau_p \approx \frac{nb^2\rho_s N^2}{36} \tag{8.316}$$

여기서 n는 단위 체적당 고분자 사슬의 수, b는 1개의 부사슬의 길이, ρ_s는 용매의 밀도, ,N은 부사슬의 수(혹은 중합도)이다. 식 (8. 316)을 완화시간 τ_p(8. 313)항으로 나타내면 아래가 성립된다.

$$\tau_p = \frac{6(\eta - \eta_s)}{nkT\pi^2p^2} = \frac{6M(\eta - \eta_s)}{cRT\pi^2p^2} \tag{8.317}$$

반면에 용매와 세그먼트사이의 수력학적 상호작용을 고려한 Zimm 모델의 경우 p번째 완화시간과 점도의 관계는 식 (8. 317)대신 아래로 나타내진다.

$$\tau_p = \frac{1.71(\eta - \eta_s)}{nkTk_p} = \frac{1.71M(\eta - \eta_s)}{cRTk_p} \tag{8.318}$$

여기서 Zimm 상수 k_p는 $k_1 = 4.04$, $k_2 = 12.79$, $k_3 = 24.2$ 등이다.

한편 위에서 언급한 수식을 토대로 묽은 고분자 용액의 경우 두 극한 모델에 대한 가장 긴 완화시간 $\tau_1[=\tau_p(p=1)]$, 고유점도($[\eta]$), 질량중심의 확산계수 D_G의 분자량$M(\sim N)$의존성은 식

(6. 274) 및 (6. 275)에 요약되어 나타내져 있다. 그리고 참고로 그림 8. 38에 두 모델에 의한 묽은 고분자 용액의 동적 전단 탄성 계수 $G'(\omega)$ 및 $G'(\omega)-\omega\tau_s$(여기서 τ_s는 용매의 완화시간)를 환원 각속도 ω_R[$=\omega\tau_1$, 여기서 τ_1은 가장 긴 완화시간 즉 $\tau_p(p=1)$임]에 대해 플롯하였다. 특히 그림에서 주목되는 것은 두 모델의 $\log G'$ 대 $\log \omega_R$의 기울기의 차이점이다. 이 차이는 위에서 언급한 두 모델의 완화시간 τ_p의 차이에 기인한다.

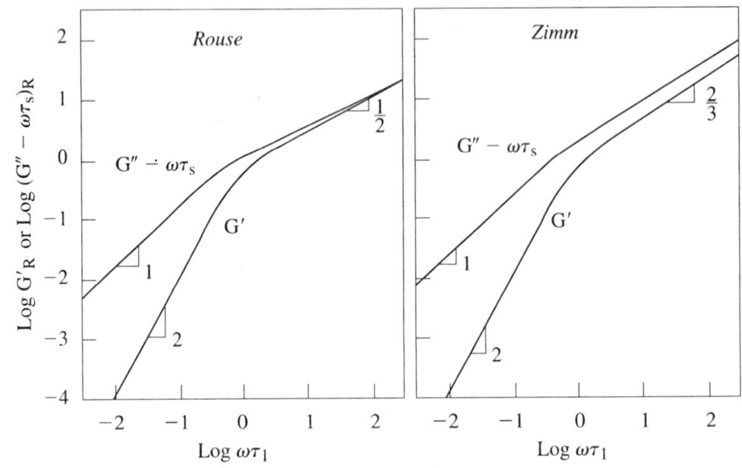

▶ **그림8. 38** Rouse 모델과 Zimm 모델에 의한 $G'(\omega)$ 및 $G''(\omega)-\omega\tau_s$의 ω의존성의 예측.

8. 3. 11 비선형 점탄성

지금까지는 변형이나 변형속도가 매우 낮은 선형 점탄성의 영역, 즉 시간의존성 일과성 시험의 경우 일정온도에서 $G(t)$나 $J(t)$는 응력에나 변형에 무관한 시간만의 함수로 간주하였고, 또한 동적시험의 경우 동적계수 $G'(\omega)$, $G''(\omega)$, $J'(\omega)$, $J''(\omega)$등도 일정온도에서 가해준 응력이나 변형의 진폭에 무관한 ω만의 함수로 간주하여 모든 이론을 전개하였다. 그러나 (정상상태의)전단속도 $\dot{\gamma}$나 변형의 진폭 γ_0 등이 매우 큰 경우에는 비선형(non-linear)점탄성이론에 의존할 수밖에 없다. 8. 2. 1절 (식 8. 20)에 소개한 바 있는 Deborah수 (De)는 아래와 같이 재정의된다.

$$De = \lambda/t = \lambda\dot{\gamma}(=\lambda\gamma_0\omega) \tag{8. 319}$$

위 식에서 λ는 물질의 '특성완화(characteristic relaxation)시간'이고, t는 '특성유동' 혹은 실험시간이다. 그리고 $\dot{\gamma}(=d\gamma/dt)$는 유체의 정상상태(steady state)의 전단속도로서 그 역수가 유체의 유동시간에 해당되며, 일반적으로 전단변형의 진폭 γ_0과 각속도 ω의 곱으로 표현된다. 그림 8. 39

에 변형 진폭 γ_0과 De의 조합으로 선형과비선형, Newton 점성, 2차 유체(second-order fluid) 및 Hooke 탄성영역의 경계를 나타내었다.

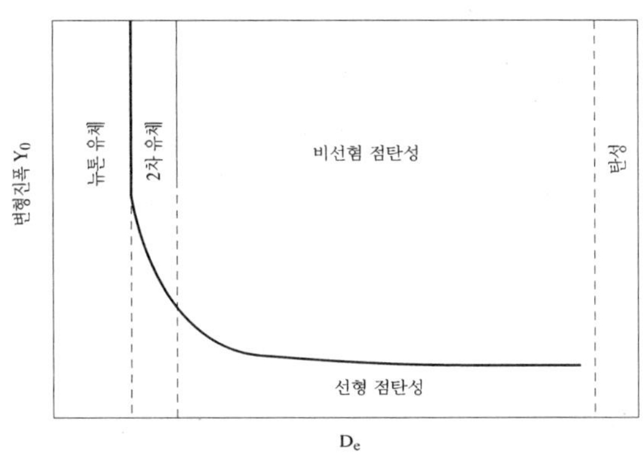

▶ **그림 8. 39** De와 변형진폭 γ_0에 기초를 둔 선형과 비선형 점탄성 영역의 구분.

특히 유변학(rheology)에 있어서 유체의 비선형 점탄성거동은 전단속도가 커짐에 따라 점도가 증가(shear thickening)하거나 감소(shear thinning)하는 비뉴톤성을 나타낼 뿐 아니라, 제 1법선응력차($N_1 = \sigma_{11} - \sigma_{22}$)에 의해 '유체탄성(fluid elasticity)'을 수반한다.

이들 비선형 점탄성현상을 다루기 위한 이론으로서는 미분형 Maxwell 이론이나 BKZ 적분형이론과 같은 꽤 복잡한 이론 등이 제안되어 있다. 특히 적분형 모델의 경우 앞에서 다룬 볼츠만 중첩원리, 가령 응력완화에 관한 선형이론식(8. 146)에서 전단탄성계수 $G(t-s)$대신 과거의 변형이력을 기억하는 '기억(memory)함수' $M(t-s)$를 사용하거나 아니면 선형의 단일 적분을 2차, 3차 등의 다중적분으로 확장하는 등 선형점탄성이론을 수정·보안하는 차원에서 접근된다. 또한 최근에는 컴퓨터의 발전에 힘입어 실험데이터를 비선형 회귀분석(non-linear regression analysis)에 의하여 제안된 (경험)이론에 맞추어(curve-fitting) 물질의 비선형 파라미터를 추정하는 연구가 많이 수행되고 있다. 최근에 보고된 것 중 Taylar 급수 전개에 바탕을 둔 비교적 간편한 경험모델 하나를 참고 8. 2에 요약하여 소개하고 이 절을 마칠까한다.

참고 8. 2

그림 8. 16에서 나타낸, 선형영역에서의 동적 응력완화 실험에 대한 sin형 변형의 입력 즉 $\varepsilon(t) = \varepsilon_0 \sin\omega t$에 대한 응력응답 $\sigma(t) = \sigma_0 \sin(\omega t + \delta)$(여기서 δ은 지연 위상차)를 아래와 같이 ε과 위상이 일치하는 $\sigma'(t)\left[= (\sigma')_0 \sin\omega t\right]$와 $\delta = \frac{\pi}{2}$로 위상이 다른 $\sigma''(t)\left[= (\sigma'')_0 \cos\omega t\right]$로 분리하여 나타내었다.

$$\sigma(\omega,t)=\sigma'(\omega,t)+\sigma''(\omega,t)=(\sigma')_0\sin\omega t+(\sigma'')_0\cos\omega t$$

$$=\varepsilon_0 G'(\omega)\sin\omega t+\varepsilon_0 G''(\omega)\cos\omega t\equiv G'(\omega)x(t)+G''(\omega)y(t) \quad (8.320)$$

위 식에서 $(\sigma')_0=\sigma_0\cos\delta=\varepsilon_0|G^*|\cos\delta=\varepsilon_0 G'(\omega)$, $(\sigma'')_0=\sigma_0\sin\delta=\varepsilon_0|G^*|\sin\delta=\varepsilon_0 G''(\omega)$를 이용하였으며(식 8. 70-8. 74 참조), 식 중의 $G'(\omega)$ 및 $G''(\omega)$는 변형진폭 ε_0에 무관한 각각 선형 저장 및 손실 탄성계수이다. 또한 진폭 ε_0과 ω를 포함하는 공정변수 $x(t)$ 및 $y(t)$는 각각 아래로 정의된다.

$$x(t)=\varepsilon_0\sin\omega t=\varepsilon(t\omega),\ y(t)=\varepsilon_0\cos\omega t=\dot{\varepsilon}(t\omega)/\omega \quad (8.321)$$

그런데 변형진폭 ε_0이 큰 비선형 영역에서는 식 (8. 320)이 성립 안된다. 즉

$$\sigma'(\omega,t)\neq G'(\omega)x(t),\ \sigma''(\omega,t)\neq G''(\omega)y(t) \quad (8.322)$$

대신 아래와 같이 Taylor 급수전개에 바탕을 두고 각각 x 및 y의 멱급수항으로 나타내진다.

$$\sigma'(x,\varepsilon_0)\equiv\sum_{k=0}^{\infty}G'_{2k+1}(\omega,\varepsilon_0)x^{2k+1}=G_1'(\omega,\varepsilon_0)(=G'(\omega))x+G_3'(\omega,\varepsilon_0)x^3+G_5'(\omega,\varepsilon_0)x^5+\cdots \quad (8.323a)$$

여기서 Taylor 정리에 의해 아래가 성립된다.

$$G'_{2k+1}(\omega,\varepsilon_0)=\frac{1}{(2k+1)!}\left[\frac{d^{2k+1}}{dx^{2k+1}}\sigma'(x,\varepsilon_0)\right]_{x=0} \quad (8.323b)$$

위 식에서 $x\to 0$ 즉 $\varepsilon_0\to 0$ 일 때 해당하는 $G_1'(\omega,\varepsilon_0)=G'(\omega)$ 즉 선형 저장계수임을 알 수 있다. 이와 마찬가지로 아래가 성립된다.

$$\sigma''(y,\varepsilon_0)\equiv\sum_{k=0}^{\infty}G''_{2k+1}(\omega,\varepsilon_0)y^{2k+1}=G_1''(\omega,\varepsilon_0)(=G''(\omega))y+G_3''(\omega,\varepsilon_0)y^3+G_5''(\omega,\varepsilon_0)y^5+\cdots \quad (8.324a)$$

$$G''_{2k+1}(\omega,\varepsilon_0)=\frac{1}{(2k+1)!}\left[\frac{d^{2k+1}}{dy^{2k+1}}\sigma''(y,\varepsilon_0)\right]_{y=0} \quad (8.324b)$$

역시 $y\to 0$ 즉 $\varepsilon_0\to 0$ 일 때 해당하는 $G_1''(\omega,\varepsilon_0)=G''(\omega)$ 즉 선형 손실계수이다.

여기서 변형진폭 ε_0가 큰 비선형 영역의 경우에는 식 (8. 322)의 $G'(\omega)$ 및 $G''(\omega)$대신 식 (8. 323)과 (8. 324)에서 유추하여 일반화된(즉 진폭 ε_0에 의존하는)저장 탄성계수 $G_N'(\omega,\varepsilon_0)$과 손실 탄성계수 $G_N''(\omega,\varepsilon_0)$를 아래와 같이 정의할 수 있다.

$$G_N'(\omega, \varepsilon_0) \equiv \frac{(\sigma')_{\max}}{x_{\max}} = \frac{(\sigma')_0}{\varepsilon_0} = \frac{\sigma_0 \cos\delta}{\varepsilon_0} = |G_N^*(\omega, \varepsilon_0)|\cos\delta$$

$$= G'(\omega) + G_3'(\omega, \varepsilon_0)\varepsilon_0^2 + G_5'(\omega, \varepsilon_0)\varepsilon_0^4 + \cdots = \sum_{k=0}^{\infty} G_{2k+1}'(\omega, \varepsilon_0)\varepsilon_0^{2k} \qquad (8.\,325)$$

위 식에서 $G_N^*(\omega, \varepsilon_0)$는 진폭 ε_0에 의존하는 비선형 복소 전단 탄성계수로서 아래가 성립된다[단 $\lim_{\varepsilon_0 \to 0} G_N^*(\omega, \varepsilon_0) = G^*(\omega) = G'(\omega) + i\,G''(\omega)$].

$$G_N^*(\omega, \varepsilon_0) \equiv G_N'(\omega, \varepsilon_0) + i\,G_N''(\omega, \varepsilon_0), \quad |G_N^*(\omega, \varepsilon_0)| = \left(G_N'^2 + G_N''^2\right)^{1/2} \qquad (8.\,326)$$

또한 마찬가지 방법으로 아래가 정의된다.

$$G_N''(\omega, \varepsilon_0) \equiv \frac{(\sigma'')_{\max}}{y_{\max}} = \frac{(\sigma'')_0}{\varepsilon_0} = \frac{\sigma_0 \sin\delta}{\varepsilon_0} = |G_N^*(\omega, \varepsilon_0)|\sin\delta$$

$$= G''(\omega) + G_3''(\omega, \varepsilon_0)\varepsilon_0^2 + G_5''(\omega, \varepsilon_0)\varepsilon_0^4 + \cdots = \sum_{k=0}^{\infty} G_{2k+1}''(\omega, \varepsilon_0)\varepsilon_0^{2k} \qquad (8.\,327)$$

이상에서 보듯이 만약 $\sigma'(x, \varepsilon_0)$ 대 x의 실험 플롯의 비선형 회귀분석(즉 실험과 이론식의 잔차 제곱의 합이 최소가 되도록 전개계수 G_{2k+1}'를 결정)에 의해 (경험)식 (8. 323)에 맞춤으로써(curve-fitting) 진폭에 의존하는 비선형 저장 탄성계수 $G_{2k+1}'(\omega, \varepsilon_0)$을 결정할 수 있으며, 마찬가지로 식 (8. 324)에 의거하여 $\sigma''(y, \varepsilon_0)$ 대 y의 실험과 이론 플롯에서 비선형 손실 탄성계수 $G_{2k+1}''(\omega, \varepsilon_0)$도 회귀적으로 추정할 수 있다. 또한 식 (8. 325)와 (8. 327)에서 $G_N'(\omega, \varepsilon_0)[=(\sigma')_0/\varepsilon_0]$ 대 ε_0 및 $G_N''(\omega, \varepsilon_0)[=(\sigma'')_0/\varepsilon_0]$ 대 ε_0의 실험과 이론 플롯의 대비 즉 비선형 회귀분석을 통하여 물질의 비선형 저장 및 손실 계수 파라미터인 $G_{2k+1}'(\omega, \varepsilon_0)$와 $G_{2k+1}''(\omega, \varepsilon_0)$를 역시 추정할 수 있을 것이다.

---

8. 4 시간-온도 중첩원리

이 절에서는 그림 8. 7 및 8. 8에 나타낸 선형점탄성 물질의 진단단실세수 $G(t)$에 대한 일정시간에서의 온도의존성과 일정온도에서의 시간의존성을 한데 묶는 소위 ‘시간-온도 중첩원리

(time-temperature superposition principle)' (시간일과성 실험의 경우) 혹은 '진동수-온도(frequency- temperature)중첩원리' (동적실험의 경우)에 대하여 논하겠다.

8.4.1 시간 일과성 실험

앞에서 언급한 바와 같이 온도를 바꾸어 크리프 실험이나 응력완화 탄성계수를 측정하는 것은 비교적 용이하나, 일정온도에서 시간을 바꾸어 실험하는 경우에는 아주 긴 시간이나 아주 짧은 시간에 대한 실험을 수행하기란 용이하지 않다. 그림 8.40에 여러 온도에서 측정한 인장 탄성계수 $E_R(t)$를 한 개의 기준온도(여기서는 T_4)에 대한 곡선으로 수평이동(horizontal shift)[이때 '이동인자(shift factor)' a_T를 이용]하여 주어진 물질에 대한 '만능 곡선(master curve)'을 작성하여 두면 위에서 말한 아주 긴 시간이나 짧은 시간과 같은 실험이 곤란한 경우에는 수평이동에 의해 만능 곡선상에 대응하는 훨씬 용이한 시간에서의 탄성계수 값을 손쉽게 알 수 있다. 그러나 이와 같은 '시간-온도 중첩원리'는 모든 물질에 적용되는 것이 아니고, 다상계(multi-phase system) 고분자와 준결정성(semi-crystalline)고분자의 경우에는 사용이 제한되어 있다. 이하에서 수학적 원리에 대하여 설명하겠다.

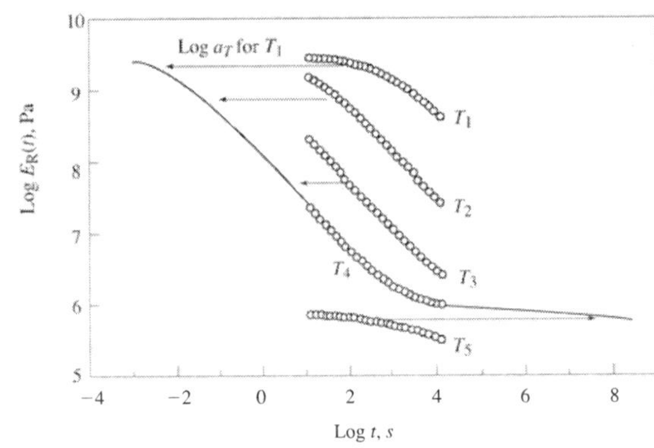

▶ **그림 8.40** 5개의 다른 온도에서 측정한 인장 응력완화 탄성계수 $E_R(t)$를 사용한 만능곡선(master curve)의 작성[온도 $T_3 < T_4$, $T_5 > T_4$임].

그림 8.40에서 볼 수 있듯이 임의의 온도 T 및 시간 t에서의 전단탄성계수 $G(t, T)$값(편의상 $E(t)$ 대신 $G(t)$로 설명함)과 기준(reference)온도 T_0(여기서는 T_4)에서의 $G(t_0, T_0)$값이 (수평 이동인자 a_T에 의해) 같다고 할 때 아래식이 성립된다.

$$G(t, T) = G(t_0, T_0)\left[= G(t/a_T, T_0)\right] \tag{8.328}$$

여기서 $t_0 = t/a_T$, 혹은 이동인자 $a_T = t/t_0$이다.

그런데 7장에서 언급한 바와 같이 고무의 전단 탄성계수 $G \sim \rho(T)T$(여기서 ρ는 온도 T에서의 밀도)의 비례관계에 있으므로 $G(t)/\rho T$는 일정하게 되는 성질을 이용하여 식 (8. 328) 대신 아래식이 보다 정확할 것이다.

$$\frac{G(t, T)}{\rho(T)T} = \frac{G(t_0, T_0)}{\rho_0 T_0} \quad \text{혹은} \quad b_T G(t, T) = G(t_0, T_0) \tag{8. 329}$$

여기서 '수직 이동(vertical shift)인자' $b_T = \rho_0 T_0 / \rho T$ 인데, 실제의 비정고분자 경우 대개 $b_T \simeq 1$이 되나, 정확을 기하기 위하여 특별한 언급이 없는 한 b_T를 그대로 사용한다.

위 식에서 수직이동인자 b_T는 아는 파라미터이나, 수평이동인자 $a_T(= f(T_0, T))$의 정확한 함수형태는 나중에 언급하겠으나, 그림에서 기준온도에서의 x축의 좌표 $\log t_0 = \log(t/a_T)$ $= \log t - \log a_T$인데, $T > T_0$(즉 $T_5 > T_4$)의 경우에는 오른쪽으로 이동해야 (즉 $\log a_T < 0$, $a_T < 1$) 기준온도 축과 만난다. 반대로 $T < T_0$(즉 $T_1 > T_4$)의 경우에는 왼쪽으로 이동해야 (즉 $\log a_T > 0$, $a_T > 1$)기준온도 곡선과 만난다. 이 사실은 기준온도로서 $T_0 = T_g$를 취하였을 때의 폴리스티렌(PS) 실험에서 얻어진 $\log a_T$ 대 $(T - T_g)$곡선을 플롯한 그림이 그림 8. 41에 잘 나타나 있다.

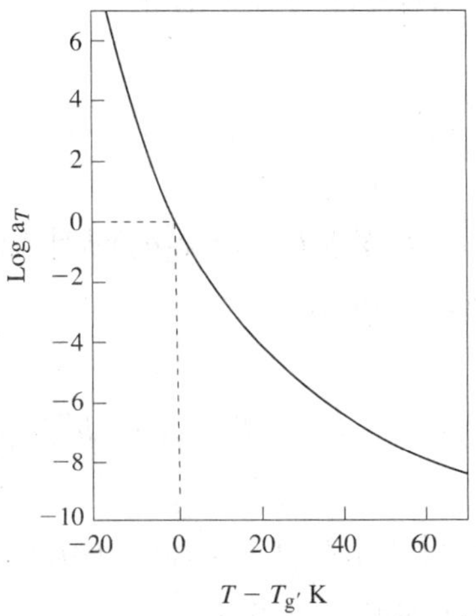

▶ **그림 8. 41** 폴리스티렌에 대한 수평 이동인자 a_T 의 온도의존성 플롯.
(단 기준온도 $T_0 = T_g$로 간주)

한편 시간 일과성 크리프 컴플라이언스 전단계수 $J(t)$의 경우에는 $G(t)$와는 반대의 성질 (식 8. 158 참조)즉 $(\partial G/\partial t)_T < 0$, 그러나 $(\partial J/\partial t)_T > 0$, 그리고 $G \sim \rho T$인 반면에(7장 참조) $J \sim \rho^{-1} T^{-1}$이므로 식 (8. 329)에 대응하여 아래가 성립한다.

$$\frac{J(t,T)}{\rho^{-1}T^{-1}} = \frac{J(t_0,T_0)}{\rho_0^{-1}T_0^{-1}} \quad \text{혹은} \quad \frac{J(t,T)}{b_T} = J(t_0,T_0)\left[= J\left(\frac{t}{a_T}, T_0\right)\right] \tag{8. 330}$$

위 식에서 수평인자 $a_T(=t/t_0)$ 및 $b_T(=\rho_0 T_0/\rho T)$는 앞의 경우와 동일하다.

한편 식 (8. 306)을 이용하면 극한$(\dot{\gamma}\to 0)$전단점도(zero shear viscosity) $\eta(T)[=\eta_o(T)]$에 대한 시간-온도 중첩원리는 아래와 같다.

$$\eta_o(T) = \eta_o(T_0)a_T(T_0\to T) = \eta_o(T_g)a_T[=\eta(T_g)a_T] \tag{8. 331}$$

증 명 일단 수직이동인자 $b_T \simeq 1$로 간주한다. 그러면 식 (8. 306)에서 아래가 성립된다.

$$\eta(T) = \int_0^\infty G(t,T)dt \tag{1}$$

그런데 기준온도로서 T_g 즉 $T_0 = T_g$로 하면 식 (8. 328)에서 아래가 된다.

$$G(t/a_T, T_g) = G(t,T) \tag{2}$$

식 (1)에서 $T = T_g$를 대입하면 아래가 된다.

$$\eta(T_g) = \int_0^\infty G(t', T_g)dt' \tag{3}$$

그런데 수평이동인자 a_T의 성질 (즉 $t = t_0 a_T$)에서 $t_0(T_0)$을 $t'(T')$, $t(T)$를 $t''(T'')$의 변수치환을 하면 아래가 성립된다.

$$\eta(T_g) = \int_0^\infty G(t', T_g)dt' = \int_0^\infty G(t''/a_T, T_g)dt''/a_T \tag{4}$$

그런데 a_T는 T만의 함수이고, $G(t_0,T_0) = G(t/a_T, T_0) = G(t,T)$(여기서 $t_0 = t'$, $t = t''$ 대입)의 관계에서 아래가 성립된다.

$$\eta(T_g) = \left[\int_0^\infty G(t''/a_T, T_g)dt''\right]/a_T = \left[\int_0^\infty G(t'', T)dt''\right]/a_T = \eta(T)/a_T \tag{5}$$

즉 아래가 성립되어 증명된다(단 아래첨자 o는 생략).

$$a_T(T_g\to T) = \frac{\eta(T)}{\eta(T_g)}, \text{ 혹은 } a_T(T_o\to T) = \frac{\eta(T)}{\eta(T_0)} \tag{6}$$ ■

한편 식 (8. 331)의 유도에 있어서 수직 이동인자 $b_T(=\rho_0 T_0/\rho T)$항을 1로 간주하였으나, 이를 고려하면 아래와 같이 정확히 표현된다.

$$\eta(T)=\eta(T_0)a_T/b_T \quad \text{혹은} \quad a_T=\frac{\rho_0 T_0}{\rho T}\left(\frac{\eta(T)}{\eta(T_0)}\right) \tag{8. 332}$$

8. 4. 2 동적 실험

먼저 동적 저장 전단탄성계수 $G'(\omega, T)$의 중첩원리에 대해 생각해보자. 정적과 동적 관계식인 식 (8. 180)에서 아래가 성립된다(단 $b_T\simeq 1$ 간주).

$$\begin{aligned} G'(\omega, T) &= \omega\int_0^\infty [G(t)-G_e]\sin\omega t dt \\ &= \omega a_T\int_0^\infty \left[G\left(\frac{t}{a_T}, T_0\right)-G_e\right]\sin[\omega a_T t_r]dt_r \end{aligned} \tag{8. 333}$$

단 위 식에서 $b_T\simeq 1$의 가정 즉 $G(t, T)=G(t_0, T_0)$의 관계 및 $t=a_T t_r$의 변수치환[즉 $a_T=t/t_0$에서 $t_0\to t_r$]을 행하였다[여기서 점탄성액체의 경우는 $G_e=0$됨]. 위 적분식에서 $\omega a_T=\omega_0(\because a_T=t/t_0=\omega_0/\omega)$관계를 이용하면 $G'(\omega, T)=G'(\omega_0, T_0)$이 성립된다. 한편 $G'(\omega, T)$도 $G(t, T)$경우처럼 $G'(\omega, T)\sim\rho T$이므로 아래의 정확한 관계식이 성립된다.

$$\frac{G'(\omega, T)}{\rho T}=\frac{G'(\omega_0, T_0)}{\rho_0 T_0} \quad \text{혹은} \quad b_T G'(\omega, T)=G'(\omega_0, T_0)[=G'(\omega a_T, T_0)] \tag{8. 334}$$

동적 손실 전단탄성계수 $G''(\omega, T)$ 경우도 식 (8. 181)에서 $G(t, T)=G(t_0, T_0)$ (즉 $b_T\simeq 1$의 가정) 및 $t=a_T t_r$의 변수치환을 행하면 아래가 된다.

$$\begin{aligned} G''(\omega, T) &= \omega\int_0^\infty [G(t)-G_e]\cos\omega t dt \\ &= \omega a_T\int_0^\infty \left[G\left(\frac{t}{a_T}, T_0\right)-G_e\right]\cos[\omega a_T t_r]dt_r \end{aligned} \tag{8. 335}$$

역시 위 식에서 $\omega a_T=\omega_0$ 및 $t/a_T=t_0$ 이용(액체의 경우 $G_e\simeq 0$됨)하면 $G''(\omega, T)=G''(\omega_0, T_0)$관계를 얻지만, G'' 역시 $G(t)$처럼 $G''(\omega, T)\sim\rho T$ 이므로 아래의 정확한 관계가 성립된다.

$$\frac{G''(\omega, T)}{\rho T} = \frac{G''(\omega_0, T_0)}{\rho_0 T_0} \quad \text{혹은 } b_T G''(\omega, T) = G''(\omega_0, T_0)\left[= G''(\omega a_T, T_0)\right] \tag{8.336}$$

다음에는 동적 전단 크리프 저장계수 $J'(\omega, T)$에 대해 조사해보자. 식 (8. 198)에서 아래가 성립된다.

$$J'(\omega, T) = J_e^{\circ} - \omega \int_0^{\infty} \left[J_e^{\circ} - J(t)\sin\omega t\right] dt \tag{8.337}$$

$$= J_e^{\circ} - \omega a_T \int_0^{\infty} \left[J_e^{\circ} - J\left(\frac{t}{a_T}, T_0\right)\right] \sin\omega a_T t_r dt_r$$

위 식에서 $J(t, T) = J(t_0, T_0)$ (즉 식 8. 330에서 $b_T \simeq 1$ 간주)및 $t = a_T t_r$의 변수치환을 이용하였다. 그런데 $\omega a_T = \omega_0$을 이용하면 위 식으로부터 $J'(\omega, T) = J''(\omega_0, T_0)$이 성립한다. 그런데 $J'(\omega, T)$는 $J(t)$와 마찬가지로 $J'(\omega, T) \sim \rho^{-1} T^{-1}$가 되므로 이로부터 아래의 정확한 관계식이 얻어진다.

$$\rho T J'(\omega, T) = \rho_0 T_0 J'(\omega_0, T_0) \quad \text{혹은 } \frac{J'(\omega, T)}{b_T} = J'(\omega_0, T_0)\left[= J'(\omega a_T, T_0)\right) \tag{8.338}$$

또한 마찬가지 논리로 식 (8. 199)(단 여기서 점탄성고체의 경우 $1/\eta \simeq 0$ 간주)로부터도 $J''(\omega, T)$에 관한 아래식이 성립된다.

$$\rho T J''(\omega, T) = \rho_0 T_0 J''(\omega_0, T_0) \quad \text{혹은 } \frac{J''(\omega, T)}{b_T} = J''(\omega_0, T_0)\left[= J''(\omega a_T, T_0)\right] \tag{8.339}$$

8. 4. 3 낮은 진동수에서 점탄성 액체 및 고체에 대한 a_T의 예측

먼저 점도 $\eta(\ll \infty)$항이 존재하는(단 $G_e = 0$) 점탄성 액체의 경우, $\omega \to 0$일 때의 $G'(\omega)$ 및 $G''(\omega)$에 대한 식 (8. 310)과 (8. 306)에서 아래와 같이 종착(terminal)($t \to \infty$) 혹은 제로 전단속도 $(\dot{\gamma} \to 0)$의 점탄성 함수인 $\eta(T)$와 J_e° 항으로 나타내진다.

$$G'(\omega, T) \simeq \omega^2 J_e^{\circ}(T)\eta^2(T); \qquad G''(\omega, T) \simeq \omega\eta(T) \tag{8.340}$$

이 식을 식 (8. 334)와 (8. 336)에 대입하면 아래를 얻는다.

$$b_T \eta^2(T) J_e^{\circ}(T) = a_T^2 \eta^2(T_0) J_e^{\circ}(T_0) \tag{8.341a}$$

$$b_T \eta(T) = a_T \eta(T_0) \tag{8.341b}$$

이 두 식으로부터 이동인자 a_T 및 b_T에 관한 아래식이 성립된다.

$$a_T = \frac{\eta(T)}{\eta(T_0)}\left(\frac{J_e^\circ(T)}{J_e^\circ(T_0)}\right) \tag{8. 342}$$

$$b_T = \frac{J_e^\circ(T)}{J_e^\circ(T_0)} \tag{8. 343}$$

다음에는 점도 $\eta \to \infty$(즉 $t/\eta \to 0$)되는 점탄성 고체의 경우 $\omega \to 0$의 종착 조건에서는 식 (8. 199)에서 아래가 성립된다.

$$J''(\omega) \simeq \int_0^\infty [\Psi(\infty) - \Psi(t)]\,dt = \omega \int_0^\infty [J_e - J(t)]\,dt \tag{8. 344}$$

여기서 $G^*(\omega) = 1/J^*(\omega)$의 관계와 $\omega \to 0$일 때 $J'(\omega) \to J_e$ 및 $J''(\omega)$는 식 (8. 344)가 되고, 분모항에서 $J''(\omega) \ll J'(\omega)$됨을 이용하여 아래의 근사식이 얻어진다.

$$G''(\omega) = \frac{J''(\omega)}{J'^2(\omega) + J''^2(\omega)} \simeq \frac{\omega \int_0^\infty [J_e - J(t)]\,dt}{J_e^2} \tag{8. 345}$$

즉 아래가 성립된다.

$$\lim_{\omega \to 0} \frac{G''(\omega)}{\omega} = \eta'(0) = \frac{\int_0^\infty [J_e - J(t)]\,dt}{J_e^2} \tag{8. 346}$$

식 (8. 344)-(8. 346)에서 아래가 성립된다.

$$J''(\omega) = \omega J_e^2 \eta'(0) \tag{8. 347}$$

따라서 이식에서 $J''(\omega,\ T)$와 $J''(\omega_0,\ T_0)$을 만들어 나누고, $\omega_0/\omega = a_T (= t/t_0)$관계를 이용하면 아래와 같은 점탄성고체에 대한 시간(혹은 진동수)-온도 중첩원리가 성립된다.

$$\frac{\eta'(0,\ T) J_e^2(T)}{b_T} = a_T \eta'(0,\ T_0) J_e^2(T_0), \qquad \frac{J_e(T)}{b_T} = J_e(T_0) \tag{8. 348}$$

식 (8. 348)의 첫 번째 식에서 b_T를 소거하면 a_T에 관한 아래식을 얻는다.

$$a_T = \frac{\eta'(0,\ T)}{\eta'(0,\ T_0)}\left(\frac{J_e(T)}{J_e(T_0)}\right) \tag{8. 349}$$

참고로 그림 8. 42 및 8. 43에 폴리스티렌(PS)(분자량 800,000) tri-m-tolyl phosphate 용매속의 40 % 용액에 있어서 기준온도 $T_0 = 0$ ℃ 일 때의 각각 동적 전단계수(G', G'') 및 정적 [$J_r(t)(= J_g + J_d\psi(t))$(식8. 123)] 및 동적($J', J'', J'' - 1/\omega\eta$)전단 크리프 컴플라이언스에 대한 실험에서 얻어진 만능곡선(master curve)을 나타내었다.

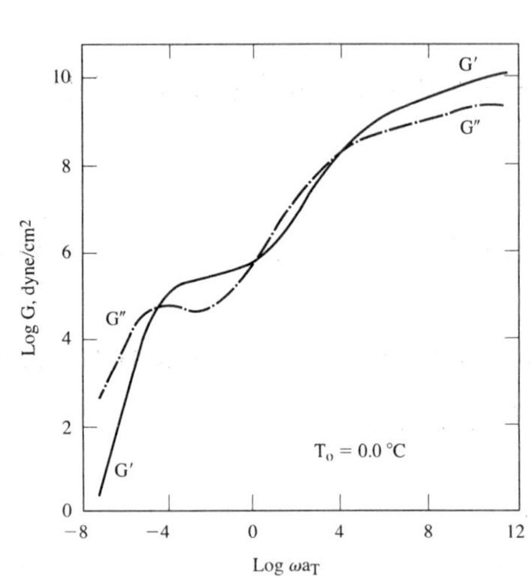

▶ **그림 8. 42** 기준온도 $T_0 = 0$ ℃에서 PS-tri-m- tolyl phosphate 40 % 용액에 대한 G' 및 G'' 의 만능곡선(PS의 분자량 $M = 800,000$).

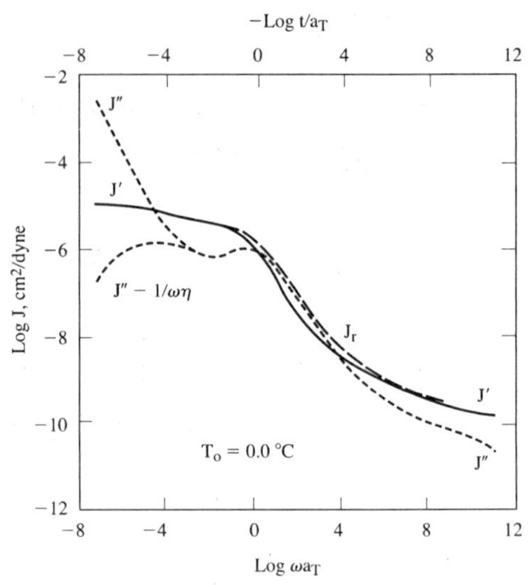

▶ **그림 8. 43** 기준온도 $T_0 = 0$ ℃에서 PS-tri-m-tolyl phosphate 40 % 용액에 대한 회복가능 전단 컴플라이언스 $J_r(t)$와 복소 전단 컴플라이언스 $J'(\omega)$ 및 $J''(\omega)$의 만능곡선(PS의 분자량 $M = 800,000$).

8. 4. 4 수평이동인자 a_T의 온도의존성

8. 4. 4. 1 WLF 이론

여기서 Doolittle 의 점도 및 T_g에 관한 '자유체적(free volume)이론'을 소개하기로 한다. 그러기에 앞서 지금 T_g이상의 온도에 있는 한 비결정고분자의 전체부피 V는 일반적으로 아래와 같이 온도 T에 관하여 직선적으로 나타내진다.

$$V(T) = V_0 + \Delta V(T) = V_g[1 + \alpha_f(T - T_g)] \tag{8. 350}$$

여기서 V_0는 온도증가에 따른 열팽창이 없을 경우의 물질의 고유한 '점유체적(occupied volume)'이며, $\Delta V = V - V_0$이다. 또한 V_g는 T_g에서의 물질의 부피이며, T_g를 전후로 하여 유리상과 고무상의 온도에 대한 기울기(즉 열팽창계수)가 달라지므로 (8. 5절 참조) α_f는 T_g(이상)에서 고무상의 열팽창계수이다(식 5. 25참조). 그런데 온도증가에 의해 (V_0로부터)팽창한 부피를 자유체적 $V_f(= V - V_0)$라 하고 전체 V에 대한 분율을 '자유체적 분율' $f(T)(= V_f(T)/V(T))$라 하며 식 (8. 350)에서 아래가 성립된다.

$$f = f_g + \alpha_f(T - T_g) \tag{8. 351}$$

여기서 f 및 f_g는 각각 온도 T 및 T_g에서의 물질의 자유체적분율이며, α_f는 T_g이상에서의 고무상의 자유체적분율(f)의 열팽창계수에 해당된다.

한편 Doolittle는 점도 η의 자유체적 V_f(또는 자유체적분율 f)의존성을 아래와 같이 나타내었다.

$$\ln\eta = \ln A + B\left(\frac{V - V_f}{V_f}\right) \tag{8. 352a}$$

혹은

$$\ln\eta = \ln A + B\left(\frac{1}{f} - 1\right) \tag{8. 352b}$$

일반적으로 점탄성 액체의 점도는 온도가 올라가면 감소되는데, 식 (8. 351)에서 T가 증가하면 V_f(또는 f)도 증가하므로 식 (8. 352)는 이를 잘 반영하고 있다. 지금 식 (8. 352b)에 (8. 351)을 대입하면 아래가 성립된다.

$$\ln\eta(T) = \ln A + B\left(\frac{1}{f_g + \alpha_f(T - T_g)} - 1\right) \qquad (T > T_g)$$

$$\ln\eta(T_g) = \ln A + B\left(\frac{1}{f_g} - 1\right) \qquad (T = T_g) \tag{8. 353}$$

이 두 식을 서로 빼면 아래가 성립된다.

$$\ln\frac{\eta(T)}{\eta(T_g)} = B\left(\frac{1}{f_g + \alpha_f(T - T_g)} - \frac{1}{f_g}\right) \tag{8. 354a}$$

혹은

$$\log\frac{\eta(T)}{\eta(T_g)} = \log a_T = -\frac{B}{2.303 f_g}\left(\frac{T - T_g}{f_g/\alpha_f + T - T_g}\right) \tag{8. 354b}$$

[단 위 식에서 수평이동인자 $b_T = 1$로 두었음(식 8. 332) 참조.]

여기서 $B/2.303f_g \equiv C_1$, $f_g/\alpha_f \equiv C_2$로 두면 수평이동인자 a_T의 온도의존성에 관한 아래의 잘 알려진 'WLF 식'을 얻는다.

$$\log a_T = \frac{-C_1(T-T_g)}{C_2+T-T_g} \tag{8.355}$$

참고로 표 8.9에 몇가지 대표적 고분자에 대한 기준온도로서 T_g를 취하였을 때의 WLF 파라미터 C_1, C_2의 값(T_g 포함)과 평균적으로 어느 고분자에도 적용될 수 있는 '만능 상수(universal constant)' $C_1(=17.4)$ 및 $C_2(=51.6\text{ K})$값을 나타내었다.

표 8.9 WLF 파라미터*

Polymer	C_1	C_2, K	T_g, K
Polyisobutylene	16.6	104	202
Natural rubber(Hevea)	16.7	53.6	200
Polyurethane elastomer	15.6	32.6	238
Polystyrene	14.5	50.4	373
Poly(ethyl methacrylate)	17.6	65.5	335
"Universal constants"	17.4	51.6	

* 이표의 만능상수를 비롯한 C_1, C_2값은 기준온도 $T_0 = T_g$를 취했을 경우에 해당되며, 만약 기준온도가 T_g가 아닌 일반적인 경우의 두 파라미터 C_1° 및 C_2°는 식 (8.359)로 나타내진다.

위의 WLF식은 일반적인 온도 T가 T_g로부터 $T_g+100\text{ K}$일 경우에 유효하다. 또한 만능상수 $C_1=17.4$, $C_2=51.6\text{ (K)}$를 사용하면 식 (8.354b)의 $f_g=0.025$(단 $B=1$ 간주), $\alpha_f=4.8\times10^{-4}\text{ K}^{-1}$을 얻는다.

한편 WLF식 (8.355)는 점도 η에 비례하는 응력완화(혹은 크리프 지연)시간 $\tau(T)$의 온도 혹은 자유체적분율 $f(T)$ 의존성으로부터도 마찬가지로 유도될 수 있다. 즉

$$\tau(T) = A'\exp(B'/f(T)) \tag{8.356a}$$

혹은 양변에 log를 취하면

$$\ln\tau(T) = A'' + \frac{m}{T-T_\infty} \tag{8.356b}$$

여기서 m은 상수, T_∞는 자유체적 V_f가 0(즉 $V=V_0$)이 되는 '가상적인 온도'로서 통상 $T_\infty \simeq T_g - 50\text{ K}$이다. 그런데 스프링-대쉬폿 모델을 바탕으로 완화시간 τ도 점도 η와 같은 시간-

온도 중첩원리를 따른다고 가정할 수 있으므로 아래 관계식이 성립된다(단 수직이동인자 $b_T = 1$로 간주).

$$\ln a_T = \ln\left[\tau(T)/\tau(T_0)\right]\left[= \ln\nu(T_0)/\nu(T)\right] \tag{8.357a}$$

$$= -m\left[\frac{1}{T_0 - T_\infty} - \frac{1}{T - T_\infty}\right] = -\frac{C_1(T - T_0)}{T + C_2 - T_0}$$

$$C_1 = \frac{m}{T_0 - T_\infty},\ C_2 = T_0 - T_\infty \tag{8.357b}$$

위 식에서 기준온도 T_0는 통상 T_g에 해당된다(식 8.359 참조). 그리고 식 (8.357)의 $\nu(T)$는 주어진 온도에서 완화(혹은 지연)에 관련된 진동수 $\nu(= \omega/2\pi)$로서, 일정온도에서 $\tan\delta$(혹은 G'') 대 ω플롯의 피크 지점에서 $\omega = 1/\tau$이 만족되므로 이 때 $\nu = 1/2\pi\tau$가 되어 최대 감쇄(damping) 진동수 ν_{max}에 해당된다.

한편 식 (8.352b)에서 수평이동인자 a_T에 관한 아래식도 성립된다.

$$\log a_T = \log\frac{\eta(T)}{\eta(T_0)} = \frac{B}{2.303}\left(\frac{1}{f(\tau)} - \frac{1}{f(\tau_0)}\right) \tag{8.358a}$$

또는

$$\log a_T = \log\frac{\tau(T)}{\tau(T_0)} = \frac{B'}{2.303}\left(\frac{1}{f(T)} - \frac{1}{f(T_0)}\right) \tag{8.358b}$$

한편 원래의 WLF식 (8.355)에서 두 파라미터 C_1, 및 C_2가 표 8.9에 나타낸 것처럼 기준온도로서 $T_0 = T_g$를 취했을 때의 경우에 해당되므로, 만약 T_g와 다른 기준온도 T_0에서의 두 파라미터는 C_1° 및 C_2°으로 한다면 각각 아래로 주어진다.

$$C_1^\circ = \frac{C_1}{1 + (T_0 - T_g)/C_2},\ C_2^\circ = C_2 + T_0 - T_g \tag{8.359}$$

증 명 식 (8.328)에서 수평이동인자 a_T의 정의식 $a_T = t/t_0$ 즉 $t = t_0 a_T$에서 a_T는 (기준)온도 T_0의 시간 t_0에서 온도 T의 시간 t(혹은 반대로 현재온도 T의 시간 t에서 기준온도 T_0의 시간 t_0)로 이동하는 인자이다. 따라서 WLF 식 (8.355)의 $a_T(= t/t_g)$는 (기준)온도 T_g에서 현재 온도 T로 바꾸는 이동인자이다. 여기서 a_T에 관한 '(복합)연산자' 개념 을 적용하여 온도 T_g에서 T_0을 거쳐 T로 갈 경우의 이동인자 a_T는 아래 관계식으로 나타낼 수 있다.

$$a_T(T_g \to T) = a_T(T_g \to T_0) \cdot a_T(T_0 \to T) \tag{8. 360a}$$

혹은

$$\log a_T(T_0 \to T) = \log a_T(T_g \to T) - \log a_T(T_g \to T_0) \tag{8. 360b}$$

위 식에서 $\log a_T(T_g \to T)$는 원래의 WLF식 (8. 355)에 해당하고, $\log a_T(T_g \to T_0)$는 그 식에서 T대신 T_0으로 대입하면 된다. 그리고 식 왼편의 $\log a_T(T_0 \to T)$는 목적하는 식으로서 기준온도로서 T_g가 아닌 T_0일 때의 새로운 WLF 파라미터인 C_1° 과 C_2° 을 사용하여 아래와 같이 나타낼 수 있다.

$$\log a_T(T_0 \to T) = \frac{-C_1^\circ (T - T_0)}{C_2^\circ + T - T_0} \tag{8. 361}$$

따라서 이들 관계(정의)식을 식 (8. 360b)의 3항에 모두 대입하여 통분하면 아래가 된다 [이 때 분자는 $-C_1C_2(T-T_0)$만 남는다.]

$$\frac{-C_1^\circ (T - T_0)}{C_2^\circ + T - T_0} = \frac{-C_1(T-T_g)}{C_2 + T - T_g} + \frac{C_1(T_0 - T_g)}{C_2 + T_0 - T_g}$$

$$= \frac{-C_1C_2(T-T_0)}{(C_2 + T - T_g)(C_2 + T_0 - T_g)}$$

$$= \frac{-C_1(T-T_0)}{(T - T_0 + C_2 + T_0 - T_g)} \cdot \frac{1}{[1 + (T_0 - T_g)/C_2]} \tag{8. 362}$$

따라서 $C_2^\circ = C_2 + T_0 - T_g$, $C_1^\circ = C_1/[1+(T_0-T_g)/C_2]$가 증명된다. ■

식 (8. 359)에서 만약 기준온도로서 $T_0 = T_g + 50℃$를 취하면 표 8. 9에 나타낸 만능상수 $C_1 = 17.4$, $C_2 = 51.6\,(\mathrm{K})$에서 새로운 만능상수 $C_1^\circ = 8.83$, $C_2^\circ = 101.6\,(\mathrm{K})$가 된다.

8. 4. 4. 2 Arrhenius형 이론

위에서 언급한 바와 같이 점도 $\eta(T)$ 또는 완화시간 $\tau(T)$에 관한 수평이동인자 a_T에 관한 WLF 이론식은 아래의 형태로 나타내진다.

$$\log a_T = \log \frac{\eta_T}{\eta_0} = \frac{-C_1(T-T_0)}{C_2 + T - T_0} \tag{8. 363}$$

[비고: 위 식에서 T_g와 다른 일반 기준온도 T_0에 대한 WLF 파라미터 C_1°, C_2° (식 8.359 참조)대신 편의상 C_1, C_2로 나타내었다.]

이 식 혹은 식 (8.358)에서 알 수 있듯이 WLF 이론의 η_T 는 아래의 일반 형태로 나타낼 수 있다.

$$\eta_T = \eta_0 \exp[+C/(T-T_0)] \quad (\text{여기서 } C\text{는 온도무관 상수}) \tag{8.364}$$

따라서 $T=T_0$ 되는 온도에서는 물성(점도나 완화시간등)이 ∞ 가 되는 '특이점(singularity)'을 나타내게 된다.

그래서 이와 같은 결점을 보완하기 위하여 점도나 완화시간의 온도 의존성에 대하여 아래와 같은 Arrhenius형이 제안되어 있다.

$$\eta_T = A\exp(E_a/RT) \text{ 혹은 } \tau_T = A'\exp(E_a'/RT) \tag{8.365}$$

위 식에서 온도 무관 활성화에너지 E_a 및 E_a'는 각각 아래식으로 얻어진다.

$$E_a = d\ln\eta_T/d(1/T), \quad E_a' = d\ln\tau_T/d(1/T) \tag{8.366}$$

식 (8.365)에서 η_T 및 τ_T에 대해 각각 기준온도 T_0에서의 (log)값과의 차를 구하면 아래가 된다.

$$\ln\eta_T/\eta_0 = \frac{E_a}{R}\left(\frac{1}{T}-\frac{1}{T_0}\right), \quad \ln\tau_T/\tau_0 = \frac{E_a'}{R}\left(\frac{1}{T}-\frac{1}{T_0}\right) \tag{8.367}$$

한편 앞에서 $\eta_T/\eta_0 = a_T$ (단 수직이동인자 $b_T = 1$ 간주)이므로 점도의 온도의존성에관하여 Arrhenius식과 WLF식 사이에 아래 관계가 성립된다.

$$\log a_T = \frac{E_a}{2.303R}\left(\frac{1}{T}-\frac{1}{T_0}\right) \text{ (Arrhenius)} \tag{8.368a}$$

$$= -\frac{C_1(T-T_0)}{C_2+T-T_0} \text{ (WLF)} \tag{8.368b}$$

[단 일반 기준온도에서의 파라미터 C_1°, C_2° 대신 C_1, C_2로 표기하였다.]

따라서 Arrhenius식의 활성화 에너지 E_a(혹은 E_a')를 알면 WLF 파라미터 C_1 및 C_2를 알 수 있으므로, 활성화 에너지가 수평이동인자 a_T를 결정한다. 반대로 C_1, C_2 WLF 파라미터를 알면 활성화 에너지 나아가 η_T나 τ_T를 알 수 있다. 그러나 앞에서 언급한 바와 같이 WLF 이론은 식 (8.364)에서 나타낸 바와 같이 $T=T_0$에서 물성의 특이점을 가진다. 특히 $\tan\delta$(혹은 G'')가 최대가 되는 점에서 $\omega(=2\pi\nu)=1/\tau$이 되므로 $\tau=1/2\pi\nu$가 되어 이 때의 최대 감쇄 진동수 $\log\nu_{max}$ 대 $1/T$의 플롯은 그림 8.44에 나타낸 바와 같이 WLF식의 경우 $T=T_0$에서 $-\infty$가 되는 특이점을 야기한다. 따라서 광범위한 온도범위에서는 시간-온도 중첩원리의 수평이동인자 a_T의 온도 의존성으로서 Arrhenius형을 취하는 것이 무난할 것이다.

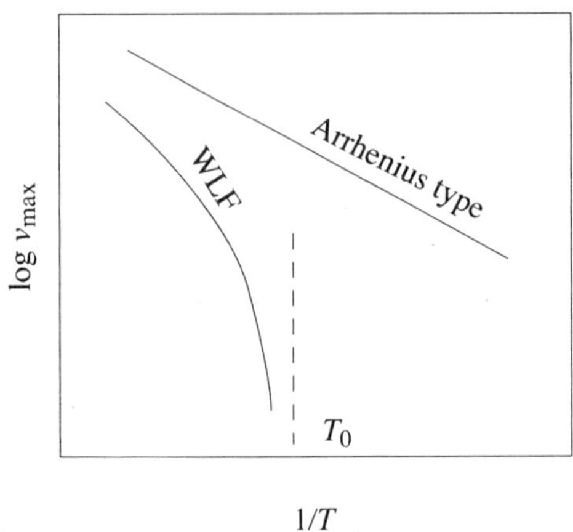

▶ **그림 8.44** 최대 감쇄 진동수 ν_{max} 대 $1/T$의 플롯.

다음절로 넘어가기 전에 이절에서 언급된 선형점탄성에 관한 시간-온도 중첩원리를 이해하기 위하여 아래에 예제 문제 3개를 싣는다.

예제 18.15

기준온도 $T_0=290$ K에 있는 폴리스티렌(PS)-TCP의 70% 농도용액에 대한 회복가능한 전단 크리프 컴플라이언스 $J_r(t)$의 만능곡선상의 $\log t_0(s)=11.6$일 때 $\log J_r(t_0, T_0)\,(\mathrm{Pa}^{-1})=-5.62$인 것이 알려져 있다. 이 때 입력응력 $\sigma_0=0.1$ MPa일 때 수평이동인자 a_T와 점도 η의 온도의존성이 아래식으로 나타내진다면 $T=318$ K, $t=10^6$일 때의 전단변형률 $\gamma(t)\,[=\sigma_0 J(t)]$의 값을 구하라.

$$\log a_T=\frac{785}{T-239.8}-15.64;\quad \log\eta=\frac{790}{T-243}+1.69 \tag{1}$$

풀이 식 (8.330)에서 수직이동인자 $b_T \simeq 1$로 가정하면 $J_r(t)$에 관한 시간-온도 중첩원리는 $J_r(t,\ T) = J_r[t_0(=t/a_T),\ T_0]$에 $T = 318\text{ K}$, $T_0 = 290\text{ K}$를 대입하면 아래가 된다.

$$J_r(t, 318\text{ K}) = J_r(t/a_T, 290\text{ K}) \tag{2}$$

그런데 위 식 (1)의 왼편식에 $T = 318\text{ K}$를 대입하면 아래가 된다.

$$\log a_T = \left(\frac{785}{318 - 239.8} - 15.64\right) = -5.602 \text{ 즉 } a_T = 10^{-5.602} \tag{3}$$

따라서 식 (2)는 아래가 된다.

$$J_r(t, 318\text{ K}) = J_r(10^{5.602}t, 290\text{ K}) \tag{4}$$

한편 점탄성 액체의 $J(t)$에 관한 식 (8.123)에서 아래가 성립된다.

$$J(t) = J_r(t)(= J_g + J_d\psi(t)) + t/\eta \tag{5}$$

그런데 점도에 관한 식 (1)에서 $\log\eta_0(T_0 = 290\text{ K}) = 18.499$가 되고, $\eta_T = \eta_0 a_T$(여기서 $a_T = t/t_0$)및 아래의 관계식에

$$J(t, T)[= J(t_0, T_0)] = J_r(t, T)[= J_r(t_0, T_0)] + \frac{t}{a_T\eta_0} \tag{6}$$

$T = 318\text{ K}$, $T_0 = 290\text{ K}$를 대입하면 아래가 얻어진다.

$$J(t, 318\text{ K}) = J\left(\frac{t}{a_T}, 290\text{ K}\right) = J_r\left(\frac{t}{a_T}, 290\text{ K}\right) + \frac{t}{a_T\eta(290\text{ K})} \tag{7}$$

그런데 이 식 중의 $J_r(t_0, T_0)$항에 $t = 10^6\,s$ 및 $a_T[T = 318\text{ K} \rightarrow T_0 = 290\text{ K}] = 10^{-5.602}$를 대입하면 $J_r[t_0 = 10^{11.602}\,s, 290\text{ K}]$즉 $\log t_0 = 11.602$가 되어 만능곡선상에서 이때의 $\log J_r(t_0) = -5.62$ (즉 $J_r(t_0) = 10^{-5.62}$)가 된다. 따라서 이 값과 $\eta_0(T_0) = \eta(290\text{ K}) = 18.499$를 식 (7)에 대입하면 결과적으로 $T = 318\text{ K}$, $t = 10^6$일 때의 $J(t)$값은 아래가 된다.

$$J(10^6\,s, 318\text{ K}) = J(10^{11.602}, 290\text{ K})$$
$$= 10^{-5.62} + \frac{10^6}{10^{-5.62} \times 10^{12.897}} = 10^{-5.60}\text{ Pa}^{-1}$$

이 값으로부터 대응하는 크리프 전단변형 $\gamma(t) = \sigma_0 J(t) = 0.1\text{ MPa} \times 10^{-5.60}\text{ Pa}^{-1} = 10^{-0.60} = 0.251\,(25.1\%)$가 된다.

예제 18.16

만약 여러 다른 온도에서 기준온도 T_0인 만능곡선으로 수평이동시키는 이동인자 $\log a_T$에 관한 실험 데이터가 얻어져, 이를 이용하여 x축에 $(T-T_0)$, y축에 $(T-T_0)/\log a_T$를 플롯하였더니 기울기 $m=-0.0625$ 및 절편 $I=-3.173$의 직선이 얻어졌다고 한다면 이 물질에 대한 WLF 파라미터 C_1, C_2값을 추정하여 보아라.

풀이 WLF 식 (8.363)을 변형하면 아래가 된다.

$$(T-T_0)/\log a_T = -\frac{1}{C_1}(C_2+T-T_0) = -\frac{C_2}{C_1}-\frac{1}{C_1}(T-T_0) \quad (1)$$

즉 기울기 $m=-1/C_1$, 절편 $I=-C_2/C_1$가 됨을 알 수 있다. 따라서 $m=-0.0625$및 $I=-3.173$을 대입하여 구하면 $C_1=16.00$, $C_2=50.80$ K가 된다.

예제 18.17

25 ℃에서 용매(희석제)가 없을 때의 순수 고분자의 손실$(\tan\delta)_{max}$에 해당하는 최대 감쇄 진동수 $\nu_{max}\left(=\frac{1}{2\pi\tau}=\frac{\omega_{max}}{2\pi}\right)=0.50$ Hz이었다. 이때 같은 온도에서 ν_{max}를 100 Hz로 증가시키려면 희석제를 얼마나 (부피분율 ϕ_1으로)넣어야 할까?

단 희석제와 고분자의 T_g는 각각 −70 ℃ 및 10 ℃로 가정하고, 또 열팽창계수도 각각 8.5×10^{-4} K^{-1} 및 4.2×10−4 K^{-1}로 가정하여라. 또 완화시간 τ에 관한 Doolittle 식 (8. 356a)에서 A' 및 $B'(=1)$는 일정하고, 또 자유체적분율 식 (8. 351)이 같이 적용되며, 둘 다 $f_g=0.025$를 이용하고, 희석제가 포함된 경우의 용액의 자유체적 분율식은 각각의 부피분율에 대한 단순 가성법칙을 가정하라.

풀이 순수 고분자와 희석에가 들어간 용액의 완화시간을 각각 τ_p 및 τ_s, 그리고 자유체적분율을 f_p 및 f_s라 하고, 손실$\tan\delta$이 피크가 되는 최대 감쇄상태에서 $\tau=1/\omega=1/2\pi\nu_{max}$이 성립하므로 τ에 관한 Doolittle 식 (8. 356a)에서 아래 관계가 성립된다.

$$\ln\frac{\tau_s}{\tau_p}=\ln\frac{\nu_p}{\nu_s}=B'\left(\frac{1}{f_s}-\frac{1}{f_p}\right) \quad (1)$$

여기서 순수 고분자의 자유체적분율 f_p는 식 (8. 351)에서 고분자의 $T_g=10$ ℃,

T_g이상에서의 열팽창계수 $\alpha = 4.2 \times 10^{-4}$ K^{-1} 이므로 아래가 된다(단 $f_g = 0.025$이용).

$$f_p = 0.025 + 4.2 \times 10^{-4}(25 - 10) = 0.0313 \tag{2}$$

그리고 순수 희석제(용매)의 자유체적분율 f_1는 $T_g = -70$ ℃, $\alpha = 8.5 \times 10^{-4}$ K^{-1}, $f_g = 0.025$이므로 아래가 된다.

$$f_1 = 0.025 + 8.5 \times 10^{-4}(25 + 70) = 0.1057 \tag{3}$$

한편 용액의 f_s는 각 성분의 부피분율에 대해 가성적이므로 아래가 성립된다.

$$f_s = \phi_1 f_1 + (1 - \phi_1) f_p = 0.1057\phi_1 + 0.0313(1 - \phi_1) \tag{4}$$

이를 식 (1)에 대입하고 $(B' = 1)$, 또 $f_p = 0.5$ Hz, $f_s = 100$ Hz를 이용하면 아래 관계식이 얻어진다.

$$\ln 100 = \ln 0.5 - \left[\frac{1}{0.1057\phi_1 + 0.0313(1 - \phi_1)} - \frac{1}{0.0313} \right] \tag{5}$$

따라서 이 식을 ϕ_1에 대해 풀면 $\phi_1 = 0.083$ 즉 용매의 부피분율이 8.3 %이상이 요구된다.

8. 5 유리전이 및 완화현상

그림 8. 7에 나타낸 바와 같이 벌크상의 비결정성 고분자는 좁은 온도범위에서 비교적 예리하게 일어나는 전이(transition)영역인 T_g근방에서 유리상으로부터 고무상으로의 탄성계수의 크기(order)가 약 3단계정도(가령 10^3에서 10^0으로)뚝 떨어지는 역학적 성질의 큰 전이(변화)를 경험하게 된다. 따라서 이절에서는 열역학적으로 (준)2차 전이에 해당하는 유리전이 현상의 기원을 포함하여 T_g에 관한 열역학적 및 속도론적 이론, 그리고 T_g에 미치는 분자구조와 같은 여러 요인, 그리고 T_g이하에서 일어나는 2차(secondary)완화현상 등에 대해 다루겠다.

8. 5. 1 유리전이의 현상론

일반적으로 준 결정성(semi-crystalline)고분자는 결정상에 의한 열역학 1차 상전이(first-order phase transition)점인 융점 T_m과 비정상에 의한 열역하 (준)2차 상전이(second-order phase transition)점인 유리전이온도 T_g를 모두 나타낼 수 있다. 그림 8. 45와 8. 46에 각각 부피팽창법

(dilatometry)과 열용량(정압비열 C_P)측정 (differential scanning calorimetry, DSC)에 의한 T_g 및 T_m을 측정하는 방법을 나타내었다.

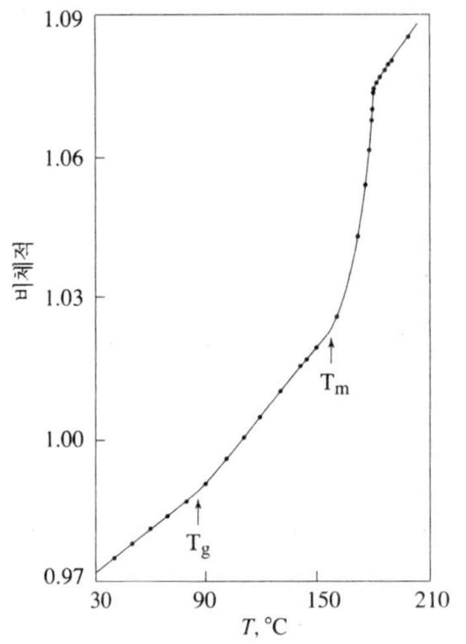

▶ **그림 8.45** 부피팽창법으로 측정한 결정성 고분자 폴리(N, N'-세바코일 피페라진)의 온도에 따른 비체적(specific volume)의 변화. 90℃ 부근에서 T_g, 160℃ 이상에서 결정융해전이를 나타낸다.

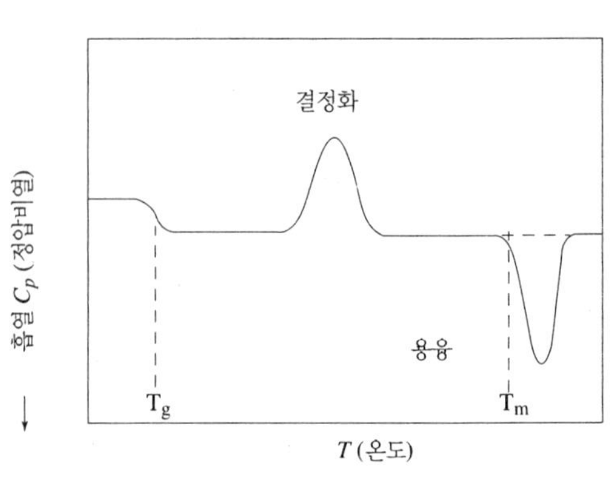

▶ **그림 8.46** 준정형 고분자의 DSC에 의한 T_g와 T_m **측정.**

먼저 그림 (8.45)의 T_m에서는 두 평형공존상인 결정과 비정(액체)의 부피(혹은 비체적)의 불연속 즉 용융에 의한 부피변화 $\Delta \overline{V}_m [= \overline{V}_l - \overline{V}_c$; 여기서 $\overline{V}_l$과 $\overline{V}_c$는 각각 액상 및 결정상의 몰 부피임$] > 0$이 되며, T_g에서는 공존하고 있는 유리상과 고무상의 부피(혹은 비체적)은 같으나, 기울기 즉 열팽창계수 α가 불연속 즉 $\Delta\alpha[= \alpha_r - \alpha_g$; 여기서 α_r과 α_g는 각각 고무상 및 유리상의 열팽창계수임$] > 0$이다. 그리고 그림 (8.46)의 T_m에서는 평형 공존하는 결정(c)상과 액체(l)상의 $\Delta \overline{H}_m [= \overline{H}_l - \overline{H}_c = \int C_P dT$; 여기서 $\overline{H}_l$ 및 $\overline{H}_c$는 각각 액상과 결정상의 몰 엔탈피이며, C_P는 정압비열임$] > 0$ (즉 흡열용융)이 되어 엔탈피(H)의 불연속이 되며, T_g에서는 H의 T에 대한 미분(즉 기울기)에 해당하는 (몰)비열(C_P)의 불연속 즉 $\Delta \overline{C}_P [= \overline{C}_{P,r} - \overline{C}_{P,g}$; 여기서 $\overline{C}_{P,r}$과 $\overline{C}_{P,g}$는 각각 고무상과 유리상의 몰 정압비열임$] > 0$이 되어 불연속이 된다. 즉 두 그림 모두 열역학 1차 상전이점인 T_m에서는 Gibbs 자유에너지 G의 T(온도) 혹은 P(압력)에 관한 1계도함수인 $V[= (\partial G/\partial P)_T]$나 $H[= (\partial(G/T)/\partial(1/T))_P]$의 불연속, 그리고 (준)2차 상전이 점인 T_g에서는 G의 T 혹은 P에 관한 2계도함수인 $\alpha\left[= (\partial V/\partial T)_P/V = (\partial^2 G/\partial P \partial T)/V\right]$ 및 C_P

$\left[= (\partial H/\partial T)_P \equiv \left(\frac{\partial}{\partial T}\left(\frac{\partial(G/T)}{\partial(1/T)}\right)\right)_P\right]$의 불연속이 생긴다(5. 1절 참조). 그림 8. 47에 준정형 고분자의 T_g 및 T_m을 전후로 한 각종 물성의 변화를 요약하여 나타내었다.

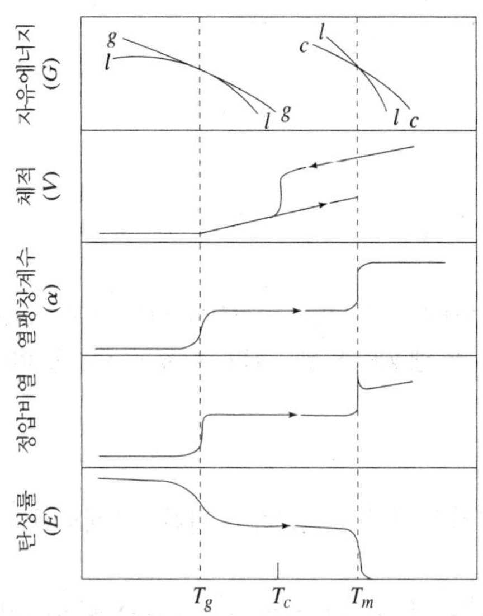

▶ **그림 8. 47** 준정형 고분자의 T_g, T_m에 있어서 각종 물성의 변화.

그림 8. 47을 보면 비정성 물질의 경우에도 G의 T나 P에 관한 2계도함수에 해당하는 비열(C_P)이나 열팽창계수(α) 등이 불연속적으로 변화하고, 전형적인 2차의 상전이(그림 8. 48 참조)와 비슷한 거동을 보이는 유리전이 온도(T_g)가 나타난다. 정확히 말하면 이 T_g는 2차 상전이에 의한 것이 아니고, 비정성 고체의 자유에너지가 열역학적으로 불안정한 상태에서 동결된 속도론적인 전이온도이다(아래참조). 예를 들면, 융체(melt)를 냉각하여 가면, 융체의 자유에너지 곡선 l보다 높은 에너지에서 동결된 과냉각고체 곡선 g가 T_g이하에서 나타난다. 이처럼 과잉의 자유에너지를 간직한 채로 동결되어 있는 상태를 유리상태라고 한다.

여기에서 참고로 그림 8. 48에 실제의 (a)열역학 1차 상전이 온도(T^*) 및 (b)2차 상전이 온도(T^*)전후로의 각종 물성의 변화를 나타내었다. 먼저 (a)와 (b)의 몰 자유에너지인 화학퍼텐셜 μ의 상전이점 T^*전후의 거동을 보면, 1차 전이점인 (a)의 경우 두 공존상의 기울기[즉 $(\partial\mu/\partial T)_P = -\bar{s}$]가 불연속(즉 $\Delta\bar{s} \neq 0$)이나, 2차 전이점인 (b)에서는 기울기가 같으므로 연속(즉 $\Delta\bar{s} = 0$)이 된다. 그러나 (a), (b)모두 전이점 T^*에서 두 평형 공존상의 화학퍼텐셜은 같음에 유의해야 한다.

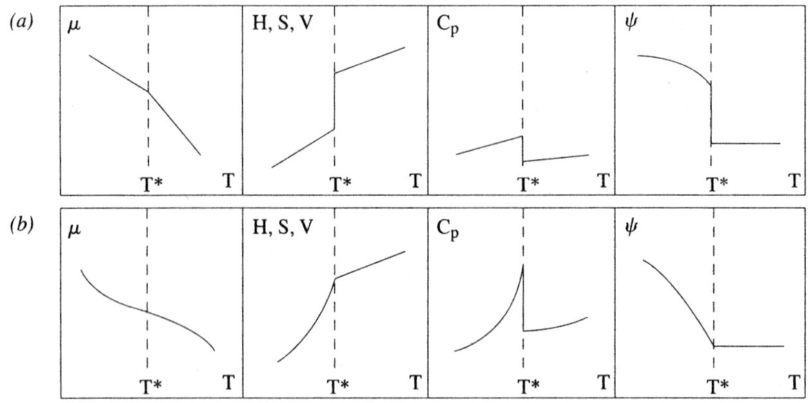

▶ **그림 8. 48** (a)열역학 1차 상전이와 (b)2차 상전이에 대한 각종 물성의 전이온도 T^* 전후의 변화거동 : μ, 화학퍼텐셜; H, 엔탈피; S, 엔트로피; V, 부피; C_P, 정압비열; ψ, 규칙도(order) 파라미터.

다음에 Gibbs 자유에너지의 T나 P에 관한 1계도함수인 $H\left[=\left(\partial\left(\frac{G}{T}\right)/\partial\left(\frac{1}{T}\right)\right)_P\right]$, $S[=-(\partial G/\partial T)_P]$, $V\left[=\left(\frac{\partial G}{\partial P}\right)_T\right]$의 (a)1차 전이점과 (b)2차 전이점 전후로의 변화거동은 앞에서 설명한 바와 같이 (a)에서는 자체의 불연속(모두 증가하는 방향으로), (b)에서는 기울기의 불연속이 생긴다. G의 온도에 관한 2계도함수에 해당하는 정압비열 C_P의 경우에는 1차 전이인 (a)에서는 C_P자체보다 적분($\Delta H=\int C_P dT$) 즉 1차 상전이 열이 0이 아니다(즉 H의 불연속을 의미). 그러나 (b)의 경우에는 상전이점인 T^*에서 C_P의 불연속이 생기고, 특히 $T>T^*$이후의 C_P값이 상전이 전의 C_P값보다 작아진다. 그러나 그림 8. 46에 나타낸 준정형 고분자에 대한 T_g에서는 역시 C_P는 불연속이나 상전이 후(즉 고무상)의 C_P값이 상전이 전인 유리상의 C_P값보다 커져 이는 T_g가 전형적인 2차 상전이가 아니라는 것[따라서 준(quasi)2차 상전이라고도 함]의 증명이 된다. 마지막으로 규칙도(order)파라미터는 1차 상전이 점 (a)에서는 T^*를 전후로 급격히 감소(즉 불연속)가 되는 것은 규칙성인 결정 고체가 융점인 T^*에서 불규칙적인(disordered)액상으로 용융되기 때문이며, 2차 전이점 (b)전후로는 규칙도가 감소하나 연속이고, T^*를 전후로 하여 기울기가 달라서 미분이 불연속이 된다.

따라서 ψ는 G의 T나 P에 관한 1계도함수인 H, S, V의 거동과 유사(그러나 방향성은 반대)함을 알 수 있다. 다음에는 고분자의 T_g현상이 진정한 열역학 2차 상전이가 아니라는 증명으로서 T_g값이 냉각(혹은 가열)속도에 크게 의존하는 비평형성에 바탕을 둔 소위 '물리노화(physical aging)' 혹은 '형상기억효과(shape memory effect)'에 대하여 논하기로 한다.

물리 노화 (혹은 등온 부피회복)

그림 8. 49에 속도론적(kinetic) 유리전이를 통하여 일정속도 $q(=\dot{T})$로 냉각된 임의의 한 비정고분자의 비평형 성격(non-equilibrium nature)을 나타내었다.

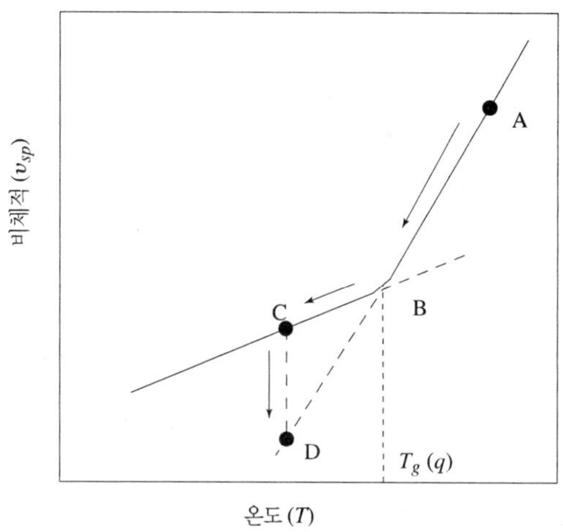

▶ **그림 8. 49** 임의의 유리상 고분자의 비평형 성격의 예시.

위 그림에 나타낸 온도에 따른 부피변화는 부피팽창계(dilatometer)로 측정되며, 시료는 실온에서 일단 T_g이상의 한 온도(가령 점 A)로 가열을 한 후 일정 속도 $q(=\dot{T})$로 점 B까지 냉각된다. 점 B에서는 전후의 온도 기울기(즉 열팽창계수 α)의 불연속[즉 $\Delta\alpha(\alpha_r - \alpha_g) \neq 0$; 여기서 α_r 및 α_g는 각각 고무상 및 유리상의 열팽창계수]이 있으므로 앞에서 언급한 논리에 의해 B점은 열역학(준)2차 상전이 점인 q의존 유리전이온도 $T_g(q)$로 간주한다. 이 온도보다 약간 낮은 온도(가령 점 C)에서 냉각을 멈추고 일정온도에서 시료를 유지하면 그림에서 보는 바와 같이 등온 경로 $\overrightarrow{CD}$를 따라 시간의 증가와 함께 비체적이 수축(즉 열팽창에 의한 부피가 저온에서의 원래의 체적으로 회복)됨을 알 수 있으므로, 점 B와 C사이의 어떤 점도 열역학적인 평형에 도달했다고는 할 수 없으므로 그림에서 관측된 T_g는 시간의존성(kinetic) 비평형 전이라고 할 수 있으며, 점 C에서 D로 이르는 등온 부피수축(혹은 회복)과정을 '물리 노화(physical aging)' 혹은 단순히 '등온 부피회복'이라고도 한다. 만약 V대신 H나 S로 실험을 해도 유사한 결과를 얻을 것이다(왜냐하면 모두다 Gibbs 자유에너지 G의 T나 P에 대한 1계도함수이므로).

한편 그림 8. 50은 비정고분자의 부피회복에 대한 냉각속도 q의 영향을 나타낸다. 그림에서 보는 바와 같이 q의 크기가 증가할수록 T_g가 증가(냉각속도가 10배 증가하면 대략 3 K 정도)하는데, 이는 큰 냉각속도의 경우 고분자의 분절의 주축주위로의 크랭크샤프트(crank-shaft)운동이 미처 평형상태로 이르지 못하고 동결되기 때문에 T_g가 상승된다.

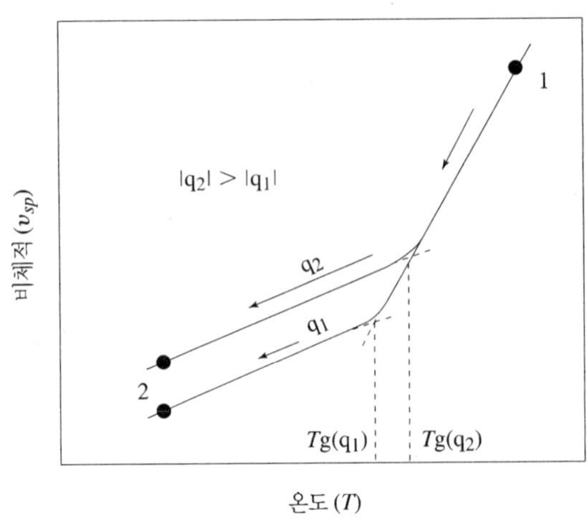

▶ **그림 8.50** 비결정성 고분자의 비체적(v_{sp})에 대한 냉각속도(q) 의존성을 보여주는 모식도.

그림 8.51에는 새로운 (평형)조정(equilibration)온도(T_∞ = 95.46 ℃)보다 높거나 낮은 여러 다른 온도에서 미리 조정시킨 비정 아탁틱 폴리스티렌(at-PS)에 대한 (등온)부피회복곡선을 나타내었다. 두 경우 모두 비직선적(non-linear)으로 회복되며, 또한 서로 비대칭(asymmetrical)성격을 띠고 있다. 그림에서 T_∞ 이상의 수축성 시료가 T_∞ 이하의 팽창성 시료보다 훨씬 평형에 가까움을 알 수 있다. 평형(v_∞)으로의 구조회복속도(즉 기울기 dv/dt의 크기)는 평형(v_∞)에서 크게 벗어난 지점에서 더욱 크며, 평형에 접근할수록(즉 $|v - v_\infty|$값이 작아질수록) 속도가 느려짐을 알 수 있다 (이에 대해서는 8.5.3절에서 자세히 논하겠다).

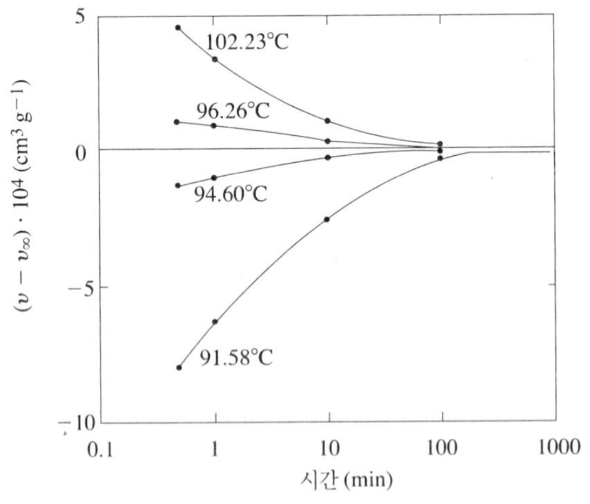

▶ **그림 8.51** 여러 다른 온도에서 미리 조정한 후 1기압, 95.46℃에서 at-PS에 대한 부피회복속도를 보여주는 그림. v_∞는 95.46 ℃에서의 평형(수축)부피임.

이와 같은 현상은 회복과정에 관련된 고분자 세그먼트의 이동도(mobility), 자유체적(free volume) 및 부피변화 사이의 복잡한 상관관계에 기인한다고 생각된다. 어쨌든 위에서 관측된 비정고분자의 부피 V, 엔탈피 H, 엔트로피 S 등에 있어서의 등온회복(물리노화)과정에서 V, H, S 등은 시간에 따라 감소되나, 반대로 여러 공학적 성질의 변화 즉 탄성계수나 항복(yield)응력 등은 증가하고, 파괴인성(fracture toughness), 충격강도(impact strength), 기체투과도(gas permeability) 등은 감소되는 등의 이 현상의 공학적 응용성은 매우 크다고 하겠다. 참고로 비정고분자의 T_g를 전후로 한 비평형성격 혹은 물리노화의 응용으로서 '형상 기억효과(shape memory effect)'에 대해 부록 8. 3에 요약하여 나타내었다.

8. 5. 2 T_g 의 측정방법

전술한 바와 같이 T_g는 (준)2차 상전이에 해당되므로 Gibbs 자유에너지 G의 T나 P에 관한 2계도함수(가령 열평형계수 α나 정압비열 C_P 등)의 불연속 성질을 이용하여 부피팽창법(dilatometry)이나 DSC 열분석기 등으로 T_g를 측정함을 위시하여 일정 진동수에서 손실 $\tan\delta$(혹은 $G''(\omega)$)의 피크 온도에 해당하는 T_g를 동적 기계적 방법에 의한 측정 나아가 '군 가성 법칙(group additive rule)'에 의한 T_g의 추정 방법 등에 대하여 이 절에서 논하기로 한다. 그러나 T_g는 시간 혹은 속도에 의존하는 비평형 성질이므로 측정방법, 측정시간 혹은 냉각(가열)속도 등을 명시해야 할 것이다.

8. 5. 2. 1 부피팽창법

부피팽창계(dilatometer)를 이용하여 여러 온도에서 비체적(specific volume, v_{sp})을 측정하여 그림 8. 49에 나타낸 것처럼 온도에 대한 기울기가 꺾이는 즉 두 평형 공존상인 유리상(α_g)과 고무상(α_r)의 열팽창계수의 불연속 즉 $\Delta\alpha(=\alpha_r-\alpha_g)\neq 0$되는 온도로서 T_g를 취한다.

8. 5. 2. 2 열분석 방법

시차열분석기(DSC)를 이용하여 $+y$축 (흡열)이 정압비열 C_P에 비례하므로 T_g에서 고무상(C_P, r)과 유리상(C_P, g)의 정압비열의 불연속 즉 $\Delta C_P(=C_{P,r}-C_{P,g})\neq 0$이 되는 성질을 이용하여 T_g를 결정한다. 이 때 시료의 열이력이나 냉각 혹은 가열속도를 명기해야 할 것이다.

8. 5. 2. 3 동저 기계적 방법

전술한 바와 같이 일정 (각)진동수에서 손실 $\tan\delta$, 손실 탄성계수 및 컴플라이언스는 유리전이

지역에서 극대(피크)를 나타낸다. 그림 8.52에 진동수 $\nu = 1$ Hz에서 스티렌-부타디엔 공중합체에 대한 G', G'' 및 $\tan\delta$의 온도분산을 나타내었다.

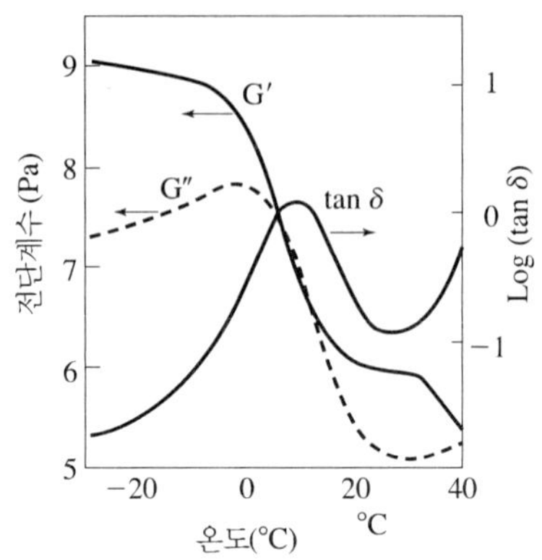

▶ **그림 8.52** 진동수 $\nu = 1$ Hz에서 스티렌-부타디엔 공중합체에 대한 G', G'' 및 $\tan\delta$의 온도분산

그런데 위 그림에서 $\tan\delta$와 G''는 서로 다른 온도에서 극대를 나타내며, 그중에 G''의 극대값이 더욱 낮음을 알 수 있다(이에 대해서는 아래에 설명함). 어쨌던 통상 $\tan\delta$ 혹은 G''(혹은 J'')의 피크온도를 T_g로 간주하나 서로 간의 차이가 있음을 알아야 한다. 그리고 이들 동적기계적 성질에서 측정된 T_g값은 앞의 부피팽창법이나 DSC열분석으로 결정한 것보다 약간 높은 값을 나타내는데 아마도 이는 T_g 측정원리의 차이뿐 아니라 서로 다른 시간 스케일을 사용하고 있기 때문이라고 생각된다.

그림 8.53에는 폴리염화비닐(PVC)의 여러 다른 진동수에서의 E' 및 $\tan\delta$의 온도분산을 나타낸다.

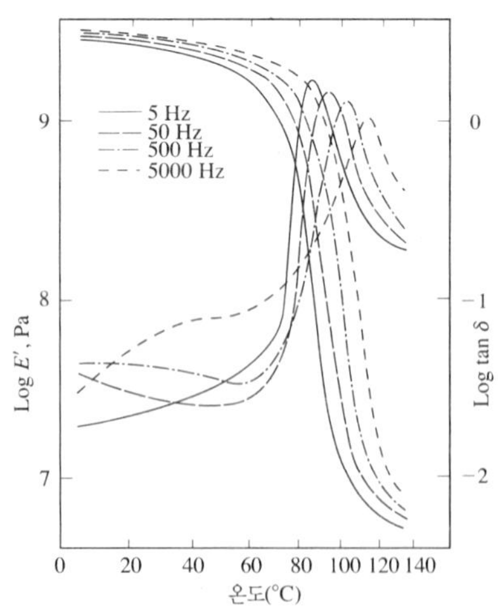

▶ **그림 8.53** 여러 다른 진동수에서 폴리염화비닐(PVC)의 E' 및 $\tan\delta$의 온도분산

그림에서 진동수가 증가할수록 $\tan\delta$의 피크온도가 우측으로 이동(즉 측정 T_g값이 증가)하는 것을 알 수 있는데 이는 시간(혹은 진동수)-온도 중첩원리(WLF 식)와 관련되어 있으며, 또한 유리전이 현상의 속도의존성(즉 비평형 성격)을 다시 한 번 확인해준다. 그러면 이하에서 손실계수 G'', J'' 및 $\tan\delta$ 사이에 일정온도에서 피크값을 나타내는 각 진동수 $\omega_{\max}$의 관계 및 일정 ω에서 피크값을 나타내는 온도 $T_{\max}$의 관계에 대해 조사해 보기로 한다.

위 그림에서 보았듯이 유리전이 지역에서 $\tan\delta$뿐 아니라 손실계수인 $G''(\omega)$, $J''(\omega)$도 흡수피크(absorption peak)를 나타낸다. 이들 사이에는 $\tan\delta$의 정의 즉 $\tan\delta = G''(\omega)/G'(\omega) = J''(\omega)/J'(\omega)$에서 일정온도에서 각 진동수 ω에 대한 분산에서 극대점을 나타내는 $\omega_{\max}$에서는 미분이 0이 되어야 하므로(극대점이 되기 위한 필요조건) 아래 관계가 성립된다.

$$\frac{d\log[\tan\delta(\omega)_{\max}]}{d\log\omega} = \frac{d\log G''(\omega)}{d\log\omega} - \frac{d\log G'(\omega)}{d\log\omega} = 0 \tag{8. 369}$$

그런데 일반적으로 $G'(\omega)$는 ω에 대해 단조(monotonous) 증가함수(즉 $dG'(\omega)/d\omega > 0$)이므로 아래 관계가 성립된다.

$$\frac{d\log G''(\omega)}{d\log\omega} = \frac{d\log G'(\omega)}{d\log\omega} > 0 \tag{8. 370}$$

위 식에서 $\tan\delta(\omega)$가 최대값(즉 미분이 0)에 도달할 때는 $G''(\omega)$는 아직 극대점에 도달하지 않을 수 있으므로 $\omega(\tan\delta_{\max}) < \omega(G''_{\max})$관계가 성립된다. 또한 $\tan\delta(\omega) = J''(\omega)/J'(\omega)$의 정의에서 피크 $\omega_{\max}$에서는 위와 마찬가지로 아래 관계가 성립되어야 한다.

$$\frac{d\log[\tan\delta(\omega)_{\max}]}{d\log\omega} = \frac{d\log J''(\omega)}{d\log\omega} - \frac{d\log J'(\omega)}{d\log\omega} = 0 \tag{8. 371}$$

그런데 $J'(\omega)$는 $G'(\omega)$와 반대의 성격을 띠고 있으므로 각속도 ω에 대한 단조 감소함수(즉 $dJ'(\omega)/d\omega < 0$)이므로 아래 관계가 성립된다.

$$\frac{d\log J''(\omega)}{d\log\omega} = \frac{d\log J'(\omega)}{d\log\omega} < 0 \tag{8. 372}$$

위 식을 보면 $J''(\omega)$가 아직 극대점에 도달하기 전 이미 $\tan\delta$은 피크값에 도달할 수 있으므로 $\omega(\tan\delta_{\max}) > \omega(J''_{\max})$관계가 성립된다. 결국 이들 피크값 사이에는 아래의 부등(inequality)관계가 성립된다.

$$\omega(J''_{\max}) < \omega(\tan\delta_{\max}) < \omega(G''_{\max}) \tag{8. 373}$$

그림 8. 54에 이들 관계를 도식적으로 나타내었다.

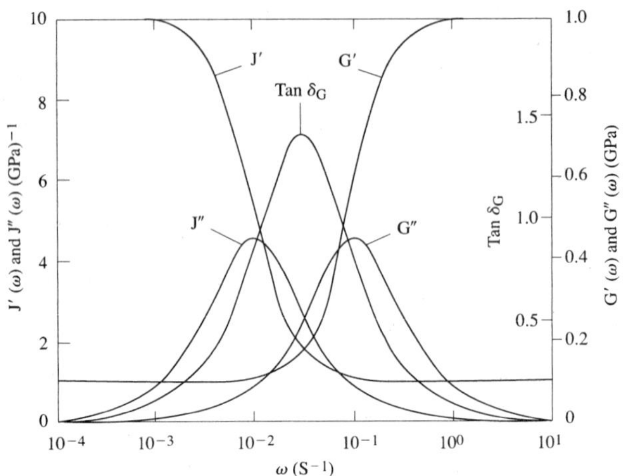

▶ **그림 8. 54** 일정온도에서 한 개의 완화시간을 가진 점탄성(고체) 모델에 의한 전단 동적 계수 및 $\tan\delta$ 의 각속도 ω 분산에 대한 모식도.

위와는 반대로 각속도 ω가 일정할 때 $\tan\delta$, $G'(T)$, $G''(T)$의 온도분산에 대한 피크(극대값) 조건을 조사하면 아래와 같다. 먼저 $\tan\delta(=G''(T)/G'(T))$의 정의에서 피크온도($T_{\max}$)에서는 미분이 0이 되어야 하므로 아래가 성립된다.

$$\frac{d\log\tan\delta_{\max}}{dT}=\frac{d\log G''(T)}{dT}-\frac{d\log G'(T)}{dT}=0 \tag{8.374}$$

그런데 $G'(T)$는 유리전이지역에서 온도의 감소함수(즉 $dG'(T)/dT<0$)이므로 위 식에서 아래가 성립된다.

$$\frac{d\log G''(T)}{dT}=\frac{d\log G'(T)}{dT}<0 \tag{8.375}$$

위 식에서 $G''(T)$는 아직 극대값에 이르기 전에 이미 $\tan\delta$은 극대값에 도달할 수 있다고 생각되므로 $T(G''_{\max})<T(\tan\delta_{\max})$가 성립된다. 또한 $\tan\delta(=J''(T)/J'(T))$의 정의로부터 피크온도($T_{\max}$)에서 아래가 성립되어야 한다.

$$\frac{d\log\tan\delta_{\max}}{dT}=\frac{d\log J''(T)}{dT}-\frac{d\log J'(T)}{dT}=0 \tag{8.376}$$

그런데 유리전이지역에서 $G'(T)$와는 반대의 성격을 띠는 $J'(T)$는 T에 대해 증가함수(즉 $dJ'(T)/dT>0$)이므로 아래관계가 성립된다.

$$\frac{d\log J''(T)}{dT} = \frac{d\log J'(T)}{dT} > 0 \tag{8.377}$$

마찬가지로 위 식에서 $J''(T)$는 아직 극대값에 도달하기 전에 $\tan\delta(T)$는 이미 극대값에 도달할 수 있으므로 $T(J''_{max}) > T(\tan\delta_{max})$관계가 성립된다. 결국 일정 각속도에서 $\tan\delta$ 및 동적 전단 손실계수 $G''(T)$, $J''(T)$의 온도분산에 대한 피크온도(T_{max})사이에는 아래 관계가 성립되어 그림 8.52의 결과를 뒷받침 해준다.

$$T(G''_{max}) < T(\tan\delta_{max}) < T(J''_{max}) \tag{8.378}$$

8.5.2.4 유전(dielectric) 및 자기적(magnetic)방법

전술한 바와 같이, 비결정시료에 대해 수행된 일(work)의 일부는 고분자 내 세그먼트간의 여기(excitation)로 인한 비가역적인 랜덤 열운동(random thermal motion)으로 전환될 것이다. 이로 인하여 앞 절의 동적 기계적 방법은 물론 비정고분자의 유전손실(dielectric loss)과 광역 핵자기공명(broad-line NMR)방법으로도 유리전이온도를 측정할 수 있다.

먼저 물질의 (복소)유전상수(dielectric constant) $\varepsilon^*(=\varepsilon' - i\varepsilon'')$에 관한 손실 $\tan\delta$는 $\tan\delta_\varepsilon = \varepsilon''(\omega)/\varepsilon'(\omega)$(여기서 ε' 및 ε''는 각각 저장 및 손실유전상수)로 표시된다(부록 8.4절 참조). 여기서 손실 유전계수 ε'' 혹은 $\tan\delta_\varepsilon$는 시료를 두 평행 축전기(capacitor)사이에 끼우고 교류(a.c)전류를 사용하여 측정된다. 일반적으로 고분자내의 극성기(polar group)는 입력된 교류전류에 응답하여 만약 분자운동의 평균진동수가 입력 전장강도(electric field)진동수가 같게(즉 공명) 될 때 최대 유전흡수(dielectric absorption)가 일어나게 된다. 그런데 기계적 $\tan\delta[=G''(\omega,T)/G'(\omega,T)]$와 유전적 $\tan\delta_\varepsilon[=\varepsilon'(\omega,T)/\varepsilon''(\omega,T)]$값은 같아야 하므로 만약 기계적과 전기적 방법의 (각)진동수가 같다면 두 방법에서 측정되는 유리전이온도 T_g 또한 같아야 할 것이다. 실제로 많은 실험에서 확인되고 있다(그림 8.55 참조).

한편 광역(broad-line) NMR 측정법은 양성자인 수소원자핵의 특성을 이용하는데, 이는 자기 모멘트(magnetic moment)를 가지므로 교류 자기장, 특히 라디오 주파수 영역에서 세차(precess)운동을 하게 된다. 유리전이온도 이하에서는 고분자 내의 서로 다른 수소 원자핵의 자기쌍극자(magnetic dipole) 사이에 보다 큰 상호작용이 존재하므로 넓은(broad) 신호로서 나타난다. T_g를 지나면서 온도가 높아짐에 따라 사슬분절의 움직임이 보다 용이해지게 되고, 주어진 원자핵 주변에 있는 양성자의 배향 분포가 점차 무질서하게 되므로 신호는 예민해진다. 또한 poytrifluorochloroethylene의 경우 유리전이를 지남에 따라 선의 폭이 좁아지는 현상을 그림 8.55에 삽입하여 나타내었다.

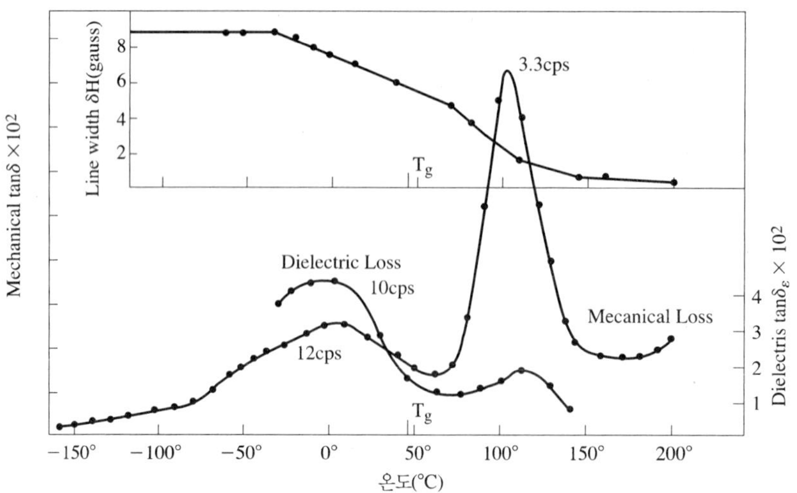

▶ **그림 8. 55** polytrifluorochloroethylene(Kel−F)에 대한 역학적($\tan\delta$) 및 유전상수($\tan\delta_{\varepsilon}$) 손실탄젠트와 NMR 흡수선의 폭 δH (최대 기울기를 gauss로 표시).

8. 5. 2. 5 군 가성(additive group contribution)법칙의 이용

5. 3. 2절의 고분자의 용해도 파라미터 δ_2의 추정(식 5. 104)시 소개한 바 있는 모노머에 대한 군 가성법칙을 T_g 결정에 적용하면 아래와 같다.

$$T_g = \frac{Y_g}{M} = \frac{\sum_i Y_{gi}}{\sum_i M_{gi}} \tag{8. 379}$$

여기서 M은 모노머 단위의 분자량, M_{gi}는 모노머 내의 군(group) i단위의 분자량, 그리고 모노머의 T_g에 대한 $Y_g\left(=\sum_i Y_{gi}\right)$에서 Y_{gi}는 모노머 내 i군의 T_g에 관련된 양으로서 표로 나타내져 있다. 이 법칙은 선형 고분자뿐 아니라 분지형(branched) 고분자에도 적용되는데 아래의 예제는 선형 고분자에 대한 것이다.

예제 18.18

구조식이 $(-CH_2)_n - CONH-)_p$인 polylactams(aliphatic polyamides)의 경우 모노머 내 CH_2기의 수 $n \rightarrow \infty$일 때의 T_g값을 군 가성법칙으로 추정해 보아라. 단, $M(CH_2) = 14$, $M(CONH) = 43$, $Y_g(CH_2) = 4.3$, $Y_g(CONH) = 15$를 이용하여라.

풀이 모노머에 대한 구조식에서 아래가 성립된다.

$$Y_g = n \cdot Y_g(CH_2) + Y_g(-CONH-) = 4.3n + 15$$

$$M = n \cdot M(CH_2) + M(-CONH-) = 14.0n + 43$$

따라서 식 (8. 379)에서 $n \rightarrow \infty$일 때의 T_g는 아래가 된다.

$$T_g(n \rightarrow \infty) = \lim_{n \rightarrow \infty} \frac{Y_g \times 1000}{M} = \lim_{n \rightarrow \infty} \frac{4300n + 15000}{14.0n + 43} = \frac{43000}{14} = 308\text{ K}$$

이는 실제 실험값 307 K와 잘 일치하고 있다

군 가성법칙에 의한 T_g의 측정은 결정성 고분자의 융점 T_m의 경우에도 잘 적용된다(9장 참조).

8. 5. 3 T_g의 이론적 해석

8. 5. 3. 1 자유체적 이론

8. 4. 4. 1절에서 논의한 점도 η의 온도의존성에 관한 Doolittle의 자유체적(free volume) 이론으로부터 WLF 수평이동인자 a_T에 관한 아래식을 얻었다.

$$\log a_T = \frac{B}{2.303}\left(\frac{1}{f_T} - \frac{1}{f_{T_0}}\right) \tag{8. 358a}$$

여기서 B는 1에 가까운 상수이고, 임의의 온도 T에서의 자유체적분율 $f(T)$는 아래의 형태를 가정하였다.

$$f = f_g + \alpha_f(T - T_g) \qquad T > T_g$$

$$f = f_g \qquad T < T_g \tag{8. 380}$$

지금 위 식에서 f에 대한 압력(P)의 의존성도 고려하여, 만약 f가 처음 $f_1(T_1, P_1)$에서 최종 $f_2(T_2, P_2)$로 변했다면 아래와 같이 나타낼 수 있다.

$$f_2 = f_1 + \alpha_f(T_2 - T_1) - \beta_f(P_2 - P_1) \tag{8.381}$$

증 명 f는 상태함수 부피 $V(T, P)$에 관련된 양이므로 5.1절을 참고로 아래식이 얻어진다.

$$f(T_2, P_2)(\equiv f_2) = f(T_1, P_1)(\equiv f_1) + \left(\frac{\partial f}{\partial T}\right)_P (T_2 - T_1) + \left(\frac{\partial f}{\partial P}\right)_T (P_2 - P_1) \tag{8.382}$$

그런데 부피 열팽창계수 α와 등온 압축계수 β의 정의식 (5.25b)으로부터 자유체적분율 $f(= V_f/V$, 여기서 V_f 및 V는 각각 온도 T에서의 자유체적 및 전체부피 임)의 경우에도 아래식이 성립된다.

$$\left(\frac{\partial f}{\partial T}\right)_P = \left[\frac{\partial}{\partial T}\left(\frac{V_f}{V}\right)\right]_P = \alpha_f, \ \left(\frac{\partial f}{\partial P}\right) = \left[\frac{\partial}{\partial P}\left(\frac{V_f}{V}\right)\right]_T = -\beta_f \tag{8.383}$$

이 관계를 식 (8.382)에 대입하면 목적하는 식이 얻어진다. ■

위 식에서 고분자가 (T_{g1}, P_1)상태에서 (T_{g2}, P_2)상태로 변할 때 자유체적 분율 f는 불변 즉 'iso-free-volume'의 가정을 취하면 아래식이 얻어진다.

$$\alpha_f(T_{g2} - T_{g1}) = \beta_f(P_2 - P_1) \tag{8.384}$$

위 식에서 온도 및 압력변화가 작다면 아래와 같이 미분형태로 나타내진다.

$$\frac{dT_g}{dP} = \frac{\beta_f}{\alpha_f} \tag{8.385}$$

그런데 위 식에서 α_f 및 β_f 대신에 T_g에서 평형공존하고 있는 고무상(r)과 유리상(g)의 α 및 β의 차로써 $\Delta\alpha(= \alpha_r - \alpha_g)$ 및 $\Delta\beta(= \beta_r - \beta_g)$로 취하면 아래식을 얻는다.

$$\frac{dT_g}{dP} = \frac{\Delta\beta}{\Delta\alpha} \tag{8.386}$$

[비고: 이 식은 평형에 관한 C-C식 (6.42)으로부터 유도될 수 있다(다음절 참조).]

자유체적이론은 T_g에 관한 분자량이나 첨가제(가령 용매나 가소제 등)의 효과도 예측할 수 있다. 먼저 T_g와 (수평균)분자량과의 관계는 아래와 같이 나타내진다.

$$T_g = T_g^{\infty} - \frac{c}{M_n} \tag{8.387}$$

여기서 M_n은 수평균 분자량, T_g^{∞}는 $M_n \to \infty$일 때의 T_g값이다.

증 명 식 (8.380)에서 분자량이 M 및 ∞일 때 각각 아래식이 얻어진다.

$$f_M = f_g + \alpha_f(T - T_{gM}) \tag{a}$$

$$f_\infty = f_g + \alpha_f(T - T_{g\infty}) \tag{b}$$

한편 고분자의 분자량이 커지면 통상 자유체적분율이 감소된다고 생각되므로 식 (8.380)에서 아래의 형태가 가정된다.

$$f_M = f_\infty + A/M_n \quad (\text{단 } A > 0) \tag{c}$$

식 (c)에서 f_∞항은 식 (b)를 대입하고, f_M항은 식 (a)를 대입하면 아래식이 얻어진다.

$$T_{gM} = T_{g\infty} - \frac{A/\alpha_f}{M_n} \tag{d}$$

여기서 A/α_f를 상수 c로 두면 문제의 식이 증명된다. ■

그림 8.56에 폴리스티렌(PS)에 대하여 이 식을 사용(단 $c = 1.7 \times 10^5$)하여 T_g 대 M^{-1}의 플롯을 한 결과 비교적 양호한 직선관계가 얻어졌다.

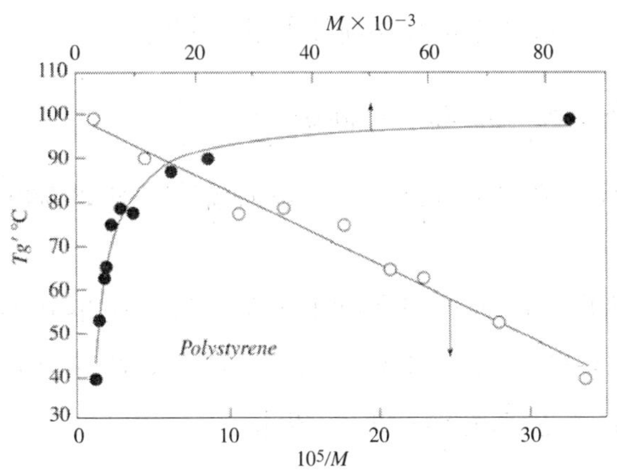

▶ **그림 8.56** PS시료에 대해 T_g 대 M^{-1}의 플롯. 실선은 식(8.387)에서 $c = 1.7 \times 10^5$ 을 사용하여 계산된 직선임.

한편 T_g에 관한 가소제(plasticizer)[혹은 희석제(diluent)]의 효과는 아래와 같은 조성에 관한 혼합법칙으로 나타내진다.

$$T_g = \frac{\alpha_p \phi_p T_{g,p} + \alpha_d (1-\phi_p) T_{g,d}}{\alpha_p \phi_p + \alpha_d (1-\phi_p)} \tag{8. 388}$$

여기서 첨자 p는 고분자, 첨자 d는 가소제(혹은 희석제), α는 열팽창계수, ϕ는 각 성분의 부피분율이다.

증 명 식 (8. 380)을 고분자(p)와 가소세(d)에 대해 각각 나타내면 아래가 된다[단 $f_g(=0.025)$는 동일하다고 간주].

$$f_p = f_g + \alpha_p (T - T_{g,p}), \quad f_d = f_g + \alpha_d (T - T_{g,d}) \tag{a}$$

그런데 가소제를 첨가 후 가소제의 부피분율이 $\phi_d (= 1 - \phi_p)$가 되었을 때의 고분자-가소제 균일계의 자유체적분율 f는 조성에 관한 단순가성(랜던혼합)법칙을 가정하면 아래로 나타낼 수 있다.

$$f = \phi_p f_p + \phi_d f_d \tag{b}$$

이 식의 f_p 및 f_d항을 식 (a)에서 대입하고, $f_g = 0.025$로 가정하면 아래식이 얻어진다.

$$f = 0.025 + \alpha_p (T - T_{g,p}) \phi_p + \alpha_d (T - T_{g,d}) \phi_d \tag{c}$$

그런데 이 식에서 온도 T가 혼합계의 T_g에 있을 때 $f(T_g) = f_p(T_g) = f_d(T_g) = f_g (= 0.025)$임을 이용하면 아래식이 성립된다.

$$\alpha_p (T_g - T_{g,p}) \phi_p + \alpha_d (T_g - T_{g,d}) \phi_d = 0 \tag{d}$$

이 식을 T_g에 대해 풀고, $\phi_d = 1 - \phi_p$를 대입하면 식 (8. 388)이 얻어진다. ■

그림 8. 57에 PMMA-diethyl phthalate 혼합계에 대해 T_g와 고분자의 부피분율 ϕ_p의 실험데이터(○) 및 식 (8. 388)을 이용[단 $\alpha_d / \alpha_p = 2.32$, $T_{g,d} = -57$ ℃, $T_{g,p} = 104$ ℃]한 이론곡선(실선)의 비교를 행하였는데 비교적 잘 일치함을 알 수 있다.

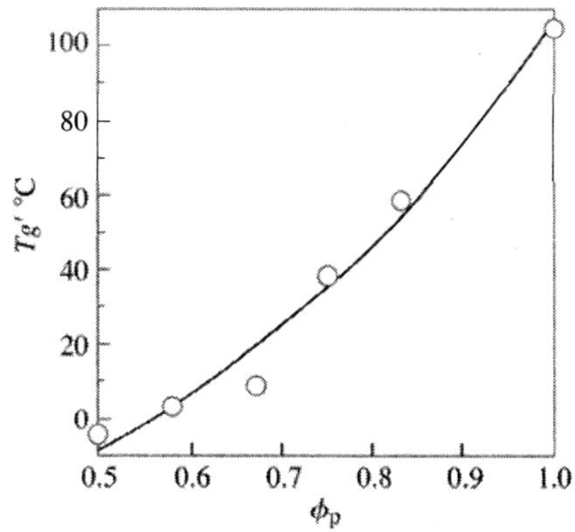

▶ **그림 8. 57** PMMA-diethyl phthalate 혼합계에 대한 T_g 대 ϕ_p(고분자 부피분율)의 실험(○) 및 이론(실선)과의 비교. 단 이론곡선은 식 (8. 388)을 이용[단 $\alpha_d/\alpha_p = 2.32$, $T_{g,d} = -57$ ℃, $T_{g,p} = 104$ ℃]하여 플롯하였다.

8. 5. 3. 2 열역학적 이론

T_g에 관한 Gibbs-DiMarzio(G-D)열역학 이론에 의하면, 전술한 바와 같이 T_g는 시간(속도)의존성의 준(quasi) 2차전이에 속하나, 그림 8. 58에 나타낸 T_g보다 낮은 어떤 유한온도 T_2이하에서는 형태(conformational) 엔트로피가 0이 되어 온도 T_2가 진짜의 열역학 2차전이 온도로 간주하였다. 이 개념에 의하면 온도 T_g의 유한 시간대(t_g)에서 온도 T_2의 무한시간(t_∞)대로 (수평)이동시키는 WLF $a_T(=t/t_g)$인자가 무한대 값을 갖기 위해서는 식 (8. 355)의 분모가 0이 되어야한다. 즉

$$C_2 + T_2 - T_g = 0$$

그런데 표 8. 9에 나타낸 바와 같이 기준온도가 T_g일 때의 만능 C_2 상수값은 51.6($\simeq$ 52)이므로 아래식이 얻어진다.

$$T_2 = T_g - C_2 \approx T_g - 52 \tag{8. 389}$$

즉 진정한 열역학 2차 상전이온도 T_2는 매우 천천히 실험이 수행될 경우 T_g보다 약 50 K 아래에서 관측될 것이다.

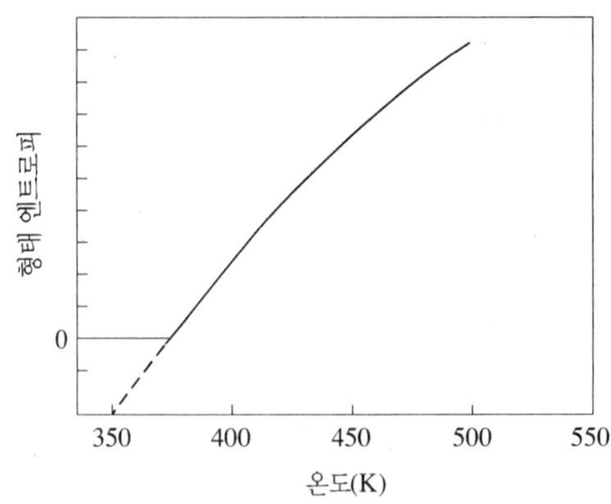

▶ **그림 8. 58** G-D이론에 의한 비정고분자의 형태(conformational) 엔트로피 대 온도의 도식적 표현

G-D이론에 의하면 T_g 아래에 위치한 T_2는 참된 열역학 2차 상전이 점이므로 T_2의 압력의존성은 평형열역학에 관한 C-C식 (6. 42)의 응용이 가능할 것이다. 먼저 α상에서 β상으로의 1차 상전이의 경우 아래의 C-C식이 성립된다.

$$\frac{dT}{dP} = \frac{\Delta V}{\Delta S} \tag{8. 390}$$

여기서 $\Delta V(= V_\beta - V_\alpha)$ 및 $\Delta S(= S_\beta - S_\alpha)$는 각각 평형공존하고 있는 두($\alpha$, β)상의 (몰)부피 및 (몰)엔트로피 차이이다. 그런데 이 식은 T_2에서의 2차 상전이에는 적용이 불가능하다. 왜냐하면 2차전이의 정의(그림 8. 48)에서 T_2에서는 두 공존상의 부피 및 엔트로피는 같으므로(즉 $\Delta V = 0$, $\Delta S = 0$) 위 C-C식에서 $\frac{0}{0}$의 형태가 되기 때문이다. 그러나 극한에 대한 L'Hospital의 정의[즉 $\lim_{x\to a}\frac{g(a)}{f(a)} = \lim_{x\to a}\frac{g'(a)}{f'(a)}$]를 이용하면 아래가 성립된다.

$$\frac{dT_2}{dP} = \frac{\partial\Delta V/\partial T}{\partial\Delta S/\partial T} = \frac{V\Delta\alpha T_g}{\Delta C_P} \tag{8. 391}$$

위 식에서 α 및 C_P는 각각 열팽창계수 및 정압비열 $(\partial V/\partial T)_P = V\alpha$, $(\partial S/\partial T)_P = C_P/T$ (5. 1절 참조)를 이용하였다. 또한 $\Delta\alpha = \alpha_r - \alpha_g$, $\Delta C_P = C_{p,r} - C_{p,g}$(여기서 첨자 r 및 g는 각각 T_2에서 평형공존하고 있는 고무상과 유리상을 나타냄)이다.

또한 식 (8. 390)의 우편의 분모, 분자를 압력에 관해 편미분하면 아래를 얻는다.

$$\frac{dT_2}{dP} = \frac{\partial\Delta V/\partial P}{\partial\Delta S/\partial P} = \frac{\Delta\beta}{\Delta\alpha} \tag{8. 392}$$

여기서 $\beta\left[= -\frac{1}{V}\left(\frac{\partial V}{\partial P}\right)_T\right]$는 등온압축계수이며, $\Delta\beta = \beta_r - \beta_g$이다. 식 (8. 391)과 (8. 392)에서 $T_2 \simeq T_g$로 두면 T_g의 압력의존성이 얻어진다. 이 때 식 (8. 392)는 식 (8. 386)가 된다.

8. 5. 3. 3 속도론적 이론

8. 5. 1절에서 언급한 등온 부피회복(또는 물리노화)현상을 속도론적(kinetic) 관점에서 이해하기 위하여, 그림 8. 59에 저분자량 유리형성(glass-forming)물질인 글루코스(glucose)에 대한 등온수축(contraction isotherm) 실험곡선을 나타내었다. 시료(T_g = 35 ℃)는 40 ℃ 의 평형상태에서 그림에 표시된 여러 온도로 냉각(quenching)시켜 얻은 후 평형부피(V_e)에 도달할 때까지의 등온수축현상을 V_e로부터 정규화된 부피이탈(normalized volume departure) 정도를 나타내는 양인 $\delta[\equiv (V - V_e)/V_e]$ 대 $\log t$(시간)의 플롯으로 나타내었다.

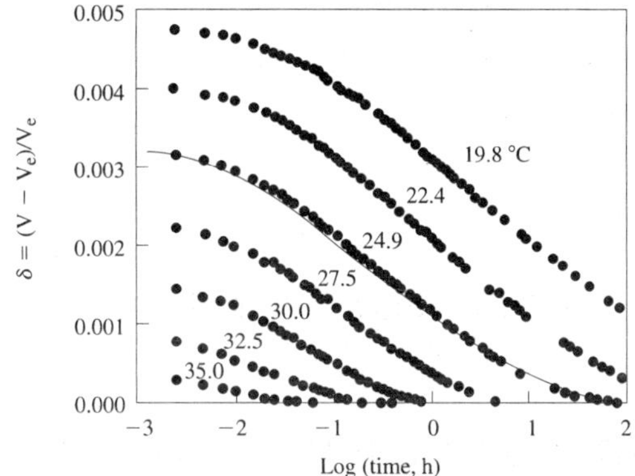

▶ **그림 8. 59** 저분자량 유리형성(glass-forming)물질인 글루코스에 대한 등온 수축 실험. 시료는 40℃에서의 평형상태로부터 표시된 여러 온도로 냉각(quenching)시켜 얻었다. 24.9℃에서의 실선은 식 (8. 393)과 (8. 395)로부터 파라미터 $T_g = 35$℃, $f_g = 0.025$, $\alpha_f = 3.6 \times 10^{-4}\ \mathrm{K}^{-1}$, $\tau(T_g, \delta = 0) = 0.015$를 사용하여 계산된 곡선이다.

그림에서 고온의 경우에서는 비교적 빨리 부피평형에 도달(즉, 짧은 시간에 $\delta = 0$이 됨)하나, 19.8 ℃ 의 저온에서는 며칠이 지나도 아직 평형에 이르지 못함을 알 수 있다.

T_g에 관한 속도론(kinetic theory)은 평형에 대한 시간의존성 접근에 대한 설명을 목표로 한다. 기체나 단순액체의 경우에는 부피(혹은 비체적)은 온도, 압력만의 함수이다. 그러나 유리전이 지역에 있는 비정 고분자와 같은 유리형성 물질의 경우에는 부피는 T, P 외에도 시료가 평형부피에서 얼마나 떨어져 있는가에 대한 정보를 주는 '정돈(ordering) 파라미터' ξ의 함수 즉 $V = V(T, P, \xi)$가 된다. 그러나 시료가 평형에 도달한 후에는 $V = V(T, P)$가 되므로

$\xi = \xi(T, P)$가 될 것이다. 여기서 부피수축 즉 평형에 도달하는 속도 $\frac{d\delta}{dt}$는 평형에서 멀리 떨어져 있을수록 즉 δ값이 클수록 크므로 화학반응 속도식의 경우처럼 아래와 같이 나타내진다.

$$\frac{d\delta}{dt} = -\frac{\delta}{\tau(\delta)} \tag{8.393}$$

여기서 $\tau(\delta)$는 지연(retardation)시간으로서 역수가 등온수축 속도정수에 비례한다. 즉 τ값이 클수록 천천히 수축하게 된다. 만약 τ가 $\delta(t)$에 무관한 상수라면, 위 미분 방정식을 변수분리법에 의해 해를 구하면 아래가 된다.

$$\delta(t) = \delta_0 \exp(-t/\tau) \tag{8.394}$$

한편 식 (8. 393)의 의미는 등온에서 부피변화(수축)의 시간의존성을 말하는 것이다. 그런데 부피가 변하기 위해서는 분자가 이동해야 하며, 분자가 이동하기 위해서는 자유체적 f가 변해야하므로 결국 f가 시간의 함수가 된다. 따라서 식 (8. 393)의 지연시간 τ도 δ를 통하여 시간의 함수가 된다. 이와 같은 논리로 식 (8. 351)로 나타낸 자유체적분율 f는 등온부피 수축의 경우 아래와 같이 수정되어 표현되어야 할 것이다.

$$f = f_g + \alpha_f(T - T_g) + \delta \tag{8.395}$$

이 식에서 $\delta = 0$일 때 f는 평형값 $f_e\left(= \lim_{t\to\infty} f\right)$를 갖게 된다[여기서 식 (8. 380)과 달리 $T < T_g$인 경우도 포함된다].

한편 식 (8. 358b)로 주어진 지연(혹은 완화)시간 τ도 기준온도 T_0을 T_g로 하면 등온수축의 경우 식 (8. 395)를 이용하여 아래와 같이 수정되어 표현된다.

$$\tau(T, \delta) = \tau(T_g, \delta = 0)\exp\left(\frac{1}{f_g + \alpha_f(T - T_g) + \delta} - \frac{1}{f_g}\right) \tag{8.396}$$

이 식은 등온부피 수축실험에서 기준 지연시간인 $\tau(T_g, \delta = 0)$과 임의의 온도 T, $\delta(t)$에서의 $\tau(T, \delta)$과의 관계를 만들어주는 식으로 그림 8. 59에 응용되어 실험과 이론이 비교적 잘 일치됨을 보여준다.

8. 5. 4 유리전이에 영향을 미치는 인자

8. 5. 4. 1 분자량의 역할

자유체적이론으로부터 유도된 T_g에 대한 (수평균)분자량의 역할을 식 (8. 387)에 나타내었다.

이 식에 따르면 유리전이는 분자량의 영향을 받는다. 그러면 등온중합과정에서 일어날 수 있는 현상을 생각해보자. 중합이 시작될 때는 단량체는 액체상태로 있다. 그러나 반응이 진행됨에 따라 그 시스템의 T_g가 증가하여 반응온도보다 높아지게 경우도 있으며, 이렇게 되면 고분자는 유리화(vitrification)하게 된다. 반응온도가 그 시스템의 T_g보다 낮은 상태에서는 분자운동이 크게 감소하여 반응은 거의 중지된다.

두 가지 경우를 구별하여 생각해 볼 수 있다. 첫째, 연쇄(chain)중합의 경우는 단량체가 생성되는 고분자에 대해서 가소제와 같은 역할을 하는데, 반응이 진행됨에 따라 단량체의 농도가 감소하게 되어 중합시스템의 T_g가 점차 증가하게 된다. 한 가지 예를 들면, 폴리스티렌의 유화중합에서는 반응을 약 80℃에서 진행시키는데, 이 경우 시스템의 유리화현상이 일어나 반응의 전환율이 100%까지 진행되지 못한다. 둘째로 단계(step)중합에서는 반응이 진행됨에 따라 분자량이 계속적으로 증가한다. 이 중 특수한 예로서는 에폭시 중합과 같이 겔화(gelation)가 일어나는 경우를 들 수 있는데, 이 경우에는 수지(resin)는 중합과 가교를 동시에 진행한다.

Gillham은 완전히 경화(cure)된 시스템의 유리전이온도($T_{g\infty}$)보다 높은 온도에서 고분자를 후경화(postcure)시킬 필요성을 지적한 바 있다. 그는 열경화성 시스템의 경화와 유리전이 성질에 관한 이해와 비교에 도움이 되며, 합리성이 있는 토대로 사용될 수 있는 시간-온도-변환(time-temperature-transformation ; TTT) 반응 도표를 개발하였다.

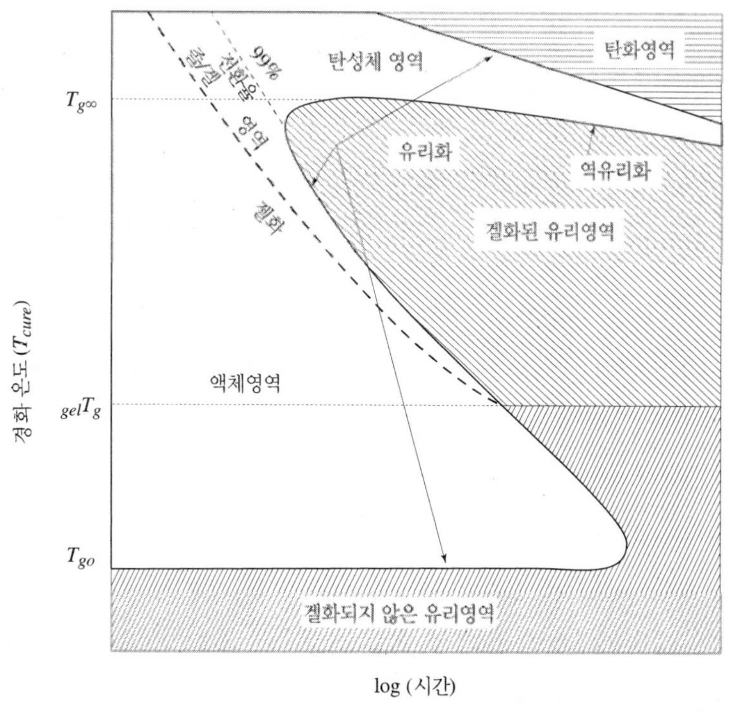

▶ **그림 8. 60** 열경화성수지의 경화과정에 대한 TTT 다이어그램.

그림 8. 60이 TTT 도표인데, 여기에는 $T_{g\infty}$ 이외에 겔화와 유리화가 동시에 일어나는 온도인 $_{gel}T_g$와 반응물의 유리전이온도인 T_{g0}도 나타나 있다. T_{g0}와 $T_{g\infty}$ 사이의 독특한 S자형의 경화곡선은 온도 상승에 따른 반응 속도의 증가에 의한 결과이다. $_{gel}T_g$와 $T_{g\infty}$ 사이의 중간온도 영역에서는 망상구조를 형성하게 되는 겔화가 먼저 일어난다. 그리고는 유리화하게 되어 반응이 완결되지 않은 상태로 정지하게 된다. 반응 생성물을 얼핏보면 반응이 완결된 것처럼 보이나 실제로는 미반응된 부분이 남아 있으며, 온도를 갑자기 올릴 경우에는 이와 같은 남아 있는 부분 때문에 물질이 파괴되는 현상이 초래되기도 한다.

TTT 도표는 에폭시나 이와 유사한 경우의 실제 반응 시에 온도를 점차 높여가며, 단계적으로 반응을 진행시키는 이유를 설명해 준다. 마지막 단계인 후경화는 $T_{g\infty}$ 보다 높은 온도에서 행하여야 한다. 그림 8. 60에는 더 높은 온도에서의 분해에 의한 역유리화(devitrification) 및 탄화(char formation) 영역에 대한 내용도 포함되어 있다.

8. 5. 4. 2 공중합(혹은 블랜드)이 T_g에 미치는 영향

단일 고분자에 제2의 성분(고분자)를 공중합시키거나 단순혼합(blending)시키면 당연히 T_g값이 달라질 것이다. 만약 가소제나 용매(희석제)와 같은 저분자량 첨가제를 넣는 경우에 혼합계의 T_g는 자유체적이론으로부터 식 (8. 388)로 나타내었다. 이하에서 두 가지 일반적인 경우 즉 형성된 복합계(composite system)가 균일한 한 상(one-phase)을 형성할 때와 불균일한(상분리된) 두 상계(two-phase system)를 형성할 때의 두 경우로 나누어 설명하겠다.

a. 균일상계

저분자량 첨가제의 경우와 마찬가지로 두 종류의 고분자로된 상용성(miscible) 블랜드나 랜덤(통계적) 공중합체의 T_g의 조성의존성을 먼저 식 (8. 351)로 나타낸 자유체적 f에 기초를 둔 각 성분의(T_g 이상의 온도에 대한) 열팽창계수 α_f를 사용하여 유도해보자. 균일계에 대하여 부피분율 ϕ_2인 복합체의 $f_c(\phi_2)$는 랜덤혼합법칙에 의해 아래와 같이 나타내진다(문제 5. 4 참조).

$$f_c = \phi_1 f_1 + \phi_2 f_2 + k\phi_1\phi_2 \tag{8. 397a}$$

$$f_1 = f_{g1} + \alpha_{f1}(T - T_{g1}) \ ; \quad f_2 = f_{g2} + \alpha_{f2}(T - T_{g2}) \tag{8. 397b}$$

위 식에서 k는 f_{12}와 f_1과 f_2의 산술평균의 차이에 관련된 양으로서, 완전 랜덤혼합의 경우에는 $k = 0$이 된다. 그런데 복합체의 f_c도 식 (8. 351)에 의거하여 아래와 같이 나타낸다(단 f_{gc} 및 α_{f_c}도 ϕ에 관한 단순 가성법칙 가정, 여기서 아래첨자 c는 복합체를 의미).

$$f_c = f_{gc} + \alpha_{fc}(T - T_g) \tag{8. 398a}$$

$$f_{gc} = \phi_1 f_{g1} + \phi_2 f_{g2} \ ; \quad \alpha_{fc} = \phi_1 \alpha_{f1} + \phi_2 \alpha_{f2} \tag{8. 398b}$$

여기서 식 (8. 397b)와 (8. 398)을 식 (8. 397a)의 해당항에 대입하고 복합체의 T_g에 관해 풀면 아래 식을 얻는다.

$$T_g = \frac{\phi_1 \alpha_{f1} T_{g1} + \phi_2 \alpha_{f2} T_{g2} - k\phi_1 \phi_2}{\phi_1 \alpha_{f1} + \phi_2 \alpha_{f2}} \tag{8. 399}$$

여기서 $K = \dfrac{\alpha_{f2}}{\alpha_{f1}}$로 두고, $\phi_1 = 1 - \phi_2$을 대입하고, 분모 · 분자를 α_{f1}로 나누면 상용성 복합체의 T_g에 관한 아래의 유용한 식을 얻는다.

$$T_g = \frac{T_{g1} + (KT_{g2} - T_{g1})\phi_2 - \dfrac{k}{\alpha_{f1}}\phi_2(1-\phi_2)}{1 + (K-1)\phi_2} \tag{8. 400}$$

여기서 $k = 0$인 경우는 희석제의 첨가에 대한 식 (8. 388)과 동일한 형태를 취한다. 또 $k = 0$, $k \simeq 1$로 취하면 위 식은 아래의 단순가성형태로 나타내진다.

$$T_g = \phi_1 T_{g1} + \phi_2 T_{g2} \tag{8. 401}$$

또한 식 (8. 400)에서 $k = 0$, $K = \dfrac{\Delta\alpha_{f2}(= \alpha_{f2,r} - \alpha_{f2,g})}{\Delta\alpha_{f1}(= \alpha_{f1,r} - \alpha_{f1,g})}$로 두고, 부피분율 ϕ_i 대신 무게분율 w_i로 나타내면 아래가 된다.

$$T_g = \frac{T_{g1} + (KT_{g2} - T_{g1})w_2}{1 + (K-1)w_2} \tag{8. 402}$$

이 식은 Gordon-Taylor 식으로 알려져 있으며, 상용성 블랜드나 랜던공중합체에 널리 사용된다.

다음에는 자유체적이론 대신 5장에서 다른 다성분(여기서는 $n = 2$) 균일계에 대한 열역학이론에 바탕을 둔 Couchman의 방법에 따라 T_g를 각 성분의 정압비열(C_P)항으로 유도해보겠다. 준 2차전이인 T_g에서는 두 공존상(고무 및 유리)의 V나 H는 같으나, 미분(즉 기울기)이 다르므로 열팽창계수 α나 비열 C_P의 불연속이 있다. 그리고 열역학 (평형)관계식인 $\left(\dfrac{\partial S}{\partial T}\right)_P = \dfrac{C_P}{T}$(식 5. 44b)를 이용하여 Couchman은 유리전이현상 전후로 엔트로피 S와 같은 열역학적 양의 연속성을 가정하여 상용성블랜드인 경우 아래식을 얻었다.

$$\phi_1 \int_{T_{g1}}^{T_g} \Delta C_{P1}\, d\ln T + \phi_2 \int_{T_{g2}}^{T_g} \Delta C_{P2}\, d\ln T = 0 \tag{8. 403}$$

여기에서 $\Delta C_{Pi} = C_{Pi,r} - C_{Pi,g}$ 즉 i성분의 유리전이에 따른 정압비열의 변화량이다. 이 식의 적분을 행하면 아래와 같이 각 성분의 정압비열항으로 나타낸 균일계 복합체의 T_g에 관한 유용한 식을 얻는다.

$$\ln T_g = \frac{\phi_1 \Delta C_{P1} \ln T_{g1} + \phi_2 \Delta C_{P2} \ln T_{g2}}{\phi_1 \Delta C_{P1} + \phi_2 \Delta C_{P2}} \tag{8.404a}$$

혹은 양변에서 $\ln T_{g1}$을 빼면 아래식이 얻어진다.

$$\ln\left(\frac{T_g}{T_{g1}}\right) = \frac{\phi_2 \Delta C_{P2} \ln(T_{g2}/T_{g1})}{\phi_1 \Delta C_{P1} + \phi_2 \Delta C_{P2}} \tag{8.404b}$$

위 식에서 $\Delta C_P \simeq \Delta C_{P2}$를 가정하면 아래의 간단한 혼합법칙을 얻는다.

$$\ln T_g \simeq \phi_1 \ln T_{g1} + \phi_2 \ln T_{g2} \quad (\text{혹은} \;\; T_g \simeq T_{g1}^{\phi_1} T_{g2}^{\phi_2}) \tag{8.405}$$

그리고 식 (8. 404)에서 $\ln(1+x) \simeq x$(단 $|x| \ll 1$) 및 $T_{g1}/T_{g2} \simeq 1$의 가정을 취하면 log가 없는 아래의 간편한 혼합법칙을 얻는다.

$$T_g \simeq \frac{\phi_1 \Delta C_{P1} T_{g1} + \phi_2 \Delta C_{p2} T_{g2}}{\phi_1 \Delta C_{P1} + \phi_2 \Delta C_{P2}} \tag{8.406}$$

증 명 먼저 식 (8. 404b)의 왼편에서 항등관계 $T_g = T_{g1} + T_g - T_{g1}$ 및 $\ln(1+x) \simeq x$를 이용하면 아래 근사식을 얻는다.

$$\ln\left(\frac{T_g}{T_{g1}}\right) = \ln\left(1 + \frac{T_g - T_{g1}}{T_{g1}}\right) \simeq \frac{T_g - T_{g1}}{T_{g1}} = \frac{T_g}{T_{g1}} - 1 \tag{8.407}$$

마찬가지로 우편의 $T_{g2} = T_{g1} + T_{g2} - T_{g1}$ 및 역시 Taylor 전개식을 이용하면 아래가 된다.

$$\ln\frac{T_{g2}}{T_{g1}} = \ln\left(1 + \frac{T_{g2} - T_{g1}}{T_{g1}}\right) \simeq \frac{T_{g2} - T_{g1}}{T_{g1}} = \frac{T_{g2}}{T_{g1}} - 1 \tag{8.408}$$

이들 근사식을 식 (8. 404b)에 대입하고, 또 $\phi_2 \Delta C_{P2}/(\phi_1 \Delta C_{P1} + \phi_2 \Delta C_{P2}) \equiv C$로 두고 T_g에 대해 풀면 아래가 된다.

$$T_g = T_{g1} + C(T_{g2} - T_{g1}) \tag{8.409}$$

여기서 C를 다시 대입하고, 통분하면 아래와 같이 원하는 식 (8. 406)을 얻는다.

$$T_g = \frac{\phi_1 \Delta C_{P1} T_{g1} + \phi_2 \Delta C_{P2} T_{g2}}{\phi_1 \Delta C_{P1} + \phi_2 \Delta C_{P2}} \quad ■$$

위의 식 (8. 409)는 자유체적이론에서 유도한 각 성분의 열팽창계수로 나타낸 식 (8. 399)(여기서 $k=0$으로 둠)이나 식 (8. 388), 혹은 무게분율로 나타낸 Gordon-Taylor식 (8. 402)와 동일한 형태 [단 α_{fi}나 $\Delta\alpha_{fi}$ 대신 ΔC_{Pi} 대입]를 취함을 알 수 있다.

또한 식 (8. 406)에서 $\Delta C_{P1} \cdot T_{g1} \simeq \Delta C_{P2} \cdot T_{g2}$의 가정을 취하면 아래와 같이 역수에 관한 간단한 혼합법칙을 얻는다.

$$\frac{1}{T_g} = \frac{\phi_1}{T_{g1}} + \frac{\phi_2}{T_{g2}} \tag{8. 410}$$

[비고: 증명은 $\Delta C_{P1} = \Delta C_{P2} \cdot T_{g2}/T_{g1}$을 대입하고, 분모 · 분자를 ΔC_{P2}로 나누고, T_{g1}으로 곱하고 양변의 역수를 취하면 됨.]

b. 불균일계

대부분의 고분자 블랜드, 그리고 이와 관련된 그라프트 및 블록 공중합체와 상호 침투 고분자 망상체(interpenetrating polymer network ; IPN)는 상분리가 일어난다. 이 경우 각 상은 그 자체의 T_g를 보인다. 그림 8. 61은 서로 다른 조성을 갖는 삼중블록 공중합체(triblock copolymer)에 있어서 2개의 유리전이가 나타나는 것을 설명하는 그림이다. 특히 손실 스펙트럼(E'')에서의 전이의 세기는 그 상의 무게분율과 관계가 있다.

두 전이 사이의 평평한 부분에서의 보존탄성계수는 조성 및 연속적인 상이 어떤 상인가에 따라 영향을 받는다. 전자현미경 사진에 의하면 위 그림의 경우는 폴리스틸렌 상이 연속적인 상임을 알 수 있는데, 탄성체 성분이 증가하면(작은 구형에서 원통형으로, 또 교호 라멜라층의 형태로 상의 모양이 변하게 된다) 그 물질은 연화된다. 고무상이 연속상으로 되면 저장탄성계수 E'는 약 $1 \times 10^8 \ \mathrm{dyne/cm^2}$로 감소하게 된다.

고분자 성분 사이에 다소 효과적인 혼합이 일어나면 T_g가 각 상의 T_g 사이의 안쪽으로 이동되며, 이는 앞서의 방정식들에 의해 설명될 수 있을 것이다.

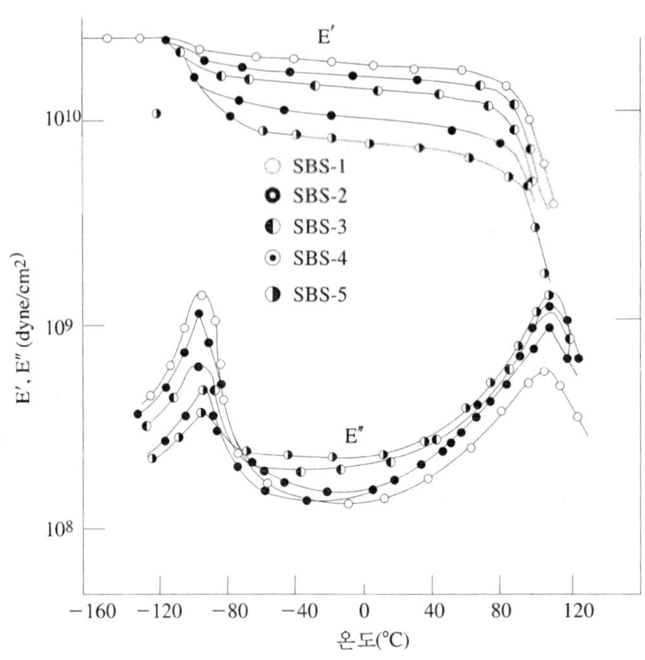

▶ **그림 8.61** Polystyrene-block-polybutadiene-block-polystyrene의 동역학적 거동.

8.5.4.3 결정화도가 T_g에 미치는 영향

지금까지는 at-PS과 같은 비결정성 고분자에 초점을 맞추어 설명하였다. PE, PP 또는 나일론과 PET와 같은 반결정성 고분자도 비결정 영역에서 일어나는 유리전이현상을 보인다. 이러한 경우에는 결정질에 의한 분자운동의 방해 때문에 T_g의 증가가 초래되기도 하며, 특히 결정화도가 큰 고분자에 있어서는 T_g가 감추어지기도 한다. Boyer는 대부분의 반결정성 고분자에 대해서 설명할 수 있는 두 가지의 유리전이온도를 지적한 바 있다 : (1) $T_g(L)$로 표시되는 낮은 값은 완전한 비결정 상태일 때의 T_g로서, 화학적 구조와 관련된 모든 관계에 대한 설명에 적용되며(이 전이는 앞서의 절들에서 논의된 분자 거동에 관련된다); (2) 높은 값 $T_g(U)$는 반결정 상태일 때의 T_g로서 결정화도와 형태학적 특징(morphology)에 따라 달라진다.

선형 PE는 PS와는 달리 곁치환기(side group)가 없으며 보통 80% 이상의 높은 결정화도를 가지고 있다. 높은 결정화도에 의해 T_g와 관련된 분자운동이 부분적으로 가려지게 되어 다른 2차전이와의 혼돈을 초래한다. 따라서 여러 연구자들에 의해 측정된 폴리에틸렌의 T_g가 -30℃, −80℃ 또는 −120℃의 세 가지 서로 다른 온도 영역으로 보고되고 있다.

Davis와 Eby는 부피-시간 측정 결과에 의해 −30℃의 값을 제시하였으며, Stehling과 Mandelkern은 역학적 측정 방법에 의한 값인 −128℃를 주장하였다. Illers와 Boyer는 완전히 비결정성의 에틸렌-초산비닐 공중합체를 사용하여 측정한 공중합체의 조성과 T_g와의 관계자료를 외삽하여 구한 값인 −80℃를 주장한다. 또한 Boyer는 −80℃가 $T_g(L)$이며, −30℃가 $T_g(U)$라고 제안하고 있다. 보다 복잡한 측면이 있기는 하지만 -128℃ 에서의 전이는 Schatzki 크랑크샤프트 운동에 관련된 것이라고 여겨진다.

한편 준정형고분자의 1차전이점인 융점 T_f(또는 T_m)와 (준)2차전이점인 T_g와의 관계에 대하여 지금까지 알려진 바에 의하면 대칭성(symmetrical) 고분자에 대해서는 $T_g/T_f \simeq 1/2$, 비대칭성(asymmetrical) 고분자에 대해서는 $T_g/T_f \simeq 2/3$이라는 T_g와 T_f 간의 두 가지 관계식이 제시되어 있다. 대칭성(symmetry)에 대한 정의는 다르지만 사슬에 매달린 원자의 모습을 가지고 대칭성 고분자를 정의하는 방법이 있는데, 사슬의 양쪽 끝의 어느 쪽에서 보아도 사슬의 중앙 부분이 똑같은 형태로 보이는 경우를 대칭성 고분자라고 한다. 그러나 처음부터 위의 설명과는 다른 예외가 많이 있었다. 이러한 면을 고려할 때 긍정할 수 있는 유일한 법칙은 단일 중합체에 있어서는 T_g가 항상 T_f 보다 낮다는 것이다. 이러한 이유로는 T_g와 T_f에서는 같은 형식의 분자운동이 일어나는데, T_g에서는 단거리 질서(short-range order)가 존재하지만 T_f에서는 장거리 질서(long-range order)가 존재하기 때문이다.

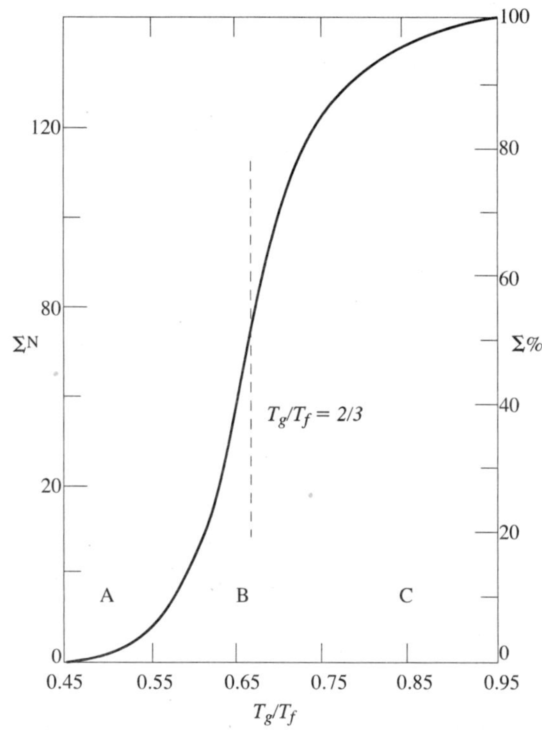

▶ **그림 8. 62** 문헌에서 볼 수 있는 T_g/T_f값의 범위: 영역 A; 치환기가 없는 고분자, 영역 C; 긴 곁치환기를 갖는 poly(α-olefin)류, 영역 B; 대부분의 비닐, 비닐리덴 또는 축합계 고분자.

최근에 Boyer는 T_g/T_f를 축적된 플롯(cumulative plot)로 나타내는 방법을 제시하였다(그림 8. 62 참조). 영역 A(과거의 $T_g/T_f \simeq 1/2$)는 H와 F 이외에는 곁치환기의 저해를 받지 않는(따라서 대칭성인) 고분자가 이에 속하며, 이러한 예로는 폴리에틸렌 poly(oxymethylene), poly(vinylidene fluoride) 등이 있다. 영역 B는 대부분의 일반적 비닐, 비닐리덴계 고분자와 나일론과 같은 축합 고분자들이 이에 속한다. 관찰된 고분자 중에서 약 55% 정도가 $T_g/T_f = 0.667 \pm 0.05$ 범위의 값을 갖는다. 영역 C는 곁치환기가 긴 알킬기인 poly(α-olefin)류와 poly(2,6-dimethylphenylene oxide)와 같은 특수한 고분자가 이에 속하며, T_g/T_f의 값은 대략 0.93 정도된다. 미지의 고분자에 대해서는 한 가지 전이온도를 알 때 다른 전이 온도를 추정하는 방법으로서 $T_g/T_f = 2/3$의 관계식은 유용하게 이용될 수 있다.

8. 5. 4. 4 화학적 구조가 T_g에 미치는 영향

Boyer는 T_g에 영향을 주는 일반적인 인자 몇 가지를 제시하였다(표 8. 10 참조). 일반적으로 분자운동의 시작에 필요한 에너지를 증가시키게 되는 인자는 T_g를 상승시키며, 에너지의 요구를 감소시켜주는 인자는 T_g를 저하시킨다. 치환기가 하나인(monosubstituted) 비닐계 고분자와 최소한 다른 계열의 고분자 중 몇 가지에 있어서는 유연한 곁치환기가 '내부 희석제(internal diluent)'로 작용함으로써 사슬간의 마찰 작용을 감소시키게 되어 유리전이온도를 저하시킨다. 전체적인 영향을 말하자면, 주사슬의 회전에 필요한 에너지 요구량을 감소시키게 된다.

표 8. 10 T_g 에 영향을 주는 인자

T_g 증가	T_g 감소
Intermolecular forces	In-chain groups promoting
High CED	flexibility(double bonds and ether linkage)
Intrachain steric hindrance	Flexible side groups
Bulky, stiff side groups	Symmetrical substitution

지금까지 이 절에서는 주로 아탁틱(atactic) 고분자를 가정하여 논의하였으며, 아탁틱 고분자는 약간의 예외를 제외하고는 모두 비결정성이다. 다른 입체적 이성체에는 이소탁틱(isotactic)과 신디오탁틱(syndiotactic) 고분자가 있다.

표 8. 11에서 볼 수 있는 바와 같이 탁틱성(tacticity)이 T_g에 미치는 영향은 매우 크다. Karasz와 MacKnight는 탁틱성이 T_g에 미치는 영향은 Gibbs-DiMarzio 이론의 관점에서 예견될 수 있다고 하였다. 치환기가 두 개인 비닐계 고분자에 있어서는 회전에 의해 달라질 수 있는 형태, 즉 회전 이성체(rotational isomer) 중 존재 확률이 가장 큰 두 가지 형태 사이의 에너지 차이를 비교해 보면 일반적으로 신디오탁틱 형태의 경우가 이소탁틱 형태의 경우 보다 크다. 치환기가 하나인 비닐계 고분자(다른 하나의 치환기는 수소이다)에 있어서는 각 이성체에서의 이러한 회전상태 사이의 에너지 차이가 서로 같다.

표 8.11 폴리아크릴레이트와 폴리메타크릴레이트에 있어서 탁틱성이 유리전이온도에 미치는 영향

	T_g(℃)				
	폴리아크릴레이트		폴리메타크릴레이트		
곁치환기	이소탁틱	주로 신디오탁틱	이소탁틱	주로 신디오탁틱	100%
Methyl	10	8	43	105	160
Ethyl	-25	-24	8	65	120
n-Propyl	—	-44	—	35	—
Iso-Propyl	-11	-6	27	81	139
n-Butyl	—	-49	-24	20	88
Iso-Butyl	—	-24	8	53	120
Sec-Butyl	-23	-22	—	60	—
Cyclo-Hexyl	12	19	51	104	163

따라서 아크릴레이트류는 두 이성체가 같은 T_g를 가지며, 메타크릴레이트류는 뚜렷이 서로 다른 T_g를 가지는데, 항상 이소탁틱 형태가 신디오탁틱 형태보다 낮은 T_g를 갖는다.

이 밖에도 T_g에 영향을 미치는 인자로는 압력(P)도 있으나 이는 C-C식에 바탕을 둔 식 (8. 391) 및 (8. 392)로 설명하였다.

8. 5. 5 유리상태에서의 2차 완화현상

비정고분자는 T_g 이외에도 적어도 한계이상의 소위 '2차완화(secondary relaxation)지역'을 나타낸다. 2차완화란 $T < T_g$의 유리상태에 있는 고분자사슬 내 분자운동의 표시이다. 유리전이에 뒤이어 일어나는 2차완화는 큰 스케일로 일어나는 것은 불가능하므로 반드시 지역적(localized) 운동에서 생길 것이다. 이들 완화현상은 크게 주사슬(main-chain)운동과 곁사슬(side-chain)운동으로 나눌 수 있으며, 이절에서는 곁사슬과 주사슬운동 모두에 속하는 2차완화현상의 예를 제시하겠다.

T_g의 경우와는 달리, 2차완화는 반드시 실험스케일이 정적 경우보다 훨씬 세밀하고 정확한 동적 기계적 방법에 의존해야 한다. 즉 동적 기계적 방법(DMA), 동적 유전완화나 광역(broad-line) NMR기법 등이 포함된다. 이절에서는 주로 DMA기법을 중심으로 설명하겠다.

앞에서와 같이, 일정온도 (각)진동수를 바꾸거나 일정 진동수에서 온도를 바꾸는 두 가지 방법이 있다(물론 이들 사이에는 시간(혹은 진동수)-온도 중첩원리에 의해 서로 상관된다). 특히 후자의 방법이 주로 사용되는데 이는 넓은 진동수 범위를 조절하기가 쉽지 않을 뿐 아니라 대부분의 2차완화는 실온에서 매우 높은 진동수 범위에서 일어나기 때문이다.

그림 8.63에 T_g의 유리상태에서 α 및 β완화를 보이는 PMMA에 대해 진동수 $\nu = 1$ Hz에서 온도를 -50 ~ +160℃ 범위에서 $G'(\omega)$ 및 log(감소율)($\equiv \Lambda \simeq \pi \tan\delta$; 식 8.121 참조)로 나타낸 손실 $\tan\delta$의 온도 분산을 나타내었다.

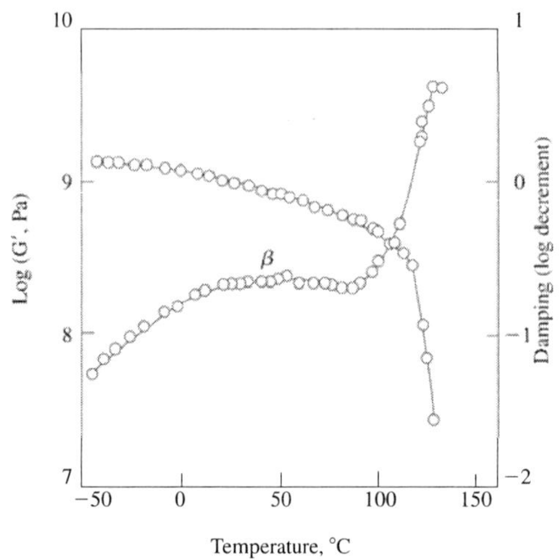

▶ **그림 8.63** α 및 β 완화를 나타내는 PMMA에 대한 $\tan\delta[\simeq \log(감소율)/\pi]$의 온도 분산.

그림에서 두 개의 2차 완화피크를 볼 수 있는데 고온의 α완화가 T_g(= 105℃)에 해당되며, 저온 영역의 T= 50℃가 β완화에 해당된다. 일반적으로 T_g부터 저온쪽으로 α, β, γ(2차)완화의 이름을 붙인다. 그림에 나타낸 PMMA와 같은 선형고분자의 경우 α완화가 T_g에 해당되며, 오직 1개의 β 2차완화 피크만 관측된다.

유리상태에 있는 비정고분자의 2차완화현상에 관한 이론은 지금까지 많이 제안되었으나, 여기서는 대표적인 2가지 이론만 간단히 소개하겠다. 첫 번째는 그림 8.64에 나타낸 Schatzki의 크랭크샤프르(crankshaft) 운동이론이다.

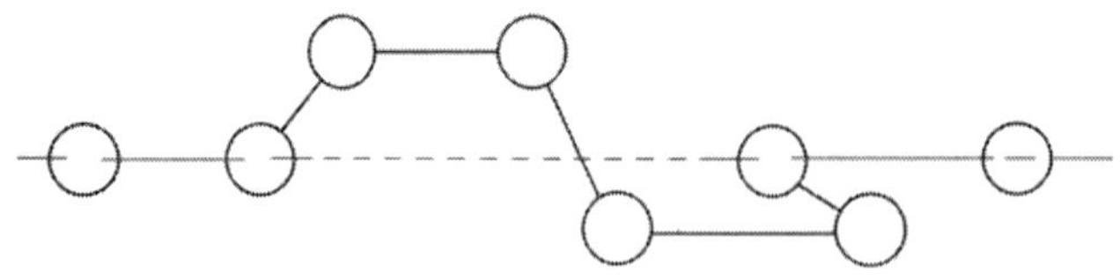

▶ **그림 8.64** 2차완화에 대한 Schatzki가 제안한 크랭크샤프트 운동기구.

이 이론에 의하면 n= 4 이상의 선형 $(CH_2)_n$을 포함하는 많은 고분자의 경우 ν= 1 Hz에서 2차완화운동은 약 -120℃에서 일어난다. 이는 $(CH_2)_n$이 주사슬에 있든 곁사슬에 있든 관계없이 적용되며, PE나 poly(n-butyl methacrylate)가 대표적인 예이다.

그림에서 볼 수 있듯이 2차완화에 관련된 운동은 두 개의 같은 직선상에 있는 C-C결합(bond) 1과 7 주위로의 회전운동으로서, 결합 1과 7 사이의 탄소원자가 크랭크샤프트 식으로 움직이게 된다. 이와 같은 두 개의 끝 결합 1과 7이 같은 직선상에 있기 위해서는 C–C–C 정사면체각 $\theta(\simeq 109^\circ)$와 3개의 회전이성체(t, g^+, g^-) 모델의 가정하에 두 개의 결합사이에는 4개의 탄소원자가 있어야 할 것이다. 이 이론의 타당성을 모델로부터 계산된 크랭크샤프트 운동의 활성화에너지 54 kJ/mol은 실험치인 50 − 63 kJ/mol과 매우 가까운데서 입증될 수 있다.

또 다른 2차완화에 관한 이론으로서는 고분자의 특수한 분자구조와 관련을 지은 Heijboer 이론이 있다. Heijboer는 에스테르 곁사슬에 시클로헥실(cyclohexyl)기를 가진 많은 수의 메타크릴레이트 고분자를 연구하였는데, 그림 8. 65에 일련의 메틸 메타크릴레이트-시클로헥실 메타크릴레이트 공중합체에 관한 연구를 나타내었다. 그림에서 알 수 있듯이 공중합체 내의 시클로헥실기의 농도에 의해 2차완화의 크기(위치는 아님)가 영향을 받는다.

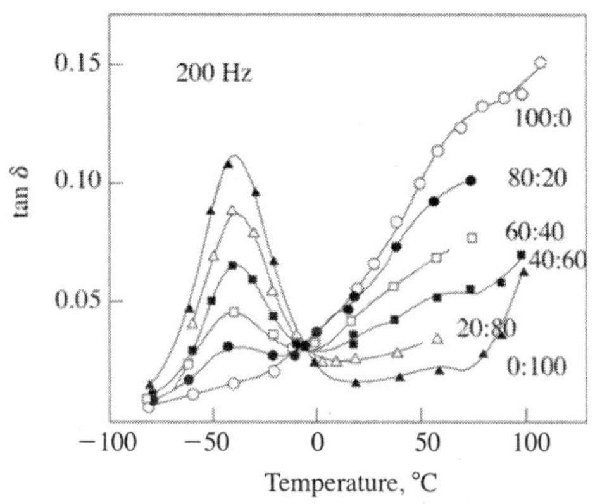

▶ **그림 8. 65** 메틸 메타크릴레이트와 시클로헥실 메타크릴레이트 공중합체에 대한 tanδ 의 온도분산(ν= 20 Hz). 그림 중의 0표시가 순수 PMMA이다.

이 이론에서 관측된 완화운동에 대한 활성화에너지는 48 kJ/mol로서 저분자량 시클로헥실 유도체에 대한 관측결과와 일치한다. 이 이론으로부터 치환된 시클로헥실 링이 한 형태(conformation)에서 다른 형태로 확 바뀔 때에 대한 고분자 완화과정의 확인이 가능하다.

8. 4절에서 언급한 시간(혹은 진동수)-온도 중첩원리는 2차완화현상에 대해서도 적용이 가능하나, 수평이동인자 a_T는 WLF식보다는 아래에 나타낸 바와 같이 점도 η나 완화시간 τ의 Arrhenius형 온도 의존성으로부터 구해야 한다(식 8. 367 참조).

$$\log a_T \propto \frac{E_a}{2.303RT} \tag{8. 411}$$

여기서 $\log a_T$ 대 $1/T$의 직선 플롯으로부터 2차완화에 대한 활성화에너지 E_a를 쉽게 구할 수 있다. 그러나 식 (8. 368b)에서 알 수 있듯이 WLF식의 경우에는 직선이 안되므로 E_a을 쉽게 구할 수 없음에 유의해야 한다.

8. 5. 6 화학 응력완화

많은 탄성체(elastomer)는 망상체 내에서 일어나는 화학적 변화에 의한 (응력)완화과정을 나타낸다. 탄성체 내의 화학변화는 탄성체의 유연한 사슬구조에 어느 정도 기인한다고 생각한다. 그러나 탄성체 내의 어느 부분이 화학적 변화에 직접 관여하는 지에 관계없이, 이로 인하여 응력완화실험에 있어서 응력(혹은 탄성계수)의 감쇄(decay)를 초래하는 것은 확실하다. 그림 8. 66에 dicumyl peroxide로 경화된 천연고무(NR)의 화학응력완화 실험을 나타내었는데, 망상체 내 (유효)탄성사슬(혹은 가교점)의 농도 N_0값에 관계없이 응력완화가 거의 지수적으로 일어남을 알 수 있다. 따라서 N_0에 대한 1차 화학분해(first-order degradation) 속도식 (8. 412)을 가정할 수 있다.

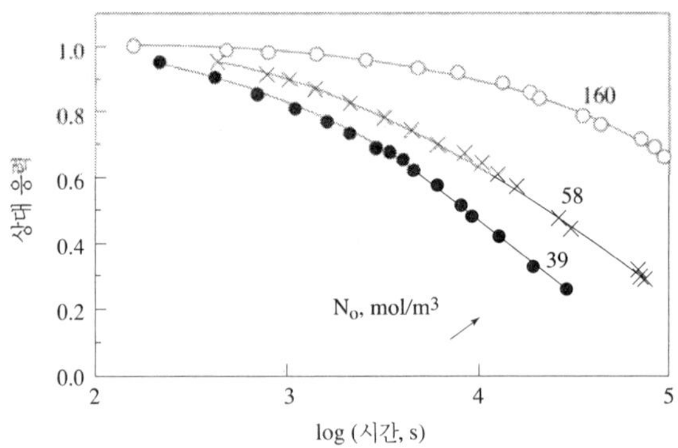

▶ **그림 8. 66** dicumyl peroxide로 경화된 천연고무(NR)의 여러 탄성사슬의 농도(N_0)에서의 화학응력완화 실험곡선. y 축의 상대응력은 식 (8. 415) 참조.

$$dN_0/dt = -kN_0 \tag{8. 412}$$

변수분리법에 의한 상미방의 해를 구하면 아래와 같다.

$$N_0(t) = N_0(0)e^{-kt} \tag{8. 413}$$

여기서 k는 일차 반응속도정수로서 Arrhenius형 즉, $k(T) = A\exp(-E_a/RT)$(여기서 A는 상수, E_a는 반응의 활성화에너지)를 취한다. 그런데 인장응력 σ_E와 인장연신비 $\lambda[= L/L_0 = 1+\varepsilon$, 여기서 L_0 및 L은 각각 변형 전후의 길이, $\varepsilon(= \Delta L/L_0)$는 인장변형률] 사이에는 비압축성 Gauss

망상사슬의 경우 아래식이 성립된다(식 7. 72b 참조).

$$\sigma_E = G(\lambda^2 - 1/\lambda) \tag{8. 414a}$$

$$G = aN_0RT \tag{8. 414b}$$

위 식에서 상수 a는 식 (7. 72b)의 $A_\phi \mathcal{F}$에 해당하는 것으로 거의 1에 가까운 양이며, N_0는 가교밀도 ν_0 대신에 사용된 탄성사슬의 농도이다. 그런데 화학응력완화의 경우 식 (8. 414) 중의 G, σ_E, N_0는 모두 시간 t의 함수임에 유의해야한다. 따라서 $t=0$ 및 $t=t$에 해당하는 식 (8. 414)를 식 (8. 413)에 대입하고 낮은 변형률에서의 관계식 $\sigma_E = E\varepsilon_0 = 3G\varepsilon_0$(여기서 ε_0는 응력완화실험에 사용된 일정 압력 변형률)관계(예제 7.1 참조)를 이용하면 화학응력완화에 관한 아래식을 얻는다.

$$\frac{\sigma_E(t)}{\sigma_E(0)} = e^{-kt} \tag{8. 415}$$

여기서 $\sigma_E(0)$ 및 $\sigma_E(t)$는 각각 시간 $t=0$ 및 t에서의 화학반응에 의한 (완화)응력이다. 그림 8. 66에서는 상대응력인 이 식을 $\log(t)$에 대해 플롯한 것이다.

몇 가지 특수한 경우에는, 독립적으로 측정된 화학분해반응과 화학응력완화 사이에는 상당한 정량적 일치가 확인되었다. 그러나, 대부분의 경우에 정량적 해석은 많은 부(parallel)반응, 예를 동시에 일어나는 물리적 완화, 결정화 과정, 화학반응에 대한 응력의 효과 및 망상체 내의 물리적 얽힘(physical entanglement)의 공헌 등에 의하여 정량적 해석이 어려운 실정이다. 이에 대한 여러 가지 연구결과가 보고되고 있으나, 여기서는 더 이상 언급하지 않겠다.

8. 6 고분자 복합체의 혼합법칙

8. 5. 4. 2절에서 고분자-고분자 혹은 고분자-가소제의 복합계에 대한 T_g의 조성의존성을 다루었다. 이절에서는 T_g 이외에도 복합체의 정적, 동적(선형) 점탄성 계수를 포함하여 일반적인 물성의 조성의존성 즉 '혼합법칙(mixing rule)'에 대하여 균일(homogeneous)계와 불균일(heterogeneous)계를 설명하겠다.

8. 6. 1 균일계

먼저 2성분계 균일(one-phase) 고분자복합체의 밀도, 굴절률, 유전상수, 비열, 탄성계수, 점도, 표면장력과 같은 대부분의 물성은 5장에서 논의한 랜덤혼합(random mixing)의 가정에 기초를 둔 아래와 같은 경험식(Simplex 식이라고도 함)으로 나타내진다.

$$P_c = P_1\phi_1 + P_2\phi_2 + \beta\phi_1\phi_2 \tag{8.416}$$

여기서, P_c 및 $P_i(i=1$ or 2)는 복합체 및 i성분의 부피(또는 무게)분율, β는 성분간 상호작용, (상대적으로 양이 적은)분산상의 크기나 모양, 분산상태 등과 같은 계의 성질을 반영하는 복잡한 파라미터로서, 특히 $\beta=0$인 경우는 이상적인 (랜덤)혼합에 해당하는 아래의 단순 가성법칙(simple additive rule)이 된다.

$$P_c = P_1\phi_1 + P_2\phi_2 \tag{8.417}$$

그리고 식 (8.416)에서 $\beta>0$인 경우 물성 P_c의 증가를 가져오는 '상승(synergy)효과'라 하고, $\beta<0$인 경우를 '반상승(anti-synergy)효과'라 하는데, 대부분의 불균일계에 해당하는 고분자복합체의 경우는 각 성분간의 물성차이가 커서 $\beta<0$이 되는 경우가 많다.

한편 식 (8.417)와 같은 파라미터가 필요없는 유용한 경험식으로는 비교적 상용성이 나쁜 복합체의 T_g나 탄성계수 등을 예측하는데 종종 사용되는 '단순 역가성(simple inverse additive)법칙'(식 8.418)이나 상전이(phase inversion)지역(가령 복합체 내 함량의 증가로 분산상에서 연속상으로 또는 그 반대의 경우)에 있는 불상용(immiscible)계의 물성예측 등에 이용되는 '대수 단순가성(logerithmic simple additive)법칙'(식 8.419) 등이 있다.

$$P_c^{-1} = P_1^{-1}\phi_1 + P_2^{-1}\phi_2 \tag{8.418}$$

$$\log P_c = \phi_1 \log P_1 + \phi_2 \log P_2 \tag{8.419}$$

그런데 위의 3식을 아래와 같이 한 식으로 나타낼 수 있다.

$$P_c^n = P_1^n\phi_1 + P_2^n\phi_2 \tag{8.420}$$

여기서 $n=1,\ -1$ 및 0의 경우는 각각 식 (8.417), (8.418), (8.419)에 해당된다.

증 명 $n=1$ 및 -1의 경우는 간단하므로, 여기서는 $n=0$인 경우에 대해 증명하기로 한다. 식 (8.420)의 양변을 $1/n$승 하고, ln을 취하면 아래가 된다.

$$\ln P = \frac{1}{n}\ln\left[P_1^n\left(\phi_1 + \left(\frac{P_2}{P_1}\right)^n\phi_2\right)\right] = \frac{n\ln P_1 + \ln\left[\phi_1 + \left(\frac{P_2}{P_1}\right)^n\phi_2\right]}{n}$$

여기서 양변에 $n \to 0$의 극한을 취하고 L'Hospital의 정리 [즉 $\lim_{x \to a} f(x)/g(x)$] $= f^{(n)}(a)/g^{(n)}(a)$를 이용하여 분모, 분자를 계속 미분하여 $n \to 0$을 대입하면 아래를 얻는다[단, $(a^x)' = a^x \ln a$를 이용].

$$\lim_{n\to 0}\ln P = \lim_{n\to 0}\left\{\ln P_1 + \frac{\phi_2\left(\dfrac{P_2}{P_1}\right)^n \times \ln\left(\dfrac{P_2}{P_1}\right)}{\left(\phi_1 + \left(\dfrac{P_2}{P_1}\right)^n \phi_2\right)}\right\}$$

$$= \lim_{n\to 0}\left[\ln P_1 + \frac{\phi_2 \ln\dfrac{P_2}{P_1}}{(\phi_1+\phi_2)(=1)}\right] = \ln P_1 + \phi_2 \ln\frac{P_2}{P_1} = \phi_1 \ln P_1 + \phi_2 \ln P_2 \quad ■$$

한편 비교를 위해 그림 8. 67에 위 3식을 플롯하였다. 특히 식 (8. 417)는 상한(upper limit)을 나타내는 '병렬(parallel) 모델', 그리고 식 (8. 419)는 하한(lower limit)을 나타내는 '직렬(series) 모델'

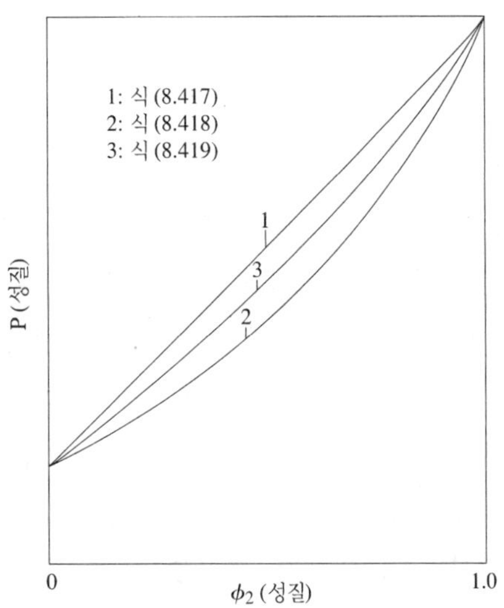

▶ **그림 8. 67** 단순 혼합식 (8. 417)–(8. 419)에 의한 복합체의 물성 P에 관한 조성의존성.

이라고도 한다.

한편 앞에서 언급된 이성분계에 대한 식 (8. 416)과 같은 혼합법칙은 n개의 성분으로 된 다성분(multicomponent)계에 확장될 수 있다. 기체나 용액과 같은 다성분계 혼합물의 2차 비리얼 계수나 엔털피 등의 물성(M_c)를 예측하는데 사용되는 'one-fluid random mixing'가정에 의하면 다음과 같이 나타낼 수 있다.

$$M_c = \sum_{i=1}^{n}\sum_{j=1}^{n} M_{ij}\phi_i\phi_j \tag{8.421}$$

위 식에서, 성분 i와 j는 접촉에 의해 생긴 계면의 물성인 M_{ij}를 각 성분의 산술평균과의 차인 항(k_{ij})을 포함하도록 변형하면 다음과 같다.

$$M_c = \sum_{i=1}^{n} M_i\phi_i + \sum_{i<}^{n}\sum_{j}^{n} k_{ij}\phi_i\phi_j \tag{8.422}$$

$$k_{ij} = 2\left(M_{ij} - \frac{M_i + M_j}{2}\right) \tag{8.423}$$

단 위 식에서 $M_i = M_{ii}$, $M_j = M_{jj}$이다. [비고: 위 식의 증명은 문제 5. 4에 주어져 있다.] 위 식에서 $n = 2$이고 $k_{ij} = 0$이라면 식 (8. 147)이 된다.

한편 마찬가지 방법으로 이성분계에 대한 역가성법칙을 다음과 같이 n성분계로 확장할 수 있다.

$$M_c^{-1} = \sum_{i=1}^{n}\sum_{j=1}^{n} M_{ij}^{-1}\phi_i\phi_j = \sum_{i=1}^{n} M_i^{-1}\phi_i + \sum_{i<}^{n}\sum_{j}^{n} k_{ij}'\phi_i\phi_j \tag{8.424}$$

$$k_{ij}' = 2\left(M_{ij}^{-1} - \frac{M_i^{-1} + M_j^{-1}}{2}\right) \tag{8.425}$$

위 식에서 $M_{ii}^{-1} = M_i^{-1}$, $M_{jj}^{-1} = M_j^{-1}$으로 두었다. [비고: 이 식의 증명은 문제 8. 16에 주어져 있다.] 식 (8. 424)에서 모든 k_{ij}'값이 0이면 $n = 2$인 경우 단순 역가성법칙 식 (8. 418)이 된다.

그런데 위의 식 (8. 422) 및 (8. 424)는 성분 i 및 j간 계면접촉수 X_{ij}가 넣어준 양, 즉 $\phi_i\phi_2$에 비례한다는 랜덤혼합의 가정에 기초를 둔 식이나, 실제로 각 성분의 물성, 특히 역장(force field)의 차가 클 경우에는 성립되지 않는다. 5. 3. 1절에서 언급한 '비랜덤(non-random)혼합'에 관한 Guggenheim의 '준화학(quasi-chemical) 모델'에 의하여 계면의 상호작용(즉 비랜덤혼합의 정도)을 고려한 이성분계에 대한 일반화된 가성 식 및 역가성 식 혼합법칙을 나타내면 다음과 같다.

$$M_c = M_1\phi_1 + M_2\phi_2 + k_1\phi_1\phi_2 \tag{8.426}$$

$$k_1 = 2\left(M_{12} - \frac{M_1 + M_2}{2}\right) \times P \tag{8.427}$$

$$M_c^{-1} = M_1^{-1}\phi_1 + M_2^{-1}\phi_2 + k_2\phi_1\phi_2 \tag{8.428}$$

$$k_2 = 2\left(M_{12}^{-1} - \frac{M_1^{-1} + M_2^{-1}}{2}\right) \times P \tag{8.429}$$

$$P = K/(2+K) \tag{8.430}$$

위의 식에서 비랜덤혼합 정도를 나타내는 파라미터 P는, $K\to\infty$일 때는 1 즉 완전 랜덤혼합(perfect random mixing)이고, $K\to 0$일 경우는 0 즉 완전 비랜덤혼합(perfect non-ramdom mixing)의 값을 갖게 되고, $k_1k_2 \leq 0$의 관계가 성립됨을 알 수 있다. 특히, 파라미터 P, 즉 1-2 계면접촉수는 주어진 계의 경우 강력한 혼합조건이나 상용화제(compatibilizer)의 사용으로 증가시킬 수 있다.

8. 6. 2 불균일계

충진제가 있는(filled) 고분자나, 고분자블랜드, 블록공중합과 같은 대부분의 고분자 복합체는 이 경우에 속한다. 이 계에 적절한 혼합법칙으로서는 식 (8. 416)과 같은 Simplex 식이 사용될 수 있겠으나, 특히 (선형)점탄성 거동의 예측을 위하여 제안된 기계적 모델로서는 Takayanagi 등의 '기계적 커플링 모델', Kerner 등의 '모순없는(self-consistent) 모델' 등이 있으나, 2-파라미터 모델인 아래의 Halpin-Tsai 등의 '수정(modified) Kerner 모델'이 현재 널리 사용되고 있다.

$$P_c/P_1 = \frac{1+AB\phi_2}{1-B\psi\phi_2} \tag{8.431}$$

여기서, P는 탄성정수와 같은 기계적 성질을 나타내고, A는 분산(혹은 filler) 상(성분 2)의 기하(크기, 모양, 분산상태 등)나 연속상(성분 1)의 성질(포아송 비 등)에 의존하는 파라미터로서 비압축성 고무에 구상 입자분산의 경우는 $A=1.5$를 갖고, 입자모양이 구대칭에서 크게 벗어날수록, A가 작은 값을 갖게 된다. 정수 B는 다음과 같이 두 성분의 물성비에 의존하고 그 비(P_2/P_1)가 아주 클 경우에는 1로서 간주할 수 있다.

$$B = \frac{P_2/P_1 - 1}{P_2/P_1 + A} \tag{8.432}$$

또 ψ는 분산상의 최대 패킹(packing)분율(ϕ_m)에 의존하는 항으로서, 다음과 같다.

$$\psi = 1 + \left[\frac{1-\phi_m}{\phi_m^2}\right]\phi_2 \tag{8.433}$$

$\psi\phi_2$는 성분 2의 조밀상태를 반영하는 유효 또는 상대부피로서, 고무상 고분자에 hard 충진제가 분산되어 있을 경우, ϕ_m은 0.60~0.65, 유리상 고분자에 고무입자가 분산되어 있을 경우는 0.80~0.83의 값을 가진다. 불상용계의 경우 일반적으로, 양이 많거나 유동성이 큰 상을 연속상, 작

은 쪽을 분산상이라 하는데 식 (8. 431)의 사용에 있어서 성분 1을 연속상으로 생각함이 편리하다, 또, 식 (8. 431)에서 $A \to \infty$ 이면 기계적 모델의 상한에 해당하는 병렬식 식 (8. 417), $A \to 0$이면 하한에 해당하는 직렬식 식 (8. 418)이 됨을 알 수 있고, 일반적으로 연속상이 더욱 'hard'한 경우엔 병렬모델이, 연속상이 'soft'한 경우엔 직렬모델이 적합함이 알려져 있다.

한편 수정 Kerner 식 (8. 431)의 구체적인 표현으로서, 고무로 강인화된(rubber - toughened) 플라스틱과 같은 고분자 2상구조계의 동적점탄성계수와 같은 물성예측에 널리 사용되고 있는 Takayanagi 모델(그림 8. 68)에 대해 조사해 보기로 한다.

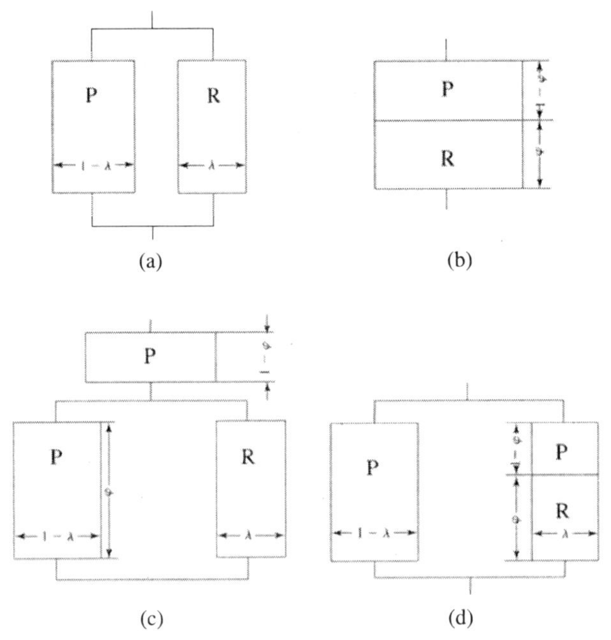

▶ **그림 8. 68** 두 상계(two-phase system)에 대한 Takayanagi 모델: (a) 등 변형률(병렬) 모델; (b) 등 응력(직렬)모델; (c, d) 두 모델의 조합. 각 그림의 면적은 그 상의 부피분율에 비례한다.

지금 각각의 경우에 대해 복합체의 인장탄성 E_c를 구해보기로 하자.

그림 (a):

플라스틱(P)상과 고무(R)상의 변형률(ε)은 같고, 응력(σ)은 합이므로 아래식이 성립된다(이 때 그림에 나타낸 두 상의 면적비를 고려해야함).

$$\varepsilon_P = \varepsilon_R = \varepsilon; \quad \sigma = (1-\lambda)\sigma_P + \lambda\sigma_R \tag{8. 434a}$$

$$\sigma_i = \varepsilon E_i \ \ (i = P,\ R) \tag{8. 434b}$$

식 (8. 434b)를 식 (8. 434a)에 대입하고, 전체 복합체의 응력 $\sigma = E_c \varepsilon$을 이용하면 E_c에 대한 아래 식이 얻어진다.

$$E_c = (1-\lambda)E_P + \lambda E_R \tag{8. 435}$$

그림 (b):

위와 반대로 두 상의 응력은 같고, 변형률은 합이므로 아래 식이 성립된다(이 때 역시 그림에 나타낸 두 상의 면적비를 고해야해 한다).

$$\sigma_P = \sigma_R = \sigma; \quad \varepsilon = (1-\phi)\varepsilon_P + \phi\varepsilon_R \tag{8. 436a}$$

$$\varepsilon_P = \sigma/E_P, \quad \varepsilon_R = \sigma/E_R \tag{8. 436b}$$

역시 식 (8. 436b)를 (8. 436a)에 대입하고, $\varepsilon = \sigma/E_c$를 이용하면 아래의 혼합법칙이 얻어진다.

$$E_c^{-1} = (1-\phi)E_P^{-1} + \phi E_R^{-1} \tag{8. 437}$$

그림 (c):

위의 P 1개를 1요소, 아래의 병렬 단위를 2요소라 하면, 두 요소가 받는 응력은 같고, 변형률은 합이므로 아래가 성립된다(이 때 두 요소의 면적비를 고려해야한다).

$$\sigma_1 = \sigma_2 = \sigma; \quad \varepsilon = (1-\phi)\varepsilon_1 + \phi\varepsilon_2 \tag{8. 438a}$$

$$\varepsilon_1 = \sigma/E_P, \quad \varepsilon_2 = \frac{\sigma}{E_2} = \frac{\sigma}{(1-\lambda)E_P + \lambda E_R} \ (\because \text{식 (8. 435) 이용}) \tag{8. 438b}$$

따라서 식 (8. 438)의 b를 a에 대입하고, 복합체의 전체변형률 $\varepsilon = \sigma/E_c$를 이용하면 아래의 혼합법칙을 얻는다.

$$E_c^{-1} = (1-\phi)E_P^{-1} + \phi\left[(1-\lambda)E_P + \lambda E_R\right]^{-1} \tag{8. 439}$$

그림 (d):

왼편 P 1개를 요소 1, 우편 직렬단위를 요소 2라 하면, 두 요소의 변위는 같고, 응력은 합이므로 아래가 성립된다(이 때 두 요소의 면적비를 고려해야 한다).

$$\varepsilon_1 = \varepsilon_2 = \varepsilon; \quad \sigma = (1-\lambda)\sigma_1 + \lambda\sigma_2 \tag{8. 440a}$$

$$\sigma_1 = \varepsilon E_P, \quad \sigma_2 = E_2\varepsilon = \left[(1-\phi)E_P^{-1} + \phi E_R^{-1}\right]^{-1}\varepsilon \ (\because \text{식 (8. 437) 이용}) \tag{8. 440b}$$

여기서 식 (8. 440)의 b를 a에 대입하고, 전체응력 $\sigma = E_c \varepsilon$을 이용하면 아래의 혼합법칙이 얻어진다.

$$E_c = (1-\lambda)E_P + \lambda\left[(1-\phi)E_P^{-1} + \phi E_R^{-1}\right]^{-1} \tag{8. 441}$$

특히 식 (8. 441)에서 $\lambda\phi$는 우편 아래의 고무상(R)의 부피분율에 해당된다.

위 식 (8. 439)와 (8. 441)에서 $E_P \equiv E_1$으로 두고, 바깥으로 빼고, $E \equiv P$ (즉 $E_c = P_c$)로 두면 Takayanagi 모델에 대한 수정 Kerner식 (8. 431)의 형태가 얻어진다.

한편 고무강인화된 플라스틱 복합체의 복소 동적전단계수 $G_c^*(= G_c' + iG_c'')$에 대한 Christensen의 혼합법칙은 아래의 Kerner식 형태로 주어진다(이 때 G_P^*를 P_1으로, G_R^*를 P_2로 간주).

$$\frac{G_c^*}{G_P^*} = \frac{(1-v)G_P^* + (\alpha+v)G_R^*}{(1+\alpha v)G_P^* + \alpha(1-v)G_R^*} \tag{8. 442}$$

이 식에서 v는 복합체 내 고무상의 부피분율에 해당된다. 이 때 만약 위 식의 α 및 v를 식 (8. 443)과 같이 정의하고, G^*를 인장 탄성계수 E로 두면 Takayanagi 모델의 식 (8. 439)가 얻어진다.

$$v = \lambda\phi, \quad \alpha = \lambda\frac{(1-\phi)}{(1-\lambda)} \tag{8. 443}$$

혹은 거꾸로 식 (8. 439)에서 $\lambda = (\alpha+v)/(1+\alpha)$, $\phi = v(1+\alpha)/(\alpha+v)$를 대입하고, $E \rightarrow G^*$로 바꾸면 식 (8. 442)가 성립된다.

또한 식 (8. 442)에서 α 및 v를 식 (8. 444)와 같이 정의하고, G^*를 E로 두면 Takayanagi 모델의 식 (8. 441)이 얻어진다.

$$v = \lambda\phi, \quad \alpha = \frac{(1-\phi)}{\phi(1-\lambda)} \tag{8. 444}$$

혹은 반대로 식 (8. 441)에서 $\phi = (1+\alpha v)/(1+\alpha)$, $\lambda = v(1+\alpha)/(1+\alpha v)$를 대입하고, $E \rightarrow G^*$로 바꾸면 역시 식 (8. 442)가 얻어진다.

[비고: 이에 대한 증명은 약간 식이 복잡하나 통분과 인수분해를 이용하면 큰 어려움 없이 증명될 수 있다.]

8. 6. 3 섬유강화 플라스틱에 응용

섬유강화 플라스틱(fiber reinforced plastics ; FRP)에 있어서 길이(종)방향 인장 탄성계수 E_1, 폭(횡)방향 인장 탄성계수 E_2 및 길이방향 전단 탄성계수 G_{12}에 대해 각 성분의 탄성계수와 섬유분율 ϕ_f로 나타내는 혼합법칙을 유도해 보기로 한다.

a. 종방향 탄성계수:

그림 8. 69에 종방향 하중 하의 섬유강화 복합재료의 종(1) 방향 및 횡(2) 방향의 변형을 나타내었다.

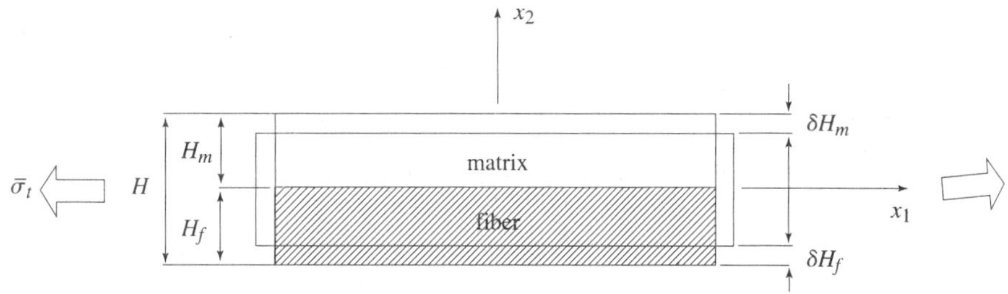

▶ **그림 8. 69** 종방향 하중 하의 섬유강화 복합재료의 종방향 및 횡방향 변형.

이 경우 위 그림에서 섬유(f)와 고분자 매트릭스(m)의 늘어난 길이는 같고, 힘(= 응력×단면적)은 합이므로 아래식이 성립된다.

$$\bar{\varepsilon}_1 = \varepsilon_f = \varepsilon_m; \quad \bar{\sigma}_1 A = \sigma_f A_f + \sigma_m A_m \tag{8. 445a}$$

$$\sigma_f = \bar{\varepsilon}_1 E_f, \quad \sigma_m = \bar{\varepsilon}_1 E_m \tag{8. 445b}$$

위 식에서 $\bar{\varepsilon}_1$ 및 $\bar{\sigma}_1$는 각각 복합재료의 종방향 (평균)변형률 및 (평균)응력이고, A_i 및 E_i ($i = m, f$)는 각 성분의 면적 및 인장 탄성계수이다. 식 (8. 445)의 b를 a에 대입하고, $\bar{\sigma}_1 = \bar{\varepsilon}_1 E_1$ 및 $A_f = A\phi_f$, $A_m = A\phi_m$(여기서 ϕ_i는 i성분의 부피분율)을 이용하면 E_1에 대한 아래의 혼합법칙이 성립된다.

$$E_1 = E_{f1}\phi_f + E_m\phi_m \tag{8. 446}$$

여기서 E_{f1}는 섬유의 길이방향 탄성계수($E_{f1} \gg E_{f2}$)이다.

또한 포아송비 ν의 정의 즉 $\nu = -\dfrac{\varepsilon_2}{\varepsilon_1}$(즉 길이변형률에 대한 폭 수축률의 비)를 이용하여 그림 8. 69에서 복합재료의 종방향 포아송비 ν_{12}에 대한 혼합법칙을 구해보면 아래와 같다. 길이방향으로 $\bar{\varepsilon}_1$ 신장에 따른 폭방향(수축) 변형률 ε_2는 $H_f = H\phi_f$, $H_m = H\phi_m$을 이용하여 아래와 같이 나타내진다.

$$\bar{\varepsilon}_2 = \frac{\delta H}{H} = \frac{\delta H_f + \delta H_m}{H} = \frac{-\nu_f \bar{\varepsilon}_1 \times H_f - \nu_m \bar{\varepsilon}_1 H_m}{H}$$

$$= -\frac{\nu_f \bar{\varepsilon}_1 (H\phi_f) + \nu_m \bar{\varepsilon}_1 (H\phi_m)}{H} = -\bar{\varepsilon}_1 (\nu_f \phi_f + \nu_m \phi_m) \tag{8. 447}$$

그런데 복합재료의 길이방향 포아송비 $\nu_{12} = -\bar{\varepsilon}_2 / \bar{\varepsilon}_1$이므로 부피분율에 대한 아래의 혼합법칙이 성립된다.

$$\nu_{12} = \nu_f \phi_f + \nu_m \phi_m \tag{8. 448}$$

b. 횡방향 탄성계수:

그림 8. 70에 횡(폭)방향 하중 하의 FRP의 횡방향 변형을 나타내었다.

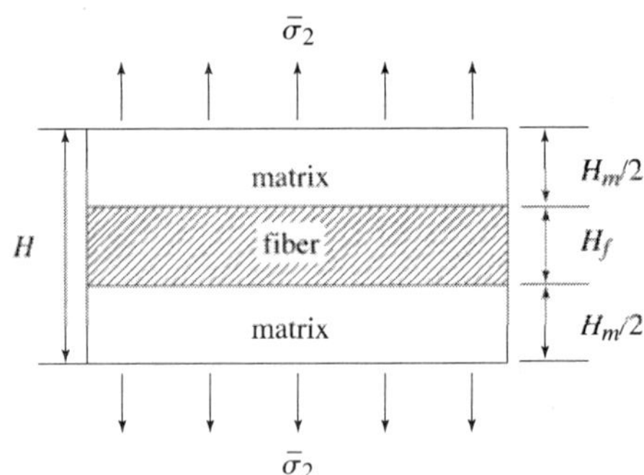

▶ **그림 8. 70** 횡방향 하중 하의 섬유강화 복합재료의 횡방향 변형.

그림에서 두 상이 받는 힘은 같고, 늘어난 길이(변위)는 합이므로 아래식이 성립된다.

$$\bar{\sigma}_2 = \sigma_f = \sigma_m; \quad \delta_2 (\equiv H\bar{\varepsilon}_2) = \varepsilon_f H_f + \varepsilon_m H_m = \varepsilon_f (H\phi_f) + \varepsilon_m (H\phi_m) \tag{8. 449a}$$

$$\varepsilon_f = \frac{\bar{\sigma}_2}{E_{f2}}, \quad \varepsilon_m = \frac{\bar{\sigma}_2}{E_m} \tag{8. 449b}$$

식 (8. 449)의 b를 a에 대입하면 $\bar{\varepsilon}_2$에 관한 아래의 식을 얻는다.

$$\bar{\varepsilon}_2 \left[= \frac{\bar{\sigma}_2}{E_2} \right] = \varepsilon_f \phi_f + \varepsilon_m \phi_m = \frac{\bar{\sigma}_2}{E_{f2}} \phi_f + \frac{\bar{\sigma}_2}{E_m} \phi_m \tag{8. 450}$$

따라서 E_2에 관한 아래의 혼합법칙이 성립된다.

$$E_2^{-1} = \phi_f E_{f2}^{-1} + \phi_m E_m^{-1} \tag{8.451}$$

여기서 E_{f2}는 섬유의 폭방향 인장 탄성계수이다.

c. 종방향 전단 탄성계수:

그림 8.71에 전단 응력 $\bar{\tau}_{12}$ 하의 FRP의 전단변형을 나타내었다.

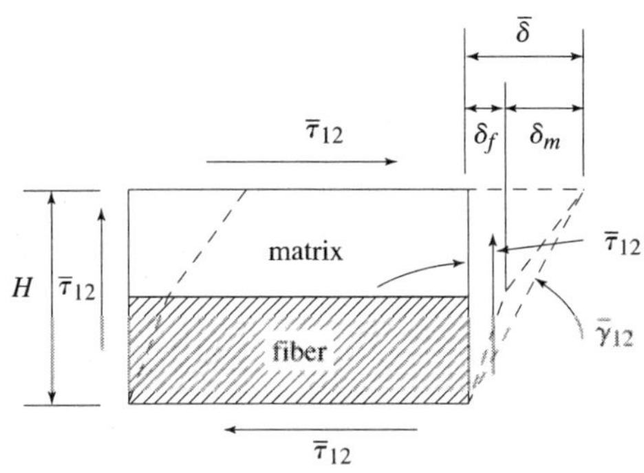

▶ **그림 8.71** 전단 하중 하의 섬유강화 복합재료의 전단 변형.

위 그림에서 섬유와 기지(matrix)가 받는 힘은 같고, 변위는 합이므로 아래 관계가 성립된다.

$$\bar{\tau}_{12} = \tau_m = \tau_f; \quad \bar{\delta} = \delta_f + \delta_m = \bar{\gamma}_f H_f + \gamma_m H_m \tag{8.452a}$$

$$\bar{\gamma}_f = \frac{\bar{\tau}_{12}}{G_{f12}}, \quad \gamma_m = \frac{\bar{\tau}_{12}}{G_m} \tag{8.452b}$$

위 식에서 $\bar{\tau}_{12}$는 복합재료가 받는 (평균)전단응력, G_{f12} 및 G_m은 각각 섬유 및 기지의 종방향 전단 탄성계수이다. 식 (8.452)의 b를 a에 대입하고, $\bar{\delta} = H\gamma_{12}$[여기서 $\gamma_{12} = \frac{\bar{\tau}_{12}}{G_{12}}$는 FRP의 종방향 전단 탄성계수임], $H_f = H\phi_f$, $H_m = H\phi_m$을 이용하면 γ_{12}에 관한 아래의 식을 얻는다.

$$\gamma_{12}\left[= \frac{\bar{\tau}_{12}}{G_{12}}\right] = \bar{\gamma}_f \phi_f + \gamma_m \phi_m = \frac{\bar{\tau}_{12}}{G_{f12}}\phi_f + \frac{\bar{\tau}_{12}}{G_m}\phi_m \tag{8.453}$$

따라서 복합재료의 종방향 전단 탄성계수 G_{12}에 관한 아래의 혼합법칙을 얻는다.

$$G_{12}^{-1} = \phi_f G_{f12}^{-1} + \phi_m G_m^{-1} \tag{8.454}$$

연습문제

8.1 아래 그림과 같이 실선으로 표시한 4면체에 전단력 τ가 작용할 때, 대각선 OC에 생기는 인장변형률 ε과 전단변형률 γ와의 관계를 구하라.

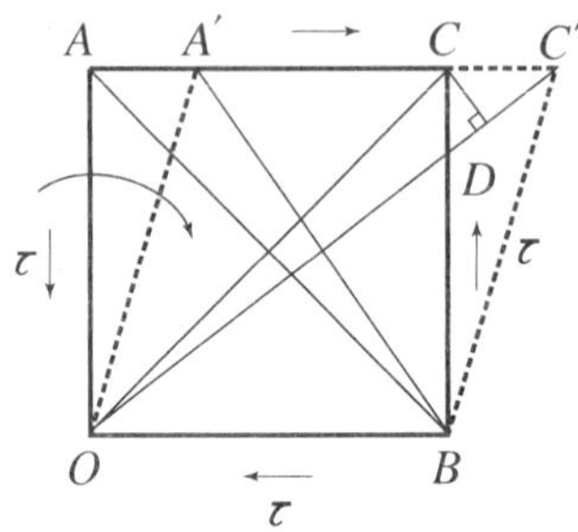

풀이

$\overline{OC}$ 직선상의 인장변형률을 $\varepsilon(=\Delta l/l_0)$이라고 하면 아래 관계가 성립된다.

$$\varepsilon=\frac{\overline{C'D}}{\overline{OD}}\fallingdotseq\frac{\overline{C'D}}{\overline{OC}}=\frac{\overline{CC'}\cdot\sin45°}{\overline{AC}/\sin45°}=\frac{1}{2}\frac{\overline{CC'}}{\overline{AC}}$$

한편 전단변형률 γ는 $\overline{AC}=\overline{BC}$이므로 아래가 된다.

$$\gamma=\frac{\overline{CC'}}{\overline{AC}}$$

$\therefore\varepsilon=\frac{\gamma}{2}$의 관계가 얻어진다.

8.2 등방성 물체에 대한 선형 탄성식 (8.60)을 사용하여 식 (8.59)를 증명해보아라.

풀이

변형이 작은 선형탄성의 경우 체적변형률 $\varepsilon_v(=\Delta V/V_0)$과 길이변형률 $\varepsilon_l(=\Delta l/l_0)$ 사이에는 $\varepsilon_v\simeq\varepsilon_{kk}$($k$에 대해 합)$=\varepsilon_1+\varepsilon_2+\varepsilon_3$ (식 7.89)가 성립된다. 따라서 식 (8.59)를 모두 합하면 아래가 된다.

$$\varepsilon_v\simeq\frac{1}{E}\left[\sigma_1+\sigma_2+\sigma_3-2\nu(\sigma_1+\sigma_2+\sigma_3)\right]=\frac{1-2\nu}{E}(\sigma_1+\sigma_2+\sigma_3)\qquad\text{(i)}$$

만약 어느 용기의 사방에서 정수압 P만이 적용하고. 식 (8.22)에서 외부에서 가해지는 편차응력 τ_{ij}가 없다고 한다면 $\sigma_1=\sigma_2=\sigma_3=-P$이므로 식 (i)에서 아래가 성립된다.

$$\varepsilon_v=\frac{(2\nu-1)}{E}3P=\frac{3(2\nu-1)}{E}P$$. 따라서 아래가 된다.

$$P = -\frac{E}{3(1-2\nu)}\varepsilon_v \tag{ii}$$

그런데 체적탄성계수 K의 정의와 식 (ii)에서 아래가 성립된다(단 $P = \Delta P$로 간주).

$$K \equiv -V(\partial P/\partial V)_T \simeq \Delta P/(\Delta V/V)$$

$= -P/\varepsilon_v = E/3(1-2\nu)$가 되어 식 (8. 59)가 증명된다.

또한 ε_v의 정의와 식 (i)에서 아래가 성립된다.

$$\varepsilon_v \equiv \Delta V/V = \frac{1-2\nu}{E}(\sigma_1+\sigma_2+\sigma_3) \tag{iii}$$

여기서 만역 1방향으로의 일축신장 즉 $\sigma_1 = \sigma_0$, $\sigma_2 = \sigma_3 = 0$인 경우는 $\varepsilon_v = \dfrac{1-2\nu}{E}\sigma_0$가 성립된다.

8. 3 등방성물질의 선형탄성이론에 대한 Lame식 (8. 48)을 이용하여 일반 이방성물질에 대한 단위체적당 변형에너지 W의 표현식인 식 (8. 43)이 아래가 됨을 증명하여라.

$$W = \int \delta W = \frac{\lambda}{2}(\varepsilon_{kk})^2 + \mu\varepsilon_{ij}\varepsilon_{ij} \text{ (단 이중 아래첨자는 Einstein 합기호임)} \tag{1}$$

단 위식에서 λ, μ는 Lame 상수이고, $\varepsilon_{kk} = \varepsilon_{11} + \varepsilon_{22} + \varepsilon_{33} \simeq \varepsilon_v (= \Delta V/V_0)$이다.

풀이

미소구간의 일(δW)과 응력(σ), 미소변위텐서 $\delta \boldsymbol{u}$, 미소표면적벡터 $d\boldsymbol{S} = \boldsymbol{n}dS$사이에는 아래 관계가 성립된다.

$$\delta W = \int\int_S \delta\boldsymbol{u} \cdot (\boldsymbol{\sigma} \cdot d\boldsymbol{S}) \quad (\because \text{ 응력×미소표면적=미소힘, 힘×미소변위=미소일})$$

여기서 가우스 발산정리(divergence theorem)를 적용하면 위 식은 부피적분으로 변한다.

$$\delta W = \int\int\int_V \nabla \cdot (\boldsymbol{\sigma} \cdot \delta\boldsymbol{u})\, d\boldsymbol{V} \fallingdotseq [\nabla \cdot (\boldsymbol{\sigma} \cdot \delta\boldsymbol{u})]\delta \boldsymbol{V}$$

여기서 양변을 δV로 나누고, Cartesian 좌표계에서 벡터 $\boldsymbol{A}$의 발단 $\nabla \cdot \boldsymbol{A} = \dfrac{\partial A_i}{\partial x_i}$가 됨을 이용하면 아래 식을 얻는다.

$$\delta W/\delta V = \nabla \cdot (\boldsymbol{\sigma} \cdot \delta\boldsymbol{u}) = \frac{\partial}{\partial x_i}(\sigma_{ij}\delta u_j) = (\partial\sigma_{ij}/\partial x_i)\delta u_j + \sigma_{ij}(\partial\delta u_j/\partial x_i)$$

이 식의 우편을 다시 텐서표현으로 나타내면 아래가 된다.

$$\delta W/\delta V = (\nabla \cdot \boldsymbol{\sigma}) \cdot \delta\boldsymbol{u} + \boldsymbol{\sigma} : \delta(\nabla\boldsymbol{u})$$

그런데 힘의 편형상태에서는 $(\nabla \cdot \boldsymbol{\sigma})$가 0이 되므로, 아래가 성립된다.

$$\delta W/\delta V \simeq \boldsymbol{\sigma} : \delta(\nabla \boldsymbol{u}) = T_r[\boldsymbol{\sigma} \cdot \delta(\nabla \boldsymbol{u})]$$
$$= \sigma_{ij}\delta[(\nabla \boldsymbol{u})_{ij}] = \sigma_{ij}\delta\varepsilon_{ij} \qquad [\because \ \varepsilon_{ij} = \frac{1}{2}\{(\nabla \boldsymbol{u})_{ij} + (\nabla \boldsymbol{u})_{ji}\} = \frac{1}{2}(e_{ij} + e_{ji}), \text{ 식 (8. 28)}]$$

이 식의 σ_{ij}에 등방선형탄성에 관한 Lame식 (8. 48)를 대입하면 아래가 된다.

$$\delta W/\delta V = [\lambda\delta_{ij}\varepsilon_{kk} + 2\mu\varepsilon_{ij}]\delta\varepsilon_{ij}$$

이를 다시 미분기호 'δ'의 정의에 의해 아래 형태로 바꾸어 쓸 수 있다.

$$\delta W/\delta V = \delta\left[\frac{\lambda}{2}(\varepsilon_{kk})^2 + \mu\varepsilon_{ij}\varepsilon_{ij}\right]$$

여기서 양변에 δ기호를 없애면 아래와 같이 등방물질의 단위체적당 변형에너지에 해당하는 목적하는 식을 얻는다.

$$W/V = \frac{\lambda}{2}(\varepsilon_{kk})^2 + \mu\varepsilon_{ij}\varepsilon_{ij}$$

참고로 스칼라량 $\varepsilon_{ij}\varepsilon_{ij} = T_r[\boldsymbol{\varepsilon} \cdot \boldsymbol{\varepsilon}^{\mathrm{T}}] = \boldsymbol{\varepsilon} : \boldsymbol{\varepsilon}^{\mathrm{T}}$로서 대칭변형률 텐서 (식 8. 28)의 전 요소의 제곱의 합을 의미한다. [비고 : 이 문제는 벡터 · 텐서 대수에 익숙하지 않은 독자는 생략해도 됨]

8. 4 점탄성 물질에 대한 임의의 (인장)크리프(creep) 시험이 그림 8. 25처럼 부하(loading)의 (주기적)연속으로 되어 있다고 하자. 만약 일정 응력 σ_1이 시간 t_1동안 가해지고, 다음에는 시간 t_2까지 응력이 $2\sigma_1$으로 증가되고, 다음에는 시간 T까지 응력이 제거된다. 이와 같은 조작이 반복되어 $(N+1)$번째 부하기간의 끝에서의 최대 변형에 대한 식을 유도하라(식 8. 133 참조). 단 $\varepsilon(t) = \varepsilon_0 t^n$을 가정하라.

풀이

편의상 두 응력에 대한 응답을 아래와 같이 분리하여 다룬다.

$$0 < t < t_1 \quad \sigma = \sigma_1 \quad \varepsilon_1 = A_1 t^n$$

$$t_1 < t < t_2 \quad \sigma = \sigma_2 \quad \varepsilon_2 = A_2 t^m$$

$$t_2 < t < T \qquad \sigma = 0$$

문제는 $t = NT + t_2$의 총 변형응답을 구하는 것이다. σ_1만에 식 (8. 134)과 (8. 135)로부터 구하여진다.

$$\varepsilon_1(NT + t_2) = \varepsilon_1(t_1)R_1(NT) + \varepsilon_1(t_2) - \varepsilon_1(t_2 - t_1)$$

여기서 σ_1에 의한 $\varepsilon_1(t_1)$에 상대적인 잔류변형률은 아래가 된다.

$$R_1(NT) = \sum_{x=1}^{N}\left[\left(\frac{xT}{t_1}\right)^n - \left(\frac{xT}{t_1}-1\right)^n\right]$$

$\sigma_2(=2\sigma_1)$에 대한 응답을 구해 보자. $t=t_2$에서의 σ_2에 의한 변형은, 하중이 $t=0$이 아닌 $t=t_1$에서 가해졌기 때문에 $\varepsilon_2=\varepsilon_2(t_2-t_1)$이 된다. $t=T$에서의 σ_2에 의한 변형 $\varepsilon_2(t_2-t_1)$에 잔류변형 분율은 아래가 된다.

$$R_2(T) = [\varepsilon_2(T-t_1)-\varepsilon_2(T-t_2)]/\varepsilon_2(t_2-t_1)$$

$\varepsilon_2=A_2t^m$을 대입하면

$$R_2(T) = \left(\frac{T-t_1}{t_2-t_1}\right)^m - \left(\frac{T-t_1}{t_2-t_1}\right)^m$$

따라서

$$R_2(NT) = \sum_{x=1}^{N}\left[\left(\frac{xT-t_1}{t_2-t_1}\right)^m - \left(\frac{xT-t_2}{t_2-t_1}\right)^m\right]$$

그러므로

$$\varepsilon_2(NT+t_2) = \varepsilon_2(t_2-t_1)R_2(NT)+\varepsilon_2(t_2)-\varepsilon_2(t_1)$$

결국 시간 $NT+t_2$에서의 총 변형은

$$\varepsilon(NT+t_2) = \varepsilon_1(NT+t_2)+\varepsilon_2(NT+t_2)$$

8. 5 아래 그림 (a) 및 (b)에 각각 아래식 ① 및 ②로 정의되는 단계적 전단변형율 $\gamma(t)$(응력완화) 및 단계적 응력 $\sigma(t)$(크리프)를 한 개의 Maxwell 요소 및 한 개의 Voigt 요소에 작용시킬 때 야기되는 응력완화 및 크리프를 시간 구간별로 모두 구하여라.

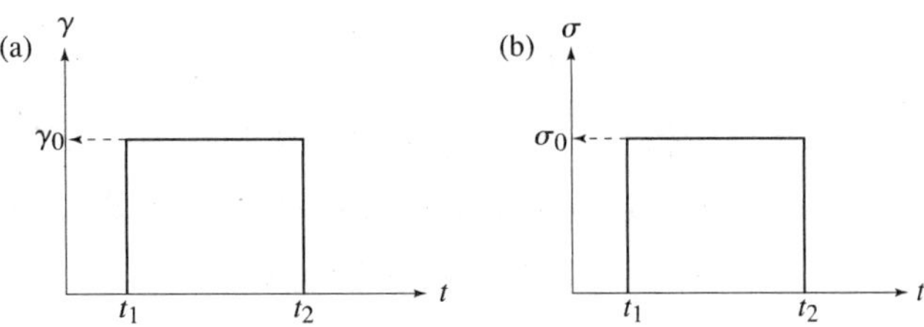

▶ 그림 1 (a) 단계적 변형률과 (b) 단계적 응력

(a) $\gamma(t)=\begin{cases}\gamma_0 & (t_1 \leqq t \leqq t_2) \\ 0 & (t_1 > t \text{ 또는 } t > t_2\text{의 경우})\end{cases}$ ①

(b) $\sigma(t)=\begin{cases}\sigma_0 & (t_1 \leqq t \leqq t_2) \\ 0 & (t_1 > t \text{ 또는 } t > t_2\text{의 경우})\end{cases}$ ②

이때 A) 그림 (a)에 대한 응력완화현상을 Maxwell 요소와 Voigt 요소를 이용하여 각각 구하라.

B) 그림 (b)에 대한 크리프 현상을 역시 Maxwell 요소와 Voigt 요소를 이용하여 각각 구하라.

풀이

A) 먼저 Maxwell 요소와 Voigt 요소의 구성방정식은 각각 아래와 같다[식 (8. 223) 및 (8. 234) 참조].

(Maxwell) $\dot{\gamma}=\dfrac{\dot{\sigma}}{G}+\dfrac{\sigma}{\eta}$ ③

(Voigt) $\sigma=G\gamma+\eta\dot{\gamma}$ ④

여기서 두 요소 모두 변형이 작용하는 시간 $t_1 \leqq t \leqq t_2$에서는 구성방정식으로부터 미분방정식을 풀어 해를 구한다. 그리고 변형을 제거한 후인 $t \geqq t_2$일 때는 크리프에 대한 이산형 중첩원리[그림 8. 24 혹은 식 (8. 126) 참조]와 마찬가지로 변형 γ_0에 의한 응력완화가 $t \geqq t_2$ 지나서도 계속된다고 생각하고, 대신 $t=t_2$부터 변형을 제거[즉 $-\gamma(t-t_2)$를 부가]한다고 간주하여 아래와 같이 계산하면 된다.

$$\sigma(t \geqq t_2)=\sigma(t-t_1)-\sigma(t-t_2)=\gamma_0[G(t-t_1)-G(t-t_2)] \quad ⑤$$

그러면 먼저 Maxwell 요소에 대해 응력완화를 구해보면 아래와 같다. 구성방정식 ③에 의해 $t<t_1$일 때는 아예 변형이 없으므로 $\sigma=0$이 된다. 구간 $t_1 \leqq t \leqq t_2$에서는 식 ③에서 $\dot{\gamma}=0$을 대입하고 $\sigma(t)$에 관한 상미방의 해를 변수분리법으로 구하면 아래가 된다(부록 8. 1절 참조).

$$\int_{t_1}^{t}\frac{d\sigma}{\sigma}=-\int_{t_1}^{t}\frac{dt}{\tau} \quad (\text{단 } \tau=\eta/G) \quad ⑥$$

$$\sigma(t)=\sigma(t_1)\exp[-(t-t_1)/\tau]=\gamma_0 G\exp[-(t-t_1)/\tau] \quad ⑦$$

여기서 초기치 $\sigma(t)=\gamma_0 G$를 가정하였다. 그런데 응력완화의 정의식 $\sigma(t)=\gamma_0 G(t)$와 식 ⑦을 비교해보면 사실해 식 ⑦은 $\sigma(t-t_1)=\gamma_0 G(t-t_1)$으로 간주하여 좌표이동하기 전 $G(t)=G\exp(-t/\tau)$가 된다. 따라서 변형이 제거된 후인 $t \geqq t_2$에서는 식 ⑤에 의해 아래가 성립된다.

$$\sigma(t \geqq t_2)=\gamma_0 G\{\exp[-(t-t_1)/\tau]-\exp[-(t-t_2)/\tau]\}$$

$$=-\gamma_0 G\{1-\exp[-(t-t_1)/\tau+(t-t_2)/\tau]\}\exp[-(t-t_2)/\tau]$$

$$= -\gamma_0 G\{1-\exp[-(t_2-t_1)/\tau]\}\exp[-(t-t_2)/\tau] \quad ⑧$$

따라서 (a) 응력완화에 대한 Maxwell 요소의 계산결과는 아래와 같다.

$$\sigma(t) = \begin{cases} 0 & (t < t_1) \\ G\gamma_0 e^{-(t-t_1)/\tau} & (t_1 \leqq t < t_2) \\ -G\gamma_0\left(1-e^{-(t_2-t_1)/\tau}\right)e^{-(t-t_2)/\tau} & (t_2 \leqq t) \end{cases} \quad ⑨$$

다음에는 Voigt 요소에 의한 응력완화를 제안해보자. 구간 $t < t_1$에서는 변형이 없으므로 $\sigma = 0$. 그런데 $t = t_1$에서는 그림 (a)를 보면 기울기 $\dot{\gamma} = \dfrac{d\gamma}{dt}$가 $+\infty$가 되어, 식 ④에서 $\sigma = \infty$가 된다. 다음에는 (일정)변형이 작용하는 구간 $t_1 < t < t_2$의 경우에는 구성식 ④에 $\dot{\gamma} = 0$, $\gamma = \gamma_0$을 대입하여 $\sigma(t)$에 대한 미방을 풀면 $\sigma(t) = G\gamma_0$ (일정)이 된다. 다음에 역시 $t = t_2$에서는 그림에서 기울기 $\dot{\gamma}$가 $-\infty$가 되어, 식 ④에서 $\sigma = -\infty$가 된다. 또한 $t > t_2$에서는 변형이 없으므로 식 ④에서 $\sigma = 0$이 된다. 따라서 이들 결과를 조합하면 Voigt 요소에 대한 응력완화는 아래가 된다.

$$\sigma(t) = \begin{cases} 0 & (t < t_1) \\ \infty & (t = t_1) \\ G\gamma_0 & (t_1 < t < t_2) \\ -\infty & (t = t_2) \\ 0 & (t_2 < t) \end{cases} \quad ⑩$$

B) 다음에는 그림 (b)의 크리프 응답을 생각해보자. 두 모델 모두 문 A)의 경우와 마찬가지로 실제 응력이 작용하는 구간 $(t_1 \leqq t \leqq t_2)$에서는 각 구성식의 미방해를 구하고, 또 응력을 제거한 후인 $t \geqq t_2$에서는 σ_0에 의한 크리프가 $t \geqq t_2$ 이후도 계속된다고 생각하고, $t = t_2$에서 응력제거(즉 $-\sigma(t-t_2)$ 부가)로 간주하여 아래와 같이 계산하면 된다[그림 (8. 126) 참조].

$$\gamma(t \geqq t_2) = \gamma(t-t_1) - \gamma(t-t_2) = \sigma_0\left[J(t-t_1) - J(t-t_2)\right] \quad ⑪$$

그러면 먼저 Maxwell 모델의 경우 $t < t_1$에서는 $\gamma = 0$이 된다. 다음에 $t_1 \leqq t \leqq t_2$에서는 구성식 ③에 $\dot{\sigma} = 0$, $\sigma = \sigma_0$ 대입하고, 초기치 $\gamma(t_1) = \sigma_0/G$를 이용하여 상미방을 변수분리법으로 아래와 같이 구한다.

$$\dot{\gamma} = \frac{\sigma_0}{\eta} \;\rightarrow\; \int_{t_1}^{t(\leqq t_2)} d\gamma = \frac{\sigma_0}{\eta}\int_{t_1}^{t} dt \;\rightarrow\; \gamma(t) - \gamma(t_1) = \frac{\sigma_0}{\eta}(t-t_1)$$

그런데 초기조건의 $\gamma(t_1) = \sigma_0/G$를 대입하면 크리프 $\gamma(t_1 \leqq t \leqq t_2)$는 아래가 된다.

$$\gamma(t) = \sigma_0/G + \frac{\sigma_0}{\eta}(t-t_1) = \sigma_0\left[\frac{1}{G} + \frac{1}{\eta}(t-t_1)\right] \quad ⑫$$

그런데 크리프의 정의 $\gamma(t)=\sigma_0 J(t)$에서 위 식과 비교하면 식 ⑫는 $\gamma(t-t_1)=\sigma_0 J(t-t_1)$으로 간주하여 좌표 이동하기 전 $\gamma(t)=\sigma_0 J(t)$에서 $J(t)=\dfrac{1}{G}+\dfrac{t}{\eta}$가 된다. 따라서 $\gamma(t \geqq t_2)$의 경우에는 아래가 된다.

$$\gamma(t \geqq t_2)=\gamma(t-t_1)-\gamma(t-t_2)=\sigma_0\left[J(t-t_1)-J(t-t_2)\right]$$

$$=\sigma_0\left[\frac{1}{G}+\frac{t-t_1}{\eta}-\left(\frac{1}{G}+\frac{t-t_2}{\eta}\right)\right]=\frac{\sigma_0}{\eta}(t_2-t_1) \qquad ⑬$$

이를 종합하면 크리프에 대한 Maxwell 요소의 계산결과는 아래와 같다.

$$\gamma(t)=\begin{cases} 0 & (t<t_1) \\ \dfrac{\sigma_0}{G}+\dfrac{\sigma_0}{\eta}(t-t_1) & (t_1 \leqq t<t_2) \\ \dfrac{\sigma_0}{\eta}(t_2-t_1) & (t_2 \leqq t) \end{cases} \qquad ⑭$$

마지막으로 크리프에 대한 Voigt 요소의 계산결과를 생각해보자. 먼저 구간 $t<t_1$에서는 응력이 없으므로 $\gamma=0$이 된다. 다음에 구간 $t_1 \leqq t \leqq t_2$에서는 구성식 ④에 $\sigma=\sigma_0$을 대입하고, 초기치 $\gamma(t_1)=0$을 가정하고, 부록 8. 1절의 적분인자법에 의한 상미방의 해 공식 (A8. 7)에 의해 해를 구하면 아래와 같다.

$$\dot{\gamma}+\frac{\gamma}{\tau}=\frac{\sigma_0}{\eta} \qquad ⑮$$

여기서 $\tau=\eta/G$이다. 부록 공식에서 $P(t)=1/\tau$, $Q(t)=\sigma_0/\eta$을 대입하고, $t=t_1 \sim t$까지 정적분을 행하면 아래가 된다.

$$\gamma(t)=e^{-\frac{t}{\tau}}\left\{\int_{t=t_1}^{t=t} e^{\frac{t}{\tau}}\times\frac{\sigma_0}{\eta}dt\right\}=\frac{\sigma_0}{\eta}e^{-\frac{t}{\tau}}\times\left[\tau e^{\frac{t}{\tau}}\right]_{t=t_1}^{t=t}$$

$$=\frac{\sigma_0}{G}\{1-\exp[-(t-t_1)/\tau]\} \qquad ⑯$$

그런데 크리프의 정의식 $\gamma(t)=\sigma_0 J(t)$에서 위 식은 실제 $\gamma(t-t_1)=\sigma_0 J(t-t_1)$이 되어, 좌표 이동하기 전 식은 $\gamma(t)=\sigma_0 J(t)=\dfrac{\sigma_0}{G}\{1-\exp(-t/\tau)\}$가 된다. 따라서 $t \geqq t_2$ 이후는 크리프 중첩원리[식 (8. 126) 참조]에 의해 아래관계가 성립된다.

$$\gamma(t \geqq t_2)=\gamma(t-t_1)-\gamma(t-t_2)=\sigma_0\left[J(t-t_1)-J(t-t_2)\right]$$

$$=\frac{\sigma_0}{G}\{(1-\exp[-(t-t_1)/\tau])-(1-\exp[-(t-t_2)/\tau])\}$$

$$= \frac{\sigma_0}{G}(1-\exp[-(t-t_1)/\tau+(t-t_2)/\tau])\exp[-(t-t_2)/\tau]$$

$$= \frac{\sigma_0}{G}(1-\exp[-(t_2-t_1)/\tau])\exp[-(t-t_2)/\tau] \quad ⑰$$

따라서 이들 결과를 종합하면 크리프에 대한 Voigt 요소의 계산결과는 아래와 같다.

$$\gamma(t) = \begin{cases} 0 & (t < t_1) \\ \frac{\sigma_0}{G}\left(1-e^{-(t-t_1)/\tau}\right) & (t_1 \leqq t < t_2) \\ \frac{\sigma_0}{G}\left(1-e^{-(t_2-t_1)/\tau}\right)e^{-(t-t_2)/\tau} & (t_2 < t) \end{cases} \quad ⑱$$

8. 6 순수 점성액체(점도 η), 순수 탄성고체(전단 탄성계수 G), Maxwell 요소(G, η) 및 Voigt 요소(G, η)에 시간 $t=0$에서 일정(steady-state) 전단속도 $\dot{\gamma}(=d\gamma/dt)=\kappa_0$을 걸었을 때에 생기는 응력의 시간변화를 그림으로 나타내어라.

풀이

위의 4경우에 대한 구성방정식은 아래와 같다.

(순수 점성액체) $\sigma=\eta\dot{\gamma}$ (Newton 법칙) ①

(순수 탄성고체) $\sigma=G\gamma$ (Hooke 법칙) ②

(Maxwell 요소) $\dot{\gamma}=\frac{\dot{\sigma}}{G}+\frac{\sigma}{\eta}$ ③

(Voigt 요소) $\sigma=G\gamma+\eta\dot{\gamma}$ ④

먼저 순수 점성액체의 경우 식 ①에 $\dot{\gamma}=\{0(t<0);\ \ \kappa_0(t\geq 0)\}$을 대입하면 아래식을 얻는다.

$$\sigma(t) = \begin{cases} 0 & (t<0) \\ \eta\kappa_0 & (0\leq t) \end{cases} \quad ⑤$$

다음에 순수 탄성고체의 경우 식 ②에 같은 조건의 $\dot{\gamma}$을 대입하면 아래가 된다.

$$\sigma(t) = \begin{cases} 0 & (t<0) \\ G\kappa_0 t & (t\geq 0) \end{cases} \quad ⑥$$

단 $t\geq 0$인 경우 직선의 식에서 $\gamma(t)=\gamma(0)(=0)+\frac{d\gamma}{dt}(=\kappa_0)\times t=\kappa_0 t$을 대입하였다. 또한 Maxwell 요소

의 경우에는 식 ③에 $\dot{\gamma}$의 이력을 대입하면 아래가 된다.

$$\sigma(t) = \begin{cases} 0 & (t<0) \\ \eta\kappa_0(1-\exp[-t/\tau]) & (t \geq 0) \end{cases} \qquad ⑦$$

단 $t \geq 0$인 경우에는 식 ③에 $\dot{\gamma} = \kappa_0$을 대입하고, σ에 대한 상미방을 적분인자법 (식 A8. 7)으로 푼다. 즉 $\dot{\sigma} + \sigma/\tau = G\kappa_0$, 여기서 $P(t) = 1/\tau$, $Q(t) = G\kappa_0$을 대입하고, 초기조건 $\sigma(0) = 0$을 이용하면 아래의 해를 얻는다.

$$\sigma(t) = e^{-t/\tau}\left\{\int_0^t e^{s/\tau} \times G\kappa_0 ds\right\} = G\kappa_0 e^{-t/\tau}\left[\tau e^{s/\tau}\right]_{s=0}^{s=t}$$

$= \eta\kappa_0(1-e^{-t/\tau})$가 증명된다(단 $G\tau = \eta$임).

마지막으로 Voigt 요소의 경우에는 식 ④에 $\dot{\gamma}$의 이력을 대입하면 아래가 된다.

$$\sigma(t) = \begin{cases} 0 & (t<0) \\ \kappa_0(\eta + Gt) & (t \geq 0) \end{cases} \qquad ⑧$$

단 $t \geq 0$일 때 해는 식 ④에 $\dot{\gamma} = \kappa_0$, $\gamma(t) = \gamma(0)(=0) + \dot{\gamma}(=\kappa_0) \times t = t\kappa_0$을 대입하면 $\sigma(t) = Gt\kappa_0 + \eta\kappa_0 = (\eta + Gt)\kappa_0$을 얻는다. 이들 결과를 아래 그림에 도식적으로 나타내었다.

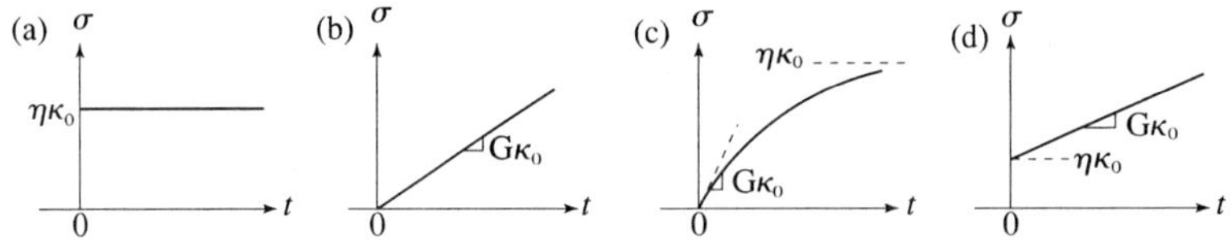

▶ **그림** $\dot{\gamma} = \kappa_0 (t \geq 0)$에 대한 (a) 순수 점성액체 (b) 순수 탄성고체 (c) Maxwell 요소 및 (d) Voigt 요소의 응력의 시간 변화.

8. 7 응력완화와 크리프에 있어서 각속도 ω를 가진 진동 입력으로서 $\sin\omega t$ 대신 $\exp(i\omega t)$를 사용하여 각각 (a) Maxwell 요소와 (b) Voigt 요소를 이용하여 이들 구성방정식으로부터 표 8. 7에 주어진 동적 전단계수를 구하라. 그리고 (c) 점성 산일에너지(식 8. 98)도 이 방법으로 구해보고, 만약 $G = 5 \times 10^5\,\mathrm{N/m^{-2}}$, $\eta = 2 \times 10^3\,\mathrm{Nsm^{-2}}$ 및 진폭 $\gamma^\circ = 0.05$, 진동수 $\nu = 60\,\mathrm{Hz}$라면 일 W 값을 구하라.

풀이

(a) 복소 응력 완화의 경우 아래의 복소 전단변형 $\gamma(t)$를 건다.

$$\gamma(t)=\gamma^{\circ}\exp(i\omega t),\ \dot{\gamma}=i\omega\gamma \qquad ①$$

여기서 γ° 는 변형진폭이고, $i=\sqrt{-1}$ 이다. 이 때 응력응답은 아래와 같이 주어진다.

$$\sigma(t)=\sigma^{\circ}\exp[i(\omega t+\delta)],\ \dot{\sigma}=i\omega\sigma \qquad ②$$

여기서 σ° 는 응력진폭이고, δ는 위상차이다. 이들 관계를 Maxwell 구성방정식 (식 8. 223)에 대입하면 아래가 된다.

$$i\omega\gamma=\frac{i\omega\sigma}{G}+\frac{\sigma}{\eta}=\sigma\left(\frac{i\omega}{G}+\frac{1}{\eta}\right) \qquad ③$$

그런데 복소 응력완화 전단 탄성계수 $G^{*}(\omega)=\sigma/\gamma$로 정의되므로 아래 식에서 구해진다.

$$G^{*}=i\omega\Big/\left[\frac{i\omega}{G}+\frac{1}{\eta}\right]=i\omega\eta/(1+i\tau\omega)\ \ (\text{여기서}\ \ \tau=\eta/G)$$

$$=i\omega\eta(1-i\tau\omega)/(1+\tau^2\omega^2)=\frac{\tau^2\omega^2G}{1+\tau^2\omega^2}+i\frac{\tau\omega G}{1+\tau^2\omega^2} \qquad ④$$

여기서 $G^{*}(\omega)=G'(\omega)+iG''(\omega)$ 이므로 각각 아래가 성립되어 표 8. 7의 결과와 일치한다.

$$G'(\omega)=\frac{\tau^2\omega^2G}{1+\tau^2\omega^2}\ ,\quad G''(\omega)=\frac{\tau\omega G}{1+\tau^2\omega^2} \qquad ⑤$$

(b) 복소 크리프의 경우 아래의 복소 전단응력 $\sigma(t)$를 건다.

$$\sigma(t)=\sigma^{\circ}\exp(i\omega t),\ \dot{\sigma}=i\omega\sigma \qquad ⑥$$

이 때 크리프 변형응답 $\gamma(t)$는 아래가 된다.

$$\gamma(t)=\gamma^{\circ}\exp[i(\omega t-\delta)],\ \dot{\gamma}=i\omega\gamma \qquad ⑦$$

이들 관계를 Voigt 구성방정식(식 8. 234)에 대입하면 아래가 된다.

$$\frac{\sigma}{\eta}=i\omega\gamma+\frac{\gamma}{\tau}=\gamma\left(i\omega+\frac{1}{\tau}\right) \qquad ⑧$$

그런데 $J^{*}(=1/G^{*})=\gamma/\sigma$로 정의되므로 아래 식에서 구해진다.

$$J^{*}=1/\eta\left(i\omega+\frac{1}{\tau}\right)=\frac{1}{G(1+i\tau\omega)} \qquad ⑨$$

$$=J(1-i\tau\omega)/(1+\tau^2\omega^2)=\frac{J}{1+\tau^2\omega^2}-i\frac{J\tau\omega}{1+\tau^2\omega^2}$$

위 식에서 $J=1/G$ 이다.

그런데 $J^{*}(\omega)=J'(\omega)-iJ''(\omega)$ 이므로 각각 아래가 성립되어 표 8. 7의 결과와 일치한다.

$$J'(\omega)=\frac{J}{1+\tau^2\omega^2} \quad , \quad J''(\omega)=\frac{J\tau\omega}{1+\tau^2\omega^2} \qquad ⑩$$

참고로 아래 그림에 (응력완화) Maxwell요소에 대한 식 ⑤와 (크리프) Voigt요소에 대한 식 ⑩을 도식적으로 나타내었다.

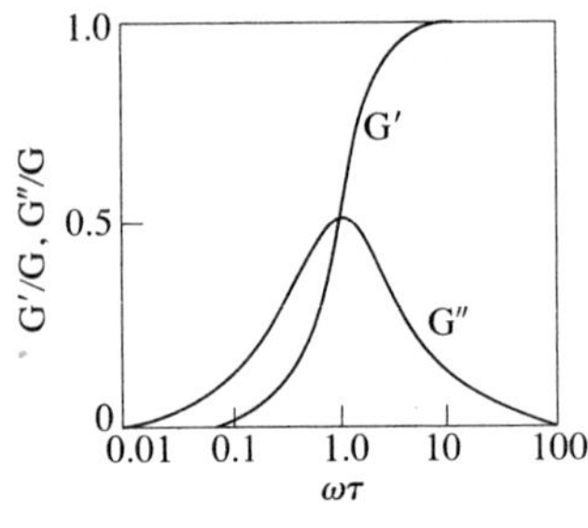

(a) Maxwell 요소의 동적거동

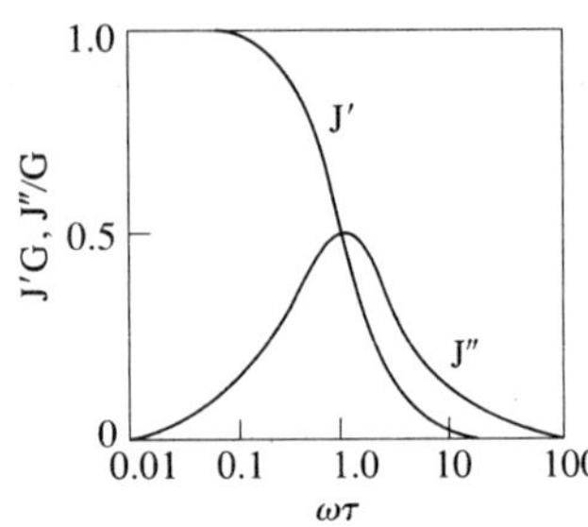

(b) Voigt 요소의 동적거동

(c) 동적 응력완화 실험에 있어서 1주기($T=2\pi/\omega$, 여기서 ω는 각속도)동안 외부가 계에 대해 하는 점성 산일 일(dissipation work) W를 구하면 아래와 같다. 식 ①에서 지수 항을 드 므와브르(De Moivre) 정리(즉 $e^{\pm i\theta}=\cos\theta\pm i\sin\theta$)에 의해 전개하면 γ와 $\dot{\gamma}$에 대해 아래를 얻는다.

$$\gamma=\gamma^\circ(\cos\omega t+i\sin\omega t),\ \dot{\gamma}=-\dot{\gamma}\omega(\sin\omega t-i\cos\omega t) \qquad ⑪$$

이 때 복소 응력응답은 아래가 된다.

$$\sigma(t)=G^*(\omega)\gamma=(G'+iG'')\gamma$$

$$=\gamma^\circ\{(G'\cos\omega t-G''\sin\omega t)+i(G'\sin\omega t+G''\cos\omega t)\} \qquad ⑫$$

이 때 (단위체적당) 산일 일 W는 식 ⑪의 $\dot{\gamma}$와 ⑫의 σ의 각각의 실수 항(즉 $\mathrm{Re}(\dot{\gamma})$ 및 $\mathrm{Re}(\sigma)$)만을 취하여 한 사이클 적분을 행하면 아래의 목적하는 결과를 얻는다.

$$W=\oint dW=\oint\sigma d\gamma=\int_0^{2\pi/\omega}\sigma\dot{\gamma}dt\left[=\int_0^{2\pi/\omega}(\mathrm{Re}\sigma)(\mathrm{Re}\,\dot{\gamma})\,dt\right]$$

$$=-\omega\gamma_0^2\int_0^{2\pi/\omega}(G'\sin\omega t\cos\omega t-G''\sin^2\omega t)dt=\pi\gamma_0^2G'' \qquad ⑬$$

단 위 적분에서 아래의 (부정)적분 공식을 이용하였다.

$$\int\sin\omega t\cos\omega t\,dt=\frac{\sin^2\omega t}{2\omega}+c(\text{상수}),\ \int\sin^2\omega t\,dt=\frac{t}{2}-\frac{\sin2\omega t}{4\omega}+c(\text{상수}) \qquad ⑭$$

한편 각속도 $\omega=2\pi\nu=2\pi\times60\,\mathrm{s}^{-1}\fallingdotseq377\,\mathrm{s}^{-1}$, 또 완화시간 $\tau=\eta/G=\dfrac{2\times10^3\,\mathrm{Nsm}^{-2}}{5\times10^5\,\mathrm{Nm}^{-2}}=4\times10^{-3}\,\mathrm{s}$.

따라서 Maxwell요소의 G'' 값은 식 ⑤에 이들 값을 대입하면 아래가 된다.

$$G'' = \frac{\omega\tau G}{1+\omega^2\tau^2} = \frac{377s^{-1}\times 4\times 10^{-3}s\times 5\times 10^5\,\mathrm{Nm}^{-2}}{1+377^2s^{-2}\times(4\times 10^{-3})^2s^2} = 2.30\times 10^5\,\mathrm{Nm}^{-2}$$ 된다.

따라서 점성산일 일 W 는 식 ⑬에서 아래가 된다(단 $1\,\mathrm{J} = 1\,\mathrm{N}\cdot\mathrm{m}$ 임).

$$W = \pi\gamma_0^2 G'' = 3.14\times 0.05^2\times 2.30\times 10^5\ \mathrm{Nm}^{-2} = 1.81\ \mathrm{Jm}^{-3}$$ 가 된다.

8. 8 시간의존성 전단 크리프 컴플라이언스 $J(t) = At^m$(여기서 A 및 m은 양의 실수)의 형태를 취한다면 전단 탄성계수 $G(t)$ 사이에는 아래 관계가 성립됨을 증명한다.

$$J(t) = \frac{\sin m\pi}{m\pi}\frac{1}{G(t)}$$

풀이

부록 6. 3절의 공식(표 A6. 4-2) $J(t) = At^m$의 라플라스($\mathcal{L}$) 변환을 행하면 아래가 된다.

$$\bar{J}(s) = A\Gamma(1+m)/s^{1+m} \quad ①$$

그런데 $\bar{G}(s)$와의 관계식인 식 (8. 157)에 의해 아래가 성립된다.

$$\bar{G}(s) = 1/s^2\bar{J}(s) = \frac{s^{m-1}}{A\Gamma(1+m)} \quad ②$$

그런데 $\mathcal{L}$ 변환 공식 표 A6. 4-2에서 $s^{m-1} = s^{-(1-m)}$의 역변환은 아래가 된다.

$$\mathcal{L}^{-1}[s^{-(1-m)}] = t^{-m}/(-m)! = t^{-m}/\Gamma(1-m) \quad ③$$

따라서 식 ②의 역변환($G(t)$)은 아래가 된다.

$$\mathcal{L}^{-1}(\bar{G}(s)) = G(t) = t^{-m}/A\Gamma(1+m)\Gamma(1-m) \quad ④$$

그런데 감마(Gamma)함수 공식 $\Gamma(1+m)\Gamma(1-m)\,[=m!(-m)!] = \dfrac{m\pi}{\sin m\pi}$(식 2. 80)을 식 ④에 대입하면 문제의 식이 증명된다. 한편 양의 실수 $m(0<m<1)$이 $m\to 0$일 때는 $\lim_{x\to 0}\dfrac{\sin x}{x} = 1$의 관계로부터 $J(t) \simeq 1/G(t)$가 되고, $m\to 1$일 때는 $J(t)G(t)\to 0$가 된다.

8. 9 응력완화에 관한 볼츠만 중첩적분 공식 (8. 146)에서 만약 전단 변형입력이 $t>0$일 때 아래와 같이 주어진다고 하자.

$$\gamma(t) = \kappa_0 t\ \ (t>0),\ \ \dot{\gamma}(t) = \kappa_0 H(t) \quad ①$$

여기서 $\kappa_0 = \dfrac{d\gamma}{dt} = \dot{\gamma}\ (t>0)$, $H(t)$는 $t>0$일 때 1, $t<0$일 때는 0가 되는 단계(step)함수이다. 이때 아래 관계가 성립됨을 증명하라.

$$\dot{\sigma}(t)/\dot{\gamma}(t)(=\kappa_0) = G(t) \qquad ②$$

풀이

식 ①에서 $t \to s$로 바꾸면 $\dfrac{\partial\gamma(s)}{\partial s} = \kappa_0 H(s)$가 되어, 이를 중첩적분 공식 (8. 146)에 대입하면 아래가 된다.

$$\sigma(t) = \int_{-\infty}^{t} G(t-s)\kappa_0 H(s)ds = \kappa_0 \int_{-\infty}^{t} G(t-s)H(s)ds \qquad ③$$

위 식의 양변을 t에 미분하고, 정적분의 미분에 관한 Leibnitz 공식 (8. 167)을 이용하면 아래가 된다.

$$\dot{\sigma}(t) = \kappa_0 \int_{-\infty}^{t} \frac{\partial}{\partial t} G(t-s)H(s)ds + \kappa_0 G(0)H(t) \qquad ④$$

그런데 위 적분에서 변수치환 $t-s=x$(즉 $ds=-dx$)을 행하고,

$\dfrac{\partial}{\partial t}G(t-s) = \dfrac{dx}{dt}\dfrac{dG(x)}{dx}\Big|_{x=t-s} = \dfrac{dG(x)}{dx} \quad \left(\because \dfrac{dx}{dt} = 1\right)$을 이용하면 아래가 된다.

$$\dot{\sigma}(t) = \kappa_0 \int_{0}^{t} \frac{dG(x)}{dx} H(t-x)dx + \kappa_0 G(0)H(t) \qquad ⑤$$

그런데 단계함수 H의 성질에서 적분은 $x<t$일 때만 존재하고, 이때 $H(t-x)=1$이 되므로 아래가 성립된다.

$$\dot{\sigma}(t) = \kappa_0 \int_{0}^{t} \frac{dG(x)}{dx} dx + \kappa_0 G(0)H(t) = \kappa_0 \int_{0}^{t} dG(x) + \kappa_0 G(0)H(t)$$

$$= \kappa_0 [G(t) - G(0)] + \kappa_0 G(0) = \kappa_0 G(t) \qquad ⑥$$

(단 위 식에서 $H(t)$는 $t>0$에서 1이므로 생략한다.)

따라서 $G(t) = \dfrac{\dot{\sigma}(t)}{\kappa_0} = \dfrac{\dot{\sigma}(t)}{\dot{\gamma}(t)(t>0)}$가 되어 증명된다.

8. 10 만약 전단 탄성계수 $G(t) = G_0/(1+t/\tau)^n$로 표시된다면, 유한(finite) 전단 점도 η를 줄 수 있는 n의 최소치를 구하라[식 (8. 306) 참조].

풀이

식 (8. 306)의 $G(t)$에 위 관계를 대입하고, 적분을 행하면 아래가 된다.

$$\eta = \int_0^\infty G(t)\,dt = G_0 \int_0^\infty \frac{1}{(1+t/\tau)^n}\,dt$$

$$= \tau G_0 \int_1^\infty \frac{dx}{x^n} \qquad (\because 1+t/\tau = x)$$

$$= -\frac{1}{n-1}\tau G_0 \left[\frac{1}{x^{n-1}}\right]_1^\infty = \tau G_0/(n-1)$$

따라서 만약 $n > 1$이면 점도 η가 유한한 값을 가지게 된다.

8. 11 18 ℃의 벌크상 고분자의 전단탄성체가 아래식으로 주어진다고 하자.

$$G(t) = [0.6812 + \exp(-1.3t)] \quad \text{GPa} \qquad ①$$

이 때 전단 크리프 컴플라이언스 $J(t)$를 추정하라(식 (8. 158) 참조).

풀이

먼저 식 (8. 157)에서 아래가 성립된다.

$$\bar{J}(s) = \frac{1}{s^2 \bar{G}(s)} \qquad ②$$

한편, 위 식 ①의 $G(t)$를 $\mathcal{L}$ 변환하면 아래가 된다(부록 6. 3절 공식 참조).

$$\bar{G}(s) = \mathcal{L}\,G(t) = \left(\frac{0.6812}{s} + \frac{1}{s+1.3}\right) \times 10^9$$

따라서 이것과 식 ②에서 아래가 성립된다.

$$\bar{J}(s) = \frac{s+1.3}{1.6812s^2 + 0.8856s} \times 10^{-9} = 0.5948 \times \frac{s+1.3}{s(s+0.5268)} \times 10^{-9}\ \text{Pa}^{-1} \qquad ③$$

그런데 아래의 항등관계가 성립된다.

$$\frac{s+a}{s(s+b)} = \frac{A}{s} + \frac{B}{s+b}\ ;\ A = \frac{a}{b},\ \ B = 1 - \frac{a}{b} \qquad ④$$

따라서 식 ③은 아래로 나타내진다.

$$\bar{J}(s) = 1.4678 \times \left(\frac{1}{s} - \frac{0.5948}{s+0.5268}\right) \times 10^{-9}\ \text{Pa}^{-1} \qquad ⑤$$

이의 역$\mathcal{L}$ 변환을 하면 아래가 얻어진다.

$$J(t) = \mathcal{L}^{-1}(\bar{J}(s)) = 1.4678[1 - 0.5948\exp(-0.5268t)] \times 10^{-9}\ \text{Pa}^{-1} \qquad ⑥$$

이 식에서 만약 $J(t) \simeq [G(t)]^{-1}$으로 간주하면 $t = 10^{-2}$, 10^{0}, 10^{2} s에서 각각 실제와 비교하여 0.013%, 10.10 %, 0.014 %의 오차가 생긴다. 참고로 위 식 ①과 ⑥에서 아래가 성립된다.

$$J(t)G(t) = 1 - 0.5947\exp(-0.5268t) + 1.4678\exp(-1.3t) - 0.8730\exp(-1.8268t) \neq 1 \quad ⑦$$

그러나 $t = 0$ 및 $t = \infty$인 경우에 각각 아래가 성립된다.

$$J_g G_g = 1\,(t=0), \quad J_e G_e = 1\,(t = \infty) \quad ⑧$$

8. 12 일반 스프링-대쉬폿 모델에서 $z = 3$(즉 6요소)일 때의 a) M-W 모델(그림 8. 35)와 b) V-K 모델(그림 8. 36) 경우에 응력 $\sigma(t)$과 변형 $\varepsilon(t)$ 사이의 구성방정식을 유도하라.

풀이

a) 그림 8. 35에서 병렬로 연결된 3개의 Maxwell 모델 요소를 각각 첨자 (1), (2), (3)으로 나타내면,

$$\varepsilon_{(1)} = \varepsilon_{(2)} = \varepsilon_{(3)} = \varepsilon(t), \quad \sum_{i=1}^{3}\sigma_{(i)}(t) = \sigma(t) \quad ①$$

그런데 각 i요소 구성방정식은 식 (8. 225)에서 오직 G_i와 완화시간 $\tau_i (= \eta_i / G_i)$만을 사용하여 나타내면 아래가 된다.

$$\dot{\sigma}_{(i)} + \frac{\sigma_{(i)}}{\tau_i} = G_i \dot{\varepsilon} \quad ②$$

이 때 식 ①에 $\sigma_{(3)} = \sigma - \sigma_{(1)} - \sigma_{(2)}$를 대입하고, 약식관계인 $\sum_{i=1}^{3} G_i \equiv A$, $\frac{1}{\tau_1} - \frac{1}{\tau_3} \equiv B$, $\frac{1}{\tau_2} - \frac{1}{\tau_3} \equiv C$, $\frac{1}{\tau_1} - \frac{1}{\tau_2} \equiv D$로 두어 나타내면 $\sigma(t)$의 시간에 대한 1차(·), 2차(··), 3차(···) 미분식은 아래로 나타내진다.

$$\dot{\sigma} = \sum_{i=1}^{3}\dot{\sigma}_{(i)} = A\dot{\varepsilon} - \frac{1}{\tau_3}\sigma - \sigma_{(1)}B - \sigma_{(2)}C \quad ③$$

$$\ddot{\sigma} = \sum_{i=1}^{3}\ddot{\sigma}_{(i)} = A\ddot{\varepsilon} - \frac{1}{\tau_3}\dot{\sigma} - \dot{\sigma}_{(1)}B - \dot{\sigma}_{(2)}C \quad ④$$

$$\dddot{\sigma} = \sum_{i=1}^{3}\dddot{\sigma}_{(i)} = A\dddot{\varepsilon} - \frac{1}{\tau_3}\ddot{\sigma} - \ddot{\sigma}_{(1)}B - \ddot{\sigma}_{(2)}C \quad ⑤$$

먼저 식 ③과 ④에서 $\dot{\sigma}_{(2)} + \frac{\sigma_{(2)}}{\tau_2} = G_2\dot{\varepsilon}$ 관계를 이용하여 $\sigma_{(2)}$항을 소거하기 위하여 식 ④+식 ③×$\frac{1}{\tau_2}$하여 식 ⑥으로 두면 아래가 된다.

$$\ddot{\sigma} + \frac{\dot{\sigma}}{\tau_2} = A\ddot{\varepsilon} + \frac{A}{\tau_2}\dot{\varepsilon} - \frac{\dot{\sigma}}{\tau_3} - \frac{\sigma}{\tau_2\tau_3} - \dot{\sigma}_{(1)}B - \sigma_{(1)} \times \frac{B}{\tau_2} - CG_2\dot{\varepsilon} \quad ⑥$$

또 식 ④와 ⑤에서 $\ddot{\sigma}_{(2)} + \frac{\dot{\sigma}_{(2)}}{\tau_2} = G_2\ddot{\varepsilon}$ 관계를 이용하여 $\sigma_{(2)}$항을 소거하기 위하여 식 ⑤+식 ⑥$\times \frac{1}{\tau_2}$하여 식 ⑦로 두면 아래가 된다.

$$\dddot{\sigma} + \frac{\ddot{\sigma}}{\tau_2} = A\dddot{\varepsilon} + \frac{A}{\tau_2}\ddot{\varepsilon} - \frac{\ddot{\sigma}}{\tau_3} - \frac{\dot{\sigma}}{\tau_2\tau_3} + \ddot{\sigma}_{(1)}B - \dot{\sigma}_{(1)} \times \frac{B}{\tau_2} - CG_2\ddot{\varepsilon} \quad ⑦$$

한편 식 ⑥에서 $\dot{\sigma}_{(1)}$항만 남기기 위해 $\sigma_{(1)} = -\tau_1\dot{\sigma}_{(1)} + \tau_1 G_1\dot{\varepsilon}$를 대입하여 식 ⑧로 둔다.

$$\ddot{\sigma} + \frac{\dot{\sigma}}{\tau_2} = A\ddot{\varepsilon} + \dot{\varepsilon}\left(\frac{A}{\tau_2} - \frac{\tau_1}{\tau_2}G_1B - CG_2\right) - \frac{\dot{\sigma}}{\tau_3} - \frac{\sigma}{\tau_2\tau_3} - \dot{\sigma}_{(1)}\tau_1 BD \quad ⑧$$

또 식 ⑦에서 $\dot{\sigma}_{(1)}$항만 남기기 위해 $\ddot{\sigma}_{(1)} = G_1\ddot{\varepsilon} - \frac{\dot{\sigma}_{(1)}}{\tau_1}$를 대입하여 식 ⑨로 둔다.

$$\dddot{\sigma} + \frac{\ddot{\sigma}}{\tau_2} = A\dddot{\varepsilon} + \ddot{\varepsilon}\left(\frac{A}{\tau_2} - BG_1 - CG_2\right) - \frac{\ddot{\sigma}}{\tau_3} - \frac{\dot{\sigma}}{\tau_2\tau_3} + \dot{\sigma}_{(1)}BD \quad ⑨$$

이제 마지막으로 식 ⑧과 ⑨에서 $\dot{\sigma}_{(1)}$항을 소거하기 위해 식 ⑧$\times X(=1)$+식 ⑨$\times Y(=\tau_1)$하면 σ나 ε에 밑첨자가 없는 소기의 구성방정식이 얻어진다.

$$\tau_1\dddot{\sigma} + \ddot{\sigma}\left(\frac{\tau_1}{\tau_2} + \frac{\tau_1}{\tau_3} + 1\right) + \dot{\sigma}\left(\frac{\tau_1}{\tau_2\tau_3} + \frac{1}{\tau_2} + \frac{1}{\tau_3}\right) + \sigma\frac{1}{\tau_2\tau_3}$$

$$= \tau_1 A\dddot{\varepsilon} + \ddot{\varepsilon}\left(\frac{\tau_1}{\tau_2}A - B\tau_1 G_1 - \tau_1 CG_2 + A\right) + \dot{\varepsilon}\left(\frac{A}{\tau_2} - \frac{\tau_1}{\tau_2}G_1B - CG_2\right) \quad ⑩$$

위 식의 양변을 $\tau_2\tau_3$로 곱하고 정리하면 아래와 같이 정돈된 구성방정식을 얻는다.

$$\sigma + \left(\sum_{i=1}^{3}\tau_i\right)\dot{\sigma} + (\tau_1\tau_2 + \tau_1\tau_3 + \tau_2\tau_3)\ddot{\sigma} + \tau_1\tau_2\tau_3\dddot{\sigma}$$

$$= \dot{\varepsilon}(\tau_1G_1 + \tau_2G_2 + \tau_3G_3) + \ddot{\varepsilon}\left[\tau_1\tau_2(G_1+G_2) + \tau_2\tau_3(G_2+G_3) + \tau_1\tau_3(G_1+G_3)\right] + \tau_1\tau_2\tau_3\dddot{\varepsilon} \quad ⑪$$

b) 그림 8. 36에서 직렬로 연결된 3개의 Voigt 요소를 각각 첨자 (1), (2), (3)으로 나타내면, 각 요소의 응력과 변형에 대해 아래가 성립된다.

$$\sigma_{(1)} = \sigma_{(2)} = \sigma_{(3)} = \sigma(t),\ \sum_{i=1}^{3}\varepsilon_i(t) = \varepsilon(t) \quad ①$$

그런데 각 i요소의 구성방정식은 식 (8. 234)에서 오직 G_i와 $\eta_i(=\tau_iG_i = \tau_i/J_i)$를 사용하여 나타내면 아래가 된다.

$$\dot{\varepsilon}_{(i)} = \frac{\sigma}{\eta_i} - \frac{G_i}{\eta_i}\varepsilon_{(i)} \quad ②$$

지금 식 ①에 $\varepsilon_{(3)} = \varepsilon - \varepsilon_{(1)} - \varepsilon_{(2)}$를 대입하고, $\varepsilon(t)$를 t에 대해 1번 미분($\dot{\varepsilon}$), 2번 미분($\ddot{\varepsilon}$) 및 3번 미분($\dddot{\varepsilon}$)하고, 약식관계인 $\sum_{i=1}^{3} \frac{1}{\eta_i} \equiv A$, $\frac{G_3}{\eta_3} \equiv B$, $\left(\frac{G_1}{\eta_1} - \frac{G_3}{\eta_3}\right) \equiv C$, $\left(\frac{G_2}{\eta_2} - \frac{G_3}{\eta_3}\right) \equiv D$로 두어 나타내면 아래 3식이 성립된다.

$$\dot{\varepsilon} = A\sigma - C\varepsilon_{(1)} - D\varepsilon_{(2)} - B\varepsilon \quad ③$$

$$\ddot{\varepsilon} = A\dot{\sigma} - C\dot{\varepsilon}_{(1)} - D\dot{\varepsilon}_{(2)} - B\dot{\varepsilon} \quad ④$$

$$\dddot{\varepsilon} = A\ddot{\sigma} - C\ddot{\varepsilon}_{(1)} - D\ddot{\varepsilon}_{(2)} - B\ddot{\varepsilon} \quad ⑤$$

먼저 식 ③과 ④에서 $\dot{\varepsilon}_{(2)} + \frac{G_2}{\eta_2}\varepsilon_{(2)} = \frac{\sigma}{\eta_2}$를 이용하여 $\varepsilon_{(2)}$와 $\dot{\varepsilon}_{(2)}$항을 소거하기 위하여 식 ④+식 ③$\times \frac{G_2}{\eta_2}$하여 식 ⑥으로 둔다.

$$\ddot{\varepsilon} + \frac{G_2}{\eta_2}\dot{\varepsilon} = A\dot{\sigma} + \frac{G_2}{\eta_2}A\sigma - C\dot{\varepsilon}_{(1)} - \frac{G_2}{\eta_2}C\varepsilon_{(1)} - B\dot{\varepsilon} - \frac{G_2}{\eta_2}B\varepsilon - D\frac{\sigma}{\eta_2} \quad ⑥$$

또 식 ④와 ⑤에서 $\ddot{\varepsilon}_{(2)} + \frac{G_2}{\eta_2}\dot{\varepsilon}_{(2)} = \frac{\dot{\sigma}}{\eta_2}$를 이용하여 $\dot{\varepsilon}_{(2)}$ 및 $\ddot{\varepsilon}_{(2)}$항을 소거하기 위해 식 ⑤+식 ③$\times \frac{G_2}{\eta_2}$하여 식 ⑦로 둔다.

$$\dddot{\varepsilon} + \frac{G_2}{\eta_2}\ddot{\varepsilon} = A\ddot{\sigma} + A\frac{G_2}{\eta_2}\dot{\sigma} - C\ddot{\varepsilon}_{(1)} - C\frac{G_2}{\eta_2}\dot{\varepsilon}_{(1)} - B\ddot{\varepsilon} - B\frac{G_2}{\eta_2}\dot{\varepsilon} - D\frac{\dot{\sigma}}{\eta_2} \quad ⑦$$

다음에는 식 ⑥에서 $\varepsilon_{(1)} = \frac{\sigma}{G_1} - \frac{\eta_1}{G_1}\dot{\varepsilon}_{(1)}$를 대입하면 식 ⑧로 둔다.

$$\ddot{\varepsilon} + \frac{G_2}{\eta_2}\dot{\varepsilon} = A\dot{\sigma} + \frac{\sigma}{\eta_2}\left(AG_2 - \frac{CG_2}{G_1} - D\right) - C\dot{\varepsilon}_{(1)}\left(1 - \frac{\eta_1 G_2}{\eta_2 G_1}\right) - B\dot{\varepsilon} - \frac{G_2}{\eta_2}B\varepsilon \quad ⑧$$

역시 식 ⑦에서 $\ddot{\varepsilon}_{(1)} = \frac{\dot{\sigma}}{\eta_1} - \frac{G_1}{\eta_1}\dot{\varepsilon}_{(1)}$를 대입하여 식 ⑨로 둔다.

$$\dddot{\varepsilon} + \frac{G_2}{\eta_2}\ddot{\varepsilon} = A\ddot{\sigma} + \left(A\frac{G_2}{\eta_2} - \frac{C}{\eta_1} - \frac{D}{\eta_2}\right)\dot{\sigma} - C\dot{\varepsilon}_{(1)}\left(\frac{G_2}{\eta_2} - \frac{G_1}{\eta_1}\right) - B\ddot{\varepsilon} - \frac{G_2}{\eta_2}B\dot{\varepsilon} \quad ⑨$$

마지막으로 식 ⑧과 ⑨에서 $\dot{\varepsilon}_{(1)}$항을 소거하기 위하여 식 ⑧$\times G_1$+⑨$\times \eta_1$하면 σ와 ε에 밑첨자가 없는 소기의 구성방정식이 얻어지는데, 보다 간단히 하기 위하여 A, B, C, D항에 원래 값을 대입하고, $\eta_i = \tau_i G_i = \tau_i / J_i$ 및 $G_i = 1/I_i$의 치환을 행한 다음 양변을 $\tau_1\tau_2\tau_3/\eta_1$으로 곱하면 최종적으로 아래와 같이 τ_i와 I_i항만으로 표시된 구성방정식을 얻는다.

$$\varepsilon + (\tau_1 + \tau_2 + \tau_3)\dot{\varepsilon} + (\tau_1\tau_2 + \tau_1\tau_3 + \tau_2\tau_3)\ddot{\varepsilon} + \tau_1\tau_2\tau_3\dddot{\varepsilon}$$

$$= (J_1+J_2+J_3)\sigma + \left[\tau_1(J_2+J_3)+\tau_2(J_1+J_3)+\tau_3(J_1+J_2)\right]\dot{\sigma} + (J_1\tau_2\tau_3+J_2\tau_1\tau_3+J_3\tau_1\tau_2)\ddot{\sigma} \quad ⑩$$

8. 13 3요소 표준고체(Zener) 모델(그림 8. 32 (a))에 대한 구성방정식 및 동적 계수를 대응하는 '전기 아날로그 모델'(부록 8. 2절 참조)을 사용하여 구해보아라.

풀이

그림 8. 32(a)에 대응하는 3요소 전기모델의 그림은 아래와 같다(∵ 기계의 직렬은 전기의 병렬임).

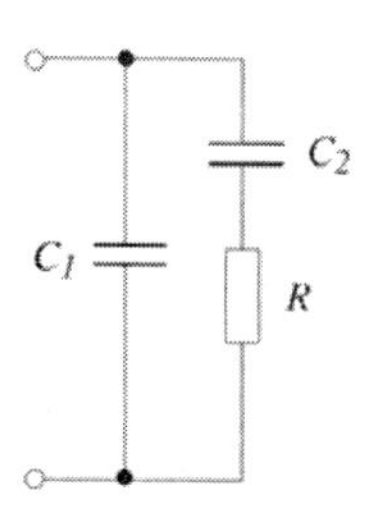

▶ **그림.** C_1과 C_2는 축전기의 용량(capacity), R은 저항이다.

이 그림을 참조로 먼저 전기 구성방정식(즉 전압 v와 전하량 q와의 관계)을 구해보면 아래와 같다.

먼저 옆 그림의 회로에서 왼편을 요소 (1), 오른편을 요소 (2)라고 할 때 전하량 q 혹은 전류 $i(=\dot{q})$는 합이고, 전위차(전압) v는 같으므로 아래가 성립된다.

$$v_{(1)} = v_{(2)} = v(t) \quad ①$$

$$q_{(1)} + q_{(2)} = q(t), \text{ 혹은 } i_{(1)} + i_{(2)} = i(t) \quad ②$$

그런데 요소 (1) 및 요소 (2)(직렬 연결)에 대해 각각 아래가 성립된다.

$$v_{(1)}(=v) = q_{(1)}/C_1, \ v_{(2)}(=v) = q_{(2)}/C_2 + \dot{q}_{(2)}(=i_{(2)})R \quad ③$$

그런데 $i_{(2)} = i - i_{(1)}$, 혹은 $q_{(2)} = q - q_{(1)}$이고, $q_{(1)} = C_1 v$이므로 $\dot{q}_{(1)}(=i_{(1)}) = C_1\dot{v}$가 된다. 이들 관계를 식 ③에 대입하면 아래의 전기 구성방정식이 성립된다.

$$v = (q - q_{(1)})/C_2 + (\dot{q} - \dot{q}_{(1)})R = q/C_2 - \frac{C_1}{C_2}v + \dot{q}R - RC_1\dot{v} \quad ④$$

혹은

$$RC_1\dot{v} + \left(1 + \frac{C_1}{C_2}\right)v = R\dot{q} + \frac{q}{C_2} \quad ⑤$$

그런데 $v \leftrightarrow \sigma$, $q \leftrightarrow \varepsilon$[혹은 $\dot{q}(=i) \leftrightarrow \dot{\varepsilon}$], $C \leftrightarrow \frac{1}{G}$, $R \leftrightarrow \eta$의 대응관계에 있으므로 식 ⑤를 대응하는 역학적 구성방정식으로 바꾸면 아래가 된다.

$$(\eta/G_1)\dot{\sigma} + \left(1 + \frac{G_2}{G_1}\right)\sigma = \eta\dot{\varepsilon} + G_2\varepsilon \quad ⑥$$

혹은 양변을 G_1/η으로 곱하면 아래가 된다.

$$\dot{\sigma} + \frac{G_1 + G_2}{\eta}\sigma = G_1\dot{\varepsilon} + \frac{G_1 G_2}{\eta}\varepsilon \quad ⑦$$

이는 표준 3요소 모델에 관한 구성방정식(8. 241a)와 일치함을 알 수 있다.

다음에는 복소 동적계수를 구해보자. 위 그림에서 아래식이 성립된다.

$$Y(=Z^{-1})=Y_{(1)}+Y_{(2)}=j\omega C_1+\left[R+\frac{1}{j\omega C_2}\right]^{-1} \quad ⑧$$

여기서 $j=\sqrt{-1}$ 이고, ω는 각속도이다. 그런데 부록 공식(A8. 35)에 의해 $s^{-1}Y(s)\leftrightarrow J^*(\omega)$(여기서 $s=j\omega$)의 대응관계이므로 식 ⑧에서 아래가 성립된다.

$$s^{-1}Y=C_1+\left.\frac{1}{sR+\frac{1}{C_2}}\right|_{s=j\omega}\leftrightarrow J^*(\omega) \quad ⑨$$

여기서 $C_1\leftrightarrow\frac{1}{G_1}$, $C_2\leftrightarrow\frac{1}{G_2}$, $R\leftrightarrow\eta$로 대체하면 아래가 성립된다.

$$J^*(\omega)=\frac{1}{G_1}+\left.\frac{1}{\eta s+G_2}\right|_{s=j\omega}=\frac{1}{G_1}+\frac{1}{G_2}\frac{1-j\tau_2\omega}{1+\tau_2^2\omega^2} \quad ⑩$$

(단 위 식에서 $\tau_2=\eta/G_2$이다.)

식 ⑩에서 $J^*(\omega)=J'(\omega)-jJ''(\omega)$ 이므로 아래가 성립되어 역학모델의 식 (8. 248)과 일치한다[단 $\tau_2=\tau_c=\eta/G_2$임].

$$J'(\omega)=\frac{1}{G_1}+\frac{1}{G_2}\frac{1}{\left(1+\tau_2^2\omega^2\right)},\quad J''(\omega)=\frac{\tau_2\omega}{G_2\left(1+\tau_2^2\omega^2\right)} \quad ⑪$$

8. 14 다음은 $G'(\omega)$와 $G''(\omega)$처럼 쌍을 이루는 어떤 물질 계수가 ω와 같은 공정(실험)변수를 제거하면 $G'-G''$플롯이 평면상에서 반원(semi-circle)을 이루는 소위 'Cole-Cole' 플롯에 관한 문제이다. 답하라.

a) 만약 동적저장 탄성계수 G'와 손실계수 G''가 각각 아래로 표시될 때 이로부터 Cole-Cole 플롯을 만들어 보아라.

$$G'=\frac{(\omega\lambda_D)^2}{1+(\omega\lambda_D)^2},\quad G''=\frac{\omega\lambda_D}{1+(\omega\lambda_D)^2} \quad ①$$

단 λ_D는 시간의 차원을 가진 어떤 양(따라서 $\omega\lambda_D$는 무차원)이다.

b) 정상상태(steady-state) 전단흐름(즉 $\partial\dot{\gamma}/\partial t=0$, 여기서 $\dot{\gamma}$는 전단속도)에 있어서, 점성을 나타내는 환원 전단응력 $S_1=\sigma_{12}/\sigma_0$(여기서 σ_{12}는 전단응력, σ_0는 응력차원을 가진 어떤 어떤 양임)과 탄성을 나타내는 환원 제1 법선응력차 $S_2=N_1/\sigma_0$(여기서 N_1는 제1 법선응력차임)의

정의식에서 만약 σ_{12}와 N_1이 아래와 같은 전단속도($\dot{\gamma}$) 의존성을 갖는다면 S_1과 S_2 사이의 Cole-Cole 플롯은 어떻게 될까?

$$\sigma_{12} = \frac{\sigma_0 \lambda \dot{\gamma}}{1+(\lambda\dot{\gamma})^2},\ N_1 = \frac{2\sigma_0(\lambda\dot{\gamma})^2}{1+(\lambda\dot{\gamma})^2} \quad ②$$

풀이

a) 식 (1)의 첫 번째 관계식에서 $\omega\lambda_D = x$로 두고 x에 대해 풀면 아래가 된다.

$$x^2(1-G') = G',\ 즉\ x = [G'/(1-G')]^{1/2} \quad ③$$

이를 식 (1)의 G''에 대입하면 아래가 얻어진다.

$$G'' = \frac{[G'/(1-G')]^{1/2}}{1+G'/(1-G')} = \sqrt{G'(1-G')} \quad ④$$

양변을 제곱하고, G' 및 G''에 관한 완전 제곱형으로 바꾸면 아래가 된다.

$$\left(G' - \frac{1}{2}\right)^2 + G''^2 = \left(\frac{1}{2}\right)^2 \quad ⑤$$

따라서 G'와 G''는 평면상에서 중심의 좌표가 $\left(\frac{1}{2}, 0\right)$이고, 반경이 $\left(\frac{1}{2}\right)$인 Cole-Cole 플롯을 형성한다.

b) 식 (2)의 각각을 S_1과 S_2의 정의식에 대입하면 아래가 된다.

$$S_1 = \frac{\lambda\dot{\gamma}}{1+(\lambda\dot{\gamma})^2},\ S_2 = \frac{2(\lambda\dot{\gamma})^2}{1+(\lambda\dot{\gamma})^2} \quad ⑥$$

식 (6)의 두 번째 관계식에서 $\lambda\dot{\gamma} = x$로 두면 아래가 된다.

$$x^2(2-S_2) = S_2,\ 즉\ x = [S_2/(2-S_2)]^{1/2} \quad ⑦$$

이를 식 (6)의 두 번째 관계식에 대입하면 아래가 얻어진다.

$$S_1 = \frac{[S_2/(2-S_2)]^{1/2}}{1+\frac{S_2}{2-S_2}} = \frac{1}{2}\sqrt{S_2(2-S_2)} \quad ⑧$$

양변을 제곱하고, 완전제곱 형태로 바꾸면 아래가 된다.

$$S_1^2 + \left(\frac{S_2-1}{2}\right)^2 = \left(\frac{1}{2}\right)^2 \quad ⑨$$

여기서 $S_1 = x$, $\frac{S_2-1}{2} = y$로 두면 x와 y 사이에는 중심이 $(0, 0)$, 반경이 $\frac{1}{2}$이 원이 됨을 알 수 있다. 따라서 이 반원 (Cole-Cole 플롯)에서 x축의 임의의 S_1값을 알면 대응하는 y축 값에서 S_2값을 알 수 있다.

사실 점성을 나타내는 S_1는 문제 a)의 손실계수 G''와, 그리고 탄성을 나타내는 S_2는 저장계수 G'와 직접 관련되어 있다.

8. 15 고분자 용융체(melt)의 전단응력(τ_{12}) 표현식 $\tau_{12} = \eta\dot{\gamma}$[여기서 $\dot{\gamma}$는 정상상태의 전단속도, 용융점도 η는 $\eta(\dot{\gamma}, T)$ 혹은 $\eta(\tau_{12}, T)$로 나타내짐]에 있어서, 만약 용융체가 비뉴톤성 'pseudoplastic flow'(즉 $\partial\eta/\partial\dot{\gamma} < 0$)이라면 아래 관계가 성립됨을 증명하라[단 5. 1절의 편미분 사슬법칙 식 (5. 28)을 이용하라].

$$|(\partial\eta/\partial T)_{\dot{\gamma}}| < |(\partial\eta/\partial T)_{\tau_{12}}|$$

풀이

식 (5. 28b)에서 아래의 사슬법칙이 성립된다.

$$\left(\frac{\partial z}{\partial x}\right)_u = \left(\frac{\partial z}{\partial x}\right)_y \left[1 - \left(\frac{\partial z}{\partial u}\right)_x \left(\frac{\partial u}{\partial z}\right)_y\right] \quad ①$$

이때 $z = \eta(\dot{\gamma}, T)$, $x = T$, $u = \dot{\gamma}$, $y = \tau_{12}$를 대입하면 아래를 얻는다.

$$\left(\frac{\partial\eta}{\partial T}\right)_{\dot{\gamma}} = \left(\frac{\partial\eta}{\partial T}\right)_{\tau_{12}} \left[1 - \left(\frac{\partial\eta}{\partial\dot{\gamma}}\right)_T \left(\frac{\partial\dot{\gamma}}{\partial\eta}\right)_{\tau_{12}}\right] \quad ②$$

그런데 $\tau_{12} = \eta\dot{\gamma}$에서 $\eta = \tau_{12}/\dot{\gamma}$이므로 $(\partial\eta/\partial\dot{\gamma})_{\tau_{12}} = -\frac{\tau_{12}}{\dot{\gamma}^2} = -\frac{\eta}{\dot{\gamma}}$가 된다. 따라서 식 ②의 우편항 $\left(\frac{\partial\dot{\gamma}}{\partial\eta}\right)_{\tau_{12}} = 1/(\partial\eta/\partial\dot{\gamma})_{\tau_{12}} = -\frac{\dot{\gamma}}{\eta}$가 된다. 이를 식 ②에 대입하면 아래를 얻는다.

$$\left(\frac{\partial\eta}{\partial T}\right)_{\dot{\gamma}} = \left(\frac{\partial\eta}{\partial T}\right)_{\tau_{12}} \left[1 + \frac{\dot{\gamma}}{\eta}\left(\frac{\partial\eta}{\partial\dot{\gamma}}\right)_T\right] = \left(\frac{\partial\eta}{\partial T}\right)_{\tau_{12}} \left[1 + \left(\frac{\partial\ln\eta}{\partial\ln\dot{\gamma}}\right)_T\right] \quad ③$$

그런데 pseudoplastic flow인 경우에는 $(\partial\eta/\partial\dot{\gamma})_T < 0$이므로 식 ③에서 아래의 부등관계가 성립되어 증명된다.

$$|(\partial\eta/\partial T)_{\dot{\gamma}}| < |(\partial\eta/\partial T)_{\tau_{12}}| \quad ④$$

이 식의 의미는 일정 전단속도에서 용융점도 η의 온도 의존성보다 일정 전단응력에서의 η의 T의존성이 큼을 의미하므로, 가급적 일정 전단속도에서 실험을 하면 η의 온도의존성을 보다 줄일 수 있게 된다.

8. 16 랜덤 혼합가정에 기초를 둔 n성분 균일계에 대한 단순 역 가성법칙 식 (8. 424)를 증명하라

(문 5.4 참조).

풀이

문제 5.4의 경우와 비슷한 방법으로 진행한다.

$$M_c^{-1}=\sum_{i=1}^{n}\sum_{j=1}^{n}M_{ij}^{-1}\phi_i\phi_j=\sum_i M_{ii}^{-1}\phi_i+\sum_i\sum_j\phi_i\phi_jM_{ij}^{-1}-\sum_i\phi_iM_{ii}^{-1} \quad ①$$

$$\text{그런데}\ \sum_i\phi_iM_{ii}^{-1}=\frac{1}{2}\sum_i\phi_iM_{ii}^{-1}+\frac{1}{2}\sum_j\phi_jM_{jj}^{-1} \quad ②$$

$$\text{그리고}\ \frac{1}{2}\sum_i\phi_iM_{ii}^{-1}=\frac{1}{2}\left(\sum_j\phi_j\right)\left(\sum_i\phi_iM_{ii}^{-1}\right)=\frac{1}{2}\sum_i\sum_j\phi_i\phi_jM_{ii}^{-1} \quad ③$$

$$\frac{1}{2}\sum_j\phi_jM_{jj}^{-1}=\frac{1}{2}\left(\sum_i\phi_i\right)\left(\sum_j\phi_jM_{jj}^{-1}\right)=\frac{1}{2}\sum_i\sum_j\phi_i\phi_jM_{jj}^{-1} \quad ④$$

식 ③, ④를 식 ②에 대입하고, 이를 다시 식 ①에 대입하면 아래가 된다.

$$M_c^{-1}=\sum_i\phi_iM_{ii}^{-1}+\sum_i\sum_j\phi_i\phi_jM_{ij}^{-1}-\frac{1}{2}\sum_i\sum_j\phi_i\phi_jM_{ii}^{-1}-\frac{1}{2}\sum_i\sum_j\phi_i\phi_jM_{jj}^{-1}$$

$$=\sum_i\phi_iM_{ii}^{-1}+2\sum_{i<}\sum_j\phi_i\phi_jM_{ij}^{-1}-\sum_{i<}\sum_j\phi_i\phi_jM_{ii}^{-1}-\sum_{i<}\sum_j\phi_i\phi_jM_{jj}^{-1}$$

$$=\sum_i\phi_iM_{ii}^{-1}+\sum_{i<}\sum_j\phi_i\phi_j\cdot2\left[M_{ij}^{-1}-\frac{M_{ii}^{-1}+M_{jj}^{-1}}{2}\right]$$

$$=\sum_i\phi_iM_i^{-1}+\sum_{i<}\sum_j k_{ij}'\phi_i\phi_j \quad ⑤$$

여기서 $k_{ij}'=2\left(M_{ij}^{-1}-\dfrac{M_i^{-1}+M_j^{-1}}{2}\right)$ [단 $M_i^{-1}=M_{ii}^{-1}$, $M_j^{-1}=M_{jj}^{-1}$]

따라서 식 (8.424)가 증명되었다.

8.17 비정형 고분자에 대한 공되튐시험(ball rebound test)에 있어서 정적 $T_g=298\ \text{K}(20℃)$, 시험(duration)시간 1 sec인 경우에서 만약 시험시간이 10^{-2} sec라면 이때의 온도를 WLF 수평이동인자(a_T)에 관한 식 (8.355)를 사용하여 추정하여 보아라 [단 기준온도 $T_0=T_g$인 경우의 WLF 파라미터로서 $C_1=51.4$, $C_2=52$를 이용하라].

풀이

식 (8.355)에서 $T-T_g=\Delta T$로 두고, ΔT에 대해 풀면 아래와 같다.

$$\Delta T=\frac{-C_2\log a_T}{C_1+\log a_T} \qquad ①$$

여기서 $a_T=t/t_0=t/t_g=10^{-2}/1$이므로 $\log a_T=-2$가 되고, $C_1=51.4$, $C_2=52$를 식 ①에 대입하면 $\Delta T=26.75\,(\mathrm{K})$ $\therefore T=T_g+\Delta T=293+6.75=297.75\,\mathrm{K}$

8.18 지금 온도는 T_g, 부피는 $1\,\mathrm{cm}^3$인 비결정성 고분자가 압력 $P_1=1\,\mathrm{atm}$에서 $P=21\,\mathrm{atm}$으로 압축된다면 이때의 부피감소를 상쇄하기 위하여 얼마의 T_g증가가 필요한가를 등온압축계수 β_T $\left(=-\frac{1}{V}\left(\frac{\partial V}{\partial P}\right)_T\right)=2\times10^{-11}\,\mathrm{cm}^2/\mathrm{dyne}$, 등압팽창계수 $\alpha_P\left(=\frac{1}{V}\left(\frac{\partial V}{\partial T}\right)_P\right)=10^{-4}\,\mathrm{K}^{-1}$를 이용하여 구해보아라. 단, $1\,\mathrm{atm}\simeq10^6\,\mathrm{dyne/cm}^2$을 사용하라.

풀이

등온압축계수 β_T의 경우에서 온도가 일정할 때 아래식이 성립된다.

$$dV=-\beta_T V dP \qquad ①$$

양변을 V는 $V_1\to V_2$, P는 $P_1\to P_2$로 적분하면 아래가 된다.

$$\int_{V_1}^{V_2}\frac{1}{V}dV=-\int_{P_1}^{P_2}\beta_T dP \qquad ②$$

여기서 β_T를 상수로 간주하고 적분을 행하면 아래를 얻는다.

$$\ln\frac{V_2}{V_1}\fallingdotseq-\beta_T(P_2-P_1) \qquad ③$$

여기서 $V_2=V_1-(V_1-V_2)=V_1-\Delta V$ [단 $\Delta V=V_1-V_2>0$] 및 $\ln(1-x)\simeq-x$(단 $|x|\ll1$을 이용하면 아래를 얻는다.

$$\ln\left(\frac{V_1-\Delta V}{V_1}\right)=\ln\left(1-\frac{\Delta V}{V_1}\right)\simeq-\frac{\Delta V}{V_1}=-\beta_T(P_2-P_1) \qquad ④$$

$$\therefore \Delta V(=V_1-V_2)=V_1\beta_T(P_2-P_1)=1\,\mathrm{cm}^3\times2\times10^{-11}\,\mathrm{cm}^2/\mathrm{dyne}\times20\times10^6\,\mathrm{dyne/cm}^2$$

$$=4\times10^{-4}\,\mathrm{cm}^3 \qquad ⑤$$

그런데 압력증가에 따른 부피감소 ΔV를 온도(T_g)증가에 의해 부피증가를 상쇄하기 위하여 $V_T=V_0(1+\alpha_P\Delta T)$의 관계식에서 아래가 성립된다.

$$\Delta V(=4\times10^{-4}\ \mathrm{cm}^3)=V_1(=1\ \mathrm{cm}^3)\times\alpha_P\Delta T \qquad ⑥$$

$$\therefore \Delta T=\frac{\Delta V}{V_1\alpha_P}=\frac{4\times10^{-4}\ \mathrm{cm}^3}{1\ \mathrm{cm}^3\times10^{-4}\ \mathrm{K}^{-1}}=4\ \mathrm{K}$$

따라서 $P_1=1$ atm 에서 $P_2=21$ atm 으로 압축된 비정고분자의 T_g는 약 4 K 증가될 것이다.

A8. 1 상미분 방정식의 해

A8. 1. 1 1계 상미방의 해

A8. 1. 1. 1 변수분리형 경우

이 경우 아래와 같은 일반형태를 갖는다.

$$\frac{dy}{dx} = \frac{M(x)}{N(x)} \tag{A8. 1}$$

위 식을 아래와 같이 변수 분리 후 각각에 대해 적분을 행하면 미방의 해를 구할 수 있다.

$$N(y)dy = M(x)dx \tag{A8. 2}$$

A8. 1. 1. 2 적분인자를 이용한 1계 상미방의 해

이 경우 미방은 아래와 같은 일반형태를 취한다.

$$\frac{dy}{dx} + P(x)y = Q(x) \tag{A8. 3}$$

이 식의 양변에 아래로 정의된 '적분인자(integrating factor)' $I(x)$를 곱해 왼편을 완전미방(혹은 상태함수)으로 만든다.

$$I(x) = \exp\left(\int P(x)dx\right) \tag{A8. 4}$$

우선 식 (A8. 3)의 왼편은 $I'(x)(= dI/d(x)) = P(x)I(x)$가 됨을 이용하여 아래와 같이 2항은 1개의 완전미방 (상태함수) $I(x)y$항으로 표현된다(참고 5. 1 참조).

$$I(x)dy + I(x)P(x)ydx = d(I(x)y) \tag{A8. 5}$$

따라서 위의 상미방은 적분인자 $I(x)$에 의하여 아래와 같이 적분에 의해 쉽게 풀 수 있는 행태로 전환된다.

$$d(I(x)y) = Q(x)I(x)dx \tag{A8. 6}$$

이를 (부정)적분하면 아래의 해가 얻어진다.

$$y(x) = \exp\left(-\int P(x)dx\right)\left[\int Q(x)\exp\left(\int P(x)dx\right)dx + C\right] \tag{A8. 7}$$

여기서 C는 적분상수로서 초기치 $y(0)$을 알면 구해진다. [참고: 괄호안의 적분(dummy)변수 x를 임의의 t로 바꾸고, 적분을 $x = 0 \sim x$까지 정적분을 행해도 마찬가지 결과를 준다.]

예제 A8.1

아래의 1계 상미방의 해를 구하라.

$$\frac{dy}{dx} + \frac{1}{x}y = x \tag{A8. 8}$$

풀이 이 경우 식 (A8. 3)과 비교하면 $P(x) = 1/x$, $Q(x) = x$이므로 적분인자 $I(x)$는 아래와 같이 된다.

$$I(x) = \exp\left(\int \frac{1}{x}dx\right) = e^{\ln x} = x$$

따라서 식 (A8. 8)의 양변(전미분 형태)을 $I(x)$로 곱하면 아래가 얻어진다.

$$xdy + ydx = x^2dx$$

왼편은 식 (A8. 5)에 의해 한 개의 상태함수로 묶어지므로 아래식을 얻는다.

$$d(xy) = x^2dx$$

이를 적분하면 아래와 같이 해를 얻을 수 있다.

$$xy = x^3/3 + c_1 \quad \text{즉} \quad y = x^2/3 + c_1$$

단 적분상수 c_1은 초기치 $y(0)$을 알면 구해진다.

A8. 1. 2 2계 상미방의 해

일반적으로 2계 상미방은 아래의 형태를 가진다.

$$y'' = f(x, y, y') \tag{A8. 9}$$

이하에서 자주 나타나는 아래의 3 특별 경우에 대하여 논하겠다.

A8. 1. 2. 1 $y'' = f(x)$의 경우

이 경우 식의 양변을 적분하면 아래를 얻는다.

$$y' = \int f(x)dx + c_1 = F(x) + c_1 \tag{A8. 10}$$

이를 다시 적분하면 아래의 해를 얻는다.

$$y = \int F(x)dx + c_1 x + c_2 \tag{A8. 11}$$

예제 A8.2

아래의 2계 상미방의 해를 구하라.

$$y'' = x$$

풀이 양변을 한번 적분하면 아래가 된다.

$$y' = x^2/2 + c_1$$

다시 적분하면 아래의 (일반)해를 얻는다.

$$y = x^3/6 + c_1 x + c_2$$

A8. 1. 2. 2 $y'' = f(x, y')$의 경우

여기서 $y' = p$로 두면 원래의 미방은 아래가 된다.

$$\frac{dp}{dx} = f(p, x) \tag{A8. 12}$$

만약 식 (A8. 1)처럼 변수 분리가 가능하면 해 $p(x)$를 구한 후, $p=y'$로 두고 다시 적분을 행하여 해를 구한다.

예제 A8.3

아래의 2계 상미방의 해를 구하라.

$$y''=y'+1 \tag{A8. 13}$$

풀이 여기서 $p=y'$로 두면 아래식을 얻는다.

$$\frac{dp}{dx}=p+1 \quad 즉 \quad \frac{dp}{dx}-p=1 \tag{A8. 14}$$

이 식과 (A8. 3)을 비교해보면 $P(x)=-1,\ Q(x)=1$로서 적분인자 $I(x)$(식 A8. 4)는 e^{-x}가 된다. 따라서 식 (A8. 14)의 양변을 $I(x)=e^{-x}$로 곱하면 식 (A8. 6)에 의해 아래를 얻는다.

$$d(e^{-x}p)=e^{-x}dx$$

이를 적분하면 아래를 얻는다.

$$e^{-x}p=-e^{-x}+c_1$$

이를 $p(=y')$에 대해 풀면 아래가 된다.

$$y'(=dy/dx)=-1+c_1e^x$$

이는 변수분리형이므로 적분에 의해 아래의 (일반)해가 얻어진다.

$$y=-x+c_1e^x+c_2$$

A8. 1. 2. 3 $y=f(x, y, y'')$의 경우

이 경우 식은 아래의 (2계) 선형미분연산자 $\hat{L}\equiv d^2/dx^2+a_1d/dx+a_2$의 정의에 의해 아래와 같이 나타내진다.

$$\hat{L}y(x)=\frac{d^2y}{dx^2}+a_1\frac{dy}{dx}+a_2y=g(x) \tag{A8. 15}$$

여기서 위 식을 만족하는 일반해 $y(x)$를 구하는 방법은 먼저 $g(x)=0$인 경우의 제차(homogeneous)형태의 해 y_h를 구한 후, 이를 바탕으로 위 식을 완전히 만족하는 특수해 y_p를 구하여 합하면 일반해 $y=y_h+y_p$를 구할 수 있다.

그러면 제차해 y_h를 구해보기로 하자. 이 경우 미방은 아래가 된다.

$$y_h'' + a_1 y_h' + a_2 y_h = 0 \qquad \text{(A8. 16)}$$

지금 소위 '특성방정식(characteristic equation)'의 기법에 의해 위 식에 $y_h = e^{\lambda x}$로 두어 미분을 행하면 위 식은 아래가 된다.

$$\lambda^2 e^{\lambda x} + a_1 \lambda e^{\lambda x} + a_2 e^{\lambda x} = 0 \qquad \text{(A8. 17)}$$

그런데 $e^{\lambda x} \neq 0$이므로 양변을 이로 나누면 아래와 같이 λ에 대한 2차 방정식(두근은 λ_1, λ_2)을 얻는다.

$$\lambda^2 + a_1 \lambda + a_2 = (\lambda - \lambda_1)(\lambda - \lambda_2) = 0 \qquad \text{(A8. 18)}$$

$$\lambda_1 + \lambda_2 = -a_1, \ \lambda_1 \lambda_2 = a_2 \qquad \text{(A8. 19)}$$

여기서 2차 방정식의 판별식 $D = a_1^2 - 4a_2$가 양(2개의 서로 다른 실근 λ_1, λ_2), 0(1개의 실수 중근 $\lambda_1 = \lambda_2 = \lambda_0$), 및 음(2개의 복소 공액근 $\lambda_{1,2} = A \pm iB$, $i = \sqrt{-1}$)의 3경우에 대하여 각각 해를 구해보기로 한다.

(a) 서로 다른 2개의 실근 λ_1, λ_2

이때 제차미방(A8. 16)의 해 y_h는 아래의 형태를 갖는다.

$$y_h = c_1 e^{\lambda_1 x} + c_2 e^{\lambda_2 x} \qquad \text{(A8. 20)}$$

(b) 1개의 실수 중근 $\lambda_1 = \lambda_2 = \lambda_0$

이 경우 제차해는 아래의 형태를 갖는다.

$$y_h = c_1 e^{\lambda_0 x} + c_2 x e^{\lambda_0 x} \qquad \text{(A8. 21)}$$

(c) 1쌍의 복소공액근 $\lambda_{1,2} = A \pm iB$

이 경우 제차해는 아래와 같이 나타내진다.

$$y_h = e^{Ax}(c_1 \cos Bx + c_2 \sin Bx) \qquad \text{(A8. 22)}$$

위 3 경우 모두 역으로 식 (A8. 20)-(A8. 22)를 원 미방식 (A8. 16)에 대입하면 만족됨을 알 수 있다.

예제 A8.4

아래의 2계 상미방의 해를 구하라.

$$\hat{L}y(x) \equiv \frac{d^2y}{dx^2} + y = e^x + \sin x \tag{A8. 23}$$

풀이 위 식에서 $g(x) = e^x + \sin x = 0$을 두고, 특성방정식의 기법에 의해 제차해 y_h를 구한다. 그런데 특성식 (A8. 18)에서 $a_1 = 0$, $a_2 = 1$이 되므로 2차 방정식의 판별식 $D = a_1^2 - 4a_2 = -4 < 0$이 되어 위에서 경우 (c)에 해당된다. 이 때 1쌍의 복소공액근 $\lambda_{1,2} = A \pm iB = \pm i$가 되어 제차해는 식 (A8. 22)에 의해 아래가 된다.

$$y_h = b_1 \cos x + b_2 \sin x \tag{A8. 24}$$

그런데 $g(x) = e^x + \sin x$이므로 특수해 y_p는 아래의 형태로 나타낼 수 있다.

$$y_p = c_1 e^x + c_2 x \sin x + c_3 x \cos x \tag{A8. 25}$$

따라서 일반해 $y(x) = y_h + y_p$는 아래의 형태를 갖는다.

$$y(x) = \frac{1}{2}e^x - \frac{x}{2}\cos x + b_1 \cos x + b_2 \sin x \tag{A8. 26}$$

단 위 식에서 $c_1 = \frac{1}{2}$, $c_2 = 0$, $c_3 = -\frac{1}{2}$ 되는 것은 특수해 (A8. 25)를 원식 (A8. 23)에 대입하여 구해진 것이다.

A8. 2 전기적 아날로그에 대한 선형점탄성 구성방정식의 해

A8. 2. 1 기본개념

교류(alternating-current)전기회로에서는 그림 A8. 1에 나타낸 바와 같이 전류 i의 흐름을 야기하는 전위차(전압)v에 대한 공헌은 일반적으로 3가지 공헌으로 이루어져 있다(아래 식 참조).

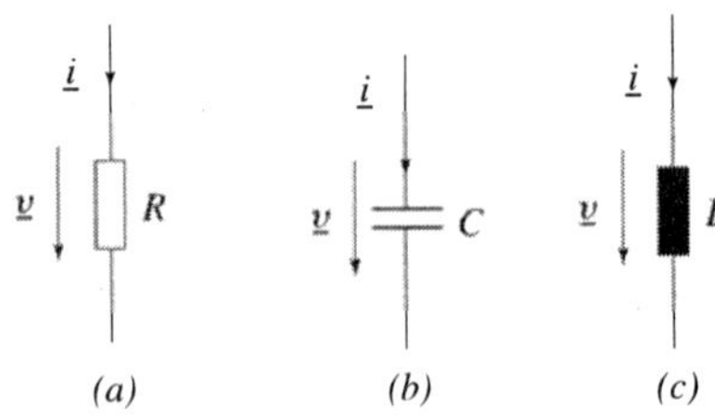

▶ **그림 A8. 1** 교류회로에 있어서 (a)Ohm 저항 R, (b)용량(capacitance) C, (c)감응유도 (inductance) L의 도시적 표현.

$$v = v_R + v_C + v_L \tag{A8. 27}$$

여기서

$$v_R = iR, \quad v_C = q/C, \quad v_L = L\frac{di}{dt} \tag{A8. 28}$$

위 식에서 $i(=\dot{q})$는 전위차에 의해 단위시간에 흐른 전기량, C는 그림 A8. 1(b)의 축전기(capacitor)의 용량(capacitance), $q\left(=\int idt\right)$는 t시간 동안 회로에 흐른 전기량, L는 그림 A8. 1(c)의 감응기(inductor)의 감응유도계수(inductance)이다. 식 (A8. 28)을 보면 전압에 대한 3공헌은 q, $i(=\dot{q})$ 및 $di/dt(=\ddot{q})$와 같이 전기량 q의 시간미분항으로 이루어져 있다. 그리고 그림 A8. 2에 나타낸 바와 같이 위의 3공헌이 (a)직렬로 연결되어 있을 때와 (b)병렬로 연결되어 있을 때 회로에 생긴 전체 '복소저항(complex resistance)' 혹은 '임피던스(impedance)' $Z(=v^*/i^* = v^*/\dot{q}^*$, 여기서 *는 복소량을 의미)는 각각 아래식과 같이 나타내진다.

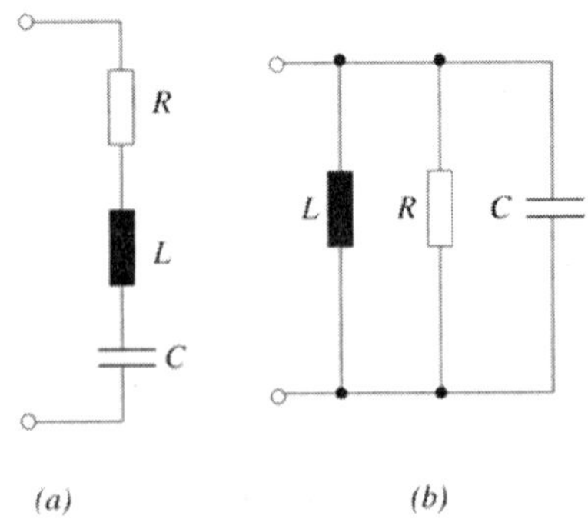

▶ **그림 A8. 2** 교류회로에 있어서 R, L, C 3요소가 (a)직렬 및 (b)병렬로 연결되어 있을 때의 모식도

위 그림에서 교류의 (일정)각진동수가 $\omega(=2\pi\nu$, ν는 진동수)일 때 (a)(직렬연결)회로와 (b)(병렬연결)회로에 대한 복소저항 Z에 관한 표현식은 일반적인 직렬 및 병렬 연결시의 전체 저항에

관한 법칙에 따라 각각 아래로 주어진다.

$$\text{(a)}: \quad Z = Z_R + Z_C + Z_L = R + \frac{1}{j\omega C} + j\omega L \tag{A8. 29a}$$

$$\text{(b)}: \quad Z^{-1}(\equiv Y) = Y_R + Y_C + Y_L = \frac{1}{R} + j\omega C + \frac{1}{j\omega L} \tag{A8. 29b}$$

위 식에서 허수로서 통상의 i기호대신 $j=\sqrt{-1}$(이는 전류i와 혼동을 피하기 위함)를 사용하였고, Y는 Z의 역수로 정의되는 '복소 전도도(complex conductance)' 혹은 '어드미턴스(admittance)'이다. 그러나 실제 응용에 있어서 직렬과 병렬의 혼용식이 사용되는데 그때도 식 (8. 267)의 정의를 살리면 쉽게 전체회로의 Z(또는 Y)를 계산할 수 있다.

이제 위에 언급한 전기회로를 고분자의 선형 점탄성 거동에 대한 전기적 아날로그로서 적용을 위하여 기계적 모델의 응력-변형($\sigma-\varepsilon$)관계가 전기의 전위차-전하량($v-q$)관계로 대체되는 것을 위시하여 아래에 나타낸 몇 가지 대응관계를 가정한다.

$$\sigma \leftrightarrow v,\ \varepsilon \leftrightarrow q,\ \dot{\varepsilon} \leftrightarrow i(=\dot{q}),\ \eta \leftrightarrow R,\ G \leftrightarrow C^{-1},\ G^* \leftrightarrow sZ,\ J^* \leftrightarrow s^{-1}Y,\ \text{직렬} \leftrightarrow \text{병렬} \tag{A8. 30}$$

위 식에서 $s=j(=\sqrt{-1})\omega$이고, G^*와 Z 또는 J^*와 Y관계는 아래에서 설명된다. 즉 앞에서 역학적 모델의 선형 점탄성식을 $\mathcal{L}$ 변환시켜 G^*와 J^*를 구할 경우와 마찬가지로 (식 8. 222 참조) 전기회로의 경우에도 아래의 관계가 성립된다.

$$\hat{A}(t)v(t) = \hat{B}(t)q(t) \tag{A8. 31}$$

여기서 선형 연산자 $\hat{A}(t)$와 $\hat{B}(t)$는 식 (8. 219)와 유사한 연산자이다. 위 식을 $\mathcal{L}$ 변환시키면 아래와 같이 'decoupled'된다.

$$\hat{A}(s)\bar{v}(s) = \hat{B}(s)\bar{q}(s) \tag{A8. 32}$$

여기서 복소저항 $Z(=v^*/\dot{q}^*)$를 복소 전류 $i(=\dot{q})$의 $\mathcal{L}$ 변환은 $s\bar{q}(s)$(여기서 $q(0)$ 생략)이므로 실제로 아래식에서 보는 바와 같이 변환 후 sZ가 $\bar{v}(s)/\bar{q}(s)$가 같게 되므로 $sZ|_{s=j\omega} = G^*(\omega)$ 및 $s^{-1}Y|_{s=j\omega} = J^*(\omega)$ 관계가 성립하게 된다. 즉

$$\bar{v}(s)/\bar{q}(s) = \hat{B}(s)/\hat{A}(s) \leftrightarrow \bar{\sigma}(s)/\bar{\varepsilon}(s) = s\bar{G}(s)(= G^*(\omega),\ s=j\omega) \tag{A8. 33}$$

반면에 아래가 성립된다.

$$\bar{v}(s)/\bar{i}(s)\left[= \mathcal{L}\left(\dot{q}(t)\right)\right] = \bar{v}(s)/s\bar{q}(s) = Z(s) \tag{A8. 34}$$

위 두 식의 비교에서 아래의 대응관계가 성립됨을 알 수 있다.

$$sZ(s) \leftrightarrow G^*(\omega), \quad s^{-1}Y(s) \leftrightarrow J^*(\omega) \quad (\text{단 } s \to j\omega \text{ 일 때}) \tag{A8. 35}$$

이들 협약을 이용하여 아래에서 전기 아날로그 모델 [단 액체점성(대쉬폿)에 대응하는 저장 R과 고체탄성(스프링)에 대응하는 용량 C만을 사용]의 역학적 모델에의 응용예를 나타낸다.

A8. 2. 2 선형 점탄성거동에 응용

단일 Maxwell 모델

Maxwell 모델이 η와 G의 직렬연결로 되어 있으므로, 규약에 의해 전기모델에서는 그림 A8. 3의 (a)경우처럼 R과 C가 병렬로 연결된 것을 이용한다.

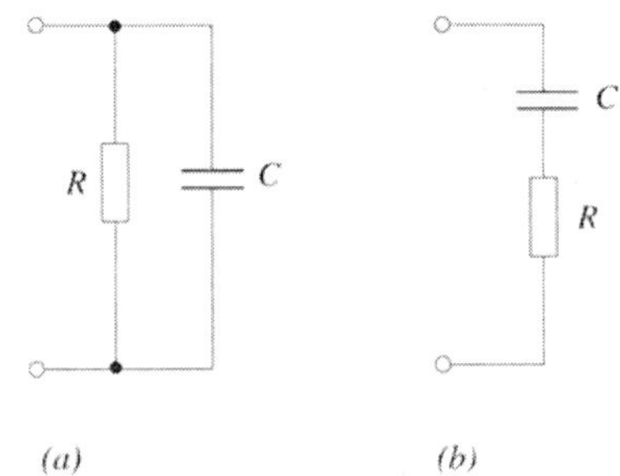

▶ 그림 A8. 3 저항 R 및 용량 C의 (a)병렬연결과 (b)직렬연결의 모식도.

먼저 병렬회로 (a)에 관한 전기 구성방정식을 생각해보자. 두 요소에 대해 전압은 같고, 전체 전류는 각각의 합과 같으므로 아래가 성립된다.

$$q = q_C + q_R \ (\text{혹은 } i = i_C + i_R), \ v = v_C = v_R \tag{A8. 36}$$

여기서 아래가 적용된다.

$$i_R = v/R, \ i_C = C\dot{v} \ (\because q_C = Cv, \ i_C = \dot{q}_C) \tag{A8. 37}$$

이들 관계를 i에 관한 식 (A8. 36)에 대입하면 아래의 구성방정식이 성립된다.

$$i = \frac{v}{R} + C\dot{v} \tag{A8. 38}$$

이를 대응하는 역학적 식으로 바꾸면 아래가 된다.

$$\dot{\varepsilon} = \frac{\sigma}{\eta} + \frac{\dot{\sigma}}{G} \tag{A8. 39}$$

이는 Maxwell 모델에 관한 구성식 (8. 223)과 일치한다.

다음에는 병렬회로의 전체 복소저항 Z(또는 전도도 Y)를 구해보자. 병렬연결에 관한 식 (A8. 29b)에서 아래가 성립된다.

$$Y(=Z^{-1})=Y_R+Y_C=\frac{1}{R}+j\omega C \qquad \text{(A8. 40)}$$

사실 $Y=Y'+jY''$, $Z=Z'-jZ''$의 정의로부터 위 식에서 Y', Y''(혹은 Z', Z'')를 직접 ω, C, R항으로 구할 수 있겠으나, 복소 전단 컴플라이언스 $J^*(\omega)=s^{-1}Y(s)|_{s=j\omega}$ (식 A8. 35)를 구하기 위해 식 (A8. 40)에서 $j(=\sqrt{-1})\omega=s$로 두고, $s^{-1}Y(s)$를 취하고, $R\leftrightarrow\eta$, $C\leftrightarrow\frac{1}{G}$로 바꾸면 아래와 같이 M요소에 대한 $J^*(\omega)(=G^{-1*}(\omega))$를 구할 수 있다.

$$J^*(\omega)=s^{-1}Y(s)|_{s=j\omega}=\frac{1}{s\eta}+\frac{1}{G}\Big|_{s=j\omega}=J-i/\eta\omega \qquad \text{(A8. 41)}$$

여기서 $J'(\omega)=J=1/G$, $J''(\omega)=1/\eta\omega$ 되어 표 8. 7의 결과와 일치한다. 이로부터 $G'(\omega)$ 및 $G''(\omega)$도 구할 수 있다.

단일 Voigt 모델

Voigt 모델에 G와 η가 병렬로 되어 있으므로, 전기모델에서는 반대로 그림 A8. 3의 (b)처럼 대응하는 C와 R이 직렬로 연결되어 있다. 이 경우 그림에서 각 요소의 전류는 같고, 전체의 전압은 각 요소의 합과 같다. 즉

$$q=q_C=q_R\ (\text{혹은 } i=i_C=i_R),\ v=v_C+v_R \qquad \text{(A8. 42)}$$

여기서 아래가 적용된다.

$$v_R=iR,\ v_C=q/C\ (\text{혹은 } \dot{v}_C=i/C) \qquad \text{(A8. 43)}$$

이 관계를 식 (A8. 42)에 대입하면 아래의 전기 구성방정식을 얻는다.

$$v=Ri(=\dot{q})+q/C \qquad \text{(A8. 44)}$$

여기서 $v\leftrightarrow\sigma$, $q\leftrightarrow\varepsilon$, $i\leftrightarrow\dot{\varepsilon}$, $C^{-1}\leftrightarrow G$, $R\leftrightarrow\eta$의 치환을 하면 아래와 같이 V요소에 대응하는 구성방정식을 얻는다.

$$\sigma=\dot{\varepsilon}\eta+\varepsilon G \qquad \text{(A8. 45)}$$

이는 V요소에 관한 구성식 (8. 234)와 일치한다. 다음에는 식 (A8. 35)로부터 역학적 모델의

$G^*(\omega)$ 혹은 $J^*(\omega)$를 구해보기로 하자. 직렬모델에 관한 식 (A8. 29a)로부터 아래식이 얻어진다.

$$Z = R + \frac{1}{j\omega C} \tag{A8. 46}$$

여기서 직접 $Z = Z' - iZ''$에서, Z' 및 Z''를 ω, C, R항으로 구하는 대신 식 (A8. 45)에서 직접 역학적 모델의 $G^*(\omega)$나 $J^*(\omega)$를 구하기 위해 sZ를 취하고, $j\omega \leftrightarrow s$, $R \leftrightarrow \eta$, $C \leftrightarrow G^{-1}$의 치환을 행하면 아래가 된다.

$$G^*(\omega) = sZ(s)\big|_{s=j\omega} = s\eta + G\big|_{s=j\omega} = G + i\omega\eta \tag{A8. 47}$$

즉 $G^*(\omega) = G'(\omega) + jG''(\omega)$에서 $G'(\omega) = G(= J^{-1})$, $G''(\omega) = \omega\eta$가 되어 V요소에 대한 표 8. 7의 결과와 일치한다. 이로부터 $J^*(\omega) = 1/G^*(\omega) = J'(\omega) - iJ''(\omega)$의 J' 및 J''도 마찬가지로 구할 수 있다. 이외에도 3요소 스프링-대쉬폿 모델(문제 8. 13 참조)이나 그 이상의 많은 요소를 가진 스프링-대쉬폿 모델의 구성방정식을 구하는데 매우 효율적으로 사용될 수 있으나 지면 관계상 이에 대한 언급은 여기서 그치겠다.

A8. 3 비정고분자의 형상기억 성질

그림 8. 49에 나타낸 비정고분자의 '물리노화' 또는 '등온 부피회복' 현상의 확장으로서, 소위 '형상기억성질(shape memory property, SMP)'을 나타내는 고분자에 대한 열기계적(thermomechanical) 시험에 있어서 H. Tobushi등이 제안한 응력부가(loading) 경로를 보여주는 3차원 응력-변형률-온도 다이어그램을 그림 A8. 4에 나타내었다. 그림에서 경로 ①은 T_g 이상의 온도 T_h에서 물질에 응력 σ를 계속 증가시켜 최대변형률 ε_m까지 만드는 과정이며, 경로 ②는 변형은 $\varepsilon = \varepsilon_m$에 일정하게 두고, 온도를 T_g 이하의 온도에 있는 T_l까지 낮추는 (냉각)과정이며, 경로 ③은 온도 $T = T_l$ 일정하게 두고, 응력을 0이 될 때까지 제거(unloading)해 가는 과정이며, 마지막으로 경로 ④는 응력이 제거된 상태에서 온도를 T_l에서 원래의 T_h까지 승온시켜 나가는 과정이다. 그림 A8. 4의 열기계적 사이클 테스트에서 $T_h = T_g + 20\,\mathrm{K}$, $T_l = T_g - 20\,\mathrm{K}$로 취하고, 최대변형률 ε_m, 냉각(혹은 승온)속도, 변형속도 $\dot{\varepsilon}$ 등을 바꾸어 SMP에 대한 효과를 조사하였다. 그림에서 경로 ③의 끝의 응력과 변형상태는 $\sigma = 0$, $\varepsilon = \varepsilon_u (< \varepsilon_m)$이라 할 때 $|\varepsilon_u - \varepsilon_m|$은 별로 크지 않으며, 특히 $\varepsilon_u / \varepsilon_m \equiv R_f$를 저온 T_l에서의 '형상고정비율(rate of shape fixity)'이라 하며, 만약 ε_m이 크면 $R_f \to 1$이 된다.

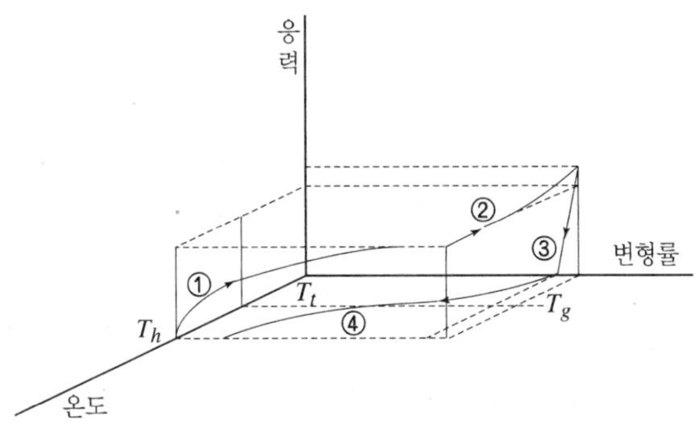

▶ **그림 A8. 4** SMP 물질에 대한 열기계적 사이클 시험에서 응력부가 경로(loading path)를 보여주는 3차원 응력-변형률-온도 다이어그램.

위 그림에서 경로 ② 즉 일정변형 $\varepsilon=\varepsilon_m$에서 응력과 온도 사이의 2차원 관계를 보면 온도를 T_h에서 T_l로 떨어뜨리는 초기과정에서는 응력이 약간 감소하다가 그 이후 $T=T_g$까지는 일정하게 유지되다가 T_g 이하에서는 급격히 증가함을 보여준다. 이 현상은 냉각 초기에는 고온($T\simeq T_h$)에서 일정한 변형 ε_m 때문에 응력완화(감소)가 일어났기 때문이며, $T\rightarrow T_g$이면 탄성계수 E의 증가에 따른 열응력의 증가와 응력완화에 의한 응력감소효과가 균형을 이루어 거의 일정하게 유지되다가, T가 T_g보다 훨씬 낮아져 T_l에 가까우면 E증가에 따른 열응력이 보다 크게 작용하여 전체 응력이 처음보다 커지게 되는데 이는 변형속도, 냉각(혹은 가열)속도에 따라 조금씩 달라지게 된다. 다음에는 응력이 제거된 후의 경로 ④의 (잔류)변형 대 온도의 2차원 관계에서 볼 수 있듯이 초기에는 ($T=T_l$, $\varepsilon=\varepsilon_u$)상태에서 T가 증가함에 따라 잔류변형이 자꾸 줄어(즉 회복이 증가) 최종상태에서는 ($T=T_h$, $\varepsilon=\varepsilon_p$)(여기에서 ε_p는 비가역 소성변형임)가 된다. 그런데 온도가 낮은 ($T\simeq T_l$) 초기에는 변형의 회복(감소)속도가 느리다가 T가 T_g 근방에 접근하면 현저하게 회복속도가 증가됨을 알 수 있는데, 이는 다음과 같이 설명할 수 있다. 즉 SMP를 나타내는 물질은 그림 A8. 5에 나타낸 분절형 폴리우레탄(segmented polyurethane)의 구조처럼 일반적으로 유연한 탄성을 나타내는 고무상 'soft segment'와 딱딱한 유리상의 'hard segment'로 구성되어 있다.

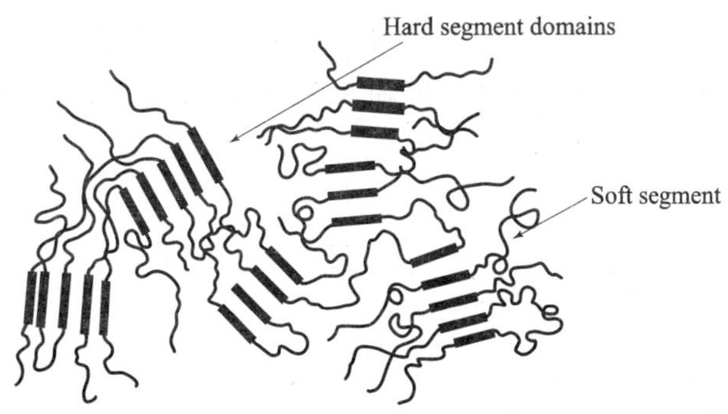

▶ **그림 A8. 5** 준결정성 분절형 폴리우레탄(segmented polyurethane)의 도메인(domain) 구조에 대한 모식도.

따라서 온도가 T_l에서 증가하여 T_g 근처가 되면 SMP 물질 내에 T_g 이하에서 동결된(frozen) soft segment들의 Micro-Brown 운동이 활성화되어 회복된 변형량이 커지게 된다. 그리고 회복변형 속도에 대한 시간(혹은 변형속도) 및 가열(혹은 냉각)의존성을 조사해 본 결과, 만약 가열속도가 증가되면 변형회복이 지연되는데 이는 갑작스런 온도의 증가에 따른 SMP 내부 요소(soft segment)의 응답(response)의 지연에 기인한 것이다. 또한 일정온도(T_h)에서 시간이 경과할수록 당연히 회복이 증가되나, 회복속도는 초기에만 크다가 시간이 경과할수록 속도가 줄어짐이 밝혀졌다. 따라서 SMP 효과가 큰 물질을 얻기 위해서는 적당한 공정변수의 조합에 신경을 써야할 것이다. 그러면 여기서 SMP 물질을 특징짓는 2가지의 중요 파라미터인 저온(T_l)에서의 형상고정율인 $R_f(=\varepsilon_u/\varepsilon_m)$과 고온($T_h$)에서의 상대 회복률(relative recovery rate) $R_r[\equiv(\varepsilon_u-\varepsilon_p)/\varepsilon_m]$에 대한 표현식을 구해보기로 하자.

8.2.2절에 소개한 선형 점탄성이론에 의하면, $T=T_h(>T_g)$에서의 고무상 영역에서 최대변형률 ε_m까지 1축신장시 단위질량당 계에 저장된 (탄성)변형에너지 W는 고온 T_h에서의 인장탄성계수 $E_R(T_h)$를 사용하여 아래와 같이 나타내진다.

$$W=\frac{1}{2}E_R\varepsilon_m \tag{A8.48}$$

그런데 에너지 균형법칙에서 이항은 그림 A8.4의 경로 ③의 저온 T_l에서 응력을 제거시의 (잔류)변형률이 ε_m에서 ε_u로 약간 감소됨에 따른 저온회복 변형에너지항 $\frac{1}{2}E_G(\varepsilon_m-\varepsilon_u)$과 경로 ④의 무하중 상태에서 온도를 T_l에서 T_h로 가열(이때 변형률은 ε_u에서 ε_p로 감소)에 따른 고온 회복 변형에너지항 $\frac{1}{2}E_R(\varepsilon_u-\varepsilon_p)$의 합과 같아야 한다. 따라서 아래식이 성립된다.

$$E_R\varepsilon_m=E_G(\varepsilon_m-\varepsilon_u)+E_R(\varepsilon_u-\varepsilon_p) \tag{A8.49}$$

여기서 E_R 및 E_G는 각각 온도 T_h 및 T_l에서의 인장탄성계수이다. 이 때 $E_G/E_R\equiv R$, $\varepsilon_u-\varepsilon_p\equiv\varepsilon_r$로 두면 저온($T_l$) 형상고정율 R_f와 고온(T_h) 상대회복률 R_r에 관한 아래식을 얻는다.

$$R_f\equiv\frac{\varepsilon_u}{\varepsilon_m}=\frac{R-1}{R}+\frac{\varepsilon_r}{R\varepsilon_m},\ \text{혹은}\ R=\frac{\varepsilon_m-\varepsilon_r}{\varepsilon_m-\varepsilon_u} \tag{A8.50}$$

$$R_r\equiv\frac{\varepsilon_r}{\varepsilon_m}=\frac{\varepsilon_u-\varepsilon_p}{\varepsilon_m}=1-R+R\frac{\varepsilon_u}{\varepsilon_m} \tag{A8.51}$$

증 명 먼저 식 (A8. 49)의 양변을 E_R로 나누고, $R=E_G/E_R$ 및 $\varepsilon_r=\varepsilon_u-\varepsilon_p$ 관계를 이용하면 쉽게 아래를 얻는다.

$$\varepsilon_m=\varepsilon_r+R(\varepsilon_m-\varepsilon_u),\ \text{즉}\ R=(\varepsilon_m-\varepsilon_r)/(\varepsilon_m-\varepsilon_u) \quad ①$$

식 ①에서 ε_u에 대해 풀고, 이를 식 (A8. 50)의 첫 번째 항등(정의)식에 대입하면 우측이 성립된다. 다음에는 $\varepsilon_p=\varepsilon_u-\varepsilon_r$이고, 식 ①의 왼편식을 ε_r에 대해 풀어 이를 $\varepsilon_p=\varepsilon_u-\varepsilon_r$에 대입하면 아래가 성립된다.

$$\varepsilon_u-\varepsilon_p=(1-R)\varepsilon_m+R\varepsilon_u \quad ②$$

이를 ε_m으로 나누면 식 (A8. 51)이 증명된다. ■

또 식 (A8. 50)과 (A8. 51)에서 아래와 같이 R_f와 R_r의 관계를 얻는다.

$$R_f=\frac{R-1+R_r}{R} \quad \text{(A8. 52)}$$

위에서 논의한 SMP 이론은 8. 2. 2. 6절에서 언급한 선형 점탄성 이론의 크리프 및 크리프 회복 개념을 도입하면 쉽게 이해는 될 수 있다. 그러나 SMP 거동을 완전히 이론적으로 해석하기 위해서는 스프링-대쉬폿 형의 선형 점탄성 모델에서 요소수를 증가시키거나 비선형점탄성 이론을 도입하여 컴퓨터에 의한 시뮬레이션으로 접근하는 방법을 사용할 수는 있겠으나 이에 대한 언급은 지면 관계상 여기서 그치겠다.

A8. 4 유전완화 방법

유전(dielectric)방법에서는, 기계적 응력 대신에 전장(electric field)이 물질에 가해질 때 이에 대한 응답과 또 제거 후에 평형상태로의 완화과정에 대한 연구는 분자운동의 정보를 준다. 즉 물질에 전장을 걸면 전하(charges)가 움직이고, 구조 쌍극자(structure dipoles)가 배열된다. 이때 선행된 원자들의 전자 스핀(electronic spins)이 평형상태로 완화되는 과정은 라디오 주파수 영역에서도 영향을 받으며, 주위 물질과의 상호작용을 통한 물질의 이동도(mobility) 혹은 완화속도로 측정이 된다.

만약 유전상수 값이 매우 낮은 절연성(insulating) 물질에 전장이 가해지면, 물질 내 +, - 전하의 분리 및 분자 재배치가 생기는 소위 '분극(polarization)현상'이 야기되고, 이 분극의 크기는 물질의 전기적 성질인 유전상수(dielectric constant)로 측정된다. 이는 다시 분자의 분극율(polarizability)과 쌍극자능율(dipole moment)을 통하여 분자구조에 관련되어 있다.

'유전완화(dielectric relaxation)'는 유전상수의 시간(혹은 진동수) 및 온도의존성으로 나타내지며, 이 크기는 분자운동에 직접 관련되어 있으므로 동적 기계적 방법(DMA)과 마찬가지로 비결정성 고분자의 전이 및 완화과정에 대한 중요한 정보를 제공해 준다.

A8. 4. 1 현상론

간단을 위해 그림 A8. 6에 나타낸 바와 같이 저항 R과 용량(capacitance) C만을 사용한 한 개의 RC회로를 생각한다[사실 이것은 부록 8. 2절에 설명한 기계적 모델에 대한 전기적 아날로그(그림 A8. 3b)로서 Voigt 스프링-대쉬폿 모델에 해당된다].

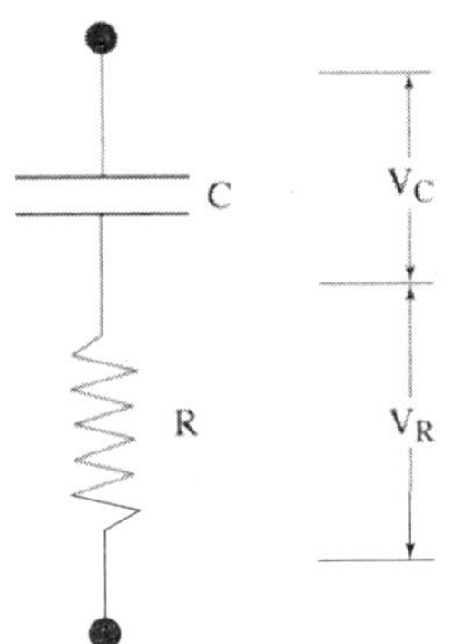

▶ **그림 A8. 6** 임의의 RC회로의 도식적 모델.

그림에서 RC회로를 흐르는 전류 $I(=\dot{Q})$ 혹은 전하량은 동일(즉 $Q_C = Q_R = Q$), 전압(전위차)은 합이므로 아래가 된다.

$$V = V_C + V_R \tag{A8. 53a}$$

$$V_C = Q/C, \quad V_R = IR \tag{A8. 53b}$$

여기서 유전상수 ε인 (절연)물질이 축전기(capacitor)의 두 평행판 안에 들어있을 경우 용량 C는 아래가 된다.

$$C = \varepsilon C_0 \tag{A8. 54}$$

위에서 C_0는 진공에 대한 용량이며, 유전상수 ε는 사실상 '상대투과율(relative permitivity)'

$\varepsilon_r = \varepsilon / \varepsilon_0$(여기서 ε_0는 공기 혹은 진공의 유전상수)이므로 단위가 없다. 매우 낮은 각속도(즉 $\omega \to 0,\ t \to \infty$)에서의 물의 (평형)$\varepsilon$값은 $\varepsilon_{H_2O} = 81$이나 Maxwell 관계식인 $\varepsilon \sim n^2$(여기서 n은 물질의 굴절률)로부터 ε는 (각)진동수에 크게 의존하므로 진동수 $\nu \sim 10^5$ Hz 경우에는 $\varepsilon_{H_2O} \fallingdotseq 1.8$로 감소된다.

한편 부록 A8. 2. 2에서 직렬 RC회로에 대해 구한 구성방정식은 아래와 같다[식 (A8. 44)의 양변을 C로 곱함].

$$\tau \frac{dQ}{dt} + Q = CV \tag{A8. 55}$$

여기서 $\tau(= CR)$는 전기적 완화시간(이에 대응하는 기계적 완화시간은 η / G인데 아날로그 모델에서 $\eta \leftrightarrow R,\ G \leftrightarrow 1/C$로 바꾸면 얻어짐)이다. 당연히 위 식은 대응하는 Voigt 기계적 모델의 구성식 (8. 234)와 동일한 형태이다. 지금 식 (A8. 55)에서 $t = 0$에서 $V(t) = V_0$[즉 $V(t) = V_0 H(t)$, 여기서 H는 $t > 0$일 때 1이 되는 단계함수]의 일정 전압을 걸 때 생기는 전하량 $Q(t)$는 상미방의 해에 대한 적분인자 기법 (식 A8. 7)을 사용(단 $Q(0) = 0$ 가정)하여 구하면 아래와 같다.

$$Q(t) = CV_0\left(1 - e^{-t/\tau}\right) \tag{A8. 56}$$

한편 분극은 시간 의존성이므로 이온의 이동과 유전분극으로부터 일어나는 짧은 시간 또는 순간적인 유전응답 ε_U(또는 ε_0)이 있다. 반면에 긴 시간응답 ε_R(또는 ε_∞)는 순간적인 응답과 전장 속에 있는 영구 쌍극자의 완전한 배열의 공헌을 반영한다.

전하밀도 σ는 다음과 같이 정의된다.

$$\sigma = \frac{Q}{A} \tag{A8. 57}$$

여기서 A는 평판전극의 면적이다. 두 전극 사이에 유전체(dielectric)가 없을 경우(즉 진공)의 전하밀도 σ_0이다. 이 전하밀도는 다음과 같이 축전기를 통한 전압(V)과 두 전극간의 거리(d)의 비로서 정의되는 전장 E와 관계가 있다.

$$E = \frac{V}{d} \tag{A8. 58}$$

전장과 전하밀도 사이의 관계식이 아래의 Gauss 이론으로 주어진다.

$$E = 4\pi\sigma_0 \tag{A8. 59}$$

이미 언급된 바와 같이 시간 의존성인 분극 $P(t)$는 아래와 같이 (영구)쌍극자 배향 공헌 $P_D(t)$

와 유전 쌍극자(induced dipole)에 기인하는 순간적인 성분 P_U를 포함한다.

$$P(t) = P_D(t) + P_U \tag{A8. 60}$$

위 식에서 $t=0$와 $t=\infty$일 경우의 양 극한에 대해 아래의 정의가 주어진다.

$$\lim_{t\to 0} P(t) = P_U, \quad \lim_{t\to 0} P_D(t) = 0$$

$$\lim_{t\to\infty} P_D(t) = P_D, \quad \lim_{t\to\infty} P(t)(\equiv P_R) = P_D + P_U \tag{A8. 61}$$

여기서 분극자체는 시간 의존성이나 $t\to\infty$일 때의 평형에서는 아래와 같이 초기의 전하밀도 σ_0에서 σ로 증가한다.

$$\sigma = \varepsilon_R \sigma_0 \tag{A8. 62}$$

여기서 $\varepsilon_R\left(=\lim_{t\to\infty}\varepsilon(t)\right)$는 물질의 긴 시간에서의 유전상수값이다.

한편 $t\to\infty$일 때는 아래 관계도 정의된다.

$$\sigma_0 + P_R = \sigma \tag{A8. 63}$$

이 식은 유전상수 ε를 가진 유전체의 존재로 인하여 전하밀도가 σ_0에서 평형 분극량인 P_R만큼 증가함을 의미한다. 식 (A8. 59), (A8. 62) 및 (A8. 63)에서 아래식을 얻는다.

$$\varepsilon_R - 1 = \frac{4\pi}{E} P_R \tag{A8. 64}$$

위 식의 P_R에 식 (A8. 61)을 대입하면 아래를 얻는다.

$$\varepsilon_R - 1 = \frac{4\pi}{E}(P_D + P_U) \tag{A8. 65}$$

한편 $t\to\infty$일 때의 분극에 관한 식 (A8. 61)과 마찬가지로 $\varepsilon(t)$도 $t\to 0$일 때 아래와 같이 나타낼 수 있다.

$$\varepsilon_R = \varepsilon_D + \varepsilon_U \tag{A8. 66}$$

또한 $t\to 0$일 때의 순간 ε_U도 식 (A8. 64)와 유사하게 아래식으로 나타낼 수 있다.

$$\varepsilon_U - 1 = \left(\frac{4\pi}{E}\right) P_U \tag{A8. 67}$$

지금까지 식을 전개한 목적은 전극에 가해지는 정상(steady)상태의 전장(즉 $E(t)$) 또는 진동(oscillatory) 전장(즉 $E^*(\omega, t)$)에 응하여 생기는 일시적인(transient) 유전상수(즉 $\varepsilon(t)$) 또는 동적 유전상수(즉 $\varepsilon^*(\omega, t)$)의 시간 의존성에 대한 표현식을 얻는 것이다. 사용된 접근 방법은 분극의 시간 변화 속도가 다음과 같이 평형값(P_R)으로부터 변위의 크기에 비례한다고 가정하는 것이다.

$$\frac{dP(t)}{dt} = -\frac{P(t) - P_R}{\tau} \tag{A8. 68}$$

여기에서 τ는 시간상수 또는 완화시간이다. 식 (A8. 60)으로부터 다음과 같이 쓸 수 있다.

$$\frac{dP(t)}{dt} = \frac{dP_D(t)}{dt}$$

$P(t)$에 대한 식 (A8. 60)과 P_R에 대한 식 (A8. 61)를 (A8. 68)에 대입하면

$$\frac{dP_D(t)}{dt} = -\frac{P_D(t) - P_D}{\tau} \tag{A8. 69}$$

식 (A8. 61), (A8. 64) 및 (A8. 67)로부터,

$$P_D = \frac{E}{4\pi}(\varepsilon_R - \varepsilon_U) \tag{A8. 70}$$

여기에서 $(\varepsilon_R - \varepsilon_U)(\equiv \Delta\varepsilon)$는 '유전완화강도(dielectric relaxation strength)'라고 한다. 식 (A8. 70)를 식 (A8. 69)에 대입하고 적당히 변형하면 다음과 같이 시간의존성 전장에 대한 미분방정식을 얻을 수 있다.

$$\tau\frac{dP_D(t)}{dt} + P_D(t) = \frac{E(t)}{4\pi}(\varepsilon_R - \varepsilon_U) \tag{A8. 71}$$

여기서 만약 그림 A8. 6에서처럼 한 개의 가상적인 RC 회로로 간주하고 있는 실제의 축전기(capacitor)가 아래와 같은 주기적인 전장 입력을 받는다고 하자.

$$E^*(\omega, t) = E_0 \exp(i\omega t) \tag{A8. 72}$$

여기서 E_0는 전장강도의 진폭, ω는 일정 각속도, 그리고 $i = \sqrt{-1}$ 이다. [비고: 부록 8. 2절에서는 전류 i와 구별하기 위하여 허수로서 $j = \sqrt{-1}$ 을 사용했으나, 여기서는 전류를 I로 나타내므로, 허수로서 원래의 i를 사용하였다.] 지금 상미방 (A8. 71)해는 정상상태의 조건이 성립하는 $t \gg \tau$를 가정하여 아래와 같이 풀 수 있다.

$$P_D^*(\omega) = \frac{(\varepsilon_R - \varepsilon_U)}{1 + i\omega\tau} \frac{E^*(\omega)}{4\pi} \tag{A8. 73}$$

증 명 상미방을 바로 t공간에서 구하는 대신, 지금 복소 분극, 복소 전장강도가 요구되므로 부록 6. 3절의 라플라스($\mathcal{L}$)변환을 이용하여 s공간의 함수로 바꾸어 생각한다. 즉 식 (A8. 71)의 양변을 $\mathcal{L}$ 변환시키면 아래가 된다(표 A6. 3 공식 이용).

$$\tau\left[s\overline{P}_D(s) - P_D(0)\right] + \overline{P}_D(s) = \frac{(\varepsilon_R - \varepsilon_u)}{4\pi}\overline{E}(s) \tag{A8. 74}$$

여기서 $\overline{P}_D(s)$ 및 $\overline{E}(s)$는 각각 $P_D(t)$ 및 $E(t)$를 $\mathcal{L}$ 변환시킨 것이다. 여기서 만약 초기조건 $P_D(0)$을 무시하고 $\overline{P}_D(s)$에 대해 풀면 아래가 된다.

$$\overline{P}_D(s) = \frac{(\varepsilon_R - \varepsilon_u)}{1 + \tau s} \frac{\overline{E}(s)}{4\pi} \tag{A8. 75}$$

여기서 $s = i\omega$일 때 $\overline{P}_D$ 및 $\overline{E}$는 각각 $P_D^*(\omega)$ 및 $E^*(\omega)$로 간주하여 위 식의 양변에 $s = i\omega$를 대입하면 식 (A8. 73)이 증명된다. ■

여기서 식 (A8. 70)의 경우와 마찬가지로 긴 시간에서의 평형 ε_R항만이 유전상수의 진동수(ω) 의존성 성분이라고 하면 복소분극에 관련된 복소 유전상수 $\varepsilon^*(= \varepsilon' - i\varepsilon'')$는 아래와 같이 정의될 수 있다.

$$\varepsilon^*(\omega) = \frac{4\pi P_D^*(\omega)}{E^*(\omega)} + \varepsilon_U \tag{A8. 76}$$

여기서 식 (A8. 73)을 식 (A8. 76)에 대입하면 $\varepsilon^*(\omega)$의 ω의존성에 관한 아래식을 얻는다.

$$\varepsilon^*(\omega) - \varepsilon_U = \frac{\varepsilon_R - \varepsilon_U}{1 + i\omega\tau} \tag{A8. 77}$$

위 식의 우편의 분모 · 분자를 $(1 - i\omega\tau)$로 곱하고, $\varepsilon^*(\omega) = \varepsilon'(\omega) - i\varepsilon''(\omega)$를 대입하여 실수부분과 허수부분으로 나누면 ε' 및 ε''에 관한 아래식을 얻는다.

$$\varepsilon' = \varepsilon_U + \frac{\varepsilon_R - \varepsilon_U}{1 + \omega^2\tau^2} \tag{A8. 78a}$$

$$\varepsilon'' = \frac{\omega\tau(\varepsilon_R - \varepsilon_U)}{1 + \omega^2\tau^2} \tag{A8. 78b}$$

또한 동적 기계적 경우와 마찬가지로 동적 유전완화에 관련된 손실 $\tan\delta$도 아래와 같이 정의된다.

$$\tan\delta = \varepsilon''/\varepsilon' = \frac{\omega\tau\Delta\varepsilon}{\Delta\varepsilon + \varepsilon_U(1+\omega^2\tau^2)} \tag{A8. 79}$$

이 식에서 $\Delta\varepsilon(=\varepsilon_R - \varepsilon_U)$는 유전완화 강도이다. 위 식에서 온도가 일정할 경우 각 동적계수의 ω분산에서 ε''나 $\tan\delta$ 모두 $\omega = 1/\tau$ 근방에서 최대값을 가짐을 알 수 있다. 식 (A8. 78)과 (A8. 79)를 토대로 그림 A8. 7에 각종 동적 유전상수의 온도 의존성을 나타내었다. 그림에서 동적 역학적 거동의 경우와 유사하게 $\omega_{\varepsilon''_{\max}} < \omega_{(\tan\delta)_{\max}}$임을 알 수 있다.

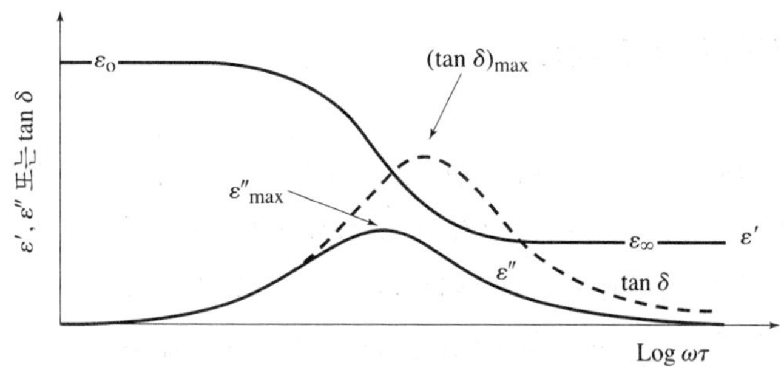

▶ **그림 A8. 7** 각종 유전상수의 진동수 의존성을 나타내는 그림.

[주의: 위 그림에서 $\varepsilon_0\left(\lim_{\omega\to 0}\varepsilon\right)$는 정적 실험의 $t\to\infty$일 때의 ε_R에 해당되고, $\varepsilon_\infty\left(=\lim_{\omega\to\infty}\varepsilon\right)$는 $t\to 0$일 때의 순간 ε_u에 해당된다.]

또한 $\omega=$일정에서 동적 유전상수의 온도분산 그림에서는 ε'' 또는 $\tan\delta$이 최대가 되는 온도가 α완화인 T_g에 해당될 것이다.

한편 식 (A8. 78) a 및 b에 주어진 $\varepsilon'(\omega)$ 및 $\varepsilon''(\omega)$의 ω의존성을 제거하면 아래와 같이 $f(\varepsilon', \varepsilon'') = 0$, 즉 2차원 평면상의 ε'와 ε'' 사이에 반원관계가 성립되는, 소위 'Cole-Cole 플롯'(그림 A8. 8)를 나타낸다 [문제 8. 14 참조].

$$\left(\varepsilon' - \frac{\varepsilon_R + \varepsilon_U}{2}\right)^2 + (\varepsilon'')^2 = \left(\frac{\varepsilon_R - \varepsilon_U}{2}\right)^2 \tag{A8. 80}$$

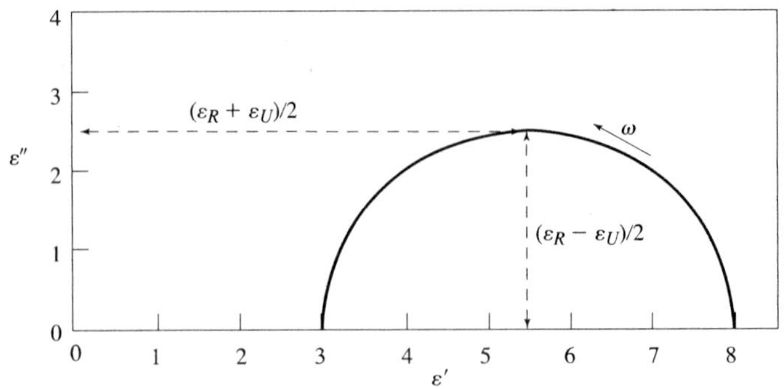

▶ **그림 A8. 8** $\varepsilon_R = 8$, $\varepsilon_U = 3$ 및 단일완화시간에 대한 식 (A8. 80)에 의한 cole-cole 플롯.

A8. 4. 2 유전상수의 분자론

식 (A8. 78)은 이용된 현상적인 모델이 한 개의 완화시간 τ를 이용한다는 결점이 있으나 ε'와 ε''의 실험데이터의 정성적인 거동을 비교적 잘 묘사하여 분자량이 높은 고분자의 경우에는 완화시간의 분포가 기대된다. 아래에 나타낸 Debye의 업적 이후 유전상수 $\varepsilon(t)$과 분극 $P(t)$와 같은 유전체의 거시적인 성질을 쌍극자 능률(μ) 또는 분자 분극률(α)과 같은 분자성질과 관련지으려는 많은 노력이 행해져 왔다. 이하에서는 이에 대해 간략하게 소개하겠다.

만약 전자의 전하량(e)를 가진 서로 반대부호의 전하가 거리 r 떨어진 경우의 분자의 (영구)쌍극자 능률 μ(단위는 Debye, D)는 아래와 같이 정의된다.

$$\mu \equiv er = (4.8 \times 10^{-10}\,\mathrm{esu})(1 \times 10^{-8}\,\mathrm{cm}) = 4.8\ \mathrm{D} \tag{A8. 81}$$

그리고 고유 분극률(polarizability) α_0를 가진 유전체에 전장 E를 걸었을 때 생기는 유전 쌍극자(induced dipole)의 크기 μ_{in}는 아래로 주어진다.

$$\mu_{in} = \alpha_0 E \tag{A8. 82}$$

한편 Debye는 분극률 α_0, 영구쌍극자 능률 μ를 가진 물질의 복소 유전상수 $\varepsilon^*(\omega)(=\varepsilon' - i\varepsilon'')$를 아래와 같이 구체적으로 나타내었다.

$$\frac{\varepsilon^* - 1}{\varepsilon^* + 2}\frac{M}{\rho} = \frac{4\pi N_A}{3}\alpha_0 + \frac{4\pi N_A \mu^2}{9kT}\frac{1}{1 + i\omega\tau} \tag{A8. 82}$$

위 식에서 ρ는 밀도, M은 분자량, N_A는 Avogadro 수이다.

한편 위 식에서 쌍극자능률 μ가 무시될 수 있는 비극성 고분자에 대하여 Clausius-Mossotti는 아래와 같이 몰분자 분극률 P_M을 정의하였다.

$$P_M = \frac{\varepsilon_r - 1}{\varepsilon_r + 2}\frac{M}{\rho} = \alpha_0 \frac{4\pi}{3} N_A \tag{A8. 83}$$

여기서 상대유전상수 $\varepsilon_r(=\varepsilon/\varepsilon_0)$항 대신 $t \to 0$일 때의 순간 ε_U로 종종 대체하기도 한다.

지면 관계상 유전완화에 관한 언급은 여기서 그치고, 이하에서 이절에 언급된 내용의 이해를 돕기 위해 응용예제 2개를 싣겠다.

예제 A8.5

그림 A8. 6에 나타낸 RC회로에 있어서 복소 전압 $V^*(t) = V_0\exp(i\omega t)$를 입력시킬 때 야기되는 복소 유전상수의 실수(ε') 및 허수(ε'')부분을 구성방정식의 해 식 (A8. 56)을 사용하여 구하라.

풀이 정의식 $q^* = C^* V^*,\ C^* = C_0 \varepsilon^*$ ①

여기서 q^*, C^*, V^* 및 ε^*는 각각 복소 전하량, 용량, 전압 및 유전상수이다. 이때 복소진동전압 $V^*(t) = V_0\exp(i\omega t)$를 물질에 입력시키면 생기는 복소전류 I^*는 아래가 된다(단 복소용량 C^*는 t무관 가정).

$$I^* = \frac{dq^*}{dt} = C^* \frac{dV^*}{dt} = (i\omega C^*)V^* = Y^* V^* \tag{②}$$

여기서 'admittance' $Y^*(=1/Z^*) = I^*(=\dot{q}^*)/V^*$이다. 그런데 식 ②에서 아래가 된다.

$$Y^*(=1/Z^*) = i\omega C^* = i\omega C_0 \varepsilon^*(=\varepsilon' - i\varepsilon'') = \omega C_0(\varepsilon'' + i\varepsilon') \tag{③}$$

그런데 RC회로에 대한 Y^*는 부록 8. 2절의 식 (A8. 46)에서 아래가 된다.

$$Y^* = \left(R + \frac{1}{i\omega C}\right)^{-1} = \frac{i\omega C}{1 + i\omega CR} = \frac{\omega^2 C^2 R + i\omega C}{1 + \omega^2 C^2 R^2} \tag{④}$$

식 ③과 ④를 비교하면 아래를 얻는다.

$$\varepsilon'' = \frac{R\omega C^2}{C_0(1 + R^2\omega^2 C^2)},\quad \varepsilon' = \frac{C}{C_0(1 + R^2\omega^2 C^2)} \tag{⑤}$$

예제 A8.6

(a) 아래 그림에 나타낸 3요소 회로에 있어서 응용전압 $V(t) = V_0 (t \geq 0)$을 가했을 때 생기는 용량 $C(t) = Q(t)/V_0$을 완화시간 $\tau (= C_2 R)$ 및 $C_R (= C_1 + C_2)$, $C_U = C_2$항으로 나타내어라. 그리고 (b) 이에 대응하는 3요소 기계모델에 있어서 복소인장 컴플라이언스 계수 D' 및 D''를 전기 아날로그 관계인 $E_1 (\leftrightarrow 1/C_1)$, $E_2 (\leftrightarrow 1/C_2)$ 및 $\eta (\leftrightarrow R)$항으로 나타내 보아라(단 문제 8. 13 참조).

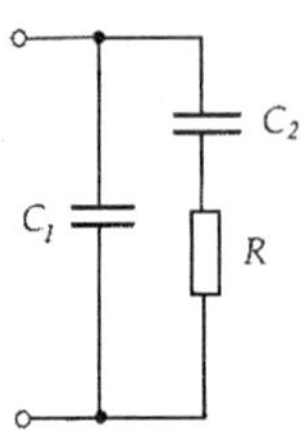

▶ **그림**. C_1과 C_2는 축전기의 용량(capacity), R은 저항이다.

풀이 (a) 문제 8. 13에서 구한 전기 구성방정식(⑤)은 아래가 된다(단 전압은 $v(t)$로 나타냄).

$$RC_1 \dot{v} + \left(1 + \frac{C_1}{C_2}\right) v = R\dot{q} + \frac{q}{C_2} \tag{a}$$

여기서 일정전압 $v(t) = v_0$을 가할 때는 $\dot{v} = 0$이 되므로 위 구성식은 전하량 $q(t)$에 관한 아래의 식이 된다.

$$\dot{q} + \frac{q}{\tau} = A \tag{b}$$

여기서 완화시간 $\tau = RC_2$, $A = \dfrac{1}{R}\left(1 + \dfrac{C_1}{C_2}\right) v_0$이다. 이 식을 부록 (8. 1)의 적분인자 기법(식 A8. 7)에 의해 풀면 아래를 얻는다[단 부정적분에서 적분상수 C값은 $q(0) = v_0 C_1$을 이용하면 $-C_2 v_0$이 됨].

$$q(t) = v_0 \left[C_1 + C_2 \left(1 - e^{-\frac{t}{\tau}}\right)\right] \tag{c}$$

여기서 $C_1 = C_U$, $C_2 = C_1 + C_2 - C_1 = C_R - C_1 = C_R - C_U$가 된다. 따라서 용량 $C(t) = q(t)/V_0$은 아래의 형태를 취한다.

$$C(t) = C_U + (C_R - C_U)\left(1 - e^{-\frac{t}{\tau}}\right) \tag{d}$$

단 $C_U = C_1$, $C_R = C_1 + C_2$, $\tau = C_2 R$이다.

(b) 문제 8. 13의 전기 모델에 대한 기계적 아날로그의 관계식에서 구한 $J^*(\omega)$에 대한 결과식 ⑩에서 전단계수 G_i를 인장계수 E_i로 바꾸면 인장 컴플라이언스 D' 및 D''는 각각 아래의 형태를 가진다. +

$$D' = \frac{1}{E_1} + \frac{1}{E_2}\frac{1}{(1 + \tau^2 \omega^2)}, \quad D'' = \frac{\tau\omega}{E_2 (1 + \omega^2 \tau^2)} \tag{e}$$

여기서 완화시간 $\tau = \eta / E_2$이다.

제 9 장

결정성 고분자에 관련된 거동

고분자결정도 다른 결정과 마찬가지로 분자들이 모여서 만드는 응집구조 중의 하나이다. 고분자 내의 공유결합은 분자결정의 1차결합을 형성하고, 분자는 결정의 내부에서 Van der Waals 결합이나 수소결합 등의 비교적 약한 2차결합력으로 서로 결합되어 있다. 길고 가는 분자의 특성 때문에 만들어지는 고분자결정의 크기는 매우 작아서 보통 미결정(crystallite)이라고 부른다.

고분자결정 구조를 보면 사슬상의 길고 가는 분자가 서로 얽혀 있는 형태를 취하는 것이 아니고 분자들이 규칙적인 질서를 갖는 범위에서 서로 조밀하게 충전(packing)되어 있는 형태를 가지고 있다. 보통 섬유축(fiber axis)이라고 불리는 결정단위세포(unit cell)의 주축(보통 c축)방향으로 고분자쇄가 달리고 있다고 보면 된다. 즉 고분자결정에서는 섬유축 방향으로는 1차결합(공유결합), 그 직각 방향으로는 2차결합(Van der Waals 힘)에 의하여 안정한 결정을 이룬다.

일반적으로 '고분자길이(수 100 nm) ≫ 미결정크기(수 nm)'이므로 어떤 결정에서부터 밖으로 삐어나가 있는 고분자부분은, 결정화도 및 물질의 연속성을 고려하면, 가까이에 있는 다른 결정격자 중으로 들어가든지 또는 다시 자기가 포함되어 있는 결정 중으로 다시 돌아가는 형태를 띨 수밖에 없다. 즉 한 개의 고분자는 분자간 결정을 형성하든지 또는 분자 내 결정을 형성하는 방법뿐이다.

또한 고분자는 길고 튼튼하게 연결된 세그먼트로 인하여 분자의 운동이 방해를 받아 결정 시 충전이 쉽게 이루어지지 않는다. 이 때문에 고분자의 결정구조에서는 격자점이 정확하게 공간의 격자점을 점유하고 있는 것이 아니고 약간씩 변형된 격자구조를 많이 함유한다고 생각된다. 이처럼 변형된 격자구조를 갖는 결정에서는 열처리(annealing)에 의하여 열운동에 의한 원자의 재배열을 이용하면 보다 완전한 결정구조를 갖는 결정을 얻을 수도 있다.

이 절에서는 고분자결정의 용융현상을 비롯하여 결정해석학, 고분자의 결정구조, 결정화 속도, 용융열역학, 액정상(liquid crystalline)고분자 등에 대해서 다루기로 한다.

9.1 용융현상

결정상태에서는 X-선이 회절(diffraction)되고 1차전이 현상인 융점(melting point, T_m)이 관찰되며, 이러한 현상은 저분자물질로 된 결정상태와 동일하다.

그러나 고체상태에서 고분자는 사슬이 길고 서로 엉켜있기 때문에 완전히 결정화할 수 없다. 고분자의 융점 T_f는 항상 T_g보다 높으며, 결정성 고분자는 단단하거나 유연한 성질을 갖는데, 유연한 예로 T_g가 -80℃이고 T_f가 139℃인 폴리에틸렌(PE)을 들 수 있으며, 상온에서 PE는 가죽 같은 성질을 갖는다.

결정화하는 정도는 사슬의 규칙성과 관련이 있는데, 이소탁틱이거나 신디오탁틱한 고분자는 결정화하나 아탁틱 고분자는 곁치환기가 작거나 극성이 큰 경우 몇 가지 예외를 제외하고는 결정화하지 않는다. 폴리아미드(나일론)나 폴리에스테르(PET) 등은 규칙적인 구조를 가지며, 이들은 좋은 섬유로서 이용된다.

구조에 비규칙성이 도입되면 융점이 감소하다가 그 양이 많은 경우 결정화가 불가능해진다. 비규칙적인 탁틱성이나 공중합에 의해 결정성은 파괴되므로 대부분의 불규칙 공중합체는 비결정성이다. 이소탁틱한 고분자와 아탁틱한 고분자를 블랜딩하면 결정성은 감소하며 이소탁틱한 부분만 결정화할 수 있다. 결정화할 수 있는 블록을 가진 블록공중합체는 경우에 따라 결정화할 수 있는데, 이 때 결정화할 수 있는 블록만이 결정화한다.

융점은 일반적으로 패킹(packing)정도 뿐만 아니라 극성과 수소결합 등의 영향도 받는다. 표 9.1에 대표적 결정성 고분자의 융점(T_f)와 1 g당 용융엔탈피(ΔH_f)를 나타내었다.

표 9.1 대표적인 결정성 고분자의 열적 성질

고분자	T_f, ℃	ΔH_f, J/g
폴리에틸렌	141.4	293
Polytetrafluoroethylene[a]	327	68.3
이소탁틱-폴리스티렌	243	96
Poly(ethylene terephthalate)[b]	280	140
Poly(hexamethylene adipate)[c]	280	300
Poly(ethylene oxide)	68.9	196.6

[a]테프론, [b]다크론, [c]나일론

고분자의 용융현상은 많은 실험에서 관찰할 수 있는데, 선형이나 가지가 달린 고분자의 경우 녹으면 액체가 되어 흐른다. 그러나 이러한 용융현상은 단순하지가 않고 몇 가지 복잡한 현상이 관찰되어 그 해석이 쉽지는 않다. 우선 첫 번째로 고분자의 점성도가 높기 때문에 즉시 뚜렷한 액체의 성질이 나타나지 않으며, 망상형 고분자의 경우는 전혀 흐르지 않는다. 비결정성 고분자는 T_g에서 유연해지나(soften) 용융과는 전혀 다른 현상이다. 고분자가 안료를 포함하지 않은 경우 결정상태에서 그 투명도가 흐린데 이는 비결정성 부분과 결정 부분의 굴절률에 차이가 있기 때문이다. 이를 녹이면 맑고 투명하게 된다.

결정이 녹는 것은 직교로 놓인 두 편광판 사이에 시료를 두고 현미경으로 관찰할 수 있으며, 융점에서 결정성 물질이 갖는 고유한 X-선 회절무늬가 비결정성 물질의 달무리무늬(halo)로 바뀌는 현상도 융점을 확인하는 중요한 실험 방법 중의 하나이다.

융점을 확인하는 또 다른 중요한 방법은 온도에 따른 밀도(혹은 비체적)의 변화를 관찰하는 것이다. 융점은 일차전이온도이므로 부피변화의 예리한 불연속점이 나타날 것으로 예측되는데(8. 5. 1절 참조), 고분자의 경우 결정의 크기가 작고 불완전한 경우가 있으므로 몇 도의 범위에서 부피변화가 일어난다(그림 9. 1). 융점은 결정의 마지막 흔적이 사라지는 지점으로 하는데 이 지점에서 크고 가장 완벽한 결정이 녹는다.

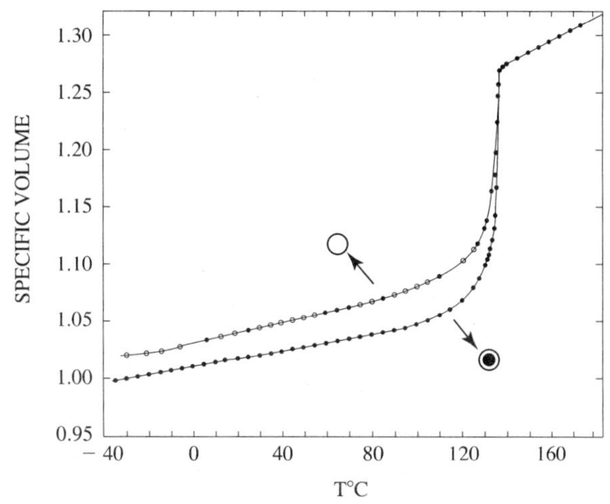

▶ **그림 9. 1** 선형 PE에 대한 비체적(v_{sp})–온도 관계. (○): 융해실험전 용융(melt)상태에서 실온으로 급냉시킨 시료; (◉): 융해실험전 T_C= 130℃ 에서 40일간 결정화시킨 시료를 다시 실온으로 냉각시킨 시료.

한편 1차전이점인 융점은 그림 9. 2에 이소탁틱 폴리프로필렌(it-PP)에 대하여 열분석 결과를 나타낸 바와 같이 시차열분석기(DSC)를 사용하여서도 얻어질 수 있다. 즉 DSC의 y축은 (정압) 비열 C_P에 비례하므로 T_m에서는 피크를 나타내고, 피크 주위의 면적 즉 $\int_{T_f} C_P dT = \int dH_P = \Delta H_f$가 용융열이 된다(그림 8. 46 참조). 그런데 그림 9. 2에서 용융상태에서 냉각에 의한 결정화(발열)열량의 크기와 이를 다시 가열에 의한 결정의 (흡열)융해열의 크기는 달라도 과냉각도 [degree of supercooling, $T_m^\circ - T_C$(여기서 T_m° 및 T_C는 각각 평형융점 및 결정화온도)]의 영향은 용융 및 결정화에 있어서 크기는 같고 부호는 반대임에 유의해야 한다.

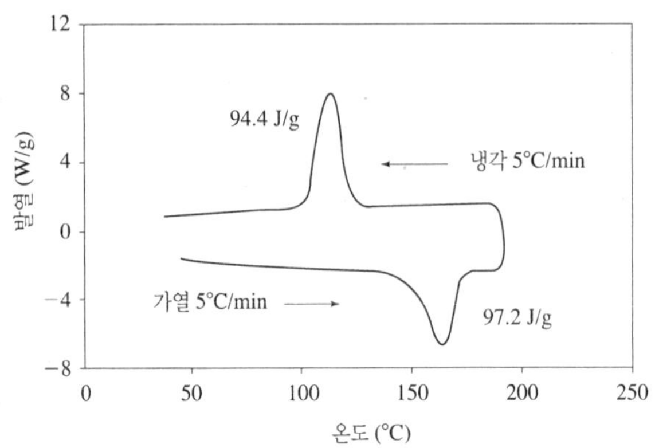

▶ **그림 9.2** 상용성 it-PP시료에 대한 DSC 열분석 결과. 그림에서 결정화에 대한 과냉각도(degree of supercooling)의 영향은 결정 융해 및 결정화에 있어서 크기가 같고, 부호가 반대임에 유의하라.

예제 9.1

그림 9.2에서 준정형 it-PP의 냉각에서 얻어진 (등온)결정의 가열과정에 의한 흡열 융해열의 크기 $\Delta H_f = 97.2\ \mathrm{J/g}$으로부터 DSC 결정화도(degree of crystallinity)를 계산하라. 단, 결정화도 100% it-PP에 대한 융해열은 $\Delta H_f = 8.79\ \mathrm{kJ/mol}$이다.

풀이 폴리프로필렌(PP)의 모노머 분자량 $M_0 = 42\ \mathrm{g/mol}$이므로 100% 결정인 경우 $\dfrac{8790\ \mathrm{J/mol}}{42\ \mathrm{g/mol}}$ $= 209\ \mathrm{J/g}$이다. 따라서 DSC %결정화도는 $\dfrac{9702\ \mathrm{J/g}}{209\ \mathrm{J/g}} = 46\%$이다.

9.2 결정 기하

결정의 특징은 그 대칭성(symmetry)으로 표현할 수 있다. 고분자결정도 저분자결정과 마찬가지로 230개 공간군(space groups)을 가지고 있으며 그 점군(point group)에 해당되는 부분을 고분자를 구성하는 부분 원자집단으로 대치한 것으로 생각하면 그 대칭성을 논하기 쉽다. 결정은 3차원적인 병진대칭성(translational symmetry)를 갖는다.

9. 2. 1 결정격자와 단위세포

결정 속의 분자가 3차원 공간에서 규칙적인 배열을 할 경우 임의의 3축을 잡고 점들을 각 축마다 같은 거리를 움직여 규칙적 배열을 하도록 만들 수 있다. 이와 같은 임의의 점들이 규칙적으로 배열된 구조를 격자(lattice)라 하고 이 점들을 격자점(lattice point)이라 한다. 격자는 실존하지 않는 가상의 규칙 구조이다. 점들이 만든 구조를 대표할 수 있는 최소의 구조를 단위세포(unit cell)라 부르며, 그림 9. 3와 같은 단위세포를 세 축 방향으로 계속 반복해 쌓으면 삼차원 공간을 차지하는 격자가 된다. 단위세포는 세 축이 서로 이루는 각 α, β, γ와 세 축에서의 두 점 사이의 거리 a, b, c로 나타낼 수 있으며 이들 6개의 상수를 격자상수(lattice parameter)라 부른다. 결정은 분자가 격자의 규칙성을 따르면서 격자점에 배치되어 있는 상태를 말한다. 여기에는 또 여러 가지 방법이 있을 수 있다. 분자를 격자점에 배치하는 방법을 대칭조작(symmetry operation)이라 하며 각각의 대칭조작 방법을 대칭요소(symmetry element)라 부르며, 회전(rotation), 반사(reflection), 반전(inversion) 등이 여기에 속한다[분자의 대칭성에 관한 군론(group theory) 참조요].

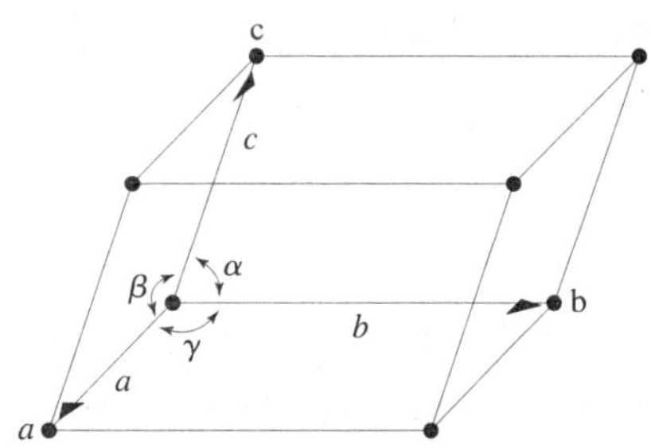

▶ **그림 9. 3** 격자벡터와 축각표시를 그린 도해.

즉 한 물체에 어떤 대칭조작을 하여 그것이 그 자체와 완전히 일치하게 가져오는 일종의 균형에서 구성요소가 배열할 때 그 물체나 구조는 대칭적이다고 말한다.

한편 격자를 세 개의 동일 평면상에 있지 않은 격자벡터로 정의하는 데서 벡터의 길이와 방향에 따라서 여러 모양의 단위세포가 나온다. 예를 들면, 벡터 $\boldsymbol{a}$, $\boldsymbol{b}$, $\boldsymbol{c}$가 같은 길이로 서로 직각이거나, $\boldsymbol{a} = \boldsymbol{b} = \boldsymbol{c}$와 $\alpha = \beta = \gamma = 90^\circ$ 일 때는 단위세포는 입방체이다. 축의 길이와 각에 특정값을 주면 여러 모양의 단위세포와 그 결과로 여러 종류의 점격자가 생기는데, 격자의 점이 단순단위세포의 모서리에 있기 때문이다. 모든 가능한 점격자는 7개의 단위세포 중 하나로 나타난다. 이것은 표 9. 2에 나타낸 바와 같이 7개의 결정계(crystal systems)에 대응하는 모든 결정을 이 중의 하나로 분류한다.

표 9.2 3차원 7 결정계와 14 Bravais 격자.

격 자 계	Bravais 격자	격자상수의 조건
삼사정계(triclinic)	단순 (P)	$a \neq b \neq c, \alpha \neq \beta \neq \gamma$
단사정계(monoclinic)	단순 (P) 바닥면심 (C)	$a \neq b \neq c, \alpha = \gamma = 90° < \beta$
사방정계(orthorhombic)	단순 (P) 바닥면심 (C) 체심 (I) 면심 (F)	$a \neq b \neq c, \alpha = \beta = \gamma = 90°$
정방정계(tetragonal)	단순 (P) 체심 (I)	$a = b \neq c, \alpha = \beta = \gamma = 90°$
입방정계(cubic)	단순 (P) 체심 (I) 면심 (F)	$a = b = c, \alpha = \beta = \gamma = 90°$
육방정계(hexagonal)	단순 (P)	$a = b \neq c, \alpha = \beta = 90°, \gamma = 120°$
삼방정계(rhombohedral)	단순 (P)	$a = b = c, \alpha = \beta = \gamma \neq 90°$

7개의 서로 다른 점격자는 7개의 결정계의 단위세포 모서리에 점을 놓아서 쉽게 얻는다. 그렇지만 점격자의 조건, 즉 각 격자점은 주위환경이 동등하다는 조건을 만족하는 점의 배열이 있다. 예를 들면, 입방 점격자에서 각 세포의 중심에 점을 하나씩 놓는다면 그 새로운 점의 배열도 점격자가 된다. 이와 유사하게 또 하나의 점격자가 입방단위세포에 바탕을 둘 수 있는데, 이 세포는 격자점들이 각각의 모서리나 각각의 면의 중심에 있다. 표 9.2에 14개의 Bravais 격자도 함께 나타내었다. 어떤 단위세포는 단순세포(simple, primitive: 기호는 P나 R)이고 어떤 것은 비단순세포(non-primitive: 기타표기)이다. 단순세포는 세포마다 단 한 개의 격자점이 있는 반면에, 비단순세포는 격자점이 두 개 이상 있는 것이다. 세포 안에 있는 격자점은 그 세포에 속하지만 세포의 면에 있는 격자점은 두 개의 세포에 속하고 모서리에 있는 것은 8개의 세포에 속한다. 따라서 세포마다 격자점의 수는 다음과 같다.

$$N = N_i + \frac{N_f}{2} + \frac{N_c}{8} \tag{9.1}$$

여기서 N_i는 내부의 격자점 수이고 N_f는 면에 있는 격자점 수, N_c는 모서리에 있는 격자점 수이다. 따라서 오직 모서리에만 격자점이 있는 단순세포는 단순이고 내부나 면에 추가점이 있는 세포는 비단순이다. 기호 F와 I는 각각 면심세포와 체심세포를 나타내고, 기호 R은 특별히 능면체정계(rhombohedral system)에 쓰인다.

9. 2. 2 결정격자면의 식별

9. 2. 2. 1 Miller 지수

그림 9. 4에 나타낸 바와 같이 격자 내의 임의의 평면을 나타내는 Miller 지수를, 면이 결정축과 만드는 분율 절편(fractional intercept)의 역수로 칭한다. 예컨대 만일 한 면의 Miller 지수가 괄호로 쓴(hkl)이면, 그 면은 축과 분율 절편이 $1/h$, $1/k$, $1/l$이고, 축길이가 a, b, c라고 하면 실제 절편은 그림 9. 4 (a)에 보인 것처럼 a/h, b/k, c/l이다. 어떤 격자 내에도 임의의 면에 평행하게 한 조의 평행한 등거리인 면이 있고, 그 중 한 면은 원점을 지난다.

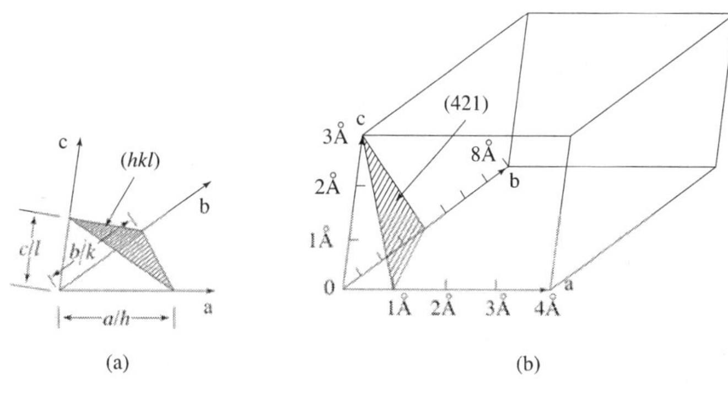

▶ **그림 9. 4** 밀러(Miller)지수의 표기.

앞서 설명한 바와 같이 만일 면이 어떤 축에 평행하다면, 그 축에서 분율 절편은 무한대이고 해당 Miller 지수는 '영'이 된다. 만일 면이 음의 축과 만나면 해당 지수는 음수이고 지수 위에 '-'를 그어서 표시한다. 서로 지수가 음수인 면은 평행하고 예를 들어 $(\bar{2}10)$과 $(2\bar{1}0)$처럼 원점에서 서로 정반대인 면에 놓인다. 면 $(nh\,nk\,nl)$은 (hkl)면에 평행하고 간격은 거리의 $1/n$이다(예제 9. 2 참조). 한 동일한 면이 두 개의 다른 조에 속하기도 하는데, 한 조의 Miller 지수는 다른 조의 지수의 배수가 된다. 따라서 한 면이 (210)조와 (420)조에 속하고 실제로도 (210)조의 면은 (420)조의 면에서 두 번째 마다 있는 면이 된다.

[비고: 입방정계의 경우, 방향지수 $[hkl](=h\boldsymbol{a}+k\boldsymbol{b}+l\boldsymbol{c})$는 항상 (hkl)면에 수직 즉 면상의 임의의 직선과 $[hkl]$의 내적은 0이 된다.]

9. 2. 2. 2 면 사이의 간격

Miller 지수는 면들 사이의 거리를 나타내는데 대단히 편리하다. 그림 9. 5에서와 같은 사각형 격자의 경우에는 $(hk0)$면들 사이의 거리가 다음과 같이 주어진다.

$$\frac{1}{d_{hk0}^2}=\frac{h^2+k^2}{a^2},\quad \text{혹은}\quad d_{hk0}=\frac{a}{(h^2+k^2)^{1/2}} \tag{9. 2}$$

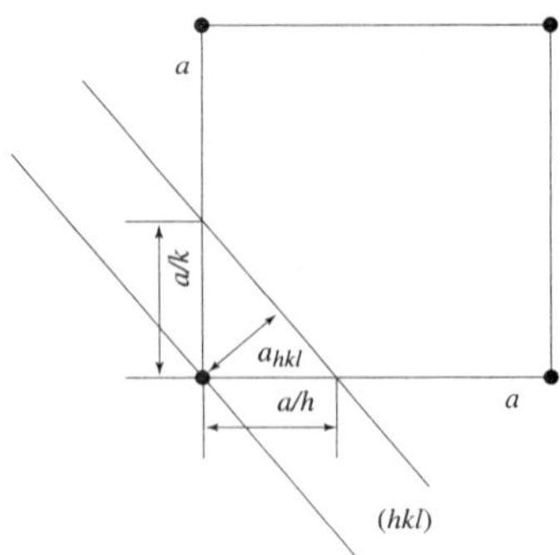

▶ **그림 9.5** 단위세포의 치수와 이들의 격자점을 통과하는 면에 대한 관계.

이것을 3차원으로 확장하면 입방결정 격자의 (hkl)면들 사이의 거리가 다음과 같이 된다.

$$\frac{1}{d_{hkl}^2}=\frac{h^2+k^2+l^2}{a^2}, \quad \text{혹은} \quad d_{hkl}=\frac{a}{(h^2+k^2+l^2)^{1/2}} \tag{9.3}$$

이 식을 일반화시키면 3축각은 90° 이나, 3면의 길이가 다른 사방(orthorhombic)격자에 대한 다음과 같은 식을 얻을 수 있다.

$$\frac{1}{d_{hkl}^2}=\frac{h^2}{a^2}+\frac{k^2}{b^2}+\frac{l^2}{c^2} \tag{9.4}$$

예제 9.2

단위세포의 3변의 길이 $a=0.82\text{ nm}$, $b=0.94\text{ nm}$, $c=0.75\text{ nm}$인 사방(orthorhombic) 정계 단위세포에서 (a) (123)면들과 (b) (246)면들 사이의 간격을 계산하라.

풀이 (a) 사방정계의 경우 Miller 지수가 (nh, nk, nl)인 면의 경우 면간격은 식 (9.4)에서 h, k, l 대신에 nh, nk, nl을 대입하면 아래가 된다.

$$\frac{1}{d_{nh,nk,nl}^2}=\frac{(nh)^2}{a^2}+\frac{(nk)^2}{b^2}+\frac{(nl)^2}{c^2}=n^2\left(\frac{h^2}{a^2}+\frac{k^2}{b^2}+\frac{l^2}{c^2}\right)=\frac{n^2}{d_{hkl}^2} \tag{9.5}$$

즉 $d_{nh,nk,nl}=\dfrac{d_{hkl}}{n}$가 되어, Miller 지수가 n배 증가하면 면간격은 $\dfrac{1}{n}$배 감소한다(그림 9.6 참조). 따라서 h, k, l에 각각 1, 2, 3을 대입하면 아래를 얻는다.

$$\frac{1}{d_{123}^2}=\frac{1^2}{(0.82\text{ nm})^2}+\frac{2^2}{(0.94\text{ nm})^2}+\frac{3^2}{(0.75\text{ nm})^2}=22\text{ nm}^{-2}$$

따라서 $d_{123} = 0.21\ \text{nm}$ 이다.

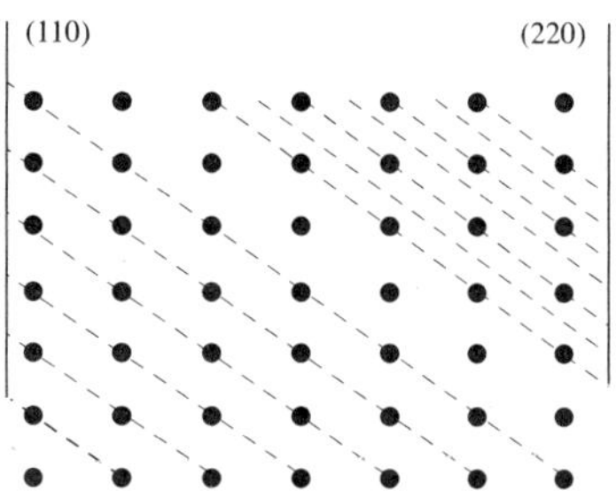

▶ **그림 9. 6** (220)면들 사이의 간격은 (110)면들의 반이다. 일반적으로 $(nh,\ nk,\ nl)$면들 사이의 간격은 (hkl)면들보다 n배만큼 작다.

(b) 위 공식 (9. 5)에서 $d_{246} = \frac{1}{2} d_{123}$이므로 $d_{246} = 0.105\ \text{nm}$가 된다.

9. 3 결정구조 측정법

9. 3. 1 X-선 회절

9. 3. 1. 1 Bragg의 법칙

파장이 동일한 두 평행 빛살이 그림 9. 7에서와 같은 두 인접 격자면에 의해서 반사된다고 하자. 한 빛살은 위 격자면의 D점을 때리지만, 다른 한 빛살은 AB만큼의 거리를 더 가서 바로 밑면을 때려야 한다. 마찬가지로 반사된 빛살은 BC만큼의 경로차를 가지게 될 것이다. 따라서 이 두 빛살의 경로차는 여입사각을 θ(회절각의 1/2에 해당)라고 할 경우, 다음과 같이 된다(그림 6. 8 참조).

$$\text{AB} + \text{BC} = 2d\sin\theta$$

대부분의 여입사각에서는 빛의 경로차가 파장의 정수배와 같지 않으며, 그리하여 상쇄 간섭이 일어난다. 그러나 이 경로차가 파장의 정수배와 같을 때($\text{AB} + \text{BC} = n\lambda$일 때)는 반사되는 빛이 동일 위상을 가지며 그리하여 보강 간섭을 나타낸다. 즉 여입사각이 다음과 같은 Bragg의 법칙을 만족시킬 때는 밝은 반사가 나타난다.

$$n\lambda = 2d\sin\theta \tag{9. 6}$$

$n = 2, 3, \cdots$인 반사를 2차, 3차, … 반사라고 한다. 이들은 2, 3, … 배의 파장에 해당하는 경로차가 있을 때의 반사를 나타낸다. 고분자의 경우 대부분 $n = 1$을 이용한다. 이 경우 식 (9. 6)과 삼각

함수의 성질에서 $\lambda < 2d$의 조건을 만족해야 한다. 그런데 많은 결정에서는 $d = 3$ Å 정도이므로 X선의 파장은 6 Å 이하이어야 한다.

[비고: 부록 9.1에서는 역격자벡터에 바탕을 둔 Bragg 회절공식의 유도가 주어진다.]

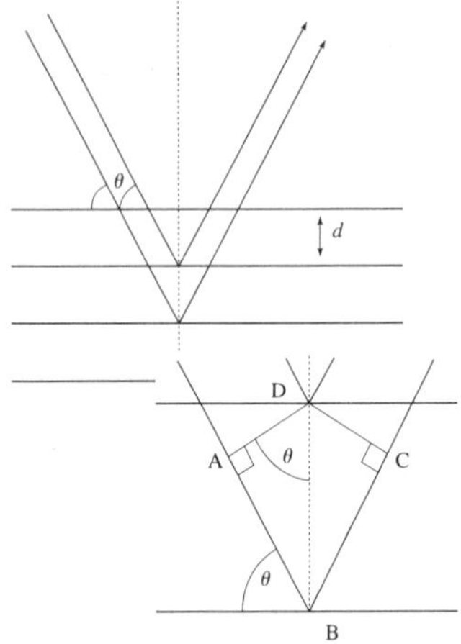

▶ **그림 9.7** 관례적으로 Bragg 법칙을 구할 때는 각 격자면이 입사 복사선을 반사시킨다고 생각한다. 경로차는 AB+BC인데, 이것은 여입사각 θ에 의존한다. 보강간섭(즉 반사)가 일어나려면 AB+BC가 파장의 정수배가 되어야한다.

예제 9.3

파장이 154 pm인 CuK_αX 선을 이용하였더니 여입사각이 11.2°일 때 한 입방격자의 (111)면에서 반사가 일어났다. 이 단위세포의 변의 길이는 얼마인가?

풀이 입방격자의 경우 식 (9.3)에 $h = k = l = 1$을 대입하면 아래를 얻는다.

$$d_{111} = \frac{a}{\sqrt{3}}$$

이 식과 Bragg 회절공식 (9.6)(여기서 $n = 1$ 대입)과의 비교에서 아래를 얻는다.

$$a = \frac{3^{1/2}\lambda}{2\sin\theta} = \frac{3^{1/2} \times (154\ \text{pm})}{2\sin 11.2^\circ} = 687\ \text{pm}$$

한편 단위세포에 따라서는 고유하면서도 쉽게 식별되는 선들의 무늬를 나타내는 것이 있다. 예로서 단위세포의 치수가 a인 입방격자에서는 면들의 간격이 식 (9.3)으로 주어지며, 따라서 (hkl)면이 회절을 나타내는 각도는 다음식으로 주어진다.

$$\sin\theta = (h^2+k^2+l^2)^{1/2}\frac{\lambda}{2a}$$

이 식에다 h, k 및 l의 값들을 넣어주면 어떤 회절 무늬가 나오는가를 예측할 수 있다. 즉

(hkl)	(100)	(110)	(111)	(200)	(210)	(211)	(220)	(300)	(221)	(310)	$\cdots$
$h^2+k^2+l^2$	1	2	3	4	5	6	8	9	9	10	$\cdots$

여기서 7(및 15, …)이 빠져있는데 이것은 정수의 제곱 3개를 합한 것이 7(또는 15, …)이 될 수 없기 때문이다. 이와 같이 이 회절 무늬에는 입방 P격자에 고유한 일련의 결선들이 나타난다.

9. 3. 1. 2 산란인자와 구조인자

X-선 회절에 있어서, 입사되는 전사기파가 원자들의 전자를 진동시키기 때문에 X선이 산란되며, 무거운 원소는 가벼운 원소보다 더 강한 산란을 일으키게 한다는 것이다. 전자 수에 대한 이러한 의존관계를 나타내는 것이 원소의 산란인자 f이다. 산란인자가 크면 X선을 세게 산란시킨다. 한 원자의 산란인자는 그 원자 내부의 전자밀도분포 $\rho(r)$와 다음과 같은 관계를 갖는다.

$$f(k) = 4\pi\int_0^\infty \rho(r)\frac{\sin kr}{kr}r^2dr; \quad k = \frac{4\pi}{\lambda}\sin\theta \tag{9.7}$$

이 f의 값은 진행 방향으로 최대가 되며, 전방 방향으로부터 멀어질수록 작아진다. 반사의 세기를 세밀하게 분석하려면 이 각도 의존을 고려에 넣어야 한다. 여기에서 진행 방향($\theta=0$)으로는 f가 원자 내부의 전자수와 같다.

증 명 $\theta \to 0$이 됨에 따라 $k \to 0$이 된다. 우선 $\sin x = x - \frac{1}{6}x^3 + \cdots$이 되므로 다음 관계가 성립한다는 것을 주목해야 한다.

$$\lim_{x\to 0}\frac{\sin x}{x} = \lim_{x\to 0}\frac{x-\frac{1}{6}x^3+\cdots}{x} = \lim_{x\to 0}\left(1-\frac{1}{6}x^2+\cdots\right) = 1$$

따라서 전방산란의 경우에는 $(\sin kr)/kr$이 1이 되며, 다음 관계가 성립한다.

$$f = 4\pi\int_0^\infty \rho(r)r^2dr$$

전자밀도 ρ(미소한 영역 속에 들어있는 전자 수를 그 영역의 부피로 나눈값)에다 부피요소 $4\pi r^2 dr$을 곱해서 적분하면 원자 속에 들어있는 전체 전자수 N_e가 나온다(참고 4. 3 참조). 따라서 전방 방향에서는 $f = N_e$이다. 예로서 Na^+, K^+ 및 Cl^-의 산란인자는 각각 10, 18 및 18이다.

비-전방 방향의 경우에는 $\theta > 0$이 되어 $(\sin kr)/kr < 1$이 되며, 따라서 적분은 위에서 계산한 값보다 작아진다. ■

한편 회절계로부터 얻은 데이터를 결정의 구조와 어떻게 관련시키느냐라는 것이다. 이것은 Bragg의 법칙만 가지고 풀 수 없는 문제이다.

한 단위 세포속에 산란인자가 f_j이고 좌표가 $(x_j a,\ y_j b,\ z_j c)$인 여러 원자들이 들어 있다면, (hkl)면에 의해서 회절되는 파의 총체적 세기가 아래 증명에서 보이는 바와 같이 다음식으로 주어진다.

$$F_{hkl} = \sum_j f_j e^{i\phi_{hkl}(j)}, \quad \text{여기서} \ \phi_{hkl}(j) = 2\pi(hx_j + ky_j + lz_j);\ i = \sqrt{-1} \tag{9. 8}$$

여기서의 덧셈은 단위세포속에 들어있는 모든 원자들에 관해서 합해주어야 한다. F_{hkl}을 '구조인자(structual factor)'라고 부른다. 위 식 중의 $\phi_{hkl}(j)$는 각도 위상차항으로서, 부록 9. 1에 의하면 $hx_j + ky_j + lz_j = \boldsymbol{H} \cdot \boldsymbol{r}_j$(즉 $\boldsymbol{H}$와 $\boldsymbol{r}_j$의 내적)이다. 여기서 $\boldsymbol{H} = h\boldsymbol{a}^* + k\boldsymbol{b}^* + l\boldsymbol{c}^*$[여기서 $\boldsymbol{a}^*$, $\boldsymbol{b}^*$, $\boldsymbol{c}^*$는 실공간(기준)벡터 $\boldsymbol{a}$, $\boldsymbol{b}$, $\boldsymbol{c}$에 대응하는 역격자벡터]이고, $\boldsymbol{r}_j = x_j\boldsymbol{a} + y_j\boldsymbol{b} + z_j\boldsymbol{c}$이다.

식 (9. 8)에서 구조인자 F_{hkl}이 구해진다면, (hkl)면으로 주어지는 (보강)회절각도방향으로의 복사선의 세기는 그 진폭의 제곱에 비례하므로 아래가 성립된다.

$$I_{hkl} \propto F^*_{hkl} F_{hkl} \tag{9. 9}$$

여기서 F^*_{hkl}는 F_{hkl}의 복소공액(complex conjugate)을 의미한다. 즉 (hkl)반사의 세기는 $|F_{hkl}|^2$에 비례하며, 따라서 이론상으로 해당하는 세기들의 제곱근을 취함으로써 실험적으로 구조인자를 결정할 수 있다. 그리하여 모든 구조인자 F_{hkl}을 알 수 있다면 다음식을 이용하여 단위세포 속의 전자밀도 $\rho(\boldsymbol{r})$을 구할 수 있을 것이다.

$$\rho(\boldsymbol{r}) = \frac{1}{V}\sum_{hkl} F_{hkl} e^{-2\pi i(hx + ky + lz)} \tag{9. 10}$$

여기에서 V는 단위세포의 부피이다. 위 식을 전자 밀도에 관한 (역)Fourier합성이라고 부른다.

여기서 X-선 회절 실험에 있어서 한 가지 문제점을 지적하고자 한다. 즉 식 (9. 9)에서 측정된 산란의 세기 I_{hkl}이 $|F_{hkl}|^2$에 비례하므로, 이로부터 F_{hkl}을 구해 식 (9. 10)에 대입하기 위해서는

$+|F_{hkl}|$을 써야할지 아니면 $-|F_{hkl}|$을 써야할지 알 수 없다는 것이다. 그 이유는 F_{hkl}을 복소함수 $|F_{hkl}|e^{i\alpha}$로 나타낼 경우(α는 F_{hkl}의 위상이고 $|F_{hkl}|$는 그 실크기이다)에 $|F_{hkl}|$은 반사 세기로부터 구할 수 있지만, 그 위상에 관해서는 아무것도 알 수 없으며 0부터 2π 사이의 어떤 값을 써야하는지 알 수 없기 때문이다. 이러한 애매성이 바로 위상문제이며, 만약 위상을 모르면 X-선 회절실험에서 $\rho(\boldsymbol{r})$을 구할 수 없게 된다. 위상문제를 해결하기 위하여 여러 방법, 가령 단위세포 속에 비교적 적은 수의 원자가 들어있는 무기물질과 소수의 무거운 원자가 들어있는 유기물질에 널리 쓰이고 있는 Patterson 합성법 등이 있으나, 여기에서는 지면 관계상 더 이상 다루지 않겠다.

9. 3. 1. 3 배향시료에 대한 섬유패턴(fiber pattern) 구조해석법

준정형 고분자시료에 대한 광학 X-선 회절(WAXD) 실험이며, Bragg 회절공식 (9. 6)에 의한 강도 I_θ 대 2θ(회절각) 플롯의 (적도)반사 프로필(문제 9. 2 참조) 대신 원통 카메라에 의한 광각 X-선 산란실험에 의한 파우더 링(powder ring)구조는 대표적으로 그림 9. 8에 나타내었다.

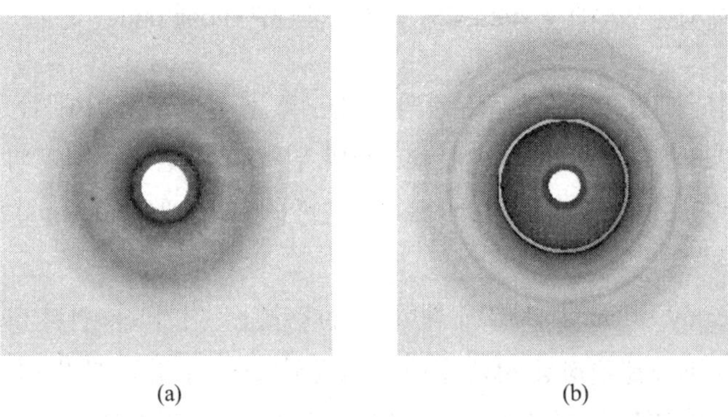

(a) (b)

▶ **그림 9. 8** (a) 뿌연 달무리(diffuse halo)링을 나타내는 비정 at-PS 및 (b) 샤프(sharp)한 파우더(powder)링을 나타내는 고결정성 PE 시료에 대한 광각 X-선 회절(WAXD) 실험.

그림 9. 8 (a)에서는 규칙도가 없는(disordered) 액체에 관측되는 것 같은 'Debye 링'이라고 불리는 뿌연 달무리(dilute halo)링 구조를 나타내는데 이는 at-PS 시료 내에 오직 단거리 질서(short-range order)만 존재하고, 장거리 질서 즉 결정성(crystallinity)은 없다는 것을 의미한다. 반면 그림 (b)에서는 금속과 같은 비고분자 결정성물질에 관측되는 것 같은 샤프(sharp)한 '파우더 링(powder ring)'구조를 나타내므로, 측정 PE 시료 내에 장거리 질서 혹은 높은 결정성의 존재를 의미한다.

그러나 고분자 결정성 시료의 경우에는 크고 꽤 완전한 단결정(perfect single crystals)이 얻어질 수 있는 저분자 시료와는 달리 WAXD에 의한 결정구조 해석에 어려움이 따르는데 이는 고분자 내에 존재하는 미결정(crystallites)들의 많은 부분이 비정상의 기지(amorphous matrix) 속에 묻혀 있기 때문이다. 그래서 이 문제를 해결하기 위한 가장 간단한 방법으로서는 고분자 내에 있는 각 미결정의 'c-축(axis)'이라고 불리우는 사슬축(chain axis)이 1축연신(uniaxial drawing)에 의하여 소위 '섬유축(fiber axis)'방향으로 정렬(aligned) 혹은 배향(oriented)이 되게 하는 것이다[단 이때 다른 두 축의 c축 주위로의 우선적인 배향(preferred orientation)은 없다]. 즉 배향된 결정시료에 대한 WAXD의 소위 '섬유패턴(fiber pattern)'이 얻어지는 것이다(그림 9. 9 참조).

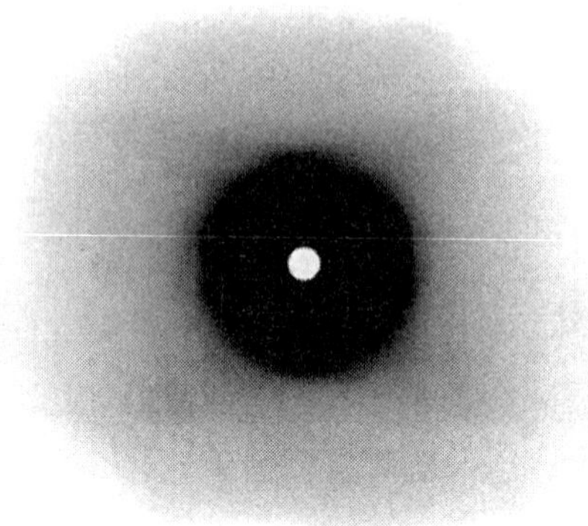

▶ **그림 9. 9** 109℃에서 약 5배의 연신비(draw ratio)로 1축배향시킨 신디오탁틱 폴리프로필렌 (syn-PP)에 대한 WAXD 실험으로부터 얻어진 섬유패턴(fiber pattern).

이렇게 얻어진 섬유패턴으로부터 고분자의 결정구조를 결정하기 위해서는 패턴 내 모든 X-선 회절점의 위치와 강도를 결정해야 되는데, 회절점의 위치로부터는 단위세포의 모양이나 크기에 관한 정보를 얻을 수 있으며, 또한 회절강도로부터 단위세포의 내용(contents)에 관한 정보를 얻을 수 있다.

고도로 배향된(highly oriented) 시료에 대한 섬유패턴을 논하기 전, 먼저 그림 9. 8 (b)에 주어진 랜덤하게(randomly) 배향된 결정성 시료에 대해 생각해보자. 이 경우 분자 내 존재하는 모든 (hkl) 결정면에 대해 각 미결정들은 입사 X-선과 결정면이 Bragg 회절공식 (9. 6)을 만족하도록 배향될 것이다. 따라서 이렇게 배향된 평면에 대한 (수직)법선들도 입사 X-선 빔 방향으로 랜덤하게 분포되어 각도 2θ로의 산란은 입사 X-선과 수직인 평면을 교차하는 산란 X-선의 원추(cone)를 형성할 것이다(그림 9. 10 참조)

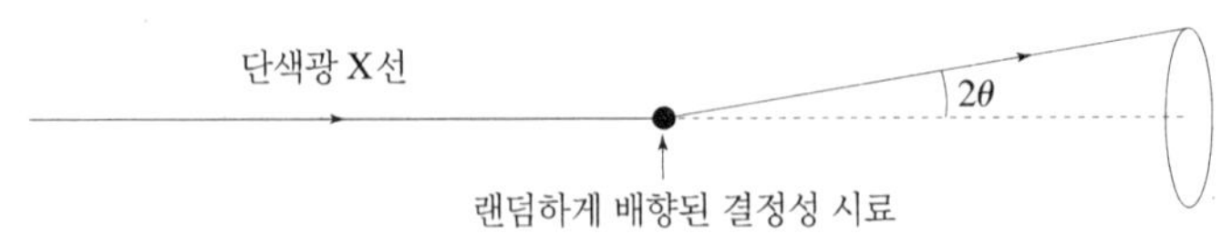

▶ **그림 9. 10** 랜덤하게 배향된 결정성시료에 대한 파우더링(powder 링)의 형성.

이것이 그림에 나타낸 '파우더링(powder ring)'구조의 기원이다. 여기서 Bragg 산란(회절)각 2θ는 쉽게 측정되므로, 모든 결정면의 면간격 d를 알 수 있다. 여기서 만약 랜덤하게 배향된 결정성 시료를 고분자 단결정(single crystal)으로 대체한다면 어떤 결정면도 Bragg 회절공식을 만족하도록 배향이 불가능할 것이므로 이 경우 회절피크는 관측될 수 없을 것이다.

반면 많은 수의 미결정(crystallites)으로 이루어진 고도로 배향된 결정성 고분자 시료의 경우(그림 9. 9 참조)에는 모든 미결정들은 섬유축(혹은 c-축)이라 불리는 한 개의 특수한 결정방향으로 배향이 되고 나머지 방향들은 이 섬유축 방향 주위로 랜덤하게 배향될 것이다. 이때 일축방향으로 배향된 (섬유패턴)시료의 축은 입사 X-선 빔과 수직이라고 가정하면, 이는 같은 고분자로서 섬유축과 나란한 사슬(c-)축을 가진 고분자 단결정(single crystal)이 X-선에 노출되어 있는 동안 c-축 주위로 연속적으로 회전하여 얻어지는 X-선 패턴과 거의 동일할 것이다.

이와 같은 배경 하에, 고도로 배향된 이상적인(섬유)시료의 경우에는 결정계에 포함된 모든 미결정들의 분자(c-)축이 섬유(연신)축과 나란할 것이다. 그림 9. 11에 섬유축(fiber axis)을 따라 거리 c만큼 떨어진 일련의 단위세포로부터의 산란을 나타낸다.

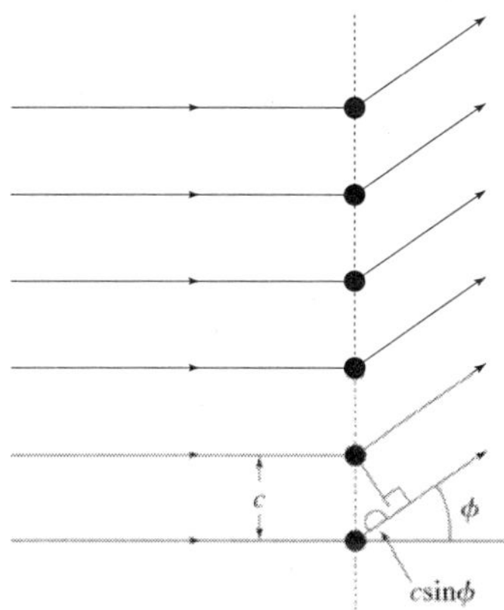

▶ **그림 9. 11** 섬유축에 나란한 일련의 단위세포로부터의 산란. c: 단위세포의 c축 길이; ϕ: 회절(방위)각; $c\sin\phi(= l\lambda)$: 건설적 간섭에 대한 위상차; ●: 단위세포

그림에 나타낸 바와 같이 강한 회전 즉 건설적(보강) 간섭은 회절(방위)각이 아래식으로 반복될 경우에만 관측된다.

$$c\sin\phi = l\lambda \quad (l,\ \text{정수}) \tag{9.11}$$

여기서 λ는 X-선의 파장, l은 단위세포의 c-축을 따라 거리 c 떨어진 인접한 단위세포들에 의한 건설적 간섭 즉 위상차 $l\lambda = c\sin\phi$를 만족하는 정수, ϕ는 이때의 산란(방위)각도이다. 그런데 거의 c 떨어진 일련의 단위세포들은 그림 9. 11에서 반각(semi-angle)인 $\pi/2-\phi$의 수직 원추(vertical cone)상의 어떠한 방향으로도 산란을 할 것이다. 만약 이들이 원통형 필름으로 둘러싸여져 있다면 그 원추는 수평 원에서 필름을 교차할 것이다. 이 교차선(intersection)이 'l층선(lth layer linc)'에 해당된다. 입사 X-선 빔에 수식인 편평한(flat) 필름의 경우에는 층선은 쌍곡선(hyperbolae) 형태를 취할 것이고, 만약 원통형 필름의 경우에는 교차선은 이미 원이 아니고, 수평방향으로 편평하게 될 것이다. 이때 원통형 X-선 카메라에서 Bragg 각도 2θ로 산란하는 경우 자오선(meridional) 방향으로의 관측된 반경에 대한 적도(equatorial)방향으로의 관측된 반경의 비는 아래식으로 주어진다(그림 9. 12 참조).

$$\frac{\text{적도방향 반경}}{\text{자오선방향 반경}} = \frac{2R\theta}{R\tan(2\theta)} = \frac{2\theta}{\tan(2\theta)} \tag{9. 12}$$

증 명 아래 그림에서 원의 반경 R은 원통형 카메라의 단면적, O는 고분자시료의 위치, OC는 입사 X-선 빔의 방향이다. 그리고 OP는 산란각 θ를 가진 Bragg 산란(회절)에 관한 적도점의 방향으로서 호 CP의 길이가 적도반경에 해당된다. 또한 길이 CP'는 섬유패턴의 자오선 반경에 해당된다. 따라서 주어진 Bragg 각도에서 자오선방향 반경에 대한 적도방향의 반경비는 그림에서 아래가 된다.

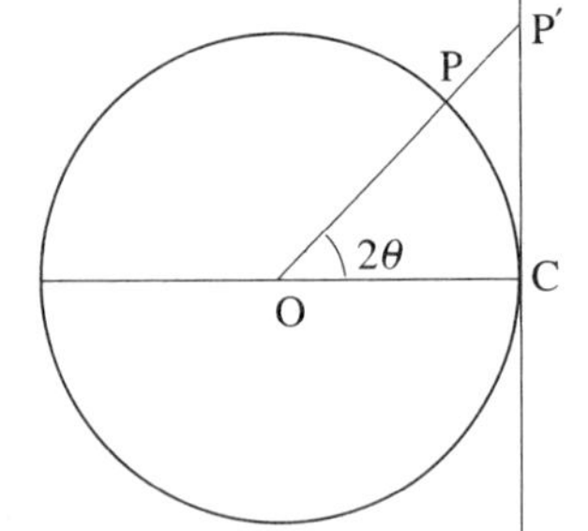

$$\frac{\text{적도방향 반경}}{\text{자오선방향 반경}} = \frac{\overset{\frown}{CP}}{CP'} = \frac{R \cdot 2\theta}{R\tan(2\theta)} = \frac{2\theta}{\tan(2\theta)} \quad ■$$

그런데 한 개의 층선(layer line)상의 모든 점에서 강한 산란이 관측되지 않는 이유는 식 (9. 11)는 Miller 지수 h, k, l을 가진 단위세포에 대하여 거리 a(또는 b 또는 c)떨어진 인접 세포로부터 건설적 간섭(강한 회절)을 일으키기 위한 3조건 중 오직 한 개에 불과하기 때문이다. 관측된 섬유패턴에 있어서 각 파우더 링(powder ring)은 선택된 Miller 지수 h, k, l의 세트(set)에 대응하며, 따라서 필름상의 강한 회절 점(spot)은 l층선이 마치 같은 l값에 대응하는 파우더 원(circle)이 관측될 것 같은 위치를 교차하는 장소에서만 관측될 것이다(그림 9. 12 참조).

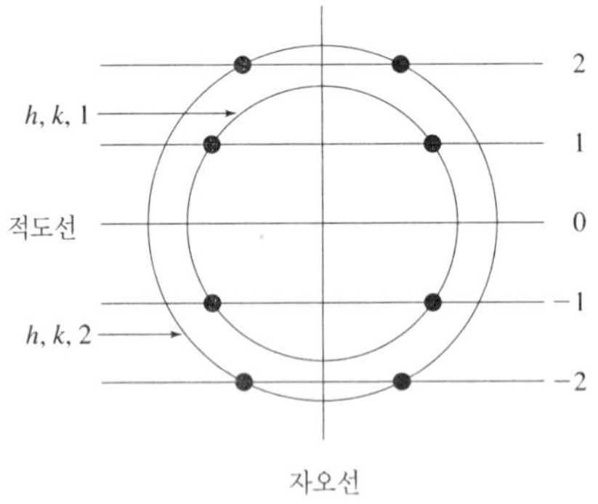

▶ **그림 9. 12** WAXD의 섬유패턴에서 층선(layer lines), 파우더 링(powder rings), 회절점(diffraction spots) 사이의 관계를 보여주는 모식도. 단순을 위해 층선은 직선으로, 파우더 링은 원으로 나타내었다.

그림에서 원으로 나타낸 각 파우더 링과 직선으로 나타낸 한 쌍의 층선[즉 적도선의 위(l)와 아래$(-l)$의 두 직선]은 주어진 (hkl)면으로부터 비롯된 4개의 회절점을 일으킨다. 그림에서 보는 바와 같이 h, k값은 다르나 같은 l값을 가진 회절점(원)이 각 층선($l=1, 2\cdots$)에 나타내져 있다. 여기서 $l=0$에 해당하는 층선은 '적도선(equator)'이라고 하며, 이것에 수직이며 입사 X-선 빔이 필름을 때리는 점을 통과하는 선을 '자오선(meridian)'이라고 한다. 이 절에서 논의된 사항의 이해를 돕기 위해 아래에 예제 문제 2개를 싣는다.

예제 9.4

배향된 결정시료에 대해 원통형 X-선 카메라를 이용한 WAXD 실험에서 얻어진 섬유패턴에 있어서, X-선 파장 $\lambda=0.154\ \mathrm{nm}$, 카메라 반경 $R=5.00\ \mathrm{cm}$이고, 1층선[즉 식 (9.11)에서 $l=1$]이 관측된 거리는 적도선($l=0$)의 아래, 위로 $3.80\ \mathrm{cm}$(그림 9.12 참조)이라면 이를 이용하여 이 시료의 단위세포의 c축의 길이를 구하라.

$l=1$ 1차층선에 있어서 식 (9.11)로 정의된 회절(방위)각 ϕ는 아래로 정의된다[식 (9.12)의 증명 그림 참조].

$$\tan\phi=\frac{y}{R} \tag{9.13}$$

여기서 R는 카메라 반경, y는 그림 9.12의 적도선과 $l=1$(혹은 -1)층선 사이의 거리로서 식 (9.12)의 증명 그림의 CP' 길이에 해당된다. 따라서 단위세포 c축의 $l=1$인 경우 식 (9.11)과 (9.13)에서 아래가 된다.

$$c=\lambda l/\sin\phi=\lambda l/\sin\left[\tan^{-1}\left(\frac{y}{R}\right)\right] \tag{9.14}$$

여기서 $l=1$, $\lambda=0.154\ \mathrm{nm}$, $R=5.00\ \mathrm{cm}$, $y=3.80\ \mathrm{cm}$를 대입하면 $c=0.255\ \mathrm{nm}$를 얻는다.

예제 9.5

아래 그림은 사방정계(orthorhombic) PE의 일축배향시료에 대해 측정한 (a) WAXD 섬유패턴(원통카메라, 반경 $35.0\ \mathrm{mm}$) 및 (b) WAXD 적도 반사 프로필이다. 입사 X-선 빔의 파장은 $0.15418\ \mathrm{nm}(\mathrm{CuK}\alpha)$이다.

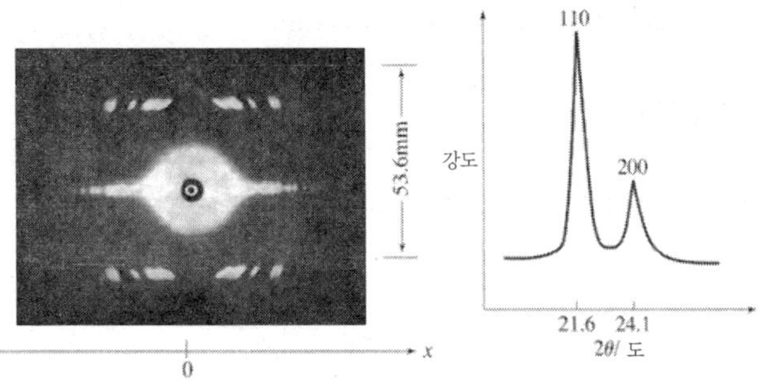

이때 1) 위의 데이터로부터 PE 단위세포의 격자상수 a, b, c값을 구하라.

2) 섬유패턴 (a)에 있어서 반사점 200, 310에 예상되는 x좌표를 구하라.

위 (a), (b) 데이터를 토대로 아래에 보조그림을 나타낸다.

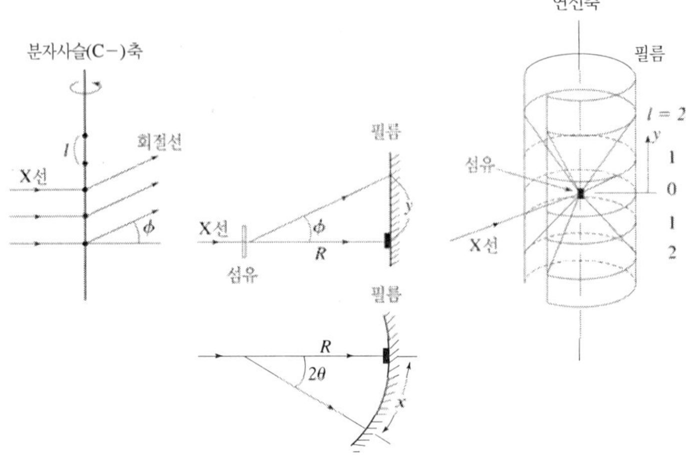

1) 위 그림 (a) 및 보조그림(위에서 2번째)에서 $y = 53.6/2 = 26.8\ \text{mm}$, $R = 35.0\ \text{mm}$이므로

$$\tan\phi = \frac{y}{R} = \frac{26.8}{35.0} = 0.7657,\ \sin\phi = \sin\left[\tan^{-1}\left(\frac{y}{R}\right)\right] = \sin(0.6535) = 0.6080$$

(단 위식에서 R은 카메라 반경, y는 그림 9. 12에서 적도선과 $l=1$ 1층선 사이의 거리임.)

따라서 식 (9. 11)에 $l=1$, $\lambda = 0.15418\ \text{nm}$, $\sin\phi = 0.6080$을 대입하면 아래가 된다.

$$c = \frac{l\lambda}{\sin\phi} = \frac{1 \times 0.15418}{0.6080} = 0.254\ \text{nm}$$

단 사방정계에서 c축과 연신(섬유)축은 평행하다. 한편 그림 (b) 및 Bragg 회절공식 (9. 6)에서 아래가 성립된다.

200 반사: $2\theta = 24.1°$, $d_{200} = 0.369\ \text{nm}$

110 반사 $2\theta = 21.6°$, $d_{110} = 0.411\ \text{nm}$

아래 그림의 관계로부터

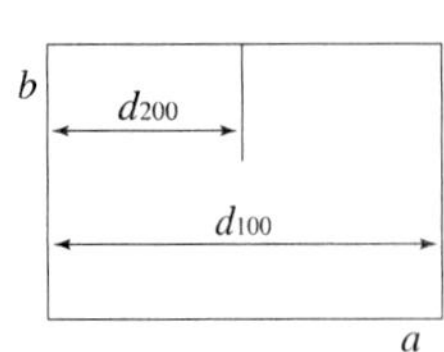

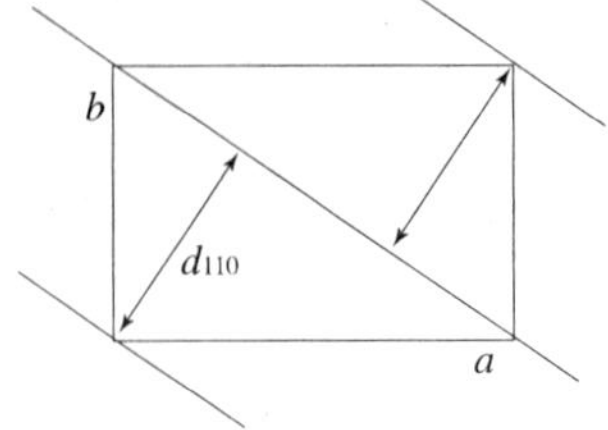

$a = 2d_{200} = 2 \times 0.369 = 0.738 \text{ nm}$

$$\frac{1}{d_{110}^2} = \frac{1}{a^2} + \frac{1}{b^2} \quad \therefore b = 0.495 \text{ nm}$$

따라서 $a = 0.738 \text{ nm}$, $b = 0.495 \text{ nm}$, $c = 0.254 \text{ nm}$.

2) 보조그림(아래)에서 아래 관계가 성립된다[∵ s(호의 길이) = r(반경)×θ(중심각, rad)].

$$x = 2\theta \cdot R \qquad \text{(a)}$$

그런데 그림 (b)에서 200 반사의 경우 $2\theta = 24.1° = 0.421 \text{ rad}$

$$\therefore x_{200} = 2\theta \times R = 0.421 \times 35.0 = 14.7 \text{ mm}$$

그리고 310 반사의 경우 a축을 $\frac{a}{3}$, b축을 b, c축과는 평행(안 만남)이므로 아래의 그림으로 나타낼 수 있다. 따라서 오른편 그림에 아래가 성립된다(단 직각 삼각형에 대한 피타고라스 정리 적용).

$$\left(\frac{3}{a}\right)^2 + \left(\frac{1}{b}\right)^2 = \left(\frac{1}{d_{310}}\right)^2 \qquad \text{(b)}$$

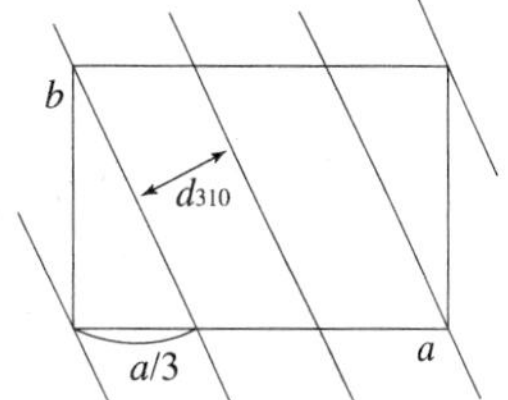

여기에 문1)의 결과인 $a = 0.738 \text{nm}$, $b = 0.495 \text{ nm}$를 대입하면 $d_{310} = 0.220 \text{ nm}$가 된다.

이에 Bragg 회절공식에서 $\theta_{310} = \sin^{-1}(\lambda/2d_{310}) = 0.358 \text{ rad} = 20.51°$ 따라서 위 식 (a)에서 310 반사에 대한 x좌표는,

$$x_{310} = 2\theta_{310} \times R = 2 \times 0.358 \times 35.0 = 25.1 \text{ mm}$$

[비고: 문제 1)에서 구한 PE의 c축의 길이 $c = 0.254 \text{ nm}$는 1축신장 PE 시료의 경우 아래의 펼쳐진 (extended) 형태를 취할 것이다. 여기서 PE의 반복단위는 $-(-C_2H_4)_n-$ 로 나타낸 바와 같이 2개의 C-C 결합이 있으므로 한 개의 반복단위의 l는 $2 \times 0.154 \times \sin(109.5°/2) = 0.252 \text{ nm}$가 되어 문제 1)에서 구한 c축의 길이와 일치함을 알 수 있다.]

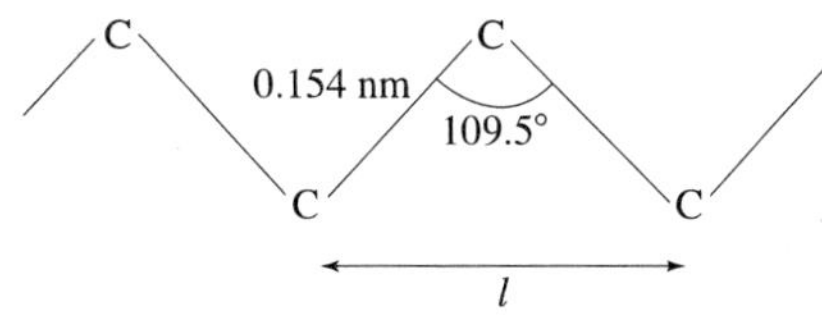

9. 3. 2 전자 및 중성자 회절

X-선 빔이 파동(wave) 입자(particle)의 이중성격(dual property)인 것과 마찬가지로 한줄기(a stream)의 입자(혹은 광양자, photon)는 파동운동에 특수한 어떤 특성이 있다. 그러한 한 줄기의 입자는 산란중심체의 주기적인 배열에서 회절을 일으킬 수 있다.

만약 한 줄기의 입자가 파동운동과 같이 거동한다면, 이것은 운동을 수반하는 하나의 파장이 있어야 한다. 파동역학에 대한 de Broglie 법칙에 의하면 파장 λ는 아래와 같이 주어진다.

$$\lambda = \frac{h}{p} = \frac{h}{mv} \tag{9.15}$$

여기서 $p = mv$는 운동량, m 및 v는 입자의 질량 및 속도, h는 Plank 상수이다. 만일 한 줄기의 입자가 적당한 조건에서 결정을 향해 간다면 회절은 X-선의 경우처럼 Bragg 법칙에 따라서 일어날 것이고, 따라서 그 회절방향을 예측할 수 있고 또한 파장도 식 (9. 15)로부터 계산할 수 있다. 결정 구조해석에 있어서 X-선, 전자(electron) 및 중성자(neutron) 회절 사이의 차이는 이 3가지 기법이 서로 보완하면서도 각 기법은 다른 기법이 줄 수 없는 특별한 유형의 정보를 준다(6. 3. 6절 참조).

9. 3. 2. 1 전자 회절(electron diffraction)

한 줄기의 빠른 전자는 X-선과 같은 원리에서 작동하는 관에서 얻을 수 있다. 전자에 수반하는 파장은 아래와 같이 응용전압(applied voltage) V에 의존한다. 즉 가해진 전압으로 가속된 전자빔의 운동에너지 E_k는 아래식으로 주어진다.

$$E_k = \frac{1}{2} m_e v^2 = eV \tag{9.16}$$

여기서 m_e는 전자 1개의 질량, v는 가속된 전자빔의 속도, e는 전자 1개의 전하량이다. 따라서 식 (9. 15)에서 가속된 전자빔의 회절에 이용되는 파장 λ는 식 (9. 15)와 (9. 16)에서 아래로 나타내진다.

$$\lambda = \frac{h}{m_e v} = \frac{h}{\sqrt{2 m_e eV}} \tag{9.17}$$

만약 작동전압이 10^5 V이라면 식 (9. 17)에 아래의 상수를 대입하여 λ값을 구하면 아래와 같다.

$$h = 6.63 \times 10^{-34}\ \mathrm{J \cdot s};\ m_e = 9.11 \times 10^{-31}\ \mathrm{kg};\ e = 1.60 \times 10^{-19}\ \mathrm{C};\ 1\ \mathrm{CV} = 1\ \mathrm{J}$$

$\lambda = 3.88\ \mathrm{pm} \simeq 0.04\ \mathrm{Å}$가 되어 X-선의 파장 $\lambda \simeq 1.5\ \mathrm{Å}$보다 훨씬 짧다. 따라서 전자는 X-선에 비해 물질과 더 강하게 상호하면서, 훨씬 덜 투과하므로 표면 얇은 층을 연구하는데 적합하다. 또

한 전자회절의 강도는 X-선의 경우처럼 회절각 2θ가 커질수록 감소하지만 훨씬 더 빠르다. 이러한 상황이, 전자빔의 매우 짧은 파장과 결합하여, 회절무늬 전체를 2θ가 약 $\pm 4°$ 의 각도 범위에 국한하여 관측할 수 있다.

9. 3. 2. 2 중성자 회절(neutron diffraction)

원자로의 벽에 작은 구멍을 만들어서 중성자 빔을 얻을 수 있다. 그러한 빔에서 중성자는 운동에너지가 넓은 범위에 걸치지만 '단색' 빔, 즉 에너지가 단 하나의 중성자로 구성한 빔을 단결정에서 회절로 얻을 수 있고 이런 회절빔이 회절 실험에 쓰일 수 있다. 만일 E_k가 중성자의 운동에너지이며,

$$E_k = \frac{1}{2} m_n v^2 \tag{9. 18}$$

여기서 m_n은 중성자의 질량(1.68 × 10^{-27} kg)이고 v는 속도이다. 식 (9. 15)와 (9. 18)을 결합하면 아래와 같이 중성자 빔의 파장을 준다.

$$\lambda = \frac{h}{\sqrt{2m_k E_k}} \tag{9. 19}$$

원자로에서 나오는 중성자의 운동에너지는 열적 평형에서 기체 분자의 것과 아주 같은 방식으로 분포한다: 즉, 운동에너지는 Maxwell 분포 법칙을 따른다. 그러므로 소위 '열중성자(thermal neutron)'의 가장 많은 분율은 운동에너지가 kT와 같다. 여기서는 k는 Boltzmann 상수이고 T는 절대온도이다. 만일 이 분율을 단색화 결정으로 선택한다면, 식 (9. 19)에 $E_k \simeq kT$를 삽입하여

$$\lambda = \frac{h}{\sqrt{2m_k kT}} \tag{9. 20}$$

위 식에서 보통 온도 T는 300에서 400 K 정도 이므로, 이 값과 $m_n = 1.68 \times 10^{-27}$ kg, $k = 1.38 \times 10^{-23}$ J/K, $h = 6.63 \times 10^{-34}$ J · s을 식 (9. 20)에 대입하면 열중성자의 파장은 1 ~ 2 Å가 되어 X-선 파장과 거의 비슷하다. 일반적으로 회절실험은 중성자 회절기로 수행하고, 시편에서 회절하는 빔의 강도는 중성자에 최적화한 검출기로 측정한다.

X-선 및 전자회절에 대비한 몇 가지 차이점을 아래와 같다.

1. 중성자 빔은 매우 투과성이 있다. 1 cm 두께의 철판은 전자에 불투명하고, 1.5 Å X선에 대해서 실질적으로 불투명하지만, X선과 같은 θ에서 회절하는 1.5 Å 중성자의 35%를 통과시킨다.
2. 중성자의 산란의 강도는 산란 원자는 원자번호 Z에 따라 아주 불규칙하게 변한다. Z의 값이 거의 같은 원소가 중성자 산란능이 아주 다를 수 있고, Z의 값이 크게 다른 원소가 중성자를 똑같이 잘 산란할 수 있다. 더욱이 탄소와 같은 어떤 경원소가 텅스텐과 같은 어떤 중원소에 비해 더욱 강하게 중성자를 산란한다. 그 결과로 당연히 X선이나 전자의 회절로 불가능하거나

굉장히 난제인 구조해석을 중성자 회절로 수행할 수 있다.

3. 중성자는 자성 모멘트가 약간 있다. 만일 산란 원자도 순 자기 모멘트가 있다면, 그 두 개는 상호작용하고 산란 전체를 변경한다. 원자 모멘트의 배열(반강자성, 페리자성, 강자성)이 규칙적인 물질에서 중성자 회절은 모멘트의 크기와 방향을 둘 다 보여줄 수 있다. 중성자 회절만이 그러한 정보를 제공할 수 있고 자성 구조의 연구에 중요한 영향을 미친다.

9. 3. 2. 3 적외선(IR) 및 Raman 분광분석

Tadokoro는 적외선 분광분석으로부터 결정에 관해 얻을 수 있는 정보를 다음과 같이 요약하였다.

1. 반결정성 고분자는 결정과 관련된 흡수띠를 가지며, 이 띠의 강도는 결정화도에 따라 바뀌므로 결정화도의 척도로 사용할 수 있다.
2. 배향된 반결정성 고분자에 적외선을 사용하여 분자와 결정구조에 관한 정보를 얻을 수 있다. 이때 일축연신되거나 이축연신된 시료를 사용한다.
3. 결정영역에서 분자의 규칙적인 배열은 사슬이나 결정의 대칭성을 이용하여 이론적으로 다룰 수 있는데, 컴퓨터를 이용하여 결정성 고분자의 행렬의 대각화에 기초를 둔 고유(정규)진동방식(normal mode of vibration)을 계산하여 이를 실험값과 비교해 볼 수 있다.
4. 특정한 기를 중수소로 치환시켜 특정기의 특정 흡수띠에 기여 정도를 알 수 있는데, 이는 각 흡수띠를 할당하거나 결정영역과 비결정영역에 기인하는 흡수띠를 찾아내는데 이용된다.

한편 IR 진동흡수에 대하여 거울 대칭적이면서 상호보완적인 Raman 반사 스펙트럼(3. 2. 2절 참조)에 대해서도 Tadokoro는 장점 및 특징을 다음과 같이 요약하였다.

1. Raman 스펙트럼과 적외선 스펙트럼의 선택규칙(selection rule)이 다르므로 Raman 스펙트럼의 자료는 적외선 스펙트럼의 자료를 보완해준다. 예를 들면, 가황고무의 S-S결합이나 C=C결합은 강한 Raman 스펙트럼을 가지거나 적외선 스펙트럼은 아주 약하거나 관찰되지 않는다.
2. 적외선 스펙트럼은 흡수 (투과)현상을 이용하는데 비해, Raman 스펙트럼 반사(산란)현상을 이용하므로 작은 고체나 불투명한 시료를 사용할 수도 있다.
3. Raman 스펙트럼에서 10 cm^{-1}보다 작은 저진동수에 해당하는 정보를 얻을 수 있는데, 이와 같은 저진동수에서는 격자진동(lattice vibration)에 관한 정보를 얻을 수 있다.
4. 배향된 시료에 대해 편극 실험을 할 수 있다. 물론 이와 같은 분석은 고분자 뿐만 아니라 저분자에 대해서도 널리 사용되고 있다. 왜냐하면, 고분자 한 방향으로 길다는 것을 제외하고는 저분자와 동일하기 때문이다.

9. 4 몇 가지 대표적 고분자의 결정구조

9. 4. 1 폴리에틸렌(PE)

PE는 $-(-C_2H_4)_n-$의 구조단위로부터 이루어지는 올레핀(olefin)계 고분자의 대표적인 고분자이다. 그러나 그 제조방법에 의하여 주쇄에 긴 분자가 포함되어 있거나, 짧은 측쇄가 있다. 1000~2000 기압의 고압력하에서 제조된 것을 고압법 PE이라고 부르며 긴 가지가 붙어 있어 결정화도가 낮고, 그 때문에 저밀도 PE(LDPE)라고 한다. 한편 Ziegler-Natta계 촉매를 이용하여 상압에서 중합하는 경우에는 규칙바른 구조를 갖는다(저압법 PE). 이것은 결정성이 높기 때문에 고밀도 PE(HDPE)이라고 한다. 그리고 긴 곁가지가 없고, 짧은 곁가지만이 선상 PE에 붙어 있어서 결정성을 낮추는 방법으로 만들어진 것을 LLDPE(linear low density PE)이라고 한다.

이처럼 PE에도 많은 종류가 있지만, 결정화가 가능한 구조는 에틸렌 단위가 규칙 바르게 연결되어 있는 부분에서 일어난다. 주결합의 내부회전을 생각하여도 PE는 각 결합이 트랜스(trans) 위치에 있을 경우에 가장 안정한 형태(conformation)가 된다. 이러한 형태는 전체적으로 평면을 이루기 때문에 '평면 지그재그(zigzag) 구조'라고 한다[지그재그 형태는 2중 스크류(2/1)축으로 간주될 수 있다]. 이처럼 분자쇄가 van der Waals 힘에 의해 에너지면에서 가장 낮은 안정한 형태가 되도록 패킹(packing)되어 결정을 이룬다. 그림 9. 13에 PE 결정의 결정구조를 나타내었다. 결정구조는 사방정계(orthorhombic system)이며, 격자상수는 $a = 7.40$ Å, $b = 4.93$ Å, $c = 2.534$ Å 이다(예제 9. 5 참조). 주쇄의 방향은 c축 방향이다. 이것을 섬유축(fiber axis)이라고 한다. 그림에서 보듯이 이 격자 중에는 반복단위가 2개 포함되어 있다. 격자상수의 값을 이용하여 (100%)결정의 이론밀도 (ρ_c)를 계산하여 보면

$$\rho_c = \frac{2M_m}{N_A abc} = 1.008\ \mathrm{gcm}^{-3} \tag{9. 21}$$

여기서 M_m은 반복단위의 분자량(즉 $M_m = 28$ g/mol), N_A는 아보가드로수이다.

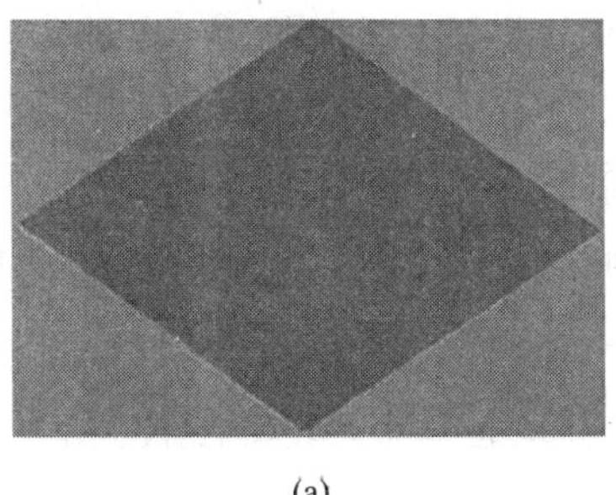

(a)

(b)

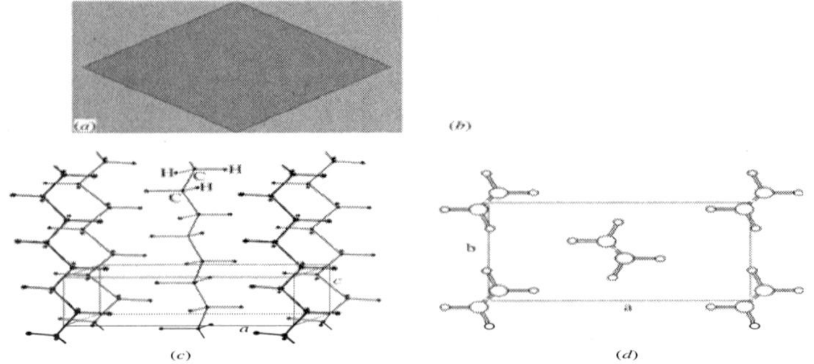

▶ **그림 9. 13** PE 단결정(single crystal) 구조 연구. (a) 전자현미경으로 관찰된 크실렌(xylene) 용액으로부터 침전된 PE 단결정. (b) 앞과 동일한 시료에 대한 전자회절 관측. (c) PE 단위세포의 투시도. (d) 사슬(c-)축을 따른 관찰.

예상대로 PE 단결정의 단위격자의 크기는 분자량이 300~600 g/mol범위의 n-파라핀의 크기와 거의 동일하다.

또한 그림 9. 13(b)의 PE 단결정에 대한 전자회절패턴은 사슬($c-$)축을 따라서 관측된 것이다. 그리고 그림 (a)에서 단결정은 전형적인 다이아몬드형을 취하고 있음을 알 수 있다. 또한 그림 (d)의 단위세포는 다이아몬드에 수직인 $c-$축으로부터 관측된 것이다.

9. 4. 2 기타 폴리올레핀 고분자

결정성 고분자가 되기 위한 고분자 사슬을 따른 규칙성(regularity)에 대한 요구조건 때문에, 오직 이소탁틱이나 신디오탁틱같은 입체규칙성을 가진 비닐계 고분자만이 결정화 할 수 있다. 가령 it-PP는 비교적 쉽게 결정화할 수 있으나, at-PP는 본질적으로 비정형이다.

사슬의 펼쳐진(extended) 구조를 나사축(screw axis)으로 생각하는 경우 사슬은 $n/p-$중(fold)의 나선(helix) 구조로 나타낼 수 있다. 여기서 n은 동일한 주기(identity period)내 반복단위의 수이고, p는 피치(pitch)의 수(즉 회전수)로 모두 유리수로 표기한다. 이소탁틱한 고분자에서 몇 가지 가능한 나선구조를 그림 9. 14에 나타내었는데, Ⅰ군은 세 단량체마다 일회전하므로 $n=3$, $p=1$이고, Ⅱ군은 2회전에 일곱 개의 단량체가 놓이므로 $n=7$, $p=2$이고, Ⅲ군은 1회전에 네 개의 단량체가 놓인다(즉 $n=4$, $p=1$).

이중에 특히 Ⅰ군에 속하는 이소탁틱 폴리플로필렌(it-PP)는 주쇄의 형태가 트랜스(trans)가 되면 인접하는 측쇄(-CH_3)의 수소들이 가깝게 근접하게 되어, 그 결과 높은 에너지 상태로 되는 펜탄(pentane)효과가 나타낸다. 따라서 트랜스(trans)와 고쉬(gauche)가 번갈아 나타나는 TGTGTG[=$(TG)_3$]의 형태를 가지며 3개의 반복단위로 분자쇄가 1 회전하는 나선구조를 갖는다.

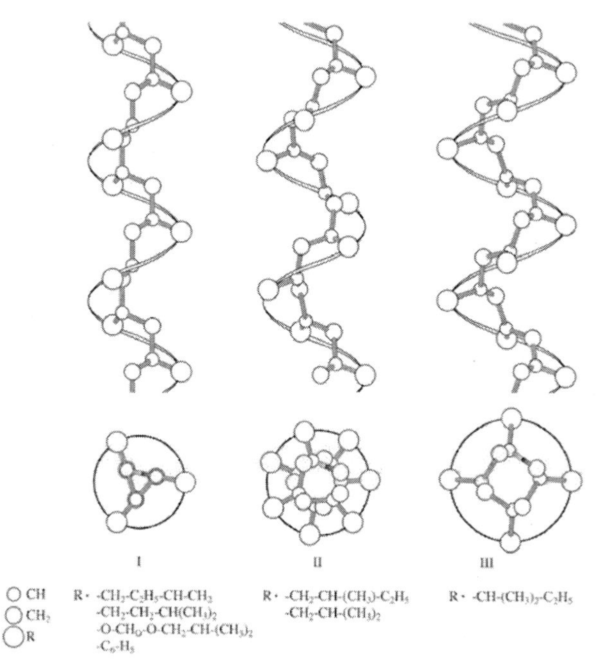

▶ 그림 9. 14 여러 가지 측쇄치환기에서 가능한 이소탁틱사슬의 나선 구조.

이것을 보통 3/1 또는 3_1으로 표현한다. it-PP는 결정화조건에 따라 α형(단사정), β형(6방정), γ형(3사정)의 3개의 결정이 존재한다. α형 결정은 보통 결정화시키는 경우에 얻어지는 제일 안정된 형이고, γ형 결정은 고압하에서 결정화한 경우에 얻어진다. 또 분자쇄는 거의 평면구조에 가까운 구조를 하고 있다. α형 결정은 단사정계(monoclinic)로 $a = 6.65\,Å$, $b = 20.96\,Å$, $c = 6.50\,Å$, $\beta = 99°20'$이다. c축의 섬유주기는 평면 지그재그쇄의 주기 $2.534\,Å$의 3배보다 약 $1.1\,Å$ 만큼 짧다. 따라서 PE의 지그재그형태 대신 나선구조이기 때문에 결정성분자축의 직경이 굵고 그 결과 a, b축이 증가하여, 결정밀도 $\rho_c = 0.936$으로 PE보다 낮다. 또한 측쇄 메틸기의 입체장애로 인하여 분자축 방향의 인장탄성계수(영률) E값도 PE에 비해 1/7정도 밖에 안된다.

한편 그림 9. 14에 나타낸 나선구조에 있어서 왼나사(left-handed)구조와 오른나사(right-handed) 구조 모두가 가능하다. 문제의 이소탁틱 탄화 수소계 고분자는 서로 마주보는 거울상 구조(enantiomorphic pair)가 함께 존재하며, 섬유축 방향으로 각 면이 나란히 놓이도록 배열시켜 촘촘하게 쌓인(closer packing) 구조를 얻을 수 있다. polybutene-1의 거울상 결정구조를 그림 9. 15에 나타내었는데, 서로 반대되는 나선구조를 갖는 사슬로부터 더 촘촘히 쌓인 구조를 얻을 수 있음을 볼 수 있다.

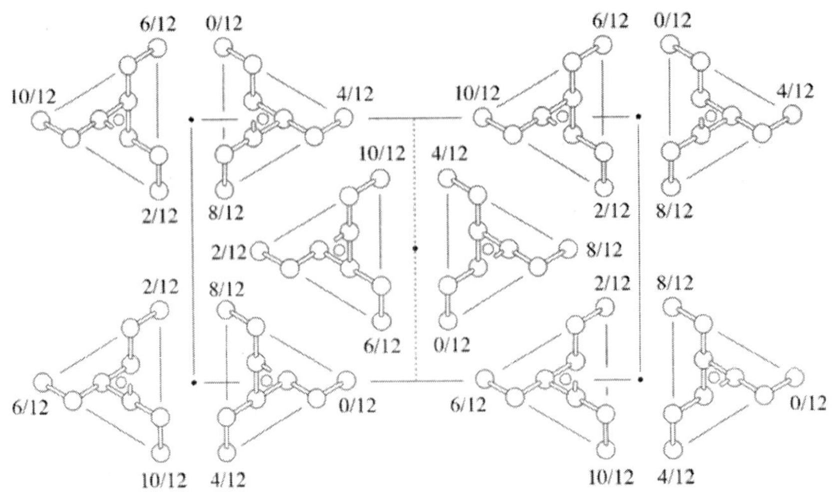

▶ **그림 9. 15** 폴리부텐(polybutene)-1의 결정에서 거울상구조를 이용하여 채우는 모양.

9. 4. 3 극성 고분자 및 수소결합

위에서 언급한 탄화수소 고분자는 비극성이므로 분자간 van der waals힘만이 작용하나, 고분자가 극성기(polar groups)를 가지거나 수소결합(hydrogen honding)을 할 수 있는 경우 에너지측면에서 유리한 결정형태를 취하게 된다. 그림 9. 16에 나일론 6,6의 미소결정에서 사슬의 배열을 플롯하였는데, 미소결정에서 수소결합에 의해 사슬은 완전히 펼쳐져 동일평면에서 지그재그구조를 하고 있음을 볼 수 있다.

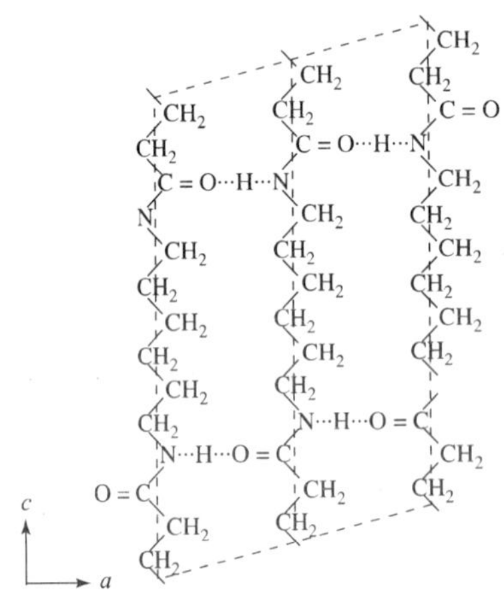

▶ **그림 9. 16** 나일론 66의 결정구조 및 분자쇄의 형태와 수소결합의 관계.

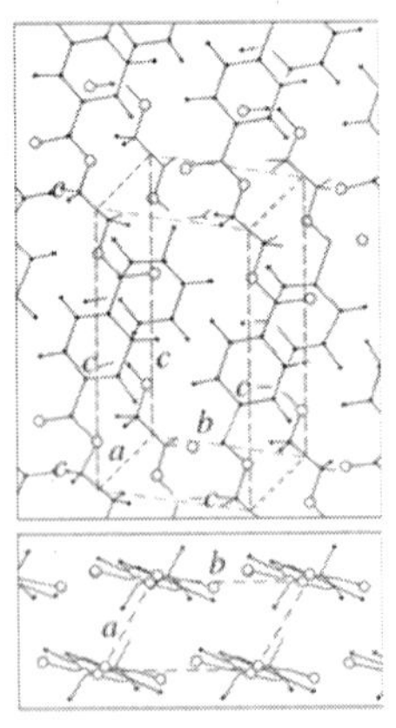

▶ **그림 9. 17** 폴리에틸렌테레프탈레이트(PET)의 **결정구조**.

X-선 분석에서 폴리에틸렌테레프탈레이트(PET)는 벤젠환끼리 적층이 되고자하는 상호작용 때문에 벤젠평면이 같은 방향으로 나열되어 있도록 배치된, 단위세포가 $a = 4.56$ Å, $b = 5.94$ Å, $c = 10.75$ Å이고, $\alpha = 98.5°$, $\beta = 118°$, $\gamma = 112°$인 삼사결정계를 가짐을 알 수 있다(그림 9. 17 참조). 폴리아미드와 방향족 폴리에스테르는 녹는점이 높은데 전자는 수소결합 때문이고, 후자는 사슬이 뻣뻣한 구조를 갖기 때문이며 이 두 종류의 고분자는 섬유로서 좋은 물성을 갖는다.

한편 극성의 크기가 비교적 작은 고분자인 폴리에틸렌옥사이드(PEO)는 $a = 8.05$ Å, $b = 13.04$ Å, $c = 19.48$ Å이고, $\beta = 125.4°$인 단위세포에 네 개의 나선형(7/2) 분자가 지나가는 구조를 가지며, 단위세포의 공간군(space group)은 $P2_1/a - C_{2h}$이다. 공간군은 Tadokoro에 논의 되었는데, 앞의 기호는 230개 공간군 중 한 개를 나타낸다[자세한 것은 결정관련 서적 참조요].

9. 4. 4 셀룰로스의 동질다형(polymorphic) 결정구조

구조가 $-\!\!\left[C_6H_{10}O_5 \right]_n\!\!-$인 천연고분자 셀룰로스(cellulose)는 공간군 $P2$에 속하는 단사정계(monoclinic) 단위세포를 갖고, b축이 섬유방향이며 한 개의 단위세포 내 4개의 글루코스 반복단위를 갖는다(문제 9. 1 참조).

표 9. 3과 그림 9. 18에 나타내었듯이, 결정성 셀룰로스에 대해 4개의 서로 다른 (동질)결정형태(polymorphic forms)가 존재한다. 셀룰로스 I은 나무나 솜(cotton)에서 발견되는 순수한 천연 셀룰로스이며, 셀룰로스 II는 셀룰로스 I을 강알칼리 용액이나 점성 매체에 용해시켜서 반응성이나 용해성을 증가시킨 것이다. 이렇게 재생된 셀룰로스 II는 섬유형태로는 레이온(rayon), 필름형태로는 셀로판(cellophane)으로 알려져 있다. 셀룰로스 III는 셀룰로스 I을 메틸아민으로 처리하여 만든 것이고, 셀룰로스 IV는 고온에서 알칼리나 글리세롤로 처리하여 만든 것이다.

이렇게 번형된 셀룰로스의 결정형태로부터 원래의 셀룰로스 I로 돌아가는 것은 쉽지는 않으나, 부분 가수분해에 의해 이루어질 수 있다.

표 9. 3 셀룰로스의 4 다른 결정형태의 단위세포의 크기

파라미터	셀룰로스 I	셀룰로스 II	셀룰로스 III	셀룰로스 IV 셀룰로스 x
a-축(Å)	8.35	8.02	7.74	8.12
b-축(Å)	10.30	10.30	10.30	10.30
c-축(Å)	7.90	9.03	9.96	7.99
β(도)	83.3	62.8	58	90
밀도 (g/cm^3)	1.625	1.62	1.61	1.61

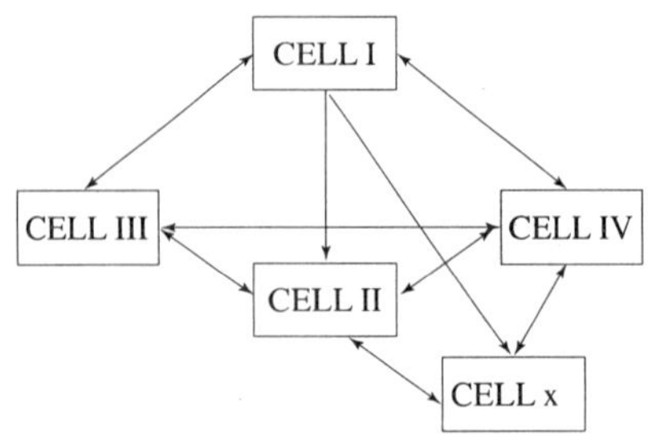

▶ **그림 9. 18** 셀룰로스의 4 다른 결정형태간의 변환경로 (비교적 덜 알려진 결정형태인 셀룰로스 x도 포함되어 있다).

9. 4. 5 고분자의 결정구조 결정을 위한 원리

9. 3절에서 언급한 X-선 분석, 적외선 분석, Raman 분석 등으로부터 결정성 고분자에 관한 많은 정보가 얻어졌으며, 최근에는 얻어진 정보들을 컴퓨터를 이용하여 분석하기도 한다. 이러한 분석의 절차는 대개 연구자가 직관에 의해 결정 모형을 제시하고 이 모형을 실험과 비교하여 좀더 정확한 구조를 밝히는 절차를 거친다. 즉 실험 결과가 바로 결정구조를 밝혀주는 것이 아니라 실험자의 상상력과 많은 노력의 결과 결정구조가 밝혀지는 것이다.

이러한 일련의 과정을 단순화하고 논리적으로 진행시키기 위해 Natta와 Corradini는 결정구조의 해석에 관한 몇 가지 기초조건을 제안하였으며, 이는 다음과 같다.

1. 동등조건(equivalence postulate): 결정에서 반복단위는 사슬의 축에 대해 기하학적으로 동등한 위치를 차지한다.
2. 최소 에너지조건(minimum energy postulate): 결정에서 사슬이 갖는 공간형태는 축방향으로 배향 독립된 사슬이 최소의 퍼텐셜에너지를 가질 때의 공간형태와 거의 동일하다.
3. 채움조건(packing postulate): 독립된 사슬의 대칭요소가 격자 속에서도 가능한 한 많이 유지되므로 사슬 방향으로 놓인 다른 반복단위에서의 동등한 원자들은 이웃 사슬의 원자들과 동등한 위치를 가지려고 한다.

동등조건은 사슬의 반복단위가 이웃하는 단위세포에서 동일한 구조를 반복하는 그림 9. 14와 그림 9. 16에서 볼 수 있다.

독립된 분자들과 이들로 구성된 단위세포에 대한 에너지 계산은 다음과 같은 의미를 갖는다: 1) 이미 실험적 사실로부터 대개 알려진 결정과 분자구조에 미치는 인자들을 명확하게 한다. ; 2) 각 반복단위의 화학구조로부터 가장 안정한 분자의 공간형태와 결정에서 이들을 채우는 방법을 예측할 수 있게 한다 ; 3) 정확한 결정구조에 근거한 분자내 혹은 분자간 상호작용에 관한 퍼텐셜 함수와 매개변수에 관한 근거 있는 자료들을 얻을 수 있다. 분자간 상호작용의 한 예는 그림 9.

16의 폴리아미드 구조에서의 수소결합이다.

채움조건은 그림 9. 15에서 사슬이 동일한 방향으로 꼬인 경우보다 거울상 구조를 갖는 구조에서 더 촘촘히 채워질 수 있는 사실에서 볼 수 있다.

마지막으로 간단하지만 가장 중요한 항으로 밀도(density)가 있다. 결정 단위세포는 비결정성인 벌크상 고분자보다 약 10% 정도 밀도가 크며, 이 범위에서 크게 벗어나면 모형이 잘못 설정된 것이다.

9. 5 결정성 고분자의 구조

9. 5. 1 술달린 미셀 모델

고체상태의 고분자에 관한 초기 연구에서 몇 가지 고분자들은 부분적으로 결정성을 가짐을 알려졌다. X-선 띠의 폭이 넓어지는 현상(line broadening)은 결정이 아주 불완전하거나 작음을 보여준다. 일찍이 Hengstenberg와 Mark는 결정이 아주 작다는 가정을 가지고 X-선 분석으로부터 천연에 존재하는 셀룰로스인 모시의 미소결정의 폭이 55 Å 이고 길이가 600 Å 수준임을 짐작하였다. 고분자사슬이 여러 개의 단위세포에 걸쳐 있음은 이미 오래 전 알려진 사실이며, 고분자는 그 분자의 크기가 미소결정(crystallites)보다도 크므로 고분자사슬이 많은 미소결정에 걸쳐 있을 것이라는 생각을 가지게 되었으며 이로부터 술달린 미셀(fringed micelle)모형이 나왔다.

이 모형에 의하면 미소결정의 길이는 약 100 Å 수준이고(그림 9. 19), 미소결정들은 무질서한 비결정영역 사이에 놓인다.

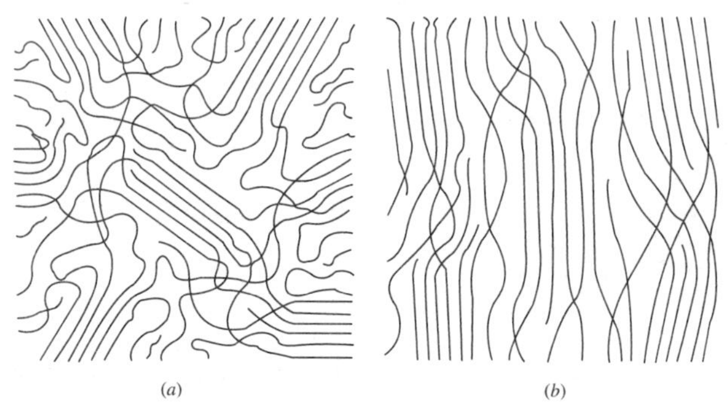

▶ **그림 9. 19** 술달린 미셀모형(fringed micelle model). 각 사슬이 미소결정들에 꾸불꾸불 걸쳐 있으면서 전체를 엮어 주고 있다. (a) 배향하지 않은 경우, (b) 배향한 경우.

술날린 미셀모형은 반결정성 플라스틱과 섬유의 많은 거동을 잘 설명해 주는데, 비결정영역이 T_g 이하인 경우는 유리상의 딱딱한 플라스틱이 되고, 비결정영역이 T_g 이상인 경우는 고무상의 유연한 성질을 가지며, 단단한 미소결정에 의해 결합되어 있으므로 폴리에틸렌과 같이 가죽 같은 성질이 나타난다. 폴리에틸렌의 인장강도가 저분자량 탄화수소로 된 왁스보다 큰 것은 비결정영역의 사슬이 미소결정 내부에까지 연결되어 이들을 일차결합에 의해 함께 결합시켜 주는 역할을 하기 때문으로 설명된다. 섬유의 유연한 성질도 비슷하게 설명되는데, 이 경우 사슬은 섬유축 방향으로 배향되어 있다(그림 9. 19 참조). 플라스틱 혹은 섬유의 딱딱한 정도(stiffness)는 고분자가 결정화한 분율인 결정화도(degree of crystallinity)와 관련이 있다.

9. 5. 2 고분자 단결정

고분자의 결정에 관한 개념은 1957년 Keller가 폴리에틸렌의 단결정(single crystals)을 만든 후 큰 변화가 있었다. 이 단결정은 뜨거운 크실렌(xylene)의 묽은 용액으로부터 폴리에틸렌을 석출시켜 만들었는데, 다이아몬드 형태를 가지며 두께가 100 ~ 200 Å 수준이다. 놀랍게도 전자회절 결과는 결정에서 고분자사슬이 결정의 큰 평면에 대해 수직으로 배열하고 있음을 보였다. Keller는 사슬의 길이가 2,000 Å 수준이고 단결정의 두께가 110 ~ 140 Å 수준이라는 사실로부터 결정에서는 고분자사슬이 접힌 상태로 존재할 것으로 생각하였고, 이는 즉시 Fischer와 Till에 의해 확인되었다.

9. 5. 2. 1 접힌사슬(folded-chain) 모델

이러한 결과들로부터 그림 9. 20의 접힌사슬(folded-chain)모형이 제안되었는데, 여기서 분자는 전후로 머리핀과 같이 접힌 구조를 가진다. 단결정에 대한 소각 중성자산란(SANS)과 적외선(IR) 실험으로부터 바로 이웃하게 접히는(재진입)(adjacent reentry) 구조가 확인되었으나 고체상태에서 결정화된 고분자의 경우는 좀 더 복잡한 양상을 띤다.

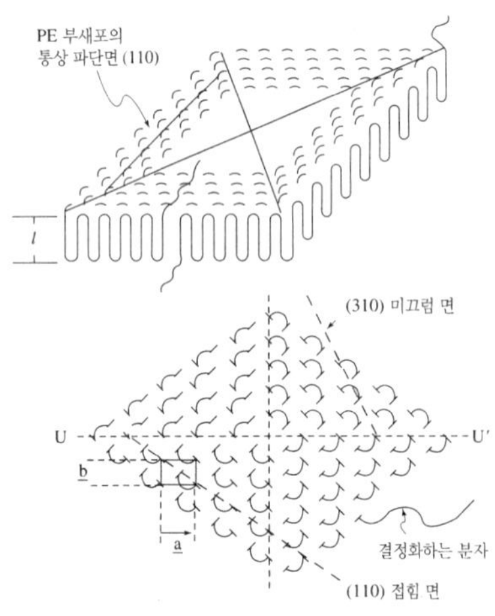

▶ **그림 9. 20** 이웃 간의 재진입(adjacent reentry)을 보여주는 PE 단결정의 모식도. 아래 그림은 전형적인 n-파라핀에서 볼 수 있는 격자크기 a 및 b를 가진 PE의 사방정계 부세포(subcell)을 보여준다.

그림 9. 20는 PE를 모델물질로 이용하여, 사방정계 부세포(subcell)의 a- 및 b-축을 나타내었다. c-축은 분자 사슬축에 나란하며, l는 단결정의 두께이다. 용액성장한(solution-grown) PE 단결정의 대표적 접힘면(fold plane)은 (110)면이며, 이와 같은 사슬접힘(chain-folding)은 NMR에서 확인되었다.

많은 고분자에서 단결정이 단순한 평면구조가 아님을 관찰할 수 있는데, 결정이 빈(hollow) 피라미드 구조를 갖는 경우도 있으며, 이 경우 건조에 의해 구조가 파괴된다. 고분자 용액의 농도가 크거나 결정화 속도가 큰 경우는 여러 형태의 쌍둥이(twins)꼴이나, 나선형(spirals) 혹은 다층의 돌기형태(multi-layered dentritic structures)로 결정화되며(그림 9. 21 참조), 특히 돌기형태의 결정은 고체상태에서 고분자의 결정화를 이해하는데 기본이 된다.

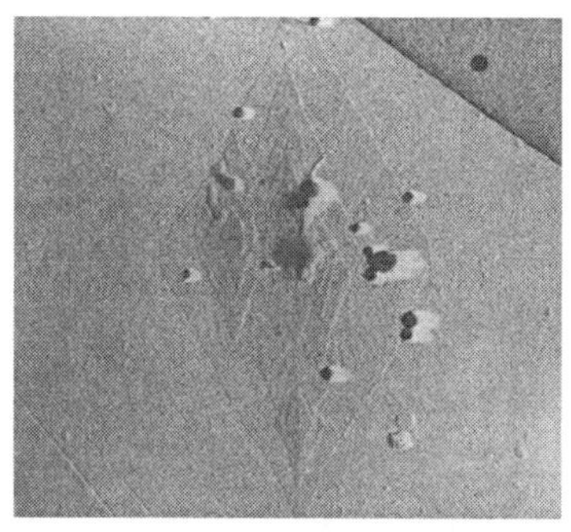

▶ **그림 9. 21** 글리세롤 용액으로부터 침전된 폴리아미드(나일론) 6. 라멜라(lamella)의 두께는 약 60 Å이며, 그림안의 검은 표시(●)는 1 μm를 나타낸다.

단결정을 형성할 수 있는 고분자재료로서는 단일고분자(homopolymer)뿐만 아니라 그림 9. 22에 나타낸 바와 같이 폴리에틸렌옥시드(PEO)와 비정폴리스티렌(PS)과의 블록공중합체도 있다. 그림에서 일부 나선형(spiral)구조를 가진 장방형(square-shaped)의 결정이 보여진다. 그리고 공중합체의 비정(PS)부분은 결정표면으로 밀려난 것을 알 수 있다.

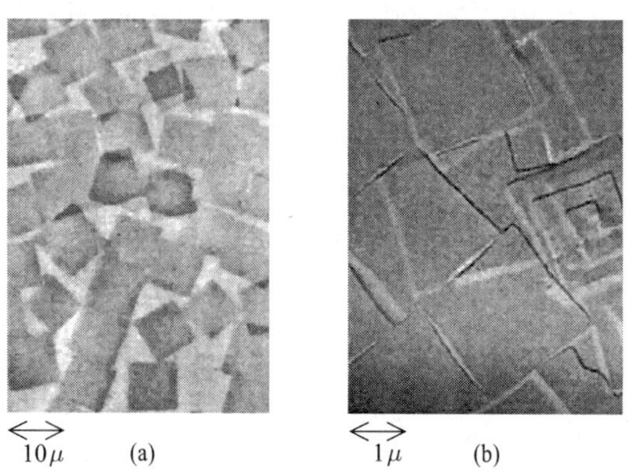

▶ **그림 9. 22** PEO-b-PS 블록공중합체의 단결정. (a) 광학현미경; (b) 전자현미경 사진. M_n(PS) = 7.3×10^3 g/mol; M_n(PEO) = 10.9×10^3 g/mol; PS의 부게분율은 0.34이다.

또한 단일중합체의 단결정의 표면에도 비결정부분이 나타나는데, 이는 사슬의 끝부분(chain-end cilia)이나 비규칙적인 접힘 등 다양한 원인에 기인한다.

9.5.2.2 교환기(switchboard) 모델

교환기(switchboard) 모형에서 사슬은 라멜라 속으로 규칙적으로 접히는(재진입하는) 구조를 갖지 않고 다소간 불규칙적으로 배열하며 모형 모양이 구식 전화교환기와 비슷하다. 완벽하게 규칙적으로 접힌 사슬과 교환기 모형은 극단적인 예로 실제는 둘의 요소를 적당히 가감한 형태일 것이다. 벌크상태에서의 이와 같은 측면은 9.9절에서 다루어질 것이다.

9.6 용융상태로부터 결정

9.6.1 구정 형태학(spherulitic morphology)

전술한 바와 같이 고분자를 묽은 용액에서 결정화시킬 경우 얇은 박막 형태(lamella - shaped)의 단결정을 형성함을 보았는데, 이 결정은 접힌 사슬의 구조를 가지며 두께는 100~200 Å수준이다. 또한 농도가 다소 큰 용액에서 결정화시킬 경우는 다층의 돌기형태의 구조가 관측된다.

그러나 용융상태에서의 결정성장은 묽은 용액의 경우와는 달리, 고분자사슬들은 서로 심하게 얽혀서 생성된 결정표면에 동시에 부가된다. 그렇지만 용액성장 단결정의 경우와 유사한 측면도 많이 있다. 그들은 폭에 대한 두께비(thickness-to-width ratio)가 0.01~0.001 사이의 라멜라 형태를 취하고 있으며, 평행한 라멜라 면들이 쌓여진 소위 '결정더미(crystal stack)'를 형성한다. 그리고 준정형 고분자속의 비정성분은 결정라멜라 사이의 공간에 위치한다[이를 '맺음분자(tie-molecule)'라고 함]. 또한 용융결정시 결정화온도(T_c)는 융점(T_m)보다 10~20 ℃정도 낮은데 이와 같은 과냉각(degree of supercooling)은 사슬의 분절들이 규칙적으로 배열되는데 요구되는 과잉의 자유에너지로부터 생긴다.

고분자를 용융상태에서 결정화시킬 때 얻어지는 대표적인 구조는 구정(spherulite)으로서 이는 이름이 의미하는 바와 같이 구형의 결정구조로 (그림 9.23)구정 내부의 라멜라의 형태가 주로 관심의 대상이 된다.

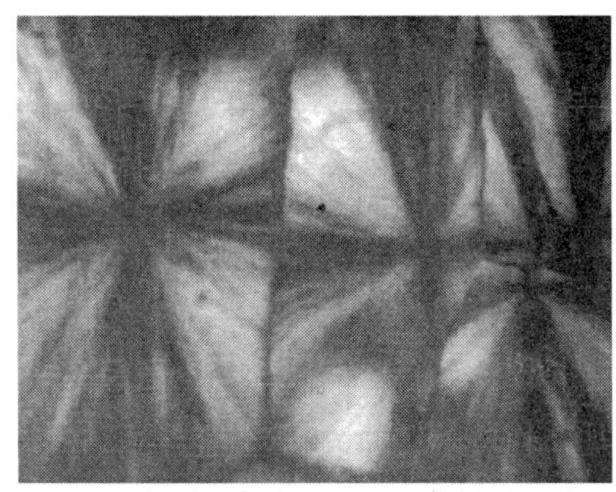

▶ **그림 9. 23** 직교 편광판을 이용하여 관측된 저밀도 PE(LDPE)의 구정사진. 고유한 몰타십자 무늬를 볼 수 있다.

구정은 직교로 놓은 편광판 사이에 얇은 시료를 놓고 식힐 때 비교적 쉽게 성장을 관찰할 수 있는 구조로, 각 구정은 '몰타십자(Maltese cross)'라고 불리는 '소광십자(extinction cross)' 구조를 나타낸다. 소광십자구조의 중심은 구정의 성장 시작점에 위치하고 십자의 팔은 현미경의 편광자(polarizer)와 검광자(analyzer)의 진동방향과 평행하게 배향한다(그림 9. 24 참조).

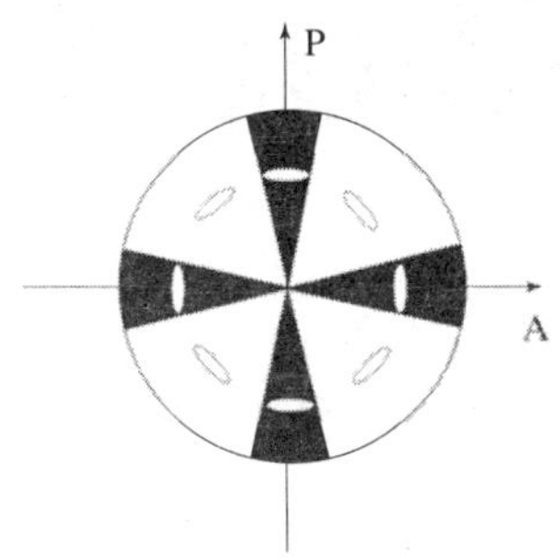

▶ **그림 9. 24** 음의 구정(negative spherulite)에 대한 Maltese 십자가의 기원. 편광자(P)와 검광자(A)의 배향과 굴절률 타원이 나타나있다.

여기서 준정형고분자의 고차구조(superstructure)를 조사하는데 널리 이용되는 편광(polarized)현미경 원리에 대해 간단히 설명한다. 만약 국소적 사슬배향의 작은 변화는 복굴절(birefringence) $\Delta n(= n_{\square}\square\, n_{\perp})$의 변화를 초래하고(9. 11. 4. 1절 참조), 이는 다시 현미경을 통한 투과광의 강도 변화를 초래하게 된다. 이때 투과광의 강도는 결정의 주축이 P/A쌍(pair)에 나란한 경우 최소가 되고, 또한 P/A쌍과 45°의 각도를 이룰 경우 최대가 된다.

한편 구정은 두 개의 서로 다른 반경방향의 굴절률(n_r)과 접선방향의 굴절률(n_t)을 가진 광학적으로 복굴절이다. 이때 n_r, n_t로 나타낸 굴절률 타원 평면에 있어서 장축은 최대 굴절률, 단축은 최소 굴절률에 비례한다. 그림 9. 24의 경우는 $n_t > n_r$인 구정이다. 이런 형태의 구정을 '음(negative)의 구정'이라 하고, 최대 복굴절의 방향은 소위 λ(lambda)판을 국소적 복굴절의 주방향에 나란하게 삽입함으로써 결정될 수 있다. 그리고 $n_t < n_r$인 '양(positive)의 구정'의 경우에도 결정의 주축이 P/A쌍과 45°를 이룰 때 최대 투과광 강도를 갖는 몰타 십자무늬를 나타낸다.

구정이 구형을 유지하는 것은 결정화 초기에 한하며, 결정화 후반부에는 이웃하는 구정이 서로 겹쳐지게 되며, 이때 각 구정이 동시에 성장이 시작된 경우는 경계 부분이 직선이 된다. 성장시점이 달라 그 크기가 서로 다른 경우는 경계 부분은 쌍곡선을 이루며, 나중에는 구조 전체에 걸쳐 구정구조가 분포하게 된다. 구정의 결정화 동역학은 9. 8절에서 다룬다.

전자현미경 관찰에서 구정은 개개의 라멜라 구조의 결정판(crystalline plate)으로 구성되어 있음을 볼 수 있는데(그림 9. 25 참조), 이들은 거의 평행하게 배열된(조금 벗어나지만) 동일 두께의 라멜라로 구성된 계단과 같은 구조를 가지는 경우가 많다.

▶ **그림 9. 25** 액체질소 온도에서 파쇄한 polyoxymethylene 표면의 복제(surface replica). 오른쪽 부분의 라멜라는 파쇄면과 어떤 각도를 이루고 있지만 나머지 부분에서 라멜라는 파쇄면에 거의 평행하게 카드나 접시처럼 쌓여 있다. 이 구조는 단결정이 쌓여 있는 것과 거의 같은 구조로 덩어리 상태에서 사슬이 접힌 구조를 하고 있다는 생각을 갖게 한다.

구정을 X-선 마이크로회절과 전자회절로 관찰하면 분자의 섬유축(c 축)이 구정의 성장 방향인 반지름 방향과 수직으로 배향하고 있음을 볼 수 있으며, 이 c 축은 단결정에서와 유사하게 라멜라 평면에 수직이다(그림 9. 28 참조).

또 PE와 같은 몇몇 고분자의 경우, 라멜라결정이 구정반경상에서 단위세포 b축을 따라 나사모양의 비틀림(screwlike twist)구조를 취함이 밝혀졌다. 라멜라 나사의 피치(pitch)의 반에 해당하는 거리가 사진상에 보이는 소멸 링 간격과 꼭 일치한다.

구정의 성장과 구조는 소각광산란(SALS)으로도 관찰할 수 있는데, 이는 시료를 두 편광판 사이에 두고 단색관이나 레이저광을 통과시킨 후 유발되는 산란광을 사진감광시키는 방법을 사용한다. 편광조건에 따라 두 종류의 산란무늬를 얻을 수 있는데, 입사광과 분석기의 편광 방향이 모두 수직인 경우는 V_v형 산란무늬라고 하고, 입사광이 수직으로 편광되고 분석기는 수평으로 편광된 경우는 H_v형 산란무늬라고 한다.

위의 두 가지 산란무늬를 그림 9. 26에 예시하였는데, 이와 같은 산란무늬는 반지름 방향(n_r)과 접선 방향(n_t)의 굴절률이 서로 다른 구정의 광학적 비등방성에 기인한다.

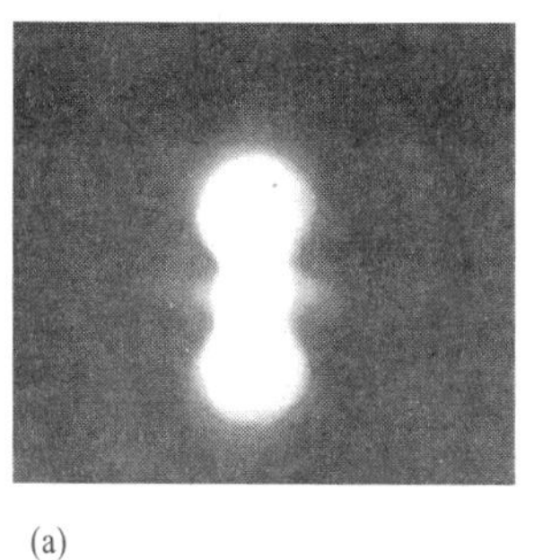

(a)

(b)

▶ **그림 9. 26** 소각광산란(SALS) 실험에서 (a) V_v 및 (b) H_v 편광을 이용하여 구정 PE로부터 얻어진 다른 종류의 광산란 패턴. V_v 패턴의 경우에는 2중(회전)대칭(C_2)이고, H_v 패턴의 경우에는 4중대칭(C_4)임에 유의하라. 이 결과는 구정이 광학적으로 이방성임을 보여준다.

산란무늬로부터 구정의 크기를 계산할 수 있는데(그림 9. 27 참조), 반지름 방향의 최대값 $U_{\max}$와 구정의 반경 R은 다음의 상관관계가 있으며,

$$U_{\max} = \left(\frac{4\pi R}{\lambda}\right)\sin\left(\frac{\theta_{\max}}{2}\right) = 4.1 \tag{9.22}$$

여기서 $\theta_{\max}$는 강도의 최대값이 관찰되는 각도이고, λ는 파장이다. 구정이 커짐에 따라 최대강도는 작은 각도에서 관찰된다.

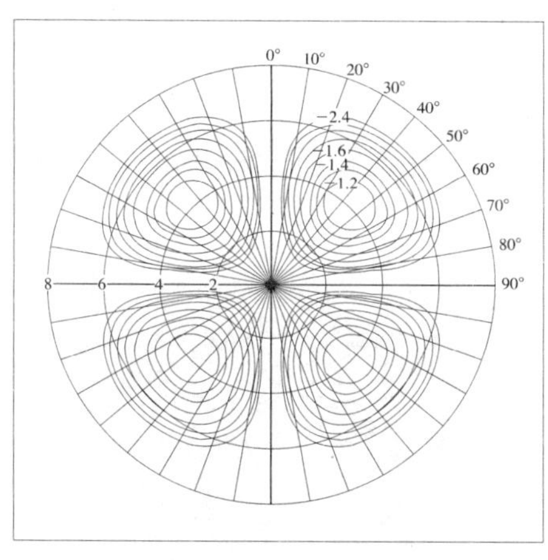

▶ **그림 9. 27** 이상적인 구정에 대한 H_v 광산란 패턴의 계산결과(식 9. 22이용). 그림 9. 26(b)의 실제 결과와 비교해보라.

한편 Stein은 급격하게 결정화시킨 고분자에서는 구정을 관찰할 수 없는 경우가 있음을 기술하였는데, 이 경우 부분적 구정구조에 의해 매우 약한 산란현상을 관찰할 수 있으며, 이는 구조가 매우 불규칙적임을 보여 준다.

구정구조의 모형을 그림 9. 28에 예시하였는데, 고체상태에서 결정화된 라멜라에서 사슬이 방향은 묽은 용액에서 결정화한 경우와 같이 구조의 넓은 평면에 수직임을 볼 수 있다.

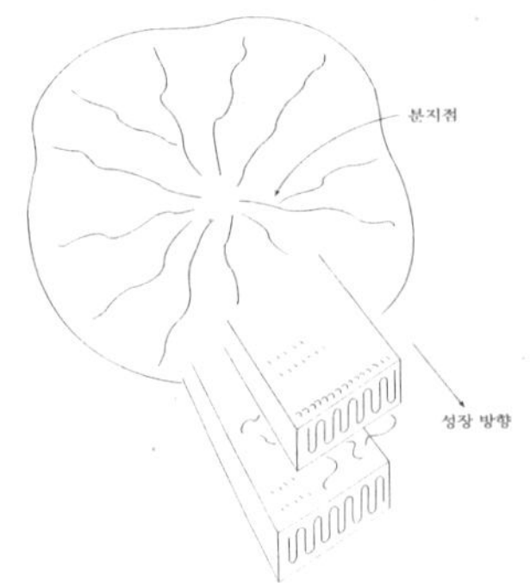

▶ **그림 9. 28** 구정구조에 대한 모델. 구정 성장 방향과 결정성물질로 균일하게 공간을 채우는 라멜라 분지점(branch points)에 주목하라.

구정에서 라멜라 구조는 단결정에서와 유사하지만 사슬의 접힘이 훨씬 불규칙적이다. 라멜라 구조 사이에는 비결정영역이 놓이는데, 이 부분에는 아탁틱고분자, 저분자량 물질, 여러 종류의 불순물 등이 많이 존재한다.

구정에 있는 각각의 라멜라는 일부분은 한 미소결정(crystallite)에 속하고 일부분은 다른 미소결정에 속하는 맺음(tie)분자에 의해 결속되는데, 경우에 따라서는 이 맺음분자가 c축이 길이 방향으로 배향된 긴 사상의 결정구조인 미소결정간 결속구조(intercrystalline link)를 갖는 경우도 있다.

이 미소결정간 결속구조는 반결정성 물질 특유의 질긴 성질에 중요한 기여를 하는 것으로 생각되며, 전체 구조를 일차결합으로 연결된 결정영역에 의해 결속시켜 주는 역할을 한다.

9. 6. 2 구정 형성기구

용융상태로부터 냉각할 경우 처음 형성되는 구조는 단결정이며, 이는 구정성장의 초기단계에서 곡식단과 같은 구조(sheaflike structure)로 변질되며 (그림 9. 29 참조), 이 곡식단과 같은 구조를 액시어라이어트(axialite) 혹은 헤드라이트(hedrite)라고 부른다. 이 과도적인 다층 구조는 구정형성의 중간단계이다.

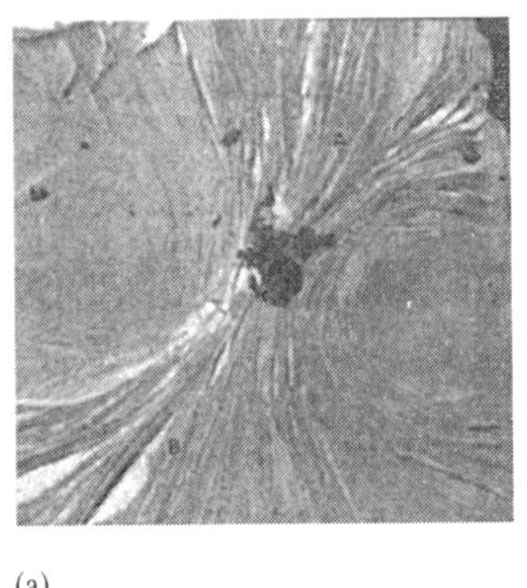
(a)

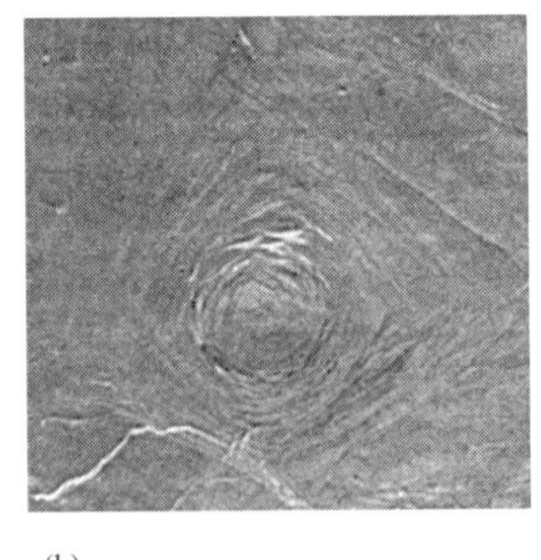
(b)

▶ **그림 9. 29** Poly(4-methylpentene-1)의 얇은 필름을 용융 후 냉각시켜 결정화시킬 때 형성된 헤드라이트의 복제를 전자현미경으로 관찰한 것. (a) 헤드라이트를 모서리에서 쳐다 본 것(edge-on view). 라멜라 구조가 뚜렷하고 라멜라가 곡식단과 같이 배열하고 있음을 볼 수 있다. (b) 헤드라이트를 넓은 평면에서 쳐다 본 것(flat-on view). 전체적으로 사각형 구조를 이루고 있으며, 라멜라 구조가 명백하다.

그림 9. 29에서 보는 바와 같이 성장이 진행됨에 따라 중앙에 위치한 기준면 양쪽에서 라멜라구조가 서서히 넓혀져 간다.

그림 9. 29의 곡식단구조의 모서리에서 본 모양(edge-on view)과 넓은 평면에서 본 모양(flat-on view)을 그림 9. 30에 모형화하여 나타내었는데, 그림 9. 30의 *a*행 III열은 그림 9. 29a를 모형화한 것이고, *b*행 III열은 그림 9. 29b를 모형화하여 나타낸 것이다.

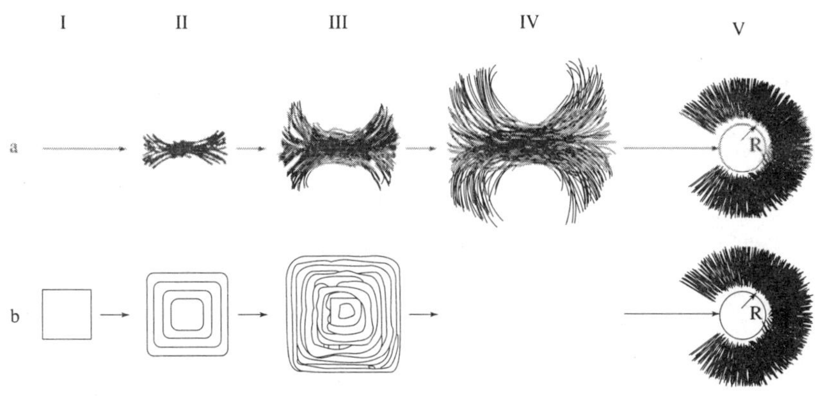

▶ **그림 9. 30** 접힌사슬구조의 결정으로부터 구정의 성장 과정을 도식화하여 나타낸 것. (a)행은 모서리에서, (b)행은 넓은 평면에서 구정 성장 과정을 쳐다 본 것이다.

그림에서 보는 바와 같이, 헤드라이트(hedrites)의 라멜라는 점차 그 구조가 펼쳐지는데(splaying) 라멜라가 곡선모양이므로 궁극적으로 구정 특유의 구형을 만들게 된다.

9. 6. 3 고분자 블랜드 및 블록공중합체내의 구정

먼저 고분자 블랜드인 경우 두 고분자가 용융상태에서 상용성을 가진 한 개의 균일상을 형성하든지 아니면 비상용상으로 두 개의 불균일상을 형성하는 두 경우를 생각할 수 있다. Martuscelli의 연구에 의하면, 만약 상용성 블랜드의 한 비결정성 성분의 T_g가 결정성성분의 T_g보다 낮으면(또한, 용융점도도 낮으나, 다른 물성은 거의 같다고 간주), 비록 블랜드계가 희석이 된다할지라도 구정은 빨리 성장할 것이다. 일반적으로 구정에는 포함되지 않은[즉 '분자 분별(molecular fractionation)' 현상에 의해 구정의 표면 밖으로 밀려남] 저분자량 상용성 성분을 포함하는 결정화 가능한 고분자 성분이 먼저 빨리 결정화한다. 또한 만약 비결정 성분이 결정화온도에서 유리상이라면 그 역도 사실일 것이다.

한편 두 고분자가 용융상태에서 불상용성(immiscible) 블랜드라면 결정화거동은 매우 달라진다. 그림 9. 31은 이소탁틱 폴리프로필렌(*it*-PP)속에 분산된 폴리이소부틸렌(PIB)의 액적(droplet)을 보여준다. 구정성장시 비결정성분인 액적은 결정성 성분의 성장 팔 안에서 규칙적으로 배열된다.

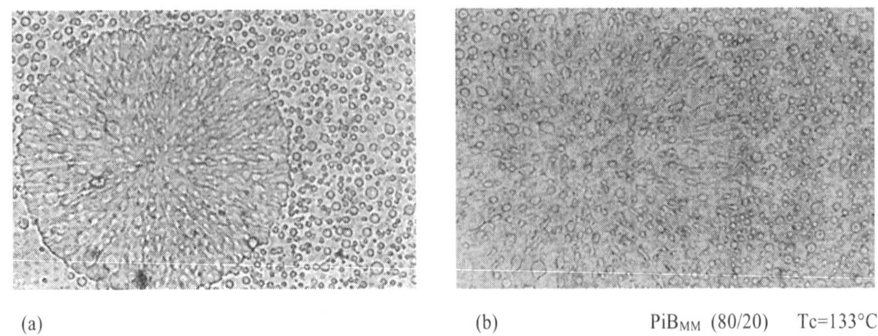

▶ **그림 9. 31** *it*-PP/PIB 블랜드의 얇은 필름에 대한 광학 현미경사진. (a) 결정화 초기단계에 용융블랜드로 둘러싸여진 *it*-PP 구정(T_c= 133 ℃). (b) 구정이 녹은 후 필름의 같은 지역에 대한 사진. 대부분의 블랜드처럼 다상 몰폴로지(multiphase morphology)를 나타냄에 주목하라.

블록공중합체 역시 구정을 형성한다. 그러나 블록공중합체의 구정에 포함된 도메인(domain)의 크기가 개개의 블록의 크기정도로 제한되므로 모폴로지는 미세한 스케일로 전개된다. 가령 3중블록(triblock) 공중합체의 경우는, 고분자사슬은 중심블록을 형성하는 비정상을 통하여 한 라멜라에서 다른 라멜라로 배회하는 것으로 모델링할 수 있다(그림 9. 32 참조).

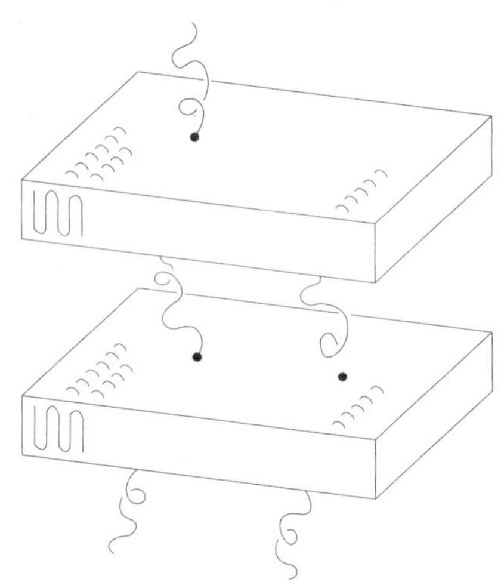

▶ **그림 9. 32** 결정화 가능한 3중블록 공중합체 열가소성 탄성체의 모델. 중심블록은 비정상 고무이며, 양 끝 블록은 결정성이다.

그림 9. 33은 PEO-*b*-PS의 구정 모폴로지를 나타낸다. 두 가지 사항을 지적하고 싶은데, 첫 번째는 PS 성분의 T_g가 결정화온도(T_c)보다 높다는 것이다(이 시료는 클로로포름으로부터 용매 캐스팅에 의해 얻어졌다). 두 번째는 PS의 양이 소량(즉 19.6 %)이라는 것이다.

▶ **그림 9. 33** 19.6 %의 PS를 포함하는 PEO-*b*-PS 공중합체의 광학현미경 사진. 클로로포름으로부터 캐스트된 결정은 직교편광판을 통하여 관측되었다. 그림 속의 흰 표시가 250 ㎛ 간격을 나타낸다.

만약 PS성분의 양이 증가되면 그것은 결정에 이르는 정돈화 과정(ordering process)을 저해한다(그림 9. 34 참고).

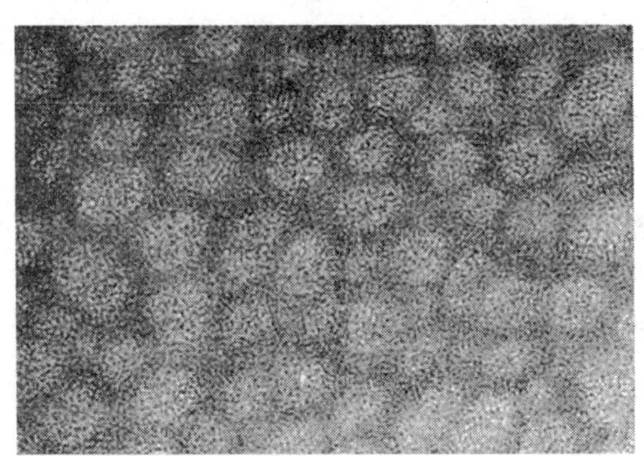

▶ **그림 9. 34** 70 % PS를 포함하는 PEO-*b*-PS 공중합체의 투과형 전자현미경(TEM)사진. PS상은 OsO_4로 처리(stain)하였다.

그림 9. 34에서 구는 PEO의 양이 많은 라멜라이고, 검은 바탕은 PEO 구정속에 파묻혀 있으면서 보다 연속상을 형성하는 PS 세그먼트를 포함하는 라멜라이다. 두 블록은 비록 상은 다르나 서로 붙어있으므로 미세구조의 크기는 수백 Å 정도이다.

만약 고분자가 A-B-A 형태의 3중 블록 공중합체이거나 $\mathrm{-\!\!(A-B)\!\!-}_m$형태의 다중블록 (multiblock) 공중합체의 경우 (여기서 A는 사용온도에서 결정상이며, B는 T_g 이상에 있는 고무상이다) 열가소성 탄성체가 형성된다(그림 9. 32). 이 경우 물질은 사용온도에서 어느 정도의 고무탄성을 나타내며, 미결정은 가교점(cross-links)으로서 작용한다. 또한 결정상의 T_m 이상의 온도에서는 물질은 흐르고 열가소성이 된다. 만약 A성분이 결정성 대신 비정의 유리상이라면 또 다른 부류의 중요한 열가소성 탄성체를 형성한다.

또한 A가 T_g 이상에 있는 비정상이고, B가 결정상인 $\left(A-B\right)_n$ 형태의 블록 공중합체의 두 중요한 예로서 분절형(segmented) 폴리우레탄과 폴리(에스테르-에테르) 물질이다. 둘 다 섬유형성이 가능하며, 부드럽고 탄성을 나타내는 섬유를 제조할 수 있다.

9. 7 결정화도 측정법

전술한 바와 같이, 대부분의 결정화 가능 고분자는 준정형(semi-crystalline) 즉 물질 중 일부는 비정형이고, 나머지는 결정성이다. 고분자가 100% 결정성에 이르지 못하는 이유는 속도론적(kinetic) 관점에서 고분자 사슬이 주어진 냉각이나 열처리(annealing) 시간동안 완전히 얽힘을 풀고 규칙적으로 배열하지 못하기 때문이다.

결정화도(crystallinity 또는 degree of crystallinity)는 결정상태에 있는 시료의 질량분율 또는 부피분율을 의미한다. 이론적으로는 준결정성 고분자는 분자량은 같으나 밀도, 비체적, 용융엔탈피, 비열 등과 같은 '세기성질 (intensive properties)'이 다른 결정상과 비정상의 두 상 공존계(two-phase system)으로 간주하여 어떤 주어진 조성에서의 성질은 8. 6절에서 논의한 복합체의 혼합법칙으로 유추할 수 있다. 이하에서는 3대표적인 결정화도 측정법인 밀도법, X-선 회절법 및 DSC 열분석법을 중심으로 논하기로 한다.

먼저 밀도법은 준정형 고분자의 전체 질량 W는 결정상 (W_c) 및 비정상 (W_a)의 질량의 합이므로 아래관계가 성립한다.

$$W(=\rho V)=W_c(=\rho_c V_c)+W_a(=\rho_a V_a) \tag{9. 23a}$$

$$\rho=\phi_c\rho_c+\phi_a\rho_a \tag{9. 23b}$$

여기서 $\phi_c(=V_c/V)$ 및 $\phi_a(=V_a/V)$는 각각 결정성과 비정상의 부피분율 즉 ϕ_c는 '부피 결정화도'이며, ρ_c 및 ρ_a는 각 상의 (질량)밀도이며, ρ는 준결정성 시료의 밀도이다. 또한 질량대신 두 공존상의 부피 가성성으로부터 아래관계가 성립된다.

$$V(=W/\rho)=V_c(=W_c/\rho_c)+V_a(=W_a/\rho_a) \tag{9. 24a}$$

$$\rho^{-1}=w_c\rho_c^{-1}+w_a\rho_a^{-1} \tag{9. 24b}$$

여기서 $w_c=(W_c/W)$ 및 $w_a(=W_a/V_a)$는 각각 결정상과 비정상의 질량분율 즉 w_c는 '무게 결정화도'이다. 그리고 식 (9. 23b)에서 $\phi_a=1-\phi_c$를 대입하고 ϕ_c에 대해 풀면 아래가 된다.

$$\phi_c\left(\equiv \frac{w_c/\rho_c}{w_a/\rho_a + w_c/\rho_c}\right) = \frac{\rho-\rho_a}{\rho_c-\rho_a}; \qquad \phi_a = \frac{\rho_c-\rho}{\rho_c-\rho_a} \tag{9. 25}$$

또 식 (9. 24b)에서 $w_a = 1 - w_c$를 대입하고 w_c에 대해 풀고, 식 (9. 25)를 이용하면 아래가 성립된다.

$$w_c = \frac{\rho_c}{\rho}\frac{(\rho_a-\rho)}{(\rho_a-\rho_c)} = \frac{\rho_c}{\rho}\phi_c; \qquad w_a = \frac{\rho_a}{\rho}\phi_a \tag{9. 26}$$

위 식에서 100% 결정의 밀도 ρ_c는 X-선 분석에서 구하고, 100% 비정의 밀도는 용융체(melt)의 밀도로부터 관심의 온도까지 외삽하여 구한다(그림 9. 35 참조).

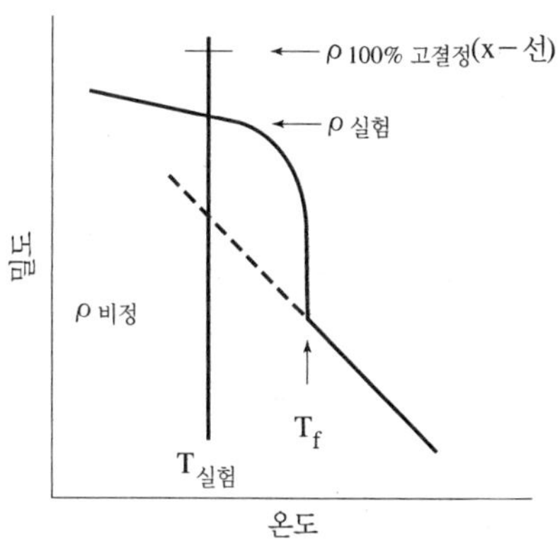

▶ **그림 9. 35** 밀도법을 이용하여 고분자의 결정화도의 실험적 결정(T_f는 용점).

다음에는 X-선 회절방법이다. 이는 N원자(혹은 분자)로 이루어진 전 간섭(coherent) 산란은 집합상태(aggregation state)에 무관하다는 원리에 기초를 두고 있다. 이로부터 아래의 무게 결정화도 w_c에 관한 식이 성립된다.

$$w_c = \int_0^\infty s^2 I_c(s)ds \Big/ \int_0^\infty s^2 I(s)ds \tag{9. 27}$$

여기서 I는 전체 산란강도, I_c는 결정(Bragg 반사)에 관련된 산란강도, 그리고 $s\,[=(2\sin\theta)/\lambda$, 여기서 θ는 회절각의 $1/2$, λ는 X-선의 파장]이다. 이 방법에 있어서 3가지 문제점이 존재하는데, 첫째는 전체산란에서 비간섭(incoherent) 산란항은 제거해야 하며, 둘째는 한정된 산란강도(s)의 범위에서만 측정이 가능하다는 것이고, 마지막으로 결정상의 공헌 I_c는 열진동이나 결정결함 등의 공헌을 포함하고 있으므로 정확한 w_c값을 구하기 위해서는 이들 항을 제거해야 한다. 이 3문제 모두 쉬운 일은 아니므로 이를 극복하기 위하여 지금까지 여러 방법이 제안되고 있다. 그래서 광각

-X선 산란(WAXS)의 경우에는 위 식 대신 아래의 간단한 식으로 대체하기로 한다.

$$CI = \frac{A_c}{A_a + A_c} \tag{9.28}$$

여기서 CI는 결정화도 지표(crystallinity index), A_c 및 A_a는 각각 결정성 Bragg(또는 Debye-Scherrer)회절선 및 대응하는 비정 달무리(halo)하의 면적을 나타낸다.

마지막으로 시차열 열량계(DSC)에 의한 결정용융열의 측정에 기초를 둔 방법으로서 예제 9.1에서 잠깐 소개한 바 있지만, 여기서는 그림 9.36에 나타낸 '전 엔탈피 방법(total enthalpy method)'에 대해 설명하기로 한다.

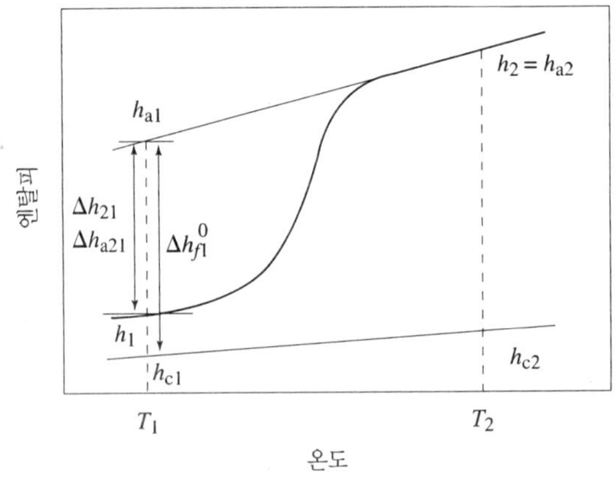

▶ **그림 9.36** 무게 결정화도(w_c) 결정을 위한 '전 엔탈피(total enthalpy)' 방법.

여기서는 준정형 고분자 내 두 공존상인 비정상(h_a) 및 결정상(h_c)의 비엔탈피(specific enthalpy)를 이용하여 시료의 전체 비엔탈피 h는 아래와 같이 각 상의 무게분율에 대한 단순가성법칙으로 나타내진다.

$$h = h_c w_c + h_a (1 - w_c) \tag{9.29}$$

이 방법에서 문제가 되는 점은 결정이 녹을 때 완화하는 내부 응력(internal stress)항으로서 이는 관련 엔탈피를 변화시키는 과정이다. 그런데 간단을 위해 여기서는 이 항을 무시한다. 또 $T < T_m$의 비정상의 엔탈피는 밀도의 경우와 마찬가지로 T_m 이상의 용융상태로부터 관심의 온도인 T까지 외삽에 의해 구한다(그림 9.35 참조).

그림에서 어떤 온도 $T_1(< T_m)$에서의 비엔탈피 h_1는 식 (9.29)에서 아래가 된다.

$$h_1 = h_{c1} w_{c1} + h_{a1}(1 - w_{c1}) \tag{9.30}$$

그리고 $T_2(\gg T_m)$인 고온에서는 비정상(액체)만 존재하므로 아래가 성립된다.

$$h_2 = h_{a2} \tag{9.31}$$

여기서 온도 T_1과 T_2에서 준정형 시료의 엔탈피 차이는 위 그림을 참고로 아래와 같이 주어진다.

$$\Delta h_{21} = h_2 - h_1 = [h_{a2} - h_{a1}] + [h_{a1} - h_{c1}]w_{c1} = \Delta h_{a21} + \Delta h_{f1}^{\circ} w_{c1} \tag{9.32}$$

즉 온도 T_1에서 시료의 무게 결정화도 w_{c1}는 아래가 된다.

$$w_{c1} = \frac{\Delta h_{21} - \Delta h_{a21}}{\Delta h_{f1}^{\circ}} \tag{9.33}$$

여기서 $\Delta h_{f1}^{\circ}(= h_{a1} - h_{c1})$는 온도 T_1에서의 결정의 용융열로서 온도의존성이므로 정압비열의 정의 $c_P = (\partial h/\partial T)_P$ 및 정적분의 원리에서 아래 관계가 성립된다.

$$\Delta h_{T_m}^{\circ} = \Delta h_{f1}^{\circ} + \int_{T_1}^{T_m^{\circ}} \left(\frac{\partial \Delta h_f}{\partial T} \right)_P dT \tag{9.34a}$$

혹은

$$\Delta h_{f1}^{\circ} = \Delta h_{T_m^{\circ}}^{\circ} - \int_{T_1}^{T_m^{\circ}} [c_{pa} - c_{pc}]dT \tag{9.34b}$$

여기서 T_m°은 결정성 시료의 평형융점, c_{pa} 및 c_{pc}는 각각 온도 $T_1 < T < T_m^{\circ}$에서의 (100%)비정상 및 결정상의 정압비열이며, 이 또한 온도의존성으로 아래 예제에서 보듯이 보통 온도의 3차항까지의 다항식으로 나타내진다.

여기서 식 (9.33)을 이용하여 T_1에서의 무게 결정화도 w_{c1}을 구하기 위해서는 분자항인 $\Delta h_{21} - \Delta h_{a21}$과 분모항인 Δh_{f1}°이 필요하다. 먼저 $\Delta h_{21} - \Delta h_{a21}$는 용융 후($T_2 \gg T_m^{\circ}$)의 스캔 기준선으로부터 $T_1(< T_m^{\circ})$의 저온까지 외삽으로 얻어지는데 이때 외삽기준선과 용융 전(premelting) 기준선과의 교차점온도를 저온 T_1으로 잡고, 온도 T_1에서 시작하여 결정 용융이 완전히 끝나는 점까지의 DSC 열분석곡선의 면적이 $\Delta h_{21} - \Delta h_{a21}$값을 줄 것이며, Δh_{f1}°는 식 (9. 34b)에서 계산될 수 있다.

예제 9.6

준결정성 시료에 대한 DSC 실험 데이터: $\Delta h_{21} - \Delta h_{a21} = 140\ \mathrm{Jg}^{-1}$; $\Delta h^{\circ}_{T_m}\left(T^{\circ}_m \approx 418\ \mathrm{K}\right) = 293\ \mathrm{Jg}^{-1}$; $T_1 = 370\ \mathrm{K}$를 이용하여 전 엔탈피방법(식 9. 33)으로부터 무게 결정화도 w_{c1}을 구해보아라.

단 $c_{pc} = 8.19697 \times 10^{-7} T^3 - 0.00075737\, T^2 + 0.256479\, T - 25.827302$;

$c_{pa} = -3.80358 \times 10^{-9} T^3 - 3.683 \times 10^{-6} T^2 + 0.0066435\, T + 5.380487$

풀이 문제에서 아래가 성립된다.

$$c_{pa} - c_{pc} = -8.235 \times 10^{-7} T^3 + 7.6105 \times 10^{-4} T^2 - 0.25011\, T + 31.2078$$

이의 $T = T_1 (= 370\ \mathrm{K})$에서 $T = T^{\circ}_m (= 418\ \mathrm{K})$까지 적분을 행하면 아래가 된다.

$$\int_{370}^{418} (c_{pa} - c_{pc})\, dT = 19.18\ \mathrm{cal\ mol^{-1}} \approx 6\ \mathrm{J\ g^{-1}}$$

이 값을 갖고 식 (9. 34b)에 대입하면 아래를 얻는다.

$$\Delta h^{\circ}_{f1} = 293 - 6 = 287\ \mathrm{J\ g^{-1}}$$

따라서 식 (9. 33)에서 온도 $T_1 (= 370\ \mathrm{K})$에서의 무게 결정화도 w_{c1}을 아래와 같이 얻는다.

$$w_c(370\ \mathrm{K}) = \frac{140}{287} = 0.487$$ 즉, 시료는 48.7%의 무게 결정화도를 갖는다.

9. 8 결정화 동역학

고분자를 고체상태에서 결정화시키면 먼저 라멜라가 형성되고, 이어서 구정(spherulite) 혹은 그의 앞 단계(predecessor)인 헤드라이트(hedrite) 형태로 배열한다. 이 절에서는 여러 가지 온도, 분자량, 분자구조 등의 조건에서의 결정화 속도를 다루며, 여기서 언급된 이론들은 분자수준의 결정화 메카니즘을 잘 설명해주며, 결정화 거동을 예측하는데 유용하게 사용된다.

9. 8. 1 결정화 속도의 실험적 관찰

우선, 결정이 녹으면 부피가 증가함(즉, 열역학 1차전이)을 앞에서 설명하였는데 (그림 9. 1 참조), 이러한 현상은 결정화 동역학을 연구하는데 이용될 수 있다. 그림 9. 37에 천연고무의 등온결정화를 부피팽창계법(dilatometry)으로 관찰한 예를 도시하였는데, 이로부터 온도가 감소할수록 결정화 과정의 '추진력(driving force)'인 과냉각 정도(degree of supercooling)가 커지므로 결정화 속도가 증가함을 알 수 있다.

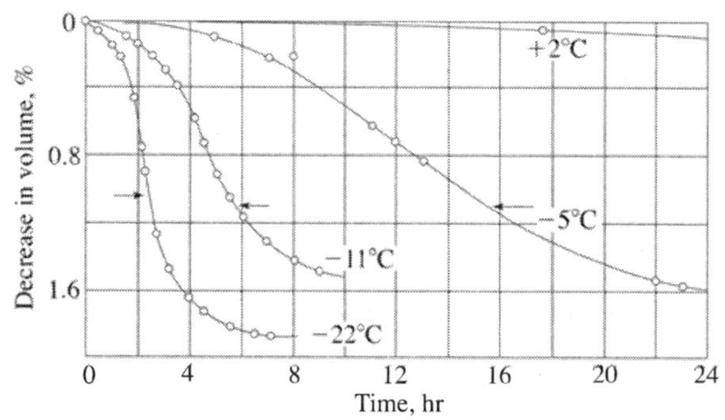

▶ **그림 9. 37** 천연고무의 등온 결정화에서 시간-부피관계. 화살표는 결정화가 절반이 진행된 지점을 표시한다.

또한 결정의 성장속도는 현미경을 사용하여 시간에 따른 구정성장을 관찰하여 측정할 수도 있는데, 이때 Keith와 Padden과 같이 광학현미경을 이용할 수도 있고, 얇은 시편을 사용하여 투과전자현미경으로 관찰할 수도 있다.

구정의 반지름 방향으로의 등온성장은 보통 선형으로 관찰되는데(그림 9. 38 참조), 이는 라멜라가 성장하고 있는 끝부분에서의 불순물의 농도가 성장 과정에 걸쳐 일정함을 의미한다. 불순물의 농도가 증가하면 결정의 성장속도가 감소하여야 하는데(표 9. 4), 성장속도가 선형으로 일정하게 유지되는 것은 불순물이 반지름 방향으로 배제되어 확산되어 가는 속도보다 라멜라의 성장속도가 커 불순물이 라멜라간의 일정 경로에 잡혀있음을 말해 준다.

▶ **그림 9. 38** 이소탁틱 폴리프로필렌 20%와 아탁틱 폴리프로필렌 80% (M= 2600)을 블랜드하여 등온 결정화시킨 경우(125℃에서) 구정 반지름의 시간에 따른 변화, 선형임을 볼 수 있다.

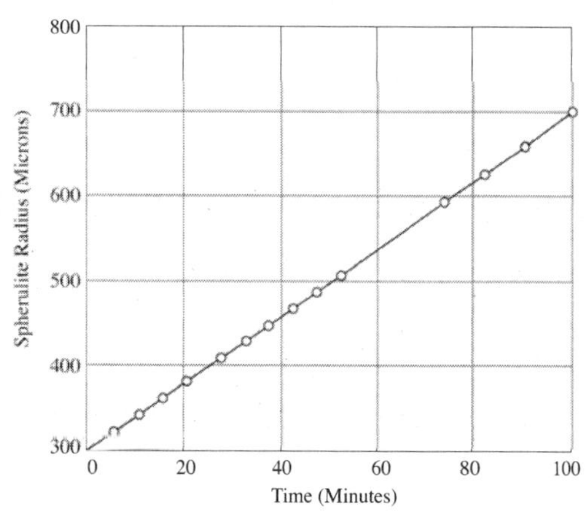

표 9.4 추출하지 않은(unextracted) 이소탁틱 폴리프로필렌과 아탁틱 폴리프로필렌의 블랜드물

온도(℃)	여러 조성에서 반지름 방향의 성장속도(μ/min)				
	100%이소탁틱	90%이소탁틱	80%이소탁틱	60%이소탁틱	40%이소탁틱
120	29.4	29.4	26.4	22.8	21.2
125	13.0	12.0	11.0	8.90	8.57
131	3.88	3.60	3.03	2.37	2.40
135	1.63	1.57	1.35	1.18	1.12
녹는점(℃)	171	169	167	165	162

그림 9.38에서 예시된 경우에서의 주요 불순물은 저분자량의 아탁틱 폴리프로필렌(it-PP)이다. 반지름 방향으로의 성장속도를 결정화 온도에 대해 도시하면 최대점이 관찰되는데(그림 9.39 참조), 앞에서 설명한 바와 같이 온도가 감소하면(즉 과냉각도가 증가하면) 결정화의 추진력이 증가하므로 결정화 속도가 증가하나 온도가 많이 낮아져 유리전이온도에 가까워지는 경우 분자운동이 무뎌지므로 결정화 속도가 다시 감소한다. T_g 이하에서는 분자운동이 너무 더디므로 결정화 속도는 0이 된다.

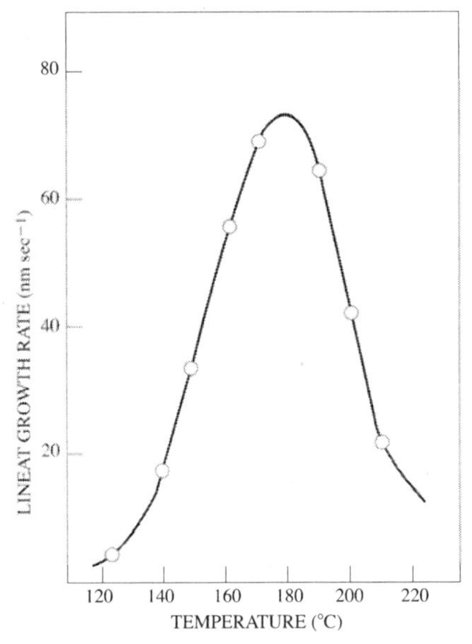

▶ **그림 9.39** 폴리에틸렌 테레프탈레이트(PET)에 있어서 선형 구정성장 속도 대 결정화 온도(T_c)의 플롯. $T_f = 265$℃, $T_g = 67$℃ (여기서 결정화 속도는 이론적으로 0임)

여기서 만약 융점 T_f를 알면, 최적(혹은 최대)결정화온도를 정하는 흥미있는 경험법칙(rule-of-thumb)이 있는데, 이는 '8/9 T_f(단 T_f는 절대 용융온도)법칙'으로 알려져 있다. 사용된 PET의 융점(T_f)=538 K이므로, 최적 $T_c \fallingdotseq \frac{8}{9} T_f = 478$ K(205℃)로 추정되는데 그림 9.39의 실제의 최적 $T_c (\simeq 180℃)$보다는 약간 높음을 알 수 있다.

9. 8. 2 결정화 속도 이론

9. 5. 2절에서 Keller의 단결정의 제조에 관해 기술한 바에 의하면, 결정의 두께가 100 Å 정도밖에 되지 않는데, 사슬이 평면에 수직으로 배향되어 있으므로 Keller는 사슬이 접혀 있어야 하는 것으로 생각하였다.

벌크(고체)상태에서도 비슷한 구조인 라멜라 구조가 존재하는데, 접힌 상태가 훨씬 불규칙적이지만 분자가 배열된 구조는 비슷하다. 벌크 상태에서 이 결정들은 구정(spherulite)이라고 불리는 더 큰 구조를 만들며, 앞에서 구정의 반지름 방향의 성장속도는 시간에 따라 선형이며 결정화 온도가 감소함에 따라 최대점을 가짐을 보았다. 이러한 몇 가지 실험적 사실들은 세 가지 대표적 고분자 결정화속도론(crystallization kinetics)에 관한 이론의 기본이 되었다.

첫 번째 이론은 야금학에서 사용되는 식을 고분자에 적용시킨 Avrami의 이론에 근거한 것이고, 두 번째 이론은 Keith와 Padden에 의해 정립된 이론으로 구정 성장속도에 관한 정성적 설명을 가능케 한다. 최근 Hoffman 등이 사슬의 접힘에 의한 기핵형성의 동역학(kinetic nucleation)에 관한 이론을 발전시켰는데, 이는 용융상태에서 라멜라 구조가 어떻게 생성되는가를 설명해 준다. 지금 현재도 이 이론은 계속 발전하고 있으며, 이러한 이론들은 결정화동역학 뿐만 아니라 다른 분자수준의 거동을 이해하는데 기본이 된다.

9. 8. 2. 1 Avrami 등온 결정화이론

Avrami에 의해 최초로 유도된 이론은 Evans에 의해 단순화되고, Meares와 Hay에 의해 고분자에 적용되었다. 빗방울이 웅덩이에 떨어져 원형의 파가 표면에서 서로 교차하면서 퍼지는 상황을 생각하면 다음의 이해가 쉬워질 것이다. 빗방울은 간헐적(sporadic)으로 떨어질 수도 있고, 한꺼번에 떨어질 수도 있는데, 웅덩이 표면에 무작위로 떨어지게 된다. 퍼져 가는 파는 구정의 성장면에 해당하고, 빗방울이 떨어진 장소는 미소결정의 핵에 해당한다.

점 P에 x개 구정의 성장면이 지나갈 확률 P_x는 Poisson분포의 식으로부터 다음과 같이 표현할 수 있는데(식 2. 61 참조),

$$P_x = \frac{e^{-E}E^x}{x!} \tag{9. 35}$$

여기서 E는 계에 있는 점들에 구정의 성장면이 지나간 평균수이다. 그런데 E^0와 0!는 1이므로 P에 구정의 성장면이 지나지 않아서 아직도 비결정 상태일 확률은 다음 식으로 표현된다.

$$P_0 = e^{-E} \tag{9. 36}$$

그런데 X_t를 결정 부분의 부피분율, 즉 결정화도라고 하면 P_0는 $1 - X_t$와 동일하므로 식 (9. 36)

은 다음과 같이 쓸 수 있으며,

$$1 - X_t = e^{-E} \tag{9. 37}$$

결정화도가 작은 경우 다음과 같이 된다($\because e^{-E} \simeq 1 - E$).

$$X_t \cong E \tag{9. 38}$$

벌크상태에서 결정화시킨 경우 X_t는 결정 부분의 부피 V_t로 생각할 수 있으므로 식 (9. 37)에서 다음 식이 얻어진다($\because E \simeq X_t \simeq V_t$).

$$1 - X_t = e^{-V_t} \tag{9. 39}$$

이제 V_t를 계산하여야 하는데, 다음의 두 가지 경우를 생각할 수 있다;

1) 결정핵이 이미 정해져 있어 결정화 온도까지 냉각하면 동시에 결정성장이 시작되는 경우와, 2) 간헐적으로 결정핵이 형성되는 경우이다.

1)의 경우 L개의 구형의 결정핵이 무작위로 놓여져 있고, 일정 속도 $g(=\dot{r})$로 성장하는 경우 t시간과 $t+dt$ 시간 사이에 결정 부분의 부피증가는 다음 식으로 표현된다.

$$dV_t = 4\pi r^2 L\, dr \tag{9. 40}$$

여기서 r은 시간 t에서 구의 반지름이므로 식 (9. 41)이 되며, 이 식과 $dr = gdt$를 식 (9. 40)에 대입하고 적분을 행하면 식 (9. 42)를 얻을 수 있다.

$$r = gt \tag{9. 41}$$

$$V_t = \int_0^t 4\pi g^2 t^2 Lg\, dt = \frac{4}{3}\pi g^3 L t^3 \tag{9. 42}$$

한편 간헐적으로 결정핵이 형성되는 경우는 위와 대부분 동일하나, 구형의 결정핵이 시간에 따라 일정속도 $l(=\dot{L})$로 선형적으로 증가하므로 t_i시간에 결정핵이 형성된 구의 부피증가는 다음 식으로 표현되며(여기서 $L = lt$ 대입),

$$dV_t = 4\pi g^2 (t - t_i)^2 ltg\, dt \tag{9. 43}$$

이를 적분하면 아래를 얻는다.

$$V_t = \frac{2}{3}\pi g^3 l t^4 \tag{9. 44}$$

식 (9. 42)와 식 (9. 44)를 식 (9. 39)에 대입하면 아래의 Avrami식이 얻어지며(단 V_t를 Zt^n 형식으로 둠),

$$1 - X_t = e^{-Zt^n} \tag{9.45}$$

이를 대수형태로 표기하면 아래가 된다.

$$\ln(1 - X_t) = -Zt^n \tag{9.46a}$$

혹은

$$\ln[-\ln(1 - X_t)] = \ln Z + n \ln t \tag{9.46b}$$

위 유도 과정에서 식 (9. 45) 혹은 식 (9. 46)의 n값이 3 혹은 4가 되어야 함을 알 수 있다(결정에 참여하지 않는 불순물의 농도가 커 결정화 속도가 확산에 의해 좌우되는 경우 $r = gt^{1/2}$로 표시할 수 있고, 이 경우 n은 1/2을 포함하는 값을 갖는다).
Z와 n은 결정화 메카니즘에 따라 고유하게 결정되는 값으로 결정이 구, 원판, 막대기 형태, 즉 3차, 2차, 1차원적으로 성장하는 경우에 대해 식을 유도하여 표 9. 5에 요약하여 표시하였다. 그런데 식 (9. 38)의 유도 과정에서 결정화도가 작은 경우에 한정하였음을 기억하라. 실제 n값이 결정화가 진행됨에 따라 감소하는 것이 종종 관찰된다. 대표적 고분자에서 의 값들은 표 9. 6에 요약하였다.

표 9. 5 고분자의 결정화에서 Avrami 상수 값

결정화 메카니즘		Avrami상수		
		Z	n	제한조건
구	간헐적임	$(2/3)\pi g^3 l$	4.0	3차원
	미리 정해짐	$(4/3)\pi g^3/L$	3.0	3차원
원판[a]	간헐적임	$(\pi/3)g^2 ld$	3.0	2차원
	미리 정해짐	$\pi g^2 Ld$	2.0	2차원
막대[b]	간헐적임	$(\pi/4)gld^2$	2.0	1차원
	미리 정해짐	$\frac{1}{2}\pi gLd^2$	1.0	1차원

[a]일정 두께 d

[b]일정 반지름 d

표 9. 6 대표적인 고분자의 Avrami 상수값의 범위

고분자	n의 범위
폴리에틸렌 (PE)	2.6~4.0
Poly(ethylene oxide) (PEO)	2.0~4.0
폴리프로필렌 (PP)	2.8~4.1
Poly(decamethylene terephthalate)	2.7~4.0
이소탁틱-폴리스티렌 (it-PS)	2.0~4.0

9. 8. 2. 2 Keith와 Padden에 의한 구정 결정화 속도론

Avrami식은 결정화 동역학의 전체적인 것을 이해하는데는 유용하지만 이로부터 결정영역에서 분자의 배치, 구정의 구조 등에 관한 정보를 얻을 수는 없다.

9. 6절에서 반지름 방향으로 성장하고 있는 라멜라에 의해 구정이 어떻게 형성되는가를 고찰하였는데, 각 사슬은 구정의 성장하고 있는 구의 표면에 접선 방향으로 전후로 접혀있다(그림 9. 40 참조). 일반적으로 반지름 방향의 성장속도는 구정끼리 만날 때까지는 일정하다(그림 9. 38 참조). 구정이 성장함에 따라 각 라멜라에는 가지가 생기고, 불순물, 아탁틱 성분 등은 라멜라간 간격에 존재한다.

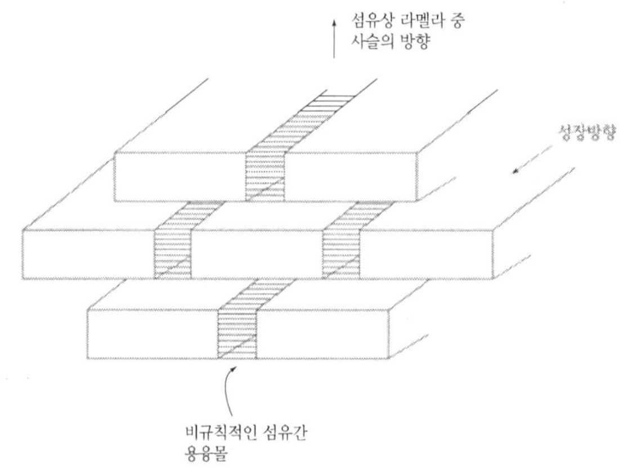

▶ **그림 9. 40** 구정의 라멜라 사이에 아직 녹아 있거나 불규칙적으로 배열하고 있는 물질이 분포하고 있는 모양.

고분자의 결정화에서 구정 성장의 속도론에 관한 첫 번째 이론은 Keith와 Padden에 의해 발전되었는데, 이 이론에서 다음 변수가 중요한 의미를 갖는다.

$$\delta = \frac{D}{G} \tag{9. 47}$$

여기서 D는 불순물의 용융상태에서의 확산계수이고, G는 구정의 반지름 방향으로의 성장속도이다. δ는 길이의 차원을 갖는 값으로 라멜라의 횡방향으로의 크기를 결정하는 상수로서 δ값이 작아 라멜라 표면의 무질서한 영역의 크기와 거의 동일한 경우 비결정학적인 가지가 관찰되므로 δ는 구정의 내부구조가 '거칠은 정도(coarseness)'의 척도가 된다.

식 (9. 47)의 양변에 대수를 취하여 미분하면 다음 식이 얻어진다.

$$\frac{1}{\delta}\left(\frac{d\delta}{dT}\right) = \frac{1}{D}\left(\frac{dD}{dT}\right) - \frac{1}{G}\frac{dG}{dT} \tag{9. 48}$$

위 식에서 dD/dT값은 항상 양수이지만(6. 4. 1절 참조), dG/dT는 양수 혹은 음수일 수 있으므로 (그림 9. 39 참조)구정의 거칠은 정도는 식 (9. 48)의 오른쪽 두 항 중 어느 것이 큰가에 의해 결정되는데, 만약 식의 오른쪽 항이 양의 값을 가지면 온도가 증가하면 거칠은 정도가 증가하게 된다.

반지름 방향의 성장속도 G는 다음 식으로 표현되는데,

$$G = G_0 e^{-\Delta E/RT} e^{-\Delta F^*/RT} \tag{9.49}$$

여기서 ΔF^*는 임계 크기의 결정핵면이 생성되는데 필요한 자유에너지이고, ΔE는 사슬이 결정면으로 확산이동하는데 필요한 활성화 자유에너지이다. 식 (9. 49)에서 구정의 성장속도에 미치는 온도의 영향을 두 개의 상반되는 효과로부터 알 수 있다. 즉 용융상태에서 분자의 이동(D 관련)은 온도가 증가하면 증가하는데 반해 결정핵의 형성속도(G 관련)는 온도가 증가하면 감소한다(그림 9. 39 참조). Keith와 Padden에 의하면 낮은 온도에서는 확산이 결정성정의 율속단계(rate-determining step)로 작용하고, 고온에서는 결정핵의 형성속도가 결정성장의 율속단계로 작용하며, 이 두 극한의 중간인 두 가지 인자의 영향이 거의 같은 지점에서 성장속도가 최대값을 가진다.

9. 8. 2. 3 Hoffman의 기핵(nucleation)이론

Keith와 Padden의 이론의 중요한 단점은 정성적이라는 점이다. 구정의 형태에 대한 많은 정보를 제공하지만 성장메카니즘, 특히 결정성장에 대한 열역학 혹은 동역학적인 세부 내용에 관해서는 전혀 알 수가 없다.

최근 Hoffman 등이 결정화 동역학에 새롭게 접근하였는데, 여기서 Hoffman은 접힌사슬구조의 라멜라의 형성은 속도론적으로 지배되며, 얻어진 결정은 준안정(metastable) 상태이고 열역학적으로 안정한 형태는 압력하에서 결정된 펼쳐진(extended) 구조의 결정이라는 가정을 하였다.

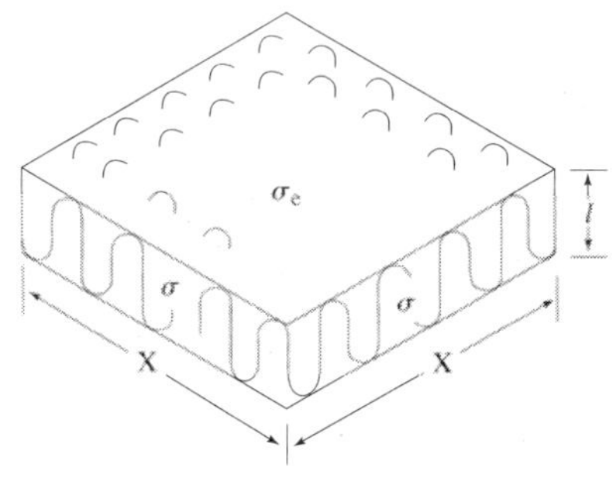

▶ **그림 9. 41** 표면 계면자유에너지 σ 및 σ_e를 보여주는 얇은 접힌사슬구조의 결정

기본적인 모형을 그림 9. 41에 플롯하였는데, 여기서 l은 얇은 부분의 두께이고, x는 긴 부분의 길이, σ_e는 사슬이 접힌 부분(fold)의 경계면 자유에너지, σ는 측면(lateral)의 경계면 자유에너지이

고, 전체 결정은 사슬 한 개로 이루어져 있다. 접힌사슬구조의 단결정이 생성되는데, 필요한 자유에너지는 Gibbs의 방식으로 다음과 같은 표기할 수 있으며,

$$\Delta G_{crystal} = 4xl\sigma + 2x^2\sigma_e - x^2 l(\Delta g) \tag{9. 50}$$

여기서 $\Delta g(>0)$는 녹음에 수반되는 전체 덩어리가 갖는 자유에너지로서 용융열 $\Delta h_f(>0)$가 온도에 무관한 것으로 가정하면 용융엔트로피 $\Delta S_f(>0)$를 사용하여 다음과 같이 나타낼 수 있다 (문제 9. 8 참조).

$$\Delta g = \Delta h_f - T\Delta S_f = \Delta h_f - \frac{T\Delta h_f}{T_f^\circ} = \frac{\Delta h_f(\Delta T)}{T_f^\circ} \tag{9. 51}$$

단 위식의 두번째 항등관계에서 용융엔트로피 ΔS_f는 평형융점 T_f° 에서의 관계식 $(\Delta\mu_f = \mu_\ell - \mu_s = 0)$을 적용하여 아래와 같이 근사적으로 나타내짐을 이용하였다.

$$\Delta S_f \simeq \Delta h_f / T_f^\circ \tag{9. 52}$$

또 식 (9. 51)에서 $\Delta T = T_f^\circ - T$ (여기서 T는 결정화도 T_c 혹은 그 결정의 융점 T_f임)는 '과냉각도 (degree of supercooling)'이다.

한편 결정이 녹는 온도 $T = T_f$에서는 식 (9. 50)의 $\Delta G_{crystal} = 0$ (∵열역학 1차전이)가 성립되고, 또한 $x \gg \ell$인 경우에는 $4x\ell\sigma$항은 무시 가능하므로 식 (9. 51)의 대입과 함께 아래 관계가 성립된다.

$$\Delta T = (T_f^\circ - T_f) \simeq \frac{2\sigma_e T_f^\circ}{\Delta h_f \cdot l} \quad \text{혹은} \quad T_f \simeq T_f^\circ\left(1 - \frac{2\sigma_e}{\Delta h_f \cdot l}\right) \tag{9. 53}$$

식 (9. 53)은 융점 강하 (즉 두께 $l \to \infty$ 일 때 $T_f \to T_f^\circ$, $l \ll \infty$ 일 때 $T_f < T_f^\circ$)를 의미하며, σ_e항을 접힘(fold)구조항으로 해석된다. 실제 결정에 있어서, 고분자 사슬은 용융(melt) 혹은 용액상태로부터 표면적 xl로 정의되는 결정의 표면으로 부가된다.

Hoffman은 사슬이 결정면에 놓이는 속도에 따라 용융상태로부터의 결정화 동역학을 아래와 같이 세 유형(3 regimes)으로 구분하였다.

<유형 Ⅰ> 한 개의 표면핵(surface nucleus)에 의해 길이 L인 기질(substrate) 전체가 다 채워지는 경우로서, 한번에 한 개의 사슬이 결정하므로 길이 L가 모두 채워지는 데는 많은 분자가 필요하다(그림 9. 42 참조). '표면핵'은 이미 존재하는 결정 라멜라구조에 놓이는 사슬의 분절을 말하며,

예제 9.7

만약 용융 결정에서 얻어진 고분자 결정의 실제 융점 $T_f = 350$ ℃이고, 라멜라 두께 $l = 150$ Å, 용융열 $\Delta h_f = 12.0$ kJ/mol 그리고 펼쳐진 결정의 평형 융점 $T_f^\circ = 360$ ℃이라면 식 (9. 53)으로부터 접힌 사슬의 경계면 자유에너지 σ_e값(그림 9. 41 참조)을 구하라.

풀이 식 (9. 53)을 재정리하면 아래식을 얻는다.

$$\sigma_e = \frac{\Delta h_f l}{2}\left(1 - \frac{T_f}{T_f^\circ}\right)$$

이 식에 주어진 값을 대입하면 아래를 얻는다.

$$\sigma_e = \frac{12.0\ \mathrm{kJ/mol} \times 1.50 \times 10^{-6}\ \mathrm{cm}}{2}\left(1 - \frac{623\ \mathrm{K}}{633\ \mathrm{K}}\right)$$

$$= 1.42 \times 10^{-7}\ \mathrm{kJ \cdot cm/mol}$$

만약 이고분자의 모노머의 분자량이 100 g/mol, 밀도 $\rho = 1.0\ \mathrm{g/cm^3}$ 이라면 $100\ \mathrm{g/mol} \times 1\ \mathrm{cm^3/g} = 100\ \mathrm{cm^3/mol}$ 이므로 아래의 결과를 얻는다.

$$\sigma_e = \frac{1.42 \times 10^{-7}\ \mathrm{kJ \cdot cm/mol}}{100\ \mathrm{cm^3/mol}} = 1.42 \times 10^{-9}\ \mathrm{kJ/cm^2}$$

용융상태에서 처음 라멜라 형성을 시작하는 결정핵과는 다르다. 이 표면핵은 결정면에 단위 길이당 i의 속도로 간헐적으로 놓이며, 온도에 크게 의존한다. 표면핵의 양쪽 중 에너지 측면에서 유리한 적당한 장소(niche)로부터 g의 속도로 사슬이 접히면서 결정이 채워진다.

그림 9. 42에서 전체 성장속도는 G이며, a_0와 b_0는 각각 분자폭과 층의 두께이다. l_g^*는 애초(initial) 라멜라의 접힌 두께이며, l_g^*만큼을 차지하는 사슬의 부분을 줄기(stem)라고 부른다. 그림 9. 42에서 감아들여지는(reeling-in) 혹은 파행(reptation)속도 r(8. 13절 참조)은 다음식으로 주어진다.

$$r = \left(\frac{l_g^*}{a_0}\right) g \tag{9. 54}$$

Hoffman에 의하면 전체 성장속도는 다음식으로 주어지며,

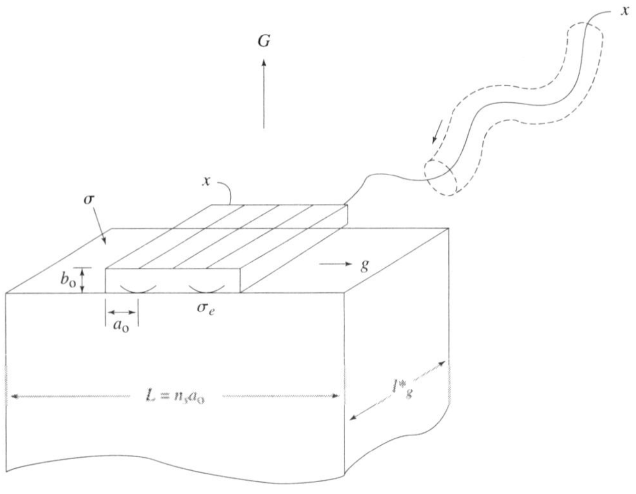

▶ **그림 9. 42** 유형 I 에서 표면기핵과 파행운동(reptation)에 의한 기질(substrate)결정화의 완성. 속도 i로 쌓이는 한 개의 표면핵이 길이 L인 기질의 결정화를 완성시켜, 전체 성장속도 $G_{\text{I}} = b_0 iL$ 이 된다. 유형II(그림에서는 미표시)에서는 다수의 표면핵이 생겨 전체 성장속도 $G_{\text{II}} = b_0(2ig)^{1/2}$ 이고, 여기서 g는 기질의 측면 기핵 완성속도이다. 인접 재진입(adjacent reentry)모델의 경우 g는 감아들여지는(reeling-in)속도 $r = (l_g^*/a_0)g$와 관련된다.

$$G_{\text{I}} = b_0 iL = b_0 a_0 n_s i \tag{9.55}$$

여기서 G_{I} 는 I 유형의 성장속도이며, n_s는 이 길이를 다 채우는데 필요한 폭 a_0인 줄기의 숫자이다. 그리고 i는 표면핵이 쌓이는(deposition)속도이다.

결정화 가능한 ν개의 줄기 및 $\nu_f = \nu - 1$ 개의 접힘(folds)에 대한 Gibbs 자유에너지는 그림 9. 42와 식 (9. 50)으로부터 아래와 같이 나타낼 수 있다.

$$\Delta G_\nu = 2b_0 l\sigma + 2\nu_f a_0 b_0 \sigma_e - \nu a_0 b_0 l \Delta g \tag{9.56}$$

만약 ν가 매우 큰 경우($l \simeq l_g^*$) 이 식은 아래로 나타낼 수 있다.

$$\Delta G_\nu = 2b_0 l_g^* \sigma + \nu a_0 b_0 (2\sigma_e - l_g^* \Delta g) \tag{9.57}$$

유형 I 의 경우 용융상태에서 결정으로 고분자의 전체 유입량(flux)는 다음과 같이 계산될 수 있다. 즉 S를 $\nu = 0$인 액체로부터 $\nu = 1$인 결정에 있는 고분자의 첫 번째 줄기로의 고분자의 순유입(net flow)을 나타낸다고 하자. 그리고 N_0는 액체($\nu = 0$)상태에 있는 사슬의 수, N_1은 결정상에서 한 개의 줄기를 가진 분자의 수, …라고 하고, 이때 대응하는 속도상수를 A_0, B_1 및 A와 B라고 하자(그림 9. 43 참조). 이들 상수는 그림 9. 42에 나타낸 모델로부터 유도된 지수함수와 같이 둔다.

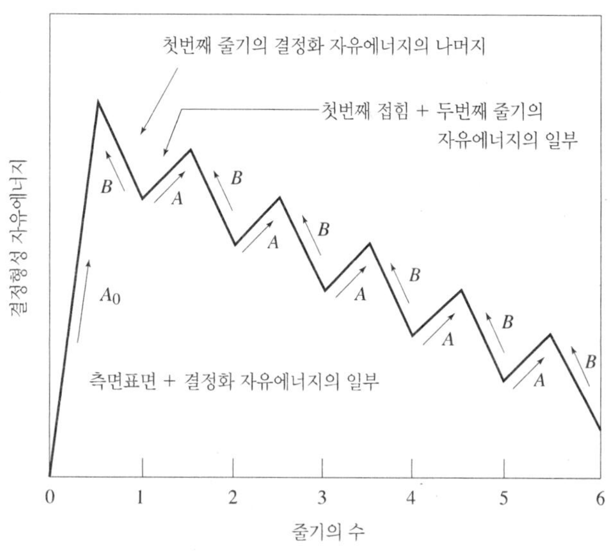

▶ **그림 9. 43** 줄기(stem)의 함수로서의 사슬접힘(chain-folded) 표면핵의 생성 자유에너지 지도(map).

위 그림에서 첫 번째 줄기(stem)의 측면 결정표면상에 놓음(deposit)은 속도 A_0로 일어나며, 이는 측면 표면에너지항($2bl\sigma$)+결정화자유에너지의 일부[$-\psi abl(\Delta g)$]값과 같다. 이 경우 $T_c < T_f^\circ$에 대하여 $\Delta g > 0$값을 가진다. 그리고 생성된 첫 번째 줄기에 대한 결정화의 자유에너지의 나머지에 해당하는 속도상수 B는 첫 번째 최대속도의 다른 쪽에서 $(1-\psi)abl(\Delta g)$항으로 방출된다. 다음 과정 A에서는 앞뒷면에서 첫 번째 접힘(1st fold)의 생성($2ab\sigma_e$)+2번째 줄기의 결정화자유에너지 일부[$-\psi abl(\Delta g)$]로 방출된다. 또 다음의 B과정에서는, 두 번째 최대의 뒷면에서 2번째 줄기의 결정화의 나머지 즉 $(1-\psi)abl(\Delta g)$가 방출된다. 이때 뒤에 일어나는 결정화 줄기는 두 번째 줄기와 같은 에너지 장벽을 나타낸다. 이와 같이 결정화 가능한 고분자가 길이 L의 기질(substrate)의 표면에 줄기 1, 2, $\cdots n$을 부가하여 정상상태(steady-state)에 도달했을 때의 유형 Ⅰ에 대한 고분자 세그먼트의 유입속도(flux)는 아래식으로 나타내진다.

$$S = N_0 A_0 \left(1 - \frac{B}{A}\right) \tag{9.58}$$

<유형 Ⅱ> 이 경우는 핵의 형성속도가 각 분자의 결정화 속도보다 크므로 동일 결정면에 여러 개의 표면핵이 생성되며, 이러한 현상은 과냉각 정도가 큰 상태에서 일어난다. Ⅰ유형에서와 같이 각 분자는 전후로 이웃하게 접히는(adjacent reentry)것으로 생각한다(그림 9. 44). 이 유형에서 중요한 인자는 성장 줄기간의 거리(niche separation distance) S_n이다.

Ⅱ유형의 라멜라의 성장속도는 다음과 같다.

$$G_{\text{II}} = b_0(2ig)^{1/2} \tag{9.59}$$

II유형에서 단위 센티미터당 핵 형성 장소(nucleation sites)의 수는 다음과 같이 주어지며,

$$N_k = \left(\frac{i}{2g}\right)^{1/2} \tag{9.60}$$

따라서 장소(sites)간의 평균 간격은 다음과 같다.

$$S_k = \frac{1}{N_k} = \left(\frac{2g}{i}\right)^{1/2} \tag{9.61}$$

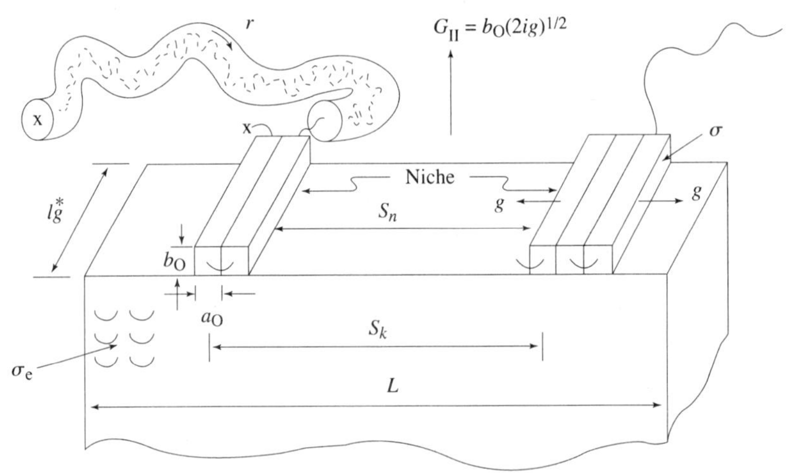

▶ **그림 9. 44** 다중핵 형성을 나타내는 II유형의 모델. S_k는 최초 핵간의 평균 간격이고, S_n는 성장 줄기간의 평균 간격이다. 최초 핵의 형성속도는 i이고, 결정이 채워지는 속도는 g이며, 겉보기 전체 성장속도는 G_{II} 이다. 파행운동(reptation)을 하는 관 속에서 결정화의 추진력에 의해 결정면으로 r의 속도로 감아들여지는(reeling-in) 분자가 들어있다.

I유형과 II유형은 동역학 뿐만 아니라 결정의 형태도 달라 폴리에틸렌의 경우 I유형에 의해서는 주로 엑시어라이트(axialites)가 형성되고, II유형에 의해서는 보통의 구정(spherulites)이 형성된다. 그림 9.45에서 예시한 바와 같이 성장속도의 기울기가 다른데, Hoffman 등은 폴리에틴렌의 경우 분자량이 아주 크거나 작은 경우는 두 영역이 예리하게 구분되지 않는 곡선을 관찰하였다.

<유형 III> II유형의 결정화에서 성장하고 있는 줄기간의 간격이 줄기의 폭 수준으로 가까운 경우에 일어난다. 이 유형에서는 결정화 속도가 굉장히 빠르며, 성장속도는 다음과 같이 표기 된다. 여기서 n_s는 새롭게 핵으로 놓인 줄기에 이웃하는 표면핵 형성 후보지에 줄기가 놓여진 평균수이다.

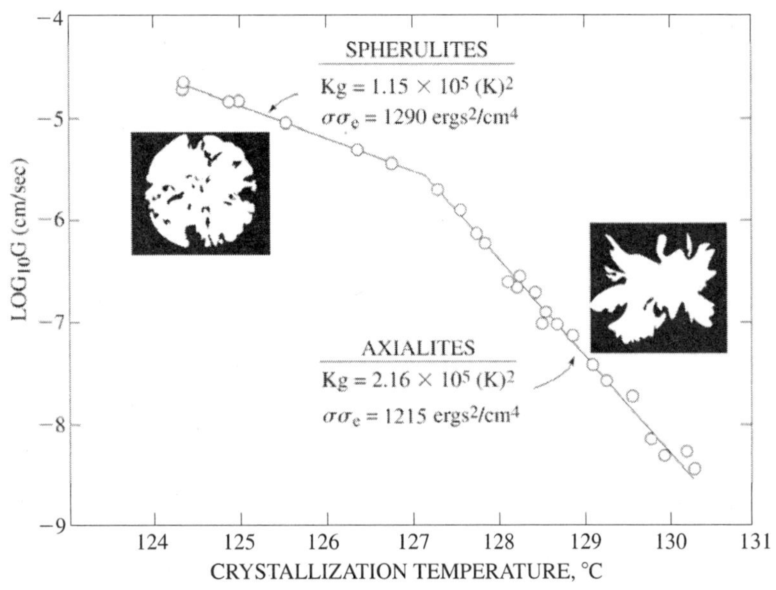

▶ **그림 9. 45** 폴리에틸렌(분자량 : 30,600)의 용융 결정화 동역학이 I 유형에서 II 유형으로 변화하는 모양. 광학 현미경으로 관찰한 형태의 변화와 함께 기울기의 큰 변화를 볼 수 있다.

$$G_{\text{III}} = b_0 i L = b_0 i n_s a_0 \tag{9. 62}$$

Ⅲ유형에서 사슬은 라멜라에서 이웃하게 계속 접히지 않고 몇 번 접힌 후 비결정영역으로 들어가서 다시 동일 라멜라에 교환기 모형에서와 같이 들어가거나 다른 라멜라로 들어간다.

결정화온도가 고온영역인 유형 I 로부터 유형 II 및 Ⅲ으로 낮추어지면, 1개 사슬당 기질의 결정이 채워지는 속도 g값은 감소된다. 그러나 많은 사슬이 동시에 결정화에 가담한다. 그리고 결정화온도가 계속 낮아져 T_g에 가까워지면 de Gennes 의 파행운동(reptation)이론은 적용이 불가능해진다(그림 9. 39 참조).

최근에 앞에서 언급한 Hoffman의 3결정유형의 장단점을 이해하려는 실험과 이론의 양 측면에서 꽤 큰 진보가 이루어졌다. 먼저 3유형에 대한 전체 성장속도 G에 대해 생각해보자. 한 개의 성장하고 있는 고분자 라멜라 위에 적절하게 놓여진 한 개의 줄기에 대한 자유에너지 장벽을 ΔF라고 하자. 그러면 결정성장속도는 통상 $\Delta F/kT$에 지수적으로 의존할 것이다. 즉

$$G = G_0 \exp(-K_1 l / T_c) \tag{9. 63a}$$

여기서 K_1는 상수, T_c는 결정화온도이다. 그런데 결정두께 l는 과냉각도 $\Delta T(= T_f^\circ - T_c)$에 역비례(식 9. 53)하므로 위 식은 아래와 같이 근사적으로 나타낼 수 있다.

$$G \approx G_0 \exp(-K_g / T_c \Delta T) \tag{9. 63b}$$

이와 같은 배경에서 유형 I 의 구정 성장속도 G_{I} (식 9. 55)는 아래와 같이 온도의 함수로 나타낼 수 있다.

$$G_{\mathrm{I}} = G_{0(\mathrm{I})}\exp(-Q_D^*/kT)\exp(-K_{g(\mathrm{I})}/T\Delta T) \tag{9. 63c}$$

여기서 Q_D^* 는 파행운동 확산(reptational diffusion)의 활성화 에너지이다. 특히 PE의 $-CH_2-$기에 대해서는 5736 cal/mol의 값을 가진다. K_g는 기핵상수, $G_{0(\mathrm{I})}$은 유형 I 의 온도에 무관한 선행지수인자이다.

마찬가지로 유형 II의 경우의 성장속도 G_{II} (식 9. 59)는 아래와 같이 온도의 함수로 나타낼 수 있다.

$$G_{\mathrm{II}} = G_{0(\mathrm{II})}\exp(-Q_D^*/kT)\exp(-K_{g(\mathrm{II})}/T\Delta T) \tag{9. 63d}$$

역시 유형III의 경우에도 성장속도 G_{III} (식 9. 62)는 아래로 나타낼 수 있다.

$$G_{\mathrm{III}} = G_{0(\mathrm{III})}\exp(-Q_D^*/kT)\exp(-K_{g(\mathrm{III})}/T\Delta T) \tag{9. 63e}$$

식 (9. 63c), (9. 63d), 및 (9. 63e)에 있는 기핵지수항을 비교하면 3 유형사이에 아래의 관계를 얻을 수 있다 (단 확산에너지 Q_D^* 항은 동일함에 유의하라).

$$K_{g(\mathrm{III})} \cong K_{g(\mathrm{I})} = 2K_{g(\mathrm{II})} \tag{9. 63f}$$

다음에는 유형 I, II, III에 대해 얻어진 몇 가지 실험결과를 소개할까한다. 분자량 $M_{nw}\left[\equiv (M_n M_w)^{1/2}\right] = 7.03\times 10^4\ \mathrm{g/mol}$을 가진 PE의 분별시료에 대한 실험에서 Hoffman 등은 중요 결정성장 앞면(front)은 {110}면이고, 구정반경에 다소 수직이다. 부가된 각 결정줄기는 반경에 대하여 유사한 배향을 가지고, 반경방향의 성장은 {110}기질면상에서 기핵작용으로 생성된 두께 b_0의 새 층의 연속 부가에 의하여 이루어진다.

최신 비디오카메라와 시간 경과 VCR을 갖춘 현광현미경을 사용하여 모든 데이터는 결정화온도(혹은 과냉각도)의 함수로 기록된다. 유형 II 및 III은 수분내지 수시간 사이에 결정이 일어나며, 고온에서의 유형 I 은 훨씬 긴 시간이 걸린다. 모든 결정화온도에서 구정의 성장은 충돌점(impingement point)까지 시간에 대하여 일정(steady) 직선적이었다.

그림 9. 46에 PE에 대한 Hoffman의 실험결과를 나타내었다. 그림에서 모든 3유형이 존재하며, 특히 기울기로부터 식 (9. 63f)가 성립됨을 알 수 있다.

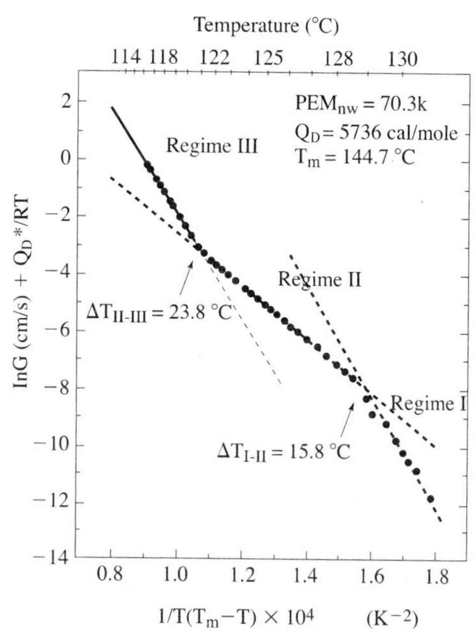

▶ **그림 9. 46** 결정화온도가 감소하는 방향로 유형 I, II, III을 보여주는 평균분자량. $M_{nw}\,[=(M_n M_w)^{1/2}] = 7.03\times10^4$ g/mol 인 PE시료에 대한 결정화 거동.

여기서 결정에 관한 '섭동 확산(perturbed diffusion)'이란 새로운 개념을 소개하겠다. 분자량 $M = 15{,}000 \sim 39{,}000$ g/mol의 PE는 거의 이상에 가까운 파행운동(reptation)을 나타내나, $M = 50{,}000 \sim 91{,}000$ g/mol의 고분자량은 섭동확산을 나타낸다. 이 섭동효과는 결정시 단량체의 유효 마찰계수의 증가에 기인한 것이다. 즉 강제적인 결정화에 의해 기질속으로 잡아당겨지고 있는 긴 매달린 사슬(long dangling chain)에 의한 것이다. 이들 매달린 사슬들은 같은(혹은 다른) 라멜라속에서 가령 얽힘(entanglement)과 같은 일시적인 부착(attachment)을 형성하여, 정상상태의 사슬이 감겨들어가는 파행과정(reeling in reptation process)을 저해한다. 이들 부착의 일부는 거의 영구적으로 맺음 사슬이나 루프 등을 형성하여 결과적으로 결정화도를 떨어뜨리게 된다.

얻어진 최종 결정화도 역시 분자량 의존성이었다. 즉 $M = 15{,}000 \sim 39{,}000$ g/mol에서는 미배향(unoriented) PE의 준(quasi) 평형 결정화도는 약 0.8이나, $M = 7.03\times10^4$ g/mol의 경우에는 결정화도가 0.65이었으며, $M = 6\times10^5 \sim 7\times10^5$ g/mol의 높은 분자량 경우에는 결정화도가 0.2~0.3으로 뚝 떨어졌는데 이는 다른 라멜라에의 부착(attachment)수의 증가나 얽힘효과때문일 것이다. 또한 이 경우 뚜렷한 구정도 관측되지 않았다. 그리고 $M = (5.8)\times10^6$ g/mol과 같은 매우 높은 분자량 경우의 낮은 결정화도는 불완전한 미세 라멜라구조사이에 비정물질이 다량 포함되어 있으며, 이 중 일부는 다른 라멜라 사이의 맺음사슬을 형성하거나 같은 라멜라내에서 인접하지 않은 줄기사이에 긴 루프(loop)를 형성하기 때문이다.

그림 9.46에 나타낸 PE 결정에 관한 또 다른 중요한 실험결과로서는 유형 Ⅰ과 Ⅱ에서의 PE벌크상태의 결정 성장 습관(crystal growth habit)이 다르다는 것이다. 얻어진 준결정성 시료의 비정부분을 특수 용매로 녹여낸 후 (즉 solvent-etching) 남은 결정성영역을 전자현미경으로 관찰한 결과(그림은 생략) 유형Ⅰ, Ⅱ간의 전이(transition)온도는 127.4℃이었다. 분자량이 32,000g/mol인 PE시료의 경우 유형 Ⅰ에서는 볼록한 모양의 늘어난 구조가 관측되었으며, 유형 Ⅱ에서는 각진 모서리(curved edges)를 가진 잘린 마름모꼴(trucated lozenge)의 구조가 관측되었다. 이는 결정성장방향이 유형Ⅰ의 {110}면에서 유형Ⅱ의 각진{200}면으로 바뀌었기 때문이라 추측된다.

결론적으로 위에서 언급한 Hoffman의 '표면기핵(surface nucleation) 이론'에서는 각 결정이 일정한 두께로 성장하는 결정의 집합(ensemble)을 가정하고, 이 두께는 결정이 가질 수 있는 최저 성장속도에 해당하는 두께에 가깝다. 이 이론은 광범위한 범위의 결정화 동력학을 비교적 정확하게 기술하고 있으나 어디까지나 엔탈피(enthalpy) 개념에만 치중된 결점을 갖고 있다.

그래서 이 결함을 보완하기 위하여 Sadler 및 Gilmer에 의해 제안된 '엔트로피 장벽(enthalpy barrier) 이론' 이 있다. 이 이론은 컴퓨터를 이용한 속도론적 Monte Carlo 시뮬레이션 계산에 기초를 두고 있다. 원래 Monte Carlo이론은 확률론적으로 랜덤운동에 지배되어, 가령 배제체적(excluded volume)이나 2차결합에너지나 반발력 등을 정해진 규칙에 의해 컴퓨터로 (확률론적인) 계산을 수행한다. 그러나 이에 대한 자세한 언급은 지면 관계상 생략하겠다.

9.8.2.4 라멜라에서 재진입(reentry) 문제

위에서 언급한 Hoffman의 표면기핵이론에서는, 라멜라는 규칙적인 이웃과의 재진입(adjacent reentry)을 통한 접힌구조로 형성되었는데 이는 과도하게 단순화된 측면이 있다. 교환기(switchboard) 모형과 접힌 사슬(folded-chain) 모형에 관해서는 9.52절에서 간단히 설명하였다. 고분자의 단결정과 벌크상태에서의 분자의 배치에 관한 의문은 1957년 라멜라 구조의 단결정이 발견되고, X-선 등의 연구로부터 사슬이 라멜라면에 수직이라는 것이 밝혀진(9.5.2절 참조) 이래로 고분자 과학이 풀어야 할 한 문제점으로 제기되어 왔다.

사슬의 길이는 결정의 두께에 비해 훨씬 길므로 사슬은 다시 결정으로 들어가거나 다른 어디로 가야 한다. 하지만 교환기 모형과 접힌사슬모형의 상대적인 정확성은 아직까지 적당한 분석기기의 미비로 충분히 설명되지 못하고 있다.

a) IR 분광법

Krimm은 묽은 용약에서 침전시킨 수소로 치환된 고분자와 중수소로 치환된 고분자의 혼합결정을 사용하여 일련의 적외선(IR) 분광분석 실험을 행하였다. 이는 적외선 스펙트럼에서 결정장(crystal field) 특유의 갈라짐(splitting)을 측정하여 이로부터 결정격자에서 중수소로 치환된 한 분자사슬의 줄기의 상대적 위치를 분석하는데, 주로 수소 혹은 중수소로 치환된 폴리에틸렌을 블랜드하여 사용한다.

이로부터 얻어진 중요 결과로는 묽은 용액에서 성장한 결정의 경우 사슬접힘은 (121)면을 따라 이웃간 재진입(adjacent reentry)을 통하여 일어나며, 분자가 바로 이웃하는 (121)면에 다시 접힐 확률이 매우 크다는 것이다.

용융결정 PE는 용액성장 결정과는 다르게 이웃과의 재진입을 통한 접힘의 경우는 훨씬 적다. 그러나 보통 수소를 포함하는 결정종으로부터 중수소를 포함하는 결정종이 따로 분리(segregation)되는 것을 막기 위해 충분한 과냉각이 요구된다. 용융상태로부터 실온까지 냉각속도는 약 1℃/min이므로 3결정유형 모두에서 조금씩 결정화가 일어날 수 있다.

b) 탄소-13 NMR

용액에서 성장한 결정에서의 사슬의 접힘에 관한 또 다른 증거는 부분적으로 에폭시화된 1,4-트란스-폴리부타디엔 결정에 관한 탄소-13 NMR 연구에서 관찰되었다. 이 고분자는 묽은 헵탄용액에서 결정화된 후 m-클로로과벤조산으로 산화되었는데, 이 경우 산화반응은 비결정영역에서만 일어나고 결정영역의 사슬은 산화되지 않는 것으로 생각할 수 있다.

실험결과 고분자는 에폭시화된 부분과 이중결합을 갖는 분절이 반복되는 블록공중합체의 구조를 가졌다. 두 가지 시료에 대한 NMR분석 결과 사슬이 접힌 부분의 길이는 구조단위 2.4와 3개에 해당하며, 줄기 부분은 15.2개와 40.8개의 반복단위에 해당하였는데, 계산결과 고분자가 최대한 촘촘히 접히는(tightest fold) 경우 접히는 부분에는 약 3개의 반복단위가 필요한 사실로부터 단결정에서 사슬은 촘촘히 이웃하게 접히는(tight adjacent reentry fold) 구조를 가짐을 명백히 나타내고 있다.

넓은 선(broad line) H-NMR과 Raman분석으로 결정성 고분자인 PE에 결정영역, 경계면 영역, 그리고 비결정으로 액체와 같은 영역 등의 세 영역이 존재함을 알 수 있는데, 실험 결과 분자량이 250,000 g/mol인 경우 세 영역은 각각 전체의 75, 10, 15 %에 해당하였다. 경계면 영역이 존재한다는 것은 사슬이 접힌사슬구조가 아닐 가능성을 제시한다.

c) 소각 중성자산란(SANS)

소각 중성자산란(SANS)법의 출현으로 사슬의 접힘(재진입)에 새로운 몇 가지 방식이 제시되었다. Sadler와 Keller는 중수소로 치환된 폴리에틸렌과 보통의 수소로 치환된 폴리에틸렌의 블랜드물을 만들어 묽은 용액으로부터 결정화시킨 후 분자량의 변화에 따른 회전반경 $R_g \left[= \langle R_g^2 \rangle^{1/2} \right]$의 변화를 측정하였다.

몇 가지 가능한 모형을 그림 9. 47에 예시하였다. 바로 이웃하게 접히는(adjacent reentry)모델의 경우(그림 9. 47c) 막대기 형상이 만들어지므로 분자량이 충분히 큰 경우 R_g는 $M^{1.0}$에 따라 변해야 한다. 교환기 모형의 경우는(그림 9. 47d) 사슬의 공간에서의 형태가 가우스 분포를 만족할 것이므로 R_g는 $M^{0.5}$에 따라 변할 것으로 예측된다. R_g와 M사이의 몇 가지 가능한 상관관계를 표 9. 7에 나타내었다 (문제 4. 2 참조).

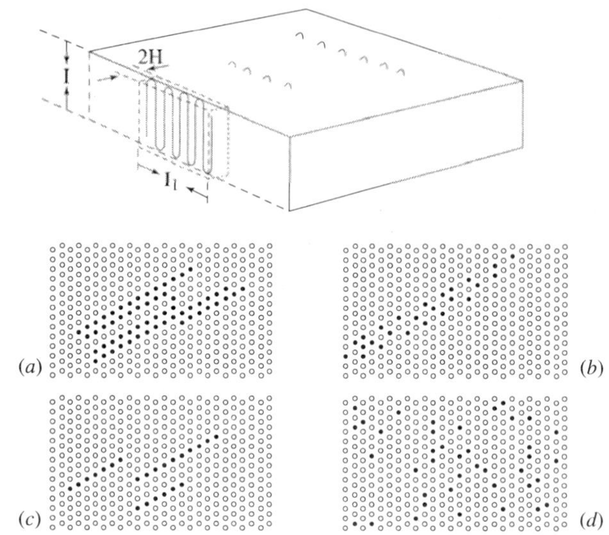

▶ **그림 9. 47** 라멜라 형태의 결정에서 사슬의 접힘구조(재진입)에 대한 몇 가지 모형.(a) 과접힘이 있으면서 규칙적으로 다시 들어옴, (b) Yoon과 Flory의 실험결과에 잘 일치되는 부분적으로 바로 이웃하지 않는 경우(줄기희석), (c) 과접힘 없이 바로 이웃하는 경우, (d) 교환기 모형. 다시 들어오는 위치가 (121)면에 나란하며, 이웃하는 (121)면에 과접힘이 있다. 점으로 표시된 (001)면에서 쳐다 본 것.

표 9. 7 기학학적 형태 R_g 와 분자량 M사이의 관계

기하학적 형태	R_g	분자량 의존성
구	$D/\sqrt{20/3}$	$M^{1/3}$
막대기	$L/\sqrt{12}$	M^{1}
불규칙 코일	$r/\sqrt{6}$	$M^{0.5}$
장방형판	$(b^2+l^2)^{1/2}/\sqrt{12}$	$M^{가변}$
정방형판	$A^{1/2}/\sqrt{6}$	$M^{0.5}$

기호 : D, 지름 : L, 막대의 길이 : r, 말단간 거리 : A, 면적 : b, 판의 폭 : l, 판의 길이

Sadler와 Keller는 용액에서 성장한 결정에서 R_g가 M의 0.1승에 의존함을 관찰하였는데, 이는 '과접힘(superfolding)'이라고 불리는 줄기가 몇 번 딴 위치에 들어온 후 자신의 위에 접히는 구조(그림 9. 47 참조)에서만 가능하다. 이와 같이 0.1승에 의존하는 경향은 중간 분자량영역에서만 관찰되었으며, 분자량이 충분히 작은 경우는 과접힘이 없었으며, 분자량이 충분히 큰 경우는 0.5승에

의존하는 사각판(square plate) 구조가 만들어졌다.

최근 Yoon과 Flory는 폴리에틸렌 단결정에 대한 여러 가지 미결정(crystallite)모형으로부터 예측되는 산란강도 값의 정량적인 계산에서 바로 이웃하게 접히는(adjacent reentry) 구조는 실험과 잘 일치하지 않음을 관찰하고, 그림 9. 47b 와 같은 줄기가 2~3배 희석되는(stem-dilution) 구조를 제시하였다. 이 경우 2~3개의 사슬이 참여하면서 띄엄띄엄 빠뜨리는(skip) 메카니즘이 관계될 것으로 예측된다.

한편 Sadler와 Keller의 실험결과에 의하면 용융상태로부터 결정화시킨 경우는 용액 성장결정과는 달리 교환기 모형에 가깝게 줄기가 랜덤하게 배열한 구조가 얻어졌다. 용융 후 결정화시킨 PE와 it-PP에 대한 Yoon과 Flory, Dettenmaier 등의 정량적 계산에서도 용융상태로부터 식히는 경우 이웃간 재진입에 의한 사슬의 고리접힘은 극히 드물게 발생하였다.

Yoon은 약 100Å두께의 결정 라멜라영역, 약 5~15Å 두께의 계면영역, 그리고 약 50Å두께의 비결정영역 등으로 크게 세 영역을 구분하였는데, 바로 이웃하게 접히는(nearby reentry) 모델에서 불규칙적인 접힘이 일어날 때 사슬이 계면영역에 놓이게 된다. 용액에서와 용융 후 결정화시킨 폴리에틸렌에 대해 계산된 다시 들어오는 정도를 표 9. 8에 요약하였다. 이 때 중요한 문제점은 두 시료가 결정화 도중 분리되는 것을 막기 위해 과냉각 정도가 커야 되며, 이 때 대부분의 결정화가 Ⅲ유형으로 진행된다는 것이다.

표 9. 8 폴리에틸렌의 라멜라결정에서 재진입하는 정도.

경 우	다시 들어오는 정도	
	동일 결정에 다시 들어오는 확률	다시 들어오는 위치 사이의 평균거리
용액에서 결정시킨 경우	1.0	10~15 Å
용융 후 결정시킨 경우	0.7	25~30 Å

최근 Crist 등이 가지가 약간 달린 폴리부타디엔에 수소 혹은 중수소를 첨가하여 폴리에틸렌과 비슷한 구조로 만든 후 두 고분자를 블랜드하여 SANS로 조사한 결과 용융 상태와 용융 후 결정화한 경우 얻은 산란곡선에서 두 경우 R_g값이 폴리에틸렌의 Flory-θ용매에서의 값을 가짐을 관찰하였다. Wignall 등은 광각 중성자산란에서 규칙적으로 접힐 수 있는 줄기의 수는 4가 최대값임을 관찰하였다.

폴리프로필렌(PP), poly(ethylene oxide)(PEO), 이소탁틱 폴리스티렌(it-PS) 등의 다른 결정성 고분자에 대해서도 많은 연구가 진행되었는데, Wignall 등은 용융상태에서와 결정상태에서의 $R_g/M_w^{1/2}$값을 아래와 같이 요약하였다(표 9. 9 참조).

표 9.9 용융상태에서와 결정화된 고분자의 분자 크기의 비교.

고분자	결정화 방법	$R_g/M_w^{1/2}$ 용융상태	$Å/(g/mol)^{1/2}$ 결정화된 상태
폴리에틸렌	용융상태에서 급냉	0.46	0.46
폴리프로필렌	급냉	0.35	0.34
	139℃에서 등온결정	0.35	0.38
	용융상태에서 급랭한 후 137℃에서 열처리	0.35	0.36
poly(ethylene oxide)	천천히 냉각	0.42	0.52
이소탁틱 폴리스티렌	140℃에서 결정화(5시간)	0.26~0.28[a]	0.24~0.27
	140℃에서 결정화한 후(5시간) 180℃에서 결정화(50분)		0.26
	200℃에서 결정화(1시간)	0.22[a]	0.24~0.29

[a]용융상태에서의 자료는 없고 주어진 값은 아탁틱 폴리스티렌을 결정성 물질과 동일하게 열처리하여 측정한 값이다.

매우 흥미있는 것은 모든 고분자에서 결정상태에서와 용융상태에서의 이 값의 크기가 거의 같다는 것이다. 이 데이터에서 R_g가 결정화에 의해 감소한 경우를 볼 수 없으며, PEO의 경우는 오히려 증가하고 있는데, 이와 같이 R_g가 용융상태에서와 결정상태에서 거의 같은 것은 규칙적인 접힘이 없음을 이야기한다. 이상의 결과로부터 용융 후 결정화시킨 경우는 용액에서 결정화시킨 경우에 비해 바로 이웃하게 접히는(adjacent reentry) 경우가 훨씬 적다고 요약할 수 있다.

Hoffman과 Frank는 결정에서 사슬이 접히거나 결정표면에서 사슬이 비스듬하게(obliquely) 배열하지 않으면 결정-비결정 계면에서의 밀도값이 크게 정상에서 벗어날 것으로 예측하였다. 이와 같은 문제점은 비결정영역의 긴 루프(loop)사이에 조밀한 접힘이 산재(interspersing)하면 경감될 수 있음을 지적하였는데(그림 9.48 참조), Frank는 비결정영역의 밀도값이 정상에서 벗어나지 않기 위한 반대 방향으로 접힐 확률 p, 비스듬각 θ, 결정 줄기의 길이 l, 사슬의 전체 길이 L사이의 일반식을 다음과 같이 유도하였다.

$$\left(1-p-\frac{2l}{L}\right)\cos\theta \leq \frac{3}{10} \tag{9.64}$$

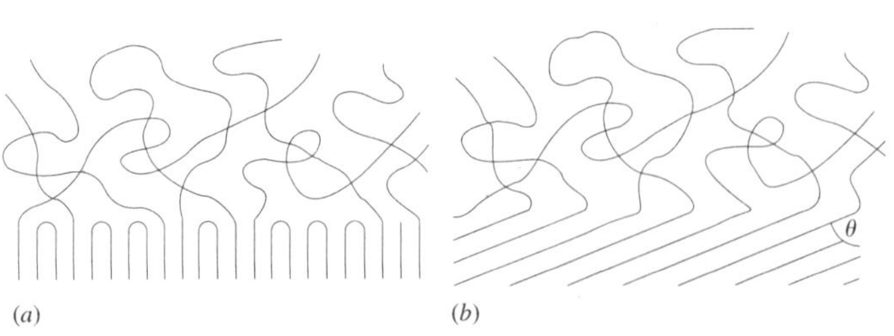

▶ **그림 9.48** 밀도 패러독스$(1-p-2l/L)\cos\theta < \frac{3}{10}$에 대한 대안. (a) 임계값 이상으로 사슬이 접힘 ; (b) 계면에서 비결정영역의 밀도를 줄이기 위해 결정 중 줄기가 경사각을 가짐.

이상의 결과에서 두 종류의 새로운 모형이 탄생하였는데, 1980년 Dettenmaier 등은 고화(solidification)모형을 제안하였으며, 이 모형에서는 결정화가 장거리에 걸친 확산이 없이 사슬의 짧은 부분이 나란히 배열하여 일어나는 것으로 설명한다. 따라서 사슬의 각 분절은 원래 위치에서 결정화하여 교환기 모형을 조금 수정한 형태가 된다. 이것이 R_g값이 결정화 중 거의 변하지 않는다는 것을 예시한 최초의 모형이다.

한편 Hoffman은 최소한 2/3가 바로 이웃하게 접하는 것으로 설명하는 가변성 송이모형(variable cluster model)에 의해 비결정영역의 밀도문제가 잘 해결될 수 있음을 보여 주었다. 그림 9. 49에 사슬이 한 라멜라에서 몇 번 접히면서 결정화하고 비정영역을 지나 다른 라멜라에서 다시 몇번 접히는 것을 거듭하는 모양을 예시하였다. 따라서 가변성 송이모형에 의해 III유형 결정화가 일어날 경우 R_g값은 용융상태에서의 값이 거의 그대로 유지된다.

이러한 최근의 연구들을 1962년 Hosemann 에 의해 제안된 준결정(paracrystalline)모형과 비교해 볼 필요가 있는데, 그림 9. 50에서 예시한 바와 같이 이 모형은 III유형 결정화에서 예측되는 격자의 결합과 불규칙성을 강조하고 있다. 이 모형은 또 결정성 고분자와 비결정성 고분자의 개념을 이어주는 교량역할을 하며, 최근 Hosemann의 연구는 부분적으로 규칙적인 상태를 조사하기 위하여 계속되고 있다.

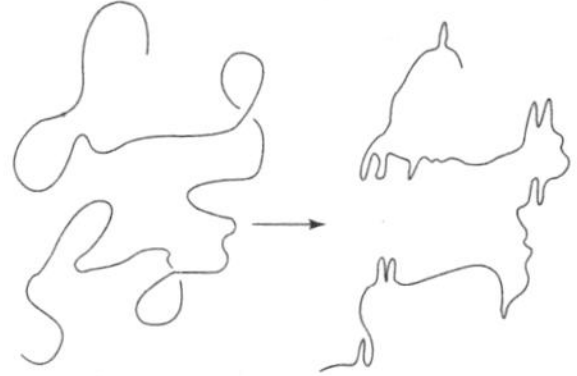

▶ **그림 9. 49** 가변성 송이모형에서 사슬이 일부는 접히면서 결정화하고 일부는 비결정을 유지하면서 애초의 크기와 용융상태에서의 회전지름이 거의 그대로 유지되는 모양.

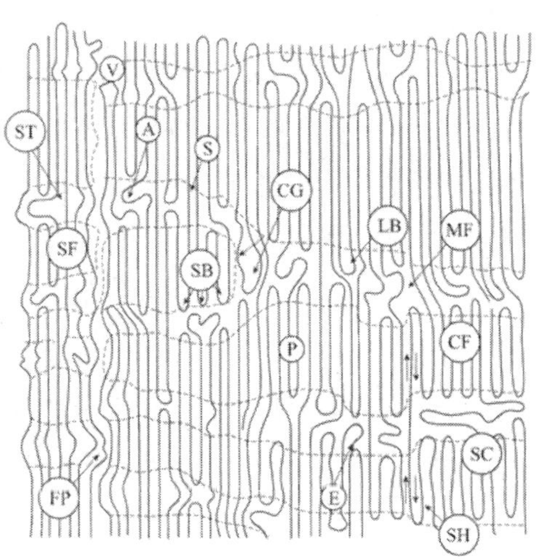

▶ **그림 9. 50** Hosemann의 준결정(paracrystalline) 모형. 비결정 구조를 일종의 결함으로 보여주고 있다. 회전반경 R_g가 비결정성 물질에서의 값에 거의 근접할 것으로 예측된다. 기호 : A, amorphous region ; CF, clustered fibrils(hot stretched) ; CG, part corresponding to crystal growth in the bulk material ; E. end of molecular chain ; FT, structure giving four-point diffraction pattern ; LB, long backfolding of molecular chain ; MF, migration fold ; P, Paracrystalline layer lattice ; S, straight chains ; SB, short backfolding of molecular chains ; SC, lamellar crystals(single crystals) ; SF, single fibrils(cold stretched) ; SH, shearing region ; ST, V, void

이절에서 언급된 내용을 요약하면 묽은 용액에서 성장한 결정의 경우 동일 분자 내의 새 줄기(new stem)가 바로 이웃하게 접히거나(adjacent reentry) 한두 개를 건너 뛴 장소에서 접히는 수정된 규칙적인 재진입 모형이 가장 잘 들어맞지만, 용융 후 결정화시킨 경우는 접힌사슬의 개념이 크게 수정되어야 하며, 이 분야는 아직도 왕성한 연구가 진행되고 있으므로 좀 더 정확한 설명이 곧 얻어질 것으로 생각된다.

바로 이웃하게 접힌구조이거나 교환기모형에서와 같은 구조이거나간에 라멜라의 형성은 분자운동이 제한된 조건에서 과냉각 정도에 따라 동역학적으로 좌우되며, 가장 안정한 결정의 형태는 펼쳐진(extended) 사슬구조로 생각된다.

d) 펼쳐진 사슬구조

Wunderlich는 결정화가 큰 정수압(hydrostatic pressure)하에서 수행된다면 열역학적 평형 결정상태는 펼쳐진(extended) 사슬형태를 가질 것이라고 지적하였다. 실제로 폴리에틸렌(PE)은 약 5 kbar의 압력에서 펼쳐진 단결정을 형성한다. 이들 결정은 길이가 수 ㎛나 되는 긴 바늘 같은 구조를 가진다. 접힌 사슬과 펼쳐진 사슬의 균형은 (평형)열역학과 속도론의 복잡한 상호작용에 의존할 것이다.

PE의 압력-온도 상다이어그램에 의하면 압력이 4 kbar 이상에서의 결정하에 의해 생긴 결정도메인은 처음에는 6각형(hexagonal, h)(펼쳐진 사슬)결정구조가 생기고, 다음에 사방정계(orthorhombic, o)(접힌 사슬)결정구조의 순으로 진행된다. 그리고 흥미로운 것은 실온과 대기압의 조건에서는 6각형구조가 준안정(metastable)상태이다.

결정의 열역학적 안정성은 그의 크기, 특히 두께 l에 의존한다. 펼쳐진 결정은 분자가 끝과 끝(end-on-end) 및 옆과 옆(side-to-side) 모두 부가하여 두께가 아주 두꺼운 결정이다. 그림 9. 51에 나타낸 상 안정도 다이어그램에 관한 연구로부터, 6각형과 사방정계의 상대적 안정성은 크기에 따라 역전한다. 즉 어떤 두께이상에서는 접힌(사방정계)구조가 더욱 안정하다.

그림 9. 51은 등압조건에서 라멜라 결정두께의 역수와 (결정화)온도와의 관계를 보내준다(식 9. 53 참조) 그림에서 보는 바와 같이 여러 등온 성장영역(regions)이 가능한데, 온도 T_Q위와 아래에 위치한 두 중요온도 A와 B사이에 위치하도록 선택된 $1/l=0$ (즉 무한대의 두께)을 향하고 수평 화살표로 나타내져 있다. 액상 용융물(L)지역에서는 주어진 온도에서의 상 직선(phase line)에 대응하는 결정화 크기가 얻어질 때까지 결정화현상은 일시적(transient)이다. 일단 여기에 도달하면 새로 생긴 결정상은 안정하고 성장을 계속한다. 영역 A에서는 먼저 결정이 o상(상방정계)에서 시작하여 결정두께 l의 극한값인 l_g^*까지 성장을 계속하다가 $h \to o$변환이 있고, 이후 측면방향의 일정 두께 l이 될 때까지 계속 성장한다. 즉 영역 A는 최종 안정지역인 사방정계 o상으로 바로 통과한다.

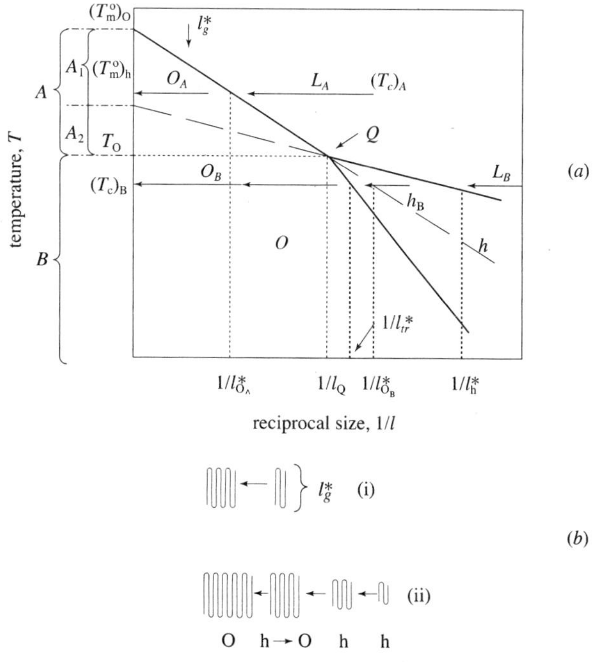

▶ **그림 9. 51** 라멜라 결정두께(역수) 대 온도변화. (a) 상 안정도 다이어그램으로 나타낸 상 성장. h 및 o 는 각각 PE의 6각형 및 사방정계 결정, L는 용융액상을 나타낸다. $1/l=0$을 향하는 두 종류의 수평 화살표는 두 온도 유형인 A와 B사이에서 고른 두 개의 다른 결정화 온도에서의 등온 성장경로를 나타낸다. (b) 사슬접힘 고분자단결정의 모식도 : (i) 지역 A는 o상에서 직접 성장을 통하여 측면성장을 계속하는 두께 l_g의 라멜라로 이른다, (ii) 지역 B에서는 결정이 h상에서 시작하여 측면과 두께성장이 계속되다가 h상에서 o상으로 변환하거나 충돌 경우 성장속도가 느려지거나 정지된다. T_m: 용융온도.

반면에 낮은 온도 영역인 B에서는, 6각형 결정구조 h상이 먼저 생긴다. 라멜라두께 l는 결정이 성장하면서 증가한다. 이 6각형 형태는 적절한 압력하에서 한정된 크기 범위내에서만 안정하며, 그림 9. 51로 나타낸 온도(T)대 역두께($1/l$)의 위상공간에 있는 두상(o 및 h) 사이의 경계를 나타내는 $1/l_{tr}^*$을 가진 비교적 큰 결정의 경우에는 준안정(metastable)상태가 된다.

만약 압력이 $P > P_Q$가 되는 매우 높은 압력하에서는, h상은 안정해져 설사 $l \to \infty$ 인 경우에도 안정하다. 그러나 속도론적 관점에서 보면 접힌 사슬결정에서의 측면성장은 두께가 두꺼워지는 성장(thickening growth)보다 빨라, 대부분의 조건에서는 접힌 사슬 모폴로지의 출현을 지지해준다. 사방정계(o)상은 6각형(h)상보다 이동성(또는 확산계수)이 훨씬 낮아 o상 존재하에 h상의 성장은 속도가 지연된다.

아직 논의가 진행중인 사항이지만, 고온 영역 A가 좁을 경우(즉 과냉각도 ΔT가 작을 경우) 고분자는 늘 $(T_m^{\circ})_o$에 가까워야 한다. 따라서 이 지역에서의 결정화 속도는 매우 느려 현실성이 없다. 이 경우 계속 냉각에 의해 실제 결정은 저온 영역인 B에서 일어나게 되어, 6각형 결정구조 (h)를 갖게 된다. 그러나 만약 고온영역 A가 없을 경우 결정화는 온도가 T_Q에 도달하기 전 궁극적으로 보다 안정한 사방정계(o)상태에서 시작하게 될 것이다(그림 9. 51 참조).

9. 9 용융의 열역학

9. 9. 1 서론

Tonelli에 의하면 고분자 결정의 용융(fusion 혹은 melting)과정을 9. 52와 같이 도식적으로 나타내었는데, 여기서 고분자 용융과정을 부피팽창(exp) 단계와 형태학적 무질서화(conf) 단계로 나누었다[단 그림에서 E가 내부에너지를 나타냄]. 부피팽창 단계는 전적으로 고분자 사슬 간 상호작용에 의존하는데 사슬들이 서로 멀어지면서 필연적으로 부피변화를 일으키는 과정이다.

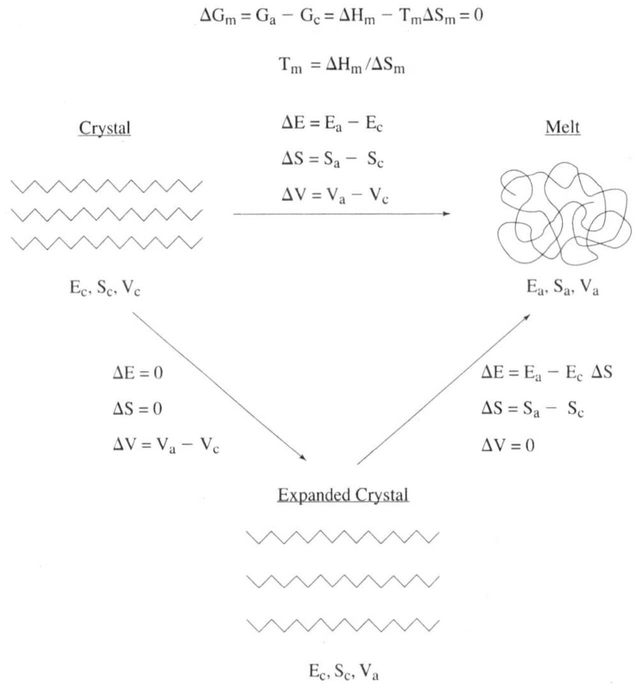

▶ **그림 9. 52** 고분자 결정이 부피팽창(사슬 간 상호작용)과 형태학적 무질서화(사슬 내 형태변화)의 두 단계로 분해되는 과정[단 위 그림에서 E가 내부에너지를 나타냄].

반면, 형태학적 무질서화 단계는 사슬 내 형태의 변화이기 때문에 부피변화가 없다. 결정상 (c)

및 비결정 용융상 (a)에서 시편의 부피는 각각 V_c와 V_a이고, 고분자 개별사슬의 형태학적 에너지와 엔트로피는 각각 E_c, E_a 그리고 S_c, S_a이라면, 팽창된 결정은 V_a, E_c, S_c로 나타낼 수 있다. 전체적인 용융과정은 열역학 1차전이 이므로 $\Delta V = V_a - V_c$, $\Delta E = E_a - E_c$, $\Delta S = S_a - S_c$로 나타낼 수 있고(8. 5. 1절 참조), ΔV에 기인된 분자 간 기여도인 ΔE_{exp}와 ΔS_{exp}도 고려해야 한다. 열역학적으로 $T = T_m$인 조건에서 결정상과 비결정상이 평형상태에 있을 때 동일한 (몰)Gibbs 자유에너지 G를 가져야만 하기 때문에 $\Delta G_m = G_a - G_c = \Delta H_m - T_m \Delta S_m = 0$의 조건을 만족시켜야 한다. 즉, $T_m = \Delta H_m / \Delta S_m$이다. 폴리에틸렌(PE)의 용융에 대한 실험을 통하여 용융 엔탈피 ΔH_m과 용융 엔트로피 ΔS_m에 미치는 부피팽창과 형태학적 무질서화의 상대적인 기여도를 가늠해 볼 수 있다.

결합에 대한 $\Delta H_m = 960$ cal/mol, $T_m = 140$ ℃, $\Delta S_m = 2.3$ cal/K − mol(e.u.)이 실험적으로 밝혀졌다. 만일 ΔH_m에 미치는 ΔV(혹은 $P\Delta V$)의 매우 작은 기여를 무시한다면, $\Delta H_m \doteqdot \Delta E_{exp} + \Delta E_{conf}$과 같이 부피팽창 단계와 형태학적 무질서화 단계의 합으로 표현할 수 있다. 여기서 ΔE_{conf}는 랜덤코일 형태의 PE에대한 3회전이성체(RIS)모델의 예측으로부터 곧바로 결정할 수 있다(4. 1절 참조). 계산에 의하면 40 %의 사슬결합이 *trans* 형태보다 500 cal/mol이 높은 *gauche* 형태를 취하고 있다.

결과적으로 ΔE_{conf}는 ΔH_m항에 0.4×500 cal/mol $= 200$ cal/mol를 기여하게 되고, $\Delta E_{\exp}$는 대략 960-200 = 760 cal/mol의 기여도를 차지한다. 즉 PE의 용융 엔탈피는 결정구조에서 비결정구조로 전환하면서 야기되는 부피팽창에 필요한 에너지에 의해서 주도적인 영향을 받는다. 행렬법과 RIS 모델에 근거하여 계산된 PE에 대한 통계적 분배함수(partition function) Z로부터 형태학적으로 무질서한 사슬에 대한 S_a를 계산할 수 있다. 완전히 펼쳐진 사슬구조이며 모두 *trans* 형태인 폴리에틸렌 결정에 대한 형태학적 엔트로피는 0이라고 가정하면, $\Delta S_{conf} = S_a = 1.8$ e.u.이고, $\Delta S_{exp} = \Delta S_m - \Delta S_{conf} = 2.3 - 1.8 = 0.5$ e.u.가 된다. 따라서 PE의 용융 엔트로피는 주로 사슬 내 형태학적 무질서화에 의존한다는 것을 알 수 있다.

ΔH_m은 부피 팽창을 동반하는 사슬 간 상호작용의 변화에 의해 지배되는 반면, ΔS_m은 고분자 사슬 내 형태학적 무질서화에 의해 지배된다는 결과를 바탕으로, PE의 용융에 대한 $T_m = \Delta H_m / \Delta S_m$ 관계식을 근사적으로 $T_m \approx \Delta E_{exp} / \Delta S_{conf}$으로 나타낼 수 있다. 따라서 $T_m \approx \Delta E_{exp} / \Delta S_{conf} = (760$ cal/mol$)/1.8$ e.u. $= 423$ K $= 150$ ℃ 임을 알 수 있고, 이는 실제적인 PE의 $T_m = 140$ ℃ (표 9. 1)에 근접한 결과임을 알 수 있다. 쌍극자 힘, 수소결합, 반데르발스 힘과 같은 사슬 간 인력이 증가함에 따라 $\Delta E_{\exp}$는 증가하면 반면, ΔS_{conf}는 랜덤코일 형태를 가정하지 않은 고분자의 용융일 경우 작을 것이다. 결론적으로 T_m은 극성이고 수소결합을 하고 있는 형태학적으로 단단한 사슬의 고분자일 경우 가장 높을 것이고, 연질(soft) 비극성 고분자의

경우 가장 낮을 것이다.

이와 같이 용융온도와 용융 엔트로피와 같이 중요한 벌크 고분자의 외부 응답(outside response)은 용융과정에서 각 고분자 사슬내부의 형태를 고려함으로써 가능하다.

한편 용융은 전술한 바와 같이 부피와 엔탈피 등의 함수의 불연속이 수반되는 일차전이 현상으로서 고분자에서 이상적인 경우와 실제 경우를 그림 9. 53에 예시하였는데, 이상적으로는 고분자가 용융될 경우 그림 9. 53a와 같이 융점 T_f에서 일정량의 부피 증가가 있어야 한다. 또 T_f에서 부피 팽창계수도 증가함을 볼 수 있다. 실제 고분자에서는 미소결정이 여러 가지 크기를 가지고 결정의 완벽한 정도가 다르므로 그림 9. 1에서 보는 바와 같이 일정 온도 범위에서 용융이 관찰된다. 통상 고전적인 융점은 결정성이 모두 사라지는 점(그림 9. 53b의 점 A)으로 간주한다.

용융에 수반되는 자유에너지 ΔG_f는 다음의 일반식으로 표시할 수 있으며,

$$\Delta G_f = \Delta H_f - T\Delta S_f \tag{9.65}$$

여기서 ΔH_f와 ΔS_f는 몰당 용융에 수반되는 엔탈피와 엔트로피의 변화량이다. 융점에서 $\Delta G_f\left(= \overline{G}_l - \overline{G}_c\right)$는 0이므로 다음이 성립한다.

$$T_f = \frac{\Delta H_f}{\Delta S_f} \tag{9.66}$$

따라서 엔트로피항은 적을수록, 엔탈피항은 클수록 T_f는 증가하므로 나일론과 같이 극성이 큰 분자는 ΔH_f값이 커서(표 9. 1 참조) 융점이 높다.

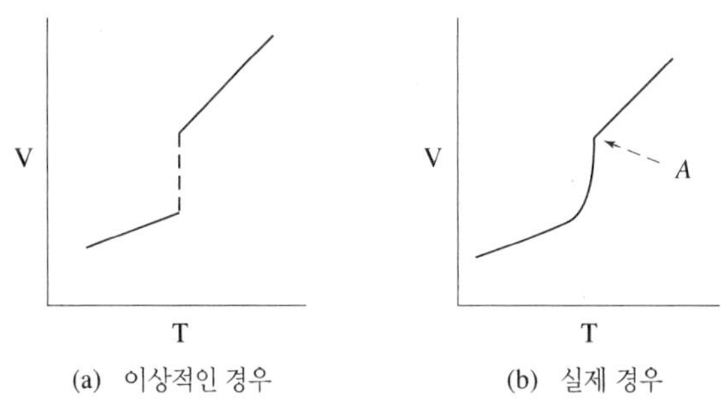

▶ **그림 9. 53** 고분자의 용융에 따른 부피 팽창 거동.

9. 9. 2 융점 강하 이론

결정성 구분자(성분2)에 서로 상용성이 있는 용매나 불순물 혹은 비정 고분자(성분1)를 소량 첨가하면 결정성 고분자의 융점이 T_f° 으로부터 T_f로 강하된다. 만약 둘 다 고분자 즉 성분1 및 성

분2의 크기가 각각 m_1 및 m_2[단 크기 $m_i = \overline{V}_i/v_0$, 여기서 $\overline{V}_i$ 및 v_0은 각각 i성분의 몰부피 및 기준격자의 부피임 : 5. 3. 3. 4절 참조]인 상용성 블랜드인 경우 성분1의 부피분율(ϕ_1)의 함수로서 융점강하를 나타내면 아래식이 된다.

$$\frac{1}{T_f} - \frac{1}{T_f^\circ} = -\frac{R}{\Delta H_f}\left[\ln(1-\phi_1) - \phi_1\left(\frac{m_2}{m_1} - 1\right) + \chi m_2 \phi_1^2\right] \tag{9. 67}$$

여기서 R은 기체상수, ΔH_f는 고분자의 몰 용융엔탈피($\Delta H_f > 0$)이고, χ는 두 성분간 (농도에 무관가정)상호작용 파라미터이다.

증 명 먼저 $\phi_1 = 0$인 순수 결정2의 평형 융점(T_f°)에서는 아래 관계가 성립된다(단 압력 P는 일정간주).

$$\overline{G}_l^\theta (= \mu_l^\theta) = \overline{G}_s^\theta (= \mu_s^\theta) \tag{9. 68}$$

여기서 θ는 성분2의 순수(표준)상태를 의미하고, 첨자 l 및 s는 각각 평형 공존 액상 및 고체(결정상)을 나타내며, μ는 몰 자유에너지 즉 화학퍼텐셜이다. 그런데 비결정성인 1성분이 소량 첨가되면($\phi_1 > 0$)6장에서 언급한 용매의 빙점강하 원리와 마찬가지로 강하된 융점 $T_f(< T_f^\circ)$에서 아래의 평형 관계가 성립된다.

$$\overline{G}_{2l} (= \mu_{2l}) = \overline{G}_{2s}^\theta (= \mu_{2s}^\theta) \tag{9. 69a}$$

혹은

$$d\mu_{2l} = d\mu_{2s}^\theta \tag{9. 69b}$$

그런데 위 식에서 평형공존 (포화)액상에 있는 성분2의 화학퍼텐셜의 변화(미분) $d\mu_{2l}$는 $\mu_{2l} = \mu_{2l}^\theta + RT\ln a_2$(여기서 a_2는 액상에서 성분2의 활동도)에서 오는 농도의존항 $RTd\ln a_2$과 등압에서 온도변화량 $-\overline{S}_{2l}dT$(표 5. 1 참조)의 합으로 나타내지며, 성분2의 순수고상의 변화 $d\mu_{2s}^\theta$는 오직 온도의존항 $-\overline{S}_{2s}^\theta dT$만으로 나타내진다. 즉 아래 관계가 성립된다.

$$-\overline{S}_{2l}dT + RTd\ln a_2 = -\overline{S}_{2s}^\theta dT \tag{9. 70a}$$

혹은

$$\Delta \overline{S}_f dT = RT d\ln a_2 \tag{9. 70b}$$

여기서 $\Delta \overline{S}_f = \overline{S}_{2l} - \overline{S}_{2s}(>0)$는 용융의 몰 엔트로피 변화이다. 여기서 용융평형에서의 관계식 (9. 66)을 대입하고, $\Delta \overline{H}_f$는 온도변화가 크지 않을 경우 상수로 간주하고, 양변을 $\phi_1 = 0\left(a_2 = 1,\ T_f = T_f^\circ\right)$으로부터 $\phi_1 = \phi_1\left(a_2 = a_2 < 1,\ T_f = T_f < T_f^\circ\right)$까지 적분을 행하면 아래가 된다.

$$\frac{\Delta \overline{H}_f}{R}\int_{T_f^\circ}^{T_f}\frac{1}{T^2}dT = \int_1^{a_2} d\ln a_2 \tag{9. 71}$$

즉 아래를 얻는다.

$$-\frac{\Delta \overline{H}_f}{R}\left(\frac{1}{T_f} - \frac{1}{T_f^\circ}\right) = \ln a_2 \tag{9. 72a}$$

혹은

$$\frac{1}{T_f} - \frac{1}{T_f^\circ} = -\frac{R}{\Delta \overline{H}_f}\ln a_2 \tag{9. 72b}$$

여기서 두 개의 단분산 고분자 블랜드(용액)계에 대한 성분2의 활동도 $\ln a_2$에 관한 식을 확장 F-H이론식인 (5. 166)에서 대입하면 아래가 되어 증명된다.

$$\frac{1}{T_f} - \frac{1}{T_f^\circ} = -\frac{R}{\Delta \overline{H}_f}\left[\ln(1-\phi_1) - \left(\frac{m_2}{m_1} - 1\right)\phi_1 + \chi m_2 \phi_1^2\right] \quad \blacksquare$$

그런데 $\Delta \overline{H}_m = \Delta h_f \cdot D_2 = \Delta h_f \cdot m_2\left(= \frac{\overline{V}_2}{v_0}\right) \cdot \frac{v_0(= V_{1u})}{V_{2u}} = \Delta h_f \cdot m_2 \cdot \frac{V_{1u}}{V_{2u}}$ (여기서 D_2는 성분2의 중합도, Δh_f는 성분2의 반복단위의 용융엔탈피, V_{1u} 및 V_{2u}는 각각 성분 1 및 2의 반복단위의 부피, 그리고 $v_0(= V_{1u})$는 기준격자의 부피임)관계식을 식 (9. 67)에 대입하고, $\phi_1 = (1-\phi_2)$를 이용하면 아래를 얻는다.

$$\frac{1}{T_f} - \frac{1}{T_f^\circ} = -\frac{R}{\Delta h_f} \cdot \frac{V_{2u}}{V_{1u}}\left[\frac{\ln\phi_2}{m_2} + \left(\frac{1}{m_2} - \frac{1}{m_1}\right)(1-\phi_2) + \chi(1-\phi_2)^2\right] \tag{9. 73}$$

만약 위 식에서 두 성분의 분자량이 모두 ∞ 즉 $m_1 \to \infty$, $m_2 \to \infty$인 블랜드의 경우에는 아래가 성립된다.

$$\frac{1}{T_f} - \frac{1}{T_f^\circ} \simeq -\frac{R}{\Delta h_f} \cdot \frac{V_{2u}}{V_{1u}} \chi \phi_1^2 \tag{9.74}$$

여기서 UCST 상분리의 경우 χ파라미터는 종종 아래 형태로 나타내진다 (식 5.224 참조).

$$\chi(T) = \frac{B}{RT} V_{1u} \tag{9.75}$$

이를 위 식에 대입하면 아래가 된다 (단 B는 온도무관, $T = T_f$ 간주).

$$\frac{1}{T_f} - \frac{1}{T_f^\circ} = -\frac{B V_{2u}}{\Delta h_f} \frac{\phi_1^2}{T_f} \tag{9.76}$$

여기서 만약 주어진 상용성 블랜드계의 조성 ϕ_1의 증가에 따른 성분2의 융점(강하) T_f에 대한 실험 데이터가 얻어졌다면 식 (9. 76)으로부터 x축에 ϕ_1/T_f, y축에 $\left(\frac{1}{T_f} - \frac{1}{T_f^\circ}\right)/\phi_1$을 두고 (직선)플롯하면 기울기로부터 상호작용 파라미터 B(혹은 χ)값을 측정할 수 있다[단 반복단위의 용융열 $\Delta h_f(>0)$값을 안다면]. 만약 기울기가 양이면 B(혹은 χ)가 음이되어 상용성이 큰(즉 융점강하 효과가 큰) 블랜드계라고 할 수 있다(그림 9. 54 참조).

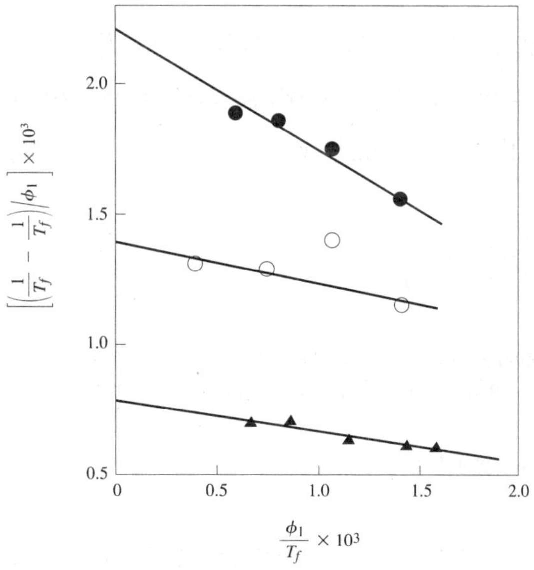

▶ **그림 9. 54** Cellulose tributyrate와 여러 가지 희석제와의 혼합물에서 $(1/T_f - 1/T_f^\circ)/\phi_1$을 ϕ_1/T_f에 대해 플롯하여 용융열 Δh_f와 χ를 결정한 예 : hydroquinone monoethyl ether(검은 원), dimethylphthalate(흰 원), ethyl laurate(세모).

한편 식 (9. 73)에서 $m_1 = 1$ 즉 비결정성 성분1이 저분자량 용매(혹은 희석제)이고, $m_2 \rightarrow \infty$를 대입하면 아래식을 얻는다.

$$\frac{1}{T_f} - \frac{1}{T_f^\circ} \simeq \frac{R}{\Delta h_f} \cdot \frac{V_{2u}}{\overline{V}_1}(\phi_1 - \chi\phi_1^2) \tag{9. 77}$$

이때 상호작용 파라미터 $\chi(= \chi_h + \chi_s)$에서 χ_s항을 무시하고, χ_h로서 Hildebrand의 용해도 파라미터(δ)이론식 (5. 99)를 이용하면 χ에 대한 아래의 근사식을 이용할 수가 있다.

$$\chi \simeq \frac{\overline{V}_1}{RT}(\delta_1 - \delta_2)^2 \tag{9. 78}$$

여기서 $\overline{V}_1$는 용매의 (부분)몰부피, δ_1 및 δ_2는 각각 용매 및 (결정성)고분자의 용해도 파라미터이다. 만약 저분자량 첨가제의 양이 매우 작을 경우에는 식 (9. 77)의 ϕ_1^2항을 무시할 수가 있어 아래식을 얻는다.

$$\frac{1}{T_f} - \frac{1}{T_f^\circ} \simeq \frac{R}{\Delta h_f} \cdot \frac{V_{2u}}{\overline{V}_1}\phi_1 \tag{9. 79}$$

예제 9.8

만약 결정성 폴리에틸렌 옥시드(PEO)의 건조(평형)융점 $T_f^\circ = 66$ ℃ 일 때 이를 벤젠으로 희석($\phi_1 = 0.1$)시킨다면 새로운 (강화된)융점 T_f을 식 (9. 79)로부터 추정하여 보아라. 단 $\Delta h_f = 8.29\ \text{kJ/mol}$, $\overline{V}_1 = 88\ \text{cm}^3/\text{mol}$, $V_{2u} = 36.6\ \text{cm}^3/\text{mol}$을 이용하여라.

풀이

$$\frac{1}{T_f} = \frac{R}{\Delta h_f}\left(\frac{V_{2u}}{\overline{V}_1}\right)(\phi_1) + \frac{1}{T_f^\circ}$$

$$\frac{1}{T_f} = + \frac{0.0083\ \text{kJ/mol}\cdot\text{K}}{8.29\ \text{kJ/mol}}\left(\frac{36.6\ \text{cm}^3/\text{mol}}{88\ \text{cm}^3/\text{mol}}\right)(0.1) + \frac{1}{339\ \text{K}}$$

$$T_f = 334.3\ \text{K} \ \text{or}\ 61.4\ ℃$$

이로부터 만약 실온(약 25 ℃)에서는 벤젠에 의해 강하된 융점 T_f보다 훨씬 낮으므로 결정이 용융(파괴)되지는 않는다.

또한 융점에 관한 압력의존성은 저분자량 첨가제($m_1 = 1$)의 경우 Karasz와 Jones에 의하면 식 (9. 77)에서 아래식이 얻어진다.

$$P_f - P_f^{\circ} = \frac{RT_f}{\Delta v_f}\frac{V_{2u}}{\overline{V}_1}\left(\phi_1 - \chi\phi_1^2\right) \tag{9. 80}$$

위 식에서 Δv_f는 결정성 고분자 2의 반복단위당 융해부피 즉 녹음에 따른 부피증가이다.

증 명 용융 즉 액상-고상 평형공존시 관련된 온도와 압력변화에 대한 C-C 식 (6. 42)에 의하면 아래가 성립된다(단 $\Delta G_f = \Delta H_f - T_f \Delta S_f = 0$ 이용).

$$\left(\frac{dT}{dP}\right)_{eq} \simeq \frac{\Delta T}{\Delta P} = \frac{\Delta V}{\Delta S} = \frac{T\Delta V}{\Delta H} \tag{9. 81a}$$

혹은 압력에 의한 융점변화항으로 나타내면 (즉 첨자 f 사용)

$$\Delta P_f \simeq \frac{\Delta H_f}{T_f \Delta V_f} \cdot \Delta T_f \tag{9. 81b}$$

그런데 융점강하식 (9. 77)에서 $\frac{1}{T_f} - \frac{1}{T_f^{\circ}} \simeq \frac{\Delta T_f\left(= T_f^{\circ} - T_f\right)}{T_f^2}$을 이용하면 아래를 얻는다.

$$\Delta T_f = \frac{RT_f^2}{\Delta h_f}\frac{V_{2u}}{\overline{V}_1}\left(\phi_1 - \chi\phi_1^2\right) \tag{9. 82}$$

이 식을 식 (9. 81b)에 대입하고, $\Delta H_f = \Delta h_f \cdot D$, $\Delta V_f = \Delta v_f \cdot D$ (여기서 D는 성분2의 중합도)를 이용하면 아래의 원하는 식을 얻는다.

$$\Delta P_f\left(= P_f - P_f^{\circ}\right) = \frac{\Delta H_f}{T_f \Delta V_f} \cdot \frac{RT_f^2}{\Delta h_f} \cdot \frac{V_{2u}}{\overline{V}_1}\left(\phi_1 - \chi\phi_1^2\right)$$

$$= \frac{RT_f}{\Delta v_f}\frac{V_{2u}}{\overline{V}_1}\left(\phi_1 - \chi\phi_1^2\right) \quad \blacksquare$$

식 (9. 80)을 보면 압력이 증가하면 예상대로 융점이 증가함을 알 수 있으며, 이는 또한 첨가제량에도 의존한다.

9. 9. 3 용융 엔트로피

9. 9. 1절 (그림 9. 52)에서도 설명한 바와 같이 용융점 T_f에서는 $\Delta G_f = \Delta H_f - T_f \Delta S_f = 0$이 되어, PE의 경우 $-CH_2-$기 1몰당 $\Delta H_f = 3.94\ \mathrm{kJ/mol}$이고 $T_f = 410\ \mathrm{K}$(표 9. 1 참조)이므로 (몰) 용융엔트로피 $\Delta S_f = \Delta H_f / T_f = 9.61\ \mathrm{J/mol \cdot K}$가 된다.

통계열역학에 의하면 용융시 얼마나 많은 형태(conformation)변화가 포함되는가가 중요하다. 만약 PE가 모두 트란스(trans)형태에서 결정이 된다면[그러나 용융상태에서는 1개의 트란스와 2개의 고쉬(gauche)형태가 가능함], 용융시 고분자는 1개의 형태에서 3개의 형태로 바뀐다. 이때 식 (7.31)에서 용융엔트로피 ΔS_f에 관한 아래의 관계식이 성립된다.

$$\Delta S_f = R\Delta(\ln\Omega) = R(\ln 3 - \ln 1) = 9.13\ \mathrm{J/mol \cdot K} \tag{9. 83}$$

이 식에서 Ω는 구별가능한 배치수(혹은 형태의 수)이다.
이 값은 실험값 $\Delta S_f = 9.61\ \mathrm{J/mol \cdot K}$와 잘 일치한다.

보다 일반적인 통계열역학적 처리는 고분자 용액에 관한 F-H 준격자(quasi-lattice)모델(그림 5. 9)에서 얻어질 수 있다. 만약 격자의 배위수(coordination number)를 z라 하면 고분자 사슬에서 현재 결합(bond) 다음에 결합(또는 분절)을 놓는 가지수는 $(z-1)$이다[사실 이는 배제체적(excluded volume)효과 때문에 약간 더 작아질 것이다]. 그러면 용융엔트로피는 준격자의 차원수(dimensionality)에 따라 아래와 같이 변한다.

$$3-\mathrm{D} : \Delta \mathrm{S_f} = \mathrm{R}\ln 5 = 13.4\ \mathrm{J/mol \cdot K} \tag{9. 84a}$$

$$2-\mathrm{D} : \Delta \mathrm{S_f} = \mathrm{R}\ln 3 = 9.13\ \mathrm{J/mol \cdot K} \tag{9. 84b}$$

$$1-\mathrm{D} : \Delta \mathrm{S_f} = \mathrm{R}\ln 1 = 0 \tag{9. 84c}$$

만약 PE 경우 한 개의 $-CH_2-$기 대신 2개의 $-CH_2-$기를 생각하면 가능한 형태수는 3×3=9가 될 것이다. 따라서 일반적인 경우에 엔트로피 변화는 아래식으로 나타내진다.

$$\Delta S = R\ln(A^a B^b C^c \cdots) \tag{9. 85}$$

여기서 A, B, C, …는 여러 부분(moiety)이 공간내 배치될 수 있는 (구별가능한)가지수이며, 그리고 a, b, c, …는 각 반복단위에서 부분의 출현횟수이다.

그림 9. 54와 다른 연구에서 얻어진 ΔH_f를 사용하여 Mandelkern과 Flory는 용융엔트로피를 구하였으며[식 (9. 66) 참조], 몇 가지 고분자에 대한 값을 표 9. 10에 예시하였다. 다양한 반복단위의 크기와 구조로부터 예측되는 바와 같이 반복 단위당 엔트로피값은 넓은 범위에서 변하지만, 이 값을 자유회전이 가능한 주사슬 결합의 수로 나눈 값은 거의 일정한 값임을 볼 수 있다. Flory에 의

하면, 분절당 용융에 수반되는 입체배치(configuration) 엔트로피는 $R\ln(Z'-1)$이며, 여기서 Z'는 격자의 배위수이다. 표 9. 10에서 E.u./(회전 가능한 결합수) 값이 Flory의 계산값과 대강 일치함을 볼 수 있다(여기서 E.u.=Entropy unit).

표 9. 10 여러 가지 고분자의 용융 엔트로피

고분자	반복단위	용융 엔트로피	
		E.u./반복단위몰수	E.u./회전 가능한 결합수
폴리에틸렌	—CH_2—	2.0	2.0
Cellulose tributyrate	$C_{12}H_{28}O_8$	6.2	3.1
Poly(decamethylene sebacate)	—O—$(CH_2)_{10}$O—CO—$(CH_2)_8$CO—	34.8	1.5
Poly(N,N'-sebacoylpiperazine)	—N(CH_2CH_2)(CH_2CH_2)N—CO$(CH_2)_8$—CO—	13.7	1.2

위의 실험에서 가열과 냉각은 천천히 하여 I 유형구조가 주를 이루도록 하였다. 이 경우 가열이나 냉각은 빨리하여 II와 III 유형이 주를 이루는 경우에 비해 융점이 높다.

9. 9. 4 Hoffman–Weeks 플롯에 의한 평형융점 결정

평형(equilibrium)융점에 관한 경우는 다양하다. 그러나 일반적으로 결정의 두께가 무한대(식 9. 53 참조) 혹은 분자량이 무한대일 때의 가능한 가장 높은 융점을 칭한다.

Hoffman과 Weeks에 의하면, 고분자의 평형융점 T_f^*는 결정이 충분히 커 표면효과가 무시할만하여 정상(normal) 고분자 용액과 평형을 이루고 있는 결정 집합체의 융점을 말한다. 또 T_f^*에서 결정은 최소 자유에너지를 가질 수 있도록 완벽하여야 한다.

이러한 정의는 대부분의 순수한 화합물에도 적용이 되지만 보통의 방법으로 결정화시킨 고분자의 경우는 결정이 작고 결점이 많기 때문에 T_f^* 이하에서 녹는다. 따라서 결정화온도는 통상 과냉각(supercooling) 때문에 T_f^*보다 더욱 낮아지지만(그림 9. 2 참조) 실험적으로 관찰되는 융점에 중요한 영향을 미친다. 이에 Hoffman과 Weeks는 다음과 같은 관계식이 성립함을 밝혔다.

$$T_f^* - T_f = \phi'(T_f^* - T_c) \tag{9. 86a}$$

혹은

$$T_f = (1-\phi')T_f^* + \phi' T_c \tag{9.86b}$$

여기서 ϕ'는 안정도(stability) 파라미터로 결정의 크기와 완벽한 정도에 의존한다. ϕ'는 0과 1사이의 값을 가질 수 있는데 위 식에서 $\phi'=0$은 $T_f = T_f^*$임을 의미하며, $\phi'=1$은 $T_f = T_c$임을 의미한다. 그러므로 결정은 $\phi'=0$일 때 가장 안정하며, $\phi'=1$일 때는 근원적으로 불안정하며, 대개 ϕ'는 $\frac{1}{2}$ 정도가 일반적이다.

일반적으로 T_f^*를 결정하기 위한 실험은 고분자를 융점 이상의 용융상태에서 어떤 일정한 결정화온도 T_c로 급냉한 후 그 온도에서 등온 결정화시켜 얻어진 결정의 융점 T_f를 측정하여 T_c 대 T_f의 플롯을 한다. 이때 T_c가 높을수록 고분자는 보다 완벽한 결정을 형성하는데 이는 고온에서 보다 잘 열처리(annealing)되었음을 의미한다.

식 (9.86b)를 보면 T_c를 x축, T_f를 y축으로 잡으면 얻어진 실험곡선(직선)[그림 9.55의 □로 연결된 부분]의 기울기가 ϕ'이고, 절편이 $(1-\phi')T_f^*$이며, 또한 이 실험직선과 직선 $y=x$(즉 $T_f = T_c$)과의 교점(외삽에 의해 얻어짐)이 평형융점 T_f^*이다. 이렇게 T_f^*가 결정되면, 절편 또는 기울기에서 결정의 안정도 파라미터 ϕ'값도 알 수 있다.

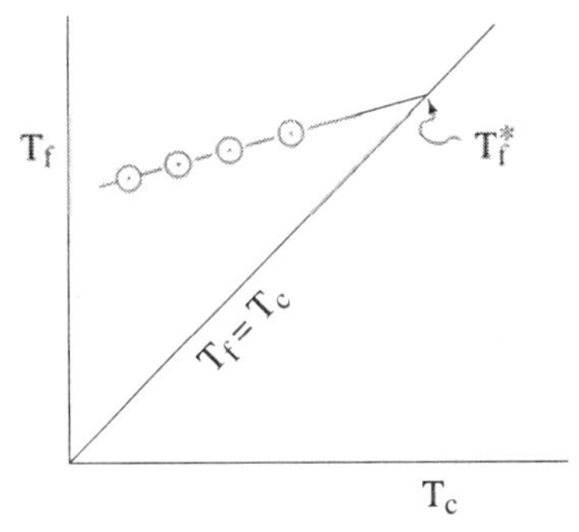

▶ **그림 9.55** 외삽에 의해 평형융점 T_f^*를 보여주는 이상적인 Hoffman-Weeks 플롯.

9.10 융점에 대한 화학구조의 영향

용융열과 용융엔트로피는 고분자의 화학적 구조에 의해 제어되는데, 분자내 혹은 분자간 구조적 특성의 중요한 것으로 구조의 규칙성, 결합의 유연성, 꽉 채워질 수 있는 가능성(close-packing ability), 사슬간 인력 등을 들 수 있다. 일반적으로 규칙성이 큰 구조, 강직한 분자, 잘 채워질 수 있는 능력이 있는 경우, 또는 강한 사슬간 인력이 있는 경우에 높은 융점이 관찰된다.

구조의 불규칙성의 영향을 다음과 같은 일반적인 구조를 갖는 폴리에스테르를 예로 살펴 볼 수 있다. 지방족기(aliphatic group)인 R의 크기와 규칙성이 모두 중요한 인자임을 알 수 있는데, 불규칙적인 아탁틱 프로필렌 단위의 경우 결정성이 완전히 붕괴됨을 알 수 있다.

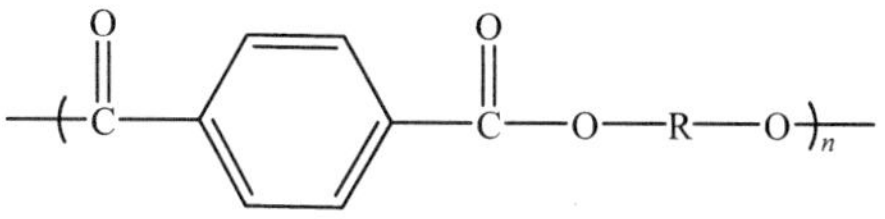

$$\left[-\overset{O}{\overset{\|}{C}}-C_6H_4-\overset{O}{\overset{\|}{C}}-O-R-O- \right]_n \tag{9.87}$$

R	T_f, ℃
$-CH_2-CH_2-$	265
$-(CH_2)_3-$	220
$-CH_2-CH(CH_3)-$	비결정성

폴리에스테르 구조를 이용하여 결합의 유연성(flexibility)의 영향을 살펴볼 수 있는데,

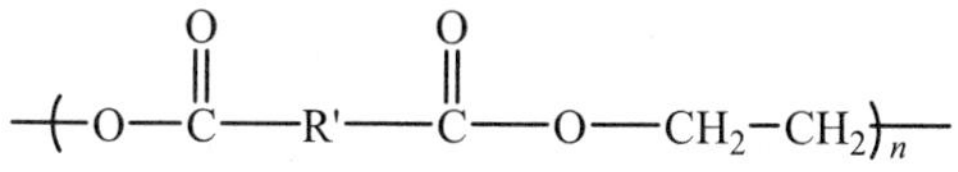

$$\left[-O-\overset{O}{\overset{\|}{C}}-R'-\overset{O}{\overset{\|}{C}}-O-CH_2-CH_2- \right]_n \tag{9.88}$$

R	T_f, ℃
 $-C_6H_4-$ (p-phenylene)	265
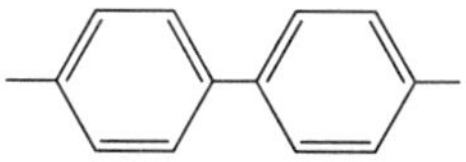 $-C_6H_4-C_6H_4-$ (biphenylene)	355
$-(CH_2)_4-$	50

강직한 방향족기를 유연한 지방족기로 치환시킨 경우 각각의 크기는 비슷한 데도 융점이 훨씬 낮음을 볼 수 있다. Carother가 처음 합성한 지방족 폴리에스테르는 융점이 낮아 세탁이나 다림질을 할 때 녹기 때문에 의류로서 사용이 불가능한 반면, 방향족 폴리에스테르나 지방족 나일론은 필요한 높은 융점이 만족된다.

분자간 인력(interchain forces)의 영향은 다음과 같이 치환기의 극성을 증가시키면서 관찰할 수 있다.

$$-\!\!\left(O-\overset{O}{\overset{\|}{C}}-C_6H_4-R''-C_6H_4-\overset{O}{\overset{\|}{C}}-O-CH_2-CH_2\right)_n\!\!- \tag{9.89}$$

R	T_f, ℃
$-\!(CH_2)_4\!-$	170
$-O-CH_2-CH_2-O-$	240
$-HN-CH_2-CH_2-NH-$	273

구조가 융점에 미치는 영향은 거대(bulky) 치환기나 주사슬의 탄화수소 분절의 탄소수의 홀수, 짝수 여부에서도 나타나는데, 일반적으로 거대한 치환기는 사슬간 간격을 멀리하므로 T_f를 감소시키며, 탄소수의 짝수, 홀수 여부는 채움(packing)의 규칙성에 영향을 미친다. 극성기의 존재확률도 대단히 중요한데 식 (9. 87)에서 지방족기 R의 길이가 증가하면 융점이 점차 감소하여 폴리에틸렌의 융점인 139 ℃에 근접한다.

일반적으로 단단히 결합하고, 꽉 채워지고, 단단히 한 장소에 고정된 구조일수록 높은 융점을 가진다.

이 절을 끝내기 전에, 8. 5. 2. 5절에 소개한 T_g에 대한 '군 가성법칙'을 T_m에 대해서도 적용해 보면 다음과 같다.

$$T_m = \frac{Y_m}{M} = \frac{\sum_i Y_{m_i}}{M} \tag{9.90}$$

여기서 M은 반복단위의 분자량, 그리고 모노머의 T_m에 대한 $Y_m\left(=\sum_i Y_{m_i}\right)$에서 Y_{m_i}는 모노머내 i군의 T_m에 관련된 양으로서 단위는 Y_g의 경우와 마찬가지로 [K·kg/mol]을 가지고 표로 나타내져 있다. 그리고 Y_m은 Y_g의 경우와 마찬가지로 반복구조단위간의 분자내 및 분자간 상호작용 때문에 단순 가성법칙에서 벗어나는 경우가 많지만 아래에서는 가성법칙이 성립하는 선형 고분자에 관한 간단한 예제 하나를 들겠다.

예제 9.9

아래의 구조식을 가진 UDEL® 폴리술폰(polysulfone)의 결정 융점 T_m 및 T_g/T_m 비를 군가성법칙으로 측정하여 보아라.

$$-\!\!\left[C_6H_4-SO_2-C_6H_4-O-C_6H_4-C(CH_3)_2-C_6H_4-O \right]\!\!-$$

단 반복단위내 각 군 i의 Y_{mi}, Y_{gi} 및 M_i는 아래와 같다.

	Y_{mi} $(\times 10^3)$	Y_{gi} $(\times 10^3)$	M_i
$-C_6H_4-SO_2-C_6H_4-$	133	111	216.3
$-C_6H_4-C(CH_3)_2-C_6H_4-$	125	87	194.3
$-O-$	13.5	4	32.0

풀이 먼저 반복단위 분자량 $M = \sum_i M_i = 216.3 + 194.3 + 32.0 = 442.6$ (g/mol)

다음에 $Y_m = \sum_i Y_{m_i} = (133 + 125 + 2 \times 13.5) \times 10^3 = 285 \times 10^3$ (K · kg/mol)

그리고 $Y_g = \sum_i Y_{g_i} = (111 + 87 + 2 \times 4) \times 10^3 = 206 \times 10^3$ (K · kg/mol)

따라서 $T_m = \dfrac{Y_m}{M} = \dfrac{285 \times 10^3}{442.6} = 645$ (K), $T_g = \dfrac{Y_g}{M} = \dfrac{206 \times 10^3}{442.6} = 446$ (K)

여기에서 $T_g/T_m = 466/645 = 0.71$ 이 값들은 문헌치와 별 차이가 없다.

9.11 사슬의 배향

9.11.1 서론

사슬배향(chain orientation)은 고분자에 독특한 현상이다. 선형 고분자의 일차원 배향은 고분자의 이방성(anisotropic)성질을 초래한다. 이 이방성은 고분자가 어떤 방향자(director)를 따라 정렬될 때 발생한다(그림 9.56 참조). 관련된 고분자의 고유한(intrinsic) 성질은 크게 방향의존한다. 즉 사슬축을 따르는 강한 (일차적)공유결합과 그에 수직인 횡(transverse)방향으로의 약한 2차 결합(van der waals 인력 등)은 어떤 주어진 물성 x(그림 9.56)의 상당한 이방성(즉 $\Delta x = x_{//} - x_{\perp} \neq 0$)을 야기한다.

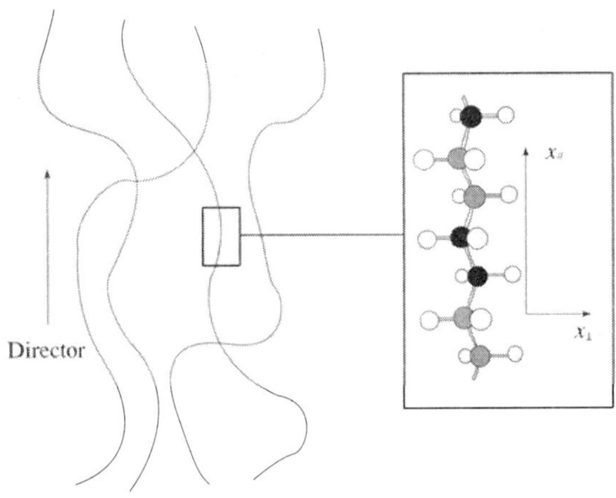

▶ **그림 9.56** 사슬배향 개념의 모식도. 평균 우선적 방향(방향자, director)이 보여진다. 삽입 그림은 고분자 사슬의 고유한 이방성($\Delta x = x_{//} - x_{\perp} \neq 0$)을 나타낸다.

사슬배향은 고분자의 특수한 구조단위에 관련된 것으로, 그것이 시료의 전체일수도 아니면 일부일수도 있다. 가령 사출성형(injection-moulded)시편의 중심(core)은 미배향이나 표면에 가까운 시료는 배향될 수 있다. 그리고 준정형 고분자에서는 비정상과 결정상 성분의 배향도가 다를 수 있다.

일반적으로 정지상태(quiescent)의 고분자 용융액체는 전반적인 배향을 보이지는 않으나, 만약 기계적, 전기적, 가지적 힘과 같은 외력을 받으면 공통된 방향자를 따라 배열한다(그림 9.56). 그러나 이렇게 생긴 배향상태는 일시적으로 외력의 존재하에서만 가능하다. 만약 외력이 제거되면 분자는 원래의 랜덤 방향 상태로 완화되는데 이 완화속도는 분자의 조직(특히 분자량), 액체 내 규칙도(order)의 정도, 단량체 마찰계수 등에 의존한다. 배향된 용융물을 급냉시키면 배향이 영구적일 수도 있다. 이와 같은 빠른 고화(solidification)는 일정압력에서 급냉시키거나 혹은 일정온도에서 빠른 정수압(hydrostatic pressure)의 증가에 의해 달성될 수 있다.

9. 11. 2 사슬배향의 정의

주어진 고분자시료 내부에 각 고분자사슬들이 어떤 특정한 방향으로 어떻게 배치되어 있는가를 나타내는 것이 사슬배향이다. 이러한 사슬배향이 되어 있는 고분자시료를 얻기 위해서는 시료들을 인장하거나, 롤링(rolling) 등 시료전체에 변형을 부가하는 방법이 주로 사용된다. (비섭동) 랜덤코일로 되어 있는 고분자사슬의 평균적인 양 말단간 거리는

$$\langle r \rangle_0 = Cl\sqrt{n} \tag{9.91}$$

여기서 C는 고분자쇄의 유연성(혹은 강직성)에 관계되는 상수이고, l은 결합길이, n은 결합의 개수이다[식 (4. 20) 참조]. 완전히 펼쳐져 있는(extended) 고분자의 말단간 거리는

$$r_{ext} = l \cdot n \tag{9.92}$$

따라서 완전히 펼쳐져 완전배향되어 있는 고분자사슬을 얻기 위해서 부가하여야 하는 연신비(draw ratio) λ는 다음과 같이 계산할 수 있다.

$$\lambda = \frac{r_{ext}}{\langle r \rangle_0} = \frac{\sqrt{n}}{C} \tag{9.93}$$

완전한 배향을 얻기 위해서 부가해야 하는 변형률은 분자량의 제곱근에 비례한다는 것을 알 수 있다.

9. 11. 3 배향함수의 수학적 표현

(A) 일축배향

고분자에 있는 사슬의 배향은 대칭(연신)축과 분자사슬축사이의 각도 ϕ항으로 나타내진다(그림 9. 57). 이때 배향분포함수 $N(\phi)$는 대칭축과 각도 ϕ를 이루는 고분자의 세그먼트의 분포를 나타낸다. Muller에 의하면 이 $N(\phi)$는 아래와 같이 Legendre (정규)직교 다항식의 급수로 전개된다. 즉

$$N(\phi) = \sum_{n=0}^{\infty} a_n P_n(\cos\phi) \tag{9.94}$$

여기서 P_n는 n차 Legendre 다항식이다. 아래에 $n = 0 \sim 4$까지 P_n함수를 나타내었다.

$$\left.\begin{array}{l} P_0(x)=1\,,\ P_1(x)=x\,,\ P_2(x)=\dfrac{1}{2}(3x^2-1) \\ P_3(x)=\dfrac{1}{2}(5x^3-3x)\,,\ P_4(x)=\dfrac{1}{8}(35x^4-30x^2+3),\cdots \end{array}\right\} \quad (\text{단 } x=\cos\phi) \tag{9. 95}$$

그런데 만약 고분자 사슬의 끝이 대칭이라면 배향분포함수는 이래의 π대칭성을 가진다.

$$N(\phi)=N(\pi-\phi) \tag{9. 96}$$

이를 식 (9. 94)에 대입하고, 또 식 (9. 95)에서 n이 짝수일 때는 P_n는 우함수, n이 홀수일 때는 기함수인 것을 이용하면 a_n(n홀수)=0이 되어 a_n(n짝수)만 남는다.

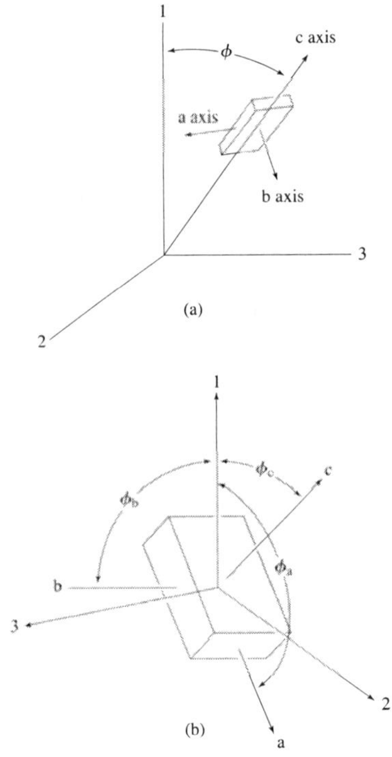

▶ **그림 9. 57** (a) 일축배향; (b) 결정축($j=a, b$ 혹은 c)과 대칭(연신)축 사이의 각도 ϕ_j

식 (9. 95)로 주어진 Legendre 다항식은 아래의 정규직교조건을 만족한다.

$$\begin{aligned} \langle P_m(\cos\phi)|P_n(\cos\phi)\rangle_{\sin\phi} &= \int_0^\pi P_m^*(\cos\phi)P_n(\cos\phi)\sin\phi\, d\phi \\ &= \int_{-1}^1 P_m(x)P_n(x)\,dx = \left(\frac{2}{2n+1}\right)\delta_{mn} \end{aligned} \tag{9. 97}$$

위 식에서 P_m^* 는 P_m의 복소공액이나, 실제는 P_m이 실험수이므로 $P_m^* = P_m$이 되고, $x = \cos\phi$ 이고, δ_{mn}는 Kronecker-delta 기호 즉 $m = n$일 때는 1, 기타 0이다. 식 (9. 97)을 이용하면 식 (9. 94)의 전개계수 a_n은 아래가 된다.

$$a_n = \frac{\langle P_m(\cos\phi)|N(\phi)\rangle_{\sin\phi}}{\langle P_m(\cos\phi)|P_n(\cos\phi)\rangle_{\sin\phi}} = \left(\frac{2n+1}{2}\right)\int_{-1}^{1} P_n(x)N(x)\,dx \tag{9. 98}$$

[비고 : 증명은 $N(\phi) = \sum_m a_m P_m(\cos\phi)$를 대입하고, 직교조건 (9. 97)을 이용하면 됨]

그런데 실제 사슬의 배향을 논할때는 전개계수 a_n 대신 아래와 같이 정의되는 $P_n(\cos\phi)$의 배향 분포함수 $N(\phi)$에 의한 평균치를 사용한다.

$$\langle P_n(\cos\phi)\rangle_{N(\phi)} \equiv \frac{\int_0^{\frac{\pi}{2}} P_n(\cos\phi)\,N(\phi)\sin\phi\,d\phi}{\int_0^{\frac{\pi}{2}} N(\phi)\sin\phi\,d\phi} = \frac{\int_0^1 P_n(x)N(x)\,dx}{\int_0^1 N(x)\,dx} \tag{9. 99}$$

위 식에서 적분구간이 $0 \sim \frac{\pi}{2}$로 된 것은 만약 $N(\phi)$가 기함수라면 구간 $0 \sim \pi$에서는 적분이 0이 되기 때문이며, $x = \cos\phi$를 이용하였다.

지금 식 (9. 94)의 전개계수 a_2에 해당하는 $\langle P_2(\cos\phi)\rangle$를 1축 배향에 관한 Hermans 배향인자 f_H라 하여 아래가 된다.

$$f_H = \langle P_2(\cos\phi)\rangle = \frac{3\langle\cos^2\phi\rangle - 1}{2} \tag{9. 100}$$

다음의 (짝수) 전개계수 a_4에 해당하는 $\langle P_4(\cos\phi)\rangle$는 식 (9. 95)에서 아래가 된다.

$$\langle P_4(\cos\phi)\rangle = \frac{1}{8}\left[35\langle\cos^4\phi\rangle - 30\langle\cos^2\phi\rangle + 3\right] \tag{9. 101}$$

특히 중요한 f_H는 배향정도에 따라 $+1 \sim -\frac{1}{2}$ 값을 취한다. 즉

① 완전일축배향 : $f_H = 1.0$ ($\phi = 0$에서 $\cos\phi = 1$)

② 완전무배향(random 배향) : $f_H = 0$ ($\langle\cos^2\phi\rangle = 1/3$)

③ 완전직각배향 : $f_H = -0.5$ ($\phi = 90^\circ$, $\cos\phi = 0$)

[주의 : 조건 ②의 랜덤배향인 경우 $\cos^2\phi$ 또는 $P_2(\cos\phi)$의 평균치를 구할 때 식 (9. 99)에서 $N(\phi)=1$로 두어 구하면 얻어진다.]

위 결과를 그림 9. 58에 나타내었다.

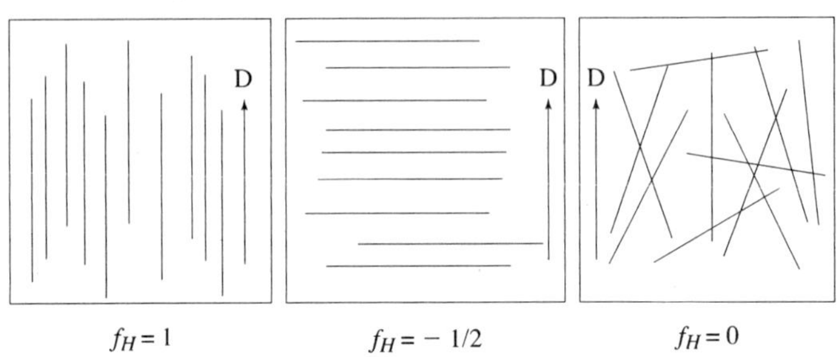

▶ **그림 9. 58** 몇 가지 배향에 대한 Hermans 배향함수 f_H 값. 그림에서 D는 방향자(director)를 나타냄.

결정성 고분자의 경우는 단위격자의 결정축 $j(=a,\ b$ 혹은 $c)$와 대칭(연신)축과의 각도 ϕ_j에 대한 배향분포함수 $N(\phi_j)$(그림 9. 57b 참조)로 나타내지며, 이들 결정축 j에 대한 Hermans 배향인자 f_j는 아래의 형태를 가진다.

$$f_j = \langle P_2(\cos\phi_j)\rangle = \frac{3\langle\cos^2\phi_j\rangle - 1}{2} \tag{9. 102}$$

여기서 $\langle\cos^2\phi_j\rangle(\equiv\delta_j)$는 서로 독립이 아니고, 삼각함수조건으로 묶여져 있다. 가령 PE와 같은 3결정축이 서로 수직인 사방정계인 경우는 피타고라스정리에 의해 아래가 성립된다.

$$\langle\cos^2\phi_a\rangle + \langle\cos^2\phi_b\rangle + \langle\cos^2\phi_c\rangle = \delta_a + \delta_b + \delta_c = 1 \tag{9. 103a}$$

$$f_a + f_b + f_c = 0 \tag{9. 103b}$$

특히 사방정계의 배향에 대한 식 (9. 103a)는 배향인자의 3각형 표시법의 기초가 된다.

(B) 이축 배향

고분자의 이축배향(biaxial orientation)은 여러 가지 방법, 가령 3차원(Cartesian) 공간에서의 Euler의 3각도 α, β, γ 등에 의해서 나타내질 수 있다. 다른 방법은 Wilchinsky에 의해 제안되었고, 나중에 확장되었다(그림 9. 59 참조). 여기에서는 대칭(기계)축 1과 고분자의 결정 c축과의 각도 ϕ_1과 또 다른 직교(transverse)축인 2축과 c축사이의 각도 ϕ_2로 나타내진다.

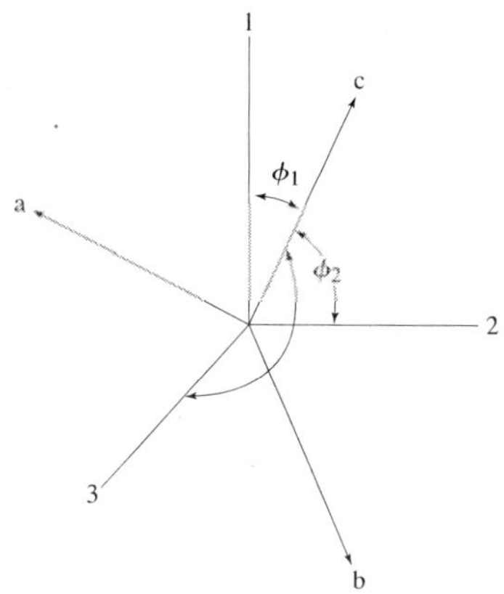

▶ **그림 9. 59** 두 각도 ϕ_1 및 ϕ_2 항으로 2축배향의 표시.

일축배향에 대한 Hermans 배향인자 f_H와 유사하게, 이축배향의 경우에도 여러 형태의 배향인자가 제안되었으나, 여기에서는 가장 보편적이라고 생각되는 White 와 Spruiell의 이축배향인자 f_i^B [$i=1,2$ 그리고 위 첨자 B는 '이축(biaxial)배향'을 의미]를 아래와 같이 소개한다.

$$f_1^B = 2\langle \cos^2\phi_1 \rangle + \langle \cos^2\phi_2 \rangle - 1 \tag{9. 104a}$$

$$f_2^B = 2\langle \cos^2\phi_2 \rangle + \langle \cos^2\phi_1 \rangle - 1 \tag{9. 104b}$$

위 식들은 배향각도 ϕ_1과 ϕ_2에 대해 대칭이다. 위 식에서 여러 형태의 배향에 따라 아래의 특수값(단 $-1 \le f_i^B \le 1$)을 갖게 된다. 즉

① 1방향으로 완전 일축배향 : $f_1^B = 1,\ f_2^B = 0\ (\phi_1 = 0,\ \phi_2 = \frac{\pi}{2})$

② 2방향으로 완전 일축배향 : $f_1^B = 0,\ f_2^B = 1\ (\phi_1 = \frac{\pi}{2},\ \phi_2 = 0)$

③ 3방향으로 완전 일축배향 : $f_1^B = f_2^B = -1\ (\phi_1 = \phi_2 = \frac{\pi}{2})$

④ 완전 랜덤배향 : $f_1^B = f_2^B = 0\ (\langle \cos^2\phi_1 \rangle = \langle \cos^2\phi_2 \rangle = 1/3)$

이렇게 두 배향인자 f_1^B 및 f_2^B로 나타낸 이축배향의 특성은 일반적으로 아래의 그림 9. 60에 나타낸 형태의 이등변 삼각형으로 표시된다.

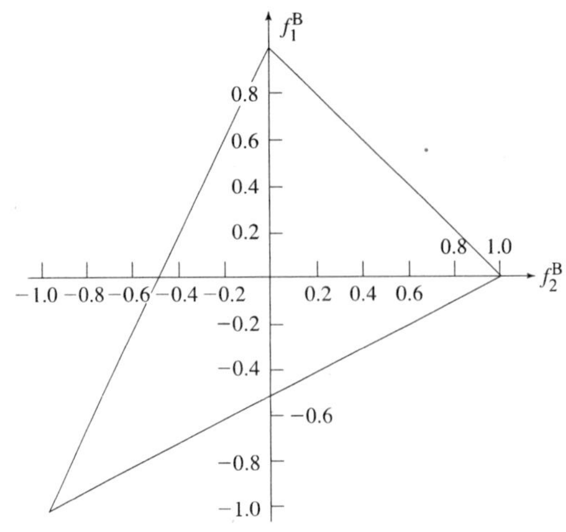

▶ **그림 9. 60** 이축배향을 나타내는 이등변 삼각형.

위에서 소개된 이축배향의 표현은 3결정축을 가진 결정성 고분자의 경우에도 그대로 적용된다. 즉 식 (9. 104)에 3결정($j=a,b$ 혹은 c)축과 정의된 대칭(실험실)축 (1 혹은 2)사이의 각도를 대입함으로써 아래와 같이 얻어진다.

$$f_{1j}^B = 2\langle \cos^2\phi_{1j}\rangle + \langle \cos^2\phi_{2j}\rangle - 1 \tag{9. 105a}$$

$$f_{2j}^B = 2\langle \cos^2\phi_{2j}\rangle + \langle \cos^2\phi_{1j}\rangle - 1 \tag{9. 105b}$$

여기서 ϕ_{1j}는 실험실(laboratory) 1(기계방향 M)축과 j-결정축($j=a,b$ 혹은 c)사이의 각도 ; ϕ_{2j}는 실험실 2(횡방향 T)축과 j-결정축사이의 각도이다. 여기서 각도 ϕ_{1j}와 ϕ_{2j}는 서로 독립이 아니다. 즉 3결정축이 서로 수직인 사방정계(orthorhombic) 경우에는 피타고라스 정리로 부터 일축배향에 대한 식 (9. 103)의 경우와 유사하게 아래 관계가 성립된다.

$$\langle \cos^2\phi_{1a}\rangle + \langle \cos^2\phi_{1b}\rangle + \langle \cos^2\phi_{1c}\rangle = 1 \tag{9. 106a}$$

$$\langle \cos^2\phi_{2a}\rangle + \langle \cos^2\phi_{2b}\rangle + \langle \cos^2\phi_{2c}\rangle = 1 \tag{9. 106b}$$

여기서 일축배향의 경우와 유사하게 또 다른 배향인자 $\langle \cos^2\phi_{1j}\rangle \equiv \delta_{1j}$, $\langle \cos^2\phi_{2j}\rangle \equiv \delta_{2j}$(단 $j=a,b$ 혹은 c)를 정의하면 역시 아래의 제한관계가 성립된다.

$$\delta_{1a} + \delta_{1b} + \delta_{1c} = 1 \ ; \ f_{1a}^B + f_{1b}^B + f_{1c}^B = 0 \tag{9. 107a}$$

$$\delta_{2a} + \delta_{2b} + \delta_{2c} = 1 \ ; \ f_{2a}^B + f_{2b}^B + f_{2c}^B = 0 \tag{9. 107b}$$

특히 식 (9. 107)의 이축배향입자간 관계는 정삼각형에 의해 잘 표현된다(뒤 참조).

9. 11. 4 배향도의 실험적 결정

9. 11. 4. 1 복굴절 측정

이 절에서는 사슬의 배향에 의해 야기된 광학적 복굴적(birefringence)을 측정함으로써 앞 절의 1축배향에 대한 Hermans 배향인자 $f_H(=\langle P_2(\cos\phi)\rangle)$를 결정하고자 한다. 그러기에 앞서 분자 배향이 없을 때도 계에 존재하는 '형태(form) 복굴절'에 대해 잠시 설명하기로 한다. 만약 굴절률이 다른 두 상계에 있어서, 한 상은 다른 비배향상의 기지(matrix)속에서 배향된 이방성적인 모양을 취하는 경우(블록 공중합체의 경우 종종 관측됨)나 혹은 PE과 같은 단일 고분자로서 배향된 결정성 시료의 경우 모두 형태복굴절의 크기는 전체 복굴절의 약 10%이내이므로 이하에서는 일단 이를 무시하고 논하기로 한다.

그림 9. 61에 고분자의 세그먼트(사슬)배향을 시료에 고정된 $(x,\ y,\ z)$ Cartesian 직교 좌표계에 대하여 나타내었다.

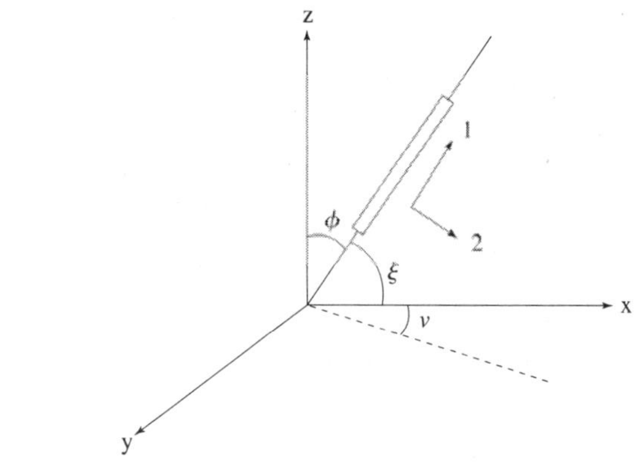

▶ **그림 9. 61** 고분자 사슬의 세그먼트와 Cartesian 직교 좌표계.

그러면 이 그림으로부터 고분자사슬 분절의 분극률(polarizability)을 사슬축에 평행한 성분(α_1)과 수직한 성분(α_2)으로 나누어 그 배향성을 논해보자(단 부록 8. 4절에서 논의한 기호와 약간 다를 수 있음에 유의하라).

시료에 고정되어 있는 Cartesian 좌표계에 있어서 사슬분절의 배향성을 각도 ϕ, ξ, v로 나타내었다. 좌표축 z방향으로 평행한 입사 전기장 벡터(크기 E_z)를 갖는 빛이 통과한다고 생각하자. 사슬분절축에 평행한 전기장벡터의 성분은 $E_z\cos\phi$이고 따라서 분절축 방향으로 생긴 분극의 크기는 $\alpha_1 E_z\cos\phi$가 된다. 이 분극 중 z방향 성분의 크기는 $\alpha_1 E_z\cos^2\phi$이 된다.

또한 사슬분절의 수직방향의 분극률로 인하여 z축 방향으로 생기는 분극률의 크기는 똑같은 방식으로 계산하면 $E_z\alpha_2\sin^2\phi$가 된다. 따라서 z방향으로의 전체적인 분극(P_{zz})는 두 가지 기여의 합이므로

$$P_{zz} = E_2\left(\alpha_1\cos^2\phi + \alpha_2\sin^2\phi\right) \tag{9. 108}$$

따라서 z방향으로의 분극률 α_{zz}는

$$\alpha_{zz} = \frac{P_{zz}}{E_z} = \alpha_1\cos^2\phi + \alpha_2\sin^2\phi \tag{9. 109}$$

한편 위와는 반대로 입사 전기장벡터가 x축과 평행할 경우를 생각해보자. 이때 x축 방향으로 생긴 분극률은

$$\alpha_{xx} = \alpha_1\cos^2\xi + \alpha_2\sin^2\xi \tag{9. 110}$$

위 식에 $\cos\xi = \cos v\sin\phi$의 관계(구좌표에 대한 참고 4. 3 참조)를 사용하면

$$\alpha_{xx} = \alpha_2 + (\alpha_1 - \alpha_2)\sin^2\phi\cos^2 v \tag{9. 111}$$

여기서 3차원 분극률 텐서(α_{ij})는 로렌쯔-로렌츠(Lorenz-Lorentz) 방정식을 이용하면 상응하는 굴절률 텐서로 바꿀 수 있다(부록 8. 4절 참조).

$$\frac{n_{ij}^2 - 1}{n_{ij}^2 + 2} = \frac{4\pi}{3}\alpha_{ij} \tag{9. 112}$$

여기에 식 (9. 110), (9. 111)을 식 (9. 112)에 넣으면

$$\frac{n_{zz}^2 - 1}{n_{zz}^2 + 2} = \frac{4\pi}{3}\left(\alpha_1\cos^2\phi + \alpha_2\sin^2\phi\right) \tag{9. 113}$$

$$\frac{n_{xx}^2 - 1}{n_{xx}^2 + 2} = \frac{4\pi}{3}\left[\alpha_2 + (\alpha_1 - \alpha_2)\sin^2\phi\cos^2 v\right] \tag{9. 114}$$

굴절률차 Δn과 평균굴절률은 다음과 같이 정의된다.

$$\Delta n = n_{zz} - n_{xx}\left(= n_{zz} - n_{yy}\right) \tag{9. 115}$$

$$\langle n \rangle = \frac{(n_{zz} + n_{xx})}{2} \tag{9. 116}$$

위 두 식에서 아래를 얻는다.

$$n_{xx} = \langle n \rangle - \frac{\Delta n}{2} \tag{9.117}$$

$$n_{zz} = \langle n \rangle + \frac{\Delta n}{2} \tag{9.118}$$

식 (9.113)에서 식 (9.114)를 빼면

$$\frac{n_{zz}^2 - 1}{n_{zz}^2 + 2} - \frac{n_{xx}^2 - 1}{n_{xx}^2 + 2} = \frac{6\langle n \rangle \Delta n}{(n_{zz}^2 + 2)(n_{xx}^2 + 2)} \fallingdotseq \frac{6\langle n \rangle \Delta n}{(\langle n \rangle^2 + 2)^2} \tag{9.119}$$

지금 식 (9.119)에 식 (9.113), (9.114)를 넣으면

$$\Delta n = \frac{(\langle n \rangle^2 + 2)^2}{6\langle n \rangle} \frac{4\pi}{3} (\alpha_1 - \alpha_2)(1 - \sin^2\phi - \cos^2 v \sin^2\phi) \tag{9.120}$$

이 된다. 여기서 우선 1축 배향성이 있는 경우를 생각하자. 이때에는 모든 v각은 균등하게 나타날 것이다. 따라서 아래와 같이 평균치를 구할 수 있다.

$$\langle \cos^2 v \rangle = \int_0^{2\pi} \cos^2 v dv \Big/ \int_0^{2\pi} dv = \frac{1}{2\pi} \int_0^{2\pi} \cos^2 v dv = \frac{1}{2} \tag{9.121}$$

이 식을 식 (9.120)에 넣으면

$$\Delta n = \frac{(\langle n \rangle^2 - 2)^2}{6\langle n \rangle} \frac{4\pi}{3} (\alpha_1 - \alpha_2)\left(1 - \frac{3\langle \sin^2\phi \rangle}{2}\right) \tag{9.122}$$

그런데 여기서 일축배향에 관한 아래의 관계 (9.100)를 이용하면 식 (9.123)을 얻는다.

$$\left(1 - \frac{3\langle \sin^2\phi \rangle}{2}\right) = \frac{3\langle \cos^2\phi \rangle - 1}{2} = \langle P_2(\cos\phi) \rangle = f_H$$

$$f_H(= \langle P_2(\cos\phi) \rangle) = \frac{\Delta n}{\Delta n_{\max}(= \Delta n_0)} \tag{9.123}$$

$$\Delta n_{\max}(= \Delta n_0) = \frac{(\langle n \rangle^2 - 2)^2}{6\langle n \rangle} \frac{4\pi}{3} (\alpha_1 - \alpha_2) \tag{9.124}$$

위 식에서 f_H는 일축배향에 관한 Hermans 배향인자 $(-1/2 \le f_H \le 1)$(그림 9.58 참조)이고, $\Delta n_{\max}(= \Delta n_0)$는 물실에 고유한 최대 복굴절(즉 $f_H = 1$일 때의 Δn 해당)이다.

만약 2축배향인 경우는 아래가 성립된다.

$$f_1^B = \frac{\Delta n_{13}(=n_1-n_3)}{\Delta n_{\max}}\ ;\ f_2^B = \frac{\Delta n_{23}(=n_2-n_3)}{\Delta n_{\max}} \tag{9.125}$$

여기서 f_1^B 및 f_2^B는 식 (9. 104) 및 그림 9. 59에 소개된 White와 Spruiell의 이축배향 인자 $(-1 \le f_i^B \le 1)$이다.

9. 11. 4. 2 적외선 이색성(IR dichroism) 측정

원리적으로, 어떠한 적외선(IR) 흡수 피크도 주어진 고분자의 특수한 진동모드(vibration mode)에 관계된다. 이들 진동모드당 고분자 내 공명흡수 쌍극자 모멘트 $\boldsymbol{\mu}$의 방향을 나타내는 'IR 천이 쌍극자(transition dipole)' 혹은 '천이 모멘트축'이라 불리우는 특수한 방향이 있다. 어떤 고분자사슬에 의해 적외선의 공명 흡수가 이루어지려면 두 가지 조건 즉 적외선의 진동수 ν가 분자의 고유진동수 ν_0와 일치해야 하며, 또한 천이 쌍극자축에 나란한 입사 적외선의 전기장 벡터 $\boldsymbol{E}$의 성분이 있어야 한다. 만약 분자가 배향되어 있으면, 분자의 쌍극자 또한 배향될 것이고, 따라서 시료의 적외선 흡수는 전자기파가 일으키는 분극(polarization)에 의존할 것이다.

배향된 시료에 대한 적외선에 의한 배향도 결정은 특수한 흡수피크에 대응하는 연신방향에 나란히 혹은 수직으로 분극된 IR 복사선에 대하여 일반적으로 필름형태로 시료의 투과도(transmittance) 혹은 흡광도(absorbance)를 측정함으로써 이루어진다.

만약 적외선 빔의 경감(강도)이 반사나 산란이 아닌 오직 분자의 진동운동에 의한 공명흡수에만 의존한다고 가정하면, 아래의 Beer-Lambert 법칙이 성립된다.

$$I_t = I_0 \times 10^{-kct} \tag{9.126}$$

여기서 I_0 및 I_t는 각각 입사항과 투과광도의 강도, 그리고 k는 흡광(소멸, extinction)계수로서 단위 흡수단면적당 입사광의 강도의 평균분율에 비례한다. 그리고 c는 흡수물질(시료)의 농도, t는 시료의 두께이다.

미배향시료의 경우에는, 적외선 흡광도 A는 아래식으로 주어진다(식 9. 126 참조).

$$A \equiv -\log_{10} T = \log_{10}(I_0/I_t) = kct \tag{9.127}$$

여기서 $T = I_t/I_0$는 투과도이다.

만약 배향시료의 경우에는, 시료의 이방성에 기인하여 연신방향에 평행한 분극에 흡광도($A_{\parallel}$)와 수직방향의 분극에 대한 흡광도($A_{\perp}$)에 대하여 각각 아래와 같이 정의한다.

$$A_{\parallel} = \log_{10}(I_0/I_{\parallel}) = k_{\parallel} ct;\quad A_{\perp} = \log_{10}(I_0/I_{\perp}) = k_{\perp} ct \tag{9.128}$$

여기서 $k_{\parallel}$ 및 $k_{\perp}$은 각각 연신방향으로 평행하게 및 수직하게 분극된 적외선에 대한 흡광계수이다.

적외선의 공명흡수는 전술한 바와 같이 분자 진동에 관련된 흡수 진동쌍극자(oscillating dipole)가 생길 경우에만 일어난다. 따라서 $A_{\parallel} \propto \langle \mu_{\parallel}^2 \rangle$ 및 $A_{\perp} \propto \langle \mu_{\perp}^2 \rangle$가 성립된다(여기서 $\mu_{\parallel}$는 시료평면 내에서 연신방향에 평행한 $\boldsymbol{\mu}$의 성분이고, $\mu_{\perp}$는 연신방향에 수직인 $\boldsymbol{\mu}$의 성분이다-그림 9. 62 참조).

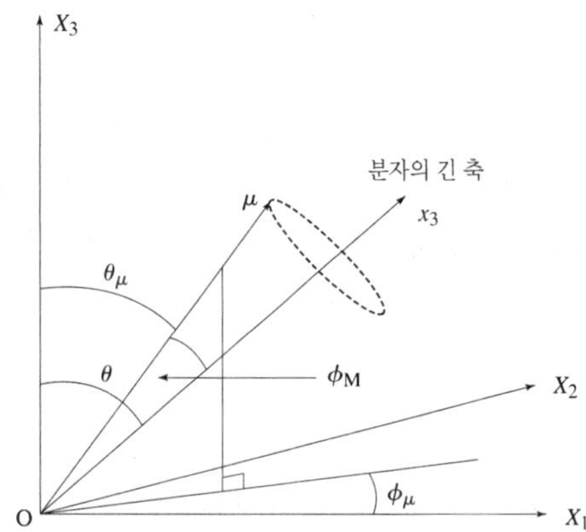

▶ **그림 9. 62** 고분자의 긴 분자축에 대한 적외선 천이(transition) 쌍극자능률 μ의 배향과 시료 내에 고정된 직교좌표축 $OX_1X_2X_3$을 나타내는 그림. OX_1축과 OX_3축은 시료 평면 내에 있다고 가정한다.

그런데 그림 9. 62에서 $\mu_{\parallel} = \mu\cos\theta_{\mu}$, $\mu_{\perp} = \mu\sin\theta_{\mu}$이므로 아래 관계가 성립된다.

$$A_{\parallel} = C\langle \cos^2\theta_{\mu} \rangle \tag{9. 129}$$

그리고 일축대칭을 가정하면

$$A_{\perp} = \frac{1}{2}C\langle \sin^2\theta_{\mu} \rangle \tag{9. 130}$$

여기서 $\frac{1}{2}$은 일축배향의 경우 연신축에 수직인 동등한(transverse) 성분이 2개 있기 때문이다. 위 식에서 비례상수 C는 삼각함수 공식 $\sin^2\theta + \cos^2\theta = 1$의 관계에서 아래가 된다.

$$C = A_{\parallel} + 2A_{\perp} \equiv 3A_{iso} \tag{9. 131}$$

그리고 식 (9. 129)와 (9. 131)에서 아래가 얻어진다.

$$\langle \cos^2\theta_\mu \rangle = \frac{A_\parallel}{A_\parallel + 2A_\perp} \tag{9.132}$$

식 (9. 131)에서 A_{iso}는 그림 9. 62의 OX_3 연신축 주위로 랜덤배향에 기인한 같은 두께를 가진 등방성 고분자의 (평균)흡광도이다. 그리고 두 흡광도의 비 $A_\parallel / A_\perp (\equiv D)$를 배향시료에 대한 적외선 '이색성비(dichroic ratio)'라 한다. 그러면 D를 이용하여 아래 관계가 성립된다.

$$\langle \cos^2\theta_\mu \rangle = D/(D+2), \quad \langle P_2(\cos\theta_\mu) \rangle = \left(3\langle \cos^2\theta_\mu \rangle - 1\right)/2 = (D-2)/(D+2) \tag{9.133}$$

그런데 적외선 이색성 측정으로부터 일축배향에 관한 Hermans 배향인자 $f_H(=\langle P_2(\cos\theta) \rangle)$나 $\langle \cos^2\theta \rangle$(여기서 θ는 분자축과 연신축 사이의 각도: 그림 9. 62 참조)를 구하기 위하여 그림에서 $\theta = \theta_\mu + \theta_M$의 관계로부터 만약 각도 θ_M값을 안다고 할 때 모든 l값에 대하여 아래의 가정이 필요하다.

$$\langle P_l(\cos\theta_\mu) \rangle = \langle P_l(\cos\theta) \rangle \langle P_l(\cos\theta_M) \rangle \tag{9.134}$$

단 이 가정은 일축배향과 같은 단순한 경우에 있어서 천이 쌍극자능률 μ가 고분자의 긴 축 주위로 특별한 배향이 없을 경우(no preferred orientation)에만 유효하다. 이 가정하에 Hermans 배향인자 f_H (이때 $l=2$)는 아래와 같이 나타낼 수 있다.

$$f_H = \langle P_2(\cos\theta) \rangle = \langle P_2(\cos\theta_\mu) \rangle / P_2(\cos\theta_M) \tag{9.135}$$

따라서 IR 실험에서 이색성비 D값과 그림 9. 62의 각도 θ_M값만 알면 식 (9. 133)과 $P_2(\cos\theta_M) = \dfrac{3\cos^2\theta_M - 1}{2}$의 관계를 이용하여 식 (9. 135)로부터 일축배향에 관한 Hermans 배향인자 f_H를 구할 수 있다. 아래에 이해를 돕기 위하여 예제문제 2개를 나타낸다.

예제 9.10

일축배향된 고분자시료에 대한 적외선 이색성 실험에서 연신방향에 평행($A_\parallel$) 및 수직($A_\perp$)으로 분극된 복사선에 대하여 각각 21% 및 90%의 투과도를 나타내었다고 하자. 이때 만약 천이 쌍극자능률 μ가 분자의 긴 축에 평행하다고 하면(즉 그림 9. 62 $\theta_M = 0$) Hermans 배향인자 f_H를 구하라.

풀이 식 (9. 128)에서 아래가 성립된다.

$$A_\parallel = \log_{10}(I_0/I_\parallel) = \log_{10}(100/21) = 0.6778$$

$$A_{\perp} = \log_{10}(I_0/I_t) = \log_{10}(100/90) = 0.0458$$

여기에서 $D = A_{\parallel}/A_{\perp} = 14.8$이 된다.

그런데 $\theta_M = 0$이므로 그림 9. 62에서 $\theta = \theta_\mu$가 성립된다. 따라서

$$\langle \cos^2\theta \rangle = \langle \cos^2\theta_\mu \rangle = D/(D+2) = 14.8/16.8 = 0.8809$$

$$f_H = \langle P_2(\cos\theta) \rangle = \langle P_2(\cos_\mu) \rangle = (D-1)/(D+2) = \frac{13.8}{16.8} = 0.82$$

예제 9.11

일축배향된 고분자 결정성 시료에 대한 적외선 이색성실험에서 천이 쌍극자능률 μ와 고분자의 긴 사슬축이 만드는 각도가 20 °(즉 그림 9. 62에서 $\theta_M = 20°$)라고 하자. 이때 적외선 입사빔이 연신 방향에 평행하게 분극되었을 때는 입사광선의 50 % 만이 투과되고, 또 만약 편광자(polariser)가 이 위치로부터 90 °회전할 경우에는 입사광선의 75 %가 투과된다고 할 때 이 시료에 대한 Hermans 배향인자 f_H 및 연신축과 분자축사이의 (평균)각도 θ를 구하라.

풀이 식 (9. 128)−(9. 130)에서 아래가 성립된다.

$$A_{\parallel} = \log_{10}(I_0/I_{\parallel}) = \log(100/50) = 0.3010 = C\langle \cos^2\theta_\mu \rangle$$

$$A_{\perp} = \log_{10}(I_0/I_{\perp}) = \log(100/75) = 0.1249 = \frac{1}{2}C\langle \sin^2\theta_\mu \rangle$$

그런데 식 (9. 131)에서 상수 C는 아래가 된다.

$$C = 0.3010 + 2 \times 0.1249 = 0.5508 (= 3A_{iso})$$

$$\therefore \langle \cos^2\theta_\mu \rangle = A_{\parallel}/C = 0.3010/0.5508 = 0.5465 \text{ 그리고}$$

$$\langle P_2(\cos\theta_\mu) \rangle = \left(3\langle \cos^2\theta_\mu \rangle - 1\right)/2 = 0.3198$$

그런데 $\theta_M = 20°$ 이므로

$$P_2(\cos\theta_M) = \left(3\cos^2\theta_M - 1\right)/2 = \left(3\cos^2 20° - 1\right)/2 = 0.8245$$

따라서 구하는 Hermans 배향인자 f_H는 식 (9. 135)에서 아래가 된다.

$$f_H = \langle P_2(\cos\theta) \rangle = \langle P_2(\cos\theta_\mu) \rangle / P_2(\cos\theta_M) = 0.3879$$

여기서 $\langle P_2(\cos\theta) \rangle = (3\langle \cos^2\theta \rangle - 1)/2$ 이므로

$\langle \cos^2\theta \rangle = [2\langle P_2(\cos\theta) \rangle + 1]/3 = 0.59$ 즉 $\langle \theta \rangle = 39.8°$ 이다.

그러나 이는 일축배향된 시료에 대한 식 (9. 134)의 가정에서 얻어진 값이다. 이는 너무 단순화한 가정으로서 시료 표면에서의 반사나 산란, 그리고 내부장(internal field)에 대한 어떠한 보정도 고려하지 않으므로 실제 값과는 상당한 오차가 있을 것으로 생각된다.

9. 11. 4. 3 광각 X-선 회절(WAXD)

일축배향된 준결정성 고분자의 (hkl)Miller 면의 면내(in-plane)배향은 광각 X-선 회절(WAXD)에 의해 조사될 수 있다. 그림 9. 63은 같은 고분자의 배향 및 미배향 상태의 두 시료에 대한 WAXD 패턴을 나타낸다.

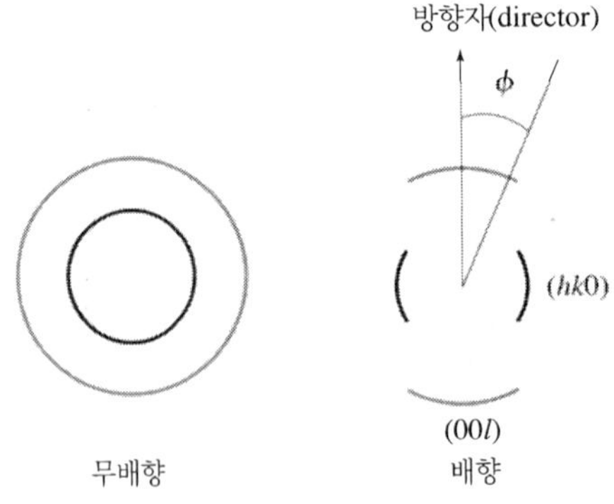

▶ **그림 9. 63** 무배향 및 배향된 결정성 고분자에 대한 광각 X-선 회절 패턴.

그림에서 무배향 고분자는 사슬내 $(00l)$ 및 사슬간 $(hk0)$ 면반사에 대하여 모두 동심원(Debye-Scherrer ring)을 나타낸다. 반면에 배향된 고분자는 $(00l)$ 및 $(hk0)$ 면반사 모두 강한 회절을 나타내며, 이는 방위각(azimuthal angel)ϕ에 크게 의존한다. 특히 분자내 반사는 자오선(meridian)에, 그리고 분자간 반사는 적도(equator)에 집중되어있다.

두 회절면에 대한 $\cos^2\phi$의 평균각도(또는 $\langle P_2(\cos\phi) \rangle$)는 아래 공식을 이용하여 계산될 수 있다.

$$\langle \cos^2\phi_{hkl} \rangle = \frac{\int_0^\pi I_{hkl}(\phi)\cos^2\phi \sin\phi \, d\phi}{\int_0^\pi I_{hkl}(\phi)\sin\phi \, d\phi} \tag{9. 136}$$

여기서 $I_{hkl}(\phi)$는 방위각 ϕ에서의 (hkl)면의 광각 X-선 회절강도이며, 식 중의 $\sin\phi$항은 집단성

(populating)결정의 수가 $r\sin\phi$와 함께 증가함을 반영한다(그림 9. 64 참조). 이 식과 식 (9. 99)를 비교하면 평균치를 구하는 배향분포함수 $N(\phi)$ 대신 회절강도 $I(\phi)$를 이용한 셈이 된다. 이로부터 일축배향시료에 대한 Hermans 배향인자 $f_H(=\langle P_2(\cos\phi)\rangle)$도 구할 수 있다.

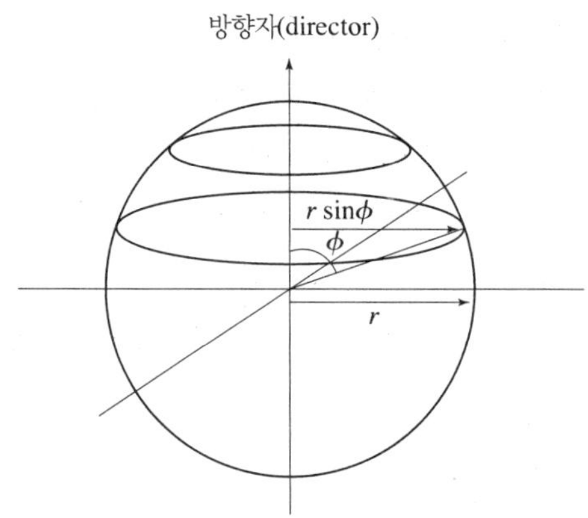

▶ **그림 9. 64** 방위각 ϕ에 대한 회절면 수의 의존성을 나타내는 그림.

식 (9. 103)에서 언급한 바와 같이 공통의 방향자(director)를 가진 사방정계 결정의 경우(그림 9. 64 참조)에는 3결정면 (100), (010), (001)면 사이에는 아래의 관계가 성립된다.

$$\langle\cos^2\theta_{100}\rangle+\langle\cos^2\theta_{010}\rangle+\langle\cos^2\theta_{001}\rangle=1 \tag{9. 137}$$

[비고: 식 중의 3 $\langle\cos^2\phi\rangle$항은 식 (9. 103)의 또 다른 배향인자 δ_a, δ_b, δ_c에 해당됨.]

이를 다시 대응하는 Hermans 배향인자 $f_H(=\langle P_2(\cos\phi)\rangle)$항으로 고치면 아래가 된다.

$$f_{100}+f_{010}+f_{001}=0 \tag{9. 138}$$

배향인자를 구함에 있어서 광각 X-선 회절방법의 장점 중 한 개는 결정상의 배향분포함수, 즉 일축배향인 경우 $N(\phi)$ 그리고 이축배향인 경우 $N(\phi, v)$의 모양을 알 수 있다는 것이다. 이 방법은 주로 결정상의 배향도를 구하는데 사용된다. 그러나 그림 9. 63 중의 비정 달무리(halo)도 방위각 ϕ에 의존하며, 만약 WAXD에서 어떤 비정피크가 사슬내 또는 사슬간 면간격의 구별이 가능하다면 비정상의 배향도 추정이 가능할 것이다.

9. 11. 4. 4 편광 형광법

편광형광법(polarised-fluorescence mothod)은 형광염료를 흡착시켜 형광발광의 이방성을 측정하는 빙빕으로, 원리적으로는 배향삭의 방향 cosine의 4차 모멘트(즉 $\langle\cos^4\phi\rangle$)가 구해지므로, f_H처럼 2차 모멘트까지 구해지는 다른 방법에 비하여 조금 세밀한 정보를 얻는다. 이 방법으로 측정된

2차원 형광편광의 강도로부터 비정배향도를 계산할 수 있다. 막대모양이나 납작한 형태의 형광염료를 사용하면 그 염료가 분자쇄축에 평행하게 배열하는 것으로 보고 비정쇄의 배향을 평가할 수 있다.

9. 11. 4. 5 음속 탄성률(sonic modulus)

음파의 전파속도는 탄성률에 의하여 좌우된다. 대부분 1개의 고분자사슬이 있을 때 사슬축 방향으로의 음속이 그 직각방향으로의 전파속도보다 빠르다. 결정과 비결정이 공존하는 준정형 고분자의 경우에는 그 상대적인 결정, 비정의 함량에 따라 음속이 달라진다. 이러한 측면에서는 음속은 굴절률과 비슷한 성질을 보인다.

Samuels는 다음과 같이 결정성 고분자의 음속탄성률 E와 일축배향에 관한 Hermans 배향함수 f_H와의 관계를 유도해 내었다.

$$\frac{3}{2}\left(\frac{1}{E}-\frac{1}{E_u}\right)=\frac{\phi_c f_c}{E_{tc}}+\frac{(1-\phi_c)f_a}{E_{ta}} \tag{9. 139}$$

여기서 E_u는 배향되지 않은 고분자의 탄성률을 나타내며, ϕ_c는 부피결정화도이다. 또한 f_c 및 f_a는 각각 결정상과 비정상의 Hermans 배향인자이다. 그리고 E_{tc}, E_{ta}는 각각 결정상과 비정상에서의 사슬축에 직각인 방향으로의 음속 탄성률을 나타낸다.

그 외에도 일축배향된 결정성 시료의 배향분포나 Hermans 배향인자 f_H를 구하는 방법으로서 Raman 스펙트럼과 소각 X-선 회전(SAXD) 등이 있으나 지면 관계상 생략하기로 한다.

9. 11. 5 결정-비정 두 상계에 대한 조합방법

일반적으로 준정형 고분자내에 있는 결정상과 비정상의 분자 배향정도는 반드시 같지는 않다. 만약 준정형 고분자내 두 공존상의 구별이 확실하다면 시료의 전체 복굴절은 두 상의 조성 및 배향상태의 함수로 나타낼 수 있을 것이다.

지금 두 공존상의 복굴절에 대한 단순 가성법칙을 가정하면 두 상(two-phase)계인 준정형 고분자의 일축배향에 대한 전체 복굴절 Δn_{12}는 아래와 같이 나타낼 수 있다.

$$\Delta n_{12}=\phi_c f_c \Delta n_{c,\,\max}+(1-\phi_c)f_a \Delta n_{a,\,\max}+\Delta n_f \tag{9. 140}$$

여기서 Δn_{12}는 평면내(in-phane) 복굴절 즉 $\Delta n_{12}[=n_1-n_2$, 여기서 1은 기계(연신)방향, 2는 횡방향]이고, ϕ_c는 준정형 시료의 부피결정화도, f_c 및 f_a는 각각(100 %)결정상과 비정상의 Hermans 배향인자, 그리고 $\Delta n_{\max}$는 해당 상의 최대(고유)복굴절 (식 9. 124)이며, Δn_f는 두 상

계에 존재하는 형태 복굴절로서 일반적으로 무시 가능하다.

예제 9.12

어떤 일축배향을 가진 준정형 고분자의 전체 (면내)복굴절이 0.042 임을 실험에서 알고 있다고 하자. 또한 밀도 측정에서 부피결정화도가 0.45이고, X-선 측정에서 (100 %)결정상의 Hermans 배향인자 $\langle P_2(\cos\phi)\rangle_c = 0.91$ 임이 밝혀졌다면 (100 %)비정상의 Hermans 인자 $\langle P_2(\cos\phi)\rangle_a$를 식 (9. 140)에서 측정하여 보아라. 단 $\Delta n_f = 0$, $\Delta n_{c,\max} = 0.050$ 및 $\Delta n_{a,\max} = 0.045$를 가정하라.

풀이 식 (9. 140)에서 해당 값을 대입하면,

$$0.042 = 0.45 \times 0.91 \times 0.050 + (1 - 0.45) \times f_a \times 0.045$$

여기서 $f_a = \langle P_2(\cos\phi)\rangle_a = 0.87$을 얻는다.

한편 결정-비정 두 상 공존계인 준정형 고분자의 2축배향(biaxial orientation)에 대한 시료의 전체 복굴절은 식 (9. 140)대신 아래와 같이 두 식으로 나타내진다.

$$\Delta n_{13}(= n_1 - n_3) = \phi_c\left[f_{1c}^{Bc}\Delta n_{cb,\max}^c + f_{1a}^{Bc}\Delta n_{ab,\max}^c\right] + (1-\phi_c)f_1^{Ba}\Delta n_{\max}^a + \Delta n_f \quad (9.\ 141a)$$

$$\Delta n_{23}(= n_2 - n_3) = \phi_c\left[f_{2c}^{Bc}\Delta n_{cb,\max}^c + f_{2a}^{Bc}\Delta n_{ab,\max}^c\right] + (1-\phi_c)f_2^{Ba}\Delta n_{\max}^a + \Delta n_f \quad (9.\ 141b)$$

위 식에서 ϕ_c는 준정형 시료의 부피결정화도이며, f는 해당성분의 Hermans 배향인자이고, $\Delta n_{\max}$는 최대(고유)복굴절, 그리고 Δn_f는 형태 복굴절이다. 그리고 위첨자의 B는 '이축배향'을 의미하고, 위첨자 a 및 c는 각각 (100 %)비정상과 결정상을 나타낸다. 또한 아래첨자의 a, b, c는 고분자 단위세포의 3 결정(격자)축을 의미하며, 숫자 1, 2, 3은 시료에 고정된 3 직교축을 나타낸다. 실제 계산에 있어서 일축배향의 경우와 마찬가지로 형태 복굴절 Δn_f는 종종 무시된다.

9. 11. 6 배향의 형태를 나타내는 방법

9. 11. 6. 1 정삼각형 다이어그램

만약 이축배향된 시료를 연구함에 있어서 2차 배향 평균에 대한 결과는 종종 $\langle \cos^2\theta_1 \rangle$,

$\langle \cos^2\theta_2 \rangle$ 및 $\langle \cos^2\theta_3 \rangle$의 형태로 표시된다(여기서 각도 θ_1, θ_2 및 θ_3는 고분자 단위에 있는 어떤 특수한 축과 각각 시료내에 고정된 OX_1, OX_2 및 OX_3의 3 직교축사이의 각도를 나타냄). 공간에서 단위벡터의 3 좌표축에 대한 방향여현(direction cosine)의 성질로부터 이들 3 평균의 합은 1이 되어 오직 2개만 독립이다. 특히 식 (9. 103)이나 (9. 106)에서처럼 이들 양은 해당 Hermans 배향인자 $f_H(=\langle P_2(\cos\theta)\rangle)$에 비례하는 또 다른 배향인자 $\delta_i(i=1,2,3)$로 간주하여 배향의 상태를 그림 9. 65와 같은 높이가 1인 정삼각형으로 편리하게 나타낼 수 있다.

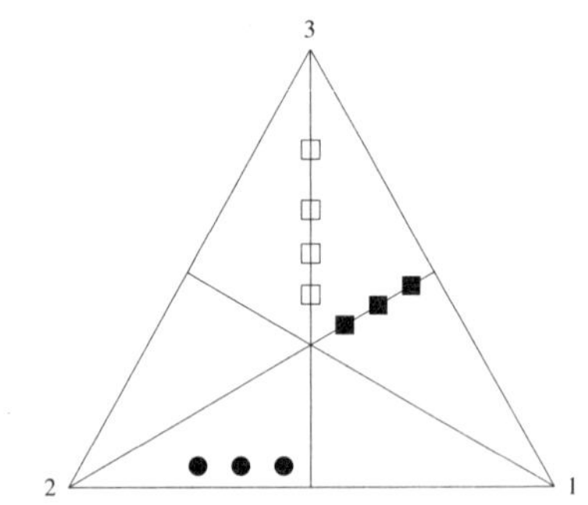

▶ **그림 9. 65** i 방향의 배향인자에 대응하는 $\langle \cos^2\theta_i \rangle$ $(i=1,2,3)$값을 보여주는 그림. (□): OX_3축에 대해 일축배향된 단위축을 가진 시료; (■): OX_3X_1 평면에 대하여 우선적으로 배향된 단위축을 가진 시료; (●): OX_1X_2 평면에 대하여 OX_2축에 우선적으로 배향된 단위 축을 가진 시료.

지금 $i=1,2,3$에 대한 주어진 $\langle \cos^2\theta_i \rangle$를 갖는 어떤 배향된 시료상태를 나타내는 정삼각형 내의 한 점이 주어졌다면, 이 점에서 삼각형의 정점(vertex) i를 마주보는 변에 내린 수직선의 길이가 $\langle \cos^2\theta_i \rangle$가 되고, $i=1,2,3$에 대한 3항의 합은 '높이가 1인 정삼각형내의 1점에서 3변에 내린 수선의 길이의 합은 1'이 되는 원리에 따라 1이 되어 식 (9. 103)을 만족한다. 그리고 일축배향시 Hermans 배향인자 $f_H=0$이 되는 랜덤배향인 경우는 그림 9. 65에 나타낸 3정점에서 마주보는 3변에 내린 3수선의 교차점(즉 중점에 해당)이 될 것이다. 왜냐하면 중점 정리에 의해 그 점을 지나는 3수선의 짧은 거리가 전체거리(즉 1)의 1/3이 되므로 각 i에 해당하는 Hermans 배향인자는 모두 0이 된다(그림 9. 58 참조). 만약 대칭축 Ox_i를 가진 일축배향 시료는 정점 i를 지나는 수(직)선상의 1점으로 나타내지며, 만약 i방향의 Hermans 배향인자가 1/2보다 크면 이 점은 3각형의 중점과 정점 i사이에 위치하게 된다. 또 정삼각형에서 각 정점에서 마주보는 변에 내린 수선은 그 변을 이등분하므로 수선상의 한 점에서 마주보는 좌우 두 정점까지의 거리도 같고 또 좌우 두 변에 내린 수선의 길이[즉 $\langle \cos^2\theta_i \rangle$ 혹은 Hermans 인자 $\langle P_2(\cos\theta)\rangle$ 값]도 같아진다(문제 9. 13 참조).

9. 11. 6. 2 극점도

극점도(pole figure)는 일반적으로 재료 내의 요소의 배향상태를 정량적으로 나타내는 데 편리하기 때문에 다음과 같은 원리로 작성할 수가 있다.

먼저 재료에 고정되어 있는 임의의 반경의 구를 그리고 요소 중 하나를 그대로 평행이동만 시켜 구면의 중심에 가져간 후 그 요소의 연장선과 구면이 만나는 부분을 점으로 표시한다. 이 작업을 모든 구성요소에 대하여 시행하면, 그 구면상에는 요소의 수와 같은 점이 그려진다. 이 구면상의 점은, 구의 중심과 그 점을 연결한 방향으로 요소가 배향되어 있다는 것을 의미한다. 따라서, 그 점의 분포는 요소의 배향의 상태를 나타내는 것으로, 이것이 바로 극점도이다.

본래 극점도는 1개의 결정의 결정면의 법선에 대하여 작성되는 것으로, 이것을 이용하면 결정의 대칭성 등을 쉽게 판단할 수 있다. 고분자고체에서 요소는 개개의 결정입자와, 비정사슬의 2종류가 있을 수 있다. 결정 중에 있는 분자사슬의 방향은 결정격자의 정보만 알면 1가지로 정해지므로 극점도를 그리는 데 문제가 없다. 그림 9. 66에 1축 배향성을 갖는 섬유의 결정축 배향을 예로 들어 놓았다.

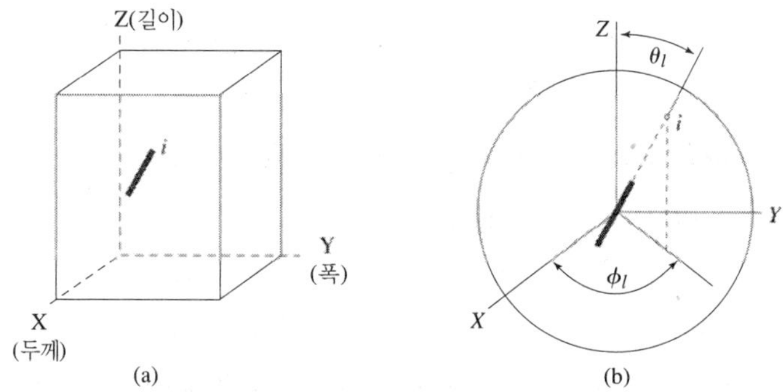

▶ **그림 9. 66** 극점도의 원리: (a) 시료 내 요소 i; (b) 구면상에서의 i.

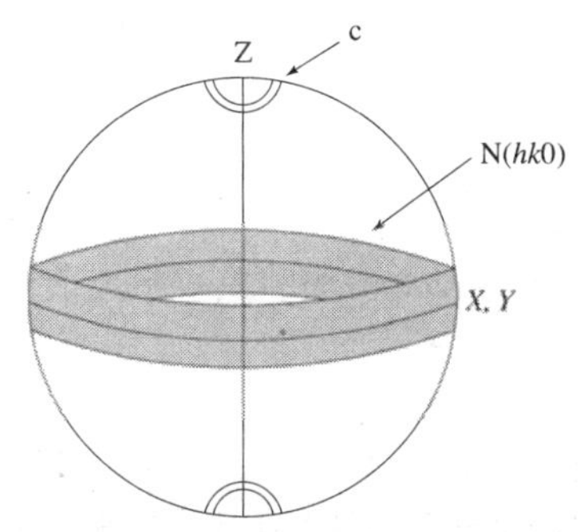

▶ **그림 9. 67** 1축배향성 고분자고체의 결정배향에 관한 극점도. $N(hk_0)$은 분자쇄축에 평행한 결정면의 법선

상하(z)축이 섬유축에 대응되고, 이 극 부분에는 분자쇄축이 집중되어 있고 여기서 수직한 방향으로는 다른 결정 a, b축들이 균일하게 분포하고 있어서 일축원통대칭형의 결정분포를 하고 있음을 알 수 있다(그림 9. 67 참조). 한편 비정상에서도 분자배향은 일축원통대칭이다. 그러나 비정쇄의 분자형태는 다양하고, 배향요소로서 무엇을 취할 것인가 하는 문제가 대두된다. 비닐계, 폴리올레핀계에서는 C-C-C로 이어지는 주쇄의 첫 번째 탄소와 세 번째 탄소를 연결한 직선을 배향요소로 생각하면 된다. 그러나 PETE의 경우에는 에틸렌부분과 테레프탈산 잔기 부뷰, 나일론 6이나 나일론 66의 경우에는 에틸렌부분과 아미드부분 등을 어떻게 취급해야 하는 문제가 된다. 대상이

되는 배향요소는 그때그때의 상황에 맞추어 설정하고 측정하여야 한다.

9. 11. 7 사슬배향에 관한 분자론적 모델

9. 11. 7. 1 아핀 고무변형 모델

여기서는 연신 또는 변형의 온도에서 고분자가 고무상태(화학가교를 통한 영구적이든 또는 T_g 이상에 있는 비정사슬의 얽힘 즉 물리적 가교를 통한 일시적이든 간에)에 있다고 가정한다. 일단 변형이 완성된 다음에는 고무의 '아핀(affine)변형'의 가정, 즉 고분자를 연신비 λ로 잡아당기면 분자 내 가교점들도 외부에서 가한 거시적 변형(λ)과 같은 크기로 변형되는 것처럼 가정하는 것이다. 게다가 고분자내 두 연속 가교점 사이에 있는 분자사슬(primary chain)은 자유로 연결된 길이 l의 n개의 랜덤결합(link)으로 이루어지고, 변형전의 말단간 거리 $r_0\left(= \langle r^2 \rangle_\theta^{1/2}\right)$는 (비섭동)가우스 이상사슬의 값인 $\sqrt{n}\,l$(식 4. 12)가 된다.

지금 고분자가 시료 내에 고정된 3직교 좌표계에서 3축방향으로 일축배향하고, 그때의 연신비를 λ_3라하면 비압축성 변형의 경우 $\lambda_1 = \lambda_2 = \sqrt{1/\lambda_3}$가 된다. 이때 고분자를 연신시 그림 9. 68에 나타낸 것처럼 길이 l인 n개의 랜덤결합으로된 각 사슬의 말단간 벡터는 연신방향(draw direction, dd)으로 배향되며, 또한 각 사슬 내의 랜덤결합들도 말단간 벡터를 향해 배향된다고 가정한다[여기서 $r = \lambda(=\lambda_3) \cdot r_0$ 성립].

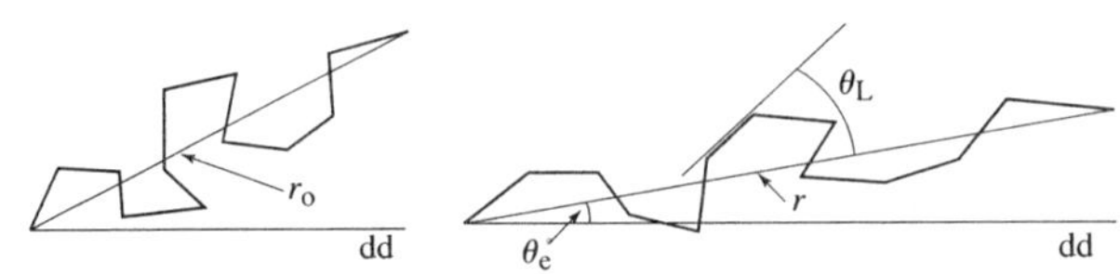

▶ **그림 9. 68** 연신전후의 사슬과 그 안에 있는 (n개의)랜덤결합의 배향(여기서 dd는 연신방향을 의미) 이론상으로는 한 개의 사슬 내 많은 수의 결합이 필요되나, 여기서는 편의상 소수의 결합만 표시하였다.

이 모델에 대하여 얻어진 (식 (9. 94)로 정의된)배향분포함수 $N(\theta_e)$(그림 9. 68 참조)를 증명없이 아래에 결과만을 나타낸다.

$$N(\theta_e) = \frac{\lambda^3}{4\pi\left[\lambda^3 - (\lambda^3 - 1)\cos^2\theta_e\right]^{3/2}} \tag{9. 142}$$

그리고 연신 후 한 개의 사슬의 말단간 거리가 $r = r_0\lambda$(여기서 일축연신비 $\lambda = \lambda_3$)로 늘어난 후의 배향분포함수 $N(\theta_L, r)$의 계산은 훨씬 복잡하나 그 결과만을 소개하면 아래와 같다(단 사슬 내

랜덤결합수 n가 매우 크다고 가정).

$$N(\theta_L, r) = \frac{n\beta \exp(\beta \cos\theta_L)}{4\pi \sinh\beta} \tag{9. 143}$$

여기서 β는 아래식을 만족한다.

$$\coth\beta - 1/\beta = r/(nl) \tag{9. 144}$$

위 식에서 β는 $r/(nl)$의 역 Largevin 함수[즉 $\mathcal{L}(\beta)(\equiv \coth\beta - 1/\beta) = r/(nl) \rightarrow \beta = \mathcal{L}^{-1}(r/(nl))$] 이다(부록 4. 1절 참조). 그런데 정수 l차의 배향분포함수 $N(\theta_L, r)$에 의한 평균 Legendre 다항식은 식 (9. 134)의 경우와 유사하게 아래로 나타내진다.

$$\langle P_l(\cos\theta) \rangle_r = \langle P_l(\cos\theta_L) \rangle P_l(\cos\theta_e) \tag{9. 145}$$

특히 $l = 2$인 경우는 복굴절에 직접 관계가 있는 Hermans 배향인자(f_H)이므로 식 (9. 143)의 배향분포함수를 사용하여 식 (9. 99)에 따라 평균치를 구하면 일축배향에 대하여 아래의 결과를 얻는다.

$$f_H = \langle P_2(\cos\theta) \rangle = \frac{1}{5n}\left(\lambda^2 - \frac{1}{\lambda}\right) + \frac{1}{n^2}(\cdots) + \cdots \tag{9. 146}$$

여기서 만약 n가 매우 크면 우편의 첫 번째 항만 유효하게 되어, 이는 7장에서 논의한 (접합)아핀 모델에 의한 가우스 망상사슬의 탄성계산과 본질적으로 같다. 그리고 더욱이 $\lambda \gg 3$의 연신비에서는 $f_H \approx \lambda^2/(5n)$으로 근사된다.

예제 9.13

연신비 $\lambda(=\lambda_3)$를 가진 일축배향된 시료의 측정 복굴절은 $\Delta n = 8.1 \times 10^{-3}$이었다. 이때 Hermans 배향인자 $f_H(=\langle P_2(\cos) \rangle)$가 식 (9. 146)로 나타낸 아핀 고무변형 이론을 따른다면(단 식중의 첫 번째항만 고려) 연신비 $\lambda = 2.0$으로 일축배향된 시료의 복굴절은 얼마가 될까?

풀이 복굴절의 정의에서 $f_H = \langle P_2(\cos\theta) \rangle = \Delta n / \Delta n_{max}$. 그런데 Δn_{max}는 연신비에 무관하므로 연신비 λ_1과 λ_2인 시료의 복굴절비는 식 (9. 146)의 첫 번째 항만 취하면 아래가 된다.

$$\frac{(\Delta n)_2}{(\Delta n)_1} = \frac{f_{H,2}}{f_{H,1}} = \frac{\langle P_2(\cos\theta) \rangle_2}{\langle P_2(\cos\theta) \rangle_1} \simeq \frac{(\lambda_2^2 - 1/\lambda_2)}{(\lambda_1^2 - 1/\lambda_1)}$$

여기서 $\lambda_1 = 3.5$, $\lambda_2 = 2.0$, $(\Delta n)_1 = 8.1 \times 10^{-3}$을 대입하면 아래가 얻어진다.

$$(\Delta n)_2 = (\Delta n)_1 \frac{2^2 - 1/2}{3.5^2 - 1/3.5} = 0.293(\Delta n)_1 = 2.37 \times 10^{-3}$$

9. 11. 7. 2 집합(또는 의사 아핀)변형 모델

이 집합(aggregate) 또는 의사 아핀(pseudo-affine)변형 모델에서는 고분자는 배향에 의한 이방성 단위의 집합체로 거동하며, 구조단위의 성질은 완전히 배향된 고분자의 성질과 동일하다고 가정된다. 또한 연신시 각 구조단위는 아핀 고무모델에서 사슬의 말단간 벡터와 똑같은 식으로 회전되나, 고무 망상체에 있는 사슬과는 달리 각 구조단위는 연신시 길이나 성질이 변하지 않는 즉 '의사 아핀변형'의 가정을 취한다.

이 모델에 관한 배향분포함수는 아핀모델에 대한 식 (9. 142)에서 각도 θ_e 대신 θ로 대체 (그림 9. 68 참조)하면 아래와 같이 얻어진다.

$$N(\theta)=\frac{\lambda^3}{4\pi\left[\lambda^3-(\lambda^3-1)\cos^2\theta\right]^{3/2}} \tag{9. 147}$$

이로부터 일축배향에 관한 Hermans 배향인자 $f_H=\langle P_2(\cos\theta)\rangle$를 식 (9. 99)에 의해 계산하면 아래를 얻는다.

$$\langle P_2(\cos\theta)\rangle=\frac{1}{2}\left(\frac{2\lambda^3+1}{\lambda^3-1}-\frac{3\lambda^{1/2}\cos^{-1}\lambda^{-3/2}}{(\lambda^3-1)^{3/2}}\right) \tag{9. 148}$$

참고로 그림 9. 69에 각각 식 (9. 146)과 (9. 148)에 계산된 아핀모델(점선)과 의사 아핀 모델(실선)에 대한 일축배향에 관한 Hermans 배향 인자 $f_H=\langle P_2(\cos\theta)\rangle$값을 연신비 $\lambda(=\lambda_3)$에 대해 플롯하였다. 그림에서 모든 λ의 범위에서 아핀모델에서 계산된 $\langle P_2\rangle$값이 의사 아핀 모델의 계산값보다 항상 낮음을 알 수 있다.

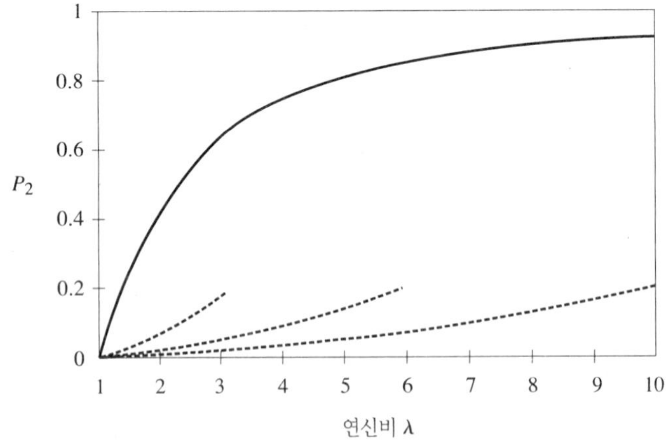

▶ **그림 9. 69** 일축배향시료에 대하여 각각 의사아핀(pseudo-affine)모델(실선)과 아핀모델(점선)로부터 계산된 Hermans 배향인자 $P_2=\langle P_2(\cos\theta)\rangle$와 연신비 λ의 플롯. 특히 점선(아핀 모델)의 경우 3곡선은 왼쪽부터 사슬 내 랜덤결합수 n=10.36 및 100 에 해당된다.

9.11.7.3 실험과 이론의 비교

전술한 아핀변형(고무)모델은 용융방사(melt spinning)에서 얻어진 섬유(나일론이나 PET 등)의 수축률과 복굴절[이때 복굴절은 앞에서 언급한 동결(frozen-in)배향상태에서 측정됨]의 관계의 예측이나, 응력 광학계수(stress optical coefficient, SOC : 식 (8. 5))의 추정에 유효하다. 이중 관심의 SOC에 대하여 조사해 보기로 한다. 식 (9. 123), (9. 124) 및 (9. 146)에서 아래가 성립된다.

$$\Delta n = \Delta n_{\max} \cdot \langle P_2(\cos\phi) \rangle = \frac{N_0(\langle n \rangle^2 - 2)^2}{6\langle n \rangle} \frac{4\pi}{3} \Delta\alpha \cdot \frac{1}{5n}\left(\lambda^2 - \frac{1}{\lambda}\right) \tag{9. 149}$$

여기서 N_0는 단위체적당 계에 존재하는 전체 랜덤 결합(link)수, (주)분극률차 $\Delta\alpha = \alpha_1 - \alpha_2$, n는 한 개의 사슬 내 랜덤 결합의 수, $\langle n \rangle$는 평균 굴절률, 그리고 λ는 일축배향의 주연신비(λ_3)이다. 그런데 가우스 고무 망상사슬에 대한 (접합)아핀모델에 의하면 변형된 단면적에 대한 (공학)응력 σ_t는 식 (7. 72b)로 표시되는데 비압축성시료(즉 $V/V_0 = 1$) 및 식 (7. 71)에서 $A_\phi = 1$, $\mathcal{F}$=1로 간주하면 아래가 성립된다(단 $\sigma_t = \sigma$로 둠).

$$\left(\lambda^2 - \frac{1}{\lambda}\right) = \sigma / \nu_0 kT$$

여기서 ν_0는 망상체내 단위체적당 가교점(혹은 탄성사슬)의 수이다. 식 (9. 150)을 식 (9. 149)에 대입하고 $n\nu_0 = N_0$임을 이용하면 아래의 관계식을 얻는다.

$$\Delta n = \frac{(\langle n \rangle^2 - 2)^2 \cdot 4\pi\Delta\alpha}{90\langle n \rangle} \frac{\sigma}{kT} \tag{9. 150}$$

따라서 아핀 모델에 대한 아래의 SOC 계수를 얻는다.

$$\mathrm{SOC} = \frac{\Delta n}{\sigma} = \frac{4\pi\Delta\alpha}{90kT} \frac{(\langle n \rangle^2 - 2)^2}{\langle n \rangle} \tag{9. 151}$$

여기서는 생략하려면 식 (9. 151)을 이용하여 일축배향된 준정형 고분자시료에 대해 복굴절 (Δn)과 응력(σ)의 관계를 성공적으로 잘 예측할 수 있다.

한편 의사-아핀 집합체 모델은 폴리에틸렌(PE)과 같은 상온에서 유리상 혹은 준정형고분자에 잘 적용된다. 그림 9. 70에서 저밀도 PE(LDPE)시료에 대해 복굴절과 연신비의 관계를 이론(점선)과 실험(실선)을 대비하여 나타내었는데 연신비가 커질수록 실험과 많이 벗어남을 알 수 있고, λ축에 대해 복굴절은 오목한(concave) 특징을 나타낸다.

이외에도 8장에서 언급한 응력과 변형과의 (선형)점탄성거동에 대한 실험과 이론을 비교하므로

써 주어진 모델의 적합성을 검증할 수 있으나 지면관계상 여기에서는 다루지 않기로 한다.

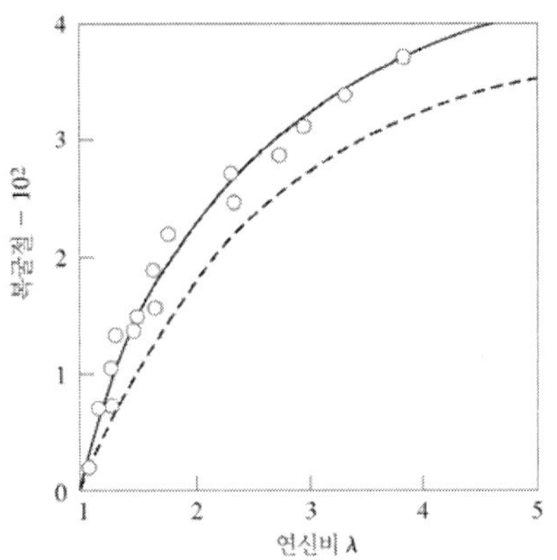

▶ **그림 9. 70** 일련의 일축배향된 저밀도 PE(LDPE) 시료에 대하여 복굴절(Δn)과 연신비(λ)의 플롯. 점선은 의사아핀(pseudo-affine)모델에 의해 계산된 곡선임.

9. 11. 8 배향야기 결정화

그림 9. 71에 배향야기(orientation-induced) 결정화거동을 열역학적 측면에서 나타내었다(7.5.4절 참조). 전단(shear)이나 신장(elongation)과 같은 기계적 외력의 영향 하에서 분자는 배열하게 된다. 이때 배향의 정도는 변형속도와 관련된 완화시간에 의존하며, 완화시간은 분자량에 크게 의존한다. 만약 정상상태(steady-state)의 전단이나 신장흐름의 경우 배향(이방성)을 야기하는 외력과 무질서와 등방성을 시키려는 분자의 Brown (열)운동사이의 경쟁이 존재한다. 그리고 분자량이 큰 경우는 저분자 물질에 비해 큰 완화시간을 가지므로 외력에 의해 쉽게 배향된다. 그리고 그림에서 볼 수 있듯이 외력에 의한 배향의 증가는 엔트로피의 감소를 초래하여 Gibbs 자유에너지변화 $\Delta G(= \Delta H - T\Delta S)$가 증가하게 되어 무배향의 등방성액체에 비해 고상(결정)과 액상(용융물)의 (몰)Gibbs 자유에너지가 만나는 (즉 화학퍼텐셜이 같아지는) (평형)융점의 상승을 초래하게 된다.

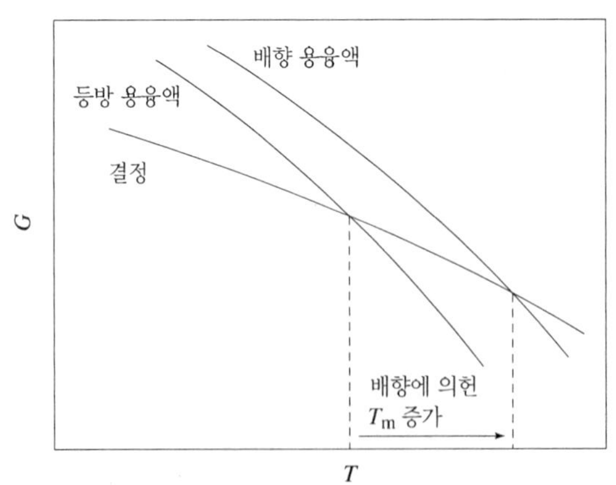

▶ **그림 9. 71** 고체(결정), 등방성(무배향) 및 이방성(배향)용융액에 대한 (몰)Gibbs 자유에너지 G와 온도 T사이의 도식적 관계.

9. 12 준정형 고분자의 변형

(고체) 준정형 고분자의 역학적 성질인 응력과 변형과의 관계에 대해서는 7장, 8장 등 여러 곳에서 이미 수차례 언급한 바 있지만, 여기서는 연신(drawing)에 따른 사슬 배향의 관점에서 이 절과 다음 절에서 다시 다루기로 한다.

고분자고체는 비교적 큰 변형을 받으면 소성변형(plastic deformation : 외력을 제거하여도 본래의 형태로 되돌아가지 않는 변형)에 의한 구조와 물성이 크게 변화하며 변형이 크게 되면 곧바로 물체의 파괴로 이어지게 된다,

많은 고분자는 특징적으로 주쇄골격(backbone)이 공유결합으로 연결된 가늘고 긴 선상고분자이므로 분자 내 주쇄결합에 비하여 분자간 인력은 대단히 작다. 따라서 개개의 분자 및 이들의 집합체로서 고체, 모두 (역학적)이방성을 가지고 있다고 보아야 한다. 거시적으로는 등방상태에 있는 경우에는, 용융상태, 유리상태, 결정상태 어느 쪽에 대해서도 분자의 회전반경은 랜덤한 가우스 사슬에 가깝다. 이처럼 고분자고체에 어떤 값 이상의 변형을 가하면, 거시적인 소성변형이 일어나고, 미시적으로는 분자쇄의 형태(conformation) 변화와 분자배향이 일어나고, 분자집합체로서 고차구조도 변화한다. 이러한 구조인자는 고분자의 물성을 좌우하는 중요한 인자이기 때문에 소성변형에 의해 물성은 크게 변화하고, 일반적으로는 고분자사슬이 가지고 있는 본질적인 이방성이 발현되게 된다.

전형적인 변형양식에는 8장에서 언급한 바와 같이 신장변형, 전단변형, 압축변형이 있다. 거시적으로는 예를 들어 신장변형이라고 하더라도, 미시적으로는 다른 2가지 이상의 양식이 관여되어 있는 경우가 많다. 일반적으로 3개의 양식이 동시에 관여한다고 보아야 문제가 없을 것으로 판단된다. 고체의 소성변형은 섬유나 필름의 물성을 높이기 위하여 이용되는 방법 중의 하나이다. 이때 가장 많이 사용되는 양식은 신장변형이며, 주로 이러한 변형양식에 대하여 알아보자. 비정성 고분자는 일반적으로 소성변형성이 낮고, 변형에 의한 구조와 물성의 변화가 작다. 한편 결정성고분자는 폭넓은 구조변화가 복잡하게 나타나기 때문에 이것을 이용하여 물성을 바꾸는 데 사용될 수가 있다. 특히 소성변형에 동반되는 구조변화가 복잡하고, 크게 물성에 영향을 미친다(저분자물질의 확산계수나 역학물성은 약 100배 정도 차이가 난다고 한다).

9. 12. 1 결정성 고분자의 변형기구

결정성 고분자가 가질 수 있는 구조를 3가지로 대별하면 전술한 바와 같이, (바로 이웃간 재진입에의한)고리접힌(folded) 사슬결정, 펼쳐진(extended) 사슬결정 및 비정사슬(random chain)이다. 용

융결정화한 시료는 구정의 집합체이며, 구정은 반경방향으로 평행하게 배열되어 있는 많은 라멜라(lamella)의 집합체이다. 비정부분은 구정계면 친 판상결정 사이에 존재한다. 이처럼 비정사슬의 일부는 서로 엉켜 있으며 어떤 경우에는 맺음분자(tie-molecule)에 의해 인접한 구정이나 판상정 사이를 연결하기도 하여 벌크시료의 연속성을 보장해 주는 역할도 한다. 따라서 엉켜 있는 분자 및 맺음분자의 양은 고분자고체의 물성을 지배하는 중요한 인자이다(그림 1. 2 참조). 변형과정에 있어서도 역시 중요한 역할을 한다. 고분자의 화학구조, 분자량, 결정화 조건 등에 의하여 결정화도, 판상정 및 구정의 형태, 크기, 엉킴밀도, 맺음분자의 양 등이 변화하기 때문에 변형거동은 복잡하다.

결정성 고분자고체의 대변형(large deformation)과정에 있어서 형상변화를 나타낸 것이 그림 9. 72이다.

이러한 대변형의 과정은 연신(drawing)이라고 한다. 결정성 고분자 대부분은 신장과정에서 냉연신(cold drawing) 또는 네킹(necking)이란 현상을 보인다. 즉 시료가 균일하게 늘어나는 것이 아니고 항복점(yield point)에서 어떤 부분이 갑자기 치수가 줄어들어 목이 들어간 것 같은 부분이 형성된다(necking zone). 이 부분은 대단히 큰 변형을 하게 되고 따라서 네킹영역의 성장단은 양쪽으로 전파된다. 이러한 과정을 연신이라고 한다. 연신된 부분의 단면적은 네킹이 완전히 끝날 때까지 일정하게 유지된다. 결정성 고분자에서는 항복현상과 더불어 큰 구조적인 변화가 동반된다. 이러

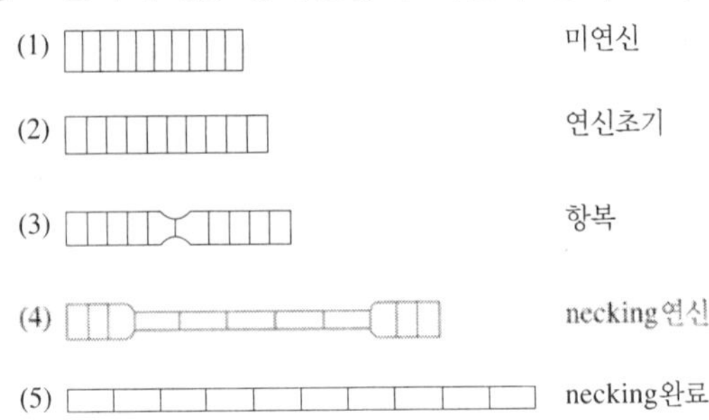

▶ **그림 9. 72** 결정성 고분자시험편의 대변형 과정에 있어서 형상변화.

한 네킹 현상과 함께 섬유상 구조(분자축이 연신방향으로 배열되어 있는 구조)로 바뀐다.

1) 응력-변형률곡선

상온에서 측정한 고분자재료의 응력-변형률 곡선은 아래와 같이 크게 5가지로 나눌 수 있다(그림 9. 73 참조)

① 부드러우며 약한 재료 : 탄성률 · 강도가 낮고, 늘어나는 정도는 보통인 재료이다. 예로 부드러운 고분자젤, 치즈 등이 있다.

② 딱딱하고 깨지기 쉬운 재료 : 탄성률 · 강도가 높으나. 항복점이 없고 거의 늘어나지 않고서 끊

어진다. 예는 실온 이하의 PS, PMMA, 페놀포름알데히드 수지 등이 있다,

③ 딱딱하고 강한 재료 : 탄성률 · 파단강도는 모두 높다. 폴리아미드, 주쇄형 액정 고분자, 고강도 고탄성률 섬유가 있다.

④ 부드러우며 질긴 재료 : 탄성률 · 항복점이 낮고 파단신도가 아주 크며 파단강도가 꽤 높다. 고무, 열가소성 탄성체(thermoplastic elastomer), 연질 염화비닐 등이 있다.

⑤ 딱딱하며 질긴 재료 : 탄성률 · 항복점 · 파단강도가 높고, 파단신도도 매우 크다. PE, 나일론 등의 결정성고분자이다.

그림 9. 74는 고분자고체를 일정한 속도로 늘였을 때 보여지는 3종류의 전형적인 응력-변형률 곡선이다. 곡선 (1)은 딱딱하고 깨지기 쉬운 시료일 때의 곡선이고, 곡선 (2)는 시료가 균일하게 변형하는 경우에 보이는 곡선, 그리고 곡선 (3)은 섬유, 필름의 물성을 개량하기 위하여 행해지는 냉연신에서 보이는 응력-변형률 곡선이다. 곡선 (3)의 극대점을 항복점(yield point)이라고 한다. 이 점에 대응하는 응력을 항복응력(yield stress) 및 항복변형률(elongation at yield)이라고 한다. 곡선의 끝, 파단점에 대응하는 변형률 및 응력을 파단신도(elongation at break) 및 인장강도(tensile strength)라고 한다. 곡선 (3)에서는 5개의 영역에 대응하여 구조의 변화가 진행된다.

즉 변형률이 커지면 ① 응력이 변형률에 비례하여 상승하며, 응력을 제거하면 시료는 본래의 길

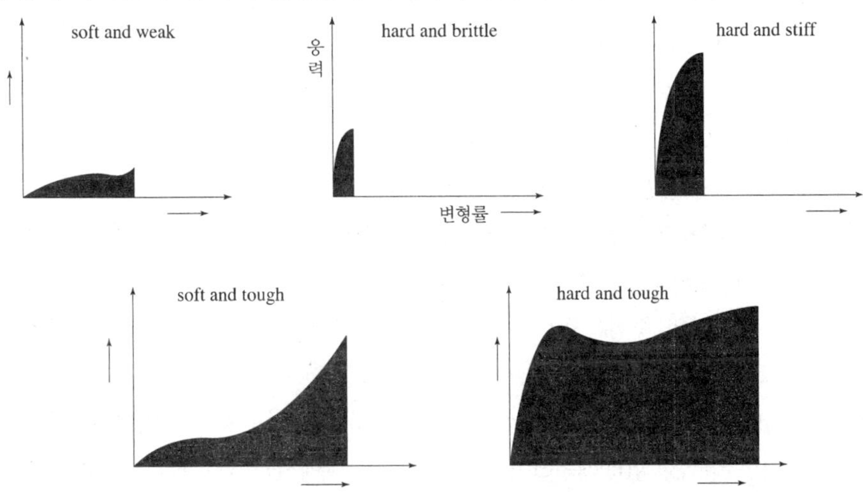

▶ **그림 9. 73** 고분자재료의 응력–변형률 곡선의 분류. 응력, 변형률, 부드럽고 약함(soft and weak), 딱딱하며 깨어지기 쉬움(hard and brittle), 딱딱하며 강함(hard and stiff), 부드럽고 질김(soft and tough), 딱딱하고 질김(hard and tough)

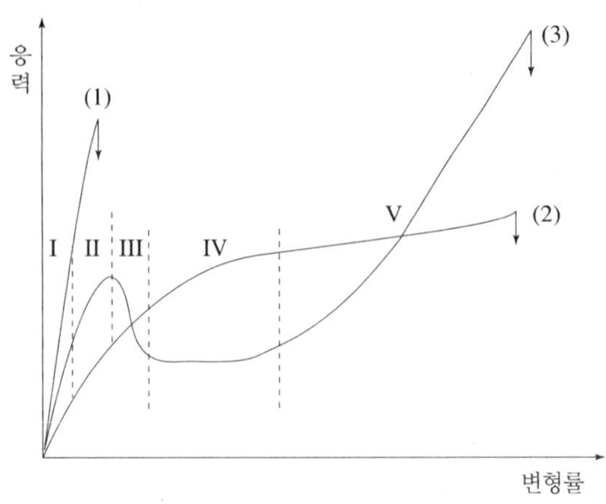

▶ **그림 9. 74** 고분자고체의 인장시험에서 나타나는 전형적인 응력–변형률곡선. 곡선(1)은 딱딱하며 깨지기 쉬운 재료 (2)는 재료가 균일한 변형을 하는 경우 (3)은 국부적으로 네킹이 생기고, 변형이 전파하는 경우가 있으며 일반적으로 냉연신하는 경우에 나타남

이로 되돌아오는 후크 영역(Hookean region)(영역 Ⅰ), ② 더욱 응력이 상승하고 응력극대(항복응력)에 달한다(영역 Ⅱ). ③ 계속해서 항복을 일으킨 응력이 급격히 저하한다(영역 Ⅲ). ④ 어떤 변형률에서는 거의 일정한 응력이 유지되면서 변형만 되는 영역이고(영역 Ⅳ), ⑤ 이후 응력은 급격히 상승하고(영역 Ⅴ : strain hardening : 변형률 경화) 최종적으로는 파단이 일어난다. 이러한 응력-변형률 곡선의 변화는 시료의 변형과정에서 일어나는 거시적 및 미시적인 구조변화에 대응된다.

영역 Ⅰ에서는 후크의 법칙이 성립되며, 변형률은 수 %이하의 범위이며 변형은 가역적이다. 영역 Ⅱ~Ⅴ에서는 소위 소성변형이 일어나는 영역이다.

영역 Ⅱ에서는 구정을 구성하는 라멜라의 회전, 미끄러짐, 라멜라 내에서의 분자쇄의 기울어짐(tilting), 쌍정(twin crystal)의 형성 등이 진행되며, 구정은 여러 개의 조각으로 나누어진다. 영역 Ⅲ의 항복점에서는 구정의 중심부 및 구정계면에 응력이 집중된다. 구정 내의 라멜라 및 라멜라 내 분자쇄의 삐끄러짐은 일어나지 않으며, 일부의 라멜라에서는 분자쇄가 응력에 대하여 약 45° 경사지게 되어 전단응력이 최대가 된다. 분자쇄방향으로 미끄럼변형이 일어난다. 이때 거시적으로는 시료에 국부적인 병목현상(necking)이 생긴다. 영역 Ⅳ에서는 변형률의 증가와 더불어 네킹이 시료전반으로 확대된다. 이와 같이 라멜라 및 구정은 파괴되고, 연신방향으로 평행하게 배향된 피브릴구조로 변화한다. 네킹이 시료전반에 전파되어 시료가 균일하게 연신된 시점에서의 연신비를 '자연연신비(natural draw ratio)'라고 한다. 이 값은 고분자의 화학구조, 분자량에 크게 의존하지만 연신조건(온도, 습도)에는 크게 좌우되지 않는다. 자연연신비는 선상 PE에서는 6~10, i-PP, 나일론 6에서는 약 2~3정도이며, 보통은 4정도이다. 영역 Ⅴ는, 통상 얻어질 수 있는 최대 연신비인 자연연신비를 초과하는 연신이란 의미에서 초연신(ultra-drawing, super-drawing)이라고 한다. 일반적으로 변형률이 증가함에 따라 연신응력이 급격히 상승한다.

구조적으로 생각하면 각 피브릴 내부에서는 소성변형이 일어나기 어렵기 때문에 초연신과정의 변형은 주로 연신방향으로 배열되어 있는 배향된 마이크로피브릴 사이 및 그 집합체인 매크로(macro)피브릴간의 미끄럼에 의해 진행된다고 생각된다. 이 피브릴간의 미끄럼 과정에서 피브릴을 연결하는 연결분자의 수가 증가하고 마이크로피브릴 중의 결정블록에 포함되어 있는 분자쇄가 차례로 펼쳐지고 배향결정화 한다(그림 9. 75 참조). 따라서 완전한 초연신이 가능하다고 하면 분자쇄는 완전히 펼쳐져 배향 결정화하며, 또한 분자말단이 랜덤하게 분포되어 있는 구조가 될 것이다. 이렇게 만들어진 시료는 그 고분자의 단결정성에 가까운 물성을 가질 것으로 기대된다. 최근의 연구에 의하면 초고분자량(분자량>10^6)의 PE, it-PP, 아이소-폴리-4-메틸-1-펜텐(iso-poly-4-methly-1-pentene, P4M1P) 등에서는 거의 앞에서 언급한 극한 물성에 가까운 초연신물이 얻어지고 있다.

2) 고리접힌 사슬의 변형

PE와 같이 평판형 결정을 이루는 고분자는 적당한 용매를 이용하여 단결정을 얻고 (9. 5. 2 절 참조) 이것을 천천히 걸러서 라멜라 결정이 적층되어 있는 케이크(cake)를 얻고 이것을 건조하면 매트(mat)상 시료를 얻는다. 이렇게 만든 고밀도 PE 단결정 매트는 용융결정화 시료에 비하여 잘 연신된다.

용융결정화 시료는 구정이 만들어지지만 단결정 매트는 (이웃간 재진입에의한)고리접힌(folded) 사슬결정이 적층되어 있는 구조이므로 보다 변형되기 쉬운 구조를 갖고 있는 셈이다. 단결정 매트는 결정분산온도 영역에서 연신이 잘 되며 네킹을 동반한다. 고리접힌 사슬결정은 사슬 한 올이 고리 접힌 형태를 가지고 있으므로 그 사슬축 방향으로는 공유결합으로 튼튼한 반면 그 사슬측면 방향으로의 결합력은 van der Waals 인력이므로 상대적으로 약하다. 따라서 매트를 연신하면 매트

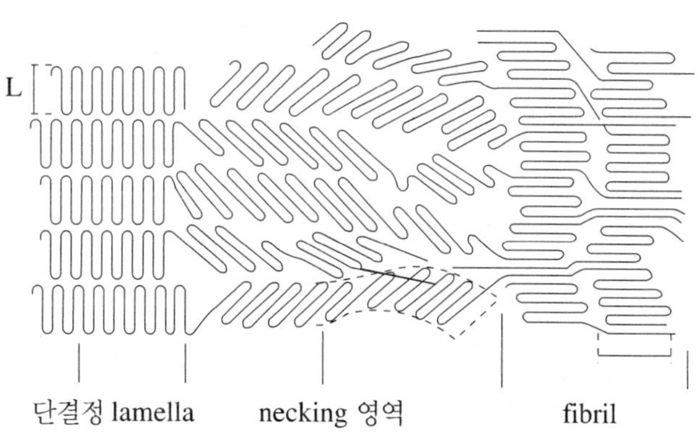

▶ **그림 9. 75** 단결정 매트의 연신모형, 단결정 라멜라, 네킹 영역, 피브릴

속에 존재하는 라멜라들의 위 · 아래면에 작용하는 전단력에 의하여 부분적으로 기울어지게(tilting) 되면서 여러 조각으로 갈라지고 동시에 고리접혀 있는 사슬들이 밧줄이 풀리듯이 풀려서 연신방향으로 배열되며 고분자사슬 다발인 피브릴이 형성된다. 물론 보통의 연신조작에서는 완전히 풀리지 않는 부분이 있어서 피브릴 내에서도 연신방향으로 결정 · 비결정이 반복되는 구조를 가지게 된다.

그러나 초연신을 하면 대부분의 고리접힘 부분이 펼쳐져 고리접힌 부분은 없어지고 그 경우에는 소각 X선 회절에서 피크를 볼 수 없는 구조로 된다. 그림 9. 75에는 단결정매트의 연신에 따른 변형양식을 나타내었다.

3) 섬유구조

결정성 고분자는 위에서 본 구정의 대변형이 일어나 연신방향으로 피브릴들이 서로 맞닿아 있는 섬유구조로 된다. 이 같은 모양을 그림 9. 76에 나타내었다.

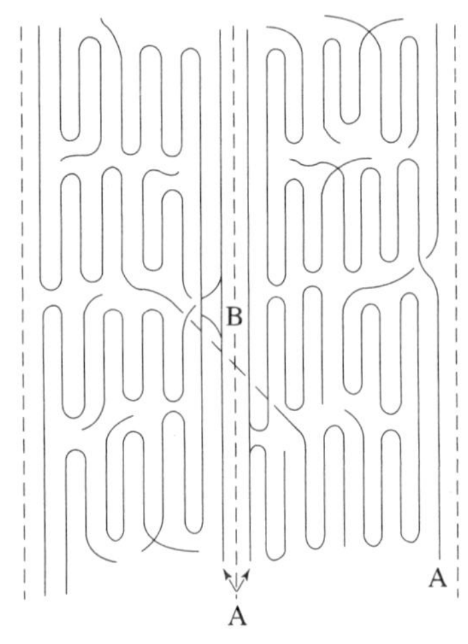

▶ **그림 9. 76** Peterin의 섬유구조모형.
A : 피브릴 내(intrafibrillar) 맺음사슬분자, B : 피브릴 간(interfibrillar) 맺음사슬분자.

이 경우 배향된 라멜라 사이에는 맺음(tie)분자가 존재하고, 이것들에 의해 역학적 강도가 발현된다. 결정성 고분자의 연신거동은 결정중의 분자쇄 열운동의 영향을 현저하게 받는다. 결정이 점탄성적으로 되는 결정완화온도에서는 연신을 효율 좋게 행할 수 있다. 결정완화온도에서는 결정자체가 점탄성적으로 되므로, 결정의 부분적 회전이나, 결정면 방향으로의 전단변형(미끄럼)이 일어나기 쉽다. 또 분자쇄의 고리접힘이 풀려서 섬유구조(피브릴구조)로 된다. 한편 결정완화온도보다 낮은 온도에서는 결정이 탄성상태에 있기 때문에 소성변형에 대하여 저항력이 크며 동시에 국부적인 파괴가 일어나 내부 구조는 불균일하게 된다. 배향도 그렇게 좋지 않다. 또 결정완화온도보다 높게 되면 결정의 변형은 용이하지만 열적으로는 분자쇄배향의 흐트러짐이나 재결정화가 일어나 결정은 성장하지만, 연신시에 결정에 응력이 효율적으로 전달되지 않아 배향도는 또 다시 나쁘게 된다. PP 섬유에 있어서 결정완화온도인 95℃에서 연신한 시료가 높은 복굴절률, 인장강도, 피로강도를 보인다.

9. 12. 2 비정 고분자의 변형

일반적으로 비결정성(amorphous) 고분자의 물성은 유리전이온도를 경계로 하여 대단히 많이 변화한다. 변형거동도 같은 현상을 보인다. T_g 이하에서는 균일하게 소성변형을 일으키기는 어렵고 변형률을 크게 하면 잔금(크레이즈, craze)가 발생하고 이것이 성장하여 파괴에 이른다. T_g 이상에서 연신하면, 네킹을 동반하는 경우도 있으나, 일반적으로 균일한 소성변형이 진행된다. 비정고분자는 결정성고분자처럼 복잡한 고차구조변화를 가져오지 않기 때문에, 그 소성변형에 동반되는 구조변화는 주로 분자쇄의 형태변화 또는 세그먼트의 배향 등으로 나타난다. 세그먼트의 배향측정에는 9. 7절에 소개한 복굴절(birefringence), 적외선 이색성(IR dichroism), 열탄성회복이 보통 이용되지만, 분자사슬의 형태변화를 정량적으로 측정하기 위해서는 소각 중성자산란(SANS) 등이 이용되기도 한다.

9. 12. 3 초연신

폴리에스테르, 나일론과 같은 결정성 고분자를 용융방사(meltspining) 또는 용융성형(meltmolding)하고 계속해서 신장연신하면, 연신방향으로 영률(Young modulus)과 인장파단강도는 연신비의 증가와 함께 증가한다는 것이 알려져 있다. 그 이유는 연신방향으로 고분자사슬이 인장변형되어 배향하고 결정화하기 때문이다. 전술한 바와 같이 '초연신(ultra-drawing)'이라고 하는 것은 자연연신비(natural draw ratio)를 넘는 과도한 정도의 연신이란 의미로, 시료를 많이 늘여서 분자사슬의 배향성을 높이기 위하여 행한다.

초연신에 의한 고분자의 역학 물성을 고도로 향상시키기 위한 연구는 1970년대에 용융결정화시료를 대상으로 대대적으로 시작되었다. 이들 연구결과에 의하면 어떤 주어진 고분자의 최대연신을 달성하기 위해서는 결정성 고분자의 분자량, 화학구조, 모폴로지 등을 고려한 최적 연신(가공)방법을 선택해야 한다. 일반적으로 용융결정화시료의 연신성(drawability)은 어떤 특정 분자량에서 극대를 나타내기 때문에, 이것을 초연신하는 데에는 보통 분자량 $10^4 \sim 10^5$ 정도의 고분자가 이용된다. 현재 시판되고 있는 고밀도 PE 및 POM 섬유막대는 영률 60 GPa, 파단강도 1.5 GPa이며, 이 영률은 금속알루미늄의 값에 가깝다(70 GPa). 일반적으로 용융성형물의 초연신에 의해 달성되는 역학 물성은, 그 고분자에 기대되는 이론치의 25% 정도이다. 따라서 우수한 물성을 기대한 초연신법들이 개발되었다.

1) 젤(gel) 연신

1975년 경, 네덜란드의 Pennings 등은 초고분자량 폴리에틸렌(ultrahigh-molecular-weight polyethylene; UHMW-PE, 분자량 1,000,000 이상)의 희박용액을 교반하여 분자사슬들을 얽어들이며 실을 만드는 방법(surface growth technique; 표면성장법)에 의하여, 영률 100 GPa, 파단강도 3 GPa에 달하는 섬유를 만들었다. 계속해서 Smith, Lemstra 등은 UHMW-PE의 준희박용액(1% 이상)을 급냉해서 얻어진 젤이 130배나 연신되며, 이 경우의 초연신물은 영률 130 GPa, 강도 3 GPa에 달한다고 밝혔다. 또 얻어진 젤은 건조하여도 같은 정도로 고연신성을 나타낸다는 것을 알았다. 용융결정화한 UHMW-PE는 연신성이 낮고, 10배 정도밖에는 연신되지 않는다.

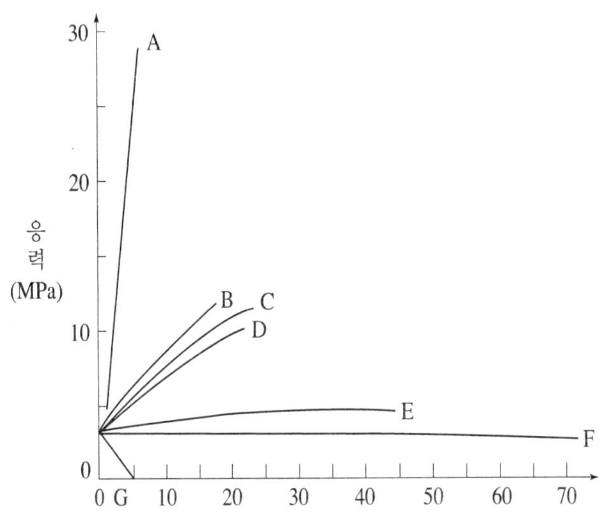

▶ **그림 9. 77** UHMW-PE 젤의 연신응력-변형률 곡선으로 주어지는 젤 준비용액의 농도의 영향. PE의 농도 ϕ는 부피분율이다. ϕ= 1.00(A), 0.14(B), 0.10(C), 0.08(D), 0.02(E), 0.01(F), 0.005(G).

그림 9. 77은 UHMW-PE 젤을 만들 때의 용액농도(PE의 부피분율 ϕ)가 건조젤 연신시의 겉보기 연신 응력-변형률 곡선에 미치는 영향을 나타내었다. 사용한 시료는 $M_n = 2 \times 10^5$, $M_v = 1.5 \times 10^5$이다. 여러 가지 다른 농도의 데칼린(decalin)용액(160℃)을 상온으로 급냉하여 얻어진 젤상의 필름을 그대로 방치하여 건조했다. 초기장 20 mm의 시료를 잘라내고, 120℃, 100 mm/min의 속도로 인장연신한 경우 겉보기 응력-변형률 곡선이다. 용융결정화 시료(A, $\phi = 1$)는 낮은 변형하에서도 대단히 큰 변형률경화(strain hardening)현상을 보인다. 이 결과 6 정도의 낮은 연신비에서 파단하고 만다. 그런데 용액농도가 낮게 됨에 따라 연신응력이 저하하고, 대응되는 파단시의 변형률이 현저하게 높아진다. 농도 $\phi = 0.01$ 정도가 되면 변형률 경화현상이 나타나지 않고, 거의 일정한 응력에서 변형이 진행되어, 70배 정도까지도 쉽게 연신된다.

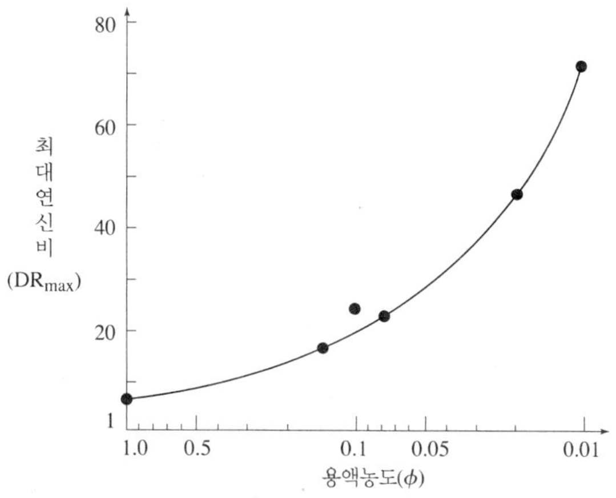

▶ **그림 9.78** 그림 9.77에 대응하는 젤 준비용액의 농도 ϕ와 최대도달연신비(DR_{max})의 관계.

그림 9.78에는 UHMW-PE젤의 최대연신비(DR_{max})와 젤 형성 용액의 농도와의 관계를 나타내었다. 또, 연신응력은 변형속도의 증가와 함께 크게 되는 경향이 있으나, 변형속도를 10배로 빨리 하여도 DR_{max}는 10%도 저하하지 않고, DR_{max}는 거의 용액농도에만 의존한다. 이러한 젤의 우수한 연신성은 망상고분자나 비정고분자의 변형모형으로 설명하되 분자쇄의 엉킴밀도가 감소되었다고 보면 잘 이해할 수 있다. 고무탄성에 의하면 가교고무의 최대연신비는

$$DR_{max} = N_c^{1/2} \tag{9.152}$$

단, N_c는 가교점간의 통계적 세그먼트수이다. 또 용액 중에서의 엉킴점간의 통계적 세그먼트의 수를 N_e^{sol}라고 하면,

$$N_e^{sol} = N_e^{melt} \phi^{-1} \tag{9.153}$$

단, N_e^{melt}는 용융상태에서 엉킴점 사이의 통계적 세그먼트의 수이고 ϕ는 용액 중의 고분자의 부피분율이다. 급냉한 젤에서는, 용액 중의 엉킴점이 동결되어 있으며, 또한 연신과정 중에는 풀리지 않는다고 가정하면 다음과 같다.

$$DR_{max} = \left(N_e^{sol}\right)^{1/2} = \left(N_e^{melt} \phi^{-1}\right)^{1/2} = DR_{max}^{melt} \cdot \phi^{-1/2} \tag{9.154}$$

최대연신비와 용액농도와의 관계를 표시하는 식 9.154는 그림 9.78의 관계를 잘 나타내주고 있다.

2) 분자량효과

희박용액으로부터 석출한 단결정 매트나 젤은 초연신에 의하여 이론치에 가까운 역학물성을 얻

을 수 있다. 이러한 고분자에는 UHMW-PE, UHMW-PP, UHMW-P4M1P가 있다.

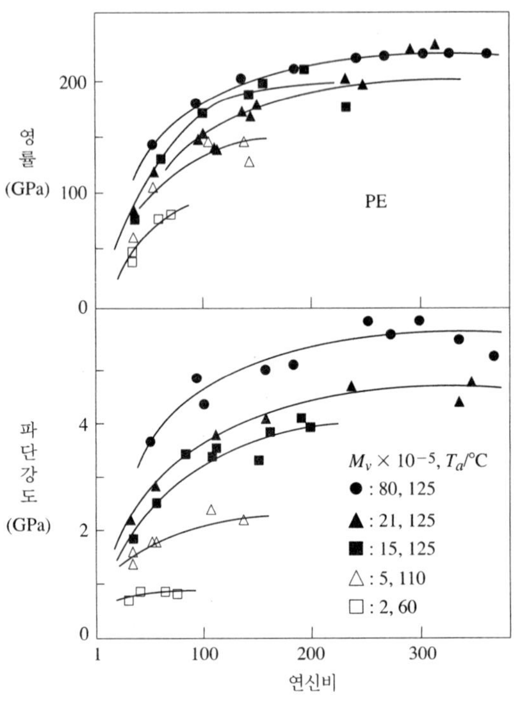

▶ **그림 9. 79** PE단결정 매트의 연신에 대한 영률, 파단강도의 상승 ($M_v = 0.2-8\times10^6$; T_d : 연신온도).

그림 9. 79에는 각각 분자량이 다른 PE 단결정매트 연신물의 영(Young)률 및 파단강도를 연신비의 함수로 나타내었다. 시료의 연신성 및 역학물성에 대한 분자량 효과가 잘 드러난다. 고분자량의 PE($M_v > 2.1 \times 10^6$)에서는 연신비 250 이상에서 영률은 일정한 값을 보이고 약 220~230 GPa를 나타내고 있다. PE 및 PP의 분자쇄방향의 이론적 결정탄성률은 235~325 GPa, 34~40 GPa로 보고되고 있다. 따라서 초고분자량재료에서 얻을 수 있는 영률은 이론치로 하여 보고된 값의 하한치에 가깝다.

PE의 분자쇄방향의 결정탄성률의 이론값은 계산법에 의해 측정치보다 얼만가 다른값이 보고되어 있지만 이러한 값의 변동은 생각 외로 작다. 그런데 PE의 분자쇄방향의 이론강도는 계산 모형에 의해 또는 가정한 파단기구(fracture mechanism)에 의해 매우 다른 값들이 계산된다. 최근 Smith 등은 초연신 PE의 구조모형으로 완전히 펼쳐진 형태의 분자쇄가 배향결정화하여 또 분자말단이 랜덤하게 배향되어 있는 구조를 가정하여 이러한 시료의 응력-변형률곡선을 계산하였다. 이와 같은 구조에서는 분자쇄말단이 구조적 결함으로 작용하여 응력집중점이 되기 때문에 분자쇄말단의 개수가 작으면 작을수록, 즉 분자량이 높을수록 강도는 증가한다. 그림 9. 80은 그들의 계산에 의하여 구한 파단강도와 그림 9. 79에서 표시한 강도 실측치를 분자량(수평균)에 대하여 플롯한 것이다.

파단강도의 실험치와 이론치는 모두 같은 분자량 의존성을 나타내고 있으며 실험으로 얻을 수 있고 최고 영률은 $M_v > 2.1 \times 10^6$에서는 분자량의존성이 없지만 강도는 분자량효과가 크게 나타난다.

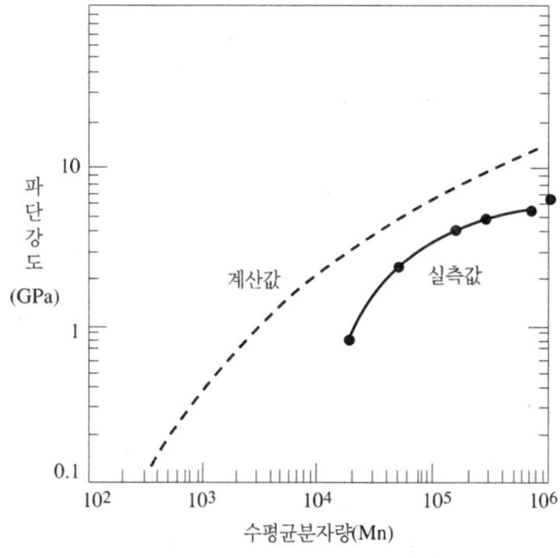

▶ **그림 9. 80** PE 연신물의 파단강도와 분자량의존성. ●은 실측치, 점선은 이론치.

9. 13 준정형 고분자의 강도와 파괴의 개시

선형고분자의 분자사슬은 용융상태로부터 결정화하면 그림 9. 81의 (a)에서 보듯이 고리접힌(folded) 사슬 판상결정구조가 가장 많이 나타나고, 고압결정화 또는 고연신을 행한 시료 등에서는 그림 9. 81의 (b)처럼 펼쳐진(extended) 사슬결정구조를 가지고 있다.

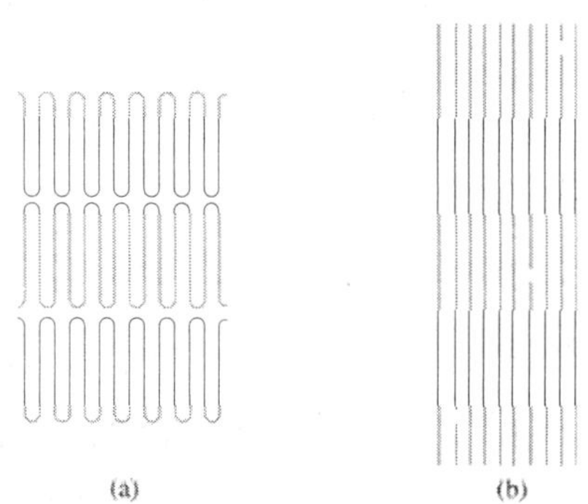

▶ **그림 9. 81** 고리접힌(folded) 사슬구조(a)와 펼쳐진(extended) 사슬구조(b)

선형고분자에서는 (b)처럼 몇 올의 고분자사슬이 동일 방향으로 가지런히 배열되어, 그 사슬들이 동시에 끊어지는 모형을 생각하면, 그 파단강도가 최대로 된다. 따라서 최고이론강도, 최고이론탄성률을 이야기할 때는 고분자의 완전결정을 생각하고 그 분자쇄방향의 탄성률, 강도를 구하면 된다. 그러면 그림 9. 81의 (b)처럼 되어 있는 고분자가 어느 정도의 강도 σ를 나타낼 것인가를 생각해보자.

고분자의 이론파단강도 σ_b는, 공유결합에 의해서 결합되어 있는 2원자간의 상호작용에너지를 원자간거리의 함수, 예를 들면 아래의 Morse 함수형태로 기술한다.

$$V(r) = D[1 - \exp a(r_0 - r)]^2 \tag{9. 155}$$

여기서 a는 상수이고, r_0는 평형결합거리이다. 그리고 그 결합거리를 늘이게 될 때 절단에 이르는데 필요한 힘을 계산하여 구할 수 있고 그 결과 다음식이 성립한다.

$$\sigma_b = \frac{\sqrt{k_1 D}}{2\sqrt{2}\, N_A S} \tag{9. 156}$$

여기서 k_1은 결합의 스프링상수, D는 고분자쇄 중의 최약결합에너지, N_A는 Avogadro 수, S는 분자단면적이다. 만일 결합을 이상적인 스프링으로 가정하고 결합절단에 필요한 변형률을 x_b로 하면

$$D = \frac{1}{2} k_1 x_b^2 \tag{9. 157}$$

$$\sigma_b = \frac{k_1 x_b}{N_A S} = \frac{\sqrt{2 k_1 D}}{N_A S}$$

이다. 이처럼 계수만 약간 다를 뿐 같은 식이 된다.

또 평면 지그재그사슬에 있어서는, 결합의 스프링상수 k_1과 원자가각의 변형에 관계되는 스프링상수 k_2로부터, 고분자사슬 1개로 이루어진 결정의 인장탄성률 E_c는 다음식과 같이 구해진다.

$$E_c = \frac{4 k_1 k_2 r \cos\theta}{N_A S(k_1 r^2 \sin^2\theta + r k_2 \cos^2\theta)} \tag{9. 158}$$

여기서 r은 결합거리, θ는 결합이 섬유축과 이루는 각이다.

PE를 예로 구체적인 값을 구해보면 강도는 위 식에 의해 $\sigma_b = 2.88 \times 10^7\ \mathrm{kJm^{-3}} = 28.8\ \mathrm{GPa}$가 된다. 사용한 값은 $D = 296\ \mathrm{kJmol^{-1}}$, $k_1 = 2.71 \times 10^{23}\ \mathrm{kJmol^{-1}m^{-2}}$, $S = 1.82 \times 10^{-19}\ \mathrm{m^2}$이다. 같은 방식으로 다른 고분자에 대하여서도 이론강도를 산출할 수가 있으나 위의 값보다 D가

크다고 하더라도 S가 PE보다 크기 때문에 일반적인 고분자의 이론강도는 20~30 GPa 정도이다.

한편 인장탄성률은 PE에 대해서는 $E_c = 184\ \mathrm{GPa}$이 된다. 이때 $\theta = 33.7^\circ$, 원자가각의 변화에 관계되는 굽힘스프링상수 $k_2 = 4.8 \times 10^2\ \mathrm{kJmol^{-1}rad^{-2}}$를 이용했다. 다른 많은 고분자들에 대해서는 평면지그재그 구조와는 다른 나선(helix)구조를 가지고 있기 때문에(9. 4. 2절 참조) 계산이 간단하지는 않다.

초고분자량 PE 젤방사섬유의 인장강도는 6.2~7 GPa이며, 이론강도의 약 20%이다. 실제 강도가 이렇게 낮은 이유는 분자사슬이 완전히 배향되지 않고, 분자사슬의 미끄럼, 분자사슬의 말단 또는 결정-비정계면에서의 응력집중현상 등이 복합적으로 작용하여 진행되는 복잡한 현상이기 때문이다. 분자사슬이 랜덤으로 배향되어 있는 고분자고체의 강도는 강도가 그 재료의 단위면적당의 평균적인 분자사슬의 수에 비례한다고 생각할 수 있다. 단위단면적(1 $\mathrm{nm^2}$)당의 공유결합수 N_{cb}와 연성(ductile)파괴로부터 취성파괴로 변화하는 경우의 임계강도 σ_{cr} 사이에는 그림 9. 82에 보이는 것과 같은 관계가 발견되어 다음과 같은 실험식이 성립한다.

$$\sigma_{cr}\,[\mathrm{MPa}] = 36.8 \times N_{cb} \tag{9. 159}$$

이 임계강도도 역시 이론강도의 약 2%에도 미치지 못하며 분자사슬의 말단이나 결정비정계면이 역학적 결함으로 작용하고 있다는 것을 시사하고 있다.

충분히 배향된 고분자섬유에서는 균열(crack)에 의한 미세기공(microvoid)의 생성이 파괴의 개시에 큰 역할을 한다. 그림 9. 76에서 보듯이 섬유구조에서는 맺음(tie)분자가 존재한다. 섬유구조 모형을 생각하면 섬유에 응력을 인가하면 결정 사이를 연결하고 있는 맺음분자가 먼저 많은 힘을 받게 된다. 맺음사슬 분자는 길이도 다르고 긴장도도 전부 다르기 때문에 짧은 분자는 늘어나더라도 긴 분자는 늘어나지 않는다. 맺음사슬 분자에 가해지는 변형이 증가하면 분자의 일부는 벌써 절단(scission)이 시작되는 것도 있다. 분자사슬의 절단은 전자스핀공명(electron spin resonance, ESR)에 의한 생성 라디칼 농도 측정에 의해 확인할 수 있다. 응력하에서의 주쇄절단에 의해 생성된 라디칼의 ESR 스펙트럼은 시료의 인장과 함께 신호(signal)강도가 증가한다. 즉 긴장을 받은

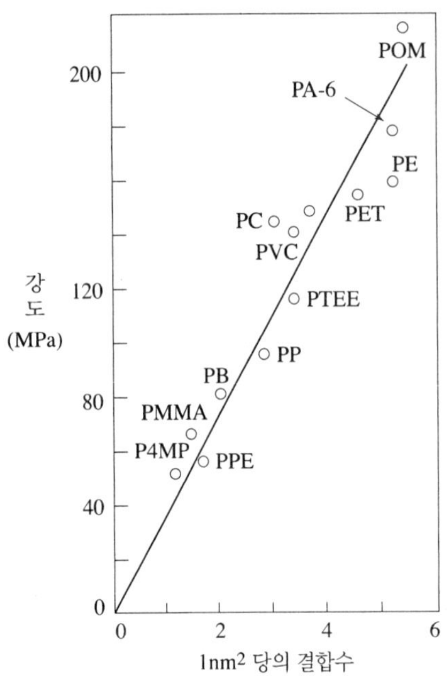

▶ **그림 9.82** 단위단면적(1 nm^2)당의 공유결합수와 연성(ductile)파괴로부터 취성(brittle)파괴로 변화할 때의 강도와의 관계.

분자사슬로부터 순차적으로 파단(fracture)에 이르게 된다. 특히 인장변형률과 라디칼농도의 관계에 의해 파괴응력의 40~60% 근방에서 라디칼농도가 급격히 증가하여 분자사슬의 절단이 일어나는 것이 관찰된다. 한편, 분자사슬이 끊어지면 미세기공이 생기고 하중하에서 보이드끼리 합쳐져 최종적으로는 거대한 크랙을 생성하고 파괴로 이어진다고 생각된다. 미시적인 빈 공간(void)의 생성과 성장은 소각 X선 산란(SAXS)에 의한 보이드(void)산란의 변형량 또는 시간의존성으로 측정할 수 있다.

9.14 액정고분자(LCP)

9.14.1 기본개념

'액정(liquid crystal)'이란 용어는 물질을 낮은 전이온도(가령 cholesteryl benzoate의 경우는 418 K)이상으로 가열해도 중간정도의 규칙도(intermediate order)를 나타내는 즉 액체의 유동(flow) 성질과 고체(결정)의 이방성(anisotropy)을 동시에 소유하기 때문에 생긴 이름이다. 이에 유사한 용어로 나중에 도입된 '메소몰픽(mesomorphic)'은 그리스어로 중간형태(middle form)를 의미한다.

액정고분자(liquid crystal polymer, LCP)에 관한 첫 번째 연구는 1923년 독일 화학자 Vorländer에 의해 시작되었는데, 그는 에스테르기로 연결된 p-phenylene기를 가진 올리고머를 합성한 결과

전이온도가 올리고머/폴리머의 길이증가와 함께 증가하였으며, 특히 poly(p-benzamide)액정 경우에는 고온에서 화학적 분해가 일어나기 전에는 결코 용융되지 않는다는 사실을 밝혔다. 그 이후 액정에 관한 많은 연구가 이어졌는데 그 중에서도 Flory는 1956년도에 강직한 봉상(rigid-rod)고분자는 어떤 임계 농도[이는 막대의 축비(aspect ratio) L/D(여기서 L 및 D는 각각 길이 및 직경임)에 의존함]이상이 되면 이방성 액정상을 형성한다고 제안하였다. 이와 같은 액정을 '액방성(lyotropic)액정'이라고 하며 Flory에 의하면 임계농도(고분자 부피분율) ϕ_2^*는 아래와 같이 주어진다.

$$\phi_2^* = \frac{8}{x}\left(1 - \frac{2}{x}\right) \tag{9. 160}$$

여기서 $x = L/D$는 축비이다. 식을 보면 축비가 증가할수록 ϕ_2^*는 작아져 낮은 온도에서도 쉽게 액정이 형성됨을 알 수 있다.

가장 먼저 상용화된 액정고분자는 Kevlar 즉 초(ultra)배향된 poly(p-phenylene terephtha-lamide)(PPT)섬유이다(그림 9. 83 참조). Kevlar 섬유를 진한 황산용액에 녹이면 네마틱(nematic)액정이 되고, 용액 방사로부터 높은 탄성률과 강도를 가진 섬유를 얻는다.

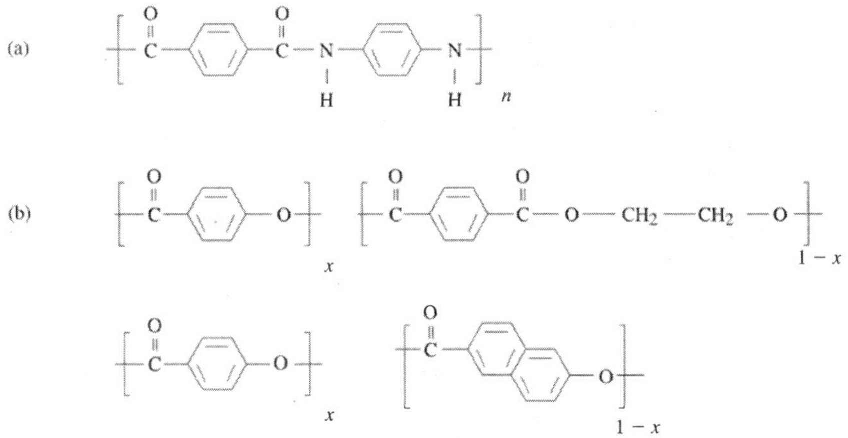

(a)

(b)

▶ **그림 9. 83** (a) poly(p-phenylene terephthalamide) (Kevlar); (b) p-hydroxybenzoic acid와 에틸렌 테레프탈레이트의 공폴리에스테르; (c) p-hydroxybenzoic acid와 2,6-hydroxynaphtaoic acid의 공폴리에스테르(Vectra)의 반복단위 구조.

1972년도에 용융가공 가능한 액정고분자(이하 '열방성(thermotropic)액정'이라 칭함)가 Cottis에 의해 처음 도입되었다(열방성이란 용어는 어떤 온도범위에서는 안정하다는 것을 의미한다). Cottis는 p-hydroxybenzoic acid와 bisphenol terephthalate를 바탕으로 공폴리에스테르(copolyester)를 합성하였다.

열방성고분자는 모두 '주사슬(main-chain) LCP'로 분류된다. '메소겐(mesogen)'이라 불리는 강직한 막대영역(moiety)이 주사슬에 위치하고 있다. 이들 물질의 주 용도는 고기능성 엔지니어링 플라스틱이며, 이들은 용융가공 중 신장 또는 전단흐름에 의해 쉽게 배향되며 배향된 구조의 안정성은 매우 좋다(즉 완화시간이 매우 길다).

전자 및 광학분야(optronics)에의 액정의 이용은 측쇄기(pendant group)에 위치한 메소겐을 가진 소위 '측쇄(side-chain) LCP'(그림 9. 84 참조)에 초점을 맞추고 있다. 이 분야에서 가장 중요한 업적을 이룬 것은 1978년도 Ringsdorf와 Finkelmann 등이 수행한 연구로서 그들에 의하면 안정한 액정 메소상(mesophase)은 강직한 메소성(mesogenic)기가 유연한 스페이서(spacer)기를 통한 결합에 의해 골격사슬(backbone)로부터 분리될(uncoupled) 경우에만 형성될 수 있다.

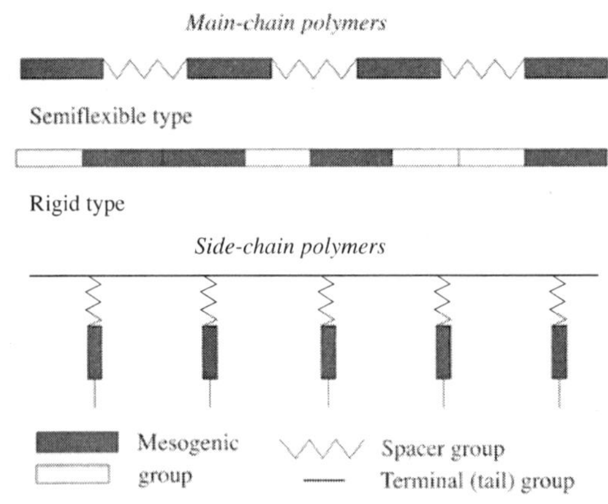

▶ **그림 9. 84** 주쇄(main-chain)와 측쇄(side-chain) 액정고분자.

주쇄(main-chain) 및 측쇄(side-chain) 액정고분자(LCP)는 작은 액정분자와 같이 본질적으로 일차원 분자(막대)로 이루어져 있다. 2차원 저분자량 원판형(disc-shaped) 액정분자는 1977년 Chardrasekhar에 의해 발견되었다. 그들을 'discotic'액정이라 칭한다. 나중 연구에서 유연한 스페이서기를 통하여 discotic 액정영역을 가진 고분자의 합성 및 특성결정을 행하였다.

9. 14. 2 LCP의 화학구조

그림 9. 84에 주쇄형 및 측쇄형 액정고분자의 주요 특징을 도식적으로 나타내었다. 주쇄나 측쇄에 붙어있는 강직한 메소성(mesogenic) 단위는 고분자를 막대모양의 이방성으로 만들며, 원칙적으로 메소기는 선형이고 큰 축비($x = L/D$)를 가져야 한다. 전형적인 메소성기는 적어도 2개의 방향족 또는 환지환성(cycloaliphatic)고리로 되어있으며, 이 고리는 선형배열을 유지하는 짧은 강직한 연결(link)에 의해 para위치에 연결되어 있다. 처음에는 메소성기는 유연성이 전혀 없어야 한다고 믿었는데, 최근에 메소성기도 유연한 부(sub)단위를 가질 수 있다는 것이 밝혀졌다. 그림 9. 85는

메소겐의 특성을 나타낸다.

▶ **그림 9. 85** 메소겐의 도식적 표현.

고리단위(cyclic units)의 예로서는 1,4-phenylene, 2,6-naphthalene 및 trans-1,4 -cyclohexylene 고리이다. 그림 9. 85에서 연결기(linking group)는 사슬을 선형으로 만들기 위해 양쪽에 고리단위를 연결하고, 우선적(양호한) 형태는 평면(선형)이다. 많은 기가 이들 조건을 만족시키는데 가령 직접 결합, 에스테르, imino, azo, azoxy 및 반굴곡성인 methylol 기 등이다.

측쇄형 LCP의 구조는 그림 9. 84에 나타나있다. 각 메소성기에 붙어있는 것이 한 개의 말단(terminal)기이다. 일반적으로 보고된 말단기로서는 -OR, -R, -CN, -H, $-NO_2$, $-NH_2$, -Cl 및 -Br 등이다.

주쇄형, 측쇄형 액정 모두에 존재하는 굴곡성(스페이서기) 단위는 종종 oligomethylene기이다. Oligosiloxane 및 oligo(ethylene oxide)기 또한 사용된다. 측쇄형 고분자에서 골격사슬(backbone)로부터 메소겐 단위를 분리시키는데 필요한 최소 $-CH_2-$기의 수는 2-4이다. 몇몇 주사슬 LCP(그 중에서도 가장 대표적 예는 그림 9. 83 (c)의 Vectra임)는 완전히 방향족이고, 어떠한 굴곡성 사슬기가 존재하지 않는다. 그리고 요구되는 T_g의 감소는 2,6-naphthalene 단위로부터 측면 및 길이방향 '단계들(steps)'의 불규칙한 존재에 의해 이루어진다.

원판형의 discotic 액정화합물은 한 개의 중심 방향족 핵(core)과 가령 4개의 방향족 고리 및 방향족 핵에 대칭적으로 붙어있는 전형적으로 4 또는 6개의 치환기(예를들면 alkoxy-, oligo-ester-기 등)로 이루어져있다.

9. 14. 3 LCP의 물리구조

액정고분자(LCP)의 등방성 비정구조와 완전 조직화된 3차원 결정구조 사이에는 많은 수의 다른 조직(구조)이 존재한다. 지금 고온에서 유지되는 한 열방성 고분자를 생각해보자. 이를 융해시키면 완전히 투명한 한 개의 등방성, 불규칙적인 액체가 된다. 즉 액체분자는 장거리 배향 및 위치 규칙성이 없다. 이를 어떤 온도이하로 냉각시키면 굴절률이 다른 두 상 공존지역에 도달하여 흐려지고(cloudy) 액정상의 형성이 관측된다. 등방성 용융액을 냉각시켜 얻는 가장 가능한 액정으로서는 네마틱(nematic)액정이있는데, 이는 그림 9. 86에 나타낸 바와 같이 장거리 배향질서는 있으나, 위치(질량중심)실서는 없다.

▶ **그림 9.86** 화살표로 나타낸 방향자(director)를 가진 네마틱(nematic)액정 구조.

만약 네마틱액정을 편광자(polarizer)가 없는 광학현미경으로 관찰하면 실을 꿴 모양의(threaded) 액정구조가 관측되며, 또한 WAXD 회절패턴을 보면 장거리 위치질서가 없기 때문에 액체같은 뿌연(diffuse) 달무리(halo)가 관측된다.

아래식에 주쇄 또는 측쇄형 고분자에 있는 메소겐기의 배향상태를 특징짓는 '질서(order) 파라미터' S를 정의하였다.

$$S=\frac{3\langle\cos^2\theta\rangle-1}{2}=\langle P_2(\cos\theta)\rangle \tag{9.161}$$

여기서 θ는 강직한 막대사슬(메소겐기)과 방향자(director) 사이의 각도를 나타낸다[그림 9.86 참조; 사실 이는 9.11.2절에서 소개한 일축배향시료에 대한 Hermans 배향인자 $f_H=\langle P_2(\cos\theta)\rangle$와 동일한 형태를 취한다]. 위 식에서 $S=1$일 때는 모든 사슬이 방향자 방향으로 배열되며, 반대로 $S=0$일 때는 완전히 랜덤(무배향)이다.

예제 9.14

어떤 액정의 특정한 도메인에서, 액정의 분자축(메소겐기 포함)들은 허용된 배향각도 $\theta=0\sim\theta_0$범위에서 방향자(director)로부터 동일한 확률로 존재한다고 하자[즉 식 (9.99)의 배향분포함수 $N(\theta)$가 각도 $\theta=0\sim\theta_0$에서는 상수, 기타 각도에서는 $N(\theta)=0$을 의미함]. 이때 액정도메인의 질서인자 S (식 9.161)에 관한 표현식을 유도하라. 또 이로부터 $\theta_0=20°$일 때 S의 값을 구하라.

각도 θ일 때의 배향분포함수 $N(\theta)$를 안다면 평균 $\langle\cos^2\theta\rangle$는 식 (9.99)에서 아래로 나타낼 수 있다.

$$\langle \cos^2\theta \rangle = \frac{\int_0^{\pi/2} 2\pi\cos^2\theta\, N(\theta)\sin\theta\, d\theta}{\int_0^{\pi/2} 2\pi N(\theta)\sin\theta\, d\theta} = \frac{\int_0^1 x^2 N(x)\,dx}{\int_0^1 N(x)\,dx} \quad (\text{단 } x = \cos\theta) \tag{9.162}$$

위 식에서 $N(\theta)d\omega$[여기서 ω는 고체각(solid angle)임]는 그림 9.86의 방향자(director)에 대한 각도 θ에서 어떤 임의의 미소 고체각 $d\omega$사이에 있는 액정의 분자축들의 분율이고, $2\pi\sin\theta\, d\theta$는 각도 θ에서 미소각도 범위 $d\theta$에 있는 전 고체각이다[구좌표에 대한 참고 4.3 참조]. 그런데 문제에서 배향분포함수 $N(\theta)$는 $\theta = 0 \sim \theta_0$범위에서만 존재하고 상수이며, 기타 각도에서는 0이라고 하였으므로 이에 해당하는 식 (9.162)의 적분을 행하면 아래가 된다(단 $x = \cos\theta$의 치환을 이용).

$$\langle \cos^2\theta \rangle = \frac{\int_0^{\theta_0} \cos^2\theta \sin\theta\, d\theta}{\int_0^{\theta_0} \sin\theta\, d\theta} = \frac{\int_{x_0}^1 x^2 dx}{\int_{x_0}^1 dx} = \frac{\frac{1}{3}\left(1 - x_0^3\right)}{\left(1 - x_0\right)} = \frac{1\left(1 - \cos^3\theta_0\right)}{3\left(1 - \cos\theta_0\right)} \tag{9.163}$$

여기서 액정의 질서 파라미터 $S\left(= \langle P_2(\cos\theta) \rangle\right)$에 관한 식 (9.161)에 식 (9.163)을 대입하면 아래가 된다.

$$S = \frac{3\langle \cos^2\theta \rangle - 1}{2} = \frac{1}{2}\left(\frac{1 - \cos^3\theta_0}{1 - \cos\theta_0} - 1\right) = \cos\theta_0\left(1 + \cos\theta_0\right)/2 \tag{9.164}$$

이 식에 $\theta_0 = 20°$를 대입하면 $S = 0.91$을 얻는다.

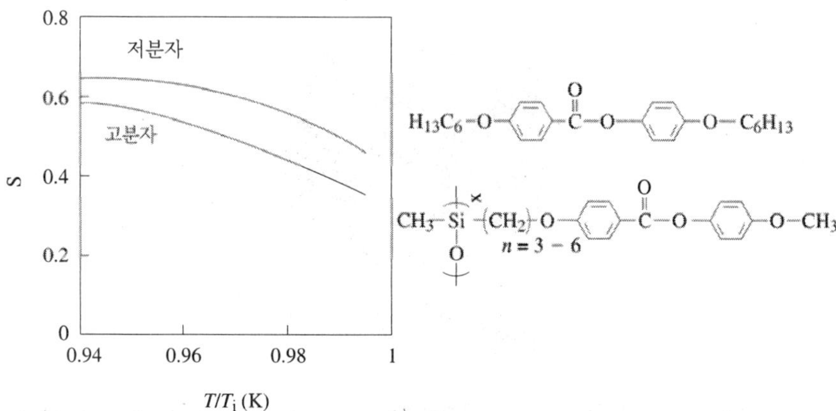

▶ **그림 9.87** 저분자 네마틱 액정과 측쇄형 고분자 네마틱 액정에 대한 환원온도 T/T_i[여기서 T_i는 네마틱 융액과 등방 융액이 평형공존하는 등방화(isotripization)온도임]의 함수로서 액정 도메인의 질서 파라미터(S).

네마틱 액정 도메인(domain)의 경우, 기준방향으로서 메소겐의 평균방향을 취하면 질서 파라미터 S는 통상 0.3~0.8의 값을 가진다(그림 9. 87). 그림에서 S는 온도가 질서가 없어지는 등방화(isotropization)온도 T_i에 도달할 때까지 온도의 증가와 함께 감소하다가 T_i에서는 0이 된다.

네마틱 액정 도메인에 있는 사슬들은 길이 및 측면 방향 모두 자유롭게 움직인다. 만약 사슬의 얽힘이 많지 않은 경우에는 이와 같은 길이방향으로의 사슬의 자유로운 움직임은 네마틱 액정이 낮은 용융점도를 갖게 한다(그림 9. 88 참조).

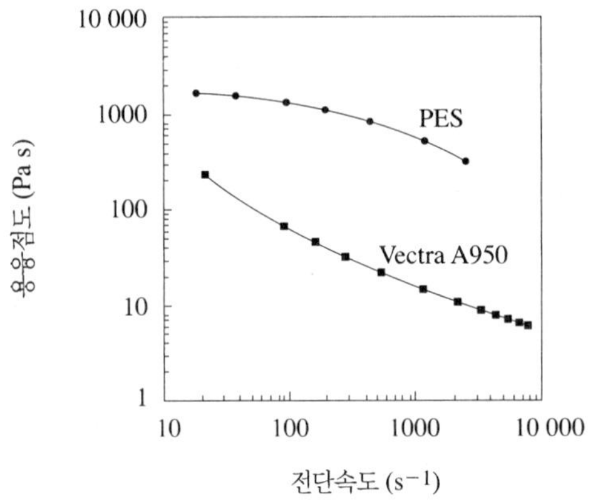

▶ **그림 9. 88** 350 ℃에 있는 폴리에테르술폰(PES)와 액정 Vectra A950 에 대한 겉보기 용융점도와 전단속도의 관계.

일반적으로 네마틱 액정에서 방향자(director)(그림 9. 86)는 전장, 자장 또는 응력과 같은 외력이 가해지지 않는 한 균일하지 않다. 즉 방향자는 '회위현상(disclination)'이라고 불리는 어떤 특이점(singular point) 주위로 완만하고 연속적으로 변한다. 이와 같은 네마틱 구조의 특성은 편광 현미경으로 쉽게 관측되는 소위 '슐리렌 조직(Schlieren texture)'을 나타낸다(그림 9. 89).

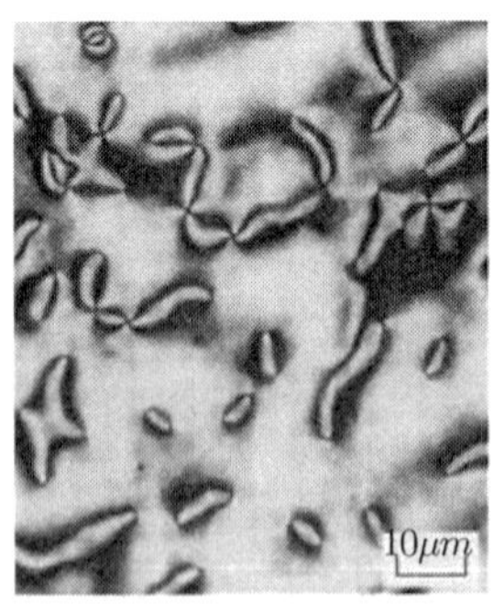

▶ **그림 9. 89** 70 ℃에 있는 네마틱 액정화합물인 4-(11-(vinyloxy)undecyloxy)-4-ethoxyphenylbenzoate 의 편광 현미경 사진. 2개 혹은 4개의 방사상으로 뻗어나가는 어두운 밴드(band)를 가진 특이점인 회위현상(disclination)에 주목하라.

그림에서 2개 혹은 4개의 어두운 밴드(band)가 특이점인 회위(결함)에서 만난다. 이 어두운 지역은 광학적으로 이방성지역의 로컬한 분자 방향자가 편광자(polarizer) 혹은 검광자(analyser)에 나란하거나 아니면 그 지역이 광학적으로 등방임을 암시한다.

네마틱 액정의 분자방향자는 한 회위(점)선 주위로 회전한다. 만약 그림 9. 89에서 보듯이 4개의 어두운 밴드가 이 점에서 만나면 회위의 강도(strength)는 ±1이 되고, 분자방향자는 회위점의 중심 주위로 360 °회전하게 된다(그림 9. 90 참조). 180°회전에 대응하는 강도 ±1/2의 경우도 네마틱액정에서 관측이 된다. 이 경우는 회위 중심에서 오직 두 개의 어두운 밴드가 만난다(그림 9. 89).

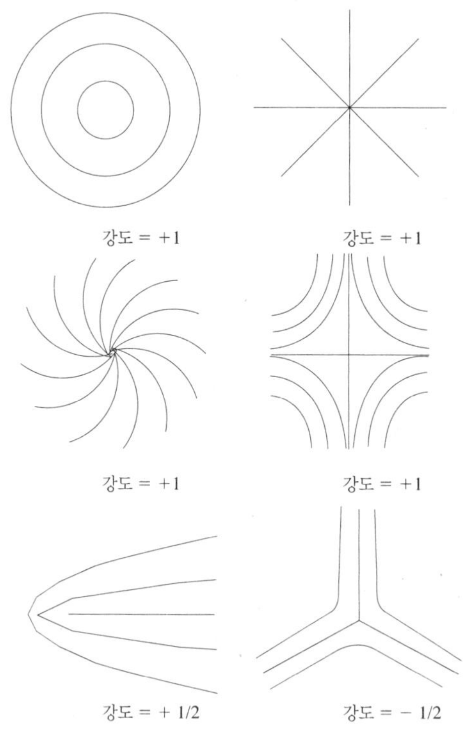

▶ **그림 9. 90** 실선으로 표시된 로컬한 방향자를 가진 네마틱 액정에 있는 강도(strength) ±1 및 ±1/2의 회위점(선) (disclination)에 대한 모식도. 각 회위마다 한 개의 중앙 특이점(central singularity)을 가진다.

사실 강도 ±1/2의 회위점은 네마틱 액정에서만 관측된다. 그림 9. 90의 회위점의 강도(stength)는 아래와 같이 정의된다.

$$|\text{강도}| = \frac{\text{밴드 수}}{4} = \frac{\sum(\text{방향자의 각도변화})}{360^{\circ}} \tag{9. 165}$$

강도의 부호는 서로 직교하는 편광자/검광자 쌍(pair)을 회전시켜 실험적으로 구할 수 있다. 즉 만약 회위결함의 특이점으로부터 (방사상으로) 뻗어나가는 밴드가 편광자/검광자 쌍과 같은 방향으로 회전한다면 강도의 부호는 +이고, 그 반대가 -이다(그림 9. 24 참조).

그림 9. 90은 강도 ±1/2과 ±1을 가진 회위점(선)과 관련된 분자방향자의 재배향을 보여준다. 액정의 회위현상은 각각이 어떤 과잉의 부피, 엔탈피 및 엔트로피에 관련되어 있다는 관점에서 보면 고체결정에 있어서 어긋남(전위, dislocation)의 경우처럼 '결함(defact)'이라고 볼 수 있다. 만약 강

도의 크기는 같으나 부호가 반대인 두 회위점은 결합하여 0이 될 것이다. 이 경우 균일한 분자 방향자가 생성될 것이다. 이 과정은 낮은 완화시간을 가진 저분자 액정의 경우에는 상대적으로 빠르나 고분자의 경우에는 아주 느리다. 따라서 고분자 네마틱 액정을 열처리하면 완화속도의 증가에 의해 회위의 수가 감소하고, 광학적 슐리렌 조직도 엉성해 질(coarsening) 것이다.

회위점 주위로 분자 방향자장(director field)의 변화는 퍼짐(splaying), 비틀림(twisting) 혹은 구부림(bending)에 의해 달성된다(그림 9. 91 참조). 이와 같이 배향의 변형은 모든 종류의 액정에서 관측된다.

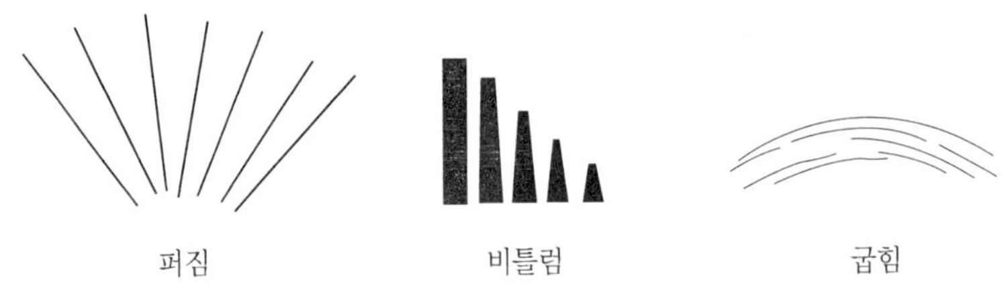

▶ **그림 9. 91** 퍼짐(splaying), 비틀림(twisting) 및 굽힘(bending)에 의한 분자 방향자장(director field)의 변형.

응력과 변형에 대한 후크(Hooke)법칙처럼 이들 변형의 각각도 탄성상수 즉 퍼짐(k_{11}), 비틀림(k_{22}) 및 굽힘(k_{33}) 탄성계수를 갖는다. 이들 액정의 3 탄성계수를 Frank 상수라고도 한다. 저분자량 네마틱 액정의 경우는 이들 k값은 서로 같고, 크기가 작아 10^{-7} Pa 정도이다. 그러나 고분자 액정의 경우 이들 탄성계수는 분자량과 분자의 유연성(혹은 강직도)에 의존한다. 특히 굽힘 변형은 완전히 강직한 막대인 경우에는 일어나기 어려우나, 굴곡성의 스페이서(spacer)기를 포함하는 액정의 경우에는 쉽게 달성된다. 그리고 퍼짐변형은 de Gennes 에 의하면 강직한 막대의 경우에는 사슬의 양 끝을 퍼짐 중심(splay center)으로 모이게 하지 않고서는 일어나기 어렵다.

'콜레스테릭(cholesteric)액정상'은 부분적으로 보면 네마틱 액정구조와 매우 유사하다. 두 경우 모두 배향질서(orientational order)만 존재한다. 그러나 콜레스테릭 액정은 분자방향자에 수직인 축 주위로 비틀려져 있다(그림 9. 92 참조).

분자방향자의 비틀림은 자발적이며, 분자의 비대칭 (편광면의 회전능력을 가진)키랄(chiral)성격에서 유래한다. 콜레스테릭 액정고분자의 구조는 고분자내에 키랄 요소를 구축하던가 아니면 키랄성 저분자를 네마틱 고분자에 부가함에 의해 얻어진다. 이때 콜레스테릭 나선(helix)구조의 피치(pitch)(9. 4. 2절 참조)는 온도의존성이며, 특히 액방성 액정 경우에는 용매와 고분자의 농도에 의존한다. 따라서 주어진 용매와 고분자 농도에 대하여 각 온도에서 고유한 나선의 피치가 얻어진다. 만약 나선의 피치가 입사광의 파장과 비슷한 크기이면 콜레스테릭은 '진주빛 색깔(iridescent)'이라고 한다. 이는 백색광 조명(illumination)에 있어서 반사광의 파장이 입사각과 관측 위치에 따라 변

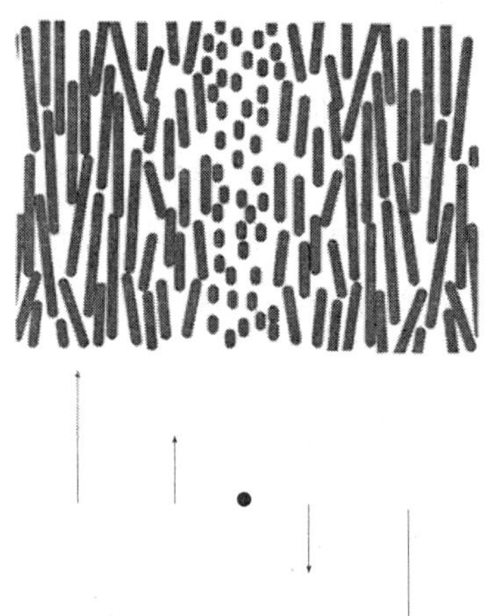

▶ **그림 9. 92** 콜레스테릭(cholesteric) 액정구조. 화살표는 로컬한 메소겐 기 방향자(mesogenic group director)를 나타낸다. 중앙의 어두운 원은 메소겐 기에 수직인 배향을 나타낸다.

하는 것을 의미한다. 그리고 나선 피치의 온도의존성은 반사광 파장의 온도의존성을 초래한다. 따라서 콜레스테릭 액정의 편광 현미경 관찰에 의하면 가끔 지문(fingerprint)에 유사한 패턴을 형성하는 나선 피치의 반의 주기성을 가진 평행한 선들(parallel lines)의 지문조직을 보여준다.

네마틱 LCP를 계속 냉각시키면 '스멕틱(smectic)액정'이라고 불리는 층을 가진 메소몰픽(layered mesomorphic)구조를 얻는다(그림 9. 93 참조). 그림에서 알 수 있듯이 스멕틱 액정은 장거리 배향(orientation)질서와 장거리 위치(position)질서를 모두 갖고 있다. 그러나 사슬은 길이방향으로의 회전이 자유롭지 못하다. 따라서 스멕틱 액정상의 용융점도는 네마틱 상에 비해 매우 높다.

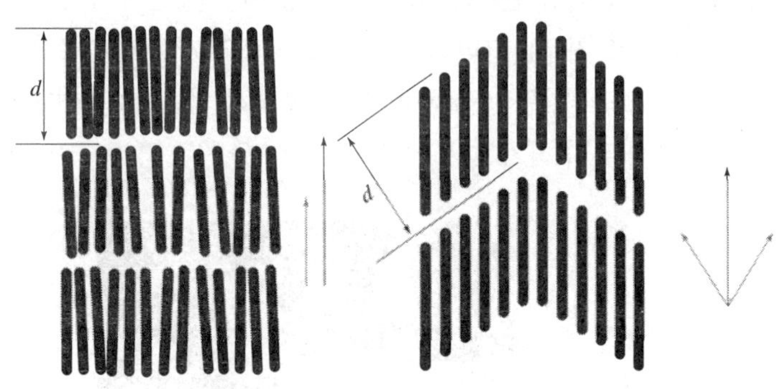

▶ **그림 9. 93** 스멕틱(smectic) A(왼쪽)와 한 종류의 스멕틱 C(오른쪽)구조. 검은 화살표는 분자 방향자(director)를 나타내고, 그늘진 화살표는 층(layers)에 수직인 방향을 나타낸다. 그리고 층 두께(d)는 그림안에 표시되어 있다.

스멕틱 액정 사슬(메소겐기)의 규칙적 배열을 X-선 회절로 조사하면 층 두께(d)에 해당하는 낮은 산란각도에서 비교적 예리한 (Bragg)반사피크를 나타낸다. 그림 9. 94를 보면 스멕틱 A(s_A)상과 스멕틱 C(s_C)상은 둘 다 적도방향의 확산된(diffuse)광각 반사를 나타내는데, 이는 액정사슬에 있는 메소겐기들의 질량중심이 스멕틱 층 내에서 불규칙으로 존재함을 의미한다. 그림에서 분자 방향자(director)는 나타낸 X-선 회절 다이어그램에 수직이다. s_A상에 대한 X-선 회절 패턴의 특징은 소각 및 광각 반사 모두 위치가 수직이며, 이는 분자내의 메소겐기 방향자와 스멕틱 층의 수직(법)선이 서로 나란하다는 것을 의미한다(그림 9. 93 참조).

▶ **그림 9. 94** 배열된 스멕틱(smectic) 액정시료에 대한 전형적인 X-선 회절 패턴. 분자의 방향자는 회절 다이어그램에 수직임.

s_C상에 대한 소각 X-선 반사는 어떤 주어진 방위각 ϕ (이는 스멕틱 층의 법선과 분자방향자 사이의 각도임)에서 분자 방향자 주위로 대칭적으로 위치한 여러 반사로 분열된다. 이는 스멕틱 층내에서 추가적인 질서를 가진 많은 스멕틱 상[가령 그림 9. 94에서 스멕틱 B(S_B)상 등]이 존재함을 의미한다. 스멕틱 층내의 질서(order)의 정도는 광각 X-선 적도 반사의 예리함(sharpness)으로 표시된다(그림 9. 94참조). 그림 중의 특수한 회절 패턴은 스멕틱 B 액정의 서브 그룹(subgroup)인 6각형(hexagonal)결정 B(s_B)에 대한 것이다. 이는 메소겐기의 6각형 패킹에 의한 한 개의 광각 적도 반사 및 스멕틱 층 간격(d)에 의한 여러 크기의 자오선 방향의 반사를 나타낸다.

스멕틱 A 시료에 대한 편광현미경 관찰은 소위 '촛점성 원추 곡선 부채형 조직(focal - conic fan texture)'을 보여준다(그림 9. 95 참조). 그리고 스멕틱 C 시료의 경우에도 유사하나 동일하지는 않는 구조가 관측된다. 이들 구조의 기원은 스멕틱 액정구조에서 퍼진(splay)변형이 비틀림 변형이나 굽힘 변형에 비해 훨씬 우세(유리)하기 때문이다.

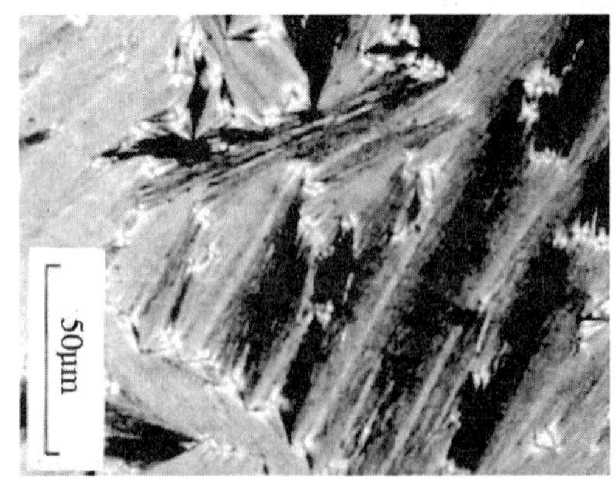

▶ **그림 9. 95** 스멕틱 A 구조를 가진 액정고분자의 편광현미경 사진.

스멕틱 액정상을 계속 냉각하면 (고체)결정화 또는 (아마도)스멕틱 유리상의 형성에 이르게 된다. 강직한 막대형 LCP의 준정형(semi-crystalline)상태는 지금까지 다루어 온 유연한(flexible) 사슬의 준정형 상태와는 많이 다르다. 즉 강직한 액정상이 갖는 낮은 세그먼트 유연성은 결정시 사슬의 접힘(folded)구조의 형성을 저해하므로 생성된 결정은 거의 대부분 '술달린(fringed) 미셀형'(그림 9. 19)일 것이다.

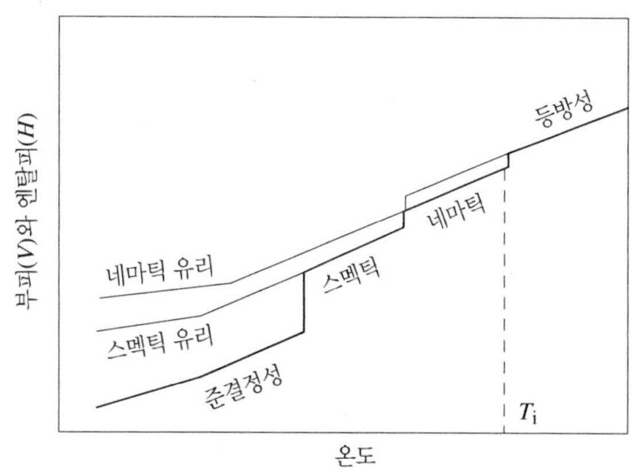

▶ **그림 9. 96** 열방성(thermotropic) 액정고분자의 상전이(phase transitions)를 보여주는 그림. T_i는 등방화(isotropization) 온도이다.

그림 9. 96에 열방성(thermotropic) LCP에 대하여 여러 다른 온도지역에서 존재하는 여러 다른 가능한 (액정)구조를 요약하여 나타내었다. 그림에 나타낸 상전이는 평형 공존하는 두 상의 부피(V)나 엔탈피(H)의 불연속이 수반되므로 모두 열역학 1차 상전이 (8. 5. 1절 참조)에 속한다. 긴 스페이서(spacer)를 가진 반굴곡성(semi-flexible) 주쇄 및 측쇄형 액정 고분자에 상대적으로 공통되는 열적 거동은 스멕틱 구조는 등방 용융액상에서 어떠한 중간단계인 네마틱상을 거치지 않고 바로 형성된다는 것이다. 스멕틱상의 형성은 얼마의 '축방향(axial)질서'를 요구한다. 축방향의 질서가 결핍된 주쇄형의 통계적 공중합체는 일반적으로 스멕틱 상을 형성하지 못하고, 냉각시 바로 네마틱 유리가 된다(그림 9. 96 참조).

위 그림에 나타낸 여러 종류의 (1차) 상전이는 복굴절의 변화를 보여주는 편광현미경 관찰이나, 엔탈피나 부피변화를 보여주는 열분석이나, 원자나 입자의 로컬한 배치의 변화를 보여주는 X-선 회절분석 등에 의하여 조사될 수 있다. 이 중에서도 어떠한 특수한 구조의 확인은 배향된 액정 시료에 대한 X-선 회절 분석법이 가장 바람직할 것이다. 덧붙여 편광현미경에 의한 모폴로지 관찰은 보다 정확한 구조 확인을 위하여 선행되어야 할 것이다.

여기에서 메소(액정)상에 관련된 3가지 열역학적 용어를 아래에 나타낸다.

· 'enantiotropic(서로 바뀌는 또는 호변성)' 메소(액정)상은 가열과 냉각 동시에 관측된다. 어떤 주어진 온도 범위에서만 열역학적으로 안정하며, 이 온도에서는 대응하는 등방상(액체)이나 결정상(고체)(또는 보다 더 큰 질서를 가진 액정상)에 비해 낮은 Gibbs 자유에너지를 가진다(그림 9.

97 참조).

·'monotropic(단변성)' 메소(액정)상은 냉각시 어떤 특수한 조건에서만 생기며, 결정상(고체)에 비해 열역학적으로 준안정(metastable)이다.

·'virtual(가상)' 메소(액정)상은 같은 온도의 결정상(고체)보다는 열역학적으로 덜 안정하며, 단변성 메소상은 이의 특수한 경우이다.

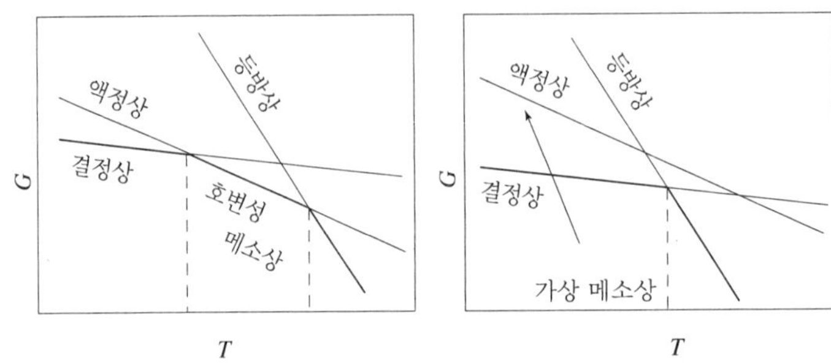

▶ **그림 9. 97** 호변성(enantiotropic) 및 가상(virtual) 메소(액정)상을 나타내는 Gibbs 자유에너지 G와 온도 T의 플롯. 직선의 기울기는 다른 상의 엔트로피[∵ $(\partial G/\partial T)_P = -S$]를 나타낸다.

9. 14. 4 LCP에 있어서 화학구조와 상전이

9. 14. 4. 1 메소겐기의 영향

여기서 중요한 파라미터는 메소겐기의 축비(aspect ratio) $x(=L/D$, 여기서 L 및 D는 각각 길이 및 직경임)이다. 표 9. 11과 9. 12는 주로 반복단위의 작은 변화가 액정의 등방화(isotripization)온도 T_i에 지대한 영향을 미침을 보여준다. 높은 축비의 메소겐기를 가진 액정고분자가 높은 T_i를 가진다. 또 다른 중요인자는 메소겐기의 선형성(linearity)이다. 가령 m-phenylene의 경우처럼 비선형 고리기(cyclic group)를 도입함으로써 T_i뿐만 아니라 융점 T_m도 떨어뜨린다.

표 9. 11 등방화 온도 T_i에 대한 메소겐기의 길이의 영향

구조	T_i
$\left[O-\overset{O}{\overset{\Vert}{C}}-C_6H_4-C_6H_4-\overset{O}{\overset{\Vert}{C}}-O-(CH_2)_{10} \right]_n$	T_i = 160°C
$\left[O-\overset{O}{\overset{\Vert}{C}}-C_6H_4-C_6H_4-C_6H_4-\overset{O}{\overset{\Vert}{C}}-O-(CH_2)_{10} \right]_n$	T_i = 311°C

표 9.12 등방화온도 T_i에 대한 메소겐기의 폭의 영향

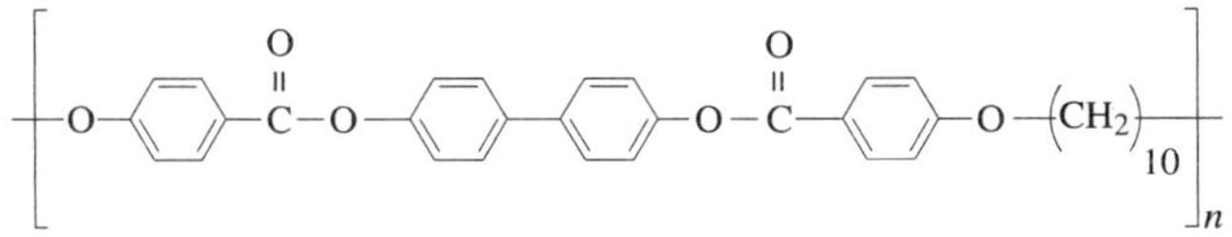

$$-\!\left[O-C_6H_4-\overset{O}{\overset{\|}{C}}-O-C_6H_4-C_6H_4-O-\overset{O}{\overset{\|}{C}}-C_6H_4-O-(CH_2)_{10}\right]_n- \qquad T_i = 354^\circ C$$

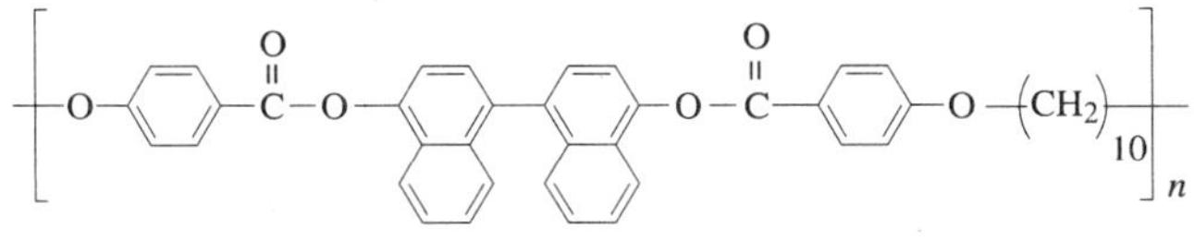

$$-\!\left[O-C_6H_4-\overset{O}{\overset{\|}{C}}-O-C_{10}H_6-C_{10}H_6-O-\overset{O}{\overset{\|}{C}}-C_6H_4-O-(CH_2)_{10}\right]_n- \qquad T_i = 248^\circ C$$

메소겐기의 고리단위(cyclic unit)에 붙어있는 측쇄(lateral) 치환기는 폭을 증가시켜 결국 축비를 감소시키게 된다(표 9. 13 및 그림 9. 98 참조).

표 9.13 측쇄 치환기의 영향

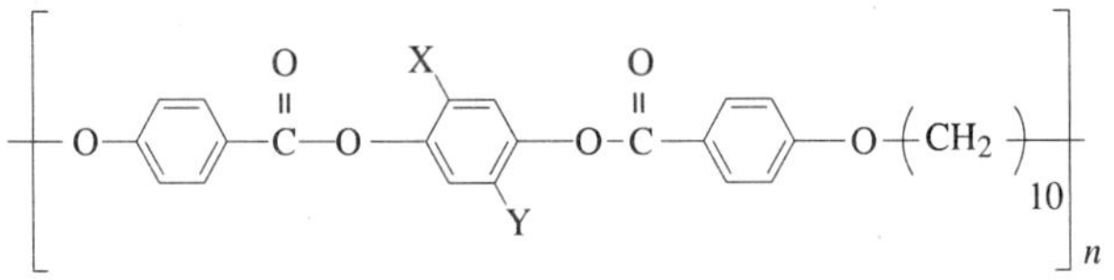

$$-\!\left[O-C_6H_4-\overset{O}{\overset{\|}{C}}-O-C_6H_2(X)(Y)-O-\overset{O}{\overset{\|}{C}}-C_6H_4-O-(CH_2)_{10}\right]_n-$$

X	Y	T_i (°C)
H	H	294
H	CH_3	274
H	Cl	279
H	Br	270
Cl	Cl	255

그리고 메소겐의 모양 또한 중요한 인자로서 극성(polarity)이나 분자간 상호작용보다 T_i에 더 큰 영향을 미친다. 표 9. 13을 보면 극성인 Cl을 가진 경우와 덜 극성인 CH_3을 가진 경우의 T_i는 거의 같다.

지금까지는 주로 주사슬(main-chain)액정에 대해 조사했으나, 측쇄(side-chain)액정의 경우에도 마찬가지 원리가 적용된다.

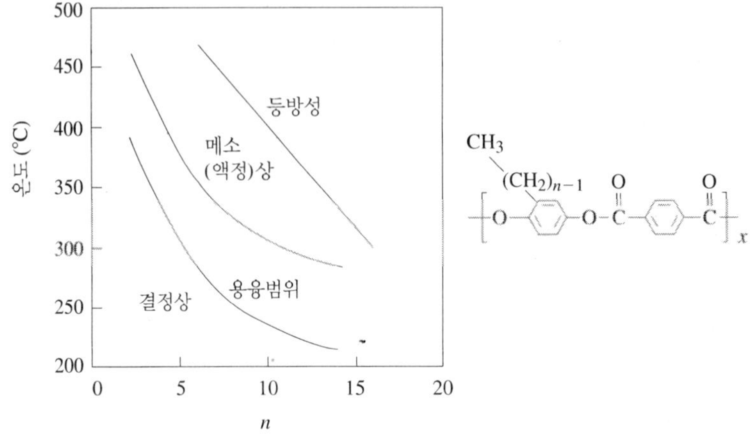

▶ **그림 9. 98** 등방화온도 T_i와 용융온도 T_m 범위에 대한 측쇄 치환기의 영향.

9. 14. 4. 2 메소겐기의 유연성과 분자량효과

긴 스페이서(spacer)기를 가진 주사슬형 혹은 측쇄형 LCP 모두 메소상을 형성할 때는 영향이 크며, 반대로 짧은 스페이서 단위를 가진 경우는 네마틱 구조를 형성하기 쉽다.

반굴곡성(semi-flexible) 주사슬 LCP에 있어서 메소겐기의 유연성의 영향을 그림 9. 99에 나타내었다. 특히 뚜렷한 톱니모양의(saw-toothed) 홀수-짝수(odd-even)효과에 주목하라. 즉 스페이서의 길이를 나타내는 메틸렌 탄소원자수 n가 짝수인 경우가 대응하는 홀수인 경우에 비하여 높은 열안정(즉 높은 T_i)과 낮은 엔트로피[즉 T_i에서 등방화 될 때 보다 더 큰 엔트로피 변화 $\Delta S(= S_{등방성} - S_{액정상}) > 0$]를 가짐을 알 수 있다. 또한 스페이서의 길이 즉 n(짝수든 홀수든)값이 증가할수록 T_i는 낮아짐을 볼 수 있다.

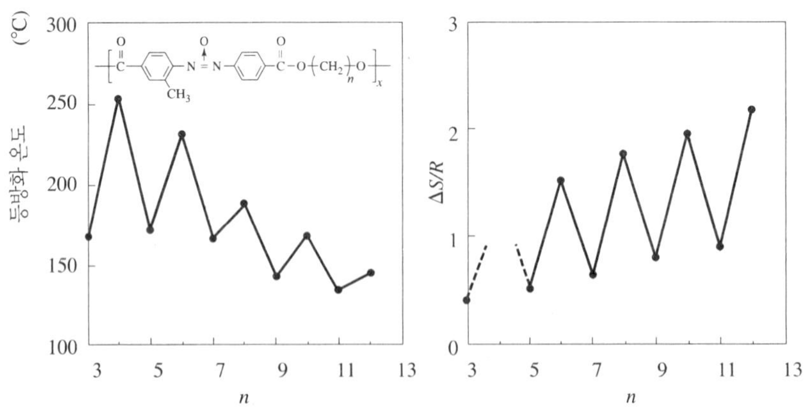

▶ **그림 9. 99** 스페이서(spacer) 길이(n) 함수로서 등방화(네마틱-등방상) 온도(T_i)와 등방화 엔트로피변화(ΔS).

한편 그림 9. 100에는 스페이서 길이(즉 메틸렌 탄소수 n)를 달리하는 일련의 측쇄형 poly(vinyl ether) LCP에 있어서 등방화 과정에 대한 온도(T_i), (반복단위 몰당)엔탈피변화(Δh) 및 엔트로피 변화(Δs)를 나타내었다. 그림에서 주어진 중합도(DP)에서 n값이 커질수록 스멕틱-등방 상전이에 대한 Δh값이 커지고 이는 스멕틱 층내에 질서(order)가 커짐을 의미한다. 또한 n값이 커짐에 따라 ΔS값 또한 증가하고, (1차)상전이점에서 $\Delta g(=\Delta\mu)=\Delta h-T\Delta s=0$의 평형조건에서 상전이온도 T_{s-i}또한 약간 증가함을 알 수 있다.

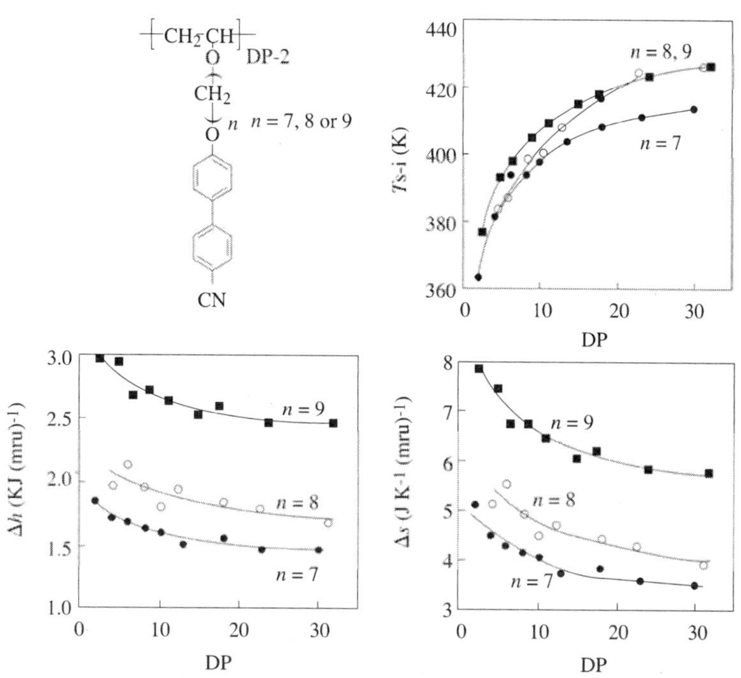

▶ **그림 9. 100** 일련의 측쇄형 poly(vinyl ether) LCP에 있어서 스멕틱 액상 등방화과정의 온도(T_{s-i}), 엔탈피(Δh) 및 엔트로피(Δs) 변화에 대한 스페이서 길이 (메틸렌 탄소수 n) 및 분자량 (중합도 DP)의 영향. y축의 'mru'는 몰 반복단위를 나타냄.

한편 그림 9. 100에서 주어진 n값에서 고분자의 중합도(DP)가 증가할수록 Δh_{s-i} 및 Δs_{s-i} 모두 약간씩 감소됨을 알 수 있는데, 이는 분자량이 커짐에 따른 긴 골격(backbone)에 있는 사슬들이 스멕틱층의 질서를 일부 파괴시키기 때문이라 생각된다. 그러나 polysiloxane과 같은 다른 측쇄형 LCP의 경우에는 분자량이 증가해도 Δh값은 거의 일정하다고 알려져 있는데 이는 긴 골격사슬이 스멕틱 층내로 별로 침투하지 않음을 의미한다. 이와 같은 분자량 영향에 대한 각 고분자의 차이는 LCP 내의 두 성분 즉 골격 사슬과 측쇄(pendant)기 사이의 상용성(miscibility)에 기인한다고 추측된다.

9. 14. 4. 3 공중합 효과

공중합은 주어진 결정성 고분자의 결정화도 및 융점을 감소시키기 위한 가장 효율적인 합성기법 중의 하나이다(9. 9. 2절 참조). 공폴리에스테르인 Vectra(그림 9. 83c)에 있어서의 융점강하는 다른 공중합체 LCP에 비해 그다지 크지 않은 편이다(그림 9. 101 참조). 융점의 최소는 약 40 mol% HNA 조성에서 일어난다. 그리고 HNA 조성증가에 따른 등방화 온도 T_i의 감소도 별로 크지 않아 네마틱 상의 온도영역을 넓히는 효과가 있다.

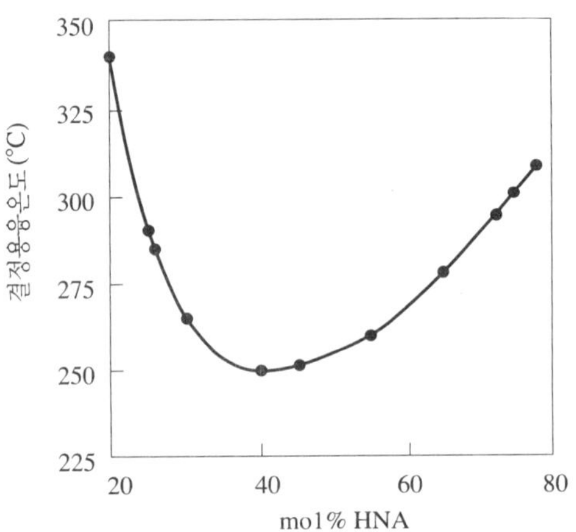

▶ **그림 9. 101** poly(hydroxynaphthoic acid-co-hydroxy-benzoic acid)(Vectra)에 있어서 hydroxynaphthoic acid(HNA)의 함량(mol%)의 함수로서의 결정 용융온도.

또 다른 예로서 그림 9. 102에 p-hydroxybenzoic acid(HBA)와 ethylene terephthalate 에 바탕을 둔 공폴리에스테르의 상도(phase diagram)를 나타내었다. 그림에서 조성 40 mol% HBA에서 네마틱상의 등방화온도의 최소점에 도달함을 알 수 있다. 또한 HBA의 함량 증가에 따른 결정 융점강하는 비교적 완만한데, 이는 아마도 모노머 서열(sequence)의 차단(blockiness)에 의한 것이라 판단된다.

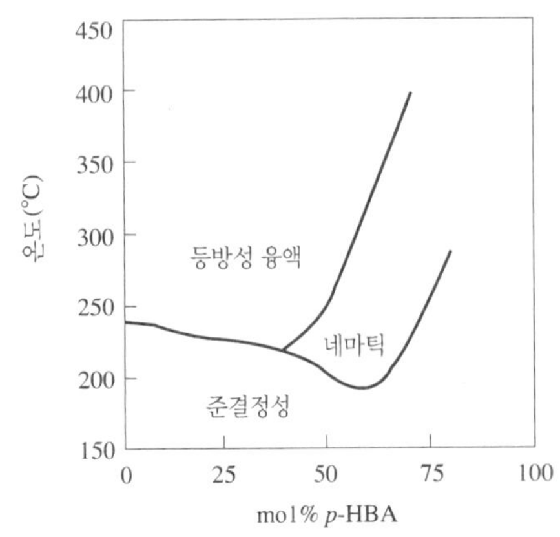

▶ **그림 9. 102** ethyleneterephthalate 와 p-hydroxybenzoic acid 공중합체 LCP에 대한 상도(phase diagram).

9. 14. 5 액정 레올로지

액정의 레올로지(rheology : 유변학)는 보통 액체의 경우보다 훨씬 복잡하다. 왜냐하면 액정에 존재하는 이방성(anisotropy) 때문에 한 개 이상의 전단점도(shear viscosity)를 정의할 필요가 있다. 그림 9. 103은 액정의 전단점도에 대한 Miesowicz의 3점도 η_a, η_b 및 η_c의 정의를 보여준다. 이들 점도의 측정을 위해 외부 자기장(magnetic field)의 적용에 의한 액정 도메인의 완전 정렬(alignment)의 요구된다. 즉 이로 인하여 액정에 존재하는 결함인 모든 회위점(disclinations)이 제거되고 시료는 단일형태인 'monodomain-like' 구조를 가지게 된다. 이때 서로 접촉하는 표면은 도메인의 배열을 교란시킬 수도 있다.

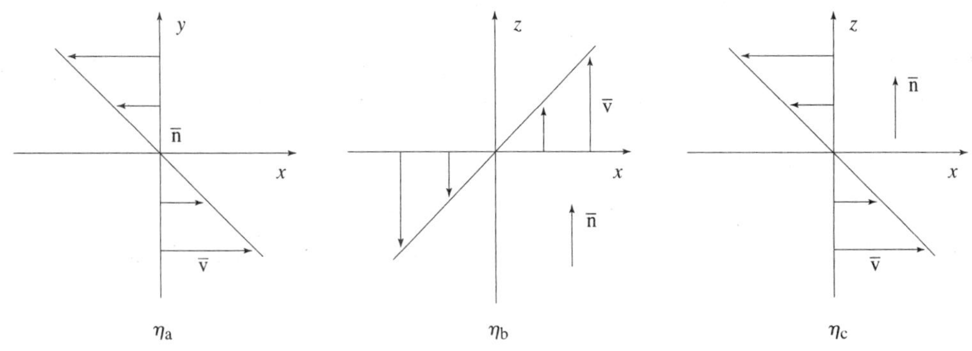

▶ **그림 9. 103** 3 Miesowisz 전단점도의 정의. 방향자(director)는 $\bar{n}$로 표시된다.

그러나 대부분의 열방성(thermotropic) 및 액방성(lyotropic) 네마틱 액정은 도메인 구조가 많은 'polydomain-like' 구조를 취하고, 또한 회위결함도 다수 포함하므로 이 경우 오직 한 개의 전체적인(global) 전단 점도만이 측정된다.

Hermans는 1946년도에 액방성을 나타내는 poly(γ-benzyl-1-glutamate)(PBLG) 용액의 점도에 관한 중요한 현상을 발견하였다. 즉 용액의 점도는 처음에는 보통 고분자의 경우처럼 농도의 증가와 함께 증가하다가, 어떤 (임계)농도를 지나서는 점도가 급격히 감소하였는데 이 농도에서 용액이 등방상에서 질서를 가진 이방성 네마틱 메소(액정)상으로 바뀌는 것을 확인하였다(그림 9. 104).

Doi-Fdwards의 파행운동(reptation) 모델에 의하면 그림 9. 104의 정규화된 용액점도는 아래와 같이 나타내질 수 있다.

$$\frac{\eta}{\eta^*} = \left(\frac{\phi_2}{\phi_2^*}\right)\left(\frac{(1-S)^4(1+S)^2(1+2S)(1+3S/2)}{(1+S/2)^2}\right) \tag{9. 166}$$

여기서 S는 네마틱 액정상의 질서 파라미터(식 9. 161)이다.

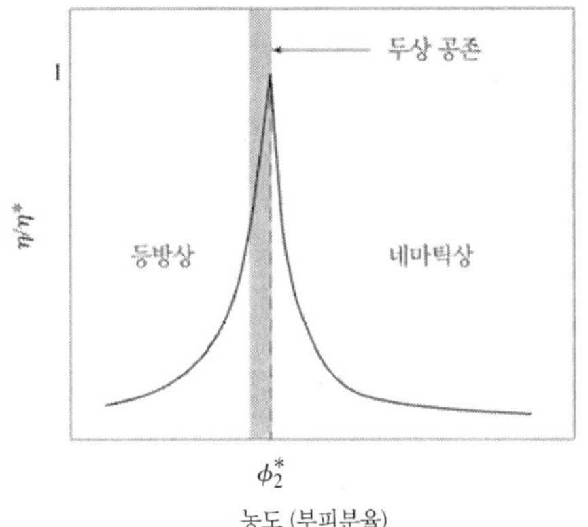

▶ **그림 9. 104** 강직 봉상고분자[가령 poly(γ-benzyl-1-glutamate)]용액의 정규화된 용액점도 (η/η^*). 네마틱 액정상의 형성에 해당하는 고분자의 임계농도(부피분율) ϕ_2^*에서의 점도가 η^*이다.

그림 9. 104의 중요한 특징은 네마틱상의 점도가 등방성에 비해 낮다는 것이다. 특히 Vectra와 같은 열방성 LCP는 용융성형(melt molding) 중 전단흐름야기(shear flow-induced) 배향증가로 인하여 매우 낮은 점도를 가져 유동성(fluidity)이 커지게 되어 복잡하고 꾸불꾸불한 성형틀(mould)도 쉽게 채운다. 네마틱 LCP에 대한 일반화된 전단속도($\dot{\gamma}$)-점도(η) 곡선을 그림 9. 105에 나타내었다. 영역 I과 III에서는 전단속도에 따라 점도가 감소하는 소위 '전단 얇아짐(shear thinning)'현상이 일어난다.

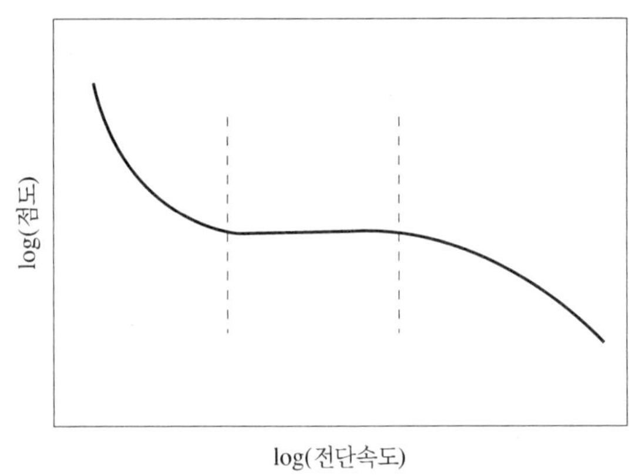

▶ **그림 9. 105** 전단속도($\dot{\gamma}$)의 함수로서 일반화된 전단점도(η).

네마틱 LCP에 대한 평형(zero shear)점도 $\eta_0\left(=\lim_{\dot{\gamma}\to 0}\eta\right)$의 분자량($M$) 의존성은 얽힌 고분자 용융(등방)상태의 경우($\eta_0 \sim M^{3.4}$)보다 훨씬 강하다. 그림 9. 106에 poly(γ-benzyl-1-glutamate) 네마틱 액정용액의 탄성을 나타내는 제1(primary)법선응력차 $N_1(=\sigma_{11}-\sigma_{22})$와 제2(second)법선응력차 $N_2(=\sigma_{22}-\sigma_{33})$를 전단속도($\dot{\gamma}$)의 함수로 나타내었다. 그림을 보면 중간 정도의 전단속도에서

제1법선응력은 강한 음의 값을 갖고, 반면에 제2법선응력차는 진동성(oscillatory)거동을 보이는데 이 현상을 Doi는 준희박용액에 있는 강직한 봉상고분자에 대한 파행운동이론을 이용하여 비교적 잘 설명하고 있다. 또한 Marucci에 의하면 낮은 전단속도에서는 네마틱 상태에 있는 강직고분자는 회전(tumble)이 가능하나, 높은 전단속도에서는 유동방향으로 일렬로 배열되어 일종의 '모노도메인(monodomain)'구조를 형성한다.

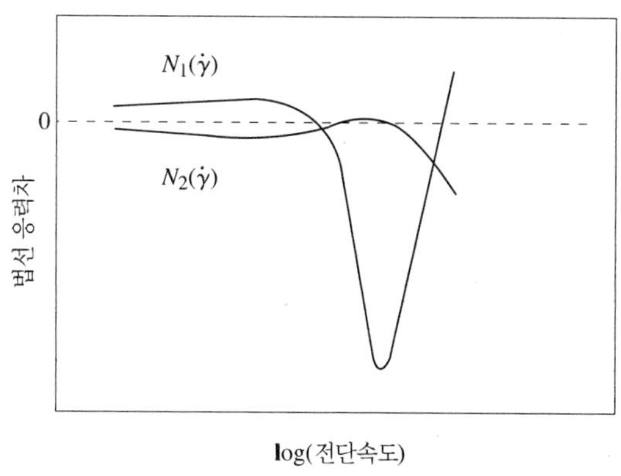

▶ **그림 9. 106** poly(γ-benzyl-1-glutamate) 네마틱 액정용액에 대한 제1($N_1 = \sigma_{11} - \sigma_{22}$) 및 제2($N_2 = \sigma_{22} - \sigma_{33}$) 법선응력차.

그러나 열방성 LCP의 경우에는 액방성의 경우처럼 그림 9. 106에 나타낸 바와 같은 전단속도($\dot{\gamma}$)에 대한 법선응력차의 거동을 나타낼지 아직 확실하지 않다.

한편 Kevlar 섬유나 다른 액방성이나 열방성 물질과 같은 배향된 주쇄형 LCP에서 띠모양의 조직(banded textures)이 관측된다. 이와 같은 현상은 유동 중의 분자가 전단변형 후 뱀모양의 사문석(serpentine)처럼 배향된다. 사문석 구조에 대한 정확한 생성기구는 아직 알려지지 않고 있다. 또한 네마틱 유동의 레올로지에 관한 Leslie-Ericsen이론은 연속체(continuum)역학에 바탕을 두고 속도장(velocity field)과 방향자 장(director field) 간의 관련성(coupling)을 연구하여 많은 중요한 결과를 얻었는데 자세한 것은 관련 자료를 참고해주길 바란다.

9. 14. 6 측쇄 LCP의 산업적 응용

1970년대 후반에 처음으로 알려진 분자 골격(backbone)축에 수직인 메소겐(액정)기를 가진 측쇄형 LCP(그림 9. 84)는 액정디스플레이(LCD), 광학적 정보저장, 비선형 광학(non-linear optics) 등과 같은 첨단 전기-광학(electro-optic)분야에서 상당한 응용가능성 때문에 매우 관심을 끌고 있다. 특히 메소겐기와 골격사슬을 연결하는 유연한 스페이서(flexible spacer)가 응력, 전장, 자장과 같은 외부자극에 쉽게 배향되는 메소겐기의 경향과 골격사슬의 경향을 어느 정도 분리(decouple)시켜 전체로서 랜덤코일 형태를 취하게 함으로써 고분자에 독특한 성질을 부여해준다. 따라서 측쇄 LCP는 가공성이 용이, 기계적 물성의 보전(즉 T_g 이하로 냉각 시 구조가 유리상으로 쉽게 고정(lock-in)됨), 저분자량 메소겐의 전기-광학적 이방성 등과 결합되어 고분자의 독특한 성질을 나타낸다.

이와 같은 독특한 성질은 일반적으로 메소겐기 안에(혹은 근처에) '키랄성(chirality)'을 부여함으로써 이루어지는데, 그 중 하나는 키랄성 네마틱(콜레스테릭)상이고, 다른 하나는 키랄성 스멕틱 $C(S_C^*)$상이다. 콜레스테릭상은 메소겐기 내에 키랄중심이 존재하므로 초분자(supermolecular) 나선구조가 형성되어 긴 배향질서를 가진 메소겐기들의 층(layer)들이 분자 director에 수직인 축 주위로 주기적인(즉 일정 나선 피치를 가진) 꼬임(twisting)이 존재한다(그림 9. 92). 이 결과 콜레스테릭 시료는 입사전자파를 선택적으로 반사할 수 있고 규칙적인 격자로 작용하여 아래식이 관측된다.

$$\lambda_R = np\sin\theta \tag{9. 167}$$

여기서 λ_R는 반사된 전자파의 파장, n은 굴절률, p는 콜레스테릭 나선의 피치(pitch), θ는 콜레스테릭상과 입사 빔간의 각도이다. 만약 완전한 정렬의 경우는 $\theta = \pi/2$가 되어 $\sin\theta = 1$이 된다.

한편 키랄성 스멕틱 $C(S_C^*)$상의 경우는 응용성이 훨씬 높고 가끔 압전성(piezoelectricity), 초전성(pyroelectricity)이나 강유전성(ferroelectricity)을 나타낸다. [참고: 폴리(비닐리덴 플루오라이드)(PVDF)처럼 유전상수(dielectric constant)가 높은 물질은 기계적 변형 하(압전현상) 또는 가열 시(초전현상) 분극(polarization)이 변하여 전하가 발생한다. 한편 강유전성은 결정의 온도를 낮추면 유전상수가 증대하다가 어느 임계(Curie) 온도에서는 발산하여 상전이를 일으켜 낮은 온도상으로 자발유전분극이 발생하는 것을 말한다. 이 경우 낮은 온도에서는 일반적으로 압전 및 초전효과가 수반된다.] S_C^*상에서는 키랄중심이 각 연속(메소겐)층을 통하여 경사(tilt)의 세차운동(precession)을 야기하여, 경사의 방향을 변화시켜 이루어진 전체의 나선구조를 형성한다. 이하에서는 측쇄 LCP의 몇 가지 응용예를 나타낸다.

A. 액정 디스플레이(LCD)

위에서 언급한 메소겐 내에 키랄성을 가진 (2차원)꼬인(twisted) 네마틱(콜레스테릭)상이 온도에 따라 색깔이 변하는 액정 디스플레이(LCD)의 기본이 된다(그림 9. 92 참조). 콜레스테릭상은 평행한 평면들로 이루어져 있는데, 그것은 층의 수가 늘어남에 따라 선호되는 방향의 각도가 잘 정의된 양상으로 증가한다. 그런 결정에 빛을 투사하면 여러 개의 층에서 부분적으로 반사되거나 통과된다. 최대 반사는 투사각과 층간의 간격이 연속된 층들로부터 반사된 빛이 보강간섭을 하도록 되었을 때 일어난다(식 9. 167 참조). 이것은 좁은 영역의 파장에서만 일어나므로 필름은 파장에 의해 결정된 색깔을 띤다. 온도가 올라가거나 내려감에 따라 층간 간격, 그래서 반사된 빛의 색깔도 바뀐다. 이러한 이유로 액정 필름의 색은 온도에 따라 변한다.

LCD 디스플레이가 작동하는 방식이 그림 9. 107에 그려져 있다. 콜레스테릭 액정이 두 개의 투명한 전도 전극 사이에 끼어 있다. 필름의 두께는 막대의 방향이 필름을 통해 전부 90° 로 돌 수 있는 것이다. 빛이 위의 한 방향으로 편광된 빛만 통과시키는 편광 필터에 주사된다. 막대 모양 분자들은 도파관(waveguide)으로 작용해서 빛이 액정 필름을 통과할 때 편광면을 회전시킨다. 그래서 빛은 처음 편광판에 대해서 90° 로 회전된 아래의 편광판을 통과한다.

전기장이 전극에 걸리면 층에서 층으로 가는 방향의 회전이 더 이상 일어나지 않는다. 왜냐하면 극성 분자들이 전극에 의해서 배열되기 때문이다. 그래서 위의 편광판에서 투과된 빛의 편광면이 필름을 통과할 때 회전되지 않는다. 그 결과 빛은 두 번째 편광판을 통과할 수 없다. 그림 9. 107의 전극이 거울형태라고 생각해보자. 전기장이 없을 때(그림 9. 107) 거울에 반사된 빛이 필름을 통과하면서 다시 90° 돌아가기 때문에 디스플레이는 밝게 보인다. 그 결과 위의 편광면을 통과하게 된다. 이와 반대로 전기장이 켜지면(그림 9. 107) 빛이 반사되지 않기 때문에 디스플레이는 어둡게 보인다. 각각의 전극들이 그림 9. 107와 같이 배열되면 액정 시계가 밝은 배경에서 어떻게 어두운 숫자들을 표시하는지 명확해진다.

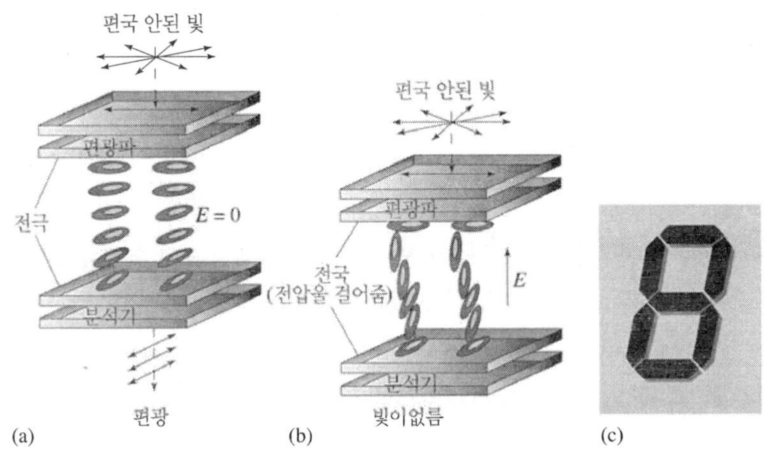

▶ **그림 9. 107** 꼬인 네마틱(콜레스테릭) 액정 필름이 투명한 평행 전극 사이에 끼워져 있는 LCD. 투과 방향이 서로에 대해서 90° 돌아가 있는 편광판이 전극에 부착돼 있다. (a) 첫 번째 편광판을 통과한 빛이 두 번째 편광판을 통과하는데, 이는 빛의 편광면이 결정에 의해서 돌아갔기 때문이다. (b) 콜레스테릭상의 방향의 질서가 전기장에 의해 파괴되어 빛이 통과하지 않는다. (c) LCD 문자–숫자 겸용 디스플레이에서의 전극의 배열.

B. 광학적 정보 저장

키랄성 네마틱(콜레스테릭) 또는 키랄성 스멕틱 $C(S_C^*)$측쇄 LCP는 정보를 쓰고 지우는 광학적 정보저장(optical information storage)에 이용될 수 있다. 그림 9. 108에 그 원리를 나타내었다.

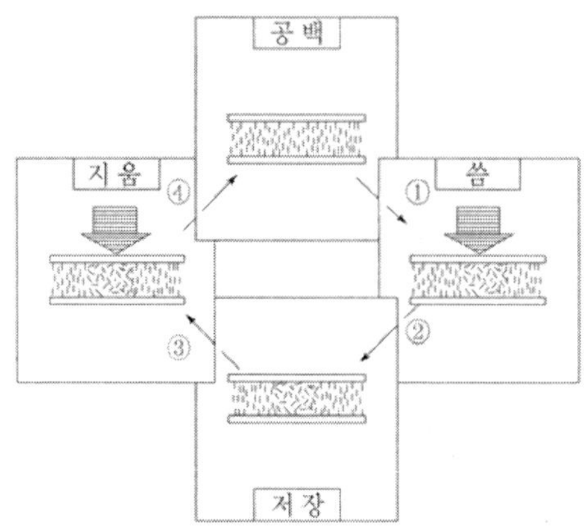

▶ **그림 9. 108** 정보를 쓰고 지우는 액정 장치(device)의 모식도.

외부장(external field)의 적용에 의해 호메오트로픽(homeotropic)배열이 생기고, T_g이하로 냉각시 유리상 고분자로 고정(lock-in)된다. 만약 시료에 레이저빔을 쪼이면 가열되어 부분적으로 랜덤운동이 일어나 시료의 배향해소(disorientation)가 야기된다. 이를 냉각시 이 '배향 해소된 부분(spot)'이 저장된다. 지움(erasure)은 전 계를 T_g이상으로 단순히 가열하기만 하면 되고, 다시 재사용을 위해 외부장에 의한 재배열 및 냉각이 반복된다. 어떤 경우에는 대비(contrast)를 증가시키기 위해 염료(dye)분자가 사용된다.

키랄성 측쇄 LCP의 가시광선에 대한 선택적 반사능력을 이용하여 레이저 빛 대신 열 헤드(thermal head)를 이용하여 데이터를 새겨 넣는 기판으로 작용하기도 한다. 이 경우 선택적 필터나 반사계(reflectors), 또는 홀로그래픽(holographic) 저장단위로 이용될 수 있다.

이들 응용은 주로 키랄성 네마틱 구조를 이용하나 일부 스멕틱 구조도 이용될 수 있다. 즉 무질서한(disordered) 스멕틱 재료는 빛을 효율적으로 산란하고, 만약 외부 전기장 영향하에서 냉각시키면 투명한 호메오트로픽 조직을 나타낸다. 레이저 접속(laser addressing)은 재료를 부분적으로 무질서화시켜, 빛을 그 정보점(information spot)으로부터 산란시키게 된다.

C. 강유전성(ferroelectric) 측쇄 LCP

고분자 물질을 외부장 야기 분자배향에 의존하는 전기, 광학적 장치로 사용될 경우 결점 중 한 개는 분자량이 커서 응답시간이 너무 느리다는 것이다. 따라서 높은 자발적 분극(spontaneous polarization) 즉 강유전성(ferroelectricity)을 가진 키랄성 스멕틱 $C(S_C^*)$상 구조의 측쇄 LCP에 관심이 커진다.

저분자량의 네마틱 액정의 경우 전기-광학적 스위칭(switching)시간이 ms(10^{-3} s)인 반면에 저분자량 강유전성 물질의 경우에는 이보다 수 천배 빠르다. 강유전체 장치의 경우 스위칭(혹은 재배향)시간 τ는 자발적 분극의 크기 P_S에 역비례한다. 즉,

$$\tau \sim \eta / P_S E \tag{9. 168}$$

여기서 η는 미디엄(medium)의 점도, E는 응용전장강도이다. 실제 응용에 있어서 τ는 일반적으로 강도(intensity)변화가 10 %에서 90 %로 일어날 때에 요구되는 시간으로 정의된다.

액정인 분자가 강유전성에 요구되는 자발적 분극을 나타내기 위한 3주요 기준(criteria)은 (a)분자 내 키랄 중심의 존재, (b)영구쌍극자의 존재 및 (c)스멕틱 C구조 (즉 S_C^*상)이다. 폴리실록산(polysiloxanes)은 이들 조건을 만족한다.

표면 안정화된 강유전성 액정 장치에 있어서, 두 개의 평형 평판사이에 얇은 시료 필름을 넣으면, S_C^* 메소(액정)상의 나선축이 계면에 나란하게 정렬된다. 이 결과 분자의 방향자(director)축이 2개의 가능한 배향상태로 제한되어, 쌍극자 벡터는 한 배향에 대해서는 계면을 향하고, 다른 배향에서는 계면에서 멀리 향한다. 여기에 고분자 필름의 평면에 수직인 방향으로 직류(d.c.)전장을 가하면 쌍극자(및 방향자)배향을 한 상태에서 다른 상태로 스위치(교환)시킨다. 전장을 가하기 전에는 이들 상태의 각각은 안정한 상태로 존재한다. 일반적으로 고분자계 S_C^*상 물질의 경우 스위칭 시간(τ)은 200~400 μs가 됨이 알려져 있으며, τ는 온도의 함수이다.

D. 비선형 광학(NLO)

높은 강도(high-intensity)의 전자파가 물질에 입사하면 상호작용하여 유전 분극(induced polarization)P를 일으키고, 이는 아래식과 같이 전장강도 E와 분극율(또는 감지율 계수)(polarizability or susceptibility coefficient)χ항으로 전개된다.

$$P_i = \chi_{ij}^{(1)} E_j + \chi_{ijk}^{(2)} E_j E_k + \chi_{ijkl}^{(3)} E_j E_k E_l + \cdots \tag{9. 169}$$

여기서 2계 텐서(2nd rank tensor) $\chi_{ij}^{(1)}$은 물질의 굴절률에 관계되고, 만약 고차 비선형 계수 $\chi^{(2)}$나 $\chi^{(3)}$이 존재하면 응용전장에 의해 변화한다. 3계 텐서인 비선형 광학(non-linear optics, NLO)계수 $\chi_{ijk}^{(2)}$는 2차 조화생성(2nd-harmonic generation, SRG)이나 선형 전기광학(linear electrooptic)효과 (Pockel's effect) 등에 관련된 양이다. 또한 4계 텐서인 NLO 계수 $\chi_{ijkl}^{(3)}$는 3차 조화생성(3rd-harmonic generation)이나 2차 전기광학(quadratic electrooptic)효과 (Kerr effect)와 관련된 양이다. [비고: 식 (9. 169)중의 같은 첨자(dummy variable)가 2개 있는 것은 합($\sum$)을 의미하는 Einstein의 축약기호이다.] 특히 결정 대칭기하로부터 반전 중심(center of inversion)을 가진 물질(centrosymmetric system)의 경우에는 $\chi_{ijk}^{(2)}$는 0이 된다. 그러나 $\chi^{(2)} \neq 0$인 소위 '$\chi^{(2)}$물질'은 주파수 2배(frequency doubling)응용(그림 9. 109 참조)에, 그리고 $\chi^{(3)} \neq 0$인 '$\chi^{(3)}$물질'은 주파수 3배(frequency tripling)응용에 이용된다. 특히 $\chi^{(3)} \neq 0$인 3차(third-order) NLO 물질은 작은 광학적 밴드갭(optical band gap), 많은 수의 쉽게 분극되는 전자 및 큰 효율적인 공액(conjugation)길이

등으로 인한 비교적 높은 전도도를 나타낸다.

일반적으로 분자가 높은 NLO 활성을 나타내기 위해서는 먼저 반전중심이 없어야 하며, 큰 고정 쌍극자 및 자유로운(delocalized)전자의 움직임을 위한 길고 적선적인 분자를 따른 공액이 있어야 한다. 측쇄형 네마틱 LCP의 경우, 일반적으로 분자(메소겐)의 배열에 필수조건인 전장 폴링(electric field poling)을 통하여 미디엄(medium)내 극성축(polar axis)의 생성에 의해 야기된다.

그림 9. 109에 $\chi_{ijk}^{(2)}$를 통하여 일어나는 여러 효과를 나타내었다. 각진동수 ω를 가진 두 개의 광양자(photon)의 결합은 $\chi^{(2)}$를 통한 2차 조화생성으로 인하여 각속도 2ω에 있는 한 개의 광양자(즉 더블링(doubling)효과)가 된다.

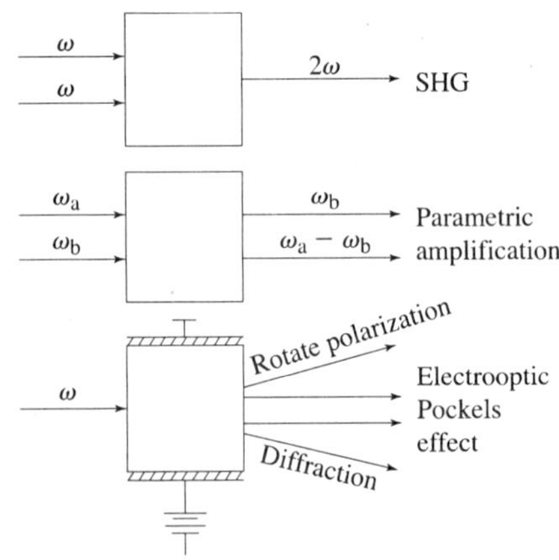

▶ **그림 9. 109** 비선형 광학(NLO)분야에서 몇 가지 흥미있는 실험을 보여주는 그림. 특히 ($\chi^{(2)}$에 의한) 2차 조화생성(SHG)에서 주파수 더블링(frequency doubling)효과를 주목하라.

기본적으로, ($\chi^{(2)}$항에 의한) 2차 조화생성(SHG)의 경우 두 개의 광양자는 그들을 흡수할 수 있는 비대칭 시료내의 한 점에서 거의 동시에 도달해야 한다. 그리하여 결합된 에너지는 한 개의 광양자로서 방출된다. 그림 9. 109에 나타낸 다른 효과는 다른 관계에 서로 의존한다. 가령 선형 전기광학(electrooptic)효과는 비선형 미디엄내 한 개의 광학장(optical field)과 한 개의 직류(d.c.)장 사이의 상호작용으로부터 생기며, 이는 미디엄내 전자파의 진행(propagation)특성을 변화시킨다.

SHG효과는 S_C^*상을 나타내는 액정 폴리실록산(polysiloxane)탄성체의 경우에도 관측되었다. 액정 탄성체(LC elastomer)는 기계적 배향에 매우 민감하므로 역학장(mechanical field)에 비해 효과가 훨씬 약한 외부 전장(electric field)을 가할 필요[즉 외부 폴링(external poling)을 사용할 필요]가 없다.

E. 액정 탄성체(LC elastomer)

측쇄 LCP의 경우 탄성상(elastomeric phase)이 실온에서 유지될 수 있도록 충분히 낮은 T_g를 가진 재료를 이용하여 액정 탄성체((LC elastomer)를 제조해야 한다. 만약 가교밀도가 낮으면 미가교 물질의 약정상은 그대로 유지된다. 이 경우 배열은 외부 기계적 힘의 적용으로 쉽게 야기되며, 발생된 망상체(network)의 변형은 방향자(director)의 배향을 바꾼다. 또한 응력 야기 복굴절(즉 SOC 효과-9. 11. 7. 3절 참조)도 발생한다. 탄성 망상체에 대한 기계적 힘의 효과는 전기장이나 자기장의 경우에 비해 훨씬 강력하다. 가령 무질서하고 불투명한(opaque) 망상체를 압축시키면 투명한 (한 개의 균일상의)시료가 얻어지는데 이는 외력에 의한 네마틱상의 배향질서의 증가를 의미한다. 또한 기계적 응력의 적용은 네마틱 → 등방성 액체 상전이 온도(즉 등방화 온도 T_i)를 약 10 K증가시키는데 이는 외부 전장이나 자장의 적용경우에 비해 훨씬 큰 값이다.

만약 탄성체가 키랄성 네마틱(즉 콜레스테릭)계 이거나 키랄성 스멕틱(즉 S_C^*)계의 측쇄형 LCP 경우는 앞에서 언급한 바와 같이 압전(piezoelectric)이나 강유전성(ferroelectric)거동을 관측할 수 있다.

9. 14. 7 대표적 고분자 유형의 비교와 액정 형성의 기본조건

표 9. 14에 용액에서 메소(액정)상을 쉽게 형성하는 강직한 막대(rigid rod)의 묽은 용액내 형태(conformation)와 벌크 거동을 랜덤(이상)코일과 펼쳐진(extended) 사슬과 비교하여 나타내었다.

표 9. 14 대표적 고분자 유형의 비교.

성질	강직한 막대	펼쳐진 사슬	랜덤 코일
LC 임계농도(부피분율) ϕ_2^* (%)	4-5	14-15	None
묽은 용액내 형태	막대	벌레(worm)	코일
T_g	No[a]	No[a]	Yes
T_f	No[b]	No[b]	Yes
지속장[c](Å)	> 500	90-130	10
Mark-Houwink a 값	1.8	1.0	0.5-0.8
연쇄사슬간 각도(°)	180	150-162	109-120
최대 [η] (dl/g)	48-60	15-25	0.1-3

[a] 만약 높은 결정성 경우 측정불가.
[b] 용융전 분해. [c]persistence length Q(4.3절 참조).

특히 표에서 용액 중 농도의 증가에 따른 액정(LC)상을 형성하기 위한 임계농도(부피분율) ϕ_2^* 값은 펼쳐진(extended) 사슬의 경우가 강직 막대의 경우에 비해 높은 값을 갖는 것은 전자가 후자에 비해 낮은 질서(order)를 갖기 때문이다. 그리고 고유점도(η)에 대한 Mark-Howink(M-H) 지수 a값은 막대의 경우 2.0의 최대값을 가지고, 셀룰로스 트라이나이트레이트와 같은 딱딱한(펼쳐진)

사슬은 $a = 1.0$을 가지나, 랜덤코일의 경우 용매능(solvent power)에 따라 통상 $a = 0.5 \sim 0.8$값을 가진다. 한편 $a = 0$에 해당하는 소위 'Einstein 점도' (식 6.245)의 경우 고유점도는 (구상)용질의 크기(분자량)에는 무관하다.

강직 막대 고분자 용액의 경우 메소(액정)상을 형성하는 임계농도 ϕ_2^*는 일반적으로 5~10% 범위에 있으나, 농도가 15% 근방에서는 용액 내 모든 분자가 거의 완전정렬(total alignment)된다.

방향족 폴리아미드와 같은 강직 막대계는 분자 내 비정영역의 분율이 매우 작아 T_g를 보이지 않고, 용융(즉 융점 T_f에 이르기)전 열분해된다. 그러나 지방족(aliphatic) 나일론과 같은 결정성 랜덤코일형 고분자는 T_g와 T_f 모두 나타낸다.

한편 (100%)비정상, 결정상 및 이들의 중간 성격을 띠는 액정(LC)상의 구조상의 차이를 X-선 회절, 광학현미경 및 DSC 분석을 통한 각각의 측면에서 아래와 같이 요약하여 나타낼 수 있다.

실험	비정상	결정상	액정상
X-선 회절	비정 달무리(halo)	3-D 질서	1- 또는 2-D 질서
편광현미경	조직 미관찰	구정	Schlieren 조직
DSC	오직 T_g	T_g 및 T_f	T_g 및 2개 이상의 1차 전이온도

마지막으로 액정(LC)에 필요한 3 기본조건(분자량이나 모양에 무관)은 아래와 같다.

1. 주어진 액정상태의 낮은 온도 경계(bound)에서의 (완전 고체)결정상태와의 일차 상전이 (first-order phase transition) 뿐만아니라, 높은 온도 경계에서의 등방성 액체(또는 다른 액정상태)와의 또 다른 일차 상전이가 반드시 존재해야 한다.
2. 완전 고체결정은 3차원(3-D) 질서(order)를 갖고, 등방성(isotropic) 액정은 완전 무질서인 반면에 액정(LC)은 반드시 1차원(1-D) 혹은 2차원(2-D) 질서만을 갖는다.
3. 결정성 고체는 점도(η)가 매우 높아 흐르지 않지만, 액정(LC)상 물질은 액체와 고체의 중간 성격을 띠므로 어느 정도 유동성(fluidity)을 갖는다 (즉 $\eta < \infty$).

앞에서 언급한 사항을 종합하여 볼 때 액정 형성조건은 적어도 분자구조의 일부가 강직 막대나 원판(disc)형태를 취해야 한다. 그러나 이것은 액정 형성을 위한 절대조건은 아니다. 왜냐하면 실제에 있어서 많은 수의 유연한 고분자가 액정상을 나타내기도 한다. 표 9. 14에 나타내었듯이 진정한 강직막대는 T_g를 갖지 않으나, 만약 유연성이 고분자사슬 내에 도입되면 T_g를 갖게 될 수도 있을 것이다.

고분자액정(LCP)의 골격은 액방성(lyotropic) 액정의 경우 메소(액정)상에 들어가기 위하여 용매가 그리고 열방성(thermotropic) 액정의 경우 메소상에 열(또는 냉각)이 필요한 것이다. 그러나 건조상태의 실제 사용(service)온도에서의 두 종류의 액정 고분자 모두 통상 3차원(3-D)의 결정질서 (crystalline order)를 가진다.

연습문제

9. 1 아래 그림은 셀룰로스(cellulose) Ⅰ의 결정구조이다. 이로부터 셀룰로스 Ⅰ의 밀도 $\rho\,(\mathrm{g/cm^3})$를 계산하라. 단 1개의 단위세포(unit cell) 안에 4개의 반복단위가 들어있으며, 그림에서 $a = 8.35$ Å, $b = 10.3$ Å, $c = 7.9$ Å, $\beta = 84°$ 이고, 1개의 반복단위 $-\!\!\left[C_6H_{10}O_5\right]\!\!-$ 분자량 $M_0 = 162\ \mathrm{g/mol}$이다.

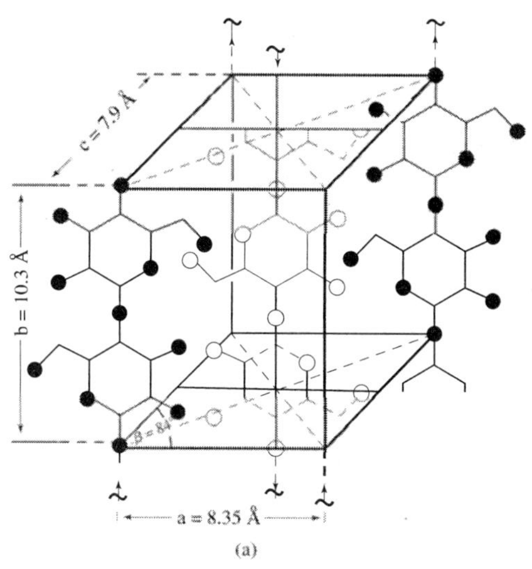

(a)

풀이

한 개의 단위세포의 부피 V는 그림에서 아래가 된다.

$$V = \frac{1}{2}ac\sin\beta \times 2 \times b = abc\sin\beta \qquad ①$$

그런데 1개의 단위세포 안에 분자량 $M_0 = 162\ \mathrm{g}/$몰인 4개의 모노머가 들어있으므로 밀도 ρ는 아래가 된다.

$$\rho = \frac{m}{V} = \frac{4M_0}{abc\sin\beta} = \frac{4 \times 162\ \mathrm{g}/N_A(=6.023 \times 10^{23})}{8.35 \times 10.3 \times 7.9(\sin 84°)\ \text{Å}^3\left[=(10^{-8}\ \mathrm{cm})^3\right]} = 1.59\ \mathrm{g/cm^3}$$

9. 2 왼편 그림을 참조로 하여 미결정(crystallites)의 크기에 관한 아래의 Scherrer 공식을 유도하라.

$$t = \frac{0.9\lambda}{B\cos\theta_B} \tag{1}$$

여기서 t는 미결정의 크기(직경), λ는 X-선의 파장, B는 반폭치(rad)이다.

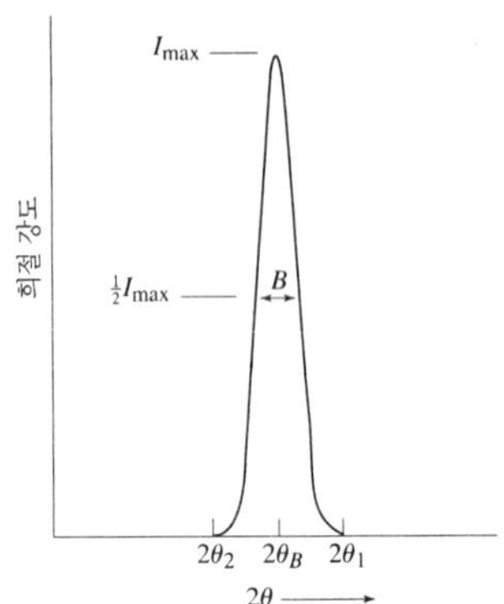

▶ **그림문제9.2** X-선 회절곡선에 대한 미결정의 크기영향.

풀이

그림에서 아래 관계가 성립된다.

$$B = \frac{1}{2}(2\theta_1 - 2\theta_2) = (\theta_1 - \theta_2) \quad ①$$

지금 1개의 결정면 (hkl)에 관한 Bragg 공식 (9. 6) 대신 다수의 (hkl)면이 포개져 된 두께(직경) t의 미결정에 대한 식 $2t\sin\theta_B = m\lambda$에서 아래식을 가정할 수 있다.

$$2t\sin\theta_1 = (m+1)\lambda \quad ②$$

$$2t\sin\theta_2 = (m-1)\lambda \quad ③$$

이 두식을 서로 빼면 아래를 얻는다.

$$t(\sin\theta_1 - \sin\theta_2) = \lambda \quad ④$$

여기서 삼각함수의 뺄셈공식 $\sin x - \sin y = 2\cos\frac{x+y}{2}\sin\frac{x-y}{2}$을 이용하면 아래가 된다.

$$t\cos\left(\frac{\theta_1 + \theta_2}{2}\right)\sin\left(\frac{\theta_1 - \theta_2}{2}\right) = \lambda \quad ⑤$$

그런데 식 ⑤에서 $\theta_1 + \theta_2 \simeq 2\theta_B$, $\sin\left(\frac{\theta_1 - \theta_2}{2}\right) \simeq \frac{\theta_1 - \theta_2}{2}$ $(\because \sin x \simeq x - \frac{x^3}{3!}\cdots)$을 이용하면 아래식을 얻는다.

$$2t\left(\frac{\theta_1-\theta_2}{2}\right)\cos\theta_B = \lambda \qquad ⑥$$

여기서 $\theta_1 - \theta_2 = B$(식 ①) 및 λ 대신 더욱 실험에 가까운 값 0.9λ를 이용하면 문제의 (1)식이 증명된다.

$$t = \frac{0.9\lambda}{B\cos\theta_B} \qquad (1)$$

이 식과 위 그림을 참조로 하면 미결정의 크기 t가 X-선 회절곡선의 모양(반폭)에 영향을 미치는 효과가 크다고 하겠다. 즉 가령 $\lambda = 1.5$ Å, $d_{hkl} = 1.0$ Å, $\theta_B = 49°$ ($\fallingdotseq 0.855$ rad)일 경우 직경(t)이 1 mm ($= 10^7$ Å)인 미결정이라면(이때 오직 500개 정도의 격자면만 포함) 반폭치 B는 식 (1)에서 2×10^{-7} rad (10^{-5} deg)가 되어 측정할 수 없을 정도로 작다[이때 약 10^7개의 평행 (hkl)면이 포함됨]. 그러나 만약 미결정의 크기 $t = 500$ Å 정도 밖에 안된다면 계산된 반폭치 $B = 4\times10^{-3}$ rad(0.2°)가 되어 충분히 측정 가능할 것이다.

9.3 3격자 축이 상호수직인 사방정계(orthorhombic) 단위세포에 대하여 $d_{110} = b\sin[\tan^{-1}(a/b)] = a\sin[\tan^{-1}(b/a)] = ab/\sqrt{a^2+b^2}$ 를 증명하라. 또 이로부터 폴리에틸렌(PE)의 d_{110}, d_{200}, d_{020} 및 이에 대응하는 Bragg 회절각을 계산하고, 또 PE의 사슬 패킹(chain packing)이 'pseudo-hexagonal'임을 증명하라[단 pseudo-hexagonal packing의 경우에는 d_{110}과 d_{200}의 차이가 10 % 이내이다]. 여기서 PE의 $a = 0.742$ nm, $b = 0.495$ nm, $c = 0.255$ nm 그리고 X-선의 파장 $\lambda = 0.154$ nm를 이용하라.

풀이

아래 그림은 PE의 단위세포와 면간격에 대한 모식도이다. 여기서 굵은 점(●)은 PE의 사슬축을 의미한다. 왼편 그림으로 나타낸 임의의 사방정계에 대하여 $\tan\xi = b/a$ 및 $d_{110} = a\sin\xi$, 따라서 $d_{110} = a\sin[\tan^{-1}(b/a)]$가 성립된다. 마찬가지로 $\tan\xi = a/b$ 및 $d_{110} = b\sin\xi$, 따라서 $d_{110} = b\sin[\tan^{-1}(a/b)]$가 성립된다. 그러나 $\sin\zeta$는 역시 $b/\sqrt{a^2+b^2}$과 같다. 따라서 $d_{110} = ab/\sqrt{a^2+b^2}$이 된다.

한편 PE 고분자의 경우 해당하는 격자상수 a, b, c값을 대입하면
$d_{110} = 0.742\times0.495/\sqrt{0.742^2+0.495^2} = 0.412$ nm 그리고 d_{200}은 Miller 지수의 정의에서
$d_{200} = a/2 = 0.371$ nm. 그리고 d_{020} 역시 $d_{020} = b/2 = 0.248$ nm가 된다. 이들 값을 이용해 Bragg 회절공식 (9. 6)에 대입하여 해당 Bragg 각을 구하면 다음과 같다.
즉 일반공식 $2\theta_{hkl} = 2\sin^{-1}[\lambda/(2d_{hkl})]$에 해당값을 대입하면 $2\theta_{110} = 27.2°$; $2\theta_{200} = 30.3°$; $2\theta_{020} = 46.0°$를 얻는다. 한편 d_{110}과 d_{200}의 차이는 10% 정도 밖에 안나므로 PE 결정은 'pseudo-hexagonal packin'결정이라고 할 수 있다.

9. 4 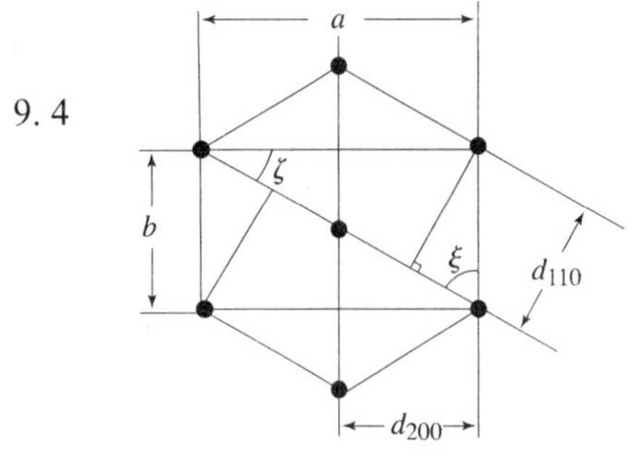

파장 $\lambda = 0.154$ nm인 X-선을 이용하여 구조가 $-(CH_2O)_n-$인 폴리옥시메틸렌(POM)시료에 대해 얻어진 섬유패턴(fiber pattern)실험에서 적도 방향의 피크반사(회절)는 각각 21.9°, 37.7°, 23.2° 이었다. 이때 이들 회절점은 각각 사방정계 단위세포의 (110), (200) 및 (020) 반사에 해당됨을 증명하라. 또한 식 (9. 11)에서 $l = 1$인 제1층선에 해당하는 회절(방위)각 $\phi = 25.6°$ 이고, 한 개의 단위세포 안에는 4개의 반복단위가 포함되어 있다고 한다면 이 물질의 (100%)결정성 밀도 ρ_c를 계산하라.

그리고 시료의 비정성밀도 $\rho_a = 1.20 \times 10^3$ kgm^{-3}이고, 준정형 POM 시료의 측정밀도 ρ가 1.4×10^3 kgm^{-3}라 할 때 이 시료의 (무게)결정화도 w_c는 얼마인가?

단 $\rho^{-1} = \rho_c^{-1} \times w_c + \rho_a^{-1} \times (1 - w_c)$를 이용하라.

풀이

만약 회절각 21.9°, 37.7°, 23.2°가 각각 (110), (200), (020) 반사에 해당된다면 Bragg 회절공식 (9. 6)에서 $d_{hkl} = \lambda/2\sin\theta_{hkl}$이므로 $d_{110} = 0.154/2\sin(21.9°/2) = 0.405$ nm,

$d_{200} = 0.154/2\sin(37.7°/2) = 0.238$ nm, $d_{020} = 0.154/2\sin(23.2°/2) = 0.383$ nm. 그런데 Miller 지수의 정의에서 $a = 2d_{200} = 0.476$ nm, $b = 2d_{020} = 0.766$ nm. 한편 일반 사방정계의 면간격과 격자상수 a 및 b 사이의 관계식인 문제 9. 3에 의하면

$d_{110} = b\sin[\tan^{-1}(a/b)] = 0.766\sin[\tan^{-1}(0.476/0.766)] = 0.404$ nm가 되어 앞에 계산된 d_{110}값과 거의 일치하므로 위의 3회절각의 해당 결정면에 대한 분류(indexing)가 맞다는 것을 증명한다. 그리고 c축의 길이는 식 (9. 11)에서 제1층선 $l = 1$을 대입하면

$c = \lambda/\sin\phi = 0.154/\sin 25.6° = 0.356$ nm가 된다.

그리고 단위세포 안에 4개의 반복단위가 있으므로 POM의 단위세포의 질량

$M_u = 4 \times (12 + 2 + 16) = 120$ (g/mol).

따라서 (100%)POM 결정의 이론적 밀도

$$\rho_c = \frac{m}{V} = \frac{120\ (\mathrm{g/mol})}{N_A \cdot abc} = \frac{120\ (\mathrm{g/몰})}{6.023 \times 10^{23}\ (\mathrm{개수/몰}) \times 0.476 \times 0.766 \times 0.356\ (\mathrm{nm^3/개수})}$$

$= 1.53\ (\mathrm{g/cm^3}) = 1.53 \times 10^3$ kgm^{-3}.

그런데 만약 준정형 POM 시료의 밀도 $\rho = 1.40 \times 10^3$ kgm^{-3}이고, 비정시료의 밀도 $\rho_a = 1.20 \times 10^3$ kgm^{-3}라면 밀도에 대한 혼합법칙에서

$\rho^{-1} = \rho_c^{-1} w_c + \rho_a^{-1}(1 - w_c)$[단 w_c는 무게결정화도]에서

$$w_c = \frac{\left(\rho^{-1} - \rho_a^{-1}\right)}{\left(\rho_c^{-1} - \rho_a^{-1}\right)} = \frac{\left(\rho_a^{-1} - \rho^{-1}\right)}{\left(\rho_a^{-1} - \rho_c^{-1}\right)}$$ 에 ρ, ρ_a, ρ_c값을 대입하면

$w_c = 0.66$ 즉 66% 무게결정화도를 얻는다.

9. 5 일반으로 분자(c-)축방향으로 3회 나선(helix)축을 가진 고분자 결정의 경우 X-선 반사$(00l)$는 $l = 3, 6, 9\cdots$ 밖에 나타나지 않음을 식 (9. 8)과 (9. 9)를 이용하여 증명하라.

풀이

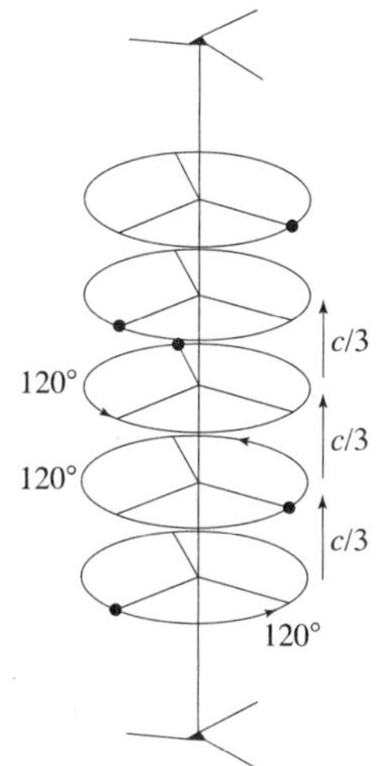

식 (9. 8)에 나타낸 X-선 구조인자 $F_{hkl} = F(hkl)$는 아래가 된다.

$$F(hkl) = \sum_{j=1}^{N} f_j \exp\{2\pi i(hx_j + ky_j + lz_j)\} \tag{1}$$

여기서 $i = \sqrt{-1}$, f_j 및 (x_j, y_j, z_j)는 단위격자 중의 j번째의 원자의 산란인자(식 9. 7) 및 (a, b, c를 단위로 했을 때)(분율)좌표이다. 또한 N은 단위격자 중의 원자수이다. 식 (1)에서 $(00l)$반사에 대한 구조인자는 아래 식이 된다.

$$F(00l) = \sum_{j=1}^{N} f_j \exp(2\pi i l z_j) \tag{2}$$

지금 등가인 원자가 있는데 왼편그림처럼 3회 나선(helix) 대칭으로 같은 위치로 반복하여 나갈 때 z_j는 0, $\frac{1}{3}(c)$, $\frac{2}{3}(c)$, $\frac{3}{3}(c)$, $\cdots$로 된다. 따라서 식 (2)로부터 산란인자 f_j는 원자에 무관한 상수 f라 할 때 아래식이 얻어진다.

$$F(00l) = f\left\{\exp(2\pi i l \times 0) + \exp\left(2\pi i l \times \frac{1}{3}\right) + \exp\left(2\pi i l \times \frac{2}{3}\right)\right\} \propto$$

$$\left(1 + \cos\frac{2\pi}{3}l + \cos\frac{4\pi}{3}l\right) + i\left(\sin\frac{2\pi}{3}l + \sin\frac{4\pi}{3}l\right) \tag{3}$$

단 위 식에서 $\exp(i\theta) = \cos\theta + i\sin\theta$ (단 $i = \sqrt{-1}$)를 이용하였다. 그런데 식 (9. 9)에서 Miller 지수 h, k, l로 지정된 방향으로 산란강도 I_{hkl}는 $|F_{hkl}|^2$에 비례하므로 아래식이 성립된다.

$$I \propto \left(1 + \cos\frac{2\pi}{3}l + \cos\frac{4\pi}{3}l\right)^2 + \left(\sin\frac{2\pi}{3}l + \sin\frac{4\pi}{3}l\right)^2$$

$$= 3 + 4\cos\frac{2\pi}{3}l + 2\cos\frac{4\pi}{3}l \tag{4}$$

여기서 복소함수 $F(x) = u(x) + iv(x)$ 경우 $|F|^2 = FF^* = u^2 + v^2$을 이용하였다. 그리고 전개에서 삼각함

수 공식 $\cos(x-y)=\cos x\cos y+\sin x\sin y$도 이용하였다. 식 (4)에서 결국 아래가 성립된다.

$$l=3n \qquad I\neq 0 \tag{5}$$
$$l=3n+1,\ 3n+2 \qquad I=0$$
$$(n=0,\ 1,\ 2,\cdots)$$

따라서 $(00l)$반사는 $l=3, 6, 9\cdots$ 경우에만 피크(회절)강도가 관측된다.

9.6 준정형 고분자시료의 무게 결정화도 w_c는 그 시료의 100% 결정상과 비정상의 밀도를 각각 ρ_c 및 ρ_a라 할 때 $w_c=A(1-\rho_a/\rho_s)$로 표현될 수 있음을 증명하라(단 A는 결정화도에 무관한 상수이다). 그리고 시료의 밀도 ρ_s가 각각 1346 및 1392 $kg\ m^{-3}$ 인 두 시료에 대하여 X-선 회절법으로 구한 무게 결정화도가 각각 10% 및 50%이었다고 한다면, 위 관계식을 이용하여 시료의 ρ_c 및 ρ_a를 구하고, 또 이로부터 시료의 밀도 ρ_s가 1357 kg m^{-3}인 경우의 무게 결정화도를 구하라.

풀이

식 (9.26)과 문제의 관계식에서 아래가 성립된다.

$$w_c=\frac{\rho_c}{\rho_s}\left(\frac{\rho_s-\rho_a}{\rho_c-\rho_a}\right)=\left(\frac{\rho_c}{\rho_c-\rho_a}\right)\left(\frac{\rho_s-\rho_a}{\rho_s}\right)=A\left(1-\frac{\rho_a}{\rho_s}\right) \tag{a}$$

여기서 $A=\left(\dfrac{\rho_c}{\rho_c-\rho_a}\right)$는 시료의 결정화도에 무관한 상수로서 문제의 식이 증명된다.

한편 식 (a)의 양변을 시료의 밀도 ρ_s로 곱하면 아래가 된다.

$$w_c\rho_s=A(\rho_s-\rho_a) \tag{b}$$

지금 무게 결정화도 w_c값을 알고 있는 두 시료에 대하여 이 식에 대입하고 나누면 아래를 얻는다.

$$\frac{0.1\times 1346}{0.5\times 1392}=\frac{1346-\rho_a}{1392-\rho_a}$$

여기서 $\rho_a=1335$ kg m^{-3}를 얻는다. 이 값을 사용하여 두 번째 시료($\rho_s=1392$ kg m^{-3})에 대하여 식 (b)에 대입하면 $A=0.5\times 1392/(1392-1335)=12.21$. 그런데 $A^{-1}=1-\rho_a/\rho_c$가 되므로 아래식을 얻는다.

$$\rho_c=\frac{\rho_a}{1-1/A}=\frac{1335}{1-0.0819}=1454\ \text{kg m}^{-3}$$

또한 밀도 $\rho_s=1357$ kg m^{-3}인 셋째 시료의 무게 결정화도 w_c는 아래가 된다.

$$w_c=A\left(1-\frac{\rho_a}{\rho_s}\right)=12.21(1-1335/1357)=0.198\ (19.8\%)$$

9. 7 그림 (a)에 무게 결정화도 (w_c)=0.60; 결정상 밀도(ρ_c)=1000 $\mathrm{kg\,m^{-3}}$; 비정상 밀도(ρ_a)=855 $\mathrm{kg\,m^{-3}}$인 준정형 폴리에틸렌(PE) 고분자 시료에 대한 소각 X-선 산란(SAXS) 실험의 (적도) 반사 프로필이 주어져있다. 이때 이 시료의 (반복되는)결정상 영역의 두께 d_c를 $d_c = d \cdot \phi_c$[여기서 d는 그림 (b)에 나타낸 장주기(long-period), ϕ_c는 부피 결정화도]를 Bragg 회절공식 $n\lambda = 2d\sin\theta$(여기서 $n = 1$, $\lambda = 0.15\ \mathrm{nm}$ 대입)을 이용하여 구하라.

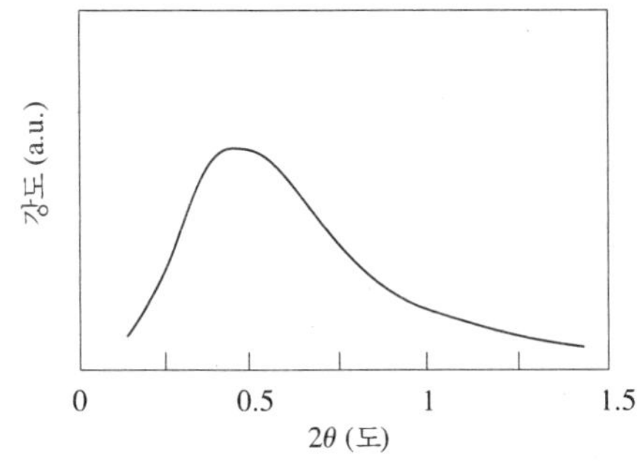

▶ a) 준정형 PE의 SAXS 프로필

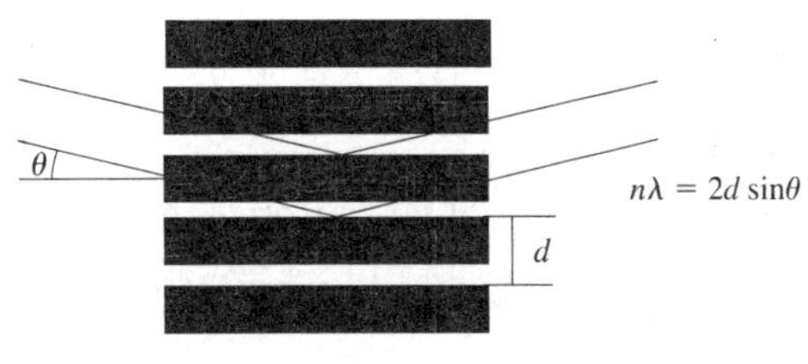

▶ b) 반복단위(장주기) ***d***를 가진 PE 라멜라 더미(stack)에 대한 SAXS 실험.

풀이

그림 (a)의 SAXS의 피크 각도 $2\theta = 0.5^\circ$. 따라서 Bragg 회절공식에서

그림 (b)의 장주기 $d = \lambda/2\sin\theta = 0.15/\sin(0.5^\circ/2) = 17.2\ \mathrm{nm}$.

그런데 식 (9. 24b)에서 $\rho^{-1} = 0.6/1000 + 0.4/855$. 즉 $\rho = 936.5\ \mathrm{kg\,m^{-3}}$를 얻는다.

따라서 식 (9. 25)에서 부피 결정화도

$\phi_c = \dfrac{936.5 - 855}{1000 - 855} = 0.56$ ∴ 결정의 두께 $d_c = d \times \phi_c = 17.2 \times 0.56 = 9.63\ \mathrm{nm}$를 얻는다.

9. 8 기체가 액체로 응축하면서 물방울(droplet)의 크기가 성장하며, 이때 계의 (몰)Gibbs 자유에너지도 크기와 함께 변한다.

이때 기상-액상 평형공존에서 $\overline{G}_g - \overline{G}_l (= \Delta\overline{G}_{vap}) = \Delta\overline{H}_{vap} - T\Delta\overline{S}_{vap}$가 성립되고, 만약 $\Delta\overline{H}$ 및 $\Delta\overline{S}$를 온도무관 가정하면 $\Delta\overline{S}_{vap} = \Delta\overline{H}_{vap}/T_b$(여기서 T_b는 끓는점)가 성립된다. 만약 편의상 $\overline{G}_{vap} \equiv 0$두면 $\overline{G}_l = -\Delta\overline{H}_{vap}(1 - T/T_b)$가 된다. 만약 $\overline{G}_l$ 및 $\Delta\overline{H}_v$를 액체의 단위체적당 값이라면, 부피 V의 벌크상 액체의 전체 Gibbs 자유에너지 $G' = V\overline{G}_l = -V\Delta\overline{H}_{vap}(1 - T/T_b)$이다. 이때 벌크상 액체 대신 실제에 있어서 미세한 물방울을 생각한다면 G'에 표면장력(γ)으로 인한 증가항 γA(여기서 A는 물방울의 표면적이다)를 더해야 한다.

즉 아래식이 성립된다.

$$G'(\text{물방울}) = -V\Delta H_{vap}(1 - T/T_b) + \gamma A \tag{1}$$

a) 구상 물방울을 가정하여, 만약 물방울의 크기가 작으면 계의 전체 자유에너지 G'는 처음에는 +값으로 물방울의 크기가 증가함에 따라 최대값을 지나서 급격히 감소함을 보여라. 만약 $T < T_b$에서 물방울의 반경 r이 어떤 값을 가질 때 $G' = 0$이 되며, 또 r이 이 값보다 커지면 G'는 급격히 음이 되어 자발적인 응축이 진행됨을 증명하라. 또 위 식에서 $\overline{G}_g \equiv 0$으로 두었음을 감안하면 물방울이 자발적 성장(즉 응축)이 이루어지기 위해서는 r값이 무엇 이상이 되어야 할까?

b) 만약 25℃에서 물의 $\gamma = 71.97 \times 10^{-3}\ \text{J/m}^2$, $\Delta\overline{H}_{vap} = 2443.3\ \text{J/g}$, $\rho_{H_2O} = 0.9970\ \text{g/cm}^3$일 때 물방울이 자발적으로 성장하기 위하여 반경 r이 무엇보다 커져야할까?

풀이

a) 식 (1)에서 구상 물방울의 반경을 r이라면 $V = \frac{4}{3}\pi r^3$, $A = 4\pi r^2$이므로 아래식이 성립된다.

$$G' = -\frac{4\pi}{3} r^3 \Delta\overline{H}_{vap}(1 - T/T_b) + 4\pi r^2 \gamma \tag{2}$$

식 (2)에서 응축조건인 $T < T_b$에서 $(1 - T/T_b) > 0$. 그리고 초기의 r값이 작으면 r^2항이 커져 $G' > 0$이 되나, 점점 r값이 커지면 r^3항이 커져 $G' < 0$이 된다. 이때 G'가 최대가 되는 $r_{\max}$를 구하기 위해 $(\partial G'/\partial r)_{r = r_{\max}} = 0$을 두면 아래가 된다.

$$\left(\frac{\partial G'}{\partial r}\right) = -4\pi r^2 \Delta\overline{H}_{vap}(1 - T/T_b) + 2(4\pi r)\gamma = 0$$

$$\therefore\ r_{\max} = \frac{2\gamma}{\Delta\overline{H}_{vap}(1 - T/T_b)} \tag{3}$$

여기서 G'의 2계도함수를 취하면 아래가 된다.

$$\frac{\partial^2 G}{\partial r^2} = -2(4\pi r)\Delta\overline{H}_{vap}(1 - T/T_b) + 2(4\pi)\gamma$$

따라서 $r = r_{\max}$에서는 $\left.\frac{\partial^2 G'}{\partial r^2}\right|_{r_{\max}} = 8\pi(-2\gamma + \gamma) = -8\pi\gamma$ (4)

식 (4)에서 $\left.\frac{\partial^2 G'}{\partial r^2}\right|_{r_{\max}} < 0$이 되므로 G'는 $r = r_{\max}$에서 극대값을 가진다(아래 그림 참조).

다음에는 $G' = 0$이 되는 r_0은 식 (2)에 $r = r_0$을 대입하고, $G' = 0$으로 두면 아래가 된다.

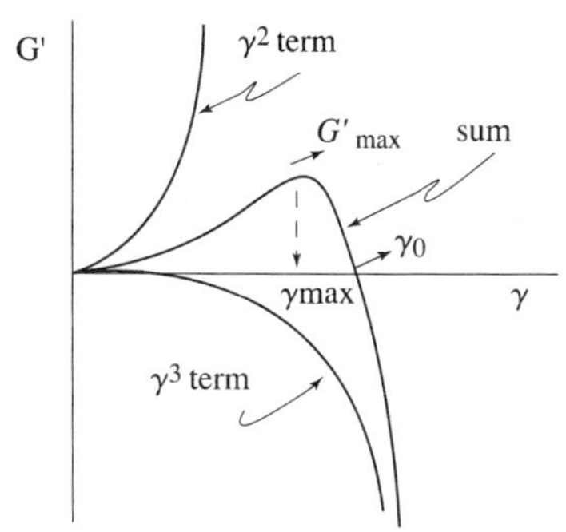

$$G' = 0 = -\frac{4\pi}{3} r_0^3 \Delta\overline{H}_{vap}(1 - T/T_b) + 4\pi r_0^2 \gamma$$

즉

$$r_0 = \frac{3\gamma}{\Delta\overline{H}_{vap}(1 - T/T_b)} \quad (5)$$

즉 $r > r_0$가 되어야 $G' < 0$이 되어 자발적인 응축(또는 자발적인 물방울의 성장)이 이루어진다.

b) $\Delta\overline{H}_{vap} = (2443.3\ \mathrm{J/g})(0.9970\ \mathrm{g/cm^3}) = 2436.0\ \mathrm{J/cm^3} = 2436.0 \times 10^6\ \mathrm{J/m^3}$

그리고

$$r_0 = \frac{3(71.97 \times 10^{-3}\ \mathrm{J/m^2})}{(2.4360 \times 10^9\ \mathrm{J/m^3})\left(1 - \dfrac{298.15}{373.15}\right)} = 4.41 \times 10^{-10}\ \mathrm{m} = 0.441\ \mathrm{nm}.$$

9. 9 아래는 평형융점 $T_m^\circ = 410\ \mathrm{K}$를 가진 분지형 폴리에틸렌(PE)의 여러 결정화 온도(T_c)에서의 구정의 등온 성장속도 $G(=\dot{r}$, 여기서 r은 구정의 반경)데이터이다. 이로부터 기핵성장에 관한 Lauritzen-Hoffman형 식 (9. 63b)에 따라 x축에 $(T_c\Delta T)^{-1}$, y축에 $\log G$의 (직선)플롯의 기울기로부터 기핵상수 K_g값을 추정하여 보아라. [단 $\Delta T(= T_m^o - T_c)$는 과냉각도임]

온도(K)	선형 성장속도($\mu\mathrm{m\ s^{-1}}$)
379.2	0.51
380.2	0.56
381.2	0.5
382.2	0.404
383.1	0.234
383.1	0.244
384.1	0.206
384.2	0.172
385.6	0.0919
386.2	0.07
387.2	0.0298
388.3	0.0278
389.3	0.0154
390.2	0.00926
391.1	0.0062
392.3	0.0029
393.2	0.000777

풀이

식 (9. 63b)의 양변에 자연대수 ln을 취하면 아래가 된다.

$$\ln G = \ln G_0 - K_g / T_c\Delta T \quad ①$$

그런데 $\ln G \fallingdotseq 2.303\log_{10} G$이므로 위 식은 아래가 된다.

$$\log_{10} G = \log_{10} G_0 - \frac{K_g}{2.303}(T_c\Delta T)^{-1} \quad ②$$

따라서 $\log_{10}G$ 대 $(T_c\Delta T)^{-1}$의 (직선)플롯을 행하면 기울기는 $-K_g/2.303$이 되므로 $K_g=$기울기$\times$(-2.303)에서 얻을 수 있다.

여기서 문제에 주어진 데이터를 이용하여 $\log_{10}G$ 대 $(T_c\Delta T)^{-1}$의 선형회귀분석에 의한 L-H 플롯을 한 결과를 아래 그림에 나타낸다.

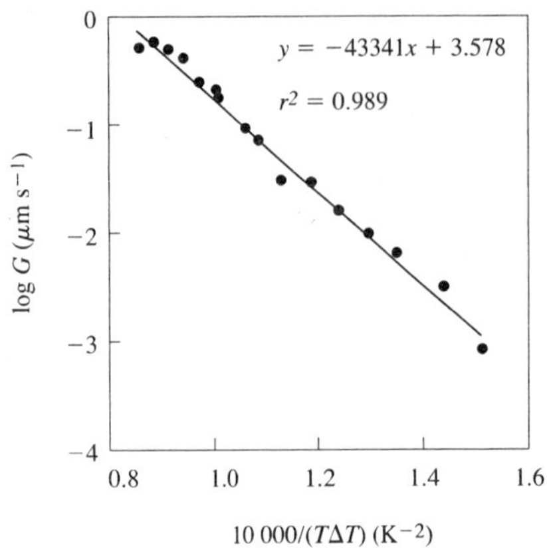

▶ **그림.** 평형융점 $T_m^\circ=410\,K$를 가진 분지형 PE의 결정화온도함수로서의 (log)선형성장속도의 L–H 플롯. 그림에서 r은 직선 상관계수임.

따라서 기핵상수 $K_g=2.303\times(-$기울기$)=2.303\times43341=99800\ K^2$을 얻는다.

9.10 아래 그림에 나타낸 데이터를 이용하여 Hoffman-Weeks 식 (9.86)으로부터 이소탁틱 폴리프로필렌(it-PP)의 평형 융점 $T_f^*(=T_m^\circ)$을 구하라.

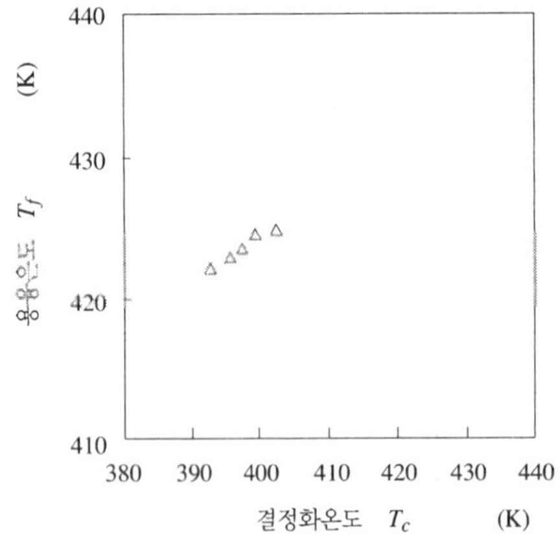

▶ **그림.** 여러 다른 온도에서 결정화된 온도에서 결정화된 (결정화도 5% 이내) it–PP의 용융피크온도(융점)

풀이

문제의 그림에 주어진 데이터를 이용하여 선형 회귀분석으로부터 직선을 구하고, $T_f=T_c$ 즉 직선 $y=x$와의 교점을 구하면 아래 그림에서 표시된 대로 H-W 식 (9.86)의 평형융점 $T_m^\circ(=T_f^*)=434\,K$를 얻는다.

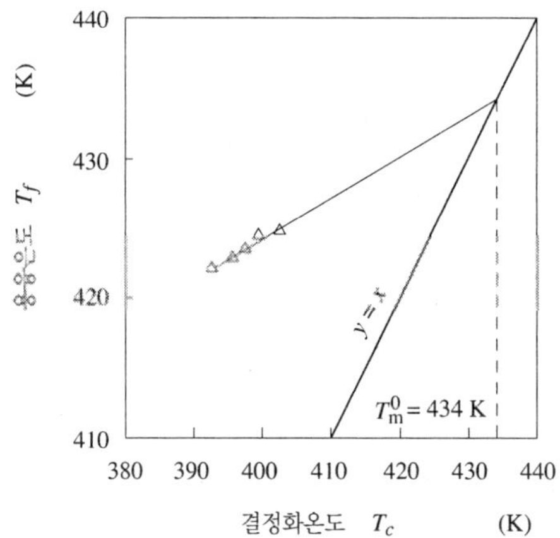

단 위 그림의 기울기에서 구한 H-W 식 (9. 86b)의 기울기 즉 안정도 파라미터 ϕ'값은 0.59이다.

9. 11 다음은 배향각도 ϕ의 평균에 관한 질문이다. 답하라.

a) 랜덤배향[즉 식 (9. 99)에서 $N(\phi) = 1$에 해당]의 경우 $\langle \cos^4\phi \rangle$값을 구하라.

b) 만약 일축배향시료에 있어서 전체 배향단위의 20%가 랜덤배향, 50%가 고정된 원추각 $\alpha = 30°$ 상의 배향, 그리고 나머지 30%가 완전(일축)배향이라면 이 시료의 $\langle \cos^4\phi \rangle$[단 ϕ는 원추(기계)축과 사슬(단위)축 사이의 각도]를 구하라.

c) 만약 배향분포함수 $N(\phi) = A(1+\cos\phi)$(단 A는 상수)의 형태일 때 이 배향분포의 Hermans 배향인자 $f_H = \langle P_2(\cos\phi) \rangle$를 구하라.

풀이

a) 식 (9. 99)에서 $N(\phi) = 1$을 대입하면 아래의 평균값을 얻는다(단 적분에서 $\cos\phi = x$로 두어 적분).

$$\langle \cos^4\phi \rangle = \frac{\int_0^{\frac{\pi}{2}} \cos^4\phi \sin\phi \, d\phi}{\int_0^{\frac{\pi}{2}} \sin\phi \, d\phi} = \frac{\int_0^1 x^4 dx}{\int_0^1 dx} = \frac{\frac{1}{5}}{1} = \frac{1}{5}$$

b) $\langle \cos^4\phi \rangle = 0.2 \times \frac{1}{5} + 0.5 \times \cos^4 30° + 0.3 \times 1 = 0.621$

c) 식 (9. 99)에 $N(\phi) = A(1+\cos\phi)$를 대입하면 아래를 얻는다(단 $\cos\phi = x$로 두어 적분).

$$f_H = \langle P_2(\cos\phi) \rangle = \frac{3\langle \cos^2\phi \rangle - 1}{2} = \frac{\int_0^{\frac{\pi}{2}} \left(\frac{3\cos^2\phi - 1}{2}\right) A(1+\cos\phi)\sin\phi \, d\phi}{\int_0^{\frac{\pi}{2}} A(1+\cos\phi)\sin\phi \, d\phi} =$$

$$\frac{\frac{1}{2}\int_0^1 (3x^2-1)(1+x)dx}{\int_0^1 (1+x)dx} = \frac{1}{2}\frac{\left[x^3+\frac{3}{4}x^4-x-\frac{x^2}{2}\right]\Big|_{x=0}^{x=1}}{\left(x+\frac{x^2}{2}\right)\Big|_{x=0}^{x=1}} = \frac{1}{2}\frac{\frac{1}{4}}{\frac{3}{2}} = \frac{1}{12}$$

9.12 일축배향된 시료에 대한 적외선 이색성(IR dichroism) 실험에서 천이 쌍극자 능률 μ가 고분자의 사슬축과 15°각도 (즉 그림 9.62에서 $\theta_M = 15°$)를 이룬다고 한다. 이때 입사 적외선 빔이 연신축과 평행하게 분극이 될 때 여기에 대응하는 일축배향 시료는 입사 적외선의 25%를 투과한다. 만약 시료의 복굴절 Δn가 완전히 배향된 시료에 대한 값(즉 $\Delta n_{\max}$)의 0.85배이라면 연신방향에 수직으로 분극된 적외선 빔에 대한 대응하는 투과도(%)를 구하여라.

풀이

문제에서 Hermans 배향인자 $f_H = \langle P_2(\cos\theta)\rangle = \frac{\Delta n}{\Delta n_{\max}} = 0.85$를 안다.

그리고 $\theta_M = 15°$이므로 $P_2(\cos\theta_M) = (3\cos^2 15° - 1)/2 = 0.8995$

그런데 식 (9.134)에서 $\langle P_2(\cos\theta_\mu)\rangle = \langle P_2(\cos\theta)\rangle P_2(\cos\theta_M) = 0.7646$

그런데 $\langle P_2(\cos\theta_\mu)\rangle = \frac{3\langle\cos^2\theta_\mu\rangle - 1}{2}$이므로 $\langle\cos^2\theta_\mu\rangle = [2\langle P_2(\cos\theta_\mu)\rangle + 1]/3 = 0.8431$

또 $A_\parallel = \log(I_0/I_\parallel) = \log(100/25) = 0.6021 = C\langle\cos^2\theta_\mu\rangle$

따라서 $C = 0.6021/\langle\cos^2\theta_\mu\rangle = 0.6021/0.8431 = 0.7142$

그리고 $A_\perp = \log(I_0/I_\perp) = \frac{1}{2}C\langle\sin^2\theta_\mu\rangle = \frac{1}{2}C(1-\langle\cos^2\theta_\mu\rangle) = 0.0560$

따라서 연신축에 수직인 방향으로의 적외선 투과도 $T = I_\perp/I_0 = 10^{-A_\perp} = 1/10^{0.056} = 0.88$

따라서 투과도는 88%이다.

9.13 만약 2축배향된 준정형 고분자의 얇은 필름 시료에 대하여 아래 표로 나타낸 바와 같이 그들의 사슬(단위)축에 대한 배향각 평균에 있어서 A, B 두 세트의 실험결과를 얻었다. 각 세트의 시료에 있어서 두 축 OX_1과 OX_3는 시료 필름면상에 있으며, 배향각도 θ_2 및 θ_3는 각각 주어진 특정 사슬 단위와 OX_2축 및 OX_3축사이의 각도를 의미한다. 이때 대응하는 배향분포를 정성적으로 이해하기 위하여 두 세트의 데이터를 모두 그림 9.65처럼 높이가 1인 정삼각형안에 플롯을 하고 간단히 설명하라.

Sample	A1	A2	A3	A4	B1	B2	B3	B4
$\langle \cos^2\theta_3 \rangle$	0.40	0.50	0.76	0.92	0.38	0.42	0.45	0.48
$\langle \cos^2\theta_2 \rangle$	0.30	0.25	0.12	0.04	0.24	0.16	0.10	0.04

풀이

결과를 오른편 그림에 나타내었다. 그림에서 □는 A세트시료, ○는 B세트시료를 나타낸다. A세트시료의 경우 $\langle \cos^2\theta_1 \rangle = \langle \cos^2\theta_2 \rangle$이고, B세트시료의 경우 $\langle \cos^2\theta_1 \rangle = \langle \cos^2\theta_3 \rangle$이다. 그림에서 보면 A세트시료의 배향분포는 OX_3축에 대해 (가까이) 일축배향된 사슬축을 가지며, 시료(필름)평면내에서는 사슬들이 어떤 특수한 배향을 갖지는 않는다. 반면 B세트시료는 필름면에 수직인 OX_2 축에 대해 멀리 (즉 $\langle \cos^2\theta_2 \rangle < \frac{1}{2}$) 일축배향되어 있으며, 사슬 축의 필름면상으로의 투영(projection)의 균일한 분포에 해당한다. 두 세트의 시료 모두 주어진 각각의 형태에서 중간정도로부터 꽤 높은 범위까지 배향된 분포를 나타낸다.

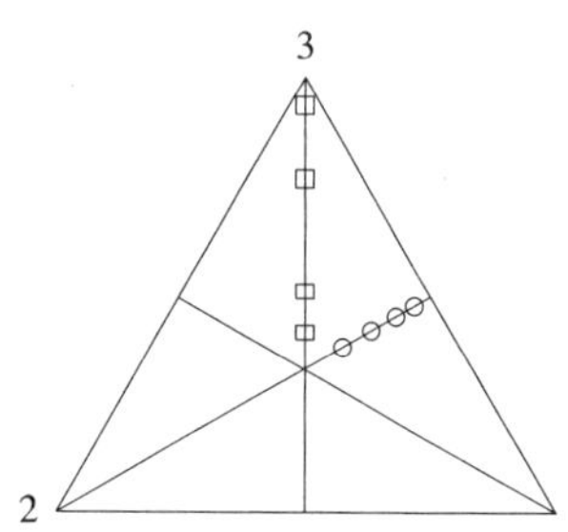

9. 14 어떤 준정형 고분자의 일축연신 시료에 대한 복굴절(Δn)과 연신비(λ)의 실험곡선에서 $\lambda < 3.5$인 경우 아핀(고무)변형모델이 적용됨을 알았다. 만약 $\lambda = 3.0$일 때 $\Delta n = 7.65 \times 10^{-3}$이라면 $\lambda = 1.5$일 때의 복굴절을 구하라. 그리고 만약 최대로 배향된 시료의 복굴절(즉 $\Delta n_{\max}$)이 0.045이라면 식 (9. 146)에서의 n값 즉 한 개의 (primary)사슬 내에 있는 유효 랜덤 결합(link)의 수는 얼마인가?

풀이

식 (9. 146)에서 첫 번째 항만 취하면(즉 가우스 탄성사슬에 유효) 아래 관계가 성립된다.

$$f_H (= \langle P_2(\cos\phi) \rangle) = \Delta n / \Delta n_{\max} \simeq [1/(5n)](\lambda^2 - 1/\lambda) \quad ①$$

여기서 n은 연신비에 무관하므로 아래를 얻는다.

$\Delta n_{1.5} = \Delta n_{3.0}(1.5^2 - 1/1.5)/(3^2 - 1/3) = 7.65 \times 10^{-3} \times 0.1826 = 1.4 \times 10^{-3}$

그리고 사슬당 유효 랜덤 링크의 수 n은 식 ①에서 $\lambda = 3$을 이용하면 아래를 얻는다.

$n = \Delta n_{\max} \times (\lambda^2 - 1/\lambda)/(5\Delta n) = 0.045 \times (3^2 - 1/3)/(5 \times 7.6 \times 10^{-3}) = 10.2$

9.15 Kevlar와 같은 액정고분자 섬유의 배향과 인장 탄성계수 E와의 관계는 아래식으로 잘 나타내진다.

$$\frac{1}{E}=\frac{1}{E_{max}}+\frac{\langle \sin^2\theta \rangle}{G} \tag{1}$$

여기서 G는 강성도(rigidity) 탄성계수로서 E와 함께 온도에 의존한다. 그리고 θ는 분자축과 방향자(director) 사이의 배향각이며, E_{max}는 얻을 수 있는 최대 인장탄성계수(이는 완전배향 즉 $\langle \theta \rangle = 0$일 때 해당)로서, $\langle \sin^2\theta \rangle$와 함께 온도에 무관한 항으로서 실험과 이론의 맞춤(fitting)에 의해 얻어지는 상수이다. 이때 랜덤 공폴리에스테르(copolyester) 액정섬유에 대해 두 다른 온도 T_1, T_2에서 행한 실험결과는 각각 $E_1 = 125$, $G_1 = 1.1$ 및 $E_2 = 62$, $G_2 = 0.28$이었다고 하면 식 (1)에서 E_{max}값을 구하고, 또 이 액정섬유의 질서(order) 파라미터 S(식 9.161)의 값도 구해보아라.

풀이

식 (1)에서 $\langle \sin^2\theta \rangle$항은($E_{max}$항과 함께) 온도에 무관하므로 두 온도 T_1, T_2에서의 E 및 G값을 대입하면 아래가 성립된다.

$$\left(\frac{1}{E_2}-\frac{1}{E_{max}}\right)\Big/\left(\frac{1}{E_1}-\frac{1}{E_{max}}\right)=\frac{G_1}{G_2} \tag{2}$$

그런데 여기서 $E_{max} = x$로 두어 x에 대해 풀면 아래가 된다.

$$x=\frac{E_1E_2(G_1-G_2)}{(E_2G_1-E_1G_2)} \tag{3}$$

식 (3)에 문제에서 주어진 E_i, $G_i(i=1,\ 2)$값들을 대입하면 아래를 얻는다.

$$x=E_{max}=\frac{125\times 62(1.1-0.28)}{(62\times 1.1-125\times 0.28)}=191\ \mathrm{GPa}$$

한편 식 (1)에서 (온도무관)$\langle \sin^2\theta \rangle$항에 대해 풀면(단 가령 온도 $T=T_1$ 가정)

$$\langle \sin^2\theta \rangle = G_1\left(\frac{1}{E_1}-\frac{1}{E_{max}}\right) \tag{4}$$

여기서 해당하는 파라미터의 값을 대입하면 아래를 얻는다.

$$\langle \sin^2\theta \rangle = 1.1\times\left(\frac{1}{125}-\frac{1}{191}\right)=0.00304$$

그런데 액정의 질서 파라미터 S는 식 (9.161)에서 아래가 된다.

$$S = \langle P_2(\cos\theta) \rangle = \frac{3\langle \cos^2\theta \rangle - 1}{2} = 1 - \frac{3}{2}\langle \sin^2\theta \rangle$$

여기에 $\langle \sin^2\theta \rangle$값을 대입하면 아래를 얻는다.

$$S = 1 - \frac{3}{2} \times 0.00304 = 0.995$$

A9. 1 역격자 벡터를 이용한 X-선 회절해석

A9. 1. 1 역격자 벡터의 정의

역공간(reciprocal space)은 파동을 이용하여 물질을 연구하는 분야에 항상 수반되는 공간의 개념이다. 앞에서 거론한 바와 같이 결정은 규칙적인 구조를 가지고 있고 결정면으로 이루어져 있다. 이러한 결정면들을 입체 투영에서와 같이 그 면에 수직한 벡터를 나타내는 점으로 표시할 때 편리할 때가 많다. 특히 파동(X-선, 전자, 중성자)이 결정에 의해 산란될 때 결정의 규칙성에 의해 역공간에서 나타나는 간섭의 중첩효과는 역격자점(reciprocal lattice point)으로 나타난다. 역격자의 개념은 Ewald가 처음 그 유용성을 제안하였고 실공간에 있는 물체가 파동과 반응하여 나타나는 회절현상은 Fourier에 의하여 수식으로 표현되었다. 지금 그림 9. 3에 나타낸 결정의 단위세포(unit cell)의 3격자벡터 $\boldsymbol{a}$, $\boldsymbol{b}$, $\boldsymbol{c}$를 여기서는 실공간의 기저벡터 $\boldsymbol{a}_1$, $\boldsymbol{b}_1$, $\boldsymbol{c}_1$로 나타내면 이에 대응하는 (오직)1쌍의 역공간의 기저벡터 $\boldsymbol{b}_1$, $\boldsymbol{b}_2$, $\boldsymbol{b}_3$가 아래와 같이 정의된다.

$$\boldsymbol{b}_1 = \frac{1}{V}(\boldsymbol{a}_2 \times \boldsymbol{a}_3) \tag{A9. 1a}$$

$$\boldsymbol{b}_2 = \frac{1}{V}(\boldsymbol{a}_3 \times \boldsymbol{a}_1) \tag{A9. 1b}$$

$$\boldsymbol{b}_3 = \frac{1}{V}(\boldsymbol{a}_1 \times \boldsymbol{a}_2) \tag{A9. 1c}$$

여기서

$$V \equiv \boldsymbol{a}_1 \cdot \boldsymbol{a}_2 \times \boldsymbol{a}_3 = 1/V^*(\equiv \boldsymbol{b}_1 \cdot \boldsymbol{b}_2 \times \boldsymbol{b}_3) \tag{A9. 2}$$

그런데 위 식에서 정의된 $\boldsymbol{b}_i(i = 1 \sim 3)$는 참고 4. 1에서 소개한 벡터의 내적 및 외적 정의에 의하여 아래의 관계를 만족한다.

$$\boldsymbol{a}_i \cdot \boldsymbol{b}_j = \delta_{ij} \qquad \text{(A9. 3)}$$

여기서 Kronecker-delta δ_{ij}는 $i = j$일 때 1이고, 기타 0인 기호이다. 또한 그림 9. 3에 정의된 축각 사이에도 아래 관계가 성립된다.

$$\angle(\boldsymbol{b}_1, \boldsymbol{b}_2) = \pi - \angle(\boldsymbol{a}_1, \boldsymbol{a}_2) \qquad \text{(A9. 4a)}$$

$$\angle(\boldsymbol{b}_2, \boldsymbol{b}_3) = \pi - \angle(\boldsymbol{a}_2, \boldsymbol{a}_3) \qquad \text{(A9. 4b)}$$

$$\angle(\boldsymbol{b}_3, \boldsymbol{b}_1) = \pi - \angle(\boldsymbol{a}_3, \boldsymbol{a}_1) \qquad \text{(A9. 4c)}$$

지금 실공간의 3기저벡터 $\boldsymbol{a}_1$, $\boldsymbol{a}_2$, $\boldsymbol{a}_3$를 격자벡터로 이용시 3축을 각각 $\boldsymbol{a}_1/h$, $\boldsymbol{a}_2/k$, $\boldsymbol{a}_3/l$로 끊는 Miller 면 (hkl)이 정해지면, Miller 지수 h, k, l을 역공간의 성분으로 하는 벡터 $\boldsymbol{H}_{hkl}$을 아래와 같이 정의한다.

$$\boldsymbol{H}_{hkl} \equiv h\boldsymbol{b}_1 + k\boldsymbol{b}_2 + l\boldsymbol{b}_3 \qquad \text{(A9. 5)}$$

이때 $\boldsymbol{H}_{hkl}$은 (hkl)면에 수직이고, 또 $|\boldsymbol{H}_{hkl}| = H_{hkl} = 1/d_{hkl}$이 성립된다.

증 명 그림 A9. 1의 ABC가 (hkl)조에서 원점에 가장 가까운 면의 일부라고 하자. 그러면 Miller 지수의 정의에서 원점에서 점 A, B, C까지의 벡터는 각각 $\overrightarrow{OA} = \boldsymbol{a}_1/h$, $\overrightarrow{OB} = \boldsymbol{a}_2/k$, $\overrightarrow{OC} = \boldsymbol{a}_3/l$이다. 벡터 $\overrightarrow{AB}$ 즉 A에서 B까지 잇고 면(hkl)상에 놓인 한 벡터를 생각해보자.

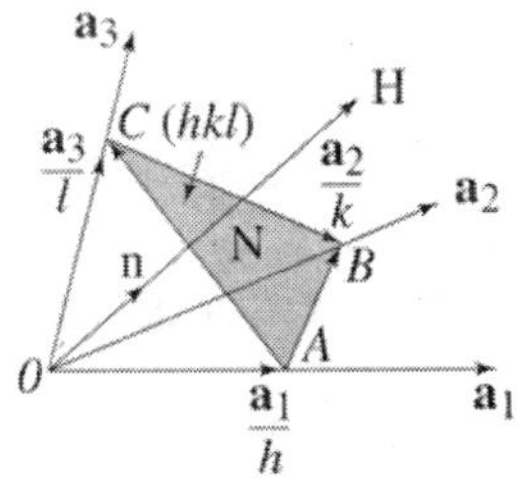

▶ 그림 A9. 1 역격자 벡터 H와 결정면 (hkl)의 관계.

$$\frac{\boldsymbol{a}_1}{h} + \overrightarrow{AB} = \frac{\boldsymbol{a}_2}{k}$$

이므로

$$\overrightarrow{AB} = \frac{\boldsymbol{a}_2}{k} - \frac{\boldsymbol{a}_1}{h}$$

$\boldsymbol{H}$와 $\overrightarrow{AB}$의 내적을 만들면,

$$\boldsymbol{H} \cdot \overrightarrow{AB} = (h\boldsymbol{b}_1 + k\boldsymbol{b}_2 + l\boldsymbol{b}_3) \cdot \left(\frac{\boldsymbol{a}_2}{k} - \frac{\boldsymbol{a}_1}{h}\right)$$

이 된다. 이 식을 (A9. 3)의 도움으로 계산하면,

$$\boldsymbol{H} \cdot \overrightarrow{AB} = 1 - 1 = 0$$

을 만든다. 이 내적은 영이므로 $\boldsymbol{H}$는 $\overrightarrow{AB}$에 수직하여야 한다. 비슷하게, $\boldsymbol{H}$는 $\overrightarrow{AC}$에 수직한 것을 보여줄 수 있다. $\boldsymbol{H}$는 면(hkl)에 있는 두 개의 벡터에 수직하므로, 그 면 자체에 수직하다.

H와 d 사이의 역관계를 증명하기 위해 $\boldsymbol{n}$을 $\boldsymbol{H}$의 방향에서, 즉 (hkl)에 수직한 단위 벡터라고 하자. 그러면

$$d = ON = \frac{\boldsymbol{a}_1}{h} \cdot \boldsymbol{n}$$

이지만,

$$\boldsymbol{n} = \frac{\boldsymbol{H}}{H}$$

이다. 그러므로

$$d = \frac{\boldsymbol{a}_1}{h} \cdot \frac{\boldsymbol{H}}{H} = \frac{\boldsymbol{a}_1}{h} \cdot \frac{(h\boldsymbol{b}_1 + k\boldsymbol{b}_2 + l\boldsymbol{b}_3)}{H} = \frac{1}{H}$$

가 된다. 따라서 식 (A9. 5)로 정의된 $\boldsymbol{H}_{hkl}$는 방향은 (hkl)면에 수직이고, 크기는 (hkl)면의 면두께의 역수 즉 $H_{hkl} = 1/d_{hkl}$가 성립됨이 증명되었다. ■

만약 면 (hkl)가 실수공간의 축이 $[uvw]$(방향지수)인 정대(면)(plane of zone)에 속한다면 면 (hkl)의 법선 즉 $\boldsymbol{H}$는 $[uvw]$에 수직이어야 한다. 이때 아래의 관계가 성립된다[단 방향 $[uvw]$는 (hkl)면에 평행한 정대축(zone axis)이다].

$$[uvw] \cdot \boldsymbol{H} = (u\boldsymbol{a}_1 + v\boldsymbol{a}_2 + w\boldsymbol{a}_3) \cdot (h\boldsymbol{b}_1 + k\boldsymbol{b}_2 + l\boldsymbol{b}_3) \tag{A9. 6}$$
$$= hu + kv + lw = 0$$

한편 역격자의 중대한 유용성은 회절 문제에 관계한다. 결정격자의 원점에 있는 원자 O에서 산란한 X선(그림 A9. 2)이 원점에 대하여 좌표가 $p\boldsymbol{a}_1$, $q\boldsymbol{a}_2$, $r\boldsymbol{a}_3$인 어떤 다른 원자 A에서 산란 X선에게서 어떻게 영향을 받는지를 고찰하자. 여기서 p, q, r은 정수이다. 따라서

$$\overrightarrow{OA} = p\boldsymbol{a}_1 + q\boldsymbol{a}_2 + r\boldsymbol{a}_3 \tag{A9. 7}$$

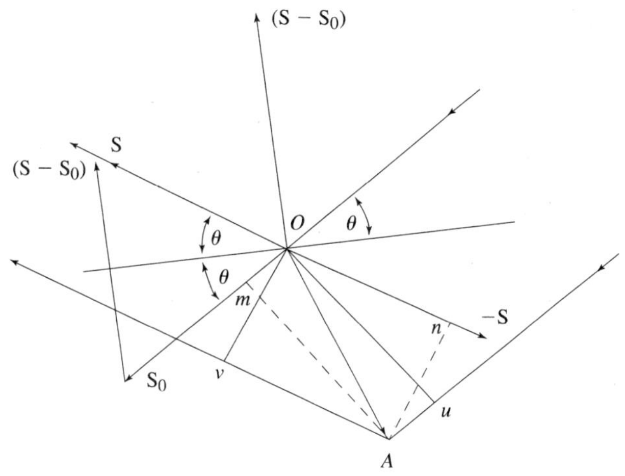

▶ **그림 A9. 2** 점 O와 A에 있는 원자가 일으키는 X–선 산란.

입사빔(incident beam)은 파장이 λ이라고 하고 입사빔과 회절빔은 각각 크기가 1인 단위벡터 $\boldsymbol{S}_0$와 $\boldsymbol{S}$로 나타낸다고 하자. $\boldsymbol{S}_0$, $\boldsymbol{S}$, $\overrightarrow{OA}$는 일반적으로 동일 평면 상에 있지 않는다[단 회절 전후의 진동수의 변화가 없는 탄성산란 가정]. 이때 입사파가 (hkl)면에 입사하여 상호작용 후 건설적(보강)간섭 즉 강한 회절피크를 나타내기 위한 소위 아래의 Laue 회절조건을 증명하자.

$$\frac{\boldsymbol{S} - \boldsymbol{S}_0}{\lambda} = \boldsymbol{H} = h\boldsymbol{b}_1 + k\boldsymbol{b}_2 + l\boldsymbol{b}_3 \tag{A9. 8}$$

$$\boldsymbol{a}_1 \cdot (\boldsymbol{S} - \boldsymbol{S}_0) = h\lambda \tag{A9. 9a}$$

$$\boldsymbol{a}_2 \cdot (\boldsymbol{S} - \boldsymbol{S}_0) = k\lambda \tag{A9. 9b}$$

$$\boldsymbol{a}_3 \cdot (\boldsymbol{S} - \boldsymbol{S}_0) = l\lambda \tag{A9. 9c}$$

증 명 원자 O와 A에서 산란한 X-선 사이의 위상차는 회절이 일어날 수 있는 조건을 결정한다(그림 6.8 참조). 그림 A9.2에서 광선 Ou와 Ov는 입사빔 $\boldsymbol{S}_0$와 산란빔 $\boldsymbol{S}$에 각각 수직한 파면(wave front)이다. δ는 O와 A에서 산란한 광선의 경로차라고 하자. 그러면

$$\delta = uA + Av = Om + On = \boldsymbol{S}_0 \cdot \overrightarrow{OA} + (-\boldsymbol{S}) \cdot \overrightarrow{OA} = -\overrightarrow{OA} \cdot (\boldsymbol{S} - \boldsymbol{S}_0)$$

해당 위상차(phase difference)는 라디안으로

$$\phi = \frac{2\pi\delta}{\lambda} = -2\pi\left(\frac{\boldsymbol{S} - \boldsymbol{S}_0}{\lambda}\right) \cdot \overrightarrow{OA} \qquad \text{(A9. 10)}$$

이다. 이제 회절은 벡터$(\boldsymbol{S} - \boldsymbol{S}_0)/\lambda$를 역격자공간에서 하나의 벡터로 표현하여

$$\frac{\boldsymbol{S} - \boldsymbol{S}_0}{\lambda} = h'\boldsymbol{b}_1 + k'\boldsymbol{b}_2 + l'\boldsymbol{b}_3$$

이라고 하자. 이 식은 역격자공간에서 하나의 벡터형이지만 이 시점에서 어떠한 특별한 의미가 변수 h', k', l'에 붙지 않는다. 이 변수는 연속적으로 변할 수 있고 정수나 비정수 어떠한 값도 취할 수 있다. 식 (A9. 10)은 이제

$$\phi = -2\pi(h'\boldsymbol{b}_1 + k'\boldsymbol{b}_2 + l'\boldsymbol{b}_3) \cdot (p\boldsymbol{a}_1 + q\boldsymbol{a}_2 + r\boldsymbol{a}_3) = -2\pi(h'p + k'q + l'r)$$

가 된다. 한 회절빔은 보강이 일어날 때만 생길 것이고 이런 일은 ϕ가 2π의 정수배이어야 하는 것을 요구한다. 또한 h', k', l'가 정수일 때만 일어날 수 있다. 그러므로 회절조건은 벡터$(\boldsymbol{S} - \boldsymbol{S}_0)/\lambda$가 역격자에서 한 점 상에서 끝나거나

$$\frac{\boldsymbol{S} - \boldsymbol{S}_0}{\lambda} = \boldsymbol{H} = h\boldsymbol{b}_1 + k\boldsymbol{b}_2 + l\boldsymbol{b}_3 \qquad \text{(A9. 11)}$$

인 것이다. 여기서 h, k, l은 정수로 제한한다.

Laue식과 Bragg법칙은 둘 다 식 (A9. 11)에서 유도할 수 있다. 전자는 식의 어느 한 변과 세 개의 결정격자 벡터 $\boldsymbol{a}_1$, $\boldsymbol{a}_2$, $\boldsymbol{a}_3$를 연속하여 내적을 만들어서 얻는다. 예를 들면,

$$\boldsymbol{a}_1 \cdot \left(\frac{\boldsymbol{S} - \boldsymbol{S}_0}{\lambda}\right) = \boldsymbol{a}_1 \cdot (h\boldsymbol{b}_1 + k\boldsymbol{b}_2 + l\boldsymbol{b}_3) = h \qquad \text{(A9. 12)}$$

혹은

$$\mathbf{a}_1 \cdot (\mathbf{S} - \mathbf{S}_0) = h\lambda \tag{A9. 13}$$

비슷하게

$$\mathbf{a}_2 \cdot (\mathbf{S} - \mathbf{S}_0) = k\lambda \tag{A9. 14}$$

$$\mathbf{a}_3 \cdot (\mathbf{S} - \mathbf{S}_0) = l\lambda \tag{A9. 15}$$

식 (A9. 12)-(A9. 15)가 (보강)회절에 관한 Laue법칙이다.

한편 그림 A9. 2에서 보인 것처럼, 벡터 $(\mathbf{S} - \mathbf{S}_0)$는 입사빔 $\mathbf{S}_0$와 회절빔 $\mathbf{S}$ 사이의 각을 이등분한다. 사실 식 (A9. 11)은 $(\mathbf{S} - \mathbf{S}_0)$가 $\mathbf{H}$에 평행하고, 이것은 교대로 면 (hkl)에 수직하다는 것을 나타낸다. θ를 $\mathbf{S}$(혹은 $\mathbf{S}_0$)와 이 면 사이의 각이라고 하자. 그러면 $\mathbf{S}$와 $\mathbf{S}_0$는 단위벡터이므로, 크기로 나타내면 아래가 된다.

$$(S - S_0) = 2\sin\theta$$

이를 식 (A9. 11)에 대입하고, $|\mathbf{H}_{hkl}| = H_{hkl} = 1/d_{hkl}$을 이용하면 아래와 같이 Bragg 회절공식(식 9. 6)을 얻는다.

$$\frac{2\sin\theta}{\lambda} = \frac{S - S_0}{\lambda} = H = \frac{1}{d}, \quad \text{혹은}\ \lambda = 2d\sin\theta \tag{A9. 16}$$ ■

한편 식 (A9. 11)로 표현하는 회절을 위한 조건은 도해로 그림 A9. 3에서 보인 것처럼 'Ewald 작도'로 보일 수 있다. 벡터 $\mathbf{S}_0/\lambda$를 입사빔에 평행하고 길이에서 $1/\lambda$로 그린다. 이 벡터의 끝점 O를 역격자의 원점으로 잡아서, 벡터 $\mathbf{S}_0/\lambda$와 같은 축척으로 그린다. 반경 $1/\lambda$의 구를 입사빔 벡터의 시작점인 C를 중심으로 그린다. 그러면 (hkl)면에서 회절을 위한 조건은 역격자에서 점 hkl(그림 A9. 3에서 점 P)은 구의 표면을 접촉하고 회절빔 벡터 $\mathbf{S}/\lambda$의 방향은 C와 P를 연결하여 나온다. 이 조건을 이룰 때, 벡터 $\overrightarrow{OP}$는 $\mathbf{H}_{hkl}$과 $(\mathbf{S} - \mathbf{S}_0)/\lambda$의 양쪽과 같고, 따라서 식 (A9. 11)을 만족한다. 회절은 C 주위로 그린 구의 표면에 닿는 역격자 점에 달려 있으므로, 이 구는 '반사구'로 알려져 있으나 반사가 아닌 회절이 일어나기 때문에, 'Ewald구'로 부르는 것이 아마 더 좋을 것이다.

p, q, r이 정수이다 라는 처음 가정은 세포의 모서리에 위치하여 세포당 한 원자만이 있는 것 외에 모든 결정을 외견상 제외한다. 만일 단위세포가 한 개보다 많은 원자를 포함한다면, 원점에서 '임의의 원자'까지 벡터 $\overrightarrow{OA}$는 좌표가 비정수일 수 있다. 하지만 단위세포에서 이런 추가 원자의 존재는 회절빔의 방향이 아닌 강도에만 영향을 주고 Ewald 작도로 예측하는 것은 회절 방향뿐이다.

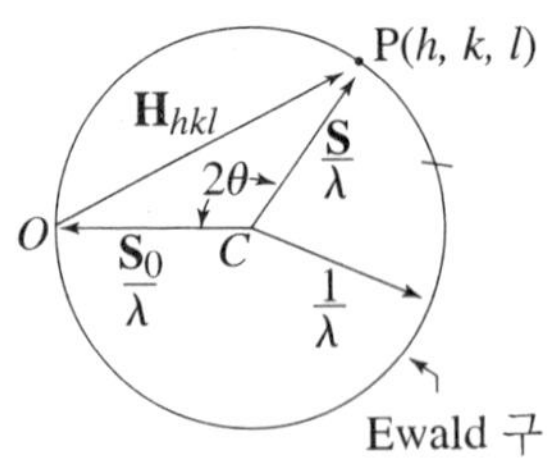

▶ **그림 A9. 3** Ewald작도. 입사빔과 회절빔 벡터를 포함하는 Ewald구를 지나는 단면

다른 방식으로 말하면, 역격자는 결정격자의 단위세포의 모양과 크기에만 의존하며 그 세포 내에서 원자의 배열에 결코 의존하지 않는다. 만일 원자 배열을 고려한다면, 각각의 역격자 점 hkl은 연루한 특별한 (hkl)면의 산란능$(=|F|^2$, 여기서 F는 구조인자이다)의 적절한 값으로 가중치를 받아야한다. 상쇄간섭은 일부의 (hkl)은 산란능이 영이다는 것을 말하고, 따라서 고찰에서 일부의 역격자 점을, 즉 체심결정$(body-centered\ cube, bcc)$에 대해 $(h+k+l)$이 값이 홀수인 역격자 점을 모두 제거한다.

X-선 회절의 보통 방법은 역격자점을 Ewald구의 표면에 접촉하게 가져오는데 사용하는 방법으로 나뉜다. 구의 반경은 입사 파장을 다르게 하여 변하게 하거나(Laue법) 역격자의 위치를 결정의 방위를 다르게 하여 변하게 할 수 있다(회전결정법과 분말법).

회전 결정법의 경우에는, 단색 방사선이 결정축의 주위로 회전하는 단결정에 입사할 때 회절빔은 축이 회전축과 같은 가상적인 원추의 표면에 놓임을 이용한다. 또한 분말법의 경우에는 개개의 결정들이 한 분말 시편에서 무질서하게 배향을 하는 것은 하나의 단결정이 모든 가능한 축 주위로 X선에 노출하는 동안 회전하는 것과 등가인 원리를 이용한다. 그러나 자세한 설명은 생략하겠다.

제 **10** 장

고분자의 표면 및 계면

고분자의 표면(surface) 및 계면(interface)성질은 플라스틱, 탄성체, 필름, 섬유, 코팅 및 접착제의 과학과 기술에 있어서 매우 중요하다. 고분자 블랜드 및 복합재료, 적층판(laminates), 코팅 및 접착제와 같은 많은 고분자물질은 한 개 이상의 계면을 포함하는 다상(multi-phase)구조를 가진다. 이들 물질의 물리적 및 기계적 성질은 계면의 구조와 강도에 의해 크게 영향을 받는다. 이를 이해하기 위하여 계면이 어떻게 형성되며, 형성된 계면의 물리적 및 화학구조 나아가 계면이 어떻게 다상구조 물질의 기계적 성질을 제어하는가에 대해 알 필요가 있다. 사실 계면이란 인접한 상(phase)들의 계면흐름(interfacial flow), 고분자 분절들의 상호확산(interdiffusion) 및 계면간 화학결합 등에 의해 형성된 일정두께를 가진 지역(region)으로 정의된다. 여기서 형성된 계면구조의 예리함(sharpness), 화학적 조성 및 분자간 인력의 크기 등이 계면구조의 기계적 강도(접착강도나 파괴강도 등)를 결정하게 된다.

이 장에서는 표면 및 계면의 열역학, 고분자액체(용융물) 및 고체의 표면 및 계면장력 측정법과 이론, 등온 흡착(기상-고상, 액상-고상 등) 등 기기분석에 의한 표면 및 계면구조의 특성결정, 접착강도, 콜로이드와 계면활성제등에 대하여 논하기로 한다.

10. 1 표면 및 계면현상의 복습

10. 1. 1 액체의 표면장력의 정의 및 측정

액체의 표면장력(surface tension)이 늘어나게 되면 내부영역에 있는 분자들은 외부로 나오게 된다. 이 분자들과 인접 분자들 사이의 상호인력을 없애주기 위해서 일이 필요하게 된다. 이 과정은 액체의 증발과 흡사하다. 그러나 증발에서는 그 분자들이 완전히 그 액체로부터 제거되지만, 표면층에 있는 분자들은 여전히 증기상의 방향을 제외하고는 내부로부터 강한 인력의 영향하에 있게 된다(그림 10. 1). 즉 액체의 내부분자는 짧은 거리 내에서 인접분자와 일정한 결합력을 유지하며 그 상태가 균형을 이루고 있는 반면 표면층의 분자는 불균형 상태를 이루며 내부로 끌리게 된다. 이와 같은 불균형 인력은 같은 부피에서 최소 표면적을 가진 구형으로 되고자 한다. 여기서 액체의 표면장력(γ)은 등온, 등압에서 평형(가역)상태에 있는 액체를 팽창시키는데 필요한 단위면적당 Gibbs 자유에너지 또는 단위표면적을 형성하는데 필요한 가역적인 일로 정의될 수 있다[즉 γ의 단위는 $N \cdot m^{-1}$임].

$$\gamma \equiv (\partial G/\partial A)_{T,P} \quad \text{혹은} \quad dG_{T,P} = \gamma dA \tag{10. 1}$$

여기서 A는 액체의 표면적(5장에 소개된 Helmholtz 자유에너지와 혼동해서는 안됨)이다. 그런데 식 (5. 8)과의 비교에서 δw_e(non-PV 일) $= -\gamma dA$임을 알 수 있으므로, γ는 등온, 등압(평형)에서 액체의 단위 표면적을 형성(팽창)하는데 필요한 non-PV 일로 간주될 수 있다. 즉 γ가 큰 액체는 작은 액체에 비하여 물체(고체)에 닿으면 구형이 되려는 경향이 크며, 반대로 일단 고체표면에 접착(wetting)된 액체는 표면을 펴기(즉 팽창시키기) 어렵다. γ를 종종 액체의 '표면자유에너지'라고 부르기도 하며, 또한 액체에 친수기, 소수기를 동시에 가진 비누와 같은 계면활성제(surface active agent)를 첨가하여 표면장력을 낮추게 되면 표면이 활성화되었다고 한다. 또한 고분자복합재료 가령 표면장력을 달리하는 두 성분 고분자의 혼합물인 고분자 블랜드의 경우 표면장력이 낮은(보다 소수성인) 성분이 표면층(대기는 소수성으로 간주)으로 석출되려는 경향이 커서, 내부(벌크)상의 조성과 표면층의 조성이 달라지게 된다(뒤 참조).

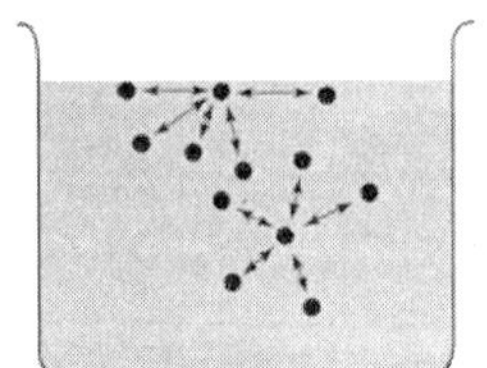

▶ **그림 10. 1** 액체의 내부분자와 표면분자에 대한 분자간 상호작용(인력)의 모식도.

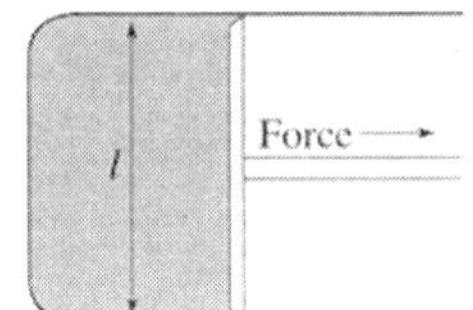

▶ **그림 10. 2** 비누 필름을 지지하고 있는 루프상 철선(wire) 피스톤.

액체의 표면장력은 그림 10. 2를 참조하여 정의될 수도 있다. 즉 그림에서 루프상 철선에 의해 지지되고 있는 비누(soap)필름(혹은 두께 l의 액체층)을 잡아당기는데 필요한 힘 f는 피스톤의 길이 l에 비례한다. 이때 액체(비누)필름의 표면은 2개 있으므로, 필름의 전체길이는 $2l$이 되어 아래 식을 만족한다.

$$f = \gamma(2l) \tag{10. 2}$$

이때 비례상수가 액체(필름)의 표면장력 γ로서, 단위길이의 표면에 의해 발휘된 힘으로 간주될 수 있다. 그림 10. 2에서 철선 피스톤을 거리 dx만큼 움직여 액체표면을 팽창시키는데 요구되는 기계적 일은 fdx(혹은 $2l\gamma dx$)이다. 이때 증가된 새(미소) 표면의 면적은 $2ldx$이므로 아래의 관계가 성립된다.

$$\frac{(\text{미소})\text{ 기계적 에너지}}{\text{표면적의 변화}}\left(\simeq \frac{\delta w}{dA}\right)= \frac{2l\gamma dx}{2ldx}= \gamma \tag{10. 3}$$

즉 이는 표면장력이 액체의 단위표면적을 증가시키는데 필요한 기계적 에너지임을 의미하며, 또한 식 (10. 1)의 두 번째 관계에서 표면장력은 액체의 표면적을 감소($dA < 0$)시켜 자발적인 과정에 대한 요구조건인 계의 Gibbs 자유에너지를 감소($dG < 0$)시키려는 경향을 나타낸다. 겨울에 눈이 올 때 큰(둥근) 눈덩이로 쉽게 뭉쳐지는 것은 (같은 부피에서)표면적을 줄여 Gibbs 자유에너지를 최소화하려는 경향 때문이다.

액체 표면은 분자규모로 볼 때 액체내부로 이동하는 것과 표면으로 이동하는 것이 혼재하기 때문에 매우 혼란된 상태이다. 상온에서 표면상 액체분자가 존재하는 평균 존재시간은 대략 10^{-6} 초 정도로 알려져 있다.

액체의 표면장력 측정법으로서 정적(모세관 상승법), 분리(Wilhelmy 평판법, 고리법), 그리고 동적인 방법(적중법) 등이 사용된다(그림 10. 3 참조). 오염물질이 없는 상태에서 주의 깊게 실험하면 표면장력은 $0.01 \sim 0.1\ \text{mN/m}$의 정확도로 측정할 수 있다.

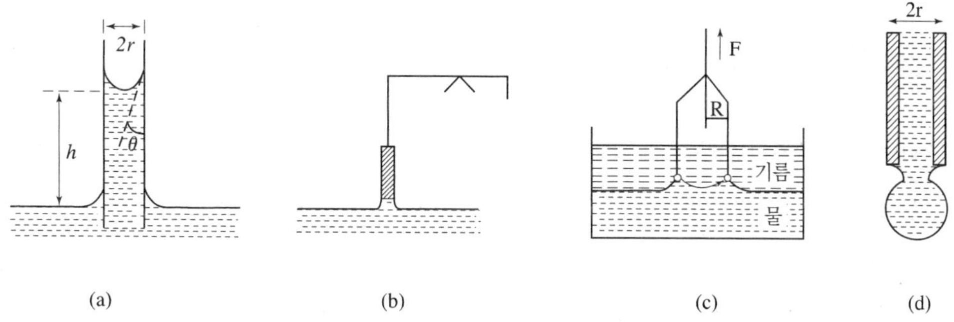

▶ **그림 10. 3** 각종 표면장력 측정 방법: (a) 모세관 상승법, (b) Wilhelmy 평판법, (c) 고리법, (d) 적중법

① 모세관 상승(capillary rise)방법: 반경 r인 모세관에 상승하는 액체기둥의 (평형)높이 h와 기둥에 접하는 접촉각 θ의 항으로 액체의 표면장력 γ는 아래와 같이 나타내진다(그림 10. 3 (a)).

$$\gamma= \frac{rh\Delta\rho g}{2\cos\theta} \tag{10. 4}$$

여기서 $\Delta\rho= \rho_2 - \rho_1$(여기서 ρ_1 및 ρ_2는 각각 공기(액체 증기)와 액체의 밀도임)이고, g는 중력의 가속도이다.

증 명 모세관이 유리인 경우 물처럼 관을 적시는(접촉각 $\theta < \frac{\pi}{2}$) 액체에 대해서는 모세관 내의 압력을 바깥 대기압 P_0에 비해 표면장력에 의하여 압력이 감소되므로 처음에는 모세관 내 액체가 상승하다가 어느 높이(h)만큼 올라가면 표면장력에 의한 상승힘과 중력(mg)에 의한 하강힘의 밸런스가 이루어지는(즉 힘의 합이 0이 됨) 평형상태에 도달하게 되어 아래식이 성립된다.

$$2\pi r\gamma\cos\theta = m_{eff}\, g\left[= \pi r^2 h\Delta\rho g\right] \tag{10. 5}$$

왼편은 액체의 표면장력에 의한 수직 상승력을 나타내고, 오른편의 중력항 $m_{eff}\, g$에서 $m_{eff} = m(1-\rho_1/\rho_2) = V_2(\rho_2-\rho_1) = \pi r^2 h\Delta\rho$는 대기(증기)에 의한 부력의 효과를 고려한 유효질량이다. 따라서 식 (10. 5)에서 표면장력 γ에 관한 식 (10. 4)가 얻어진다. ■

만약 수은(Hg)처럼 (유리)모세관을 적시지 않는 액체(즉 $\theta > \pi/2$)의 경우(즉 응집력이 부착력보다 큰 경우)에는 식 (10. 4)에서 $\cos\theta < 0$이 되어 역시 $h < 0(\because \gamma > 0)$되어 모세관 상승대신 하강이 일어난다.

예제 10.1

식 (10. 4)에서 증기의 밀도 ρ_1을 무시(즉 $\rho_1 \ll \rho_2$)하고, 접촉각 $\theta \simeq 0$을 간주했을 때, 밀도 ρ_0, 표면장력 γ_0인 액체의 모세관 상승높이 h_0와 밀도 ρ, 표면장력 γ인 액체의 모세관 상승높이 h사이에는 아래가 성립된다.

$$\frac{\gamma}{\gamma_0} = \frac{\rho h}{\rho_0 h_0} \tag{10. 6}$$

이로부터 20℃에서 물의 밀도 $\rho_0 = 0.998\ \mathrm{g\cdot cm^{-3}}$, $\gamma_0 = 72.75\times10^{-3}\ \mathrm{N\cdot m^{-1}}$, $h_0 = 11.40$ cm라면 같은 온도에서 밀도 $\rho = 1.432\ \mathrm{gcm^{-3}}$, 모세관 상승높이 $h = 2.86$ cm를 가진 클로로포름($CHCl_3$)의 표면장력 γ를 구하라.

풀이 $\gamma(\mathrm{CHCl_3}) = \gamma_0 \times \dfrac{\rho h}{\rho_0 h_0} = (72.75\times10^{-3}\ \mathrm{N\cdot m^{-1}})\dfrac{(1.4832\ \mathrm{g\cdot cm^{-3}})(2.86\ \mathrm{cm})}{(0.998\ \mathrm{g\cdot cm^{-3}})(11.40\ \mathrm{cm})}$

$= 27.1\times10^{-3}\ \mathrm{N\cdot m^{-1}}$

② Wilhelmy 평판법(plate method): 길이 l, 두께 t를 갖는 직사각형의 단면으로 된 얇은 운모로 된 판이나 현미경 슬라이드를 저울 한쪽 추에 늘어뜨려 액체에 침지시킨다. 액체에 수직으로 접하게 하면 액체와 판이 이루는 접촉각이 θ가 되고 수직방향의 잡아당기는 힘이 $\gamma\cos\theta$과 둘레 길이의 곱으로 나타내어진다. 즉, 판의 무게가 w이고 분리점에서 측정되는 무게가 w'이면 다음과 같은 식을 얻는다(그림 10. 3 (b)).

$$w' - w = P\gamma\cos\theta - F_b \tag{10. 7}$$

이때 $P = 2(l+t)$(여기서 l 및 t는 각각 판의 길이 및 두께임)이며, F_b는 부력이다. 실제 측정 시 w와 F_b는 상수로 간주한다(문 10. 2 참조).

③ 고리법(ring method): 계면에서 고리를 분리하는데 요구되는 힘을 측정하는 과정에서 표면장력을 구하는 방법이다(일명 du Noüy 표면장력계 법이라고도 함). 분리에 필요한 힘은 다음과 같이 나타낼 수 있다(그림 10. 3 (c)).

$$\gamma = \frac{\beta F}{4\pi R} \tag{10. 8}$$

이때 F는 고리를 끌어당기는 힘, R은 고리의 평균반경, 그리고 β는 보정인자이다. 보정인자 β는 고리의 크기와 계면의 성질에 좌우되며, 다음과 같이 계산되어진다.

$$(\beta - a) = \frac{4b}{\pi^2} \cdot \frac{1}{R^2} \cdot \frac{F}{4\pi R(\rho_1 - \rho_2)} + c \tag{10. 9}$$

이때 ρ_1과 ρ_2는 아래와 위 액체상의 밀도, a는 0.7250, b는 0.09075 $\mathrm{m^{-1}s^2}$, c는 $(0.04534 - 1.679\ r/R)$, 그리고 r은 고리의 반경이다.

예제 10.2

25℃ 에서 사염화탄소(CCl_4)의 표면장력을 du Noüy 표면장력계를 사용한 고리법(식 10. 8)으로부터 측정하였다. 이때 고리의 평균반경 $R = 5.03\ \mathrm{cm}$, 고리에 붙어있는 액체의 표면을 파괴하는데 요구되는 힘 $F = 17.7 \times 10^{-3}\ \mathrm{N}$이었다면 사염화탄소의 표면장력($\gamma$)은 얼마인가? 단 보정인자 $\beta = 0.953$을 이용하여라.

풀이 식 (10. 8)에 해당 값들을 대입하면 아래를 얻는다.

$$\gamma = \frac{(17.7 \times 10^{-3}\ \mathrm{N})(0.953)}{4\pi(5.03 \times 10^{-2}\ \mathrm{m})} = 2.67 \times 10^{-2}\ \mathrm{N \cdot m^{-1}}$$

④ 적중법(drop-volume method): 모세관에 매달려 있는 액적이 분리될 때의 부피나 무게를 측정하는 방법에 의해서도 액체의 표면장력을 측정할 수 있다. 분리된 액적의 부피(또는 무게)와 표면장력의 관계는 다음과 같다(그림 10. 3 (d)).

$$\gamma = \frac{\phi mg}{2\pi r} = \frac{\phi V\rho g}{2\pi r} \tag{10. 10}$$

이때 m은 액적의 질량, V는 액적의 부피, ρ는 액체의 밀도, r은 모세관의 반경, 그리고 ϕ는 보정인자이다. 식 (10. 10)의 보정인자는 액적이 분리 시 끝부분이 완벽한 구의 상태로 분리되지 않는 점, 표면장력 성분이 완벽하게 직각이 아닌 점, 곡면에서 압력차가 존재하는 점 등으로 인한 것이다. 보정인자 ϕ는 r/V^3의 비에 의존하는데 0.6~1.2의 값을 갖는다.

예제 10.3

물의 표면장력을 적중법(식 10. 10)으로부터 구하였는데, 이때 모세관으로부터 액적(liquid drop) 100방울을 모아서 무게를 달았더니 질량 $m = 2.53\,\mathrm{g}$ 이었다. 이때 모세관의 반경 $r = 8.78\times10^{-2}\,\mathrm{cm}$ 및 보정인자 $\phi = 1.6694$를 이용하여 물의 표면장력 γ_{H_2O}를 구하여라.

풀이 식 (10. 10)의 첫 번째 항등관계에서 해당 값들을 대입하면 아래를 얻는다.

$$\gamma_{H_2O} = \frac{(2.53\times10^{-2}\,\mathrm{g})[(10^{-3}\,\mathrm{kg})/(1\,\mathrm{g})](9.81\,\mathrm{m\cdot s^{-2}})(0.2657)[(1\,\mathrm{N})/(1\,\mathrm{kg\cdot m\cdot s^{-2}})]}{(8.78\times10^{-2}\,\mathrm{cm})[(10^{-2}\,\mathrm{m})/(1\,\mathrm{cm})]}$$

$$= 7.51\times10^{-2}\,\mathrm{N\cdot m^{-1}}$$

10. 1. 2 계면 열역학

지금 두 성분 1 및 2로 이루어진 두 개의 균일한 벌크상 α 및 β가 두께 t인 한 개의 계면상 σ로 분리되어 있다고 하자(그림 10. 4 참조). 지금 Gibbs의 상법칙(phase rule) $f = C - P + 2$[여기서 C는 독립성분의 수, P는 평형공존 상의 수, f는 전체 자유도(혹은 세기변수)의 수]에서의 평형조건은 전 상에서의 각 성분 i의 화학퍼텐셜 $\mu_i (= \overline{G}_i$, 부분몰 Gibbs에너지)는 모두 같음을 상기하면(5장 참조) 아래가 된다.

$$\mu_1^\alpha = \mu_1^\beta = \mu_1^\sigma = \mu_1 \tag{10. 11a}$$

$$\mu_2^{\alpha} = \mu_2^{\beta} = \mu_2^{\sigma} = \mu_2 \tag{10. 11b}$$

그런데 2성분계의 가역(미소)과정에 대한 (균일)벌크상 $j(=\alpha, \beta)$의 Gibbs 자유에너지 변화는 식 (5. 65)에서 아래가 된다.

$$dG^j = -S^j dT + V^j dP + \mu_1 dn_1^j + \mu_2 dn_2^j \qquad (j = \alpha, \beta) \tag{10. 12}$$

그리고 계면상 σ의 경우에는 계면(표면)적의 존재로 인한 계변(표면)장력항의 추가가 필요(식 10. 1)하므로 아래식이 성립된다.

$$dG^{\sigma} = -S^{\sigma} dT + V^{\sigma} dP + \gamma dA + \mu_1 dn_1^{\sigma} + \mu_2 dn_2^{\sigma} \tag{10. 13}$$

[비고: 위 식에서 G는 상태함수이므로 성질(참고 5. 1)에서 $\gamma = \left(\partial G^{\sigma}/\partial A\right)_{T,P,n}$ 즉 식 (10. 1)이 얻어진다.]

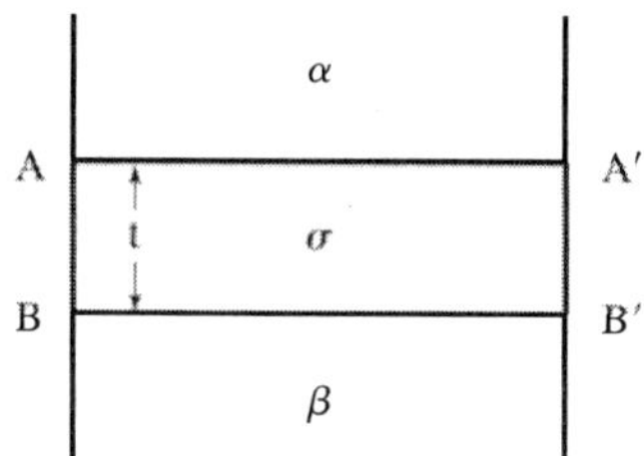

▶ **그림 10. 4** 계면에 대한 Gugginheim의 모델.

그런데 Euler 동차함수의 정의(부록 5. 2)에서 T, P는 세기(intensive)변수, 몰수 n 및 표면적 A는 크기(extensive)변수, 그리고 Gibbs에너지 G는 1차($h=1$) 동차함수이므로 식 (A5. 21)로부터 식 (10. 12) 및 (10. 13)의 적분형태는 각각 아래가 된다.

$$G^j = n_1^j \mu_1 + n_2^j \mu_2 \qquad (j = \alpha, \beta) \tag{10. 14}$$

$$G^{\sigma} = \gamma A + n_1^{\sigma} \mu_1 + n_2^{\sigma} \mu_2 \tag{10. 15}$$

여기서 식 (10. 15)의 양변을 계면적 A로 나누면 아래식을 얻는다.

$$\gamma = g^{\sigma} - (\Gamma_1 \mu_1 + \Gamma_2 \mu_2) \tag{10. 16}$$

여기서 $g^{\sigma}(=G^{\sigma}/A)$는 단위면적당 비(specific) 계면 자유에너지이고, $\Gamma_i\left[=n_i^{\sigma}/A\right.$, 여기서 $n_i^{\sigma} = n_i - n_i^{\alpha} - n_i^{\beta}$임]는 각 $i(=1, 2)$성분의 계면농도이다. 식 (10. 16)은 표면(계면)장력 γ가 단

위면적당 전체 G에서 각 성분의 항을 뺀 후 남는 소위 '비 잉여(또는 과잉) 표면자유에너지 (specific excess surface free energy)' $\Delta g^\sigma [= g^\sigma - (\Gamma_1\mu_1 + \Gamma_2\mu_2)]$에 해당됨을 말해준다.

한편 벌크상 및 계면상에 대한 Gibbs 자유에너지의 Gibbs-Duhem 식(식 5. 57 참조)은 각각 식 (10. 14)의 전미분을 식 (10. 12)와 그리고 식 (10. 15)의 전미분을 식 (10. 13)과 같이 둠으로써 아래와 같이 얻어진다.

$$S^j dT - V^j dP + n_1^j d\mu_1 + n_2^j d\mu_2 = 0 \qquad (j = \alpha, \beta) \tag{10. 17}$$

$$S^\sigma dT - V^\sigma dP + A d\gamma + n_1^\sigma d\mu_1 + n_2^\sigma d\mu_2 = 0 \tag{10. 18}$$

여기서 또 식 (10. 16)을 얻을 때와 마찬가지로 식 (10. 18)의 양변을 계면적 A로 나누면 아래를 얻는다.

$$s^\sigma dT - v^\sigma dP + d\gamma + \Gamma_1 d\mu_1 + \Gamma_2 d\mu_2 = 0 \tag{10. 19}$$

여기서 $s^\sigma(= S^\sigma/A)$ 및 $v^\sigma(= V^\sigma/A)$는 각각 단위면적당 비(specific) 계면 엔트로피 및 부피이다. 이 식에서 등온, 등압의 조건을 취하면 아래의 잘 알려진 'Gibbs 흡착등온(adsorption isotherm) 식'을 얻는다.

$$-d\gamma = \Gamma_1 d\mu_1 + \Gamma_2 d\mu_2 \tag{10. 20}$$

한편 식 (10. 19)의 양변을 $\frac{d}{dT}\left[= \left(\frac{\partial}{\partial T}\right)_{P,n,A}\right]$ 연산자를 취하면 아래식을 얻는다.

$$-\frac{d\gamma}{dT} = \left(s^\sigma - \Gamma_1\overline{S}_1 - \Gamma_2\overline{S}_2\right) - \left(v^\sigma - \Gamma_1\overline{V}_1 - \Gamma_2\overline{V}_2\right)\frac{dP}{dT} \tag{10. 21a}$$

위 식의 유도에 있어서 $d\mu_i = \overline{V}_i dP - \overline{S}_i dT \quad (i = 1, 2)$의 정의[여기서 $\mu_i(= \overline{G}_i)$, $\overline{V}_i$ 및 $\overline{S}_i$는 각각 i성분의 부분몰 Gibbs 자유에너지, 부분몰 부피 및 부분몰 엔트로피임: 식 (5. 8) 참조]가 이용되었다. 만약 위 식에서 평형증기압의 온도계수인 $dP/dT = 0$을 두면 아래식이 성립된다.

$$-\frac{d\gamma}{dT} = \Delta s^\sigma \tag{10. 21b}$$

여기서 $\Delta s^\sigma\left(= s^\sigma - \Gamma_1\overline{S}_1 - \Gamma_2\overline{S}_2\right)$는 식 (10. 16)의 γ 처럼 단위면적당 '비 잉여 표면 엔트로피'에 해당된다. 그런데 식 (5. 8)에서 $S = -(\partial G/\partial T)_P$ 및 $G \equiv H - TS = H + T(\partial G/\partial T)_P$가 성립되므로 식 (10. 21b)에서 아래가 유추된다.

$$\gamma(= \Delta g^\sigma) = \Delta h^\sigma + T(\partial\gamma/\partial T)_P = \Delta h^\sigma + T\frac{d\gamma}{dT} \tag{10. 22a}$$

즉 이식에서 $\Delta h^{\sigma}\left(= h^{\sigma} - \Gamma_1\overline{H}_1 - \Gamma_2\overline{H}_2\right)$는 역시 단위면적당 '비 잉여 표면 엔탈피'에 해당된다.

그런데 $n = 1$인 단일성분계의 경우는 $\Gamma_2 = 0$, 그리고 계면적의 위치를 표면과잉 $\Gamma_1 = 0$되게 항상 선택 가능하므로 $\Delta g^{\sigma} = g^{\sigma}$, $\Delta h^{\sigma} = h^{\sigma}$ 그리고 $\Delta s^{\sigma} = s^{\sigma}$되어 위 식은 아래와 같이 나타내진다.

$$\gamma\left(= g^{\sigma}\right) = h^{\sigma} - Ts^{\sigma} = h^{\sigma} + T\frac{d\gamma}{dT} \quad (\text{여기서 } s^{\sigma} = -\left(\frac{\partial\gamma}{\partial T}\right)_A) \tag{10. 22b}$$

10. 1. 3 응집일과 접착일

두 벌크상 α 및 β가 계면을 통하여 강하게 접착(또는 부착)되어 있을 때 두 상 사이의 계면을 평형간격에서 무한대로 가역적으로 분리시키는데 요구되는 일을 '접착(또는 부착)일(work of adhesion)' W_a라 하고 아래식으로 정의된다.

$$W_a = \gamma_{\alpha} + \gamma_{\beta} - \gamma_{\alpha\beta} \tag{10. 23}$$

여기서 γ_{α} 및 γ_{β}는 각각 α 및 β 벌크상의 표면장력, 그리고 $\gamma_{\alpha\beta}$는 두 상 α와 β 사이의 계면장력이다(그림 10. 5). 식 (10. 23)을 Dupré 식이라고도 한다.

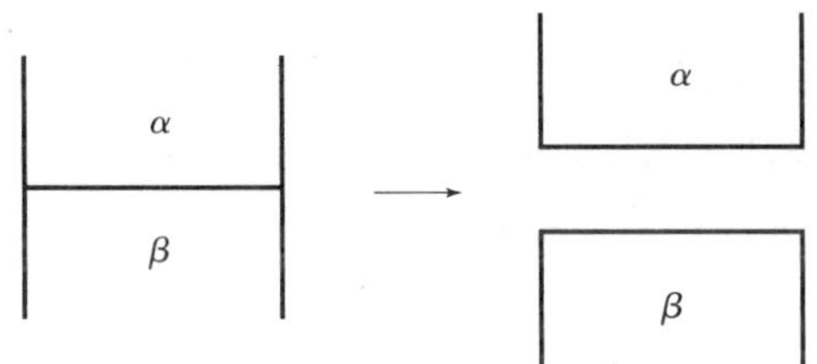

▶ **그림 10. 5** 부착(접착)일 W_a.

만약 (10. 23)에서 두 상 α 및 β가 동일하다면 계면장력항은 0이 되므로 아래식이 성립된다.

$$W_{cj} = 2\gamma_j \quad (j = \alpha, \beta) \tag{10. 24}$$

여기서 W_{cj}는 j 벌크상에 대한 '응집일(work of cohesion)' 즉 동일한 벌크 j상의 계면을 가역적으로 평형간격에서 무한대로 분리시키는데 요구되는 일을 말한다. 즉 두 벌크상 α 및 β 사이의 계면간 부착력이 클수록(즉 계면장력이 작을수록) W_a는 커지고(식 10. 23), 또한 동일한 물질의 표면장력이 클수록 분자간 인력이 커져 W_c가 커짐(식 10. 24)을 의미한다.

10. 1. 4 고체/액체 계면

10. 1. 4. 1 접촉각 현상

그림 10. 6과 같이 고체면 위에 떨어뜨린 액적(liquid drop)이 퍼지지 않을 때(즉 접촉각 $\theta \neq 0$) 액적은 접촉하는 면에서 일정한 각 θ를 이룬다. 이때 계가 정지상태에 있으면 θ를 '정적(static) 평형 접촉각'이라 하고, 만약 계가 운동 중에 있으면 '동적(dynamic) 접촉각'이라 한다. 여기서는 정적 접촉각만 다루기로 한다. 정지상태의 계는 가장 낮은 에너지 상태인 '안정(stable) 평형'상태에 있든가 아니면 에너지 장벽(barrier)에 의해 인접 상태로부터 분리된 에너지 계곡(trough)을 가진 '준안정(metastable) 평형'상태에 있을 수 있다.

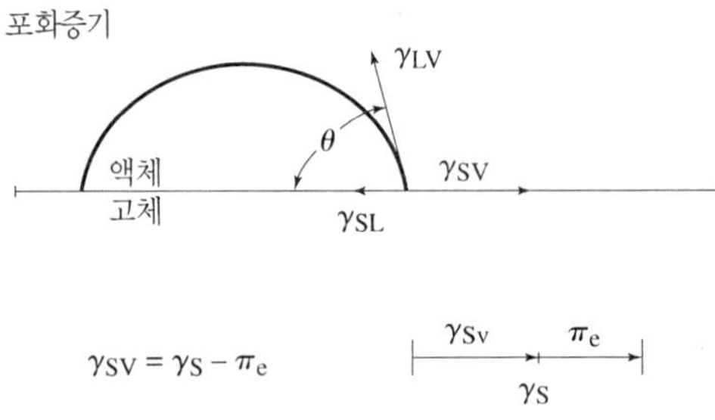

▶ **그림 10. 6** 완만하고, 균일하며 평면상의 강직한 표면 위에 놓여 있는 액적의 평형 접촉각.

안정 평형은 만약 고체표면이 이상적으로 완만하고(smooth), 균일(homogeneous)하며, 평면상의 강직한(rigid) 표면일 경우 형성된 접촉각을 평형 접촉각 θ_e라고 부른다. 그림 10. 6의 평형조건에서 얻어지는 소위 'Young식'은 아래와 같다.

$$\gamma_{LV}\cos\theta = \gamma_{SV} - \gamma_{SL} = \gamma_S - \pi_e - \gamma_{SL} \tag{10. 25}$$

단 여기서 $\pi_e(=\gamma_S - \gamma_{SV})$는 진공에서의 순수고체의 표면장력 γ_S가 액체의 포화증기로 덮여있을 때 γ_{SV}로 감소되는 정도를 나타내는 (평형) '퍼짐(spreading)압력'이라 한다.

증 명 액체가 균일한 고체표면 위에서 평형접촉각 θ를 이루고, 미소 표면적 dA를 덮을 만큼 소량 고체표면 위에서 퍼져 있다고 생각하자(그림 10. 6 참조). 이때 액체-기체의 계면적의 증가는 $dA\cos\theta$가 되고, 따라서 계의 전체 Gibbs 에너지증가 dG는 아래가 된다.

$$dG = \gamma_{SL}dA + \gamma_{LV}dA\cos\theta - \gamma_{SV}dA$$

그런데 평형상태에서는 $dG=0$($\because$ 열역학 제2법칙)이 되므로 아래식이 성립되어 식 (10. 25)의 첫 번째 관계가 증명된다.

$$\gamma_{SL}+\gamma_{LG}\cos\theta-\gamma_{SV}=0$$

[별해: dG 대신 평형상태에서의 힘의 밸런스 즉 단위길이당 우측이 수평힘은 γ_{SV}, 좌측의 수평힘은

$\gamma_{SL}+\gamma_{LV}\cos\theta$를 이용해도 얻어진다.]

여기서 $\gamma_{SV}=\gamma_S-\pi_e$를 대입하면 식 (10. 25)의 두 번째 항등관계가 증명된다. ■

한편 고체표면이 거칠거나(rough) 혹은 조성적으로 불균일(heterogeneous)할 경우 계는 많은 준안정상태 중 한 개에 있으며, 형성된 접촉각은 준안정 접촉각이 된다. 이 경우 액적(liquid drop)에 있는 기계적 에너지(가령 진동에너지)의 양이 계가 어느 준안정상태에 속하는지를 결정한다. 따라서 준안정 접촉각은 액적의 부피, 외부 기계적 에너지, 그리고 접촉각이 형성된 방법[가령 전진(advancing) 접촉각 θ_a 혹은 후진(receding) 접촉각 θ_r]에 따라 달라질 수 있다. θ_a는 액체 프론트(front)를 고체 위에서 전진시켜 형성된 접촉각이고, θ_r는 후진시켜 형성된 각이다(그림 10. 7 참조). 일반적으로 준안정상태에서는 $\theta_a>\theta_r$이며, 안정(평형)상태에서는 $\theta_a=\theta_r$이다. 특히 준안정상태에서의 θ_a와 θ_r의 차이(즉 $\theta_a-\theta_r$)를 '접촉각 이력(hysteresis)'의 크기라고 한다. 그리고 거친 표면에서의 평형 접촉각을 'Wenzel의 접촉각' θ_W라 하며, 불균일한 표면에서의 접촉각을 'Cassie의 접촉각' θ_C라 한다.

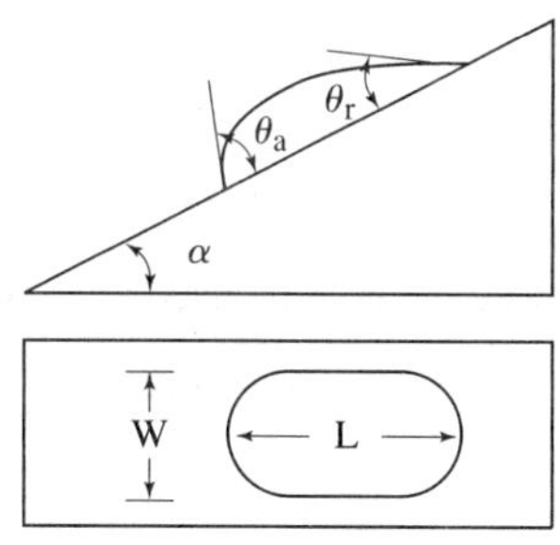

▶ **그림 10. 7** 경사진 평판에 놓여진 액적. θ_a 및 θ_r는 각각 전진 및 후진 접촉각이다.

Neumann 삼각형

만약 임의의 액체 기질(substrate)에 놓여진 한 개의 액적(liquid drop)은 그림 10. 8에 나타낸 바와 같이 렌즈(lens)를 형성한다. 이때 평형상태에 대한 계의 Gibbs 자유에너지의 최소화(즉 $dG=0$) 또는 수평힘의 밸런스로부터 아래의 관계식을 얻는다.

$$\gamma_{LV}\cos\theta_1 = \gamma_{SV}\cos\theta_2 - \gamma_{SL}\cos\theta_3 \quad (10.26)$$

여기서 첨자 S는 액체 기질을 의미하고, 각도 θ_1, θ_2, θ_3는 그림에 정의되어 있다. 여기서 그림 10. 8의 우편 그림의 Neumann 삼각형에 대한 cos 제2법칙(단 각도 $\beta = \theta_1 + \theta_3$ 대입)과 식 (10. 26)으로부터 아래식을 얻는다.

$$\gamma_{SL}^2 = \gamma_{LV}^2 + \gamma_{SV}^2 - 2\gamma_{LV}\gamma_{SV}\cos\beta \quad (10.27)$$

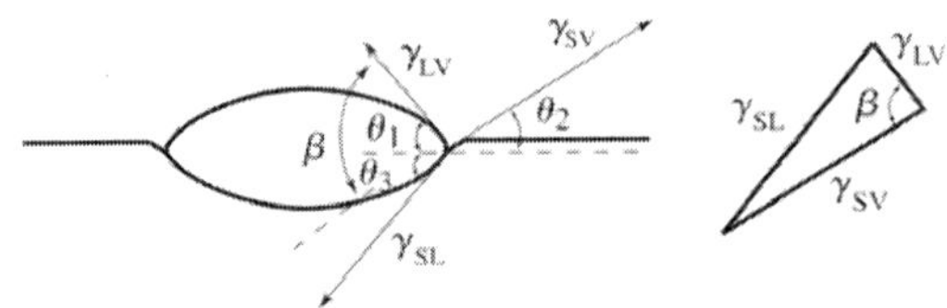

▶ **그림 10. 8** 액체 기질(S) 위에 놓여 있는 한 액적의 평형 접촉각에 대한 Neumann 삼각형.

10. 1. 4. 2 습윤현상

'습윤 혹은 젖음(wetting)'이란 유체(fluid)의 표면을 다른 유체로 치환하는 것을 칭한다. 따라서 습윤에는 3상이 관련되어 있으며, 이 중 적어도 두 개는 유체(기체 혹은 액체)이다. 이하에서는 고체의 표면에 있는 기체(통상 공기)가 액체에 의해 치환되는 경우를 다룬다. 효과적인 액체 습윤제(wetting agent)로서는 친수기(hydrophilic group)와 소수기(hydrophobic group)를 동시에 가진 계면활성제(surface-active agent)가 최적이다 (부록 10.1절 참조). 아래에 3 대표적인 유형의 습윤현상에 대해 설명한다.

A. 퍼짐 습윤

'퍼짐 습윤(spreading wetting)'이란 고체와 접촉하고 있는 액체가 고체-액체 및 액체-기체 계면적(interfacial area)을 증가시키고, 대신 고체-기체 계면적을 감소시키기 위하여 (자발적으로)고체 위에 퍼지는 현상을 말한다. 원래 a상 위에 b상이 퍼지는 '퍼짐(spreading)계수' $S_{b/a}$는 아래와 같이 정의된다.

$$S_{b/a} \equiv \gamma_a - \gamma_b - \gamma_{ab} \quad (10.28)$$

그런데 고체(S) 위에 액체(L)가 기체(V)를 대체하여 퍼질 경우의 퍼짐계수 S는 아래로 표시된다.

$$S = -\Delta G_s / A = \gamma_{SV} - (\gamma_{LV} + \gamma_{SL}) \quad (10.29)$$

여기서 ΔG_s는 퍼짐에 기인한 자유에너지 변화이다. 만약 액체가 고체표면 위에 자발적으로 퍼질 경우 $S \geq 0$값을 가진다. 만약 $S < 0$이면 액체는 고체표면과 (평형)접촉각 $\theta(>0)$를 가진 액적(liquid drop)으로서 남게 된다. 위 식에서 γ_{SV}는 크고, γ_{LV}는 작고(즉 표면활성제), 또한 고체와 액체의 성질이 비슷(즉 γ_{SL}이 작음)하면 더 잘 퍼짐을 알 수 있다.

B. 접착 습윤

'접착 습윤(adhesional wetting)'에서는, 액체가 고체기질과 처음 접촉하여 부착된다. 이때 퍼짐 습윤과는 달리 액체-기체 계면적은 감소된다. 접착 습윤에 관한 Gibbs 에너지변화(ΔG_a)는 접착일 W_a(식 10. 23)을 이용하여 아래와 같이 나타내진다.

$$W_a = -\Delta G_a / A = \gamma_{SV} + \gamma_{LV} - \gamma_{SL} \quad (10.\ 30)$$

만약 이(Dupré) 식과 Young 식 (10. 25)을 결합하면 아래의 Young-Dupré 식을 얻는다.

$$W_a = \gamma_{LV}(1 + \cos\theta) \quad (10.\ 31)$$

만약 접촉각이 0이 되면 $W_a = 2\gamma_{LV} = W_{C,L}$가 된다. 즉 $\theta = 0$이면 액체와 고체 사이의 (접착)힘은 액체와 액체 사이의 (응집)힘과 같거나 크고, $\theta > 0$의 일정 값을 가지면 액체는 자기 자신과의 응집보다 약하게 고체에 접착됨을 의미한다. 만약 물(L)과 파라핀 왁스(S)의 경우처럼 $\theta \sim 110°$가 되면 $\cos\theta < 0$이 되어 물방울이 왁스 표면의 밑에 부착되는 경향이 있다.

C. 침지 습윤

'침지 습윤(immersional wetting)'에서는 고체가 액체와 처음 접촉하여 완전히 침지(immersion)된다. 이때 액체-기체의 계면적에는 영향이 없다. 침지 습윤에 대한 Gibbs 에너지변화(ΔG_i)는 Young 식 (10. 25)의 도움을 받아 아래가 된다.

$$\frac{-\Delta G_i}{A} = \gamma_{SV} - \gamma_{SL} = \gamma_{LV}\cos\theta \quad (10.\ 32)$$

만약 $\gamma_{SV} > \gamma_{SL}$이면 $\theta < 90°$가 되어, 침지 습윤은 자발적이 되고, 만약 $\gamma_{SV} < \gamma_{SL}$이면 $\theta > 90°$ 되어 $\Delta G_i > 0$이 되어 반대가 자발적 즉 침지 습윤을 위해서는 일정한 일(work)이 필요하게 된다.

10. 1. 4. 3 용액으로부터 흡착

용액으로부터의 흡착(adhesion from solution)은 어떤 고체표면을 용액의 용질로 흡착시켜 표면개질을 하든가 아니면 반대로 용액으로부터 불필요한 물질(용질)을 고체표면에 흡착시키거나(가령 활성탄을 사용하여 설탕용액을 정제)할 목적으로 행해진다. 실험데이터는 고체-기체 흡착의 경우

(뒤 참조)처럼 '겉보기 흡착등온(apparent adsorption isotherm)'으로 나타내진다. 즉 일정온도에서 단위질량의 (고체)흡착제(adsorbent)에 대하여 흡착되는 용질의 질량을 용액의 농도감소로부터 추정하여 평형에 도달할 때까지 데이터를 얻는다. 그러나 이론적으로는 고체-기체 흡착 경우보다 훨씬 복잡하다. 이는 고체의 흡착자리(site)를 두고 용액의 용매와 용질이 서로 경쟁할 뿐 아니라 또한 용매와 용질의 상호작용도 중요하기 때문이다.

용액으로부터의 흡착 거동은 가끔 고체 및 용액 성분들의 극성/비극성 성격항으로 설명된다. 지금 그림 10. 9로부터 지방산(fatty acid)이 각각 톨루엔 용액과 수용액으로부터 극성 고체인 실리카 젤 (a) 및 비극성 고체인 활성탄 (b)에의 (등온)흡착실험을 나타내었다.

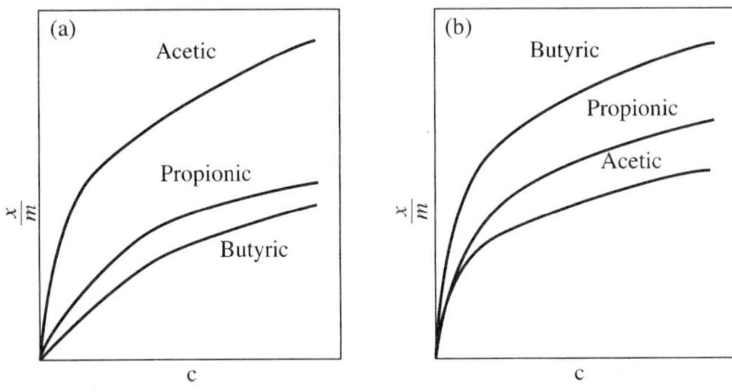

▶ **그림 10. 9** 지방산의 흡착등온: (a) 톨루엔 용액에서 실리카 젤; (b) 수용액에서 활성탄에로의 흡착.

일반적으로 극성 흡착제는 극성 피흡착질(adsorbate)을 강하게 흡착하려는 경향이 있다. 게다가 극성 용질은 비극성 용매(낮은 용해도)로부터는 (고체표면에)강하게, 그리고 극성 용매(높은 용해도)로부터는 약하게 흡착되려는 경향이 있다. 그림 10. 9a를 보면, 고체는 극성, 용질(지방산)은 친수기와 소수기를 동시에 갖는 계면활성성(amphiphilic), 그리고 용매는 비극성이다. 따라서 지방산은 용매보다 더 강하게 고체에 흡착되며, 주어진 농도에서 흡착되는 지방산의 양은 비극성 탄화수소 길이의 증가 즉 acetic > propionic > butyric 순으로 감소된다. 그림 10. 9b에서는 고체는 비극성, 용매는 극성, 용질은 계면활성성이므로 이 경우 또한 지방산은 용매보다 더 강하게 고체에 흡착된다. 그러나 흡착제(고체)가 비극성, 용매는 극성이므로 주어진 농도에서 흡착되는 지방산의 같은 비극성 탄화수소 길이의 증가 즉 butyric > propionic > acetic 순으로 증가한다.

일반적으로 용액으로부터의 흡착은 화학 흡착(chemisorption)보다 물리적 흡착, 그리고 단분자층(monomolecular layer) 흡착이 대부분이다. 그러나 고분자용액으로부터의 흡착은 단분자 층 흡착으로부터 기대되는 것보다 더 많이 흡착됨이 알려져 있다. 이는 흡착된 고분자의 일부만이 고체 표면에 닻을 내리고(anchored), 나머지는 루프(loop) 및 양 말단(chain ends)형태로 용액상 내에서 다소 자유롭게 움직이기 때문이다(위 참조).

용액으로부터 (등온)흡착거동에 관한 이론식은 아래의 Langmuir 식 (10. 33) 및 Freundlich 식

(10. 34)이 비교적 잘 적용된다.

$$x/m = \frac{(x/m)_{\max.}ac}{1+ac} \tag{10. 33}$$

$$x/m = kc^{1/n} \tag{10. 34}$$

위 식에서 x는 질량 m인 고체에 의해 흡착되는 용질의 양, c는 용액의 평형농도, 그리고 a, k 및 n은 상수이다. 특히 식 (10. 34)의 경우 실험데이터를 이용하여 $\ln(x/m)$(y축) 대 $\ln c$(x축)의 (직선)플롯을 행하면 기울기 및 절편에서 n 및 k값을 구할 수 있다.

10. 1. 5 고체/기체 계면

고체/기체 계면에서 일어나는 물리 현상으로서 흡착(adsorption)이 있다. 흡착은 기상 또는 액상의 물질이 서로 접하는 액상 또는 고상의 물질과의 계면에 있어서 상의 내부와 다른 농도로 존재하는 현상으로 정의되며 이때 고체상을 흡착제(adsorbent), 흡착 기체나 증기를 피흡착질(adsorbate)이라 한다. 분자가 고체 내부까지 침투하는 경우를 흡수(absorption)로 구분하여 부르는데, 흡착과 흡수는 실험적으로 구분하기 어려운 경우가 많다. 때때로 흡착과 흡수 두 가지 경우를 포함한 개념으로서 수착(sorption)을 사용한다. 깨끗한 고체면 대부분은 상당히 높은 표면에너지를 가지고 있어서 자발적으로 자유에너지가 감소하려는 경향을 지닌다. 액체와 같은 경우는 분자 이동에 의해 표면적을 축소하여 표면 자유에너지를 감소시킬 수 있으나 고체의 경우는 이러한 거동이 불가능하므로 기체와 같은 물질을 흡착함에 의해 표면 자유에너지가 감소한다.

어떤 고체이거나 어느 정도 기체를 흡착하는 능력을 가지고 있는데 평형상태에서 흡착량은 온도, 기체의 압력, 고체의 유효 표면적에 의존한다. 가장 잘 알려진 흡착제로서 내부 표면적이 $1{,}000\ m^2/g$에 달하는 다공성 고체인 활성탄과 실리카겔, 그리고 미세 분말 등이 있다. 일정 온도에서 평형 흡착량과 기체의 압력의 관계를 '흡착등온(adsorption isotherm)'이라 하며 일정 압력에서 평형 흡착량과 기체 온도의 관계를 '흡착등압(adsorption isobar)'이라 한다.

10. 1. 5. 1 물리흡착과 화학흡착

흡착과정에서 작용하는 힘은 van der Waals력, 정전기력, 그리고 화학결합을 형성하는 특정한 힘 등이 포함된다. van der Waals력은 다른 종류의 작용력에 비하여 그 크기가 작은 힘이며 이러한 힘만이 작용하는 경우 이를 물리 흡착(physical adsorption)이라 하며 다른 특정한 힘이 존재하는 경우는 화학 흡착(chemisorption)이라 한다.

고체표면에의 흡착은 자발적인 과정이기 때문에 선제 자유에너지 변화 $\Delta G(=\Delta H\text{-}T\Delta S)$는 음의 값을 갖는다. 그러나 이 과정에서 자유도를 잃기 때문에 엔트로피의 감소(즉 $\Delta S<0$)가 따

른다. 일단 흡착이 발생하면 기체 분자는 이차원 운동으로 제한을 받으며 자유에너지의 감소를 수반한다. 그런데 ΔG가 음이기 위해서는 ΔH는 반드시 음의 값을 보이며, 그 결과 흡착은 발열과정으로 나타내어진다. 흡착현상이 발열과정인 까닭에 고체상에 흡착한 기체의 양은 온도의 증가에 따라 감소한다(∵ Le Chatelier 평행이동 법칙). 한 예로서 깨끗한 고체표면을 얻기 위해 가열해주는 경우를 들 수 있다. 아울러 고진공은 흡착기체의 증기압을 낮추어 흡착하는 경향을 줄인다. 고체상에 기체의 흡착에 필요한 흡착열 $\Delta H_{ad}(<0)$는 가역계에는 Clausius-Clapeyron(C-C) 식 (6. 42)을 이용하여 구할 수 있다. 기체의 물리 흡착열은 그 기체의 응축열과 비슷한 값을 나타낸다. 질소의 경우, 응축(condensation)열은 $-6\ \text{kJ/mole}$인데 철에의 흡착열은 $-10\ \text{kJ/mole}$, 흑연에의 흡착열은 $-12\ \text{kJ/mole}$, 그리고 이산화티타늄에는 $-14\ \text{kJ/mole}$ 정도이다. 한편 철 표면으로 질소가 화학흡착하는 경우 흡착열은 $-150\ \text{kJ/mole}$이며 화학흡착이 훨씬 강한 작용력이 포함되어 있음을 보여준다. 물리흡착 과정은 활성화에너지를 필요로 하지 않으며 가역적이며 평형에 쉽게 도달하는데 다층흡착과 수학적인 모형화가 가능하다. 물리흡착에 비하여 화학흡착은 고체면과 흡착분자간에 매우 큰 흡착열과 같이 특정한 힘이 개입하기 때문에 단분자층의 흡착에 국한된다. 화학흡착은 활성화 에너지를 필요로 하는 특수한 과정으로서 그 과정은 느리고 비가역적이다. 화학흡착의 활성화 에너지가 상당히 큰 경우, 낮은 온도에서 화학흡착의 속도는 매우 느리기 때문에 실제로는 물리흡착만이 관찰된다. 이원자 기체인 X_2가 금속 M에 흡착하는 과정에서 물리흡착과 화학흡착의 차이를 나타내는 퍼텐셜 에너지 곡선을 그림 10. 10에 보인다. 곡선 P는 M과 X_2 사이의 물리적인 상호작용을 나타내며 곡선 C는 화학흡착에 대한 것으로서 흡착질인 X_2가 2개의 X 라디칼로 해리되는 과정이 포함된다. 화학흡착은 보다 짧은 거리에서 화학 흡착열을 나타내는 깊은 최소점이 존재하는데 비하여 물리흡착은 보다 먼 거리에서 얕은 최소점을 나타낸다.

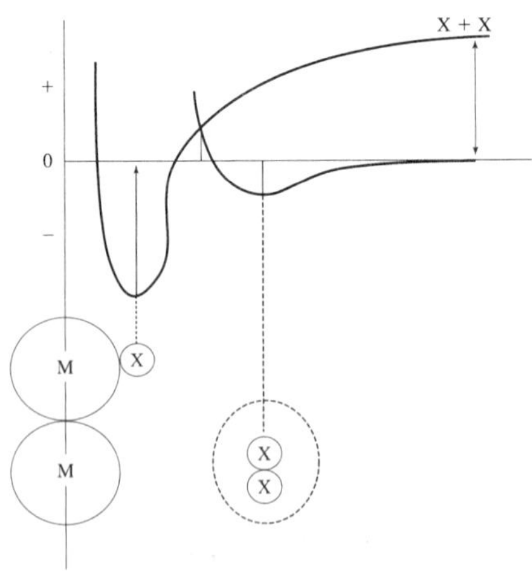

▶ **그림 10. 10** 물리흡착과 화학흡착의 퍼텐셜 에너지 곡선.

그림 10. 10에서 보는 바와 같이 초기 물리흡착은 화학흡착에 있어 중요한 과정이다. 만일 물리흡착이 존재하지 않는다면 화학흡착의 활성화 에너지는 흡착질 기체분자의 해리 에너지에 해당한다. 흡착질 분자가 처음에 물리적으로 흡착하여 고체표면에 접근한 경우는 보다 낮은 에너지 경로를 통하여 화학흡착으로의 전이가 일어나게 된다. 이때의 활성화 에너지는 물리흡착과 화학흡착 곡선의 형태에 의존하며 계에 따라 그 편차가 크다. 화학흡착이 일어나는데 필요한 활성화 에너지가 상당히 크다면 화학흡착 속도는 매우 느리게 되어 실제로는 물리흡착만이 관찰된다. 그림 10. 11은 일정 기압에서 고체표면 기체 흡착을 온도에 따라 나타낸 것이다. 여기에서 (a)는 물리흡착 평형을 그리고 (b)는 화학흡착평형을 보이고 있다. 화학흡착의 속도가 느린 온도에서 흡착은 (c)와 같이 비평형 곡선으로 나타내어지며 그 값은 흡착에 주어진 시간에 의존한다.

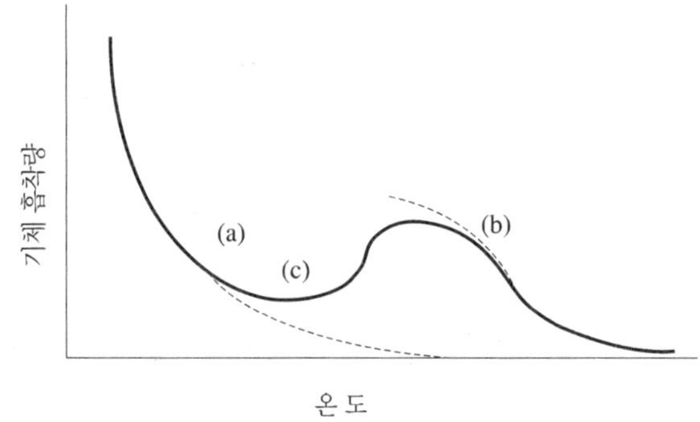

▶ **그림 10. 11** 물리흡착과 화학흡착의 전이과정을 나타낸 등압흡착곡선.

고체-기체 단분자 흡착층 형성을 위한 가역(등온흡착)과정의 흡착열(ΔH_{ad})에 관한 식은 C-C식을 이용하여 아래와 같이 얻어진다.

$$\left(\frac{\partial \ln P}{\partial T}\right)_V = \frac{-\Delta H_{ad}}{RT^2} \tag{10. 35}$$

증 명 흡착된 기체와 흡착되지 않은 기체 사이에 평형을 이루는 무한히 작은 온도변화를 가정하자. 흡착된 기체(첨자 s)와 흡착되지 않은 기체(첨자 g)간에 평형을 이룰 때 몰 Gibbs 자유에너지 변화 $d\overline{G}$는 $d\overline{G}_s = d\overline{G}_g$이고 각각은 다시 다음과 같이 나타내어진다(식 (5. 8)참조).

$$d\overline{G}_g = -\overline{S}_g dT + \overline{V}_g dP \tag{10. 36a}$$

$$d\overline{G}_s = -\overline{S}_s dT + \overline{V}_s dP \tag{10. 36b}$$

그런데 흡착평형에서는 위 두식을 같이 놓아야하므로 아래의 C-C식이 얻어진다.

$$\left(\frac{dP}{dT}\right)_{eq} = \frac{\overline{S}_s - \overline{S}_g}{\overline{V}_s - \overline{V}_g} = \frac{\Delta \overline{S}_{ad}}{\Delta \overline{V}_{ad}} \tag{10. 37}$$

그런데 흡착평형에서는 아래가 성립된다.

$$\Delta \overline{G}_{ad}\left(= \overline{G}_s - \overline{G}_g\right) = \Delta \overline{H}_{ad} - T\Delta \overline{S}_{ad} = 0 \text{ 즉 } \Delta \overline{S}_{ad} = \Delta \overline{H}_{ad}/T \tag{10. 38}$$

식 (10. 38)을 (10. 37)에 대입하면 아래를 얻는다.

$$\left(\frac{dP}{dT}\right)_q = \frac{\Delta \overline{H}_{ad}}{T\Delta \overline{V}_{ad}} \tag{10. 39}$$

그런데 흡착된 기체의 (몰)부피 $\overline{V}_s$는 비 흡착된 자유로운 기체의 (몰)부피 $\overline{V}_g$에 비해 매우 작다. 무시 가능하고, 또한 $\overline{V}_g$는 이상기체로 가정(즉 $\overline{V}_g = RT/P$)하면 식 (10. 39)가 아래가 된다.

$$\left(\frac{dP}{dT}\right)_q \simeq -\frac{\Delta \overline{H}_{ad}}{T\overline{V}_g} = -\frac{P\Delta \overline{H}_{ad}}{RT^2} \tag{10. 40}$$

따라서 아래식이 성립되어 식 (10. 35)가 증명된다.

$$\left(\frac{\partial \ln P}{\partial T}\right)_V = -\frac{\Delta H_{ad}}{RT^2} \quad \blacksquare$$

식 (10. 35)를 온도 T_1에서 T_2(이때 같은 흡착량(분율)을 주는 압력 P_1에서 P_2)까지 정적분을 행하면(단 ΔH_{ad}는 온도차가 크지 않은 경우에는 상수 간주) 아래식을 얻는다.

$$\ln\left(\frac{P_2}{P_1}\right) = \frac{\Delta H_{ad}}{R}\left(\frac{1}{T_2} - \frac{1}{T_1}\right) \tag{10. 41}$$

식 (10. 41)은 온도와 압력이 다른 조건에서 흡착량이 같은 경우의 흡착열과의 관계를 나타내는 C-C식이다. 그림 10. 12에서 보는 바와 같이 식 (10. 41)은 서로 다른 온도에서 얻은 등온흡착곡선으로부터 일정 흡착량을 갖는 두 개의 압력조건을 식 (10. 41)에 대입하면 흡착열이 얻어진다.

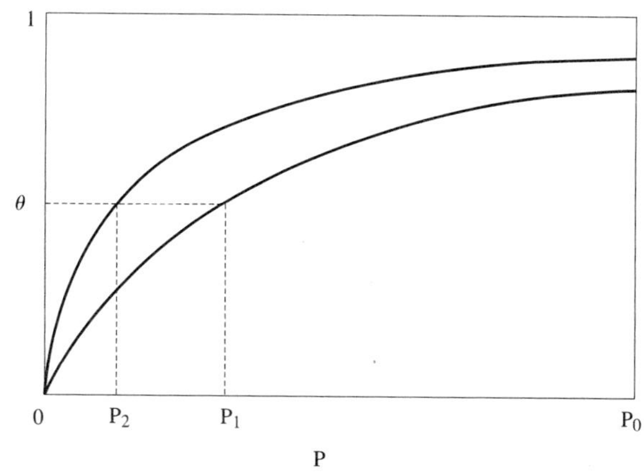

▶ **그림 10. 12** 두 가지 온도에서 얻은 Langmuir 등온흡착곡선.

10. 1. 5. 2 몇 가지 대표적 등온흡착 모델

물리흡착에는 단분자층 흡착, 다분자층 흡착, 기공(pore)이나 모세관 응축(capillary condensation) 등 세 종류 현상이 포함된다. 실제로는 이 세 종류의 현상이 복합적으로 존재하는데, 실험적으로는 그림 10. 13과 같이 크게 5가지(Brunauer의 분류)를 관찰할 수 있다. 기체의 농도(증기압 P)에 대한 흡착되는 양(부피) $V_{ads.}$으로 플롯하였으나, 실제는 비교를 용이하게 하기 위해 x축에는 상대압력(P/P_0, 여기서 P_0는 포화증기압)으로 나타냄이 일반적이다. 제 1형은 Langmuir 등온선으로 알려진 단분자상의 흡착 형태이며 흡착제와 피흡착질 간에 물리흡착보다는 화학흡착의 경우와 같은 특별한 작용력이 존재하는 경우이다. 또한 매우 미세한 기공구조를 가진 고체위에서의 물리흡착의 경우에도 관측된다. 제2형은 이에 반하여 (비극성 고체 위에)다층흡착으로 알려진 다분자층 흡착의 경우에 관찰되며, s자형(sigmoidal) 흡착이라고도 한다. 그림에서 점 B는 단분산 흡착층의 형성을 나타낸다. 특히 이 유형은 미세기공구조를 가진(microporous) 고체의 경우 관측되는데, 이 경우 점 B는 전체로서 표면에 단분자흡착층과 미세기공 내의 응축을 동시에 나타낸다. 그리고 제3형은 초기에 빠른 곡선의 성장은 보이지 않으나(아마도 이는 단분자층 형성에 필요한 흡착력이 다소 약하기 때문이라 생각됨) 전체적으로 제2형과 유사하다. 일반적으로 응축열(액화열)이 흡착열에 비하여 상대적으로 큰 경우에 잘 관측되는 유형이다. 제4형과 제5형은 제2형과 제3형의 유사형으로서 일정 압력 P_0 이하에서 한계(level-off) 흡착현상을 보이는데 다공성 물질로 된 흡착질의 작은 기공(혹은 모세관)에 흡착제가 응축하는 경우가 이에 해당한다.

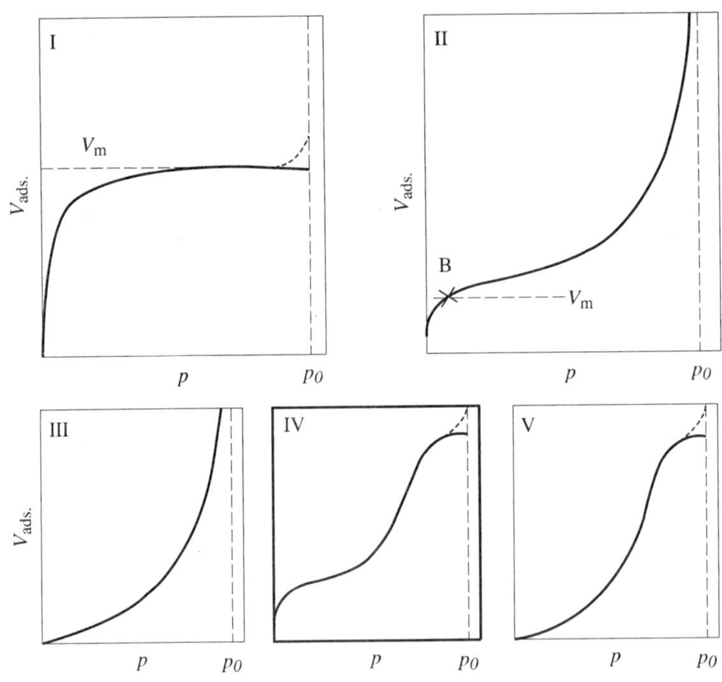

▶ **그림 10.13** Brunauer의 등온흡착(adsorption isotherm)의 분류(P_0는 포화증기압).

A) Langmuir 등온식

일반적으로 피흡착질로 덮인 표면의 분율은 다음과 같은 덮임율(coverage) θ로 나타낸다.

$$\theta = \frac{\text{흡착된 자리의 수}}{\text{흡착이 가능한 전체 자리의 수} } \tag{10.42}$$

덮임율은 흡착된 피흡착질의 부피를 이용하여 $\theta = V/V_\infty$로 나타내기도 하는데, 여기서 V_∞는 완전한 단분자 흡착층을 만드는데 필요한 피흡착질의 부피이다. 표면 덮임율의 시간 변화율 $d\theta/dt$를 흡착 속도라고 하는데, 이것은 표면 덮임율이 시간에 따라서 어떻게 변하는가를 측정하여 구한다. 자유로운(free) 상태의 기체와 고체표면에 흡착된 분자 사이에는 동적(kinetic) 평형이 이루어지며, 이때 표면 덮임율은 계의 압력에 의존한다. 어떤 정해진 온도에서 θ의 압력에 따른 변화를 나타낸 것을 '흡착등온식'이라고 한다.

물리학적으로 생각할 수 있는 가장 단순한 단분자흡착층에 관한 흡착등온식은 다음과 같은 3가지 가정하에 얻은 것이다.

1. 흡착은 단분자층 덮임율 이상으로 일어날 수 없다(즉 $\theta \leq 1$)
2. 모든 흡착자리는 동등하고 표면은 균일하다(즉 표면은 미시적 척도상으로 볼 때 완전히 평탄하다).
3. 한 주어진 흡착 자리에 피흡착질 분자가 흡착될 수 있는 능력은 그 인접 흡착 자리의 흡착상

태에 전혀 무관하다.

이 세 번째 가정은 흡착된 분자들 사이에 상호작용이 없다고 가정한 결과이다.

이러한 경우의 동적 평형은 다음과 같이 나타낼 수 있다.

$$A(g) + M(\text{surface}) \rightleftharpoons AM(\text{surface})$$

여기서 흡착과 탈착의 속도 상수는 각각 k_a와 k_d로 나타낸다. 흡착에 의한 표면 덮임율의 변화(증가)속도는 A의 부분압력 p와 빈 흡착 자리수에 비례할 것이며, 이 빈 자릿수는 표면상의 전체 흡착 자릿수를 N이라고 할 경우, $N(1-\theta)$가 된다. 따라서,

$$\frac{d\theta}{dt} = k_a p N(1-\theta) \tag{10. 43}$$

한편 탈착에 기인하는 θ의 변화(감소)속도는 흡착된 종의 수 $N\theta$에 비례한다. 즉,

$$\frac{d\theta}{dt} = -k_d N\theta \tag{10. 44}$$

평형상태에서는 전체 흡착속도가 0이 되므로(즉 이 두 변화속도의 합이 영이 된다), 이 사실을 이용하여 θ를 풀면 다음과 같은 식을 얻게 되는데, 이 식을 'Langmuir 등온식'이라고 한다.

$$\theta = \frac{Kp}{1+Kp} \qquad \left(K = \frac{k_a}{k_d}\right) \tag{10. 45a}$$

혹은 $\theta = V/V_\infty$를 위 식에 대입하면 유용한 직선형태의 아래식을 얻는다.

$$\frac{p}{V} = \frac{p}{V_\infty} + \frac{1}{KV_\infty} \tag{10. 45b}$$

즉 x축에 p, y축에 p/V를 플롯하면 기울기가 $1/V_\infty$, 절편이 $1/KV_\infty$인 직선을 얻는다.

만약 해리(dissociation)가 수반되는 흡착의 경우에는 흡착속도가 기체의 압력에 비례하고 또한 해리된 두 원자가 흡착자리를 찾을 확률에 비례한다. 이 흡착자리를 찾을 확률은 빈 자리수의 제곱에 비례하며, 따라서 다음과 같은 관계가 성립한다.

$$\frac{d\theta}{dt} = k_a p\{N(1-\theta)\}^2 \tag{10. 46}$$

탈착속도는 표면상의 원자들이 만나는 빈도에 비례하며, 따라서 표면에 있는 원자수에 관해서 2차원 반응이 되어야 한다. 즉,

$$\frac{d\theta}{dt} = -k_d (N\theta)^2 \tag{10. 47}$$

평형상태에서 실효 흡착속도가 0이 되는 조건(즉 위 두식의 합이 0)을 이용하면 다음과 같은 등온식을 얻을 수 있다.

$$\theta = \frac{(Kp)^{1/2}}{1+(Kp)^{1/2}} \tag{10. 48a}$$

역시 위 식에 $\theta = V/V_\infty$를 대입하면 직선형태의 아래식을 얻는다.

$$\frac{p^{1/2}}{V} = \frac{p^{1/2}}{V_\infty} + \frac{1}{K^{1/2}V_\infty} \tag{10. 48b}$$

따라서 x축에 $p^{1/2}$, y축에 $p^{1/2}V$를 플롯하면 기울기 $1/V_\infty$, 절편이 $1/K^{1/2}V_\infty$인 직선을 얻는다. 위 식을 보면 덮임율 θ는 비 해리성 흡착의 경우(식 10. 45)보다 압력에 더 약하게 의존함을 알 수 있다.

만약 Langmuir (비 해리성) 단분자층 흡착등온식에서 온도가 변하면 상이한 곡선(따라서 상이한 K의 값)이 나오며, K의 온도의존성을 이용하면 등량 흡착 엔탈피(한 특정한 덮임율 θ에서의 표준 흡착 엔탈피) $\Delta H_{ad}^{\square}$를 구할 수 있다. 즉 이 K는 (흡착)평형 상수이므로 평형에 관한 van't Hoff 식으로부터 아래식이 얻어진다.

$$\left(\frac{\partial \ln K}{\partial T}\right)_\theta = \frac{\Delta H_{ad}^{\square}}{RT^2} \quad 혹은 \quad \left(\frac{\partial \ln K}{\partial (1/T)}\right)_\theta = -\frac{\Delta H_{ad}^{\square}}{R} \tag{10. 49}$$

그런데 비 해리성 단분자 흡착층에 관한 식 (10. 45a)에서 아래를 얻는다.

$$Kp = \frac{\theta}{1-\theta}$$

이 식에서 만약 덮임율 θ가 일정하다면 $\ln K + \ln p =$ 상수가 되며, 식 (10. 49)에서 아래식을 얻는다.

$$\left(\frac{\partial \ln p}{\partial T}\right)_\theta = -\left(\frac{\partial \ln K}{\partial T}\right)_\theta = -\frac{\Delta H_{ad}^{\square}}{RT^2} \tag{10. 50}$$

이 식은 식 (10. 35)와 같은 형태이다. 또한 여기서 $d(1/T)dT = -1/T^2$의 관계를 이용하면 아래를 얻는다.

$$\left(\frac{\partial \ln p}{\partial (1/T)}\right)_\theta = \frac{\Delta H_{ad}^{\square}}{R} \tag{10. 51}$$

따라서 $\ln p$를 $1/T$에 대해서 도시하면 기울기가 $\Delta H_{ad}^{\square}/R$인 직선이 나와야하므로 여기서 흡착열

$\Delta H_{ad}^{\square}(<0)$를 구할 수 있다.

(B) BET 등온식

처음에 흡착된 층이 새로운 기질로 작용할 때는 흡착 등온선이 높은 압력에서 어떤 포화값에 도달하지 않고 무한대로 증가할 수 있다. 이러한 다분자층 흡착을 나타내는데 가장 널리 사용되는 식을 'BET 등온식'이라고 하며, 아래와 같이 나타내진다.

$$\frac{V}{V_{mon}}=\frac{cz}{(1-z)\{1-(1-c)z\}} \quad \text{여기서 } z=\frac{p}{p^*} \tag{10.52}$$

위 식에서 p^*는 표면상에 두꺼운 층을 이루고 있는 순수한 액체의 증기 압력이며, V_{mon}은 단분자층 흡착에 필요한 부피이다. 그리고 c는 상수인데, 단분자층으로부터의 탈착 엔탈피($\Delta H_{des}^{\square}$)가 액체 피흡착질의 증발 엔트로피($\Delta H_{vap}^{\square}$)보다 클 때는 그 값이 커진다. 구체적으로 이 상수는 다음과 같은 것이다.

$$c=e^{(\Delta H_{des}^{\square}-\Delta H_{vap}^{\square})/RT} \tag{10.53}$$

또한 식 (10. 52)에서 $z=p/p^*$를 대입하여 정리하면 아래의 유용한 직선 형태식을 얻는다.

$$\frac{z}{(1-z)V}=\frac{1}{cV_{mon}}+\frac{(c-1)z}{cV_{mon}} \tag{10.54}$$

이 식의 좌변을 z에 대해서 도시하면 그 기울기로부터 $(c-1)/cV_{mon}$을 얻을 수 있고, 또 $z=0$에서의 절편으로부터 cV_{mon}을 얻을 수 있다. 이 두 결과로부터 c와 V_{mon}을 구할 수 있으며, 만약 흡착된 기체 한 분자의 표면적을 안다면 이로부터 고체시료의 표면적도 구할 수 있다.

예제 10.4

아래 데이터는 75 K에서 루틸(TiO2)표면의 N_2흡착에 관한 것이다. 이 데이터가 BET 흡착등온식을 만족시킨다는 것을 확인하고, 상수 V_{mon}과 c를 구하여라.

p/kPa	0.160	1.87	6.11	11.67	17.02	21.92	27.29
V/mm^3	601	720	822	935	1046	1146	1254

75 K에서는 $p^*=76.0\text{ kPa}$이다. 이 부피는 273 K, 1 atm에서의 값으로 환산한 것이며, 1 g의 흡착제에 흡착된 기체의 부피이다.

풀이 우선 다음과 같은 표를 만든다.

p/kPa	0.160	1.87	6.11	11.67	17.02	21.92	27.29
$10^3 z$	2.11	24.6	80.4	154	224	288	359
$10^4 z/(1-z)(V/\text{mm}^3)$	0.035	0.350	1.06	1.95	2.76	3.53	4.47

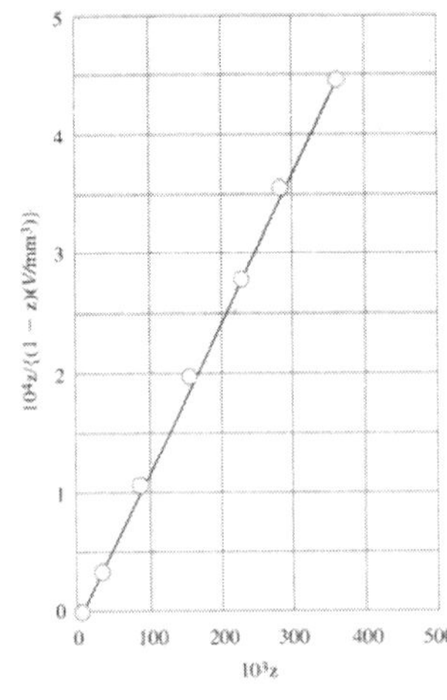

▶ **그림 10.14** $z/(1-z)V$를 $z=p/p^*$에 대해서 도시하면 BET 등온식이 만족되는지를 확인할 수 있고, 또 파라미터들도 결정할 수 있다.

이 점들을 위 그림 10.14에 도시하였다. 최소 자승법으로 구한 직선의 절편은 0.0398이다. 따라서,

$$\frac{1}{cV_{mon}} = 3.98 \times 10^{-6}\,\text{mm}^{-3}$$

또 이 직선의 기울기는 1.23×10^{-2}이다. 따라서,

$$\frac{c-1}{cV_{mon}} = (1.23 \times 10^{-2}) \times 10^3 \times 10^{-4}\,\text{mm}^{-3} = 1.23 \times 10^{-3}\,\text{mm}^{-3}$$

두식을 풀면 $c = 310$과 $V_{mon} = 811\,\text{mm}^3$이 된다.

[비고: 273 K, 1 atm에서 부피 811 mm^3은 이상기체식 $pV = nRT$에서 구한(단 기체 상수 $R = 0.082\,\text{L}\cdot\text{atm/K}\cdot\text{mol}$을 대입) 기체의 몰수 $n = 3.6 \times 10^{-5}\,\text{mol}$, 즉 2.2×10^{19}개의 분자와 맞먹는다. 그런데 질소 한 분자는 약 $0.16\,\text{nm}^2$을 차지하며, 따라서 이 고체시료의 표면적은 $2.2 \times 10^{19} \times 0.16\,\text{nm}^2 = 3.5\,\text{m}^2$이다.]

만약 BET식의 상수 c가 클 때($c \gg 1$)는 등온식이 다음과 같이 간단해진다.

$$\frac{V}{V_{mon}} = \frac{1}{1-z} \qquad (10.55)$$

이 식은 극성 표면상의 비-반응성 기체 흡착에 잘 적용되는데, 이러한 계에서는 $\Delta H^{\square}_{des}$ 가

$\Delta H_{vap}^{\square}$ 보다 대단히 크기 때문에 $c \approx 10^2$ 정도가 된다. BET 등온식은 한정된 압력 범위에서는 실험 결과와 잘 맞지만, 낮은 압력에서는 흡착 정도를 과소 계산하고 또 높은 압력에서는 과대 계산하여 잘 맞지 않는 결과를 나타낸다.

10. 1. 5. 3 모세관 응축

대부분의 고체는 다공성으로 되어 있다. 기공(pore)은 고체형성과정에서 기체 유출의 결과로 얻어진다. 흥미로운 다공성 고체의 예로서는 제올라이트가 있다. 이 물질은 SiO_4와 AlO_4가 산소를 공유하며 고리구조를 이루며 삼차원 구조를 이루고 있어 규칙적인 통로와 중간크기의 분자 규모의 공극을 지니고 있다. 제올라이트는 이상적인 분자체로서 촉매작용과 이온교환에서 높은 선택성을 지닌다.

기공은 크기에 따라 직경이 2 nm보다 작은 소(micro)기공, 직경이 2에서 50 nm인 중(meso)기공, 그리고 50 nm 이상인 대(macro)기공으로 구분한다. 이 같은 기공은 좁은 모세관을 이루며 이러한 부분은 포화 증기압보다 낮은 압력에서 응축(condensation)이 일어난다. 고체의 기공에서 모세관 상승이 매우 커서 기공이 모세관 응축 액체로 완전히 채워지거나 완전히 비게 된다. 이상적으로는 정상적인 응축 압력에 비하여 낮은 압력에서는 어떤 크기 이하의 기공은 액체로 채워지고 나머지 기공은 비게 된다. 모세관 응축이 일어나기 전에 기공의 벽에 흡착 단분자층이 존재한다고 보는 것이 좀 더 현실적이다. 기공의 크기를 변화시켜서 얻은 흡착등온선으로부터 기공크기분포의 추정이 가능하다.

다공성 고체의 흡착과 탈착에서 등온선의 형태가 일치하지 않는 현상을 관찰하는데 이를 '흡착 이력(adsorption hysteresis)'이라 하며 루프형태로 되어 있다(그림 10. 15). 루프를 이루는 압력범위에서는 어느 경우나 일정 압력에서 탈착에 비해 흡착의 경우가 더 작은 흡착량을 보인다. 우선 앞에서 언급한 접촉각 이력(10. 1. 4. 1절 참조)에 의해 이러한 현상을 설명하고 있다. 액체가 건조한 고체 표면으로 전진하면서 얻어지는 흡착에 따른 접촉각(θ_a)은 액체가 습윤 표면에서 후퇴하면서 얻어지는 접촉각(θ_r)에 비하여 일반적으로 크다(그림 10. 7). Kelvin 식 (10. 58 혹은 10. 59)으로부터 액체가 특정 모세관에서 증발하는 압력은 모세관 응축에 필요한 압력에 비하여 낮다.

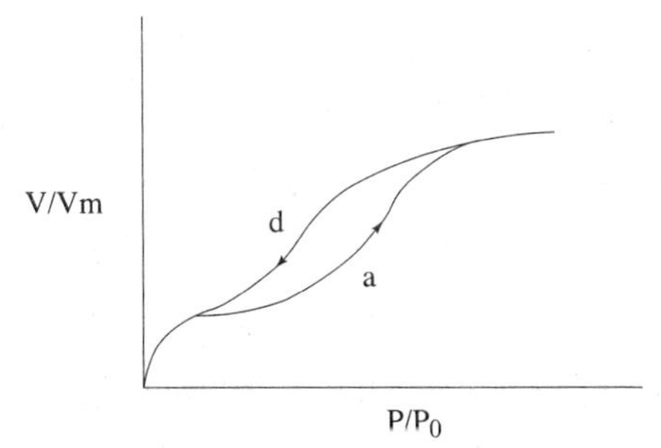

▶ **그림 10. 15** 흡착(a)과 탈착(d) 이력(hysteresis).

흡착 이력을 설명하는 두 번째 이론은 두 가지 형태의 기공이 존재한다는 점을 고려하고 있다. 한 가지 형태의 기공은 *V*자 형태로서 여기에서는 흡착에 의해 채워지고 비워지는 과정이 가역적으로 일어난다. 다른 형태는 좁은 목을 가지며 비교적 넓은 내부를 지니고 있는 경우이다. 이 잉크병 모양의 기공은 넓은 기공에 따른 기체압이 작용하여 완전히 채워지고 나면 같은 압력하에서 탈착은 좁은 기공에 해당하는 탈착거동을 보인다.

흡착 이력에 대한 세 번째 이론에서는 기공이 한쪽이 열린 실린더 형태로 간주하고 있다. 응축은 기공의 벽에서 시작되며 응축 액체로 완전히 채워질 때까지 계속된다. 이때 실린더의 주곡률 반경은 각각 기공 반경과 무한치이다. 증발은 기공 바깥쪽 오목액체 표면에서 일어나기 시작하며 이때의 주곡률 반경은 모두 기공의 반경이 된다. 이러한 설명을 이해하기 위하여 주곡률 반경과 증기압이 관련된 Laplace 식과 Kelvin 식이 적용된다. 그림 10. 16은 모세관 응축을 설명하는 두 번째 및 세 번째 이론에 대한 모형이다.

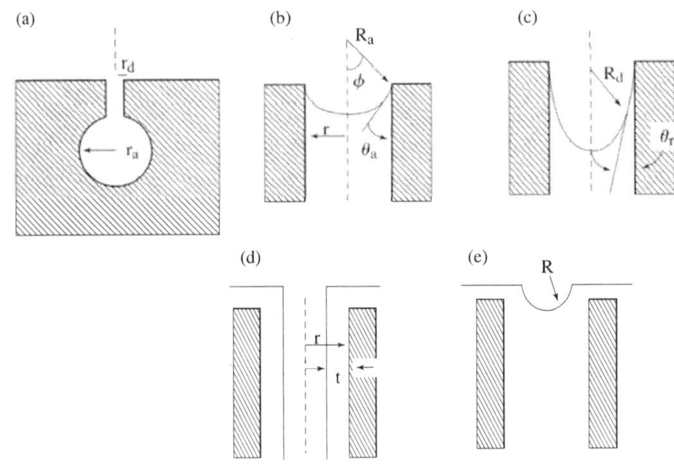

▶ **그림 10. 16** 모세관 응축을 설명하는 5가지 모형[그림에서 r은 기공의 반경, R은 (구상)응축액체의 반경, 그리고 첨자 'a' 는 전진(advancing), 'b' 는 후퇴(receding)를 나타냄].

기공이 반경 r인 원통형 모세관이라고 가정하면 보통 r은 매우 작은 값을 가진다. 이러한 모세관 내부 표면에서의 응축은 기공의 곡률반경 r과 관련하여 표현되어진다. 여기서 기포(bubble) 안과 바깥의 압력차에 관한 Laplace 식을 유도하기로 한다. 그러나 이에 앞서 '기포', '공동(cavity)' 및 '액적(liquid drop)'의 3용어의 차이에 대해 설명하겠다. 액체는 끊임없이 그 표면적(따라서 Gibbs 에너지)을 최소화하기 위하여 기포에서와 같은 곡표면(curved surface)을 만들어야 한다. 얇은 막 속에 증기(또는 공기와 함께)가 갇혀 있는 영역을 기포라고 하며, 증기가 차있는 액체 속의 구멍은 공동이라고 한다. 따라서 액체 속의 기포는 엄밀하게 말해서 공동이다. 진짜 기포는 두 표면(막의 양쪽에 하나 씩)을 가지며, 공동은 단 하나의 표면을 갖는다. 이 두 가지를 다루는 방법은 비슷하지만, 기포의 경우에는 표면적이 2배이기 때문에 2라는 인자를 붙여주어야 한다. 한편 증기(공기도 포함해서)로 둘러싸인 작은 부피의 액체는 액적(액체방울)이라고 한다.

계면의 오목면(안)쪽 압력 p_{in}은 볼록면(바깥)쪽 압력 p_{out}보다 항상 크다. 이 관계를 나타낸 것이 다음과 같은 Laplace 식인데 아래 증명에서 이 식을 유도해 보이겠다.

$$p_{in} = p_{out} + \frac{2\gamma}{r} \tag{10.56}$$

여기서 r은 기포의 반경, γ는 액체의 표면장력이다.

증 명 액체 속의 공동은 그 표면적이 줄어들려는 경향(표면장력에 의해)과 내부의 압력이 증가하려는 경향이 균형을 이룰 때 평형 상태에 있게 된다. 지금 기포 내부의 압력을 p_{in} 그리고 그 반지름을 r이라고 하면 팽창시키려는 힘은 압력 × 넓이 = $4\pi r^2 p_{in}$이다. 그리고 안쪽으로 향하는 힘은 외부 압력과 표면장력에 의한 것의 합이다. 이 중에서 앞의 것은 $4\pi r^2 p_{out}$이다. 그리고 후자는 다음과 같이 계산할 수 있다. 우선 구의 반지름이 r로부터 $r+dr$로 변할 때의 표면적 변화는 다음과 같다(2차 미분 $(dr)^2$을 무시하고).

$$d\sigma = 4\pi(r+dr)^2 - 4\pi r^2 \fallingdotseq 8\pi r dr$$

따라서 표면을 이만큼 잡아 늘리기 위해서 해주어야 하는 일은 다음과 같다.

$$dw = 8\pi\gamma r dr$$

그런데 일은 힘 × 거리이므로 반지름이 r일 때, 이것을 dr만큼 잡아 늘리는데 맞서는 힘은 다음과 같다.

$$F = 8\pi\gamma r$$

따라서 안쪽을 향하는 전체 힘은 $4\pi r^2 p_{out} + 8\pi\gamma r$이다. 평형을 이루려면 외향 힘과 내향 힘이 균형을 이루어야 하며, 따라서 다음 관계가 성립한다.

$$4\pi r^2 p_{in} = 4\pi r^2 p_{out} + 8\pi\gamma r$$

이 식을 정리하면 식 (10.56)이 증명된다. ■

이 Laplace 식에 의하면 곡률 반지름이 무한대가 될 때(즉 표면이 평면일 때)는 압력차가 0이 된다. 작은 공동은 곡률 반지름이 대단히 작으므로 표면 양쪽의 압력차가 대단히 크다. 예로서 샴페인 속의 반지름 0.10 mm인 '기포'(실제로는 공동)의 경우에 이 압력차는 1.5 kPa이나 된다. 이 압력은 약 15 cm 높이의 물기둥을 지탱할 수 있다.

한편 곡률반경이 서로 다른 두 기포가 융착된 경우의 Laplace 식은 식 (10. 56) 대신 아래와 같이 나타내진다.

$$\Delta p(=p_{in}-p_{out})=\gamma\left(\frac{1}{r_1}+\frac{1}{r_2}\right) \tag{10. 57}$$

여기서 r_1 및 r_2는 두 기포의 곡률반경이다. 이 식에서 전체의 기포가 만약 구면의 경우는 $r_1=r_2=r$이므로 $\Delta p=2\gamma/r$가 되어 식 (10. 56)으로 환원되며, 만약 원통형 표면인 경우는 $r_1=\infty$, $r_2=r$이 되어 $\Delta p=\gamma/r$가 된다. 그리고 만약 무한히 큰 곡률반경을 갖는 평면의 경우에는 $\Delta p=0$(즉 $p_{in}=p_{out}$)이 된다.

이제 외부에서 가해지는 압력증가(Δp)에 따른 액체의 증기압(vapor pressure)의 변화를 나타내는 아래의 Kelvin 식을 유도해 보기로 한다.

$$p=p^{*}e^{V_m\Delta p/RT}=p^{*}e^{2\gamma V_m/rRT} \tag{10. 58}$$

여기서 p^*는 외부에서 여분의 압력 Δp를 가하지 않았을 때의 액체의 증기압, 그리고 p는 여분의 압력 Δp를 가했을 때의 액체의 증기압이다. 또한 $V_m(=M/\rho$, 여기서 M 및 ρ는 액체의 몰분자량 및 밀도)은 액체의 몰부피이고, γ는 액체의 표면장력이다.

증 명 평형상태에서는 액체와 증기의 화학퍼텐셜(몰 Gibbs 지유에너지)이 같아야하므로 $d\mu(g)=d\mu(l)$이 성립된다. 지금 액체에 작용하는 압력 p가 dp만큼 증가했다면 액체의 화학퍼텐셜은 $d\mu(l)=V_m(l)dP$만큼 변해야 한다 [$\because d\mu=\overline{V}dP-\overline{S}dT$(등온) : 식 (5. 8)]. 그리고 증기의 화학퍼텐셜도 $d\mu(g)=V_m(g)dP$가 된다. 여기서 dP가 바로 우리가 구하려는 액체의 증기압의 변화량이다. 이 증기를 이상기체로 간주하여 몰부피 $V_m(g)=RT/p$로 바꾸면 아래식을 얻는다.

$$d\mu(g)=\frac{RTdp}{p}$$

이것과 액체의 화학퍼텐셜 변화 $d\mu(l)$을 같이 두면 아래를 얻는다.

$$\frac{RTdp}{p}=V_m(l)dp$$

이 식의 양변을 여분의 압력 Δp가 가해지지 않았을 때의 액체의 증기압 p^*에서 여분의 압력 Δp가 가해졌을 때 증기압 $p(\simeq p^*+\Delta p)$까지 적분을 행하고, 액체의 몰부피 V_m

이 이 범위 내에서 일정하다고 간주하면 아래식을 얻는다.

$$RT\int_{p^*}^{p}\frac{dp}{p} = \int_{p^*}^{p^*+\Delta p} V_m(l)dp$$

$$RT\ln\frac{p}{p^*} = V_m(l)\Delta p \text{ 혹은 } p = p^* e^{V_m\Delta p/RT}$$

그런데 여기서 여분의 압력 Δp로서 Laplace 식 $\Delta p(=p_{in}-p_{out}) = 2\gamma/r$(식 10. 56)을 대입하면 아래를 얻어 증명된다.

$$p = p^* e^{V_m\Delta p/RT} = p^* e^{2\gamma V_m/rRT} \quad \blacksquare$$

만약 공동(cavity) 내부의 액체 증기 압력을 나타내는 이와 비슷한 식은 간단히 유추할 수 있다. 이 경우에는 공동을 둘러싸고 있는 액체의 압력이 기포 속의 증기 압력보다 낮다(즉 $p < p^*$). 따라서 앞의 식에서 지수의 부호를 바꾸기만 하면 된다. 즉

$$p = p^* e^{-2\gamma V_m/rRT} = p^* e^{-2\gamma M/\rho rRT} \tag{10. 59}$$

위 식의 두 번째 항등관계에서 $V_m = M/\rho$(여기서 ρ는 액체의 밀도, M은 액체의 몰 분자량)를 이용하였다[비고: 위 식에서 지수의 − 부호를 곡률반경이 액체 바깥에서 측정되었다고 해석할 수도 있다.]

이제 모세관응축 현상으로 다시 돌아가기로 한다. Laplace 식으로부터 작은 모세관에서는 평평한 표면에서 보여지는 평형 증기압 P_0보다 작은 압력에서도 응축이 발생하는 것을 알 수 있다. 작은 모세관에서 기체의 응축은 Laplace 식으로부터 설명할 수 있으나 모세관 응축 현상으로부터 곧바로 흡착 이력을 설명하기는 어렵다. 액체-증기 계면의 형태가 $P < P_0$인 경우 다공성 고체에서의 흡착과 관련을 가진다. 이미 보여주었던 IV형과 V형의 등온흡착은 평형증기압에 도달하기 전에 한계치에 도달하고 있음을 보여주는데(그림 10. 13) 이는 다공성 표면을 가지는 경우 볼 수 있는 흡착 현상이다. 액체가 반경 r인 기공에서 응축하여 반경 $R(R > r)$인 구의 표면을 형성한다고 가정하자. 이때는 구면에서 P/P_0를 나타내는 관계식인 Kelvin 식 (10. 59)으로 설명할 수 있다 [단 p^*대신 P_0을 대입하고, 기포(구)의 반경 r을 그림 10. 16 (b)처럼 R도 나타낸다]. 흡착이력(그림 10. 15)에서 같은 흡착량을 보이는 경우 흡착이 탈착에 비하여 높은 압력에서 볼 수 있다. Kelvin 식에 따르면 흡착이력이 발생하는 영역에서의 흡착-응축은 탈착-증발에 비하여 더 큰 기공에서 일어나는 것을 의미한다. 즉 액체가 기공에서 응축하기 시작하는 과정은 좀 더 큰 반경 r_a가 흡착-응축이 일어나는 압력을 결정하나 기공이 채워지고 탈착-증발이 일어나는 과정에서는 좀 더

작은 반경인 r_d가 평형 압력을 결정한다. 흡착과 탈착을 전진(θ_a) 그리고 후퇴(θ_r) 접촉각에 관련지을 수 있는데 구의 반경 R, 기공의 반경 r, 접촉각 θ, 그리고 접촉각의 보각 $\phi(=\pi/2-\theta)$와 같다면 그림 10. 16 (b)에서 다음과 같이 나타낼 수 있다.

$$r = R\sin\phi = R\cos\theta \tag{10. 60}$$

식 (10. 59)와 (10. 60)을 조합하면 아래식을 얻는다.

$$P = P_0 e^{-2\gamma M\cos\theta/\rho r RT} \tag{10. 61}$$

[주의: 위 식에서 R는 그림 10. 16의 기포(구)의 반경이 아니고, 기체상수 $R = N_A k_B$(여기서 N_A 및 k_B는 각각 아보가드로수 및 볼츠만 상수임)이다.]

위 식을 보면 일정한 반경(r)의 기공에서 (평형) 증기압은 $\cos\theta$가 증가하거나 θ가 감소함에 따라 감소한다. 그리고 전진 접촉각은 후퇴 접촉각에 비하여 크다. 이와 같은 결과는 탈착-증발이 흡착-응축에 비하여 비교적 낮은 압력에서 관찰되는 것과 일치한다.

10. 1. 6 액체/기체 및 액체/액체 계면

액체-기체 계면은 10. 1. 1절에서 액체의 표면(기체에 대한 계면)장력 정의 및 측정에 대해 논하였으므로, 여기에서는 두 개의 액체 벌크상이 만나는 계면에서 용질(계면활성제)의 계면농도 Γ_2에 관한 Gibbs 등온흡착식과 액체(또는 고체)표면에서 액체분자(계면활성제)의 정렬된 배향을 가진 표면활성(surface activity)과 'LB(Langmuir-Blodgett)막'이라고 불리는 단분자 필름(monomolecular film)의 형성 등에 대하여 논하기로 한다.

10. 1. 6. 1 Gibbs 등온흡착식

10. 1. 2절의 계면에 대한 등온, 등압에서의 Gibbs-Duhem식에서 유도된 (2성분계에 대한) Gibbs 흡착등온식 (10. 20)을 생각해보자. 여기서 세정(detergency)의 경우처럼 기하학적 평면으로 분리되어 있는 '물(H_2O)'과 '기름(oil)'의 두 액상이 만드는 간단한 계면모형을 생각해보자(그림 10. 4 참조). 이때는 계면활성제 S만이 계면에 축적되고, 물과 기름의 계면농도인 Γ_{H_2O} 및 Γ_{oil}는 0이 된다. 또는 물을 용매(성분 1), 계면활성제를 용질(성분 2)로 하는 2성분계 용액에서 계면에서 용매의 계면농도 $\Gamma_1(=\Gamma_{H_2O})$을 0으로 간주하면 식 (10. 20)에서 아래가 성립된다.

$$d\gamma = -\Gamma_1 d\mu_1 - \Gamma_2 d\mu_2 = -\Gamma_2 d\mu_2 \tag{10. 62}$$

그런데 2성분계 용액에서 용질의 화학퍼텐셜은 5장에서 아래로 나타내진다.

$$\mu_2 = \mu_2^{\square} + RT\ln a_2 \tag{10. 63}$$

여기서 $\mu_2^{\square}$는 용질의 활동도 $a_2[=\gamma_2$(활동도계수)$\times c_2$(농도)]가 1이 될 때의 (농도에 무관한) 표준상태의 화학퍼텐셜이다. 위 식에서 $d\mu_2 = RTd\ln a_2$가 되므로 이를 식 (10. 62)에 대입하면 아래를 얻는다.

$$\Gamma_2\left(=\frac{n_2^{\sigma}}{A}\right) = -\frac{1}{RT}\frac{d\gamma}{d\ln a_2} = -\frac{a_2}{RT}\frac{d\gamma}{da_2} \tag{10. 64}$$

그런데 묽은 용액의 경우 용질의 활동도계수 $\gamma_2 \simeq 1$로 간주(Henry 법칙)할 수 있으므로 위 식은 아래로 근사될 수 있다.

$$\Gamma_2 \simeq -\frac{c}{RT}\frac{d\gamma}{dc} = -\frac{1}{RT}\frac{d\gamma}{d\ln c} \tag{10. 65}$$

[주의: 만약 1:1형 이온성 (강전해질)계면활성제 경우는 양이온과 음이온이 동시에 계면에 석출되므로 위 식은 $\Gamma_2 = -\dfrac{c}{2RT}\dfrac{d\gamma}{dc}$로 수정될 필요가 있다(부록참조).]

위 식 (10. 65)가 이 절의 기본이 되는 Gibbs 등온흡착식이다.

한편 식 (10. 65)에서의 $d\gamma/dc$의 부호 즉 2성분계 용액의 표면(또는 계면)장력에 대한 용질의 농도의존성은 용질에 따라 두 종류 즉 $d\gamma/dc < 0$이 되어 $\Gamma_2 > 0$(즉 계면에 용질이 축적)되는 경우와 $d\gamma/dc > 0$이 되어 $\Gamma_2 < 0$(즉 계면에 용질이 고갈)되는 경우로 나누어진다. 용매가 물인 경우 전자에 속하는 용질은 비누, 알콜, 식초산 등이 있으며, 후자에 속한 용질은 소금(전해질), 설탕 등이 있다(그림 10. 19 참조)

10. 1. 6. 2 계면배향 및 표면활성

분자사슬이 짧은 지방산과 알콜(친수기와 소수기를 동시에 가진 계면활성제의 일종임)은 물과 기름에 모두 녹는다. 이들 분자의 (소수성)탄화수소 부분이 기름에 대한 용해성을 부여하여, (친수성)극성기인 -COOH나 -OH기는 물에 대한 용해성을 부여한다. 만약 이들 분자가 공기(혹은 증기)-물 혹은 기름-물 계면에 위치할 때는 그들의 친수성(머리) 부분은 수용액상에 위치하려하고, 반대로 소수성(꼬리) 부분은 기상 혹은 기름상으로 향하려 할 것이다(그림 10. 17 참조). 이와 같은 경향은 이들 분자가 물 또는 기름상에 완전히 용해되는 것보다 에너지적으로 보다 유리하기 때문이다.

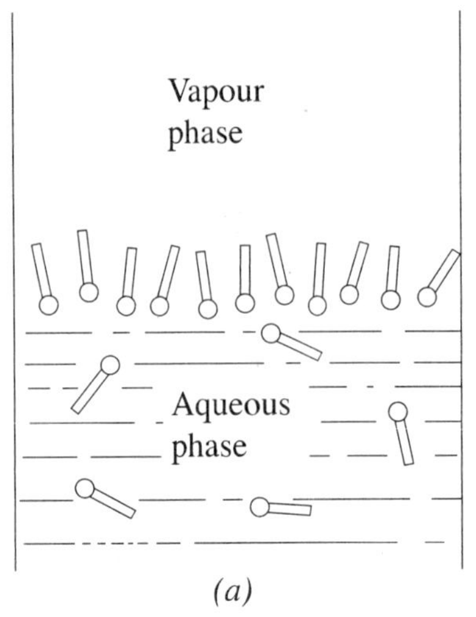

(a)

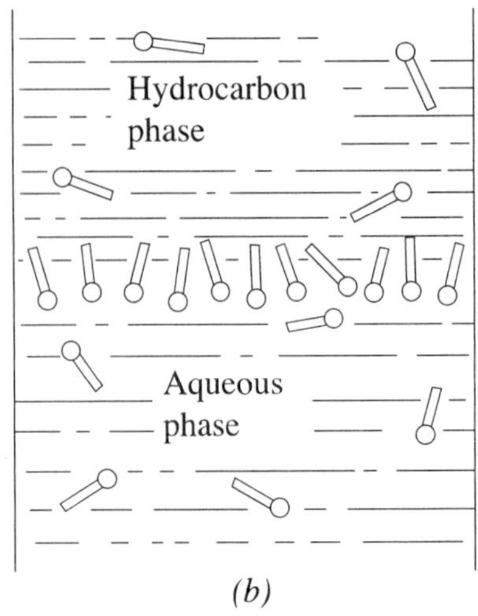

(b)

▶ **그림 10. 17** (a) 공기-물 및 (b) 기름-물 계면에서 배향된 단분자층으로서의 계면활성제 분자의 흡착에 대한 모식도. 그림에서 둥근(머리) 부분은 친수성 극성기를 나타내고, 사각형(꼬리) 부분은 소수성 탄화수소부분을 나타낸다.

그림에서 보는 바와 같이 이와 같은 (계면활성제)물질들의 배향된 '단분자층(monomolecular layer or monolayer)'의 형태로 표면 또는 계면에 강하게 흡착되는 거동을 '표면활성(surface activity)'이라고 한다. 표면활성은 동적(dynamic)현상이다. 왜냐하면 표면 또는 계면의 최종 상태는 표면에 분자가 펴진(배향된) 상태로 흡착하려는 경향과 분자의 열운동에 의한 완전히 혼합하려는 경향 사이의 밸런스를 나타내기 때문이다. 계면활성 분자가 계면속으로 패킹(packing)하려는 경향은 계면의 팽창에 호의적이나 이는 액체의 정상적인 표면장력에 의한 계면을 수축하려는 경향과 밸런스를 취해야 한다. 만약 π를 계면활성제의 흡착된 층이 나타내는 '팽창(또는 표면)압력'이라면, 계의 표면 또는 계면장력은 π만큼 감소될 것이다. 즉

$$\gamma = \gamma_0 - \pi \tag{10. 66}$$

[주의: 이 식은 고체의 표면장력에 관한 식 (그림 10. 6)과 유사한 형태이다.]

10. 1. 6. 3 단분자 필름

긴 지방산(fatty acid)과 알콜처럼 물에 불용성을 나타내는 많은 물질들은, 만약 이들 물질의 친수성 -COOH나 -OH기들은 물 쪽으로 배향되고, 소수성 탄화수소부분은 물에서 멀리 떨어진 방향으로 배향되는 분자 1개 두께의 표면필름(즉 단분자 필름)이 형성될 공간만 있다면(필요하다면 적당한 용매의 도움을 받아) 물 표면 위로 퍼지게 될 것이다.

이들 물에 불상용 단분자(monomolecular) 필름(혹은 단분자층)은 문제의 모든 분자들이 계면에

서 한 분자층으로 집중되어 있으므로 액체표면에서의 흡착거동의 극한적인 경우를 나타낸다. 이는 용액으로부터의 흡착에 의해 형성되는 단분자층(10. 1. 4. 3절 참조)과는 달리, 불상용 필름의 표면농도는 표면적과 표면에 퍼진 물질의 양만 알면 Gibbs 식 등에 의존하지 않고서도 바로 구할 수 있다.

특히 표면의 농도가 매우 높은 경우의 형성된 단분자층에 있는 분자들은 가끔 단순한 식으로 배열되어, 단분자층의 여러 성질을 조사함으로써 개개 분자의 크기, 모양 및 배향상태 등에 관하여 많은 정보를 얻을 수 있다. 단분산 필름은 2차원 물리적 상태로 존재하나 필름 분자 사이의 측면 부착력의 크기에 따라 조금씩 달라지는데 이는 3차원 물질의 경우와 많이 유사하다.

2차원 $\pi-A$ 상태방정식

전술한 바와 같이 단분자층의 표면(팽창)압력 π는 액체표면에 단분자층이 존재함으로 인하여 표면장력의 감소를 나타낸다. 즉

$$\pi = \gamma_0 - \gamma \tag{10. 67}$$

여기서 γ_0는 흡착된 표면 필름이 없는 깨끗한 표면의 정상적인 수축성 표면장력이며, γ는 계면에 흡착 단분자층이 존재함으로 야기된 보다 감소된 표면장력이다. 그런데 10. 1. 6. 1절에서 언급한 바와 같이 계면활성제 용질[$(\partial\gamma/\partial c) < 0$을 나타냄]에 의하여 계의 표면장력은 감소되는데(그림 10. 19 (c) 참조) 농도 $c \to 0$인 극한 조건에서는 일반적인 유기용질은 표면장력과 농도의 관계가 아래와 같이 직선적인 관계를 보인다.

$$\gamma(c) = \gamma_0 - mc \tag{10. 68}$$

여기서 m은 양의 상수이며, $(\partial\gamma/\partial c)_T = -m$이다. 이 식과 식 (10.67)을 비교하면 $\pi = mc$를 얻는다. 이들 관계를 Gibbs 등온흡착식 (10. 65)에 대입하면 아래를 얻는다.

$$\Gamma_2\left(= \frac{n_2^\sigma}{A}\right) = \frac{\pi}{RT} \tag{10. 69a}$$

혹은

$$\pi A = n_2^\sigma RT \tag{10. 69b}$$

여기서 A는 표면적, n_2^σ는 계면(σ상)에 축적된 용질(계면활성제)의 표면(과잉)농도이다. 이 식은 등온에서 표면압 π와 표면에 퍼진 물질에 유효한 표면적 A의 관계를 나타내는 소위 'π(표면압)-A(표면적)'곡선으로 3차원 물질(이상기체)에 대한 'P(벌크압)- V(벌크체적)'곡선의 2차원 버전이라고 할 수 있다.

[비고: 두께 1 nm의 표면필름의 경우 표면압 $\pi = 1\ \mathrm{mNm^{-1}}$는 벌크압력 $P = 10^6\ \mathrm{Nm^{-2}}$(혹은 약 10 atm)에 해당된다.]

지금 지방족 용매와 유기용질로 된 희박용액 소량을 반듯한 표면을 가진 많은 양의 물에 떨어뜨려 보자. 이때 유기용질은 다음과 같은 조건을 만족하는 성분을 선택한다.

① 실온에서 유기상 두 성분의 물에 대한 용해도는 무시할 정도로 작다.

② 유기용매와 용질 사이의 복합체가 생길 가능성은 극히 적다.

③ 유기 용매의 휘발성은 크나 용질은 그렇지 않다.

수면에 떨어진 유기용액은 처음에는 퍼지는 경향을 보인다. 즉 물(W)에 대한 기름(O)의 초기 퍼짐계수 $S_{O/W}$(식 10.28)는 양(+)이다. 이는 γ_{OW}는 매우 작은데 반하여 γ_W는 크기 때문이다(참고 10.1 참조). 그러나 퍼짐이 발생한 후 충분한 시간이 지나면 모든 용매는 휘발하고 용질만이 남게 된다. 표면에 남아 있는 용질은 단분자상 흡착층을 이루며 표면장력 저하가 발생한다. 이때의 $\pi - A$ 등온선은 다음의 경우에 적용된다.

① 두 내부상 사이에 위치한 물질을 대상으로 한다.

② 표면상은 내부상 같은 물질과는 비교적 독립적인 성질을 지닌다.

③ 많은 표면상태는 삼차원 상태를 이차원으로 축소한 경우이다.

충분히 낮은 압력에서 표면압을 측정하는 경우, 모든 단분자층은 기체상 거동을 보인다. 기체상 영역은 $\pi \to 0$인 점근 한계로 특성지워지며 식 (10.69b)는 이상기체 법칙을 이차원적으로 적용한 경우에 해당된다.

참고 10.1

여기서 한 액체상에서 다른 액체의 퍼짐을 식 (10.28)로 정의된 a상 위에 b상의 퍼짐계수 $S_{b/a}$를 사용하여 조사해 보자. 물에 불용성 기름이 깨끗한 수면에 한방울 떨어지면, 다음 세 가지 경우 중 하나에 속한다.

① 렌즈상으로 남아 있는 경우

② 표면에 이분자층으로 균일하게 필름상으로 퍼지는 경우

③ 단분자층으로 퍼지는 경우 나머지 오일은 렌즈상으로 평형을 이루는 경우

만일 기름방울에 의해 점유되는 면적이 dA만큼 증가한다면 계의 표면자유에너지 변화는 근사적으로 $(\gamma_{OA} + \gamma_{OW} - \gamma_{WA})dA$과 같다(그림 10.6 참조). 또한 이 표면자유에너지 변화가 음이라면, 퍼짐의 과정은 자발적으로 일어난다. 식 (10.28)에서 물(W)에 대한 기름(O)의 초기 퍼짐계수 $S_{O/W}$는 아래가 된다.

$$S_{O/W} = \gamma_{WA} - (\gamma_{OA} + \gamma_{OW}) \tag{10.70}$$

(여기서 첨자 A는 공기를 나타냄)

S를 결정하기 위해서는 액체 상호간의 포화가 일어나기 전에 여러 계면장력 성분을 측정하여야 한다. 초기 퍼짐이 일어날 조건은 S가 양이거나 영의 값을 보여야 한다. 부착일(W_A)에 관한 Dupré식 (10. 30)을 치환하여 나타내면 퍼짐 계수는 부착일(W_A)과 응집일($W_{C,Oil} = 2\gamma_{Oil}$)로 나타낼 수 있다.

$$S_{O/W} = W_{OW} - 2\gamma_{OA} = W_{OW} - W_{Oil} \tag{10. 71}$$

여기에서 기름이 물과 부착하려는 경향이 자기들끼리 응집하려는 경향보다 크다면 퍼짐은 일어나게 된다. 헥사데칸상의 올레인산과 같은 기름상의 불순물은 γ_{OW}를 충분히 감소시켜 양의 S값을 보인다. 수상의 불순물은 일반적으로 S를 감소시키는데 이는 불순물로 인하여 γ_{WA}가 γ_{OW}에 비하여 감소하는 정도가 크며 이 경향은 γ_{OW}가 이미 작은 값을 나타낼 때 두드러진다. 따라서 n-옥탄은 깨끗한 수면상에서 퍼지나 오염된 표면인 경우는 그렇지 않게 된다. 초기 퍼짐계수는 한 액체와 다른 액체와의 상호 포화를 고려하지 않은 것이다. 예로서 벤젠을 물 위에 떨어뜨리면 처음에는 퍼짐이 발생한다.

$$S_{ini}/\mathrm{mNm^{-1}} = 72.8 - (28.9 + 35.0) = +8.9 \tag{10. 72}$$

그러나 벤젠과 물은 충분한 시간이 지나면 서로 포화가 되어 표면장력값이 변화한다(단 물과 벤젠의 계면장력 γ_{OW}는 거의 불변). 즉 γ_{WA}는 62.4 $\mathrm{mNm^{-1}}$로 그리고 γ_{OA}는 28.8 $\mathrm{mNm^{-1}}$이 된다. 따라서,

$$S_{final}/\mathrm{mNm^{-1}} = 62.4 - (28.8 + 35.0) = -1.4 \tag{10. 73}$$

이는 초기의 퍼짐이 중단되고 벤젠막은 수축하여 평평한 렌즈상으로 바뀌며 나머지 수면은 벤젠 단분자층으로 덮이게 된다. 유사한 경우로서 수면상에 떨어뜨린 n-헥산올의 경우를 들 수 있다.

$$S_{ini}/\mathrm{mNm^{-1}} = 72.8 - (24.8 + 6.8) = +41.2 \tag{10. 74}$$

$$S_{final}/\mathrm{mNm^{-1}} = 28.5 - (24.7 + 6.8) = -3.0 \tag{10. 75}$$

그림 10. 18은 수면에 기름과 n-헥산올을 떨어뜨렸을 때의 각각의 거동을 보여주고 있다.

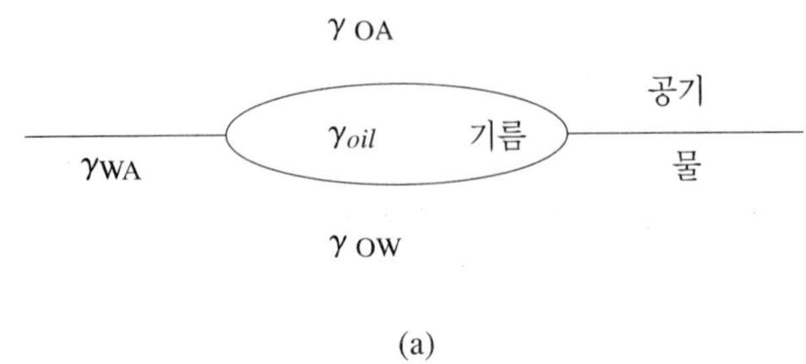

(a)

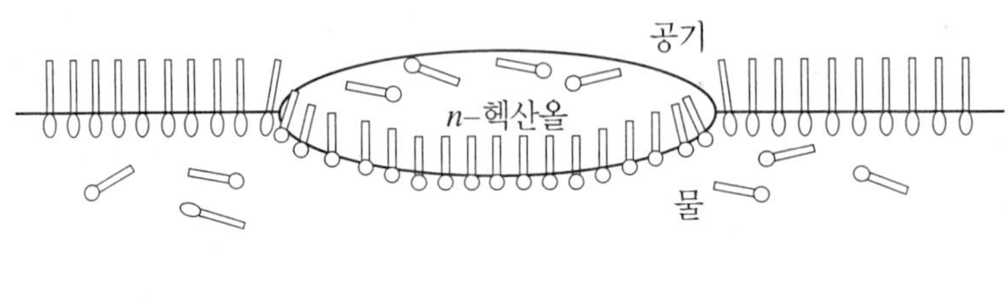

(b)

▶ **그림 10. 18** 수면상에서의 기름(a)과 n-헥산올(b)

식 (10. 69b)를 아래와 같이 바꾸어 나타낼 수 있다.

$$\pi \overline{A} = RT \tag{10. 70}$$

여기서 $\overline{A}(= A/n_2^\sigma)$는 몰 표면적이다. 여기서 양변을 Avogadro수 N_A로 양변을 나누면 아래를 얻는다.

$$\pi\sigma = kT \tag{10. 71}$$

여기서 $\sigma(= \overline{A}/N_A)$는 단분자층 필름 내에 있는 용질분자 1개의 표면적, $k = R/N_A$는 Boltzmann 상수이다.

위에서 언급한 $\pi - A$형의 2차원 상태방정식이 적용되는 계는 표면에 선택 흡착을 하는 물질에 대해 적용되며, 용질의 농도에 따른 표면장력의 변화는 그림 10. 19와 같다. 여기에서 (a)는 단순한 전해질, (b)는 단순한 유기 용질, 그리고 (c)는 계면활성제와 같은 양쪽성 용질에 해당하며, 특히 2차원 상태방정식이 적용되는 용질은 (c)와 같은 묽은 농도 범위에서 직선적인 표면장력 감소를 보인다[식 (10. 68) 참조].

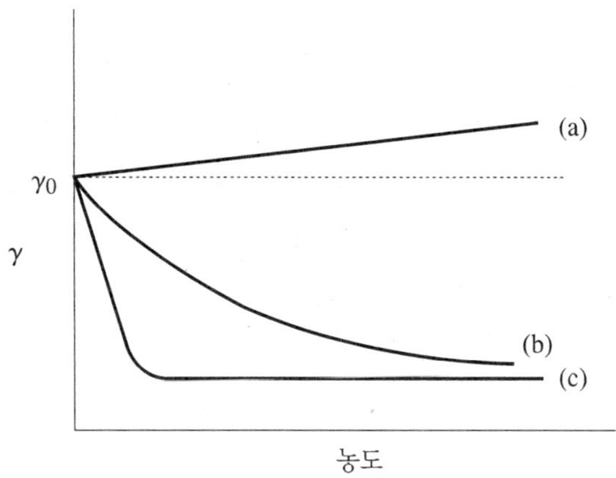

▶ **그림 10. 19** 용질의 농도에 따른 표면장력의 변화: (a) 단순한 전해질, (b) 단순한 유기용질, (c) 친수성기와 친유성기를 동시에 갖는 용질.

한편 그림 10. 20은 Langmuir-Adam 표면압(π) 측정장치의[종종 LB통(trough)이라고도 함)]의 원리도이다. 매우 깨끗한 수면에 휘발성 용매에 용해시킨 지방산과 같은 표면활성인 물질을 한 방울 떨어뜨리면 잠시 후 휘발성 용매는 휘발하고 지방산이 수면상에 친수성 부분이 수면쪽으로 향하도록 배열한다. 표면압 측정장치는 한편에 움직일 수 있는 막대로 표면을 단분자층으로 만들도록 표면층을 압축하도록 되어 있고 다른 한편은 이때 표면에 걸리는 압력을 측정하도록 되어 있다. 예를 들면 표면 활성인 팔미트산이나 스테아린산과 같은 직쇄상(straight-chain) 지방산은 상온에서 그림 10. 20 (b)와 같은 농축된 단분자막을 이룬다. 표면상에서 지방산은 낮은 농도에서는 서로 고립된 회합체를 이룬다. 그러한 표면을 움직일 수 있는 막대를 조정하여 수면상의 지방산을 한쪽으로 농축시키면 어느 순간 표면압은 급격히 증가한다.

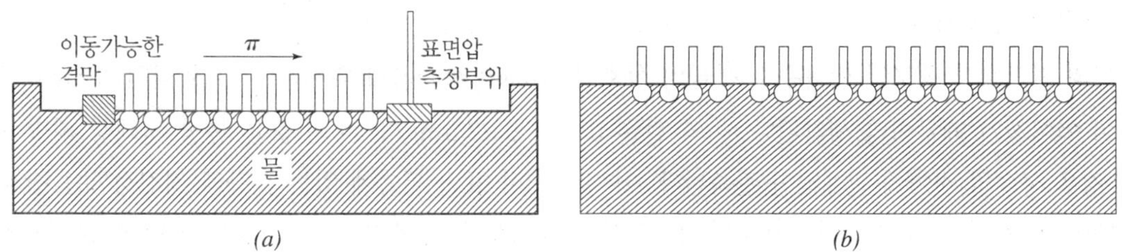

▶ **그림 10. 20** (a) Langmuir-Adam 표면압 측정장치의 원리도; (b) 직쇄상 지방산이 수면에 존재하는 형태.

그림 10. 21에 나타낸 바와 같이, 유리 슬라이드를 액상조밀(close-packed) 필름을 통하여 담갔다가 도로 뺄 때 스테아린산 분자의 극성 머리 부분(-COOH 및 -OH기 등)이 유리에 달라붙는다.

다시 슬라이드를 담그면 물 표면에 있는 (소수성)탄화수소 꼬리가 유리 슬라이드에 붙어있는 스테아린산 분자의 꼬리부분과 결합하게 된다. 이와 같은 조작을 반복하면 알려진 수의 단분자층을 포함하는 다층(multi-layer)구조의 스테아린산이 유리 슬라이드 위에 형성된다(그림 10. 21 (b)). 약 25회 조작을 반복하면 스테아린산층은 간섭(interference)색깔을 보여줄 정도로 충분히 두꺼워지고, 간섭실험으로부터 층의 두께도 계산될 수 있다. 이와 같이 유리 슬라이드의 침지(dipping)횟수로부터 분자층의 두께를 알면 또한 이로부터 분자의 길이도 계산할 수 있다. 위에서 언급한 Langmuir-Blodgett(LB)막을 이용하여 분자의 크기를 측정하는 방법은 놀라울 정도로 단순할 뿐만 아니라 정확도 또한 X-선 측정에서 얻어진 결과와 잘 일치한다.

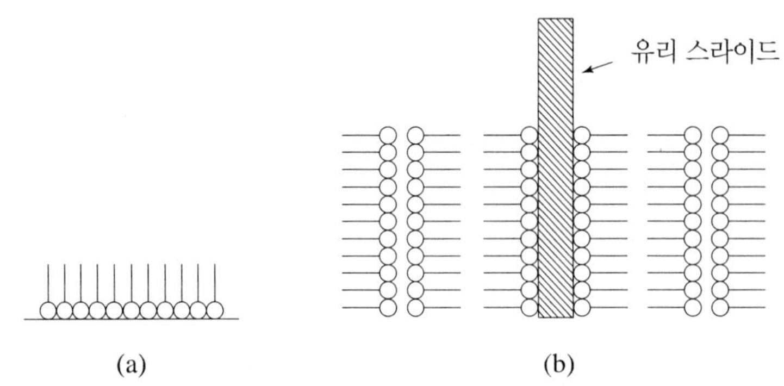

▶ **그림 10. 21** 표면 필름. (a) 표면 위에 스테아린산의 단분자층; (b) 유리 슬라이드를 단분자층을 통하여 침지함으로써 얻어진 다층구조.

한편 그림 10. 22 (a)에서 보는 바와 같이, 묽은 염산용액 위에 퍼진 스테아린산 용질의 경우 π (표면압)-A(분자 표면적)곡선에서 초기의 표면압증가는 1개 분자의 표면적[식 (10. 71)의 σ 대신 여기서는 A로 표시]이 약 $0.25\ \mathrm{nm}^2/$분자에서 급격한 증가를 보이는데 이는 스테아린산 말단기의 초기 패킹에 대응한다. 그 후 $\pi-A$곡선은 약 $0.205\ \mathrm{nm}^2/$분자에서 매우 가팔라지는 이는 말단기의 지그재그 행보와 탄화수소 사슬의 상호잠금(interlocking)에 의해 보다 효율적인 분자의 패킹이 얻어졌기 때문이라 생각된다. 이와 같은 $0.20-0.22\ \mathrm{nm}^2/$분자의 값은 통상 직쇄상 지방산의 경우 사슬의 길이에 관계없이 관측된다. 이 지점에서 표면 필름에 있는 분자의 패킹정도는 결정상태에 비해 결코 크게 떨어지지 않는다. X-선 측정에서 구한 스테아린산 1분자의 단면적은 상온에서 약 $0.185\ \mathrm{nm}^2$로서 $\pi-A$곡선에서 구한 값과 크게 다르지 않다. 그리고 어떠한 표면필름의 경우에도 $\pi-A$곡선상의 극한값을 지나 계속 압축하면 결국 붕괴되거나 필름의 휘어짐(buckling)을 초래한다.

한편 불포화 지방산인 올레인산(그림 10. 22 (b))은 대응하는 포화 지방산인 스테아린산에 비하여 주어진 (분자)표면적 A에서 표면압 π가 매우 크며, 또한 주어진 π에서는 분자 표면적이 훨씬 큰 팽창된 필름을 보여준다.

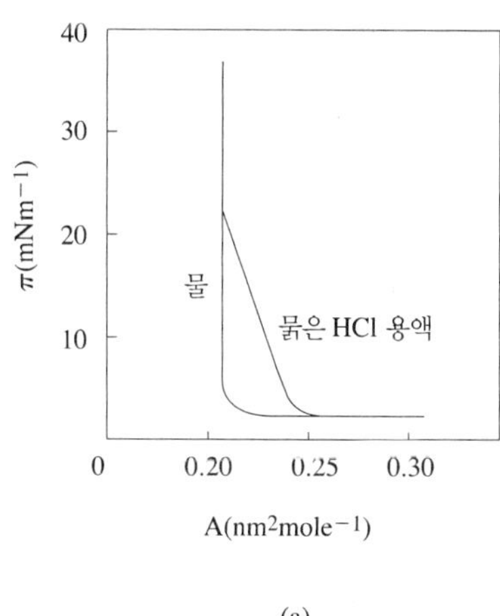

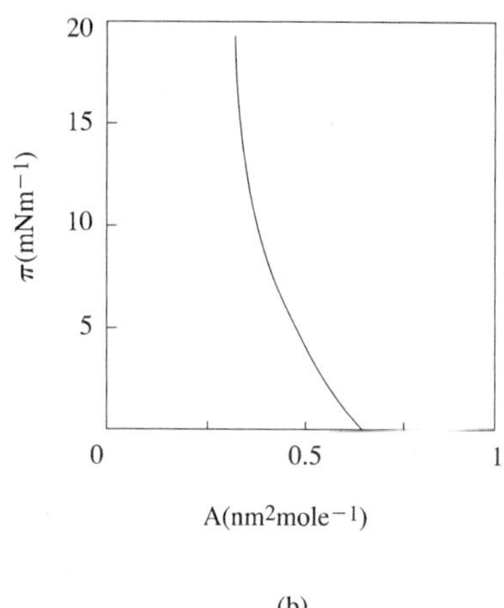

▶ **그림 10. 22** 20 ℃, 수면에서의 스테아린산(a)과 올레인산(b)의 $\pi - A$ 곡선.

이는 이중결합을 포함하는 올레인산의 지방족 사슬이 포화 지방족 사슬의 경우에 비해 서로 끌어당기는 힘이 약하고(즉 분자간 패킹이 느슨하고) 대신 수면과의 친화력이 크기 때문이다. 올레인산을 압축하게 되면 이중결합을 수면 위로 나오게 하여 결국 소수성 탄화수소 사슬이 수직방향으로 배향하게 된다. 이 과정은 그림에서 보듯이 완만하게 진행된다. 이와 관련하여, 묽은 과망간산 기질에 의한 올레인산 단분자층의 산화속도는 (분자)표면적이 높은 경우 더욱 빨라진다.

표면필름에 대한 $\pi - A$ 실험곡선에서 필름을 압축하면 표면압이 매우 낮아 (분자)표면적이 매우 큰 '기체상태'에서 응집(coherent)상태로의 잘 정의된 전이(transition)영역이 뚜렷이 관측되는 예가 많이 있다. 2차원 $\pi - A$ 곡선은 기체에서 액체로의 3차원 응축에 대한 Andrew의 $P - V$ 곡선에 매우 유사하다. 중요 특징을 강조하기 위하여 미리스트산(myristic acid)을 예로 들어 그림 10. 23에 도식적으로 나타내었다. $8\ \mathrm{nm}^2/$분자 이상의 표면적에서는 기체상태인 필름이 $0.5\ \mathrm{nm}^2/$분자로 압축됨에 따라 액체팽창(liquid-expanded)필름이 얻어진다. 이때 $0.5\ \mathrm{nm}^2/$분자와 $8\ \mathrm{nm}^2/$분자 사이의 표면적에서는 요동성(fluctuating)의 표면필름 전위차 실험결과로부터 불균일한 전이본질(transition nature)이 존재함이 확인되었다.

액체 팽창필름의 영역에서는 식 (10. 71) 대신 아래 형태의 표면압-표면적 곡선이 적용된다.

$$(\pi - \pi_0)(A - A_0) = kT \qquad (10.\ 72)$$

이 식은 실제기체에 대한 van der Waals 상태방정식과 유사(인력상수 a와 π_0, 반발력상수 b와 A_0가 대응)함을 알 수 있다. Langmuir에 의해 제안된 이론에 의하면, 이 액체상태의 팽창된 필름은 (계면활성제)분자의 머리(극성) 부분은 2차원 동적 교반(agitation)상태에 있는 반면, 소수성 꼬리 부분 사이의 인력은 필름을 응집(coherent)상태로 유지하는 마치 이중성의(duplex) 필름처럼 거동한다.

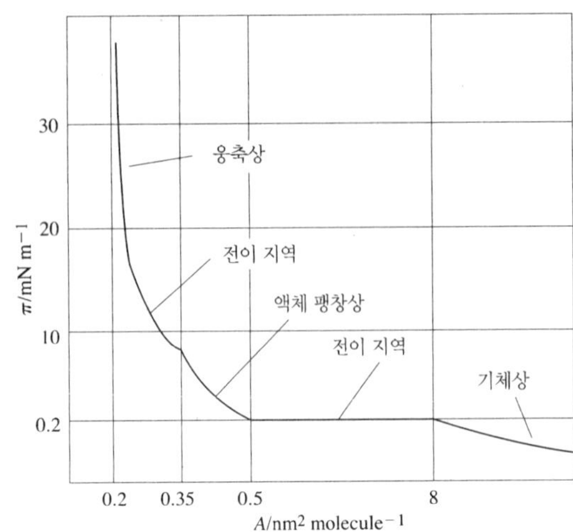

▶ **그림 10.23** 14℃에서 0.1 몰/dm^3의 염산 수용액에 퍼진 미리스트산(myristic acid)에 대한 $\pi-A$곡선의 모식도.

위에서 논의된 LB형태의 표면필름에 관한 연구는 다양한 형태로 행해지고 있다. 필름의 점도, 표면에서의 확산, 표면필름을 통한 확산, 표면 전위차, 단분자층의 퍼짐 및 단분자층 내에서의 화학반응 등은 현재 활발히 연구가 진행되고 있는 주요 토픽의 일부이다. 한 가지 흥미있는 응용예로서 분자사슬이 비교적 긴 알코올을 이용하여 제조된 표면필름을 저수지 표면에 흡착시켜 물의 증발을 지연시키는 것이다. 그리고 '골치 아픈(troubled) 물에 기름 붓기'라는 격언은 단분자층 필름을 사용하여 바람의 영향을 균등하게 분포시킴으로써 잔물결(ripple)을 가라앉히는 능력을 반영하는 것이다.

10.2 고분자의 표면 및 계면장력

대부분의 고분자물질은 서로 불상용성이므로 안정한 계면을 형성할 수 있다. 그러나 고분자 용융물(melt)과 액체의 표면 및 계면장력의 정확한 측정은 매우 점성이 높은 고분자액체에 대한 취급상의 어려움과 측정에 필요한 평형을 보증하기 위한 실험상의 난점 때문에 별로 이루어지지 않았다. 그러다가 1969년도에 처음으로 S. Wu가 용융 폴리에틸렌(PE)과 평형접촉하고 있는 폴리(비닐아세테이트)(PVAc) 용융액 간의 계면장력을 '현수방울(pendant drop)법'으로 측정하여 이론과 비교하였다.

한편 고체고분자의 표면장력은 가역적인 표면형성이 어려우므로 직접 측정하기는 곤란하다. 따라서 분자량의존성에 기초를 둔 저분자액체 동족열(homolog) 이용법, 온도의존성에 기초를 둔 고분자용융액 방법, 임계표면장력법, 상태방정식 방법, 그리고 조화평균 및 기하평균 방법 등과 같은 간접적인 방법으로 측정한다.

따라서 이 절에서는 먼저 고분자 용융액과 액체의 표면 및 계면장력 측정에 대해 먼저 다루고, 다음에는 고분자고체의 표면장력 측정을 실험과 이론을 비교하여 논하기로 한다.

10. 2. 1 고분자 용융액과 액체의 표면장력

10. 2. 1. 1 온도 의존성

저분자액체의 표면장력은 임계온도보다 훨씬 낮은 상온에서는 대부분 기울기 $-(d\gamma/dT) \simeq 0.1\ \text{dyne/cm}$를 갖고 온도에 따라 직선적으로 변화(감소)한다. 반면에 고분자액체의 표면장력은 보다 낮은 기울기 $-(d\gamma/dT) \simeq 0.05\ \text{dyne/cm}$을 갖고 직선적으로 변화한다. $-(d\gamma/dT)$는 (단위면적당)표면엔트로피 s^{σ}[식 (10. 22b) 참조]이므로 고분자의 $-(d\gamma/dT)$값이 저분자에 비해 작은 것은 고분자의 긴 사슬로 인한 형태상의 제약(conformational restriction)때문이라고 생각된다. 그림 10. 24에 몇몇 고분자의 용융액과 액체에 대해 표면장력과 온도와의 관계를 도시하였다.

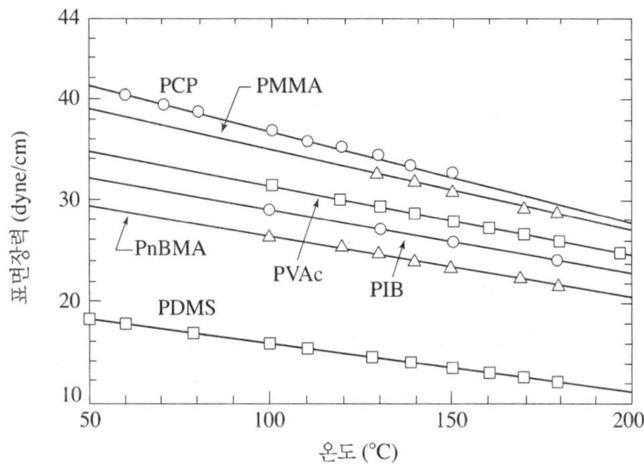

▶ **그림 10. 24** 몇 가지 고분자의 용융액과 액체에 대한 표면장력과 온도와의 관계.

저분자액체의 표면장력의 온도의존성에 관한 아래의 Guggenheim식이 고분자액체에도 적용됨이 밝혀졌다.

$$\gamma = \gamma_0\left(1 - \frac{T}{T_C}\right)^{11/9} \tag{10. 73}$$

여기서 γ_0는 $T = 0\ \text{K}$에서의 표면장력, 그리고 T_C는 임계온도이다. 계의 상수 γ_0과 γ_C는 γ와 T의 실험(직선)플롯(그림 10. 24)의 최소자승법에 의한 선형 회귀분석으로부터 구할 수 있다 위 식의 온도에 대한 미분은 아래가 된다.

$$-\frac{d\gamma}{dT}=\frac{11}{9}\frac{\gamma_0}{T_C}\left(1-\frac{T}{T_C}\right)^{2/9} \tag{10. 74}$$

위 식에서 온도가 T_C보다 아주 아래인 경우는 기울기 $(-d\gamma/dT)(=s^{\sigma}$, 단위표면적당 엔트로피) 가 상수(즉 γ와 T의 플롯이 직선)임을 알 수 있다. 일반적으로 고분자의 T_C는 600 − 900 ℃ 임이 알려져 있다. 따라서 0 ~ 200℃ 의 온도범위에서 측정할 경우 $-(d\gamma/dT)$는 거의 상수이다.

Macleod는 저분자액체의 γ의 T 의존성을 예측하기 위하여 밀도 $\rho(T)$에 기초를 둔 아래식을 제안하였는데, 이는 고분자계에도 적용된다.

$$\gamma=\gamma^{\circ}\rho^{n} \tag{10. 75}$$

여기서 γ° 및 n는 온도에 무관한 상수이다. 이 식은 비회합성 저분자액체의 경우 정확히 $n=4$임이 밝혀졌고, 고분자액체의 경우 $n=3.0\sim4.4$인데 일반적으로 저분자액체처럼 $n\simeq4$를 근사적으로 이용하고 있다. 위 식을 온도에 대해 미분하면 아래를 얻는다.

$$-\frac{d\gamma}{dT}=n\alpha\gamma \tag{10. 76}$$

여기서 α는 액체의 등압 열팽창계수 $\alpha=(1/V)(\partial V/\partial T)_P=-(1/\rho)(\partial\rho/\partial T)_P$이다. 그리고 n는 온도 무관한 상수이다.

10. 2. 1. 2 화학조성 의존성

Sugden는 고분자액체의 경우 Macleod 식 (10. 75)의 T무관 상수항 γ° 으로서 아래식을 제안하였다.

$$\gamma^{\circ}=\left(\frac{P}{M}\right)^{n} \tag{10. 77}$$

여기서 M 및 P는 고분자 반복단위의 분자량 및 파라코어(parachor)이다. P는 반복단위 내에 있는 원자나 기(group) 사이의 인력을 나타내는 파라미터로 온도에 무관하며 표로 만들어져 있다. 식 (10. 77)을 (10. 76)에 대입하면 아래를 얻는다.

$$\gamma=\left(\frac{P}{M}\right)^{n}\rho^{n} \tag{10. 78}$$

이 식은 대부분의 (액체)고분자에 대해 넓은 온도범위에서 표면장력값을 1 − 2 dyne/cm 범위 이내로 비교적 정확히 예측할 수 있다.

10. 2. 1. 3 분자량 의존성

고분자의 액상 동족열 시리즈의 표면장력은 분자량(M)이 증가할수록 증가하나 (단위표면적당) 표면엔트로피($s^{\sigma} = -(\partial\gamma/\partial T)$)는 감소한다. 그러나 분자량이 무한대인 경우 둘 다 유한값을 가진다.

일반적으로 호몰로그 시리즈의 벌크(bulk)성질은 아래식과 같이 분자량의 역수와 직선적으로 변한다.

$$x_b = x_{b\infty} - \frac{k_b}{M_n} \tag{10. 79}$$

여기서 x_b는 T_g, 비열, 비체적, 열팽창계수, 굴절률, 인장강도와 같은 벌크성질이며, $x_{b\infty}$는 분자량이 무한대일 때의 x_b값이다. 그리고 k_b는 상수, M_n은 수평균분자량이다. 그러나 이 관계는 고분자의 표면성질에는 적용이 불가능하다. 왜냐하면 위 식에 따라 표면장력 γ 대 M^{-1}의 플롯을 하면 직선이 아니라 곡선이 되기 때문이다.

대신 고분자의 액상 호몰로그 시리즈의 표면장력에 대한 분자량(M_n)의존성으로서는 아래식이 보다 잘 적용된다.

$$\gamma = \gamma_{\infty} - \frac{k_e}{M_n^{2/3}} \tag{10. 80}$$

여기서 γ_{∞}는 분자량이 무한대일 때의 γ값이며, k_e는 M무관 상수이다. 이 식은 n-알칸계열에 대해서는 γ의 표준편차 약 0.05 dyne/cm를 갖고 잘 적용되며, PIB, PDMS 및 PS와 같은 고분자의 경우에도 약 0.2 dyne/cm의 표준편차를 갖고 비교적 잘 적용된다.

한편 (액상) 동족열 시리즈의 밀도(ρ)는 아래 식으로 나타내진다.

$$\frac{1}{\rho} = \frac{V_r}{m} + \frac{V_e}{M} \tag{10. 81}$$

여기서 V_r는 반복단위의 몰부피이고, V_e는 사슬의 양 말단의 몰부피이다. 이 식과 Macleod식 (10. 75)과 결합하면 아래 식을 얻는다.

$$\gamma^{1/n} = \frac{1}{m}\left[\frac{P_r M + (mP_e - m_e P_r)}{(V_r/m)M + V_e}\right] \tag{10. 82}$$

여기서 분자량 $M = rm + m_e$, 파라코어 $P = rP_r + P_e$이다. 그리고 r은 중합도, m 및 m_e는 각각 반복단위 및 사슬 양 말단의 분자량이며, P_r 및 P_e는 각각 반복단위 및 사슬 양 말단의 파라코어이다. 위 식에서 여러 형태의 식이 가능한데, 가장 유용한 형태로서 $n=4$ 경우 $1/M$보다 높은 급수전개항은 모두 무시하면 아래식을 얻는다.

$$\gamma^{1/4}=\gamma_\infty^{1/4}-\frac{k_s}{M_n} \tag{10. 83}$$

여기에서

$$k_s=\frac{m_e P_r-mP_e}{V_r}+\frac{m V_e P_r}{V_r^2} \tag{10. 84}$$

식 (10. 83)은 n-알칸계에 대해서는 γ의 표준편차 약 0.05 dyne/cm, 그리고 PIB, PDMS, 및 PS에 대해서는 약 0.2 dyne/cm를 갖고 실험 데이터에 잘 적용된다. 실험결과에 의하면 대부분의 고분자 액체의 경우 γ 대 $M^{-2/3}$의 플롯 (식 10. 80)보다 $\gamma^{1/4}$ 대 M^{-1}의 플롯 (식 10. 83)가 보다 잘 적용됨이 알려져 있다. 그림 10. 25에 몇 가지 고분자액체에 대하여 $\gamma^{1/4}$ 대 M^{-1}의 (직선)플롯을 나타내었다.

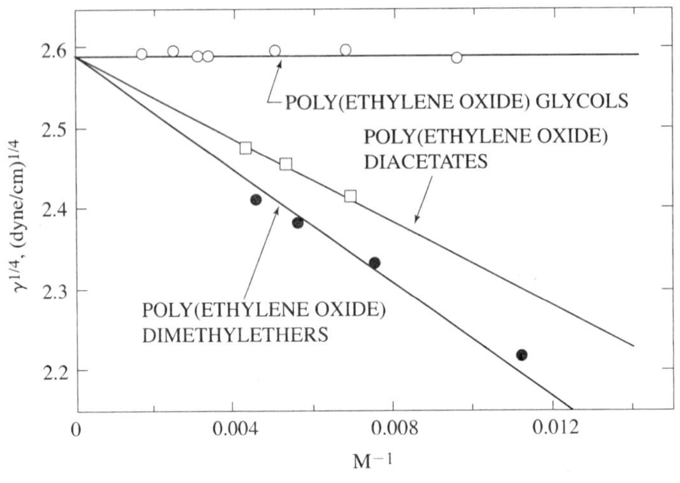

▶ **그림 10. 25** 수소결합성 폴리(에틸렌 옥시드)-글리콜 과 비수소결합성 폴리(에틸렌 옥시드)-디아세테이트 및 폴리(에틸렌 옥시드)-디메틸에테르에 대한 표면장력과 분자량 변화.

고분자액체의 표면장력의 분자량에 대한 변화의 크기는 일반적으로 분자량이 커질수록 작아진다. 가령 분자량 $M=11,000\sim 12,000$ 범위에 있는 폴리(비닐 아세테이트)(PVAc)의 용융액의 경우 γ는 거의 M에 무관함이 밝혀졌다. 그리고 올리고머 범위에 있는 폴리(에틸렌 글리콜)(PEG)의 γ도 M에 거의 무관함이 알려져 있다. 이 결과는 아마도 말단 -OH기 사이의 강한 수소결합으로 인하여 올리고머가 마치 $M\rightarrow\infty$ 인 것처럼 거동하기 때문이다. 만약 이와 같은 수소결합의 형성을 말단 -OH기를 비 수소결합성 메틸에테르나 아세테이트기로 바꾸어줌으로써 막아준다면 표면장력은 분자량에 의존할 것으로 예상된다(그림 10. 25참조).

10. 2. 1. 4 T_g 및 T_m 상전이 영향

Macleod의 식 (10. 75)은 표면장력에 대한 T_g 및 T_m의 상전이온도의 영향에 대한 분석에도 이용될 수 있다. 먼저 고분자 비정구조내 유리상과 고무상이 평형공존하고 있는 T_g전이영역에서는 두 상의 표면장력에 관한 아래식이 성립된다.

$$\left(\frac{d\gamma}{dT}\right)_g = \frac{\alpha_g}{\alpha_r}\left(\frac{d\gamma}{dT}\right)_r \tag{10. 85}$$

여기서 첨자 g 및 r은 각각 유리상과 고무상을 나타내며, α는 T_g에서의 (각 상의)열 팽창계수이다.

증 명 표면장력 γ는 정의식(10. 1)에서 Gibbs 자유에너지(G)의 표면적(A)에 관한 1계도함수이므로 이는 G의 온도(T) 및 압력(P)에 관한 1계도함수인 엔트로피($S = -(\partial G/\partial T)_P$) 및 부피($V = (\partial G/\partial P)_T$)의 경우와 마찬가지로 고체결정($s$)과 액체($l$)가 평형공존하고 있는 열역학 1차 전이점인 융점 T_m에서는 γ의 불연속 즉 $\Delta\gamma(= \gamma_l - \gamma_s) \neq 0$이 성립된다. 그러나 준정형고분자에 있는 비정영역의 유리상(g)과 고무상(r)이 평형공존하고 있는 열역학 (준)2차전이점인 T_g에서는 γ는 연속(즉 $\Delta\gamma = \gamma_r - \gamma_l = 0$)이나, 온도에 대한 미분(기울기)이 불연속이 된다(8. 5. 1절 참조) 그런데 (10. 76)에 의하면 T_g에서의 두 (공존)상의 표면장력의 온도변화식은 각각 아래가 된다(단 $\gamma_g = \gamma_r$).

$$\left(\frac{d\gamma}{dT}\right)_g = -n\alpha_g\gamma \tag{10. 86a}$$

$$\left(\frac{d\gamma}{dT}\right)_r = -n\alpha_r\gamma \tag{10. 86b}$$

따라서 위 두 식에서 아래의 관계가 성립되어 식 (10. 85)가 증명된다.

$$\left(\frac{d\gamma}{dT}\right)_g = \frac{\alpha_g}{\alpha_r}\left(\frac{d\gamma}{dT}\right)_r \quad ■$$

그런데 8. 5절에서 $\alpha_r > \alpha_g$ 임을 알므로 식 (10. 85)에서 $\left|\frac{d\gamma}{dT}\right|_g < \left|\frac{d\gamma}{dT}\right|_r$ 관계가 성립됨을 알 수 있다.

또한 $-(\partial\gamma/\partial T)_A = S^\sigma$(단위면적당 표면엔트로피)관계에서 $-(d\gamma/dT)_g(= s_g^\sigma) < -(d\gamma/dT)_r$ $(= s_r^\sigma)$가 성립된다.

한편 결정(c)-비정용융액(a) (1차)전이점인 융점 T_m에서는 $\Delta\gamma = \gamma_a - \gamma_c \neq 0$(즉 불연속)이 되는데, 각 상의 표면장력은 Macleod식에서 $\gamma_c = \gamma^\circ(\rho_c)^n$ 및 $\gamma_a = \gamma^\circ(\rho_a)^n$이 되므로 아래 식이 성립된다.

$$\gamma_c = \left(\frac{\rho_c}{\rho_a}\right)^n \gamma_a \tag{10. 87}$$

여기서 ρ_c 및 ρ_a는 각각 (100%) 결정상 및 비정상의 밀도이다.

식 (10. 87)에서 통상 $\rho_c > \rho_a$이므로 $\gamma_c > \gamma_a$의 관계가 성립된다. 가령 PE의 경우 20 ℃에서 $n = 3.2$, $\rho_a = 0.855$ g/ml, $\rho_c = 1.000$ g/ml 및 $\gamma_a = 35.7$ dyne/cm 임을 안다면 γ_c는 식 (10. 87)에서 58.9 dyen/cm로 계산된다. 이 값은 실제 실험치인 53.6 dyne/cm와 비교적 잘 일치한다. 여기서 T_m과 T_g에서의 표면장력 γ의 거동에 관한 열역학적 해석을 이하에 참고로 간단히 기술한다.

먼저 1차전이점인 T_m에서는 결정(c)상과 용융액(l)상이 평형공존하므로 일정 T, P에서 아래가 성립된다.

$$\Delta\overline{G}_{cl} = \overline{G}_l(= \mu_l) - \overline{G}_c(= \mu_c) = 0 \tag{10. 88}$$

여기서 양변을 표면적 A로 편미분하고 정의식 (10. 1)을 이용하면 아래가 성립된다.

$$\left(\frac{\partial\Delta\overline{G}_{cl}}{\partial A}\right)_{T,P} = \left(\frac{\partial\overline{G}_l}{\partial A}\right)_{T,P} - \left(\frac{\partial\overline{G}_c}{\partial A}\right)_{T,P} = \gamma_l - \gamma_c \neq 0 \tag{10. 89}$$

그런데 $\rho_c > \rho_l(= \rho_a)$이므로 $\gamma_c > \gamma_l(= \gamma_a)$이다.

한편 (준)2차전이점인 T_g에서는 유리(g)상과 고무(r)상이 평형공존하므로 일정 T, P에서 아래가 성립된다.

$$\Delta\overline{G}_{gr} = \overline{G}_r(= \mu_r) - \overline{G}_g(= \mu_g) = 0 \tag{10. 90}$$

역시 양변을 표면적 A로 편미분하고 식 (10. 1)을 이용하면 아래를 얻는다,

$$\left(\frac{\partial \Delta \overline{G}_{gr}}{\partial A}\right)_{T,P} = \left(\frac{\partial \overline{G}_r}{\partial A}\right)_{T,P} - \left(\frac{\partial \overline{G}_g}{\partial A}\right) = \gamma_r - \gamma_g = 0 \quad (10.91)$$

다시 양변을 온도 T로 편미분하고, $(\partial\gamma/\partial T)_A = -s^\sigma$(여기서 s^σ는 단위표면적당 표면엔트로피)를 이용하면 아래를 얻는다.

$$\left(\frac{\partial^2 \Delta \overline{G}_{gr}}{\partial A\,\partial T}\right) = \left(\frac{\partial \gamma_r}{\partial T}\right) - \left(\frac{\partial \gamma_g}{\partial T}\right) = -s_r^\sigma - \left(-s_g^\sigma\right) \neq 0 \quad (10.92)$$

따라서 T_g에서는 $\gamma_r = \gamma_g$이나 $(d\gamma_g/dT) \neq (d\gamma_r/dT)$가 된다. 그리고 일반적으로 $s_r^\sigma > s_g^\sigma$가 성립된다.

10. 2. 1. 5 용해도 파라미터와의 관계

저분자 액체의 표면장력은 5. 3. 2절에서 언급한 '용해도 파라미터' $\delta[=(c.e.d.)^{1/2}$, 여기서 $c.e.d.$는 응집에너지]과 아래의 관계가 있다.

$$\gamma = 0.07147\delta^2 V^{1/3} \quad (10.93)$$

여기서 V는 액체의 몰부피이다. 여기서 V는 고분자 전체의 부피나 반복단위의 부피가 아니고, 대신 한 개의 '상호작용 요소(interacting element)'의 부피로 간주되어 $V = M_i/\rho$(여기서 ρ는 밀도, M_i는 상호작용단위의 분자량)로 나타내진다. 그런데 얻어진 실험데이터의 분석결과 평균적으로 $M_i = 46.8$이 되어 $V = 46.8/\rho$를 식 (10. 93)에 대입하면 아래의 관계식을 얻는다.

$$\gamma = 0.2575\delta^2 \rho^{-1/3} \quad (10.94)$$

이 식을 고분자계에 응용할 때는 단위를 주로 $[\delta] = (\mathrm{cal/ml})^{1/2}$ 및 $[\rho] = \mathrm{g/ml}$을 이용한다.

10. 2. 1. 6 공중합체, 블랜드 및 첨가제의 영향

공중합체 또는 블랜드에 있어서 낮은 표면에너지(γ)성분은 표면에 우선적으로 흡착하여 계의 자유에너지를 낮추는 역할을 한다(식 10. 1참조).

먼저 2성분계 랜덤 공중합체의 표면장력(γ)은 각 성분의 조성(몰분율)에 대하여 일반적으로 아래의 선형가성법칙으로 나타내진다.

$$\gamma = x_1\gamma_1 + x_2\gamma_2 \quad (10.95)$$

여기서 $x_i(i = 1,2)$는 성분 i의 몰분율이다. 그림 10. 26에 에틸렌 옥시드(EO)와 프로필렌 옥시드

(PO)간의 랜덤공중합체의 표면장력을 표면 활성거동을 보이는 대응하는 PEG와 PPG의 고분자 블랜드의 경우와 비교하여 PO의 몰분율의 함수로 나타내었다.

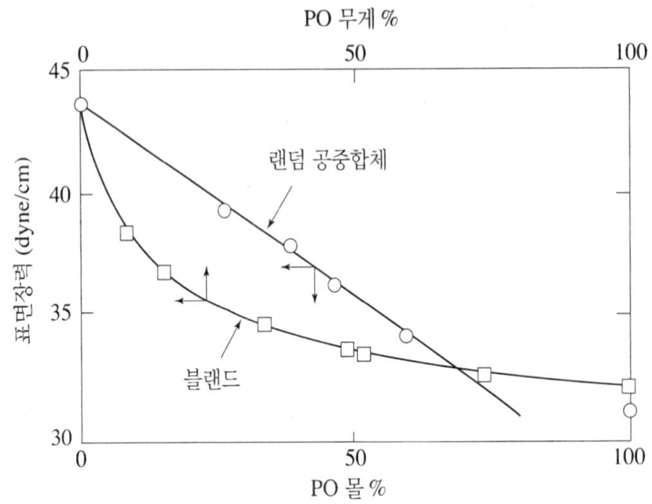

▶ **그림 10. 26** 에틸렌 옥사이드(EO)와 프로필렌 옥사이드(PO)의 공중합체의 표면장력과 표면활성 거동을 보이는 대응하는 PEG와 PPG의 블랜드의 표면장력의 PO함량에 따른 변화거동의 비교.

그림에서 블랜드의 경우는 PO함량이 매우 높은 경우를 제외하고서는 전반적으로 표면장력 값이 랜덤공중합체에 비하여 낮은 값을 보이는데, 특히 PO함량이 매우 낮은 초기부분에서 표면장력이 급격히 감소하는 것은 표면자유에너지(즉 γ)가 낮은 PO성분이 자유롭게 표면층으로 우선적 배열을 한 결과라고 생각되며, 따라서 표면분석을 행하면 표면층에서의 PO분율은 벌크층의 값보다 커질 것이다(뒤 참조). 반대로 랜덤 공중합체의 표면활성의 부족은 화학결합에 의한 사슬형태에 대한 제한 때문이라고 추측된다.

상용성 및 비상용성(incompatible) 고분자 블랜드 모두 대응하는 랜덤 공중합체에 비해 현저한 표면활성(즉 단순가성법칙보다 훨씬 낮은 표면장력)을 보이고, 특히 비상용성의 경우가 더욱 현저하다. 이와 같은 비상용성 블랜드의 높은 표면활성은 계에 존재하는 불균일한 상구조로 인하여 더욱 복잡한 양상을 띤다.

그림 10. 27에 상용성블랜드계인 PEG+PPG 블랜드, PEG+polyepichlorohydrin (PECH)블랜드, 그리고 PPG+PECH의 PO조성에 대한 표면활성거동을 나타내었다. 그림에서 표면활성은 분자량이 커짐에 따라 증가하는데 이는 관련된 불상용성의 증가에 기인한다.

Belton과 Evans는 그림 10. 27에 주어진 상용성 블랜드계의 표면장력에 잘 맞는 아래의식을 제안하였다.

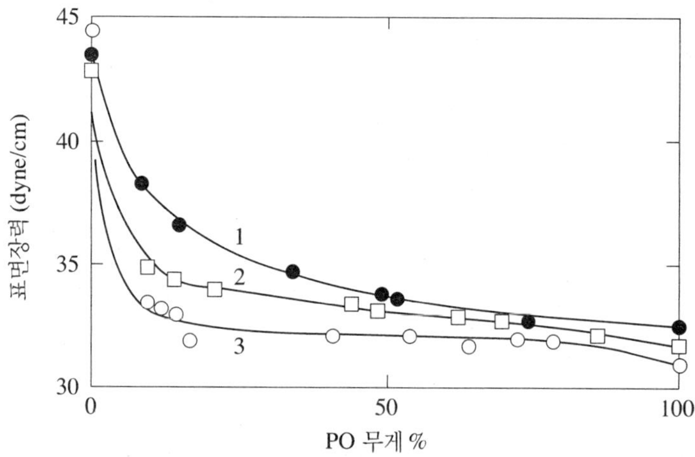

▶ **그림 10. 27** 25 ℃에서 3상용성 블랜드계에 대한 표면 활성거동. (1) PPG 425 + PEG 300 ; (2) PPG 2025 + polyepichlorohydrin (PECH 1500) ; (3) PPG 400 + PECH 2000

$$\gamma = \gamma_1^0 + \frac{kT}{a} \ln \frac{c}{1+(c-1)x_1} \tag{10. 96}$$

여기에서

$$c = \exp\left[a\left(\gamma_2^\circ - \gamma_1^\circ\right)\right] \tag{10. 97}$$

위 식에서 x는 몰분율, γ_j°은 순수 고분자 성분 j의 표면장력, a는 한 개의 분자에 의해 차지된 표면적, k는 Boltzmann상수, T는 절대온도이다. 여기서 a값은 $x_1 = x_2 = 0.5$일 때의 γ값으로부터 계산될 수 있다.

다음에 블록 및 그라프트 공중합체의 경우도 대응하는 랜덤 공중합체에 비하여 낮은 표면에너지 성분에 의한 표면활성이 꽤 크다. 특히 낮은 표면 에너지 성분의 블록 또는 그라프트의 길이가 충분히 길다면 나머지 분자와 무관하게 표면에 축적되고 배향이 된다. 예를 들면 EO(A블록, 높은 표면장력)와 PO(B블록, 낮은 표면장력)사이의 ABA 블록공중합체의 경우 현저한 표면활성이 관측된다(그림 10. 28). 만약 B블록의 중합도 (DP)가 56이상이면, B 블록의 양이 무게도 약 20 %밖에 되지 않아도 측정된 공중합체의 표면장력 값은 사실상 B 단독 블록의 값과 거의 같아진다. 한편 표면장력이 낮은 B블록의 중합도(혹은 길이)가 약 20 정도만 되어도 폴리에테르(A블록, 높은 γ)와 다이메틸실록산(B블록, 낮은 γ)과의 ABA 블록공중합체 γ는 폴리다이메틸실록산 (PDMS) 단독 블록의 γ값으로 급격히 떨어진다.

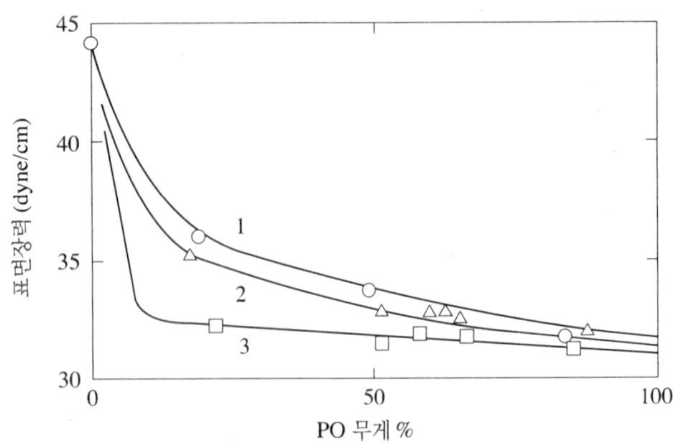

▶ **그림 10. 28** 25 ℃에서 에틸렌옥사이드(*A* 블록, 높은 γ)와 프로필렌옥사이드(*B* 블록, 낮은 γ)의 *ABA* 블록 공중합체의 표면활성화 거동. (a) 중합도(DP)=16 ; (b) DP=30 ; (c) DP=56.

마지막으로 낮은 표면에너지를 나타내는 첨가제(additive)를 이용한 고분자의 표면 활성화의 예로서, PE에 지방 아마이드(fatty amide)의 첨가나 PMMA와 PVC에 불화탄소의 첨가, 그리고 PC 및 PS에 다이메틸 실록산 블록 공중합체의 첨가 등 이다. 가령 폴리에테르(A 블록, 높은 γ)와 PDMS(B 블록, 낮은 γ)의 ABA 블록 공중합체에 있어서 0.1-1 %의 낮은 표면에너지를 가진 첨가제를 넣으면 25 ℃에서 $\gamma = 32$ dyne/cm 에서 순수한 PDMS의 γ에 유사한 약 21 dyne/cm까지 감소된다. 또한 PS의 용융액에 스티렌과 다이메틸 실록산 블록공중합체의 낮은 표면에너지 첨가제를 0.5 wt% 첨가하면 200 ℃에서 γ는 27.7 dyne/cm에서 14.7 dyne/cm로, 그리고 만약 5 wt% 첨가하면 순수한 PDMS의 γ값인 11.2 dyne/cm와 유사한 11.9 dyne/cm까지 감소된다.

첨가제가 고분자표면으로 이동하는 속도는 확산 율속(diffusion-controlled)기구로 진행된다. 이때 표면장력의 시간에 따른 변화속도는 아래식으로 주어진다.

$$\gamma = \gamma_0 - 2RTc_0\left(\frac{Dt}{\pi}\right)^{1/2} \qquad (10.98)$$

여기서 γ 및 γ_0는 각각 시간 t 및 시간 0에서의 계의 표면장력, c_0는 첨가제의 벌크농도, R은 기체상수, T는 절대온도 그리고 D는 첨가제의 확산계수이다.

10. 2. 2 고분자 액체의 계면장력

10. 2. 2. 1 Good-Girifalco (G-G)이론

두 벌크상 1 및 2 간의 접착(또는 부착)일 W_a에 관한 Dupré식 (10. 23)에 의하면 두 상 1, 2

간의 계면장력 γ_{12}는 아래식으로 나타내진다.

$$\gamma_{12} = \gamma_1 + \gamma_2 - W_a \tag{10.99}$$

그런데 G-G이론에 의하면 계면장력에 관한 식은 두 상간의 상호작용항 ϕ를 이용하여 아래와 같이 나타내진다.

$$\gamma_{12} = \gamma_1 + \gamma_2 - 2\phi(\gamma_1\gamma_2)^{1/2} \tag{10.100}$$

여기서 위 두 식을 비교하면 아래를 얻는다.

$$\Phi = \frac{W_a}{(2\gamma_1 2\gamma_2)^{1/2}} = \frac{W_a}{(W_{c1}W_{c2})^{1/2}} \tag{10.101}$$

위 식에서 만약 $\phi = 1$ 즉 접착일 W_a가 두 상의 응집일 $W_{ci}(=2\gamma_i, i=1,2)$의 기하평균과 같다면 γ_{12}는 아래식으로 나타내진다.

$$\gamma_{12} = \gamma_1 + \gamma_2 - 2(\gamma_1\gamma_2)^{1/2} = (\sqrt{\gamma_1} - \sqrt{\gamma_2})^2 \tag{10.102}$$

즉 이때 γ_{12}는 두 상의 표면장력(혹은 응집력)의 차이에 비례하며, 만약 두 상의 역장(force field)이 유사(즉 같이 극성 또는 같이 비극성)하다면 $\gamma_{12} \to 0$이 되어 두 상간의 자발적인 접착이 일어나게 된다.

현재까지 G-G이론의 ϕ값에 대한 연구가 많이 이루어졌는데, 가령 알칸과 물 사이에는 $\phi \simeq 0.55$, 알콜과 물 사이에는 $\phi \simeq 1.09$, PE와 PVAc 사이에는 $\phi \simeq 0.80$ 그리고 PMMA와 PBMA 사이에는 $\phi \simeq 0.97$ 등이 알려져 있다. 그리고 ϕ값은 아래식과 같이 온도에 무관한 것으로 판명되었다.

$$\frac{d\phi}{dT} = 0 \tag{10.103}$$

10.2.2.2 부분 극성(fractional polarity)이론

여러 형태의 분자사이의 상호작용은 일반적으로 서로 직선적으로 가성적 즉 'pair-wise additive'가 성립됨을 알려져 있다. 이로부터 두 입자(또는 분자)i와 j사이의 전체 인력상수 A_{ij}는 아래식으로 나타내진다.

$$A_{ij} = A_{ij}^d + A_{ij}^p \tag{10.104}$$

여기서 위 첨자 d 및 p는 각각 비극성(London)분산 성분 및 극성 성분을 나타낸다. 실제의 여러 형태의 극성 상호작용(즉 쌍극자-쌍극자, 쌍극자-유전 쌍극자 및 수소결합)이 여기서는 한 개의 p

성분으로 합쳐져 나타내진다.

위 식에 의거하여 표면장력 γ도 아래식과 같이 두 항으로 분리되어 나타내진다.

$$\gamma = \gamma^d + \gamma^p \tag{10. 105}$$

마찬가지로 접착일 W_a도 $W_a = W_a^d + W_a^p$의 두 항으로 분리되어 이를 Dupré식 (10. 99)에 대입하면 아래를 얻는다.

$$\gamma_{12} = \gamma_1 + \gamma_2 - W_a^d - W_a^p \tag{10. 106}$$

분자간 인력에 관한 '준 연속체(quasi-continuum)이론'에 의하면 접착일 W_a의 (비극성)분산성분 W_a^d는 아래와 같이 두 상 1 및 2의 응집일의 분산성분의 '조화평균(harmonic - mean)근사법'에 의해 아래식으로 나타내진다.

$$W_a^d \approx \frac{4\gamma_1^d \gamma_2^d}{\gamma_1^d + \gamma_2^d} \tag{10. 107}$$

이 식은 특히 두 상이 모두 낮은 표면에너지 물질인 경우 유효하다.

한편 한 상은 낮은 표면에너지 물질, 그리고 다른 한 상은 높은 표면에너지 물질인 경우에는 W_a^d는 아래식과 같이 두 상의 분산성분의 '기하평균(geometric-mean)근사법'에 의해 나타내진다.

$$W_a^d \approx 2\left(\gamma_1^d \gamma_2^d\right)^{1/2} \tag{10. 108}$$

접착일의 극성성분 W_a^p에 대해서도 위와 비슷한 논리로 두 상 모두 낮은 표면에너지 물질인 경우에는 두 상의 극성 성분의 조화평균 근사법에 의해 아래식으로 나타내진다.

$$W_a^p = \frac{4\left(\gamma_1^p \gamma_2^p\right)}{\gamma_1^p + \gamma_2^p} \tag{10. 109}$$

그리고 만약 두 상 모두 쌍극자-쌍극자(dipole-dipole)상호작용이 우세하다면 접착일의 극성성분 W_a^p는 두 상의 극성성분의 기하평균 근사법에 의해 아래식으로 나타내진다.

$$W_a^p = 2\left(\gamma_1^p \gamma_2^p\right)^{1/2} \tag{10. 110}$$

따라서 전체적으로 '조화평균 근사법'에 기초를 둔 두 상 1, 2 간의 계면장력 γ_{12}는 식 (10. 107)과 (10. 109)를 식 (10. 106)에 대입하면 아래와 같이 나타내진다.

$$\gamma_{12} = \gamma_1 + \gamma_2 - \frac{4\gamma_1^d\gamma_2^d}{\gamma_1^d + \gamma_2^d} - \frac{4\gamma_1^p\gamma_2^p}{\gamma_1^p + \gamma_2^p} \tag{10.111}$$

이 식과 G-G 식 (10. 100)을 비교하면 조화평균에 대한 G-G 상호작용 파라미터 ϕ는 아래식으로 나타내진다.

$$\phi = 2\left(\frac{x_1^d x_2^d}{g_1 x_1^d + g_2 x_2^d} + \frac{x_1^p x_2^p}{g_1 x_1^p + g_2 x_2^p}\right) \tag{10.112}$$

위 식에서 아래의 정의식이 이용되었다.

$$g_1 = (\gamma_1/\gamma_2)^{1/2},\ g_2 = (\gamma_2/\gamma_1)^{1/2},\ x_j^d = (\gamma_j^d/\gamma_j),\ x_j^p = (\gamma_j^p/\gamma_j) \tag{10.113}$$

특히 $x_j^p (= 1 - x_j^d)$는 j상의 '극성도(degree of polarity)'라고 한다.

[비고 : 식 (10. 112)의 증명은 $\phi = W_a (= W_a^d + W_a^p)/2\sqrt{\gamma_1\gamma_2}$ (식 10. 101)에서 W_a^d 및 W_a^p에 해당하는 식 (10. 111)의 각 부분의 분모, 분자 모두 $\gamma_j^d = \gamma_j \cdot x_j^d$ 및 $\gamma_j^p = \gamma_j \cdot x_j^p$ $(j = 1, 2)$를 대입하고, 또 g_1과 g_2의 정의를 이용하면 쉽게 증명된다.]

또 식 (10. 112)에서 γ_1, γ_2값이 주어진 경우 G-G 상호작용 파라미터 ϕ의 최대값 (ϕ_{max})은 두 상의 극성도가 완전 일치 (즉 $x_1^p = x_2^p$ 혹은 $x_1^d = x_2^d$)할 때 아래값을 가진다.

$$\phi_{max} = 2(g_1 + g_2)^{-1} \tag{10.114}$$

[비고 : 이 식의 증명은 식 (10. 112)에서 ϕ를 주어진 γ_1, γ_2(즉 g_j) 및 x_2^p 하에 오직 x_1^p 만의 함수로 간주하여 ϕ가 최대가 되는 점에서 미분 $(d\phi/dx_1^p) = 0$이 되는 조건을 이용하여 구하는데, 가령 미분한 결과가 분모는 (항상)양이고, 분자가 $g_1(\cdots) + 2g_2(\cdots)$의 형태로 되면 두 개의 괄호안 값을 동시에 0으로 두면 얻어짐.]

주어진 γ_1, γ_2를 가진 두 상계에서 ϕ를 최대로 하는 조건에서는 G-G 식 (10. 100)에서 계면장력 γ_{12}가 최소가 되고, 따라서 Dupré 식 (10. 23)에서 부착일 W_a가 최대가 된다.

다음에는 '기하평균 근사법'에 기초를 둔 두 상 1, 2 간의 계면장력 γ_{12}는 식 (10. 108)과 (10. 110)을 식 (10. 106)에 대입하면 아래와 같이 얻어진다.

$$\gamma_{12} = \gamma_1 + \gamma_2 - 2(\gamma_1^d\gamma_2^d)^{1/2} - 2(\gamma_1^p\gamma_2^p)^{1/2} \tag{10.115}$$

마찬가지로 이 식과 G-G 식 (10. 100)을 비교하면 기하평균에 대한 G-G 파라미터 ϕ는 아래식으로 나타내진다.

$$\phi = \left(x_1^d x_2^d\right)^{1/2} + \left(x_1^p x_2^p\right)^{1/2} \tag{10. 116}$$

이 식의 증명 역시 식 (10. 115)에서 $\gamma_j^d = \gamma_j \cdot x_j^d$ 및 $\gamma_j^p = \gamma_j \cdot x_j^p$ $(j = 1, 2)$를 대입하고 g_1, g_2의 정의식을 이용하면 쉽게 증명된다. 식 (10. 116)에서 $x_2^p\left(= 1 - x_2^d\right)$는 주어졌다고 가정하고 ϕ를 $x_1^p\left(= 1 - x_1^d\right)$만의 함수로 간주하여 ϕ를 x_1^p에 미분하여 0을 두면 조화평균의 경우처럼 $x_1^p = x_2^p$ (혹은 $x_1^d = x_2^d$) 즉 두 상의 극성도가 완전 일치할 때에 ϕ가 최대가 되어 아래의 값을 가진다.

$$\phi_{\max} = 1 \tag{10. 117}$$

즉 주어진 γ_1, γ_2에서 $\phi = 1$이 되는 조건에서 G-G 식의 γ_{12}는 최소가 되고, 따라서 부착일 W_a는 최대가 된다.

위에서 언급된 식 중의 각 상의 극성도 $x^p\left(= \gamma^p/\gamma\right)\left(= 1 - x^d\right)$는 용해도 파라미터 δ을 이용하여 아래와 같이 나타내기도 한다.

$$x^d = \left(\delta_d/\delta\right)^2,\ x^p = \left(\delta_p/\delta\right)^2 \tag{10. 118}$$

여기서 δ_d 및 δ_p는 각각 용해도 파라미터 중 비극성 분산 성분 및 극성 성분의 공헌을 나타낸다(즉 $\delta^2 = \delta_d^2 + \delta_p^2$). 그리고 상호작용 파라미터 ϕ의 경우와 마찬가지로 극성도 x^p도 온도에 무관한 것으로 취급한다.

한편 기하평균식 (10. 115)에서 만약 두 상 1 및 2에 해당하는 고분자가 모두 비극성 (즉 극성도 $x_1^p = x_2^p = 0$)이라면 계면장력에 관한 아래의 'Fowkes 식'이 성립된다.

$$\gamma_{12} = \gamma_1 + \gamma_2 - 2\left(\gamma_1^d \gamma_2^d\right)^{1/2} \tag{10. 119}$$

10. 2. 2. 3 접촉각과 퍼짐계수

상 j위에 상 i가 흡착되어 있을 때의 접촉각 θ_{ij}는 Young 식 (10. 25)에서 아래와 같이 유추된다(단 j는 고상, i는 액상 간주).

$$\cos\theta_{ij} = \frac{\gamma_j - \gamma_{ij}}{\gamma_i} \tag{10. 120}$$

또한 상 j위에 상 i가 퍼져있을 때의 퍼짐계수 $S_{i/j}$는 식 (10. 28)에 의해 아래와 같이 나타낼 수 있다.

$$S_{i/j} = \gamma_j - \gamma_i - \gamma_{ij} \tag{10. 121}$$

다음에는 접촉각 θ_{12}의 온도 의존성에 관한 식을 얻기 위해 Young 식에 해당하는 식 (10. 120)에서 $i=1$, $j=2$를 두고 계면장력 γ_{12}로서 G-G 식 (10. 100)을 대입하면 아래식을 얻는다.

$$\cos\theta_{12} = 2\phi\left(\frac{\gamma_2}{\gamma_1}\right)^{1/2} - 1 \tag{10. 122}$$

이 식을 온도에 대해 미분하면 (단 $d\phi/dT = 0$ 이용)아래식을 얻는다.

$$\frac{d\cos\theta_{12}}{dT} = \frac{\phi}{\gamma_1\gamma_2}\left(\frac{d\gamma_2}{dT} - \frac{\gamma_2}{\gamma_1}\frac{d\gamma_1}{dT}\right) \tag{10. 123}$$

우편 괄호안의 부호에 따라 접촉각의 온도변화에 대한 부호가 결정된다. 또 $|d\gamma/dT|$ 값이 일반적으로 작으므로 $d\cos\theta/dT$ 값 역시 작다.

10. 2. 2. 4 계면장력의 온도의존성

두 개의 (액상)고분자사이의 계면장력의 온도변화 ($d\gamma_{12}/dT$)는 통상 약 -0.01 dyne/cm로서 각 상의 표면장력의 온도변화값보다 훨씬 작다. G-G 식 (10. 100)을 T에 대해 미분(단 ϕ는 T에 무관)하면 아래식을 얻는다.

$$\frac{d\gamma_{12}}{dT} = \frac{d\gamma_1}{dT} + \frac{d\gamma_2}{dT} - \phi\left(g_1\frac{d\gamma_2}{dT} + g_2\frac{d\gamma_1}{dT}\right) \tag{10. 124}$$

여기서 $g_1 = (\gamma_1/\gamma_2)^{1/2}$ 및 $g_2 = (\gamma_2/\gamma_1)^{1/2}$이다. 위 식에서 $d\gamma_1/dT$ 및 $d\gamma_2/dT$ 값과 ϕ값을 알면 $d\gamma_{12}/dT$를 알 수 있다.

10. 2. 2. 5 계면장력의 분자량 의존성

G-G 식에 식 (10. 80)을 이용하면 아래식을 얻는다.

$$\gamma_{12} = k_0 - \frac{k_1}{M_1^{2/3}} - \frac{k_2}{M_2^{2/3}} \tag{10. 125}$$

여기서

$$k_0 = \gamma_1 + \gamma_2 - 2\phi\left(\gamma_1 - \frac{k_1}{M_1^{2/3}}\right)^{1/2}\left(\gamma_2 - \frac{k_2}{M_2^{2/3}}\right)^{1/2} \tag{10. 126}$$

위 식에서 k_0을 분자량에 무관하다고 가정하고, 상 1의 분자량은 고정하고, 상 2의 분자량 M_2를 변화시켜 계면장력 γ_{12}를 측정하고 이로부터 γ_{12} 대 $M_2^{-2/3}$의 플롯을 행하면 직선이 얻어질 것이다.

만약 $\gamma_{12} \leq 0$이라면 두 개의 (액상)고분자는 상용성을 갖게 된다. 위 식에서 상용성에 대한 조건을 구하면 아래가 된다.

$$\frac{k_1}{M_1^{2/3}} + \frac{k_2}{M_2^{2/3}} \leq k_0 \tag{10. 127}$$

10. 2. 3 고체 고분자의 표면장력 측정

고체 고분자의 표면장력은 측정에 요구되는 가역적인 표면형성의 어려움 때문에 직접 측정하기는 곤란하다. 대신 많은 간접 방법이 제안되었는데, 이 중에 대표적인 것으로서 액체 동족열(분자량 의존성)방법, 고분자 용융액(온도 의존성)방법, 임계 표면장력법, 조화평균 및 기하평균 방법 등이 있다. 이하에서는 이들 방법의 각각에 대해 설명하고, 또 고체 표면장력에 대한 형태학적 영향도 다루기로 한다.

10. 2. 3. 1 액상 동족열 및 고분자 용융액 이용법

n-알칸 계열처럼 액상 동족열(homolog)시리즈에 대하여 분자량(M)을 바꾸어 표면장력을 측정한 후 얻어진 데이터를 식 (10. 80) 혹은 (10. 83)에 맞추어 플롯 한 후 $M \rightarrow \infty$로 외삽했을 때의 표면장력을 고체 고분자의 표면장력 γ_s로 간주한다. 한편 융점 T_m이상에 있는 고분자 융액(melt)에 대해 온도를 바꾸어 표면장력을 측정한 후 얻어진 데이터는 γ의 온도변화에 관한 식 (10. 73) 혹은 Macleod 식 (10. 75)에 맞추어 플롯 한 후 온도를 융점이하로 냉각했을 때 해당되는 표면장력의 값을 고체 고분자의 γ_s로 간주하는 방법도 있다. 이 경우 고분자의 극성도 $x^p(=\gamma^p/\gamma)$는 주어진 고분자의 융액과 PE와 같은 비극성 고분자 융액과의 계면장력을 측정하여 (단 x^p는 T에 무관 가정)구한다.

10. 2. 3. 2 임계 표면장력법

표면장력 γ_S를 알고자하는 주어진 고체위에 한 시리즈의 γ_{LV}를 알고 있는 시험액체를 떨어뜨려 접촉각 θ를 측정함으로써 $\cos\theta$ 대 γ_{LV}의 실험 플롯을 $\theta = 0$(즉 $\cos\theta = 1$)까지 (직선)외삽하여 얻은 '임계표면장력' γ_c를 γ_S 대신에 사용하려는 시도가 Fox와 Zisman에 의해 행하여졌다. 사실 이 방법은 고체고분자의 용해도 파라미터(δ)를 구하는 원리와 유사하다. 즉 용해도 파라미터나 표면장력은 원래가 액체의 특징이므로 고체에 대해 직접 측정하기는 불가능하다. 그래서 만약 고분자가 액체라면 갖게 될 δ나 γ값과 거의 같은 값을 갖는 액체, 즉 고체와 거의 같은 성질(가령 분자 간 인력의 유형이나 극성도 등)을 갖는 액체의 δ나 γ값을 고체의 값으로 간주하는 원리에 바탕을 두어 δ의 경우에는 고분자를 약간 가교시켜 최대의 팽윤도(즉 상용성)를 나타내는 액체의 δ를 고분자의 δ로 간주한다. 마찬가지로 γ의 경우에도 주어진 고체에 대해 최대 젖음(즉 $\theta \to 0$)을 나타내는 액체의 γ_{LV}값을 고체의 γ(즉 γ_c)값으로 간주하는 것이다. 만약 동족열 액체를 시험액체로 사용할 경우 직선 띠(rectilinear band)안에서 데이터가 산란하거나 곡선이 되어 $\theta \to 0$으로의 직선 외삽이 어려워진다.

고체의 임계표면장력 γ_c는 Young의 식 (10. 25)으로부터 아래와 같이 정의된다.

$$\gamma_c \equiv \lim_{\theta \to 0} \gamma_{LV} = \gamma_S - \gamma_{SL} - \pi_e \tag{10. 128}$$

여기서 γ_c는 순수 고체의 표면장력 γ_S값보다 $(\gamma_{SL} + \pi_e)$만큼 작음을 알 수 있다. 고-액 계면장력 γ_{SL}는 시험액체의 종류에 의존하며, 특히 고체와 시험액체의 극성도(polarity)값이 크게 다를 경우에는 G-G 식 (10. 100)의 ϕ파라미터값이 작아져 γ_{SL}는 커지게 되어 고체표면 위에 잘 퍼지지 않아 $\theta \to 0$의 조건과는 멀어진다. 또한 평형 퍼짐압 $\pi_e (= \gamma_S - \gamma_{SV})$ 역시 시험액체에 의존하여 접촉각 θ가 $10°$ 보다 작아지면 결코 무시할 수 없다. 이 경우 얻어진 γ_c는 본래의 γ_S 보다 더욱 작아져 오차가 커져 많은 주의를 요한다.

임계표면장력법에서 $\cos\theta$와 γ_{LV} 사이의 경험적 직선관계는 아래식으로 표현될 수 있다(그림 10. 29).

$$\cos\theta = 1 + k(\gamma_c - \gamma_{LV}) \tag{10. 129}$$

이 식에서 기울기 $(d\cos\theta / d\gamma_{LV}) = -k$이고 $\lim_{\theta \to 0} \gamma_{LV} = \gamma_c$를 만족함을 알 수 있다. 상수 $k(>0)$값은 통상 $0.03 - 0.04\ \mathrm{cm/dyne}$임이 알려져 있다. 그러나 만약 Zisman 플롯이 곡선이 되면 기울기 k가 상수가 될 수 없다. 그림 10. 29에 20℃에 있는 폴리테트라플루오로에틸렌(PTFE)에 대하여 여러 시험액체를 사용하여 얻어진 Zisman 플롯을 나타내었다. 그림을 보면 접촉각이 큰 경우에는 곡선이 되나, θ가 작은 경우에 $\cos\theta = 1$까지 직선외삽을 하여 얻어진 $\gamma_c \fallingdotseq 20\ \mathrm{dyne/cm}$이고, 실제의 고체 PTFE의 $\gamma_S = 22.6\ \mathrm{dyne/cm}$보다는 작음을 알 수 있다. 그림에서 보는 초기의 곡률(curvature)은 시험액체와 고체 사이의 수소결합과 같은 특수 상호작용의 결과라고 생각된다. 만약 비극성 고체($\gamma_S^p = 0$)의 경우 γ_{SL}에 대해 Fowkes 식 (10. 119)이 성립되어, 이를 Young 식 (10. 25)에 대입하고(단 $\pi_e \simeq 0$ 간주) 또 시험액체도 비극성(즉 $\gamma_{LV}^d = \gamma_{LV}$)이라고 가정하면 아래의 Zisman 식을 얻는다.

$$\cos\theta = -1 + \frac{2\left(\gamma_S^d \times \gamma_{LV}^d\right)^{1/2}}{\gamma_{LV}} \simeq -1 + 2\left(\gamma_S^d / \gamma_{LV}\right)^{1/2} \tag{10. 130}$$

여기서 $\cos\theta$ 대 $(\gamma_{LV})^{-\frac{1}{2}}$의 (직선)플롯을 하면 $\theta \to 0$ 외삽 즉 $\lim_{\theta\to 0}\gamma_{LV} = \gamma_S^d (= \gamma_S)$값을 얻게 된다.

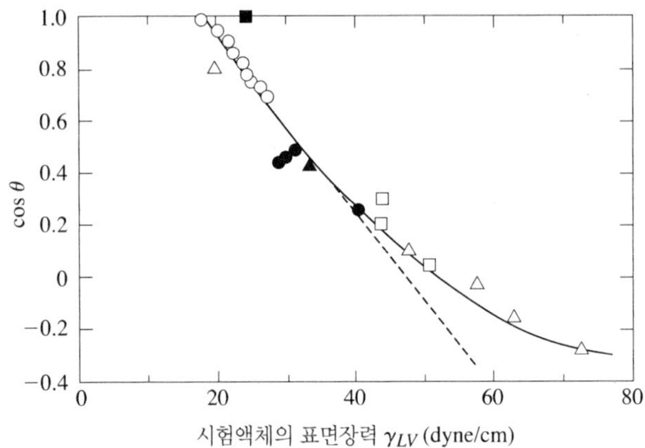

▶ **그림 10. 29** 20 ℃에 있는 여러 시험액체를 사용하여 얻어진 PTFE에 대한 Zisman 플롯. (○) *n*-알칸; (▲) 여러 탄화수소; (●) 에스테르; (□) 비불소 할로겐 탄소; (■) 불화탄소; (△) 여러 액체.

여기서 γ_c와 γ_S의 관계를 좀 더 조사해보기로 한다. Young 식 (10. 25)와 G-G 식 (10. 100)을 결합하면(단 $\gamma_1 = \gamma_{LV}$, $\gamma_2 = \gamma_S$를 대입) 아래식을 얻는다.

$$\cos\theta = 2\phi\left(\frac{\gamma_S}{\gamma_{LV}}\right)^{1/2} - 1 - \frac{\pi_e}{\gamma_{LV}} \tag{10. 131}$$

여기서 $\pi_e = \gamma_S - \gamma_{SV}$이다. 이 식에서 다시 양변을 $\theta \to 0$의 극한을 취하고, 임계표면장력 γ_c의 정의 (식 10. 128)을 이용하면 아래식을 얻는다.

$$\gamma_S = \frac{(2\gamma_c + \pi_e)^2}{4\phi^2\gamma_c} \tag{10. 132}$$

여기서 또 $\pi_e \simeq 0$ 간주(접촉각이 꽤 클 때 유효)하면 위 식은 아래로 근사된다.

$$\gamma_c \simeq \phi^2\gamma_S \tag{10. 133}$$

그런데 G-G 상호작용(이 경우 액상과 고상의)계수 ϕ는 통상 1보다 작으므로 [식 (10. 114) 혹은 (10. 117) 참조] $\gamma_c < \gamma_S$가 된다. 그러나 용융 PE의 경우 온도에 대한 기울기 즉 $-(d\gamma_c/dT)$와 $-(d\gamma_S/dT)$는 거의 일치함이 알려져 있다.

10. 2. 3. 3 조화평균 및 기하평균 방법

계면장력에 관한 조화평균방법 (식 (10. 111))에서 성분1은 표면장력 γ_{LV}를 알고 있는 저분자 시험용 액체, 성분2는 미지의 표면장력 γ_S를 가진 고체고분자라고 하자. 이때 저분자 액체 및 고체 고분자의 표면장력 모두 극성(p)와 비극성(d) 성분으로 이루어진 주어진 극성도 $x^p(=\gamma^p/\gamma)$를 갖고 있다고 한다. 그러면 γ_S를 구하고자 하는 고체 고분자 표면 위에 표면장력 및 극성도를 알고 있는 두 종류(성분 1 및 2)의 시험용 액체를 사용하여 (평형)접촉각 θ_1, θ_2를 측정하였다면 식 (10. 111)의 γ_{SL}에 Young 식을 대입하고 평형 퍼짐압 π_e를 무시(즉 $\gamma_S \simeq \gamma_{SV}$)하면 액체 1 및 2에 대하여 각각 아래의 식이 성립된다.

$$(1+\cos\theta_1)\gamma_1 = 4\left(\frac{\gamma_1^d\gamma_S^d}{\gamma_1^d+\gamma_S^d}+\frac{\gamma_1^p\gamma_S^p}{\gamma_1^p+\gamma_S^p}\right) \tag{10. 134a}$$

$$(1+\cos\theta_2)\gamma_2 = 4\left(\frac{\gamma_2^d\gamma_S^d}{\gamma_2^d+\gamma_S^d}+\frac{\gamma_2^p\gamma_S^p}{\gamma_2^p+\gamma_S^p}\right) \tag{10. 134b}$$

여기서 저분자 시험용액체 j의 표면장력 $\gamma_j = \gamma_j^d + \gamma_j^p$ 중의 위 첨자 d 및 j는 각각 (비극성)분산 및 극성 성분을 의미한다. 위 식에서 미지수는 γ_S^d 및 γ_S^p 2개이고, 식은 2개이므로 연립방정식을 풀면 γ_S^d 및 γ_S^p 즉 $\gamma_S(=\gamma_S^d+\gamma_S^p)$를 구할 수 있다.[비고: 해석적인 해를 구할때는 $\gamma_S^d = x$, $\gamma_S^p = y$로 두고 두 식의 양변에 적당한 인자를 곱해 xy항을 제거한 후, y를 x로 나타내고(그 반대도 마찬가지) 이를 다시 위 식 중의 하나에 대입하여 x에 관한 2차방정식의 해를 구하고, 이로부터 y를 구하면 된다. 또한 컴퓨터를 이용한 수치해석법으로 x 및 y값을 근사적으로 구할 수 있다.]

마찬가지로 계면장력에 관한 기하평균방법(식 10. 115)으로부터 표면장력 및 극성도를 알고 있는 두 종류의 시험용 액체를 사용하여 γ_S^d 및 γ_S^p(즉 γ_S)를 구할 수 있는데, 이는 식 (10. 115) 중의 γ_{SL}에 Young 식을 대입하고, $\pi_e \simeq 0$으로 간주하면 두 액체 1 및 2의 경우 각각 아래식이 성립된다.

$$(1+\cos\theta_1)\gamma_1 = 2\left[\left(\gamma_1^d\gamma_S^d\right)^{1/2}+\left(\gamma_1^p\gamma_S^p\right)^{1/2}\right] \tag{10. 135a}$$

$$(1+\cos\theta_2)\gamma_2 = 2\left[\left(\gamma_2^d\gamma_S^d\right)^{1/2}+\left(\gamma_2^p\gamma_S^p\right)^{1/2}\right] \tag{10. 135b}$$

여기서도 역시 미지수는 $\gamma_S^d(=x)$ 및 $\gamma_S^p(=y)$ 2개, 식도 2개이므로 연립방정식으로부터 두 해 즉 $\gamma_S(=\gamma_S^d+\gamma_S^p)$를 해석적으로 구할 수 있는데, 이 경우는 조화평균법에 비해 훨씬 간단하다. 즉 위 두식의 양변을 제곱한 후 두 식의 각각에 적당 인자를 곱하여 xy항을 없앤 후 (가령)y를 x로 나타내고 이를 다시 위 두 식 중의 하나에 대입하여 x에 관한 2차방정식으로 만들어 근을 구한 후 이로부터 다시 y를 구하면 된다. 물론 컴퓨터에 의한 수치해석적으로 근사해도 가능하다.

이외에도 고체 고분자의 γ_S값을 추정하는 방법으로서 '상태방정식(equation-of-state)방법' 등의 기타 여러 방법이 있으나 지면관계상 이에 관한 언급은 생략하기로 한다.

예제 10.5

지금 고체 고분자인 PVC표면 위에 표면장력(및 극성도) 값을 알고 있는 두 종류의 시험액체 H_2O 및 methylene iodine(mi)를 사용하여 각각 아래의 데이터를 얻었다. $\theta_{H_2O} = 87°$, $\theta_{mi} = 36°$; $\gamma_{H_2O} = 72.8$, $\gamma^d_{H_2O} = 21.8$, $\gamma^p_{H_2O} = 51.0$; $\gamma_{mi} = 50.8$, $\gamma^d_{mi} = 49.5$, $\gamma^p_{mi} = 1.3$ (단 γ의 단위 dyne/cm는 생략하였다). 이때 계면장력에 관한 기하평균공식 (10. 135)를 사용하여 고체 PVC의 γ^d_S, γ^p_S 및 γ_S값을 구해보아라.

풀이 H_2O를 성분 1, mi를 성분 2의 시험용액체로 하여 각각 (식 10. 135)의 a 및 b에 대입하면 아래를 얻는다.

$$1+0.052 = 2\left[\frac{(\gamma^d_S)^{1/2}21.8^{1/2}}{72.8} + \frac{(\gamma^p_S)^{1/2}51.0^{1/2}}{72.8}\right] \quad ①$$

$$1+0.809 = 2\left[\frac{(\gamma^d_S)^{1/2}49.5^{1/2}}{50.8} + \frac{(\gamma^p_S)^{1/2}1.3^{1/2}}{50.8}\right] \quad ②$$

위 식 ① 및 ②에서 $\gamma^d_S = x$, $\gamma^p_S = y$로 두어 위에서 언급한 방법에 의하여 연립방정식을 풀면 아래의 최종결과를 얻는다.

$\gamma^d_S = 40.0$ dyne/cm; $\gamma^p_S = 1.5$ dyne/cm $\therefore \gamma_S = \gamma^d_S + \gamma^p_S = 41.5$ dyne/cm.

이는 문헌치와 유사한 값이다.

10. 3 표면 특성결정을 위한 기기분석 방법

고분자 표면 및 계면구조의 특성결정(characterization)을 위한 여러 기기분석 방법을 소개하고 응용방법도 함께 다루겠다.

10. 3. 1 접촉각 및 계면장력의 측정

10. 3. 1. 1 접촉각의 측정

일반적으로 (평형)접촉각 측정의 정밀도(accuracy)는 사용된 실험기법에 국한되지 않고, 연구 중인 표면의 재생성(reproducibility)에도 크게 의존한다. 최근에 접촉각의 정도 1°내외로 측정가능한 기기나 방법이 많이 소개되고 있으며, 특별한 주의만 기울이면 이들 방법사이에는 큰 오차가 없다. 여기서는 주로 공기 중의 고체표면에 있는 액체의 접촉각을 주로 다루나, 다른 액체에 담겨져 있는 고체상의 액체의 경우에도 유사한 방법으로 확장이 가능하다. 10. 1. 1절에서 소개한 저분자액체의 표면장력이나 접촉각 측정방법(가령 모세관 상승법이나 Wilhelmy 평판법등)의 대부분이 고분자 용융액의 경우에도 적용된다.

여기서는 주로 고체 평면위에 놓여있는 액적(liquid drop)이나 기포(air bubble)를 이용하는 'drop-bubble'방법에 대해 간단히 설명하겠다. 만약 액적이 사용되면 '세사일 드롭(sessile drop)법'이라 하고, 만약 기포가 사용되면 '캡티브 기포(captive bubble)법'이라고 한다. 이때 액체의 밀도나 표면장력값은 알 필요가 없다. 그림 10. 30에 평면상의 고체표면 위에 놓여있는 액적이나 기포의 접촉각을 직접 측정하기 위한 모식도가 주어져있다.

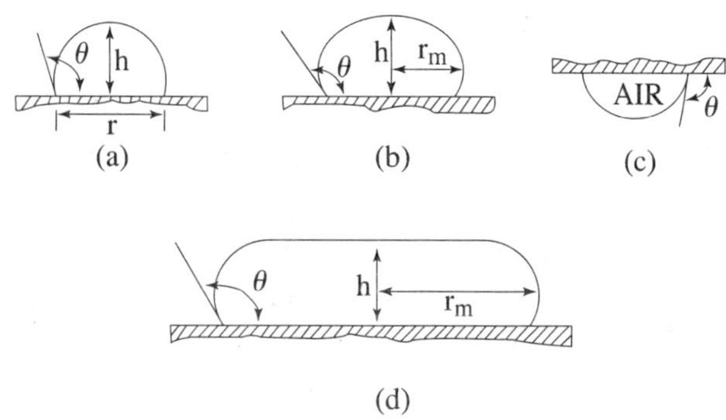

▶ **그림 10. 30** 세사일(sessile)액적과 캡티브(captive) 기포의 프로필.

그림에서 보는 바와 같이 접촉각(θ)는 고체표면과 접촉하고 있는 지점에서 프로필의 평면에 대한 기울기(tangent)를 측정하면 되는데, 이는 투영상(projected image)에 대한 정확한 사진촬영으로 이루어진다. 특히 접촉각 측정을 위한 세사일 드롭은 마이크로 주사기(microsyringe)를 이용하여 고체표면에서 쉽게 얻어진다(그림 10. 31참조). 이때 전진(θ_a) 및 후퇴(θ_r)접촉각은 3상(고/액/기)경계가 고체표면위에서 움직이기 시작할 때까지 액적의 부피를 증가 또는 감소시켜 얻어질 수 있다. 측정도중 진동이나 액적의 모양의 변형 등이 발생하지 않도록 주의해야한다. 전술한 비와 같이 $\theta_a - \theta_r$의 크기($\theta_a > \theta_r$)에 비례하는 접촉각 이력(hysteresis)은 고상 혹은 액상이 오염(불균일)되어 있거나 표면이 거칠거나 혹은 액적의 이동성(mobility)이 낮아 탈착이 느려지거나 퍼짐이 잘 이루어지지 않을 때 발생한다.

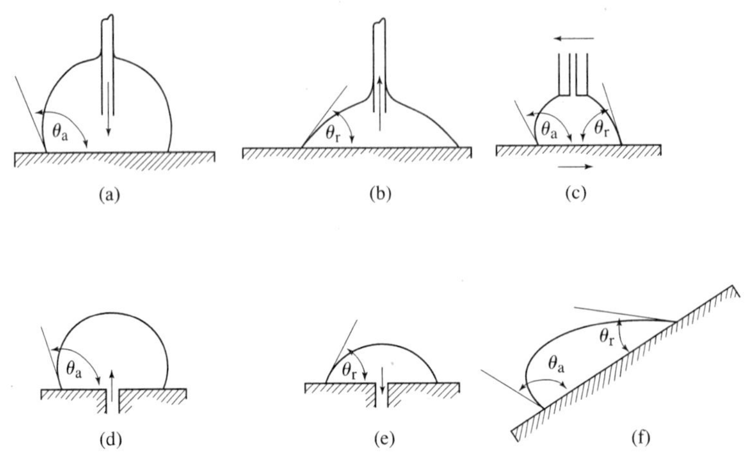

▶ **그림 10. 31** 세사일(sessile)액적을 형성하는 기법.

참고로 몇 가지 고분자와 액체사이 전진 접촉각(θ_a)을 세사일 드롭방법에 의해 측정한 결과를 표 10. 1에 나타내었다.

표 10. 1 몇몇 전진 접촉각 데이터.

액체 (γ, ergs/cm^2)	고체	전진 접촉각 θ(deg)	$d\theta/dT$
물 (72)	PTFF	108	-
물 (72)	PE	96	−0.11
메틸렌 아오다이드 (67)	PE	46	-
n-옥탄 (21.6)	PTFE	30	−0.12

표를 보면 극성인 물은 PTFE 표면에서 액적을 잘 형성하나 극성이 약한 n-옥탄은 퍼지기는 하나 잘 적시지는 못한다. 그리고 온도가 증가함에 따라 접촉각이 감소($d\theta/dT < 0$)하는 것은 온도의 증가에 따라 액체의 표면장력이 감소되어 고체표면을 비교적 잘 적시게 됨을 의미한다(10. 2. 2. 3절 참조).

10. 3. 1. 2 계면장력의 측정

고분자액체(혹은 용융액)의 경우 저분자 액체와 달리 점도가 매우 커서 계면장력 측정시 평형에 도달하는 시간이 상당히 길어지는 결점이 있다. 따라서 이를 극복하기 위하여 고온에서 무리하게 가열하면 열분해가 야기될 수 있으므로 주의를 요한다. 따라서 '현수 방울(pendant drop)법'이나

'세사일 방울(sessile drop)법', '실 파괴(breaking thread)방법'등과 같은 오직 몇 가지 방법만이 현실적으로 유효하다. 이 중에서도 가장 간단하고 편리하며, 고체-액체 접촉면이 매우 작아 가장 빠르게 평형에 도달하는 방법인 현수 방울법(그림 10. 32)에 대해서만 소개하기로 한다.

그림에 나타낸 계면 평형상태에 있는 한 개의 현수 방울은 아래의 Bashforth와 Adams 식에 의해 지배된다.

$$\gamma = \frac{\Delta\rho g(d_e)^2}{H} \tag{10. 136}$$

여기서 γ는 계면(혹은 표면)장력, $\Delta\rho$는 두 상[즉 액적과 주위 미디엄(혹은 공기)]의 밀도차, g는 중력가속도, 그리고 H는 아래에 정의된 '모양(shape)파라미터' λ_s에 의해 결정되는 보정인자이다.

$$\lambda_s = \frac{d_s}{d_e} \tag{10. 137}$$

여기서 d_s는 방울의 끝(밑)으로부터 거리 d_e에서 측정된 한 선택된 평면에서의 수평직경이다. 보정인자 $1/H$과 λ_s의 관계는 표로 만들어져 있다. 따라서 식 (10. 136)에서 두 개의 직경 d_e 및 d_s 값과 두 상의 밀도차 $\Delta\rho$값만 알면 (접촉각에 무관한) 계면장력을 구할 수 있다.

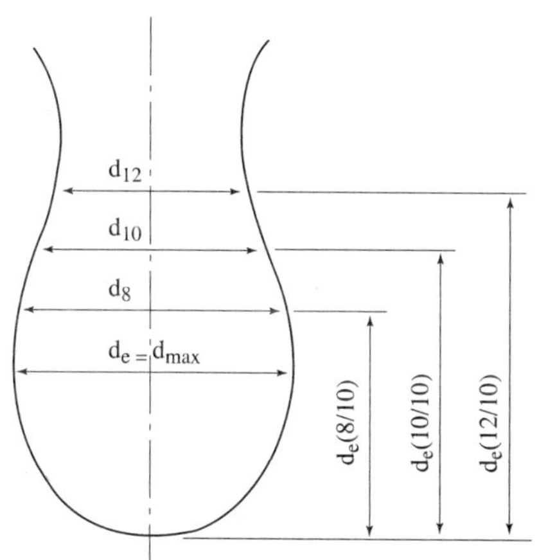

▶ **그림 10. 32** 현수 방울(pendant drop)의 프로필.

이 방법에서 평형 상태는 d_e와 $1/H$로 특징지어지는 현수방울모양(프로필)의 시간변화가 그칠 때를 말한다. 그림에 나타낸 거리 d_n은 방울의 끝(밑)으로부터 거리 $(n/10)d_e$에서 측정된 평면상에 있는 방울의 직경이다. 이로부터 아래식으로 정의된 일련의 모양 파라미터 $\lambda_n(n = 8, 9, 10, 11$ 혹은 $12)$이 결정된다.

$$\lambda_n = \frac{d_n}{d_e} \tag{10. 138}$$

다음에는 이 값에 해당되는 보정인자 $1/H$의 값을 순차적으로 표에서 구한 후 $1/H$의 값이 λ_n에 무관해질 때를 평형상태로 간주할 수도 있다.

표 10. 2에 몇몇 2성분계 액상 고분자 블랜드계에 있어서 현수방울법으로 구한 두 상 a, b간의 계면장력 γ_{ab}과 그의 온도변화, 퍼짐계수 $S_{b/a}$, 부착일 W_a 및 전단강도(shear strength)값을 나타내었다.

표 10. 2 몇몇 고분자 블랜드의 계면성질

고분자 쌍, b/a^a	γ_{ab} (erg/cm², 140 ℃)	$S_{b/a}$ (erg/cm², 140 ℃)	$-d\gamma_{ab}/dT$ (erg/cm² –deg)	W_a (erg/cm², 140 ℃)	전단강도 (dyn/cm²)
PMMA/PS	1.7	-1.6	0.013	62.4	6.5×10^7
PE/PMMA	9.7	-6.5	0.018	51.1	$5.2\times10_7$
PnBM/PVAc	2.9	1.6	0.010	49.8	9.6×10^7
PDMS/PCLP	6.5	12.0	0.0050	40.8	1.3×10^8
PB/PS	3(100 ℃)	—	~0	—	—

[a]약어 : PMMA, poly(methyl methacrylate); PDMS, poly(dimethyl siloxane); PS, polystyrene; PCLP, polychloroprene; PE, polyethylene; PnBM, poly(n-butyl methacrylate); PVAc, poly(vinyl acetate); PB, polybutadiene.

표에 주어진 임의의 두 고분자 a 및 b의 쌍(pair)에 대한 계면장력 γ_{ab}값은 각각 단독 고분자의 공기에 대한 계면(즉 표면)장력값보다 훨씬 작다. 그리고 많은 단일 중합체의 표면에서는 고분자 사슬이 표면에 나란해지려는 경향이 있는 반면에 고분자 블랜드인 경우에는 고분자 사슬의 끝이 두 단일 고분자사이의 계면에 수직으로 비어져 나오려는(protrude)경향이 있다. 그리고 계면장력 γ_{ab}값이 작다는 것은 G-G 식 (10. 100)의 상호작용 파라미터 ϕ값이 크다는 것, 즉 두 상 a 및 b의 역장차가 적다는 것, 즉 두 상의 성질이 비슷하여 상용성이 크며, 따라서 부착일 W_a값 또한 크다는 것을 의미한다(10. 2. 2. 1절 참조). 그리고 계면(또는 표면)장력의 온도변화(미분)값의 음은 관련 엔트로피를 의미하므로(식 10. 22b) 표에서 $-d\gamma_{ab}/dT$값은 항상 양인 것을 알 수 있다. 또한 계면(또는 표면)엔트로피값이 커지면 계면이 무질서(disorder)화되어 두 상이 더 잘 혼합됨을 의미한다.

10. 3. 2 ESCA(XPS)

전자분광법(electron spectroscopy)은 물질(입자)을 광양자(photon)로 방사(irradiation) 혹은 포격

(bombardment)을 가했을 때 방출(eject)되는 전자의 상태를 조사하는 것이다. '광양자 전자 분광법 (photoelectron spectroscopy, PES)'에서는 단파장의 광원을 사용하고, 직접 방출되는 (일차)전자의 운동에너지를 전자 분광계로 조사한다. 이 운동에너지 E_{kin}는 방사진동수 ν와 원자의 이온화 (ionization)퍼텐셜 I항으로 아래와 같이 나타내진다.

$$E_{kin} = h\nu - I \tag{10. 139}$$

여기서 $h\nu$는 진동수 ν를 가진 광양자 1개의 에너지이고, h는 plank 상수이다.

위 식에서 만약 방사에 의한 원자의 이온화(photoionization)가 남아있는 전자의 재조정없이 일어난다면 방출된 전자의 궤도(orbital) 혹은 결합(binding) 에너지 ε(<0)과 이온화 퍼텐셜 I와는 크기는 같고, 부호가 반대 (즉 $I = -\varepsilon$)가 된다(Koopman의 정리). 이리하여 PES 실험에서 전자궤도 에너지의 스펙트럼이 일어나게 된다. 방출전자 (즉 $h\nu > I$ 일 때)는 전하(charge)를 갖고 있으므로 물질과 강하게 상호작용하므로 PES로 고체를 연구할 때는 표면 또는 표면근처의 원자로부터 방출된 전자에 국한된다.

한편 'X-선 광전자 분광법(XPS)'에서는 파장(λ)이 3-30 Å 범위에 있는 연(soft) X-선의 단파장 빔을 물질에 방사시켜 표면을 조사한다. 가장 대표적인 광원으로서는 Al Kα X-선 (1486.6 eV)을 이용한다. 일반적으로 방출되는 전자는 비교적 낮은(운동)에너지를 가지므로 표면(근처)을 제외한 다른 부분에서는 쉽게 산란된다. 특히 XPS 광선의 에너지는 PES에 비해 훨씬 높아 원자의 제일 내부에 있는 중심(core) 전자가 방출되므로 문제의 표면원소를 조사하는데 매우 효율적이다. 이와 같은 관점에서 '화학분석을 위한 전자분광법 (electron spectroscopy for chemical analysis, ESCA)' 이라고 부른다. 표면 원자로부터 공헌을 강조하기 위하여 X-선은 통상 표면에 대하여 접지각 (grazing angle)에서 측정된다. 그리고 얻어지는 대부분의 시그널을 수 nm의 표면층 내에서 발생되며, XPS에서 얻을 수 있는 최대(표면) 샘플링 깊이(sampling depth)는 10-100 Å 이다.

원자의 코어전자의 이온화 퍼텐셜 I는 어느 정도 원자 주위의 화학환경에 의존하여 최대 10 eV 차의 화학이동(chemical shift)이 관측될 수 있다. 예를 들면 290 K의 다결정형(polycrystalline)의 철(Fe)에 분자흡착된 일산화탄소에 대한 C($1s$) XPS 신호는 285.5 eV에서 피크가 관측되지만, 만약 350 K로 가열하면 표면해리가 일어나 피크위치가 283 eV로 이동된다. 따라서 ESCA는 고분자의 산화상태나 표면불화(surface fluorination) 과정 (PE등의 화학저항성을 향상시키기 위해 도입된)의 연구뿐만 아니라 내부조성과 다를 수 있는 블록 또는 그라프트 공중합체나 블랜드의 표면 조성분석에도 이용된다.

예를 들면, 그림 10. 33에 PC와 PC-b-PDMS 블록 공중합체와의 블랜드에 대한 ESCA 분석결과를 나타내었다. 그림을 보면 블랜드 중의 PC함량이 약 1%만 되어도 블랜드 표면의 50-70%가 표면장력이 훨씬 낮은 PDMS 층으로 덮임을 알 수 있다. 이는 10. 2. 1. 6절에서 설명한 고분자 복합체에서 낮은 표면에너지 성분으로 인한 표면 활성화(그림 10. 26)의 또 다른 예이다. 특히 그림 10. 33의 결과는 PC와 PDMS 블랜드계의 접촉각 측정으로부터 얻어진 접촉각이 순수한 PDMS의 접촉각 값에 매우 가까운 실험결과로부터도 뒷받침된다.

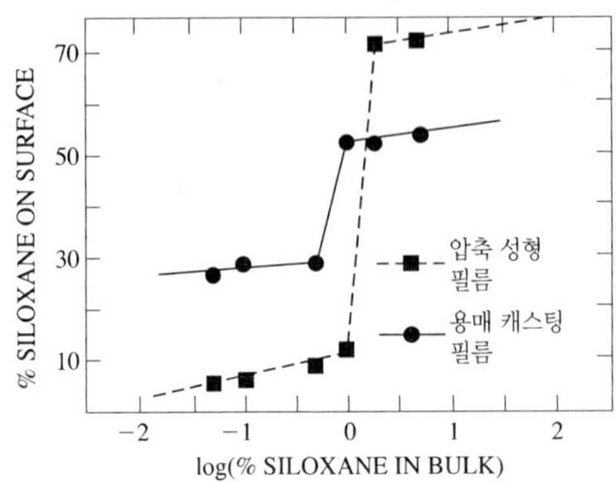

▶ **그림 10. 33** PC와 PC-b-PDMS 블록 공중합체의 블랜드계에 있어서 표면층에 γ가 낮은 PDMS 성분이 많아지는 표면활성화를 보여주는 ESCA 실험결과

ESCA는 특히 불상용(비대칭) 계면상(interphases)의 표면파단(surface fracture)의 분석에도 이용될 수 있다. 미세하게 나누어진 고분자 블랜드의 경우에는 다소 실험상의 어려움이 있으나, 서로 밀착된(welded) 두 다른 고분자의 평판(plate)은 귀중한 모델 물질이 될 수 있다. 그림 10. 34에 두 다른 온도 125와 140℃에서 밀착 PS/PMMA의 계면을 ESCA로 연구하였다. 전술한 바와 같이 에너지 $h\nu$를 가진 X-선 빔이 시료표면을 포격할 때 광전(photoelectric)효과에 의해 원자의 코어전자가 방출된다. 이때 방출되는 전자의 운동에너지를 분석하여 파괴표면위에 어떤 원자가 놓여있는지 알게 된다(식 10. 139 참조).

그림 10. 34에서 관심은 어느 온도에서 부착성(adhesive) 혹은 응집성(cohesive) (표면)파괴(failure)가 일어나는가이다. 부착성파괴는 밀착된 두 고분자의 계면상(interphase)에서의 균열(cracking)을 말하고, 응집성파괴의 경우는 그림 (a)에서 보듯이 계면상의 어느 한쪽, 즉 단일고분자 상에서의 균열을 말한다.

그림 10. 34b에 나타낸 두 온도는 모두 PS의 T_g(100 ℃)와 PMMA의 T_g(106 ℃)보다 훨씬 위에 있으므로 고분자의 (크랭크 샤프트)사슬운동, 파행운동(reptation) 및 분자간 확산도 일어날 수 있다. 그러나 PS와 PMMA는 불상용계이므로, 중성자 반사기법(위 참조)으로 조사한 상호 확산 계면층의 두께는 겨우 20-50 Å 밖에 안된다.

ESCA 분석에 이용되는 대표적 3원자의 코어(1s)전자에너지는 O_{is} : 532 eV ; C_{1s} : 285 eV ; N_{1s} : 400 eV 이다.

이 값을 토대로 그림 10. 34의 결과를 해석해 보면 다음과 같다. 만약 파괴과정 중 PMMA가 PS쪽으로 이동했다면 PS쪽에서 강한 O_{1s} 시그널이 관측될 것이고, 반면에 만약 PS가 PMMA쪽으로 이동했다면 PMMA쪽에서 O_{1s} 시그널의 강도감소가 관측될 것이다. 분자식 측면에서 PMMA는 5개의 탄소원자당 2개의 산소를 가지므로, 이론상으로는 두 피크비 $O/C = 0.40$가 되어야 할 것이다. 그런데 그림에 나타난 실험결과는 두 성형온도 125 ℃와 140 ℃에서 각각 O/C= 0.26 및 0.28이 되어 이론값 0.40에 비해 다소 감소된 산소(즉 PMMA)의 함량을 보여준다.

그러나 성형당시의 PMMA 단일 고분자의 경우에는 O/C= 0.38이 되어 이론값과 잘 일치한다. 그리고 단일 고분자(PMMA)시료에 대한 140 ℃의 성형온도에서 PS에 밀착된 PMMA시료의 O/C비의 값 0.28/0.38은 PS/PMMA 계면상에서는 약 3:1 비율로 부착성파괴가 응집성파괴보다 우세하다는 것을 의미한다.

또한 대응하는 PS파괴표면에 대해 관측된 O/C비는 0.01 또는 그 이하인데, 이는 PS/PMMA 계면에서의 균열성장은 부착성과 응집성 모두를 갖고 있으며, PS쪽에서는 오직 응집성 파괴만이 일어난다고 예상된다.

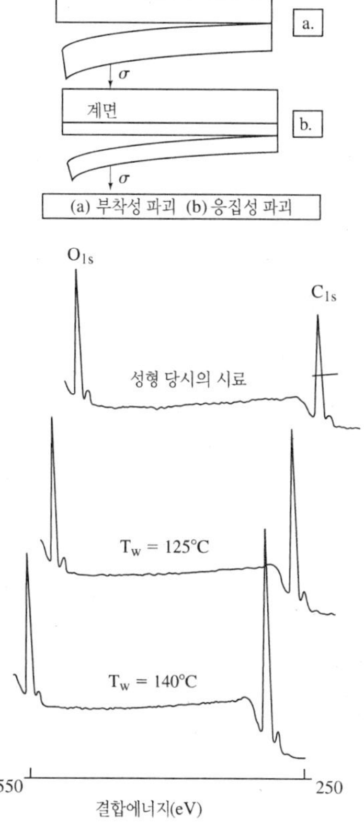

▶ **그림 10. 34** (a) 부착성파괴와 응집성파괴의 예시. (b) PS에 밀착된 PMMA 파괴표면에 대한 XPS 스펙트라. 범위는 250-550 eV임. 탄소에 대한 산소(O/C)의 피크비가 부착성 또는 응집성파괴를 결정한다. 맨 위 그림은 성형 당시의 PMMA 시료임

10. 3. 3 주사형 탐지 현미경법(SPM)

'주사형 탐지 현미경법(scanning prove microscopy, SPM)'은 1982년도 Bining과 Rohrer에 의해 처음으로 개발된 기법으로 거의 원자수준의 예리한 점화상(near atomically sharp raster)을 포함한다. 원래 이 기법은 래스터의 끝(tip)과 표면간의 전자의 운동이 양자역학적 '터널링 효과(tunneling effect)'에 의해 일어나는 원리를 이용하므로 '주사형 터널링 현미경법(scanning tunneling microscopy, STM)'이라고도 부른다. 표면의 3차원 지형(topography)을 나타내는 지도를 작성하기 위해서는 표면위에서 점화상(raster)식으로 주사형 탐지가 이루어지며, 그 동안 터널링 전류는 일정한 값에 고정되어 있다. 그러나 고분자 과학에 이 방법의 이용은 고분자의 낮은 전기전도도 때문에 문제가 된다.

오늘날 여러 형태의 SPM 기법이 행해지고 있는데, 그 중에서도 대표적인 두 방법으로서 '원자힘 현미경법(atomic force microscopy, AFM)'[마찬가지로 '주사형 힘 현미경법(scanning force microscopy, SFM)'라고도 부름]과 '마찰력 현미경법(friction force microscopy, FFM))'[마찬가지로 '측면 힘 현미경법(lateral force microscopy, LFM)'라고도 부름]이 있다.

AFM(SFM)법에서는, 시료의 기저(base)는 압전성(piezoelectric : 응력에 의해 전기가 발생하는) xyz 번역기(translator)에 설치된다. 화상(imaging)은 xy 평면에 있는 시료의 점방식(rasterlike)스캐닝을 포함하며, 시료와 부드러운 미세가공된 외팔보(cantilever)에 부착된 거의 분자수준의 예리한 침(stylus)사이의 국소적인 힘을 모니터한다. 이 힘의 측정은 레이저 빔을 외팔보의 끝 근처에 초점을 맞추고, 반사된 빛을 광 탐지기 배열(photodetector array)쪽으로 유도함으로써 이루어진다. 수직 힘은 배열에 있는 다중 다이오드(multiple diodes)사이의 전위차를 통해 측정된다.

한편 FFM(LFM)법은 xy 스캐닝 도중 측면 힘을 측정한다. FFM은 레이저빔 범위(deflection) 기법에 기초를 둔 4개의 4분면 광다이오드(four-quadrant photodiode)를 가진 수정 AFM법이다. 최근에 FFM법을 원자나 분자수준의 마찰(friction)기구를 조사하는 마모학(tribology)에 널리 이용되고 있다. 일반적으로, 에너지 산일성(dissipative) 및 보존성(conservative) 측면력이 동시에 존재한다. 마찰과정에 대한 분자기구는 하중 부가(loading) 대 제거(unloading), 전진 접촉각(θ_a) 대 후퇴 접촉각(θ_r) 등과 같은 표면이력(hysteresis) 측정에서 나타난 비평형 동역학을 포함한다. 이와 같은 이력거동은 본성에 있어서 기계적 이력과 화학적 이력으로 대별되는데, 기계적 이력은 마찰에 포함된 '부착-미끄러짐(stick-slip)과정'으로 알려진 이력과 유사하다. 반면 화학적 이력은 소성변형(plastic deformation)의 경우처럼 분자의 입체형태(conformation)가 변할 때 발생한다. FFM법의 최종 목적은 나노(nano)마모현상에 대한 분자론적 이해를 제공하는 것이다.

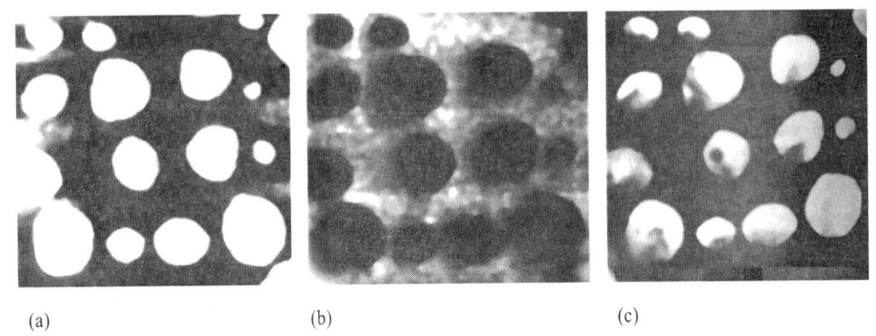

▶ **그림 10. 35** 동일한 표면적 (3×3 μm^2)상에서 지형(topography), 마찰 및 탄성계수에 대한 AFM 연구. (a) 불화탄소필름(검은색)의 윗부분에 있는 300–1000 nm의 직경을 가진 섬 모양의 수소화탄소(흰색) 도메인을 보여주는 지형도. 섬의 높이는 2.5±0.5 nm. (b) 수소화탄소 섬 위에 있는 낮은 마찰성의 불화탄소(검은색) 도메인을 보여주는 마찰력 지도. (c) 높은 영률을 가진 수소화탄소 도메인(밝은색)을 보여주는 지도.

AFM이나 FFM법에서는 동일한 표면 내에 있는 다른 물질들의 (올록, 볼록과 같은)지형(topography), 마찰 및 탄성계수를 동시에 측정가능하다. 두 상을 포함하는 표면에 관한 연구에서 베헨산(behenic acid, BA), $C_{21}H_{43}COOH$과 일부 불소처리된 카르복실산 에테르(partially fluorinated carboxylic acid ether, PFECA), $C_9F_{19}C_2H_4$-O-C_2H_4COOH의 1:1(몰비)혼합물을 유기용매 속에서 폴리알릴아민(polyallylamine, PAA) 양이온성 고분자의 수용액 부상(subphase) 속으로 도입하였다. 그림 10. 35에 이 계에 대한 AFM 분석결과를 나타내었다. 그림에서 영률(Young's modulus)은 불화탄소영역보다 수소화탄소영역에서 높은 값을 보이는데 이는 수소화탄소가 불화탄소보다 약 2.5배 낮은 미끌림(sliding) 마찰을 나타내기 때문이라 생각된다.

10. 3. 4 2차이온 질량 분광법(SIMS)과 이온빔 분석법

'2차 이온 질량 분광법(secondary ion mass spectrometry, SIMS)'은 쏘아 맞히는 (입사)(impinging)이온빔이 전하를 띤 원자나 분자의 방출(ejection)을 야기하는 원리를 이용한다. 임핀징 일차 이온빔은 Cs^+, O_2^+, O^-, Ar^+ 등이며, 방출되는 2차 이온빔은 H^+, D^+, C^+ 등이다. 시료 표면은 통상 임핀징 이온빔에 의해 일부가 부식되어 점방식 화면(raster)이 된다. 방출된 2차 이온빔의 전하를 띤 원자종들은 여과되어 질량 분광계에 의해 분석된다. SIMS는 고분자 표면에 다이메틸실록산(DMS)에 의한 오염의 여부를 조사하는데 이용된다.

이온빔 분석은 'Rutherford 후방 산란(back - scattering), RBS', '전방 반동(forward - recoil) 분광법, FRES' 및 '핵반응 분석(NRA)'를 포함하며, 이들 모두 관심의 고분자 표면이나 계면 위에 헬륨(He)핵을 투영(project)하는 것이다. 일반적으로 탐침용 헬륨이온은 1－3 MeV의 에너지를 가지며, 이온빔 분석은 직접적인 공간에서 표면층의 깊이 프로필을 제공해준다.

이 중에서 고분자과학에 가장 널리 사용되는 이온 빔 분석법은 FRES로서, 최근에는 중수소와 수소의 깊이 프로필(depth profiling)을 위하여 특별히 고안되었다. 따라서 충돌로부터 되튀는(recoiling) 중수소와 수소이온을 관측한다. 전형적으로 FRES에서는 시료에 입사빔이 스침(glancing)각 15°, 그리고 산란각 30°에서 관측된다. 이 경우 수소와 중수소의 반동에너지는 각각 $0.5E_0$ 및 $0.67E_0$(여기서 E_0는 He핵의 에너지)로 얻어진다. 실제에 있어서 수소와 중수소의 핵과 He핵과의 분리를 향상시킬 목적으로 새로 개발된 '비행시간(time-of-flight)기법'을 이용하는데, 여기서는 보다 천천히 움직이는 He 이온은 밖으로 밀어내고, 특수한 속도를 가진 측정될 (수소와 중수소)이온만 남긴다.

고분자에 FRES를 적용 시, 표면과 계면에 여러(이온)종을 격리(segregation)하는 방법과 고분자 사슬 확산을 이용하는 두 종류의 실험이 행해지며, 효과적인 깊이 프로필링을 수행하기 위하여 얻어진 데이터를 기기 해상도(resolution)함수(보통 Gauss 함수)를 이용하여 중첩(convolution)시킨다(부록 6. 2참조).

가령 어떤 종류의 2성분계 혼합물에서 어느 한 성분은 표면 혹은 기질(substrate)과의 계면에 농축되어 있다고 하자. 이때 표면 또는 계면에서의 어느 한 성분 농도의 예리한 파괴(sharp break) 대신 특성 '최대높이의 반에서의 전폭 즉 반폭치(full width at half maximum, FWHM)'를 갖는 가우스 해상도 함수가 중첩을 위하여 기록되어 강력한 분석모드를 제공해준다.

일반적으로 고분자 블랜드의 계면(전단)장도 혹은 부착일(W_a)은 두 성분간의 계면장력을 낮추면 향상된다(10. 2. 2절 참조). 계면장력의 감소는 두 성분간의 성질(극성도)을 비슷하게 하여 G-G식의 ϕ파라미터 값을 최대로 하던가, 혹은 계면에 양쪽 성질을 가진 블록 또는 그라프트 공중합체를 소량 첨가하는 방법이 있다.

Shull은 각각 중합도가 6000인 PS와 PVP[=poly(2-vinylpyridine)]와의 모델 블랜드에 양쪽 성분을 포함하는 블록 공중합체를 여러 비율로 소량 포함하는 계에 대하여 FRES실험(이때 PS블록은 중수소화하였음)을 한 결과 아래의 중요한 사실을 관측하였다. 즉 첨가된 블록 공중합체는 초기에는 블랜드의 어느 한 성분 고분자에 용해되다가 나중에는 4장소 : (a) 두 성분 고분자산의 계면, (b)공기 표면, (c) 두 성분 고분자의 각각 또는 모두에 형성된 미셀(micelle)구조, 그리고 (d) 두 성분고분자에 용해 중 어느 하나로 갈 수 있다는 것을 알았다. PS와 PVP간의 Flory 상호작용 파라미터 $\chi = 0.11 (> 0)$이므로 혼합열을 흡열($\Delta H_m > 0$)이 되어 원칙적으로 두 고분자는 잘 섞이지 않는다(5장 참조). 만약 전체의 농도가 충분히 낮다면, 공기 표면으로 이동하는 블록 공중합체는 거의 없고, 대신 대부분은 블랜드 계면으로 이동할 것이다. FRES실험에서 측정된 두 성분간의 계면장력은 약 3.04 erg/cm^{2}이고, 표면에 격리된 층과 평형공존하고 있는 (중수소환된)PS상에 있는 블록 공중합체의 부피분율은 2.1%임이 밝혀졌다. 또한 얻어진 실험결과의 해석으로부터 블록 공중합체 블랜드계면에 단분자층으로 존재하며, 또한 형태는 완전히 랜덤코일이 아닌 약간 펼쳐진 형태를 취하고 있음이 밝혀졌다.

10. 3. 5 중성자 반사법

중성자 반사법(neutron reflectometry)은 약 1°차수(order)의 접지각(grazing angle)반사를 이용한다. 이는 대략 1000-5000 Å 의 꽤 큰 깊이를 관통할 수 있으며, SIMS나 FRES실험보다 훨씬 더 좋은 약 10 Å 정도의 공간 해상도를 갖는다. 계면의 깊이와 두께는 보통 얻어지는 다중 피크의 반사패턴의 '중첩해소(deconvolution)기법'에 의해 결정될 수 있다. 그러나 그와 같은 분석은 이론모델에 크게 의존하므로 일반적으로 보조실험이 필요하다. 또 다른 결점으로서는 실험비용이 높다는 것이다. 그러나 중성자 반사법은 다양한 형태의 얇은 고체필름, 기상-액상 및 고상-액상 계면에 있는 고분자나 고분자 전기화학 문제 등의 해석에 널리 이용되고 있다. 이온방법과 마찬가지로 중성자 반사법에서도 중수소핵을 탐침종(probe species)으로 이용한다.

현재 고분자과학의 중요한 문제점의 하나는 파행운동(reptation)중의 고분자사슬이 de Gennes관(tube)를 떠나는 순간과 같은 매우 짧은 시간대의 분자확산을 지배하는 관계식의 이해와 증명에 관한 것이다. 이와 관련하여 Wool등은 '보다 작은 사슬(minor chain)모델'을 제안하였는데 이에 의하면 용융상태의 고분자사슬의 확산은 $t^{1/4}$로 스케일링된다.

Agrawal등은 두 층(layer)에 있는 선택적으로 중수소화된 PS 블록 공중합체 사슬에 대하여 중성자 반사법을 사용하여 소위 '잔물결(ripple)실험'이라는 것을 수행하였다. 두 층중 하나에서는 고분자의 모노머 중 중앙의 50%는 중수소화하고, 나머지 양 끝의 각각 25%모노머는 정상 수소로 두었다. 이 물질은 HDH(1/4H-1/2D-1/4H)로 표기하였다. 실험에 이용된 두 고분자는 음이온 중합법으로 합성된 좁은 분자량 분포지수(PDI)를 갖고 평균분자량이 거의 동일한 각각 $2.25 \times 10^5 g/mol$과 $2.50 \times 10^5 g/mol$이었다.

두 층(bilayer)필름의 온도가 각 성분의 T_g이상이라면 상호확산(interdiflusion)이 시작된다. 사슬의 이방성 운동 도중 그들은 먼저 계면을 지나면서, HDH층은 중수소화된 PS가 많아지고, DHD층은 보통의 수소PS가 많아진다. 이때 HDH/DHD짝의 파행운동을 통한 상호확산은 농도프로필에 있어서 잔물결(ripple)모양의 파형을 만들 것이다. 실험에 의하면 초기의 농도 프로필은 계면에서 잔물결을 보이다가 약 450분후에 최대치에 도달한다. 이때 de Gennes의 파동운동이론에 의하면 최대 잔물결은 시간 $\tau_d/4$[여기서 τ_d는 실험 온도 118℃에서의 파행시간(reptation time)으로서 약 1860분임] 즉 465분으로서 실험과 잘 일치한다.

Welp 등은 잔물결의 보다 정확한 정의를 위하여 PS의 분자량이 400,000 g/mol이나 되는 시료를 이용하여 잔물결실험을 계속하였는데, 6가지의 중요한 잔물결의 특성 즉 1)피크가 최대치에 도달하는 시간, 2) 피크 최대진폭, 3)피크 최대면적, 4) 피크진폭에서의 피크위치, 5) 피크위치의 시간의존성, 그리고 6) 피크위치의 분자량 의존성에 대하여 집중적으로 조사한 결과 얻어진 모든 특성이 de Gennes의 파행운동(reptation)이론과 거의 일치하였다. 즉 이 실험으로부터 고분자 사슬들은 다른 뱀(snake)으로 이루어진 초원(grass)위를 실제로 뱀처럼 움직인다는 것을 다시 한 번 확인하였다.

10. 3. 5. 1 고분자 블랜드 계면상의 이론적 두께

고분자 블랜드 계면상(interphase)의 구조 및 조성 프로필에 관한 연구는 2가지 이유 즉 (a) 2성분계 혼합물에서 두 성분간의 보다 증가된 계면혼합의 정도는 일반적으로 그 물질의 기계적 강도를 향상시키며 또한 (b) 시간의 함수로서의 모델 계면에서의 계면혼합정도의 관찰은 고분자 두 성분 짝의 상호확산계수에 대한 정보를 제공하는 관점에서 큰 관심의 대상이 되고 있다. 즉 계면 혼합의 자유에너지와 확산속도는 계면을 정의하는데 매우 중요하다.

Helfand와 Tagami는 고분자 블랜드 계면에서 계면장력(γ_{ab})와 계면의 구께 S_{th}에 대하여 아래와 같이 열역학에 기초를 둔 식을 제안하였다.

$$\gamma_{ab} = \left(\frac{\chi}{\sigma}\right)^{1/2} \rho_0 bkT \tag{10. 140}$$

$$S_{th} = \frac{2b}{(6\chi)^{1/2}} \tag{10. 141}$$

여기서 ρ_0는 밀도, k는 볼츠만상수, χ는 F-H상호작용 파라미터, 그리고 b는 (Kuhn)통계적 세그먼트 스텝길이로서 PS와 PMMA 모두 6.5 Å 이다. 기타 다른 랜덤 코일 고분자도 이와 비슷한 b값을 가진다. 또한 χ는 온도의존성(그러나 조성에는 무관가정)으로서 표 10. 3에 UCST 상분리거동(즉 T가 증가하면 χ감소 : 5. 4. 1절 참조)을 나타내는 몇몇 고분자 블랜드계에 대한 χ값을 온도의 함수로서 나타내었다. χ값이 양으로서 커지면 혼합엔탈피변화 ΔH_m가 양(흡열)이 되고, 따라서 $\Delta G_m(=\Delta H_m - T\Delta S_m)$ 또한 양이 될 가능성이 크므로 관련 블랜드계는 불상용성이 된다. 이와 같은 관점에서 PS/PMMA계는 현실적인 분자량과 온도범위에서는 항상 불상용성이다. 그러나 표 10. 3에 나타낸 SAN관련 블랜드의 경우 아크릴로나이트릴(AN) 공모노머의 적절한 함량조절에 의하여 상용성이 될 수도 있다. 만약 상용성 블랜드의 경우는 식 (10. 141)은 적용되지 않는다.

표 10. 3 몇몇 (UCST성) 고분자블랜드에 대한 χ의 온도의존성

블랜드[a]	관계식[b]
PS/PMMA	$\chi = 0.0284 + 3.902/T$
SAN/PMMA	$\chi = (624\beta^2 - 727\beta + 193)/T$
SAN/PC	$\chi = (556\beta^2 - 697\beta + 314)/T$
PS/PB	$\chi = 0.083 \quad (25℃)$

[a] PS=polystyrene; PMMA=poly(methyl methacrylate); SAN=poly(styrene-stat- acrylonitrile); PC=polycarbonate; PB=polybutadiene

[b] β는 스티렌 모노머의 몰분율을 나타냄.

블랜드에서 두 성분의 접착강도를 나타내는 또 다른 중요한 관계식으로 접착일 W_a(식 10. 23)와 함께 아래의 임계파괴(critical fracture)에너지 $\mathscr{G}_{1c}$가 있다.

$$\mathscr{G}_{1c} = 2\gamma_{ab}\left(\frac{S_{th}}{b}\right)^2 \tag{10. 142}$$

여기서 $\mathscr{G}_{1c}$는 파괴에 대한 하한값으로서 이 값이 커질수록 블랜드의 파괴인성(fracture toughness)은 커지게 된다. 또한 W_a는 접착되어 있는 두 (용융상태의) 고분자의 계면을 현재의 평형위치로부터 무한대로 분리하는데 요구되는 단위 면적당 가역적인 일(에너지)로 정의되는데 사슬절단(scission)이나 이탈(pullout)등은 고려되어 있지 않으므로 역시 하한 값에 해당된다. 실험값에 의하면 W_a는 통상 $\mathscr{G}_{1c}$값보다 500배정도 작은 것으로 알려져 있다. PMMA/PS 블랜드계의 경우 계면에 대한 $\mathscr{G}_{1c}$값은 약 50 J/m^{2}인데, 이는 각 성분 고분자에 대한 $\mathscr{G}_{1c}$값이 둘 다 약 500 J/m^{2}인 것에 비하면 1/10정도밖에 안된다. 그리고 여기서 소비된 $\mathscr{G}_{1c}$값은 분자량에는 무관한데 이는 식 (10. 42) 중의 S_{th}가 임계값에 도달할 정도로 분자량이 충분히 크기 때문이다.

예제 10.6

PS/PMMA 블랜드 시료가 135 ℃에서 열처리(annealing)된 후 실온으로 냉각(quenching)되었다면 이때 형성된 계면의 이론적 두께를 식 (10. 141)로부터 추정해보아라. 단 χ 파라미터의 온도의존성은 표 10. 3을 참조하여라.

풀이 표 10. 3의 PS/PMMA에 대한 χ의 온도의존성 식에 $T=(273+135)\ \mathrm{K}=408\ \mathrm{K}$를 대입하면 $\chi=0.038$이 된다. 이를 식 (10. 141)에 대입하면 계면의 두께 S_{th}에 대하여 아래를 얻는다.

$$S_{th}=\frac{2\times 6.5\ \text{Å}}{(6\times 0.038)^{1/2}}=27.2\ \text{Å}$$

실온에서는 두 고분자 모두 T_g이하이므로 유리상이 되어 현 실험 시간영역내에서는 고분자 사슬의 확산은 사실상 0이 된다.

10. 3. 6 내부 표면적의 결정

고분자 블랜드 및 복합재료는 종종 불규칙적인 혹은 랜덤한 미세구조를 형성한다. 계면적은 소각 X-선 산란(SAXS)나 소각 중성자 산란(SANS)로 결정될 수 있다. SAXS에 의한 계면적의 결정은 다공성(porous) 촉매 입자의 경우처럼 대비인자(contrast factor)인 전자밀도의 차이가 크면 보다 효율적으로 수행될 수 있다. 반면 SANS의 경우에는 중수소화된 탐지(probe) 시료를 이용하여 비슷한 대비효과를 얻을 수 있다. 특히 블랜드나 복합체의 소수(minor)상이 분산상이거나 혹은 시료가 두 상 연속성(dual phase continuity)을 나타낼 때처럼 랜덤하게 보이는 표면의 경우에 보다 잘 적용된다. 만약 계면의 구조가 랜덤하지 못한다면, 주어진 기하의 계면적을 결정하기 위하여 수학적 보정이 필요하다.

Debye는 SAXS에 의해 계면적을 결정하기 위하여 랜덤구조를 가진 물질을 가정하여, 임의의 거리 r에서 한 개의 표면을 발견할 확률을 아래와 같이 지수형태의 상관(correlation)함수 형태로 나타내었다.

$$\gamma(r)=\exp\left(-\frac{r}{a}\right) \tag{10. 143}$$

여기서 $\gamma(r)$는 두 개의 산란중심 간 특성거리 r에 대한 상관함수를 나타내며, a는 불균일성(heterogeneity)의 크기를 정의하는 상관거리이다. 그림 10. 36 (a)에 상관거리를 나타내었다. 일단

한 상에서 출발하여, 랜덤방향이 정해진 후 첫 번째 표면(또는 계면)과 부딪힐 때까지 움직인다. 이때 '비 계면적(specific interfacial area)' S_{sp}는 질량 m과 계면적 A의 비로서 아래와 같이 정의된다.

$$S_{sp} = \frac{A}{m} = \frac{4\phi(1-\phi)}{ad} \tag{10. 144}$$

여기서 ϕ는 어느 한 상의 부피분율, d는 밀도이다.

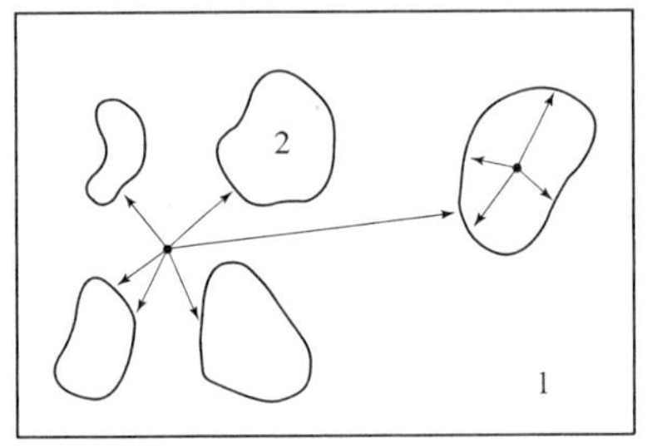

(a) 상관거리 a

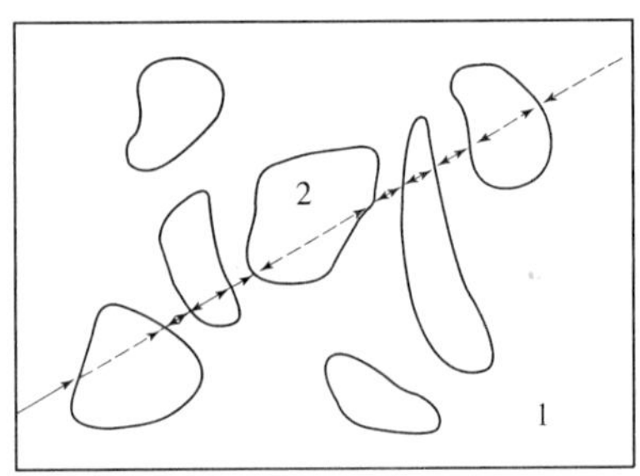

(a) 횡길이 L_1, L_2

▶ **그림 10. 36** 산란실험을 통하여 결정되는 비 계면적과 관련크기. (a) 상관거리 a는 임의의 랜덤 장소에서 출발하여 한 계면에 도달할 때까지 랜덤방향으로 여행하여 구해진다. 즉 임의의 한 계면까지의 평균이동 거리가 a이다. (b) 시료를 통하여 임의의 랜덤 직선을 그어, 두 계면간의 평균거리가 횡길이 L_1 및 L_2를 결정한다.

SAXS 이론에서 상관거리 a는 $I^{-1/2}$ 대 K^2의 (직선)플롯[여기서 I는 배경(background)산란의 제거 후의 과잉(excess)산란강도, 그리고 $K = 4\pi\lambda^{-1}\sin(\theta/2)$이고 λ 및 θ는 각각 파장과 산란각도이다]의 절편과 기울기에서 아래와 같이 구해진다.

$$a = \left(\frac{\lambda}{2\pi}\right)\left(\frac{\text{기울기}}{\text{절편}}\right)^{1/2} \tag{10. 145}$$

Debye 이론에 의하면 a는 상 1 및 2의 도메인의 횡(transverse)길이 L_1 및 L_2와도 아래와 같은 관계에 있다(그림 10. 36 (b)).

$$L_1 = \frac{a}{\phi_2},\ L_2 = \frac{a}{\phi_1} \tag{10. 146}$$

개념적으로는, 횡길이 L_1 및 L_2는 시료를 통하여 랜덤하게 선택된 직선을 그음으로써 얻어진다. 이리하여 두 계면간의 평균거리 L_1 및 L_2를 결정한다. 식 (10. 146)에서 L_1과 ϕ_2, L_2와 ϕ_1의 첨자 관계에 유의해야한다. 만약 큰 구조 입자의 경우에는 가시광선을 이용한 광산란(light scattering)측정으로도 계면적을 구할 수 있다.

상호침투 고분자 네트워크(interpenetrating polymer network, IPN)는 일반적으로 미세하게 나누어진 꽤 불규칙적인 모폴로지를 갖고 있음이 알려져있다. 그림 10. 37에 일련의 cross-PB-inter-cross-PS IPN 시리즈에 대하여 비 계면적 S_{sp}값을 PS함량의 함수로 플롯하였다. 조성의 중간 영역에서 S_{sp}값의 최대치가 관측된다. 콜로이드적으로 분산된 물질이나 미세하게 분할된 고분자 블랜드의 경우에도 많은 IPN처럼 S_{sp}값은 통상 $50-300\ \mathrm{m^2/g}$을 가진다.

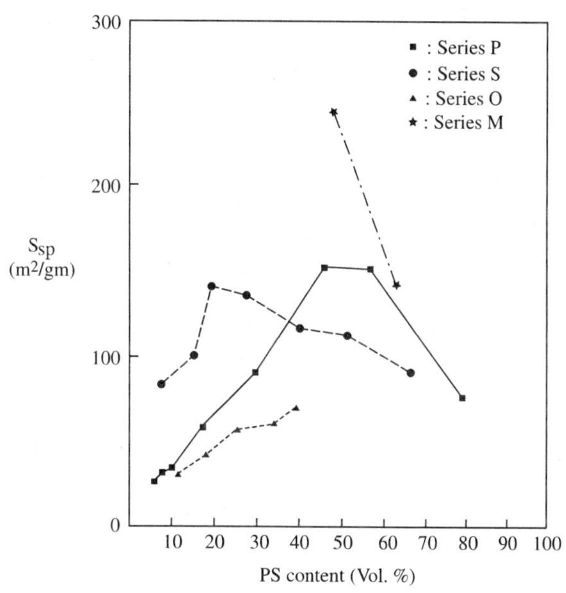

▶ **그림 10. 37** 여러 시리즈의 IPN에 대한 비계면적 S_{sp}와 PS함량과의 관계.

다음에는 SAXS나 SANS실험에 있어서 계면두께 S_{th}의 (환원)산란각도 $K(\theta)\,[=(4\pi/\lambda)\sin(\theta/2)]$ 의존성에 대해 조사해보자. Porod에 의하면 예리한 비혼합(nonmixing) 계면을 가진 한 이상적인 두 상계(two-phased system)의 경우 만약 산란각 θ가 꽤 크다면 아래와 같이 산란강도 I의 K^{-4} 의존성을 제시하였다.

$$I(K) = \frac{K_p}{K^4} \tag{10. 147}$$

여기서 K_p는 Porod 상수이다.

만약 실제에 있어서 위의 이상적인 Porod 식에서 벗어나면 아래와 같이 비이상적인 산란강도 $I(K)$와 K^{-4}의 관계로부터 계면의 두께 S_{th}를 추정할 수 있다.

$$I(K) = K'(S_{sp}/K^4)\exp(-K^2 S_{th}^2) \tag{10. 148}$$

여기서 K'는 두 성분의 전자밀도의 차이 (SAXS 경우)나 중성자 산란길이의 차이 (SANS 경우)에 의존하며, 따라서 관련된 파동의 종류나 원자 특성에 의존한다. 위 속에서 비계면적 S_{sp}는 쉽게 추정되므로(그림 10. 37 참조) 관측된 $I(K)$대 K^{-4} 플롯 관계에서 계면 두께 S_{th}를 구할 수 있다.

10. 4 고분자 블랜드 계면에 있는 고분자 사슬의 형태

고분자 용액이나 블랜드 계의 상분리 현상에 대한 열역학적 정의 (5. 4. 1절 참조)에 의하여 한 불상용 고분자 블랜드 계면의 Gibbs 혼합 자유에너지 $\Delta G_m (= \Delta H_m - T\Delta S_m) > 0$이나, 만약 블록 공중합체와 같은 상용화제 (혹은 계면 장력 감소제)의 첨가로 인하여 완전한 분자 혼합이 이루어진다면 결국에는 계면이 사라지게 될 것이다. Helfand와 Tagami는 (불상용)고분자 블랜드에 있어서 고분자 계면(또는 계면상)에 대한 '평균장(mean-field) 이론'을 제안하였다. 그들은 특히 평형 조성, 계면상을 통한 밀도 프로필, 계면 장력, 계면의 두께 및 계면상에 있는 고분자 사슬의 형태 등에 관심을 가졌다. 그리하여 그들은 아래의 4가지 결론을 얻었다(그림 10. 38 참조).

1. 조성은 블랜드 내의 한 성분 고분자로부터 다른 성분, 고분자로 서서히 변하며, 계면상의 두께(혹은 폭)는 F-H 상호작용 파라미터 χ값에 의해 조절된다(식 10. 141).
2. 두 성분 고분자에 대하여 개개의 밀도(ρ), 통계적 세그먼트 길이(b) 및 압축률(compressibility) ζ에 있어서 대칭성을 가정하면 계면상의 중간(조성)영역에서 밀도의 최소치가 관측된다.
3. 만약 물이나 산소와 같은 저분자의 3번째 성분이 존재하면, 이는 계면상에 우선적으로 흡착될 것이다. 이로 인하여 성분 고분자들은 묽어지고, 따라서 계면상은 기계적으로 약해진다.
4. 고분자 사슬들의 양 말단들(chain ends)은 사슬 중앙의 세그먼트보다 계면상에 더욱 모이게 되며, 계면상의 평면에 수직으로 배향하려는 경향을 나타낸다(그림 10. 39).

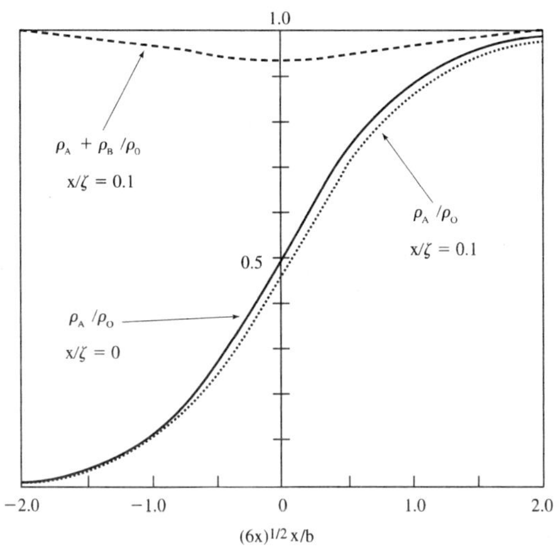

▶ **그림 10. 38** 만약 두 성분고분자가 불상용이면 고분자 블랜드 계면의 밀도 프로필은 계면의 중간부분에서 최소가 된다. 그림에서 x는 조성, ρ는 밀도, χ는 상호작용 파라미터, 그리고 b는 통계적 세그먼트 길이이다.

5 nm
계면상

▶ **그림 10. 39** 한 개의 불상용 고분자 블랜드 계의 계면상(interphse) 지역. 사슬 중앙부분의 세그먼트들은 계면에 나란히, 그리고 사슬의 양 끝 말단기들은 계면에 수직으로 배향하려는 경향을 나타낸다.

최근에 이 이론을 뒷받침하는 여러 실험이 보고되었다. 그 중에서 특히 Kajigama 등의 연구에 의하면 단분산 PS의 표면분자운동은 AFM과 FFM을 이용하여 관측한 결과 표면층의 T_g는 내부층에 비해 상당히 감소되었다. 또한 고분자 사슬의 양 말단기들은 보통의 수소로 표시(labeling)한 중수소화된 PS 필름의 깊이 프로필(depth profile)은 SIMS로 관찰하였다. 그 결과 표면층에 사슬의 양 말단기들의 수가 상당히 증가됨이 확인되었다. 그리고 고분자 표면에서 분자의 열운동이 증가되었는데 이는 표면층에 모인 사슬의 양 말단기들의 표면 국소화(locailzation)에 의해 야기된 과잉자유체적(excess free volume)이론으로 설명하였다. 또한 Goh 등은 AFM을 사용하여 폴리(부틸 메타크릴레이트)(PBMA) 라텍스 필름 형성시 분자의 표면운동을 조사하였는데 표면 확산계수가 단일 고분자의 벌크 확산계수보다 약 10^4배나 큼을 확인하였고, 또한 표면 T_g값도 벌크층에 비하여 약 10℃의 감소가 관측되었다.

Reider 등은 넓은 분자량 분포폭을 갖는 고분자 블랜드계에 있어서 분자량 분절(fractionation)을 연구하였다. 그들에 의하면 짧은 사슬을 가진 고분자의 분율이 블랜드의 계면층에서 높게 관측되었으며, 이들 짧은 사슬의 고분자는 다른 고분자에 우선적으로 용해되었다. 그 이유는 짧은 사슬의 고분자는 원래 보다 큰 상용성을 가지며 또한 다른 상의 고분자와 혼합시 자유도의 증가로 인한 엔트로피 증대($\Delta S_m > 0$) 효과가 양의 엔탈피($\Delta H_m > 0$)의 감소효과보다 상대적으로 커서 혼합에 의한 자유에너지 변화 $\Delta G_m < 0$이 되기 때문으로 생각된다(그러나 계면상에 짧은 사슬의 고

분자가 많아지면 이웃 사슬간의 물리적 얽힘 효과가 적어져 기계적 강도는 약해질 것이다).

10. 5 묽은 고분자 용액-고체 계면

이 절에서는 고체 표면과 묽은 고분자 용액 사이의 (계면)상호작용을 다룬다. 종종 문제의 고체는 질량에 비해 표면적이 아주 큰 콜로이드 형태로, 외부 용액에 대해 50-300 m^2/g 정도의 (흡착) 표면적을 제공한다. 용액 중의 고분자 사슬은 화학 또는 상호작용의 유형에 따라 사슬의 한 끝, 양 끝 또는 사슬 전체를 따라 고체 표면에 흡착 또는 결합되기도 한다.

10. 5. 1 논드립(nondrip) 라텍스 페인트

보통의 라텍스(latex) 페인트는 수용액 상에 분산되어 있는 고분자 라텍스와 무기 충진제(filler) 및 안료(pigment)를 포함한다. 수용액 상은 통상 콜로이드성 고체와 약한 화합성(association)결합을 할 수 있는 고분자의 묽은 용액을 포함한다. 그와 같은 화합성 결합은 계의 점도를 상당히 향상시킬 뿐 아니라 페인트에 '틱소트로픽(thixotropic)거동'(즉 시간이나 전단속도의 증가와 함께 구조가 파괴되어 점도가 감소하는 현상)을 제공한다.

그 과정을 설명하면 다음과 같다. 라텍스 페인트가 담긴 깡통(can)은 높은 점도를 나타낸다. 그 안에 솔(brush)을 넣어 저으면 높은 전단속도가 발생하여 점도를 낮추게 되어(즉 'shear-thinning'효과) 페인트가 솔 위로 쉽게 흐른다. 그런 다음 솔을 페인트 통에서 빼내어 약간 위에서 쥐고 있으면 솔 위에 있는 페인트에 낮은 전단속도를 가하는 환경이 되어 점도가 도로 증가하여 유동성이 감소되어 페인트의 소위 '논드립(non-drip) 특성'(즉 페인트가 물방울이 되어 떨어지지 않는 현상)을 일으킨다. 이때 다시 솔을 벽이나 천장에 적용시키면 다시 높은 전단속도를 야기하여 점도가 낮아져서 원하는 표면위로 흐르게 된다. 천장에 페인트칠을 할 때는 적당히 배합된 페인트는 솔 아래로 흘러내리지 않는다. 왜냐하면 그 경우는 낮은 전단속도의 환경에 처하게 되어 도로 점도가 상승되어 유동성이 감소하기 때문이다. 그런 다음 수용액 상의 표면장력으로 인하여 페인트가 벽면 또는 천장에 평평하게 칠해지게 되고, 또한 높은 점도로 인하여 칠해진 페인트의 처짐(sagging)이 저해된다. 결과적으로 건조하여 필름 형성 후에는 논드립 페인트의 부드러운 도포(coating)가 이루어지게 된다.

10. 5. 2 용액계면에서의 고분자 사슬의 형태

지금 고체표면과 접하고 있는 묽은 고분자 용액과 접하고 있는 간단한 경우를 생각해보자. 사슬의 일부는 표면에 흡착되어 있는데, 흡착된 사슬은 그림 10. 40에 나타낸 바와 같이 3주요 부분을 포함한다. 먼저 고분자 '기차(train)'는 해당 모노머가 모두 (고체)기질과 접착되어 있으며, (분자 내)다른 기차와 연결시켜주는 '루프(loop)'에 의해 분리되어 있다. 마지막으로 '꼬리(tail)'는 흡착되지 않은 사슬의 (양)말단 부분이다. 여기서 중요한 파라미터는 고체표면에 흡착되어 있는 (즉 기차층에 있는) 결합된 (bound) 모노머의 분율 p이며 그와 같은 고체표면에 흡착된 고분자량은 대략 1 mg/m^2 수준이다.

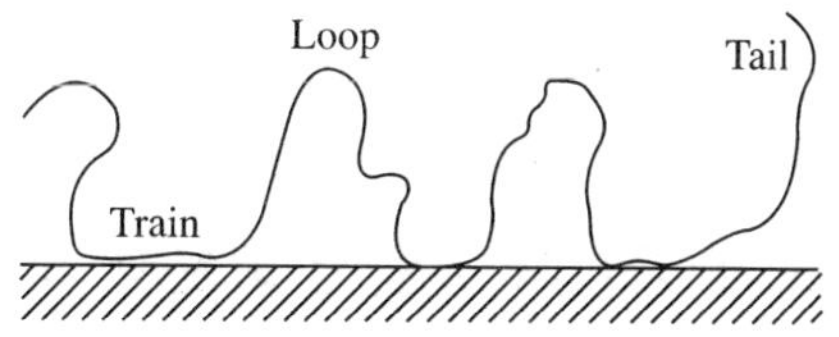

▶ **그림 10. 40** 고체표면에 일부 흡착된 고분자사슬에 대한 모델

예제 10.7

만약 (다공성) 콜로이드 표면을 포화시키는 분자량 200,000 g/mol의 PS용액이 있다고 하자. 이때 고체표면에 2.5 mg/m^{2}의 고분자 흡착이 있었다면 고분자의 표면 결합(흡착) 분율 p를 계산하라. 단 모노머의 분자량은 104 g/mol이고, 벌크 PS의 밀도는 1.06 g/cm^{3}이다.

모노머 1몰의 부피는 $\dfrac{104\ \mathrm{g/mol}}{1.06\ \mathrm{g/cm^3}} = 9.81\ \mathrm{cm^3/mol} = 98.1\times 10^{-6}\ \mathrm{m^3/mol}$가 된다. 다음에는 모노머 분자 1개당 부피는 $\dfrac{98.1\times 10^{-6}\ \mathrm{m^3/mol}}{6.02\times 10^{23}\ \mathrm{mers/mol}} = 16.30\times 10^{-29}\mathrm{m^3/mer}$. 만약 모노머가 정육면체(cube)이라면 한 면의 면적 $A = V^{2/3}$가 되어 모노머 분자 1개당 표면적은

$$A(=a^2) = (16.30\times 10^{-29}\ \mathrm{m^3/mer})^{2/3} = 3.00\times 10^{-19}\ \mathrm{m^2/mer}$$

거꾸로 표면 1 m^{2}에는 이의 역수인 $3.35\times 10^{18}\ \mathrm{mers/m^2}$가 된다. 따라서 고체 단위 표면적당 흡착된 모노머의 질량은

$$\frac{3.35\times 10^{18}\ \mathrm{mers/m^2}}{6.02\times 10^{23}\ \mathrm{mers/mol}}\times 104\ \mathrm{g/mol} = 5.79\times 10^{-4}\ \mathrm{g/m^2} = 5.79\times 10^{-1}\ \mathrm{mg/m^2}$$

그런데 이 값은 표면이 완전히 (단분자층으로) 덮여 있다고 가정하여 포화상태에서 1 m^{2}의 표면적에 결합된 물질(고분자)의 양이다. 그러데 문제에서 콜루이드의 단위면저당 결합된 전체 PS의 량은 2.5 mg/m^{2}이므로 고분자 모노머의 (기차상태로) 최대 결합분율 p는 아래가 된다.

$$p = \frac{5.79 \times 10^{-1}\ \mathrm{mg/m^2}}{2.5\ \mathrm{mg/m^2}} = 0.23$$

만약 표면에 흡착된 한 개의 고분자가 루프 없이 한 개의 긴 기차와 한 개의 말단꼬리로 되어 있다고 가정(비록 비현실적이지만)하면 고체표면에 흡착된 기차의 평균길이(질량)은 아래가 될 것이다.

$$200{,}000\ \mathrm{g/mol} \times 0.23 = 46{,}000\ \mathrm{g/mol}$$

그리고 꼬리의 길이(질량)는 $200{,}000 - 46{,}000 = 154{,}000\ \mathrm{g/mol}$. 이 경우 고분자의 대부분(77%)은 비흡착성 꼬리로 되어 있음을 알 수 있다.

10.5.3 용액의 농도가 증가시 결합된 고분자 사슬의 형태

용액의 농도가 매우 낮을 경우 고체 표면에 흡착된 고분자의 농도 역시 매우 낮을 것이다. 이 경우 흡착된 고분자사슬의 모양은 표면에서 팬케이크(pancake)처럼 평평해지려는 경향을 띤다(그림 10.41참조). 이 농도 영역에서는 표면의 대부분이 비어있다. 그러나 용액의 농도가 증가하면서 표면공간에 대한 경쟁 또한 증가한다. 몇몇 고분자사슬의 한쪽 끝만, 또는 사슬의 한 끝부분에 있는 몇몇 모노머만 표면에 흡착되어 있는 형태를 '버섯(mushroom)' 형태라 한다. 그리고 계속 농도가 증가하면 그림에서 보는 바와 같은 '솔(brush)구조' 형태가 나타난다. 이 경우에도 버섯처럼 각 고분자사슬의 한쪽 끝만 또는 한 끝부분에 있는 몇몇 모노머만 표면에 흡착되고, 사슬의 나머지 부분은 이웃과의 접촉을 피하기 위해 용액속으로 표면에 거의 수직으로 서는 형태를 취한다. 이 경우에도 사슬에 있는 모노머의 대부분은 용액층 속에 남아있으며. 표면에서의 흡착공간은 거의 없다.

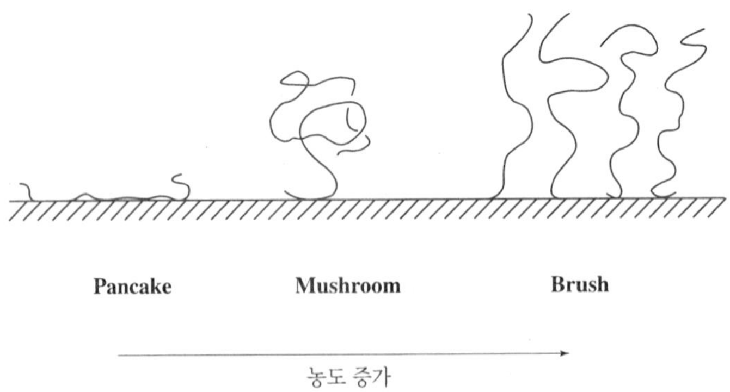

▶ **그림 10.41** 표면에서 고분자 사슬이 가질 수 있는 3유형의 결합에 대한 모델. 용액의 농도증가와 함께 흡착된 사슬은 표면에서 용액 속으로 수직으로 서려는 경향을 나타낸다.

일단 고분자사슬이 고체표면에 흡착되면 종종 제거(removal)는 처음 표면에 흡착의 경우보다 더욱 어렵다. 원인은 다중 부착점의 존재와 관련된다. 즉 만약 크기 5 kcal/mol의 한 개의 수소결합만을 생각할 때 결합을 파괴하는 것은 비교적 간단하다. 그러나 만약 두 개의 수소결합이 존재할 경우 이를 파괴하는 데는 단순히 10 kcal/mol의 에너지가 요구되는 것이 아니라, 보다 더 큰 에너지가 요구된다. 왜냐하면 한 개의 결합을 먼저 깨고 두 번째 결합을 깨려고 하면 그 사이에 첫 번째 결합이 다시 형성될 수도 있으므로 두 개의 수소결합을 동시에 깰 필요가 있기 때문이다. 이와 같이 여러 개의 수소결합이 존재할 경우에는 이들을 동시에 파괴하기란 매우 어렵다. 따라서 결합을 파괴하는 'debonding'의 속도는 처음 결합형성시의 'bonding'의 속도에 비해 일반적으로 매우 낮다.

10. 5. 4 2개의 콜로이드 입자에 결합된 한 개의 고분자사슬

10. 5. 1절에서 한 개의 회합성 고분자가 틱소트로픽 거동을 야기하는 능력에 관한 예가 논드립 라텍스 페인트를 사용하여 주어졌다. 지금 한 개의 회합성 고분자인 PEO 사슬이 두 개의 다른 콜로이드 입자표면에 결합되어 있다고 생각하자(그림 10. 42). PEO는 물에 용해되지만, 실온에서는 물속에서 Flory-θ 비섭동(unperturbed)상태[즉 용매에 의한 팽창계수 $\alpha \simeq 1$: 식 (4. 1)참조]에 가깝다.

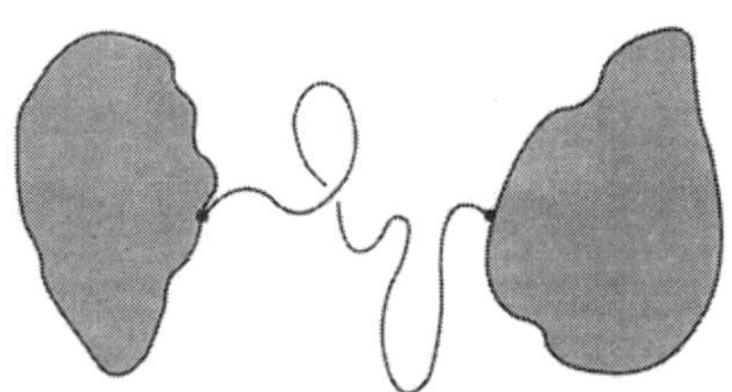

▶ **그림 10. 42** 한 개의 고분자사슬에 결합된 2개의 콜로이드 입자의 예시.

PEO의 분자량은 $1\times10^5\,\mathrm{g/mol}$이고, 두 콜로이드 입자에 붙어있는 한 개의 결합에너지는 둘 다 $5.9\,\mathrm{kcal/mol}$라 하자(이 값은 대략 한 개의 수소결합에너지와 같다). 이때 임의의 전단력(shearing force)이 계에 작용하여 사슬에 붙어있는 두 입자를 분리시키려고 한다. 이때 문제는 PEO 사슬의 양 끝 중 한 개가 입자로부터 떨어지기(debonding)직전 두 입자간의 간격은 얼마이상으로 벌어져야하는가이다.

이 문제의 해답을 구하기 위해 먼저 정지 상태의 한 개의 비섭동(θ) PEO사슬의 회전반경 $R_{g0}\left[\equiv \langle S^2\rangle_\theta^{1/2} = (1/\sqrt{6})\langle R^2\rangle_\theta^{1/2} = K'M^{1/2}(4\text{장 참조})\right]$는 아래와 같이 주어진다.

$$R_{g0}(\mathrm{nm}) = 343\times10^{-4}M^{0.5} \tag{10. 149}$$

여기서 $M = 10^5$(g/mol)을 대입하면 아래를 얻는다.

$$R_{g0}(\mathrm{nm}) = 343 \times 10^{-4} \times (1 \times 10^5)^{1/2} = 10.8\ \mathrm{nm}$$

따라서 그림 10. 42에서 외력이 가해지지 않았을 때의 입자간 평균거리를 비섭동(θ상태의) 말단거리 $r_0\left[\equiv \langle R^2 \rangle_\theta^{1/2} = \sqrt{6}\langle S^2 \rangle_\theta^{1/2} = \sqrt{6}\,R_{g0}\right]$이라면

$$r_0 = \sqrt{6}\,R_{g0} = 26.4\ \mathrm{nm}$$

그런데 한 개의 (Gauss)탄성사슬에 대한 고무탄성이론(식 7. 45)에 의하면 사슬을 거리 r로 잡아당기는데 필요한 (엔트로피 탄성)힘은

$$f = \frac{3kT}{\langle r_0^2 \rangle} r \tag{10. 150}$$

(여기서 k는 볼츠만 상수, T는 절대온도, $\langle r_0^2 \rangle$는 비섭동상태(또는 θ용매)에서의 제곱평균말단 거리인데, 편의상 연신비 $\alpha = 1$때의 r값, 즉 $\alpha = r/\langle r_0^2 \rangle^{1/2} = r/r_0$으로 간주한다.)

따라서 거리를 $r = 0$에서 $r = r$까지 갖고 오는데 관련된 일은 아래가 된다[단 힘 f항은 식 (10. 150)을 대입].

$$W = \int_0^r dW = \int_0^r f\,dr = \int_0^r \frac{3kTr}{\langle r_0^2 \rangle} dr = \left(\frac{3}{2}\right) kT \frac{r^2}{\langle r_0^2 \rangle} = \left(\frac{3}{2}\right) kT\alpha^2 \tag{10. 151}$$

그런데 1개의 결합에너지 즉 결합을 파괴하는데 필요한 일(에너지)은 5.9 kcal/mol이므로 25 ℃에서의 1개의 고분자 사슬당 에너지(J/chain)로 바꾸면 아래와 같다.

$$5.9 \times 10^3\ \mathrm{cal} \times \frac{4.184\ \mathrm{J}}{1\,\mathrm{cal}} \times \frac{\mathrm{mol}}{6.023 \times 10^{23}\ chains} \times \frac{1}{\mathrm{mol}} = 4.10 \times 10^{-20}\ \mathrm{J}/chains$$

이를 식 (10. 151)의 W에 대입하고, $k = 1.38 \times 10^{-23}\,\mathrm{J/K}$ 및 $T = 298\,\mathrm{K}$를 이용하면 아래를 얻는다.

$$4.11 \times 10^{-20}\ \mathrm{J}/chain = \left(\frac{3}{2}\right)(1.38 \times 10^{-23}\ \mathrm{J/K}) \times 298\ \mathrm{K} \times \alpha^2$$

이 식을 α에 대해 풀면 $\alpha^2 = 6.6$ 즉 $\alpha = 2.58$을 얻는다. 그런데 연신비 $\alpha = r/r_0 = = r/\langle r_0^2 \rangle^{1/2} = r/\sqrt{6}\,R_{g0}$이므로 인장힘 f에 의해 사슬의 한 끝이 입자에서 떨어져 나오기 직전의 두 입자간 거리(혹은 늘어난 길이) r는 아래가 된다.

$$r = \alpha r_0 = \alpha\sqrt{6}\,R_{g0} = 2.58 \times \sqrt{6} \times 10.8 = 68.3\ \mathrm{nm}$$

단 위의 계산에서 아래의 두 특수 경우가 존재한다.

1. 만약 콜로이드입자가 고분자사슬의 R_g에 비해 크다면, 입자표면은 부드러운 평면으로 가정할 수 있다.
2. 만약 입자가 고분자 사슬의 R_g에 비해 작다면, 입자를 한 개의 점으로 간주함이 유효하고, 이때 고분자의 형태는 본질적으로 랜덤구조를 가진다.

그러나 실제에 있어서는, 대부분의 콜로이드입자는 이들 양 극한 사이에 위치한다. 이 경우의 고분자사슬의 형태는 입자표면에의 부착점(attachment point)이 아닌 다른 점에서는 가능한 한 벽(wall)에서 멀리 떨어지려는 경향을 나타낸다. 이는 그림 10. 41의 솔(brush)형태의 경우 고분자사슬들이 서로를 피하려는 '부피 배제 효과'에 의해 용액속으로 빠져나와 표면에 거의 수직으로 서는 현상과는 조금 다르다. 왜냐하면 이 경우는 사슬의 한 끝은 자유로운 비결합상태이기 때문이다.

10. 5. 5 농도 고갈대(depletion zone)

지금 용액속의 고분자사슬과 고체표면사이에 아무런 인력이 없는 경우를 생각해보자. 그러면 한 개의 고분자사슬이 그와 같은 표면에 접근하면서 요구되는 형태의 변화가 엔트로피 손실을 초래하게 되어, 이것이 표면층 바로 다음에 '고갈대(depletion zone)'를 만든다(즉 여기서는 용액의 경우보다 사슬의 농도가 작다).

묽은 고분자용액의 자유(공기)표면 역시 고갈대를 경험한다. 왜냐하면 이때의 고분자 사슬은 Gibbs 자유에너지 손실에 의해 상당수의 루프나 양 말단이 공기층에 나오는 것이 금지되어 있기 때문이다.

고갈대의 다른 예로서 라텍스 합성 시 '코어-셀(core-shell)효과'가 있다. 가령 일부 중합된 라텍스를 생각해보자. 이때 남아있는 단량체는 이미 형성된 고분자와 같거나 다를 수 있다. 그러나 대부분의 경우 고분자는 주로 내부에, 그리고 모노머는 주로 표면에 위치하는데, 이는 (라텍스)고분자가 본질적으로 수용액상 계면을 피하기 때문이다. 이때 요구조건은 라텍스 입자가 이미 형성된 고분자의 말단거리보다 커야한다는 것인데, 대부분의 경우 만족된다. 이는 다음의 두 중요결과를 낳는다.

1. 고분자 Ⅰ의 존재하에 모노머 Ⅱ를 중합시, 고분자 Ⅱ를 만드는 셀과 함께 코어-셀 구조가 전개된다.
2. 남아있는 미반응의 모노머는 라텍스내에 균일하게 분포되어 있다는 기존의 중합속도 이론은 보정을 필요로 한다.

고갈대는 GPC입자에 있는 유효 기공(pore)의 크기를 감소시킬 뿐만 아니라, 표면에서의 고분자 반응속도도 만약 고갈대를 무시하면 기대이하로 감소될 수도 있다.

10. 6 고분자 용액 계면의 기기분석방법

고분자 용액으로부터 고체표면에 결합(흡착)된 고분자사슬의 형태나 다른 측면을 연구하기 위하여 개발된 최신 기기 중 대표적인 것은 아래와 같다.

먼저 제어된 증기나 담금액 속에 있는 두 표면사이에 작용하는 힘을 측정하기 위한 '표면력 장치(surface forces apparatus, SFA)'가 있다.

전술한 바와 같이, 묽은 고분자 용액으로부터 고체표면에 흡착된 고분자 사슬 사이에는 입체장애로 인한 엔트로피 반발력이 존재한다. 또한 콜로이드 표면에 붙어있는 고분자사슬들은 콜로이드 입자가 용매분산제로부터 응고(coagulation)되는 것을 방지해주는 '입체 안정화(steric stabilization)'역할도 한다. 반대로 서로 다른 두 고체에 사슬의 말단을 통하여 부착되어 있는 고분자 사슬들은 소위 '인력적 브릿징(attractive bridging)효과'를 통하여 콜로이드 분산의 응집(flocculation)을 도와 폐수의 정화 등에 이용된다. SFA는 이와 같은 다양한 종류의 표면력을 높은 정도(약 10^{-8} N의 힘의 감도까지) 측정할 뿐아니라, 흡착된 분자층의 두께도 추정할 수 있다.

이에 반해 광학적기법인 '전 내부반사 형광법(total internal reflectance fluorescence, TIRF)'은 표면(과잉)농도를 직접 측정한다. 원리는 높은 굴절률을 가진 고체 기질과 낮은 굴절률을 가진 고분자 용액사이의 계면에서의 빛의 전 내부반사현상을 이용한다. 전 내부반사는 빛이 낮은 굴절률(용액)상으로 침투하는 소위 '정지 순간파(standing evanescent wave)'를 생성한다. 만약 형광 표지(fluorophore)를 부착한 고분자사슬이 용액으로부터 고체표면에 흡착되면 형광표지가 순간파에 의해 여기(excited)되어 이로부터 표면에 흡착된 고분자의 표면농도를 측정할 수 있다.

또 다른 광학적 기법으로서 빛이 낮은 굴절률(n_0)의 물질로부터 높은 굴절률(n_1)의 미디엄(medium)속으로 통과할 때 이용하는 'Brewster 각도 반사율(BAR)법'이 있다. 이때 제로 평면 편광(zero-plane-polarized)반사빛은 아래식으로 정의된 Brewster 각도 θ_B에서 생긴다.

$$\tan\theta_B = \frac{n_1}{n_0} \tag{10. 152}$$

각도 θ_B 주위에서의 반사율(reflectivity)은 입사각 θ_0와 굴절각 θ_1에 의존하는데, 이들 각도 사이에는 아래의 Snell법칙이 적용된다.

$$n_0 \sin\theta_0 = n_1 \sin\theta_1 \tag{10. 153}$$

만약 얇은 필름을 계면에 넣으면 공기-필름 및 필름-물 계면에서 다중반사가 일어나서 Brewster 각도의 성질을 변화시켜 필름의 두께에 관한 정보를 제공해준다.

두 광학적 방법인 TIRF와 BAR법을 조합하면 분자량이 다른 PEO가 실리카 표면에 경쟁적으로 흡착하는 과정을 조사할 수 있는데, 이때 실험을 용이하게 하기 위하여 PEO에 쿠마린(coumarin) 꼬리표를 부착한다. 물론 저분자량 물질의 흡착속도가 고분자량에 비해 훨씬 빠름이 확인되었다.

마지막으로 6. 3. 5절에서 설명한 바 있는 동적 광산란(dynamic light scattering, DLS)기법은 용액이나 콜로이드 속의 고분자 사슬의 확산계수를 측정할 수 있다. 구상 입자의 묽은 분산계에서는 용질의 확산계수 D는 아래의 Stokes-Einstein 식에 의해 정의된다(식 (6. 150)).

$$D = \frac{kT}{6\pi a\eta} \tag{10. 154}$$

여기서 a는 (구상)입자의 반경, η는 분산매(유체)의 점도이다.

유체에 녹아있는 고분자가 콜로이드 입자표면에 흡착될 때는 (겉보기)입자반경은 증가하고, 반대로 탈착시에는 입자반경은 감소된다. 이와 같은 겉보기 입자반경을 DLS로 측정하면 흡착된 층의 두께에 관한 정보를 얻을 수 있다.

이외에도 고분자 용액의 계면을 조사하기 위한 기기분석법은 계속 개발되고 있으나 이에 관한 언급은 여기서 그치기로 한다.

10. 7 벽면에 있는 사슬의 조직화에 대한 이론

de Gennes는 그림 10. 43에 나타낸 바와 같이 '인력성 벽(attractive wall)'과 '반발성 벽(repulsive wall)'을 동시에 고려해야 한다고 주장하였다. 인력벽 환경하에서는 농도 프로필은 벽에서 거리에 따라 3영역으로 나누어져 있는데, 먼저 (a) 인접영역(proximal region)에서는 상호작용의 내용에 매우 민감하며, (b) 중앙영역(central region)에서는 자기유사(self-similarity)를 나타내며, 마지막으로 (c) 먼 영역(distal region)에서는 약간의 큰 루프(loop)와 꼬리(tail)에 의해 지배된다(그림 10. 43a 참조). 스케일링 법칙(참고 5. 7)에 의하면 중앙영역에서의 조성의 거리의존성은 아래식으로 나타내진다.

$$\phi(z) = \left(\frac{a}{z}\right)^{4/3} \tag{10. 155}$$

여기서 ϕ는 고분자용액의 조성(부피분율), z는 벽면에서의 거리, 그리고 a는 (모노머 크기와 거의 비슷한)인접(proximal)거리를 나타낸다. 계면의 전체 두께는 고분자 사슬의 크기에 의해 지배되며, 통상 수십 nm의 크기를 가진다.

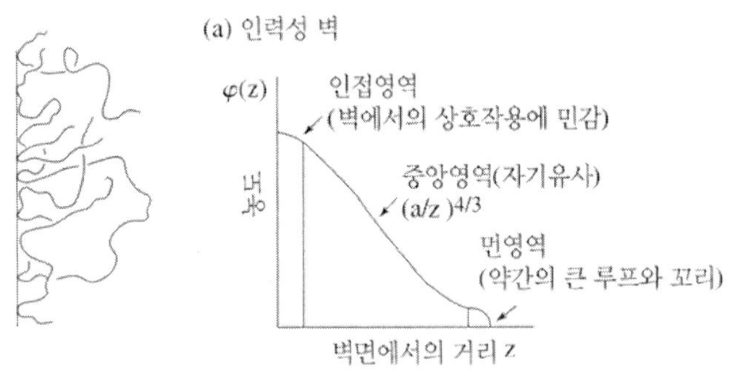

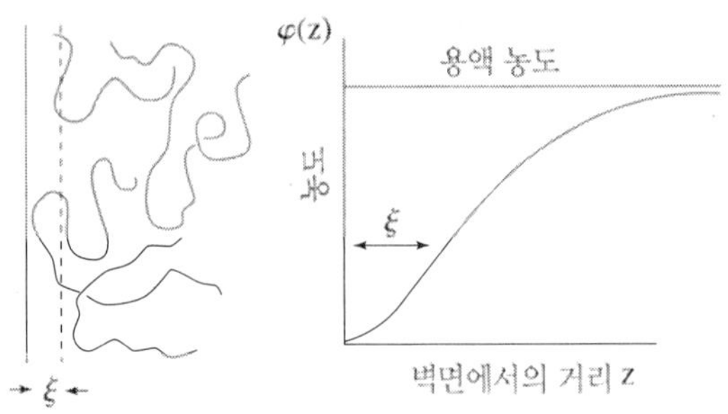

▶ **그림 10. 43** 벽면에서의 농도 프로필은 고분자사슬의 크기와 벽면에 대한 결합 정도에 의해 지배된다.

한편 반발성 벽(그림 10. 43b)에서는 고분자사슬의 상관길이(correlation length) ξ에 의해 지배된다. 만약 사슬이 벽 근처에 있다면 엔트로피 감소 효과 때문에 벽 바로 다음의 농도영역에서는 거의 용매분자만 존재할 것이다. 이를 '고갈층(depletion layer)'이라 부른다(10. 5. 5절 참조). 그림의 어떤 농도영역에서는 위 두 효과의 결합에 의해 사슬이 버섯구조(그림 10. 41)를 가진다.

10. 7. 1 벽 근처에 있는 고분자사슬의 자기유사(self-similarity)

인력벽에 흡착된 고분자사슬의 중앙 농도영역은 자기 닮은 격자(self-similar grid)로 모델링될 수 있다(그림 10. 44 참조). 반 묽은(semi-dilute) 영역에 대한 개념(5. 5절)으로부터 격자의 메쉬(mesh)크기는 고분자사슬의 오버랩(overlap) 거리에 의해 결정된다. 즉 메쉬크기 ξ는 농도의 감소함수로 아래와 같이 나타내진다.

$$\xi = a\phi^{-3/4} \tag{10. 156}$$

여기서 a는 모노머 크기(길이)이다. 그런데 벽에서 거리 z 떨어진 곳의 국소적인 메쉬크기 ξ는 식 (10. 156)의 ϕ를 식 (10. 155)로부터 대입하면 아래와 같이 거리 z와 같이 되어 거리가 커지면 ξ도 커진다.

$$\xi(\phi(z)) = z \tag{10. 157}$$

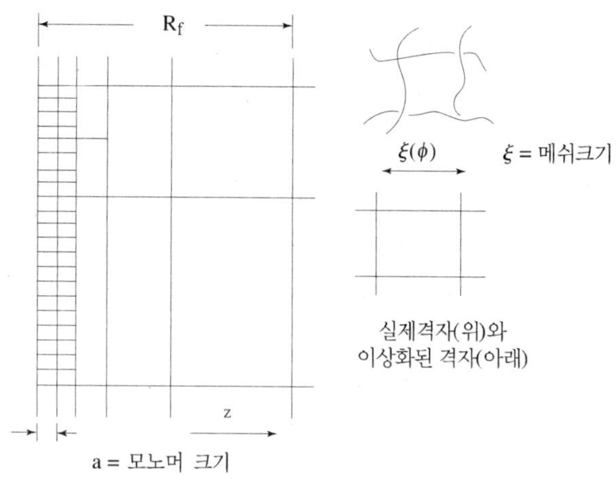

▶ **그림 10. 44** 계면에서 한 개의 자기유사(self-similar) 고분자 격자.

열역학적 및 속도론적 관점으로부터 계면에서의 고분자 농도 $\phi(z)$에 영향을 주는 인자는 여럿 있다. 그중에서도 보다 복잡한 속도론적 측면 중의 하나는 이미 (벽에)흡착된 고분자층을 통한 한 고분자사슬의 확산에 관한 것이다. 여기에서 확산은 사슬의 파행운동(reptation)에 따라 일어난다고 가정된다. 그러나 사슬이 실제로 표면에 도달할 때에는 남아있는 유효한 결합 사이트(bonding site)의 분율이 중요하게 된다.

지금까지의 토론은 고분자사슬의 각 모노머가 표면에 결합된 확률은 모두 같다는 가정하에 이루어졌는데, 반드시 그럴 필요는 없다. 실제에 있어서 사슬의 말단은 보다 활동적이어서 종종 말단결합된(end-bonded) 사슬을 낳는다. 또는 사슬이 블록공중합체인 경우, 한 블록은 인력에 의해 벽에 부착되고 다른 블록은 반발되는 경우도 있다. 실제 벽과의 화학결합이 생길 수도 있는데 이 경우 표면은 그라프트되었나고 한다.

10.7.2 벽 근처에 있는 다분산성 고분자사슬의 분별(fractionation)

만약 용액 중의 고분자가 넓은 분자량 분포를 가진 경우 어느 것이 먼저 표면에 우선적으로 흡착될까에 관한 의문이다. Fleer 등은 이 문제의 해결을 위하여 두 극한 경우 즉 (a) 자기 자신 모노머에 녹아있는 한 개의 중합도 1000짜리의 고분자와 (b) 중합도 100짜리 고분자에 녹아있는 한 개의 중합도 1000짜리의 고분자에 대한 흡착을 조사하였다. 두 경우 모두 긴 사슬 고분자는 형태(conformational) 엔트로피의 감소로 인하여 가급적 벽면에의 흡착을 피했다. 따라서 높은 분자량의 고분자는 평형상태에서 벽면 근처로부터는 농도가 고갈되어 있다(10.5.5절 참조). 이때 농도 고갈대(depletion zone)의 두께는 $M^{1/2}$에 비례한다.

이 결과는 여러 가지 측면에서 중요하다. 첫째, 다분산성 고분자의 묽은 용액으로부터 흡착에 관한 속도론은 고갈대에 의해 매우 복잡해진다. 둘째, 만약 중합이 비결합성 충진제(filler)의 존재하에 수행된다면 맨 처음 형성된 고분자는 사실상 고갈대을 형성하게 되고, 대신 비결합성 충진제가 아닌 남아있는 미반응의 모노머가 이 지역에 들어오려 할 것이다. 셋째, 벌크 복합재료에 있어서는 분자량이 작은 짧은 사슬이 충진제와 접촉하려는 경향을 나타낸다. 그러나 저분자량 고분자는 일반적으로 분자 간 물리적 얽힘(entanglement)이 적어 기계적 강도가 약하므로, 이 경우 복합체의 강도를 감소시킬 것이다. 그러나 충진제와 분자량 분포가 좁은 고분자를 용융(melt) 블랜딩에 의해 복합체를 만들면 보다 높은 강도의 제품을 만들 수 있는 것으로 알려져 있다.

10.7.3 얇은 필름의 유리전이 거동

1993년에 Goh 등은 AFM을 사용하여 폴리(부틸 메타크릴레이트)(PBMA) 라텍스의 필름형성 과정을 조사하였다. 필름형성의 초기단계에서는 표면 라텍스입자는 돌출성(protruding) 구조를 가졌으나, 시간이 경과함에 따라 측면확산을 통하여 표면은 매끄러워진다. 그들의 연구에 의하면, PBMA 필름표면의 확산계수는 내부(벌크)의 경우보다 약 10^4개 큰 값을 나타내었다. 또한 표면 T_g(283 K)도 벌크 T_g(293 K)보다 약 10도 낮은 것으로 계산되었다. 이들 결과에 대한 가능한 설명은 아래와 같다.

1. 표면 근처에는 사슬의 과잉 자유체적(extra free volume)이 존재한다.
2. 표면 근처에 있는 다분산성 고분자사슬의 경우 저분자량 사슬이 표면에 우선적으로 흡착된다(즉 표면 분별의 존재).
3. 표면 근처에 있는 사슬의 배향 및 운동효과.

현재 매우 얇은 고분자 필름(~10 nm 두께)에 대한 연구가 진행되고 있는데, 다음의 두 경우가 구별될 필요가 있다. 즉 하나는 '지지된 필름(supported film)'으로 한 표면은 실리카와 같은 고체 표면에, 그리고 또 다른 한 표면은 공기(즉 자유표면)와 접촉하고 있다. 나머지 하나는 양 표면 모두 공기와 접하고 있는 '자립성(free-standing) 필름'이다. 이하에서 이 두 종류의 필름에 대하여 간단히 설명하겠다.

10. 7. 3. 1 자립성(free-standing) 필름

Forrest 등은 Brilloulin 광산란과 투과 타원편광계법(ellipsometry)을 사용하여 자립성(free-standing) PS 필름을 조사하였다. 연구결과에 의하면, 얻어진 표면필름의 T_g는 필름의 두께와 분자량에 역비례하여 감소하였다. 가령 20 nm 두께의 자립성 PS 필름의 표면 T_g는 벌크 T_g값(393 K)보다 70 K나 낮았다. 그리고 T_g에 관한 분자량 의존성은 소위 '사슬 구속(chain confinement) 효과'로 설명하였다.

분자량이 $1 \times 10^5 - 9 \times 10^6$ g/mol의 범위에 있을 경우, 자립성 PS 필름의 표면 T_g에 관한 필름두께(h)와 분자량(M) 의존성을 나타내는 경험식을 아래와 같이 제안하였는데 비교적 실험결과와 잘 일치함이 확인되었다.

$$T_g - T_g^* = 0.70\ (\mathrm{K/nm})(M/M^*)(h - h^*) \tag{10. 158}$$

여기서 $T_g^* = 423$ K, $h^* = 103$ nm, 그리고 $M^* = 6.9 \times 10^4$ g/mol 이다.

그런데 얇은 자립성 PS 필름의 표면 T_g가 벌크 T_g에 비해 현저히 감소된다는 이들 실험결과에 대한 가장 유력한 해석은 증가된 자유체적이나 WLF 이론이 아닌, '열 야기 국소적 밀도 요동(thermally induced local density fluctuation)이론'에 바탕을 두어야 할 것이다. 또 다른 해석법으로서는 '미끄러짐 모드(sliding mode)이론'이 있는데, 이에 의하면 고분자 사슬은 자유계면을 따라(또는 근처에서) 보다 용이하게 미끄러진다.

10. 7. 3. 2 지지된 필름

상술한 바와 같이, 지지된(supported) 필름은 두 다른 미디어 즉 고체표면과 공기(혹은 진공)와 접촉하고 있는 (상하 두)표면을 갖고 있다. 만약 고분자가 인력에 의해 고체표면에 끌리든지 결합을 하고 있으면 이동도의 감소로 인하여 통상 T_g가 상승하게 된다. 문제는 카본블랙과 같은 충진제를 포함하는 경우에는 카본블랙 입자의 근처에 있는 고분자사슬의 T_g는 증가할 것이다. 그러나 이 경우에도 공기와 접하고 있는 얇은 고분자 필름의 자유표면의 T_g는 여전히 내부에 비해 감소되나, 그 감소폭은 자립성 필름의 경우에 비해서는 작다.

최근의 한 연구에서, PS와 PS 유도체를 용액으로부터 실리카 표면에 회전 도포(spin-coating)시켜 지지된 필름을 만들어 그 두께를 조도계(profilometer)로 측정하였으며, T_g는 형광법으로 조사하였다. 그 결과 표면 T_g의 감소는 PS 자체는 실리카 표면의 인력이 없으므로 35 K 정도로 컸는데 이는 앞의 자립성 필름에 관한 Forrest 등의 연구결과와 거의 일치한다. 그러나 이 경우 T_g의 감소는 분자량에는 거의 무관함이 관측되었다. 즉 분자량 5×10^3 g/mol과 3×10^6 g/mol인 두 성분의 블랜드의 T_g가 단일 고분자 시료의 T_g값과 동일하였다. 이와 같은 표면 T_g의 분자량에 무관한 거동은 자립성 필름 경우에 이용되었던 사슬 구속 효과로는 설명이 잘 되지 않는다.

Ellison 등이 수행한 실험에 의하면, 형광을 나타내는 파이렌 표시를 한(pyrene - labeled) 여러 두께의 PS 필름의 자유표면을 일정 두께(270 nm)의 파이렌 미표시의 벌크 PS 층의 위에 두었을 때 (표면) T_g는 두께 약 17 nm의 시료 경우 약 30 K 감소하였는데 이는 한 층(one-phase) PS의 매우 얇은 층의 경우와 거의 동일하였다.

어쨌든 지금까지의 모든 연구에 의하면 고분자 필름의 자유표면(공기와 접하고 있는)의 T_g는 내부(벌크)에 비하여 현저히 감소된다.

얇은 필름의 T_g 변화거동에 관해서는 위에서 언급된 연구 외에도 최근에는 젤화점(gel point)에서의 3차원 고분자 망상체의 공간 연결성을 조사하기 위하여 도입된 '여과(percolation)'개념을 고분자 계면에 확장한 소위 '프랙탈성 계면(fractal-like interface)모델'을 이용하여 컴퓨터 시뮬레이션을 통한 계면에서의 고분자 확산 거동을 연구하고 있다. 그러나 이에 관한 언급은 생략하겠으나 관심있는 독자는 관련 서적이나 문헌을 참고하기 바란다.

10. 8 계면에서의 접착

10. 8. 1 접착제의 형태

'접착제(adhesive)'란 고분자-고분자 용접(welding)의 경우처럼 표면부착(surface attachment)에 의해 다른 물질(피착물, adherend)을 함께 결합시켜 한 개의 복합체로 만들 수 있는 물질을 칭한다.

아래에 나타낸 바와 같이 여러 종류의 접착성 결합이 존재한다.

1. '기계적(mechanical) 접착'은 접착제가 거친 기질(피착물) 표면위로 흘러, 퍼즐(puzzle)조각처럼 상호 잠그는 작용(interlocking action)에 의해 야기되는 접착을 칭한다.
2. '특수(specific) 접착'은 접착제와 기질 사이에 수소결합과 같은 2차적(물리)결합에 의한 접착을 말한다.
3. 특수 접착의 특별한 경우로서 1차 결합에 의한 '화학(chemical) 접착'이 있다. 예를 들면 그라프트 공중합체나 블록 공중합체는 다성분계 물질의 다른 상들을 화학결합에 의해 서로 연결시켜준다.

4. 두 고분자 사이의 '표면 상호침투(interpenetration)'에 의한 접착으로서 확산속도나 열역학적 상호작용 파라미터에 의존한다. 만약 어느 하나 또는 두 고분자 모두 (일부)가교가 되어 있으면 접착강도는 더욱 강해진다.
5. '비특수(non-specific) 접착'은 van der Waals 인력과 같은 비교적 약한 2차결합에 의한 접착을 일컫는다.

물론, 실제에 있어서는 이들 접착형태의 일부가 동시에 작용할 수도 있다.

10. 8. 2 접착 강도에 대한 가교의 영향

접착과학에 의하면 두 종류의 파손(failure)이 존재한다. 그 중 하나는 외부 응력이 가해질 때 접착제와 피착물 사이의 결합이 먼저 끊어지는 '접착성(adhesive) 파손'이고, 다른 하나는 계면 대신 접착제 기질 또는 피착물에서 먼저 파손이 발생하는 '응집성(cohesive) 파손'이다. 많은 경우 두 물질 사이의 접착성 결합이 동일 물질 내의 응집성 결합보다 강하다.

Gent와 Lake 등의 연구에 의하면, 탄성체(elastomer)의 응집성 파손에 대한 단위면적당 파괴(fracture)일인 $\mathscr{G}_c$는 약 $30-100\ \mathrm{J/m^2}$으로서 이 값은 이 값은 (지그재그)평면상의 한 개의 C-C결합을 끊는데 기대되는 이론치인 수 $\mathrm{J/m^2}$값보다 훨씬 높다. 이는 망상체 내에서 한 개의 결합을 끊기 위해서는 많은 결합이 동시에 힘을 받아야하기 때문이다. 망상체에 대한 파괴역학 이론에 의하면 $\mathscr{G} \sim M_c^{1/2}$관계(여기서 M_c는 가교점 사이에 있는 활성 망상사슬 분절의 분자량임)가 성립되는데, 이에 의하면 M_c가 클수록 즉 가교밀도가 작을수록 $\mathscr{G}$값이 커진다.

Chang과 Gent의 탄성체의 접착강도에 관한 연구에 의하면, 두 개의 부분가교된 탄성체를 서로 압축시키면 젤화(gelation)반응이 거의 완성된다. 이때 초기 젤화의 속도를 감소시키면 두 층 사이의 화학결합에 의한 접착이 증가된다. 특히 두 탄성체가 다를 경우에 관측되는 접착성 파손은 공가교된(co-crosslinked) 고무 블랜드를 사용하는 자동차 타이어에 종종 발생한다. 그들은 가교 정도를 변화시킨 일련의 연구에서 $\mathscr{G} = KM_c^{1/2}$(여기서 K는 상수)의 관계가 생성됨을 다시 확인하였다.

그러나 조밀하게 가교시킨 플라스틱(열경화성 수지, thermosets)도 종종 이용된다. 이는 용매 및 팽윤 저항성, 고온 저항성 및 난연성 등의 장점을 갖고 있기 때문이다. 특히 난연성을 열경화성 고분자가 열에 의해 휘발성(및 가연성)성분의 감소와 함께 분해되는 대신 숯으로 눋기(char) 때문이다. 예를 들면 에폭시, 페놀-포름알데히드 수지 등이 있다.

10. 8. 3 접착력의 실험측정

접착력의 실험적 관측은 종종 박리(peel)시험 및 겹침 전단(lap shear)시험을 통하여 이루어진다

(그림 10. 45).

파괴에너지 $\mathscr{G}$는 박리 힘(peel force) P와 박리각도 θ의 측정(그림 참조)으로부터 아래식에 의해 구해진다.

$$\mathscr{G} = P(1-\cos\theta) \tag{10. 159}$$

여기서 박리 힘 P는 접착제의 단위 폭당 힘(N/m)으로 정의되며, $\mathscr{G}$의 단위는 $\mathrm{J/m^2}$로 주어진다. 통상 $\mathscr{G}$의 값은 $10^2 - 10^4\ \mathrm{J/m^2}$이며, 박리각도 뿐 아니라 온도 및 당김속도(pull rate)에도 의존한다. 덧붙여, 그림 10. 45의 실험에서 전진하는(advancing) 균열의 끝(rack tip)은 여러 패턴을 보이며, 접착제 내의 일부는 가는 섬유형(fibrillar) 구조형태로 당겨지기도 하고, 또는 미끄러지고, 붙는(slip-stick)운동을 받기도 한다. 이들 모두는 보통 파괴에너지를 증가시키는데 공헌을 한다.

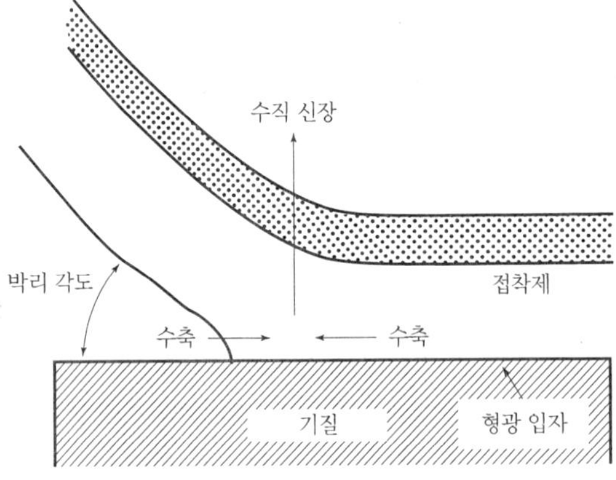

▶ **그림 10. 45** 기질(substrate) 위에 한 장의 접착테이프를 포함하는 박리(peel)시험의 상태. T_g보다 높은 온도에 있는 선형 비정(고무상)고분자 접착제의 변형과 운동에 주목하자. 형광입자는 접착제의 운동을 결정하는데 도움을 준다.

10. 8. 4 감압성(pressure-sensitive) 접착제

'감압성(pressure-sensitive) 접착제'는 가벼운 압력으로 접촉하고 있는 다른 물질과 물리적 결합을 형성한다. 예로서는 자기부착성(self-stick) 우표, 포장용(packaging) 테이프, 양면테이프 등이 있다. 결합형성은 가벼운 압력하에 흐를 수 있는 고분자물질로부터 생기며, 이로 인하여 기질과 좋은 접촉면을 형성하게 된다. 반대로 접착이 깨지는(debonding) 현상은 응력하의 고분자물질의 변형 및 뒤따라 일어나는 기질과의 분리에 의한 것이다. 가장 대표적인 감압접착제로서 폴리(스티렌-b-아이소프렌-스티렌)과 같은 트라이블록 공중합체나 SBR 고무, 천연고무 혹은 아크릴 공중합체 등이다.

아크릴형의 감압성 접착제는 종종 일부 부분 가교, 일부는 선형고분자로 되어 있다. 이때 접착제의 강도에 영향을 미치는 중요한 인자로서 접착제의 단일 사슬이 가교된 부분 속으로 확산이 가능하여 선형의 사슬가교(chain-crosslink)된 얽힘(entanglement)을 형성하는가이다. 보고에 의하면 강한 감압성 접착제의 경우 $M_c > M_e$(여기서 M_c는 가교된 부분, 그리고 M_e는 미가교 선형부분에 해당하는 항으로서, 둘 다 분자간 얽힘이 일어나기 위한 임계 분자량임)의 조건이 요구된다. 이럴 경우 접착제의 선형고분자는 파행운동(reptation)을 통하여 망상구조 내로 들어가서 물리적 결합을 형성하게 된다.

감압성 접착제는 높은 점착성(high tack)을 나타낸다. 일반적으로 점착성은 T_g 이상의 온도인 40 − 70℃ 범위에서 최대가 된다. 간혹 고분자 자체는 점착성이 없는 경우가 있는데, 이 경우 종종 접착제에 송진(rosin)과 같은 점착성 부여제(tackifier)를 첨가하는데, 이는 탄성계수는 낮추나 T_g를 증가시키는 화합물이다(이에 반해 가소제는 탄성계수와 T_g를 동시에 낮춘다).

감압성 접착제의 동적 전단 탄성계수값은 대체로 3×10^6 dyne/cm^2 이하이어야 하는데, 이는 Dahlquist 기준(criterion)으로 알려져 있다. 이 기준은 T_g 이상인 40 − 70 ℃ 에서의 감압성 접착제에 점착성 부여제를 첨가할 경우에 가장 잘 적용된다.

10. 8. 5 표면 개질

고분자의 표면 개질(surface modification)은 물질의 표면 특성을 바꾸는 것이다. 가령 고분자 표면에 불소(F) 처리를 함으로써 표면장력을 낮추거나, 또는 반응성 표면을 도입할 수 있다. 표면처리 방법으로서는 플라즈마(plasma)나 코로나(corona)처리 등이 있다. 플라즈마는 같은 수의 전자와 양이온을 가진 일부 이온화된 기체를 말하며, 코로나는 전자의 조절된 방출(controlled discharge)를 말한다. 사용된 대기나 이온의 종류에 따라 표면이 산화되거나 아니면 특수한 반응기를 부여할 수 있다. 따라서 표면처리에 의해 고분자 접착제의 접착능(bondability)을 크게 향상 시킬 수 있다.

10. 8. 6 접착 결합 에너지

접착상태에 있는 결합(bonding)에너지를 추정하는 방법은 전자 공여체(donor)와 전자 수용체(acceptor) 간의 고전적 '산-염기(acid-base)상호작용'을 이용한다. 그리고 상호작용 강도의 측정은 적외선(IR) 분광법을 이용한다. 가령 -OH 신축진동수의 이동(shift)으로부터 산-염기 상호작용 엔탈피($\Delta H < 0$)를 추정할 수 있다.

1965년도에 Drago 등은 아래식을 제안하였다.

$$-\Delta H = E_A^\circ E_B^\circ + C_A^\circ C_B^\circ \tag{10.160}$$

여기서 E_A° 과 E_B° 은 각각 산(A)과 염기(B)의 정전 상호작용에 대한 감지율(susceptibility)이고, C_A° 과 C_B° 은 각각 산과 염기의 공유결합 형성에 대한 감지율이다. Drago 등은 식 (10. 160)의 계산을 간단히 하기 위하여 간접적인 방법을 도입하였는데, 즉 요드를 기준 산(reference acid)으로 하여 $E_A = 1\ (\text{kcal/mol})^{1/2}$ 및 $C_A = 1\ (\text{kcal/mol})^{1/2}$값을 할당하였다. 다음에는 염기에 해당하는 E_B항은 긴 짝(long-pair) 쌍극자능률과, 그리고 C_B항은 긴 짝 분극률과 관련시켜 많은 수의 저분자에 대해 정량화시켰다.

수년 뒤 Drago 등은 IR 흡수 진동수의 이동으로부터 산-염기 결합생성 엔탈피를 추정하였다. 가령 산소나 질소 같은 전자공여체에 대하여 페놀과 지환족 알콜의 -OH 신축 진동수의 이동 ($\Delta\nu_{\text{OH}}$)과 ΔH 사이의 아래와 같은 선형 관계식을 제안하였다.

$$-\Delta H = 0.0103\Delta\nu_{\text{OH}}\ (\text{cm}^{-1}) + 3.08\ (\text{kcal/mol}) \qquad (10.\ 161)$$

Fowkes 등은 Drago 등의 방법에 따라 에틸아세테이트와 PMMA산의 산-염기 (수소결합)착체(complex)형성에 있어서 카보닐기(C=O)의 신축진동수의 이동을 조사한 결과 PMMA의 카보닐기에 대한 Drago 상수값은 $C_B^\circ = 0.96$ 및 $E_B^\circ = 0.68\ (\text{kcal/mol})^{1/2}$을 얻었다.

고분자를 충진제와 같은 고체표면에 흡착시 일어나는 산-염시 상호작용은 흡착제의 산 또는 염기 사이트(site), 그리고 고분자나 용매의 산 또는 염기 사이트 모두를 포함한다. 이때 부착일(W_a)에 대한 산-염기에 대한 산-염기 공헌 W_{AB}는 아래 식으로 나타내진다.

$$W_{AB} = -fn_{AB}\Delta H \qquad (10.\ 162)$$

여기서 n_{AB}는 계면의 산-염기 짝의 수 $\Delta H(<0)$는 한 짝의 상호작용엔탈피, 그리고 f는 엔탈피를 Gibbs자유에너지로 바꾸기 위한 보정인자(거의 1에 가까움)이다. f는 산-염기 착체 형성시 엔트로피(혹은 자유도)감소를 포함한다.

Fowkes는 PMMA(염기 B)를 실리카(산 A)에 캐스트(cast)할 때 이들 두 물질 사이의 계면에서의 산-염시 상호작용엔탈피는 각각의 물질에 대한 아래의 Drago 상수 값을 이용하여 식 (10. 160)로부터 계산될 수 있다

실리카 : $E_A = 2.20$; $C_A = 2.63\ (\text{kcal/mol})^{1/2}$

PMMA : $E_B = 1.25$; $C_B = 0.508\ (\text{kcal/mol})^{1/2}$

$\Delta H = -(2.20 \times 1.25 + 2.63 \times 0.58) = -4.09\ \text{kcal/mol}$

그리고 이 값과 $n_{AB} = 6 \times 10^{-6}\ \text{mol/m}^2$ 및 $f \simeq 1$을 식 (10. 62)에 대입하면 부착일에 대한 산-

염기 공헌 W_{AB}는 아래가 된다.

$$W_{AB}= -6\times10^{-6}\ \mathrm{mol/m^2}\times(-4.09\ \mathrm{kcal/mol})= 2.4\times10^{-5}\ \mathrm{kcal/m^2} = 0.10\ \mathrm{J/m^2}$$

이 값은 실리카표면이 반응한 PMMA에 의해 완전히 덮여 있다고 가정하에 얻어진 최대값에 해당된다.

부착일 W_a에 대한 또 다른 공헌으로서 van der waals 인력에 기인한 상호작용에너지 값은 약 $0.115\ \mathrm{J/m^2}$로 추정되어, 실리카-PMMA계의 전체 부착일 $W_a = (0.10+0.115)\ \mathrm{J/m^2} = 0.215\ \mathrm{J/m^2}$가 된다.

만약 염기성인 PMMA가 역시 염기성인 유리표면에 캐스트된다면 이 계면은 약한 접착력을 갖게 된다. 그런데 유리표면을 묽은 염산으로 처리하면 표면 N_a원자의 일부가 수소와 교환되어 산성을 띄므로 PMMA와 강한 접착력을 나타낸다.

10.8.7 접착에 대한 최적 습윤조건

습윤(wetting)은 접착(adhesion)에 두 가지 방법으로 영향을 미친다. 즉 첫 번째는 불완전한 습윤은 계면 결함(interfacial defect)을 야기하여, 접착결합강도를 저하시킨다. 두 번째는 향상된 습윤은 접착일(W_a)을 증가시켜 접착결합강도를 증가시키게 되고, 이는 파괴에너지($\mathscr{G}$)에 직접 비례한다. 여기서 첫 번째는 접착에 대한 습윤의 '계면결함 모델', 그리고 두 번째는 '파괴에너지 모델'에 해당한다.

지금 이들 두 모델에 의해 습윤과 접착간의 최적(optimum)조건을 예측한 결과 예상한대로 두 상의 극성도(degree of polarity, $x^P = \gamma^P/\gamma$: 10. 2. 2. 2 참조)가 완전 일치하는 것이다. 가령 표면장력 γ_2 및 극성도 x_2^P를 가진 피착물(2)가 주어졌다고 하자. 이때 접착제(1)는 어떤 표면성질(가령 γ_1 및 x_1^P)을 가져야 최대 습윤과 접착을 얻을 수 있을까?

계면결함모델에 의하면 퍼짐계수(S)가 최대가 되어야 하며, 파괴에너지모델에 의하면 부착일(W_a)이 최대가 되어야 한다. 여기서 피착물(2)에 대한 접착제(1)의 퍼짐계수 $S_{1/2}$ 및 접착일 W_a는 각각 정의식(10. 28) 및 (10. 23)의 γ_{12}항에 G-G식(10. 100)을 대입하면 각각 아래로 재표현된다.

$$S_{1/2} = \gamma_2 - \gamma_1 - \gamma_{12} = 2\phi(r_1 r_2)^{1/2} - 2\gamma_1 \tag{10. 163}$$

$$W_a = \gamma_1 + \gamma_2 - \gamma_{12} = 2\phi(r_1 r_2)^{1/2} \tag{10. 164}$$

여기서 ϕ는 G-G 상호작용 파라미터(식 10. 101)이다. 두 식에서 만약 x_2^P, γ_2 및 γ_1(혹은 비

γ_1/γ_2)값이 일정하고, x_1^P(접착제의 극성도)만이 변한다면 두 식 모두 ϕ가 극대가 되는 x_1^P(즉 $\frac{\partial \phi}{\partial x_1^P}=0$)에서 극대가 된다. 이 조건은 γ_{12}에 대한 조화평균 가정의 경우 $\phi_{\max}=2(g_1+g_2)^{-1}$, 그리고 기하평균가정의 경우 $\phi_{\max}=1$가 되고, 두 경우 모두 두 상의 극성도가 완전히 일치한다 (10. 2. 2. 2절 참조). 즉

$$x_1^P = x_2^P (\text{조건 I}) \tag{10. 165}$$

따라서 습윤에 기초를 둔 접착의 최적조건은 접착제(1)와 피착물(2)의 극성도가 완전히 일치하는 경우이며, 이는 극성/비극성 짝은 결코 강한 접착결합을 만들지 못한다는 de Bruyne의 경험법칙을 설명해준다.

한편 피착물(2)의 표면장력 γ_2와 극성도 x_2^P 및 G-G상호작용 파라미터 ϕ값이 고정된 경우 강한 접착결합을 이루기 위한 접착제의 최적 표면장력 값 γ_1은 얼마인가? 만약 γ_1값을 증가시키면 식 (10. 163)에서 $S_{1/2}$가 감소되고, 반면에 식 (10. 164)에서 W_a는 증가하는 상반효과를 나타낸다. 따라서 이 경우 최적 접착을 위하여 두 기구 즉 계면결합모델과 파괴에너지모델사이에 합의점(compromise)이 존재해야하는데 이는 두 상사이에 자발적인 퍼짐이 일어나기 직전의 조건 즉 식 (10. 28)에서 $S_{1/2}=0$이 합의점일 것이다. 이를 식 (10. 163)에 대입하면 아래의 두 번째 습윤과 집착간의 최적조건이 얻어진다.

$$\gamma_1 = \phi^2 \gamma_2 (\text{조건 II}) \tag{10. 166}$$

이때 대응하는 (최적) 부착일 $W_a = 2\gamma_1 = 2\phi^2\gamma_2$가 된다.

결론적으로 식 (10. 165)(조건 I)라 식 (10. 166)(조건 II)에 강한 접착을 위한 최적 습윤(wetlability)조건을 제공해준다.

여러 실험결과는 위의 예측을 뒷받침해준다. 즉 그림 10. 46에 두 개의 그와 같은 예를 나타내었는데, 하나는 여러 표면개질된 강철 피착물위에 있는 폴리(염화비닐-비닐 아세테이트[P(VC-VAc)] 접착제이고, 다른 하나는 여러 고분자 피착물위에 있는 폴리우레탄(PU)접착제이다. 두 경우 모두 접착제의 표면장력 γ_1이 고정되어 있을 때 피착물의 표면장력 γ_2의 변화에 따로 접착결합강도를 조사했는데 흥미롭게도 둘 다 $\gamma_1 \simeq \gamma_2$일 때 최대 접착이 이루어졌는데, 이는 식 (10. 166)에서 $\phi \simeq 1$에 해당(사실 이는 두상의 극성이 유사할 때 성립)되어 위의 유추가 타당함을 증명해준다.

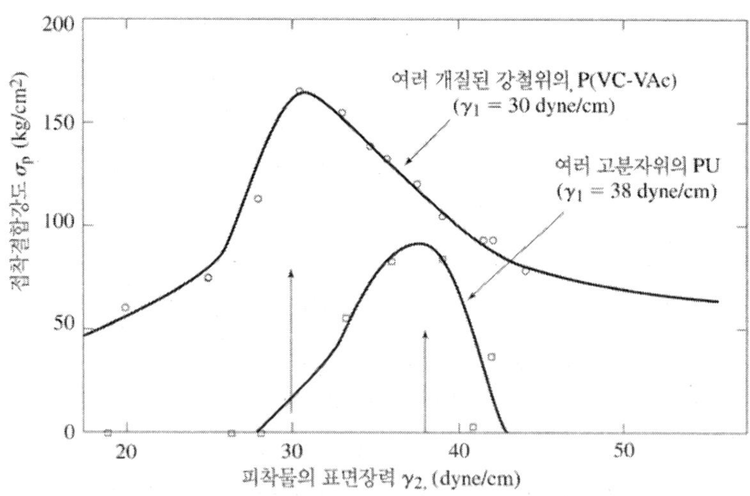

▶ **그림 10. 46** 여러 표면개질된 강철위의 P(VC–VAc)접착제 및 여러 고분자 피착물위의 PU접착제 에 대하여 접착결합강도 대 피착물의 표면장력의 플롯.

일부 연구자들에 의해서는 접착에 대한 습윤의 최적조건을 예측하기 위하여 접착제와 피착물간의 계면장력(γ_{12}) 데이터를 접착결합강도와 연관시키려고 하였으나, 실제는 그 둘 사이에는 별로 상관이 없음이 밝혀졌다.

10. 9 고분자 생체재료와 생유기체간의 계면

생체조직(living tissue)과 직접 접촉하고 있는 고분자 생체재료(biomaterials)는 특별한 요구조건을 갖는다. 즉 감염(infection)을 방지하기 위하여 살균(sterile)상태이어야 하며, 또한 합성고분자속에 남아있는 개시제, 가소제등의 생체내의 확산으로 인한 어떠한 질병도 일으켜서는 안된다. 더욱이 접촉하는 부위에 따라 별도의 다른 요구조건이 뒤따른다. 이하에서는 뼈 접합체(bone cement)와 혈액접촉고분자에 대해 간단히 다루기로 한다.

뼈 접합제는 외과수술에 널리 사용된다. 중요한 예로서 엉덩이(hip)부분 인공관절(artificial joint)인데, 이는 대퇴골과 엉덩이 부분에 봉합(seal)되어 수년간 수백만 횟수의 주기적인 부하(loading) 사이클에 대해 견딜 수 있어야 한다. 뼈 접합제로서 초창기에는 PMMA가 사용되다가 최근에는 아크릴계 접합제가 전 관절 보철(prosthesis)의 고정화물질로서 널리 사용되고 있다. 또한 조밀하게 가교된 bis-GMA(bis-A-glycidyl methacrylate)라는 물질이 중합시 낮은 수축성 때문에 치과용 재료로 널리 이용된다.

게나가 생체활성 유리 세라믹 충진제(filler)도 뼈 접착제로서 이용되고 있는데, 이들 세라믹의 특성은 인(P)과 결합된 칼슘이 풍부한 층을 통하여 생체뼈와 직접 접촉하여 결합을 향상시킨다.

다음에는 혈액 접촉 고분자로서 혈관 보철과 인공 혈관(blood vessel)에 관하여 언급하겠다. 일반적으로 혈액이 이물질과 접할 때는 두 가지의 복잡한 생리학적 현상 즉 응고(coagulation)와 면역(immunity)반응에 부딪히게 된다. 따라서 이 분야에 고분자를 이용하기 위해서는 먼저 이 문제들을 해결해야 한다.

특히 혈관 보철용 재료로 사용될 경우는 장기간 안정성에 관련된 몇 가지 문제가 있는데, 그중 첫 번째는 단백질의 빠른 흡수가 혈액 응고 및 혈소판(platelet)접착을 일으키는 것이다. 두 번째 문제는 혈관보철과 정상적인 혈관사이에 탄성계수와 표면성질의 차이로 발생한다. 즉 이 결과로 적혈구 세포의 표면이 마모되어 용혈현상(hemolysis), 혈소판 활성화 및 응집 등을 일으킨다.

초기에는 혈액 상용성 물질로서 친수성 고분자가 이용되고, 나중에는 탄성계수가 점차로 변하여 외부에서는 질기고, 유연하며 내부에서는 부드럽고 많이 팽윤되는 물질의 설계에 이르렀다. 그리고 고분자표면의 전기적인 성질(가령 분극율이나 표면 전위 등)도 고려되었다.

위에서 언급된 문제들을 경감시키는 중요한 접근법으로서 수용성고분자를 혈액접촉표면에 그라프트(grafting)시키는 방법이다. 기본 생각은 PEG와 같은 큰 수력학적 부피를 가진 친수성 고분자를 혈액 접촉표면에 그라프트시킴으로서 혈액 단백질과 직접 접촉하는 것을 막는 것이다. 즉 그라프트된 고분자와 단백질사이의 분자간 배제체적(엔트로피 반발)효과로 인하여 혈관 표면에서 멀리 떨어지게 하는 것이다.

최근에 개발된 또 다른 접근법으로서 황산염(sulfate)을 포함하는 다당류(polysaccharide) 헤파린(heparin)을 혈액접촉표면에 그라프트시키는 것이다. 이 물질은 혈액 응고와 혈전증(thrombosis)을 막아준다. 헤파린의 강한 음이온적 특성이 양이온 표면과 이온적으로 결합을 가능하게 하고, 이후 헤파린은 혈류속으로 천천히 방출된다. 이 과정 중 표면근처의 헤파린 농도는 충분히 높아 수일동안 혈전(thrombus)형성을 막아준다. 그러나 불행히도 이 기능은 오래가지 않아 헤파린에 기초를 둔 방법은 단기간 사용에만 적합하다고 하겠다.

이외에도 항 혈전증에 도움이 되는 골수(bone marrow)세포나 내피(endothelial)세포 단분자층을 이용한 혈액접촉표면에서 생체세포의 성장을 포함하는 새로운 접근방법도 개발되고 있다.

10.10 고분자 표면 및 계면과학의 개관

원자 스케일로 고분자의 표면, 계면 성질을 측정할 수 있는 기기의 개발로 인하여 현대 고분자 계면과학이 본격적인 궤도에 오른 것은 1989년 이후라 할 수 있다. 그 결과 비랜덤 사슬형태, 다른 종류 사슬 간의 얽힘 및 계면결합의 역할과, 상용화제, 점착성 부여제(tackifier) 및 가소제의 역할이 조금씩 밝혀지고 있다.

고분자 및 다성분계 고분자물질의 표면 및 계면을 그 역할과 상의 조성에 따라 크게 3가지 유형으로 분류할 수 있는데, (a) (공기와 접하고 있는)자유표면, (b) 고분자블랜드의 계면, 그리고 (c) 고분자 복합재료 계면이다. 특히 묽은 고분자용액-(고체)콜로이드 계면은 정상적인 의미에서는 자유표면에 속하지 않으나, 유체(액체)상이 점도가 낮아 자유(공기)표면으로 빠르게 확산되므로 3유형 중 (a)에 속한다고 할 수 있겠다.

고분자 표면 및 계면과학의 응용성은 매우 다양하다. 그 중에서도 묽은 고분자용액-콜로이드 계면의 대표적 응용성은 아래와 같다.

1. 향상된 기름 회수(enhanced oil recovery): 지하의 기름방울은 수용성 고분자를 분산제(dispersant)로 사용하여 제거된다.
2. 윤활(lubrication): 고분자는 엔진부분에 흡착되거나, 또는 컴퓨터의 하드장치(hard drives)에 도포되어 윤활작용을 한다.
3. 폐수처리: 고분자사슬이 다중의 입자와 결합하여 '다리 연결성 엉김(bridging flocculation) 효과'에 의해 콜로이드 미립자를 응집 및 침전시킨다.
4. 약물전달(drug delivery): 시약을 운반하는 콜로이드 입자의 방출을 용이하게 함.
5. 논드립(non-drip) 라텍스 페인트: 다중입자에 약하게 결합된 고분자 사슬은 방울이 되어 떨어지지 않는 논드립(non-drip) 라텍스 도료에 이용됨.

두 개의 고분자 사이의 벌크 계면의 경우도 위와 비슷할 정도의 응용성을 가진다. 즉

1. 고분자 성형(molding): 내부 용접선(weld line)의 치유. 가령 입상체(pellet)형태로 만들어진 플라스틱은, 소결(sintering)에 의해 입자들을 함께 묶음. 라텍스 페인트의 경우는 필름 형성 중 고분자 사슬의 내부 확산이 가능.
2. 고분자 재생(recycling): 불상용성 고분자 간의 상용성, 나아가 기계적 강도를 향상시킴.
3. 초소형 전자장치 유닛(microelectronics packaging): 컴퓨터 관련부품의 접착과 보호.
4. 열가소성 복합재료의 제조: 고분자/충진제 계면에서의 결합. 섬유강화 플라스틱(FRP)의 경우는 섬유와 고분자와의 결합.
5. 고무 강인화(rubber-toughened) 플라스틱: 고무-플라스틱 상간의 결합력을 증대시킴.

이외에도 고분자 표면 및 계면과학의 응용으로서는 GPC(gel permeation chromatography)나 다른 형태의 분리에 있어서 중요한 다공성 젤(porous gel)에 관한 연구와 같은 위에서 언급되지 않은 몇 가지 응용 예가 더 있으나, 이에 관한 언급은 여기서 마치기로 하겠다.

연습문제

10. 1 1 cm^3의 물(H_2O)이 반경 $r = 10^{-5}$ cm 인 작은 물방울(droplet)로 분해된다고 하자. 만약 20℃에서 물의 표면장력은 $\gamma = 72.75(10^{-3})$ N/m 이라면 (분해전의) 물에 상대적인 미세 물방울 집합체의 Gibbs 자유에너지(ΔG)를 계산하라.

풀이

물 1 cm^3의 초기 단면적을 A_0, 미세 물방울들의 전 단면적을 A_d라 하면 물방울로 분해에 따른 Gibbs 자유에너지 G의 변화(즉 상대적인 Gibbs 자유에너지)는 식 (10. 1)의 정의에 의해 $\Delta G = \gamma(A_d - A_0)$가 된다. 다음에 물방울들의 반경을 r_d라 하면 물방울 1개의 부피 $V_d = \frac{4\pi}{3} r_d^3$. 그리고 물 1 cm^3의 부피 $V_0 = 1\ cm^3 = 1 \times 10^{-6}\ m^3$. 그러면 물방울의 수 $N_d = \frac{V_0}{V_d} = \frac{1 \times 10^{-6}\ m^3}{\frac{4\pi}{3}(10^{-7}\ m)^3} = \frac{3}{4\pi} \times 10^{15}$ 개가 되고, 물방울의 전체 단면적 $A_d = N_d 4\pi r_d^2$ ($\because$ 반경 a인 구의 표면적은 $4\pi r^2$)가 된다. 따라서 $A_d = \frac{3}{4\pi} \times 10^{15} \times 4\pi \times (10^{-7}\ m)^2 = 30\ m^2$가 된다. 그리고 만약 물의 초기부터 V_0가 반경 r_0인 1개의 구상 물방울로 이루어졌다면 $V_0 = \frac{4}{3}\pi r_0^3$이 되고, 표면적 $A_0 = 4\pi r_0^2$이 된다. 여기서 $r_0 = \left(\frac{3 V_0}{4\pi}\right)^{1/3}$ 및 $A_0 = 4\pi \left(\frac{3 V_0}{4\pi}\right)^{2/3}$ 가 성립된다. 따라서 $A_0 = 4\pi \left(\frac{3 \times 10^{-6}\ m^3}{4\pi}\right)^{2/3} = 4.8 \times 10^{-4}\ m^2$. 여기서 $A_d - A_0 \simeq A_d$ ($\because A_d \gg A_0$) $= 30\ m^2$

$$\therefore \Delta G = \gamma(A_d - A_0) \simeq \gamma A_d = (72.75 \times 10^{-3}\ N/m)(30\ m^2) = 2.18\ N \cdot m = 2.18\ J$$

10. 2 Wilhelmy 액체의 표면장력 측정장치(그림 10. 3b)에 있어서 둘레 $P = 2.10$ cm 인 현미경 덮개유리(cover glass)가 사용된다. 먼저 물(H_2O) 10.00 mL를 측정 용기에 담고 무게를 측정하고, 다음에는 같은 용기에 질량 %로 5.00 %, 10.00 % 그리고 20.00 %의 아세톤 수용액 10.00 mL를 넣고 무게를 측정하였다. 이때 3경우에 있어서 (저울의)균형을 회복하기 위하여 각각 35.27 mg, 49.40 mg, 및 66.11 mg의 질량을 제거해야 했다. 만약 물의 표면장력이 71.97×10^{-3} N/m 일 때 위의 3용액의 표면장력을 추정하여라. 단 접촉각 $\theta \simeq 0$을 가정하여라.

풀이

현미경 커버글라스에 (아래방향으로)작용하는 힘(F_{slide})은 다음과 같다(식 10.7 참조).

$$F_{slide} = F_{grav} + F_{buoy} + \gamma P \quad \text{(a)}$$

여기서 γ는 용액의 표면장력, P는 커버글라스의 둘레, F_{grav}는 평판의 무게, F_{buoy}는 슬라이드의 한쪽 끝을 액속에 담금으로 야기된 (위로 작용하는)부력이다. 이 힘은 저울의 다른 팔에 (아래방향으로)작용하는 힘 mg[여기서 m은 저울접시(balance pan)상의 실제 측정되는 질량, g는 중력의 가속도]에 의해 균형을 이룬다. 따라서 아래식이 성립된다.

$$mg = F_{grav} + F_{buoy} + \gamma P \quad \text{(b)}$$

여기서 측정되는 용액이 변하면, 해당 질량을 제거함으로써 균형이 회복된다. 이 과정에 있어서 평판의 무게 F_{grav}와 슬라이드 한쪽 끝의 일정한 담금길이에 기인한 부력 F_{buoy}는 일정하다고 간주될 수 있으므로 식(b)를 미분하면 아래가 된다.

$$gdm = Pd\gamma \quad 혹은 \quad d\gamma = \left(\frac{g}{P}\right)dm \quad 혹은 \quad \Delta\gamma = \left(\frac{g}{P}\right)\Delta m \quad \text{(c)}$$

그런데 물(γ_0)에 아세톤(용질)을 첨가한 용액의 표면장력(γ)는 아래가 된다(식 10.68 참조).

$$\gamma = \gamma_0 + \Delta\gamma = \gamma_0 + \left(\frac{g}{P}\right)\Delta m = 71.97 \times 10^{-3}\ \mathrm{N/m} + \frac{9.807\ \mathrm{m/s^2}}{0.0210\ \mathrm{m}}\Delta m \quad \text{(d)}$$

여기서 아세톤 5 %, 10 % 및 20 % 수용액에 대한 측정결과 질량감소 $\Delta m(<0)$은 각각 35.27 mg, 49.40 mg, 66.11 mg이므로 이를 식(d)에 대입하면 최종적으로 아래의 표면장력에 대한 결과를 얻는다.

$5\ \%: \gamma = 71.97 \times 10^{-3}\ \mathrm{N/m} + (467\ \mathrm{s^{-2}})(-35.27 \times 10^{-6}\ \mathrm{kg}) = (71.97 - 16.47)10^{-3}\ \mathrm{N/m} = 55.5 \times 10^{-3}\ \mathrm{N/m}$

$10\%: \gamma = 71.97\ \mathrm{mN/m} + (467\ \mathrm{s^{-2}})(-49.40 \times 10^{-6}\ \mathrm{kg}) = 71.97\ \mathrm{mN/m} - 23.07\ \mathrm{mN/m} = 48.9 \times 10^{-3}\ \mathrm{N/m}$

$20\ \%: \gamma = 71.97\ \mathrm{mN/m} + (467\ \mathrm{s^{-2}})(-66.11 \times 10^{-6}\ \mathrm{kg}) = 71.97\ \mathrm{mN/m} - 30.87\ \mathrm{mN/m} = 41.1 \times 10^{-3}\ \mathrm{N/m}$

10.3 반경 $r_1 = 1.00$ cm와 반경 $r_2 = 2.00$ cm인 두 비누방울 (기포)(soap bubble)을 생각해보자. 만약 비누 수용액의 표면장력이 $\gamma = 0.030\ \mathrm{N/m}$이라면 각 비누방울 내의 과잉(excess)압력 $\Delta P[=P - P_0$, 여기서 P는 내부압력이고 P_0는 외부의 (대기)압력임]를 계산하라. 만약 두 방울이 충돌하여 들어붙어 한 개의 필름(방울)이 되었다면(아래 그림 참조) 이 필름의 전체 곡률반경 r은 어떻게 될까? 또 어느 쪽이 곡률의 중심인가? 이때 비누방울의 바깥에서 안으로 갈 때에 두 개의 계면이 통과됨을 명심하여라.

풀이

비누방울 바깥의 압력을 P_0라 하면 기포에 관한 Laplace 식 (10. 56)(단 위 문제에서 계면이 2개이므로 $2\gamma/r$ 대신 $4\gamma/r$를 대입)에서 각 방울의 경우 아래식이 성립된다.

$$P_1 = P_0 + \frac{4\gamma}{r_1} \qquad ①$$

$$P_2 = P_0 + \frac{4\gamma}{r_2} \qquad ②$$

그런데 $r_1 < r_2$, 따라서 $P_1 > P_2$가 되어 합쳐진 두 방울을 분리하는 필름은 반경 r_2를 가진 기포쪽으로 볼록하게(부풀어져)되어 아래그림처럼 전체적으로 (곡률)반경 r_3을 가진 (필름)방울이 된다. 이때 해당 Laplace 식은 아래가 된다.

$$P_1 = P_2 + \frac{4\gamma}{r_3} \qquad ③$$

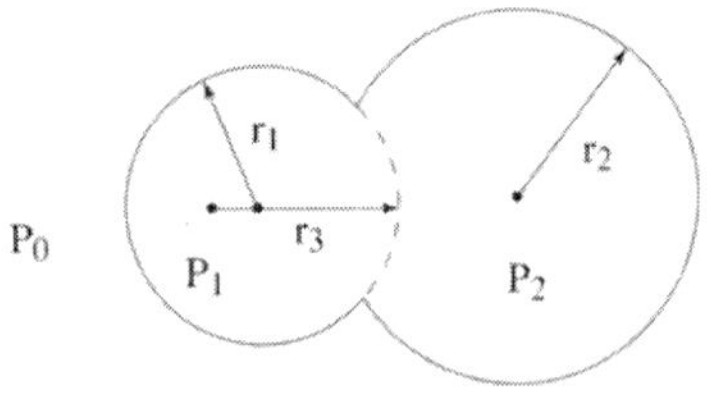

그런데 식 ②와 식 ①에서

$$P_1 - P_2 = 4\gamma\left(\frac{1}{r_1} - \frac{1}{r_2}\right) \qquad ④$$

이를 식 ③에 대입하면 아래를 얻는다.

$$\frac{4\gamma}{r_3} = 4\gamma\left(\frac{1}{r_1} - \frac{1}{r_2}\right), \text{ 혹은 } \frac{1}{r_3} = \frac{1}{r_1} - \frac{1}{r_2} \qquad ⑤$$

식 ⑤에 반경 r_1 및 r_2에 해당하는 값을 넣으면

$$\frac{1}{r_3} = \frac{1}{1.00\text{ cm}} - \frac{1}{2.00\text{ cm}} = \frac{1}{2.00\text{ cm}} \qquad \therefore r_3 = 2\text{ cm}$$

그리고

$$\Delta P_1 = P_1 - P_0 = \frac{4(0.030\text{ N/m})}{1.00 \times 10^{-2}\text{ m}} = 12\text{ Pa}$$

$$\Delta P_2 = P_2 - P_0 = \frac{4(0.030\text{ N/m})}{2.00 \times 10^{-2}\text{ m}} = 6\text{ Pa} \qquad (\text{단 } 1\text{ Pa} = 1\text{ N/m}^2 \text{ 이다.})$$

10. 4 20 ℃에서 물과 벤젠의 계면장력(γ_{BW})은 35 mN/m 이다. 만약 벤젠의 표면장력(즉 공기에 대한 계면장력)γ_{BV}= 28.85 mN/m, 물의 표면장력 γ_{WV}= 72.75 mN/m라 할 때 아래를 계산하라.

a) 물과 벤젠사이의 접착일 (W_a);

b) 벤젠과 물 각각의 응집일 (W_c);

c) 물위에 벤젠의 퍼짐계수 ($S_{B/W}$)

풀이

(a) $W_a^{WB} = \gamma_{WV} + \gamma_{BV} - \gamma_{WB}$ (식 10. 23)

$= 72.75 + 28.85 - 35 = 66.6\ \mathrm{mN/m} = 66.6\ \mathrm{mJ/m^2}$

(b) $W_c^B = 2\gamma_{BV} = 2(28.85) = 57.70\ \mathrm{mJ/m^2}$

$W_c^W = 2\gamma_{WV} = 2(72.75) = 145.50\ \mathrm{mJ/m^2}$

(c) $S_{B/W} = \gamma_{WV} - \gamma_{BV} - \gamma_{WB}$ (식 10. 28)

$= (72.75 - 28.85 - 35)\ \mathrm{mJ/m^2} = 8.9\ \mathrm{mN/m} = 8.9\ \mathrm{mJ/m^2}$

10. 5 만약 결정(crystals)이 모서리 길이 δ을 가진 작은 정입방체(cube)를 형성한다고 할 때, 무한히 큰 결정($\delta \to \infty$)에 대한 평형융점 $T_0 = 273.15\ \mathrm{K}$에 대비한 이 작은 결정으로 이루어진 얼음(ice)의 융점(또는 어는점) T를 δ의 함수로 구하여라. 단 이때의 고상과 액상의 계면장력은 $25\ \mathrm{mN/m}$, 그리고 얼음의 (표준상태)몰 융해열 $\Delta \overline{H}_f^\circ = 6.0\ \mathrm{kJ/mol}$, 몰부피 $\overline{V}^s = 20\ \mathrm{cm^3/mol}$이다. 그리고 $\delta = 10\ \mu\mathrm{m}$, $1\ \mu\mathrm{m}$, $0.1\ \mu\mathrm{m}$, $0.01\ \mu\mathrm{m}$, 그리고 $0.001\ \mu\mathrm{m}$일 때의 융점 T를 구하여라.

풀이

고체가 액체로 용융될 때(또는 액체가 얼 때)아래의 평형관계가 성립된다.

B_s(고체) $\leftrightarrows$ B_l(액체)

(평형)몰수 n : $n_0^s - \xi$ $\qquad n_0^s + \xi$ ①

dn : $-d\xi$ $\qquad +d\xi$

위 식에서 n_0는 각각의 초기의 농도(몰수), ξ는 변화에 관련된 몰수(즉 상전이의 크기를 나타내는 양)이다. 지금 고체와 액체의 평형 공존계에 대한 전체(계면의) Gibbs 자유에너지는 고체(얼음)와 액체(물)간의 계면장력을 γ라 할 때 아래식이 된다(식 10. 13 참조).

$$dG = -SdT + VdP + \gamma dA + \mu_0^s dn^s + \mu_0^l dn^l \qquad ②$$

그런데 등압($dP = 0$) 및 식 ①에서 $dn^s = -d\xi$, $dn^l = +d\xi$를 식 ②에 대입하면 아래가 된다.

$$dG = -SdT + \gamma dA + \mu_0^s(-d\xi) + \mu_0^l(d\xi) \qquad ③$$

여기서 온도를 일정($dT = 0$)하게하고 양변을 $d\xi$로 나누면 [즉 $\left.\frac{\partial}{\partial \xi}\right)_{T,P}$ 연산자를 취하면],

$$\left(\frac{\partial G}{\partial \xi}\right)_{T,P} = \gamma\left(\frac{\partial A}{\partial \xi}\right)_{T,P} - \mu_0^s + \mu_0^l \qquad ④$$

그런데 상전이에 따른 몰수의 변화 $d\xi = 1\ \mathrm{mol}$이므로 ,고체가 액체로 융해될 때 1몰을 잃었으므로, 계면적도 $\overline{A}$(여기서 $\overline{A}$는 고체의 몰 표면적)만큼 감소한다. 즉 $\left(\frac{\partial A}{\partial \xi}\right)_{T,P} = -\overline{A}$가 된다. 그리고 고상-액상 평형 (즉 $\xi = \xi_{eq}$)에서는 $dG = 0$ 즉 $\left(\frac{\partial G}{\partial \xi}\right)_{T,P} = 0$이 성립되어야 한다. 즉 식 ④에서

$$0 = -\gamma\overline{A} - \mu_0^s + \mu_0^l \quad \text{또는} \quad \mu_0^s + \gamma\overline{A} = \mu_0^l \qquad ⑤$$

그런데 열역학적 정의에서 아래가 성립된다.

$$\Delta\overline{G}_f^\circ \left(= \mu_0^l - \mu_0^s\right) = \Delta\overline{H}_f^\circ - T\Delta\overline{S}_f^\circ \qquad ⑥$$

[단 $\Delta\overline{H}_f^\circ$, $\Delta\overline{S}_f^\circ$ 및 $\Delta\overline{G}_f^\circ$은 각각 몰 용융 엔탈피, 엔트로피 및 Gibbs 자유에너지변화이다.]
이를 식 ⑤에 대입하면 아래가 얻어진다.

$$\gamma\overline{A} = \Delta\overline{H}_f^\circ - T\Delta\overline{S}_f^\circ \qquad ⑦$$

그런데 평형융점(T_0)에서는 두께가 무한대인 결정 1개가 생기므로 계면적이 없어, $\overline{A} = 0$이 된다. 이를 식 ⑦에 대입하면 평형융점 T_0에서는 아래식이 성립된다.

$$\Delta\overline{S}_f^\circ = \frac{\Delta\overline{H}_f^\circ}{T_0} \qquad ⑧$$

식 ⑥중의 $\Delta\overline{S}_f^\circ$를 식 ⑧에서 대입하면 아래식을 얻는다.

$$\gamma\overline{A} = \Delta\overline{H}_f^\circ - T\left(\frac{\Delta\overline{H}_f^\circ}{T_0}\right) = \Delta\overline{H}_f^\circ\left(1 - \frac{T}{T_0}\right) \qquad ⑨$$

이를 작은 결정의 융점 $T(< T_0)$에 대해 풀면 아래를 얻는다.

$$T = T_0\left(1 - \frac{\gamma\overline{A}}{\Delta\overline{H}_f^\circ}\right) \quad \text{또는} \quad \Delta T(= T_0 - T) = T_0\frac{\gamma\overline{A}}{\Delta\overline{H}_f^\circ} \qquad ⑩$$

그런데 δ은 작은 정입방체의 한 모서리이므로 부피는 δ^3이 되고, 얼음(고체)의 몰부피 $\overline{V}^s$속에는 $\overline{V}^s/\delta^3$ 개의 작은 얼음(입방체)이 존재한다. 그리고 입방체의 전체 표면적은 $6\delta^2$이 된다. 따라서 고체(얼음)전체의 몰 표면적 $\overline{A}$은 $\overline{A} = \frac{\overline{V}^s}{\delta^3}(6\delta^2) = \frac{6\overline{V}^s}{\delta}$가 된다. 이를 식 ⑩에 대입하고, 또 T_0, $\overline{V}^s$, γ 및 $\Delta\overline{H}_f^\circ$에 대한 주어진 수치를 이용하면 아래관계를 얻는다.

$$\Delta T(= T_0 - T) = T_0\frac{6\overline{V}^s\gamma}{\delta\Delta\overline{H}_f^\circ} \qquad ⑪$$

$$= 273.15\text{ K}\frac{(6)(20\times10^{-6}\text{ m}^3/\text{mol})(25\times10^{-3}\text{ N/m})}{\delta(6.0\times10^3\text{ J/mol})} = \left(\frac{1.37\times10^{-7}\text{ m}}{\delta}\right)\text{K}$$

식 ⑪에 $\delta = 10,\ 1,\ 0.1,\ 0.01$ 및 0.001 ㎛값을 대입하여 과냉각도 $\Delta T(= T_0 - T)$값을 구하면 아래가 된다.

$\delta/\mu m$	10	1	0.1	0.01	0.001
$(T_0 - T)/\text{K}$	0.014	0.14	1.4	14	140

[비고 : 식 ⑪에서 얻어진 결과는, 9장 고분자 결정에 대한 Hoffman의 기핵이론식 (9. 53)과 유사한 형태를 가짐에 유의하라.]

10. 6 물의 표면장력(γ)의 온도 의존성은 아래식으로 주어진다.

$$\gamma = \gamma_0\left(1 - \frac{t}{368}\right)^{1.2}$$

여기서 t는 섭씨(Celsius)온도(℃)이고, $\gamma_0 = 75.5\times10^{-3}\text{ J/m}^2$이다. 이때 온도 0℃ 및 100 ℃ 에서의 단위표면적당 (과잉)Gibbs 자유에너지 $g^\sigma(= G^\sigma/A)$, 엔트로피 $s^\sigma(= S^\sigma/A)$ 및 엔탈피 $h^\sigma(= H^\sigma/A)$값을 구하여라. 단 위 식이 성립되는 한계인(물에 대한) 임계온도는 374 ℃ 이다.

풀이

단일 성분 물질인 경우 $g^\sigma = \gamma$, $s^\sigma = -(\partial\gamma/\partial T)_{T,P,A}$ 그리고 $h^\sigma = g^\sigma + Ts^\sigma = \gamma - T\left(\frac{\partial\gamma}{\partial T}\right)_{T,P,A}$ 이다(식 10. 22b). 그런데 문제에서 주어진 물의 표면장력에 관한 식을 온도에 미분하면 아래를 얻는다.

$$\left(\frac{\partial\gamma}{\partial T}\right)_A = \left(\frac{\partial\gamma}{\partial t}\right)_A = 1.2\gamma_0\left(1 - \frac{t}{368}\right)^{0.2}\left(-\frac{1}{368}\right) = -\frac{1.2}{368}\gamma_0\left(1 - \frac{t}{368}\right)^{0.2}$$

따라서 g^σ, s^σ 및 h^σ에 대해 아래를 얻는다.

$$g^\sigma = \gamma_0\left(1 - \frac{t}{368}\right)^{1.2}\ ;\ s^\sigma = \frac{1.2}{368}\gamma_0\left(1 - \frac{t}{368}\right)^{0.2}\ ;\ h^\sigma = g^\sigma + Ts^\sigma$$

먼저 $t = 0℃\ ;\ g^\sigma = \gamma_0 = 75.5\text{ mJ/m}^2$

$$s^\sigma = \frac{1.2}{368}(75.5\text{ mJ/m}^2) = 0.246\text{ mJ/m}^2(\text{K}^{-1})$$

$$h^\sigma = g^\sigma + Ts^\sigma = 75.5\text{ mJ/m}^2 + 273.15\text{ K}(0.246\text{ mJ/m}^2\text{K}) = (75.5 + 67.2)\text{ mJ/m}^2 = 142.7\text{ mJ/m}^2$$

$t = 100℃\ ;\ g^\sigma = (75.5\text{ mJ/m}^2)\left(1 - \frac{100}{368}\right)^{1.2} = 51.6\text{ mJ/m}^2$

$$s^\sigma = \frac{1.2}{368}(75.5\text{ mJ/m}^2)\left(1 - \frac{100}{368}\right)^{0.2} = 0.231\text{ mJ/m}^2(\text{K}^{-1})$$

$$h^{\sigma} = 51.6\ \mathrm{mJ/m^2} + 373.15\ \mathrm{K}(0.231\ \mathrm{mJ/m^2K}) = 137.8\ \mathrm{mJ/m^2}$$

10. 7 30 ℃ 에서 여러 농도(wt %)의 식초산(CH_3COOH) 수용액에 대한 표면장력(γ)은 아래표에 주어져 있다.

wt % acid	2.475	5.001	10.01	30.09	49.96	69.91
$\gamma/(10^{-3}\ \mathrm{N/m})$	64.40	60.10	54.60	43.60	38.40	34.30

이 데이터를 이용하여 Gibbs 흡착등온식 (10. 65)으로부터 식초산의 계면에서의 과잉농도 $\Gamma_2\left(=\dfrac{n_2^{\sigma}}{A}\right)$를 추정하여라. 단 식에서 농도 c_2 대신 몰랄농도(m, molality)를 사용하여라.

풀이

여기서 W_{a}= 식초산의 질량 ; $W_{\mathrm{H_2O}}$= 물의 질량 ; M_{a}= 식초산의 몰분자량 = 0.060062 kg/mol. 이때 몰랄농도(m)는 용매(물) 1 kg당 용질의 몰수이므로 아래가 성립된다.

$$m = (W_{\mathrm{a}}/M_{\mathrm{a}})/W_{\mathrm{H_2O}}\ ;\ \text{혹은}\ \ W_{\mathrm{a}} = mM_{\mathrm{a}}W_{\mathrm{H_2O}} \qquad ①$$

그리고 식초산의 무게 (wt) %는 아래가 된다(단 $W_{\mathrm{H_2O}}$= 1 kg을 대입한다).

$$(\mathrm{wt}\ \%)_{\mathrm{a}} = \frac{W_{\mathrm{a}} \times 100}{W_{\mathrm{H_2O}} + W_{\mathrm{a}}} = \frac{mM_{\mathrm{a}} \times W_{\mathrm{H_2O}} \times 100}{W_{\mathrm{H_2O}} + mM_{\mathrm{a}}W_{\mathrm{H_2O}}} = \frac{100M_{\mathrm{a}}m}{1 + M_{\mathrm{a}}m} \qquad ②$$

이를 m에 대해 풀면 아래가 된다.

$$m = \frac{(\mathrm{wt}\ \%)_{\mathrm{a}}}{M_{\mathrm{a}}[100 - (\mathrm{wt}\ \%)_{\mathrm{a}}]} \qquad ③$$

식 ③에 M_{a}= 0.060052 kg/mol 및 문제의 표에 주어진 각 농도 wt %를 대입하여 계산한 몰랄농도 m 및 $\ln(m/m^{\circ})$[여기서 $m^{\circ} = 1\ (\mathrm{mol/kg\ H_2O})$로서 log안의 단위를 없애기 위해 도입된 표준 몰랄농도임]값은 아래표에 나타내었다.

wt %	2.475	5.001	10.01	30.09	49.96	69.91
m/m°	0.42260	0.8766	1.8523	7.1672	16.625	38.689
$\ln(m/m^{\circ})$	−0.8613	−0.13170	0.61642	1.9695	2.8109	3.6555
$\gamma/10^{-3}\ \mathrm{N/m}$	64.40	60.10	54.60	43.60	38.40	34.30

이 데이터를 이용하여 $\ln(m/m^{\circ})$(x축) 대 γ(y축)의 직선 플롯을 행하여 컴퓨터를 이용한 최소자승법으로 구한 직선의 기울기 $(\partial\gamma/\partial \ln m) = -0.0069433\ \mathrm{N/m}$, 그리고 절편 = $58.56 \times 10^{-3}\ \mathrm{N/m}$이었다(편의상 플롯은 생략). 따라서 Gibbs 흡착등온식 (10. 65)에서 식초산의 계면(과잉)농도 Γ_2는 아래가 된다(단 농도

c_2 대신 몰랄농도 m이용).

$$\Gamma_2 = -\frac{1}{RT}\left(\frac{\partial \gamma}{\partial \ln m}\right) = -\frac{(-0.0069433\ \mathrm{N/m})}{(8.314\ \mathrm{J/K\ mol})(303.15\ \mathrm{K})} = 2.7547\times 10^{-6}\ \mathrm{mol/m^2}$$

10. 8 다음은 LB 단분자 필름의 등온 π(표면압)-A(분자 표면적)실험(10. 1. 6. 3절 참조)에 관한 질문이다. 답하라.

a) 스테아린산 ($C_{17}H_{35}COOH$)은 밀도 $0.85\ \mathrm{g/cm^3}$이다. 이때 LB 통(trough)을 이용하여 등온 $\pi - A$실험을 행한 결과 표면압 π가 최대에 도달했을 때(파괴 전)의 조밀(close-packed)표면 필름의 스테아린산 1분자의 표면적은 $0.205\ \mathrm{nm^2}$이었다(그림 10. 23 참조). 이로부터 분자 1개의 길이를 계산하라.

b) 헥사데카놀($C_{16}H_{33}OH$)은 물의 증발을 지연시킬 목적으로 저수지에 단분자 필름을 입히는데 사용된다. 만약 등온 $\pi - A$실험에서 구한 조밀 표면필름의 알콜분자 표면적은 $0.20\ \mathrm{nm^2}$이었다면 표면적 10 에이크($= 40,000\ \mathrm{m^2}$)의 저수지를 덮기 위하여 요구되는 알콜의 질량은 얼마인가?

풀이

a) 스테아린산의 몰 분자량(M)은 대략 $M = 18\times 12 + 32 + 36 = 284\ \mathrm{g/mol}$이 된다. 그런데 스테아린산 1몰의 부피 $\overline{V}$는

$$\overline{V} = \frac{M}{\rho} = \frac{284\ \mathrm{g/mol}}{0.85\ \mathrm{g/cm^3}} = 334.1\ \mathrm{cm^3/mol}\ \text{ 가 된다.}$$

그런데 분자 1개의 부피를 V_0, 등온 $\pi - A$실험에서 구한 조밀구조의 분자 1개의 표면적을 $\overline{A}$, 분자 1개의 길이를 l이라 하면 아래 관계가 성립된다.

$$V_0 = \overline{A}\times l = \frac{\overline{V}}{N_A} = \frac{334.1\ \mathrm{cm^3/mol}}{6.023\times 10^{23}\ \text{분자/mol}} = 5.547\times 10^{-22}\ \mathrm{cm^3}/\text{분자}$$

그런데 문제에서 $\overline{A} = 0.205\ \mathrm{nm^2}$이므로, 분자 1개의 길이 l는

$$l = \frac{V_0}{\overline{A}} = \frac{5.547\times 10^{-22}\ \mathrm{cm^3}}{0.205\ \mathrm{nm^2}} = \frac{5.547\times 10^{-22}(10^{-2}\ \mathrm{m})^3}{0.205\times(10^{-9}\ \mathrm{m})^2} = 2.7058\times 10^{-9}\ \mathrm{m} \fallingdotseq 2.7\ \mathrm{nm}$$

b) 헥사데카놀의 몰 분자량은 대략 $M = 12\times 16 + 34 + 16 = 242\ \mathrm{g/mol}$이 된다.

그런데 등온 $\pi - A$실험에서 구한 조밀 표면필름의 알콜 1분자의 표면적 $\overline{A} = 0.20\ \mathrm{nm^2}$, 지금 알콜분자 N개를 저수지에 덮어 표면적 $40,000\ \mathrm{m^2}$가 되었다면 아래식이 성립된다.

$$0.2\ \mathrm{nm^2}\times \mathrm{N} = 40,000\ \mathrm{m^2} \quad \therefore N = \frac{40,000\ \mathrm{m^2}}{0.2(10^{-9}\ \mathrm{m})^2} = 2\times 10^{23}\ \text{분자}$$

그런데 분자 2×10^{23}의 g질량은 $M\times N/N_A = 242\ (\mathrm{g/mol})\times 2\times 10^{23}\ (\text{분자})/6.023\times 10^{23}\ (\text{분자/mol})$ $= 80.3$ g의 알콜이 필요함

10.9 만약 어떤 주어진 액체에 대하여 계면장력 γ_{s_1l}과 γ_{s_2l}을 가진 두 고체 1과 2의 액체 내에서의 한 접착성 조인트(adhesive joint)가 자발적 분리(spontaneous separation)될 조건은 (Dupré) 접착일 $W_a = \gamma_{s_1l} + \gamma_{s_2l} - \gamma_{s_1s_2} < 0$ 또는 $\gamma_{s_1s_2} > \gamma_{s_1l} + \gamma_{s_2l}$이 성립되는 것이다(식 10.23 참조). 지금 염화비닐리덴/메틸아크릴레이트 공중합체로 코팅된 불꽃 처리된(flame-treated) PP 필름이 Na n-도데실 설페이트(농도 0.5 %)용액 속에 침지되어 있다면 기질과 코팅사이에 자발적인 분리가 일어나는지 아닌지를 아래의 표면장력 데이터(단위생략) 및 계면장력 γ_{12}에 관한 기하평균식 (10.115)를 이용하여 조사해 보아라.

	γ_d	γ_p	γ
불꽃 처리된 PP (γ_{s_1})	33.5	4.1	37.6
공중합체 (γ_{s_2})	38.9	14.7	53.6
Na n-도데실 설페이트용액 (γ_L)	29.0	8.2	37.2

(단 위 표에서 $\gamma = \gamma_d + \gamma_p$, γ_d 및 γ_p는 각각 γ에 대한 비극성 분산력 및 극성 성분의 공헌이다.)

풀이

위 표에서 주어진 데이터 및 계면장력에 관한 기하평균식 (10.115)로부터 아래의 3종류의 계면장력이 계산된다.

$$\gamma_{s_1s_2} = 37.6 + 53.6 - 2(33.5 \times 38.9)^{1/2} - 2(4.1 \times 14.7)^{1/2} = 3.5$$

$$\gamma_{s_1l} = 37.6 + 37.2 - 2(33.5 \times 29.0)^{1/2} - 2(4.1 \times 8.2)^{1/2} = 0.9$$

$$\gamma_{s_2l} = 53.6 + 37.2 - 2(38.9 \times 29.0)^{1/2} - 2(14.7 \times 8.2)^{1/2} = 1.7$$

이들 값을 액체(l)에 담겨져 있는 두 고체(s_1과 s_2)의 접착성 조인트에 대한 접착일(W_a)에 관한 Dupré 식 (10.28)에 대입하면 아래를 얻는다.

$$W_a = \gamma_{s_1l} + \gamma_{s_2l} - \gamma_{s_1s_2} = 0.9 + 1.7 - 3.5 = -0.9$$

여기서 $W_a < 0$ 또는 $\gamma_{s_1s_2} > \gamma_{s_1l} + \gamma_{s_2l}$이 성립되므로 자발적인 분리가 일어난다.

A10. 1 콜로이드와 계면활성제

A10. 1. 1 콜로이드의 정의와 종류

콜로이드(colloid)(계)란 계에 존재하는 여러 성분 중 적어도 한 개가 $1-1000\ \mathrm{nm}\,(=1\ \mu\mathrm{m})$범위의 미세한 입자크기로 존재할 때를 일컫는다. 이렇게 미세한 크기로 분할된 콜로이드 입자의 특성상 높은 비표면적(즉 단위질량당 표면적)을 갖게 되어 분산상과 분산매가 이루는 계면에서 흡착과 전기이중층 효과와 같은 특성이 나타나며 계 전체의 물리적 성질을 결정하는데 큰 역할을 한다. 따라서 계면에서 일어나는 여러 중요한 현상 즉 부착, 세정, 부유 선광, 유화 중합, 윤활, 정수, 도포 포장 등에 널리 이용된다. 일반적으로 콜로이드는 다음과 같이 크게 3 유형으로 분류된다. (1) 입자가 각각 고체, 액체 또는 기체 중 하나인 분산상(dispersed phase)과 연속상(분산매, dispersion medium)으로 이루어진 분산계에 분산되어 있는 '콜로이드성 분산(colloid dispersion)'. 고분자와 관련하여, 특히 액체/액체 분산(에멀젼, emulsion)과 고체/기체 분산(발포, foam)이 중요하다. 이 유형에 속하는 콜로이드로서, 만약 분산상이 분산매에 대해 (인력적)상호작용이 약할 때 '소액성(lyophobic) 콜로이드'라 하고, 강할 때는 '친액성(lyophilic) 콜로이드'라고 칭한다(만약 분산계가 물인 경우는 각각 소수성 및 친수성 콜로이드라 함). (2) 대부분의 친액성(혹은 친수성) 콜로이드가 속하는 '고분자 용액(polymer solution)'(이 경우 입자는 집합체 보다는 개개의 분자로 존재하며, 특히 어떤 정의된 표면을 갖고 있지 않으므로 매우 큰 콜로이드계 보다는 '진짜 용액'으로 부를 경우가 많음). (3) 분산매 속에서 입자가 집합체(aggregate)의 형태로 존재(일부는 소수성 탄화수소, 일부는 친수성 이온)하는 '회합(association) 콜로이드'. 보통 세 번째 유형의 콜로이드는 미셀(micelle)을 포함한다.

유형 (1)에서 특히 액체에 고체가 분산되어 있는 경우를 '졸(sol)'이라 하며, 만약 고체가 고분자인 경우의 분산계를 '고분자 콜로이드(polymer colloid)'라 한다. 즉 분산고체가 합성고분자인 고분자 콜로이드는 직접 (유화)중합하거나, 아니면 고분자용액을 유화시켜(emulsification) 얻어진다.

통상 콜로이드 입자의 모양은 구형이거나 구형에 가까운 경우가 많은데, 유화액, 라텍스, 액체 에어로졸 등이 여기 속하여 몇몇 단백질 분자들로 근사적으로 구형에 속한다. 구형에서 벗어나는 입자상 물질은 보통 회전타원체(ellipsoid)로 취급하는데 대부분의 단백질이 여기 속한다. 회전타원체의 모양을 축비(axial ratio, a/b, 여기서 a 및 b는 각각 축의 반경 및 회전반경임)로 나타내는데 축비가 1보다 큰 경우를 편장형(prolate, 럭비공 모양), 그리고 1보다 작은 경우를 편원형(oblate, 원반모양)이라 한다. 고분자는 통상 직쇄(straight-chain)상 또는 분지형 구조를 취하지만 용매에 용해되면 코일상이 된다.

그리고 통상의 콜로이드 입자는 고분자에 비해 크기가 작으나, 고분자가(용액 내에서) 나타내는 대부분의 성질 즉 확산, 침강, 광산란(특히 소액성 콜로이드에 의한 광산란을 Tyndal 현상이라 함), 삼투압, 유변학적 거동 등을 나타내며, 6장에서 언급한 방법에 의하여 콜로이드의 특성결정을 정할 수 있다.

A10. 1. 2 콜로이드 안전성

액체(보통 비용매)에 고분자 콜로이드가 미세한 크기(fine subdivision)형태로 안정적으로 분산상태를 유지하기 위해서는 비가역적인 응집(coagulation)이나 가역적인 엉김(flocculation)을 방지하기 위한 그들 사이에 위치에너지 장벽(potential energy barrier)이 존재해야 한다. 이는 보통 전기이중층 도입을 통한 '정전 안정화'나 흡착된 고분자(혹은 올리고머) 물질을 통한 '입체 장애 안정화'를 통하여 이루어진다.

대부분의 콜로이드계는 이와 같은 에너지 장벽의 존재하에 준안정상태로서 매우 오랜시간 그 상태를 유지한다. 그러나 에너지 장벽이 낮은 경우 그 콜로이드계는 불안정하게 된다. 따라서 콜로이드계의 제조와 안정성은 콜로이드계 파괴를 억제하는 충분한 크기의 에너지 장벽과 밀접한 관계가 있다.

콜로이드 분산에서 에너지 장벽을 극복하는 (van der Waals 인력)에너지는 입자의 브라운(Brown) 열운동으로부터 나온다. 무질서한 입자와 매질 분자의 충돌과 같은 브라운 운동으로 인한 콜로이드 입자의 평균 병진 에너지는 입자당 $(3/2)kT$이다. 여기서 k는 볼츠만 상수, T는 절대온도임). 만약 300 K에서 두 개의 입자가 충돌하면 대략 10^{-20} J의 에너지가 발생한다. 에너지 장벽이 충돌 에너지에 비하여 훨씬 크다면 에너지 장벽을 극복하기 어렵게 되어, 그 결과 콜로이드계는 무한정 준안정 상태에 있게 된다. 그러나 에너지 장벽이 충돌 에너지의 1~2배 정도이면 그 콜로이드계는 불안정하게 된다. 에너지 장벽이 일정하다면 온도의 증가에 따라 불안정성이 증가한다. 실제로는 에너지 장벽 높이는 분산 매질의 조성, 온도, 압력에 민감한 인자로 알려져 있다. 이 같은 한 두가지 인자를 변화시켜 에너지 장벽을 낮추면 불안정성이 발생하고 그 결과 응집이 일어나게 된다. 에너지 장벽에 대한 몇 가지 경우를 그림 A10. 1에 보이고 있는데, (a)는 강한 반발력 때문에 높은 에너지 장벽(1차 최대, primary maximum, P)이 존재하여 분리된 상태로 있는 경우, (b)는 반발력의 감소로 인한 에너지 장벽이 수 kT 정도에 달하여 응집이 가능하게 된 경우, (c)는 에너지 장벽이 전혀 존재하지 않아 응집이 발생하는 경우이다. 또한 흥미있는 경우로서 (d)는 일차 최소점(primary minimum, M_1)과 구분되는 이차 최소점(secondary minimum, M_2)이 존재한다. 일차 최소점을 지나서 접근하게 되면 강한 비가역성의 응집(coagulation)이 일어나고, 만약 이차 최소점의 깊이가 수 kT 정도라면 작고 비교적 약한 응결상태(플록, flocs)를 얻게 된다. 이러한 플록은 입자 상태와 속도론적 평형상태를 보이며 플록으로서의 존재시간은 짧다. 때때로 이를 약한 응집 또는 2차 최소 응집이라고 부른다.

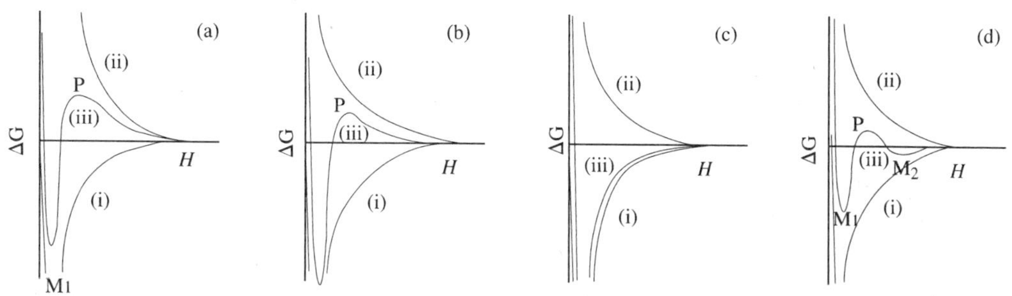

▶ **그림 A10. 1** 거리 H의 함수로서 나타낸 전체 상호작용 에너지 곡선 [(i) 인력 기여, (ii) 반발력 기여, (iii) 전체]: (a) 강한 반발력으로 인하여 분리와 접촉의 과정에 높은 에너지 장벽(1차 최대, P)이 존재하는 경우, (b) 에너지 장벽이 수 kT 정도로 낮아서 1차 최대점을 극복할 수 있는 경우, (c) 에너지 장벽이 없어서 1차 최소(M_1)점까지 접근할 수 있는 경우, (d) 1차 최대점에 접근하기 전 2차 최소(M_2)점이 존재하며 두 점 사이의 에너지 장벽이 낮아서 1차 최소점에 도달하는 경우

A10. 1. 3 계면활성제

계면상이 전체에 비하여 커질수록 계면에서 발생하는 현상이 중요해진다. 이때 내부상보다도 계면상에 높은 농도로 분포하여 특이한 역할을 하는 물질을 계면활성제(surface active agent, surfactant)라 한다. 계면활성제는 액체에, 용해, 계면에 흡착해서 계면에너지를 현저히 감소시켜 젖음(wetting), 유화(emulsification), 분산(dispersing), 발포(foaming), 가용화(solubilizaion), 세정(washing) 등의 작용을 나타내거나 계면장력을 현저히 저하시키는 물질로 정의된다. 계면활성제는 친수상 (머리)부분과 소수성 (꼬리)부분으로 구성된 친양쪽성(amphiphilic) 물질로서 친수성기와 소수성기의 대소에 따라 수용성 계면활성제, 유용성 계면활성제로 구분된다. 계면활성제 내의 친수성과 친유성의 세기의 밸런스를 나타내는 숫자로 HLB(hydrophile lipophile balance)가 있는데, 친수성이 매우 커서 가용화제, 세제, 안정화제 등으로 작용할 정도의 계면활성제에 대해서는 HLB=20, 그리고 반대로 친유성이 커서 기름에 물을 가용화시킬 수 있는 계면활성제의 경우 HLB=0을 둔다. 따라서 친유성이 감소한 것은 HLB값이 작아 유중수적형(water in oil type, W/O) 유화액을 이루며, 친수성이 강한 것은 HLB값이 크고 수중유적형(oil in water type, O/W) 유화액을 이루는데 HLB값은 7을 기준으로 하여 이보다 큰 경우 친수성, 작은 경우 친유성 계면활성제라

부른다. 한편 친수성 부분이 이온을 띠는지 여부에 따라 이온성 계면활성제, 비이온성 계면활성제로 구분할 수 있는데 이온성 계면활성제로는 음이온(anionic) 계면활성제, 양이온(cationic) 계면활성제, 양성(amphoteric) 계면활성제 등이 있다.

계면활성제 분자를 구성하는 친수성기는 이온을 띠거나 강한 극성력을 가져서 물에 대한 용해성을 증가시키며 소수성기는 대개 장쇄의 탄화수소로 되어 있다. 일반적으로 계면활성제는 친수성기의 특징에 따라 구분되며, 크게 다음과 같은 네 가지 그룹으로 나뉘어진다.

A. 음이온 계면활성제: 친수성기로 음이온 전하를 갖는 것으로 카르복시산염($RCOO^-M^+$), 설폰산염($RSO_3^-M^+$), 황산염($ROSO_3^-M^+$) 등이 있다.

B. 양이온 계면활성제 : 친수성기로 양이온 전하를 갖는 것는 것으로서 4급 암모늄 할로겐화물($R_4N^+Cl^-$)을 들 수 있다.

C. 비이온 계면활성제 : 친수성기가 전하를 띠지 않으나 강한 극성기를 가지고 있어 물에 대한 용해성을 부여하는 작용기를 함유하는 경우로서 폴리옥시에틸렌($-OCH_2CH_2O^-$)이나 폴리올 그룹을 들 수 있다.

D. 양성 계면활성제 : 양이온 전하와 음이온 전하를 한 분자 내에 함께 가지고 있으며 설포베타인[$RN^+(CH_3)CH_2CH_2SO_3^-$]을 들 수 있다.

계면활성제의 기능을 설명하는데 간단한 구조 모형으로 설명하는 것이 편리하다. 그림 A10. 2에 이온성 및 비이온성 계면활성제 구조 모형을 나타내고 있다.

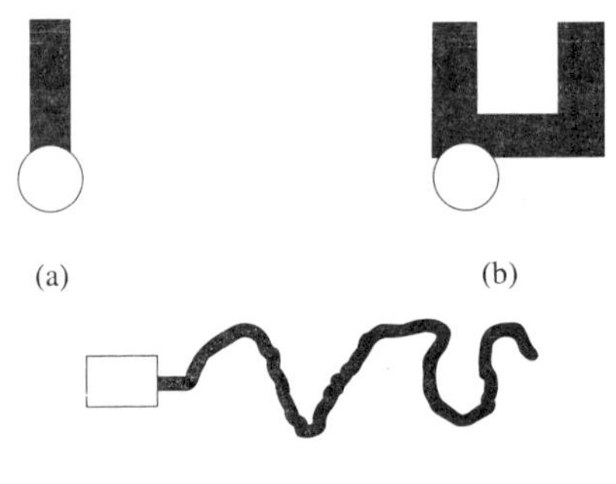

▶ **그림 A10. 2** 계면활성제 분자의 구조 모형 : (a) 이온성 구조이면서 직쇄상 탄화수소를 소수성기로 갖는 경우, (b) 이온성 구조이면서 분지형 탄화수소를 소수성기로 갖는 경우, (c) 비이온계면활성제

여기서 (a)와 (b)는 이온성 계면활성제의 구조로서 각각 직쇄상 및 분지상 소수성기를 갖는 경우이며, (c)는 옥시에틸렌기와 같은 친수성기를 갖는 비이온계면활성제 구조 모형으로서 흰색 바탕은 친수성 기, 검은색 바탕은 소수성기를 나타낸다.

A10. 1. 4 용액에서 미셀형성

계면활성제 분자가 가지는 친액(수)성기와 소액(수)성기를 동시에 함유하는 특성으로 인하여 계면에서 더 진한 농도로 존재하며 접촉하는 계면의 자유에너지를 감소시킨다(식 10. 68 참조). 계면에너지 저하를 일으키는 기본적인 작용으로서 흡착현상을 들 수 있으며 계면에서 포화가 되었을 경우에도 전체적인 에너지 감소를 보이게 된다. 그러한 작용으로 용액에서 계면활성제인 용질의 결정화 또는 침전이 있다. 다른 현상으로는 용액상에서 그대로 유지되는 열역학적으로 안정한 분자 응집체 또는 미셀(micelle)의 형성이 있다. 한편 대부분의 이온성 계면활성제는 물에 상당한 용해성을 지니고 있는데 이 특성은 소수성 부분의 길이, 친수성을 부여하는 부분의 성질, 대(counter) 이온의 이온가, 그리고 용액의 상태 등에 따라 변화한다. 많은 이온성 물질의 물에 대한 용해성은 온도가 상승함에 따라 증가한다(그림 A10. 3a). 이는 결정 격자 에너지와 용해되는 과정의 수화열과 같은 고체상의 물리적인 특성에 기인한다. 이온성 계면활성제의 경우, 물질의 용해도는 어떤 특정한 온도에서 날카롭고 불연속적인 증가를 보이는데 이점을 보통 크라프트(Krafft)온도(T_K)라 부른다. T_K 이하의 온도에서의 계면활성제 용해도는 결정격자 에너지와 계의 수화열에 의해 결정된다. 이러한 특성 때문에 용액상에서의 단분자 상태의 농도는 어떤 평형값을 보인다. T_K 이상에서는 계면활성제 분자의 용해도는 미셀을 형성하고 이 응집된 형태가 열역학적으로 안정해지는 점까지 상승한다. 결정에서 미셀로 바뀌는 에너지 변화가 미셀에서 단분자상으로 변화하는 경우의 에너지 변화보다 작은 점에서 미셀은 구조적으로는 고체 결정 또는 결정상 수화물과 유사하다 할 수 있다. 열역학적으로 미셀의 형성은 용해도를 증가시키는데, 일정 온도에서 계면활성제 단분자의 농도는 높은 농도에서 증가하거나 약간 감소하나 임계 미셀 농도(critical micelle concentration, CMC)이상에서는 미셀의 형태가 대부분을 차지한다. 따라서 상대적으로 많은 양의 계면활성제가 미셀의 형태로 분산되어, 용해도의 상당한 증가가 관측된다.

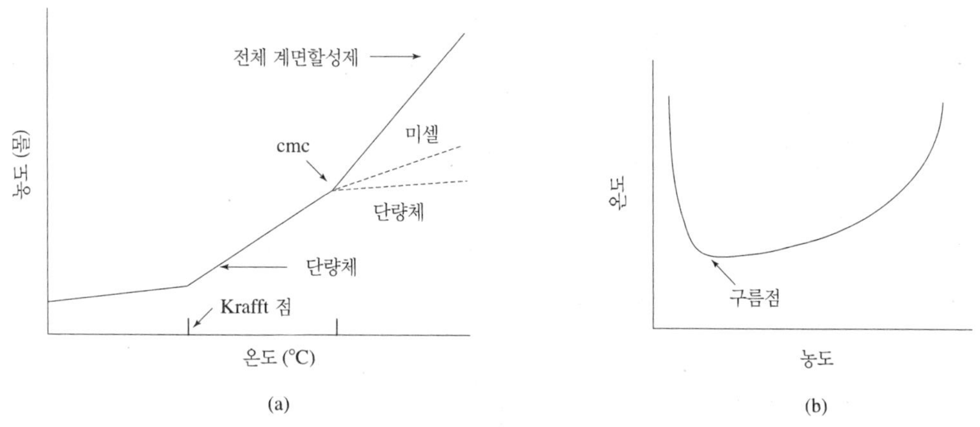

▶ **그림 A10. 3** (a) 전형적인 이온성 계면활성제의 온도/용해도 곡선,
(b) 비이온 계면활성제의 온도/용해도 곡선

한편, 비이온 계면활성제는 온도가 증가함에 따라 물에 대한 용해성이 줄어드는 특징적인 온도/용해도 관계를 가지고 있다(그림 A10. 3b). 어떤 경우에는 상분리가 발생하여 뿌연 계면활성제 현탁액(suspension)이 얻어진다. 이러한 온도를 구름점(또는 흐림점)(cloud point)이라 부른다. 일정 길이를 가진 계면활성제의 T_K와 같은 길이의 탄화수소가 가지는 융점과의 사이에 밀접한 관계를 가지고 있는 점으로부터 크라프트 온도와 계면활성제의 고체상 사이에 밀접한 관계를 가지고 있음을 알 수 있다. 계면활성제가 용액에서 가지는 중요한 특징은 임계 농도와 관련된 용해도이면 이점이 분자 응집체나 미셀을 이루기 시작하는 점이 된다.

한편 계면활성제 용액의 성질에 대한 초기의 연구에서 매우 좁은 농도 범위에서 벌크상의 성질을 크게 변화시킬 수 있음을 알게 되었다. 계면활성제 농도의 함수로서 표면장력, 전기전도도, 또는 광산란을 측정하면 낮은 농도(CMC)에서 비교적 날카로운 불연속점을 보이며(그림 A10. 4), 이러한 현상은 용질의 존재상태가 측정량에 크게 영향을 주는 때문으로 해석된다. 이를테면 광산란 시 농도가 커짐에 따른 용액의 탁도가 증가하는 현상은 용질이 단분자상보다 (CMC에서)상당히 커다란 크기로 존재하는데 기인한다. McBain과 Salmon은 potassium stearate 수용액의 삼투압을 조사한 결과 상당한 정도의 응집 현상이 있음을 확인하였으며 이러한 응집체를 최초로 '미셀'이라 명명하였다. 삼투압시험 결과와 전도도 변화를 성명하기 위하여 Mcbain은 이온화된 분자의 경우 구형 구조, 그리고 비이온 응집체의 경우 라멜라구조라는 두 가지 구별되는 형태의 미셀을 제안하였으며 이어 Hartley는 단일 구조로서 결과를 성명하였다(그림 A10. 5 참조). Hartley의 모형은 근본적으로 반경이 대략 탄화수소 사슬의 두 배인 구형 미셀로서 대략 50~100 개의 분자로 구성이 되어 있으며 비교적 좁은 농도 범위에서 발생한다. 미셀의 내부는 기본적으로 탄화수소(꼬리) 구조, 외부는 전하를 지닌 머리기로 구성되어 있다.

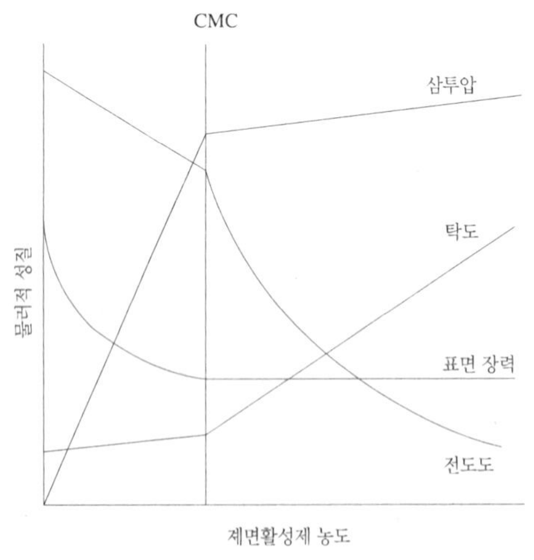

▶ **그림 A10. 4** 계면활성제 용액에서의 미셀형성에 따른 농도와 물성의 상관관계.

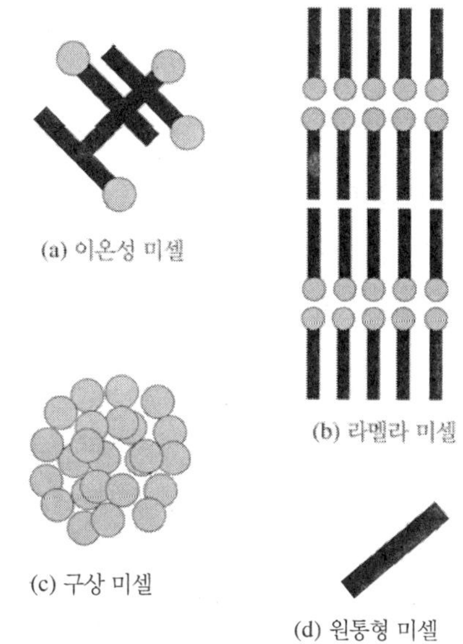

▶ **그림 A10. 5** 제안된 몇몇 단순한 미셀 구조.

물은 매우 강한 응집력을 지니고 있어서 계면활성제와 같은 친수성 부분과 소수성 부분을 지닌 분자가 물에 도입되면 용질 분자를 맞아들이면서 물분자 구조가 변형되고 계의 자유에너지가 증가하게 된다. 이러한 에너지 증가에 따른 결과로서 용질분자가 표면에서 일정한 배향을 하여 계의 에너지 변화를 감소시킨다.

A10. 1. 5 미셀형성의 열역학

미셀 형성에 대한 열역학적 모형으로는 미셀과 단분자상이 화학적으로 평형을 이루고 있다고 간주하는 '질량작용(mass-action)모형'과 CMC 부근 그리고 그보다 높은 농도에서 미셀이라는 새로운 상을 형성한다는 '상분리(phase separation)모형'이 있다. 각각의 경우 전반적인 미셀화 과정을 표현하는데 고전적인 열역학적 접근법이 사용되고 있다.

질량작용 모형은 단분자상의 계면활성제와 미셀간에 평형이 존재한다고 가정하며 비이온 또는 이온화하지 않는 경우는 단분자/미셀 평형을 다음과 같이 표현할 수 있다.

$$mS \overset{K}{\rightleftarrows} S_m (\equiv M) \tag{A10. 1}$$

여기서 S는 미회합(free) 비이온 계면활성제, $M(= S_m)$은 크기 m(미셀 내 단분자의 개수로서 응집수라고 부름)인 미셀을 나타낸다. 이때 (농도)평형상수 K는 평형상태에 있는 각 성분의 농도항으로 아래와 같이 나타내진다.

$$K = [M]/[S]^m \tag{A10. 2}$$

여기서 만약 c를 용액 내의 초기의 계면활성제 농도라 하고, x를 미셀(응집)상태로 존재하는 단분자의 분율(즉 반응도)이라 하면 평형상태에서 계에 존재하는 단분자 및 미셀의 농도는 각각 $[S] = c(1-x)$, $[M] = cx/m$가 된다. 따라서 이들을 식 (A10. 2)에 대입하면 아래를 얻는다.

$$K = (cx/m)/[c(1-x)]^m \tag{A10. 3}$$

여기서 평형상수에 관한 Van't Hoff 법칙으로부터 미셀 내 한 개(또는 1몰)의 단분자 계면활성제에 대한 표준상태의 Gibbs 자유에너지 변화는 다음과 같이 나타내진다.

$$\Delta G^{\square} = -\frac{RT}{m}\ln K \tag{A10. 4}$$

이 식의 K에 식 (A10. 2) 및 (A10. 3)을 대입하면 아래를 얻는다.

$$\Delta G^{\square} = (RT/m)(m\ln[S] - \ln[M]) \tag{A10. 5a}$$

$$= -\frac{RT}{m}\ln\left(\frac{cx}{m}\right) + RT\ln[c(1-x)] \tag{A10. 5b}$$

그런데 여기서 CMC 전의 회합은 무시 즉 상분리모델의 개념을 적용하면 CMC 에서는 $x = 0$이 되어 이를 식 (A10. 5b)에 대입하면 아래의 관계를 얻는다.

$$\Delta G^{\square} = -\frac{RT}{m}\ln K \simeq RT\ln(\text{CMC}) \tag{A10. 6}$$

[비고 : 이 방법대신 '닫힌 회합(closed association)모델'의 적용으로부터 위 관계식을 얻을 수 있다. 즉 물질 밸런스 식 $c = [S] + m[M] = [S] + mK[S]^m$ 및 CMC에서 $\partial[S]/\partial c = 1 - \partial(m[M])/\partial c \equiv 1/2$을 가정하고, 나중에 $m \to \infty$의 극한을 취하면 동일한 관계식이 얻어질 수 있다.]

이제 식 (A10. 6)으로부터 미셀형성에 관한 $\Delta S^{\square}$ 및 $\Delta H^{\square}$에 관한 식을 열역학적 관계식(5. 1절 참조)으로부터 다음과 같이 구할 수 있다.

$$\Delta S^{\square} = -(\partial\Delta G^{\square}/\partial T)_P = -RT(\partial\ln(\text{CMC})/\partial T) - R\ln(\text{CMC}) \tag{A10. 7}$$

$$\Delta H^{\square} = \Delta G^{\square} + T\Delta S^{\square} = -RT^2(\partial\ln(\text{CMC})/\partial T) = R[\partial\ln(\text{CMC})/\partial(1/T)]_P \tag{A10. 8}$$

또는 식 (A10. 6)-(A10. 8)로부터 아래식을 얻을 수 있다(단 좁은 온도범위 내에서 $\Delta H^{\square}$ 및 $\Delta S^{\square}$를 T무관 가정).

$$\ln(\mathrm{CMC}) = \Delta H^{\square}/RT - \Delta S^{\square}/R \quad \text{(A10. 9)}$$

따라서 $\ln(\mathrm{CMC})$와 $1/T$를 플롯하면 기울기가 $\Delta H^{\square}$, 절편이 $-\Delta S^{\square}/R$ 직선이 됨을 알 수 있다.

한편 이온화하는 계면활성제의 경우 대(counter)이온의 존재와 미셀의 응집도를 고려하여야 하기 때문에 상황은 보다 복잡하다. (1:1)이온성 계면활성제의 경우 질량작용 반응은 식 (A10. 1)대신 아래가 된다.

$$mS^{-(+)} + (m-n)C^{+(-)} \overset{K}{\rightleftarrows} M^{n(-\text{ or }+)} \quad \text{(A10. 10)}$$

이때 n은 미셀에서의 계면활성제 해리도이며 미셀의 이온화분율 a는 n/m으로 나타내어진다. 이 경우 (농도)평형상수는 식 (A10. 2)대신 아래가 된다.

$$K = [M]/[S^{-(+)}]^{m}[C^{+(-)}]^{m-n} \quad \text{(A10. 11)}$$

여기서 미셀 내 한 개의 계면활성제에 대한 표준상태의 Gibbs 자유에너지 변화는 식 (A10. 4)에서 아래가 얻어진다.

$$\Delta G^{\square} = (RT/m)\{m\ln[S^{-(+)}] + (m-n)\ln[C^{+(-)}] - \ln[M]\} \quad \text{(A10. 12)}$$

그런데 만약 CMC 조건에서 완전히 이온화하는 계면활성제의 경우에는 $[S^{-(+)}] = [C^{+(-)}] \equiv$ CMC가 성립될 것이므로 이 관계를 위 식에 대입하면 아래를 얻는다.

$$\Delta G^{\square} = RT\{(2-n/m)\ln\mathrm{CMC} - (1/m)\ln[M]\} \quad \text{(A10. 13a)}$$

$$\simeq RT(2-n/m)\ln\mathrm{CMC} \quad \text{(A10. 13b)}$$

식 (A10. 13b)의 근사식은 (A10. 13a)에서 미셀 내 계면활성제의 응집수 m이 매우 크다는 가정하에 이루어진 것이다. [비고 : 위 식은 비이온성 계면활성제 경우와 마찬가지로, 닫힌 회합모델 즉 CMC에서 $\partial[S]/\partial c = 1 - \partial(m[M])/\partial c = 1/2$의 가정에서도 구할 수 있다(단 마지막에 $m \to \infty$의 극한을 취함).]

비이온 계면활성제의 경우와 마찬가지로 식 (A10. 13)에서 $\Delta S^{\square}$ 및 $\Delta H^{\square}$를 식 (A10. 7)-(A10. 9)처럼 $\ln(\mathrm{CMC})$의 온도의존성 항으로 나타낼 수 있다.

한편 상분리 모형에서 미셀은 분리된 가용화 상으로 존재한다고 가정한다. 따라서 CMC는 단분자상의 용해도 한계나 포화농도로 볼 수 있는데 이러한 개념에 의하면 각각의 계면활성제 분자의 농도는 미셀을 형성하는 점부터는 증가하지 않아야 한다. 이처럼 상분리 모형의 가정은 Gibbs 흡착등온식 (10. 62)에서 계면활성제 용액의 표면장력이 일정(즉 $d\gamma = 0$)하다는 것과 관련이 있다. 그러나 이에 관한 자세한 설명은 생략하기로 한다.

그런데 이상에서 고찰한 바와 같이 CMC는 온도에만 의존하는 것이 아니라, 실제 경우에 있어서 계면활성제의 소수성 탄화수소부분의 사슬의 길이, 친수(이온)성 머리기의 종류, 대(counter)이온의 종류, 전해질의 효과, pH효과 등에도 의존하므로 주의를 요한다.

A10. 1. 6 전기 이중층과 콜로이드 안정성

전술한 바와 같이 콜로이드 분산액이 갖는 가장 중요한 물리적 성질로서 입자의 응집이 있다. 응집의 발생은 Brown 열운동에 의해 야기된 van der Waals 인력에 기인하며, 응집에 대항하여 안정화하려는 경향은 같은 부호로 하전된 전기 이중층(electrical double layer)과 입자-용매간의 반발력에 의존한다.

수용액과 같은 (유전상수가 큰)극성 매질하에서, 대부분의 물질은 이온화, 이온 흡착, 그리고 이온 용해 등의 과정에 의하여 표면 전하를 띠며, 이러한 표면 전하는 인접한 극성 매질의 전하 분포에 영향을 준다. 즉 반대 전하(counter-ion)끼리는 서로 끌리고 같은 종류의 이온(co-ion)들은 서로 반발한다. 그 결과 하전된 표면 근처의 극성 매질 영역은 반대이온에 의해 중성화된 전기 이중층을 형성한다. 전기 이중층 이론은 전하의 분포 및 그에 따라 하전된 표면 주위의 전위에 대한 개념을 포함하고 있으며, 하전된 콜로이드계의 전기동력학 성질 및 안정성 등에 대한 실험적인 관찰 결과를 이해하는데 매우 중요하다.

많은 콜로이드계에서 전기이중층은 전위를 결정하는 이온의 흡착에 의해 발생한다. 전기 이중층은 일반적으로 흡착이온을 포함한 내부 영역과 전기적인 힘 및 무질서한 열운동으로 인한 확산영역으로 구성된다. 그러나 전기이중층에 관련된 전위, 표면전하밀도, 거리 등을 명료하게 기술하기란 쉽지 않다.

이중층 확산부분에 대한 가장 간단한 접근방법으로서 묽은 전해질 용액의 평균활동도계수에 관한 Debye-Hückel 이론(부록 6. 1. 2절)에 기초를 둔 Gouy와 Chapman 모델이 있다. 이에 의하면 낮은 전위에서 확산 이중층은 거리가 $1/\kappa$(여기서 κ는 용액의 이온강도 I, 정확히는 $\sqrt{I}$에 비례하는 양임)만큼 떨어져 있는 평판 축전기(콘덴서)와 같은 용량을 갖는데 이때 거리 $1/\kappa$를 확산 이중층의 두께라 한다. 하전된 콜로이드 표면으로부터의 거리가 이보다 커지면 입자간의 정전반발력 효과가 급격히 감소되어 콜로이드 안정성에 기여할 수 없게 된다. 만약 용액에 염과 같은 전해질을 많이 첨가하게 되면 κ값이 커서 입자표면의 전위를 중화에 의해 떨어뜨리므로 입자간의 반발력효과가 미치는 확산 이중층의 두께 $1/\kappa$의 값이 감소하게 된다.

그러나 Gouy-Chapman의 확산 이중층에 대한 취급은 전해질 매질에서 전하가 점전하(point

charge)의 형태를 지닌다는 것을 가정한 것이다. 일정 크기를 지니는 이온은 흡착되지 않은 경우 이온의 중심이 수화 반경까지만이 접근이 가능하여 확산 이중층의 내부 경계를 침투하지 못한다. 여기에서 Stern은 이중층이 표면으로부터 수화된 이온반경만큼 떨어진 면(Stern면)으로 분리된 두 부분으로 이루어져 있는 모델을 제안하였다(그림 A10. 6)

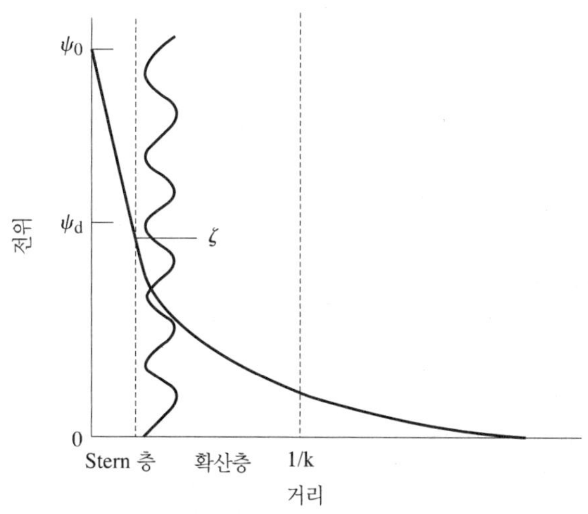

▶ **그림 A10. 6** Stern 이론에 따른 전기이중층의 구조

그림 A10. 6에서 ψ_0는 콜로이드 입자의 표면전위이다(단백질과 같은 물질은 pH에 따라 표면 전하를 띠며, 흡착에 의해서도 표면전하가 발생한다). 그리고 ψ_d는 Stern층에서의 전위이다(만약 특정 이온흡착이 없는 경우 $\psi_0 \simeq \psi_d$ 성립).

한편 하전된 표면에서 전해질 용액의 실제 유동이 일어나는 면을 전단면(surface of shear)이라 한다. 전단면에서의 전위를 제타(ζ) 전위(위 그림 참조)라고 하는데 정확한 전단면의 위치는 아직 알려져 있지 않으나 분자 몇 개 크기에 해당하는 것으로 여겨진다. 전단면은 보통 Stern 면보다 약간 바깥에 위치하고 있고 ζ전위는 ψ_d보다 크기가 약간 작다고 보고 있다. 만약 비이온 계면활성제가 흡착하게 되면, 전단면이 Stern 면에서 비교적 멀리 위치하며 ζ전위가 ψ_d에 비하여 훨씬 낮은 값을 보인다.

이외에도 콜로이드 안정성에 기여하는 전기이중층에 관련된 사항으로서 전기영동(electrophoresis)이나 전기삼투(electro-osmosis)와 같은 전기속도록적(electro-kinetic)현상이 있으나 지면 관계상 여기서 그치기로 한다.

참고문헌

1. Acree, Jr., W. E., "Thermodynamic Properties of Nonelectrolyte Solutions", Academic Press, 1984.
2. Araki, T., et al., ed.,"Structure and Properties of Multiphase Polymeric Materials", Marcel Dekker, Inc., 1998.
3. Atkins, P., de Paula, J., "Physical Chemistry", 7th ed., Oxford Univ. Press, 2002 (안운선 역, "물리화학", 교보문고, 2004).
4. Bailey, R. T., et al., "Molecular Motion in High Polymers", Oxford Univ. Press, 1981.
5. Berne, B. J., Pecora, R., "Dynamic Light Scattering", John Wiley & Sons, 1976.
6. Biederman et al., "Polymer Physics", Springer-Verlag, 1990.
7. Billingham, N. C., "Molar Mass Measurements in Polymer Science", John Wiley & Sons, 1977.
8. Bodor, G., "Structural Investigation of Polymers", Ellis Horwood, 1991.
9. Bovey, F. A., "High Resolution NMR of Macromolecules", Academic Press, 1972.
10. Bower, D. I., "An Introduction to Polymer Physics", Cambridge Univ. Press, 2002.
11. Brandrup, J., et al., ed., "Polymer Handbook" 4th ed., John Wiley & Sons, 1999.
12. Brown, W., ed., "Dynamic Light Scattering", Clarendon Press, 1993.
13. Bueche, F., "Physical Properties of Polymers", Interscience Publishers, 1962.
14. Campbell, D., White, J. R., "Polymer Characterization", Chapman and Hall, 1989.
15. Carreau, P. J., et al., "Rheology of Polymeric Systems", Hanser Publishers, 1997.
16. Castellan, G. W., "Physical Chemistry", 3rd ed., Addison-Wesley Publ. Co., Inc., 1983 (황정의 외 2인 역, "물리화학", 사이텍미디어, 1986).
17. Chang, R., "Physical Chemistry with Applications to Biological Systems", 2nd ed., Macmillan Publ. Co., Inc., 1981 (성용길외 5인 역, "물리화학", 형설출판사, 1994).
18. Collins, E. A., et al., "Experiments in Polymer Science", Wiley-Interscience, 1973.
19. Cowie, J. M. G., "Polymers:Chemistry & Physics of Modern Materials", 2nd ed., Plenum Press, 1990.
20. Craver, C. D., ed., "Polymer Characterization", John Wiley & Sons, 1983.
21. Cullity, B. D., Stock, S. R., "Elements of X-Ray Diffraction", 3rd ed., Prentice-Hall, 2001 (고태경 역, "X선 회절", 진샘미디어, 2006).
22. de Gennes, P. G., "Scaling Concepts in Polymer Physics", Cornell Univ. Press, 1979.
23. Ebewele, R. O., "Polymer Science and Technology", CRC Press, 2000.
24. Elias, H. G., "An Introduction to Polymer Science", VCH, 1997.
25. Elias, H. G., "Macromolecules(1): Structure and Properties", Plenum Press, 1984.
26. Engel, T., Reid, P., "Physical Chemistry: Thermodynamics, Statistical thermodynamics, & Kinetics", Benjamin Cummings, 2006 (대학교재연구회 역, "물리화학", 사이플러스, 2007).
27. Evans, D. F., Wennerstrom, "The Colloidal Domain Where Physics, Biology, and Technology Meet", 2nd ed., Wiley-VCH, 1999.
28. Ferry, J. D., "Viscoelastic Properties of Polymers", 3rd ed., Wiley-Interscience, 1980.
29. Fischer, E. W., et al., ed. "Chemistry and Physics of Macromolecules', VCH, 1990.
30. Flory, P. J., "Principles of Polymer Chemistry", Cornell Univ. Press, 1953.

31. Flory, P. J., "Statistical Mechanics of Chain Molecules", Interscience Publishers, 1969.
32. Forsman, W. C., ed., "Polymers in Solution", Plenum Press, 1986.
33. Fried, J. R., "Polymer Science and Technology", 2nd ed., Prentice-Hall, Inc., 2003 (김우식 외 5인 역, "고분자공학개론", 자유아카데미, 2006).
34. Fujita, H., "Polymer Solutions", Elsevier Science Publishers B. V., 1990.
35. Gedde, U. W., "Polymer Physics", Chapman and Hall, 1995.
36. Grosberg, A., ed., "Theoretical and Mathematical Models in Polymer Research", Academic Press, 1998.
37. Hamley, I. W., "the Physics of Block Copolymers", Oxford Univ. Press, 1998.
38. Hiemenz, P. C., "Principles of Colloid and Surface Chemistry", 2nd ed., Marcel Dekker, Inc., 1986.
39. Hiemenz, P. C., "Polymer Chemistry", Marcel Dekker, Inc., 1984.
40. Hildebrand, J. H., Scott, R. L.,"Regular Solution", Prentice-Hall, Inc., 1962.
41. Huglin, M. B., ed., "Light Scattering from Polymer Solutions", Academic Press, 1972.
42. Kamide, K., "Thermodynamics of Polymer Solutions", Elsevier Science Publishers B. V., 1990.
43. Kamide, K., Dobashi, T., "Physical Chemistry of Polymer Solutions", Elsevier Science Publishers B. V., 2000.
44. Kaufman, H. S., Falcetta, J. J., "introduction to Polymer Science and Technology: An SPE Textbook", John Wiley & Sons, 1977.
45. Kumar, A., Gupta, S. K., "Fundamentals of Polymer Science and Engineering", McGraw-Hill Publ. Co., Ltd., 1978.
46. Kurata, M., "Thermodynamics of Polymer Solutions", Harwood Academic Publishers, 1982.
47. Macosko, C. W., "Rheology", VCH Publishers, Inc., 1994.
48. Mark, J. E., "Physical Properties of Polymers Handbook", AIP Press, 1996.
49. Matsuoka, S., "Relaxtion Phenomena in Polymers", Hanser Publishers, 1992.
50. McCrum, N. G., et al., "Anelastic and Dielectric Effects in Polymeric Solids", Wiley London, 1967.
51. McCrum, N. G., et al., "Principles of Polymer Engineering", Oxford Univ. Press, 1988.
52. Morawetz, H., "Macromolecules in Solution", Interscience Publishers, 1965.
53. Nielsen, L. E., "Mechanical Properties of Polymers", Van Nostrand-Reinhold, 1962.
54. Noda, I., Rubingh, D. N., ed., "Polymer Solutions, Blends, and Interfaces", Elsevier Science Publishers B. V., 1992.
56. Olabisi, O., et al., "Polymer-Polymer Miscibility", Academic Press, 1979.
57. Paul, D. R., Newman, S., "Polymer Blends", Academic Press, 1978.
58. Pipkin, A. C., "Lectures on Viscoelasticity Theory", Springer-Verlag, 1972.
59. Powell, P. C., "Engineering with Polymers", Chapman and Hall, 1983 (이장우, 조현혹 역, "고분자의 공학적 이용", 교보문고, 1991).
60. Progelhof, R. C., Throne, J. L., "Polymer Engineering Principles", Hanser Publishers, 1993.
61. Rabek, J. F., "Experimental Methods in Polymer Chemistry", John Wiley & Sons, 1980.
62. Riande, E., et al., "Polymer Viscoelsticity", Springer-Verlag, 2000.
63. Rodriguez, F., "Principles of Polymer Systems", 3rd ed., Hemisphere Publ. Cor., 1989.
64. Rosen, S. L., "Fundamental Principles of Polymeric Materials", 2nd ed., John Wiley & Sons, 1992.
65. Rubinstein, M., Colby, R. H., "Polymer Physics", Oxford Univ. Press, 2003.
66. Rudin, A., "The Elements of Polymer Science and Engineering", 2nd ed., Wiley-Interscience, 1997.
67. Shaw, D. J., "Introduction to Colloid and Surface Chemistry", 4th ed., Butterworth-Heinemann Ltd, 1992.
68. Shaw, M. T., MacKnight, W. J., "Introduction to Polymer Viscoelasticity", 3rd ed., Wiley-Interscience, 2005.
69. Sperling, L. H., "Introduction to Physical Polymer Science", 4th ed., John Wiley & Sons, 1986 (안태완 외 5인 역, "고분자물성", 대광문화사, 1989).

70. Sperling, L. H., "Introduction to Physical Polymer Science", 4th ed., John Wiley & Sons, 2006.
71. Steiner, R. F., Garone, L., "The Physical Chemistry of Biopolymer Solutions', World Scientific Publ. Co., Ltd., 1991.
72. Strobl, G., "The Physics of Polymers", Springer-Verlag, 1996.
73. Sun, S. F., "Physical Chemistry of Macromolecules", 2nd ed., John Wiley & Sons, 2004.
74. Tanford, C., "Physical Chemistry of Macromolecules", John Wiley & Sons, 1961.
75. Teraoka, I., "Polymer Solutions", John Wiley & Sons, 2002.
76. Tompa, H. "Polymer Solutions", Butterworths Scientific Publications, 1956.
77. Tonelli, A. E., Srinivasarao, M., "Polymers from the Inside Out", John Wiley & Sons, 2001 (강신영 외 2인 역, "고분자과학", 교보문고, 2004).
78. Treloar, L. R. G., "The Physics of Rubber Elasticity", 3rd ed., Oxford Univ. Press, 1975.
79. Tschoegl, N. W., "The Phenomenological Theory of Linear Viscoelastic Behavior', Springer-Verlag, 1989.
80. Tung, L. H., ed., "Fractionation of Synthetic Polymers", Marcel Dekker, Inc., 1977.
81. van Krevelen, D. W., "Properties of Polymers", 3rd ed., Elsevier Science Publ. Co., Inc., 1990.
82. Vold, R. D., Vold, M. J., "Colloid and Interface Chemistry", Addison-Wesley Publ. Co., Inc., 1983.
83. Ward, I. M., Hadley, D. W., "An Introduction to Mechanical Properties of Solid Polymers", John Wiley & Sons, 1993.
84. Williams, D. J., "Polymer Science and Engineering", Prentice-Hall, Inc., 1971.
85. Wu, S., "Polymer Interface and Adhesion", Marcel Dekker, Inc., 1982.
86. Yamakawa, H., "Modern Theory of Polymer Solutions", Harper & Row Publishers, 1971.
87. Young, R. J., Lovell, P. A., "Introduction to Polymers", 2nd ed., Chapman and Hall, 1991 (김진환 외 4인 역, "고분자과학", 시그마프레스, 1995).
88. 高分子學會編, "高分子科學演習", 東京化學同人, 1985.
89. 高分子學會編, "高分子科學の基礎", 東京化學同人, 1994.
90. 高分子學會編, "化學者のための粹學", 東京化學同人, 1981.
91. 古川淳二, "高分子物性", 化學同人, 1985.
92. 野瀬卓平 et al. 編, "大學院 高分子科學", 講談社, 1997.
93. 齋藤信彦, "高分子物理學", 裳華房, 1967.
94. 田所宏行, "高分子の構造", 化學同人, 1976.
95. 中島章夫 and 細野正夫, "高分子の分子物性", 化學同人, 1969.
96. 中條利一郎 and 河合 徹, "高分子物理化學", 公立出版, 1973.
97. 구양모, 신남주 공저, "X-선 과학과 응용", 아진, 2005.
98. 김성철 외 12인 역, "고분자공학 I", 희중각, 1994.
99. 김성철 외 12인 역, "고분자공학 II", 희중각, 1996.
100. 류동일, 김준호, 신윤숙 공저, "계면과학", 전남대학교 출판부, 1998.
101. 마석일, 설창, 이한섭 공저, "고분자과학", 형설출판사, 1998.
102. 이동주 편저, "고분자 물리화학", 인하대학교 출판부, 1995.
103. 이장우, 진치섭 공저, "벡터 및 텐서해석의 기초와 응용 개정판", 부산대학교 출판부, 2005.
104. 조원제, 하창식 편저, "고분자 화학", 대영사, 1996.
105. 한상준, 성용길, 조원호, 박문수, "고분자물성론", 서울대학교 출판부, 1995.

찾아보기

(ㄴ)

(ㄷ)

(ㄹ)

(ㅁ)

(ㅂ)

(ㅅ)

(ㅇ)

(ㅈ)

(ㅎ)

• **저자 약력**

▶ 이장우

서울대학교 섬유공학과, 공학사
서울대학교 대학원 응용화학과, 공학석사
일본 경도대학교 고분자화학과, 공학박사
University of Minnesota at Twin Cities (Post Doc.)
부산대학교 고분자공학과, 교수 (현재)

▶ 정우혁

부산대학교 고분자공학과, 공학사
부산대학교 고분자공학과, 공학석사
University of Florida, 공학석사
University of Massachusetts Lowell, 공학박사
Thermolon 주식회사, 연구원
(주)하이켐, 기술연구소 연구소장 (현재)

고분자물성과 물리화학

2014년 9월 1일 초판 4쇄 발행

지은이 이장우 · 정우혁
발행인 박종성

발행처 사이플러스
우 121-842 / 서울특별시 마포구 잔다리로 101
전화 332-6171 / 팩스 332-6185
등록 2005. 10. 20. 제 313-2005-00222호

ISBN 978-89-92603-16-4 93430 값 **55,000**원